Klaus Schlenzig
Wolfgang Stammler

Elektronik für Wohnen und Spiel

Militärverlag
der Deutschen Demokratischen
Republik

Wichtiger Hinweis!
Die in diesem Buch wiedergegebenen Schaltungen und Verfahren sind ausschließlich für Amateur- und Lehrzwecke bestimmt. Alle Schaltungen und technischen Angaben wurden von den Autoren mit größter Sorgfalt erarbeitet bzw. zusammengestellt und unter Einschaltung wirksamer Kontrollmaßnahmen reproduziert. Trotzdem sind Fehler nicht auszuschließen. Für Mitteilungen dieser Art sind Autoren und Verlag jederzeit dankbar. Für eventuelle auftretende Fehler wird keine Haftung übernommen.

Schlenzig, Klaus; Stammler, Wolfgang:
Elektronik für Wohnen und Spiel. –
2., berichtigte Aufl., – Berlin: Militärverlag der Deutschen Demokratischen Republik, 1987. –
432 S.: 408 Bilder – (Amateurbibliothek)

ISBN 3-327-00107-3

2., berichtigte Auflage, 1987

Lizenz-Nr. 5
Printed in the German Democratic Republic
Zeichnungen: Rita Koopke
Typografie: Dieter Lebek
Umschlaggestaltung: Rosemarie Lebek
Lichtsatz: INTERDRUCK Graphischer Großbetrieb Leipzig – III/18/97
Druck und buchbinderische Weiterverarbeitung: Druckerei des Ministeriums
für Nationale Verteidigung (VEB) – Berlin – 34364-7
Redaktionsschluß: 30. November 1986
LSV: 3539
Bestellnummer: 746 787 1
01580

Inhaltsverzeichnis

1. Elektronik für die Freizeit (eine Einleitung)

Dies ist der Nachfolger des 1981 in 1. Auflage erschienenen Buches »Elektronikbasteln im Wohnbereich«. Es erlebte bis 1984 3 Auflagen – ein Maßstab für das Interesse an einem solchen Buch. In der Einleitung nannten wir damals bereits die Gründe, die viele Menschen mit ganz anders gearteten Berufen dazu bewegt, sich in ihrer Freizeit mit Elektronik zu beschäftigen. Die Gestaltung eines Teils der unmittelbaren Umgebung, eben des Wohnbereichs, liegt dabei am nächsten. Inzwischen haben sich die materiellen Voraussetzungen erheblich verbessert, die dem »Heimelektroniker« sein Hobby so abwechslungsreich und nützlich werden lassen. Mindestens ebenso spürbar sind die Möglichkeiten gewachsen, die auch der hat, der sich nur gelegentlich, aus konkretem Anlaß sozusagen, mit Elektronik für seinen Lebensbereich beschäftigt. Gemeint sind die zahlreichen neuen Industrieprodukte, die das Angebot an modernen elektronischen Konsumgütern bereichern. Dabei sind 2 Gruppen zu unterscheiden: reine Fertigprodukte (auspacken, aufstellen, anschließen) und Bausätze (lesen, löten, laufenlassen).

Die erste Gruppe unterliegt bezüglich ihrer Abnehmer keinen beschränkenden Voraussetzungen – vom Haushaltsbudget abgesehen. Die zweite setzt einiges voraus. Es ist genau das, was den eingangs angesprochenen Personenkreis charakterisiert. Das heißt: Ohne Alters- oder Berufsbeschränkung stoßen zu diesem Kreis immer wieder neue Interessenten.

Während noch 1981 und in den ersten Jahren danach die Regel war, daß man sich ein gewünschtes Objekt im Selbstbau von Anfang an herstellen mußte, braucht das 1986 in vielen Fällen nicht mehr zu sein. Weiterhin gefragt sind handwerkliche Fertigkeiten – darin sich in der Freizeit zu bestätigen macht ja einen hohen Anteil am Reiz dieses Hobbys aus – und darin vor allem auch Löten. Ohne Mitdenken wird es auch dabei nicht gehen. Entsprechende Literatur wird darum ihren festen Platz über dem Arbeitstisch des Heimelektronikers behalten.

Daß überhaupt in einer Zeit, da bald für jeden wichtig oder einfach praktisch erscheinenden Zweck Fertigprodukte mit akzeptablen Preisen verfügbar sein werden, Selbstbau noch eine Rolle spielt, erklärt sich eigentlich auch schon aus den einleitenden Bemerkungen. Und es wird durch den internationalen Trend bestätigt. Gerade in den Industrieländern mit dem am weitesten entwickelten technologischen Stand (besonders in der Mikroelektronik) ist eher eine Zunahme des Interesses am Freizeithobby »Elektronik« zu verzeichnen. Die derzeitigen Hauptrichtungen zielen dabei zwar – abhängig von Angebot und Motivation – nicht hauptsächlich auf die »Hardware«-Seite. Doch letztlich vollzieht sich dabei nur ein Prozeß, bei dem durch die erweiterten Möglichkeiten neue Gruppen von Interessenten in die praktische individuelle Nutzung der Mikroelektronik einbezogen werden. Gemeint sind Kleincomputer, deren Einsatzmöglichkeiten noch gar nicht voll übersehen werden können. Gleichzeitig aber zeigt sich bereits jetzt, daß wiederum viele zunächst mit ihnen praktizierte – oft auch von den Herstellern mit genannte – Anwendungen ihrer Gesamtkonzeption gar nicht angepaßt sind. Das betrifft u. a. viele einfachere Steuerungs- und Überwachungsfunktionen, die mit der bewährten Hardware-Mikroelektronik oft viel unmittelbarer, mit weniger Aufwand und letztlich für den Nutzer auch besser überschaubar gestaltet werden können. Genau das gehört zu dem Bereich, in dem dieses Buch wiederum für einige Jahre durchaus sinnvolle und interessante Anregungen bereitstellen kann.

Das heißt aber keineswegs, daß im folgenden nur die weiterhin am vollständigen Selbstbau interessierten Leser Anregungen erhalten. Der Übergang zwischen den Möglichkeiten ist schließlich fließend: Warum beispielsweise für ein Fernthermometer mit Netzspeisung und auch im Dunklen gut erkennbaren Leuchtziffern eine Leiterplatte selbst entwerfen und herstellen, wenn es gleich mehrere Bausatzvarianten (Stand 1984/85) dazu gibt? Wo es allerdings auf kleine Ströme ankommt, ohne daß eine LCD-Anzeige benutzt werden kann, liegt es nahe, die Leiterplatte zum »minimeter« aus *Bauplan Nr. 55* von der *typofix*-Folie abzureiben. Wer schließlich nur die technische Möglichkeit nutzen will, der sehe sich im Handel nach einem fertigen Fernthermometer um.

Aus diesen Betrachtungen geht hervor, daß ein Buch, dessen man sich bis zum Ende der 80er Jahre bedienen können soll, auch diese Seiten zu berücksichtigen hat. Die Autoren haben sich dieser Aufgabe gestellt. Soweit per 1984 in der Lieferzusage gesichert, werden elektronische Bausätze des Handelsangebots ebenso berücksichtigt wie ausgewählte Fertigprodukte. Die letztgenannten kommen außerdem ausgezeichnet einem der wichtigsten Anliegen des Buches entgegen, nämlich dem, alle nur denkbaren Gefahren aus dem Freizeitbereich zu verbannen. Die Netzspannung gehört nun einmal zu dem, was für den größten Teil der Leser dieses Buches möglichst immer hinter sicheren Trennwänden bleiben sollte. Es war bisweilen nicht ganz einfach, verläßliche Informationen zu teilweise noch gar nicht allgemein in den Handel gelangten Produkten zu erhalten oder auch zu erkunden, ob das ins Auge gefaßte nicht vielleicht 1986 schon durch eine Weiterentwicklung abgelöst sein würde. Darum kann diese Aufstellung keinesfalls auch nur annähernd vollständig sein. Das ist ja auch nicht die Hauptaufgabe dieses Buches. Sie kann jedoch durchaus beim Überdenken möglicher Lösungen für ein Problem anregend wirken.

Ähnliches trifft, wenn auch aus einem ganz anderen Blickwinkel, auf die jüngsten Produkte der Konsumgüterindustrie zu – auf die Klein- oder Hobbycomputer. Sie wurden ebenfalls bereits kurz angesprochen. Zweifellos eröffnen sich mit ihnen »Spiel-Räume« im wörtlichen Sinne, die jedes Bildschirm-Pingpong vergangener Jahre in den Schatten stellen. Dennoch sind Erweiterungsmöglichkeiten jenes Klassikers der hardware-programmierten Freizeitspäße ebenfalls noch gefragt. Abgesehen davon, daß es für einen solchen Computer einfach zu schade ist, ihn ausschließlich für den Spielbereich zu nutzen. An anderer Stelle dieses Buches wird aus dem Blickwinkel der per Manuskriptzeitpunkt gerade erst verfügbar gewordenen Modelle das Thema *Kleincomputernutzung* noch näher behandelt.

Nun wurde er endlich angesprochen – der Spielbereich. Spielen zählt nun einmal zu den dominierenden Freizeitbeschäftigungen. Wobei das Wort in seiner weitesten Bedeutung zu fassen ist. Hobby und Spiel unterscheiden sich eigentlich hauptsächlich im Effekt, zumindest so lange, wie es sich um ein Hobby mit materiellen Ergebnissen handelt. Die Übergänge sind auch dabei noch fließend. Hobbyprodukte können aber auch im Spielbereich wirksam werden: in Form elektronisch unterstützter Geschicklichkeits-, Denk- oder Zufallsspiele, als attraktive Zusätze zu technischem Spielzeug, als Abbild der Wirklichkeit in ihrer Miniaturausgabe, der Puppenstube. Auch das ist ein weites Betätigungsfeld für mit dem Lötkolben vertraute Eltern in der Vorweihnachtszeit oder für die auf diese Weise zur Elektronik stoßenden jüngeren Familienmitglieder. Im Grund liegt damit ein »Buch für die ganze Familie« vor. Und wenn dann aus den aus eigenem Antrieb heraus erworbenen Fähigkeiten und Fertigkeiten Nützliches für die gesamte Gesellschaft entstehen kann, in der Schule, im Betrieb, in jedem anderen Bereich des Zusammenlebens, so hat es seinen Zweck voll erfüllt.

2. Sicherheit zuerst

Die folgenden Zeilen konnten großenteils aus dem Vorgängerbuch übernommen werden, denn an den Gefahren des 220-V-Netzes hat sich nichts geändert. Die vorgeschriebenen Prüfspannungen für netzbetriebene Geräte der Konsumgüterelektronik sind im Interesse der Anwender sogar erhöht worden. Zum Positiven verändert haben sich, wie schon aus der Einleitung hervorgeht, die Voraussetzungen für Heimelektronik »ohne Netz«.

Bei der Beschäftigung mit Elektronik im Wohnbereich gibt es Grenzen der Vernunft und Grenzen der Sicherheit. Die ersten lassen erkennen, wo ein Objekt infolge seines Aufwands sinnlos wird. Sie sind gleitend und vom Anwender abhängig. Für manche dürfte ein elektronischer Mehrklangsummer für die Wohnungstür z. B. bereits jenseits dieser Grenzen liegen, denn sein Materialeinsatz ist höher als der einer üblichen Klingel. Andere wieder reizt nicht nur die Durchführung des Vorhabens, das immerhin Beschäftigung mit Multivibratoren und Verstärkern bietet, sondern manchmal ist eine batteriebetriebene Signalisierung die einzig mögliche.

Die Grenzen der Sicherheit sind streng definiert. Sie beruhen auf Erfahrungswerten. Leider verführt das fast allgegenwärtige Lichtnetz als extrem billige Energiequelle oft dazu, sich – aus Unkenntnis oder aus Leichtsinn – über diese Erfahrungen hinwegzusetzen und damit sich und, was noch schlimmer ist, andere zu gefährden. Industrielle Hersteller elektrischer und elektronischer Geräte unterliegen mit ihren Erzeugnissen der Kontrollpflicht durch staatliche Einrichtungen, die über die Einhaltung gesetzlicher Bestimmungen wachen. Nicht jedes Gerät ist für jeden Zweck geeignet, doch in einer Wohnung können die ungünstigsten Bedingungen zusammentreffen. Man muß daher bereits beim Einsatz von Industriegeräten genau nach Gebrauchsanweisung verfahren. Ein netzbetriebenes Rundfunkgerät mit Holzgehäuse z. B. gehört nicht ins Bad oder in den feuchten Keller. Einwandfreie Schutzkontaktanschlüsse sowie die Benutzung vom Fachmann installierter Schutzkontaktsteckdosen für Geräte mit berührbaren Metallteilen zählen zu den Forderungen, deren Nichteinhaltung ernste Gefahren für den Benutzer bedeuten.

Grundsätzlich gilt: Hände weg von solchen Geräten, wenn sich ein Defekt einstellt – Service benachrichtigen!

Leider beschäftigen sich aber allzu viele Anfänger mit netzbetriebenen Eigenbauten; nicht immer findet man auch in der Literatur bei der Beschreibung solcher Schaltungen die nötigen Hinweise. Ein Transformator z. B. bietet noch lange keine Gewähr dafür, daß man vor einem tödlichen Schlag sicher ist. Zunächst muß man dafür sorgen, daß die Netzanschlußseite auch wirklich nicht berührt werden kann. Dennoch bleibt fraglich, ob der gewählte Typ überhaupt für von außen berührbare Stromkreise ausgelegt ist. »Einbautransformatoren« z. B. sind nur zur Versorgung im Gerät selbst ablaufender Vorgänge gedacht (s. den früher weitverbreiteten »Heiztransformator« für Röhren). Führen seine Sekundäranschlüsse berührbar nach außen (z. B. in einer Anwendung als Ladegerät), muß der Transformator als sogenannter Schutztransformator ausgelegt und gekennzeichnet sein. Außerdem ist zu beachten, unter welchen Umgebungsverhältnissen er diesen Ansprüchen genügt. Meist werden trockene Räume und eine höchstzulässige Temperatur vorgegeben. Zu solchen Angaben gehört übrigens auch der auf manchen Erzeugnissen vermerkte »Kurzzeitbetrieb« (KB), nach dessen Dauer das Gerät (meist ein motorbetriebenes) Zeit zum Abkühlen braucht.

Leider ist es nicht möglich, auch nur annähernd einen vollständigen Überblick über all das zu geben, was man im Zusammenhang mit der Nutzung des Lichtnetzes als Energiequelle für elektronische und Elektrogeräte wissen und einhalten muß. Dieses Buch soll ja auch keinesfalls zum Arbeiten an Netzstromkreisen ermuntern. Dennoch kommt man bei elektronischen Geräten im Wohnbereich nicht ganz ohne Netzanschluß aus. Dabei gibt es fließende Übergänge zwischen dem, was man selbst noch tun kann – je nach technischer Vorbildung –, und den Fällen, wo ein Fachmann um Hilfe zu bitten ist. Eine Netzschnur solide an einen Klingeltransformator anzuschließen, der dann wieder ordnungsgemäß mit seinem Isoliergehäuse verschlossen wird, das kann sich wohl jeder »Wohnelektroniker« zumuten; als Ausnahmen zählen Kinder. »Jenseits« dieser (in trockenen Räumen!) zuverlässig vom Netz trennenden, vielseitigen Kleinspannungsquelle aber liegt ein weites Betätigungsfeld, auf das sich die meisten der beschriebenen Beispiele beziehen. Amateure, besonders die Anfänger unter ihnen, sollten also möglichst ohne jede Verbindung mit der Gefahrenquelle 220-V-Netz auskommen. Das gilt in hohem Maße für solche Objekte, die auch anderen Menschen zugänglich sind, so daß auch sie bei Netzbetrieb gefährdet werden, wenn das Gerät nicht sachgemäß gebaut wurde. Wohnbereichselektronik ist für solche Einsatzfälle aber typisch. Daher wurde versucht, wo immer es nur möglich war, mit reinen Batterielösungen auszukommen. Die Frage der Wirtschaftlichkeit beantwortet sich durch die Wahl entsprechender stromsparender Lösungen, für die u. a. CMOS-Schaltkreise beste Voraussetzungen bieten. Nicht immer ist dagegen eine Lösung mit integrierten Schaltkreisen auch die sparsamste. So stehen vielen prinzipiell auch z. B. selbst mit Low-Power-TTL-Schaltkreisen realisierten Beispielen solche mit Einzeltransistoren gegenüber, vielfach in Komplementärverknüpfung, die mancher Aufgabe noch gut gewachsen sind. Der Nachteil von TTL-IS liegt ja für die Normalreihe beim hohen Strombedarf und auch bei den Low-Power-Typen in der Notwendigkeit, einen relativ engen Spannungsbereich einzuhalten. Einzeltransistoren oder auch bestimmte andere Schaltkreise können wesentlich flexibler eingesetzt werden. Kriterium ist stets die Frage nach dem Sinn. CMOS-Technik stellt eine günstige Kombination von moderner Schaltungstechnik und kleinstem Strombedarf bei weitem zulässigem Spannungsbereich dar. Das ist ideal für vieles, bei dem man z. B. sonst noch mit über Transformator netzgespeisten Schaltungen arbeiten muß. Die wichtigsten Typen der internationalen gepufferten CMOS-Schaltkreisreihe stehen heute auch aus Inlandsfertigung zur Verfügung. Ergänzende Typen kommen z. B. aus der UdSSR. Im vorliegenden Buch können daher viele Lösungen in dieser technisch vorteilhaften Form geboten werden. Neben ihnen stehen weiterhin bewährte »Klassiker«.

Sofern die Ausgabeinformationen der Objekte in Licht- oder Schallsignalen bestehen, durch Ziffernanzeigen oder auch über Niederspannungs-Zugmagneten oder Kleinmotoren wirken, bleibt die Versorgung – ob mit oder ohne modernste Technik – im ungefährlichen Niederspannungsbereich. Für die fortgeschrittenen Leser, die sich auf Grund ihrer fachlichen Voraussetzungen auch an die Beeinflussung von Netzstromkreisen wagen können (z. B. Lampensteller u. a.), soll im folgenden jedoch zur »Auffrischung noch einiges über Netzanschluß gesagt werden. Die Anfänger mögen aus diesen Zeilen die Problematik erkennen – sie sollen nicht ermuntert werden!

- Gehäuse von Geräten mit Netzanschluß sind aus elektrisch isolierendem Material und genügender mechanischer Widerstandsfähigkeit anzufertigen (z. B. Hartpapier, PVC, Polystyrol o. ä.).
  Metall oder anderes elektrisch leitendes Material ist – gleichgültig, ob mit Schutzleiteranschluß oder Nullung – dem Amateur beim Bau von Gehäusen für Netzanschlußgeräte untersagt.
- Beim Bau und bei späteren Reparaturen darf das Gerät nicht an das Netz ange-

schlossen sein. Im Reparaturfall muß vor dem Öffnen der Netzstecker gezogen werden. Es empfiehlt sich, das dauerhaft außen zu vermerken.
- Für den Netzanschluß dürfen nur die handelsüblichen Netzanschlußleitungen und -stecker benutzt werden. Bananenstecker u. ä. sind streng verboten!
- Das Kabel ist innerhalb des Gerätes mit einer Schelle o. ä. abzufangen (Zugentlastung!).

Nähere Informationen geben:
- *TGL 200-0602* – »Schutzmaßnahmen in elektrischen Anlagen«; darin Blatt 2 – »Schutz gegen Berühren betriebsmäßig spannungführender Teile« (Abschn. 2.4. und Abschn. 2.5.) sowie Blatt 3 – »Schutzmaßnahmen gegen zu hohe Berührungsspannung betriebsmäßig nicht spannungführender Teile« (Abschn. 2., Abschn. 3. und Abschn. 4.).
- *TGL 200-0619* – »Betreiben von elektrischen Anlagen«; darin Blatt 1 – »Bestimmungen über Starkstromanlagen« (Abschn. 6.3.).
- Zur Definition des Begriffs »Schutztransformator«: getrennte Wicklung bis 42 V Sekundärspannung. Ausführungen z. B. Klingeltransformator, Spielzeug-, Signal- und Steuertransformator (jedoch nicht der Heiztransformator eines älteren röhrenbestückten Rundfunkgeräts!).
- Zum Schutz des Transformators gegen Überlastung, bei Windungsschluß sowie zum Schutz der nachgeschalteten Bauelemente sollte in den Primärstromkreis eine Sicherung im Milliamperebereich (z. B. 315 mA) eingebaut werden, selbstverständlich ebenfalls berührungsgeschützt.
- Generell gilt: Auch im Fehlerfall (Abfallen von bis zu 2 Drähten) darf kein Netzspannung führender Leiter mit von außen berührbaren Metallteilen bzw. mit den Niederspannungskreisen der Sekundärseite in Berührung kommen. Die Netzspannungsseite ist daher sorgfältig und dauerhaft gegenüber dem übrigen Gerät zu isolieren. Besondere Vorsicht bei Befestigungsschrauben!

3. Heimwerkerbasis

Zwischen dem ersten Buch zum Thema *Wohnbereichselektronik* und dem vorliegenden haben sich auch bezüglich des Geräte- und Hilfsmittelparks einige Verbesserungen ergeben. Der Großteil der damaligen Hinweise und Empfehlungen gilt aber weiterhin. Es erschien daher angemessen, die Informationen zu beidem zu verbinden.

Der Begriff *Elektronik* soll für den Wohnbereich weit gefaßt werden. Manches Nützliche kommt mit einfacher Elektrotechnik aus, in anderen Fällen spielt die Elektronik nur eine »Nebenrolle«, hilft, das Vorhandene besser zu nutzen. Viele Geräte der Heimelektronik sind fertig vorhanden. Man kann sie aber in ihrer Anwendbarkeit durch einfache Erweiterungen (unter Beachtung der Sicherheit), z. B. durch Ein- oder Anbau zusätzlicher Buchsen, Schalter usw., vergrößern. Manches aus diesem Buch wird in den modernsten der angesprochenen Geräte inzwischen industriell berücksichtigt worden sein. Doch schließlich ist es weder volkswirtschaftlich noch von den persönlichen Voraussetzungen her zu vertreten, dann immer das Neueste zu erwerben. Mit oft verblüffend wenig Aufwand kann hier modernisiert werden – ganz nach individuellen Wünschen. Auf diesem Gebiet gibt es also viele Möglichkeiten für handwerklich Geschickte und dem Verständnis meist relativ einfacher elektronischer Zusammenhänge aufgeschlossene »Heimwerker«. Ihre Grundkenntnisse der Schaltungstechnik und der Elektroniktechnologie erwerben sie aus anderen Bänden der *Amateurbibliothek*, vom *Radiobastelbuch* über die *Transistor- und Schaltkreistechnik* bis hin zu den *Bauplan-Bastel-Büchern*. Angesichts dieser Fülle greifbarer (bzw. ausleihbarer) Literatur wird im vorliegenden Rahmen auf umfangreiche Erläuterungen zur grundsätzlichen Funktion von Bauelementen bzw. zum Umgang mit Werkzeug und Material verzichtet. Entsprechende Informationen werden höchstens – wo nötig – in die Objektinformationen eingebunden.

Damit bietet das vorliegende Buch zum einen viele Fertiglösungen für jene, die am Schluß mit der richtigen Funktion ihrer selbstgebauten »schwarzen Kästen« zufrieden sind, zum anderen aber (ebenfalls durch die Kette der zu diesen Objekten führenden Erläuterungen) auch Anregungen zum Weiterdenken und -machen.

3.1. Werkzeug

Was man für eine erfolgreiche »Elektronikwerkelei« braucht, ist erstaunlich wenig. Im wesentlichen kommt man mit diesem Werkzeug aus:

- Lötkolben für etwa 20 W, möglichst über Transformator gespeistes Niederspannungsmodell. Es gibt heute kleine, leichte Modelle, die das Löten zur Freude machen. Auch kolophoniumgefüllter Lötdraht und Flußmittel geringer Aggressivität (Löttinkturen) sind im Handel,
- Justier- oder kleine Flachzange,
- Pinzette mit schmaler und eventuell mit breiter Spitze,
- Seitenschneider möglichst in 2 Größen,
- kleine mechanische Handbohrmaschine (die auch z. B. zum Wickeln oder zum Verdrillen von Drähten geeignet ist),
- kleine elektrische Bohrmaschine mit Ständer (schon die *PIKO-Hobby-SM* mit Ständer ist für das Bohren von Leiterplatten gut geeignet), dazu Bohrer 1, 1,3, 1,5 bis

1,7, 2, 2,4 und 3 mm (für Leiterplattenlöcher bzw. für Gewindelöcher), Gewindebohrer M2 bis M3, dazu eine entsprechende Halterung (notfalls in Ständerbohrmaschine spannen und von Hand bewegen),

- einige kleine bis mittlere Flach- und Rundfeilen mit unterschiedlicher Feinheit,
- Glaspinsel,
- einige Schraubendreher,
- Laubsäge mit Blättern für Kunststoff und Metall,
- kleiner Schraubstock,
- kleinerer Hammer,
- Körner,
- Reißnadel,
- Lineal,
- als wichtige Hilfsmittel: Alleskleber, Polystyrolkleber (*Plastikfix* o. ä.), *Epoxidharzkleber* (*Epasol EP 11* z. B.), *Cenusil* (Silikonkautschuk), PVC-Kleber, Lackspray. Bei allen diesen Substanzen Lösungsmitteldämpfe und damit Gesundheitsschutz beachten! Besonders in der Wohnung gute Belüftung sicherstellen, am besten aber solche Arbeiten – wie auch Ätzen mit handelsüblichen Ätzsätzen – außerhalb der Wohnung durchführen!

3.2. Elektronische Hilfsmittel

Im Grunde besteht das Werkzeug meist aus Gegenständen, die sich bei jedem praktisch Interessierten im Laufe der Zeit angesammelt haben. Das heißt also, daß die meisten Haushalte im Grunde bereits »elektronisch vorbereitet« sind, was die technologische Seite betrifft.

Zum Elektronikhobby gehört aber etwas mehr. Ohne Meßmöglichkeiten wird man auf Dauer kaum auskommen. Für viele wird das die größte Anschaffung sein. Wer es sich leisten kann, für den hält der Handel moderne, wenn auch nicht gerade billige Vielfachmesser bereit. Ihre Daten gewährleisten – richtig eingesetzt – ausreichend genaue Meßergebnisse in der überwiegenden Zahl der auftretenden Meßaufgaben. Bereits ein hoher Prozentsatz der beim Nachbau noch nötigen Kontrollen läßt sich aber schon mit einem billigen Meßwerk durchführen, das durch einige Widerstände und Buchsen sowie einen Schalter zum Strom- und Spannungsmesser für die wichtigsten auftretenden Werte »veredelt« wird. Ein einfaches Ohmmeter fällt dabei stets mit ab. Entsprechende Anleitung wird z. B. im *Bauplan-Bastel-Buch Nr. 2* von 1985 gegeben. Zwischen beiden Extremen liegen einfache Strom/Spannungsmesser mit relativ hohem Eigenbedarf an Strom bzw. Spannung, die man entsprechend billiger erhält. Jede Messung ist natürlich nur so gut wie die Kenntnis der durch das Meßwerk bedingten Fälschungen, auf die ebenfalls im *Bauplan-Bastel-Buch Nr. 2* eingegangen wird.

Neben diese für viele nur »Nebenbei-Elektroniker« noch vertrauteren Zeigerinstrumente ist inzwischen längst die digitale Anzeige getreten. Sie verbindet den Reiz des Modernen mit Preiswürdigkeit. Die durch Zusatzmaßnahmen erreichbaren hohen Eingangswiderstände rücken Meßergebnisse aus dem Bereich des Schätzens. Bausätze im Handel erleichtern die Entscheidung. Dennoch bleibt Zeigergeräten noch immer sinnvoller Spielraum.

Weiterhin sollte man sich bald ein kleines Stromversorgungsgerät zulegen oder bauen, das möglichst bis etwa 1 A bei 5 V und noch 200 mA bei 12 V abgibt. Der »Rest« an elektronischer Ausrüstung ergibt sich mehr oder weniger aus den Beispielen. Im übrigen ist es ratsam, sich für alle Fälle ein Sortiment Bauelemente zuzulegen. Durch aufmerksames Beobachten des örtlichen Angebots wird man den finanziellen Aufwand dafür in vertretbaren Grenzen halten können. Dieser Fundus läßt sich durch Demontieren ausrangierter Geräte noch beträchtlich erweitern. Zu empfehlen sind gängige Widerstände zwischen Ohm und Megaohm und Belastbarkeiten bis etwa 0,33 W (0,66 W), Elektrolytkondensatoren für wenigstens 16 V Betriebsspannung, Stellpotentiometer, Keramikkondensatoren zwischen 0,47 und 100 nF, Siliziumdioden und -gleichrichter, einige Kleinleistungs-npn- und pnp-Transistoren, Leuchtdioden u. ä. Alles übrige ergibt sich aus den anvisierten Objekten.

3.3. Arbeitsplatz

So genügsam wie beim Werkzeug kann der Hobbyelektroniker auch beim Platzanspruch bleiben. Die Miniaturisierung der Elektronik kommt sowohl ihm als auch (dadurch) seiner Familie zugute. Selbstverständlich hat kaum jemand die Idealwohnung. Doch vom Dachboden im Altbau bis zum abgegrenzten Flurende im Typenneubau gibt es viele Möglichkeiten; zentralbeheizte Bauten bieten dazu oft noch gemütliche Kellerecken. Hier entstehen zwar Kommunikationsprobleme mit der übrigen Familie, die sich aber mit etwas Geschick beim unauffälligen Verlegen einer Informationsleitung lösen lassen. (Unter Beachtung anderer Leitungen, in deren Nähe sie nicht kommen darf!) In solchem Falle genügt die Wohnbereichselektronik einmal sich selbst.

Viele Bastler werden aber direkt in der Wohnung arbeiten müssen. Dafür brauchen sie dann um so mehr das Verständnis und das Entgegenkommen ihrer Angehörigen. Zwar dürften erste, gemeinsam nutzbare Ergebnisse einen großen Teil der eventuellen Vorurteile abbauen; Lärmbelästigungen werden sie aber kaum kompensieren. Zu einer »problemarmen« Heimelektronikarbeit gehört darum eine Zeit- und Ortsplanung: Wann und wo darf gehämmert, gesägt, gebohrt oder gar lackiert oder geätzt werden?

Auch dafür gibt es kein Patentrezept. Allein die Tatsache jedoch, daß der meist zu stark auf sein Hobby orientierte Bastler an diese Fragen einmal erinnert wird, erscheint nützlich. Kleine Hilfsmittel ergeben dabei vielfach bereits große Wirkungen. Eine Filzplatte z. B., wie sie als Schreibmaschinenunterlage gehandelt wird, ist als Unterlage beim Ankörnen von Leiterplatten nützlich. Die »Gegenmasse« besteht dann in einer Eisenplatte aus dem Schrott, auf der die Leiterplatte leise angekörnt werden kann.

Auch die Elektronik verursacht manches störende Geräusch. Wo immer es geht, benutze man daher in den Abend- und Nachtstunden Kopfhörer, wenn akustische Wirkungen erzeugt werden. Die Realität (z. B. Umsatz größerer Leistung, etwa bei einer Alarmsirene) wird mit einem ohmschen Ersatzwiderstand entsprechender Belastbarkeit simuliert. Wärme macht (im allgemeinen) keinen Krach. In »hellhörigen« kleinen Wohnungen kann jedoch selbst das Ablegen des Lötkolbens auf einem Blechwinkel oder des Seitenschneiders auf dem Tisch stören. Ein Stückchen wärmefestes Material an der Stelle, wo sonst durch Metall auf Metall Geräusche entstehen, oder besagte Filzplatte zum Ablegen anderen Werkzeugs können Wunder wirken.

Diese Beispiele lassen sich beliebig fortsetzen. Jeder handle daher seiner speziellen Situation gemäß, damit auch die Wohnbereichselektronik nicht zum Wohnungsschrecken ausartet!

Allerdings sind es nicht allein die Geräusche, auf die zu achten ist. Nicht jede Tischplatte soll wie ein Arbeitstisch wirken, obwohl man eine solche Fläche braucht. Wie wäre es mit einem Reißbrett? Zwei Bretter, die zur Erhöhung dieser Fläche an beiden Seiten angeschraubt werden, können gleichzeitig einige Steckdosen erhalten (nach unten geschlossene Ausführung), z. B. eine 3fach-Schutzkontaktdose. So läßt sich der Lötkolben ebenso »übern kurzen Weg« versorgen wie etwa ein Kleinnetzteil oder wenigstens ein ständig vorhandener Klingeltransformator. Die hintere Breitseite des Bretts erhält vielleicht noch eine Leiste mit einigen Buchsen (an denen u. a. die Klingeltransformatorspannung liegen kann) und eventuell sogar 1 oder 2 Einbaumeßwerke bzw. Ziffernanzeigen und einen kleinen Kontrollautsprecher. Der Phantasie sind auch bei diesem »Mini-Werkplatz« keine Grenzen gesetzt!

Sehr zu empfehlen ist eine kleine Kontrolleuchte (z. B. rote LED), die erst verlischt, wenn der gesamte Arbeitsplatz vom Netz getrennt worden ist. Anderenfalls können z. B. unbeaufsichtigt dauerlaufende Lötkolben großen Schaden anrichten. Man kann diese Anzeige z. B. aus einem Klingeltransformator speisen, der ständig an der Verteilerdose bleibt und dessen Spannung dazu noch für viele Experimente genau richtig ist.

Eine praktische Nebenwirkung des erhöhten Bretts besteht darin, daß man unter ihm die verschiedensten Dinge griffbereit lagern (oder in einer Schublade sogar installieren!) kann: einen Notizblock, die gerade bearbeitete Schaltung, ein Kästchen mit Bauelementen, den beim exakten Amateur heute unvermeidlichen Taschenrechner u. v. m. Die hintere Leiste kann durch eine notenständerähnliche Ablage ausgebaut werden und bietet dann einen noch besseren Platz für die Vorlage, für Anschlußbelegungen von Bauelementen und für manche andere Information. Vergessen werden darf auch nicht all das, was vom Tisch fallen kann – vom Drahtstückchen bis (gelegentlich) zum Lötkolben. Ein Rest Fußbodenbelag, der auf den eigentlichen Wohnbelag gelegt wird, bewahrt häuslichen Frieden.

Erfolgreiches Elektronikbasteln erfordert auch ein gewisses Maß an »Buchführung«. Später weiß man sonst oft nicht einmal mit dem eigenen Produkt etwas anzufangen, besonders, wenn es gegenüber der Quelle variiert wurde oder völlig eigenschöpferisch entstanden ist. Das wird ergänzt durch Notizen in einer Art Kalender, aus der z. B. Wartungsmaßnahmen batteriegespeister Ge-

a)

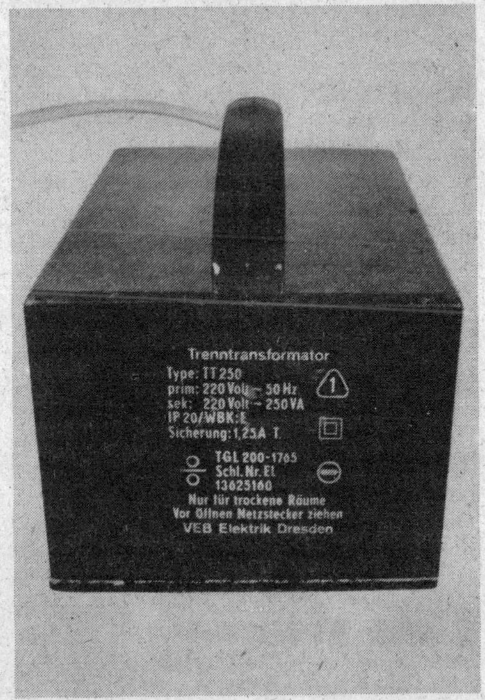

b)

c)

Bild 3.1
250-VA-Trenntransformator – ein gutes Mittel für Fälle, bei denen es nicht ohne 220 V geht (Nur für Sachkundige!);
a – Vorderansicht, b – Ansicht von hinten, c – Innenansicht (mit nachträglich eingebauter Störschutzdrossel)

räte hervorgehen. (Batterien, die man »einsetzen und dann vergessen« kann, gibt es nicht; Akkumulatoren müssen wegen ihres Selbstentladungseffekts periodisch nachgeladen werden.) Schließlich sollte man auch von der ersten zusätzlich verlegten Informationsleitung an – die keinesfalls in die Nähe von Netzleitungen oder Telefonkabeln geraten und deren Anschlußgestaltung keine Verwechslung mit solchen Kreisen zulassen darf – genaue Notizen anlegen und sie eindeutig kennzeichnen. Nur zu schnell wird die Wohnung sonst zum wilden Drahtverhau! Scheinbar unerklärbare Störeffekte werden durchsichtiger, wenn man weiß, was sonst noch alles auf diesem »Datenbus« transportiert wird.

Seit das Angebot an technischen Konsumgütern recht differenziert geworden ist, kann man im Handel bisweilen auf interessante Objekte stoßen. Ein solches kam für die »Perfektionierung« des Arbeitsplatzes gerade recht:

Bild 3.1 zeigt einen Trenntransformator des VEB *Elektrik* Dresden, Typ *TT 250.* Für einen noch 2stelligen Betrag bietet er in einem vollisolierten Gehäuse mit Netzanschlußschnur und einer 2poligen Normalsteckdose Netztrennung für Geräte bis zu 250 VA Leistungsbedarf. Der Sachkundige erhält damit ein ideales Mittel für Arbeiten im Netzspannungsbereich ohne die ständige Sorge eines Erdschlusses in der Experimentierschaltung. Daß dieser Transformator nur für trockene Räume zugelassen ist, sollte allerdings bei der Wahl des Arbeitsplatzes berücksichtigt werden. Doch wer betreibt schon Elektronik in der Waschküche oder im feuchten Keller! Der kleine Schönheitsfehler, daß man ständig unterschwellig Brummen wahrnimmt, läßt sich schon durch eine Gummiunterlage wesentlich verringern. Aber schließlich arbeitet das Gerät ja auch mit Wechselspannung!

3.4. Materialfragen

3.4.1. Leiterplatten

Kupferkaschiertes Hartpapier und kupferkaschiertes Epoxidharz-Glasfaser-Material *(Cevausit)* sind die wichtigsten Ausgangsmaterialien für den Selbstbau elektronischer Geräte. Selbst Gehäuse kann man aus diesen meist 1,5 mm dicken, ein- oder beidseitig mit Kupferfolie von 25 oder 35 µm Dicke belegten Platten zusammenlöten. Primär ist dieses Halbzeug Ausgangspunkt für die Leiterplatte, auf der alle Bauelemente der Schaltung durch Löten verbunden werden. Man kann sie durch Zeichnen mit ätzfestem Lack herstellen oder auch aus ätzfesten Lötaugen und Leiterbahnen des Programms *typofix-electronic-universal.* Für viele der in diesem Buch vorgestellten Leiterbilder gibt es aber auch *typofix-electronic-special*-Blätter, die die kompletten Leiterbilder als ätzfeste Haftdruckfolie tragen. Auf der z. B. mit Scheuerschwamm und Spülmittel gereinigten Kupferoberfläche kann man nach kurzer Einübungszeit mit diesem Hilfsmittel saubere Leiterplatten herstellen. Wichtig ist das einwandfreie Übertragen (Reiben mit verrundetem Bleistift) mit bis zu den Rändern fest auf die Kupferfolie gedrückten Folieflächen. Außerhalb sollte möglichst nicht gerieben werden, da auch der Haftgrund bedingt ätzresistent ist. Handelsübliche Ätzsätze mit Ammoniumpersulfat bedingen ebenfalls, daß man sich eine gewisse Erfahrung erwirbt. Denn: zu kalte Lösung dauert zu lange, zu warme (über 60 °C) gefährdet die Haftung; Sauerstoffbläschen, die beim Ätzprozeß entstehen, versuchen die Foliekanten abzulösen. Bei anderen Ätzmitteln, wie Eisen-(III)-chlorid, sind einschränkende Bedingungen wegen der Umweltbelastung gegeben.

Mehr zu den Möglichkeiten, zu »seinem« optimalen Leiterplattenverfahren zu gelangen (bis zum Fotolack) findet der Leser bei Bedarf im 1985 erschienenen *Bauplan-Bastel-Buch 2.*

Statt Hartpapier *Cevausit* zu wählen, bedeutet höhere Festigkeit, höhere Werte des Isolationswiderstands und besseres Aussehen, aber auch stärkeren Bohrerverschleiß. Während bei Hartpapier gesägt oder (nach Ritzen) gebrochen werden kann, läßt sich *Cevausit* sägen oder mit einer Blechschere schneiden.

3.4.2. Gehäuse

Aus den genannten Materialien Gehäuse herzustellen, bedeutet oft relativ hohen Arbeitsaufwand. Dafür lassen sich diese Gehäuse an spezielle Wünsche anpassen. Kupferkaschierte Außenflächen lassen sich auch in die Beschriftung durch eingeätzte oder freigeätzte Buchstaben, Zahlen und Marken einbeziehen.

Vielfach ist ein kleines Problem aber besser und vor allem auch schneller zu lösen, wenn man sich fertiger Behälter bedient. Von der Gewürzdose bis zum Kleinteile-Schubfach reicht heute das recht attraktive Angebot an Polystyrol-Kleingehäusen, teils glaskar, teils in vielen Farben, klebfähig mit Plastkleber, gut zu bearbeiten, sobald man sich den Festigkeits- und thermischen Eigenheiten des Materials angepaßt hat. Vieles in diesem Buch fand auf diese Weise eine passende Hülle. Als besonders gut an das oft benutzte Format 40 mm × 50 mm angepaßt erwies sich eine handelsübliche Gewürzdose. Leichtes Befeilen der Plattenecken genügt, und schon paßt die Leiterplatte genau in ihren Deckel (Bild 3.2). Ein zweiter Deckel als Abschluß dagegengesetzt (z. B. mit einrastend eingeklebten Führungsplättchen versehen), und schon liegt ein Mini-Gerät vor. Bedien-, Anschluß- und Informationsöffnungen sind leicht anzubringen. Oder man verwendet die ganze Dose und bringt in ihr gleich noch *RZP2*-Kleinakkumulatoren oder *R6*-Elemente mit unter. Übrigens passen in den Deckel der größeren Ausführung dieses Typs *R6*-Elemente zusammen mit Kontaktstreifen aus Leiterplattenmaterial, die man noch mit kleinen Federelementen versehen kann. Bild 3.3 zeigt beide Behälter-

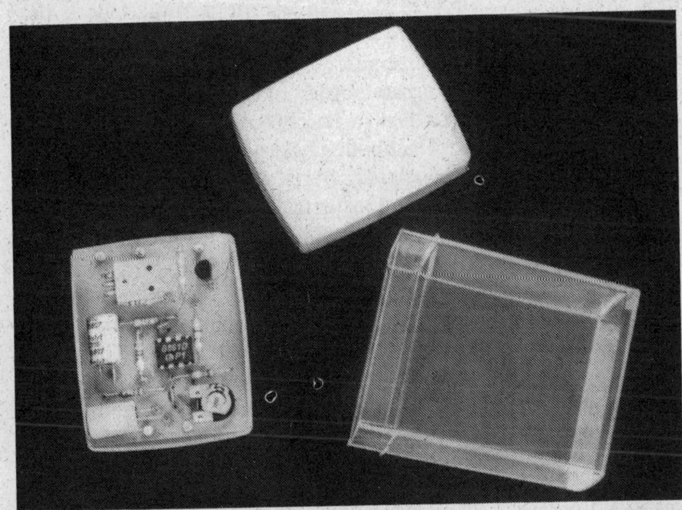

Bild 3.2
Gewürzdosendeckel nimmt an den Ecken leicht befeilte Baugruppen im Format 40 mm × 50 mm auf

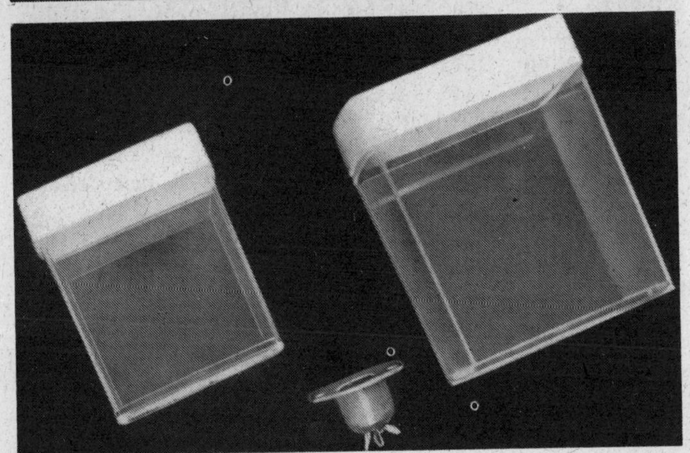

Bild 3.3
2 Größen von Gewürzdosen im Vergleich mit einer Diodenbuchse – für Kleingeräte gut geeignete Gehäuse

größen im Vergleich mit einer Diodenbuchse. Sie oder auch ein geeignet in der Bodenplatte befestigter Stecker machen ein solches Kleinstgerät recht »multivalent«, z. B. als Ansteckeinheit für die Magnetbandbuchse von Reiseempfängern (s. Abschn. 7.). Ähnlich lassen sich übrigens in Verbindung mit Leiterplatten des genannten Formats auch Aluminium-Filmdosen von »3er-Packs« einsetzen, wie noch gezeigt werden soll. Was sich schließlich mit Plastdosen im »Angel- und Nähkästchen«-Format alles anfangen läßt, das wird man ebenfalls im folgenden erkennen.

3.4.3. Batterieaufnehmer und -kontaktierungen

Auch das gehört zu den immer wiederkehrenden Problemstellungen: Langzeitstromversorgungen für netzunabhängige Geräte ebenso wie Netzausfallbereitschaftsbatterien sollen möglichst über einige Monate wartungsfrei sein. Die »Monozelle« *R20* ist für solche Aufgaben eine günstige Lösung. Nur selten wird eine aus diesen Zellen zusammengesetzte Batterie direkt im jeweiligen Gerät untergebracht werden. Bei räumlich verteilten Anlagen bringt das auch nur geringe Vorteile. In dem Buch *Elektronikbasteln im Wohnbereich* war eine Selbstbaubox enthalten, speziell gebaut zur Langzeitspeisung eines Taschenempfängers. Ab 6 V, also 4 Zellen, kann das noch immer als zweckmäßige Alternative gelten.

Viele der im vorliegenden Buch beschriebenen Geräte kommen aber bereits mit 4,5 V aus und sind noch bei 3 V funktionsfähig. Darüber hinaus lassen sich viele Schaltungen so modifizieren, daß sie selbst bei 2 V ihrer Aufgabe noch gerecht werden. Für die Nennspannungen 3 V und 4,5 V aber gibt es Stableuchten. Sie bieten nicht nur eine meist recht zuverlässige Lösung des Kontaktierungsproblems, sondern enthalten gleich noch den bisweilen nötigen Schalter.

Statt des Lampenkopfs muß bei den rohrförmigen Ausführungen ein Adapter eingeschraubt werden. Jede defekte Kleinglühlampe liefert dafür kostenlos das Ausgangsmaterial. Man entfernt vorsichtig den Glaskörper aus dem Sockel und lötet statt der

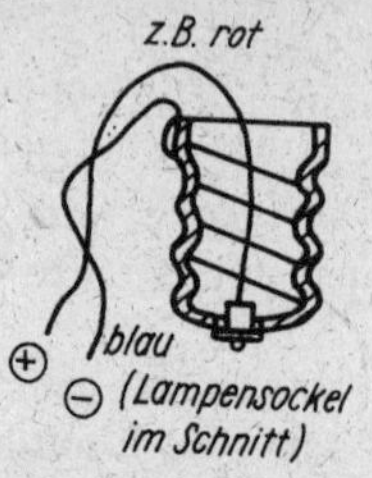

Bild 3.4
Batterieanschlußadapter aus defekter Glühlampe für Stablampengehäuse als Monozellenbatteriebehälter mit Schalter

Lampendrähte 2 Litzendrähte möglichst unterschiedlicher Farbe ein (Bild 3.4). Das ist schon alles. Wenn *R14*-Elemente genügen, stehen auch flache Taschenleuchten zur Verfügung, bei denen diese Zellen nebeneinander eingesetzt werden. In diesem Fall schafft direktes Anlöten an die Kontaktfedern des Behälters sicheren Kontakt.

Im übrigen empfiehlt es sich, die Kontaktierungsstellen leicht mit Vaseline zu fetten. Besonders in feuchtegefährdeter Umgebung, wie Dachboden, Garten oder Keller, sollte ein auslaufsicherer Monozellentyp benutzt werden. Gelegentliche Kontrollen gelten dann in erster Linie möglichen Korrosionserscheinungen. Anlagen, die man bei solchen Kontrollen oder beim Batteriewechsel nicht außer Betrieb setzen kann bzw. möchte, erhalten am besten 2 parallele Batterieanschlüsse. Bei Eingriffen kann dann eine Stützbatterie eingesteckt werden.

Das Problem des lösbaren Batterieanschlusses wird dabei meist erst erkannt, wenn man an dieser Stelle angelangt ist. Es gibt viele Steckverbinder in der Elektronik, die mehr oder weniger streng bestimmten Einsatzbereichen zugeordnet sind. Das hat gute Gründe, vorrangig auch solche der Sicherheit. Kontaktwerkstoff und konstruktive Gestaltung ergeben einen gewissen Bereich von Strom und Spannung, für den sich der Steckverbinder am besten eignet.

Der Heimelektroniker, der seine selbstgebauten Geräte auch selbst bedient und benutzt, hat nun etwas Spielraum, handelsübliche Kontaktbauelemente für seine speziellen Zwecke zu nutzen. Hauptsächlich geht es darum, zu verhindern, daß dabei Gefahren – von Lebensgefahr bis Brandgefahr – ausgeschlossen werden. Und so, wie prinzipiell

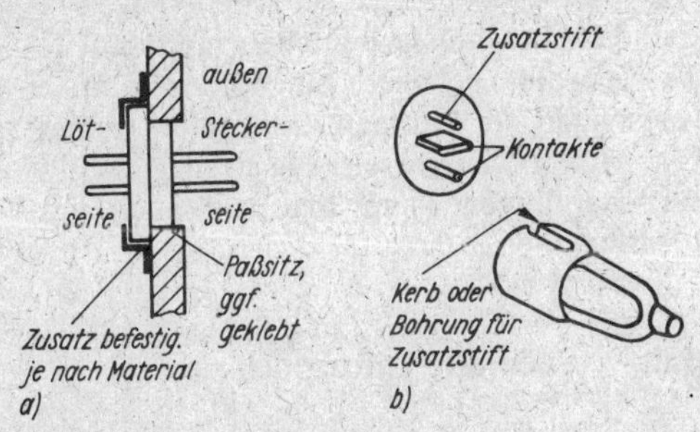

Bild 3.5
a – in Gehäusewand eingepaßte und arretierte Steckeinheit aus einem Lautsprecherstecker als »Batterieanschlußdose« am Gerät, b – 3. Stift verhindert Aufstecken von Fremdkabeln

auch ein »Bananenstecker« in eine 220-V-Dose paßt, gibt es dabei andere, harmlosere Grenzfälle.

Bewährt hat sich für Batteriestromkreise im Bereich bis 2 A das für Lautsprecherverbindungen benutzte Prinzip. Würde man jedoch einfach Lautsprecherstecker an die Geräteschnüre löten und Lautsprecherbuchsen in den Batteriebehälter einbauen, so wäre das die mißverständlichste Variante. Solide 4,5 V mit 5 A Kurzschlußstrom sind durchaus in der Lage, einen Kleinlautsprecher thermisch zu überlasten, wenn sein Stecker in diese Buchse eingeführt werden würde. Und wer kann andrerseits verhindern, daß das mit solchem Stecker ausgerüstete Gerät in eine »echte« Lautsprecherbuchse eingeführt wird?

Vernünftiger erscheint da schon die folgende Speziallösung. Sie hat sich schon vielfach bewährt.

Man nehme eine Lautsprecherkupplung – Stecker und Buchse – und demontiere den Stecker. Sein eigentliches Steckerteil wird in das Gerät eingebaut, sozusagen als »Gerätesteckdose«. Bild 3.5a zeigt, wie man dieses Teil in Gehäusewänden montieren kann. Um zu verhindern, daß sich dort ein Fremdgerät anschließen läßt, dessen Zuleitung in

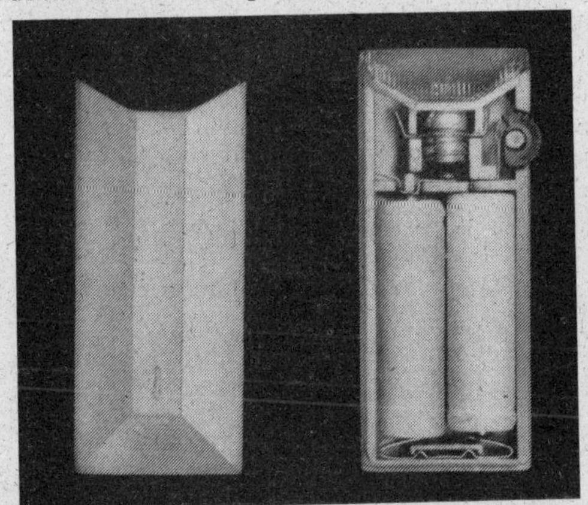

a)

b)

c)

Bild 3.6
a – Taschenleuchte für 2× *R6* als Kleinstbatteriebehälter, b – symmetrische Quelle für 2×3 V mit 2 Einschaltern aus 2 Leuchtengehäusen nach a), c – kleiner 6-V-Behälter ohne Schalterteil

einer passenden Kupplungsbuchse endet, wird eine zusätzliche Sicherung, z. B. im Sinne von Bild 3.5b, angebracht. Dafür genügt schon ein 1-mm-Stift in der Gerätewand, für den die »zugelassene« Buchse eine Bohrung oder Aussparung erhält.

Geräte kleineren Strombedarfs oder mit jeweils kürzerer Einsatzzeit kommen mit *R6*-Zellen aus. Ihre Kontaktierung verlangt keine so großen mechanischen Kräfte wie Monozellen.

In diesem Buch sind Geräte enthalten, wo solche Zellen zwischen entsprechend gemusterten kupferkaschierten Halbzeugstreifen mit kleinen Federblechkontakten untergebracht sind, und im vorigen Abschnitt ist bereits auf die Plastdeckellösung hingewiesen worden. Für 3- bis 6-V-Versorgungen gibt es aber in Form der 3-V-Taschenleuchte für *R6*-Zellen ebenfalls einen zuverlässigen Aufnehmer (Bild 3.6a). Als einmalige Investition läßt sich der Preis dieser praktischen Kleinleuchte vertreten, selbst bei Einsatz von 2 Exemplaren. Die aus schlagzähem Polystyrol bestehenden Gehäuse können aneinandergeklebt werden, so daß »gerätegerechte« Aufnehmer für 6 V oder auch für 9 bzw. 12 V entstehen (Beispiel s. Bild 3.6b). Der Lampenkopfteil kann abgesägt oder wieder im schon beschriebenen Sinne als Einschalter benutzt werden. (Auch dann läßt er sich noch etwas kürzen, aber Rastpunkt nicht mit absägen!) Übrigens ergibt sich dabei noch die sehr interessante Variante einer symmetrischen 2 × 3-V-Versorgung mit Schaltern in beiden Zweigen für moderne Operationsverstärker wie die der Reihe *B 761 D*, die schon mit solch kleinen Spannungen betrieben werden können.

In jedem dieser Einsatzfälle sichert der (ebenfalls kürzbare) Schiebedeckel die Zellen zuverlässig vorm Herausgleiten. Ein solcher Aufnehmer eignet sich darüber hinaus gut für die bei Manuskripterarbeitung sowohl im Fotohandel wie in Verbindung mit *Walkman*-Importen auch einzeln und geräteunabhängig angebotenen Nickel-Cadmium-Akkumulatoren der Baugröße *R6*. Bei Langzeiteinsatz beachte man aber ihre Selbstentladung!

Die geringsten Probleme bereiten die für viele Zwecke benutzbaren Taschenlampenakkumulatoren 2 V/0,5 Ah. Ihre leicht federnden Anschlüsse brauchen meist nur etwas gewölbt gebogen zu werden, um in selbstgefertigte Rahmen aus kupferkaschiertem Material zu passen. Bei strengeren Einsatzforderungen kann man sie auch problemlos löten.

3.5. Spezielle Informationen

Dieses Buch enthält – seiner Bestimmung gemäß – eine größere Anzahl von Leiterplattenvorlagen. Viele von ihnen haben sich bereits als Objekte von Bauplänen bewährt, und es gibt für sie die bereits angesprochenen ätzfesten *typofix-electronic-special*-Reibefolien im Amateurbedarfshandel. Andere sind erst im Rahmen der Arbeiten zu diesem Buch entstanden. Sie haben damit noch keine entsprechende »Bewährungsphase« hinter sich, in der die Leiterbilder oft noch optimiert werden. Für sie muß man also dann wirklich selbst zur Röhrchenfeder o. ä. greifen, und man sollte bei der Übertragung auch stets den Stromlaufplan dazu im Auge behalten. Die als Raster hinterlegten, »durchschimmernden« Leiterbilder in den Bestückungsplänen sind eine gute Hilfe bei der Kontrolle darauf, ob sich nicht zwischen Entwurf und gedruckter Reinzeichnung noch der Fehlerteufel unbemerkt eingeschlichen hat.

Auf Grund längerer Erfahrungen in der Anwendung dieser meist recht kompakt (weil möglichst an das genannte Format gebunden) aufgebauten Platten haben sich 2 Einzelheiten quasi »standardisiert«: Bis auf Ausnahmen bezüglich Platzbedarf tragen alle Platten 4 Ecklöcher, je 2,5 mm vom Rand entfernt und mit Kupfer umgeben. Man bohrt sie am besten 1 mm im Durchmesser. Durchgesteckte, gegebenenfalls angelötete oder auch nur anschließend abgebogene Drähte sind dann Befestigungselemente, die für viele Anwendungen ausreichen. Diese Drähte können mit dem Lötkolben z. B. thermisch in Plastwände eingedrückt oder an kupferkaschierten Gehäuse-Innenwänden angelötet werden.

Die zweite Einzelheit besteht in der meist umlaufenden Masseumrandung. Damit führt die Platte, soweit realisierbar, rundum Bezugspotential. Das ist zu beachten, wenn von den Ecklöchern aus leitend montiert werden soll. Gegebenenfalls, wenn in elektrisch kritischen Fällen nur 1-Punkt-»Erdung« zulässig ist, bohrt man die Lochränder frei und benutzt Drähte mit darübergeschobenem Isolierschlauch.

Übrigens sind die Eckbohrungen auch noch gut für M2-Gewinde geeignet. In allen anderen Fällen steht die Masseumrandung alternativ zum Anlöten der Baugruppe zur Verfügung. Auch Kleinstgeräte in »offener Bauweise« sind denkbar, die an 2 gegenüberliegenden oder auch an allen 4 Seiten mit angelöteten Halbzeugplättchen versehen werden. Sie stehen dann wie offene Kästen, und in diesen Seitenwänden lassen sich Buchsen oder kleine Bedienelemente einbauen.

Übrigens: mit 40 mm × 50 mm liegt dieses Leiterplattenformat in einer gut an eine »Batterie« aus 3 nebeneinanderliegenden *R6*-Zellen angepaßten Größenordnung. Wird von vornherein auf ein solches Minigerät gezielt, dann verbreitert man die Platte schon bei der Herstellung allseitig um je 2,5 mm auf 45 mm × 55 mm und versieht sie mit einem Rahmen wie beschrieben.

Bei etwa 15 mm Randhöhe kann dann leiterseitig mit einer zwischengelegten Isolierfläche eine solche 4,5-V-Kleinbatterie installiert werden. Die Rahmenstabilität läßt Einbau kleiner Blattfedern zu, etwa aus alten *RZP2*-Akkumulatoren.

Auf den Leiterplatten fallen bisweilen »überflüssig« erscheinende Bohrungen auf. Das bezieht sich vor allem auf Transistoren und Kondensatoren. Bei erstgenannten wird so auf die unterschiedlichen Bauformen und Einbaurichtlinien Rücksicht genommen: Einen *SF 136* etwa setzt man in »Dreieckanordnung« ein, einen *SC 236* dagegen in die 3 auf einer um 45° geneigten Linie liegenden Bohrungen. So hat eine Transistoranschlußfläche bisweilen 4 statt 3 Lötaugen und damit größere Freizügigkeit im Einbau. Nur in Extremfällen wurden Plasttransistoren im einfachen Rastersprung eingesetzt. Auf Grund ihrer Beweglichkeit und der damit erhöhten Belastung der dann kleineren Lötaugen ist das weniger zu empfehlen als innerhalb der üblichen DIL-Schaltkreisanordnung (»dual in line«), wo die Anschlüsse starr in ihren Bohrungen bleiben.

Wegen der nie ganz sicheren Bauelementesituation sind so auch bei Widerständen meist 5 mm Abstand gewahrt worden, wenn die Baugröße 2 × 7 einfachen Rastersprung ebenfalls gestatten würde. Doch bisweilen erhält man nur 3 × 11, und da ist es schon gut, daß die Widerstände auf Grund der Leiterplattengestaltung überwiegend auf 12,5 mm Länge abzuwinkeln sind!

Kondensatoren haben dagegen – von ihrer Herstellungszeit wie von unterschiedlichen Technologien bedingt – für gleiche Einsatzmöglichkeiten oft sehr unterschiedliche Baugrößen. Wo immer sich das machen ließ, erhielt die Leiterplatte für ein solches Bauelement mehrere Bohrungen zur Wahl. Das betrifft z. B. auch Scheibenkondensatoren, bei denen 2,5, 5 und 7,5 mm üblich sind. Stehende Elektrolytkondensatoren überdecken z. B. hauptsächlich den Bereich von 1 Rastereinheit (2,5 mm), »Diagonalraster« (etwa 3,75 mm) und 5 mm. Daher wird man auch bei ihnen bisweilen einen »Wahl«-Anschluß zusätzlich im Leiterbild finden.

Schließlich noch ein Wort zu den Schaltkreisen und ihren Darstellungen in den Stromlaufplänen. Unter Fachleuten gilt es als selbstverständlich, daß die meist an feste Plätze gebundenen Stromversorgungsanschlüsse gar nicht mit »erwähnt« werden, es sei denn, weil genau dort ein Kondensator liegen muß.

Damit auch das für den weniger spezialisierten Leser übersichtlich bleibt, wurden dagegen im allgemeinen diese Anschlüsse im Stromlaufplan mit angesprochen. Darüber hinaus tragen die Schaltkreissymbole, bei denen das sinnvoll erschien, auch noch die Numerierung ihrer Anschlüsse. Die »1« in vielen Bestückungsplänen auf dem jeweiligen Schaltkreis zeigt, von wo aus nach rechts und auf der anderen Seite wieder zurück gezählt werden muß (Blick von oben auf den Schaltkreis, 1 links unten unter Kennmarke).

4. Signale: Kopplung zwischen Mensch und Technik

Zu den heute wohl wichtigsten Wirkungen der Elektronik gehört der Informationsaustausch zwischen den Menschen. Ihm wurde in diesem Buch ein besonderer Abschnitt gewidmet. Doch die Nutzung der modernen Technik selbst ist notwendig verbunden mit einem Informationsaustausch – sowohl zwischen Mensch und Technik wie innerhalb technischer Systeme. Das ist schaltungsintern wichtig. Die Kopplung zwischen Mensch und Technik dagegen stellt ein Gebiet dar, das unbedingt zum Thema Wohnen gehört. Ein wenig in Richtung der Kopplung zwischen Mensch und Mensch per einfacher Technik erweitert, bildet es den Inhalt des nun folgenden Abschnitts. Zitieren wir dazu das erste Wohnbereichs-Bastelbuch, modifiziert auf den gegenwärtigen Stand:

Signale erregen Aufmerksamkeit. Wer an der Wohnungstür Einlaß begehrt, drückt den Klingelknopf. Daß daraufhin heute oft nicht mehr ein schrilles Geräusch ertönt, sondern melodische Klänge den Raum erfüllen, ist ein Verdienst der Elektrotechnik.

Signale sind in Form von Licht und Schall möglich und werden von den unterschiedlichsten Geräten ausgegeben: als Weckton am Morgen, als optische Information bei Ablauf eines Waschvorgangs, als optische und akustische Meldung einer Störung im Tiefkühlfach.

Akustische Signale geben eine »Rundum-Information«. Man kann ihnen kaum ausweichen; selbst in den Schlaf dringen sie ein. Anders verhält es sich bei Gehörgeschädigten. Das Auge muß darum entsprechend mehr leisten. Für sie gibt es z. B. optische »Wohnungsklingeln«, deren Lichtquellen bei günstiger Anordnung ebenfalls mit hoher Wahrscheinlichkeit wahrgenommen werden.

Optische Signale ließen sich ebenfalls vielfältiger nutzen, wenn nicht (vernünftige) gesetzliche Beschränkungen gegeben wären: Ein am Körper getragener Signalempfänger, für den Gehörgeschädigten mit einer Lampenausgabe versehen, erfordert einen lizenzpflichtigen Sender. Allerdings dürften Ultraschallübertragungseinrichtungen und leistungsfähige Infrarotsender zunehmenden Einsatz finden können.

Für optische Signale gibt es im allgemeinen gegenüber akustischen weniger Anwendungsmöglichkeiten; jedoch können sie die akustischen unterstützen. Ausreichend sind sie, wenn für die Dauer der Benutzung eine optische Kopplung zwischen Mensch und Gerät besteht oder wenn sie im Blickfeld erscheinen können, z. B. beim Fernsehen. Als »Speicherinformation« ist optischen Signalen ebenfalls der Vorzug zu geben, wenn nämlich bei Alarm nicht sofort reagiert werden muß. Als Beispiel sei die Überwachung des Wasserspiegels in Hydrotöpfen genannt. Anders verhält es sich, wenn der Füllstand einer Badewanne signalisiert werden soll oder wenn es – in der negativen Auswirkung weit weniger dramatisch – um Toastscheiben geht. Zumindest beim Beispiel »Badewanne« empfiehlt sich ein unüberhörbares Tonsignal, möglichst mit Vorwarnung und Redundanz, also Schutz gegen Versagen der Einrichtung.

Wenn auch die Wirkung letzten Endes also stets in der Information des Menschen besteht und sich die Erzeugung von Tönen oder (meist blinkenden) Lichtsignalen auf wenige Grundschaltungen zurückführen läßt, so legen doch die unterschiedlichen Anwendungen und die von ihnen bedingten Schaltungen für die Umsetzung und Auswertung des Ereignisses, das zu melden ist, zahlreiche Modifikationen nahe, die praktisch ein »Maßschneidern« auf den Anwendungsfall hin darstellen. Das bezieht sich vielfach auch auf die konstruktive Seite. In diesem komplexen Sinne sind die folgenden Ausführungen zu sehen.

Nach der Vorstellung von Bauelementen und Grundlösungen für die Eingabe (Aufnahme) und Ausgabe von Signalen folgt eine Sammlung von Schaltungen für Licht- und Schallsignale, die gegenüber dem ersten Wohnbereichs-Bastelbuch überarbeitet, ergänzt und um neue Möglichkeiten erweitert worden ist. Im Interesse der Vollständigkeit wurden dabei solche Schaltungen wieder mit aufgenommen, die zwar nicht als sehr modern, doch noch immer für manchen Zweck eine vorteilhafte Alternative darstellen, gerade vom persönlichen Bestand her gesehen.

4.1. Bauelemente zur Signaleingabe

Bild 4.1, in seinem Aussageumfang aktualisiert, faßt die Aspekte dieses Abschnitts übersichtlich zusammen. Das Ereignis, das die Signalausgabe auslöst, kann recht unterschiedlicher Natur sein. Es benötigt daher für die weitere Verarbeitung meist einen Wandler. An seinem Ausgang ergibt sich eine elektrische Information. Diese kann für die optische oder (und) akustische Signalauslösung aufbereitet werden. Der Eingangswandler entfällt (im allgemeinen), wenn das Signalisierungssystem Teil eines größeren elektronischen Systems ist, bei dem die Information bereits als Pegel(änderung) vorliegt. Der Schwellwertschalter läßt sich dabei einsparen, wenn das System schon solche Sprünge im Pegel liefert. Umgekehrt ist ein solcher Schwellwertschalter bereits Bestandteil vieler komplexerer Wandler, wobei komplex im Zeitalter der Mikroelektronik nicht mit groß im räumlichen Sinne verwechselt werden darf. Ein treffendes Beispiel dafür ist der *Hall*-Schaltkreis *B 461 G*. In bestimmten Einsatzfällen kann man seine Eigenschaften sogar gleich zur direkten Ausgabe eines Ton- oder Blinklichtsignals nutzen, wie noch gezeigt werden wird. Diese aufwandminimierenden Möglichkeiten sind vielen integrierten Spezialschaltkreisen eigen.

Die meisten Eingangsinformationen sind analoger Art, d. h., sie können beliebige Pegelwerte annehmen. Man muß sie daher »klassifizieren«, den Bereich festlegen, in dem die Signalgabe bewirkt werden soll. Im allgemeinen wird das ein oberer oder ein unterer Grenzwert sein. Manchmal wünscht man auch mehrere Stufen (Beispiel: 1 Solltemperaturbereich mit seiner optimalen Temperatur und 2 Grenzwerten).

Von den zahlreichen außerdem noch denkbaren oder künftig interessant werdenden Eingangswandlern wurde die folgende Auswahl getroffen, die gegenwärtig für die im vorliegenden Buch angestrebten Wirkungen repräsentativ ist.

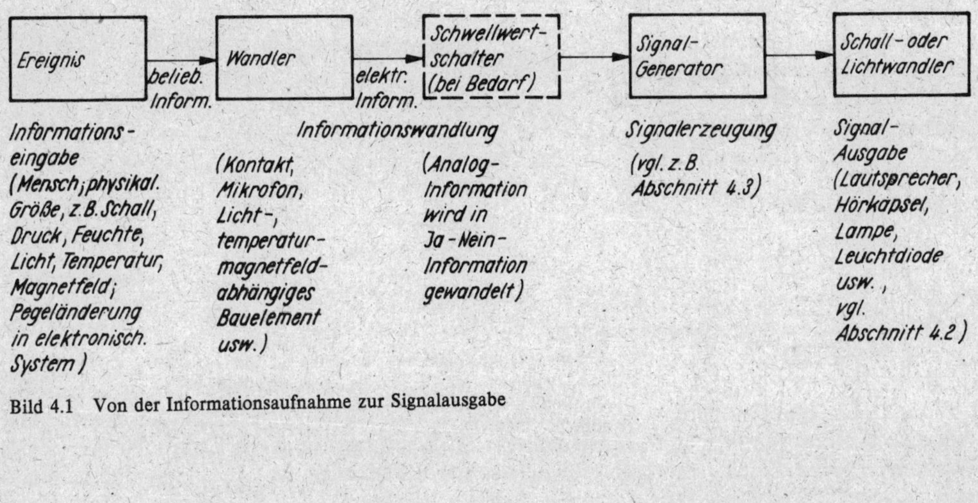

Bild 4.1 Von der Informationsaufnahme zur Signalausgabe

4.1.1. Eingabe durch Berührung

Der elektrische Kontakt als einfachster »Wandler« von mechanischer Wirkung in elektrische (indem er einen Stromkreis schließt oder öffnet), ist äußerst effektiv und vielseitig. Ohne weitere Zwischenglieder (es sei denn, es sollen Kreise mit größeren Strömen oder Spannungen beeinflußt werden) vermag er bereits den Signalausgabekreis voll zu schließen oder vollständig zu öffnen. Triviales Beispiel ist der Klingelstromkreis. Für diesen Fall eignen sich alle Arten von Tastern.

Höhere Anforderungen ergeben sich, wenn der Kontakt weitere Vorgänge auslöst, die erst die Signalgabe bewirken. Wird z. B. ein mit Digitalschaltkreisen realisierter Melodiegenerator gestartet, so ist mit der auf den Taster folgenden Eingangsschaltung dafür zu sorgen, daß die durch den Benutzer nicht bemerkbaren kurzzeitigen »Prellungen« für die Schaltung nicht störend wirksam werden. (Prellen ist ein von Federwirkungen bedingtes, meist mehrmaliges Schließen und Öffnen des von außen gesehen bereits geschlossenen Kontakts.) Meist führt das zu der in der Digitaltechnik geläufigen Entprellschaltung mit einem RS-Flip-

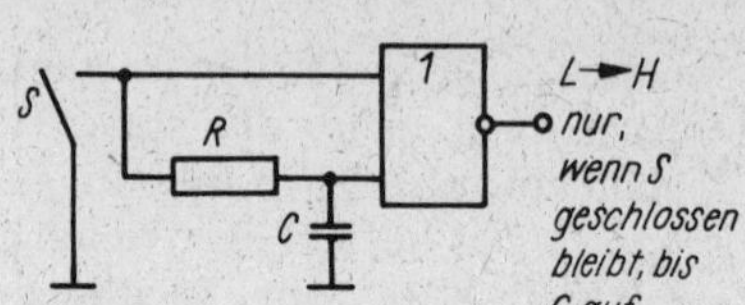

R	System
≤ 470 Ω	D 10-TTL
≤ 1,5 kΩ	DL00-TTL (LS)
≈ 100 kΩ	CMOS

Bild 4.3
Normaler Taster genügt, wenn seine Prellzeit kleiner als die Entladezeit von *C* bis zum L-Pegel ist

Flop (Bild 4.2), die einen Umschalter erfordert. Das Bild wurde bereits um den gegen Störungen auf der Leitung sinnvollen *RC*-Filtervorsatz erweitert. Die beiden auf Plus liegenden Widerstände stellen eine weitere Maßnahme zur Erhöhung der Störfestigkeit dar, da sie die offenen Eingänge definiert auf H-Potential legen. Mit einem normalen Taster kommt man aus, wenn nach Bild 4.3 verfahren wird. Der Taster darf dann jedoch nicht länger prellen, als bis der Kondensator *C* auf die L-Bedingung entladen ist. Ähnlich wirkt dieses Glied gegen kurze Störimpulse auf der Leitung bei offenem Kontakt. Der Widerstand darf bei der normalen *D 10*-TTL-Reihe wegen der L-Ein-

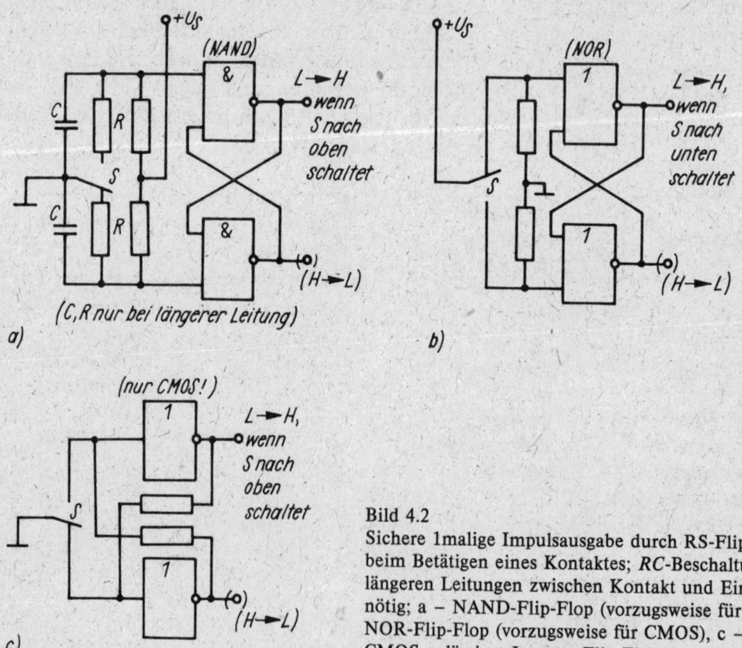

Bild 4.2
Sichere 1malige Impulsausgabe durch RS-Flip-Flop beim Betätigen eines Kontaktes; *RC*-Beschaltung bei längeren Leitungen zwischen Kontakt und Eingang nötig; a – NAND-Flip-Flop (vorzugsweise für TTL), b – NOR-Flip-Flop (vorzugsweise für CMOS), c – bei CMOS zulässiges Inverter-Flip-Flop

gangsstrombedingung 470 Ω nicht überschreiten. Bei CMOS dagegen können selbst Werte um 100 kΩ noch als zulässig gelten.

Neben dem primären Einsatz als Übergang von der mechanischen Wirkung auf das Beeinflussen eines Stromkreises haben Kontakte in Relais ein großes Einsatzgebiet. In üblichen elektromechanischen Relais wird meist ein ganzer Kontaktsatz bei Erregen der Wicklung mit dem erforderlichen Produkt $I \cdot w$ geschaltet. In Schutzgaskontakten *(Reed-Relais)* wird dagegen meist nur ein Kontakt von einer auf dem Glasrohr aufgebrachten Wicklung oder auch durch einen in die Nähe gebrachten Permanentmagneten geschlossen. Die letztgenannte Art ist übrigens eine mögliche »Schwellwert-Eingabe«, bei der eine sich »analog« ändernde Entfernung zweier Gegenstände »digitalisiert« ausgewertet wird, wenn sie einen kritischen Wert erreicht hat.

Kontakte unterliegen elektrischem und mechanischem Verschleiß und sind unterschiedlich klimatisch empfindlich. Daher hat Eigenbau nur in wenigen Fällen Sinn – man greife auf industrielle Produkte zurück! Kontakte im weiteren Sinne sind auch in leitende Flüssigkeiten tauchende Elektroden oder leitender Gummi, der bei einem bestimmten Druck einen Kontakt herstellt. Beides sind keine idealen Kontakte, und sie unterliegen im Falle der Elektroden außerdem noch Randbedingungen durch das Medium, in das sie eintauchen (chemische Wirkungen). In den entsprechenden Abschnitten werden sie unmittelbar mit der Aufgabenlösung behandelt. Ähnliche Probleme chemischer Art bestehen bei Berührungsflächen. Der Begriff *Sensoren* für solche Eingabestellen ist stets in Verbindung mit einer mehr oder minder aufwendigen elektronischen Schaltung zu sehen. Abhängig von der Betriebsart und den dabei gegebenen Spannungen können Aufwand und elektrische Schutzmaßnahmen unterschiedliches Ausmaß annehmen.

Im heute wohl geläufigsten Fall der Berührungstasten von Fernseh- und Rundfunkempfängern werden Stromkreise geschlossen, deren Innenwiderstand viele Male höher als der Hautwiderstand des schaltenden Fingers ist. Typische Werte sind 22 MΩ als Vorwiderstand und die Größenordnung von einigen zehn bis einigen hundert Kiloohm für den Hautwiderstand. Wo nicht gerade mit MOS-Schaltkreisen für diesen Zweck gearbeitet wird (sie erfordern beim *U 700 D* 27 V Betriebsspannung und beim *U 705 D* immerhin noch 12 V), kommen die Eingangswiderstände der Schaltung schnell in die Größenordnung des Hautwiderstands. Auch für solche Eingänge ist CMOS-Technik ideal. In jedem Fall muß man aber dafür sorgen, daß Feuchte und Schmutz zwischen den Elektroden nicht zu solchen Widerständen führen, daß Fehlauslösungen entstehen. Die Grenzbedingung dafür ergibt sich aus den Daten der Schaltung. Günstig ist für den Amateur eine Eingangscharakteristik, die erst unterhalb von etwa 0,5 MΩ auslöst. (Besser einmal den Finger etwas anfeuchten müssen als ständigen Fehlauslösungen schon bei feuchter Luft ausgesetzt sein!) Das erleichtert die Konstruktion solcher Tasten wesentlich. Sie können dann meist schon auf normalem kupferkaschiertem Hartpapier realisiert werden, lassen sich also leicht ätzen. Wenn möglich, sollte ein Trennspalt

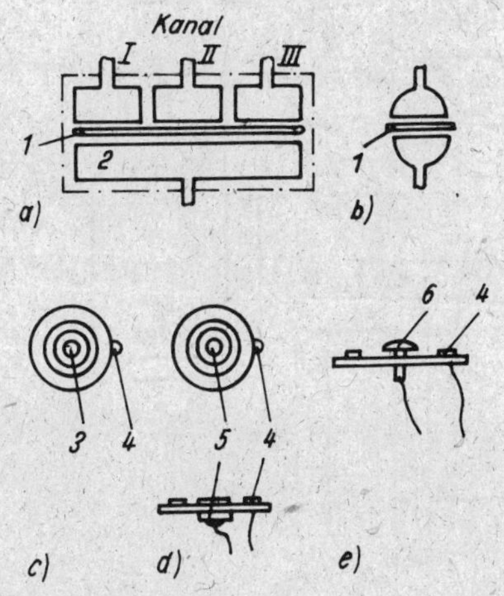

Bild 4.4
Sensorflächen für die Eingabe von Schaltbefehlen durch Fingerberührung: Hautwiderstand bildet (hochohmige) Brücke; a – Mehrkanalschalterflächen auf Leiterplattenmaterial (–·–Öffnung in der Abdeckung, 1 gesägter Schlitz, 2 gemeinsame Elektrode), b – Flächenkontakt (1 – eventuell gesägter Schlitz), c – konzentrische Elektroden (3,4 Bohrungen zum Kontaktieren), d – konzentrische Elektroden mit Hohlniet 5 (4 wie c, in Hohlniet von unten Draht einlöten), e – Zierreißzwecke (6) als Mittelkontakt (Kupferflächen, eventuell galvanisch veredelt)

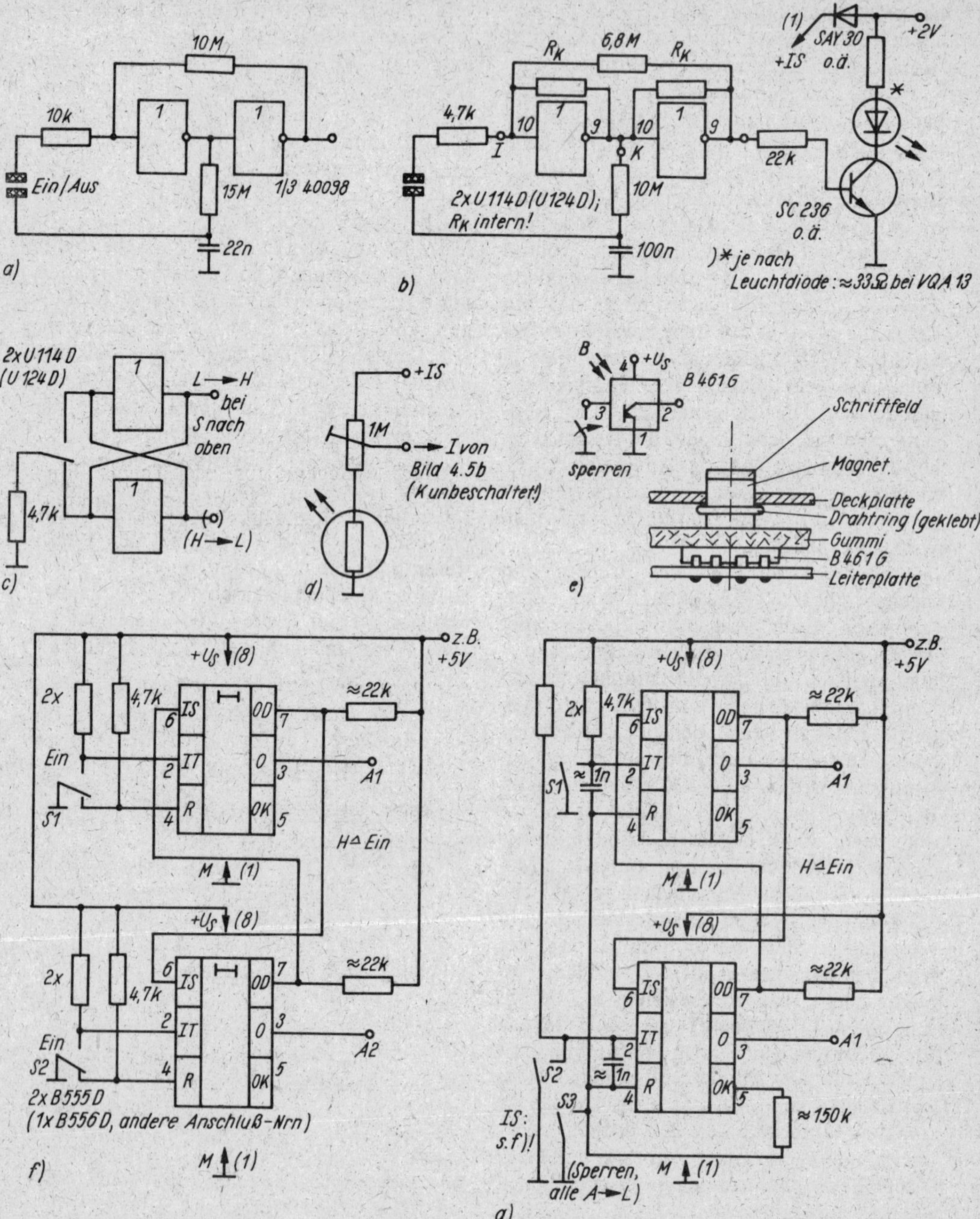

Bild 4.5 Eingabeschaltungen für unterschiedliche Zwecke; a – CMOS-Sensorumschalter aus ⅓ Hexinverter mit nur einem Elektrodenpaar, b – Variante zu a in »Kleinstspannungslogik« und mit Endstufe, c – Kleinstspannungslogik-Flip-Flop, d – Eingabe durch Licht in Kleinstspannungs-CMOS-IS, e – Vorschlag für Selbstbau von *Hall*-Tasten, f – Tasten mit gegenseitiger Verriegelung (2 × *B 555 D* oder 1 × *B 556 D*), g – Tasten mit gegenseitiger Auslösung

eingefügt werden, der Schmutzbrücken verhindert.

Bild 4.4 zeigt mögliche Ausführungen einfacher Sensorflächen. Für das Starten zeitlich von der Schaltung selbst begrenzter Abläufe genügt eine einzige Eingabefläche (oder -taste). Umschalteinrichtungen benötigen eine entsprechende Anzahl. Die (innere) Organisation von Sensorschaltkreisen bewirkt dabei z. B., daß beim Berühren einer anderen als der vorher betätigten Fläche intern auf den gewünschten Kanal durchgeschaltet wird.

Viele Ein-Aus-Schalter erfordern 2 Sensorflächenpaare. Daß ein Sensorumschalter aber auch mit einem einzigen Flächenpaar auskommen kann, beweist die Schaltung in Bild 4.5. Der Kondensator am Fußpunkt der Eingabeschaltung (Bild 4.5a) speichert den jeweiligen Schaltzustand, ist also je nach Ausgangspotential des 1. Gatters geladen oder entladen. Dieses zum Eingang inverse Potential (auf die Logikbedingungen bezogen) wird durch Überbrücken der Sensorflächen mit dem Finger dem Eingang mitgeteilt und veranlaßt Gatter 1 zum Umkippen. Der neue Zustand wird durch den Koppelwiderstand vom Ausgang des 2. Gatters definiert gehalten; denn dieser Ausgang nimmt beim Umschalten jeweils das Eingangspotential an. Diese Schaltung ist mit einem CMOS-Gatterschaltkreis vom Typ *V 4011 D* gleich 2mal realisierbar.

»Tippeingaben« in digitale Schaltungen haben in den letzten Jahren erheblich an Bedeutung zugenommen. Man muß nicht unbedingt bis zum Selbstbaucomputer denken, der in diesem Buch selbstverständlich nicht behandelt werden kann. Doch auch schon beispielsweise der Einsatz von Speicherschaltkreisen für einfachere Anwendungen legt es nahe, sich nach zuverlässigen Eingabemöglichkeiten umzusehen. Einen weiteren typischen Einsatzfall im Wohnbereich stellen Kodeschlösser dar. Im folgenden werden darum noch 3 weitere Varianten angeboten, die aus dem Schaltkreisangebot der jüngeren Zeit heraus möglich geworden sind.

Die Schaltung nach Bild 4.5 z. B. kann auch mit 2 Stück eines 1984 noch äußerst preisgünstig angebotenen Spezialschaltkreises realisiert werden, der ursprünglich für elektronische Analoguhren entwickelt worden ist. Benutzt wird jeweils nur der Eingangsinverter. Es handelt sich um den CMOS-Uhrenschaltkreis *U 114 D* bzw. *U 124 D*, der in beiden Varianten als preisgünstiger Amateurtyp (*S* statt U) in großen Mengen in den Handel gelangt ist. Sein Einsatz bietet sich besonders in Fällen an, bei denen mit besonders kleinen Betriebsspannungen gearbeitet wird, denn er funktioniert zwischen etwa 1,35 und 1,8 V. Sein geringer Betriebsstrom (durch die hier nicht benutzte Folgeschaltung typisch 50 µA) legt bei höheren Betriebsspannungen einfaches Stabilisieren mit einer Leuchtdiode nahe. Bild 4.5b zeigt eine bereits um eine Kleinleistungsschaltstufe erweiterte Schaltung für einen solchen Sensor-Ein-Aus-Schalter.

»Nachzureichen« für das Thema Eingangs-Entpreller ist für diesen Schaltkreis die extrem einfache Schaltung nach Bild 4.5c. Als Vorgriff auf die Ausführungen zu lichtempfindlichen Eingängen schließlich mag Bild 4.5d gelten, wiederum im Sinne solcher ja vorerst durchaus nicht alltäglichen Kleinstspannungs-CMOS-Logik.

Interessante Lösungen für digitale Eingaben lassen auch *Hall*-Schaltkreise zu. In Form des Basteltyps *R 461 D* ist dieses Bauelement derart preisgünstig, daß es sich für den »Vielfacheinsatz« geradezu anbietet. Im 1984/85 angebotenen Bastelbeutel waren 6 dieser Schaltkreise zusammen mit 6 kleinen Magneten enthalten. Bild 4.5e zeigt die einfache Beschaltung des mit einem offenen Kollektorausgang versehenen Schaltkreises und skizziert eine mögliche mechanische Lösung für Eingabetasten zum Einfach- oder Mehrfacheinsatz. Interessant ist auch die durch den offenen Ausgang gegebene Möglichkeit, mehrere Ausgänge einfach parallelzuschalten, so daß man Eingaben an mehreren Orten vornehmen kann. Voraussetzung: Es treten keine Störungen durch andere Systeme auf (eingekoppelte Impulse).

Vielfach tritt das Problem auf, Tasteingaben gegenseitig zu verriegeln oder auszulösen. Auch dazu kann man sich inzwischen preisgünstiger Bastelschaltkreise bedienen, z. B. des *R 555 D*, der Amateurvariante des *B 555 D*. Bild 4.5f und Bild 4.5g aus der *electronica*-Broschüre zu diesem Schaltkreis zeigen solche zudem noch prellfreien Lösungen.

4.1.2. Eingabe durch Schall

Geräusche sind ein ebenso interessantes wie problematisches Mittel der Signalauslösung: interessant, weil (wie auch das Licht) über kurze Entfernungen ohne direkten Kontakt mit dem Aufnehmer wirksam, problematisch, weil die »normale« Umgebung von Geräuschen erfüllt ist, zumindest in städtischen Wohngebieten mit stärkerem Straßenverkehr. Eine eindeutige Auslösung eines Signals gezielt auf das Ereignis hin, das allein signalisiert werden soll, setzt Maßnahmen hinsichtlich Amplitude oder Frequenz voraus. Das heißt: Entweder muß das auslösende Signal deutlich lauter sein als die Grundgeräusche (z. B. im Falle eines »Klatsch«-Schalters gegeben), oder es muß frequenzselektiv ausgewertet werden können. Zusätzlich ist noch eine (u. U. aufwendige) Pulsmodulation erforderlich, um gegen Störungen unempfindlich zu werden. Solche Verfahren ähneln den Aufgabenstellungen der Modellfernsteuertechnik.

Als anderer Extremfall zum hohen Geräuschpegel ist die Auswertung von »Stille« zu sehen. So läßt sich z. B. an einem entfernten Ort der Ausfall eines Motors bzw. das Ende eines mit hohem Geräuschpegel verbundenen Vorgangs berührungslos überwachen.

Am besten zugänglich sind Bauelemente für den normalen Hörbereich. Ultraschallwandler stehen jedoch in Fernbedienungsteilen von Fernsehempfängern zur Verfügung. In Spezialfällen kann daher mit einem »Handsender« und einer entsprechend aufgebauten Gegenstation eine Ultraschallschaltstrecke im Wohnbereich realisiert werden.

Die üblichen Wandler von Schall in elektrische Amplitudenänderungen reichen vom Kohlemikrofon über das dynamische Mikrofon und den als Mikrofon benutzten Kleinlautsprecher bis zum modernen Elektretmikrofon in Kassettenrecordern, das jedoch infolge des direkt angebauten Vorverstärkers mit einer Hilfsspannung versorgt werden muß (im allgemeinen 1,5 V). Weitere Möglichkeiten zur Schallwandlung bestehen in Hörkapseln von Kopfhörern, Ohrhörern und alten Telefonen. Bis auf das Kohlemikrofon, das als schalldruckabhängiger Widerstand eine Hilfsspannung braucht und dessen Einsatz auf spezielle Anwendungen beschränkt ist, bei denen vor allem geringer Verstärkeraufwand gefordert wird, geben alle anderen Typen beim Beschallen eine Wechselspannung mit Schallfrequenz ab. Sie liegt im Millivoltbereich (typisch um 1 mV). Abhängig vom Innenwiderstand des Wandlers bricht sie bei Belastung mit dem Verstärker-Eingangswiderstand entsprechend zusammen. Dabei empfiehlt sich im Interesse eines vernünftigen Frequenzgangs meist Abschluß etwa mit dem eigenen Innenwiderstand, was allerdings bei der Auswertung von Schallereignissen (über Schwellwertschalter) eine geringere Rolle spielt als beim Einsatz als Mikrofon für analoge Sprach- oder gar Musikübertragung. Die bei hochohmigem Abschluß ungedämpft wirksam werdenden Eigenresonanzen können dagegen in einfachen Selektivsystemen vielleicht sogar genutzt werden; manchmal läßt sich der Effekt noch mit einem entsprechend großen Kondensator durch Resonanz im Tonfrequenzbereich verbessern.

Die Verstärkung dieser Spannungen auf Werte, mit denen Schwellwertschalter angesteuert werden können, ermöglichen Wechselspannungsverstärker. Für Überwachungszwecke ohne die Möglichkeit billiger Netzspeisung war bisher stromarmen Einzeltransistorschaltungen der Vorzug zu geben. Inzwischen liegt jedoch ein breites Spektrum an Operationsverstärkern vor. Einige von ihnen sind für kleine Betriebsspannungen bei niedrigem Strombedarf geeignet. Operationsverstärker (OPV) lassen sich durch externe Beschaltung auch leicht in Selektivverstärker verwandeln.

4.1.3. Eingabe durch Licht oder Wärme

Das Spektrum dem Amateur zugänglicher Bauelemente reicht heute vom »langsamen« Selen-Fotoelement (für Spezialzwecke sogar zur Speisung der Schaltung geeignet) über ebenfalls relativ träge Fotowiderstände hoher Empfindlichkeit bei teilweise recht hohen verfügbaren Strömen bis hin zu Germanium- und Silizium-Fotodioden und Silizium-Fototransistoren, die höhere Frequenzen zu verarbeiten gestatten. Demgemäß

Tabelle 4.1 Lichtempfindliche Bauelemente für Heimelektroniker

Bauelement	Beispiel	Wirkung	Bemerkungen
Selen-Fotoelement	SeH 13 × 26	als Element: 30 µA in 7 kΩ bei 500 lx, $U_1 \approx 0{,}5$ V als Widerstand: Steigung z. B. etwa 30 µA/V bei 10 000 lx	Bereich 360 bis 700 nm, niedrige Grenzfrequenz (wenige 100 Hz) R_- um 10 kΩ bei 10 000 lx
Fototransistor	SP 201	Kollektorstrom bei Lichteinfall Größenanordnung 1 bis 8 mA bei 1 000 lx	maximale Empfindlichkeit bei 780 nm, Schaltzeiten im µs-Bereich
Fotodiode	SP 101	als Widerstand: 15 µA bei 20 V und 1 000 lx	maximale Empfindlichkeit bei 820 nm, hohe Grenzfrequenz MHz-Bereich
Fotowiderstand	WK 65060	Dunkelwiderstand: > 100 kΩ Hellwiderstand: 0,6 bis 3,6 kΩ bei 100 lx	50 mW, 50 V, bei 540 bis 580 nm maximale Empfindlichkeit niedrige Grenzfrequenz (materialabhängig; PbS: einige 100 Hz)

Tabelle 4.2 Temperaturempfindliche Bauelemente für Heimelektroniker

Bauelement	Reaktion auf Temperaturänderung	Bemerkungen
Leiter (z.B. Cu)	R ändert sich etwa linear um 4 ‰/K	TK positiv, Temperaturbereich nach oben durch Isolation begrenzt
Thermoelement (z. B. Cu/Konstantan)	Thermospannung etwa linear, 40 µV/K	Einsatz bei höheren Temperaturen bis einige hundert Grad Celsius
pn-Übergang	Spannungsänderung etwa linear, 2 bis 3 mV/K, Grundwert etwa 0,6 V bei Zimmertemperatur	TK negativ, R_i klein erforderlicher Flußstrom wenige hundert Mikroampere, obere Temperaturgrenze etwa 125 °C
Polykristalline Halbleiter (TNM-Widerstände)	R-Änderung exponentiell, im Zimmertemperaturbereich um 1 bis 5 %/K	TK negativ, Grenzbelastung ohne Eigenerwärmung 0,5 mW, Einsatzbereich etwa −20 °C bis +150 °C
Integrierter Temperatur-Sensor B 511 N	Stromänderung 1 µA/K	TK positiv, Exemplarwerte 273 µA ± 20 % bei 0 °C, ab 4 V betriebsfähig, Meßbereich −55 °C bis +125 °C

kann die an ein lichtempfindliches Eingangselement anzuschließende Schaltung – je nach Art des Nutzsignals – wieder ein Gleich- oder ein Wechselspannungsverstärker sein. Tabelle 4.1 enthält handelsübliche lichtempfindliche Bauelemente. Temperaturempfindliche Bauelemente sind mit lichtempfindlichen Bauelementen vergleichbar, die mit »Gleichlicht« bestrahlt werden. Demgemäß gelten ähnliche Gesichtspunkte für die Auswertung der Information. Typische temperaturempfindliche Bauelemente sind Heißleiter und pn-Übergang (in Form von Dioden oder Transistorstrecken). Für spezielle Anwendungen lassen sich auch Widerstandsänderungen von dünnen Kupferdrähten ausnutzen (Tabelle 4.2). Für Temperaturmessungen steht inzwischen der Sensor *B 511 N* zur Verfügung. Zur Grenzwertüberwachung mit Schaltcharakteristik hat sich auch der Sensorschaltkreis *B 306 D* als zweckmäßig erwiesen.

4.1.4. Bauelemente zur Potentialtrennung

Auf dem Wege des Signals von der Quelle bis zur Ausgabe bestehen meist Übergangsstellen. Das ist nicht nur etwa der Übergang von Schallwellen oder Lichtwellen von der Quelle zum Aufnehmer der Signalschaltung, also über eine gewisse Entfernung. Auch die gewollte Trennung innerhalb eines bereits als elektrischer Strom wirksamen Signalflusses hat große Bedeutung. Das trifft z. B. für die (nur so zulässige!) Abnahme eines Telefonklingelns vom Tischapparat über eine Fangspule zu oder für ein in den Stromkreis der Hausklingelanlage zusammen mit einer einfachen Gleichrichterschaltung eingefügtes Relais, über dessen Kontakte die gewünschte Signalart geschaltet werden kann. Es betrifft aber auch solche modernen Möglichkeiten wie den Einsatz von Optokopplern, die das Einspielen von Signalen in andere »Informationsstromkreise« zulassen, wobei ein hoher Fremdspannungsabstand ebenso wie eine zuverlässige Potentialtrennung erzielt wird.

4.2. Bauelemente für die Signalausgabe

Noch vor einigen Jahren kam neben Lautsprecher und Hörkapsel für die akustische Signalausgabe auf der optischen Seite nur die Glühlampe in Frage. Ihr relativ hoher Energiebedarf erforderte Netzanschluß bzw. legte sparsame Signalgabe nahe, z. B. in Form kurzer Lichtblitze mit langen Pausen. Optische »Punktinformationen« lassen sich jedoch inzwischen mit rot, grün, orange und gelb emittierenden Leuchtdioden ebenso energiesparend verwirklichen wie die Ziffern- oder Symbolausgaben dadurch feiner quantelbarer Informationen.

Wegen des erforderlichen Aufwands für die Spannungserzeugung (hauptsächlich auf Netzbetrieb beschränkt) sind dagegen Ziffern- und Symbolröhren inzwischen nur noch für ganz spezielle Einsatzfälle von Bedeutung.

Ein wichtiger Vorteil von Festkörper-Anzeigebauelementen gegenüber Glühlampen liegt zum einen darin, daß der bei Lampen

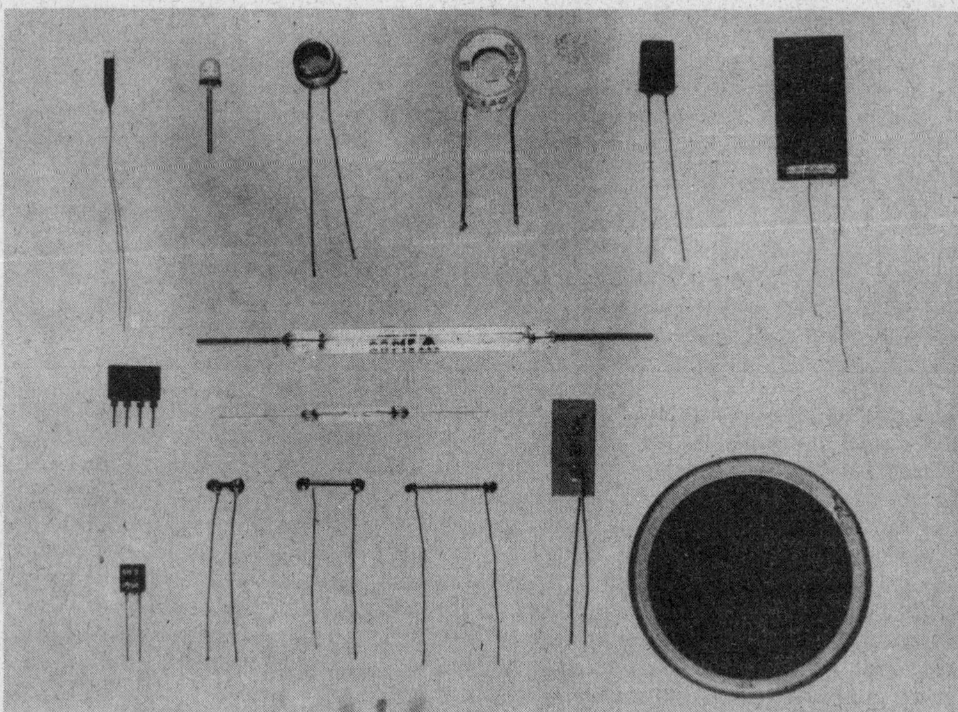

Bild 4.6 Bauelemente für Signalein- und -ausgabe; a – licht-, temperatur- und magnetfeldabhängige Bauelemente

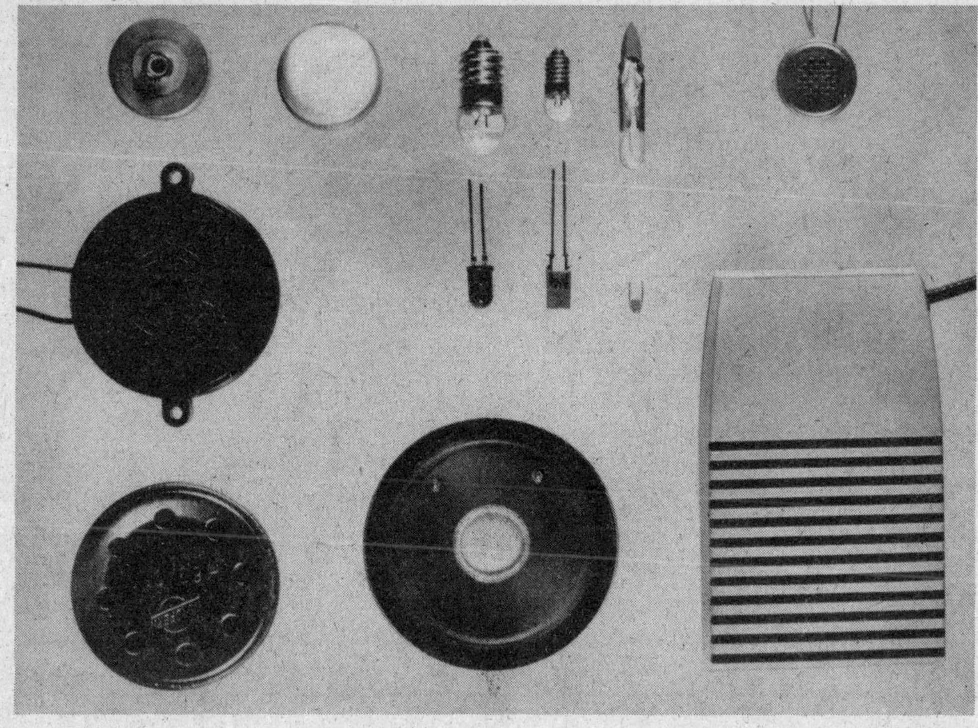

Bild 4.6 b – Schallwandler und Lichtsignalgeber

so gefürchtete hohe Kaltstromstoß fehlt (s. Bild 4.7a!). Zum anderen bieten sie einen weiteren, nicht sofort erkennbaren Vorteil besonders für Batterieanwendungen: Ihre Durchlaßdiodencharakteristik schützt beispielsweise Nickel-Cadmium-Akkumulatoren als Stromquellen in solchen Signaleinrichtungen vor einer unzulässigen Tiefentladung: Je niedriger die Betriebsspannung, um so geringer wird der Strom; er sinkt im Bereich des Kennlinienknicks um mehrere Größenordnungen (Bild 4.7b). Bei bestimmten älteren Typen bieten die unterschiedlichen Schwellspannungen der rot, grün und gelb leuchtenden Dioden (Reihe *VQA 13/15, VQA 23/25, VQA 33/35*) neben einer gewissen Einsatzauswahl für den ebengenannten Fall noch die Möglichkeit, 3 unterschiedli-

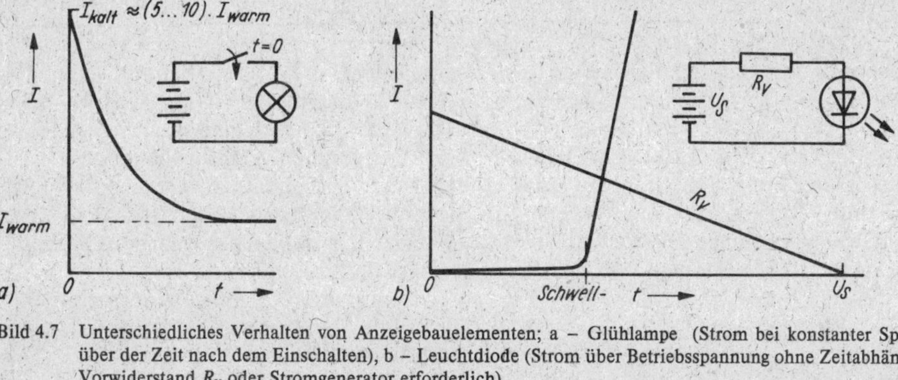

Bild 4.7 Unterschiedliches Verhalten von Anzeigebauelementen; a – Glühlampe (Strom bei konstanter Spannung über der Zeit nach dem Einschalten), b – Leuchtdiode (Strom über Betriebsspannung ohne Zeitabhängigkeit, Vorwiderstand R_V oder Stromgenerator erforderlich)

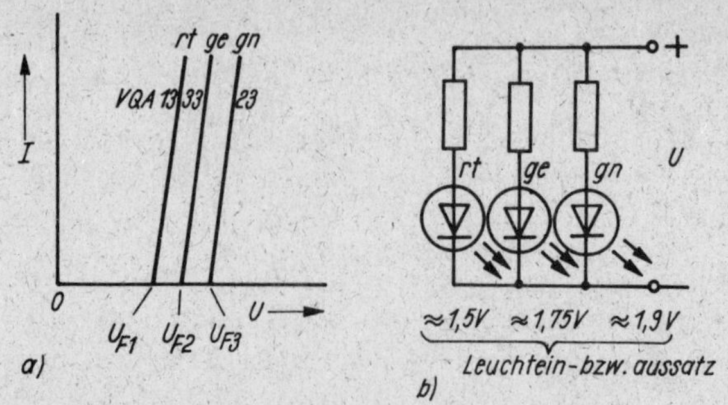

Bild 4.8
Vereinfachte Kurvendarstellung: Die Leuchtdioden der Reihen *VQA 13* und *VQA 15* mit unterschiedlicher Leuchtfarbe weisen auch unterschiedliche Flußspannungen auf, modernere Typen dagegen liegen unabhängig von der Farbe im Bereich der *VQA 23*; a – Kennlinien der genannten Reihen, b – Ausnutzen des Verhaltens zur groben Überwachung einer Spannung in diesem Bereich

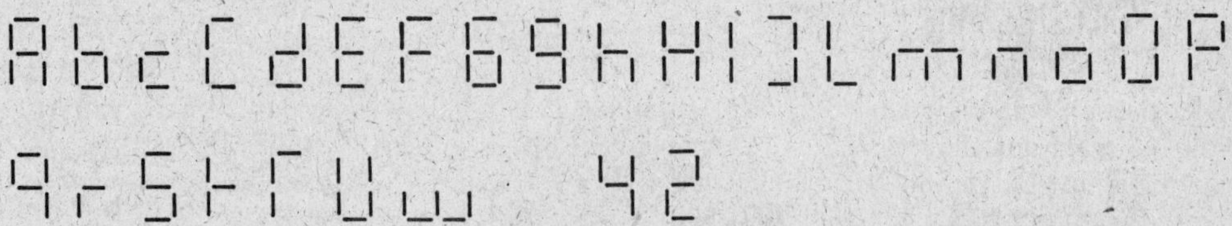

Bild 4.9 Buchstabendarstellungen mit 7-Segment-Ziffernanzeigen (m und w nur bei 90° gedrehter Anzeige)

Tabelle 4.3 Signalausgabebauelemente

Bauelement	Erforderliche Signalleistung	Bemerkungen
Lautsprecher	5 bis 10 mW bei kleinen Typen, größere erfordern mehr	R_L = 4 bis 15 Ω, mit Übertrager beliebig zu erhöhen
Hörkapsel	< 5 mW bei Ausnutzen der Eigenresonanz	R_L = 50 bis 400 (2 000) Ω
Piezokeramischer Signalgeber	ab etwa 1 mW (Resonator!)	von 1 bis 20 V mit 1 mA/V Stromaufnahme; als *piezo-phon* mit eingebautem Generator, als *piezo-signal* mit Generator 2,7 kHz von außen betreibbar
Glühlampe	Typenleistung ab 100 mW, meist um 300 mW	*U*-Bereich ab 1,8 V; hohen Kaltstromstoß (bis 10 × I_{warm}!) beachten
	Leuchtdiode typenabhängig schon bei < 10 mW gut sichtbar; Grenzleistung etwa 50 mW	U_D = 1,8 bis 2,5 V je nach Typ, Farbe und Strom; mit Vorwiderstand gut adaptierbar

che Spannungswerte durch Betrieb an der gleichen Spannung zu unterscheiden (Bild 4.8).

Die eindeutig unterscheidbare Signalisierung bestimmter Ereignisse gerade innerhalb eines »Sammelkopfes« für mehrere Meldungen ist auch durch augenfällige Symboldarstellungen möglich, wenn man die für Amateure 1984/85 noch erhältliche kleine, sparsame Ziffernanzeige *VQB 37* oder – weiter sichtbar – auch die großen, in weitem Betrachtungswinkel ablesbaren neueren Typen (*VQE 21...24* u. a.) benutzt. Bild 4.9 zeigt, daß neben den Ziffern 0 bis 9 – teils in großen, teils in kleinen Buchstaben – nahezu das gesamte Alphabet dargestellt werden kann. Die jeweils anzusteuernden Segmente verknüpft man über Widerstände, die gemeinsam zum Signalausgabepunkt führen. Dort ist im Signalfall eine Betriebsspannung von mindestens 3 V (wegen des erforderlichen Vorwiderstands und des Betriebsspannungshubs) bei einem Mindeststrom je nach Umgebungshelligkeit und Anzeigetyp zwischen 1 mA und 5 mA je Segment bereitzustellen. Diese Anzeigen können zur Energieeinsparung ebenfalls noch blinkend ausgeführt werden, z. B. mit dem weiter hinten beschriebenen Komplementärmultivibrator. Eine Übersicht über Signalausgabebauelemente vermittelt Tabelle 4.3.

4.3. Signalgeber für Licht- und Schallsignale

Akustische Signale müssen nicht melodisch sein – elektronische »Klingeln« vielleicht ausgeklammert. Darum sind rechteckförmige Spannungsverläufe durchaus sinnvoll. Mit *RC*-Multivibratoren lassen sich solche Kurvenformen erzeugen. Die periodische Folge »Strom – ein Strom« im Verbraucher ist auch für die Aufmerksamkeit erregenden Lichtsignale durch die harten Übergänge günstig. Außerdem geht dann im Übergangsbereich kaum Energie im ansteuernden Transistor bzw. Schaltkreis verloren.

4.3.1. Der symmetrische Transistormultivibrator

Multivibratoren aus der »klassischen« Transistortechnik sind symmetrische Schaltungen etwa nach Bild 4.10. Ein Äquivalent dazu mit Gattern ist nicht zu empfehlen, da es schlecht anschwingt. Da jeweils eine der beiden Seiten des Transistor-Multivibrators Kollektorstrom beansprucht, ist diese Schaltung höchstens bei unsymmetrischer Dimensionierung für Langzeit-Batteriebetrieb brauchbar. Ein symmetrischer Multivibrator dieser Art stellt daher nur für Netzbetrieb eine günstige Lösung dar. Je nach Kondensatorwert ergeben sich Tonsignale von einigen hundert Hertz oder Blinkzeiten im Sekundenbereich.

Der Generator nach Bild 4.10 wurde durch eine kleine Endstufe erweitert, kann also (wiederum je nach Kondensatorwert) einen Lautsprecher oder eine dadurch blinkende Lampe betreiben. Er läßt sich mit beliebigen Transistoren bestücken und stellt damit eine der zahlreichen Möglichkeiten dar, an sich veraltete Bauelemente noch

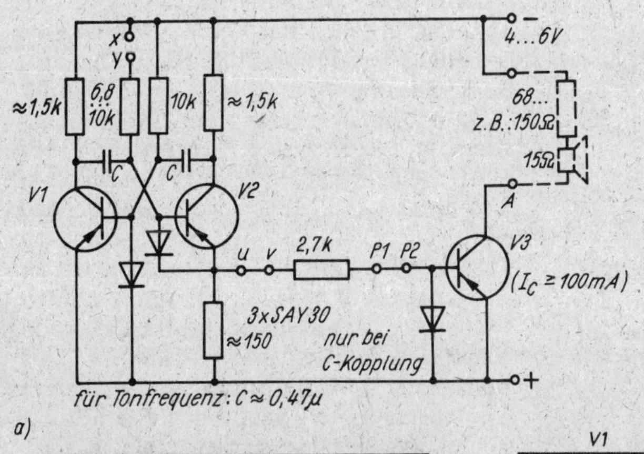

Bild 4.10
Noch immer brauchbar: »Klassischer« Transistormultivibrator, erweitert um Endstufe, Schutzdioden für höhere Betriebsspannungen (negative *C*-Ladung!) und Steuermöglichkeit bei kleinem Ruhestrom, geeignet für Ton- oder Blinksignale, je nach *C*; a – Stromlaufplan, b – Leiterbild, c – Bestückungsplan

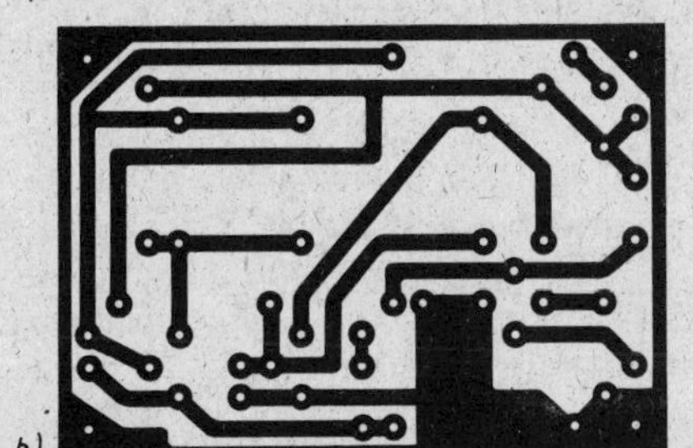

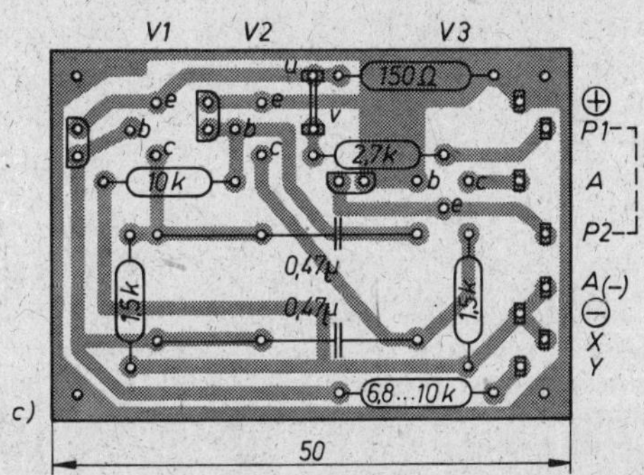

sinnvoll zu nutzen. Dargestellt wurde eine pnp-Variante.

Auf Grund der Eingriffsstelle (Schalter zwischen xy) erhält die Endstufe nur im Alarmfall Strom. Damit liegt noch eine vernünftige Lösung bezüglich Ruhestrombedarf vor. Die Energiebilanz im Bereitschaftsbetrieb läßt sich durch Erhöhung der Werte von Basis- und Kollektorwiderstand von V1 um den gleichen Faktor bei gleichzeitigem Verkleinern des rechten Kondensators noch verbessern. Zwischen x und y kann nun entweder nur ein Kontakt gelegt werden, der beim Schließen den Alarm auslöst (z. B. auch ein Reed-Kontakt o. ä.), oder man wählt einen Fotowiderstand. Das ergibt dann Alarm bei Licht; die Tonhöhe zeigt die Lichtintensität an. Der Widerstand auf der Leiterplatte kann in diesem Fall durch eine Brücke ersetzt werden. Für diese Schaltung liegt eine Leiterplatte vor, die man bei Umpolen der Betriebsspannung auch mit npn-Transistoren bestücken kann. Für Blinkzwecke muß die Polarität der dann nötigen Elektrolytkondensatoren gemäß Transistortyp gewählt werden: Plus an den Kollektoren bei npn, Minus bei pnp.

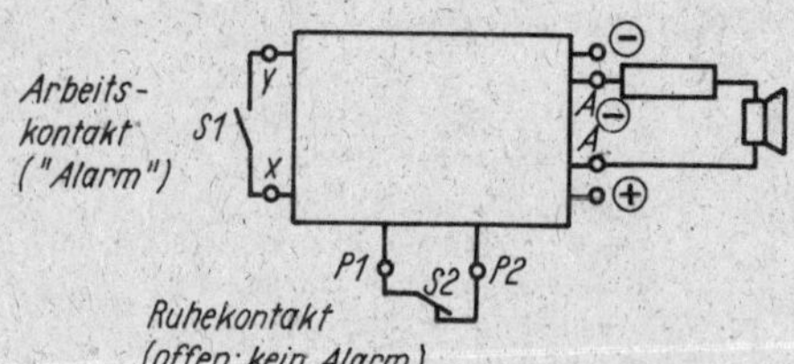

Bild 4.11
Alarmgeber mit der Baugruppe nach Bild 4.10, erweitert um eine »Personenkenntaste«: Wenn S1 schließt, löst das Alarm aus, wenn nicht vorher S2 geöffnet worden war

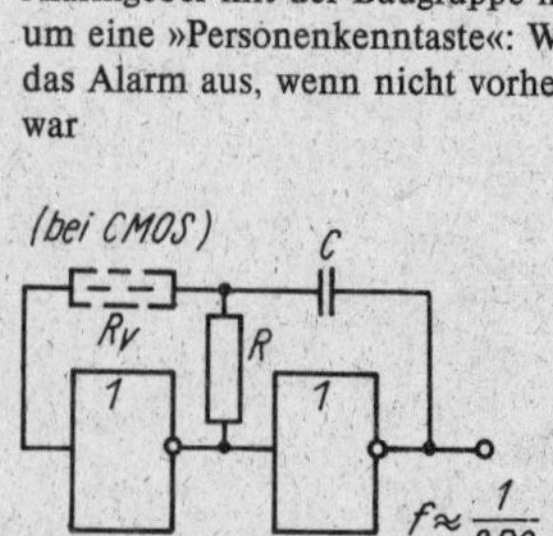

Bild 4.12
Für alle Logiksysteme geeigneter Multivibrator, R je nach System: 220 Ω bei TTL, bis 1,5 kΩ bei LS-TTL, nahezu unbeschränkt (bis Megaohmbereich) bei CMOS. Dort begrenzt R_V (bis etwa 10 R groß) den in negativer Richtung durch die Gatterschutzbeschaltung fließenden Strom

Die Leiterplatte, ursprünglich für einen anderen Zweck entworfen, läßt noch eine UND-Verknüpfung bei der Signalauslösung zu: Die Punkte P1, P2 im Bestückungsplan, im ursprünglichen Einsatz für den Anschluß eines Lautstärkestellers vorgesehen, werden für reine Signalzwecke zunächst überbrückt. Fügt man hier jedoch noch einen Kontakt ein (das kann wiederum auch ein Relaiskontakt sein), so wird eine bei x, y durch Einschalten eingegebene Information nur dann einen Alarm auslösen, wenn auch die Stelle P1 – P2 gerade geschlossen ist. Möglicher Einsatz: Alarm beim Türöffnen (Kontakt bei x, y) wird verhindert, wenn eine ortskundige Person vorher einen bei P1, P2 eingefügten Ruhekontakt öffnet. (Das kann u. U. eine kompliziertere Schaltung, z. B. auch mit Zeitglied, bewirken.) In Bild 4.11 wird das skizziert.

4.3.2. Unsymmetrische Multivibratoren mit Logikgattern

Bild 4.12 zeigt einen Generator aus Logikgattern bzw. -invertern, der sowohl gut anschwingt als auch nur wenige Bauelemente benötigt. Wenn man TTL-Gatter benutzt, kann allerdings nur C variiert werden. R liegt infolge der Pegel- und Stromverhältnisse in relativ engen Grenzen fest. Für CMOS gelten dagegen keine entscheidenden Beschränkungen. Einen größeren Bereich auch bei TTL läßt die Schaltung nach Bild 4.13 zu. Dieser Generator kann in der Frequenz über etwa 2 Oktaven verändert werden, wenn man ihn nach Bild 4.14 modifiziert. Auch hier erweitern LS-TTL- und noch mehr CMOS-Technik den zulässigen Wertebereich der Bauelemente erheblich. Diese Frequenzsteuerbarkeit ergibt zahlreiche Möglichkeiten einer selektiven Informa-

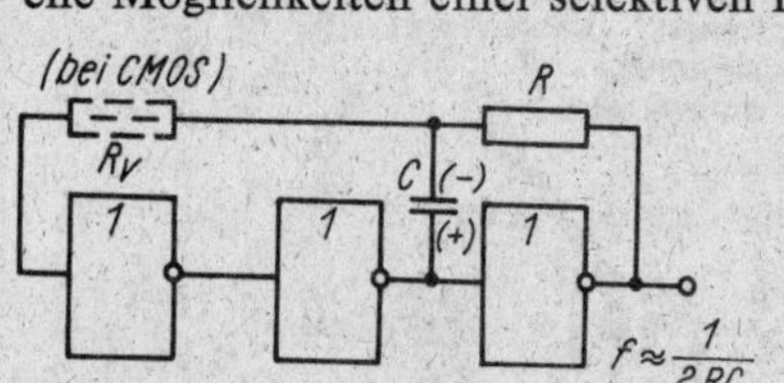

Bild 4.13
3-Gatter-Generator, f bereits bei TTL mit R in gewissen Grenzen variierbar. R-Werte: 330 Ω bis 1,8 kΩ bei TTL, bis 4fache Werte bei LS-TTL, CMOS siehe Bild 4.12

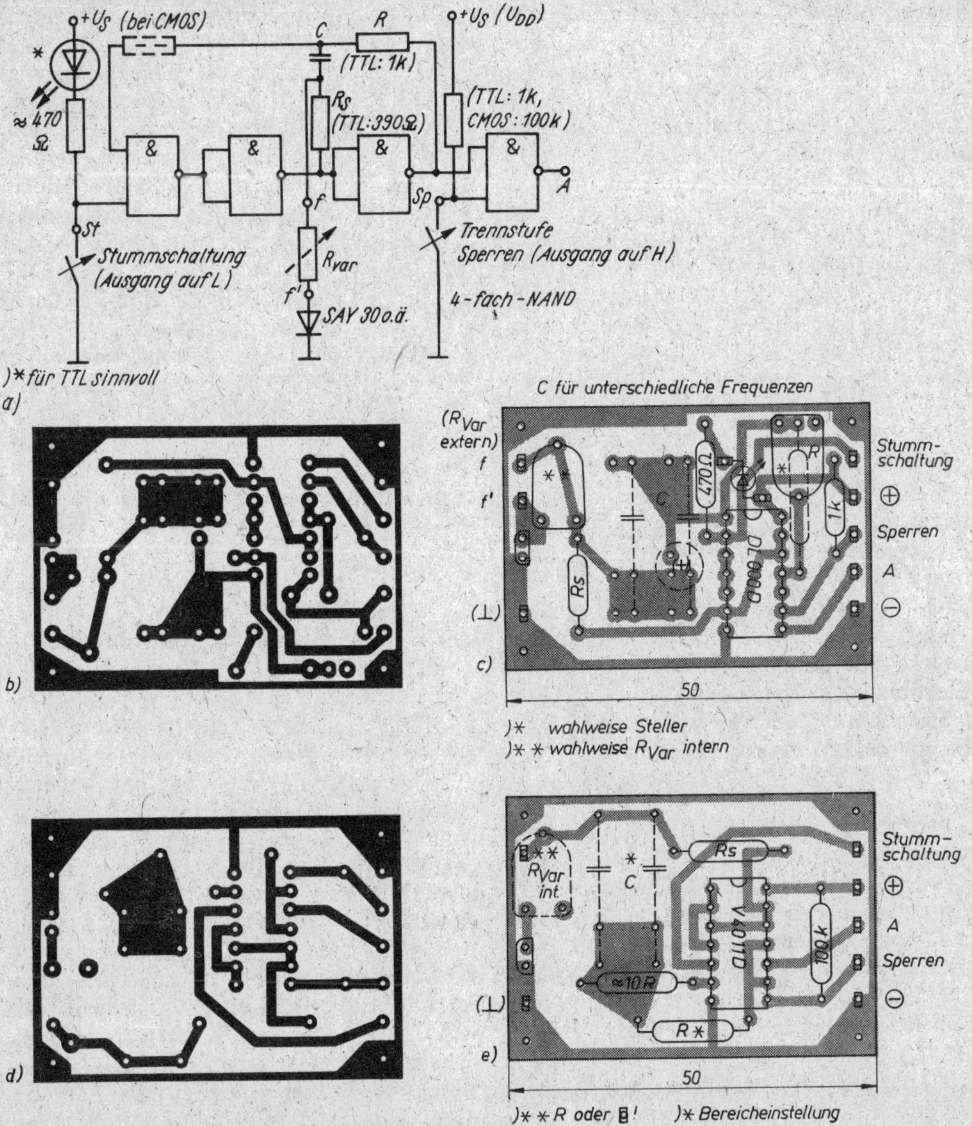

Bild 4.14 So kann die Schaltung nach Bild 4.13 in der Frequenz bereits bei TTL mit R_{var} um etwa 2 Oktaven verändert werden. Werte für andere Logiksysteme sinngemäß nach Bild 4.12 bzw. Bild 4.13; a – Stromlaufplan, b – Leiterbild, c – Bestückungsplan mit wahlweise einsetzbaren Stellwiderständen für TTL- und LS-TTL-Variante (bei LS 4fache R-Werte möglich) mit Stummschaltung und Bereitschaftsanzeige (sinnvoll für TTL mit Einschalter), d – Leiterbild, e – Bestückungsplan für CMOS (Stummschaltung ohne LED, da hier quasi als Ausschalter wirksam)

tion, wenn mehreren Widerständen unterschiedlicher Werte verschiedene Überwachungspunkte zugeordnet werden. Auch Sireneneffekte sind möglich, z. B. durch einen selbstgebauten Optokoppler aus (träger) Glühlampe und Fotowiderstand. (Eine solche Baugruppe wird an anderer Stelle dieses Buches im Zusammenhang mit einer »Einschlafschaltung« beschrieben.) Experimente mit dieser interessanten Schaltung und auch ihren Einsatz in Alarmsystemen erleichtert die Leiterplatte zu Bild 4.14.

Bild 4.15 zeigt eine mit 2 Gatterschaltkreisen realisierte Version dieses Prinzips mit

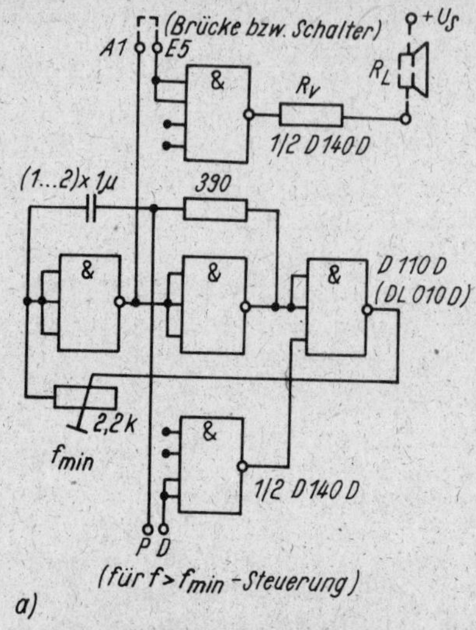

Bild 4.15
Mit einem Leistungsgatter (TTL, LS-TTL) kann größere Schallenergie bereitgestellt werden. Seine andere Hälfte eignet sich zum Stummschalten: Freigabe nur, wenn Taste gedrückt wird (s. Bild 4.16); a – Stromlaufplan, b – Leiterbild, c – Bestückungsplan. Achtung: Unbenutzte Eingänge hier unbeschaltet, nur bei TTL und geringem Störpegel zulässig

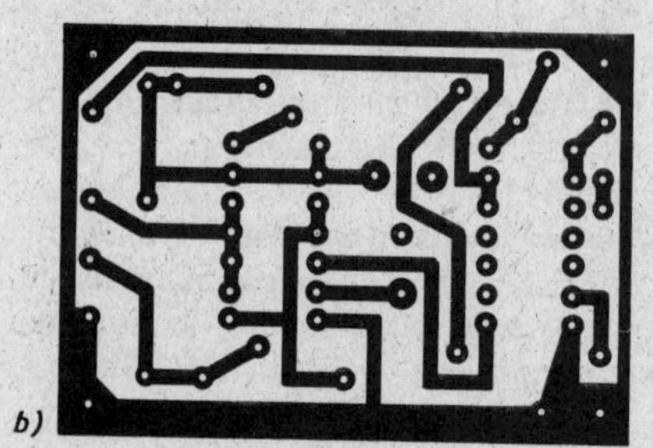

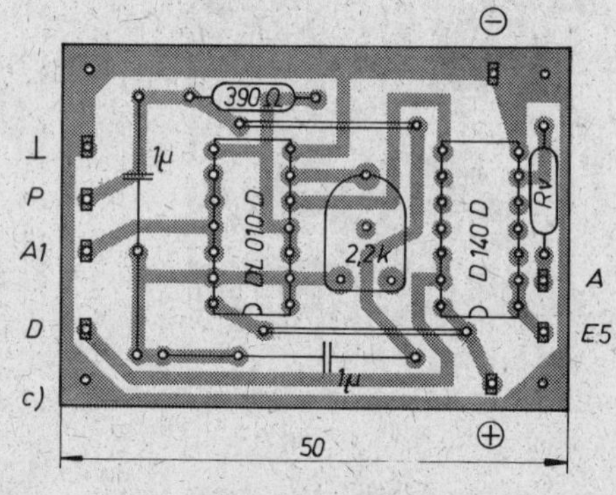

Lautsprecherausgang. Sie enthält noch einen Leistungsgatterschaltkreis zum Auskoppeln des Signals auf einen Lautsprecher mit Strombegrenzungswiderstand. An Punkt P sind die Überwachungskontakte mit ihren »Kennwiderständen« gemäß Bild 4.16 anzuschließen; an Punkt D liegt eine vom jeweiligen Kontakt bei Alarm nach Masse geschaltete Diode. Erst dadurch wird der Generator gestartet. Andernfalls würde er mit einem tieferen Ton ständig schwingen. Die Dioden entkoppeln die einzelnen Widerstände voneinander. Bild 4.15 gibt auch für diese vielseitig einsetzbare Baugruppe eine Leiterplatte wieder.

Hinweis
Inzwischen sind CMOS-Schaltkreise überwiegend in der gepufferten Ausführung der modernen Reihe *V 4000* erhältlich. Sie haben hohe interne Verstärkung und neigen, wenn sie eingangsseitig längere Zeit im Übergangsbereich zwischen L und H gehalten werden, zum Schwingen. Bei höherer Be-

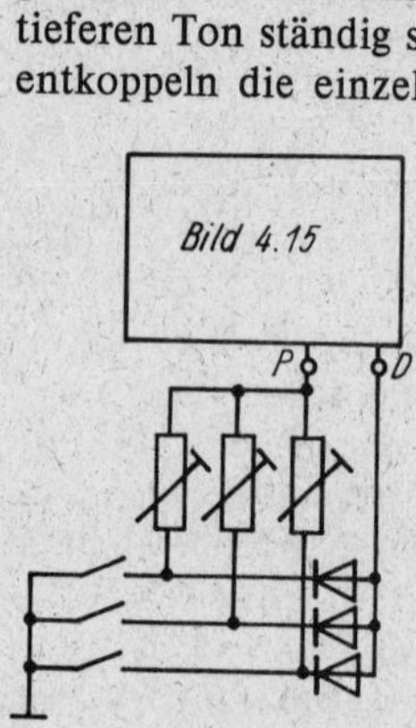

Bild 4.16
Anwendungsbeispiel zu Bild 4.15 für 3 Töne (signalisiert z.B. 3 Alarmorte)

triebsspannung kann das zu Verlustleistungen führen, die die zulässigen 100 mW je Gatter übersteigen. Der Hersteller empfiehlt daher (besonders oberhalb 5 V) für Multivibratoren im NF-Bereich den *V 4093* (*Schmitt*-Trigger), der anschlußgleich zum *V 4011 D* ist.

4.3.3. Komplementärmultivibratoren

Eine aus einem npn- und einem pnp-Transistor zusammengesetzte Multivibratorschaltung mag sich zunächst neben Lösungen mit Schaltkreisen ebenso antiquiert ausnehmen wie etwa der symmetrische Transistormultivibrator. Der Vorzug einer npn-pnp-Kombination liegt bei einem solchen Multivibrator jedoch in dem extrem kleinen Strombedarf in den Signalpausen. Selbst eine Stromquelle kleiner Kapazität gestattet damit einen Bereitschaftsbetrieb für lange Zeiträume. Man kann eine solche Schaltung durch passende Wahl der Bauelemente den unterschiedlichsten Zwecken und Betriebsspannungen anpassen.

Durch die Schaltung nach Bild 4.17 fließen bei gesperrtem V1 nur der sehr kleine Reststrom von V2 (bei Siliziumtransistoren zu vernachlässigen) und der hauptsächlich vom hochohmigen Widerstand zwischen Plus und Basis von V1 bestimmte Strom. Im Beispiel nach Bild 4.17 waren das bei Zimmertemperatur weniger als 20 µA. Der Widerstand parallel zur Basis-Emitter-Strecke bewirkt, daß V2 erst zu leiten beginnt, wenn der Kollektorstrom von V1 etwa 300 µA erreicht. Bei offenem oder genügend hochohmigem Eingang fließt durch V1 Kollektorstrom, der auch V2 öffnet. Dadurch wächst das Potential am Kollektor von V2 nach positiven Werten, und diese Änderung teilt sich über den Rückkopplungskondensator der Basis von V1 mit, wodurch der Öffnungsvorgang beschleunigt wird. Mit Verringern des Kondensatorladestroms wird nun der Basisstrom durch V1 wieder kleiner; die Spannung über dem Kollektorwiderstand von V2 sinkt, und der Kondensator entlädt sich wieder. Das bedeutet ein schnelles Absinken des Kollektorstroms beider Transistoren. Über den Basiswiderstand von V1 muß sich der Kondensator erneut auf die Schwellspannung von V1 laden, bevor die Transistoren wieder durchlässig werden. Der Vorgang kann nur dann periodisch sein, wenn V1

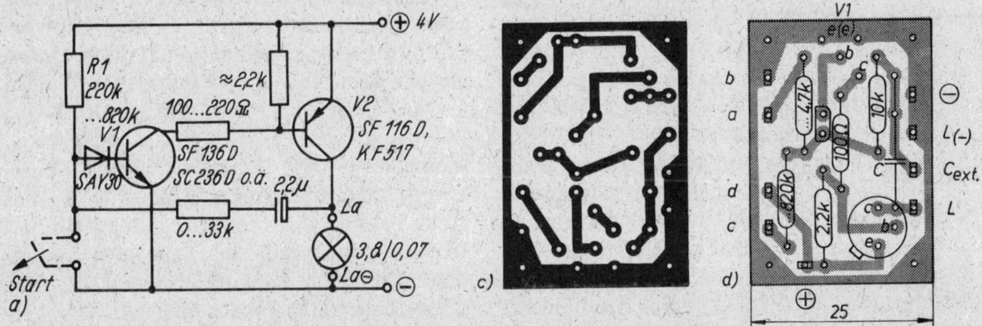

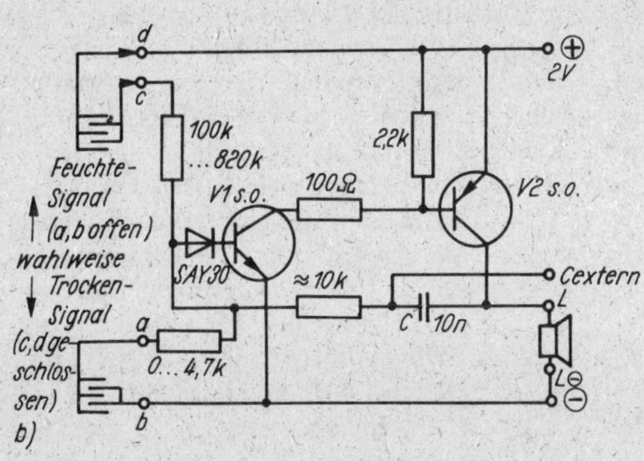

Bild 4.17
»Klassische« Komplementär-Multivibratoren, steuerbar; a – mit blinkender Lampe (Eingang offen), b – mit Signalton (bei Speisung mit 1 × *RZP2*-Akkumulator oder 2 × *R6* bis zu einigen Tagen Dauerton!), c, d – Leiterplatte

nicht infolge eines für seine Stromverstärkung und die Batteriespannung zu kleinen Widerstands von Plus her ständig geöffnet ist. Daher hat dieser Widerstand $R1$ einen kritischen unteren Wert. Auch der Arbeitswiderstand von V2 kann nicht beliebig klein sein, sonst kommt keine Selbsterregung mehr zustande, weil die rückgeführte Spannungsänderung zu klein wird. Für die Dimensionierung der beiden Fälle nach Bild 4.17 muß man bei kleinerer Stromverstärkung von V1 den Basiswiderstand $R1$ eventuell verringern. Ohne Kondensator darf die Lampe entsprechend Bild 4.17a höchstens gerade erkennbar glimmen, sonst ist kein Blinken möglich. Durch Variieren der Widerstände und des Kondensators erreicht man sehr unterschiedliche Blinkfrequenzen und Leuchtzeiten innerhalb einer Periode. Bei der Dimensionierung nach Bild 4.17a liegen die Impulse im Bereich von 1 s. Ein kleiner Wert von $R2$ ergibt kurze Leuchtzeiten.

Sehr variabel ist der Generator nach Bild 4.17b. Verändert man das rückkoppelnde *RC*-Glied, so entsteht eine große Vielfalt von Klangwirkungen, die von hohem Pfeifen (1 bis 3 nF, 0 bis 10 kΩ) bis zu kaum überhörbarem Schnarren (z. B. 10 nF, 10 kΩ reichen. Erstaunlich klein ist dabei die Stromaufnahme im Betriebsfall: Schon mit weniger als 5 bis 10 mA (das hängt u. a. vom Tastverhältnis und von der Pulsform der Schwingung ab) hört man den kleinen Lautsprecher ziemlich weit. Der Aufwand ist ebenfalls niedrig, und speisen kann man aus einem einzigen *RZP2*-Akkumulator oder sogar aus einer Knopfzelle. Infolge der eingangs genannten 20 µA im Ruhezustand würde also ein *RZP2*-Akkumulator theoretisch eine mehr als 10000stündige Bereitschaft ergeben (das ist natürlich nur ein hypothetischer Wert) und immerhin – je nach Exemplardaten – einen Dauerton von 50 bis 100 h ermöglichen, bis die 0,5 Ah des Akkumulators erschöpft sind. Das signalisierte Ereignis wird daher auch noch nach 2 bis 4 Tagen gemeldet – so lange könnte man also unter Umständen abwesend sein!

Will man nicht das Aufheben einer »niederohmigen« Verbindung (Größenordnung bis zu einigen Kiloohm) als Ton signalisieren, sondern gerade ihr Entstehen (z. B. Feuchtemelder, Berührungskontakt oder auch – über Fotowiderstand – Licht, über Heißleiter eine Temperaturgrenze o. ä), so muß der Widerstand zwischen Plus und Basis über diesen Kontakt geführt werden. Das erfordert aber gegen Fehlauslösungen eine gute Leitungsisolation. Zusätzlich sollte man fremde Wechselspannungseinwirkungen durch ein Siebglied abblocken (z. B. einige zehn Kiloohm vor den zur Basisseite führenden Anschluß legen und von dort etwa 10 bis 22 nF nach Masse). Außerdem ist es möglich, durch Serien- oder auch Parallelschaltungen unterschiedlicher Indikatoren »Und«- bzw. »Oder«-Anzeigen zu erzielen.

Bei einem solchen Dimensionierungsspielraum in Abhängigkeit von den Transistordaten kann allerdings der weniger Erfahrene vielleicht doch eine ganze Weile experimentieren, bis die Schaltung im gewünschten Sinne läuft. Mit einem dritten Transistor wird gemäß Bild 4.18 höhere Nachbausicherheit erkauft. Dieser Transistor, in den Strompfad für die Basis des ersten Multivibratortransistors eingefügt, bewirkt, daß nach dem Öffnen der beiden für den Schwingbetrieb verantwortlichen Transistoren auf jeden Fall wieder eine Sperrphase folgt. Nun kommt es nur noch darauf an, daß ein gewisser Basismindeststrom bereitgestellt wird, den dann dieser dritte Transistor periodisch im Sinne der von der Rückkopplung veranlaßten Spannungsschwankung über dem Arbeitswiderstand (z. B. Lampe oder Lautsprecher) unterbricht. Für diese Variante entstand eine Leiterplatte, die sich aber auch mit der »sparsameren«, jedoch Abgleich erfordernden Lösung mit 2 Transistoren bestücken läßt.

Abschließend zu den allgemeinen Informationen zum Komplementärmultivibrator bleibt nachzutragen, daß selbstverständlich – je nach Einsatz, Betriebsspannungspolung und vorhandenen Bauelementen – die Lage der beiden zueinander komplementären Transistoren gegenüber den Bildern vertauscht werden kann. Polarisierte Kondensatoren sind entsprechend umzudrehen: Bei pnp als Endstufe liegt Plus am Kollektor, bei npn Minus. Das ergibt, da bei geöffneter Endstufe am Arbeitswiderstand nahezu die Betriebsspannung liegt, während

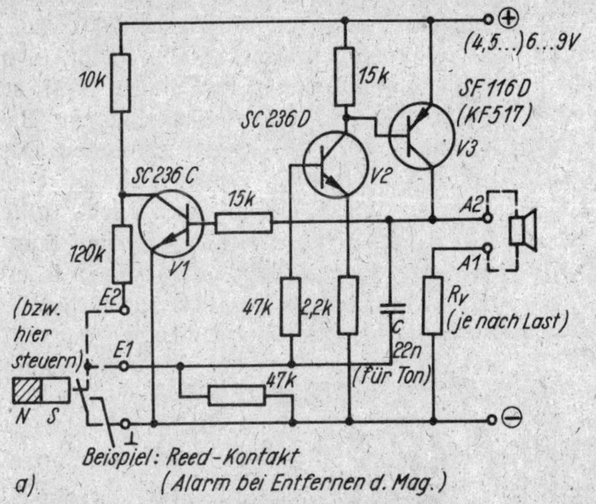

Bild 4.18
Dritter Transistor macht Komplementärmultivibrator toleranzunempfindlich. Einsatzbeispiel: Magnet hält Reed-Kontakt geschlossen; Alarm bei Entfernen des Magneten; a – Stromlaufplan, b – Leiterbild, c – Bestückungsplan. Achtung! 47 k rechts neben $C1$ in Bild 4.18c bitte von Basis weg nach links hochdrehen und in freie Bohrung von $C1$ stecken

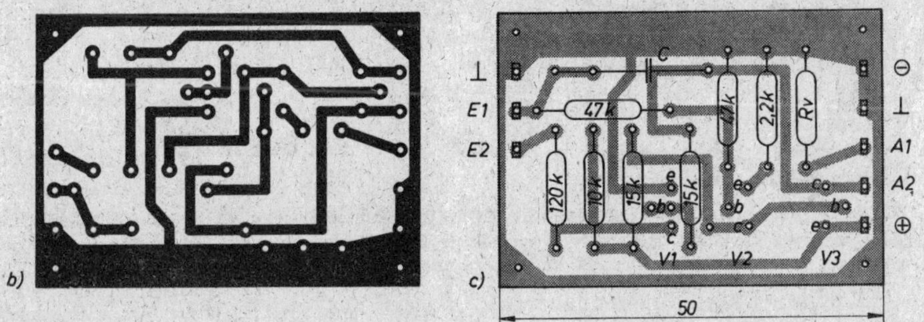

die Basis-Emitter-Strecke des zur Endstufe komplementären Transistors nur etwa 0,7 V gegen Masse führt, eine »Falschpolspannung«, die jeder Elektrolytkondensator verträgt. In der Variante nach Bild 4.18 hat der Hilfstransistor stets die zur Endstufe komplementäre Zonenfolge.

4.3.4. Spezielle CMOS-Generatoren

Äußerst ökonomische Signalgeber lassen sich mit Schaltkreisen in CMOS-Technik realisieren (Hinweis in Abschn. 4.3.2. beachten!). CMOS – das sei nachgetragen – ist die Abkürzung für komplementäre MOS-Technik. Es bedeutet Gatter mit je 2 in Serie an der Betriebsspannung liegenden MOS-Transistoren zueinander entgegengesetzter Leitfähigkeit. Im Ruhezustand (sauberes H bzw. L an den Eingängen) fließt in einer solchen Stufe so gut wie kein Strom. Wegen der Ansteuerung über den Feldeffekt wird auch eingangsseitig nur mit Potentialen und völlig »stromlos« gesteuert, von den mit wachsenden Steuerfrequenzen zunehmenden kapazitiven Strömen abgesehen. Bild 4.19 zeigt die Grundform eines CMOS-Inverters. Weiterer großer Vorzug dieser Schaltkreise ist ihr zulässiger Betriebsspannungsbereich von etwa 3 bis 15 V. Spezialausführungen kommen mit noch geringerer Spannung aus. Das alles

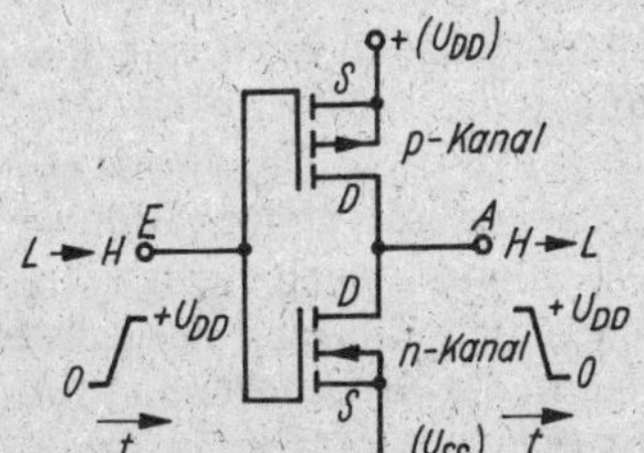

Bild 4.19
Einfachste CMOS-Inverter-Konfiguration: Bis auf einen Übergangsbereich der Eingangsspannung zwischen L und H ist stets ein Transistor gesperrt

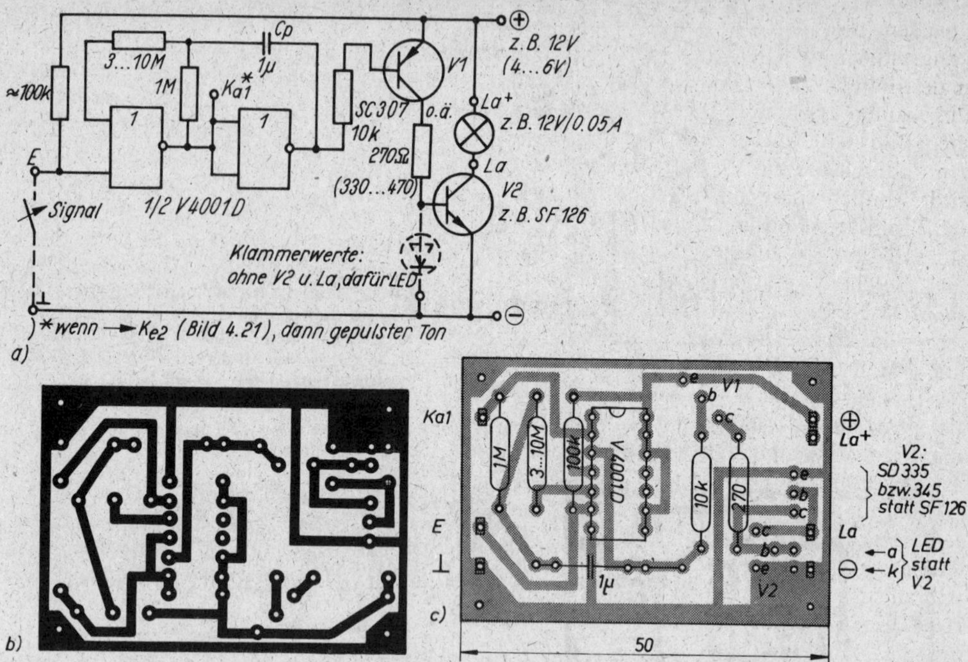

Bild 4.20 Einsatzfall für praktisch ruhestromfreies CMOS-NOR-Gatter (Unterschied zu NAND: H an Eingang sperrt Gatter!). Lampe blinkt bei geschlossenem Kontakt (z. B. Arbeitskontakt eines Mikrotasters), nur dabei nimmt auch der 100-kΩ-Widerstand Strom auf. Ausgangsleistung nur von Transistor- und Lampentyp abhängig, Kleinleistungsvariante: LED; a – Stromlaufplan, b – Leiterbild, c – Bestückungsplan (unbenutzte Schaltkreishälfte definiert mit Eingängen an + gelegt, sonst hohe Ruheströme möglich!); Leistungstransistor wahlweise 0,5- oder 3-A-Typ, bei entsprechender Montage auch Kühlblech möglich

hat aber auch eine Kehrseite. CMOS-Einheiten erfordern mindestens die gleiche Sorgfalt im Umgang bezüglich statischer Spannungen wie MOS-Transistoren. Daher noch eine kurze Zusammenfassung der Behandlungsregeln für beide und auch für die »normalen« MOS-Schaltkreise, die weit weniger genügsam sind als CMOS: Die äußerst dünne Isolation der Steuerelektrode schlägt schon bei elektrostatisch entstandenen hohen Spannungen kleinster Energie durch, wie sie der menschliche Körper durch Reibung in Kunststoffkleidung oder auf synthetischen Sitzmöbeln annehmen kann. CMOS-Schaltkreise lagert man deshalb mit untereinander kurzgeschlossenen Anschlüssen bzw. auf einer Metall- oder Leitgummiunterlage. Ein mit dem Lötkolben (am besten ein transformatorgespeistes Niederspannungsmodell) verbundenes Stück kupferkaschierten Halbzeugs als Arbeitsfläche sowie das häufige Berühren dieser Platte sind neben gegen Reibungsaufladungen unempfindlichen Sitzmöbeln und passender Kleidung geeignete Vorsichtsmaßnahmen. Beim Aufbau von Schaltungen, in die man im übrigen die CMOS-Schaltkreise erst ganz am Schluß einsetzt, werden am besten Schaltkreisfassungen benutzt.

Man sollte diese Vorsichtsmaßnahmen trotz der integrierten Gateschutzdioden durchführen. Sie können stets nur eine gewisse Ladungsmenge unschädlich machen; aber weiß man konkret, wieviel Energie und mit welcher Spannung tatsächlich bei unsachgemäßer Handhabung an den Schaltkreis gelangt? Besonders unangenehm ist dabei, daß ein solches Gatter anschließend durchaus noch »teilweise« funktionieren kann, nur eben nicht mehr einwandfrei!

CMOS-Schaltkreise haben noch eine weitere Anwendungsgrenze. Man kann ihre Ausgänge meist nicht mit den von TTL-Technik gewohnten, relativ hohen Strömen belasten. Das ist ja intern auch nicht erforderlich. Im allgemeinen rechnet man mit Ausgangsströmen in der Größenordnung von 1 mA. Dem ist die Schaltungsperipherie anzupassen, also der Übergang auf die »leistungsintensiveren« Licht- und Schallsignale. Bereits bei dem mit Transistoren aufgebauten symmetrischen Multivibrator nach Bild 4.10 wurde eine Maßnahme genannt, durch die die Endstufe erst aktiviert wird. Ähnlich sollte man, wo immer möglich, selbstverständlich auch CMOS-Ausgangsschaltungen ankoppeln. Bild 4.20 zeigt ein solches Anwendungsbeispiel mit 2 CMOS-NOR, die einen Multivibrator bilden. Die Dimensionierung ergibt jeweils einen Hell-Dunkel-Zyklus von etwa 1,5 s. Der frequenzbestimmende Widerstand kann von 1 MΩ bis auf 10 MΩ erhöht werden, was eine Verzehnfachung dieser Blinkzeit ergibt. Bei dieser wie auch bei anderen CMOS-Anwendungen ist zu beachten, daß der Kondensator im Rückkopplungszweig keinen Leckstrom haben darf. Elektrolytkondensatoren sind an dieser Stelle also ungeeignet. Über einen Schutzwiderstand von 10 kΩ wird das Multivibratorsignal (also der periodische Wechsel von H und L am Ausgang des unteren Gatters) einer Komplementär-Schaltstufe zugeführt. Der Start des Generators bei Alarm wird z. B. über einen sich schließenden Kontakt oder auch durch einen beim Beleuchten genügend niederohmig werdenden Fotowiderstand ausgelöst. Dabei erhält der bisher auf H liegende Eingang des oberen NOR L. Während vorher entsprechend der Logikbedingung »H an 1 oder an 2 gibt negiertes H am Ausgang« der Ausgang stets auf L (dem negierten H) lag, kann nun der Multivibrator über den zweiten Eingang frei schwingen mit einer Periodendauer, die durch die Zeitkonstante *RC* (hier 1 MΩ und 1 μF) bestimmt wird. Bild 4.21 zeigt eine äquivalente Schaltung für Tonsignale von etwa 800 Hz. Bei der angegebenen Dimensionierung erhält man in einem 15-Ω-Lautsprecher etwa 25 mW Tonfrequenzleistung, wenn die Betriebsspannung 9 V beträgt. Ist die zu erwartende Alarmzeit klein, so kann der dabei fließende Strom von etwa 40 mA (Mittelwert) von einer kleinen 9-V-Batterie aufgebracht werden.

Bild 4.20 und Bild 4.21 wurden bereits im »Elektronikbasteln im Wohnbereich« skizziert. Sie erfuhren jedoch inzwischen einige Ergänzungen. Zunächst empfiehlt es sich im Interesse der Eingangsschutzbeschaltung

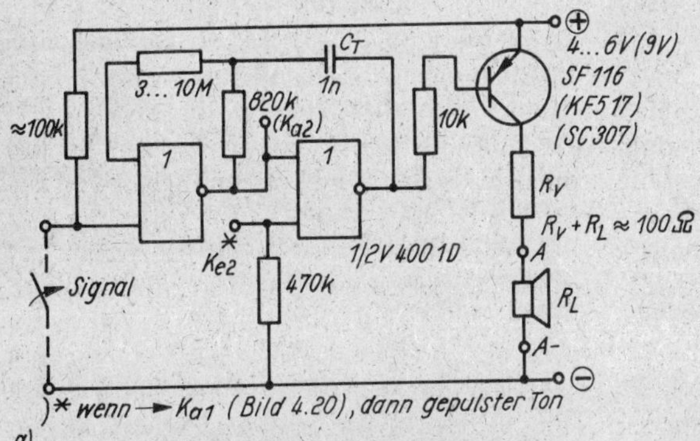

a)

Bild 4.21
CMOS-NOR-Gatter mit Tonerzeugung, ebenfalls praktisch ruhestromfrei; a – Stromlaufplan, b – Leiterbild, c – Bestückungsplan für 2 unabhängige Generatoren (auch »gemischt« Ton und Blinksignal gemäß Bild 4.20 möglich, durch Ausnutzen des freien Gattereingangs im Tongenerator kann vom Blinkgenerator aus auch Ton gepulst werden)

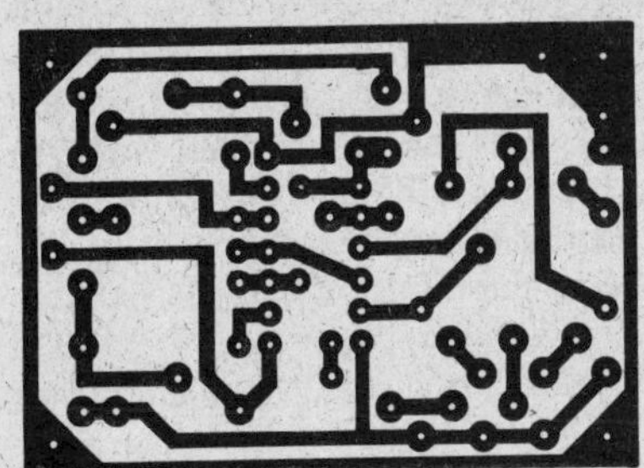
b)

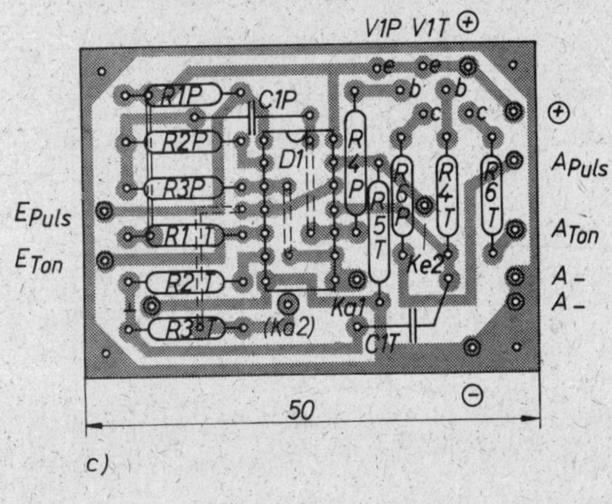

c)

stets, diese vor zu hohen Flußströmen zu schützen. Besonders die neuen gepufferten Typen verfügen über umfangreiche Schutzschaltungen. Die für den Normalfall (Eingangsspannung bleibt zwischen 0 V und positiver Betriebsspannung) gesperrten Dioden dieser Beschaltung werden leitend, wenn ihnen der Kondensator in einer Schwingschaltung periodisch eine negative Spannung zuführt. Das kommt beispielsweise entsprechend Bild 4.20 so zustande: C wird wechselweise mit dem rechten Belag über den 2. Gatterausgang direkt oder über den 1. Gatterausgang durch den 1 MΩ-Widerstand mit Plus bzw. Masse verbunden. War er »rechts« auf Plus geladen, weil »links« Massepotential herrschte, so wirkt er, wenn ihn nun der »rechte« Ausgang auf Masse schaltet, »links« als negativ gepolte Batterie, bis er sich (über 1 MΩ) vom linken Ausgang her wieder umgeladen hat, denn der linke Ausgang führt jetzt H, also Plus.

Die Kopplung per Kondensator vom 2. Ausgang auf den 1. Eingang ist für die Generatorfunktion zwar unbedingt nötig, doch eine dabei leitend werdende Schutzbeschaltung stört diese Abläufe erheblich – abgesehen davon, daß ihr größere Ladungsmengen gefährlich werden können. Daher also der Widerstand zwischen *C* und Eingang. Seine Größe darf nicht verwirren, schließlich geht es um CMOS, und da fließen im »Normalbetrieb« nur sehr kleine Leckströme. Damit begrenzt dieser Widerstand auf der einen Seite nachteilige Effekte, solange der Koppelpunkt noch negativ ist, und verändert doch die von diesem Punkt auf den Eingang gelangende Spannung nur wenig, sobald sie wieder positive Werte hat. Erreicht die Kondensatorladung etwa die halbe positive Betriebsspannung, so kippt das Ganze wieder auf L an Ausgang 1, damit H an Ausgang 2, und *C* wirkt nun als »positiv gepolte Batterie«. Da sie jetzt aber auf die Ausgangsspannung aufgestockt ist, leitet nun die andere Seite der Eingangsschutzbeschaltung. Wie gut auch jetzt, daß dieser Widerstand den Strom begrenzt! Die beiden Schaltungen enthalten noch eine Neuheit gegenüber ihren Ausgangszuständen. Wie schon erläutert, wird ein NOR durch H an einem Eingang gehindert, Signale an einem anderen Eingang zum Ausgang weiterzuleiten (der bleibt auf L). Darum läßt sich z. B. der Tongenerator nach Bild 4.21 vom Blinkgenerator nach Bild 4.20 pulsen. Der Punkt Ka1 entsprechend Bild 4.20 liegt im Ruhezustand auf L. So »stört« es den Generator nach Bild 4.21 nicht, wenn man ihn dort mit Punkt Ke2 verbindet. (Der 470-kΩ-Widerstand ist nur für den Fall nötig, daß diese Kopplung fehlt. Man kann aber in solchem Fall auch einfach diesen Eingang direkt an Masse oder auch an den anderen Eingang legen.)

Neu sind vor allem die beiden Leiterplatten. Die zu Bild 4.20 entspricht komplett dem zugehörigen Stromlaufplan. Inzwischen gibt es preisgünstige Amateurtypen auch in CMOS. Es ist daher keine allzu große Verschwendung, einmal nur eine Hälfte eines Gatterbausteins zu nutzen. Doch wenn bei TTL dann der Rest einfach leergelassen werden konnte, muß CMOS definierte Potentiale erhalten. Andernfalls schleichen sich während des Betriebs Ladungen auf die Eingänge. Kommt dadurch ein solches unbenutztes Gatter in den aktiven Bereich, »bedient« es sich kräftig aus der Stromquelle. Der Querstrom kann bei höheren Betriebsspannungen sogar das Gatter zerstören. Grund genug, im vorliegenden Fall die Eingänge der unbenutzten NOR's an Plus zu legen. Die zugehörigen Ausgänge liegen dann auf L. Die Leiterplatte zu Bild 4.21 nutzt alle 4 Gatter des *V 4001 D*. Dabei wurde vorausgesetzt, daß die Platte entweder 2mal die Schaltung nach Bild 4.21a realisiert, oder daß sei einmal einen Blinkgenerator für kleine Ausgangsleistung (z. B. mit Leuchtdiode) und zum anderen einen Tongenerator trägt. Im letztgenannten Fall kann vom »Pulsgenerator« zum Tongenerator durch eine Brücke Ka1 – Ke2, wie schon angedeutet, der Ton gepulst werden, sobald auch der Blinkgenerator Alarm gibt. Man kann so sogar 3 unterschiedlich dringliche Ereignisse signalisieren: Blinken allein heißt »Alarmstufe 1«, Ton allein »Alarmstufe 2«. Wenn beides gleichzeitig auslöst oder wenn erst das eine und darauf zusätzlich das andere Ereignis eintritt, signalisieren das pulsierender Ton und Blinksignal zusammen sicherlich recht nachdrücklich.

Man beachte, daß alle diese Schaltungen, wie das für Alarmsignalgeber sinnvoll ist, ohne Batterieschalter auskommen, weil sich ja der Ruhestrom vernachlässigen läßt. Das gilt aber auch bei CMOS nur unter 2 entscheidenden Voraussetzungen. Zum einen darf der Generator während der Pausen auch wirklich nicht schwingen (was in Verknüpfungen mit Freigabegattern durchaus sein könnte!), und zum anderen müssen alle Ruhepegel so gewählt werden, daß die jeweiligen Gatter sauber H oder L führen. Bei 5 V Betriebsspannung ist schon der Bereich zwischen 1 und 4 V als »fast-L-« bzw. »-H«-Pegel real für merkliche Querströme in den komplementären Endstufen der Gatter verantwortlich, besonders bei den modernen gepufferten Typen!

Man kann allerdings auch ganz trivial einen Batterieschalter als »Fühler« an der zu überwachenden Stelle einsetzen. In der Schaltung nach Bild 4.22 ist das mit einem besonderen Effekt verbunden. In ihr werden nämlich ein Takt- und ein von diesem gesteuerter Tongenerator in Betrieb gesetzt. Der sich ergebende Ton (im Beispiel um 800 Hz, mit etwa 6 Hz gepulst) erregt leichter Aufmerksamkeit als ein monotones Dauersignal.

Gleich 3 Generatoren kann man mit

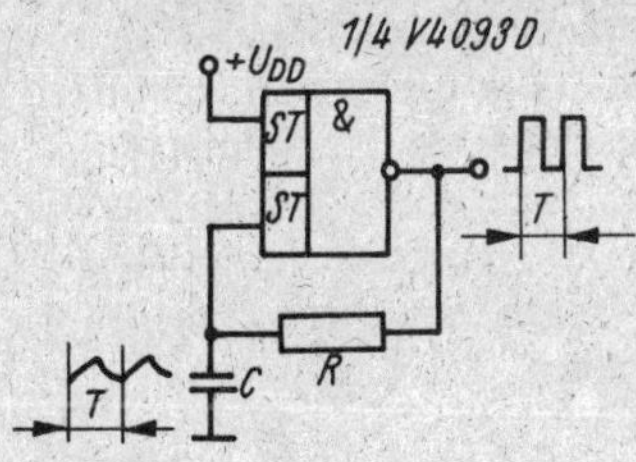

Bild 4.23
Der *U* bzw. *V 4093 D* erlaubt den Aufbau von 4 solcher Generatoren in einem weiten Frequenzbereich

einem Schaltkreis vom Typ *V 40098 D* aufbauen. Damit erreichbare spezielle Effekte werden in Abschnitt 11. behandelt.

Sogar 4 Generatoren erlaubt schließlich der *Schmitt*-Trigger-NAND-IS *V 4093 D*. Jedes seiner 4 NAND-Elemente kann im Sinne von Bild 4.23 zum Schwingen gebracht werden. Die möglichen Frequenzen reichen von Bruchteilen eines Hertz bis in den Megahertz-Bereich (Vorsicht – Störstrahlung!). Auch diese Generatoren können sowohl untereinander wie nach außen hin über eine Leistungsstufe so miteinander verknüpft werden, daß ganz unterschiedliche Toneffekte zustande kommen. Das läßt sich

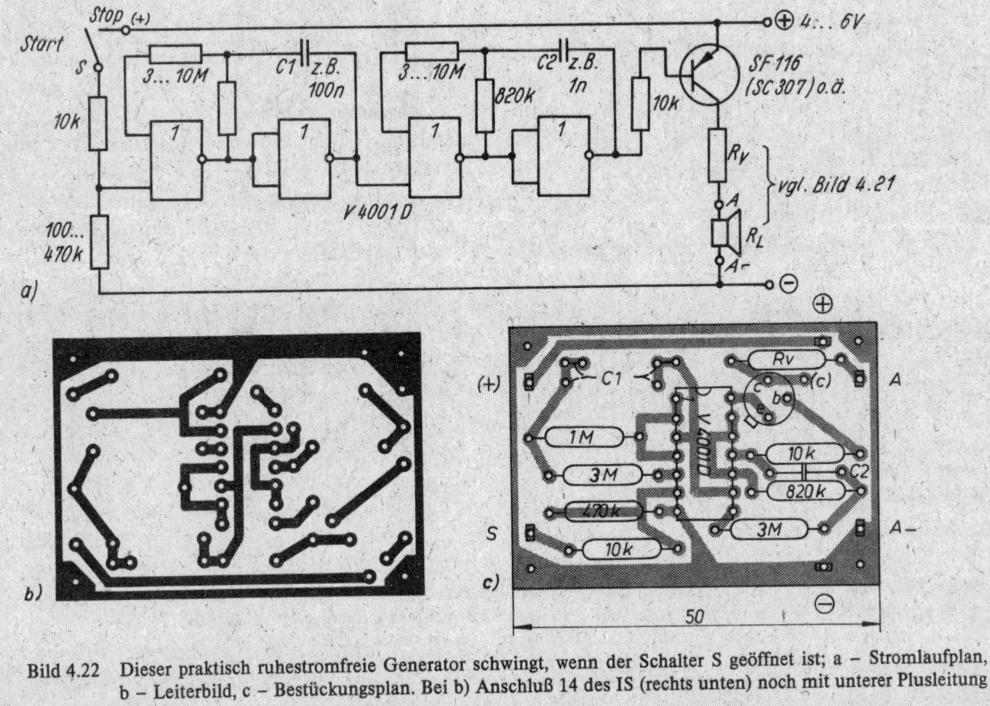

Bild 4.22 Dieser praktisch ruhestromfreie Generator schwingt, wenn der Schalter S geöffnet ist; a – Stromlaufplan, b – Leiterbild, c – Bestückungsplan. Bei b) Anschluß 14 des IS (rechts unten) noch mit unterer Plusleitung verbinden!

für Überwachungszwecke nutzen, aber auch innerhalb von elektronischem Spielzeug oder für Geräuscheffekte bei Spielen.

4.3.5. Generatoren mit Operationsverstärkern

Es gibt viele Möglichkeiten, hochverstärkende integrierte Operationsverstärker (OPV) zum Schwingen im Tonfrequenzbereich anzuregen. Die Kurvenformen reichen von Dreieck- und Sägezahnschwingungen über Rechtecke bis zum Sinus. Die letztgenannte Generatorart erfordert den größten Aufwand. Es hat eigentlich nur Sinn, sie im Zusammenhang mit einer konkreten Anwendung zu behandeln. Eine noch recht einfache Variante ist z. B. im Abschnitt *Elektronische Schlösser* enthalten. Für Signalzwecke bedarf es jedoch meist keiner »besonderen« Kurvenform. Eine einfache OPV-Generatorschaltung für Signalzwecke läßt sich nach Bild 4.24 auslegen. Mit einem Mehrfach-OPV können dann wieder ähnliche Effekte wie mit Gattergeneratoren erzielt werden. Man wird heute wohl in den meisten Fällen CMOS-Generatoren vorziehen, wenn der Ruhestrombedarf den Einsatz bestimmt. Allerdings braucht man für sie eben fast immer eine kleine Leistungsendstufe, die aber ebenfalls ruhestromfrei sein kann, wie gezeigt worden ist.

Bestimmte OPV-Typen bieten jedoch einen brauchbaren Kompromiß in all diesen Dingen, wenn man sie entsprechend beschaltet. Die Typengruppe um den *B 761 D* jedenfalls *(B 761 D, B 765 D, B 861 D, B 865 D)* arbeitet bereits bei nur 3 bis 4 V Gesamtbetriebsspannung. Ohne Ausgangsstrom nehmen sie dabei nur wenige hundert Mikroampere Strom auf. Die Endstufe aber

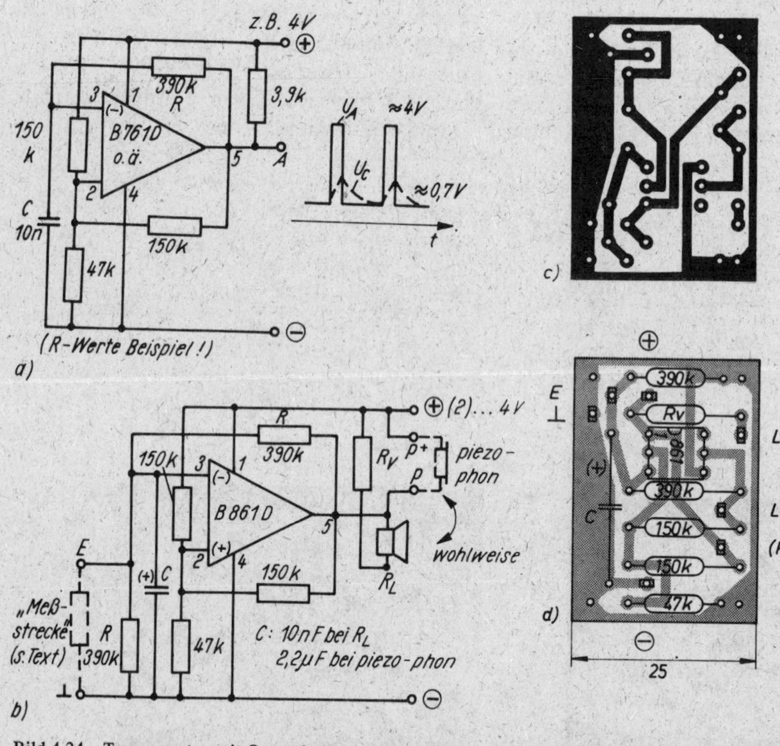

Bild 4.24 Tongenerator mit Operationsverstärker. Die Reihe *B 761 D/B 861 D* kommt bereits mit kleinen Betriebsspannungen aus; a – Prinzip mit unsymmetrischer Speisung, b – Ausführung mit unsymmetrischer Speisung und Anwendungsbeispiel: Bei E kann eine Überwachungsstrecke angeschlossen werden. Solange deren Widerstand einen kritischen Wert nicht überschreitet, bleibt der Generator im Ruhezustand. Mit *piezo-phon*-Kapsel statt Lautsprecher ist wieder gepulster Ton möglich, c – Leiterbild zu b, d – Bestückungsplan

kann mit Strömen bis zu 70 mA belastet werden. Als Opencollector-Typen erfordern sie stets einen Arbeitswiderstand nach Plus. Das kann z. B. ein Lautsprecher mit strombegrenzendem Vorwiderstand sein oder eine Hörkapsel. Sorgt man dafür, daß der Ausgang im Ruhe-, d. h. Bereitschaftszustand »H« führt, ist diese Last stromlos. Zur Selbsterregung genügt ein Koppelwiderstand vom Ausgang auf den nichtinvertierenden Eingang (s. Bild 4.24). Mit einem Spannungsteiler wird dieser Eingang im normalen Arbeitsbereich gehalten, d. h. für *B 761 D* oder *B 861 D*, daß er etwa 0,6 bis 0,8 V von den Betriebsspannungsgrenzen entfernt bleibt. *C* kann sich über *R* aufladen, solange $U_{(+)} > U_{(-)}$, denn dabei befindet sich der Ausgang auf »H«; er ist gesperrt. Überschreitet *C* die Spannung an (+) um einige Millivolt, kippt der Ausgang auf »L«, was bei diesen Typen etwa 0,7 V bedeutet.

Der Koppelwiderstand bewirkt, daß auch der (+)-Eingang dabei auf eine niedrigere Spannung geschaltet wird (z. B. auf 0,7 V). Daher bleibt die Differenz zwischen (−) und (+) positiv, bis sich *C* über *R* »in den Ausgang hinein« auf den $U_{(+)}$-Wert entladen hat. Jetzt kippt der Ausgang wieder auf H, also praktisch U_S, $U_{(+)}$ wird im Beispiel schlagartig auf etwa 1,5 V erhöht, und C beginnt sich wieder aufzuladen.

Am Ausgang entstehen also Rechtecke mit einer Amplitude von etwa U_S − 0,7 V, und der U_C-Verlauf setzt sich aus einer ansteigenden und einer abklingenden e-Funktion je Periode zusammen. Die Zeiten werden von *R* und *C* bestimmt. Das Tastverhältnis der Schaltung nach Bild 4.24 ist zunächst, von der Batteriebelastung her gesehen, ungünstig. Für die Aufladung von *C* steht ja die große Spannungsdifferenz zwischen U_S (4 V) und 0,7 V zur Verfügung, während im Beispiel von 1,5 auf 0,7 V entladen wird. Die Ausgangsspannung hat daher wesentlich schmalere H-Pulse als L-Zeiten. Wer sich mit e-Funktionen auskennt, kann sich das leicht beweisen. Ebenso eindeutig zeigt eine Variation einer solchen Rechnung den Ausweg: Der Kondensator wird nicht von U_S aus geladen, sondern nur von z. B. $U_S/2$ aus. Auf jeden Fall muß aber $U_{(+)}$ bei gesperrtem Ausgang niedriger liegen. Andernfalls kann die Schwingbedingung nicht erfüllt werden, die durch geringfügiges Überschreiten von U_C gegen $U_{(+)}$ gegeben ist.

Ein Spannungsteiler realisiert diese Variante, dargestellt in Bild 4.24b. Bei gleichen *R*-Werten kann der Endwert von U_C (wenn die Schaltung nicht bereits bei $U_C \gtrsim U_{(+)}$ kippen würde) nur noch etwa halb so groß sein wie U_S. (»Etwa«, weil der Arbeitswiderstand am Ausgang zur Teilung beiträgt, jedoch wesentlich kleiner als *R* ist.) Zwar wird nun auch die Entladung beschleunigt, doch erhält man insgesamt ein günstigeres Verhältnis von H-Zeit zu L-Zeit. Der H-Anteil steigt, während – da beide Zeitkonstanten kleiner geworden sind – die Frequenz höher ist. Am praktischen Beispiel: *f* nach Bild 4.24a 250 Hz, nach Bild 4.24b 350 Hz.

Sobald nun dieser Teiler durch einen externen Widerstand parallel zu *C* ausreichend belastet wird, reißt sie Schwingung ab, und die Ausgangsspannung geht auf H. Damit fließt nur noch der OPV-Ruhestrom. Ein *B 861 D* z. B. konnte so bei nur 2 V (vom Hersteller garantierte Mindestbetriebsspannung: 3 V) mit 160 µA betrieben werden. Bei 4 V stieg der Ruhestrombedarf auf 210 µA.

Diese externe Last kann ein Medium sein, dessen Feuchtegehalt zu überwachen ist, ein Fotowiderstand oder auch ein Heißleiter – also alle auch sonst für solche Signalgeber möglichen »Aufnahmeköpfe«.

Als klassische Signalausgabe mit geringem Strombedarf empfiehlt sich für das Beispiel eine mittel- bis hochohmige Hörkapsel. Bei größeren von der Batterie her zulässigen Strömen (weil vielleicht immer nur kurz signalisiert wird) kann auch ein Lautsprecher mit Vorwiderstand eingesetzt werden. Man beachte, daß bei höheren Ausgangsströmen die untere Ausgangsspannungsgrenze steigt. Besonders sparsam und dennoch relativ laut ist auch für diese Schaltung eine *piezophon*-Kapsel (s. Abschn. 4.3.8.). Statt einer Tonfrequenz erzeugt man in diesem Fall wieder eine Pulsfrequenz – mit 2,2 µF Nennwert ergaben sich z. B. etwa 2 Hz. Damit wird die gegen Plus als Arbeitswiderstand angeschlossene Kapsel in ihrer bei Stromeinspeisung selbsterzeugten Frequenz von 2,7 kHz periodisch unterbrochen. Das Ergebnis ist wieder ein wirksamer Signalton.

Spezielle OPV, wie der *B 176 D*, können noch auf andere Weise extern gesteuert werden, zudem mit Ruheströmen, die durchaus denen von CMOS-Schaltkreisen vergleichbar sind. Darüber folgen in diesem Abschnitt noch einige praktische Informationen.

4.3.6. Generatoren mit dem »555«

Wenn es auf 2 bis 3 mA Dauerstrom nicht ankommt und man dafür eine leistungsfä-

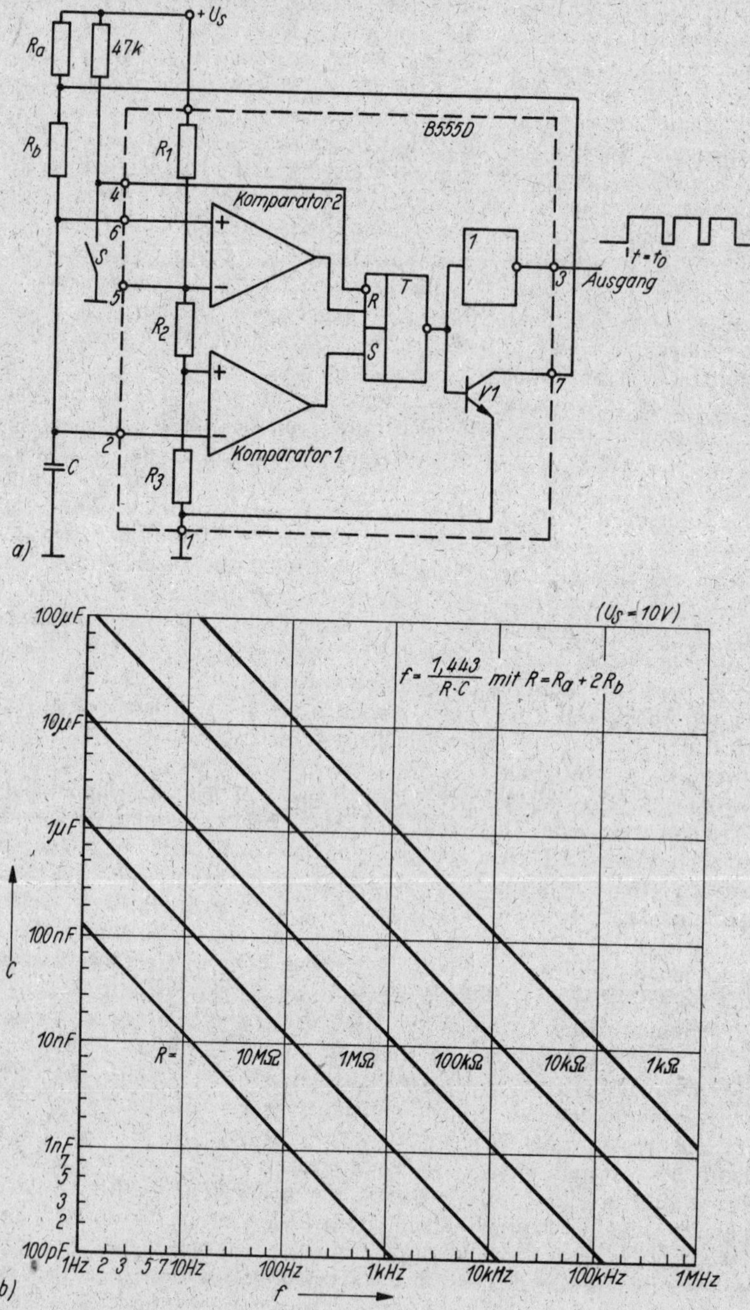

Bild 4.25 Das Wichtigste zum *B 555 D* als astabiler Multivibrator; a – Innen- und Außenschaltung, b – »Frequenztapete« (Anschluß an + U_s ist 8!)

hige Endstufe und vielseitige Steuerungsmöglichkeiten erhält, läßt sich gut der *B 555 D* einsetzen. Wie schon die *electronica*-Broschüre, Band 213/214 gezeigt hat, bietet dieser 8-Beiner ein extrem großes Anwendungsspektrum, und er wird in diesem Buch auch in anderem Zusammenhang genutzt.

Bild 4.25 gibt Einsatzinformationen für die Betriebsart »astabiler Multivibrator«. Bild 4.26 zeigt eine praktische Schaltung. Es handelt sich um einen Modul, der in der genannten Broschüre für beliebige Zwecke mit optischer und (oder) akutischer Signalausgabe angeboten wird. Die Leiterplatte hat Lötaugen sowohl für Fest- wie für Stellwiderstände.

Bei einstellbarem *R*1 liegt ein Festwiderstand in Serie, um den Bereich zu begrenzen. Die in Bild 4.26a und im Bestückungsplan nach Bild 4.26c mit Sternchen versehenen Bauelemente sind nur bedarfsweise nötig. Anschluß 4 z. B. kann über einen Schalter an Masse gelegt werden, um den Ausgang auf L zu halten. Die beiden Leuchtdioden (oder nur eine von ihnen) sind zum Signalisieren des jeweiligen Betriebszustands verwendbar. Leuchtet z. B. nur die obere, so ist entweder 4 auf L, oder es werden Impulse mit sehr kurzer H-Zeit erzeugt. Anderenfalls leuchtet auch (bzw. bei sehr kurzen L-Zeiten nur) die untere. Mit typisch 3 mA für 5 V Betriebsspannung liegt die Stromaufnahme des *B 555 D* bei einem für bipolare Schaltkreise recht günstigen Wert. Er dürfte vom Strombedarf der Folgeschaltung meist weit übertroffen werden. Dazu zählen u. a. die bereits wahlweise mit vorgesehenen Indikatorleuchtdioden, vor allem aber Schallwandler, falls ein Tonsignal abgegeben werden soll. Die hohe Ausgangsbelastbarkeit von 200 mA bei 15 V läßt für solche Fälle den Anschluß von Schallwandlern bis zu etwa 60 Ω herab zu. Ein 15-Ω-Lautspre-

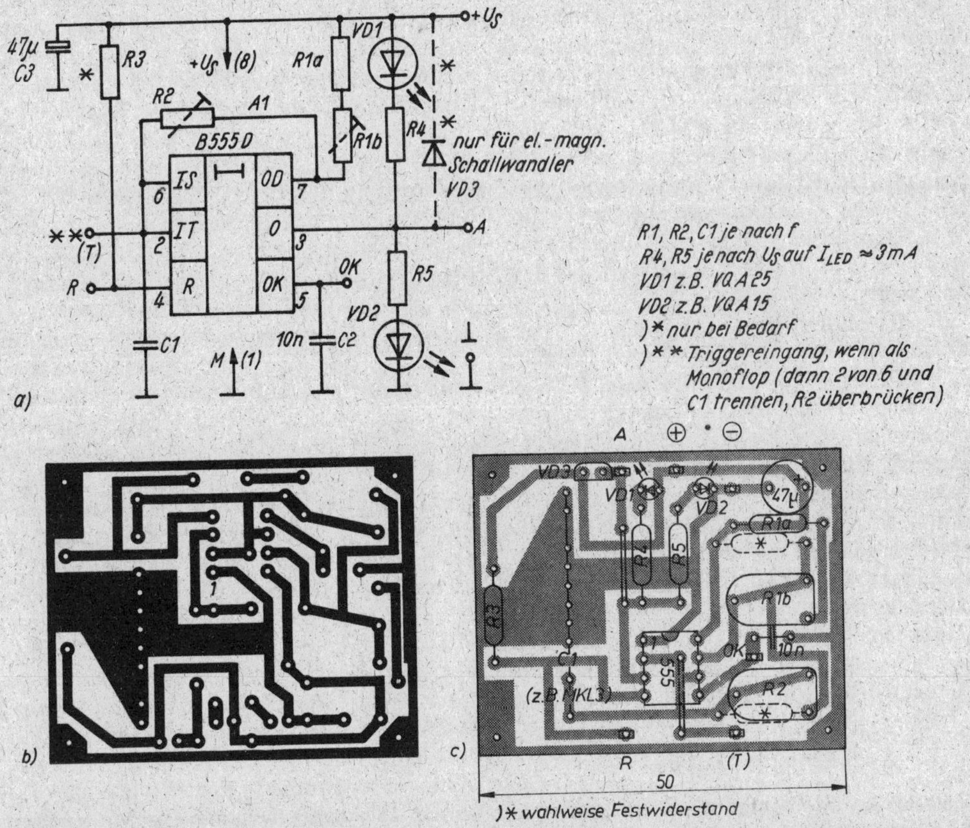

Bild 4.26 Vielseitig nutzbarer Modul mit *B 555 D*; a – Stromlaufplan, b – Leiterbild, c – Bestückungsplan

cher müßte also z. B. einen Vorwiderstand von wenigstens 47 Ω erhalten. (Hierbei wurde schon die hohe Sättigungsspannung des Ausgangs berücksichtigt.) Angesichts des großen möglichen Betriebsspannungsbereichs des *B 555 D* empfiehlt sich für einen solchen Lautsprecher also eine entsprechend kleinere Betriebsspannung. Meist kommt man jedoch mit wesentlich geringeren Signalleistungen aus. Damit wird wieder die 54-Ω-Telefonhörkapsel interessant, und auch höherohmige Ohrhörerkapseln sind vielfach ausreichende Schallwandler.

Soll der Generator über den Resetanschluß 4 gesperrt bzw. freigegeben werden, ist folgendes zu beachten: $R = L$ bedeutet L am Ausgang. Ein so gegen Plus gelegter Schallwandler verursacht daher einen beträchtlichen (unnötigen) Ruhestrom. Dagegen gibt es 2 mögliche Maßnahmen. Entweder, man legt den Schallwandler gegen Masse. Dann wird er bei H am Ausgang (das ist z. B. der Fall, wenn 2 auf L liegt) den unerwünschten Ruhestrom ziehen. Oder der Schallwandler wird über *C* angekoppelt. Das bedeutet die auch für integrierte NF-Verstärker mit einer Betriebsspannung übliche Art der Auskopplung. Sie erfordert allerdings einen zusätzlichen Elektrolytkondensator. Seine Größe richtet sich nach der gewünschten unteren Grenzfrequenz bei gegebener Wanderimpedanz. Bei einer 54-Ω-Hörkapsel wird man jedoch schon mit etwa 47 µF auskommen.

Bezüglich des Eingangsteils hat der ebenfalls in diesem Buch noch näher behandelte *E 355 D* viel Ähnlichkeit mit dem *B 555 D*. Der sich diesem Teil anschließende Frequenzteiler verleiht dem *E 355 D* jedoch ganz spezielle weitere Fähigkeiten. Einige davon erhält der *B 555 D*, wenn man ihn zusammen mit einem Teilerschaltkreis *E 351 D* einsetzt. Für alle 3 Schaltkreise ist ein für Bipolartechnik kleiner Eigenstrombedarf charakteristisch, was ihrem Einsatzspielraum ebenfalls zugute kommt. Schon jetzt sei daher auf so interessante Lösungen wie zeitbegrenzte Signalgeber u. ä. hingewiesen.

4.3.7. Systeminterne Signale

Schaltkreise mit höherem Integrationsgrad, die für spezielle Zwecke entwickelt wurden (Uhren, Rechner u. ä.), enthalten meist von einem höherfrequenten Takt angesteuerte Teiler. Vielfach stehen dann an bestimmten Anschlüssen dieser Schaltkreise außer den eigentlichen Nutzsignalen noch Frequenzen auch im Hörbereich und darunter zur Verfügung, aus denen sich praktisch »generatorlos« Signale für Schallwandler oder auch für Leuchtanzeigen ableiten lassen. Praktische Beispiele sind die Ableitung von im Sekundenrhythmus gepulsten Tonfrequenzsignalen aus einem als Zeitgeber einsetzbaren Rechnerschaltkreis und aus einem Teilerschaltkreis für Quarzuhren mit Zeigeranzeige.

4.3.8. Einsatz von piezokeramischen Signalgebern

An dieser Stelle erscheint es angebracht, auf den in Tabelle 4.3 bereits angesprochenen Piezosignalgeber *piezo-phon* einzugehen. Das stellt gleichzeitig einen Übergang zum folgenden Abschnitt dar. Vor allem die Variante mit eingebautem Generator hat etwas Bestechendes: Man kann diese Kapsel einfach wie eine Klingel in beliebige Stromkreise einfügen. Zwischen 1 und 20 V liegt der zulässige Betriebsspannungsbereich. Je Volt ist mit 1 mA Stromaufnahme zu rechnen. Funkstörspannungen wie etwa bei Klingeln treten nicht auf. Mit 87 dB Schalldruck bei 5 V und 98 dB bei 20 V ergibt sich ein großer möglicher Spielraum auch in der Beschaltung. Allerdings wird das mit dem Resonanzprinzip erkauft, nach dem diese Kapseln arbeiten. Das bedeutet zwar ein sehr gutes Verhältnis zwischen abgegebener Schallenergie und aufgenommener Leistung. Dafür bleibt es aber eben bei dieser einen Frequenz. Sie ist für Signalzwecke gut geeignet. Um voneinander unterscheidbare oder auch dadurch besser zu bemerkende Signale zu erzeugen, bedarf es wieder externer Elektronik. (»Feinmechaniker« unter den Lesern werden vielleicht in der Kapsel noch Platz dafür finden. Aber die akustischen Eigenschaften können bei unsachgemäßem Eingriff leiden!) Mit solcher notwendigen Elektronik aber kommen wieder viele der in diesem Abschnitt behandelten Multivibratorschaltungen in die engere Wahl. Bild 4.27

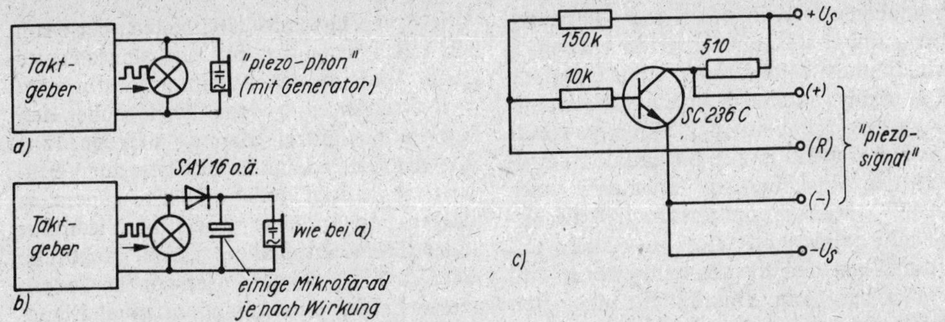

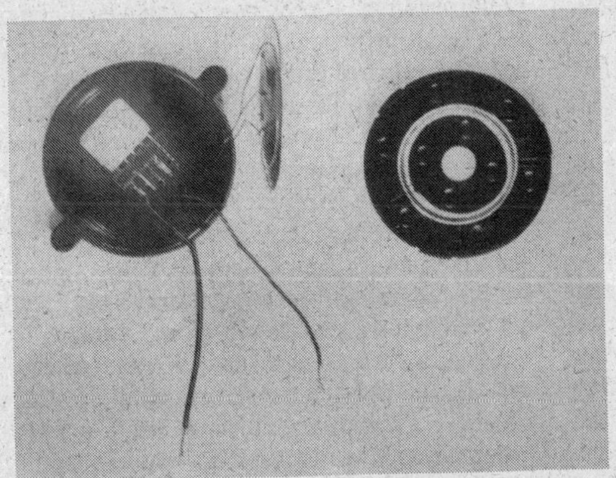

d)

e)

f)

Bild 4.27
Einsatzmöglichkeiten von Piezosignalgebern; a – *piezo-phon* parallel zu Glühlampe oder Leuchtdiode an Blinkgeber, b – Zwischenschalten eines 1-Weg-Gleichrichters (»Glockeneffekt« bei Blinkimpulsen, Dauerton, wenn parallel zur Hausklingel), c – *piezosignal*-Generator nach Herstellerempfehlung, d – geöffneter *piezo-signal*, e – *piezo-signal* mit Hall-IS-Signalschaltung, f – *piezo-signal* im Größenvergleich mit Telefon- und Ohrhörkapsel sowie mit Kleinlautsprecher

faßt dafür Vorschläge zusammen. Die am nächsten liegende Möglichkeit besteht in der wahlweisen Kombination von Blinklicht und im gleichen Rhythmus gepulstem Schallsignal. Der Schallgeber wird dazu einfach zur Lampe parallelgelegt (Bild 4.27a). Eine Art von »Glockeneffekt« erreicht man mit einem Elektrolytkondensator parallel zum Geber in der Art nach Bild 4.27b. Bei entsprechender Abstimmung zwischen im Zehntelsekundenbereich liegenden Generatorimpuls und Kapazität ergibt sich eine Folge von »ausschwingenden« Tönen. Diese Schaltung kann – wobei aber ein Dauerton entsteht – auch als sinnvollste Variante einer Hausklingel an die bisherigen Klingelanschlüsse gelegt werden. Steht nur der Typ *piezo-signal*, also ohne Generator, zur Verfügung, so empfiehlt der Hersteller die Schaltung nach Bild 4.27c. Man erkennt aus ihr, daß die Piezoscheibe tatsächlich selbst und allein das schwingfähige Gebilde darstellt. Über R wird ein Teil der beim Einschalten angeregten Schwingungsenergie zum Aufrechterhalten der Schwingung in der richtigen Phase auf den Transistor zurückgeführt. Weitere Beispiele mit Einzeltransistoren, um bestimmte Effekte zu erzielen, findet der Leser in Heft 9/84 der Zeitschrift *radio fernsehen elektronik*.

4.4. Signal- und Überwachungseinrichtungen

Bisher stand im Vordergrund der Beschreibung die Schaltung, die als Baugruppe auf einer Leiterplatte beliebig einzusetzen ist. Im folgenden ist dagegen jeweils zunächst eine Aufgabe formuliert, für die dann von diesen oder ähnlichen Schaltungen Gebrauch gemacht wird. Die Lösungen richten sich also nach den Aufgaben. Das führt bisweilen zu etwas umfangreicheren Objekten. Der folgende Abschnitt ist dafür typisch.

4.4.1. Melodiegeneratoren für Haus- und Wohnungstür

An der Grenze zwischen Spielerischem und »ernsthaft Nützlichem« liegt die »elektronische Klingel«. Sie gehörte Anfang der 80er Jahre noch zu den Favoriten des Heimelektronikers. Den noch immer hohen Grad ihrer Popularität beweist die auch weiterhin bestehende Nachfrage nach *typofix*-Folien zum Klassiker unter ihnen aus dem ersten Wohnbereichsbuch, dem 7-Töner mit Schieberegistern. Zweifellos spielt dabei auch die 1983 eingetretene drastische Preissenkung bei TTL-Amateurschaltkreisen eine Rolle. Dennoch wurde darauf verzichtet, jenes Gerät nochmals mit zu behandeln. Geblieben ist jedoch das Thema. Es gibt inzwischen eine Reihe neuer Möglichkeiten, aus denen sicherlich jeder die ihm am meisten zusagende Variante wählen kann.

Dieses Angebot bewegt sich auch weiterhin im begrenzten Bereich weniger Töne. Auf die Dauer kann es nämlich recht lästig werden, wenn bei jedem noch so kurzen Betätigen des Klingelknopfs unverdrossen lange Melodien bis zum Ende abgespielt werden. Wer schwache Nerven hat, verträgt selbst 7 Töne hintereinander nicht immer. Elektronische »Spieldosen« mit Speicherschaltkreisen passen daher besser ins Reich der Spielelektronik.

Bevor es mit den »festverdrahteten« Melodiegeneratoren konkret wird, noch einige kurze Vorbemerkungen zur grundsätzlichen Wirkungsweise.

Mit definierten Startbedingungen als Voraussetzung wird beim Betätigen des Signalknopfs ein elektronischer Zähler gestartet. An seinen 1-aus-n-dekodierten Ausgängen erscheint nacheinander taktfrequenzgesteuert z. B. der Logikpegel L. An diese Ausgänge sind die frequenzbestimmenden Stellwiderstände eines Generators angeschlossen, der dadurch bei Ablauf des Zählvorgangs auf unterschiedlichen Frequenzen schwingt. Sofern der Unterschied zwischen kleinstem Generator- und größtem äquivalenten Durchlaßwiderstand der Dekoderausgänge groß genug ist, arbeitet der einmal auf die gewünschte Melodie abgeglichene Generator zuverlässig, was die Frequenzgenauigkeit der Töne betrifft. Nach der Höchstzahl der einstellbaren Töne kann dabei u. a. von folgenden Möglichkeiten Gebrauch gemacht werden: 4-bit-Schieberegister *D 195 D* oder *V 4015 D* mit direkter 1-aus-4-Ausgabe (4 Töne je Register minus 1 Ton für Rücksetzen), Dekadenzählschaltkreis *D 192 D* oder *DL 090 D* mit 1-aus-10-Dekoder, z. B. *MH 7442* (9 Töne bei 1 Rücksetzschritt) und 4-bit-Binärzähler, wie *D 193 D*, mit 1-aus-16-Dekoder *MH 74154* (15 Töne bei 1 Rücksetzschritt). Hinzu kommen neben dem bei Manuskripterarbeitung schon verfügbaren *V 4015 D* eine Reihe weiterer attraktiver CMOS-Schaltungen, z. B. der *V 4017 D* mit 1-aus-10-Dekodierung (aktiv H).

Entsprechend der unterschiedlichen Art, den Anfangszustand zu realisieren, unterscheiden sich auch die Schaltungslösungen.

Als »ausgereiftes« Gerät etwas anderer Art liegt für dieses Buch zunächst der im *Bauplan Nr. 57* vorgestellte 7-Ton-Melodiegenerator vor, für den die folgenden Erläuterungen gelten. Bei 7 Tönen gibt es keine allzu große Auswahl an Melodien, vor allem, wenn nicht noch unterschiedliche Tonlängen berücksichtigt werden sollen. Das bedeutete Zusammenfassen von 2 Ausgängen für die längeren Töne und damit weniger als 7 Töne insgesamt. Aus dieser Tatsache heraus greift man oft zu 15-Ton-Varianten, die sich auch leicht durch Aufstocken einer 7-Ton-Schaltung gewinnen lassen. Bei 7 Tönen jedenfalls kommt man meist auf das geläufige »Horch, was kommt von draußen rein«-Thema.

Die nächste Frage gilt der Stromversorgung. In den meisten Fällen ist ein Klingeltransformator bereits in der Hausinstallation vorhanden. Je nach Schaltungslösung bzw. -aufwand muß aber der Melodiegenerator ständig an dieser Spannung liegen. Das macht Änderungen in der »Klingelverdrahtung« nötig, die nicht immer ganz einfach durchzuführen sind. Speisen aus einem eigenen Transformator bietet dabei keinen so schlechten Ausweg, wie es auf den ersten Blick scheint. Man umgeht damit Probleme gerade in größeren Bauten, wo die Transformatorspannung vielleicht viel höher ist als es die Auslegung der Schaltung zuließe. Der im folgenden beschriebene Generator ist so gestaltet, daß er beiden Einsatzfällen gerecht wird. Entweder betreibt man ihn aus einem eigenen 6-V-Transformator (ständig), oder er wird einfach an die Klingelanschlüsse angeschlossen, sofern dort nicht wesentlich höhere Spannungen zu erwarten sind.

4.4.1.1. Melodietongenerator mit Programmwahlschaltkreisen

Kurze Schaltkreisbeschreibung

1984/85 waren noch größere Mengen der Programmwahlkombination *U 710 D/U 711 D* verfügbar, auch als preisgünstige Amateurtypen. Im folgenden seien diese beiden MOS-Schaltkreise kurz vorgestellt, da sie vom Amateur seltener genutzt werden. Bild 4.28 zeigt Anschlußbelegung und Logikschaltbild des 8-Kanal-Programmwahlschaltkreises *U 710 D*. Zusammen mit dem Dekoderschaltkreis *U 711 D* findet man ihn in den Eingangsteilen von Fernsehempfängern. Der *U 710 D* läßt sich wahlweise direkt (über seine Paralleleingänge in beliebiger Reihenfolge) oder seriell in der Reihenfolge von 1 bis 8 schalten. Die Ziffer des gerade aktiven Kanals erscheint binär an den 4 Ausgängen. 3 davon liefert die nach dem Bewertungsschema 1-2-4 kodierte Binärinformation für den angesprochenen Eingang (1 ist Einschaltlage entsprechend HHH). Der 4. Ausgang bewirkt, daß auf 16 Kanäle kaskadiert werden kann. Beide Schaltkreise arbeiten nach negativer Logik. Gemäß Bild 4.29 bedeutet das Massepotential für H, denn das ist das positivste Potential der Schaltung.

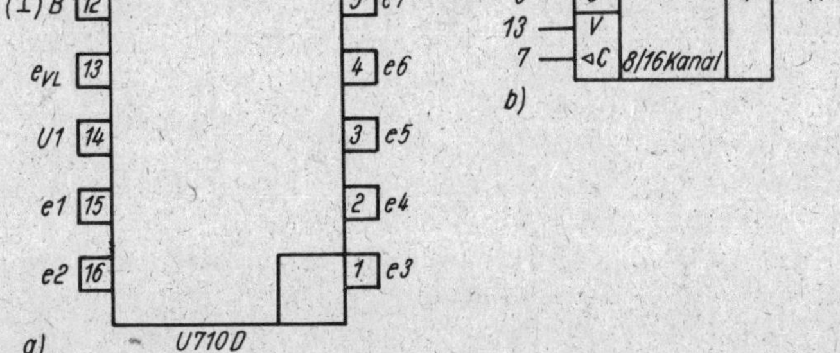

Bild 4.28
a – Anschlußbelegung, b – Logikschaltung des 8-Kanal-Programmwahlschaltkreises *U 710 D*

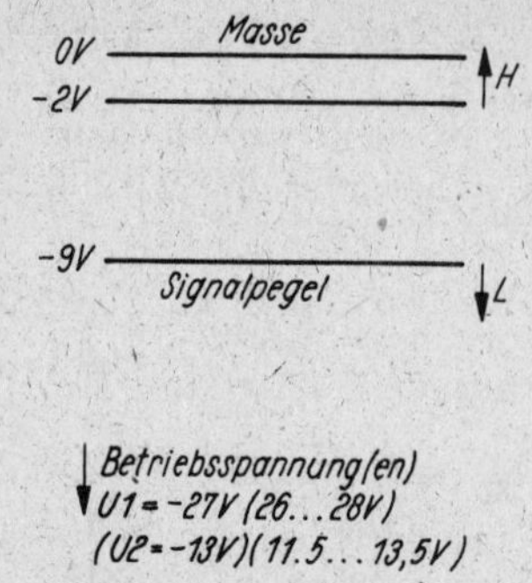

Bild 4.29
Negative Logik bedeutet zwar polaritätsbezogen H für Masse mit L für negative Spannung, doch ist der Signalpegel hier L (also eine im Grund wiederum vom Masse »weit entfernte« Spannung)

Der zulässige Pegelbereich geht bis -2 V für einwandfreies Erkennen von H. Ab -9 V bis zur negativen Betriebsspannung von nominell 27 V (−25 bis −28 V) reicht der L-Pegel. Er aber wirkt bei negativer Logik als Signalpegel! »Positive Logiker« verwirrt darum anfangs der Umstand, daß z. B. der Logiktabelle eines NOR in negativer Logik die eines NAND in positiver Logik entspricht. Das Innenleben der beiden Schaltkreise besteht aus vielen MOS-Transistorelementen. Sie brauchen praktisch keinen Steuerstrom, denn sie werden über eine »Gate« genannte Elektrode per Feldeffekt gesteuert. Das erfordert wenigstens −6 V, sonst läßt sich gar nichts von außen steuern. Bestimmte Schaltungsdetails von MOS-Schaltkreisen erfordern sogar 2 Betriebsspannungen, −13 und −27 V. Auf diese Weise erreicht man günstigere Bedingungen vor allem im Ausgangskreis. Dort arbeitet dann ein MOS-Transistor als aktiver Arbeitswiderstand, und sein Steuerkreis verlangt entsprechend hohe Potentiale. Aber das sind schon spezielle Dinge. Sie sollten lediglich darum erwähnt werden, um zu zeigen, daß MOS-Schaltkreise eben anders anzusehen sind als etwa TTL-Typen. Ihr wichtigster Gebrauchsunterschied aber ergibt sich aus der Empfindlichkeit der »hauchdünnen« Isolation unter den Steuerelektroden. Schutzdioden im Schaltkreis können zwar geringe Energien unschädlich machen, doch ein durch Reibungselektrizität geladener Dederonkittel hat sich noch immer als stärker erwiesen. Darum statische Ladungen vermeiden und möglichst auf einer leitenden Unterlage arbeiten. Viele weitere Regeln sind inzwischen zu MOS- und CMOS-Schaltkreisen allgemein bekannt geworden – siehe auch in Abschnitt 4.3.4. (Im übrigen passiert weniger, als man glaubt, wenn man nicht gerade leichtsinnig ist!)

Von den Eigenarten der MOS-Technik nun wieder zurück zum *U 710 D*. Es hat sich gezeigt, daß bereits Betriebsspannungen von 16 bis 18 V für den vorgesehenen Einsatzfall durchaus brauchbar sind. Es empfiehlt sich allerdings dringend, sie zu stabilisieren. Nur dann werden die Ergebnisse reproduzierbar, was besonders bei stärker schwankender Netzspannung sonst nicht zu erwarten ist. Der *U 710 D* nimmt bei dieser Spannung im allgemeinen weniger als 2 mA auf und ist da-

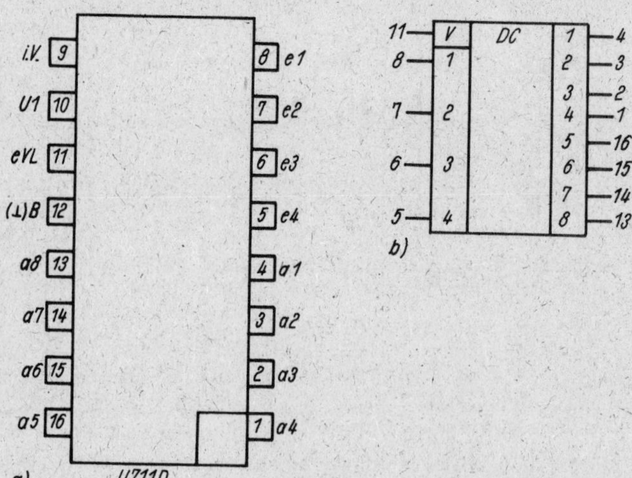

Bild 4.30
a – Anschlußbelegung, b – Logikschaltung des Dekoderschaltkreises *U 711 D*

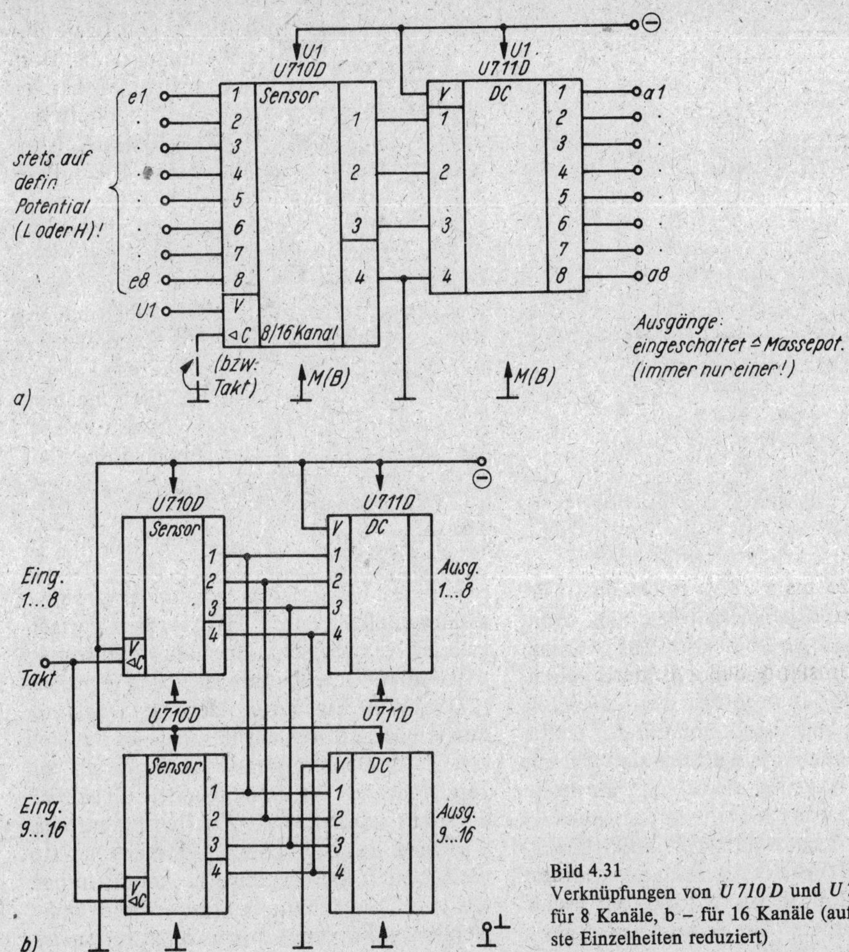

Bild 4.31
Verknüpfungen von *U 710 D* und *U 711 D*; a – für 8 Kanäle, b – für 16 Kanäle (auf wesentlichste Einzelheiten reduziert)

mit doch ziemlich genügsam. Man vergleiche mit diesem Wert die Stromaufnahme eines *D 195 D*, für den 50 mA bei 5 V typisch sind. 250 mW also gegen nur etwa 40 bis 50 mW beim *U 710 D*!

Sogar nur etwa 0,5 mA benötigt der Dekoderschaltkreis *U 711 D* für sein »Innenleben«. Den 8 Ausgängen kann man bis zu 3 mA zumuten. Die binär kodierte Information des *U 710 D* wird den 4 Eingängen zugeführt. Genauer: Da nur 3 bit beim einfachen System angeboten werden, legt man e4 auf L-Potential, ebenso wie a4 des *U 710 D*. Im Gesamtsystem führt entweder der Schritt n (1 bis 8) am seriellen Eingang oder ein (auch nur kurzzeitig an einen der 8 parallelen Eingänge n des *U 710 D*) angelegtes L (also negative Spannung) dazu, daß die binäre Ausgangsinformation des *U 710 D* an den Eingängen des *U 711 D* seinen äquivalenten Ausgang auf L durchschaltet. Die restlichen Ausgänge bleiben auf H. Übrigens stellt sich das System beim Einschalten selbst auf aktiven Ausgang 1 ein – eine auch für Melodiegeneratoren recht günstige Eigenschaft. Ein aktiver Ausgang hat nur in der Größenordnung von etwa 1 kΩ Durchgangswiderstand, zumindest im zulässigen Strombereich bis 3 mA.

Anschlußbelegung und Logiksymbol des *U 711 D* gehen aus Bild 4.30 hervor.

Die Grundschaltung für 8 Kanäle ergibt sich aus Bild 4.31a. Auf 16 Kanäle kaskadiert wird gemäß Bild 4.31b. Daraus läßt sich bei Bedarf leicht ableiten, wie man zu einem 15-Ton-Generator gelangen kann.

Im Melodiegenerator wird (selbstverständlich) seriell gearbeitet. Das erfordert einen

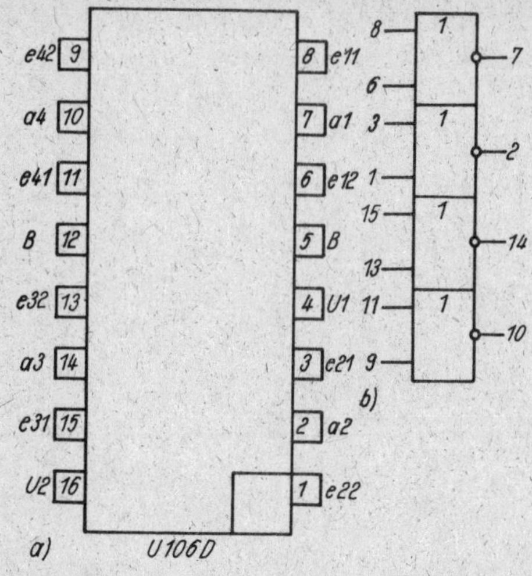

Bild 4.32
a – Anschlußbelegung, b – Logiksymbol des 4fach-NOR-Gatters *U 106 D*

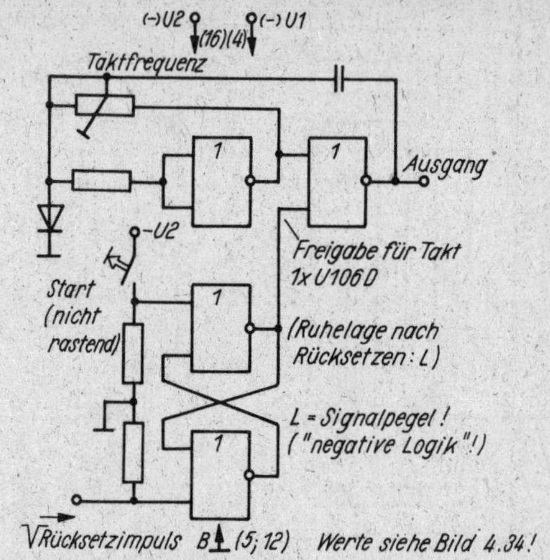

Bild 4.33
Für diese Schaltungskombination (Start-Stop-Flip-Flop und Taktgenerator) genügt 1 *U 106 D*

Takt mit Periodendauern um 0,3 s. Da er der negativen Logik entsprechen muß, erzeugt man ihn am besten mit einem MOS-Schaltkreis. Der *U 106 D* (Bild 4.32 zeigt Belegung und Logiksymbol) wird dafür nur zur Hälfte beansprucht. Die andere Hälfte steht für die Start-Stopp-Logik zur Verfügung, ausgelegt als RS-Flip-Flop.

Der *U 106 D* ist einer der MOS-Schaltkreise, die 2 (negative) Betriebsspannungen benötigen, nämlich im Normalfall −27 V (*U*1) und −13 V (*U*2). *U*1 wird mit typisch 1 mA belastet, *U*2 mit nur etwa 0,1 mA. Im vorliegenden Beispiel des von einem Klingeltransformator gespeisten Generators liegt *U*1 bei nur 17 V. Daher wurde *U*2 unkonventionell durch einen Widerstand zwischen den Anschlüssen für *U*1 und *U*2 »angenähert«. Dabei kam es mehr darauf an, daß sich eine um etwa 6 V gegenüber *U*1 niedrigere Spannung *U*2 ergab. Man kontrolliert das mit einem hochohmigen Voltmeter am Anschluß für *U*2. Gegebenenfalls ist der Wert dieses Widerstands entsprechend zu korrigieren. Letztlich entscheidet aber nur die einwandfreie Funktion über die Zulässigkeit dieser Maßnahme.

Bild 4.33 zeigt die um die soeben beschriebene Art der Spannungsversorgung ergänzte Schaltung des *U 106 D* als Start-Stop-Flip-Flop und als Taktgenerator. Der Vorwiderstand im Generatorteil sowie die Schutzdioden helfen eine Überlastung der integrierten Schutzschaltung zu vermeiden. »Wohltuend« klein ist der für den Schaltungstakt nötige Kapazitätswert. Dank der hochohmigen MOS-Schaltung liegt er um fast 3 Größenordnungen niedriger als bei vergleichbaren TTL-Lösungen. Dadurch kann ein stabiler MKL-Typ benutzt werden. Übrigens: Bei der richtigen Lage der Schutzdioden stellt die »negative Logik« leicht Fallen. Auch die Schaltung nach *Bauplan Nr. 57*, aus dem dieses Objekt ja stammt, war davon nicht frei. Man beachte: Negative Spannungen gegen Masse sind hier Steuerspannungen, also müssen positive Fremdspannungen unterdrückt werden. Die Katoden der Dioden liegen darum an Masse – bei »positiver Logik« ist es umgekehrt.

Die Taktimpulse gelangen über ein Differenzierglied zum seriellen Eingang des *U 710 D*. Damit sind bereits die wichtigsten Generatorelemente besprochen.

Gesamtschaltung

Aus Bild 4.34a geht die Gesamtschaltung des 7-Ton-Melodiegenerators hervor. In der zugehörigen Leiterplatte fehlte übrigens in der Schaltung nach *Bauplan Nr. 57* die Schutzdiode am Takteingang. Auf Grund der winzigen Störenergien hinter 47 pF hat sich das auf die Funktion der Schaltung nicht ausgewirkt und blieb dadurch damals

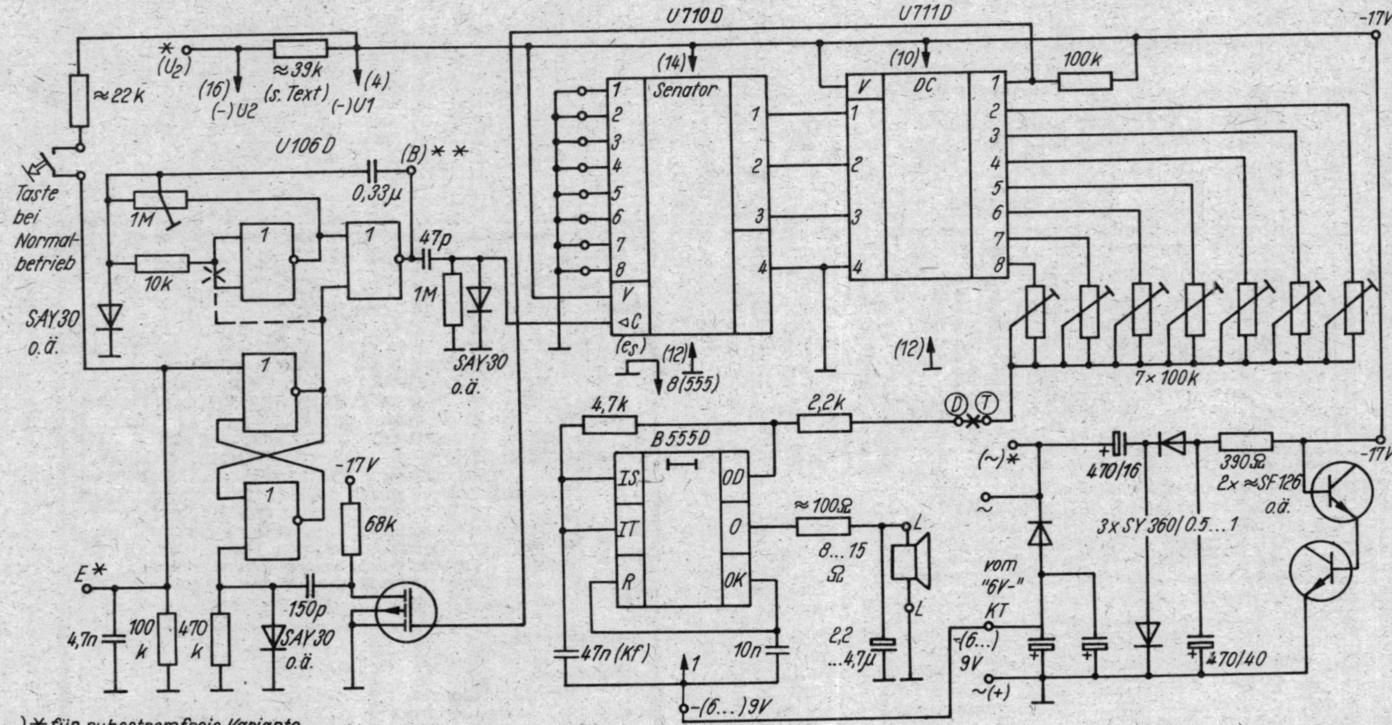

)* für ruhestromfreie Variante,
Erweiterung s. Bild 4.37
(bereits auf Leiterplatte vorgesehen!)
)* * (B) für Blinkzusatz nach Bild 4.41

Ⓓ Ⓣ öffnen, wenn 2×7 Töne (siehe Bild 4.39!)

a)

Bild 4.34 a – Gesamtstromlaufplan eines 7-Ton-Melodiegenerators mit MOS-IS (gestrichelte Änderung gegen »Schwebezustand«),

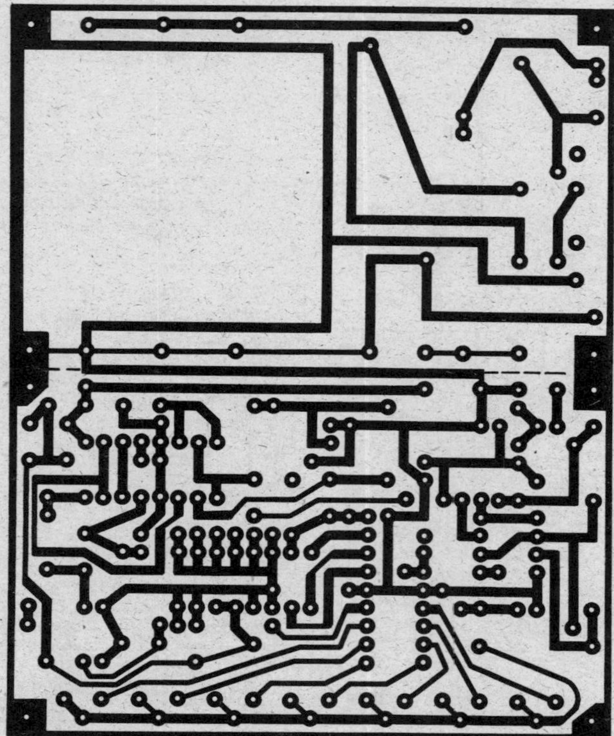

b) b – Leiterbild,

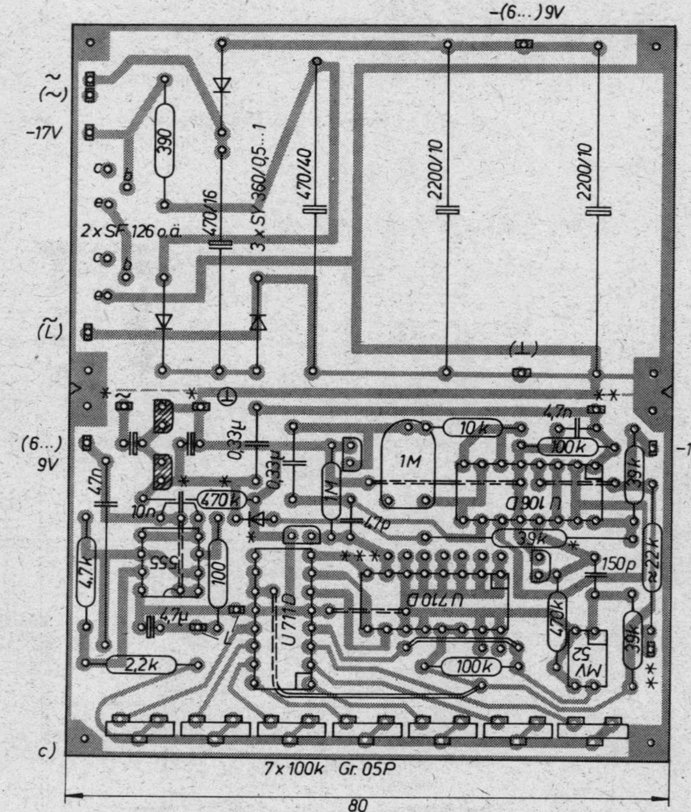

c)

SAY 17 o.ä. SAY 30 o.ä.

)* entfällt bei Normalbetrieb
)** Tasteranschluß Normalbetrieb
)*** 8 Eingänge für andere Zwecke (Sensoren) s. Text!

c – Bestückungsplan,

d)

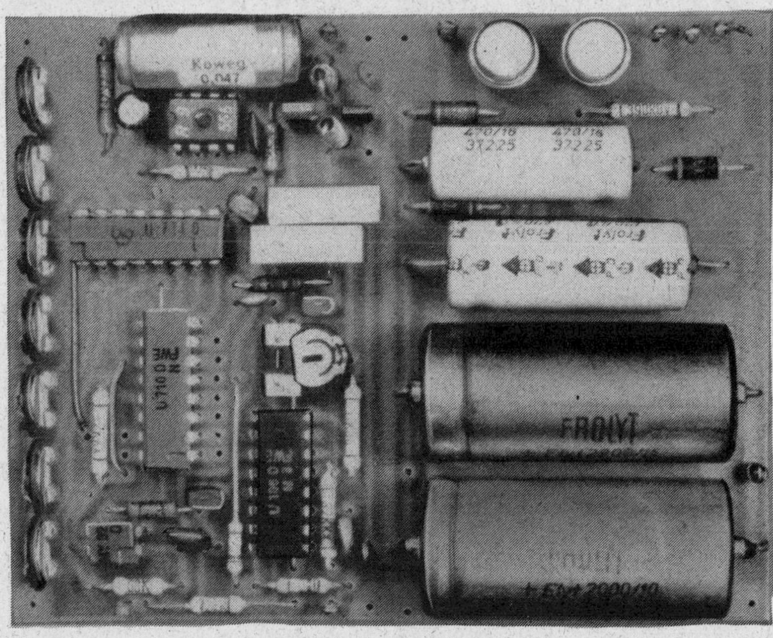

e)

d, e – Musteransichten der Leiterplatte (Schallwandler: 54-Ω-Telefonkapsel oder Lautsprecher) unbemerkt. Die integrierte Schutzdiode des Eingangs hat »stillschweigend« diesen Schutz übernommen. Zu deren Entlastung für künftige Exemplare ist die externe Diode im neuen Leiterbild und im Bestückungsplan neu vorhanden. Es fällt nicht schwer, sie auch in der alten *typofix*-Folie bzw. auf vorhandenen Platten »nachzurüsten«. 2 Schaltungseinzelheiten sind noch nicht besprochen worden. Das ist zunächst der Einzeltransistor *SMY 50* (oder *SMY 52*), ein p-Kanal-Anreicherungstyp. Das heißt: (negative) Gatespannung läßt seinen Kanal zwischen Drain (negativer Anschluß) und Source (Masse) leitend werden. Da die Einschaltvorzugslage des Systems *U 710 D/U 711 D* leitenden Kanal 1 bedeutet, liegt das Gate an Masse, so daß der Transistor gesperrt ist. Daher führt sein Drain L, das dadurch über den Koppelkondensator auch das Start-Flip-Flop in Ruhelage gekippt hat. Durch einen kurzen negativen (L-)Impuls am Startgatter kippt das Flip-Flop in die Arbeitslage. Das heißt, der Taktgenerator wird mit H an dem mit dem Flip-Flop verbundenen Eingang freigegeben. Beim 8. Taktimpuls hat der *U 711 D* am Ausgang einen vollen Zyklus absolviert, und Ausgang a1 schaltet wieder auf H. Er war vorher 7 Takte lang auf L gelegt worden, wodurch der »Reset«-Kondensator am Drain des Transistors entladen worden war (Stromkreis über den am Gattereingang nach Masse liegenden Widerstand). Mit a1 auf H geht der Drain des *SMY 50* auf L. Dieser L-Impuls setzt das Flip-Flop zurück, und dieses wiederum sperrt den Taktgenerator. In dieser Stellung verharrt die Schaltung bis zum nächsten Start.

Tongenerator

Die einzeln hintereinander in der Aktivphase auf H (Masse) schaltenden Ausgänge des *U 711 D* legen jeweils einen Stellwiderstand an dieses Potential. Das aber entspricht dem höchsten »positiven« Potential des als astabilen Multivibrator geschalteten *B 555 D*. Allerdings war es in diesem Fall notwendig, R_a umzuschalten, da R_b beidseits an Schaltkreisanschlüssen liegt. Der negative Betriebsspannungsanschluß des *B 555 D* ist der Bezugspunkt des »Subsystems« Tongenerator, und so herum betrachtet wird die Schaltung wieder durchschaubar. Dieser Punkt braucht aber – im Unterschied zum MOS-Teil – keine stabilisierte Spannung. Dafür soll sie höher belastbar sein als die MOS-Spannung. Sie hat ja einen Lautsprecher zu versorgen. Dennoch sind für die meisten Einsatzfälle auch dafür keine allzugroßen Leistungen nötig. Besser – wie schon angedeutet – ist es, 2 oder 3 Schallwandler in der Wohnung zu verteilen. Jeder erhält dabei einen seiner gewünschten Lautstärke angemessenen Vorwiderstand. Ein »Nachtschalter« oder ein Potentiometer (als stellbarer Vorwiderstand) dürfte außerdem vielfach am Platze sein, um in Ruhestunden die Lautstärke am betreffenden Ort auf ein gewünschtes Mindestmaß zu senken.

Die Eigenart des *B 555 D* bezüglich seiner Entladeschaltung bedingt übrigens, daß sich nach Sperren des letzten Ausgangs im *U 711 D* der Tonkondensator über OD entlädt und damit IT unter $U_{CC}/3$ senkt. Das aber schaltet die Ausgänge auf ein bezüglich Gesamtschaltung (»hohes«) massenahes Potential, ohne daß der Kondensator wieder geladen wird. Ergebnis: Der *B 555 D* sperrt, und es fließt kein Ruhestrom durch den Lautsprecher.

Netzteil

Wie bereits angedeutet, hat sich selbst für diese MOS-Schaltung ein 0,5-A-Klingeltransformator von 6 V Nennspannung als gut geeignet erwiesen. Er liefert sogar bei belasteter Endstufe und Netzunterspannung von −15 % noch genügend Spannung an die Verdopplerstufe. Diese Stufe aus 2 Elektrolytkondensatoren und 2 Dioden ergibt eine Spannung von etwa 20 bis 27 V, je nach Lastbedingungen und Eingangsspannung. Mit einer Z-Diode hinter einem wegen des kleinen Strombedarfs relativ hohen Widerstand kann sie auf etwa 17 V stabilgehalten werden. Nun sind Z-Dioden bisweilen für den Amateur teurer als viele Schaltkreise. Für nur etwa 1,– M Gesamtkosten läßt sich jedoch eine für die vorliegende Aufgabe ausgezeichnet geeignete Stabilisierung mit 2 »Bastelbeutel«-Transistoren der Bauform 600 mW erreichen. Dabei nutzt man die bei typisch 8,5 V liegende Durchbruchspannung der Basis-Emitter-Strecke dieser Transistoren aus. Sie ist durchaus in der Lage, die in der Schaltung auftretenden Ströme von maximal etwa 20 mA aufzunehmen. Dabei entstehen in jedem Transistor etwa 170 mW.

Für die Endstufe genügt eine 1-Weg-Gleichrichtung mit reichlich zu bemessendem Ladekondensator. Die durch die »Z-Diode« ständig gegebene geringe Vorlast hält die verfügbare Transformatorspannung in solchen Grenzen, daß – gemeinsam mit der Wirkung des *B 555 D*-Ruhestroms – für diese Kondensatoren meist statt der angegebenen 16-V- sogar 10-V-Typen ausreichen. Allerdings sollte man wenigstens 2 × 2 200 µF, besser noch 3 × 2 200 µF einsetzen. Andernfalls kann vor allem bei tieferen Frequenzen doch eine gewisse Rauhigkeit im Ton beobachtet werden. Wenn statt der infolge der Tonwiderstände im Wirkungsgrad bescheidenen Lautsprecher z. B. 54-Ω-Telefonhörkapseln (2 bis 3 in Serie verteilt, oder jeweils mit 100 Ω Vorwiderstand) eingesetzt werden, sinkt der Strombedarf, obwohl die »Schallausbeute« gut bleibt.

Aufbau

Die Leiterplatte des Generators einschließlich Gleichrichterteil (Bild 4.34b und c) ist deutlich kleiner als die des vergleichbaren TTL-Generators aus dem ersten Wohnbereichsbuch. Dabei nimmt der eigentliche Generatorteil nur etwa die Hälfte der Fläche in Anspruch. Mit 4 Schaltkreisen und einem Transistor (die »Z-Dioden« nicht mitgerechnet) ist der Bauelementeaufwand ebenfalls wesentlich geringer. Nicht zuletzt die nur 4 Drahtbrücken erleichtern die Montage auf der einseitigen Leiterplatte. Mit ihnen wird zweckmäßigerweise begonnen. Dann folgen die wenigen Widerstände, die Dioden und die Kunstfolie- und Keramikkondensatoren. Für die 7 stehenden Tonpotentiometer (Größe 05 »P«) und den liegenden Stellwiderstand für die Tonfolge- (Takt-) Frequenz (Größe 05 »S«) sind 1,3-mm-Bohrungen erforderlich, während alle anderen Löcher den üblichen Durchmesser von 1 mm haben. Allerdings empfiehlt es sich, auch für die Gleichrichterdioden und die Elektrolytkondensatoren etwas mehr als 1 mm Durchmesser zu wählen.

Erst nach Montage aller anderen Bauelemente setzt man die Schaltkreise ein, mit *B 555 D* beginnend, und den MOS-Transistor. Vorher sollte man die Lötaugen mit Glashaarpinsel o. ä. von Oxid befreien und mit ganz wenig Zinn unter Zugabe von Kolophonium verzinnen. Die Löcher müssen dabei unbedingt freibleiben. Schon Flußmittelreste können dazu führen, daß ein Schaltkreisanschluß sich unbemerkt unter das Gehäuse »faltet«.

Nun kommt der große Augenblick für die MOS-Schaltkreise. Für sie mindestens ist ein Niederspannungslötkolben erforderlich. Man sollte sich für ihn der Mühe unterziehen, einen sekundär eingeschleiften 2poligen Ausschalter vorzusehen. Dann geht man beim Löten sicher. Ganz sicher vor unkontrollierten gategefährdenden Spannungen wird der Kolben, wenn seine Metallhülse mit der (leitenden) Montageunterlage (z. B. kupferkaschiertes Hartpapier oder Glasfasermaterial) verbunden ist und wenn man außerdem vor dem Löten die Spitze kurz auf diese Unterlage tippt. Eine verzunderte Spitze kann nämlich bereits geladen sein. Im Grunde geschieht den Schaltkreisen dennoch viel seltener etwas, als es diese vielen gutgemeinten Tips vermuten lassen. Spätestens beim Nichtfunktionieren einer solchen Schaltung wird man sich jedoch ärgern, nicht diese Vorsichtsregeln beachtet zu haben. Damit der Lötkolben trotz Abschalten während des Lötens zwischendurch immer wieder die nötige Wärmeenergie erhält, sollte man das Schalten »automatisieren«. Dafür stehen Mikrotaster zur Verfügung, die für bis zu 4 A Wechselstrom geeignet sind. Mit etwas mechanischem Geschick, das Ausrichten der beiden Stößel betreffend, läßt sich ein Lötkolbenablegeschalter ähnlich Bild 4.35 relativ einfach realisieren. Er

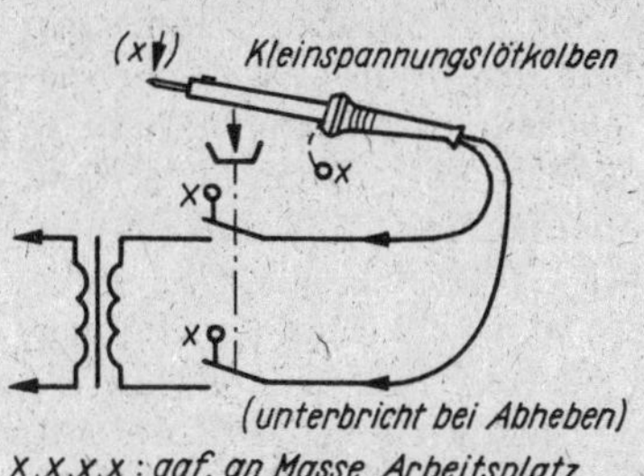

Bild 4.35
Lötkolbenableger, der den Stromkreis bei Benutzung 2seitig trennt (Sicherheitsvorschriften beachten, sinnvollerweise nur diese Niederspannungslösung anwenden!)

stellt praktisch die Umkehrung des früher oft praktizierten »Sparablegers« für vermindertes Heizen in den Lötpausen dar. Allerdings muß er hier 2polig sein, damit der Sekundärkreis des Niederspannungstransformators völlig vom Kolben getrennt wird. Selbstverständlich hat der verwendete Transformator den Sicherheitsvorschriften zu genügen. Ganz sicher geht man mit einem handelsüblichen Lötkolbentransformator. Dieser Sicherheitshinweis (diesmal bezogen auf die Netzfreiheit des gesamten Arbeitsplatzes!) ist auch für die folgende Maßnahme von ausschlaggebender Bedeutung. Wer befürchten muß, daß er infolge unpassender Möbel, Fußbodenbeläge, Kleidung und zu geringer Luftfeuchte ständig »geladen« ist, der sollte sein metallisches Uhrenarmband für die Dauer der MOS-IS-Montage über einen Widerstand von einigen hundert Kiloohm und eine flexible Leitung mit der Arbeitsunterlage verbinden. So entsteht ein System aus Grundplatte und mit ihr leitend verbundenen Arbeitsmitteln, in dem kaum zu hohe statische Ladungen auftreten werden. Die Schaltkreisverpackung ist mit dieser Platte ebenfalls vorher in Berührung zu bringen, bevor man die Schaltkreise – möglichst mit Pinzette und nur am Isolierkörper – aus der Verpackung auf die Arbeitsunterlage legt und anschließend in die Leiterplatte einsetzt. Richtung beachten! Es empfiehlt sich für den Amateur, die Anschlüsse nur etwa 1 mm leiterseitig überstehen zu lassen. Das erleichtert einen eventuell nötigen Wechsel.

Die Leiterplatte ist übrigens so gestaltet, daß Netzteilplatte und Generatorplatte auch einzeln montiert werden können. Beide Teile haben dann das bewährte Bauplanformat von 50 mm × 80 mm. Als Kombinationsplatte, beidseits (um je rund 1 mm) so weit gekürzt, daß eine Länge von etwa 98 mm zustande kommt, läßt sie sich aber leicht in einer Hälfte einer Plastbox unterbringen. Diese vom VEB *Plastimat* Oranienburg angebotenen Behälter (*S 32/4* ohne Fächereinteilung, *ELN 14584910, HSL 641000*) sind auch für andere Kleingeräte praktisch. Eine Telefonhörkapsel oder ein Miniaturlautsprecher paßt in die andere Boxhälfte. Buchsen bzw. Lüsterklemmleisten für die Außenverbindungen lassen sich ebenfalls mühelos unterbringen. Die Fotos zu Bild 4.34 belegen diese praktische Bauform.

Inbetriebnahme und Abgleich

Bei Maximalstellung des Taktpotentiometers ist der Tondurchlauf so langsam, daß es meist recht schnell nach Gehör gelingt, die 7 Töne der gewünschten Melodie abzugleichen. Das stellt dann eigentlich auch schon die letzte Arbeit an der Leiterplatte dar. Es setzt voraus, daß alles so funktioniert, wie es soll. Um dahin zu gelangen, empfiehlt sich schrittweises Vorgehen. Dazu erweist sich die elektrische Trennung zwischen Netzteil und Generator als nützlich. Denn von den beiden zusätzlichen Drahtverbindungen für −9 V (Mittelwert) und −17 V (stabilisierte Spannung) war noch nicht die Rede. Man sollte sie vorerst auch noch nicht einlöten. Dafür wird jetzt ein Spannungsmesser bis wenigstens etwa 30 V Vollausschlag gebraucht – z. B. eines der in *Bauplan Nr. 52* oder *Bauplan Nr. 55* beschriebenen Geräte. Außerdem empfiehlt es sich, die 9-V-Strecke vorerst mit etwa 560 Ω bis 1 kΩ zu belasten, damit die Leerlaufspannung den Kondensatoren nicht gefährlich werden kann. Noch einen letzten Blick auf deren Lage (Polarität!), dann darf der Klingeltransformator angeschlossen werden. Wenn jetzt an der 9-V-Strecke etwa 10 V und am Ladekondensator der Verdopplerschaltung etwa 25 V zu messen sind (negativ jeweils gegen Masse!), dann ist der Gleichrichterteil in Ordnung. Die richtige Lage und das einwandfreie Funktionieren der zu Z-Dioden »umgeschulten« Transistoren erkennt man dadurch, daß an ihnen zwischen 17 und 18 V zu messen sind. Auch für sie kann vorerst ein Parallelwiderstand (von −17 V nach Masse) von etwa 4,7 bis 6,8 kΩ entlastend wirken. Nun wird der Transformator vorübergehend vom Netz getrennt. Als nächstes verdrahtet man die Stecklötöse für die Spannung der Tonstufe (−9 V) mit ihrem Versorgungsanschluß. Außerdem ist es sinnvoll, vorher einen der *U 711 D*-Ausgänge mit Masse zu verbinden. Diese Drahtbrücke sollte so provisorisch sein, daß man sie später nicht wieder zu lösen vergißt! Bei Neuanschluß des Klingeltransformators müßte im ebenfalls nun angeschlossenen Lautsprecher ein Ton zu hören sein. Anderenfalls beginnt im Bereich um den *B 555 D* die Fehlersuche: Lötstellen, mögliche Zinnbrücken, Leiterunterbrechungen, falsch eingesetzte Bauelemente kommen als Ursache in Frage. Spannungen am Schaltkreis, diesmal mit −9 V als Bezugspunkt, messen: An 1 (an Masse liegend) zeigen sich dann +9 V; an den miteinander verbundenen Anschlüssen 4 und 5 müßten ⅔ dieser Spannung stehen. Je nach Zustand am Kondensator (Anschlüsse 2 und 6) richtet sich die Spannung an O (3) und OD (7): Bei weniger als ⅓ der Betriebsspannung an 2 und 6 müßte 3 etwa Betriebsspannung führen, 7 etwas weniger. Bei mehr als ⅔ der Betriebsspannung an 2 und 6 sind beide Ausgänge nahezu spannungsfrei. Allerdings – wenn bisher alles gestimmt hat, wird der Generator auch schon schwingen! Mit der Einschränkung, daß die Kanalwiderstände des *U 711 D* später einen gewissen Nachgleich erfordern können, läßt sich nun auf Wunsch bereits ein Einzelabgleich der Töne vornehmen: Der betreffende Ausgang des *U 711 D* wird einfach an Masse gelegt, und am zugeordneten Potentiometer gleicht man den Ton ab.

Wieder wird nun der Transformator abgeschaltet, und die noch freie Verbindung von −17 V zum Generator kann eingefügt werden. Abgleichbrücke und Lastwiderstand werden entfernt. Nach dem Neueinschalten darf nichts zu hören sein. Kurzes Überbrükken des Tastereingangs müßte nun einen Durchlauf starten. Wenn nicht, heißt es wieder, den Fehler einzukreisen. Die MOS-Technik macht das zum Teil leicht. Mit der Pinzette o. ä. Anschluß e_s antippen, und der *U 710 D* müßte seine Ausgangskombination HHH in irgendeine andere ändern. Irgendeine, weil eine Pinzette als Kontakt ungeheuer prellt. Ein Ton müßte die Folge sein. Wenn wieder nicht, dann Spannungen an a1 bis a3 des *U 710 D* gegen Masse kontrollieren. Ist auch nur eine deutlich von 0 verschieden (und negativ), steckt der Fehler im Bereich des *U 711 D.* Sind sie weiterhin 0, suche man am *U 710 D.*

Der *U 106 D* rückt erst dann in den Kreis der »Verdächtigen«, wenn die Einzelimpulsmethode zu Tönen geführt hat. Nebenbei: Sollte später der Generator ewig durchlaufen, so ist der Bereich um den *SMY 50* zu untersuchen. a1 des *U 711 D* liefert ja

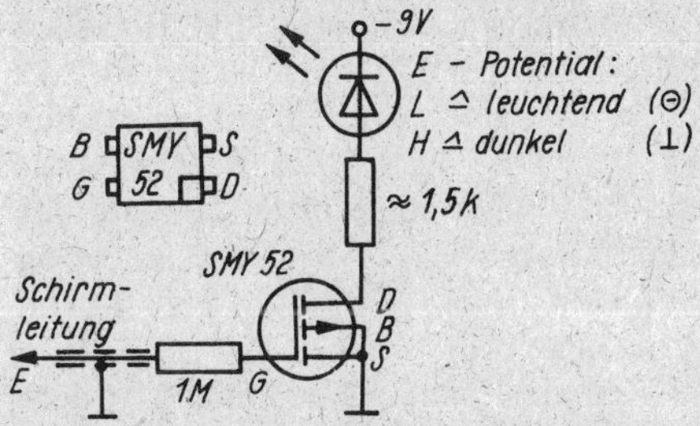

Bild 4.36
»Logiktester« für MOS-Schaltungen mit MOS-Transistor

irgendwann H an das Gate, und dann muß das Differenzierglied zwischen Drain und Gattereingang das Flip-Flop kippen. Zunächst aber sollte es sich zum Start auf H am Ausgang bringen lassen. Ein NOR-Glied in negativer Logik wird nämlich freigegeben, wenn der zur Freigabe (bzw. zum Sperren) benutzte Eingang auf H gelangt, also auf Masse. Das in negativer Logik als Signalpegel wirkende L kann dann am anderen Eingang wirksam werden und den Ausgang auf H (Masse) schalten. Im Wechsel von H und L vom ersten Generatorgatterausgang her und per Kondensatorrückkopplung entsteht dann die Taktfrequenz.

Vorsicht aber vor Trugschlüssen – diese Schwingung läßt sich zwar noch am Gatterausgang direkt, nur mit speziellen Mitteln aber hinter dem Differenzierglied an e_s kontrollieren. An e_s kommen nämlich nur schmale Nadeln an. Die in Bild 4.36 dargestellte Hilfsschaltung ist dagegen in der Lage, den Zustand von Gatterein- und Gatterausgängen zu kontrollieren. Dabei muß man mehrere Dinge bedenken: Zunächst einmal sind diese Punkte alle ziemlich hochohmig. Also darf der Zustandstester nur wenig Eingangsstrom erfordern. Außerdem kann beim Antippen der Zustand geändert werden. Im Zweifelsfalle müßte man die Schaltung zweimal einsetzen und z. B. vorübergehend fest mit Ein- und Ausgang verbinden. Schließlich aber führt die Freizügigkeit bezüglich der Gatterbeschaltung bei dieser Schaltung dazu, daß sich der Taktgenerator in einem »Schwebezustand« befindet, wenn er gesperrt ist. Am Muster wurden dabei ein- und ausgangsseitig an einem Gatter nahezu gleiche Spannungswerte gemessen. Sie lagen zwischen 3 und 4 V. Da die (negative) Ausgangsspannung bei H jedoch auf jeden Fall über 6 V steigt, ist ein *SMY 52* genau der richtige Partner für diesen kleinen Logiktester. Eine in seinem Ausgangskreis gemäß Bild 4.36 eingesetzte Leuchtdiode leuchtet nur bei H am Eingang eindeutig hell auf. Und dieser »MOSFET« braucht keinen Eingangsstrom.

Der Rest der Fehlersuche entspricht dem Zusammenspiel der 4 Gatter des *U 106 D* mit dem *SMY 50* sowie den Anschlüssen e_s und a1 der Kombination *U 710 D/U 711 D*: Negative Spannung (L) am Tastereingang muß H (Masse) am Freigabeeingang liefern, damit der Taktgenerator anläuft. Im Ruhezustand führt das Flip-Flop am benutzten Ausgang L, was den Generator sperrt. Am Ende eines durch L am Tastereingang eingeleiteten Durchlaufs erhält der obere Flip-Flop-Eingang eine kurze L-Nadel. Da sein anderer Eingang seit Start H führt, ist er freigegeben, und am oberen Ausgang erscheint H. Da man vor Durchlaufende meist die Taste schon wieder losgelassen hat, führen nun beide Eingänge H, so daß das Flip-Flop mit L am Ausgang den Taktgenerator bis zum nächsten Start sperrt.

Ruhestromfreie Betriebsart

Die vollständig bestückte Leiterplatte nach Bild 4.34 enthält eine Maßnahme, durch die sie ohne eine eigene Spannungsquelle auskommt. Auf Grund der zusätzlichen Bauelemente am Starteingang genügt es, den Melodiegenerator einfach mit seinen beiden Wechselspannungsanschlüssen an die bisher für die Klingel benutzten Anschlüsse der Klingelanlage zu legen. Allerdings ist das ohne Schaltungsänderung nur möglich, wenn die Wechselspannung dieser Anlage in etwa zu den gleichen Spannungen im Gerät führt wie der sonst nur dem Generator zuzuordnende 6-V-Klingeltransformator. Bild 4.37 zeigt beide Möglichkeiten des Einsatzes – die »problemlose« mit Dauerbetrieb an einem eigenen Transformator für den Generator und den bereits auf der Leiterplatte vorgesehenen Zusatz für eine »sparsame«, für die sich nicht jede Hausanlage eignet. Als Entscheidungshilfe für den Einsatz der 2. Variante, deren Vorteil im geringen Änderungsaufwand beim Einbau liegt, kann man gemäß Bild 4.38 Spannung und Lastverhalten des Transformators der vorhandenen Anlage testen. Liefert er wesentlich höhere Werte (besonders auch bei Belastung, Stellung 2 des Schalters), kann man ihn austauschen. Das setzt Sachkenntnis in Sachen Netzanschluß voraus und darf nur in der eigenen Anlage geschehen, an die keine weiteren Teilnehmer angeschlossen sind. Das Verhalten der »ruhestromfreien« Variante hängt stärker von der Art der Betätigung des Klingelknopfs ab. Man sollte das vorher wis-

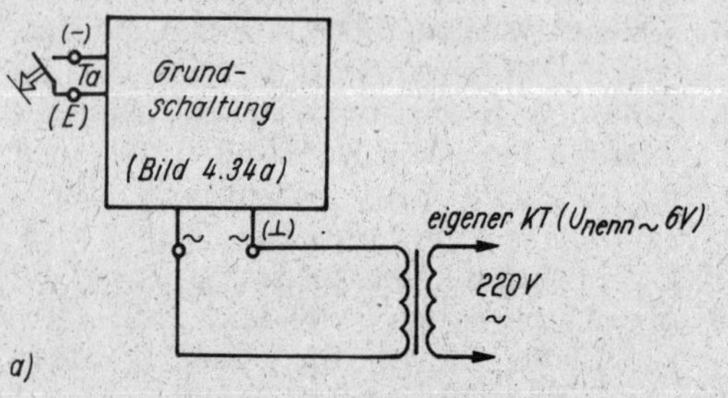

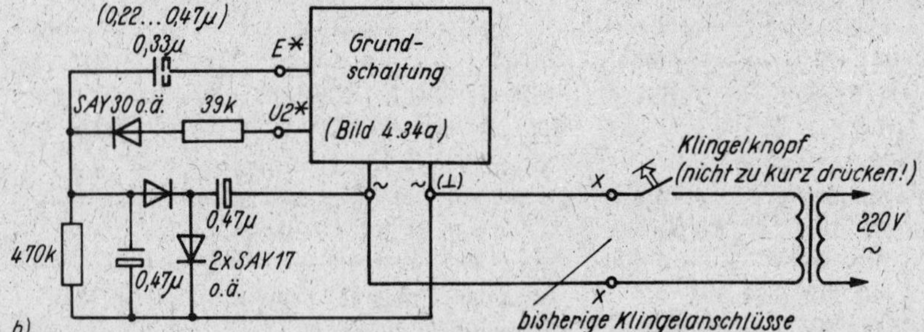

Bild 4.37
Zum Startproblem; a – »konventionell« (ein getaktetes System, ständig an Betriebsspannung, wartet auf Start), b – Start durch Anlegen der Betriebsspannung (Generator wird einfach statt der bisherigen Klingel angeschlossen, U beachten!), Zusatzschaltung auf Leiterplatte zu Bild 4.34 bereits vorgesehen!

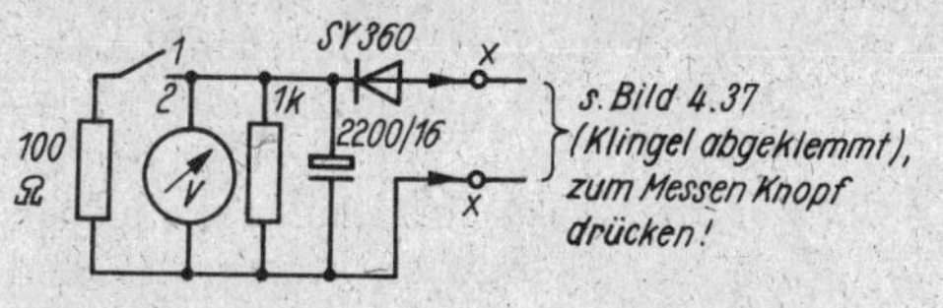

Bild 4.38
Kontrolle der Spannung der vorhandenen Klingelanlage: zur Messung Klingelknopf drücken! Bei Anzeige bis etwa 12 V Gleichspannung ist Schaltung b möglich, sonst Transformator gegebenenfalls wechseln lassen (Fachmann!). Es darf aber kein weiterer Teilnehmer an der Anlage liegen

sen und einschätzen, ob es stört oder ob man diesen Vorschlag den eigenen Ansprüchen gemäß nur als Ausgangspunkt für eigene Weiterentwicklungen sieht.

Nach Bild 4.37a wird der Generator, den der zugeordnete 6-V-Klingeltransformator ständig versorgt, mit der Taste von L her gestartet. Die bereits beschriebenen Vorgänge laufen ab, und am Ende des Durchlaufs ist das Start-Flip-Flop wieder in Bereitschaft. Bei Bild 4.37b dagegen ist die Anlage in den Pausen ohne Betriebsspannung. Sie wird erst durch den Klingelknopf zugeführt. Weniger als 1 s lang betätigt wohl niemand diesen Taster. Das reicht im allgemeinen aus, um einen Durchlauf lang die Mindestspannung in den Speicherkondensatoren zu halten. Das ist auch eine Frage des der Endstufe zugebilligten Stroms. Seine Höhe läßt sich mit dem Wert des Vorwiderstands zum Lautsprecher beeinflussen.

Nun soll aber der Generator bei Anlegen der Spannung in dieser Betriebsart nicht einfach bei irgendeinem Ton beginnen, sondern auf jeden Fall immer beim ersten. Sehr kurze Betätigungszeiten sollen sich höchstens in einem unvollständigen Durchlauf äußern. (Das System bleibt dann wegen bereits zu geringer Spannung bei einem beliebigen Ton stehen und »läuft aus«.) Wird die Taste länger gedrückt, bleibt es dennoch auf Grund des Wirkmechanismus der Startschaltung bei nur einem Durchlauf. Es geht also um einen definierten Start. Man erreicht ihn mit der Hilfsschaltung nach Bild 4.37b. Ihr Aufwand hängt teilweise mit den Zeitkonstanten der Aufladung im Hauptkreis zusammen. So bewirkt die Startschaltung nicht nur, daß das Flip-Flop die nötige L-Spannung für das Kippen in Stellung »Taktfreigabe« erhält, sondern es wird auch U2 für den *U 106 D* schnellstens bereitgestellt.

15 Töne durch doppelten Aufwand

»Doppelt« ist in diesem Fall etwas übertrieben. *U 106 D*, *SMY 50* und *B 555* sowie auch das Netzteil reichen weiterhin. »Verdoppeln« muß man nur *U 710 D*, *U 711 D* und die Anzahl der Potentiometer – insgesamt unter Amateurtypbedingungen eine Sache von weit weniger als 10,– M. Im Grunde läßt sich diese Lösung im Vergleich mit Bild 4.34 aus Bild 4.31b ablesen.

15 Tonschritte bieten insofern auch mehr Möglichkeiten, als man Leerschritte einfügen oder durch Zusammenfassen von Ausgängen (sauberer aber durch Abgleich von 2 benachbarten Stufen auf gleiche Tonhöhe) auch doppelte Einzeltonlängen vorsehen kann. Für diese Schaltung wurde aus eingangs genannten Überlegungen heraus keine eigene Leiterplatte entwickelt. Dagegen dürfte es leichtfallen, eine nur die zusätzliche Schaltung tragende Zusatzplatte aus einer zweiten Leiterbildfolie zu Bild 4.34 abzureiben und zu ätzen. Man setzt sie dann über die erste und verbindet sie über 8 Leitungen mit der Hauptplatte. Die Anschlußstellen lassen sich leiterseitig leicht ermitteln, da sie in 6 von 8 Fällen die gleiche Lage wie auf der Zusatzplatte haben.

Umschaltbare Tonfolge

Wer den Wechsel liebt, kann auf ähnliche Weise seine Platte im Sinne von Bild 4.39 erweitern. Aber auch in anderem Zusammenhang ist diese 2. Melodie sinnvoll. Etwa

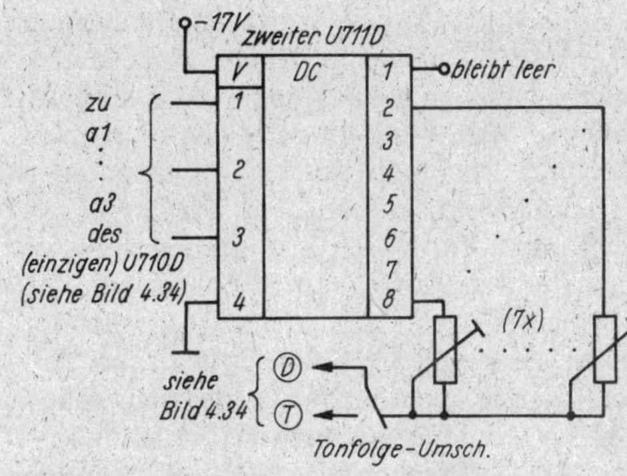

Bild 4.39
Umschaltbare Tonfolge erfordert diesen geringfügigen Mehraufwand

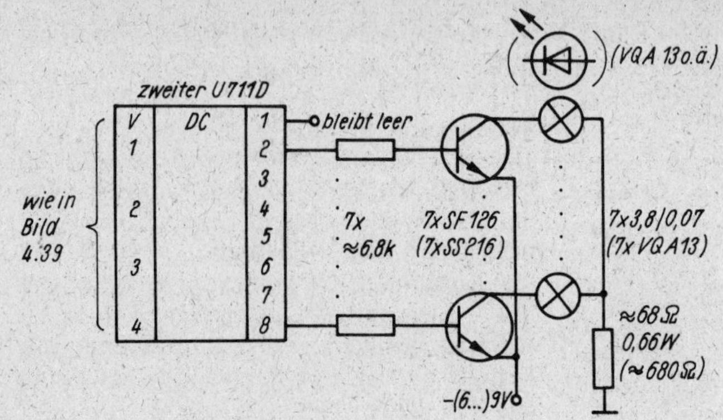

Bild 4.40
Vorschlag für andere Nutzung eines 2. Dekoders: Lauflichtblinker als optisches (Zusatz-) Signal mit 2 Varianten der Anzeige

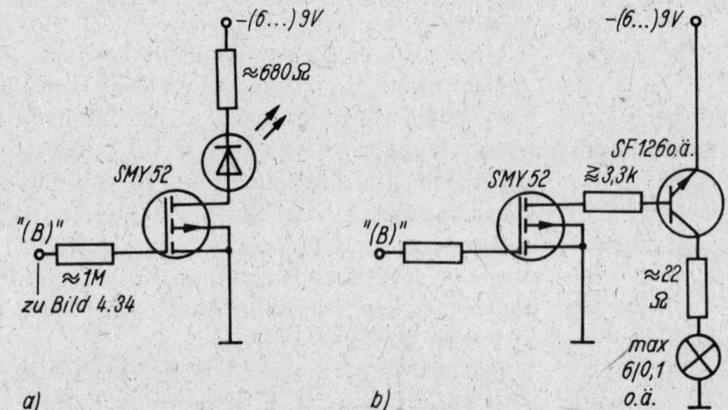

Bild 4.41
Vorschläge für einfache Blinkzusätze zur Grundschaltung nach Bild 4.341 a – Leuchtdiode, b – Glühlampe (Belastbarkeit des Netzteils bildet Obergrenze für deren Leistung)

dann, wenn ein versteckter 2. Taster das Umschalten steuert (z. B. mit Relais), so daß sich Eingeweihte mit diesem Signal zu erkennen geben können.

Der 2. Dekoder läßt sich aber auch gemäß Bild 4.40 oder auf ähnliche Art zur zusätzlichen optischen Signalisierung heranziehen, entweder gemeinsam mit der Tonfolge oder statt ihrer. Bringt man die optischen Signalquellen (Lampen oder Leuchtdioden) dabei z. B. im Blickfeld des Fernsehempfängers an oder beim Kopfhörerstereohören im Sichtbereich, so läßt sich das Klingeln kaum »übersehen«. Man muß in der Schaltung nach Bild 4.40 nicht mit jedem Ausgang einen Schalttransistor steuern, im Extremfall genügt einer. In diesem Fall wird der zweite Dekoder überflüssig. Ein Blinktakt läßt sich nämlich bereits aus dem Taktgenerator selbst ableiten. Bild 4.41 reicht diesen Vorschlag gewissermaßen nach, der sich schon auf die Grundlösung nach Bild 4.34 anwenden läßt. Mit einem Leistungsverstärker versehen ergibt das bei Bedarf sogar eine optische Klingel für Hörbehinderte, die aber ebensogut einfach nur nachts statt der akustischen Signalisierung eingesetzt werden kann. Wer es noch heller wünscht, kann bei entsprechend langsam gestelltem Durchlauf auch z. B. vom 1. und vom 7. Ausgang in der Lösung mit 2. Dekoder 2 Blitze steuern. Die Zeitspanne ist im allgemeinen für das Nachladen erforderlich. Dieser Vorschlag sei als Anregung für Fortgeschrittene verstanden, denn seine Realisierung erfordert einiges »Koppelinterface« und die Kenntnis der Sicherheitsbestimmungen beim Umgang mit hohen Spannungen.

4.4.1.2. Taktsystem mit minimalem Ruhestrom: 7-Töner mit Batterie

CMOS-Schaltkreise sind für Systeme mit einem großen Verhältnis zwischen Bereitschafts- und Aktivzeit besonders dann vorteilhaft, wenn Batteriebetrieb gefordert ist und wenn die Betriebsspannung ständig anliegen muß. Diese Bedingung steht, wenn ein definiertes Startverhalten notwendig ist.

Damit eignen sich solche Schaltungen ausgezeichnet für Melodiegeneratoren; für Lauflichter u. ä. kann man von der gleichen Grundschaltung ausgehen.

In TTL-Technik brauchte z. B. ein 7-Ton-Generator (vgl. das erste Wohnbereichsbuch) neben 2 4-bit-Schieberegistern *(D 195 D7)* noch einige Gatterschaltkreise. Ein definierter Anfangszustand setzte ständige Speisung mit 5 V bei bis zu 200 mA Stromaufnahme voraus; die Speisespannung war außerdem zu stabilisieren. Ruhestromfreier Betrieb ließ sich prinzipiell realisieren (Umsteuern über MC), bedingte aber dann ein Relais oder eine andere Zusatzeinrichtung.

Taktsystem

Der Aufwand für das Taktsystem sinkt auf 2 CMOS-Schaltkreise, wenn nach Bild 4.42a verfahren wird. Der Schaltkreis *V 4015 D* enthält 2 Schieberegister zu je 4 bit, ist mit einem H-Impuls an R rücksetzbar (alle Ausgänge schalten auf L) und transportiert das zum Taktzeitpunkt an D liegende Potential (L oder H) mit der L-H-Flanke des Taktes zum 1. Ausgang. Gleichzeitig werden auch die Potentiale der einzelnen Ausgänge mit

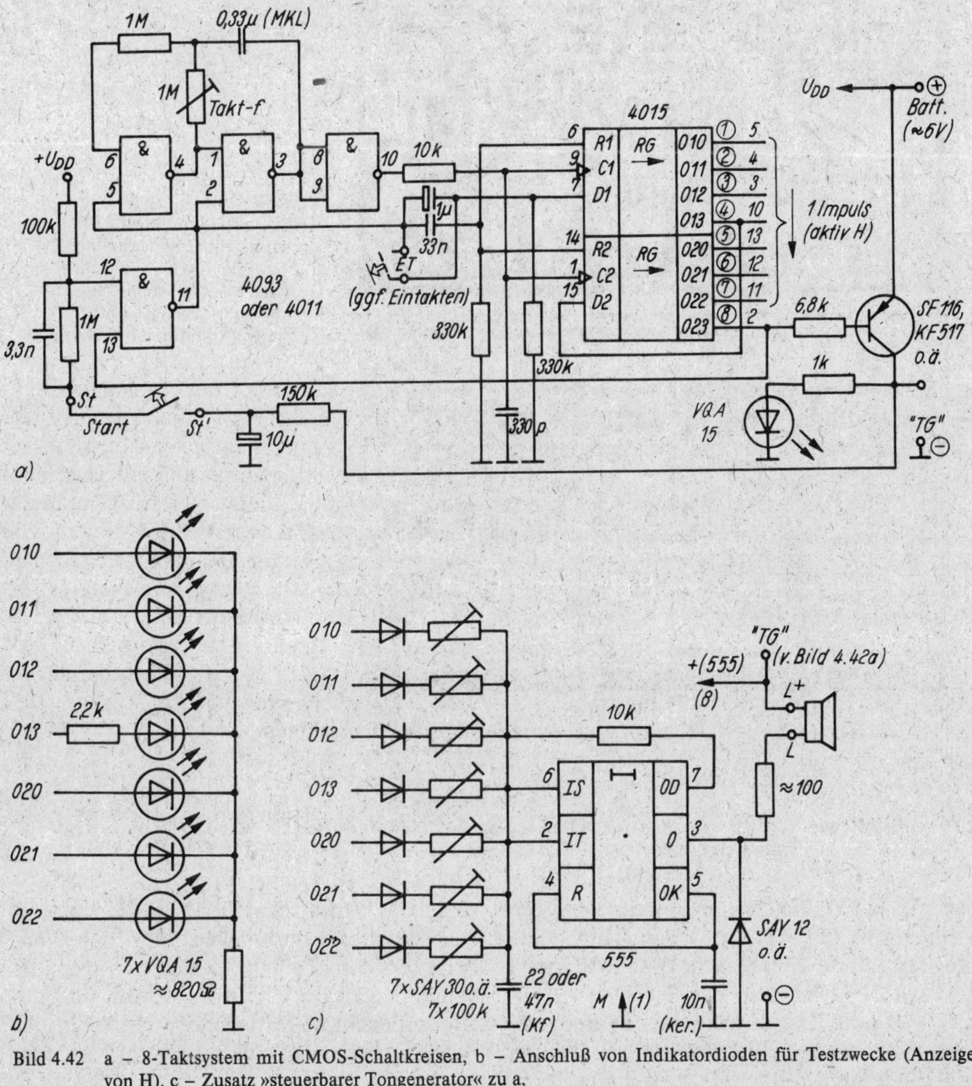

Bild 4.42 a – 8-Taktsystem mit CMOS-Schaltkreisen, b – Anschluß von Indikatordioden für Testzwecke (Anzeige von H), c – Zusatz »steuerbarer Tongenerator« zu a,

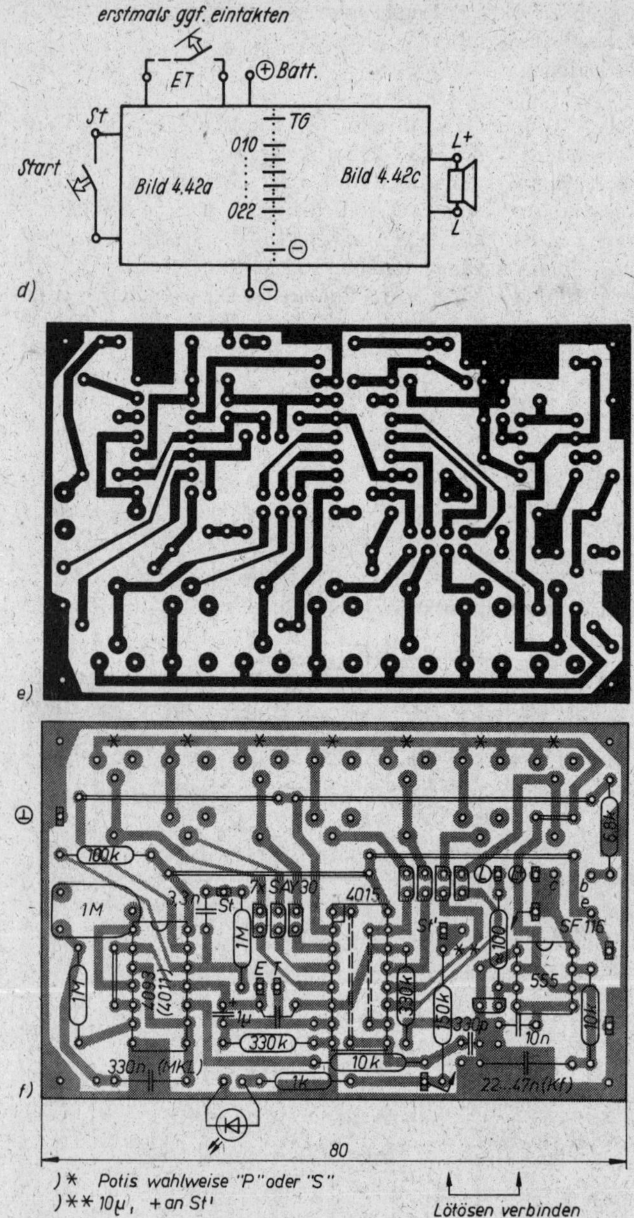

Bild 4.42 d – durch Verknüpfen der Teilschaltungen entsteht der 7-Ton-Generator, e – Leiterbild für die Gesamtschaltung, f – Bestückungsplan zu e,

jeder L-H-Taktflanke zum jeweils nächsten Ausgang weitergeschoben. Man kann beide Register hintereinanderschalten. Dazu wird 013 mit D2 verbunden. Das Taktsystem nach Bild 4.42 muß nach Anlegen der Betriebsspannung einmalig eingetaktet werden, da die Zustände der Register zunächst zufällig sind. Das Eintakten schließt u. U. ein, daß durch kurzes Überbrücken des Koppelkondensators dem Eingang D ein kurzzeitig wirkendes statisches H zugeführt wird, falls die Kontrolleuchtdiode nach dem Anlegen der Betriebsspannung nicht selbsttätig wieder verlischt.

g)

h)

Bild 4.42 g – Vormuster der Leiterplatte, h – so sieht die »Gesamtanlage« aus (Flachbatterie nur Experimentierbeispiel; für Dauereinsatz zugelassene Batterien aus *R 6*, *R 14* oder *R 20* benutzen!)

Der eingetaktete Zustand ist dadurch gekennzeichnet, daß außer am letzten Ausgang an allen Ausgängen L liegt. H am letzten Ausgang hält das Startgatter ausgangsseitig auf L. Dadurch sind die beiden Generatorgatter eindeutig festgelegt, nämlich auf H am Ausgang. Das hat gegenüber einfacheren Start-Stop-Schaltungen den Vorzug, daß kein Gatter in einem Bereich zwischen L und H bleibt. Dieser Fall wäre gegeben, wenn man z. B. nur das 2. Gatter zum Schalten benutzen würde. Dann ergäbe sich für das 1. ein Arbeitspunkt etwa bei $U_B/2$, bedingt durch die Kopplung über die beiden zwischen Ein- und Ausgang liegenden Widerstände. Das führt besonders bei den gepufferten Ausgängen moderner CMOS-Strukturen zu hohem Ruhestrom.

Das Startgatter wird auf H geschaltet, wenn man (beliebig lange) die Starttaste drückt. Die dynamische Ansteuerung verhindert, daß mehr als 1 Durchlauf je Startimpuls möglich ist. Fehlschaltungen bei Mehrfachbetätigung werden auch durch das *RC*-Glied unterdrückt, dessen *C* nur im entladenen Zustand L bietet. Nach Start lädt sich dieser Kondensator auf die Kollektorspannung des Transistors am Punkt »TG« auf. Er muß nach dem Durchlauf der Tonfolge erst wieder genügend weit entladen sein, bevor man neu starten kann.

H am Startgatterausgang bedeutet dreierlei:

- Der Taktgenerator wird freigegeben und beginnt mit einer L-H-Flanke am Ausgang des Puffergatters (bedingt durch das im Ruhezustand gegebene Potential).
- Der R-Eingang des Schieberegisters erhält einen durch die Zeitkonstante des *RC*-Koppelglieds festgelegten kurzen positiven Impuls, so daß alle Ausgänge auf L schalten.
- Der D-Eingang erhält einen längeren H-Impuls, der aber bis zur nächsten L-H-Flanke des Taktes auf quasi L abgeklungen sein muß.

Der Taktimpuls ist gegenüber dem D-Impuls durch ein RC-Glied so weit verzögert, daß für das D-Potential »H« die nötige Vorlaufzeit gesichert wird. Die Zeitkonstante am D-Eingang muß für wesentlich von den in der Schaltung vorgesehenen abweichenden Taktperioden verändert werden, ebenso bei höherer Betriebsspannung. Andernfalls kommen u. U. mehrere H-Eingaben in D innerhalb eines Durchlaufs zustande.

Wenn vorgabegerecht D beim 2. Takt bereits wieder L führt, wird im eingetakteten System mit der Taktfrequenz ein H durch das Register geschoben. Es erreicht beim 8. Takt den Ausgang O 23. Dort befinden sich die Rückführung auf das Startgatter und die Basis eines pnp-Transistors. Beide erhielten beim Start L. Das ergab Selbsthalten des Startzustands am Startgattereingang und Einschalten des in Bild 4.42 noch lediglich durch eine Leuchtdiode symbolisierten Lastkreises. Die Leuchtdiode kann auch weiterhin zu Kontrollzwecken beibehalten werden.

Da einwandfreie Pegel an O 23 Voraussetzung für sicheres Start-Stop-Verhalten sind, empfiehlt sich bei größeren Lastströmen eine *Darlington*-Kombination mit entsprechend hohem Vorwiderstand. Zur ersten Kontrolle der Funktion des Taktsystems sind Miniaturleuchtdioden kleinen Strombedarfs nützlich, z. B. *VQA 15*. Man kann sie außer an Ausgang O13 bei kleiner Betriebsspannung notfalls sogar ohne Begrenzungswiderstand einsetzen. Sicherer ist die Methode nach Bild 4.42 b. Der zusätzliche Widerstand an O13 soll sicherstellen, daß D2 auch bei dieser Kontrolle noch ausreichenden H-Pegel erhält. Die zugeordnete Leuchtdiode ist dadurch deutlich dunkler.

Nach Eintakten darf nach Start neben der »Verbraucher«-Diode nur immer eine Diode leuchten; beim letzten Takt muß auch die Lastkreisdiode verlöschen. Danach nimmt das System im »worst case« bei 5 V Betriebsspannung höchstens etwa 160 µA auf (Datenblattextremwerte), dem Muster genügte weniger als 1 µA.

Tonzusatz

Der konkrete Einsatzfall »7-Ton-Generator« erfordert seit Verfügbarkeit des *B 555 D* ebenfalls nur noch geringen Aufwand (Bild 4.42 c). Da sich dieser Schaltkreis im astabilen Modus von der positiven Betriebsspannung her steuern läßt, entspricht das Durchschieben eines H durch die Schieberegister genau den Anforderungen. Das gilt mit einer gewissen Einschränkung, die Frequenzstabilität betreffend. Der Vorzug des *B 555 D*, daß mit ihm erzeugte Schaltzeiten bzw. Frequenzen durch seinen internen Aufbau weitgehend unabhängig von der Betriebsspannung sind, trifft bei der vorliegenden einfachen Schaltung leider nicht mehr zu. Das liegt daran, daß Spannungsänderungen der Betriebsspannung über den Schalttransistor einerseits und über die im Ladekreis des frequenzbestimmenden Kondensators liegende Serienschaltung von CMOS-Kanalwiderstand und Trenndiode andererseits unterschiedlich zum *B 555 D* »durchgreifen«. Man bedenke, daß der Kanalwiderstand betriebsspannungsabhängig ist, während die Dioden eine vom Strom, aber auch von der Umgebungstemperatur abhängige Flußspannung aufweisen. So wächst die Spannung im Ladezweig schneller als die Betriebsspannung des *B 555 D*, von der seine Komparatorschwellen bestimmt werden. Höhere Betriebsspannung führt daher zu höheren Tonfrequenzen. Man wähle darum keine unnötig kleinen Widerstandswerte. Mit 10 nF als frequenzbestimmenden Kondensator (Kunstfolieausführung!) gelangt man bereits zu brauchbaren Größenordnungen. Wesentlich über 1 MΩ zu gehen ist vom Schaltkreis her nicht zu empfehlen (Eingangsströme besonders der *R*-Version des *555*).

Günstige Werte der Betriebsspannung liegen zwischen 4 und 6 V. Daher ist ein Grundwert von 6 V (z. B. 4 × *R6*-Zelle oder 3 × *RZP2*) günstiger als ein solcher von etwa 4,5 V. Je niedriger der Nennwert, um so stärker geht die Temperaturabhängigkeit der Entkopplungsdioden in die Frequenz ein. Im Test brachte eine Spannungsänderung zwischen 4,5 und 6,5 V (also ein bereits relativ großer Hub für ein solches System) Frequenzänderungen um 2 bis 3 %. Für musikalische Ohren kann das schon von Bedeutung sein.

Der *B 555 D* hat gegenüber anderen Tongeneratorlösungen den großen Vorzug, daß er bereits eine leistungsfähige Endstufe enthält. Bei einfacheren Einsatzfällen ohne Ruhestromabschaltung ist dabei von Bedeutung, welches Potential der Ausgang annimmt, wenn der Generator nicht schwingt. Das hängt von der Ruhespannung an den Eingängen 2 und 6 ab: Ist der Kondensator entladen, führt Ausgang 3 H, anderenfalls (H an 6) L. Ein direkt an den Ausgang gelegter Schallwandler beansprucht damit im ersten Fall Ruhestrom, wenn er gegen Masse geschaltet ist, im zweiten dagegen, wenn er an Plus liegt. Da nicht vorhergesagt werden kann, was das vorliegende System im nicht eingetakteten Zustand an den *B 555 D* ausgibt, spielt diese Überlegung in der Schaltung keine Rolle. Man hat auf jeden Fall dafür zu sorgen, daß nach Anlegen der Betriebsspannung sofort eingetaktet wird.

Die Leiterplatte nach Bild 4.42 e und f enthält die Gesamtschaltung nach Bild 4.42 a und c, verknüpft gemäß Bild 4.42 d.

10 statt 8 Schritte ebenfalls bei Pegel H als Signal bietet der *V 4017 D*. Er war zum Zeitpunkt der Entwicklung dieses Generators noch nicht ausreichend verfügbar und außerdem auch teurer als der *V 4015 D*. Dennoch dürfte er künftig eine beachtenswerte Alternative zur beschriebenen Lösung darstellen, 2 Taktschritte mehr, die auch zu Pausen oder längeren Tönen benutzt werden können, erweitern die Einsatzmöglichkeiten. Auch das Eintakten läßt sich vereinfachen.

4.4.2. Schalter und Signalgeber mit Magnetfeld- oder Schallsteuerung

Wie sich gezeigt hat, liegt mit dem Vorläufertitel *Elektronikbasteln im Wohnbereich* ein Orientierungsrahmen vor, in den sich neue Schaltungslösungen gut einfügen lassen. Viele Aufgaben im Wohnbereich sind ja die gleichen geblieben. Die Bauelementebasis dagegen hat sich dem technischen Fortschritt gemäß verändert. Das wird auch bei den folgenden Objekten deutlich. Schaltungen, die einen großen Teil ihrer Nutzungszeit nur im Wartezustand sind, legt man so wenig energieintensiv wie möglich aus. Das kam schon in den vorangegangenen Abschnitten immer wieder zum Ausdruck. Die Alternative ständiger Speisung aus einem kleinen Transformator hat bekanntlich einige Nachteile: Sie erfordert zusätzlichen Leitungsaufwand, bringt Brummstörungen und ist an die Zuverlässigkeit des Netzes gebunden – abgesehen davon, daß sich eine Steckdose gar nicht immer in der Nähe befindet. Batteriebetrieb bringt dafür das Problem der Wartungsabhängigkeit. Es wird sicherlich noch eine Weile dauern, bis moderne Langzeitspannungsquellen wie Lithiumbatterien genügend preisgünstig bzw. ständig greifbar geworden sind, um die Lösung solcher Aufgabenstellungen zu erleichtern. Aber so unübersichtlich wird es wohl in einer Wohnung nur selten werden, daß man nicht auch mit normalen Zink-Kohle-Elementen klarkommt.

Schon eingangs war die Frage der Buchführung kurz angesprochen worden. Ein »Elektronikbordbuch« für den Haushalt ist der rechte Ort, solche Gedächtnisstützen wie Batteriekontrolltermine zu speichern – »Blumengießen ist öfter«! Vielleicht bindet man diese Dinge später auch in ein kleines Merkprogramm auf dem »persönlichen Computer« ein, das täglich an fällige Termine erinnert.

Genug der (allerdings wohl nicht ganz unnötigen) Vorrede. Im genannten Vorläufertitel zu diesem Buch ist eine Schaltung enthalten, die auf Schall- oder Magnetfeld hin einen Ausgangstransistor aktiviert. In seinem Kollektor-Emitter-Kreis läßt sich z. B. der Batteriekreis eines Kofferradios einschleifen und zum morgendlichen Wecken benutzen. Dieser Weckvorgang muß jedoch eingeleitet werden, eben durch eine Steuergröße. Ganz konventionell kann das ein akustisches Weckersignal sein. Wen das nicht immer melodische Klingeln zu hart aus dem Schlaf reißt, stationiert seinen »Oldtimer« im Nebenraum oder in einer schallschluckenden Box und koppelt per Mikrofon in den die wesentlich angenehmere Morgenmusik auslösenden elektronischen Schalter ein. Dieser Aufwand mag etwas umständlich erscheinen, besonders angesichts von Rundfunkempfängern, die bereits eine solche Weckeinrichtung enthalten. Doch dieses Buch soll ja auch dazu anregen, durch Verknüpfen von Vorhandenem mit etwas Elektronikverstand und relativ wenig finanziellen Mitteln vielleicht die Zeit zu überbrücken, bis das Haushaltsbuch die Anschaffung eines perfekteren Objekts erlaubt!

Zurück also zur Aufgabe. In den 70er Jahren war ein kleiner Reisewecker mit elektronischem Summer sehr beliebt, der *sumatic*. Von einer Knopfzelle betrieben, gab er ein Wecksignal über eine kopfhörerähnliche Kapsel ab. Je nach Erhaltenszustand und Einstellung fiel dieser Ton lauter oder leiser aus. Das ihn begleitende Magnetfeld war da zuverlässiger. Wenige hundert Windungen dünnen Kupferdrahts auf einem kurzen Ferritstabstück oder sogar auf einer längeren M4-Schraube brachten, in der Nähe des *sumatic* angeordnet, genügend Spannung für einen 2stufigen Transistorverstärker mit Gleichrichter und Schaltstufe. Das war damals der 2. Hauptanwendungsfall eines solchen Geräts. Ob mit oder ohne *sumatic* – der Lösungsgedanke ist aktuell geblieben mindestens für eine andere ebenso wichtige Weckaufgabe, nämlich für das »Weiterreichen« des Telefonklingelns unter ungünstigen Hörbedingungen. Es lag nahe, die Aufgabe in Verbindung mit den 1984 gegebenen Möglichkeiten neu zu überdenken.

Die Empfindlichkeit soll wieder einstellbar sein, um zufälliges Ansprechen durch Störungen aus der Umgebung weitgehend auszuschließen. Aus gleichem Grund wird eine Ansprechverzögerung vorgesehen. Selbstverständlich löst man die Standardaufgabe »Verstärken« heute nur noch in speziellen Fällen »zu Fuß« mit Einzeltransistoren. Aber man sollte sich auch nicht zu weit spezialisieren. Es gibt z.B. Schaltkreise für Hörverstärker, die der Aufgabenstellung gut angepaßt werden könnten. Doch spricht ihre sicherlich geringe Verbreitung im Handel gegen Konzentrieren auf gerade diese Lösung. So bleibt die genügend umfangreiche Kollektion greifbarer Operationsverstärker. Dem Wunsch nach kleinstmöglicher Ruhestromaufnahme kommen *B 176 D*, *B 066 D* und – mit etwas Abstand – *B 761 D* (u. ä.) entgegen.

Geht es um kleinstmöglichen Preis und niedrigste mögliche Betriebsspannung, ist der *B 761 D* zu wählen. Er bringt allerdings das Problem des offenen Kollektorausgangs, dessen Auslegung die Gesamtstromaufnahme mitbestimmt. Die beiden anderen sind programmierbare Typen. Je kleiner der Programmierstrom, um so geringer die Stromaufnahme. Allerdings sinkt dabei auch die Verstärkung, und bezüglich der oberen Grenzfrequenz ergeben sich Einschränkungen. Man muß sie mit wenigstens ±3 V bzw. +6 V gegen Masse (Arbeitspunkt dann bei 3 V) betreiben.

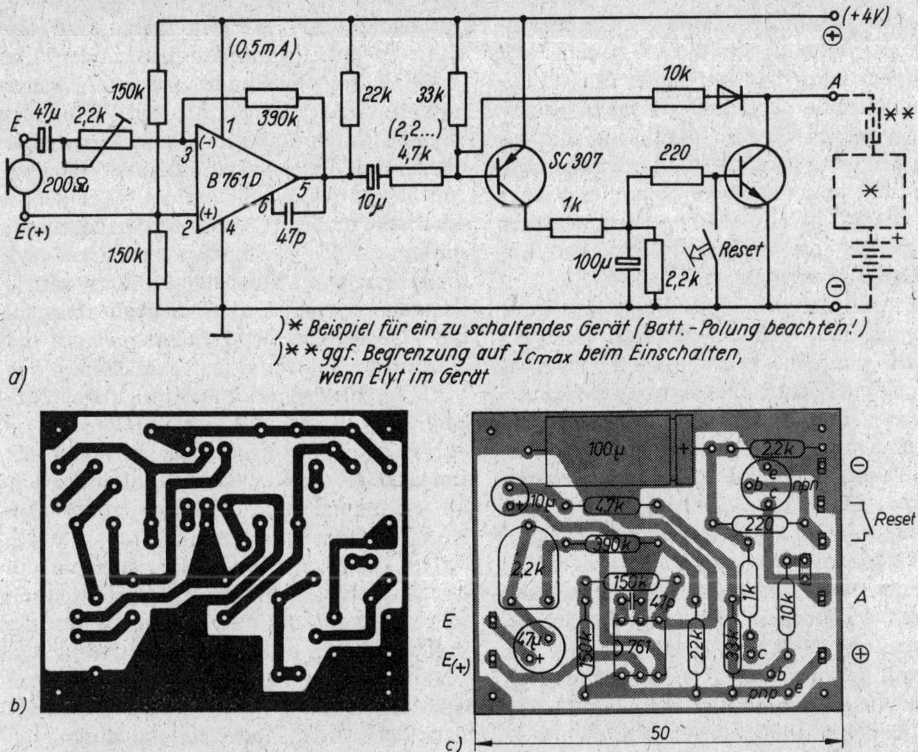

Bild 4.43 Schaltverstärker für Schall- oder (mit Eingang wie Bild 4.47) Magnetfeldsignal mit Selbsthaltung (»Weckschalter«), Ruhestrom etwa 500 µA; a – Stromlaufplan, b – Leiterbild, c – Bestückungsplan

Schon der *B 176 D* hat gegenüber dem *B 761 D* wesentlich kleinere Eingangsströme. Beim *B 066 D* schließlich (als Typ mit SFET-Eingängen) fließt so gut wie kein Strom im Eingangskreis. Da das aber für den vorliegenden Einsatzzweck ohne Bedeutung ist, fiel die Wahl auf die beiden bipolaren Typen *B 761 D* und *B 176 D.* Bild 4.43 zeigt zunächst die sowohl preisgünstigere als auch unter den gegebenen Bedingungen höher verstärkende Variante mit einem *B 761 D.* Er nimmt etwa 500 µA ständig fließenden Ruhestrom auf. Die angeschlossene Auswerteschaltung dagegen ist zunächst stromlos, bis ein Signal eintrifft. Der Aufwand von 2 Transistoren erscheint zunächst im Vergleich zu dem bereits benutzten Operationsverstärker etwas groß, hat aber mehrere Gründe. Komplementäre Transistorschaltungen sind noch immer neben CMOS-Schaltkreisen für Einsatzfälle mit strengen Maßstäben an die Stromaufnahme am besten geeignet. Sie erlauben zudem noch recht einfach, Selbsthalteschaltungen einzubauen. Aus der Einleitung dieses Abschnitts geht außerdem hervor, daß mit dem vom Eingangsteil verstärkten Signal unterschiedliche Wirkungen erreicht werden sollten, und das in einem relativ großen Signalspannungsbereich. Die Auswerteschaltung muß daher nicht in jedem Falle komplett aufgebaut werden. Beispielsweise kann, wenn nur ein lediglich für die Dauer des Eingangssignals ausgelöstes Schallsignal gewünscht wird, der 2. Transistor und einiges an *R* und *C* entfallen. Man legt dann einfach eine *piezophon*-Kapsel in den Kollektorkreis des pnp-Transistors. In ihrer vollständigen Ausführung vermag die Endstufe selbsthaltend z. B. einen batteriebetriebenen Rundfunkempfänger in bereits besprochenem Sinne zu schalten. Man kann aber auch – mindestens zu Demonstrationszwecken – in diesen Kreis z. B. eine 3,8/0,07-Lampe schalten, sinnvollerweise mit 4,7 Ω Vorwiderstand gegen den hohen Kaltstromstoß. Soll nur (sparsamer) mit einer Leuchtdiode selbsthaltend signalisiert werden, genügen für sie einige Milliampere und damit bei 4 bis 6 V Betriebsspannung ein Vorwiderstand von etwa 330 Ω. Soll wieder nur für Signaldauer optisch angezeigt werden, entspricht die »abgerüstete« Stufe praktisch der mit Piezokapsel, die zudem weiterhin parallel zur Serienschaltung *R* – LED liegen bleiben kann. Ein nützlicher Einsatzfall dafür ist bei entsprechender »Fangspule« das Aufspüren von stromführenden 220-V-Leitungen.

Die selbsthaltende Grundschaltung kann mit einer Taste parallel zur Basis-Emitter-Strecke des Ausgangstransistors gelöscht werden. Die Selbsthaltung muß die eingezeichnete Diode enthalten, sonst können sich unerwünschte Verknüpfungen mit den im Leistungskreis liegenden Schaltungsteilen bzw. Spannungen ergeben. Die Ankopplung an den Operationsverstärkerausgang reagiert nur auf Spannungsänderungen. Dabei wirkt die Basis-Emitter-Diode des pnp-Transistors als Diode, die den Koppelkondensator lädt. Als Ladungsausgleich wirkt der Widerstand parallel dazu. Wer ihn »einspart«, wird eine nur kurze Zeit funktionierende Schaltung erleben, dann ist der Kondensator zum »Bollwerk« gegen weitere Signale geworden! Der vor der Basis liegende Widerstand hat erst beim folgenden Beispiel entscheidende Funktionsbedeutung. Der *B 761 D* dagegen arbeitet sogar noch in der vorliegenden Schaltung zufriedenstellend, wenn man diesen Widerstand einspart, so daß die »Last« nach Plus eine Spannungsdifferenz von nur 0,7 V zur Betriebsspannung erzwingt. Der aussteuerbare Bereich des *B 176 D* in der nächsten Schaltung ist dagegen kleiner, so daß man bei ihm auf diesen Widerstand auf keinen Fall verzichten kann.

Eingangsseitig ist der Operationsverstärker durch die C-Ankopplung des Mikrofons nur für seine Wechselspannung wirksam. Gleichspannungsseitig koppelt der allerdings für den *B 761 D* und seine doch noch merklichen Eingangsströme schon etwas hochohmige 390-kΩ-Widerstand den Verstärker voll gegen, so daß dieser – auf den nichtinvertierenden Eingang bezogen – als »1-Verstärker« wirkt. Damit haben Offsetgrößen und ihre temperaturbedingten Änderungen keine funktionsentscheidende Wirkung. Der Ausgang stellt sich auf etwa den von den beiden gleichgroßen Teilerwiderständen am nichtinvertierenden Eingang bestimmten Wert ein (halbe Betriebsspannung). Das ist der Ruhearbeitspunkt der Schaltung.

Das Mikrofon bildet mit seinem Innenwiderstand und dem für wählbare Verstärkung einstellbaren 2,2-kΩ-Widerstand den R1 für die Berechnung der Wechselspannungsverstärkung. Für tiefe Frequenzen muß auch die Kapazität als Blindwiderstand mit eingerechnet werden. Doch allzu genau braucht dieser Verstärker nicht zu sein. R2 ist der Gegenkopplungswiderstand von 390 kΩ. Für Schallfrequenzen kann also mit Verstärkungen um 200 bis 500 gerechnet werden – allerdings stark abnehmend, je höher die Eingangsfrequenz! Man merkt das besonders im nächsten Beispiel, wo ein höherfrequenter Pfiff erheblich mehr Amplitude braucht als ein dumpfes »Huh«. Diese Eigenart gilt es im Einsatz zu beachten! Sofern die Verstärkung insgesamt groß genug für den betreffenden Fall ist, kann mit einem kleiner gewählten Koppelkondensator ein gewisser Ausgleich erzielt werden. Schließlich läßt sich der ganze Endverstärker durch frequenzabhängige Beschaltung im Sinne eines aktiven Filters bei Bedarf auch für nur einen schmalen Frequenzbereich durchlässig gestalten. Siehe dazu den Abschnitt *Elektronische Schlösser*!

Eine Größenordnung weniger Ruhestrom bringt die Schaltung nach Bild 4.44 durch Einsatz eines programmierbaren Mikroleistungsoperationsverstärkers vom Typ *B 176 D*. Diese 50 bis 70 µA sind dabei schon ein relativ großer Wert. Allerdings braucht dieser Typ etwas mehr Betriebsspannung, wenn sich auch das im Muster benutzte Exemplar bei 4 V noch als gut verwendbar erwies. Mit dem einstellbaren Programmierstrom (hier 470 kΩ gegen Masse) beeinflußt man mehrere Kenngrößen des Verstärkers.

Die zunächst gewählten 6,8 MΩ brachten zwar nur etwa 15 µA Stromaufnahme bei 6 V, doch war die Verstärkung dabei etwas gering. Eingangsseitig wird der Nachteil des schon erwähnten kleineren Aussteuerbereichs kompensiert durch die vorteilhaft niedrigen und ebenfalls (logischerweise) mit dem Programmierstrom verknüpften Eingangsströme. 470 kΩ als Gegenkopplungswiderstand bedeutet daher kaum strombeding-

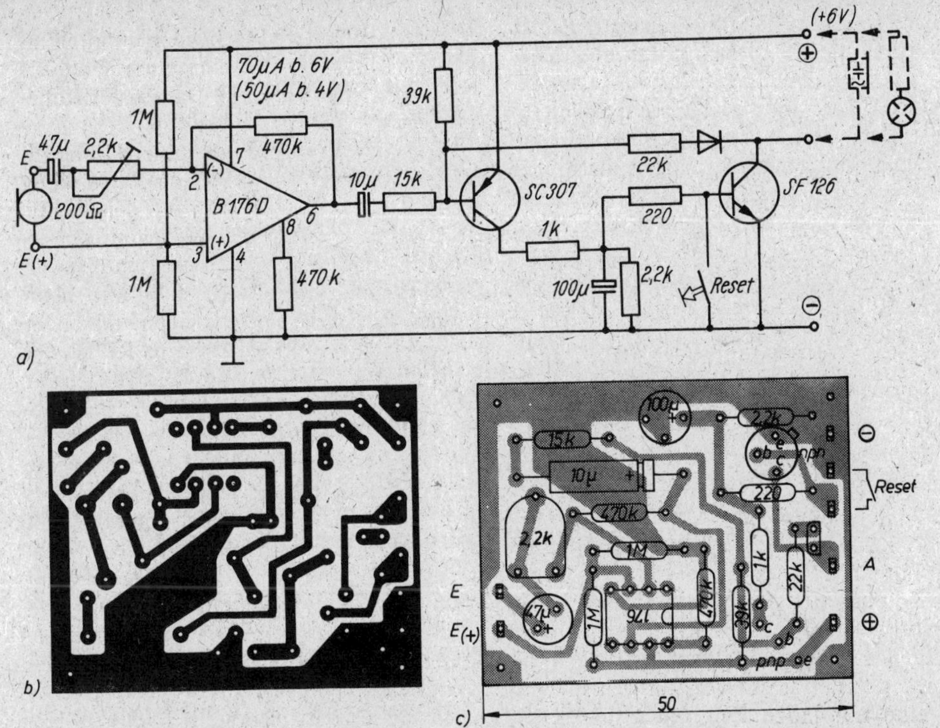

Bild 4.44 Auf Schallsignal reagierender selbsthaltender Signalgeber mit etwa 50 µA Ruhestrom; a – Stromlaufplan, b – Leiterbild, c – Bestückungsplan

ten Versatz der Ausgangsruhespannung gegenüber dem vom Eingangsspannungsteiler an nichtinvertierenden Eingang vorgegebenem Wert.

Im übrigen unterscheidet sich dieser Schaltungsbereich qualitativ nicht von dem nach Bild 4.43. Die unterschiedliche Anschlußbelegung beider Verstärker – der *B 176 D* hat außerdem 8 Anschlüsse, der *B 761 D* in seiner Serienfassung dagegen nur noch 6 – erforderte allerdings 2 unterschiedliche Leiterplatten. Insgesamt läßt sich im Vergleich zum ersten Wohnbereichsbuch feststellen: Die Schaltungen sind zwar im Strombedarf vergleichbar geblieben und wohl auch im Bauelementeaufwand. Die in jenem Buch noch erforderlichen umfangreichen Optimierungsmaßnahmen zum Verstärker aber hat uns die Mikroelektronik inzwischen abgenommen.

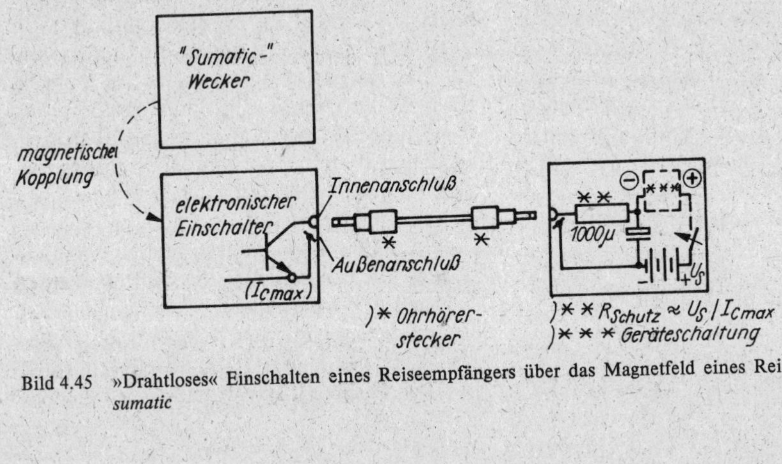

Bild 4.45 »Drahtloses« Einschalten eines Reiseempfängers über das Magnetfeld eines Reiseweckers z. B. vom Typ *sumatic*

Gleichgeblieben sind die Einsatzhinweise in Verbindung mit einem batteriebetriebenen Rundfunkempfänger als »Musikwekker«: Bild 4.45 zeigt die nötigen Maßnahmen. Man braucht eine einschraubbare Schaltbuchse für den Empfänger, die in den Stromkreis der Empfängerbatterie geschaltet wird. Im Ruhezustand läßt sich das Gerät wie üblich bedienen, bei eingeführtem Ohrhörerstecker läuft die Verbindung über den elektronischen Schalter. Gegen mögliche Verkopplungen im Schalttransistor empfiehlt es sich, parallel zur Buchse einen Elektrolytkondensator von 470 bis 1000 µF zu legen, falls der Empfänger nicht schon darüber verfügt. Das beugt Effekten vor, die denen einer alternden Batterie gleichen. Die erste Erprobung zeigt, ob das erforderlich ist. Mit einem Serienwiderstand von 4,7 kΩ sollte der Transistor vor dem hohen, wenn auch kurzen Ladestromstoß geschützt werden. Bei den üblichen Empfängerströmen (unter 50 mA) ist der Spannungsverlust im Normalbetrieb ohne Bedeutung.

Man achte unbedingt auf die im Bild angegebene Zuordnung zwischen Batteriepolung und Transistor im elektronischen Schalter! Am Empfänger wird am Abend das gewünschte Programm vorgewählt und in der Lautstärke eingestellt. (Schaltbuchse war in Ruhestellung, Gerät wird eingeschaltet, auf gewünschte Lautstärke gestellt und durch Einführen des Steckers gelöscht.) Schon an dieser Stelle sei auf Lösungen in Abschnitt 7. verwiesen, in dem solche »Musikwecker« mit langsam zunehmender Lautstärke beschrieben werden, die also nervenschonend wecken.

Die Verbindungsschnur muß aus 2 Ohrhörerschnüren zusammengesetzt werden, da an jedem Ende ein Stecker gebraucht wird. Oder man montiert sie einseitig fest am elektronischen Schalter. Die für Langzeitbetrieb aus einer Batterie selbstverständlich günstigere Lösung nach Bild 4.44 war Ausgangspunkt für den folgenden konkreten Einsatzfall solcher induktiv gesteuerten Einrichtungen.

4.4.3. »Zweitklingeln« für Telefon

Inzwischen gibt es moderne Telefone, bei denen man vergebens nach einem für solche Zwecke erforderlichen magnetischen Streufeld suchen wird. Doch die üblichen Apparate mit elektromechanischem Läutewerk dürften gegenwärtig wohl noch überwiegen. Für sie ist das folgende Objekt gedacht. Elektronisch erzeugte Ruftöne leitet man dagegen besser über eine Mikrofonankopplung weiter. Das ist selbstverständlich mit einer solchen Schaltung ebenfalls möglich. Als Ausgangspunkt kann wieder etwas *Elektronikbasteln im Wohnbereich* zitiert werden.

In größeren oder akustisch ungünstig angelegten Wohnungen wird meist an zentralem Punkt (Flur) für das Telefon eine Klingel installiert; sie ist günstig, wenn das Telefon an unterschiedlichen Orten aufgestellt werden kann. In jedem Fall aber bleibt es beim mehr oder weniger schrillen Klingeln, das in unmittelbarer Nähe recht unangenehm ist und das dennoch in den Geräuschen der Wohnung untergehen kann. Wie bei der mit verteilten Lautsprechern den Wohnbedürfnissen besser angepaßten Melodiegenerator-»Klingel«, so kann auch diese Telefonsignalisierung dezenter und melodischer und dennoch (bei richtiger Standortwahl) überall hörbar bleiben.

Hauptproblem ist die Signalabnahme, denn Eingriffe in das Telefon scheiden selbstverständlich aus. Dazu ist nur die *Deutsche Post* berechtigt. So bleiben die akustische oder die induktive Kopplung. Beides hat Vor- und Nachteile. Ein akustischer Abgriff setzt voraus, daß die Schallquelle ständig am Telefonnetz bleibt. Das ist bei Apparaten mit steckbarer Anschlußschnur nicht der Fall; darüber hinaus läßt sich ein Telefonwecker auch auf »leise« stellen. Es bietet sich also eine akustische Kopplung an der zentralen Klingel an – gegebenenfalls sogar unter einer dann zulässigen schallschluckenden Haube, so daß einerseits das schrille Klingeln wirklich durch einen melodischen Klang abgelöst wird, andererseits aber auch (abhängig vom gewählten Umsetzungsprinzip) eine Fehlauslösung durch Fremdschall ausgeschlossen wird.

Bild 4.46 zeigt 3 dafür sinnvolle Möglichkeiten der Umsetzung. Sie unterscheiden sich hauptsächlich in der Wirkung. Während die Schaltung nach Bild 4.46a im Rhythmus des Wecksignals einen Ton erzeugt, der also in den Pausen nicht vorhanden ist, gibt der

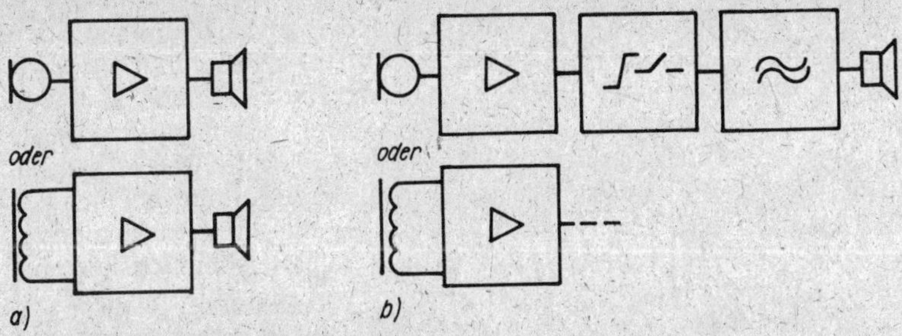

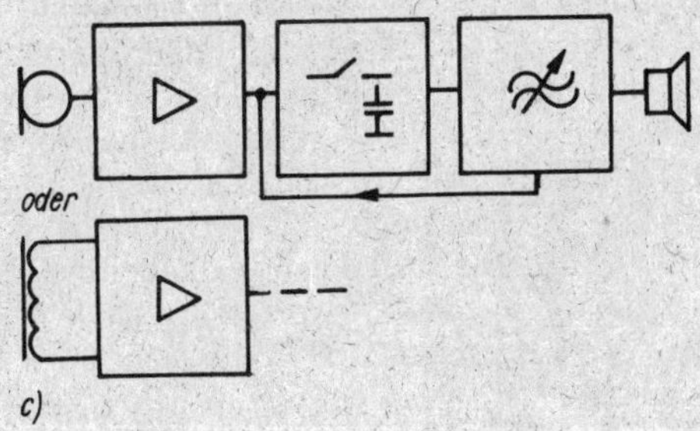

Bild 4.46
3 Möglichkeiten für das Umsetzen einer Telefonklingel auf einen anderen Signalgeber; a – direkte Weitergabe über Aufnehmer (Mikrofon oder Induktionsspule), b – indirekte Weitergabe über einen von Schwellwertschalter betätigten Tongenerator (monoton, nur für die Dauer des Klingelns), c – Zeitglied überbrückt die Signalpausen, dadurch Dauerton; außerdem veränderbare Tonhöhe durch Direktsteuerung vom Aufnehmerverstärker her möglich

Lautsprecher bzw. die Piezokapsel in der Schaltung entsprechend Bild 4.46b einen Dauerton ab, dessen Tonhöhe mit dem Wecksignal beeinflußt wird. Nach Bild 4.46c kann der Ton gepulst werden.

In allen Fällen muß das im Millivoltbereich liegende Eingangssignal aus Mikrofon oder das Magnetfeld aufnehmender Fangspule zunächst verstärkt werden, damit es einen elektronischen oder elektromagnetischen Schalter betätigen kann. Von dort wird der Tongenerator eingeschaltet. In der Schaltung nach Bild 4.46c bewirkt ein Zeitglied die Überbrückung der Läutepausen, und über einen zweiten Steuerweg wird die Tonhöhe des Signals verändert.

Die Auslegung des Geräts hängt entscheidend davon ab, ob es netzunabhängig und dennoch wartungsarm oder über einen kleinen Transformator betrieben werden soll. Beides hat Vor- und Nachteile. Wird der »Umsetzer« am Tischapparat betrieben, so möchte man zusätzliche Leitungen vermeiden. Dafür ist also Bild 4.44 als Ausgangspunkt zu empfehlen. An der festinstallierten Zweitklingel dagegen stört es nicht, wenn zu den in die lärmerfüllten Räume abgehenden Lautsprecherleitungen noch eine Stromversorgungsleitung kommt. Wird ein Klingeltransformator als Stromquelle benutzt, so muß er ohnehin in einiger Entfernung von der Fangspule montiert sein, damit sein relativ starkes Streufeld die Einrichtung nicht dauernd auslöst.

Die Aufnahme eines Klingelsignals ist überhaupt der entscheidende Punkt bei der Lösung der Aufgabe. Während bei den allseitig aus Plast bestehenden Gehäusen der weitverbreiteten Typen *W 58* und *W 63* rings um den Apparat und auch unterhalb ausreichende magnetische Feldstärken herrschen (sie ergeben in entsprechenden Aufnehmern bis zu einigen hundert Millivolt Leerlaufspannung!), ist bei den ebenfalls häufig anzutreffenden Tischapparaten aus der ČSSR mit ihrer abschirmenden eisernen Bodenplatte günstigster Abgriffspunkt das Innere der Griffschale unter dem aufgelegten Hörer.

Mit den Materialvoraussetzungen von 1984 bot sich eine interessante Zweitklingelanlage an, für die bereits eine Spule aus 50 bis 100 Wdg. Schaltdraht mit 50 mm Wickeldurchmesser an einem *W 63* ausreichende Eingangsspannung bereitstellt. Bild 4.47 zeigt einen *B 176 D* in symmetrischer Betriebsart; das spart Widerstände. Einschalter sind ohnehin nicht erforderlich. Mit R_{set} kann die Ruhestromaufnahme auf unter 100 µA (wie im Beispiel) oder noch tiefer eingestellt werden, je nach nötiger Empfindlichkeit. Im Ausgangskreis, wenn auch nicht gerade optimal an diesen Operationsverstärker angepaßt, befindet sich ein Piezosignalgeber vom Typ *piezo-phon*, also mit einge-

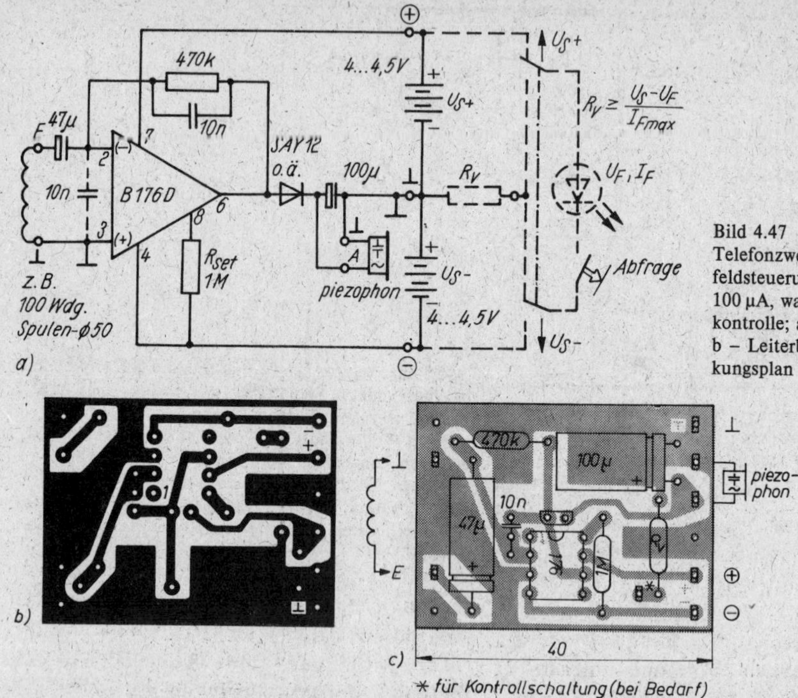

Bild 4.47
Telefonzweitklingel mit Magnetfeldsteuerung; Ruhestrom unter 100 µA, wahlweise mit Batteriekontrolle; a – Stromlaufplan, b – Leiterbild, c – Bestükkungsplan

bautem Generator. Er ist über eine Einweggleichrichterschaltung angeschlossen, wird daher nur von den positiven Halbwellen der verstärkten Signalspannung aktiviert. Die relativ starke frequenzabhängige Gegenkopplung mit 10 nF bewirkt ein die Funktion stabilisierendes Tiefpaßverhalten. Ohne diese Maßnahme können bereits Erschütterungen, die die Spulenwindungen zueinander verschieben, kurzzeitig Alarm auslösen.

Die Schaltung konnte derart einfach gehalten werden, weil sie mit ihrem 2,7-kHz-Ton lediglich den Klingeltongruppen des Tischapparats folgt. Durch die symmetrische Betriebsart und die starke Gleichspannungsgegenkopplung ist die Signalkapsel im Ruhezustand praktisch stromlos.

Der Aufwand für das kleine Gerät wird etwas größer, wenn man, wie in Bild 4.47 angedeutet, eine per Knopfdruck abfragbare Batteriekontrolle fest einbaut. Nach den ersten 4 Betriebswochen sollte man sie bisweilen befragen.

Schaltungen, die besser von anderen 2,7-kHz-Gebern unterscheidbare Signale abgeben sollen, sind aufwendiger. Im *Elektronikbasteln im Wohnbereich* war, dem damaligen Bauelementestand entsprechend, ein *A 211 D* mit einer 3-Transistor-Schaltung verknüpft worden. Bei nur etwa 0,6 mA Stromaufnahme im Bereitschaftszustand lieferte diese Schaltung bei Ansteuerung über eine auf Ferritstab gewickelte Spule mit 1 000 Wdg., 0,3-mm-CuL-Draht einen sirenenartigen Ton. Diese an sich recht brauchbare Schaltung enthielt auf ihrer Leiterplatte leider einen Fehler, der in späteren Auflagen nur verbal korrigiert werden konnte. Es handelte sich um die Lage einer Diode. 2-Tongeneratoren oder solche mit gepulsten Tönen, die von 2,7 kHz gut zu unterscheiden sind, lassen sich bereits mit einem CMOS-Schaltkreis realisieren. Auch das war im genannten Buch bereits geschehen, allerdings wiederum mit einiger Transistor-»Peripherie«. Bild 4.48 zeigt nun eine im geringen Ruhestrombedarf (etwa 50 µA) gleichwertige Lösung wieder mit einer Eingangsspule kleinen Arbeitsaufwands. Es handelt sich also teilweise um den aus Bild 4.47 schon bekannten Eingangsteil mit *B 176 D*, der diesmal jedoch einen CMOS-Generator ansteuern soll. Das bedeutet, es muß bei Aussteuerung die Schaltschwelle von rund $U_S/2$ überschritten werden, und im Ruhezustand soll die Eingangsspannung am CMOS-

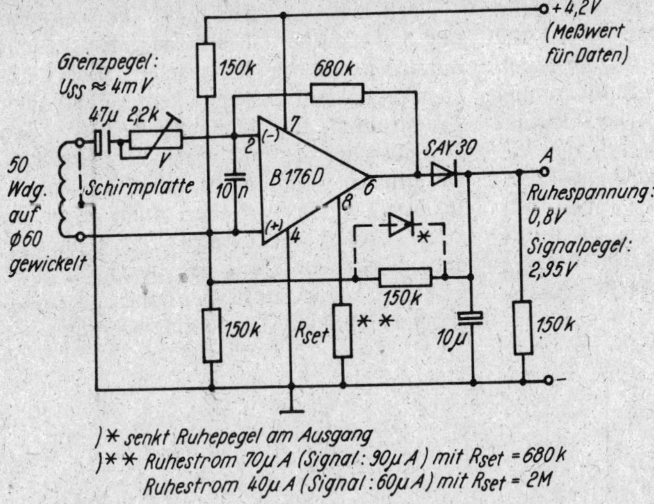

Bild 4.48
Magnetfeldgesteuerte Eingangsschaltung für einen CMOS-Generator, unsymmetrische Betriebsspannung (Bemerkung bei Bild 4.50 beachten)

Schaltkreis aus Querstromgründen möglichst nahe 0 V oder U_S (je nach Gesamtschaltung) liegen.

Vergleicht man Aufwand und Ergebnis mit der Vorläuferschaltung mit Komplementärtransistorstufe, so hat sich der Strombedarf der Eingangsschaltung auf etwa 1/4 verringert. Gleichzeitig braucht die neue Schaltung statt 20 mV nur noch 2 mV Spitzenwert zum Ansprechen (also $U_{ss} = 4$ mV). Der sich anschließende CMOS-Teil erlaubt, wenn eine *piezo-phon*-Kapsel über Vorwiderstand an das letzte Gatter angeschlossen wird, eine 3-Tonsignalisierung: 2,7 kHz von der Kapsel und beispielsweise diese im Sekundenrhythmus oder langsamer gepulst und mit z. B. 1/10 Hz unterbrochen. Letztlich kann durch geschickte Wahl der frequenzbestimmenden Bauelemente wieder eine Art Telefonklingeln simuliert werden, selbst wenn das auslösende magnetische Wechselfeld eine ganz andere Ursache hat. Im Interesse größerer Signalamplitude wird man aber meist nicht auf die ruhestromfreie Transistorausgangsstufe verzichten (s. Bild 4.50).

Die Schaltung nach Bild 4.48 stellt eine etwas eigenwillige Lösung des Problems dar, einen CMOS-Eingang möglichst ohne große Übergangsverlustleistung von einem unsymmetrisch gespeisten Operationsverstärker her zu steuern. Eine wesentlich einfachere Variante skizziert Bild 4.49: Der Operationsverstärker wird symmetrisch gespeist, die CMOS-Schaltung hängt dagegen nur an der einen Versorgungsspannung. Erst wenn der Verstärker vom Nutzsignal ausgesteuert wird (wegen der hohen Gesamtverstärkung bis zum maximal möglichen Wert nahe der positiven bzw. negativen Betriebsspannung), führt der Ausgang entsprechend hohe, vom Massepotential unterschiedliche Spannung. Obere Restspannung und im Fall von Bild 4.49a Flußspannung der Diode begrenzen diesen Wert auf dennoch für H ausreichende Höhe, und der Generator wird zum

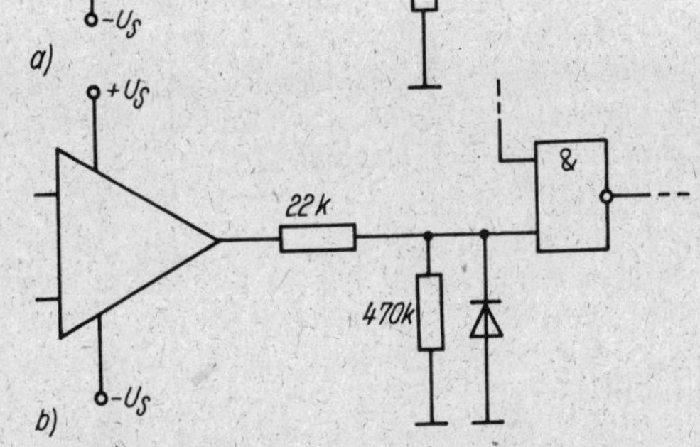

Bild 4.49
2 Möglichkeiten (a, b) für das Ankoppeln eines an +4 bis +6 V gegen Masse betriebenen CMOS-Generators an eine OPV-Eingangsstufe ähnlich Bild 4.48, jedoch mit symmetrischer Speisung

Schwingen freigegeben. Bei z. B. +4 V sollte H mehr als 2,8 V betragen, was der *B 176 D* bei derart hochohmiger Belastung noch schafft, selbst wenn die Diodenflußspannung abgezogen wird. Sie läßt sich aber noch nahezu »einsparen«, wenn man mit der Variante nach Bild 4.49b arbeitet. Die Spannungsteilung bringt fast den Wert der Ausgangsspannung, während die Diode die negativen Halbwellen ohne Gefahr für den Ausgang auf einen für den CMOS-Eingang ungefährlichen Wert »kappt«.

Doch zurück zu Bild 4.48. Von Volumen und Aufwand her ist es meist günstiger, mit nur einer Batterie zu arbeiten. Das heißt aber, der Operationsverstärker braucht einen Arbeitspunkt, der genügend weit von den Betriebsspannungspotentialen U_S und 0 V entfernt ist. Andernfalls kann die Innenschaltung ihren Aufgaben nicht mehr im »OPV-Sinn« gerecht werden. Es gelingt jedoch, diese Forderung mit der nach einer möglichst niedrigen L-Spannung und einem genügend hohen H-Potential bei Signal in

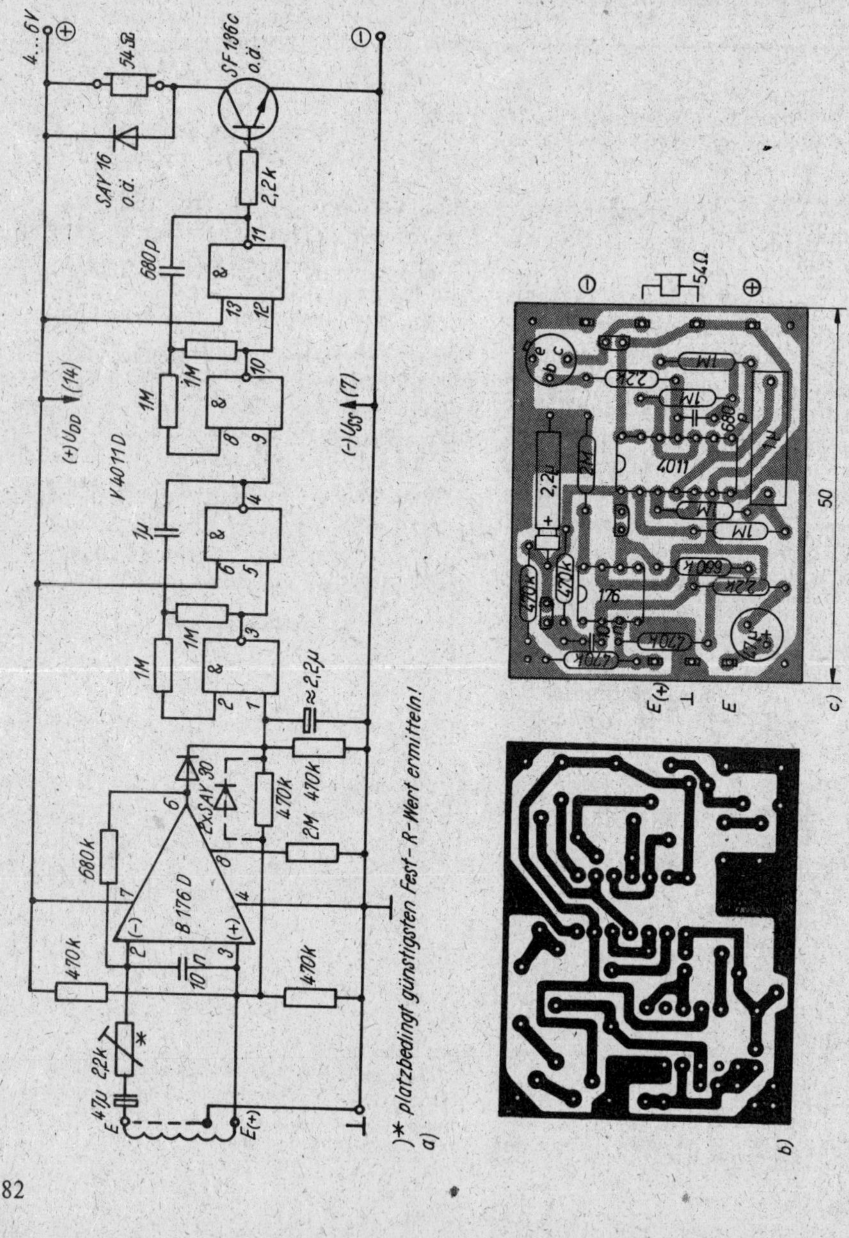

Bild 4.50 Magnetfeldgesteuerte Telefonzweitklingel mit getaktetem CMOS-Tongenerator, vollständig; a – Stromlaufplan, b – Leiterbild, c – Bestückungsplan (ggf. 100 µF vom nichtinvertierenden Eingang nach Minus, falls bei ungünstiger Einstellung Selbsterregung)

Einklang zu bringen, wenn man sich an die Werte des Bildes hält. Im Ruhezustand liegt der nichtinvertierende Eingang auf etwa 1,3 V, wenn mit 2 × *RZP2* entsprechend 4,2 V durchschnittlicher Arbeitsspannung gespeist wird. Auch der Ausgang führt diesen Wert, und der Gegenkopplungswiderstand zum invertierenden Eingang hin bewirkt, daß $U_{(-)} \approx U_{(+)}$. 1,3 V am Ausgang heißt wegen der Diode 0,8 V am Auskoppelpunkt für die CMOS-Schaltung, und das ist ein akzeptabler Wert. Trifft ein Signal ein, wird es um mehrere hundert Male verstärkt. Das genau berechnen zu wollen hat in diesem Fall keinen Sinn, weil sich die Schaltung eben wieder etwas am Rande des normalen OPV-Bereichs bewegt.

Die Ausgangsspannungsamplitude liefert jedenfalls bereits bei wenig mehr als 2 mV Eingangsspannung an den Ladekondensator etwa 2,9 V, ein für 4,2 V Betriebsspannung völlig ausreichendes H-Potential für den CMOS-Steuereingang. Durch Rückführen dieser Spannung (um die Diodenflußspannung verringert) auf den nichtinvertierenden Eingang wird dort die Vorspannung beträchtlich erhöht (bis etwa 2,5 V), was der Schaltung ein gewisses Sprungverhalten verleiht.

Günstig an dieser nur 40 µA Ruhestrom beanspruchenden Eingangsstufe ist wieder der geringe Aufwand für die Spule – abhängig selbstverständlich auch vom Einsatzzweck.

Der angekoppelte CMOS-Generator entspricht dem schon aus *Elektronikbasteln im Wohnbereich* bekannten, denn diese Schaltung hat sich ausgezeichnet bewährt. Da für seine Kombination mit der Schaltung nach Bild 4.48 inzwischen eine Leiterplatte entstanden ist, gibt Bild 4.50 ihre Gesamtschaltung wieder. Statt durch Magnetfeld kann auch über ein Mikrofon geschaltet werden. Die Ausgangsseite gestattet außer der bisher optimalen 54-Ω-Telefonhörerkapsel nun, wie schon erwähnt, auch den Anschluß einer im Wirkungsgrad günstigeren Piezokapsel vom Typ *piezo-phon*, bei kleinen Lautstärkeansprüchen sogar ohne Transistor. Für sie sind beide Generatoren in den Pulsfrequenzbereich unterhalb der Hörgrenze zu legen. Bei konventioneller Hörkapsel (oder einem möglichst hochohmigen Lautsprecher mit Vorwiderstand) ist dagegen der 2. Generator als Tongenerator zu dimensionieren. Bild 4.50 enthält diese Auslegung.

Abschließend sei darauf hingewiesen, daß alle diese von magnetischen Wechselfeldern beeinflußten Schaltungen sorgfältig dem konkreten Einsatzfall anzupassen sind. Andernfalls lösen sie entweder durch in der Nähe befindliche Störfeldgeber unerwünscht aus oder sprechen umgekehrt nicht an, wenn sie sollen.

Bezüglich Telefoneinsatz wird es sich nicht vermeiden lassen, daß man sich von einem Partner eine Weile »anklingeln« läßt, bis die günstigste Stelle gefunden und die erforderliche Verstärkung dafür eingestellt ist. Übrigens Vorsicht schon in der Nähe von Klingeltransformatoren – sie streuen erheblich! Gegen den Ortssender liegen bereits 10 nF zwischen den Eingängen – bei Bedarf vergrößern! Eventuell auch dem Gegenkopplungswiderstand einen kleinen Keramikkondensator parallellegen – er darf aber für die (tiefen) Frequenzen *(f)* der »Signalfelder« noch keine wesentliche Gegenkopplung darstellen. Rechnerisch: $2\pi fC$ muß sehr viel kleiner als der Kehrwert des Gegenkopplungswiderstands (entsprechend Bild 4.48 bzw. Bild 4.50: 680 kΩ) bleiben.

Soll (vielleicht auch nur gelegentlich) das Klingeln eines Telefons oder das Signal einer anderen »ortsfesten« Schallquelle in einen anderen Raum geleitet werden, bietet auch Bild 4.51 eine brauchbare Lösung. Diese Kombination von Altem und Neuem entspricht der Grundhaltung, Vorhandenes immer wieder neu zu nutzen.

Eine Kohlemikrofonkapsel aus einem ausrangierten Telefon beansprucht zwar einen Querstrom in der Schaltung, der sie als Bestandteil einer Langzeitbatterielösung ausscheiden läßt. Man kann aber doch auf noch so kleine Werte kommen, daß durchaus mehrstündiger Betrieb aus einer Batterie akzeptiert werden kann. Das Beispiel nach Bild 4.51 nimmt bei 4 V nur etwa 1 mA Ruhestrom auf; im Signalfall steigt der Strom dank *piezo-phon* auf den immer noch günstigen Wert von etwa 4 mA.

Die Schaltung hat keine allzu großen Freiheitsgrade in ihrer Dimensionierung. Versuche zeigten, daß die optimale Empfangslage für die Kohlekapsel bei waagerechter Plazie-

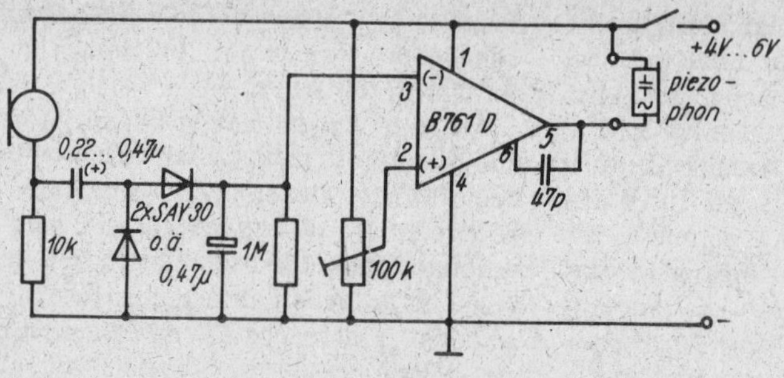

Bild 4.51
Kohlemikrofon als Sensor für Telefonklingel; Verstärker am Tischapparat gemäß Bild 4.52, *piezophon*-Kapsel am Leitungsende; Ruhestrom etwa 1,5 mA, bei Signal bis 5 mA, daher Schalter sinnvoll. Netzteilspannung bis 10 V möglich, Arbeitspunkt anpassen

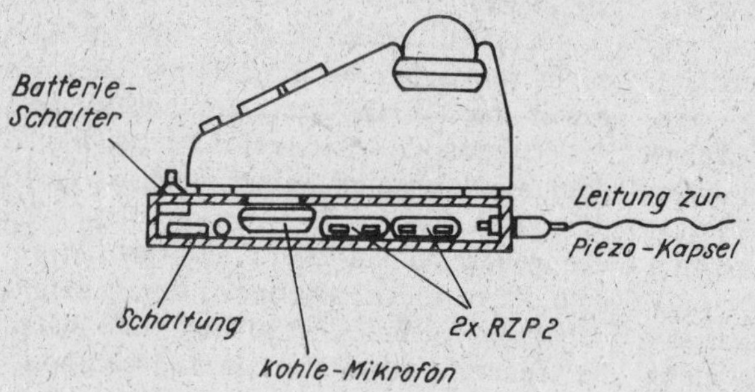

Bild 4.52
Optimale Lage der Einrichtung nach Bild 4.51

rung unter dem Tischapparat gegeben ist. Dann nimmt die Kapsel am besten auf, und die Schallquelle befindet sich über ihr. So klein die aktive Schaltung also auch aufgebaut werden kann, es empfiehlt sich insgesamt doch ein flaches Gehäuse in den Bodenplattenabmessungen des Tischapparats. Die Bauhöhe wird vor allem durch das Kohlemikrofon bestimmt. Bild 4.52 skizziert eine solche Anordnung. Statt der beiden angedeuteten *RZP2*-Akkumulatoren kann auch extern von einem (Klingel-) Transformatornetzteil gespeist werden. So wird diese Variante zur Dauerlösung.

Man bedenke bei der Installierung folgendes. Auf einen Pfiff reagiert die Schaltung recht empfindlich. Dennoch hat es die als lauter empfundene Telefonklingel schwer, das Signal auszulösen, wenn nicht nach Bild 4.52 verfahren wird. Doch damit schirmt man ja gleichzeitig gegen unerwünschten Fremdschall ab. Daß beim Selbstwählen u. U. ebenfalls ausgelöst wird, läßt sich bei Bedarf unterdrücken, indem man z. B. so lange den Verstärker abschaltet. Der Schalter sollte dann jedoch im Blickfeld liegen.

Für die Möglichkeit einer Dauerspeisung aus einem Netzteil spricht der große zulässige Betriebsspannungsbereich. Lediglich die Grundvorspannung am nichtinvertierenden Eingang sollte dementsprechend eingestellt werden. Um 1 V liegt der günstigste Arbeitspunkt – weniger stellt auf Grund der inneren Schaltung des *B 761 D* die einwandfreie Funktion in Frage, mehr macht das Gerät unnötig unempfindlich. Gleichzeitig ist so aber auch ein Schwellwert gegeben, unterhalb dessen Fremdsignale wirkungslos bleiben. Die relativ große Signalamplitude überwindet diese Schwelle, wenn im beschriebenen Sinn akustisch an das Läutewerk des Tischapparats angekoppelt wird. Die kleinen Kondensatorwerte der Gleichrichterschaltung stellen eine Zeitkonstante sicher, die klein genug gegen die Läutezeit ist. Schon bei z. B. 10 µF war beim Muster nicht mehr gewährleistet, daß innerhalb der Dauer eines Klingelzeichens der $U_{(-)}$-Wert den $U_{(+)}$-Wert überschreitet – die Voraussetzung dafür, daß der Ausgang des *B 761 D* auf Durchgang schaltet (Komparatorbetrieb).

Der geringe Gesamtaufwand für das Grundgerät legt den Gedanken an Erweiterungen nahe. Neben der Hauptanwendung, für die eine dünne, flexible Leitung mit der Piezokapsel am Ende in den jeweils benutzten Raum mitgeführt wird, sind u. a. denkbar:

- Relais mit $I < 70$ mA (parallele Diode mit Katode an Plus zum Schutz gegen induktive Spannungsspitzen nicht vergessen!)

zum Schalten einer größeren Zweitklingel oder zum Auslösen von Lichtsignalen (vgl. dazu auch Abschn. 9.!).

- Ankoppeln eines Zählwerks über Hilfstransistor bei $I_{Zähl} > 70$ mA, um z. B. Anrufversuche zu registrieren, die in Abwesenheit getätigt worden sind (dabei ist eine hinter dem Operationsverstärker eingefügte längere Zeitkonstante sinnvoll, so daß nur jeweils 1× gezählt wird; »Erholzeit« z. B. 5 min).
- Auslösen von Schaltvorgängen, was jedoch nur innerhalb von Haustelefonanlagen zulässig ist.
- Einschalten einer Beleuchtung am Telefon, z. B. für nächtliche Anrufe, ebenfalls mit entsprechender Zeitkonstanten (Anregungen für Zeitlampen findet der Leser in Abschn. 10.).
- Sofern ein Optokoppler in den Ausgangskreis des *B 761 D* gelegt wird, kann man sogar auf diese Weise eine netzbetriebene Lampe starten (auch zeitbegrenzt).

Die Aufgabe, ein an anderem Ort der Wohnung ausgelöstes akustisches Signal dort hörbar zu machen, wo man sich gerade aufhält, läßt sich auch mit einem beliebigen Reiseempfänger lösen. Einzige Voraussetzung: Er muß eine Magnetbandbuchse haben. Eine Mikrofonbuchse, wie an Recordern vorhanden, wäre zwar günstiger, ist aber meist mit bestimmten Schalterfunktionen am Aufnahmeteil gekoppelt.

Die Empfindlichkeit der üblichen »Diodenbuchse« liegt allerdings um mindestens eine Größenordnung schlechter. Nur ziemlich laute Geräusche kommen daher mit

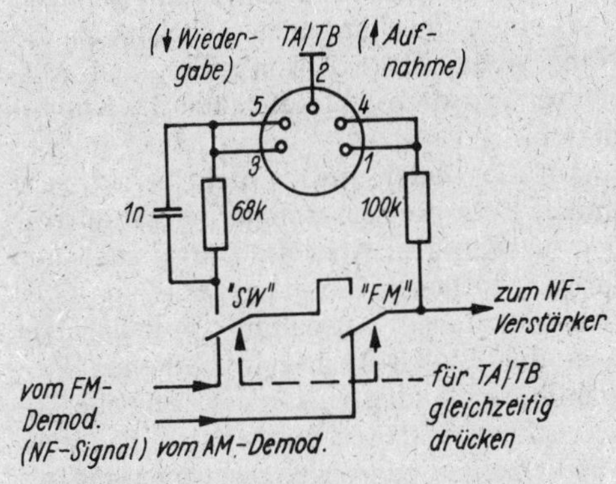

Bild 4.53
Typische TA-TB-Buchsenbeschaltung (Beispiel: *sound clock*)

ausreichender Amplitude aus dem Gerätelautsprecher. Bei einer Belegung dieser Buchse wie nach Bild 4.53 (Beispiel: *sound clock*) ist es möglich, das Signal entweder »exclusiv« nur bei Einschalten der Funktion »Wiedergabe« (hier durch gleichzeitiges Drücken von KW- und UKW-Taste) oder ins »laufende Programm« hinein hörbar zu machen. Letztgenannte Möglichkeit dürfte in manchem Gebrauchsfall recht vorteilhaft sein. Allerdings sind dabei die Pegelbedingungen meist so, daß dann eine niederohmigere 2. Verstärkerstufe im Mikrofonteil gebraucht wird. Das aber erhöht auch den Batteriestrom. »Exclusiv« dürfte für die vorgestellten Einzeltransistorschaltungen also den sinnvolleren Betriebsfall darstellen.

Mit typisch um 15 mA ist der Ruhestrombedarf eines üblichen Reiseempfängers klein genug, um die meist benutzten *R14*- oder *R20*-Zellen nicht allzu stark zu beanspruchen. Für 1 oder 2 h kann also ein solches Gerät »mobil« für den genannten Zweck genutzt werden. Für abendlichen Dauereinsatz, etwa als Kinderzimmerwächter, wird man wieder Netzbetrieb wählen. Die meisten Reiseempfänger verfügen ja inzwischen über diesen nützlichen Zusatz.

Die Sache läuft darauf hinaus, einem dynamischen Mikrofon (im Interesse der Wiedergabequalität, wenn es nicht nur um einfache Signale geht) einen kleinen, möglichst »genügsamen« Vorverstärker zu geben und zusammen mit einer Langzeitbatterie am Signalort unterzubringen. Der Pegel für die Leitung ist dann groß genug, daß man meist mit einfachem »Klingeldraht« auskommt. Der Sinn des Ganzen besteht also in der Mobilität des Vorverstärkers und vordergründig in der Nutzung eines ohnehin vorhandenen Geräts, das bei Bedarf größere Signalamplituden abgeben kann, so daß man beim Rauschen des Badewassers doch noch Türklingeln, Telefonläuten oder auch Babygeschrei aus entfernteren Räumen wahrnehmen kann.

Es hat sich gezeigt, daß schon ein moderner NF-Transistor etwa vom Typ *SC 236* o. ä. ausreicht (möglichst Gruppe *d*), den Pegel üblicher mittelohmiger dynamischer Mikrofone den Anforderungen an den geschilderten Einsatzfall anzupassen. Die Stromverstärkung dieser Typen ist selbst unterhalb

100 µA noch immer groß genug, ganz im Gegensatz zu älteren Kleinleistungstransistortypen. Insgesamt belastet auf diese Weise der Verstärker nach Bild 4.54 die Batterie nur mit knapp 30 µA. 82 kΩ Arbeitswiderstand sind angemessen, da auch der Eingangswiderstand der Buchse in dieser Größenordnung liegt. Damit kann der Koppelkondensator (er ist für einwandfreie Gleichspannungsverhältnisse sinnvoll) recht klein werden. Moderne 40- oder 80-V-Elektrolytkondensatoren haben ausreichend niedrige Restströme und lassen sich damit noch einsetzen. Das gilt auch für den Eingangskreis, trotz des hohen Basiswiderstands von 22 MΩ. Sollte der am Kondensator mit Digitalvoltmeter kontrollierbare Arbeitspunkt im Bereich um $U_S/2$ (etwa 2 V) nach Anschluß des Mikrofons zu weit nach oben wandern, ist das benutzte Exemplar ungeeignet. Notfalls wählt man dann einen MKT-Typ o. ä. Das Gerät kommt ohne Einschalter aus, denn 30 µA bedeuten eine theoretische Lebenszeit von fast 2 Jahren. Das erreichen ohnehin auch bei unbelasteter Lagerung nur sehr wenige Exemplare des *RZP2*, wenn man sie nicht doch einmal lädt. Das setzt wiederum voraus, daß sie über diesen langen Zeitraum hinweg nicht undicht geworden und eingetrocknet sind.

Noch immer weniger als einen Pfennig Betriebskosten je Tag und mindestens 9 bis 10 Monate Dauerbetrieb »rund um die Uhr« charakterisieren schließlich die extrem einfache Lösung für anspruchslose Überwachungsaufgaben gemäß Bild 4.55.

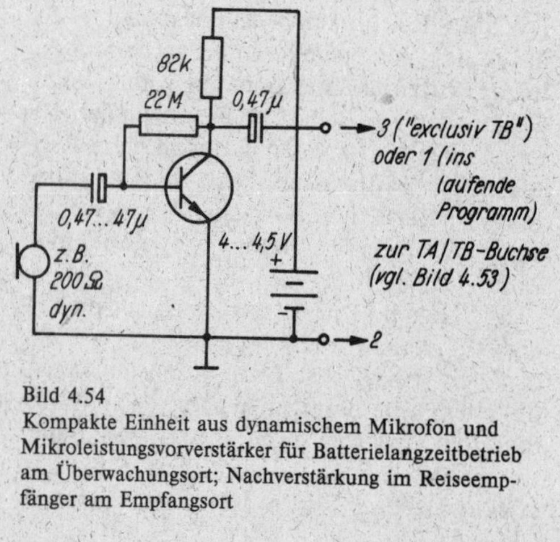

Bild 4.54
Kompakte Einheit aus dynamischem Mikrofon und Mikroleistungsvorverstärker für Batterielangzeitbetrieb am Überwachungsort; Nachverstärkung im Reiseempfänger am Empfangsort

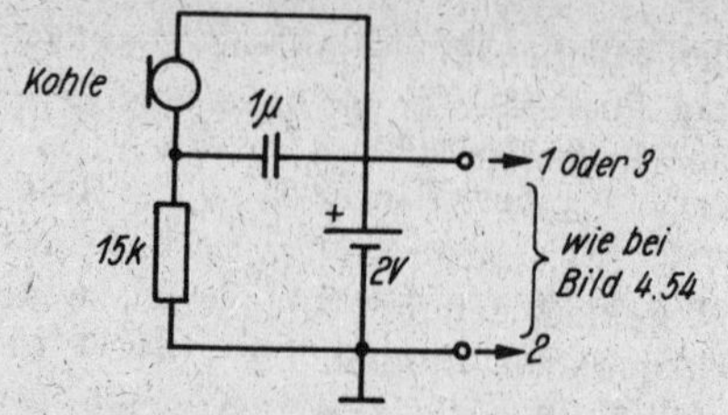

Bild 4.55
Extrem sparsame, dennoch für Langzeitbatteriebetrieb geeignete Nutzung eines ausgedienten Kohlemikrofons im Sinne von Bild 4.54

Noch einmal wurde zu einer alten Kohlemikrofonkapsel gegriffen. Nur 1 × 2 V (1 × *RZP2*) und der für diesen Mikrofontyp schon recht hohe Arbeitswiderstand von 15 kΩ brachten die genannten Daten. Die erreichbare »Verstärkung« ist mit der Schaltung nach Bild 4.54 vergleichbar, allerdings um den Preis einer nicht gerade HiFi-reifen Wiedergabe. Zudem bringt dieses Mikrofon beträchtliche Rauschanteile ein, besonders im unteren Frequenzbereich *(Schrotrauschen)*. Das grenzt den Einsatzbereich hauptsächlich auf Fälle ein, bei denen sich das vom Mikrofon aufgenommene Nutzsignal gegen andere Schallquellen durchsetzen muß. Selbstverständlich kann man beide »Vorschaltgeräte« auf dem Arbeitstisch nur begrenzt erproben. Akustische Rückkopplungen setzen schnell eine Schranke vor die Information, wie empfindlich die Sache nun wirklich ist. Empfehlung: die ohnehin später nötige Leitung mit dem Vorverstärker und seiner Batterie (bzw. – beim Kohlemikrofon – nur mit Widerstand, Kondensator und Batterie) in einen anderen Raum verlegen und einen mechanischen Wecker in die Nähe stellen. Das Ticken gibt guten Aufschluß über die Empfindlichkeit der Kombination.

Auf die Dauer wird es nicht befriedigen, immer einen Reiseempfänger zweckentfremdet zu benutzen. Aber das war ja auch nur für gelegentlichen Einsatz gedacht – mit der sehr nützlichen Ausnahme, Fremdsignale über die TA/TB-Buchse ins laufende Programm einblenden zu können. Für alle anderen Zwecke stehen die bereits erläuterten Möglichkeiten zur Wahl, gegebenenfalls mit ruhestromfreien Leistungstransistorzusätzen wie bei den CMOS-Anwendungen erläutert.

Mit den Möglichkeiten der Signaleinblendung aber wird sich der folgende Abschnitt noch näher befassen.

4.4.4. Signaleinblendung in elektroakustische Anlagen

Die heutigen Möglichkeiten hochwertiger Musikwiedergabe verführen manchen dazu, nicht nur Konzertqualität, sondern auch Konzertlautstärke von seiner Stereoanlage zu fordern. Telefon- oder Türklingel (wenn es vielleicht auch »nur« der Nachbar ist, der nicht unbedingt mithören möchte) kämpfen dann oft vergebens gegen ein solches Inferno an. Besser dürfte es da schon sein, dennoch diese Signale wahrzunehmen, wenn auch vielleicht nur mittelbar. Dabei muß man aber einiges berücksichtigen. Das sind – im Unterschied zu den batteriebetriebenen Reiseempfängern wie im vorangegangenen Abschnitt – zum einen die Gefahren des Eingriffs in netzbetriebene Geräte und zum anderen die meist unbekannten Auswirkungen auf den Verstärker beim Verändern der Lautsprecheranschlußbedingungen. Einspielen etwa in den Vorverstärker kommt auch höchstens dann in Frage, wenn nicht gerade parallel auf Band aufgenommen werden soll – die Signale wären dann mit in der Aufnahme.

Dem, der seine Anlage nicht genau genug kennt, bleibt also relativ wenig Spielraum. Besser sieht es da schon aus (und ist auch weit nötiger!), wenn Kopfhörer benutzt werden (Abschn. 7.).

Geht man davon aus, daß heute alle Rundfunk- und NF-Geräte für den Heimgebrauch mit netzpotentialfreien Sekundärkreisen arbeiten, so wird klar, daß z.B. gegen den Anschluß eines masseseitig immerhin berührbaren Diodensteckerkabels keine Bedenken bestehen. Entsprechende Anschlüsse sind ja auch vorgesehen.

Diese Überlegung – die auf jeden Fall ein Blick in die Geräteunterlagen bestätigen muß! – trifft besonders für ältere Fernsehempfänger meist nicht zu. Selbst bei einem Magnetbandgeräteanschluß bedeutet das nicht unbedingt z.B. auch ein potentialfreies Chassis, denn diese Auskopplung wird häufig über spannungsfeste, relativ kleine Kondensatoren mit einer Spezialschaltung oder gar über einen Trenntransformator bewirkt.

Steht also fest, daß das gesamte Rundfunk- oder NF-Stereogerät wirklich durch einen entsprechend ausgelegten Transformator einwandfrei vom Netz getrennt ist, so trifft das (wieder ein Blick in die Unterla-

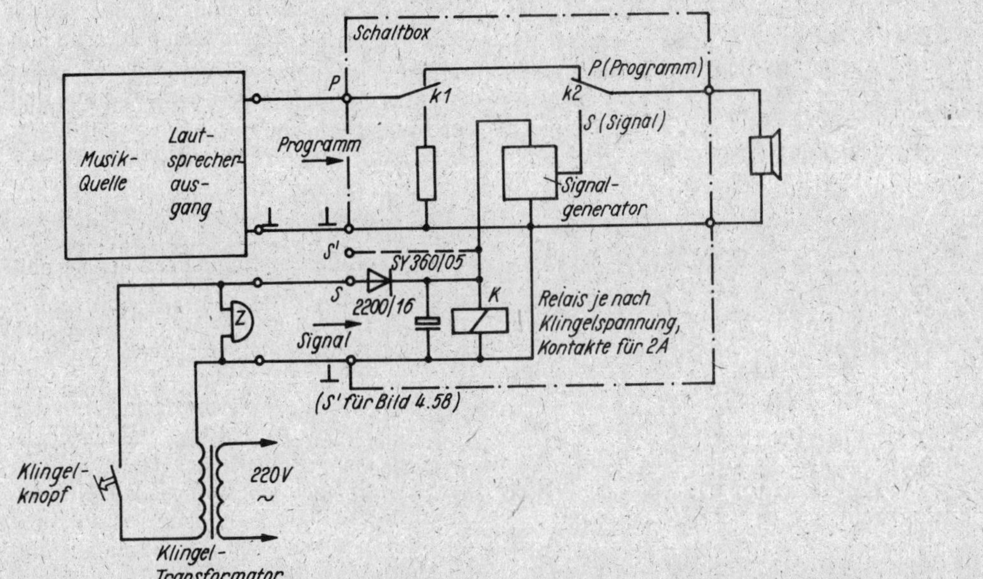

Bild 4.56 Indirekte Klingelsignaleinkopplung in laufende Musikdarbietung großer Lautstärke (Prinzip)

gen!) auch für die Lautsprecherkreise zu. Es gibt im Handel z. B. Kopfhöreranschlußgeräte, die man zwischen Lautsprecher und Lautsprecherbuchse schaltet und bei denen mit einem Tastenschalter Parallel- oder Einzelbetrieb gewählt werden kann. Dieser Schalter legt – was für viele Verstärker von funktioneller Bedeutung ist – einen Ersatzwiderstand gleichen Widerstandswerts und entsprechender Belastbarkeit statt des Lautsprechers an den Ausgang. Der diesem gleichstromfrei über Kondensator parallelliegende Kopfhörer mit seinen meist 200 bis 400 Ω ist ja für den Ausgang nahezu »Leerlauf«. Eine solche Umschaltung, mit einem kontaktseitig genügend belastbaren Relais realisiert, kann nun zum Informationseinblenden benutzt werden. Dabei muß man allerdings bedenken, daß das jetzt zufällig und u. U. gerade dann möglich ist, wenn im Lautsprecherkreis ein hoher Strom fließt. Beispiel: 24 W in 6 Ω bedeuten 2 A. Das schafft aber schon ein *NSF 30.1*-Relais, das am besten für 6 V Betriebsspannung ausgelegt sein sollte, besser noch ein Relais der Reihe *GBR 10* o. ä. Bild 4.56 zeigt einen Vorschlag für das Einschalten des Relais in den Lautsprecherkreis. Sofern es die Ausgangsschaltung des Geräts nahelegt, trennt man die Kreise mit einem 2. Relais sinngemäß vollständig beim Umschalten. Nach Bild 4.56 wird die vom Klingelstromkreis kommende Wechselspannung in der Schaltbox gleichgerichtet, und das Relais spricht mit nur kurzer Anzugsverzögerung an. Die entstandene (etwas wellige) Gleichspannung erregt den in Bild 4.56 gezeigten Generator,

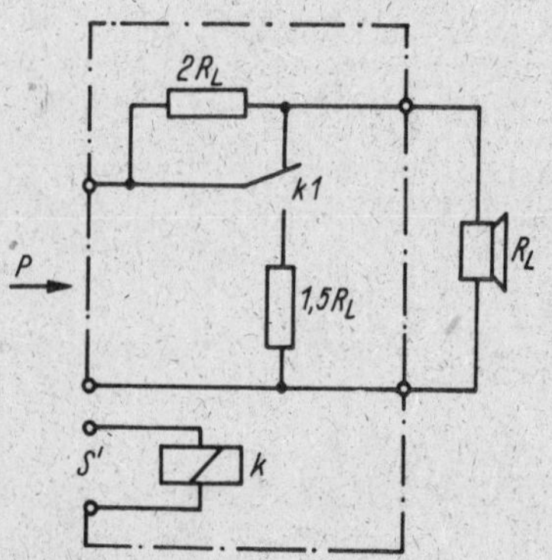

Bild 4.57
Einsparung des Generators in Bild 4.56: Musikunterbrechung als Klingelsignalmeldung

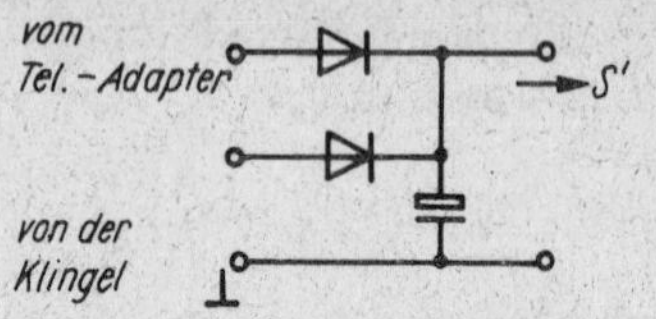

Bild 4.58
Einkoppeln eines zusätzlichen Signals (z. B. von Telefonzusatz) über Diodengatter in Einrichtung nach Bild 4.56

der eine je nach Einstellung in der Frequenz frei wählbare Tonfrequenzspannung an den Lautsprecher abgibt. Das Signal ist nur vorhanden, solange der Klingelknopf betätigt wird, danach geht die Schaltbox automatisch wieder auf Programmwiedergabe über.

Für den Generator bieten sich viele der schon beschriebenen Schaltungen an, wenn sie für Lautsprecherbelastung geeignet sind und mit 6 V betrieben werden können.

Wem der Gesamtaufwand zu hoch erscheint, kann auch die Unterbrechung an sich als Signal akzeptieren. Dann dürfte die Lösung nach Bild 4.57 zweckmäßig sein. Dadurch wird die Wiedergabe nicht völlig unterbrochen, sondern jeweils für die Dauer des Signals sprunghaft gedämpft.

Die vorgestellten Möglichkeiten sind nur 2 von vielen denkbaren. Entscheidend dürften jeweils die vorhandene Anlage und der investierte Aufwand sein.

Soll das Telefon über diesen Weg (auch, wenn es auf leise gestellt ist) hörbar gemacht werden, dann liegt eine Kopplung nach Abschnitt 4.4.3. nahe. Es ist dann notwendig, den Relaisstrom von der entsprechend erweiterten Schaltung mit zu betreiben, so daß man den Aufbau sinnvollerweise jetzt aus einem Klingeltransformator mit Gleichrichterteil speist. Zur gegenseitigen Entkopplung der Relaisspeisung (wenn auch die Klingel weiterhin mit gemeldet werden soll) genügt ein Diodengatter (Bild 4.58). Das NF-Signal muß ebenfalls nicht getrennt gespeist werden, wenn man wieder mit Alarmgenerator arbeitet. Allerdings muß die Quelle gleichstromseitig für beides (Relais und Generator) ausreichen, was bei einem Klingeltransformator zutrifft.

4.4.5. Sichtsignalisierung beim Fernsehen

Sicherlich liegt die Einschaltquote von Fernsehempfängern besonders in den Abendstunden beträchtlich über der von Rundfunk- und NF-Stereoanlagen. Aus Gründen, die im vorigen Abschnitt erläutert wurden, empfiehlt es sich jedoch nicht, Eingriffe im Fernsehgerät vorzunehmen, um durch Ton oder gar Bild Signale aus der Umwelt hör- oder sichtbar zu machen. Es bietet sich dagegen an, dicht neben oder auf dem Gerät, also im Blickfeld des Zuschauers, eine optische Signaleinrichtung unterzubringen. Für sie gibt es zahlreiche Realisierungsmöglichkeiten. Die Zahl der unterscheidbaren Informationen hängt (vom Spezialfall eines Multiplexbetriebs abgesehen) dann nur noch von der Frage ab, wie viele Leitungen man durch die Wohnung ziehen will. Beispielsweise könnte eine 7-Segment-Sichtanzeige eine ganze Reihe von Informationen optisch wiedergeben, wenn jeweils die entsprechenden Segmente aktiviert werden. Dabei ist dem Serienbetrieb (nur 1 Signal gleichzeitig auf einer einzigen Anzeigeeinheit) der Parallelbetrieb vorzuziehen, bei dem beliebig viele Anzeigen gleichzeitig sichtbar gemacht werden. Beispiele: F Fernsprecher oder Fenster, E Eingangstür, U unten, O oben, H Haustür, A Ausgang oder Anruf oder außen, I innen usw. Durch die feste Verdrahtung der Segmente über Vorwiderstände (bei 1-Chip-Anzeigen ist es meist sogar möglich, nur vor die gemeinsame Elektrode einen Widerstand zu legen) genügt je Information ein Leitungspaar. Die Informationseingabe wird dabei am einfachsten durch einen Kontakt realisiert, also auch durch einen Relaiskontakt oder einen Schalttransistor. Im letztgenannten Fall bietet sich besonders einfach bei entsprechender Schaltungserweiterung eine langsam blinkende Anzeige an, die besonders gut auf sich aufmerksam macht. Eine Einkanalsignalisierung mit kleinem Zusatzaufwand könnte also für das Telefon etwa so aussehen (Bild 4.59a): Ein Telefonzusatz nach Abschnitt 4.4.3. wird am Taktgeneratorausgang hochohmig (also mit kleiner Belastung) »angezapft«. Dort schließt man eine *Darlington*-Stufe an, von der aus die Leitung zur Lumineszenzanzeige (einfache Leuchtdiode oder zum entsprechenden Buchstaben – hier z. B. »F« – zusammengeschaltete 7-Segment-Anzeige) führt. Der Vorwiderstand muß den Daten der Anzeige angepaßt sein. Für eine einfache Leuchtdiode und etwa 5 V Versorgungsspannung wählt man 270 bis 330 Ω. Die Stromversorgung des Telefonzusatzes wird durch diese LED dann mit etwa 10 mA zusätzlich belastet, solange ein Signal ertönt. Das dürfte der Grenzfall für Batterielangzeitbetrieb sein. Eine 4,5-V-Batterie kann also noch verwendet werden. Man spart auf diese Weise eine netzbetriebene Einheit aus Klingeltransformator mit Gleichrichter- und Siebteil.

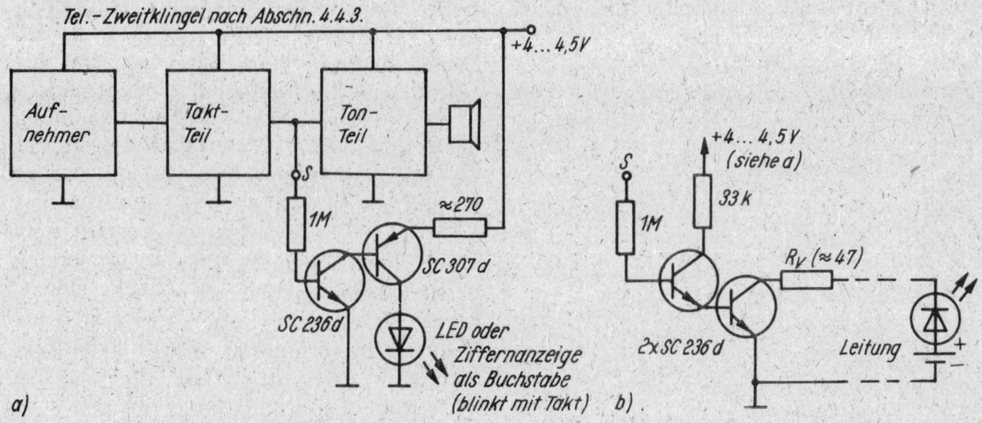

Bild 4.59 Sichtsignalisierung z. B. für Telefonsignal im Blickfeld des Fernsehbildschirms; a – Ziffernanzeige, als »F« geschaltet, aus Batterie des Telefonadapters versorgt; b – getrennte Speisung erst am Signalisierungsort (2 V bei *VQA 13*, 4 V bei neueren Leuchtdioden oder Ziffernanzeigen, R_V je nach Typ)

Durch den Taktgenerator blinkt die LED bei anliegendem Telefonsignal mit einer von diesem Generator bestimmten Frequenz.

Unabhängig davon ertönt weiterhin der vom Tongeneratorteil erzeugte Ton in der Hörkapsel an einem beliebigen weiteren »Empfangsort«.

Man kann allerdings auch eine netzunabhängige Stromversorgung erst am optischen Empfangsort selbst vorsehen. Ein aus Plastwandfliesen zusammengeklebtes kleines Gehäuse mit der Lumineszenzanzeige in der Frontplatte bietet immer ausreichend Platz für eine Batterie. Jetzt reicht sogar ein 2-V-Taschenlampenakkumulator. Damit wird die vorher von Plus des Telefonzusatzes zur Anzeige verlaufende Leitung überflüssig und ist gemäß Bild 4.59b durch eine mit Minus verbundene Leitung zu ersetzen. R_v (wegen des 2-V-Betriebs nur noch etwa 47 Ω) bringt man in der Anzeigeeinheit unter, so daß durch Kurzschließen des Eingangs jederzeit eine Batteriekontrolle möglich ist. Bei ungeeigneten Transistortypen und Leuchtdioden mit höherer Schwellspannung kommt nur eine sehr schwache Anzeige zustande (Sättigungsspannung des Transistors!). Zumindest der Ausgangstransistor muß ein Epitaxie-Planartyp sein, also z. B. auch *SF 126*, und als Anzeige eignet sich für 2-V-Betrieb mit Transistor eine rote LED der Reihe *VQA 13*, da gelb und grün höheren Eigenspannungsbedarf haben.

Wesentlich komfortabler gestaltet sich das Einblenden etwa in Kopfhörer, wenn man mit einer Infrarotanlage arbeitet. Mehr dazu in Abschnitt 7.

Geht es vor allem darum, das Signal der Wohnungsklingel, entsprechend optisch umgesetzt, in den Sichtbereich des Fernsehgeräts zu bringen, bieten sich noch 2 »galvanische« Lösungen an. Die eine ist trivial in der Anwendung, wenn es auch zunächst einer Überprüfung bedarf, mit welcher Spannung gerechnet werden muß. Im nächstfolgenden Abschnitt findet der Leser dazu Hinweise. Es geht einfach darum, parallel zum Klingelanschluß eine Lampe passender Spannung über eine Leitung anzuklemmen, die bis zum Fernsehgerät reicht. Ruhestörung bereits schlafender Mitbewohner läßt sich dann ausschließen, wenn in dieser Zeit die Klingel selbst abgeschaltet wird. Bild 4.60 skizziert diese extrem einfache Schaltung.

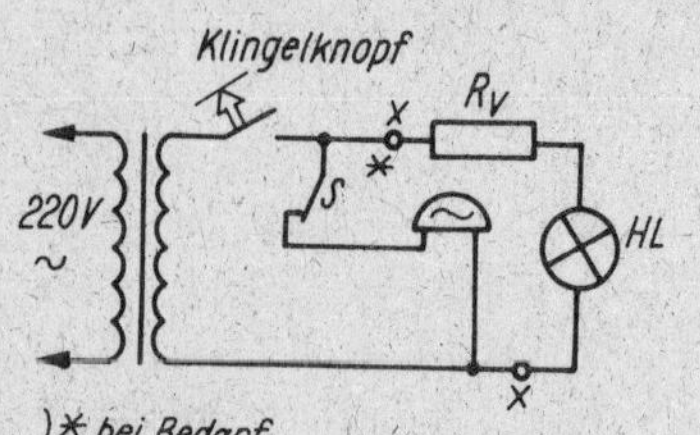

Bild 4.60
Ableiten eines Zweitsignals direkt von der Klingelspannung

Hat man eine solche Schaltung einmal installiert, läßt sie sich leicht für eine elektronische Variante mit mehr Komfort ausbauen. Sie stammt aus *Bauplan Nr. 46* und benutzt einen NF-Leistungsverstärkerschaltkreis (*A 211 D* oder *A 210 D*) als Lampenblinker. Er wird entweder direkt aus der Klingelspannung versorgt (ggf. mit Z-Dioden-Stabilisierung), solange man den Knopf drückt, oder aus einer Batterie. Für diesen Fall bot sich ein Speichereffekt an: Auch bei kurzer Klingelbetätigung blinkt die angeschlossene Lampe längere Zeit.

Im folgenden seien zunächst die beiden Generatormodule vorgestellt. Beschaltet man einen *A 210 D/E* (bzw. den Basteltyp *R 210 D*) in der Art nach Bild 4.61a, so entsteht ein Rechteckgenerator für tiefe Frequenzen. Das heißt: Die am Ausgang angeschlossene Lampe (das darf ohne weiteres eine »kräftige« 3,5-V/0,2-A-Lampe sein) blinkt, sobald der Schaltkreis wenigstens etwa 4 V erhält. Statt einer Batterie wird für längeren Einsatz besser ein Klingeltransformator verwendet. Seine 6 V Wechselspannung läßt sich in der einfachen Schaltung nach Bild 4.62 gleichrichten und glätten. Der Vorwiderstand ist nötig, wenn die 3,5-V-Lampe beibehalten wird. Diese Lösung erlaubt es übrigens, in gleicher Weise noch eine 2. Lampe anzuschließen, da die Vorwiderstände den Gesamtstrom auch bei kaltem Lampenfaden unter die zulässigen 2,2 A Spitzenstrom begrenzen. (Bitte nicht nachrechnen – einerseits ist zwar die Transformatorleerlaufspannung höher als 6 V, andrerseits liegt der Transformatorinnenwiderstand unsichtbar in Serie mit den Lampen! Die Schaltung wurde aber erprobt und

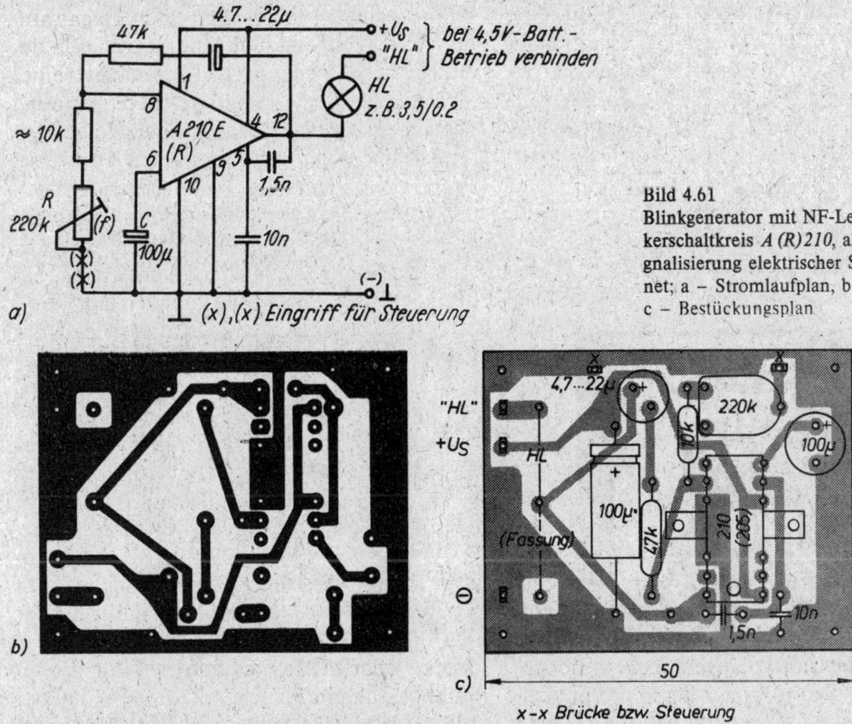

Bild 4.61
Blinkgenerator mit NF-Leistungsverstärkerschaltkreis *A (R) 210*, als optische Signalisierung elektrischer Signale geeignet; a – Stromlaufplan, b – Leiterbild, c – Bestückungsplan

»stimmt so«). Die Blinkfrequenz läßt sich am Stellwiderstand *R* fein und durch Erhöhen des 100-µF-Kondensators auf 220 µF grob einstellen. Höheres *C* und höheres *R* ergeben niedrigere Frequenz.

Der Widerstand in Serie mit dem Rückkopplungskondensator (der zwischen 10 und 47 µF gewählt wird) verbessert das Schaltverhalten (Verlustleistung sinkt) und ergibt ein günstigeres Tastverhältnis. Die Leiterplatte nach Bild 4.61 b aus *Bauplan Nr. 46* wird gemäß Bild 4.61 c bestückt. An den Kühlflügeln des *A 210 D/E* darf nicht gebogen oder gelötet werden!

Manchmal steht nur der 1-W-Verstärker *A 211 D* zur Verfügung, oder man braucht keine so hohe Lampenleistung. Aber Vorsicht – der *A 211 D* hat nicht nur eine andere Anschlußzuordnung, sondern verträgt nur 1 A Spitzenstrom. Außerdem fehlt die interne Schutzschaltung! All das berücksichtigt die Schaltung nach Bild 4.63 a. Wieder – wie schon beim *A 210 D/E* – ist es günstiger, die Lampe von Plus her an den Ausgang anzuschließen. Schaltet man die Lampe vom Ausgang nach Masse, so benötigt der Schwingeinsatz etwas mehr Spannung, und im Schaltkreis wird mehr Verlustleistung umgesetzt. Die Verlustleistung interessiert im übrigen bei dieser Schaltung weniger als der Spitzenstrom, da ja weitgehend Schalterbetrieb gegeben ist. Das bedeutet, daß der größte Teil der zugeführten Leistung im Verbraucher (der Lampe) umgesetzt wird. Daher genügt für diesen Blinker auch jeweils Typ *D* bzw. *E* (*A 210 K* hat einen Kühlkörper, ist aber deshalb auch teurer). Bild 4.63 b zeigt eine Leiterplatte zu Bild 4.63 a, bestückt, wird nach Bild 4.63 c. Übrigens gibt es neben *A 211* und *A 210* noch den älteren *A 205*, der bis auf die fehlende Schutzschaltung dem

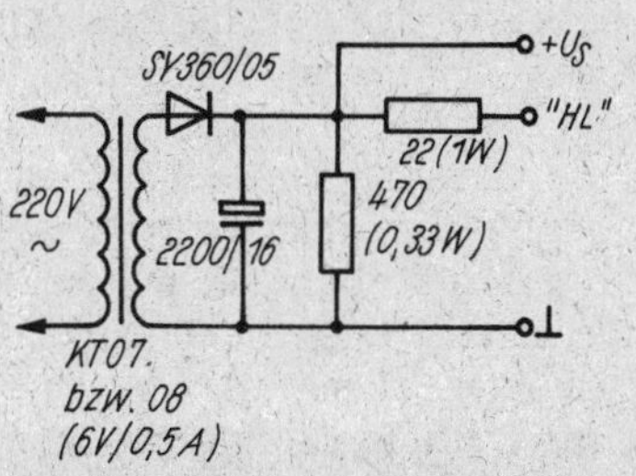

Bild 4.62
Einfaches Netzteil zu Bild 4.61 bzw. Bild 4.63

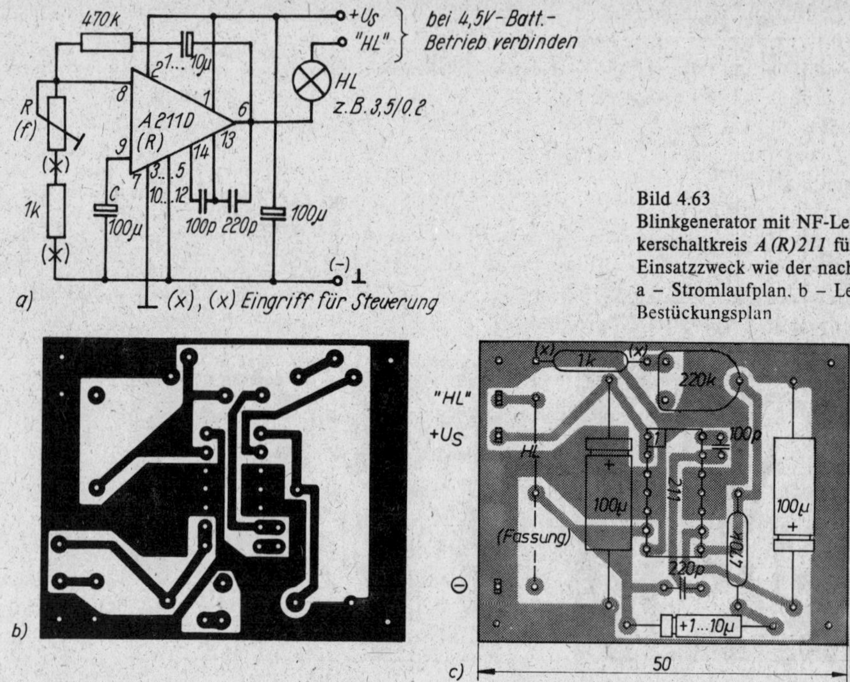

Bild 4.63
Blinkgenerator mit NF-Leistungsverstärkerschaltkreis *A (R) 211* für gleichen Einsatzzweck wie der nach Bild 4.61; a – Stromlaufplan, b – Leiterbild, c – Bestückungsplan

A 210 entspricht, also auch wie dieser angeschlossen werden kann. Abschließend noch ein Hinweis: Die unterschiedliche Lage von Potentiometer und Vorwiderstand in den Schaltungen nach Bild 4.61 a und Bild 4.63 a hat keine Bedeutung; sie ergab sich nur aus der Leiterplattengestaltung.

Man kann die beiden Blinkgeneratorschaltungen nun als »optische Klingel« be-

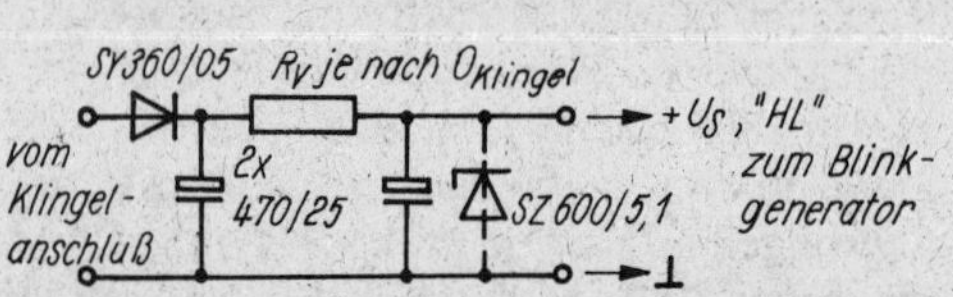

Bild 4.64
Speisen eines Blinkgenerators direkt aus der Klingelspannung

nutzen. Im einfachsten Fall (Bild 4.64) wird der Generator dazu statt der akustischen Klingel oder auch parallel zu ihr betrieben. Durch Versuch mit R_V ist an die vorhandene Klingeltransformatorspannung anzupassen.

Bei Blinkgebern mit 2 wechselweise blinkenden Lampen genügt er allein, da die Stromaufnahme in etwa konstant ist. Bei 1-Lampen-Blinkern ist noch eine Leistungs-Z-Diode erforderlich. Sie wurde in Bild 4.64 gestrichelt angedeutet.

Kurze Blinkzeiten, nur durch die Länge der Klingelknopfbetätigung bestimmt, sind jedoch ungünstig. Nach Bild 4.65 besteht z. B. die Möglichkeit, beide Blinker mit dem eingezeichneten Eingriff in den Eingangsteiler nach einem noch so kurzen Klingelsignal

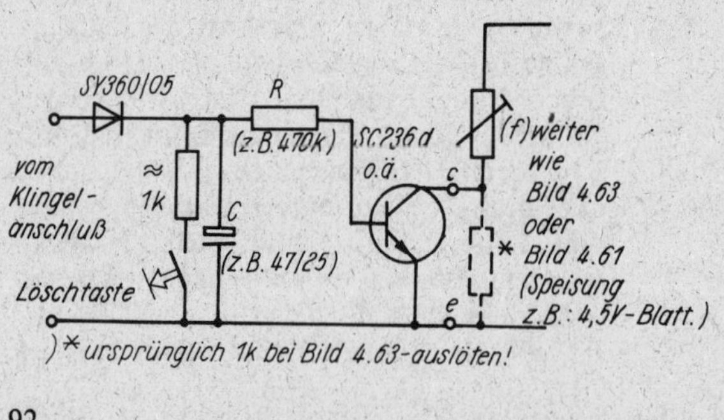

Bild 4.65
Blinksignalgeber mit Speichereffekt (eigene Spannungsquelle nötig) für Auslösung durch elektrisches Klingelsignal

minutenlang blinken zu lassen – so lange, daß es oft sinnvoll ist, die in Bild 4.65 eingezeichnete Löschtaste zu betätigen. Diese Anlage hat also eine gewisse Zeit lang Speicherwirkung für das Signal. Die Signalzeit wird von *R* und *C* bestimmt. Bereits mit den als Beispiel angegebenen Werten erreicht man mehr als 1 min periodisches Blinken, und auch nach dieser Zeit gibt, wenn man nicht vorher löscht, die Lampe mit länger werdenden Abständen noch kurze Blinksignale von sich. Das wird dann wohl immer bemerkt!

Bei kleiner Stromverstärkung des Transistors kann der Widerstand bis auf etwa 100 kΩ verkleinert werden. Der Kondensator wiederum läßt bei entsprechend größerer Kapazität so große Blinkzeiten zu, daß sie nur für Spezialzwecke sinnvoll sein dürften. Meist wird man die Löschtaste vorzeitig betätigen. Der IS-Blinker kann mit eigener Stromversorgung aus einer Batterie in einer Plastbox untergebracht werden. Die Batterie enthebt von den Problemen der Betriebsspannung für die Klingel und ihren Schwankungen. Das ist besonders bei Gemeinschaftsanlagen günstiger. Wird die Blinkbox nur am Abend eingestellt, dann reicht die Batterie einige Wochen. Für den Signaleingang selbst ist die genaue Höhe der Betriebsspannung nun ohne Bedeutung. Sie beeinflußt lediglich die erreichbare Blinkzeit. Für diese Zusatzschaltung lohnt die Anfertigung einer eigenen Leiterplatte kaum. Man montiert sie z. B. auf einem Stück Lochraster- oder Universalleiterplatte. Sie kann wahlweise in Klingelnähe oder auch (sinnvoller) mit in der Blinkbox untergebracht werden. Zwischen Klingel und Box reicht wiederum eine Zweidrahtleitung. Die Box selbst kann auch wieder aus einem eigenen Klingeltransformatornetzteil – etwa nach Bild 4.62 – gespeist werden. Der (gekapselt bleibende!) Klingeltransformator läßt sich mit in der Blinkbox unterbringen.

Im folgenden wird noch eine Lösung vorgeschlagen, die ohne eigene Spannungsquelle Klingeln per Lampe signalisiert und dennoch relativ unabhängig von der Klingelanlagenspannung genutzt werden kann. Sie hat vor allem bei größeren Hausklingelanlagen Sinn, bei denen starke Schwankungen der momentanen Spannung je nach Anzahl gleichzeitig betätigter Klingeln, Türöffner usw. zu erwarten sind. Eine einfache Anpassung der Lampe an die Nennspannung bringt dann unbefriedigende Ergebnisse. Es ist nur eine Frage der preisgünstigen Zugriffsmöglichkeit auf die verwendeten Teile, inwieweit man sich ihrer bedienen wird. Darüber hinaus ist das Prinzip jedoch für manchen anderen Zweck von Interesse, etwa bei kleineren Halogenlampen (solange der Schaltkreis den Strom noch verträgt), denn besonders bei solchen Lampen sind definierte Betriebsbedingungen gefragt. Schließlich läßt sich diese Schaltung bei genügender Oberspannung auch für Batterieladegeräte einsetzen, dann sogar mit Anzeigelampe im Hauptstromkreis.

Die Schaltung bietet bei Gemeinschaftsanlagen problemlosen Einsatz im Bereich bis etwa 18 V Anlagenspannung. Die benutzte Lampe kann eine Spannung zwischen 2 und 6 V bei Anlagen mit 6-V-Transformator haben (Leerlauf bis 12 V!); bei Klingelkreisen mit bis zu 18 V Anschlußspannung können auch 12-V-Lampen eingesetzt werden.

Der Zusatz benötigt also keine eigene Spannungsquelle, bietet allerdings auch keinen Speichereffekt. Er wird einfach wieder parallel zur Klingel angeschlossen. Die Schaltung stellt einen einfachen Stromgenerator dar. »Einfach« bezieht sich in diesem Fall auf den im Tausch gegen den Preis des Schaltkreises erzielbaren Minimalaufwand. Selbstverständlich läßt sich auch ein üblicher »diskreter« Stromgenerator benutzen. Solche Schaltungen findet der Leser – dort

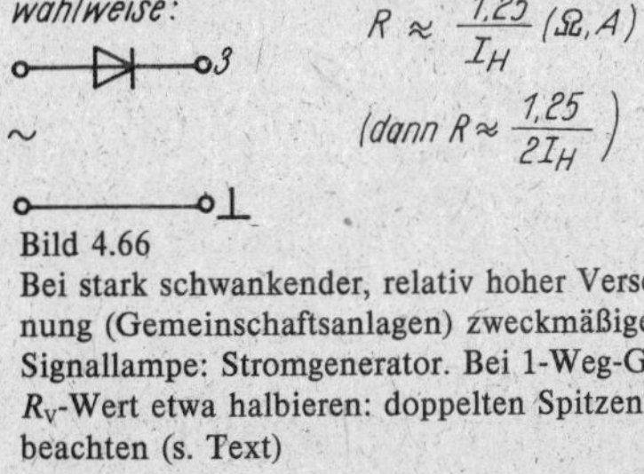

Bild 4.66
Bei stark schwankender, relativ hoher Versorgungsspannung (Gemeinschaftsanlagen) zweckmäßige Lösung für Signallampe: Stromgenerator. Bei 1-Weg-Gleichrichter R_V-Wert etwa halbieren: doppelten Spitzenstrom beachten (s. Text)

für andere Zwecke eingesetzt – beispielsweise im *Bauplan-Bastel-Buch 2*.

Bild 4.66 zeigt die Lösung. Der integrierte Spannungsreglerschaltkreis *B 3170 V* wird lediglich dazu benutzt, eine Lampe mit $U_{La} < U_S$ unabhängig von der Betriebsspannung U_S mit dem für sie erlaubten Strom zu speisen. Die überschüssige Spannung bleibt über dem Stromgeneratorwiderstand sowie dem Schaltkreis und erwärmt beide zusammen mit $P_V = (U_S - U_{La}) \cdot I_{La}$. Es passiert nichts Bleibendes, wenn in der Experimentierphase dabei im Schaltkreis einmal zu viel P_V umgesetzt wird, solange man seine zugelassenen 40 V Anschlußspannung (bei Basteltypen u. U. allerdings auch weniger!) nicht überschreitet. Eine thermische Schutzschaltung regelt dann lediglich den Ausgangsstrom entsprechend zurück. Die Lampe leuchtet so lange nicht mehr ausreichend, bis wieder zulässige Bedingungen vorliegen. Bei hohen U_S-Werten empfiehlt sich daher ein Kühlblech (z. B. 100 mm × 100 mm, 2 bis 3 mm dick) oder ein Kühlkörper. Da der *B 3170 V* nur mit Gleichspannung betrieben werden kann – sie darf jedoch »wellig« sein –, wird mindestens noch eine Gleichrichterdiode für den beabsichtigten Stromwert benötigt. Da dann jedoch nur Halbwellenbetrieb gegeben ist, empfiehlt sich ein Brückengleichrichter. Einweggleichrichtung ist möglich, muß jedoch durch einen etwa halb so großen Steuerwiderstand berücksichtigt werden; die Strommaxima erreichen schnell die Größenordnung des Schaltkreismaximalstroms. Auf einen Ladekondensator kann in diesem Fall verzichtet werden.

Die Einstellung der Signalschaltung läßt sich sogar ohne Meßmittel vornehmen. Man beginnt bei Anwesenheit der Anlagennennspannung einfach bei einem relativ großen Wert des Steuerwiderstands und verringert diesen so lange, bis die Lampe mit für ihren Typ normaler Helligkeit leuchtet. Am Steuerwiderstand entsteht durch den Lampenstrom eine Spannung, die nicht höher als etwa 1,25 V werden kann. Das bewirkt die Innenschaltung des *B 3170 V*, die ziemlich komplex ist. Dafür hat man in ihr aber einen ausgezeichneten einstellbaren Spannungs- bzw. Stromreglerschaltkreis zur Verfügung, für den – es sei nochmals betont – das vorliegende Beispiel mehr als »Abfallprodukt« zu werten ist. Schließlich kann ja nicht ausgeschlossen werden, daß während der Laufzeit dieses Buches, wie bei manch anderem Schaltkreis bereits geschehen, preisgünstige Amateurtypen ihren Nutzungsbereich stark auszuweiten gestatten!

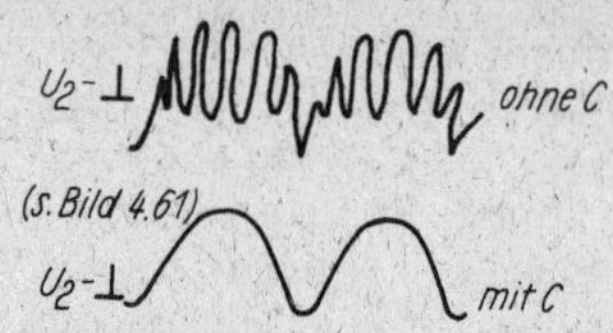

Bild 4.67
Dieser Effekt besonders bei höherer Eingangsspannung wird durch den Kondensator in Bild 4.66 unterdrückt

Nebenher lernt der Leser noch einige nicht uninteressante Details solcher Typen kennen. Zum Beispiel dieses: In Minimalbeschaltung wurde im oberen zulässigen Betriebsspannungsbereich die Lampe mit steigender Spannung wieder dunkler. Der Oszillograf brachte Aufschluß: Den Halbwellennetzimpulsen war eine starke hochfrequente Schwingung überlagert. Bild 4.67 skizziert das. Zu solchen Effekten sind diese intern komplexen »3-Beiner« leider oft aufgelegt, und man hat es zu berücksichtigen. Nicht nur wegen der vielleicht sogar Nachbars Empfang beeinträchtigenden HF-Störungen. Auch die Lebensdauer solcherart beanspruchter Schaltungen ist nicht unbedingt mit der sonst garantierten identisch. Der relativ kleine Keramikkondensator (im Muster genügten 33 nF) bewirkt im vorliegenden Fall eine sauber bleibende Schwingung und damit konstante Energie für die Lampe unter wechselnden Spannungsbedingungen. (Beim normalen Einsatzfall des *B 3170 V* in Regelschaltungen sind daher 0,1 bis 1 µF sowohl am Eingang wie am Ausgang übliche »Standard«-Gegenmaßnahmen gegen solche Effekte.)

4.4.6. Weitere Tips für Hausklingeln

Eine nur wenig beachtete Möglichkeit ergibt sich aus der Tatsache, daß über dem Klingelknopf im Ruhezustand die gesamte Transformatorspannung liegt. Der Innenwiderstand dieser »Spannungsquelle« besteht aus der relativ niederohmigen Klingel (wenige

Ohm) und dem Innenwiderstand des Transformators selbst, der von ähnlicher Größe ist. Eine Lampe mit einem erheblich größeren Widerstand (z. B. 6 V/50 mA, also 300 Ω »Warmwiderstand«) beansprucht darum, einfach über den Klingelknopf angeschlossen, den größten Teil der Transformatorspannung (Bild 4.68). Ergebnis: Die Lampe leuchtet, während der geringe Strom die Klingel noch lange nicht aus der Ruhe bringt. Damit ist es also ohne zusätzliche Leitung möglich, eine Klingelknopfbeleuchtung zu realisieren. Allerdings muß man unbedingt die Daten der Anlage vorher kennen, denn in größeren Häusern wird oft mit weit mehr als 6 V gearbeitet. Man beschafft darum entweder die passende Lampe (z. B. sind 16-V/50-mA-Eisenbahnlampen für Spannungen ab 12 V gut geeignet) oder berechnet bzw. erprobt einen Vorwiderstand, der die Spannungsdifferenz aufnimmt und die dabei in Wärme umgesetzte Leistung verträgt;

$$R_V \approx \frac{U_{Anl} - U_{La}}{I_{La}}, \; P_V = I_{La}^2 \cdot R_V.$$

Im Keller, auf dem Dachboden oder in ähnlich gelegenen Räumen ist die Wohnungsklingel meist nicht zu hören. Oft genügt eine weitere Klingel, um das zu ändern (Bild 4.69). Infolge der sicherlich größeren Leitungslänge erhält die Kellerklingel allerdings weniger Energie, abgesehen davon, daß der Klingeltransformator im ganzen jetzt stärker belastet wird. Das erscheint für die im allgemeinen nur kurzen Klingelzeiten aber zulässig. Es empfiehlt sich, falls ein Klingeltransformator mit Anzapfung zur Verfügung steht, eine Art »Einpegeln« der neuen Gesamtanlage, wobei bereits der erst danach zu verlegende Draht in voller Länge

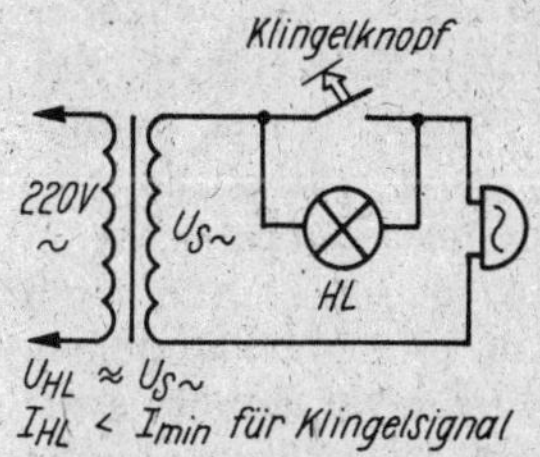

Bild 4.68
Klingelknopfbeleuchtung mit Lampe, deren Strombedarf weit unter dem Ansprechwert der Klingel liegt (bei Gemeinschaftsanlagen hohe Leerlaufspannung beachten, ggf. Vorwiderstand)

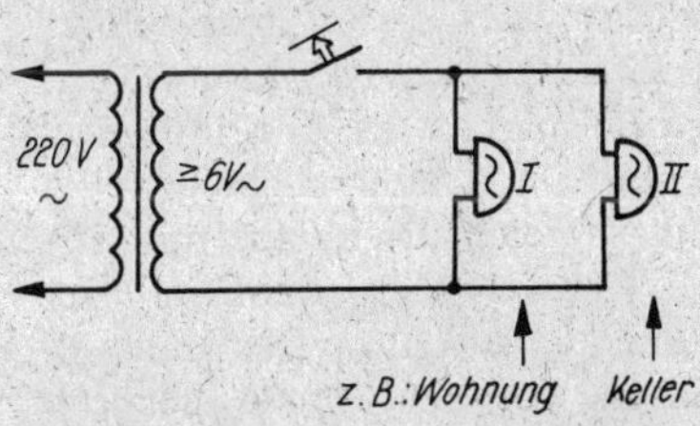

Bild 4.69
Diese Triviallösung einer Zweitklingel wird vom Transformator einer »Einzelanlage« meist noch verkraftet. 1-A-Typ ist sinnvoll!

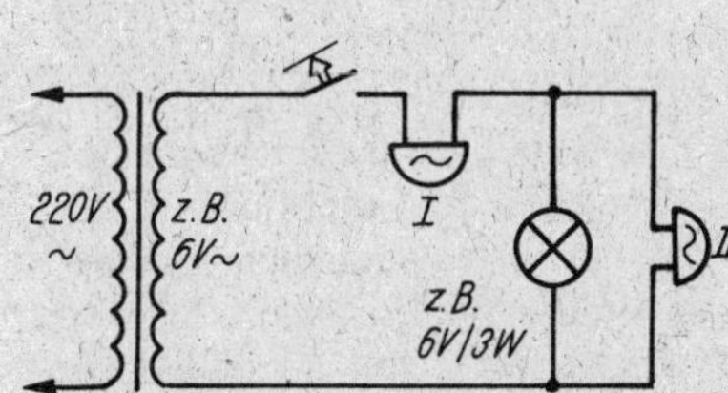

Bild 4.70
Bei dafür ausreichender Transformatorspannung ist Serienbetrieb möglich; Lampe signalisiert optisch, dafür Zweitklingel leiser

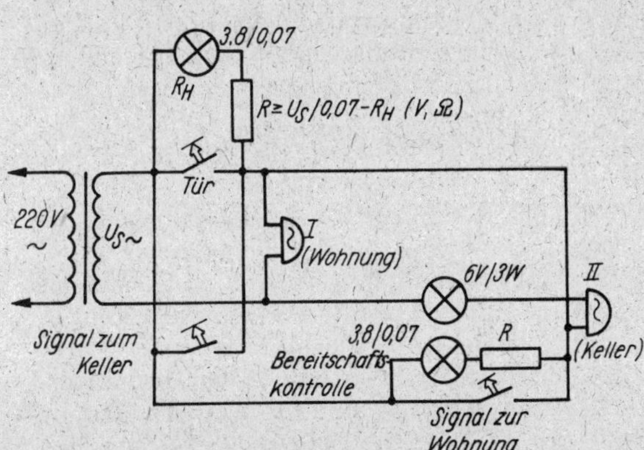

Bild 4.71
Kombination aller elektromechanischen Möglichkeiten einer Zweitklingel einschließlich einer 2seitigen »Morseverbindung« zwischen Wohnung und Keller oder Dachboden

(zusammengerollt) für Klingel Nr. 2 angeschlossen wird. Bild 4.70 zeigt eine Möglichkeit: Man schaltet beide Klingeln in Serie und überbrückt eine von ihnen mit einer Kfz-Leuchte von 6 V/3 W oder 6 V/5 W, wodurch die andere Klingel lauter wird. Eine weitere Variationsmöglichkeit bietet eine 6-V/3-W-Kfz-Leuchte, die man statt der Kellerklingel als optischen Signalgeber im Blickfeld installiert. Bei höherer Transformatorspannung (8 V und mehr) kann man auch in Serie zur Kellerklingel noch eine Lampe (z. B. 6 V/5 W) legen, so daß wiederum die Wohnungsklingel mehr Energie erhält als die im Keller. Diese Lampe kann außerdem ein »Rückmeldesignal« liefern, wenn die Kelleranlage zusätzlich für die Verständigung zwischen Wohnung und Keller über vereinbarte Signale genutzt wird. Bild 4.71 faßt alle bisher behandelten Möglichkeiten zusammen: beleuchteten Klingelknopf, Kellerinformation über Klingel (oder Lampe) vom Türknopf her und zusätzlich eine 2seitige »Telegrafie-Verbindung« Wohnung – Keller (2seitig durch 3. Ader) mit wohnungsseitiger Kontrolle des »abgehenden« Rufs sowie kellerseitiger Kontrolle der Bereitschaft der Anlage. Damit kann also die Anlage »wohnungsintern« erweitert genutzt werden und mit einer Reihe vereinbarter Signale oft eine aufwendigere Wechselsprechanlage ersetzen.

5. Wachsame Elektronik

Abschnitt 4. gilt Schaltungen, die von sich aus oder auf Grund einer Eingangsinformation hör- oder sichtbare Signale abgeben. Dabei geht es dann hauptsächlich darum, die Signale von »Klingeln« jeder Art unter vielen denkbaren Umständen bis zu dem zu übermitteln, für den sie bestimmt sind.

Im ersten Wohnbereichsbuch war dieser Abschnitt weiter gefaßt. Es schien im Interesse der Übersichtlichkeit sinnvoll, das zu ändern, wenn sich auch nicht immer ganz eindeutige Zuordnungen finden lassen.

Im folgenden geht es um Schaltungen bzw. Geräte, mit denen alle möglichen »Soll«-Zustände im Wohnbereich überwacht und Abweichungen davon gemeldet werden bzw. die auf Wunsch jederzeit Auskünfte liefern über solche »Zustände«. Der Bogen spannt sich dabei vom ungewollt offenen Fenster über die Temperatur-Fern- und Nahkontrolle bis hin zu Anlagen mit Wächter- und Alarmfunktion gegen Unbefugte. Vieles dafür gibt es inzwischen als Fertiggerät. Der Reiz des Selbstbauens ist jedoch geblieben – aus den vielen schon am Anfang dieses Buches erläuterten Gründen.

5.1. Kontaktgesteuerte Tür- und Fensterwächter

Informationen über den augenblicklichen Zustand von Fenstern und Türen haben unterschiedliche Gründe. Sie reichen vom Schutz von Leben und Sachwerten bis zum rationellen Umgang mit Energie. Daher wurden Vorrichtungen solcher Art im Buch *Elektronikbasteln im Wohnbereich* – vielleicht etwas einseitig – als Kindersicherungen bezeichnet. Es ist jedoch sicherlich ein nicht unwichtiger Einsatzfall, in Haushalten mit Kleinkindern stets zu wissen, ob gefahrbringende Fenster unbefugt geöffnet werden bzw. unbeabsichtigt offenstehen oder ob eine nur angelehnte Tür zu einem Abenteuerausflug in die Umgebung mißbraucht wird. Man kann in ein solches Alarmsystem bei Bedarf im Fall eigener Abwesenheit auch den Nachbarn einbeziehen. Der kulturelle Genuß eines Konzerts oder einer Theatervorstellung wird dann nicht durch Angstvorstellungen getrübt, und der hilfsbereite Nachbar muß dennoch nur im Notfall eingreifen.

Aber auch bereits das Auskühlen eines Zimmers infolge eines vergessenen Fensters kann – besonders in kalten Winternächten – schlimme Folgen haben. Schon wenig aufwendige Einrichtungen vermögen all das zu verhindern. Bild 5.1 zeigt ein einfaches Beispiel mit dennoch minimalem Ruhestrom, ermöglicht durch einen der neuen aktiven Piezosummer. Je nach Umfang der Überwachungsmaßnahmen wird ein Stromkreis mit einem oder mehreren Ruhekontakten gebildet. Ruhekontakte lassen sich zuverlässiger realisieren als Arbeitskontakte (ausgenommen in Form von Mikrotastern, bei denen beides gleichberechtigt ist), und sie können auch bereits auf kleine mechanische Abweichungen des Sollzustands reagieren. Ruhekontakte können aus ausrangierten Fernmelderelais (für kleine Ströme geeignet) oder notfalls auch einfach aus 2 Federblechstreifen – etwa von ausgedienten Batterien – bestehen, siehe Bild 5.1. Allerdings werden an ihre Oberfläche um so höhere Ansprüche gestellt, je kleiner der Ruhestrom ist. Ideale Hilfestellung können in dieser Hinsicht die vergoldeten Anschlußbeine von bestimmten

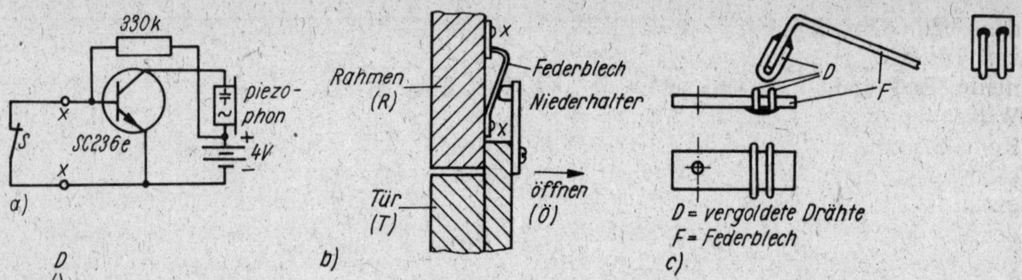

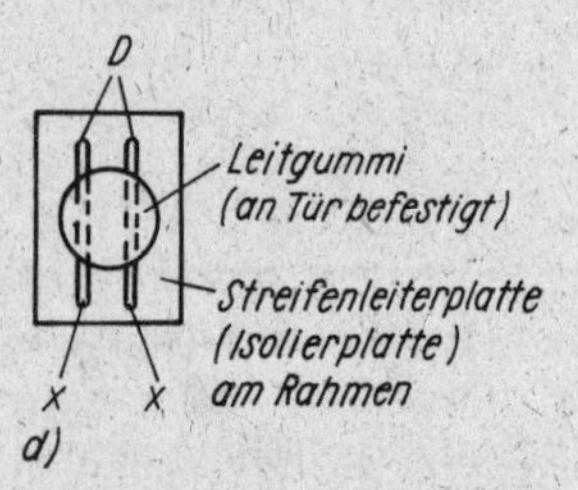

Bild 5.1 a – Einfache Ruhekontaktalarmanlage (weitere Kontakte können in Serie geschaltet werden), b – Ruhekontakt aus Federblechstreifen an einer Tür, c – sichere Kontakte durch vergoldete Anschlußdrähte von Transistoren, d – Leitgummi-Gold-Kombination

Transistortypen leisten. Je 2 etwa 10 mm lange Drahtstückchen davon werden z. B. gemäß 5.1c an Federblech und Gegenkontakt gelötet. Ähnlich günstig verhält sich die interessante Kombination nach Bild 5.1d. Die Idee wurde den Eingabetasten elektronischer Schreibmaschinen und Computer entlehnt. (Bisweilen erhält man solche Tasten im Amateurbedarfshandel.) Die Kombination aus Leitgummi und Gold ist nämlich ebenfalls recht kontaktsicher, wenn auch nicht gerade niederohmig. Doch der schon bei mäßigem Druck erreichbare Kontaktwiderstand von weniger als 1 kΩ löst die Schaltungsaufgabe nach Bild 5.1a zuverlässig. Ist ein solches Stückchen Leitgummi verfügbar, braucht man auf der Gegenseite wieder nur noch 2 vergoldete Drahtstückchen, und der Überwachungskontakt funktioniert. Als Träger der Kontakte bietet sich ein Stück Lochrasterplatte an. Die betriebssicherste Signalauslösung ergibt sich aber mit Mikrotastern (Bild 5.2). Da sie über einen Umschaltkontakt verfügen, sind sowohl Ruhe- als auch Arbeitsstromkreise oder auch Kombinationen aus beiden möglich. Demgegenüber kann ohne zusätzliche Maßnahmen ein von einem Dauermagneten geschalteter Schutzrohrkontakt nur als Einschalter oder als Ausschalter eingesetzt werden. Der Ausschalter wird aus Montagegründen wohl überwiegen,

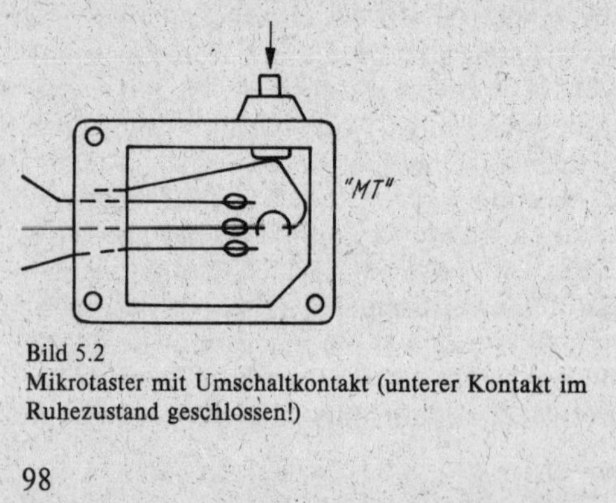

Bild 5.2
Mikrotaster mit Umschaltkontakt (unterer Kontakt im Ruhezustand geschlossen!)

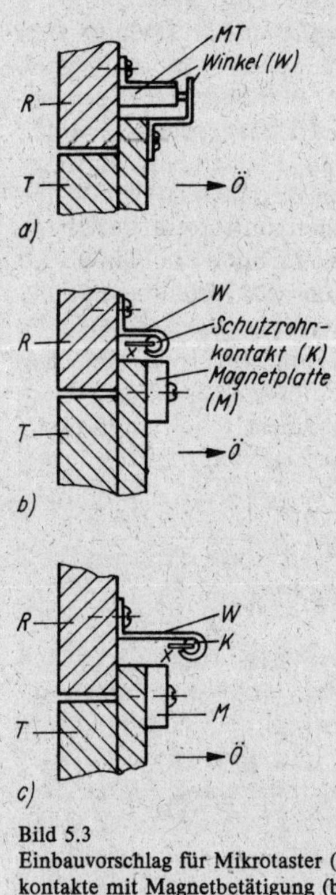

Bild 5.3
Einbauvorschlag für Mikrotaster (a) und für Schutzrohrkontakte mit Magnetbetätigung (b – Ruhekontakt, c – »Wischkontakt«) an Türen und Fenstern

denn beim Einschalten im Fall des Öffnens von Tür oder Fenster müßte ja eine definierte Endstellung erreicht werden. (Die Wirkentfernungen zwischen Magnet und Kontakt sind sehr klein!) Bild 5.3 zeigt Einsatzmöglichkeiten für beide Systeme. Interessant ist der »Wischkontakt«. Beim Öffnen der Tür oder des Fensters wird der Kontakt vom vorbeigleitenden Magneten nur kurz betätigt. Dadurch können z.B. Signaleinrichtungen mit Flip-Flop-Eingang gestartet und durch den Charakter des Flip-Flop gehalten werden, auch bei nur kurzem Öffnen. Damit wird der Alarm gespeichert. Eine dazu passende Eingangsschaltung der Alarmvorrichtung zeigt Bild 5.4. Befindet sich das Flip-Flop in größerer Entfernung vom Kontakt, so sind die üblichen, bereits angedeuteten Maßnahmen nötig, um Fehlauslösungen zu vermeiden (*RC*-Beschaltung am Flip-Flop-Eingang).

Selbstverständlich wird man unter den jetzt wesentlich günstigeren Bauelementevoraussetzungen für ein solches Flip-Flop keinen TTL-Schaltkreis mehr einsetzen. Abgesehen vom hohen Strombedarf und den engen Betriebsspannungsgrenzen, sind schnelle TTL-Gatter in Systemen mit langen Zuleitungen stets äußerst störimpulsempfindlich. Die ebenfalls nicht beliebig wählbaren Widerstände im Eingangskreis solcher Gatter schränken den Spielraum bezüglich Entstörbeschaltung erheblich ein. CMOS ist also in jeder Hinsicht die vorteilhafte Alternative. Das kommt damit auch in der Auslegung von Bild 5.4 zum Ausdruck. (Nebenbei: U_{DD} ist bei CMOS-Schaltkreisen die positive Betriebsspannung.)

Bild 5.4
Eingangsschaltung einer Alarmeinrichtung mit Speicherverhalten, z.B. für den »Wischkontakt« nach Bild 5.3c geeignet (+ U_{CC} lies + U_{DD})

Ein weiterer Aspekt, der sich gegenüber dem Vorgängerbuch sehr vorteilhaft auswirkt, besteht in der Verfügbarkeit preisgünstiger Amateurtypen. Die Entscheidung zwischen Draht- und sonstigem Aufwand und Schaltkreisanzahl wird darum heute leichter zugunsten der Devise »nimm einen IS mehr« fallen. Aber das muß sinnvoll bleiben. Gerade in der räumlichen Verteilung von Systemen mit Logikschaltungen wird man sich den örtlichen Gegebenheiten anpassen müssen. Störsicherer heißt schließlich noch lange nicht absolut störfest. Und je kleiner die Betriebsspannung, um so weniger Störabstand bleibt, ausgedrückt in Spannung, die ein Störimpuls nur haben muß, um die Schaltung zu beeinflussen. Allerdings schneidet da CMOS eben günstiger ab, was die nötige Impulsbreite betrifft. Doch ist andrerseits (zunächst) die nötige Störenergie wieder wesentlich geringer. Denn: Hat eine angenommene Störquelle z.B. 10 kΩ Innenwiderstand und liefert »Leerlauf«-Störimpulse von 3 V, so brechen diese über 470 Ω TTL-Eingangsbeschaltung auf 5 % zusammen. Bei 100 kΩ CMOS-Eingangsbeschaltung bleibt die Amplitude jedoch nahezu erhalten! Da sich aber Störimpulse nur dadurch ausbreiten können, daß sie eben zeitlich variable Amplituden haben, läßt sich mit *C*-Beschaltung viel erreichen. Und gerade CMOS ist da stark im Vorteil. Es genügt, die doch meist relativ schmalen, von der Leitung aufgefangenen Impulse über ein *RC*-Glied in Richtung Schaltkreiseingang so weit zu dämpfen, daß sich am Siebkondensator gar nicht die H-Spannung aufbauen kann (s. Bild 5.4). Diese wiederum aber ist per Faustregel etwa die Hälfte der Betriebsspannung. Also: Wenn möglich, solche Systeme besser mit 10 bis 15 V betreiben, wenn es die Umgebungsstörungen nahelegen.

Alle diese Mittel versagen, wenn z.B. ein starker Störgenerator in der Nähe in rascher Folge hohe Störamplituden einkoppelt. Das kann ebenso ein Klingel- wie ein Zeilentransformator sein. Doch dagegen gibt es auch noch einige Mittel, angefangen vom Verdrillen der Leitung, konsequenter Sternerdung der (selbstverständlich batteriebetriebenen) Anlage und der Wahl von Standorten und Leitungsführungen, die solchen Störgiganten aus dem Wege gehen. Doch zurück zu

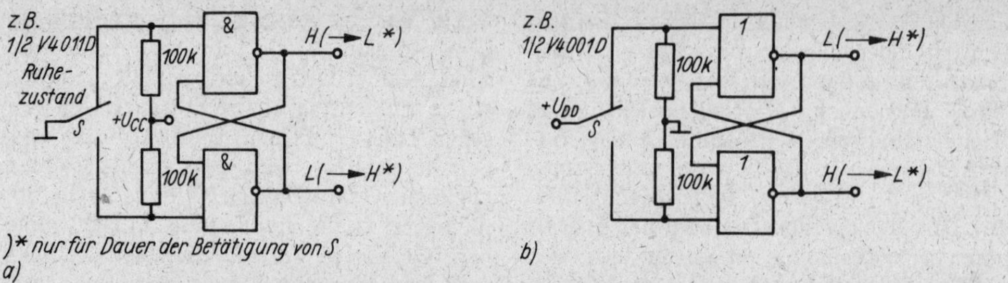

Bild 5.5 Signalauslösung nur für Dauer der Betätigung durch Wechselkontakt mit prellfreier Eingabe in der Folgeschaltung: a – mit NAND-, b – mit NOR-Flip-Flop (bei a lies $+U_{DD}$ statt U_{CC})

den Auslösemöglichkeiten. Ein quasi ruhestromfreies Flip-Flop eignet sich nicht nur zur unmittelbaren Information über den Zustand des überwachten Punktes. Abgesehen davon, daß man dabei immer die Wahl hat zwischen einem Daueralarm (wie in der Schaltung nach Bild 5.4 mit Handrückstellung) und der Signalisierung nur für die Dauer des Ereignisses (Schaltung entsprechend Bild 5.5, günstiger bei oft zu betätigenden Öffnungen). Doch Daueralarm muß nicht Dauersignal heißen. Es gibt manchen Fall – nicht nur im Rahmen vordergründiger Überwachungsaufgaben – bei dem ein praktisch ruhestromfreier Speicher irgendwann ausgelöst und ebenso zeitbeliebig abgefragt werden kann. An dieser Stelle sei auf eine Briefkastenabfrage hingewiesen, bei der man sich nach Belieben per Knopfdruck und aus einiger Entfernung informieren kann, ob die Klappe betätigt worden war. Ein CMOS-Flip-Flop direkt im Kasten, eine Trennstufe zur Auskopplung – und schon läßt sich sehr störsicher zwischen Kasten und Haus eine Informationsleitung verlegen. Bild 5.6 enthält einen Vorschlag für eine solche Einrichtung mit Abfrage bei Bedarf. Der Einsatz dieser Schaltung lohnt besonders dort, wo wenig Platz für eine größere Batterie vorhanden ist und wo man außerdem mit 2 Adern für die Zuleitung auskommen will (denn sonst könnte ja eine 3. Ader die Versorgungsspannung zuführen). Die Abfragebatterie befindet sich im Hause. Nur bei positiver Rückmeldung wird man den Kasten aufsuchen müssen und kann dabei die Schaltung rückstellen.

Von besonderer Bedeutung für die Zuverlässigkeit einer Alarmanlage mit Kontakten ist die Ansprechsicherheit dieser Kontakte. Mikrotaster z. B. sind Umwelteinflüssen ausgesetzt. Ein Kontakt braucht daher, wenn er sicher arbeiten soll, einen bestimmten Mindeststrom bzw. eine Mindestspannung, sonst können unvermeidbare Fremdschichten nicht mehr sicher durchbrochen werden. Es hängt stark vom Typ und vom Kontaktwerkstoff ab, wie diese Werte liegen. Als Beispiel erfordert ein »besonders sicher« aussehender großer 10-A-Mikrotaster bereits 100 mA

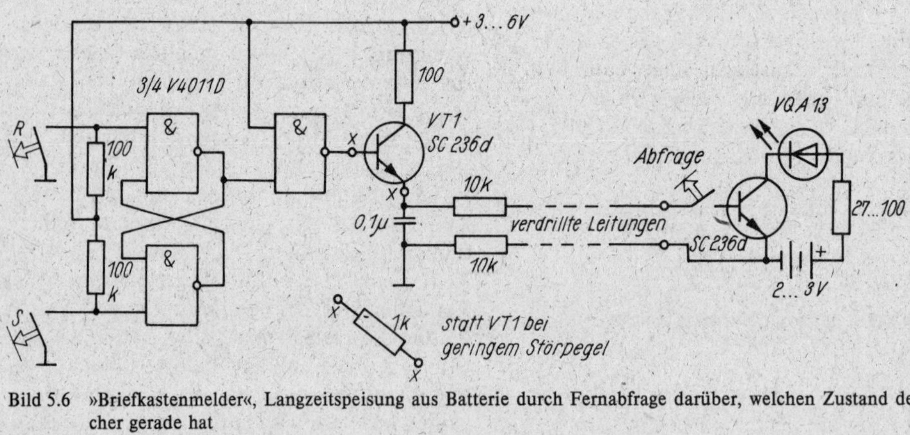

Bild 5.6 »Briefkastenmelder«, Langzeitspeisung aus Batterie durch Fernabfrage darüber, welchen Zustand der Speicher gerade hat

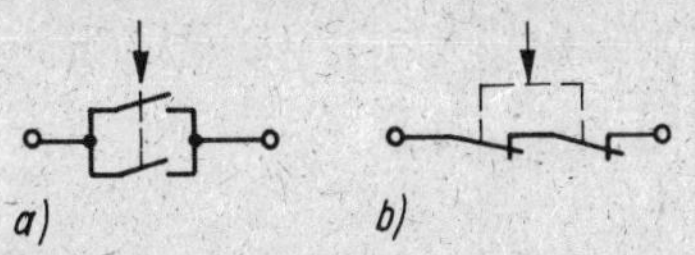

Bild 5.7
»Redundanz« von Kontaktschaltungen zur Erhöhung der Ansprechsicherheit; a – Parallelschalten von Arbeitskontakten, b – Serienschalten von Ruhekontakten

Kontaktmindeststrom, wenn man sich auf die Kontaktgabe verlassen muß. Das ist für Überwachungskreise nur bei Netzspeisung zu akzeptieren. Umgekehrt kann also als Faustregel gelten, daß für kleinere Maximalströme vorgesehene Kontaktsysteme auch für kleine »Linienströme« besser geeignet sind als etwa Starkstromkontakte. Das ist auch zu berücksichtigen, wenn man die Kontakte selbst aus Relaisfedersätzen baut. Zusätzlich empfiehlt sich dabei eine Parallelredundanz besonders für Arbeitsstromkontakte, wobei sich dann allerdings der Strom wieder auf mehrere Kontakte aufteilt. Für Ruhestromschaltungen wiederum ist Serienredundanz sinnvoller, damit eventuell klebende Kontakte die Überwachung nicht in Frage stellen. Von 2 in Serie geschalteten öffnet dann wenigstens (mit entsprechender Wahrscheinlichkeit) einer (Bild 5.7). Schutzrohrkontakte brauchen zwar ebenfalls Mindestströme, die jedoch meist unter 1 mA (Größenordnung) liegen können. Außerdem sind bei ihnen keine Umwelteinflüsse zu befürchten. Insofern kann sich der mit ihnen und der Montage von Magneten verbundene Mehraufwand durchaus lohnen. Solche Dauermagnete auf Ferritbasis findet man übrigens in handelsüblichen Magnetverschlüssen für Möbeltüren. Es gibt sie in mehreren Größen. Die günstigste Lage zum Schutzrohrkontakt geht aus Bild 5.8 hervor. Man kann dabei die gesamte Schloßkonstruktion benutzen und den Magneten in seinem Halter montieren. Die ihm parallelliegenden Eisenplättchen führen dann das Magnetfeld.

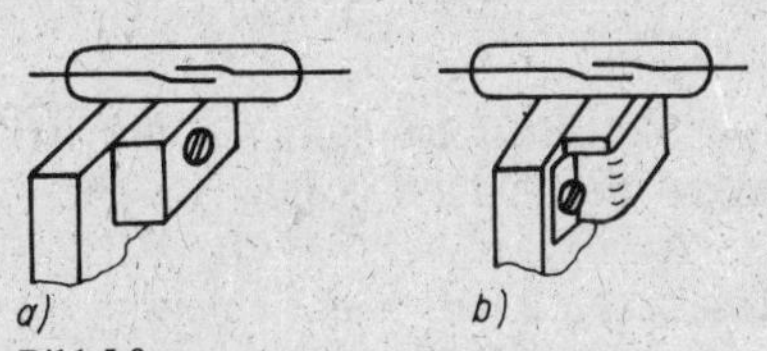

Bild 5.8
Günstigste Zuordnung eines Möbeltürmagneten zu einem Schutzrohrkontakt; a – Einbau ohne, b – Einbau mit ursprünglicher Halterung

Sollen die Türen und Fenster in einer Wohnung mit Fernmeldung des jeweiligen Zustands überwacht werden, dann muß man auf jeden Fall einige Leitungen verlegen. Es werden für den Wohnbereichselektroniker nicht die letzten sein. Daher ist es nützlich, bereits von diesem meist ersten Ansatz einer Wohnungsverkabelung an Buch zu führen, was wo liegt und wohin führt, mit Farbzuordnung und Anschlußart. Generelle Forderung: Alle diese Leitungen sind weit von Netzleitungen entfernt unterzubringen. Das ist nicht allein eine Sicherheitsforderung, es macht sich darüber hinaus auch wegen der sonst recht großen Störeinkopplungen notwendig.

Für die Verknüpfung der Überwachungsstellen kommt, was den Leitungsaufwand betrifft, aus ökonomischen Gründen in erster Linie wohl die Serienschaltung in Frage, die nur eine 1adrige Ringleitung erfordert. Das bedeutet allerdings Festlegen auf Ruhekontakte. Wird irgendwo ein Kontakt unterbrochen, so ist die Alarmbedingung erfüllt. Eine Information darüber, wo die Unterbrechung liegt, gibt es dabei nicht.

Arbeitskontakte setzen mindestens eine 2adrige Leitung voraus. Auch dabei ist noch keine Unterscheidung bezüglich des Auslöseorts gegeben. Sie kann jedoch bereits mit einfachen Mitteln realisiert werden. Bild 5.9 zeigt zunächst die beiden Grundtypen der Überwachungsleitung. Im Vergleich zu Alarmanlagen gegen unbefugtes Eindringen sind die Grenzbedingungen der Funktion weniger kritisch – es muß ja nicht mit einem böswilligen Eingriff gerechnet werden. (Darauf geht ein noch folgender Abschnitt ein.) Damit entfallen also z. B. Maßnahmen, um eine Drahtbrücke zu erkennen, mit der ein sich öffnender Kontakt wirkungslos gemacht worden war. (Das zu melden setzt z. B. einen »eingemessenen« Parallelwiderstand zum Kontakt voraus; wird sein Wert bei Öffnen des Kontakts unterschritten, löst sich ebenfalls Alarm aus. Das bewirkt eine zusätzliche Auswerteschaltung. Sie bedeutet erhöhten Aufwand.) Will man jedoch den Auslöseort gleichzeitig mit gemeldet haben, so ist ein diesem nahekommender Aufwand erforderlich. Eine noch relativ einfache Variante

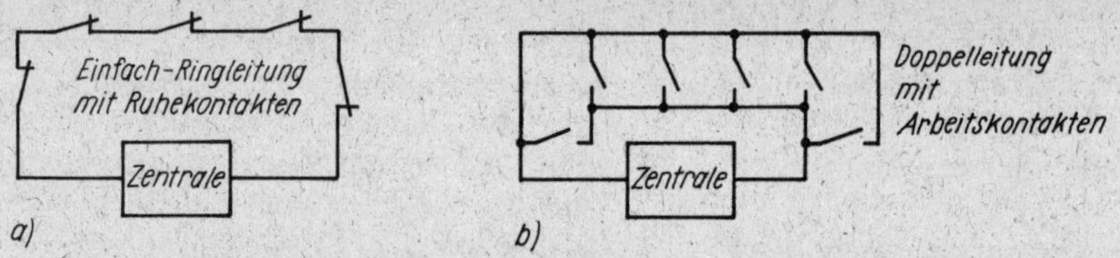

Bild 5.9 2 Grundtypen einer Überwachungsleitung (noch ohne Ortsunterscheidung bei Alarm); a – Einfachringleitung mit in Serie geschalteten Ruhekontakten, b – Doppel- oder Zweidrahtleitung mit Arbeitskontakten

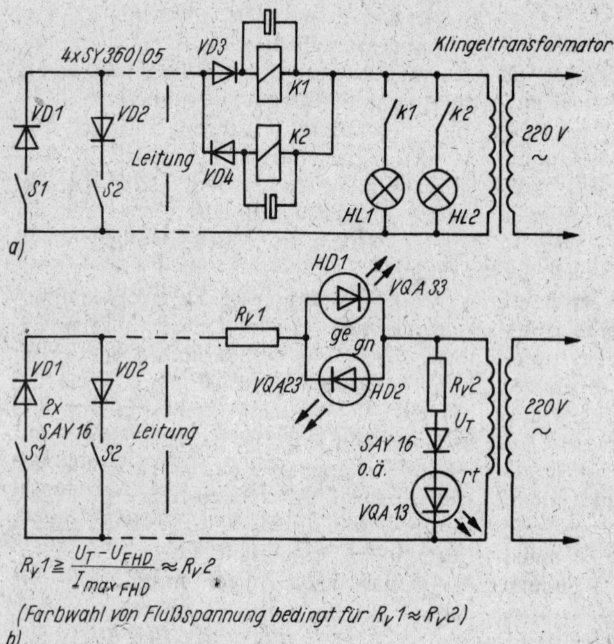

Bild 5.10
Unterscheidung für das Ansprechen von 2 Überwachungskontakten an einer gemeinsamen Zweidrahtleitung; a – mit Relais und Lampen, b – mit Leuchtdioden

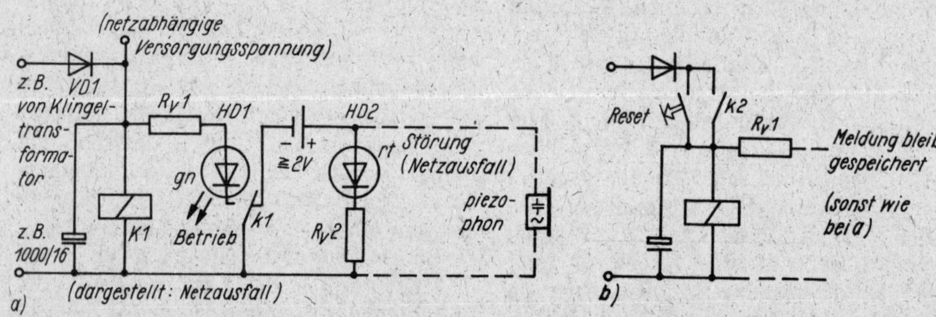

Bild 5.11 a – Für eine ohnehin mit Relais bestückte Schaltung mögliche Netzüberwachung, b – Selbsthaltezusatz (R_V1, R_V2 je nach Leuchtdiode und gewünschtem Strom)

zeigt Bild 5.10. Dort wird die bekannte Möglichkeit, 2 Vorgänge über eine gemeinsame Leitung durch Dioden voneinander unterscheiden zu können, ausgenutzt. Dargestellt wurde eine Doppelleitung mit 2 an beliebiger Stelle angebrachten Ruhekontakten. (Sinngemäß auch für Arbeitskontakte anwendbar – Signallampen dann an die Arbeitskontakte der beiden Relais anschließen!)

Der Einsatz von Relais mag sich etwas antiquiert ausnehmen. Doch sollte man bedenken, daß Relaisschaltungen, sofern das System ihnen die richtige Spannung zuführt, äußerst störsicher sind. Überall dort, wo Transformatorspeisung möglich ist, kann daher ein Relais noch immer eine günstige Alternative zu reinen Halbleiterschaltungen darstellen. Allerdings arbeitet eine solche Anlage nur so lange, wie die Netzspannung vorhanden ist. Gerade ihren Ausfall aber kann eine der vielen Alarmursachen sein. So sollte eine relaisbestückte Anlage solcher Art stets durch eine Netzausfallsignalisierung ergänzt werden, z.B. wiederum per Relais nach Bild 5.11. Netzausfallinformationen stellen über diesen Anwendungsfall hinaus ebenfalls eine wichtige Meldung dar. Daher gibt es eine Reihe auch modernerer Schaltungen meist in CMOS-Technik. Sie melden entweder den Ausfall direkt (wie in der Schaltung nach Bild 5.11a) oder geben bei Wiederkehr der Netzspannung ein Signal ab. Manche können einen unbeobachteten Ausfall auch speichern (Beispiel: Bild 5.11b). Dadurch wird man auch später noch davon unterrichtet. Ein noch folgender Abschnitt beschäftigt sich mit weiteren derartigen Schaltungen.

In der Anwendung nach Bild 5.10 speist der Klingeltransformator mit der negativen Halbwelle das Relais K1 über den Kontakt k1 und die ihm in Serie geschaltete Diode, in der positiven Halbwelle erhält K2 Strom.

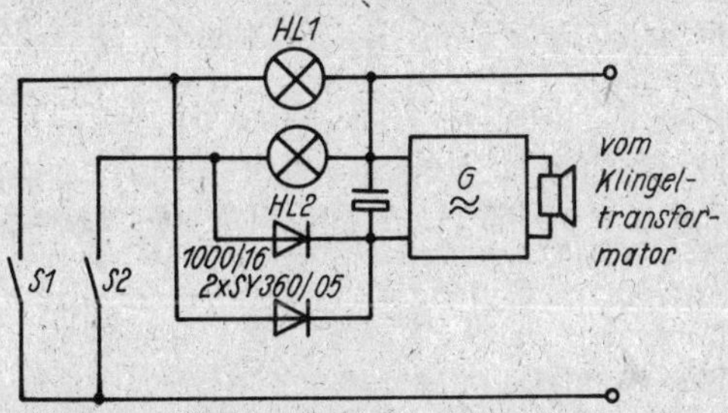

Bild 5.12
»Zweiort«-Überwachung über Zweidrahtleitung mit gemeinsamer akustischer Alarmgabe und Ortsunterscheidung durch Lampenanzeigen

Beide Relais halten sich bei entsprechend großen Kondensatorwerten über die Zeit der jeweils gesperrten Halbwelle hinweg. Wird jedoch einer der Kontakte geöffnet, so fällt das Relais wenig später ab. Die ihm zugeordnete Signallampe erhält dann über den Relaisruhekontakt Strom und meldet, welches Fenster bzw. welche Tür geöffnet wurde. Der Lampe kann noch eine Klingel oder gemäß Bild 5.12 ein beliebiger Tongenerator mit Lautsprecher mit den Stromversorgungsklemmen über eine Gleichrichter-Kondensator-Kombination parallelgeschaltet werden. Für diesen Zweck sind viele der schon vorgestellten Generatoren gut geeignet. Durch die

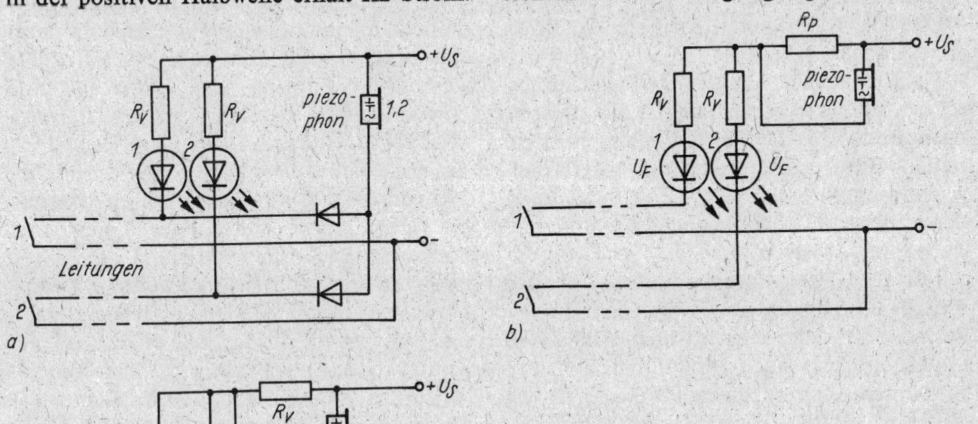

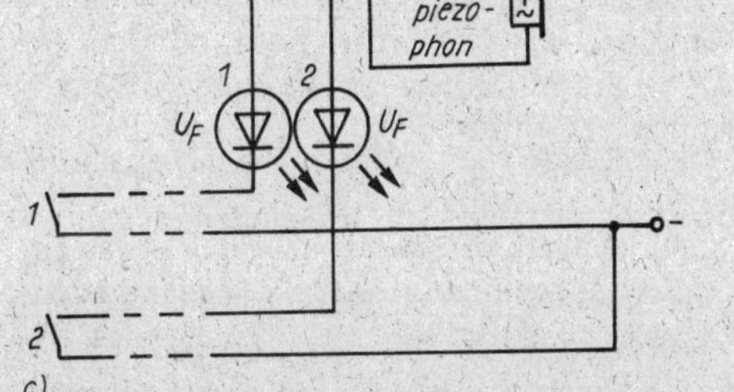

Bild 5.13
Aktiver Piezosummer als Summensignalgeber für mehrere Überwachungsstellen (Lokalisierung durch Leuchtdioden); a – mit Diodengatter, b – Summer im Leuchtdiodenpfad, c – sparsamere Variante zu b, günstig, wenn nur jeweils 1 Diode leuchtet

beiden Dioden im Gleichrichterteil ist gewährleistet, daß der Alarm in beiden Fällen ausgelöst wird. Das ist gegenüber der rein akustischen Unterscheidungsmöglichkeit durch 2 Generatoren mit dem geringeren Aufwand verbunden. Alternative dazu mit nur einem Generator: Steuerung der Tonhöhe über weitere Kontakte der beiden Relais, ebenfalls im Sinne von Abschnitt 4.3. möglich (unterschiedlich große Widerstandswerte vom Eingang nach Masse schalten).

Der aktive Piezosummer *piezo-phon* erlaubt das parallele Überwachen mehrerer Kontakte ohne weitere aktive Schaltungstechnik auch bei gleichzeitiger optischer Anzeige des Alarmorts. Bild 5.13a zeigt ein beliebig erweiterbares Beispiel für 2 Überwachungsstellen mit Arbeitskontakten. Das passive Diodengatter aktiviert den Generator im *piezo-phon* in jedem Fall, die dem angesprochenen Kontakt zugeordnete Leuchtdiode informiert über den Auslösepunkt. Getrennte Vorwiderstände stellen gleichmäßige Helligkeit auch beim gleichzeitigen Ansprechen mehrerer Kontakte sicher. Noch einfacher wird es gemäß Bild 5.13b. Je mehr Stellen gleichzeitig auslösen, um so lauter wird das Signal. Allerdings hängt in diesem Fall die Helligkeit der Leuchtdioden von der Anzahl der Alarmpunkte ab, die gleichzeitig angesprochen haben.

Noch einfacher, aber im Helligkeitsunterschied auch zu bemerken, ist die Lösung nach Bild 5.13c. Grenzbedingung in allen Fällen: Bei Auslösung von nur einer Überwachungsstelle muß $(U_S - U_F)/R_{Vges}$ unter dem zulässigen maximalen Leuchtdiodenflußstrom I_F bleiben.

Für den Piezosummer sollten – je nach örtlichen Bedingungen – über dem Vorwiderstand bei der Schaltung nach Bild 5.13b mit einer leuchtenden Diode wenigstens 2 V vorhanden sein; entsprechend Bild 5.13c ist ohnehin relativ konstant die Differenz $U_S - U_F$ für den im Verhältnis zu R_V hochohmigen Summer gegeben.

Für die Überwachung einer größeren Anzahl von Kontakten empfehlen sich Digitalschaltkreise, wenn dabei noch weitere Möglichkeiten dieser Schaltkreise genutzt werden, wie Erzeugen weiterer Meldesignale, Zeitverzögerung oder -begrenzung usw. Außerdem sind nur auf diese Weise Ruhekontakte sinnvoll, die bei passiven Lösungen sonst größeren Ruhestrom verursachen. Dabei können mehrere Überwachungsstellen zu einer Gruppe zusammengefaßt und an die Eingänge eines Gatters gelegt werden. An dieser Stelle muß nochmals auf die Störeinflüsse durch längere Zuleitungen an Digitalschaltkreisen hingewiesen werden. Sie führen leicht zu Fehlauslösungen. Was dagegen unternommen werden kann, wurde bereits gezeigt. Die Kondensatoren dürfen bei Arbeitskontakten recht groß sein, solange ihr Ladestromstoß die Kontakte nicht verklebt. MKL- bzw. MKT-Typen von 1 µF sind daher durchaus möglich und sinnvoll.

Bei Einsatz eines CMOS-NAND-Gatters ist die Lampensignalisierung gemäß Bild 5.14 auch heute noch akzeptabel. Wenn die Signalzeiten kurz bleiben, erlaubt sie wieder Batteriebetrieb. Da man bei Anwesenheit doch meist umgehend auf das Signal reagieren wird, läßt sich auch eine Zeitbegrenzung der Anzeige einführen. Solche Möglichkeiten werden im nächsten Abschnitt behandelt.

Bei Lampen vom Typ 3,8 V/0,07 A ergibt sich ein guter Kompromiß zwischen erreichbarer Signalwirkung und Aufwand.

In der Grundschaltung nach Bild 5.14 schließt der betreffende Kontakt bei Alarm den zugeordneten Gattereingang kurz. Die an diesem Eingang gegen Plus liegende Lampe leuchtet dadurch auf. Der Gatterausgang geht von ursprünglich L auf H. Je nach Art des Alarmgebers kann dieser Sprung direkt verwendet werden (aktiver Piezosummer *piezo-phon* gegen Masse oder Steuern des Eingangs eines npn-Transistors), oder er ist zu invertieren. Bild 5.15 deutet alle 3 Möglichkeiten an. Bei dieser einfachen Signalschaltung ist von Vorteil, daß einerseits jeder Kontakt gleichberechtigt den Signalgenerator startet, während andererseits dennoch – durch einen Blick auf die Kontrollampen – sofort festgestellt werden kann, ob sich der Alarm auf nur eine oder auf mehrere Schaltstellen bezieht.

Gegenüber dem ersten Wohnbereichsbuch werden auch die folgenden Schaltungen vorteilhaft modernisiert. Statt TTL kam überall CMOS zum Einsatz. Eine weitere Verbesserung ist in den meisten Fällen durch das Anschließen eines *piezo-phon* statt

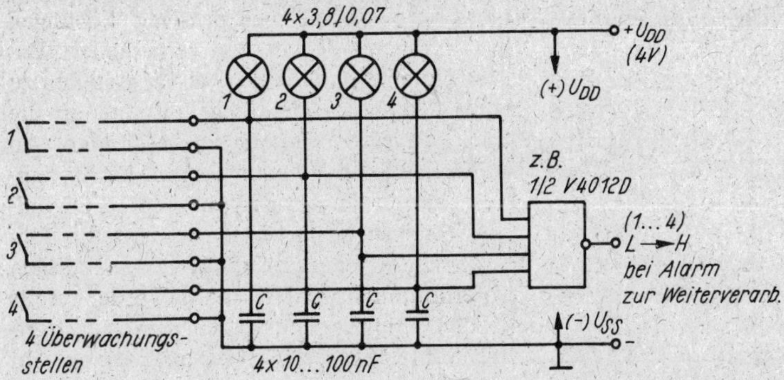

Bild 5.14 NAND-Gatter als Eingangsglied einer Alarmanlage überwacht 4 Stellen; Unterscheidung durch Lampen (Gatter-IS ausnahmsweise mit seinen Stromversorgungsanschlüssen dargestellt)

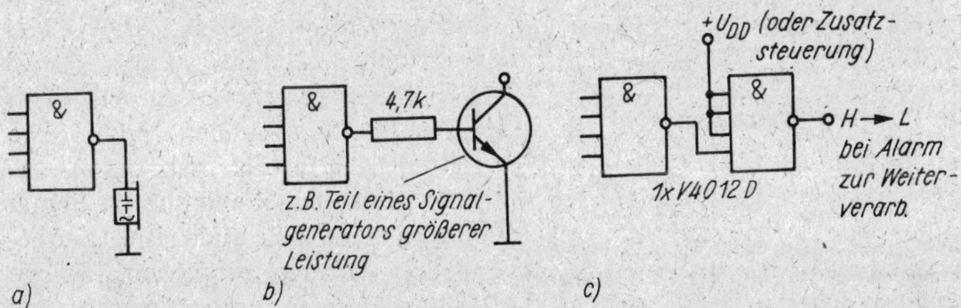

Bild 5.15 Steuermöglichkeiten für die Alarmgabe; a – *piezo-phon* direkt, b – Invertierung mit Transistor, c – Invertierung mit Gatter (Zusatzsteuerung möglich)

eines elektromagnetischen Schallwandlers möglich.

Soll die Signalisierung auch bei nur kurzzeitiger Betätigung eines Überwachungskontakts anhalten, bis man ihn löscht, eignet sich am einfachsten wieder ein RS-Flip-Flop nach Bild 5.4. Es wird hinter das Verknüpfungsgatter gelegt; lange Zuleitungen entfallen. Diese Lösung verbindet die relative Unempfindlichkeit stark »abgeblockter« Gattereingänge mit der Möglichkeit der Signalspeicherung über ein Flip-Flop. Nach diesem Prinzip ist eine Kleinstanlage mit 2 Überwachungsstellen im Digitalteil mit nur einem *V 4011 D* o. ä. zu realisieren (Bild 5.16). Mit dem Übergang von L auf H (bei erstem Einschalten definierten Zustand durch kurzes Drücken der Resettaste) läßt sich ein Tongenerator anschalten. Man kann auch direkt in der Schaltung nach Bild 5.4 Gatter mit mehreren Eingängen zu einem Flip-Flop verknüpfen und mit dem oberen Gatter mehrere Meßstellen überwachen. Soll auch bei kurzzeitiger Betätigung eines Überwachungskontakts nicht nur Daueralarm ausgelöst werden, sondern auch der Alarmort ständig angezeigt werden, ist jeder Überwachungsstelle ein Flip-Flop zuzuordnen.

Noch sparsamer als die Schaltung in Bild 5.16 arbeitet die Minianlage nach Bild 5.17. Ein *V 4023 D* überwacht nicht nur 3 Meßstellen, sondern signalisiert (mit allerdings bescheidener Lautstärke) den Alarm durch einen eigenen Generatorteil, der von der Überwachungsseite her gestartet bzw. gestoppt wird. Der Vorwiderstand zur Piezokapsel ist erforderlich, falls ihr Strom in der H-Phase eine für Generatorbetrieb zu niedrige H-Spannung am Ausgang verursacht. Allerdings wird hier der Alarmfall nicht gespeichert, das Signal ertönt nur für die Dauer des Alarms. Mit den Ruhekontaktschaltern kann das Signal abgeschaltet und gleichzeitig der Alarmkreis festgestellt werden.

Die an Plus gelegten Eingänge der beiden Taktgeneratorgatter lassen sich für zusätzliche Effekte nutzen: L am Eingang des letzten Gatters sperrt jedes Signal (»Enable«-Funktion), L am Eingang des vorletzten Gatters liefert einen Dauerton, aber nur, wenn mindestens einer der 3 ursprünglich

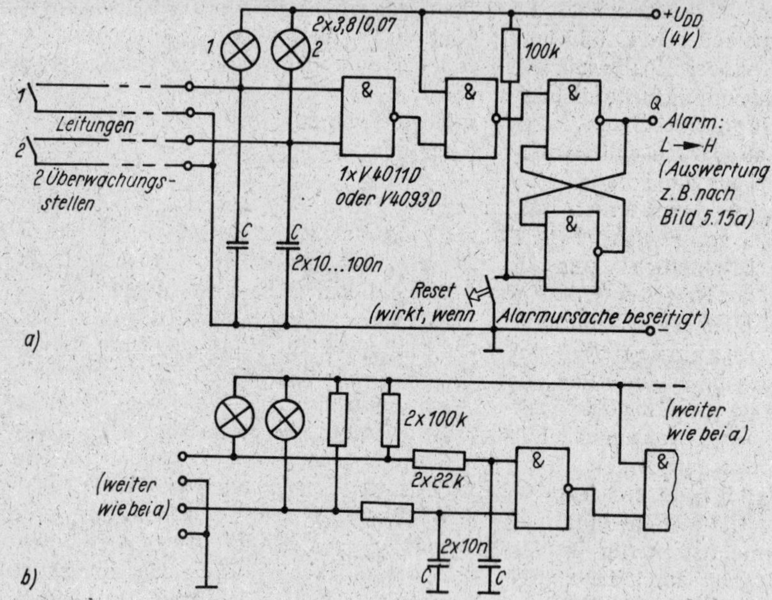

Bild 5.16 a – Überwachung von 2 Stellen durch einen Gatterschaltkreis *V 4011 D* o.ä. mit Weitergabe des Signals und Speichern des Alarms über ein Flip-Flop, b – zusätzliche Schutzschaltung für die Eingänge gegen Störspitzen und bei defekten Lampen

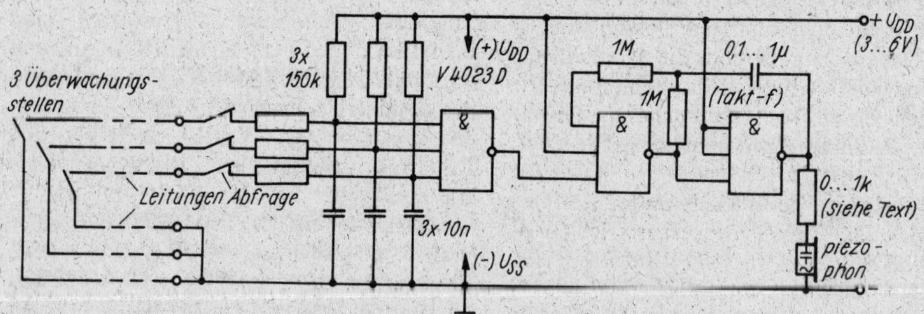

Bild 5.17 »Minianlage« mit 1× *V 4023 D* für 3 Überwachungsstellen und gepulstem Signalton über *piezo-phon*; Eingänge mit Schutzbeschaltung. Lokalisieren durch Öffnen von Ruhekontakten

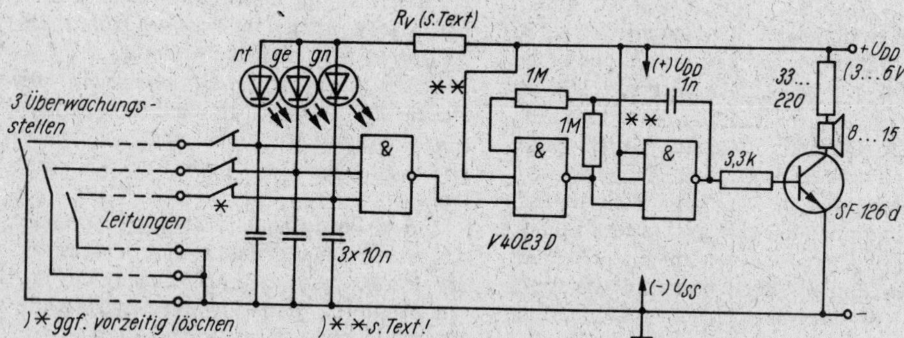

Bild 5.18 »Minianlage« mit 1× *V 4023 D* für 3 Überwachungsstellen und Signaldauerton größerer Lautstärke; Lokalisieren durch Leuchtdioden (bei Bedarf abschaltbar); gegebenenfalls Eingangsschutzschaltung ähnlich Bild 5.19

schon vorhandenen Arbeitskontakte geschlossen ist. Gegenüber der TTL-Lösung aus dem ersten Wohnbereichs-Bastelbuch mit ihrem relativ hohen Eigenstrombedarf bei engen Grenzen für die Versorgungsspannung hat diese Schaltung den entscheidenden Vorzug, daß sie aus einer Batterie betrieben werden kann. Schon allein das vermindert die Gefahr von Fehlauslösungen durch Störimpulse beträchtlich, denn die »Antennenwirkung« des Netzes entfällt. Aus der Forderung nach niedrigstem Ruhestrom ergab sich auch die Anschlußlage der *piezo-phon*-Kapsel. Demgegenüber invertiert die im folgenden beschriebene Anlage das Ausgangssignal, so daß sich im ganzen ebenfalls wieder minimaler Ruhestrom ergibt.

Eine günstige Verbindung zwischen der energiegenügsamen CMOS-Schaltung und einem gewissen Mindeststrom für die Arbeitskontakte erhält man durch Leuchtdioden mit gutem Wirkungsgrad. Bild 5.18 zeigt eine solche Anlage. Gleichzeitig wird durch eine Transistorendstufe ein höherer Signalpegel erreicht, so daß statt der Piezokapsel nun ein Lautsprecher angeschlossen werden kann. Das ergibt außerdem die Möglichkeit, im Tongenerator andere Tonfrequenzen zu erzeugen, als sie vom *piezo-phon* auf Grund seiner Resonanzeigenschaften abgegeben werden.

Die Ruhelage der CMOS-Gatter stellt sicher, daß der Transistor gesperrt ist (Ausgang von Gatter 3 auf L). Wird einer der Kontakte (oder werden alle) geschlossen, führt der Ausgang des 1. Gatters H, und der Generator kann im Tonfrequenzbereich schwingen. Von dieser Tonfrequenzspannung wird auch der Endstufentransistor angesteuert. Die statt Glühlampen eingesetzten Leuchtdioden erfordern einen Vorwiderstand; bei oft zu erwartender gleichzeitiger Signalisierung mehrerer Überwachungsstellen erhält zweckmäßig jede Leuchtdiode ihren eigenen Widerstand. Diese Anlage wird optimal mit einem 3fach-NAND-IS. Dann sind 3 Meßstellen möglich, und die 3 Leuchtdioden werden am besten in Grün, Gelb und Rot gewählt. Mit den Ruhekontakten kann bei Bedarf (z. B. zur Schonung der Batterie) das Signal abgeschaltet werden. Auch diese einfache Anlage hat kein Speicherverhalten. Man kann aber selbst einer solchen 3-Stellen-Anlage bei nur einem Schaltkreis Speicherverhalten wie der 2-Stellen-Anlage nach Bild 5.16 geben. Das wurde bereits angedeutet. Bild 5.19 zeigt eine Realisierungsmöglichkeit, die wieder eine aktive *piezo-phon*-Kapsel als Signalgeber bedingt. Sinngemäße Eingriffe in die ungenutzten und daher CMOS-gerecht an Plus gelegten Eingänge der Flip-Flop-Gatter, wie bei der Schaltung nach Bild 5.17 erwähnt, sind ebenfalls möglich. In allen diesen Anlagen empfiehlt sich eingangsseitig mit zusätzlichen Widerständen direkt vor den Gattereingängen ein weiterer Schutz gegen von den Zuleitungen aufgefangene Störungen, siehe z. B. schon Bild 5.16b.

Seit auch ein 4faches *Schmitt*-Trigger-NAND in CMOS preiswert verfügbar ist, können mit geringem Aufwand Mehrpunkt-Überwachungen mit wahlweise optischer und (oder) akustischer Signalisierung herge-

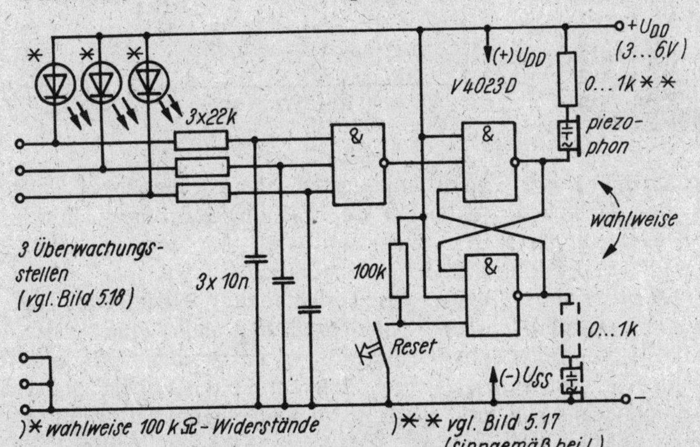

Bild 5.19
»Minianlage« mit 1× *V 4023 D* für 3 Überwachungsstellen und Signaldauerton, jedoch mit Speicherwirkung; Lokalisierung mit Leuchtdioden

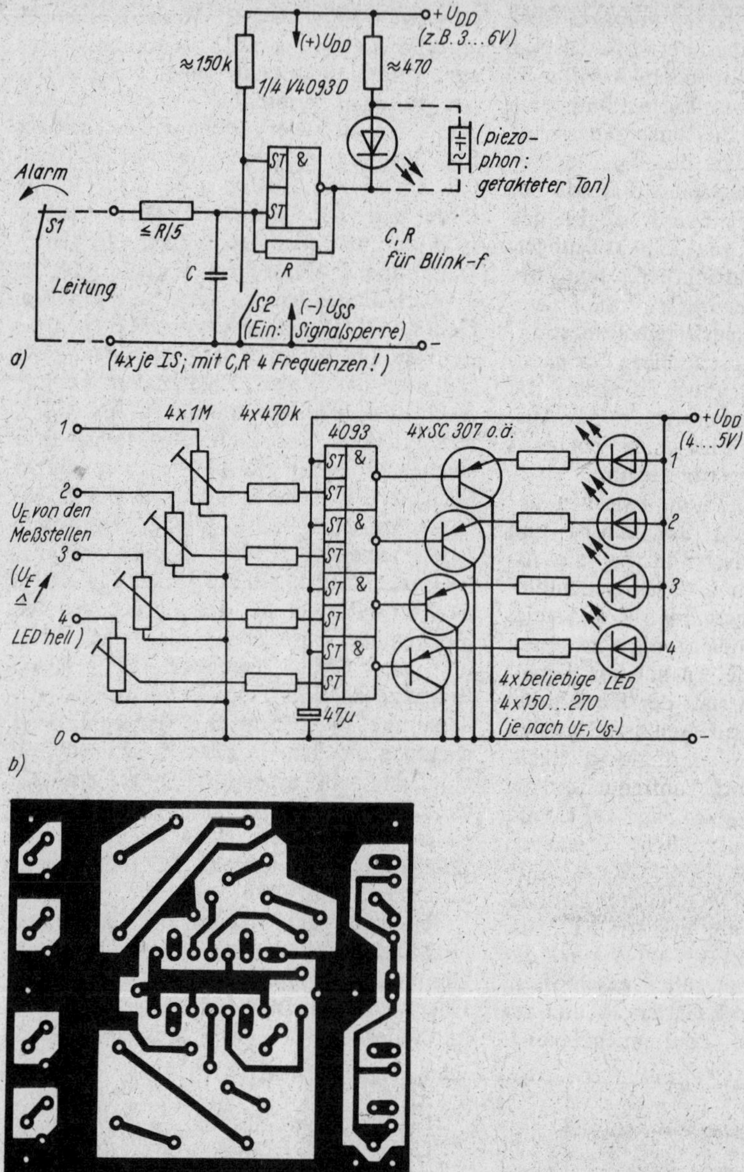

stellt werden. Außerdem (und nicht nur hier!) erweitert der bereits mehrfach benutzte Piezosignalgeber die Zahl der möglichen Varianten bei kleinem Energiebedarf erheblich. Mit einem *V 4093 D* können 4 Punkte überwacht werden. Der Alarmfall läßt sich dabei optisch oder akustisch anzeigen. Dabei ist auch Tag-/Nachtbetrieb möglich: Nachts wird auf lautlose optische, tags auf die besser wahrnehmbare akustische Signalisierung geschaltet. Es hängt vom Charakter der Überwachungsaufgabe ab, inwieweit das Sinn hat. Im Beispiel nach Bild 5.20a arbeitet jeder Trigger als Taktgeber für eine Leuchtdiode. Ein getakteter Ton kann parallel dazu über eine *piezophon*-Kapsel abgestrahlt werden. Gibt man der Kapsel einen getrennten Vorwiderstand, um die L-Bedingung einzuhalten, läßt sie sich mit 4 Dioden (Katoden an die Aus-

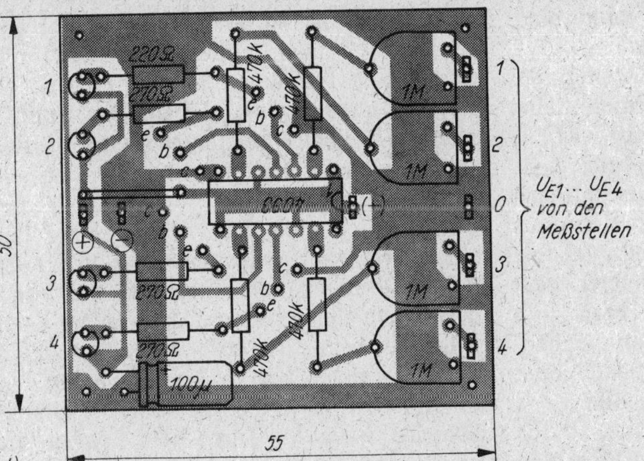

d)

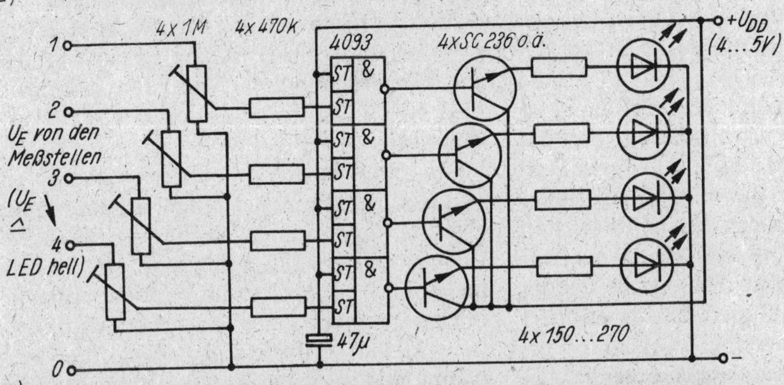

e)

f)

Bild 5.20
Schmitt-Trigger-NAND *V 4093 D* gestattet wahlweise optische und(oder) akustische Überwachung von 4 Stellen; a – mit Überwachungs-Ruhekontakten, b – mit Analog-Schwellwerteingängen und größeren Leuchtdiodenströmen, c – Leiterbild zu b, d – Bestückungsplan, e – Variante mit umgekehrter Eingangssignalreaktion, f – Musterbaugruppe

gänge) von allen 4 Triggern mit unterschiedlicher Taktfrequenz beeinflussen.

Eine Leiterplatte, die durch Erweitern der Ausgänge um 4 Treibertransistoren heller leuchtende Anzeigen ermöglicht, ist in Bild 5.20c dargestellt (Anwendung nach Bild 5.20d). Sie enthält die Gesamtschaltung nach Bild 5.20b. Damit eignet sie sich nicht nur für einfache Kontaktüberwachung, sondern auf Grund der Potentiometer sogar für Schwellwertwächteraufgaben. Man kann auf sie also auch in anderen Zusammenhängen zurückgreifen, z. B. für Feuchte- oder Lichtgrenzwertmelder. Die durch Bild 5.20b gegebene Wirkrichtung läßt sich durch Bild 5.20e umkehren. Mit kleinen Eingriffen in die Leiterplatte und Hochlegen der gemeinsamen Transistoranschlüsse ist sie dafür ebenfalls geeignet.

Viele bisher beschriebene Schaltungen sind auf eine Weise unvollständig: Es fehlt ihnen der Schalter für den Fall, daß ein Fenster oder eine Tür gewollt offengelassen wird. Trivial läßt sich das durch Abschalten des Signalteils lösen. Besser ist schon Umschalten auf einen leisen Ton, damit ständig z. B. an das noch offene Fenster erinnert wird. Ein mit Schalter überbrückbarer Vorwiderstand vor dem Lautsprecher genügt bereits. Vermieden werden muß, daß man die Anlage vergessen kann, nachdem sie einmal ausgeschaltet war. Das stellt ihr Anliegen in Frage.

5.2. Wächter mit Zeitgliedern

Eine elektronische Überwachung kann unterschiedliche Aufgaben haben. Sicherlich ist es dabei nützlich, wenn ein Ereignis, auf das man sofort reagieren muß, auch unverzögert signalisiert wird. Ein Warnton beim Annähern an eine gefährliche Anlage z. B. muß selbstverständlich unmittelbar dann einsetzen, wenn man unbeabsichtigt in den Gefahrenbereich gerät.

Für viele andere Wächter ist ein Sofortsignal ebenfalls angebracht. Umgekehrt verhält es sich z. B., wenn die Überwachung einer Tür zwischen »Befugten« und »Unbefugten« unterscheiden können muß, damit nicht bei jeder Benutzung sofort Alarm ausgelöst wird. In solchem Fall ist zeitverzögertes Ansprechen am Platz. Der »Befugte« muß nur wissen, was er nach Passieren des »Kontrollpunkts« zu tun hat, damit es nicht doch noch zum Alarm kommt. Es gibt allerdings auch andere Fälle, bei denen die unzulässige Handlung nur die Wertigkeit des Unerwünschten hat. Dann sollte die Einrichtung grundsätzlich nicht stets nach Ablauf der Verzögerungszeit ansprechen, nachdem man den Auslöser betätigt hat, sondern nur, wenn dem nicht innerhalb einer angemessenen Frist das Schließen etwa der überwachten Tür folgt. Solches Verhalten empfiehlt sich im Rahmen des Energiesparens. Es gibt in mancher Wohnung Türen oder Fenster, die man nicht ständig unter Kontrolle hat, die jedoch vielleicht häufig unerwünscht offengelassen werden. Für solche Objekte ist das soeben geschilderte Verhalten sinnvoll. Bild 5.21 faßt die beschriebenen Fälle zusammen.

Man braucht sich nun unter heutigen Verhältnissen einen Zeitschalter nicht mehr als eigenständiges, umfangreiches Objekt vorzustellen. Unter CMOS-Bedingungen vermag meist ein Teil der Schaltung diese Aufgabe mit zu übernehmen, zumal es ja nur um relativ kleine Zeitspannen geht. Eine Ausnahme bilden solche Anlagen, die ursprünglich sehr einfach ausgelegt worden waren und bei denen dann doch eine »Totzeit« eingebaut werden muß. Für solche mit Ruhe- oder mit Arbeitskontakten bestückten Einrichtungen bot schon das erste Wohnbereichsbuch die in Bild 5.22 skizzierte Prinziplösung.

Wie solche Zeitschalter auszulegen sind, wird im folgenden beschrieben. Meist sind sie also unmittelbar Bestandteil der Signalschaltung. In Bild 5.23 ist der Zeitschalter noch als anonymer Kasten dargestellt. Das Bild zeigt eine Möglichkeit, mit einem kompletten Schutzrohrkontaktrelais und einem entsprechend kräftigen Magneten (z. B. Schloßmagnet) einen zeitverzögerten Alarm zu realisieren. Bei Bedarf (also bei berechtigtem Öffnen) wird der Zeitschalter per Knopfdruck aktiviert. Man sollte ihn so gestalten, daß er nur in dieser Zeit Strom aufnimmt. Beispiele dazu folgen. Im speziellen Fall aktiviert man damit das Schutzrohrkontaktrelais über seine Wicklung. Entfernt sich anschließend der Haltemagnet durch Öffnen

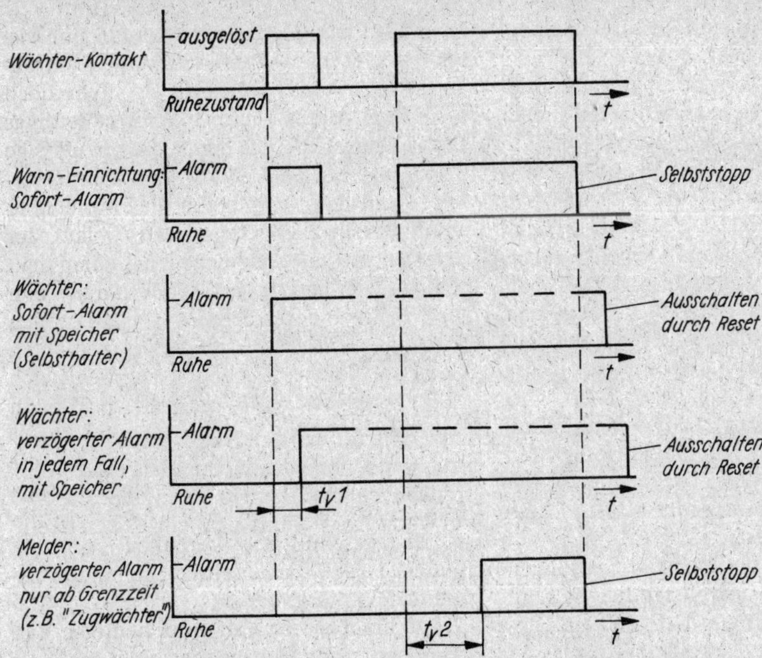

Bild 5.21 Einige Varianten für die Reaktion von Wächter- und Warnschaltungen

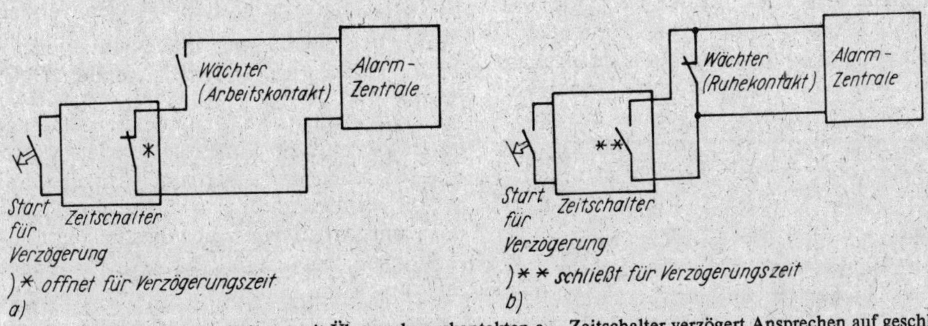

Bild 5.22 Zeitschalter in Anlagen mit Überwachungskontakten a – Zeitschalter verzögert Ansprechen auf geschlossenen Arbeitskontakt hin, b – Zeitschalter überbrückt für die Verzögerungszeit einen sich öffnenden Ruhekontakt

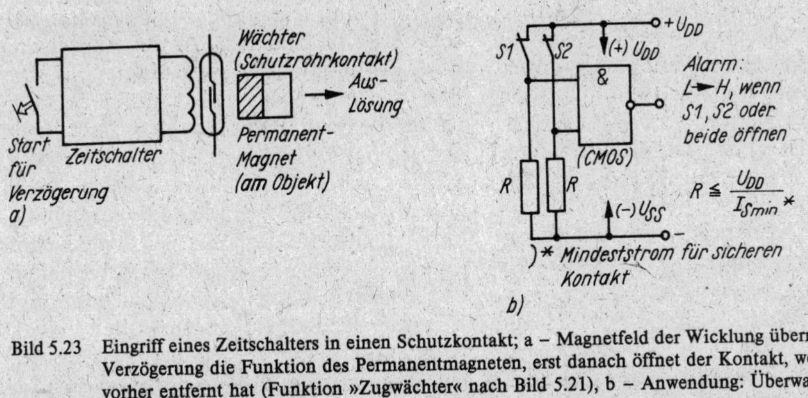

Bild 5.23 Eingriff eines Zeitschalters in einen Schutzkontakt; a – Magnetfeld der Wicklung übernimmt für Dauer der Verzögerung die Funktion des Permanentmagneten, erst danach öffnet der Kontakt, wenn sich der Magnet vorher entfernt hat (Funktion »Zugwächter« nach Bild 5.21), b – Anwendung: Überwachung von 2 Stellen an CMOS-Gattereingang

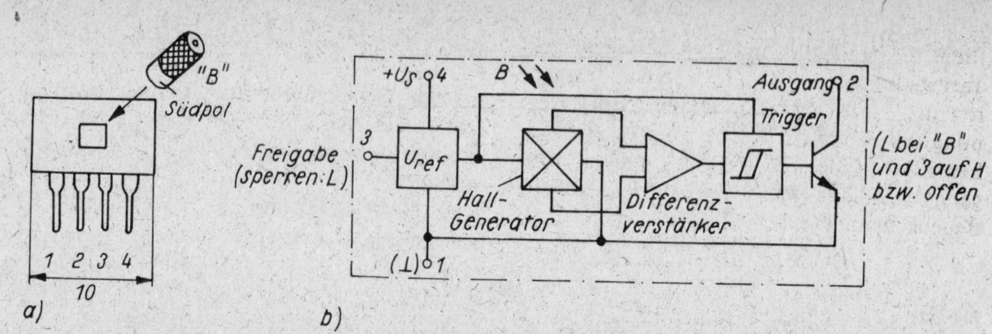

Bild 5.24 Das Wichtigste zum *Hall*-Schaltkreis *B 461 G* (maximale Betriebsspannung 10 V, üblich 5 V, maximale Spannung für Ausgang: 7 V, 16 mA (maximal 30 mA Ausgangsstrom); a – Bauform, Anschlüsse und Zuordnen des Magneten, b – Übersichtsdarstellung der Innenschaltung

der zugeordneten Tür oder des Fensters vom Rohrkontakt, bleibt dieser dennoch geschlossen. Er öffnet erst (und löst dann Alarm aus), wenn die Tür (das Fenster) nicht vorher wieder in die Anfangslage gebracht worden war. Während Bild 5.23a dieses Prinzip deutlich macht, enthält Bild 5.23b als Beispiel eine dafür geeignete Eingangsschaltung für 2 Überwachungsstellen. Wenig aufwendige »vollelektronische« Zeitschalter lassen sich mit Schaltkreisen realisieren, die bei hochohmigem Eingang Schwellwertverhalten aufweisen. Der weiter vorn vorgestellte *V 4093 D* gehört dazu – ideal für Langzeitbatteriebetrieb. Auch der *A 302 D* ist für solche Aufgaben geeignet. Sein Ruhestrombedarf wird aufgewogen durch den relativ großen zulässigen Ausgangsstrom. Schaltungen mit ihm wurden bereits im neuen *Bauplan-Bastel-Buch 2* vorgestellt, das 1985 erschienen ist. Eine interessante Alternative gibt es (auch in sehr preisgünstiger Amateurversion, gleich 6 Stück zusammen mit 6 Magneten im Bastelbeutel) durch den *Hall*-Schaltkreis *B 461 G* bzw. *R 461 G*. Bild 5.24 gibt die wichtigsten Informationen dazu wieder. Man kann ihn als NAND mit 2 Eingängen ansehen: Nur, wenn der Freigabeeingang (3) H führt und ein Magnet mit seinem Südpol die gekennzeichnete Schaltkreismitte mit etwa 65 mT beeinflußt (höchster Mindestwert je nach Exemplar), schaltet der Ausgang auf L. Man kann ihn dadurch ähnlich wie ein Gatter eines *V 4093 D* einsetzen. Sogar Selbsterregen ist möglich, wie sich noch zeigen wird.

Bild 5.25 zeigt einen interessanten Einsatzfall als verzögert signalisierender Türwächter – es könnte z. B. ein Zugluftwarner sein. Der Kontakt S ist der Arbeitskontakt eines Mikrotasters. Er schließt, wenn man die Tür öffnet. Die Schaltung braucht also keinen Ruhestrom. Durch den Ruhekontakt des Mikrotasters ist der Kondensator am Freigabeeingang zunächst entladen. (Bei anderen Lösungen Widerstand von etwa 10 MΩ parallel zu *C* legen). *C* beginnt sich nun aufzuladen – offensichtlich von *R* her, tatsächlich aber außerdem noch durch den L-Strom, der aus dem Freigabeeingang

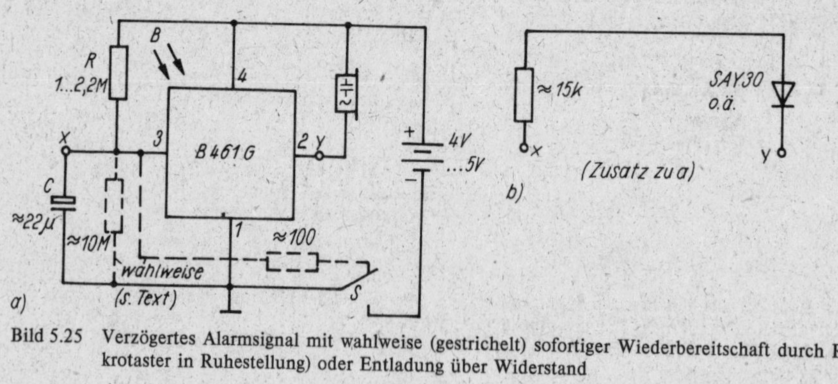

Bild 5.25 Verzögertes Alarmsignal mit wahlweise (gestrichelt) sofortiger Wiederbereitschaft durch Ruhekontakt Mikrotaster in Ruhestellung) oder Entladung über Widerstand

fließt. Er kann maximal 5 µA betragen, liegt aber meist unter 1 µA. Elektrolytkondensatoren mit Restströmen in dieser Größenordnung (ein üblicher Wert!) könnten sich daher nie auf den H-Wert des Freigabeeingangs aufladen. Das ist die eigentliche Bedeutung des externen *R*, der damit zwi-

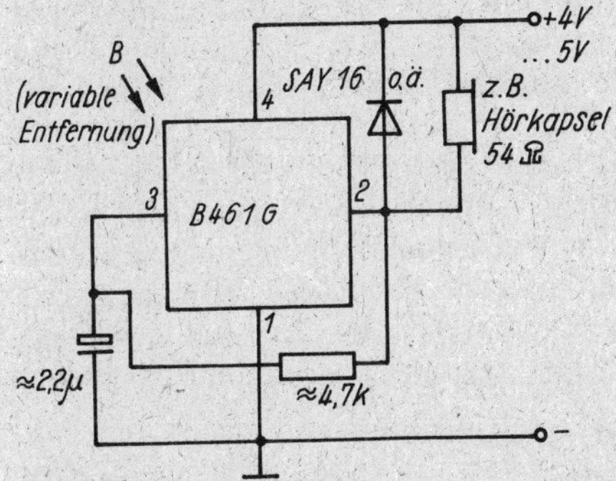

Bild 5.26
Tongeneratornäherungswarner (Magnethub etwa 5 mm bis zum Schaltkreis, *f* wächst bei sinkender Entfernung); außerdem Steuermöglichkeit an Anschluß 3 mit Ruhekontakt – dann günstige Alternative zum aktiven *piezo-phon*

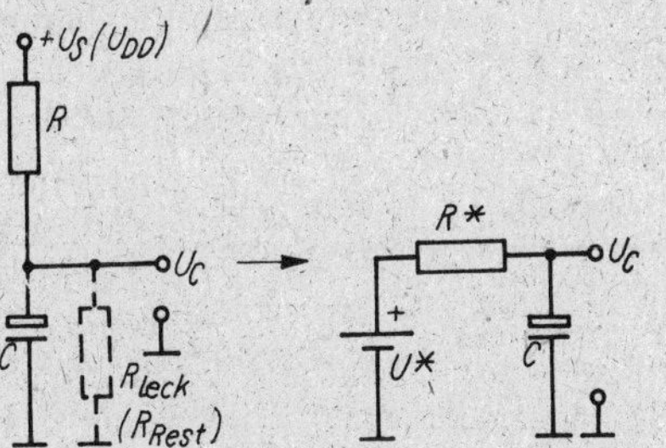

$$U^* = U_S \frac{R_{Leck}}{R + R_{Leck}}$$

$$R^* = \frac{R \cdot R_{Leck}}{R + R_{Leck}} \triangleq R \| R_{Leck}$$

Bild 5.27
Zur Wirkung des Leckstroms von Elektrolytkondensatoren auf Zeitschalter

schen 1 und 2,2 MΩ relativ eng begrenzt festliegt. Genau berechnen läßt sich die Zeit bis zum Schalten des Ausgangs von H auf L (sofern ein richtig gepolter Magnet genügender Stärke bzw. genügend nahe vorhanden!) schwer.

Im Beispiel wurden mit 22 µF (Reststrom unter 0,1 µA) und 1 MΩ etwa 10 s Verzögerung erreicht. Das genügt, um eine Tür zu benutzen und hinter sich zu schließen. Dauert es länger, erreicht die Spannung an *C* den H-Wert des Freigabeeingangs, und der Piezosummer gibt einen Dauerton, bis die Tür geschlossen wird. Der genaue H-Wert hängt von der Stärke des Magnetfelds ab. Experimentell wurden 1,6 V mit nur einem Zylindermagnet (aus dem genannten Bastelbeutel) ermittelt. Bei beidseitig mit richtiger Polung aufgesetzten Magneten schaltete der Ausgang bereits bei 1,1 V um. Das beeinflußt also ebenfalls die Verzögerungszeit.

Aus dem Dauerton nach Bild 5.25a wird ein Intervallton, wenn man die Schaltung gemäß Bild 5.25b ergänzt. Nach Ablauf der Verzögerungszeit wird der Ton mit Taktperioden zwischen weniger als 1 und etwa 3 s unterbrochen, je nach Stärke des Magnetfelds. (Für stärkeres Feld gilt die kleinere Zeit.) Das bewirkt die (nur partielle) Entladung des Kondensators in Flußrichtung der Diode in den gerade auf L geschalteten Ausgang hinein. Es sei gestattet, an dieser Stelle noch auf eine ähnlich funktionierende »Wächter«-Schaltung mit dem *B 461 G* hinzuweisen. Bild 5.26 zeigt einen vom Ausgang her rückgekoppelten Generator. Seine Besonderheit: Er beginnt erst bei genügender Nähe eines Magneten zu schwingen, zunächst tief, dann immer höher werdend. Man kann dieses Prinzip für kleine Weg-

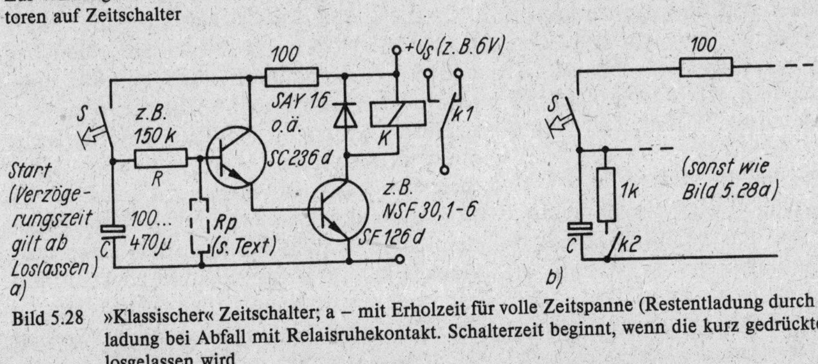

Bild 5.28 »Klassischer« Zeitschalter; a – mit Erholzeit für volle Zeitspanne (Restentladung durch Rp), b – Sofort-Entladung bei Abfall mit Relaisruhekontakt. Schalterzeit beginnt, wenn die kurz gedrückte Starttaste S wieder losgelassen wird

strecken als Annäherungswarner einsetzen. Zur Tonabstrahlung empfiehlt sich eine 54-Ω-Telefonhörkapsel oder ein Kleinlautsprecher mit Begrenzungswiderstand auf etwa 15 mA. Doch zurück zum »Zeitschalter«! Die Schaltung nach Bild 5.25 stellt die eine der beiden wohl am häufigsten genutzten einfachen Zeitschaltervarianten dar: Ein Kondensator C wird gemäß $U_C = U_S \left(1 - e^{\frac{-t}{RC}}\right)$ über R von U_S her aufgeladen, bis U_C den Schwellwert der Einrichtung erreicht hat. Bei der Lösung nach Bild 5.25 stört der vom Schaltkreisausgang zusätzlich in C fließende Strom die Berechnung nach obiger Formel. Er verkürzt die erreichbare Zeit. Eine weitere Störgröße bei kleinen Ladeströmen stellt, wie schon erwähnt, der Leckstrom von C dar. Auch moderne Typen von Elektrolytkondensatoren gelangen selbst nach einiger Betriebszeit an ihrer Nennspannung nicht unbedingt wesentlich unter 1 µA. Das wiederum wirkt wie ein Parallelwiderstand, so daß die Aufladeschaltung gemäß Bild 5.27 umzurechnen ist. Es hat meist keinen echten Vorteil, eine solche Schaltung bis an ihre denkbaren Wertegrenzen auszunutzen. Dadurch handelt man sich nur größere Unsicherheiten ein. Die »klassische« Transistorschaltung eines Zeitschalters gemäß Bild 5.28 enthält ähnliche Probleme. Sie stellt die andere häufig genutzte Variante dar: Entladen eines vorher aufgeladenen Kondensators bis zu einem unteren Schwellwert. Hier ist es der oberhalb von $U_C = 2\ U_{BE}$ fließende Basisstrom, der das bei Betätigen der Ladetaste anziehende Relais nach Ablauf der durch diesen Wert markierten Zeitverzögerung abfallen läßt. Genauer betrachtet, fällt das Relais ab, wenn der Eingangsstrom I_B über das Stromverstärkungsprodukt beider Transistoren nicht mehr den Relaishaltestrom gewährleistet. Für z. B. 16 mA Abfallwert und $B1 \cdot B2 = 8.000$ sind das 2 µA. Die Berechnung dieser Zeitspanne über die Entladegleichung $U_C = U_S \cdot e^{\frac{-t}{RC}}$ wird jedoch sehr ungenau. Vereinfacht betrachtet, bilden die beiden Basis-Emitter-Strecken eine »Gegenspannung« von 1,2 V, und C kann sich nur bis dahin entladen. Das ist so, als ob C auf $U_S - 1{,}2$ V geladen wäre und sich bis 0 V entladen müßte. Es hängt nun stark von der Größe des Widerstands R ab, wie hoch über diesem Wert bereits der minimal nötige Wert I_{Bmin} erreicht wird. Je kleiner R, um so kürzer ist zwar die Gesamtzeit für $I > I_{Bmin}$, um so näher an diese »virtuellen« 0 V kommt aber C heran. Das heißt, man befindet sich im flachsten Teil der Entladekennlinie, und der Abfallzeitpunkt wird sehr unsicher.

Ein größerer Widerstand verlagert den I_{Bmin}-Punkt in steilere Bereiche. Da auch die Zeitkonstante RC größer wird, ist damit zunächst trotz abnehmenden nutzbaren Spannungsbereichs eine Vergrößerung der Zeitspanne bis zum Abschalten verbunden. Das Optimum dieser Zeitspanne hat den Wert $t = \tau$. Das ergibt eine Maximumrechnung mit $U_C = I_{Bmin} \cdot R = U_{CO} \left(1 - e^{\frac{-t}{RC}}\right)$.

Für U_{CO} muß entsprechend $U_S - 2\ U_{BE}$ eingesetzt werden, da sich C zwar auf U_S lädt, wenn die Starttaste nicht zu kurz gedrückt wird, aber die Entladefunktion nur auf diese Differenz hin zu betrachten ist, wie schon beschrieben. Um den daraus resultierenden optimalen R-Wert herum gibt es allerdings – besonders bei größeren U_{CO}-Werten, also höheren Betriebsspannungen – einen großen Toleranzbereich für R. Sein genauer Wert ist daher wenig kritisch. Exakte Zeitberechnungen sind ohnehin von der Kenntnis des genauen C-Werts abhängig und dürften für die vorliegenden Anwendungen kaum nötig sein.

Unschön im Grenzbereich des Eingangsstroms bleibt, daß auch nach Abfall des Relais noch eine längere Zeit (zunächst noch recht viel!) Kollektorstrom fließt. Man begegnet dem oft mit einem Parallelwiderstand zum Eingang in der Größenordnung $R_P \approx 2\ U_{BE}/I_{Bmin}$ (gestrichelt in Bild 5.28a). Er hat die positive Nebenwirkung, den bei höheren Temperaturen auch bei Siliziumtransistoren manchmal nicht mehr zu vernachlässigenden Kollektor-Emitter-Reststrom in Richtung des wesentlich kleineren Kollektor-Basis-Reststroms zu senken. Er stört aber die Zeitberechnung. Zum exponentiell sinkenden I_B durch den Transistoreingang kommt ja der zunächst konstantbleibende Strom $2\ U_{BE}/R_P$, der die Entladung von C beschleunigt. Hat das Relais jedoch einen Ruhekontakt frei, bietet sich die Lösung nach Bild 5.28b: Der Widerstand von etwa 1 kΩ bewirkt beim Abfall rasches Entladen von *C*. Beim Start ist er gegenüber dem Begrenzungswiderstand (100 Ω) genügend groß, um das Anziehen nicht zu verhindern. Auf diese Weise entsteht auch für »Klassiker« noch eine ökonomische Gesamtlösung.

Wendet man das Prinzip von Bild 5.28 auf einen CMOS-Eingang an, so muß bei einem NAND-Schaltkreis 2malig invertiert werden, wenn wieder ein npn-Transistor zum Schalten benutzt wird. Der Ansprechpunkt liegt bei gepufferten Typen, wie sie heute wohl allgemein vorhanden sind, bei etwa halber Betriebsspannung. Im Grund ist aber selbst diese Lösung schon etwas überholt. Man wird sie dort anwenden, wo in der Gesamtschaltung gerade noch 2 Gatter übrig sind (es können auch NORs sein). Von der *C*-Entlademaßnahme per Relais sollte auch in dieser Variante Gebrauch gemacht werden, wenn es das Relais erlaubt. Sparsamer ist die Lösung mit einen pnp-Transistor, wie Bild 5.29a zeigt. Jetzt genügt ein einziges Gatter oder auch ein Inverter, wie er z.B. im *V 40098 D* gleich 6mal vorhanden ist. Oder man benutzt ein Element eines nichtinvertierenden *V 4050 D* (Bild 5.29b) und kann wieder einen npn-Transistor einsetzen. Er bringt die Schaltleistung, das CMOS-Element den hochohmigen Eingang. Kleinere Querstromaufnahme im kritischen Übergangsbereich, der ja bei solchen Anwendungen zwangsläufig langsam durchlaufen wird, bietet ein *Schmitt*-Trigger-NAND. Die Triggerschwelle hat allerdings exemplarabhängige Toleranzen, die man bei der Überschlagsrechnung berücksichtigen muß. Sie kann zwischen etwa 45 und 72 % der Betriebsspannung liegen. Da der Eingangsstrom innerhalb der Betriebsspannungsgrenzen sehr klein ist, darf die normale Entladegleichung benutzt werden: $U_C = U_S \cdot e^{-\frac{t}{RC}}$. Damit gilt der Bereich von ln (1/0,45) bis ln (1/0,72) für den Faktor, um den die Verzögerungszeit kleiner als die Zeitkonstante *RC* ist. Sie kann exemplarbedingt etwa 0,8 τ bis 0,33 τ betragen. Der in Bild 5.29c eingezeichnete Stellwiderstand empfiehlt sich daher besonders im Fall des *»4093«*, wenn es bei mehreren Exemplaren um vergleichbare Zeiten geht.

Rechnet man noch +50 % und −20 % Kondensatorwertsschwankung ein, so wird der große mögliche Zeithub deutlich. Mit 100 μF Nennwert und $t = 0{,}5\,\tau$ für 50 s Verzögerungszeit ist immerhin bereits ein 1-MΩ-Widerstand erforderlich. Viel höher zu gehen verbietet dann schon der Leckstrom des Kondensators.

Alle diese Betrachtungen gelten sinngemäß auch für Schaltungen, in denen nicht ein vorher geladener Kondensator entladen wird, sondern bei denen sich ein entladener Kondensator bei Auslösen des Ereignisses erst laden muß, bevor ein Alarmsignal ertönt. Für die beliebte Ruhekontaktüberwachungsschaltung fand sich dazu bereits im ersten Wohnbereichs-Bastelbuch eine CMOS-Schaltung mit Takt- und Tongenerator. Da das der bekannten Hintereinanderschaltung zweier 2-Gatter-Generatoren entspricht, soll es nicht wiederholt werden. Dafür aber 2 neue Empfehlungen: Die 1. betrifft den Ruhekontakt selbst. Langzeitsi-

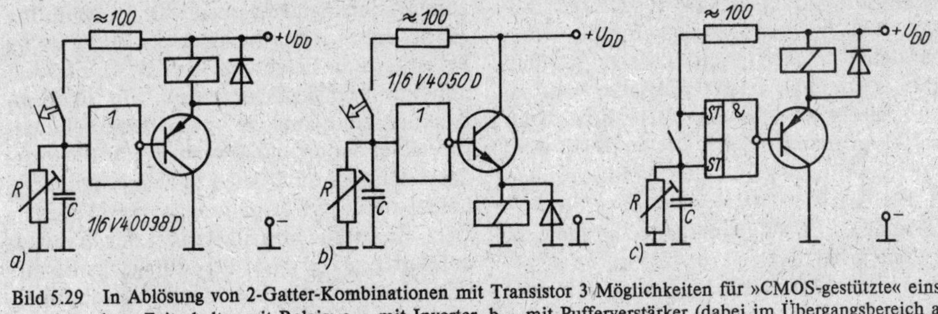

Bild 5.29 In Ablösung von 2-Gatter-Kombinationen mit Transistor 3 Möglichkeiten für »CMOS-gestützte« einstellbare Zeitschalter mit Relais; a – mit Inverter, b – mit Pufferverstärker (dabei im Übergangsbereich allerdings Querstrom durch Gatter einige Milliampere!), c – mit *Schmitt*-Trigger-NAND (kleinster Querstrom – z.B. 1 mA bis 6 V – im Übergangsbereich!). U_{CC} = 3 bis 15 V, Relaistyp dementsprechend, Transistor-I_C und Dioden-I_F entsprechend dem Relaisstrom

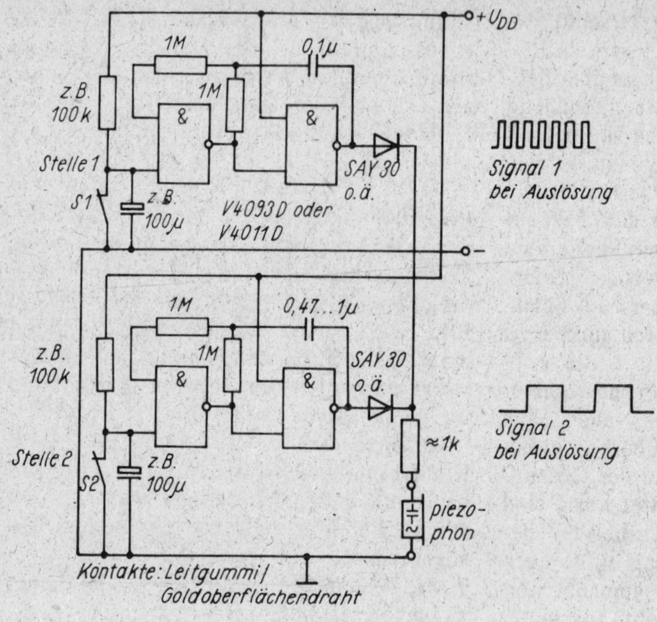

Bild 5.30
4fach-NAND erlaubt mit *piezophon* als Melder zeitverzögerte akustische Signalisierung von 2 Überwachungsstellen per Ruhekontakt mit Unterscheidung durch unterschiedliche Unterbrecherfrequenzen; Verhalten »Zugwächter« nach Bild 5.21

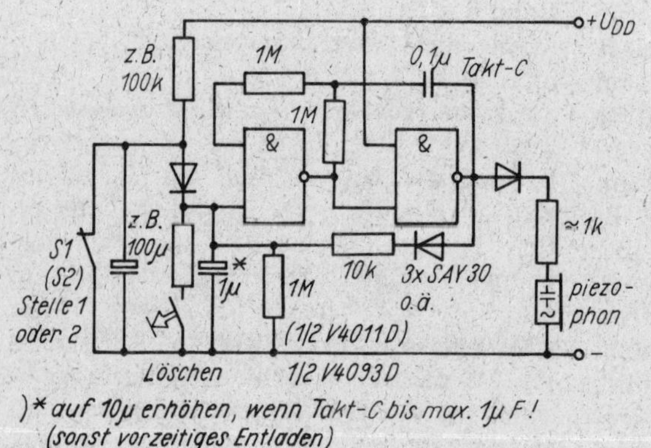

Bild 5.31
Rückführung zum Selbsthalten des zeitverzögert einsetzenden Alarms verleiht der Schaltung nach Bild 5.30 die Eigenschaften eines »Wächters mit Speicher« nach Bild 5.21. Zeitkonstanten bezüglich Taktfrequenz beachten (s. Bildvermerk) sowie Lade-*R*- und Parallel-*R*-Spannungsteilung! Lösch-*R* z. B. 100 Ω

cherheit bei kleinem Schleifenstrom scheint noch am besten gewährleistet, wenn man sich der am Anfang dieses Abschnitts empfohlenen Kombination aus Leitgummi und vergoldeten Transistoranschlüssen bedient.

Die 2. Empfehlung macht wieder vom aktiven *piezo-phon*-Summer Gebrauch: Statt nur 1 kann man nun mit 1 × *V 4011 D* oder *V 4093 D* zeitverzögert 2 Stellen überwachen und den Alarm »akustisch-selektiv« durch 2 unterschiedliche Pulsfrequenzen melden, mit denen die Piezokapsel im Alarmfall getaktet wird. Man schließt sie dazu wieder über ein Diodengatter an beide Ausgänge an. Bild 5.30 zeigt diese Schaltung.

Alle diese Lösungen geben nur Alarm, solange der auslösende Kontakt die Signalstellung einnimmt. Daher wurde als Beispiel für andere Schaltungen in dieser soeben beschriebenen Überwachungsschaltung eine Selbsthaltung eingebaut, die für einen »Kanal« aus Bild 5.31 hervorgeht. Sie liefert an den Steuereingang des 1. Gatters H-Potential, sobald die Signalimpulse am Ausgang des 2. Gatters erscheinen (Verzögerungszeitkonstante der Selbsthaltung nur etwa 10 ms). Der Widerstand von 1 MΩ hält den Eingang definiert auf L, wenn die Anlage in Bereitschaft ist. Vor der Löschtaste, die das Weiterschwingen unterbricht, befindet sich wieder ein Strombegrenzungswiderstand. Die übrige Schaltung wurde lediglich um eine

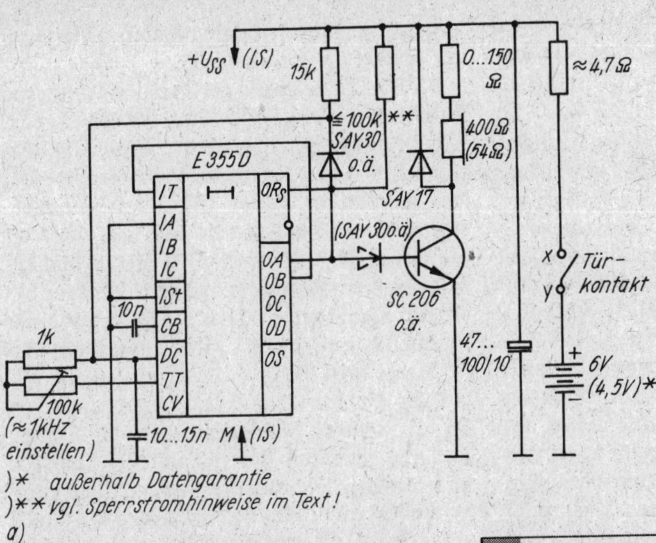

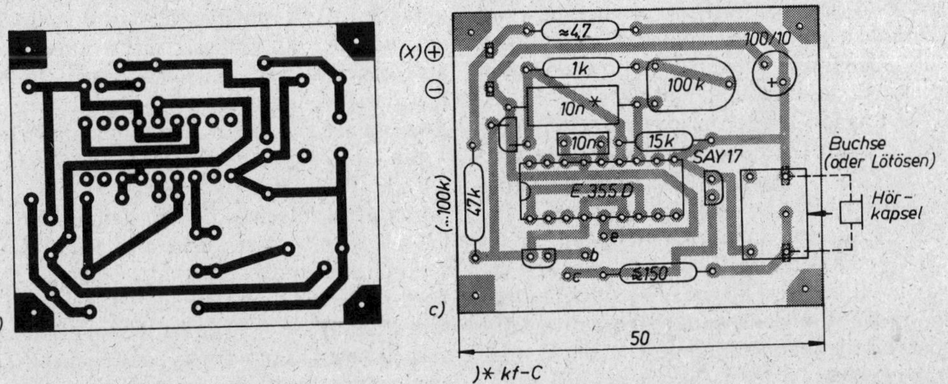

Bild 5.32
»Zugwächter« mit zeitverzögertem Impulsgruppenalarm durch Einsatz eines Zeitschaltkreises *E(P) 355 D*; a – Stromlaufplan, b - Leiterbild, c – Bestükkungsplan (R_A: 15 kΩ, (R_B: Potentiometer und 1 kΩ); *C* (10…15 n) liegt an TT, nicht an DC

Trenndiode erweitert, sonst würde ja der Eingang vom geschlossenen Überwachungskontakt S1 zwangsweise wieder sofort auf 0 gezogen.

Bereits im ersten Wohnbereichs-Bastelbuch ist der *E 355 D* vorgestellt worden, ein Schaltkreis in stromsparender I²L-Technik mit recht komplexem Innenleben. In Abschnitt 8. sind weitere Informationen über ihn enthalten. Es gibt in der Reihe *electronica* außerdem eine Broschüre über diesen Schaltkreis (Band 205/206). Im folgenden soll gezeigt werden, wie man ihn ähnlich dem *B 461 G* in einer ruhestromfreien »Zugluftwarneinrichtung« einsetzen kann. Zunächst noch einige Details zum Schaltkreis. Legt man an die Anschlüsse TT (Triggereingang) und DC (Entladeausgang) lediglich 2 Widerstände und 1 Kondensator entsprechend Bild 5.32a und schaltet 5 V Betriebsspannung an, so schwingt dieser Teil des Schaltkreises. Die entstehende Frequenz gehorcht der Gleichung $f_O \approx \frac{1,443}{C(R_A + 2R_B)}$. Die Widerstände R_A und R_B dürfen zwischen 1 kΩ und 1 MΩ liegen, und für *C* können Kondensatoren von 1 nF bis 10 µF benutzt werden. Unzulässig sind nur Kombinationen, für die sich rechnerisch ein *f* von wesentlich mehr als etwa 100 kHz ergibt. Dann funktioniert meist zuerst die innen angeschlossene weitere Schaltung nicht mehr richtig. Das Wesentliche dieser Folgeschaltung ist ein umfangreicher digitaler »Teilersatz«. Die Oszillatorfrequenz wird zunächst auf 2^{10}:1 geteilt. Am Ausgang OA erscheint daher eine Frequenz mit der 1024fachen Periodendauer von f_O und mit dem Verhältnis 1:1 zwischen Puls und Pause. Dem folgen OB (10:1), OC (10:1) und OD (6:1). Da die Teiler intern miteinander verbunden sind, kann man sie nicht beliebig verknüpfen, sondern ist auf die schon vom Hersteller sinnvoll gewählte Reihenfolge angewiesen. Insgesamt teilt der »*355*« also um 1024 · 10 · 10 · 6 oder 614400.

Doch er teilt nicht nur die selbsterzeugte Frequenz extrem weit herunter. Er verfügt außerdem noch über 7 mögliche Betriebsarten, die sich einfach an den 3 Eingängen IA, IB, IC einstellen lassen. Während Funktion 0 nur für spezielle Zwecke (Tests) interessant ist, kommt den Funktionen 4 und 6 große praktische Bedeutung zu: Die Kippfunktion entspricht einem nicht rücksetzbaren Monoflop: Einmal (durch L am Eingang ISt) gestartet, bleibt es bis zum Ablauf der eingestellten Zeit aktiv. Das heißt aber, daß am Ausgang ORs solange L herrscht. Man kann dort also ein Relais, einen Triac oder einen Leistungstransistor aktivieren. Das Verhalten erinnert an übliche Treppenlichtautomaten, und dafür läßt sich der »*355*« in dieser Betriebsart auch einsetzen.

Der »*355*« hat 18 Anschlüsse, die folgenden müssen noch erwähnt werden: Der Ausgang $\overline{\mathrm{ORs}}$ ist der zu ORs »inverse«. Man kann ihn nicht so stark belasten wie ORs. OS ist nur von Interesse, wenn mit einem »*351*« die Zeitbereiche erweitert werden. (Von OS aus wird der »*351*« zurückgesetzt.) CV, der Kontrollspannungsanschluß, läßt sich für Frequenzkorrekturen benutzen. Eingang IT aber ist der wichtigste der bisher ungenannten: Über ihn wird der Zeitbereich festgelegt, in dem der »*355*« gerade arbeiten soll. Und dabei muß man sich das merken: Außer in der Funktion »Astabiler Multivibrator« bleibt ORs während der gesamten Aktivzeit auf L, und diese Aktivzeit entspricht der Periodendauer der am benutzten Ausgang entstehenden Schwingung. Hat man also $f_0 = 10{,}24$ Hz eingestellt und IT mit OB verbunden, so erscheint am OB nach Start die auf 10240 durch 1024 · 100 geteilte Frequenz, also 0,1 Hz mit 50 ms L und 50 ms H. Erst das 2. L an OB kippt alles in den Ruhezustand (alle Ausgänge auf H) zurück. Da nun die Ausgänge OA bis OD in der Aktivzeit gemäß f_0/Teilverhältnis Rechteckimpulse liefern (alle mit L = tief beginnend), können z.B. bei mit OD verbundenen IT mit OA bis OC schmalere Schaltzeiten innerhalb des von OD und f_0 gegebenen Zeitrasters realisiert werden. Das bietet ungezählte Einsatzmöglichkeiten. Doch nun zur konkreten Anwendung.

Bild 5.32a zeigt die geringe nötige externe Beschaltung des *E 355 D* für diesen Zweck. Am 100-kΩ-Potentiometer wird die gewünschte Verzögerungszeit eingestellt. Bei den gewählten Werten für die frequenzbestimmenden Bauelemente und mit der Verbindung OB – IT können in dieser Version z.B. 5 s Verzögerung eingestellt werden, bevor ein Signal ertönt. Dieses Signal mit einer Frequenz um 1 kHz wird zusätzlich mit 0,5 Hz gepulst. Nach 5 dieser 0,5-s-Töne mit je 0,5 s Unterbrechung tritt eine Pause von 5 s ein, danach wiederholt sich das Signal. Es kann jederzeit durch Schließen der Tür unterbrochen werden. Sofern Öffnen und Schließen innerhalb von weniger als 5 s aufeinanderfolgen, unterbleibt das Signal. 5 s erwiesen sich für den skizzierten Einsatzfall als günstig; kürzere und auch längere Zeiten läßt das Potentiometer zu. Wenn für andere Zwecke Zeiträume in der Größenordnung 1 min ohne Signal gewünscht werden, schaltet man IT einfach von OB auf OC um. Die Tonimpulse folgen in diesem Fall wieder im 0,5-s-Abstand, sofern man die gleiche Einstellung wie in der 1. Variante beibehält, jedoch nach der Verzögerungszeit von in diesem Fall 10 · 5 = 50 s. Falls mit Batterie gespeist wird, kann durch zusätzliches Verbinden der Basis des Transistors mit Ausgang OB wieder im Sinne der 1. Variante »getort« werden. Dann folgen 5 Tonpulsen 5 s Pause usw. Zur Schaltung selbst: Die im Oszillator des *E 355 D* erzeugte Tonfrequenz steht gemäß Bild 5.33 am Anschluß DC zur Verfügung. Dieses Signal legt in seinen Low-Zeiten über die Planardiode ($U_F < U_{be}$, sonst gestrichelt angedeutete Diode vor der Basis einfügen) die Basis des Verknüpfungs- und Verstärkertransistors periodisch an Masse. In der übrigen Zeit fließt in den Transistor von Plus her über den 100-kΩ-Widerstand

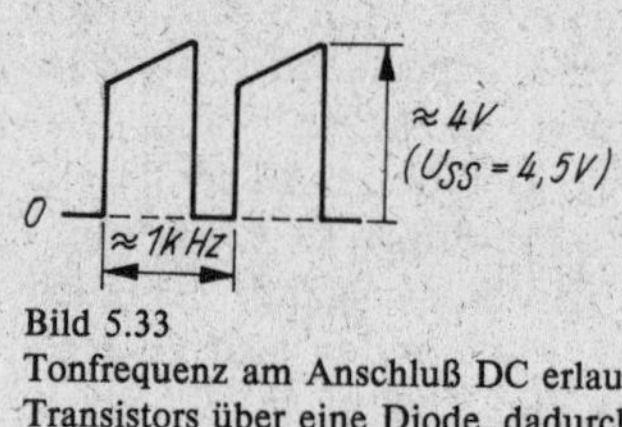

Bild 5.33
Tonfrequenz am Anschluß DC erlaubt Steuern eines Transistors über eine Diode, dadurch läßt sich Hörkapsel als Signalgeber einsetzen

(Richtwert) Basisstrom, sofern die weiteren angeschlossenen Ausgänge hochliegen und genügend kleinen Sperrstrom aufweisen. (Andernfalls muß der Wert des Basiswiderstands entsprechend verringert werden.) Im Kollektorkreis befindet sich eine kleine Ohrhörerkapsel (im Muster 400 Ω), die bei niedrigem Energiebedarf die DC-Frequenz als gut hörbaren Ton abgibt. Weitere Stromverringerung ist bei Bedarf durch den angedeuteten Serienwiderstand möglich. Die Diode schützt den Transistor in gewohnter Weise vor hohen Induktionsspannungen. Dieser Ton würde nun ständig gehört werden, wenn das nicht einige Schaltungsmaßnahmen verhinderten. Hauptsächlich bewirkt der die gesamte Einrichtung bei Öffnen der Tür einschaltende Mikrotaster, daß die Schaltung im Bereitschaftsbetrieb ruhestromfrei ist. Bis auf die ersten Funktionsmuster des *E 355 D* hat der Schaltkreis eine u. a. für den vorliegenden Zweck sehr günstige Eigenschaft: Er läßt sich unter gewissen Randbedingungen über die Betriebsspannung starten. Außerdem werden bei Anschalten der Betriebsspannung alle Teiler in ihre Ausgangslage gebracht. Die erforderliche begrenzte Spannungsanstiegsgeschwindigkeit von 0,05 V/µs zur einwandfreien Funktionsvorbereitung ist meist schon durch den Batterieinnenwiderstand in Verbindung z. B. mit einem 100-µF-Kondensator einzuhalten. Der Eingang ISt muß auf L liegen, damit der gewünschte Vorgang ab Einschaltaugenblick abzulaufen beginnt. Für den geschilderten Zweck ist die Betriebsart »astabiler Multivibrator« die geeignetste. Ihre Programmierung lautet: IC auf H, IB auf H, IA auf L. Bleiben IC und IB unbeschaltet, so ist damit praktisch der H-Forderung Genüge getan. IA wird an Schaltkreismasse gelegt. Gemäß Bild 5.34 und Bild 5.35 ergibt sich in Verbindung mit den eingestellten Werten am Oszillator nun bei Einschalten dieses Verhalten: Alle Ausgänge schalten auf L, außer $\overline{\text{ORs}}$, der als invertierender Ausgang zu ORs auf H geht. Ebenfalls auf H schaltet OS, der hier nicht benutzte Setzausgang. Nach $t_v/2$ (im vorliegenden Beispiel also nach 5 s) geht ORs in dieser Betriebsart erstmals für 5 s auf H, dann wieder für 5 s auf L usw. Das entspricht der eingestellten Funktion »astabiler Multivibrator«. Im Unterschied zu anderen Funktionsarten des *E 355 D* wird bei dieser Betriebsart ORs nicht jeweils für die Zeit t_v (entsprechend dem Wert der Oszillatorperiodendauer, multipliziert mit dem Teilerverhältnis) auf L geschaltet, sondern jeweils nur für $t_v/2$. Daher auch 1 024 Hz als exakte Oszillatorfrequenz und nicht 2 048 Hz! Da nun die Basis des Verstärkertransistors außer (über 100 kΩ) mit Plus und über die Diode mit DC noch (direkt) mit ORs verbunden ist, wird sie von ORs erst nach $t_v/2 = 5$ s erstmals freigegeben und damit von der Oszillatorfrequenz angesteuert. Das ergibt zunächst einen Dauerton. Eine einfache zusätzliche Verbindung der Basis mit Ausgang OA, der

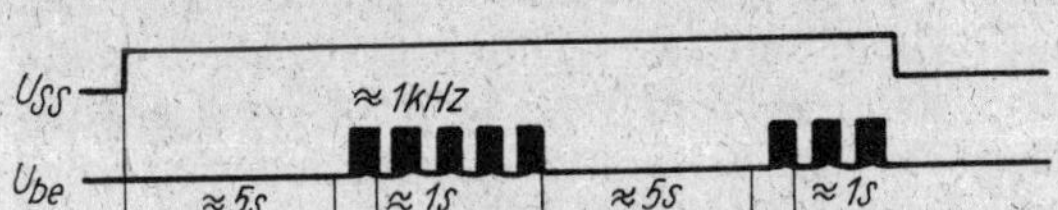

Bild 5.34
Impulsablaufplan zu Bild 5.32

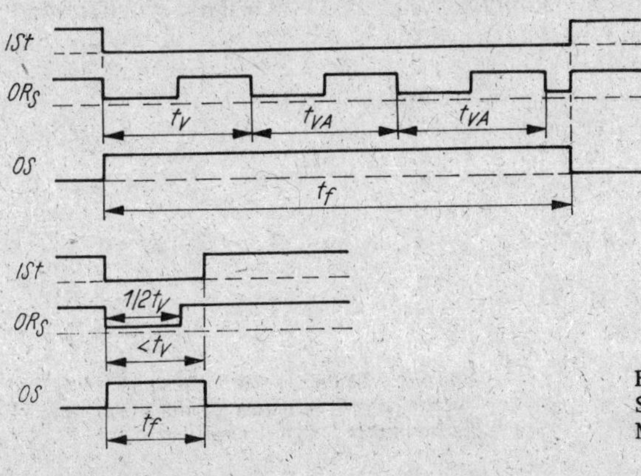

Bild 5.35
So verhält sich der *355* in der Betriebsart »astabiler Multivibrator«

die um 1024:1 geteilte Oszillatorfrequenz mit Tastverhältnis 1:1 führt (also je 0,5 s L und 0,5 sH), bringt das gewünschte, Aufmerksamkeit fordernde 0,5-s-Takten des Tons.

Das Starten und Stoppen der Einrichtung durch Schalten der Betriebsspannung ist nun sowohl nützlich (im Sinne des Energiebedarfs besonders bei Batteriebetrieb) wie notwendig. Andernfalls (wenn der Türkontakt nur mit ISt verbunden wäre) lägen alle Ausgänge im »Ruhezustand« auf H, und der Transistor würde ständig von DC her mit der Tonfrequenz gesteuert.

In der Realisierung unter Amateurbedingungen (d. h. »Einzelstück«) läßt der benutzte Schaltkreis gleich 3 Übertretungen seiner Einsatzbedingungen zu (gemäß Hinweisen läßt sich das in der Schaltung aber auch alles »standardgerecht« berücksichtigen): Zum einen bleibt er noch bis zu 3,95 V funktionsfähig. Unterhalb dieser Spannung arbeitet nur noch der Oszillator. Das Gerät liefert damit ein unverzögertes Signal (ist also prinzipiell noch einsetzbar). Zum anderen gibt es auch ohne Maßnahmen zur Spannungsanstiegsbegrenzung keine Probleme. Schließlich aber setzt die gezeigte Dimensionierung (100 kΩ Basiswiderstand) voraus, daß der Sperrstrom von ORs und von OA genügend tief unter dem TGL-Grenzwert von 250 µA bleibt, was im üblichen Einsatztemperaturbereich (weit unter 85 °C) ohnehin gegeben ist. Meist liegt der tatsächliche Sperrstrom im Zimmertemperaturbereich weit unter 1 µA. Bild 5.32b zeigt das Leiterbild zu dieser Schaltung. Die Leiterplatte enthält ein bei Bedarf einsetzbares Verzögerungsglied (etwa 1 bis 4,7 Ω Vorwiderstand und 100 µF). Bild 5.32c zeigt die Bestückung dieser Leiterplatte ohne den Fehler in Bild 5.32a.

Ähnlich der Lösung nach Bild 5.32 läßt die in Bild 5.36 wiedergegebene Schaltung dem kundigen Benutzer eine gewisse Zeit, um die dieses Mal (unter anderem) mit dem Startereingang verbundene Tür o. ä. zu öffnen, ohne daß das bereits akustisch signalisiert wird. Im Unterschied zu der soeben beschriebenen Schaltung hilft es jedoch nichts, wenn danach sofort wieder geschlossen wird. Jetzt muß vielmehr ein – z. B. versteckt angebrachter oder auch nur über Schlüssel, Magnetfeld, Licht oder eine andere Eingriffsart aktivierter – Taster oder Schalter zum Löschen betätigt werden. Dieses Rücksetzen ist in diesem Fall identisch mit dem Unterbrechen der Stromversorgung. Für die Zeit, in der das geschehen kann, stehen in der vorgeschlagenen Dimensionierung wieder etwa 5 s zur Verfügung. Die Möglichkeit des Batteriebetriebs wird in dieser Schaltung noch durch den Umstand begünstigt, daß sich die gesamte Anlage auch im Alarmfall nach einer wählbaren Zeit wieder selbsttätig abschaltet. Eine vernünftige Zeitspanne dafür sind z. B. 100 s. Sie ergeben sich bei 5 s »Totzeit«, wie sich noch zeigen wird, zwangsläufig, wenn man die Funktion 4 (Kippfunktion, IC = H, IB = L, IA = L) programmiert.

Nach Bild 5.36 ist die Basis des Tontransistors V1 mit dem wieder »wired-AND«-verknüpften Ausgängen OA und OB sowie (zur Entkopplung dieses Anschlusses) über Diode mit DC verbunden. DC allein ergibt sofort ab Start Dauerton, OB verzögert den Ton um 5 s, und OA unterbricht den dann jeweils 5 s andauernden Ton noch im Sekundenrhythmus. Das Gesamtverhalten geht

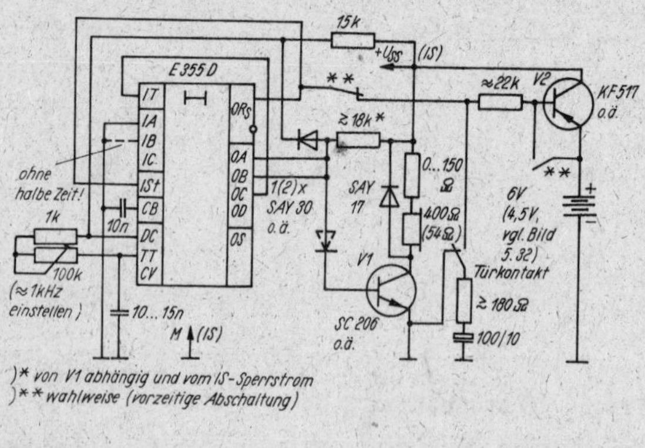

)* von V1 abhängig und vom IS-Sperrstrom
)** wahlweise (vorzeitige Abschaltung)

Bild 5.36 Zeitbegrenztes Alarmsignal mit Verzögerung; 2 Varianten für vorzeitiges Unterbrechen wurden eingezeichnet

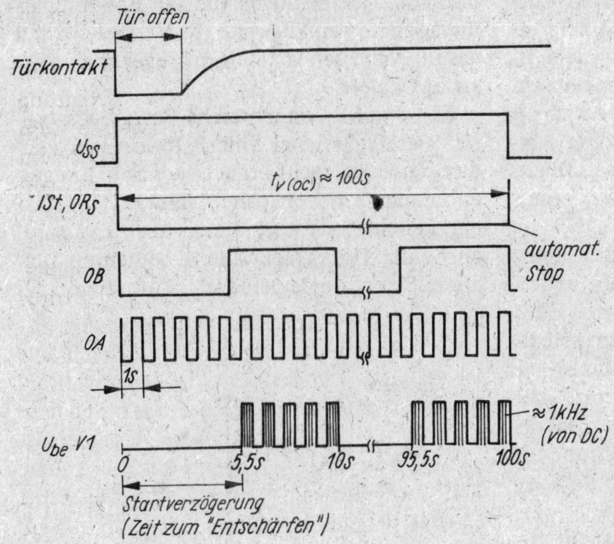

Bild 5.37
Impulsablaufplan zu Bild 5.36

aus dem Impulsdiagramm nach Bild 5.37 hervor. Der entscheidende Unterschied zu der Schaltung nach Bild 5.32 besteht nun im Schalttransistor V2. Er ist ein pnp-Typ. Über ihn wird die Einrichtung bei Start an Betriebsspannung gelegt. Das bewirkt die nichtrastende Taste, die aber ebensogut danach eingeschaltet bleiben kann. Infolge des Startkondensators erzeugt sie lediglich einen kurzen Stromstoß in der Basis-Emitter-Strecke von V2, worauf dieser den Selbsthaltemechanismus ISt = L, ORs = L, damit Basis über Vorwiderstand an L auslöst. Es ist sinnvoll, die Taste als Mikrotaster mit Umschaltkontakt auszuwählen. Dann kann ein relativ kleiner Entladewiderstand vorgesehen werden (s. Bild 5.36). Das sichert nahezu sofortige Wiederbereitschaft. Legt man den Widerstand in Serie zum Kondensator, so begrenzt er sowohl den Entladestrom (Kontakt wird geschont) als auch den Strom durch ORs. Er muß also mindestens den Wert U_B/50 mA haben, d.h., er sollte sicherheitshalber nicht kleiner als etwa 180 Ω sein.

Vorzeitiges Abbrechen des mit dem Starten (bei Öffnen der Tür wird der Startkondensator in den Basiskreis geschaltet) eingeleiteten Vorgangs geschieht mit dem in die Schaltung nach Bild 5.36 in 2 Varianten eingezeichneten Schalter. Eine der beiden Möglichkeiten steht zur Wahl: Der im Basiskreis in Richtung ORs liegende Ruhekontakt oder der Arbeitskontakt parallel zur Basis-Emitter-Strecke. Nach Ablauf der genannten 100 s geht ORs, der seit Start auf L lag und damit das Selbsthalten der Schaltung übernahm, wieder auf H. Damit wird auch die Stromzufuhr über V2 unterbrochen, und die Batterie ist völlig entlastet. Bei einem Grenzwertexemplar des *E 355 D* bzw. (und) bei hoher Einsatztemperatur funktioniert dieses Prinzip nicht mehr. Der höhere Sperrstrom in solch ungünstigem Fall erfordert dann einen Ableitwiderstand parallel zur Basis-Emitter-Strecke von V2. Bei 250 µA dürfte er nur noch 1,5 kΩ betragen, und der Vorwiderstand wäre auf 8,2 kΩ zu verringern. Dieser unerwünschte Strom würde nun aber ständig fließen und die Batterie belasten. Meistens tritt aber ein solcher Grenzfall kaum auf, bzw. es gibt Gegenmaßnahmen.

Eine Halbierung der gesamten Signalzeit ohne Veränderung der sonstigen Eigenschaften (Verzögerungszeit, Tonfrequenz, Pulsgruppen) erhält man durch einfaches Auftrennen der Verbindung IB – Masse. Das ergibt nämlich die entsprechend Bild 5.32 und Bild 5.35 benutzte Funktion »astabiler Multivibrator«.

5.3. Licht- und Flammenwächter

Bereits im ersten Wohnbereichs-Bastelbuch wurde festgestellt: Der Wechsel von hell und dunkel oder umgekehrt kann über viele Vorgänge informieren: ob die Tür eines Schrankes geöffnet wird, ob unerwünscht Licht in einen Lagerraum fällt, ob sich in einem dunklen Raum ein Feuer entzündet hat, ob eine wichtige Beleuchtungseinrichtung ausgefallen ist, ob es durch Witterungseinflüsse oder einfach am Abend nötig wird, einen Hof oder Flur zu beleuchten usw.

Überwachungseinrichtungen, die den nicht gewünschten Zustand melden, enden im allgemeinen wieder bei akustischen oder optischen Ausgaben. Der Schritt zum selbsttätigen Eingriff im erwünschten Sinne ist bei automatischen Beleuchtungen klein, bei einem Flammenwächter z. B. dagegen schon mit einem erheblichen Aufwand verbunden.

In diesem Abschnitt werden nur Melder vorgestellt.

Es gibt eine große Anzahl auf Licht reagierender Bauelemente, wie schon die Übersicht in Abschnitt 4. zeigt. Manche von ihnen geben bei Lichteinwirkung eine Spannung in der Größenordnung einiger hundert Millivolt ab bei meist recht großem Innenwiderstand. Andere brauchen eine Spannungsquelle, da sie – vereinfacht gesagt – nur ihren Widerstandswert bei Lichteinfall verringern. Die für »Gleichlicht« und langsame Impulsfolgen unter 100 Hz (bei kleinen Beleuchtungsstärken) geeigneten Fotowiderstände können dabei von Dunkelwerten im Megaohmbereich auf Hellwerte von weniger als 1 kΩ kommen. Fototransistoren wiederum liefern von Kollektorspannungen im Bereich weniger Volt an Kollektorströme bis in den Milliamperebereich, Fotodioden (in Sperrichtung betrieben) dagegen um Größenordnungen weniger. Was ihnen beim Strom »fehlt«, machen sie in der Grenzfrequenz gut. Einige zehn Kilohertz bilden die obere Schranke für Fototransistoren, in den Megahertzbereich hinein reichen moderne Fotodioden.

Lichtmelder brauchen nicht auf hohe Frequenzen anzusprechen. Sie sollen dafür mit vertretbarem Aufwand und gegebenenfalls auch »ohne Netz« über möglichst lange Zeiträume auf einen vorgegebenen Grenzwert von »hell« oder »dunkel« reagieren. Für Einsatzbedingungen mit exakten Forderungen an diese Werte braucht man einige meßtechnische Voraussetzungen, obwohl bereits ein mit Fotowiderstand bestückter Belichtungsmesser gute Anhaltswerte für Vergleiche und damit Anpassen an den vorgesehenen Einsatzort liefert.

Im ersten Wohnbereichs-Bastelbuch waren 4 einfache, aber innerhalb ihrer Anwendungsgrenzen recht brauchbare Schaltungen enthalten. 3 davon gaben ihre Information per Leuchtdiode aus, die 4. über Lautsprecher oder Hörkapsel. Alle 4 bedienten sich eines Selenfotoelements als Aufnehmer. Es

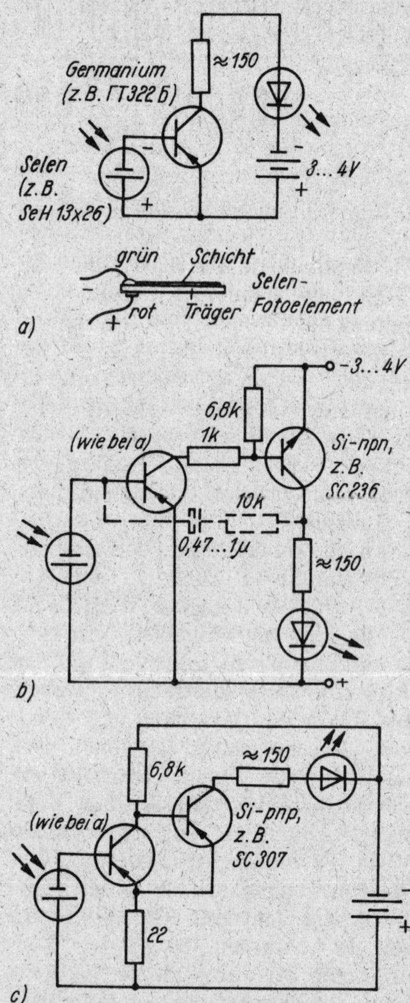

Bild 5.38
Diese 3 »klassischen« Lichtmelder mit Selenfotoelement und Ge-Transistoreingang sind auch für *piezophon*-Anschluß geeignet; a – einfachste Lösung, b – verbesserte Version, das gestrichelte Glied ergibt im Übergangsbereich zu kleiner Helligkeit Blinken, c – Signalisierung bei Dunkelheit mit Hysterese

gab sie lange Zeit im Amateurbedarfshandel, und mancher ausgediente »passive« Belichtungsmesser läßt sich noch als Spender eines solchen Elements benutzen.

Alle 4 Schaltungen benötigten in der Eingangsstufe einen Germaniumtransistor. Seine geringe Schwellspannung (um 0,3 V) war Voraussetzung, daß sich mit der bei Lichteinfall am Selenfotoelement entstehenden Spannung von wenigen hundert Millivolt etwas anfangen ließ. Da man sicherlich auch heute noch im »Fundus« solche Transistoren finden kann, faßt Bild 5.38 die 3 Schaltungen mit optischer Ausgabe noch einmal zusammen. Doch Vorsicht – Germaniumtransistoren sind nicht unbedingt langzeitstabil. Die im Vergleich zu den Siliziumtechnologien damals noch unvollkommenen (und bei Germanium auch schwieriger zu realisierenden) Passivierungsprozesse schützen den Kristall nicht »ewig« vor Umwelteinflüssen. Sie äußern sich in höheren Restströmen, abgesehen von anderen Datenänderungen. Beim Kontrollieren muß außerdem bedacht werden, daß schon Anfassen Erwärmen bedeutet. Das wiederum läßt den Reststrom steigen. Am günstigsten haben noch immer Germanium-HF-Typen aus Fertigungschargen der 70er Jahre abgeschnitten. 20 µA bei Zimmertemperatur, bei offener Basis im Kollektor-Emitter-Kreis bei z. B. 4 V gemessen, stellen für diese Verhältnisse schon einen guten Wert dar. Wieviel problemloser sind da Siliziumtypen. Mit einer Einschränkung: Rund doppelt so viel Basis-Emitter-Spannung ist nötig, bevor Kollektorstrom fließt. Einfachste Maßnahme bei der Modernisierung der gezeigten Schaltungen daher: 2 Selenelemente in Serie schalten! Die Polarität ist selbstverständlich der Zonenfolge des benutzten Typs anzupassen. Man wird ja doch meist einen npn-Si-Transistor benutzen, im Gegensatz zu pnp-Ge-Typen. Und noch etwas: Heute sieht man einen Transistor eigentlich erst für »voll« an, wenn er wenigstens 100fach den Strom verstärkt. Basiswiderstandswerte sind dem anzupassen. Allerdings – bei kleinen Betriebsspannungen nicht vergessen, bei Rechnungen 0,6 V von der Speisespannung U_S abzuziehen, wenn es um Dimensionieren eines solchen Widerstands zwischen U_S und Basis geht!

Ausgangsseitig lassen sich die 3 Schaltungen von Bild 5.38 – ob in ihrer Originalversion oder in Silizium – nun durchweg auch mit einer aktiven *piezo-phon*-Kapsel bestükken. Das allein schon dürfte ihnen weiterhin Anwendungen sichern. Darum noch ihre Kurzbeschreibung, angelehnt an das erste Wohnbereichs-Bastelbuch.

Eine anspruchslose Meldeschaltung für das Auftreten von Licht an einem zu überwachenden Ort gibt Bild 5.38a wieder. Transistor und Fotoelement befinden sich »am Ort«; Leuchtdiode und Batterie sind in der Überwachungszentrale untergebracht. Je nach Stromverstärkung des Transistors ergibt sich ein anderer Schwellwert, von dem an die Leuchtdiode Licht emittiert. Der Übergang ist nicht scharf, was man von dieser einfachen Lösung auch nicht anders erwarten kann, und sie ist auch relativ unempfindlich. Auf wesentlich kleinere Helligkeitswerte und im Übergangsbereich auch schärfer reagiert die zum Komplementärverstärker erweiterte Schaltung nach Bild 5.38b. Der vom Selen-Fotoelement aufzubringende Strom ist nahezu um den Faktor des Kehrwerts der Stromverstärkung des 2. Transistors geringer als in Bild 5.38a. Der Schritt zum Einbau einer Rückkopplung ist nun nur noch klein (gestrichelt angedeutet). Jetzt leuchtet die Diode bei genügender Helligkeit ständig und blinkt, wenn es dunkler wird, bevor sie verlischt. Damit kann also z. B. die Tendenz »es wird dunkler« durch Blinken eindrucksvoll markiert werden. Eine zusätzliche oder ausschließliche akustische Signalisierung dieses Bereichs durch Einbau einer Telefonkapsel statt der Leuchtdiode oder zusätzlich zu ihr ($C \approx 10$ nF) liegt ebenfalls nahe.

Übrigens ergibt sich durch die Rückkopplung automatisch auch ein sprunghafter Übergang von hell nach dunkel.

Soll durch die Leuchtdiode Dunkelwerden signalisiert werden, so läßt sich auch ein modifizierter Schwellwertschalter nach Bild 5.38c mit relativ scharfem Anzeigeschwellwert und einer gewissen Hysterese (es muß erst wieder etwas heller werden, bevor die Leuchtdiode ausgeht) einsetzen. Um auch durch den wesentlich größeren »Ein«-Strom keine zu hohe Spannung am Koppelwiderstand zu erzeugen, wodurch das Selenelement keine ausreichende Öffnungsspannung für den 1. Transistor mehr liefern könnte, wurde dieser Widerstandswert relativ klein gehalten. Auch für die Betriebsspannung sind die angegebenen Grenzen einzuhalten. Bei 2 V ist der Schaltübergang schon etwas »verrundet«, die Ansprechempfindlichkeit liegt aber etwas höher als bei 3 V, bedingt durch den niedrigeren Strom durch den gemeinsamen Koppelwiderstand. Die Belastung des Elements ist geringer als bei der Schaltung in Bild 5.38 a, bezogen auf die gleiche Anzeigehelligkeit der Leuchtdiode.

Eine spezielle Anwendung der nun auf akustische Signalgabe ausgelegten Schaltung nach Bild 5.38 b ist der »Schubladenalarm« nach Bild 5.39. Diese Schaltung eignet sich gut für Warnzwecke, z. B. zum Sichern von Schubladen oder Schränken, die gegen neugierige Kinder geschützt werden können. Voraussetzung für den Einsatz ist, daß erst beim Öffnen Licht eintreten kann! In diesem Komplementärmultivibrator fließt nur Strom, wenn V1 Steuerstrom (Steuerspannung) erhält. Im Dunklen fließt nur der bei günstigen Transistoren sehr kleine Reststrom.

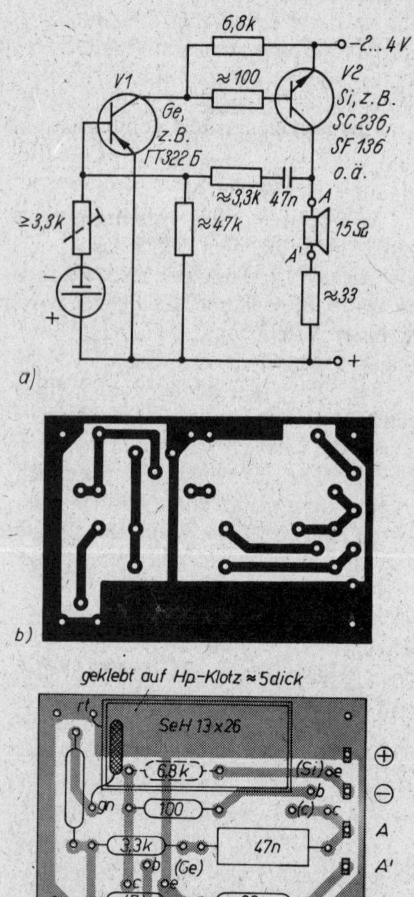

Bild 5.39
»Schubladenalarm«; a – Stromlaufplan, b – gegenüber früherer Lösung anwenderfreundliche Leiterplatte, c – Bestückungsplan

Alarm bedeutet, daß sich die Stromaufnahme bei 2 V Betriebsspannung auf nicht ganz 10 mA erhöht. Bei einem *RZP2*-Akkumulator kann man also schon mit einigen Monaten wartungsfreiem Betrieb rechnen, wenn nicht gerade ständig Alarm ausgelöst wird. Dann allerdings reicht die Quelle höchstens 50 »Tonstunden« lang. Der Germaniumtransistor in der 1. Stufe kann nur durch einen Siliziumtyp abgelöst werden, wenn man – wie schon erwähnt – noch ein 2. Selenelement einsetzt. Der bei Lichteinfall einsetzende Stromfluß durch V1 und V2 führt zu einer Spannungsänderung über dem Lautsprecher und seinem Vorwiderstand (es kann auch wieder eine Telefonkapsel ohne Vorwiderstand sein), die phasenrichtig über das *RC*-Glied (*R* verbreitert die Tonimpulse) auf die Basis von V1 rückgekoppelt wird, bis der Kondensator aufgeladen ist. Dann sinkt der Ausgangsstrom, und es ergibt sich eine gegenläufige Beeinflussung. Dabei entzieht der Kondensator dem Basiskreis von V1 Strom. Eine hörbare Schwingung, deren Frequenz vor allem von *R*, *C* und vorhandener Helligkeit abhängt, entsteht bei richtiger Dimensionierung über einen weiten Helligkeitsbereich: Knarren bei kleinen Helligkeiten, höher werdender Ton bei wachsender Helligkeit. Der Serienwiderstand vor dem Fotoelement gewährleistet bei großer Helligkeit, daß die Schwingung nicht abreißt (Bauelemente sind Richtwerte). Die Schaltung ist also ein dankbares Versuchsobjekt. Für diesen automatischen Alarmgenerator gibt Bild 5.39 b eine Leiterplatte an, die bereits im ersten Wohnbereichs-Bastelbuch enthalten war.

Abschließend noch einige Hinweise zum Umgang mit Selenfotoelementen. Die lichtempfindliche Schicht des Elements ist auch gegen Löten sehr empfindlich. Die Kontakte

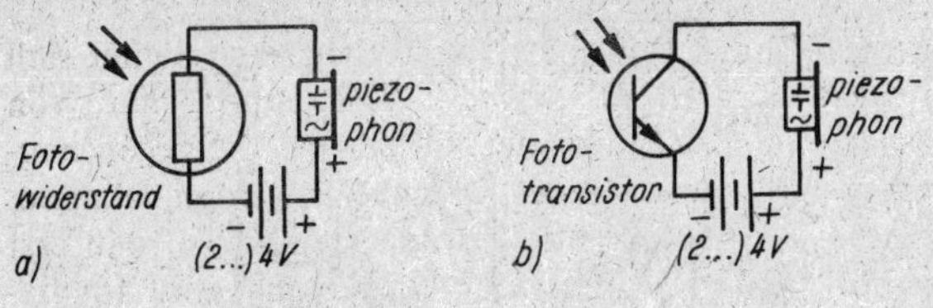

Bild 5.40
Einfache Lichtmelder mit *piezo-phon* (auch für Leuchtdiode ohne Vorwiderstand geeignet!); a – mit Fotowiderstand, b – mit Fototransistor

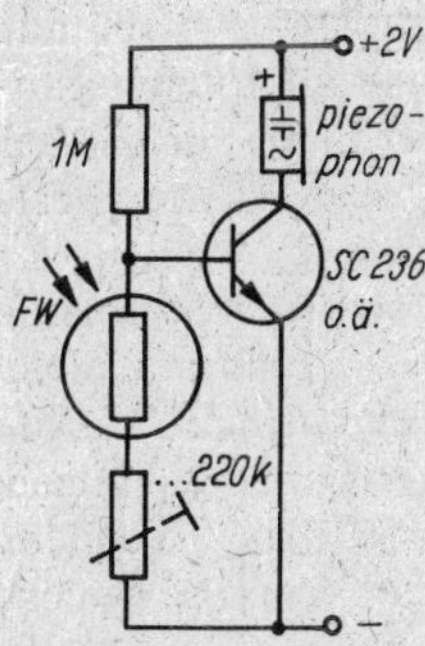

Bild 5.41
Signal bei Lichtausfall, Version mit Fotowiderstand

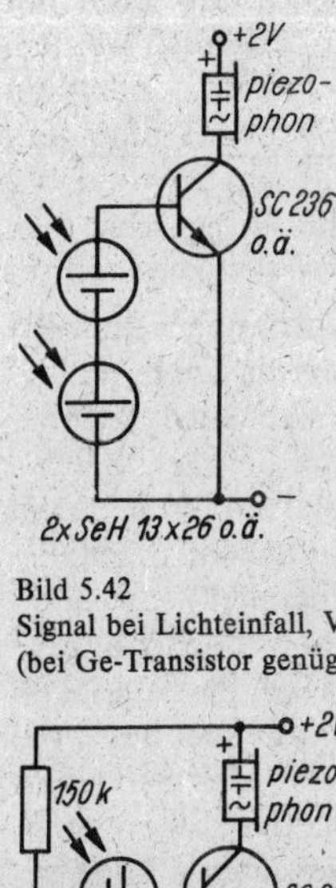

Bild 5.42
Signal bei Lichteinfall, Version mit 2 Fotoelementen (bei Ge-Transistor genügte 1×)

Bild 5.43
Signal bei Lichteinfall, Teiler hebt Spannung an der Basis des Si-Transistors so weit an, daß 1 Fotoelement genügt

wurden daher mit niedrigschmelzendem Speziallot (Schmelzpunkt unter 70 °C) aufgebracht. Typen mit bereits angelöteten Anschlüssen (wie das *SeH 13 × 26* und ähnliche kleine rechteckige Elemente) sind daher solchen ohne Drähte vorzuziehen. Für sie käme eine Klemmhalterung in Frage, die mehr handwerkliches Geschick erfordert.

Doch nun zu Lösungen, die erst in den letzten Jahren möglich geworden sind. Wiederum zeigt sich der große praktische Nutzen einer aktiven *piezo-phon*-Kapsel, selbst in Verbindung mit Selenfotoelementen.

Wenn ein akustisches Signal in Form eines Dauertons reicht (stromgenügsam und dennoch gut zu hören) und wenn ausreichender »Lichthub« kleinen Strombedarf in den Signalpausen sicherstellt, geht es extrem einfach gemäß Bild 5.40. Im Dunklen fließen nur einige Mikroampere, bei ausreichender Beleuchtung sind 1,5 mA bei 4,5 V zu erwarten und 0,6 mA bei 2 V.

Teilweises Abdecken der Kapselöffnung vermag bisweilen die dann doch schon bescheidene Lautstärke zu erhöhen. Umgekehrt signalisiert die Schaltung nach Bild 5.41 fehlendes Licht. Am Stellwiderstand paßt man sich den Gegebenheiten an: je mehr zusätzlicher Widerstand, bei um so größeren Lichtwerten wird der Transistor erst wieder gesperrt, und die Kapsel schweigt. Das Umkehren der Ansprechrichtung erfordert also 1 Transistor und 1 bis 2 Widerstände zusätzlich. Beide Schaltungen ziehen im Übergangsbereich (unnötigen) Strom. Das trifft auch zu auf die beiden folgenden Beispiele: *piezo-phon* in Verbindung mit Selenfotoelement(en).

Mit 2 Selenelementen wird in der Schaltung nach Bild 5.42 die Schwellspannung des Siliziumtransistors überwunden, wenn Licht einfällt. Mit 1,4 mA Strombedarf bei 2 V Betriebsspannung signalisiert das die Piezokapsel im Höchstfall. Schon ein in 10 cm Entfernung entzündetes Streichholz führt zum Piepsen. Das trifft ebenso zu für die Schaltung nach Bild 5.43. Auf etwa 0,3 V wird in diesem Fall die Bezugsspannung der Signalquelle angehoben. Diese Spannung ersetzt das 2. Fotoelement. Ein Preisvergleich

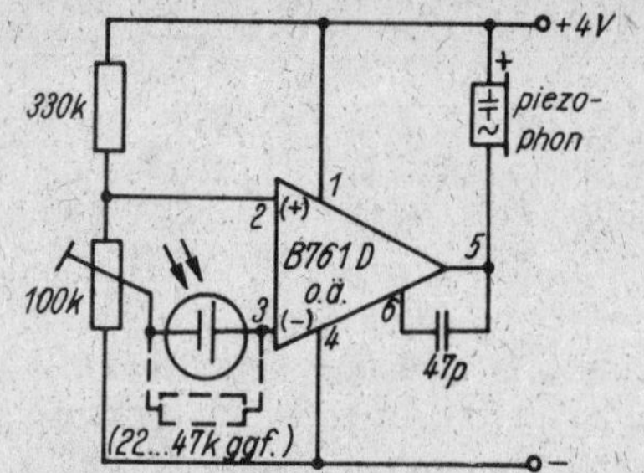

Bild 5.44
Lichtmelder mit 200 µA Ruhestrom; Signal 3,3 mA, Empfindlichkeit einstellbar

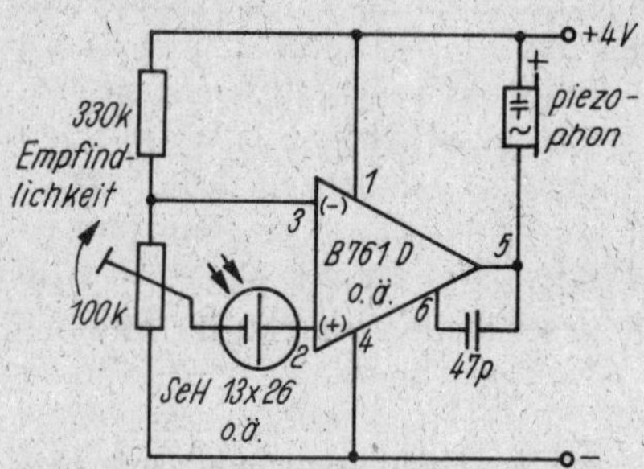

Bild 5.45
Lichtausfallmelder mit einstellbarer Empfindlichkeit

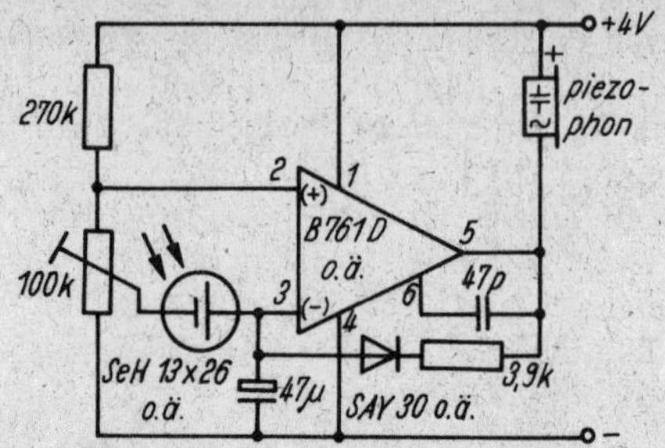

Bild 5.46
Lichtmelder mit »Tendenzsignal«: Beginnt bei schwachem Licht mit Tonpulsen, die bei stärkerem Licht in Dauerton übergehen

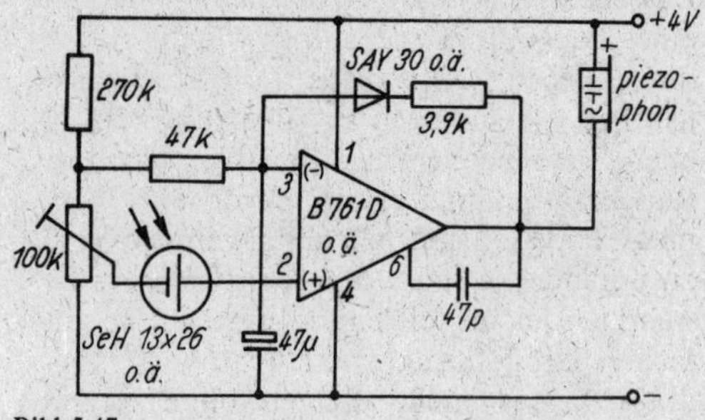

Bild 5.47
Diese Schaltung meldet abnehmende Helligkeit mit Tonpulsen, die bei völliger Dunkelheit verstummen

dürfte eindeutig zugunsten dieser Lösung ausfallen, es sei denn, es stehen ohnehin mehrere Selenfotoelemente zur Verfügung.

Heraus aus den Unvollkommenheiten bezüglich Übergangsbereich führt die Kombination von Selenelement und OPV nach Bild 5.44. Ein als Komparator geschalteter *B 761 D* oder *B 861 D* mit aktiver Piezokapsel im Ausgangszweig wird mit einem Selenfotoelement aktiviert. Der für beide Eingänge gemeinsame Spannungsteiler hat 2 Aufgaben: Zum ersten stellt er sicher, daß die beiden Eingänge bei dieser unsymmetrischen Betriebsart ausreichende Grundspannung erhalten. Zum zweiten bewirkt der (einstellbare) Abgriff am unteren Widerstand für den invertierenden Eingang, daß dieser Bezugspunkt bei sich ändernder Speisespannung von dieser Spannung mitgeführt wird – ebenso wie der nichtinvertierende. Die Summe aus abgegriffener Spannung und aktueller Elementspannung muß unter der des nichtinvertierenden bleiben, solange nicht der gewünschte Helligkeitsgrenzwert überschritten ist. Auf Grund des endlichen Innenwiderstands der Selenelemente ergibt sich der nötige Eingangsstrompfad für den Operationsverstärker, wenn er auch relativ hochohmig ist und zum sich einstellenden Spannungswert am Eingang beiträgt. (Gegebenenfalls schaltet man bei dadurch etwas schlechterer Empfindlichkeit dem Selenelement bis zu etwa 100 kΩ parallel.)

Der benutzte OPV-Typ hat jedoch den großen Vorzug, schon mit 3 V Betriebsspannung zu arbeiten. Er benötigt dabei nur etwa 200 µA Ruhestrom. Im Alarmfall setzt das Signal fast schlagartig ein. (Der Übergangsbereich ist auf Grund der hohen inneren Verstärkung des Operationsverstärkers sehr klein, so daß man sich eine Rückkopplung sparen kann.) Es fließen dann etwa 2 mA bei 3 V und 3,3 mA bei 4,5 V Betriebsspannung.

Durch einfaches Vertauschen der Eingänge entsteht ein »Dunkelmelder«, der also auch als Kern eines Dämmerungsschalters ohne (wesentliche) Hysterese genutzt werden kann (Bild 5.45).

Etwas mehr Aufwand an passiven Bauelementen verleiht beiden Schaltungen wieder Selbstunterbrechereigenschaften. Der Ton des Lichtmelders nach Bild 5.46 beginnt in

Form von Pulsen, wenn zunächst schwaches Licht einfällt. Bei größerer Helligkeit geht er in einen Dauerton über. Umgekehrt setzt ein pulsierender Ton in der Schaltung nach Bild 5.47 ein, wenn das Licht schwächer wird. Unterhalb der Grenzempfindlichkeit des Selenelements, bei der vom Restlicht keine Ladungsträger mehr freigemacht werden, verstummt dieser Pulston.

5.4. Rauchmelder

Zwischen dem ordnungsgemäßen Zustand eines Lagerraums (besonders wichtig in dieser Hinsicht: Dachböden, Holzschuppen usw.!) und einem Brand liegt die Schwel- oder Rauchzone. Rechtzeitig bemerkte Rauchentwicklung, noch bevor ein Flammenwächter ansprechen kann, vermag Werte zu erhalten, ja sogar Menschenleben zu bewahren. Der im folgenden vorgestellten einfachen Einrichtung sollte man nun allerdings beides nicht einfach ohne weitere Kontrollmaßnahmen anvertrauen. Gerade die Spezifika dieses Gefahrengebiets zwingen zu relativ komplexen Maßnahmen, wenn sie allen Eventualitäten standhalten sollen. Vieles kann nur am eigenen Einsatzort optimiert werden. Die Einrichtung vermag schließlich nur solchen Rauch zu melden, der auch in ihren Überwachungsbereich gelangt. Fremdlichtquellen können stören, und auch einen größeren Temperaturhub verkraftet die vorgestellte einfache Lösung noch nicht. Auch alterungsbedingte Datenänderungen der Bauelemente können sich auswirken. Der Spannungsabhängigkeit des Einsatzpunkts vermag man noch am leichtesten zu begegnen. Ohnehin ist hier ein kleiner Schaltkreis im Spiel, dessen Betriebsspannung um 5 V bleiben sollte. Zwischen 4 und 6 V erwies sich die Schaltung als sicher einsetzbar. In diesen Bereich sollte man also die Stabilisierung legen. Am einfachsten geht das heute mit einem einstellbaren integrierten Spannungsregler vom Typ *B 3170 V*. Er wurde – etwas »zweckentfremdet« – bereits in Abschnitt 4. eingesetzt. Ein Klingeltransformator 6 V/0,5 A (leerlaufnahe Spannung am Ladekondensator des Netzteils: mehr als 10 V) genügt als Quelle. Bild 5.48 gibt eine Empfehlung für diese nicht nur

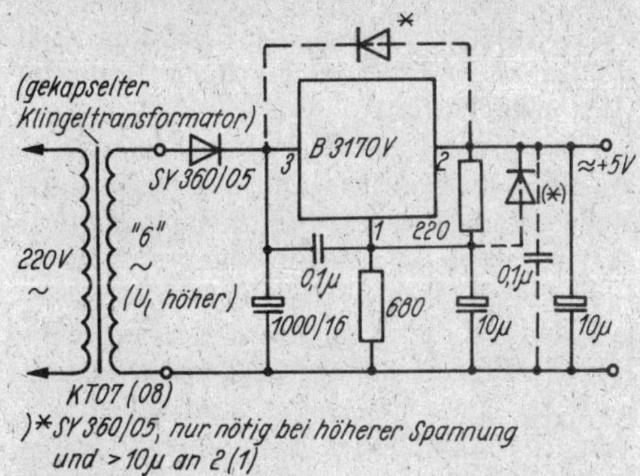

Bild 5.48
Stabilisierte Spannung aus Klingeltransformator für Rauchmelder

zum Rauchmelder passende Spannungsquelle. Der Wächter selbst ist eine Lichtschranke. Sie wird aus einer Infrarotdiode und einem Fototransistor gebildet. Es sei schon an dieser Stelle vermerkt: Ihr Anwendungsspielraum reicht weit über das vorgestellte Objekt hinaus, besonders auch im Wohnbereich. Im Handelsangebot waren per Manuskriptzeitpunkt vor allem die Infrarotdiode *VQ 110* und der Fototransistor *SP 201*, auch als preisgünstige Basteltypen mit allerdings großem Wertespielraum. Da beide äußerlich gleich aussehen (Plastgehäuse von 4 mm Durchmesser), zunächst ihre Kennzeichnung durch Farbringe: Die Diode ist schwarz, der Transistor rot »beringt«. Ein 2. Ring in Schwarz oder Rot weist Ausmeßgruppen günstigerer Daten bei der Diode aus, beim Transistor gelten in steigender Reihenfolge Grün, Schwarz, Rot und Gelb. Die Anode der Diode und der Kollektor des Transistors sind an der »schwertgriffähnlichen« Ausbildung des oberen Anschluß-

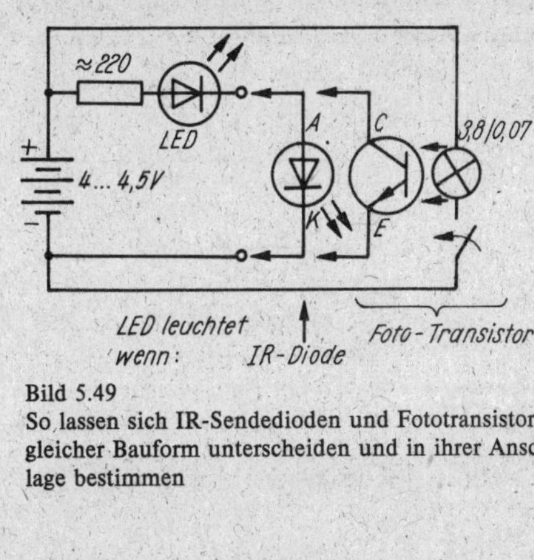

Bild 5.49
So lassen sich IR-Sendedioden und Fototransistoren gleicher Bauform unterscheiden und in ihrer Anschlußlage bestimmen

bandstücks erkennbar. Die Schaltung nach Bild 5.49 gewährleistet bei Bedarf einfache Testmöglichkeiten.

Die linsenförmige Gestaltung der durchsichtigen Plastgehäuse und ein eingebauter Reflektor ergeben eine Strahlungscharakteristik mit etwa 20° Raumwinkel. Auf diese Weise lassen sich je nach dem Elektronikaufwand auf der Empfangsseite schon mehrere Zentimeter Strahlstrecke ohne weitere optische Hilfsmittel realisieren, selbst mit weniger empfindlichen Exemplaren.

Die Überwachungsstrecke wird dort angebracht, wo Rauch bei einer Havarie am wahrscheinlichsten auftritt. Das kann z.B. in der Nähe eines Zuglochs der Fall sein. Kontrolliert in einem feuerfesten Gefäß verbranntes Zeitungspapier entwickelt bei Bedarf einen brauchbaren Testrauch. Die in den Strahlengang der Schranke gelangenden Rauchpartikel trüben die Luft und streuen den Infrarotstrahl in alle möglichen Richtungen. Bereits der aufsteigende Rauch einer Zigarette vermag dabei den Anteil des auf den Fototransistor dann noch auftreffenden Strahls stark zu verringern. Mit der elektronischen Reaktion des Fototransistors läßt sich daher schon ein Signal ableiten.

Bei dieser »Gleichlicht«-Schranke ist Fremdlicht sehr wenig erwünscht. Der Rauchmelder sollte deshalb weder in Sonnenlicht geraten noch dicht bei einer Lampe angebracht sein.

Beim Mustergerät waren diese Faktoren aber bereits unter den im folgenden geschilderten Bedingungen nicht mehr störend. Eine 40-W-Leuchtstofflampe befand sich dabei nur 1 m von der Strahlstrecke entfernt. Für diese Strecke brachte ein einfaches Plasttrinkröhrchen von 5,5 mm Außendurchmesser gleich 4 günstige Aspekte:

1) Das Röhrchen wirkt als Halter und damit auch zur Justierung der beiden fotoelektrischen Bauelemente.
2) Außenlicht wird ausreichend abgeschirmt (Musterröhrchen hatte orange Färbung, ggf. schwarz anstreichen).
3) Im Röhrchen ergab sich auf der Fototransistorseite ein größerer Strom als vorher beim »Freilufttest«. Das ist offensichtlich auf eine Art Lichtleitereffekt zurückzuführen, d. h., die Senderstrahlen werden von den Röhrchenwänden in Empfängerrichtung reflektiert.
4) Auf halbem Weg zwischen den beiden 40 mm voneinander entfernten Bauelementen erhielt das waagerecht liegende Röhrchen 2 von unten nach oben wirkende Öffnungen, durch die der Rauch strömen kann. Das Röhrchen wirkt dabei als »Rauchkollektor«: Der Rauch sammelt sich schnell im Rohr und stopft damit die Übertragungsstrecke regelrecht zu.

Bild 5.50 zeigt die Gestaltung der Strahlschranke, und Bild 5.51 gibt die zugehörige Schaltung wieder (Netzteil s. bereits Bild 5.48). Die Fotodiode wurde im Muster mit nur 15 mA betrieben. Das genügt bei dieser Entfernung. Der benutzte Fototransistor (ein Basteltyp wie die Diode) ließ dabei, zunächst an etwa 4 V gelegt, 250 μA Kollek-

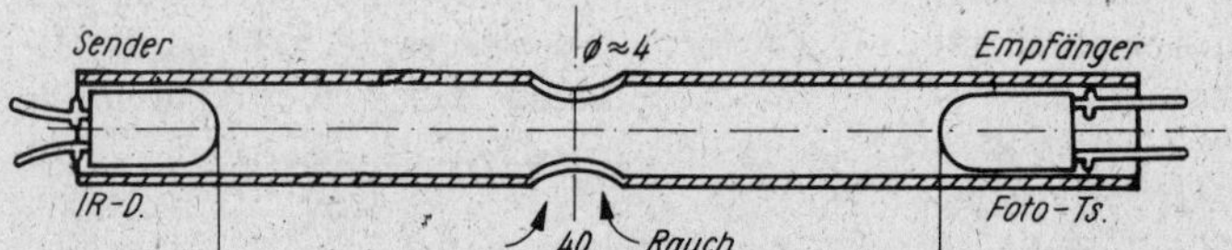

Bild 5.50
Rauchdetektorstrahlstrecke

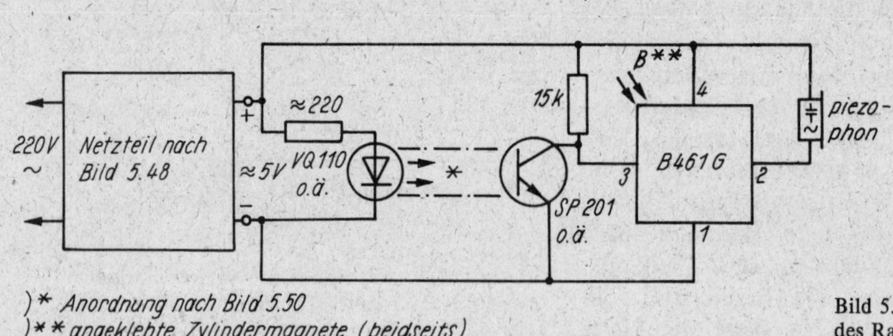

Bild 5.51 Gesamtschaltung des Rauchmelders

tor-Emitter-Strom fließen. Die Rauchfahne eines in Kolophonium getauchten Lötkolbens, in den Strahlengang gebracht, verringerte den Strom auf deutlich unter 200 µA. Mit diesem Hub kann man auch unter eingeschränkten Bedingungen, wie thermische Abhängigkeit oder Alterung ohne Kompensationsmaßnahmen, eine Reihe möglicher Auswerteschaltungen steuern. Die Wahl fiel auf den bereits weiter vorn als Generator benutzten *Hall*-Schaltkreis *B 461 G*, dessen Basteltyppreis einschließlich Magnet recht günstig liegt. Das benutzte Exemplar und einer der Zylindermagnete ergaben einen Schwellwert der Freigabespannung von etwa 1,2 V. Nur noch knapp 1 V waren bei Magneten auf beiden Seiten des Schaltkreises nötig, um den Ausgang vom gesperrten in den leitenden Zustand zu schalten. Der Fototransistor leitet nun gemäß Bild 5.51 den aus dem Freigabeeingang fließenden Strom und den des außen angeschlossenen »Pull-up«-Widerstands nach Masse ab, so daß eine Restspannung von etwa 0,5 V bleibt. (Die genauen Werte dürften exemplarabhängig sein; ggf. wird man also den Wert des Pull-up-Widerstands verändern oder auch auf der Senderseite mehr oder weniger Flußstrom einstellen. Dabei aber stets optimal auf den Fototransistor ausrichten!)

Die bereits dargestellte »Test-Rauch-Situation« durch Lötkolben sperrte den Fototransistor so weit, daß die Spannung des Freigabeeingangs auf mehr als 1,2 V angehoben wurde. Das bedeutete sicheres Ansprechen des Schwellwertschalters, und die in den Ausgangskreis gegen positive Betriebsspannung gelegte *piezo-phon*-Kapsel signalisierte laut und deutlich Rauch.

Nochmals sei darauf hingewiesen, daß es für diese Lichtschranke noch viele andere Überwachungsaufgaben gibt. Man bedenke, daß der *B 461 G* einen TTL-gerechten Ausgang bis 16 mA L-Strom anbietet! So kann diese Schranke, auf die neue Aufgabe hin umgebaut, auch z. B. als Zählschranke benutzt werden. Bei Bedarf sind eine Sammellinse vor dem Fototransistor und in Extremfällen noch eine Linse vor der Sendediode anzubringen. Ihre günstigsten Werte bezüglich Brennweite und Öffnung leiten sich aus dem Öffnungswinkel von 20° für die beiden Bauelemente ab. (Andere Typen haben bis zu 50°!) Stabile Montage ist bei einer solchen »Punktübertragung« ebenso wichtig wie Fremdlichtschirmung. An anderer Stelle dieses Abschnitts wird eine gegen letztgenannten Einfluß weniger empfindliche, aber auch aufwendigere Schranke mit Pulslichtübertragung beschrieben. Selbstverständlich kann man dieses System ebenfalls als Rauchmelder einsetzen.

5.5. Wärmewächter

Die Temperatur gehört zu den wichtigen Kenngrößen einer Wohnung. Unterschiedlichste Informationen können durch Temperaturmessungen eingeholt werden. Exaktes Bestimmen der Temperatur eines Raumes oder eines Körpers ist jedoch gar nicht so einfach. Wärmekontakt, Wärmekapazität, Ableitung, Luftkühlung spielen ebenso eine Rolle wie die Genauigkeit der Meßeinrichtung selbst. Dort, wo es auf Bruchteile eines Kelvin ankommt, stehen Spezialthermometer zur Verfügung, wie etwa das altbewährte Fieberthermometer. Sofern auf die Reproduzierbarkeit Verlaß ist, kann man aber gerade in solchen kleinen Bereichen mit modernen Mitteln durchaus auch elektronisch messen. Umgekehrt bringt nämlich das Erfassen größerer Meßbereiche mit elektronischen Temperaturwandlern Fehler, die durch die Nichtlinearitäten dieser Sensoren bedingt sind. *Den* Fühler, der in den meist interessierenden Bereichen zwischen −25 (−40) °C und +100 (+300) °C einen exakt konstanten Wandlerfaktor hat, gibt es nicht. Selbst die dazu noch recht unempfindlichen Thermoelemente aus 2 geeigneten Metallen (z. B. Kupfer/Konstantan) sind, exakt gesehen, etwas »krumm«, was allerdings kaum ins Gewicht fällt.

Klammert man einmal Fieberthermometer aus (sie würden auch besser in einen anderen Abschnitt passen), so decken die folgenden Einrichtungen wohl den größten Informationsbedarf im (weit gefaßten) Wohnbereich ab:

- Zimmer- und Fernthermometer,
- Heizkörperwächter,
- Siedemelder,
- Kühlschrankwächter.

Die Reihenfolge ist willkürlich. Genauer betrachtet, könnte unter bestimmten Verhältnissen auch in Fortsetzung des vorangegangenen Abschnitts ein Grenzwertmelder zur Unterstützung von Brandmeldeeinrichtungen sehr nützlich sein. Das trifft z. B. zu für die Überwachung der Innentemperatur von brandgefährdetem Schüttgut (Heizmaterial).

Die Tabelle in Abschnitt 4. gab bereits eine grobe Übersicht über Temperatursensoren, die für den Wohnbereichselektroniker mehr oder weniger gut greifbar sind bzw. deren Anwendung einen unterschiedlichen Gesamtaufwand bedeutet. Am interessantesten sind dabei selbstverständlich die Bauelemente, mit denen sich ein kleines Problem schnell, aber auch mit verläßlichen Ergebnissen, lösen läßt. Zumindest wird das für die meisten Leser zutreffen. Speziell an solchen Meßaufgaben Interessierte kennen ohnehin bereits Literatur zu komplizierteren, höheren Ansprüchen genügenden Lösungen. 1985 entsprachen den genannten Kriterien am besten noch 3 Sensorarten. Allerdings war der Zugriff zum modernsten von ihnen für Amateure noch nicht allgemein sichergestellt. Doch hat schließlich jedes neue Bauelement eine solche Einführungsphase, bis es in den nötigen Mengen vorhanden ist und damit auch außerhalb des Industriebereichs allgemein zur Verfügung steht. Es handelt sich um den Temperatur-Strom-Wandler *B 511 N* nach Bild 5.52. Er vereint die positiven Eigenschaften der beiden schon »klassischen« Sensoren Thermistor (Heißleiter) und Kupferdrahtfühler, nämlich die hohe

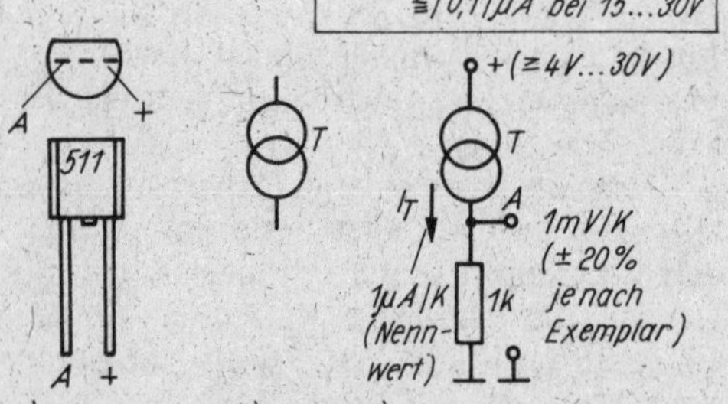

Bild 5.52
B 511 N – vielseitig nutzbare temperaturproportionale Stromquelle und ihre wichtigsten Kenndaten; a – Bauform, b – vorgeschlagenes Schaltzeichen, c – einfachste Schaltung für eine temperaturproportionale Meßspannung von 1 mV/K

Empfindlichkeit des Thermistors mit einer relativ linearen Wandlerkennlinie, wie sie ein Kupferdrahtfühler ausweist. Genau stimmt das jedoch nicht. Dem Amateur fehlen meist die Mittel, solche Abhängigkeiten rationell zu untersuchen. Für die im folgenden beschriebenen Anwendungen wird es jedoch genügen, wenn man den Abgleich auf die am meisten interessierenden Bereiche so gut wie möglich durchführt. Dabei aber hilft noch immer am besten das (allerdings mechanisch sehr empfindliche) Quecksilberthermometer – sofern man eine für Meßzwecke taugliche Ausführung erhält. Andernfalls bietet es wiederum nur einen Orientierungsrahmen. Daß selbst siedendes Wasser nicht in jeder Höhenlage auch genau 100 °C hat, ist bekannt. Auch Schmelzwasser mit Eisstückchen kann nicht immer exakt genug eingesetzt werden. Schließlich ist dieses Wasser auch ein elektrischer Leiter und zwingt daher zu Isoliermaßnahmen am Fühler, die besonders beim Siedepunkt bereits recht hohe Anforderungen an das Isoliermaterial (und seine Undurchlässigkeit) stellen. Eigentlich liegt für solche durchaus nützlichen Meßaufgaben auch die größte Problematik begründet, die die gute Idee von einer ebenso guten Realisierung trennt. Der Wohnbereichselektroniker ist dabei auf Handelsangebot und Phantasie angewiesen. Silikonkautschuk, wie *Cenusil*, und (für Feuchteeinsatz nur bedingt) *Suralin* stellen Möglichkeiten für das Isolieren der Fühler gegen Umgebungseinflüsse bis in den 100-°C-Bereich dar. Aber auch ein Silikongummischlauch, U-förmig nur teilweise in die zu messende Flüssigkeit getaucht, kann helfen. Oder ein zugelötetes Metallröhrchen als Aufnehmer des Wandlers zusammen mit einer entsprechenden Wandisolation im Innern (z.B. Ausgießen mit Epoxidharzkleber).

Doch schon der *B 511 N* allein hat eine relativ große Wärmekapazität. Nur enge thermische Kopplung mit dem Meßpunkt gewährt schnellen Temperaturausgleich. Aufkleben, mit Schelle aufschrauben, in eine Bohrung einführen und mit Epoxidharz vergießen, für Lufttemperaturmessungen ein kleiner Kühlflügel – all das sind Möglichkeiten der Anpassung an die Meßaufgabe. Doch schließlich gibt es bei Quecksilberthermometern ähnliche Probleme. Daher auch bei

Vergleichsmessungen stets bei (offenbar) konstanter Temperatur so lange warten, bis beide »eingepegelt« sind, bevor man einen elektronischen Abgleich betätigt! Diese Phase ist meist die zeitaufwendigste und die, bei der bleibende Fehler ins System kommen. Gerade darum sollte man im Rahmen des Sinnvollen die Möglichkeiten nutzen, die das Bauelement und seine Meßschaltung insgesamt bieten. Das Ganze ist ein Wechselspiel. Denn um z. B. den tatsächlichen Temperaturfaktor eines nicht enger klassifizierten *B 511 N* zu ermitteln, muß man ihn eben eine Weile auf einer möglichst verläßlichen Temperatur halten, z. B. in einem Ölbad mit Thermometer.

Zum Manuskriptzeitpunkt standen einige solcher ohne Ausmeßklassifizierung gelieferter *B 511 N* zur Verfügung. Wie groß die Nichtlinearitäten der Wandlerkennlinie im zugelassenen Einsatzbereich von −25 bis +125 °C sein können, war nicht bekannt. Sie sind die Ursache für Herstellerempfehlungen zu bestimmten Abgleichmethoden. Auf Grund entsprechender Einsatzerfahrungen an den genannten Mustern erwiesen sich die im folgenden beschriebenen Möglichkeiten aber als für die Wohnbereichspraxis geeignet. Das trifft um so mehr zu, als überwiegend vorausgesetzt werden kann, daß sich die Auswerteeinrichtung (bis auf den Fühler) auf Zimmertemperatur befindet.

Der *B 511 N* wird in diesem Abschnitt vorrangig behandelt und sowohl für anzeigende wie für signalauslösende Meßaufgaben benutzt. Der weiteren noch beschriebenen Möglichkeiten sollte sich der Leser bedienen, wenn entweder (noch) kein *B 511 N* verfügbar ist oder wenn die andere Lösung ebensogut und vielleicht insgesamt mit geringeren Kosten funktioniert.

5.5.1. Temperaturmeßkopf 1 mV/K (Celsius-Anzeige) mit *B 511 N*

Die temperaturabhängige Stromquelle *B 511 N* ist ein Zweipol. Er hat etwa 4 V Eigenspannungsbedarf und liefert dann einen Strom, dessen Nennwert in Mikroampere dem Zahlenwert der absoluten Temperatur in Kelvin entspricht, auf dem er sich befindet: 273 µA also bei 273 K = 0 °C. Er hat damit einen Temperatur-Stromfaktor von 1 µA/K. Leider stimmt das nur bei Exemplaren der Ausmeßklasse *m* genügend genau, und auch die Steigung der Strom-Temperatur-Kurve ist nicht konstant. Genauer – es handelt sich nicht um eine Gerade, sondern um eine Kurve. In praktisch nutzbaren Meßbereichen kann man aber geraden Verlauf als hinreichend gegeben ansehen. Ohnehin läßt sich der *B 511 N* nur zwischen −25 und +125 °C als Meßfühler verwenden. Er ist daher nichts für die Backröhre und kann in der Kühltruhe eben noch seinen Dienst versehen, wenn man diese −25 °C als untere Grenze ernst nimmt.

Wenn nur die absolute Temperatur angezeigt werden soll, bzw. wenn von einem Wächter eine 1-Punkt-Signalisierung erwartet wird, genügt ein System aus wenigstens 4,5 V Betriebsspannung, dem *B 511 N* und einem Meßwiderstand von 1 kΩ, über dem dann eine temperaturproportionale Spannung von 1 mV/K entsteht. In den äußersten Ausmeßklassen weicht jedoch der tatsächliche Faktor bis zu 20 % vom Sollwert ab: 0,8 mV/K und 1,2 mV/K sind die exemplarabhängigen Eckwerte, mit denen der Amateur bei einem nicht weiter gekennzeichneten *B 511 N* rechnen muß. Vertraut man nun im vorgesehenen Einsatzbereich auf praktisch ausreichende Linearität, so ergibt ein Widerstand von (1/0,8)kΩ beim Faktor 0,8 und einer von (1/1,2)kΩ beim Faktor 1,2 wieder den Spannungsfaktor 1 mV/K. Das ist daher die einfachste Abgleichmöglichkeit auf glatte Ausgangswerte gemäß Herstellerempfehlung.

Bei Temperaturmeßgeräten wünscht man aber meist eine Anzeige in Grad Celsius. Bild 5.53 zeigt das dafür übliche Verfahren: Ein Operationsverstärker erhält am invertierenden Eingang eine Spannung zugeführt, deren Wert der vom Fühler gelieferten Spannung bei 273 K, also 0 °C, entspricht. Dann bleibt der Ausgang auf 0 V, wenn sich der Fühler auf 0 °C befindet und wenn seine Spannung dem nichtinvertierenden Eingang zugeführt wird. Für den »idealen« *B 511 N* legt man eine »Verschiebespannung« von 273 mV an den invertierenden Eingang. Jede von 0 °C abweichende Temperatur führt dann zur Anzeige in Celsiusgraden und mit dem richtigen Vorzeichen.

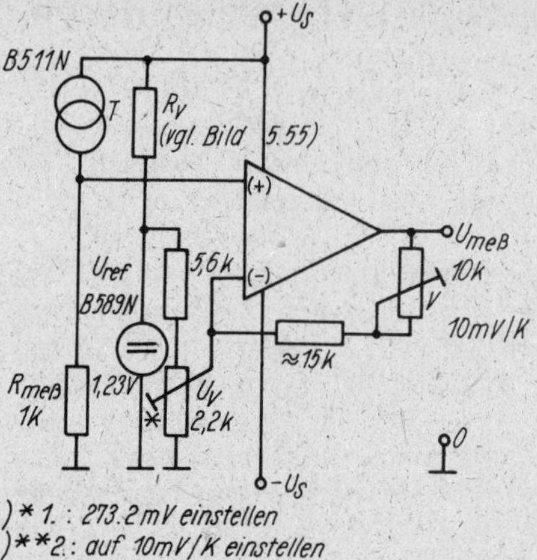

Bild 5.53
Mit einer »Verschiebespannung« U_V bildet man die Differenz zwischen der aktuellen absoluten Temperatur und dem Wert für 0 °C (273,2 K); Verfahren für festen Meßwiderstand von 1 kΩ: 1. Schritt – Verschiebespannung bei 0 °C auf Anzeige 0 V, 2. Schritt – Verstärkung auf Anzeigewert stellen, der der Temperatur (in °C, möglichst an der oberen Bereichsgrenze) entspricht

Wenn man bedenkt, daß z. B. die Temperatur +3° aus der Differenz von 276 mV – 273 mV gebildet wird, so läßt sich erkennen, wie genau und zeitunabhängig konstant sowohl der Meßwiderstand wie auch die Referenzspannung »stehen« müssen, will man sich auf diese Anzeige verlassen. Schon darum sollten diese Teile der Meßeinrichtung auch bezüglich ihrer Einsatztemperatur nicht unnötig strapaziert werden. Probleme gibt es also hauptsächlich im »vollen« Stufeneinsatz ohne die auf Zimmertemperatur gehaltene »Zentrale«.

Stellwiderstände bringen weitere Unsicherheiten. Man wird also versuchen, die erforderlichen Werte durch Festwiderstände zu realisieren oder zumindest den Stellbereich so weit wie möglich mit ihnen einzuengen. Wenn z. B. der Meßwiderstand mit genau 1 kΩ angesetzt wird, aber der Faktor des Fühlers von 1 abweicht, muß eben doch korrigiert werden. Der Hersteller empfiehlt dazu 2 Schritte: Zunächst paßt man die Referenzspannung dem tatsächlichen Wert bei 0 °C an. Danach wird der Fühler auf eine Temperatur an der oberen Meßgrenze gebracht. Mit der Verstärkung der »Auswerteeinrichtung« korrigiert man dann dort die Steilheit des gesamten Systems auf den Faktor 1. Das funktioniert, weil bei 0 °C ja nichts verstärkt werden kann, denn die Differenz ist 0 V. Daher hat die tatsächliche Verstärkung vor dem Abgleich keine Bedeutung. Ein solches Vorgehen setzt voraus, daß man die erforderliche Reserve von ±20 % in der Einstellbarkeit hat. Für übliche Operationsverstärkerschaltungen ist das kein großes Problem. Soll aber – für viele häusliche Zwecke ausreichend und rationell – einfach ein 3stelliger digitaler Anzeigemodul (üblicherweise mit einem *C 520 D* bestückt) »ganze« Temperaturwerte anzeigen, so ist kein Verstärker erforderlich. Allerdings muß man (zunächst – denn s. Abschn. 5.3.2.!) den Fehler in der Größenordnung von 1 Digit – was nun 1 K entspricht – in Kauf nehmen, den der Anzeigemodul in die Messung bringt. Insgesamt erhält man also den Vertrauensgrad üblicher Zimmerthermometer – jedoch mit einigen Vorteilen. Zunächst gibt die Anzeige einen wenn auch nicht absolut genauen Zahlenwert aus, den man nicht erst abschätzen muß. Nachts wird das noch günstiger; denn bei Manuskripterarbeitung beherrschte im Amateurbereich die selbstleuchtende Digitalanzeige noch das Feld. Schließlich aber kann man sich Temperaturinformationen »von überall her«, auch von außen, auf den Tisch holen. Welches Quecksilber- oder Alkoholthermometer bietet diesen Luxus? Und weiter: Unter gewissen Bedingungen kann man beliebig viele Meßpunkte nacheinander manuell oder automatisch abfragen. Die Anzeigeeinheit wird nur einmal gebraucht. Es gibt dafür im Handel Bausätze. Aber auch der völlige Selbstbau ist noch von Nutzen, besonders bei eigenen Vorstellungen zur Gesamtgestaltung.

Ein solcher Anzeigemodul sollte also »millivoltgenau« und damit neutral einsetzbar bleiben. Abgesehen davon, daß die Einstellbarkeit des Endwerts beim wohl noch immer dominierenden *C 520 D* ihre (engen) Grenzen hat – »zu viel« greift in das Gesamtverhalten ein, denn die Wandlerkennlinie (eine auch nicht völlig gerade Linie!) wird davon beeinflußt.

Ein vielseitig nutzbarer Meßkopf sollte also schon so ausgelegt sein, daß seine Ausgänge celsiusproportionale Spannungswerte liefern. Dann läßt sich jedes Digitalvoltmeter mit 1-V-Meßbereich (999 mV genau beim *C 520 D*) einfach anschließen, auch

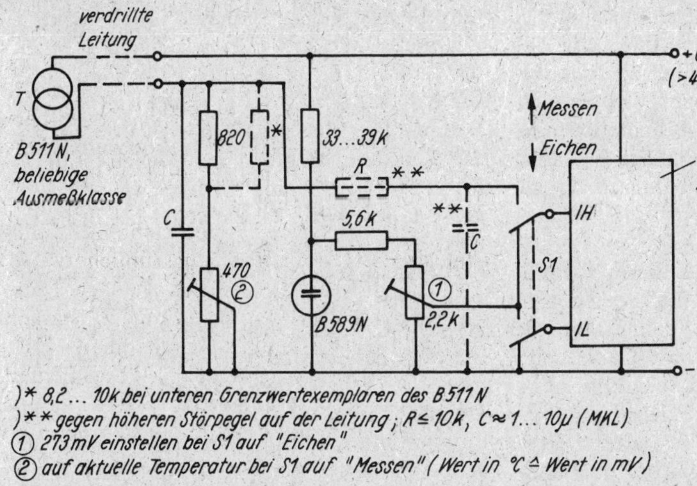

Bild 5.54 Meßkopf mit beliebig toleriertem *B 511 N* und auf spannungsgenaue Anzeige abgeglichenem Digitalvoltmetermodul; Verschiebespannung 273,2 mV am herausgeführten IL-Eingang; am Meßwiderstand Abgleich auf Anzeige der aktuellen Temperatur (1 mV ≙ 1 K); mehrere Meßfühler können mit eigenen Meßwiderständen zusammen umschaltbar angeschlossen werden

zeitweise bei Bedarf. Darum hat sich die Schaltung aus Meßkopf und Digitalvoltmetermodul nach Bild 5.54 gut bewährt, und zwar mit Exemplaren, die an beiden Grenzen angesiedelt waren.

Eingestellt werden muß (einmalig und mit eben dem Digitalvoltmeter als Anzeige) zunächst die Referenzspannung von 273 mV. Die Kommastelle bezüglich des wahren absoluten Nullpunkts zeigt ein 3stelliges Voltmeter ohnehin nicht mehr an. Man sollte im Interesse besserer Langzeitkonstanz dabei eine Serien- und Parallelschaltung von Festwiderständen mit niedrigem Temperaturkoeffizienten in Kauf nehmen (also auch für Außeneinsatz benutzbar). Nun wird der *B 511 N* (verläßlich!) auf eine Temperatur gebracht, die am besten im am meisten interessierenden Bereich liegt. Bei einem Zimmerthermometer fällt das am leichtesten. Nach dem Berühren oder gar Löten genügend lange warten!

Am Meßwiderstand stellt man nun auf aktuelle Temperatur ein. Erreicht wurde damit das: Für diese Temperatur hat das Produkt aus Sensorfaktor und Widerstandswert den Faktor 1 mV/K gebildet, wie oben erläutert. Hatte z. B. ein Exemplar an 1 kΩ bei 300 K statt 300 mV nur 240 mV geliefert, d. h., es flossen 240 µA statt 300 µA, so bringt ein Meßwiderstand von (300/240) kΩ = 1,25 kΩ wieder 300 mV trotz 240 µA. Diese Kombination ergibt aber bei 273 K die im folgenden errechnete Spannung, sofern die Fühlerkennlinie in diesem Bereich noch als Gerade angenommen werden kann. (Leider lagen zu

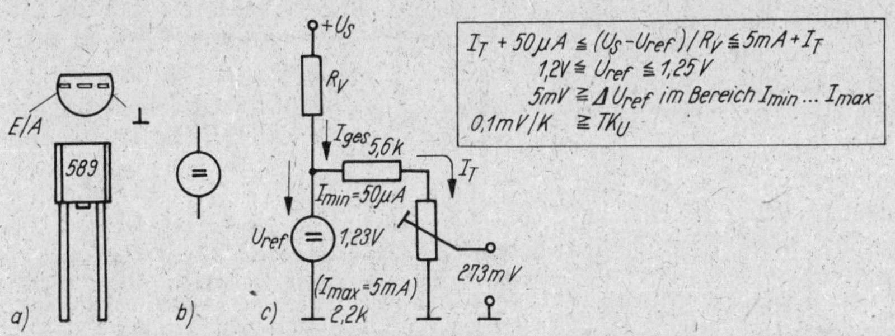

Bild 5.55 Band-Gap-Referenzquelle *B 589 N* und ihre wichtigsten Kenndaten. Sie stellt eine weitgehend temperaturabhängige Konstantspannung von etwa 1,23 V bereit, *I* darf 50 µA bis 5 mA betragen; a – Bauform, b – vorgeschlagenes Schaltzeichen, c – bei Teilerbelastung *I*-Bereich einhalten! (Beispiel)

den maximal zu erwartenden Linearitätsabweichungen der Wandlerkennlinie zum Manuskriptzeitpunkt noch keine detaillierten Aussagen vor, sie sollen sich aber im Bereich von voraussichtlich Kelvin-Bruchteilen halten.) 240 · (273/300) µA fließen bei 0 °C, und sie führen entsprechend über 1,25 kΩ zu 240 · (273/300) · (300/240) = 273 mV, wie gewünscht.

Nachzutragen bleibt, daß diese Meßmethode erst durch einen 2. kleinen Zweipol verläßlich genug werden konnte. Es handelt sich um die sogenannte Band-Gap-Quelle *B 589 N* (Bild 5.55), in der Schaltung nach Bild 5.54 bereits benutzt. Sie liefert bei Strömen zwischen 50 µA und 5 mA eine weitgehend von Temperatur und Strom unabhängige Spannung von etwa 1,23 V (mit Exemplarstreuungen). Übliche Z-Dioden erreichen weder die Konstanz noch auch dabei die niedrige Höhe dieser Spannung. Schlechtestes Bauelement bleibt wieder der Teiler auf 273 mV. Daher sollte man ihn aus Festwiderständen mit kleinem Temperaturkoeffizienten kombinieren. Und stets daran denken: Es geht um jedes Millivolt, wenn die Anzeige »voller« Celsiusgrade genau genug werden und bleiben soll!

5.5.2. Temperaturmeßkopf mit 10 mV/K (Celsius-Anzeige)

Um eine Größenordnung »nach links« verschiebt sich die Aussage des vorigen Abschnitts durch eine einfache Maßnahme: Man erhöht den Meßwiderstand auf das 10fache. Wieder unter den einschränkenden Voraussetzungen, daß seine thermischen »Unzulänglichkeiten« durch einen kleinen Temperaturhub für die Meßschaltung uninteressant bleiben, wird auf diese Weise das einfache System aus 3stelligem Digitalvoltmetermodul, Referenzquelle *B 589 N* und Meßkopf mit *B 511 N* zum in Zehntelkelvin anzeigenden Thermometer. Das gilt mit 2 Besonderheiten: Zum einen ist eine getrennte Spannung für den Meßkopf nötig, die außerdem wenigstens 4 V + T/100 V groß sein sollte, wenn T der Zahlenwert der absoluten Temperatur ist. (Wegen der mit steigender Spannung sinkenden Spannungsabhängigkeit des Temperaturstroms bei höheren Genauigkeitsansprüchen auch höhere Spannung wählen!) Für eine höchste Meßtemperatur von z. B. 100 °C werden also 4 V + 373/100 = 7,73 V gebraucht. Eine 9-V-Batterie läßt sich gerade noch vertreten, da die Belastung während der Meßzeit nur T µA beträgt, das sind weniger als 400 µA. Zum anderen gibt es Probleme bei der Anzeige von Temperaturen unter 0 °C. Die »kelvingequantelte« Anzeige des vorigen Abschnitts gestattet (theoretisch) noch bis zu −99 °C auszugeben. Das Vorzeichen bildet sich dabei je nach Dekodertyp ab. Ein großes A beispielsweise liefert der CMOS-Dekoder *U* bzw. *V 40511 D*.

Beim »Zehntelkelvin«-Modul ergibt sich schon bei −9,9 °C negativer Überlauf. Man kann dem durch manuelles oder auch automatisches Umschalten begegnen – ein weites Feld für interessante Zusatzschaltungen! Bei Manuskriptabgabe informierte eine kurze Pressenotiz über ein Zimmerthermometer *Digitherm*, ebenfalls mit 0,1 K Auflö-

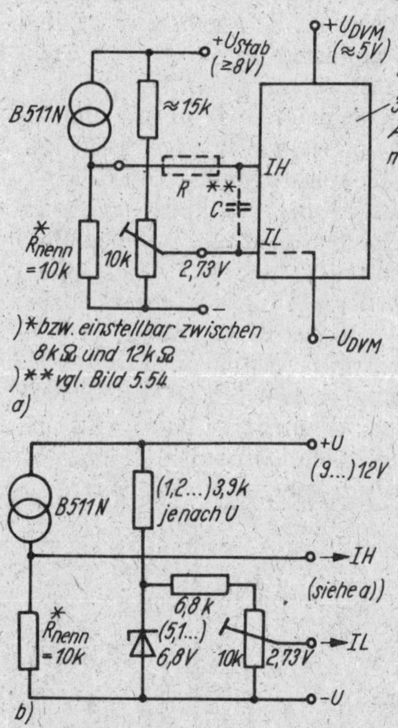

Bild 5.56
Meßkopf mit beliebig toleriertem *B 511 N* und Digitalvoltmeter mit hochohmigem Eingang (≧ 1 MΩ) für den Anzeigefaktor 10 mV/K (Schalter im DVM nötig, wenn am *C 520 D* ein niederohmiger Teiler liegt!); a – Betrieb des Meßkopfs aus stabilisierter Spannung, b – eigene Stabilisierung nur der Gegenspannung (s. Text), einfachste Variante

sung. Nähere Angaben fehlten leider. Es ist denkbar, daß sich auch in diesem Gerät, dessen untere Anzeigegrenze mit »etwa −10 °C« angegeben wurde, mit einem solchen Umschalter der Bereich nach unten erweitern läßt, vorausgesetzt, es basiert ebenfalls auf dem *C 520 D*.

Bild 5.56 zeigt die Kombination des beschriebenen Meßkopfs mit dem nun ohne Eingriff in den IL-Eingang benutzbaren DVM-Modul mit *C 520 D*. Letzten Endes kann man das also doch als einen Vorteil verbuchen. Die Referenzquelle (im Bild aus einem sofort erkennbaren Grund zunächst relativ allgemein als Z-Diode angedeutet) ist jetzt auf der Meßkopfseite unterzubringen. Leider tut es nun aber nicht mehr der *B 589 N* allein, denn mehr als 1,23 V liefert er nicht. Es gibt mehrere Möglichkeiten, die erforderlichen 2,73 V dennoch ausreichend stabil bereitzustellen. Bild 5.57 skizziert 2 davon.

Den Meßkopf kann man – mit einem Steckverbinder für »fern« angeschlossenen *B 511 N* versehen – direkt an das Digitalvoltmeter anklemmen. Die Bedingung, die sich z. B. durch einen Zusatzschalter »U – ϑ« im Digitalvoltmeter leicht erfüllen läßt, muß aber unbedingt beachtet werden: Es darf kein Meßteiler angeschlossen sein, wie er in der nichtmodifizierten *C 520*-Beschaltung erforderlich ist. Dort besteht wegen des in der Meßphase aus dem Ausgang fließenden Stroms um 100 nA ja die Forderung, den Eingang mit höchstens 10 kΩ abzuschließen. Entweder benutzt man daher die bereits u. a. in *Bauplan Nr. 55* vorgestellte hochohmige Spezialbeschaltung für z. B. 1 MΩ/V oder mehr, oder es wird eben für die Temperaturmessung jede andere Beschaltung aufgetrennt. Zur Meßzentrale – wieder mit der reizvollen Erweiterungsaufgabe automatischer zyklischer Umschaltung mit Meßstellenkennung in der Anzeige – wird das Ganze durch mehrere Fühler, verteilt auf die interessantesten Punkte der Wohnung. Ein

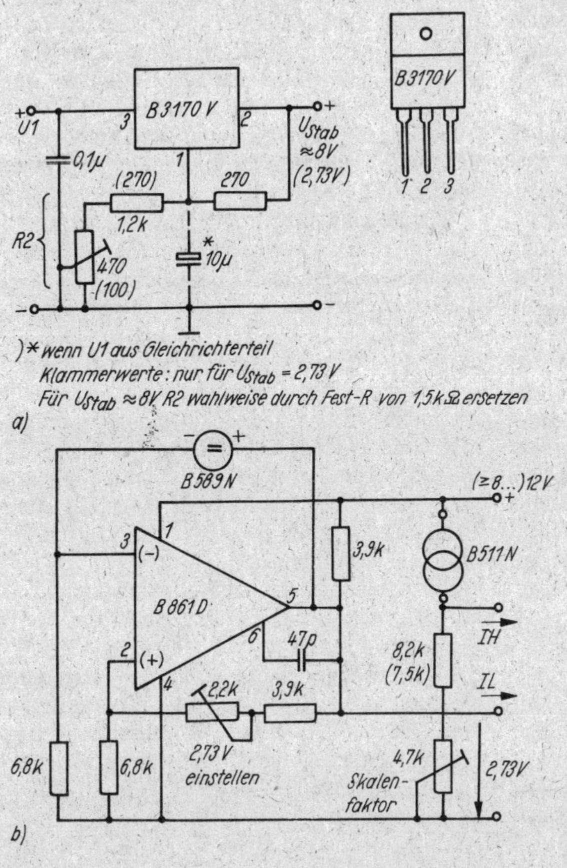

Bild 5.57
Möglichkeiten für die zu Bild 5.56 nötige Referenzspannung von 2,732 V im Meßkopf; a – für Bild 5.56a als Gesamtstabilisierung oder (Klammerwerte) nur zur Einstellung von 2,73 V für Bild 5.56b, b – für Bild 5.56b (Gesamtschaltung mit Fühler und einstellbarem Skalenfaktor)

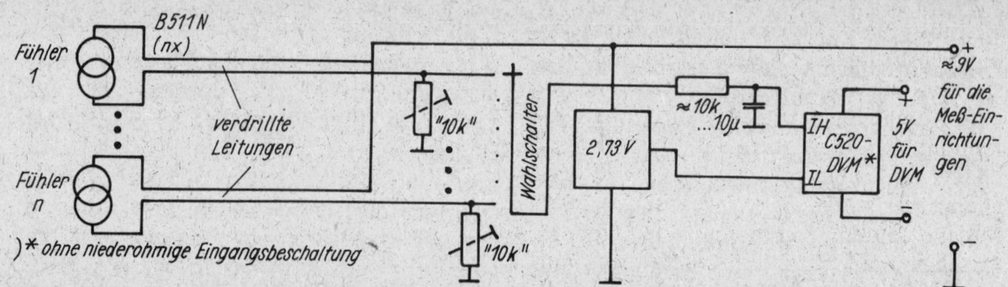

Bild 5.58 »Thermometerzentrale« für die Wohnung – kann ebensogut in Einzelgeräte aufgelöst werden (Vorschläge)

Beispiel zeigt Bild 5.58. Es ist sowohl relativ wenig aufwendig wie auch sehr zweckmäßig. Eine Referenzquelle genügt, und nun läßt sich auch der etwas höhere Aufwand wieder rechtfertigen. Im Grund verlagert man doch nur den Einsatz eines Operationsverstärkers vom DVM-Eingang auf die im Fall höherer Genauigkeitsforderungen sinnvolle Kombination *B 589 N* plus »Spannungs-Booster«-OPV. Doch das läßt bei kleinem Umgebungstemperaturhub auch noch eine weniger aufwendige Variante in Form einer Z-Dioden-Referenz zu. Sie ist um so verläßlicher, je geringer außer dem Temperaturhub auch der speisespannungsbedingte »Stromhub«. Es hängt von der Preissituation ab (Amateurtyp für *B 3170?*), ob schließlich auf der anderen Seite der Skale dieser Möglichkeiten auch der integrierte Spannungsregler *B 3170* eine beachtenswerte Alternative darstellt. Schließlich ist in ihm ja ebenfalls eine Band-Gap-Quelle enthalten, wie sie der *B 589 N* darstellt. Nur – jetzt werden von ihr als Bezugswert aus auch höhere Spannungen möglich. Allerdings beachte man den für einwandfreie Funktion der integrierten Regelschaltung erforderlichen Mindeststrom von etwa 4 mA. Das legt stationären (Netz-)-Betrieb nahe, und dann wiederum wird man oft bereits eine stabile (Speise-)Spannung benutzen, von der aus – gegebenenfalls durch Nachstabilisieren mit einer dann stromkonstant speisbaren Z-Diode – die gewünschten 2,732 V gewonnen werden können.

5.5.3. Thermometerkombination für große Bereiche und leitende Medien

Das langsame Anpassen des *B 511 N* an die aktuelle Temperatur und die Notwendigkeit des Einbettens, wenn z. B. in Wasser gemessen werden soll, machen die im folgenden beschriebene Kombination interessant.

Ausgangspunkt ist zunächst noch einmal der *B 511 N* selbst, und zwar in Verbindung mit einem Operationsverstärker. Vordergründiger Unterschied zu bisher beschriebenen Varianten: Es wird die invertierende Schaltungsart benutzt. Das erscheint zunächst nicht ganz sinnvoll, da der Meßwert am Ausgang gegen Masse nun negativ gepolt ist. Zunächst kann aber für normale Temperaturmessung mit getrenntem Digitalvoltmetermodul davon ausgegangen werden, daß beide Einheiten wieder getrennte Stromversorgung haben. Man hat also lediglich die Eingangszuordnung zu vertauschen: Der Plus-Eingang des Voltmeters wird an Masse, der Minus-Eingang an den Ausgang des Meßmoduls gelegt.

Richtig sinnvoll ist der Operationsverstärker außer für die vorerst noch nicht ganz einsehbare Invertierung für ein solches Thermometer nur, wenn man ihn 10fach verstärken läßt und damit wieder Zehntelkelvin-Anzeige realisiert. Mit der nun schon bekannten *B 589 N*-Verschiebeschaltung (diesmal am nichtinvertierenden Eingang) zusammen erhält man wieder Celsius-Anzeige.

Dieser Einsatzfall wurde für sich allein nicht nochmals dargestellt, denn er läßt sich auch aus der noch folgenden Gesamtschaltung leicht ableiten.

Für den vorgesehenen Hauptanwendungsfall wird nur auf V = 1 eingestellt, und der Operationsverstärker erhält eine symmetrische Spannungsversorgung. Beides geschieht im Interesse eines möglichst stabilen Verhaltens. Die *511-589*-OPV-Kombination ist nämlich jetzt »nur« Hilfsschaltung für die eigentliche Lösung. Für diese wird ein Kupfer-Konstantan-Thermoelement eingesetzt.

Notfalls durch Abwickeln von einem aus möglichst dünnem Widerstandsdraht hergestellten Drahtwiderstand gewinnt man die eine Komponente, etwa gleich dünner Kupferdraht stellt die andere dar, die für ein solches Thermoelement erforderlich ist. Üblicherweise wird die Verbindung beider Metalle durch Schweißen vorgenommen. Das kann mit einer speziellen Gasflamme durchgeführt werden. Auch das Entladen eines Elektrolytkondensators mit möglichst großer Spannung und Kapazität wird gelegentlich empfohlen. Für das Mustergerät wurde der »Weg des geringsten Widerstands« beschritten, was aber auch einen Schaltungsgrund hatte. Bis etwa 250 °C Einsatztemperatur läßt er sich vertreten. Die entstandene 3-Stoff-Kombination könnte zwar einen etwas anderen Skalenfaktor haben, doch das fällt beim Eichen heraus. (Ein praktischer Vergleich mit verschweißten Enden brachte jedoch keine mit den vorhandenen Meßmitteln nachweisbaren Unterschiede.) Kurz gesagt – die Enden werden zusammengelötet. Das erfordert sorgfältiges vorheriges Reinigen besonders des Widerstandsdrahts, z. B. mit feinem Schmirgelleinen. Das Flußmittel darf dann ruhig etwas aggressiver sein, nur sind die Reste danach gründlich zu entfernen.

Für jene, die Schweißen vorziehen, gibt Bild 5.59 Empfehlungen. Man sollte etwas üben. Ziel ist ein Schweißkügelchen am Fühlerende, in dem beide Drahtenden vereint sind. Der Elektrolytkondensator wird schwarze Brandflecken erhalten, und im normalen Einsatz sollte man ihn so auch nicht strapazieren. Vielleicht bleiben ange-

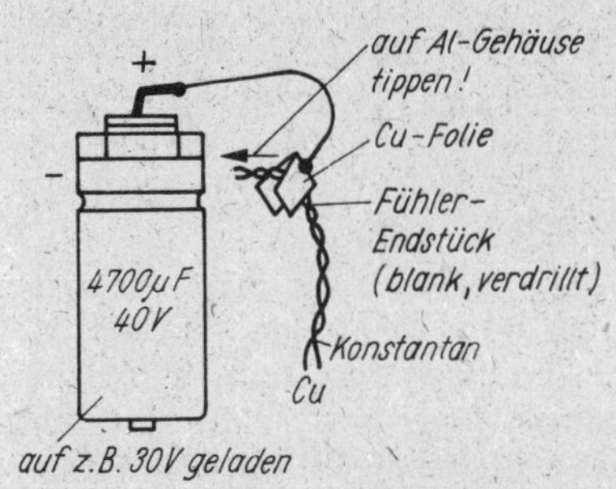

Bild 5.59
Mit etwas Übung kann man auf diese Weise dünne Drahtkombinationen aus Widerstands- und Kupferlackdraht stirnseitig verschweißen, so daß ein Thermoelement entsteht

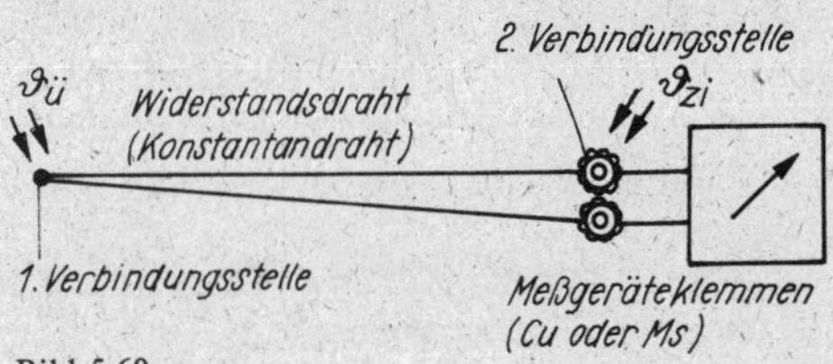

Bild 5.60
Die auf der Temperatur $\vartheta_{ü}$ liegende Verbindungsstelle von Kupfer- und Widerstandsdraht liefert an das Meßgerät eine Thermospannung, wenn die andere Stelle des Widerstandsdrahtes in Verbindung mit der Meßklemme aus Messung oder Kupfer eine andere Temperatur (ϑ_{Zi}) hat

schweißte Kupferfoliestücken am Fühler. Man entfernt sie vorsichtig nur so weit, wie das für die Drähte gefahrlos bleibt. Je nach Drahtdicke wird man die Fühlerleitung noch mit Isolierschlauch schützen, die Meßstelle selbst bleibt am besten frei. Auf diese Weise reagiert sie am schnellsten. Dünne Leitungen auf größere Distanz zwischen Meßstelle und Anzeigegerät können mit einem dickeren Hilfsdraht gestützt werden. Die Musterfühler bestanden z. B. aus 0,15 mm dickem Konstantandraht und 0,17 mm Kupfer-Lack-Draht (möglichst keinen mit lötfähigem Lack benutzen, sondern thermisch hoch beständigen!). Die bei den Anwendungen bis zu 3 m langen Leitungen wurden mit einer *Piko*-Bohrmaschine verdrillt. Lange Zuleitungen bringen aber auch wieder die üblichen Probleme bezüglich Störeinstreuungen. Angesichts der geringen thermo-elektrischen Spannungen muß man darauf aber besonders achten. Wenn also der Meßpunkt auf Zimmertemperatur liegt, die Einrichtung aber eine Übertemperatur anzeigt, stimmt etwas nicht. Und es muß nicht nur am Offset des Verstärkers liegen.

Es ist nun an der Zeit, auf die Größenordnungen der Effekte einzugehen und die Nachteile solcher Thermoelemente zu zeigen. Ein Thermoelement existiert nie »für sich allein«. Bild 5.60 deutet es an. Die auf der »Übertemperatur« $\vartheta_{ü}$ (sie kann aber auch unter der anderen liegen!) gehaltene Meßstelle ergibt eine Thermospannung gegenüber der auf Bezugstemperatur (ϑ_{Zi}) gehaltenen. Normal sind etwa 33 µV/K, was schon spezielle Meßgeräte erfordert. Die auf Zimmertemperatur ϑ_{Zi} liegenden Meßklemmen mögen aus Kupfer bestehen. Das häufig benutzte Messing ergibt nur unwesentlich andere Verhältnisse. Kupfer gegen Meßklemme heißt also vernachlässigbare Thermospannung. Der Konstantandraht und die Meßklemme bilden dagegen wieder ein Thermoelement.

Nur bei unterschiedlichen Temperaturen der beiden Verbindungsstellen kann eine Spannung gemessen werden. Bei $\vartheta_{ü} = 100$ K (im vorliegenden Fall 127 °C) sind es beim genannten Wandlungsfaktor $100 \cdot 33$ µV, also 3,3 mV. Damit kommt als erster Größenordnungstest für das Thermoelement die Lötkolbenspitze in Frage. Bei $\vartheta_{ü} = 300$ K erhält man etwa 10 mV Anzeige. Es gibt spezielle Drehspulzeigermeßgeräte, die das bereits mit Vollausschlag quittieren. Einen üblichen *Multizet* dagegen bringt es nur wenig aus der Nullage. Der Strombedarf von Drehspulmeßwerken begrenzt nach unten hin den zulässigen Durchmesser besonders des Konstantandrahts mit seinem hohen spezifischen Widerstand. Nach oben hin begrenzt wird aus gleichem Grund die Drahtlänge. Die Musterthermoelemente mit etwa 25 Ω/m ergaben bei 4 m Länge schon 100 Ω Leitungswiderstand. Die erfreulich kleine Wärmekapazität und die geringe Wärmeableitung solch dünner Fühler haben also ihre Kehrseite in der Forderung, daß das Meßgerät wenigstens 10 kΩ Eingangswiderstand haben sollte, wenn der Innenwiderstand des Fühlers davon nicht mehr als 1 % betragen soll. Allerdings ist Eineichen auch bei niederohmigen Eingängen möglich, zumal der Widerstandswert von speziellem Widerstandsdraht von der Temperatur wenig abhängt.

Es wird aber deutlich, daß bei geringeren Temperaturdifferenzen einiger (stabiler!) Verstärkeraufwand nötig ist, wenn keine so speziellen Instrumente verfügbar sind – und vor allem, wenn geringere Temperaturbereiche mit größerer Genauigkeit erfaßt werden sollen. Ohne Elektronik schließlich wird es auch nicht möglich sein, »per Elektronik« auf bestimmte Grenzwerte zu reagieren.

Milch oder bisweilen auch einen Wäschetopf z. B. möchte man kurzzeitig unbeaufsichtigt lassen können. Ein Grenzwertmelder etwa für 95 °C, kurz vor dem Kochpunkt des Wassers, darf aber kein Übertemperaturmelder sein. Der große Vorzug des Thermoelements, daß man es einfach in die leitende

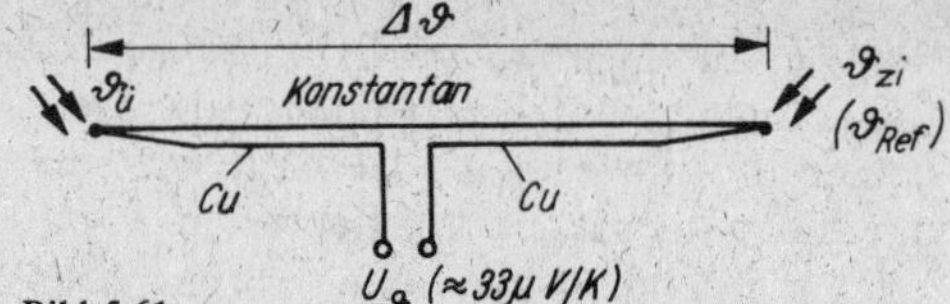

Bild 5.61
»Saubere« Lösung zu Bild 5.60: Zum Meßgerät führen 2 Kupferdrähte, während die beiden Verbindungsstellen auf unterschiedlicher Temperatur liegen; die eine wird meist auf »Referenztemperatur« gehalten

Flüssigkeit hängen kann, wird dadurch zunächst relativiert. Gefragt ist eine Echtanzeige bzw. zuverlässige Reaktion auf den in Grad Celsius ausdrückbaren Temperaturwert.

Die oben als »Gegenelement« arbeitende Geräteklemme ist nicht so günstig. Sauberer werden die Verhältnisse, wenn das Konstantanende in ein 2. Thermoelement mit Kupferdraht zusammen ausläuft (Bild 5.61). So erhält man 2 Kupferdrahtzuleitungen, also etwas thermisch Neutrales, wenn die Meßklemmen von gleichem Material sind.

Und nun kommt die Hilfe der Elektronik: Diesen 2. Fühler bringt man in engen thermischen Kontakt mit dem eingangs an einen invertierenden Verstärker angeschlossenen Temperatursensor *B 511 N*. Um das System gegen Zugluft, Wärmestrahlung und andere Störfaktoren zu schützen, wird ein kleiner »kalter« Thermostat geschaffen (z. B. im Sinne von Bild 5.62). Dafür gibt es viele Möglichkeiten. Sie hängen auch etwas vom verfügbaren Raum im Meßgerät ab. Als in-

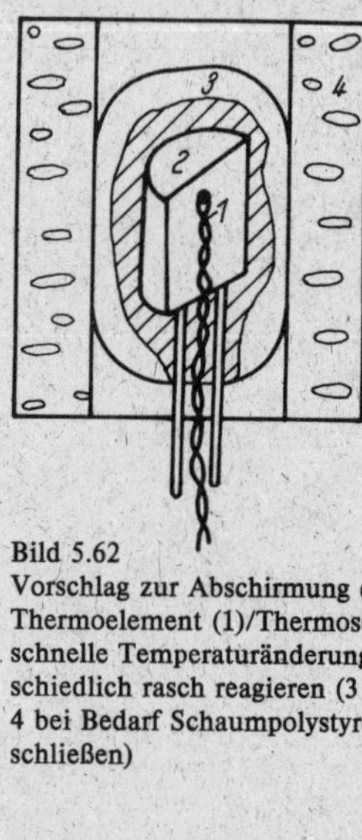

Bild 5.62
Vorschlag zur Abschirmung der Referenzkombination Thermoelement (1)/Thermosensor *B 511 N* (2) gegen schnelle Temperaturänderungen, auf die beide unterschiedlich rasch reagieren (3 *Suralin*- oder *Cenusil*-Hülle, 4 bei Bedarf Schaumpolystyrol, mit Masse von 3 verschließen)

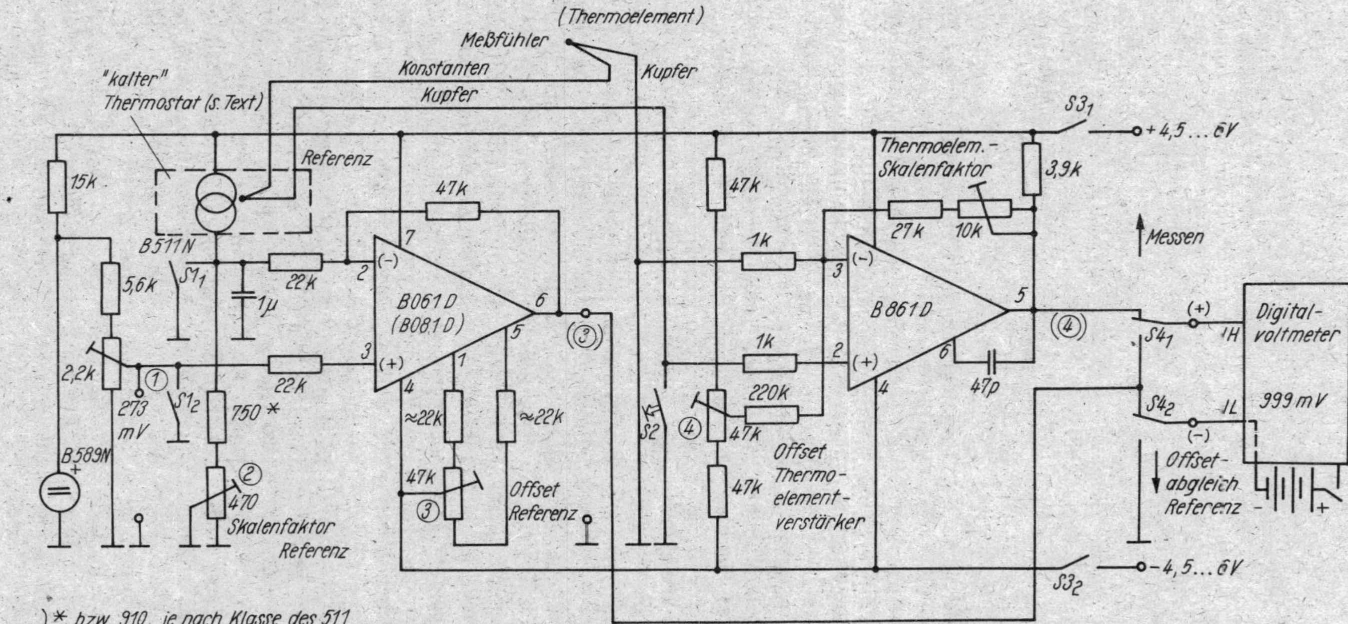

)* bzw. 910, je nach Klasse des 511

a)

Bild 5.63 a In Celsiusgraden anzeigendes Thermometer mit nachgeführtem Bezugswert; das Digitalvoltmeter zeigt mit »virtuellem Bezugspunkt« 0 °C die Meßpunkttemperatur ϑ_p in Grad Celsius an: $\vartheta_p = \vartheta_ü + \vartheta_{Ref}$ mit $\vartheta_ü$ in K und ϑ_{Ref} in Grad Celsius; a – unvollkommene Lösung mit *B 861 D* (externer Offsetabgleich, stabile Betriebsspannung nötig)

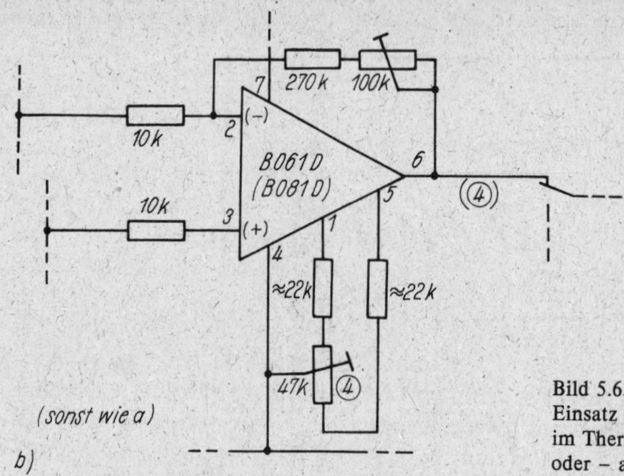

Bild 5.63 b
Einsatz von Typen mit Offsetangleichanschlüssen auch im Thermoelementverstärker (statt *B 861 D B 061 D* oder – ab ±5 V – *B 081 D*)

nere Störquelle bleibt die im *B 511 N* entstehende Wärmeleistung. In diesem Fall stehen Meßgenauigkeit (möglichst hohe Spannung) und sich dadurch ergebende Verlustwärme im Widerstreit. 4 V sind die Untergrenze für den *B 511 N*; bei 0,3 mA (was etwa Zimmertemperatur entspricht) werden 1,2 mW in Wärme umgesetzt. Äußere Temperaturänderungen sollten auf das Innere des Thermostaten nicht mit zu großen unterschiedlichen Zeitkonstanten bezüglich Thermoelement und Sensor übergreifen. Je geringer also die Umgebungstemperaturänderungen, um so verläßlicher das Meßergebnis.

Auf diese Weise wird u. a. deutlich: Man kann zwar für erste Versuche den Konstantandraht einfach mit dem entsprechenden Schaltungspunkt direkt verlöten. Das ist dann das auf Umgebungstemperatur liegende 2. Thermoelement. Doch es unterliegt damit allen Schwankungen – eben durch Zugluft, Wärmeleitung usw. Auch ein noch so nahe davon angebrachter *B 511 N* als Referenzfühler nützt wenig. Also verfährt man doch endgültig besser ähnlich Bild 5.62.

Bild 5.63 zeigt die Gesamtschaltung eines mit Thermoelement ausgerüsteten Thermometers für Anzeige in Celsius-Graden. Über den Teil, in dem die der Umgebungstemperatur entsprechende Meßspannung erzeugt wird, war schon gesprochen worden. Man muß sich allerdings entscheiden, ob das Gerät vorrangig für das Messen der Umgebungstemperatur selbst benutzt werden soll – dann ist es besser, auf den Thermostaten und letzten Endes auch auf den ganzen Thermoelementeteil zu verzichten und die Verstärkung von 1 auf 10 zu erhöhen. Doch solche Anwendungen behandelte bereits der vorangegangene Abschnitt.

Der Sinn der Einrichtung nach Bild 5.63 besteht also darin: Das Fühlerthermoelement reagiert auf die Temperatur seiner unmittelbaren Umgebung. Das kann auch die Zimmertemperatur sein. Aus Gründen der niedrigen Thermospannungen wird ein 3stelliges Digitalvoltmeter mit 999-mV-Bereich diese Temperatur nur mit einer Auflösung von 1 K anzeigen. Erst bei höheren Temperaturen, z. B. im Kochbereich, entwickelt die Einrichtung daher ihren vollen Nutzen.

Das Bezugsthermoelement befindet sich in möglichst gutem thermischen Kontakt zum *B 511 N* – auf prinzipiell »irgendeiner«, aber eben einer gemeinsamen Temperatur. Der Wert dieser Temperatur in Celsius-Graden (aber mit negativem Vorzeichen!) steht am Ausgang des »Referenz-OPV« zur Verfügung. Am Ausgang des die Thermospannung verstärkenden OPV ergibt sich nach Grundabgleich der »kelvingestufte« Wert der Übertemperatur. Legt man an diesen Punkt den positiven Eingang des genannten DVM-Moduls und seinen negativen an den Ausgang des Referenz-OPV, so zeigt das DVM die Summe aus Referenztemperatur und Übertemperatur. Das ist somit aber die Temperatur des Thermoelementfühlers in Grad Celsius. Mit dieser Kombination kann man von −99 °C bis theoretisch +999 °C messen. Praktisch setzt die Lackisolation des Kupferdrahts der Messung bei etwa +200 °C eine obere Grenze.

33 µV/K bleibt für die Meßaufgabe dennoch ein Wert, der sowohl sorgfältigen Aufbau und Vermeiden größerer Temperaturhübe (um Änderungen im Gerät kleinzuhalten) als auch zumindest einen verläßlichen Erstabgleich erfordert. Später genügt es, gelegentlich die Nullpunkte beider Operationsverstärker zu kontrollieren und bei Bedarf an den beiden Offsetpotentiometern abzugleichen. Ohne Offsetabgleichmöglichkeit ist die vorliegende Meßaufgabe jedenfalls nicht befriedigend zu lösen. Batteriebetrieb kann sinnvoll sein, weil dann weniger Störeinflüsse zu erwarten sind. Fühlerstrom im Referenzteil (etwa 0,3 mA) und Strom für den *B 589 N* (im Muster etwa 0,2 mA) legen dann aber nahe, die Einrichtung nicht ständig eingeschaltet zu lassen, selbst bei Verwendung von Operationsverstärkern mit kleinem Strombedarf. Bedenkt man die vielseitigen Einsatzmöglichkeiten, wirkt die Gesamtschaltung nach Bild 5.63 keineswegs »überladen«. Um zu zeigen, daß sich auch hier die »all-round«-Typen der Reihe *B 861 D* benutzen lassen – was oft eine Frage des augenblicklichen Zugriffs ist –, enthält der Thermoelementeteil einen *B 861 D.* Die Schaltung zeigt damit gleichzeitig, wie man in diesem Fall den Offset von außen einstellen kann. Das erfordert einen relativ großen Vorwiderstand, um den Einfluß auf die Verstärkungseinstellung kleinzuhalten. Das Einengen des Stellpotentiometerbereichs muß wieder dem Exemplar angepaßt werden, damit sowohl ein problemloser Abgleich guter Treffsicherheit wie eine befriedigende zeitliche Konstanz erreicht wird.

Mit 5 Stellpotentiometern erscheint die Einrichtung zunächst etwas unübersichtlich. Es wird sofort übersichtlicher, wenn man unter Verwendung des zunächst noch frei anschließbaren Digitalvoltmeterteils so vorgeht:

- Verschiebespannung im Referenzteil auf 273 mV einstellen. Dieses Potentiometer, wenn es sich nicht mehr verstellt, kann man anschließend »vergessen«. (Daher sind Festwiderstände hier noch besser!)
- Doppelschalter S1 (z. B. *Simeto*-Typ oder Taster mit 2 Schließern) an Masse schalten; am Ausgang 3 gegen Masse mit Potentiometer 3 Offsetabgleich auf 000 V. Dieser Abgleich sollte bisweilen wiederholt werden. Der mit eingezeichnete S4 kann das später erleichtern. S1 und S4 lassen sich auch auf einer Taste zusammenfassen, wenn diese über 4 Umschaltkontakte verfügt.
- Skalenfaktor des *B 511 N* abgleichen: Dazu muß dieser Thermosensor 1malig auf einer möglichst genau bekannten Temperatur gehalten werden. Ihren »aktuellen Wert« (negativ gegen Masse) zeigt dann das DVM an, wenn am 470-Ω-Stellwiderstand entsprechend eingestellt wird. Bei sehr tief liegendem Faktor und ungünstiger Toleranz des Stellwiderstands 750 Ω auf 820 Ω oder 910 Ω ändern. Abgesehen von der Alterung des Sensors, braucht dieses Potentiometer anschließend – z. B. mit Lack gesichert – ebenfalls nicht mehr verändert zu werden.
- Offsetabgleich des Thermoelementteils: S2 schließen (im Muster war das ein Mikrotaster); am Potentiometer 4 Ausgang 4 gegen Masse auf 000 V stellen. Hält man später die Reihenfolge Offset Referenz – Offset Thermoelementverstärker ein, so stellt Ausgang 3 bereits Massebezugspotential dar, und ein weiterer Schalter läßt sich sparen.
- Skalenfaktor Thermoelement: Meßfühler auf verläßliche, möglichst hohe Temperatur bringen. Am 10-kΩ-Stellwiderstand auf dieser entsprechende Anzeige in Millivolt einstellen.

Hinweis: Mit einem Fieberthermometer läßt sich z. B. die Körpertemperatur unter der Zunge recht genau ermitteln. Man kann das Thermoelement also an dieser Stelle bereits rasch einmal kontrollieren.

Das mit den Typen *B 061 D* (Mikroleistungs-OPV mit FET-Eingängen) und *B 861 D* bestückte Gerät kommt mit 2 × 4,5 V Betriebsspannung aus, dessen Grundwert bis 6 V erhöht werden kann. Je geringer die Änderung dieser Spannungen im Betrieb, um so kleiner auch der an sich recht niedrige Einfluß der Betriebsspannung auf das Meßergebnis. Der externe Offsetabgleich des *B 861 D* stellt in diesem Fall den größten Störfaktor dar, da er sich auf die Betriebsspannungen bezieht. Im Grund steht man vor der Wahl, entweder in kurzen Zeitabständen Offsetabgleich vorzunehmen oder die beiden Spannungen zu stabilisieren. Im

Fall von Batteriebetrieb bringt das wieder neue Probleme. Man kann statt dessen unter Beachten der Anschlußlage jedoch ebenfalls einen *B 061 D* benutzen. Open-collector-Typen haben bei kleineren Verstärkungen außerdem bisweilen Schwingneigung, doch vor allem die integrierte Offsetabgleichmöglichkeit spricht für den hochohmigen FET-Typ. Bei ±6 V Betriebsspannung liegt die Schaltung dann mit 2 × *B 081 D* sicher genug. Selbstverständlich lassen sich die beiden Einzeltypen durch einen *B 063 D* oder *B 083 D* ersetzen. In ihrem 14poligen Gehäuse sind weiterhin Offsetabgleichanschlüsse vorhanden, im Gegensatz zum Doppel-OPV *B 062 D* bzw. *B 082 D.* Letzten Endes sind diese ganzen Typentscheidungen auch eine Frage der gerade greifbaren Bauelemente. Bei der Erarbeitung der vorgestellten Schaltung war es nicht viel anders – nicht nur *B 511 N* und *B 589 N* zählten nicht schon zur längerfristig verfügbaren Handelsware, auch der *B 061 D* war gerade erst zugänglich geworden. Auf eine endgültige Leiterplattenlösung für dieses vorerst auf Lochrasterplatte erprobte Gerät mußte daher diesmal noch verzichtet werden.

5.5.4. Digitalvoltmetermodul für Thermometeranzeige

Eine Digitalanzeige ist bei allen diesen Lösungen unbedingte Voraussetzung. Inzwischen ist der 3stellige AD-Wandler *C 520 D* in unzähligen Schaltungsvarianten eingesetzt und beschrieben worden. Es gibt auch eine Broschüre dazu in der Reihe electronica und einen Bauplan. Nicht jeder Leser wird auf eine dieser Unterlagen zurückgreifen können. Auch die inzwischen im Handel angebotenen Bausätze unterschiedlicher Hersteller können nicht unbedingt als Basis vorausgesetzt werden. Im Interesse der Vollständigkeit bringt darum der folgende Abschnitt die wichtigsten Informationen und Bauhinweise zum Thema *Digitalanzeige einer Gleichspannung.* Dabei können – wie aus den vorangegangenen Abschnitten zu erkennen ist – entweder Anzeigeteil und Meßteil (Temperatur-Spannungs-Wandler) aus einer gemeinsamen Spannung betrieben werden, oder man benötigt (mindestens) 2 getrennte Quellen. Dort, wo die Grundpegel genügend hoch sind, wie beim *B 511 N*, lassen sich bei Fernmessungen auch bei Netzbetrieb aus von einem Klingeltransformator o. ä. gespeisten, stabilisierten Netzteil die auftretenden Störungen aus der Umgebung noch beherrschen. Die Probleme bei Thermoelementbetrieb legen wegen der kleinen Signalpegel mindestens für den weniger Erfahrenen Batteriebetrieb nahe sowie auf das Nötigste reduzierte Entfernungen zwischen Meßfühler und Verstärker- und Anzeigeteil. Für diesen Anzeigeteil aber muß es keinen Nachteil darstellen, wenn er seine eigene Versorgung hat. Man kann ihn dann ja auch für viele andere Zwecke einsetzen.

Entsprechend den einleitenden Bemerkungen sei es gestattet, vorwiegend auf die beiden genannten Veröffentlichungen gestützte Informationen wiederzugeben. Durch die Existenz in *typofix* gespeicherter ätzfester Leiterbilder liegt es besonders nahe, sich dieser bewährten Lösungen zu bedienen.

Der *C 520 D* »in Kürze«
Was vorher mit hohem Aufwand an Bauelementen erkauft worden war, befindet sich nun im 16poligen DIL-Gehäuse des *C 520 D.* Die angelegte Meßspannung wird in einer komplexen Schaltung »verarbeitet«: Ihre Höhe steuert über einen Spannungs-Strom-Wandler periodisch die Entladezeit eines vorher mit Konstantstrom aufgeladenen Integrationskondensators. Er ist eines der wenigen externen Bauelemente, und er sollte ein im Wert zeitlich verläßlicher, auch im Isolationswiderstand hochwertiger Typ sein (MKL ist angemessen). Die für seine jeweilige Wiederaufladung nötige Zeit wird von einem internen Zähler digital erfaßt. Die Information darüber steht an den 4 »BCD«-Ausgängen im BCD-Kode zur Verfügung. Zur Einsparung von Leitungen werden die Informationen mit 3 Digit Anzeigebreite über 3 Digitausgänge zeitlich hintereinander (»zeitmultiplex«) an eine 3stellige Anzeigeeinheit geführt. Man benötigt also einen Dekoder, der von BCD auf das Format der Anzeige wandelt, z. B. auf die 7 Segmente einer LED-Leuchtanzeige. Welchem »Digit«, d. h. welcher Stelle einer solchen 3stelligen Anzeige gerade die ausgegebene, in den 7-Segment-Kode gewandelte BCD-In-

formation zukommt, bestimmt die Digitsteuerung. Sie erfordert 3 Kleinleistungstransistoren, am günstigsten vom pnp-Typ, da die (mit Schutzwiderständen versehenen) npn-Digit-Ausgänge »offene Kollektoren« haben und gegen Masse durchschalten. Übrigens ist die Schaltreihenfolge etwas eigenwillig, was aber nicht weiter stören muß.

Man unterscheidet bei einer 3-Digit-Ausgabe im allgemeinen zwischen MSD, NSD und LSD, also zwischen most, next und least significant digit. M bedeutet daher die Hunderter-, N die Zehner- und L die Einerstelle. Der *C 520 D* gibt jeweils innerhalb des in etwa 5 ms ablaufenden Multiplexzyklus zuerst die Hunderter-, dann die Einer- und erst danach die Zehnerstelle aus. Multiplexbetrieb gestattet es, mit nur einem Dekoderbaustein auszukommen.

Ein Nachteil des *C 520 D* besteht darin, daß er im negativen Eingangsspannungsbereich nur bis 99 mV verarbeitet. Das MSD liefert dabei ein Zeichen, das man als Minuszeichen zu interpretieren hat. Beim üblichen 7-Segment-Dekoder *D 147 D* wird es als kleines C (c) ausgegeben (Segmente d, e, g), denn es steht als HLHL (10) an den BCD-Ausgängen. Setzt man dagegen einen neuen Dekoder der Reihe *D 345 D* bis *D 348 D* ein, so erhält man bei *D 347 D* und *D 348 D* ein echtes Minuszeichen (Segment g), während *D 345 D* und *D 346 D* ein großes A liefern. Das ist auch der Fall, wenn ein CMOS-Dekoder vom Typ *U 40511 D* eingesetzt wird. Man kann die Querbalken noch gut als Minus deuten. HLHL in allen 3 Stellen erscheint bei negativem Überlauf, der ab −100 mV gegeben ist.

Positiven Überlauf (ab +1 000 mV) signalisiert die Anzeige durch HLHH (11), und das ergibt ein um die vertikale Achse gedrehtes C in allen Digits, sofern ein *D 147 D* benutzt wird. EEE macht daraus der *D 347 D* (bzw. der *D 348 D*), was man z. B. als »Error« deuten kann. Bei *D 145 D* und *D 146 D* sowie beim *U 40511 D* dagegen ergibt sich bbb, sinnfällig als »Bereichsüberschreitung« zu interpretieren. Auch die BCD-Ausgänge haben offene Kollektoren. Mit ihnen werden die entsprechend vorgespannten Dekodereingänge nach Masse geschaltet.

Die wichtigsten Daten des *C 520 D* sind:
Grenzwerte
Betriebsspannung 0 bis +7 V;
Eingangsspannung an 11 oder 10–15 bis +15 V;
Spannung an den BCD- und Digit-Ausgängen sowie an Anschluß 6 0 bis +7 V;
Betriebstemperaturbereich 0 bis +70 °C;
im Arbeitsbereich mit 4,5 bis 5,5 V Betriebsspannung und bei 25 °C: Stromaufnahme maximal 20 mA ($U6 = 5$ V);
Gleichtakteingangsspannung −200 bis +200 mV (inzwischen werden etwa 280 mV zugestanden, was z. B. die Temperaturanzeige in °C bei Aufnehmern erleichtert, die »x mV/K« liefern!);
L-Ausgangsspannung der BCD-Ausgänge 0,4 V bei $I_{OL} = 1{,}6$ mA;
Fehler 0,1 % ± 1 Digit (nach Nullpunkt- und Endwertabgleich).

Unter Amateurbedingungen zulässige »zerstörungsfreie« Abweichungen von den Vorgaben führen bisweilen zu Einsatzvorteilen, die die auftretenden Nachteile meist kompensieren. So arbeitet der *C 520 D* z. B. (exemplarabhängig) auch noch etwas unterhalb von 4 V (3,8 V), wobei sich die Linearität gegenüber 5-V-Betrieb kaum verschlechtert. Für Einzelstücke kann daher durchaus im mobilen Betrieb noch eine Flachbatterie ausreichend sein, obwohl dieser Typ inzwischen nicht mehr in Neuentwicklungen eingesetzt werden darf. Oder man nutzt die günstige *U/t*-Kennlinie von 0,5-Ah-Bleiakkumulatoren, d. h., 2 davon können in Spezialfällen eine ausreichende Spannungsquelle abgeben.

Diese Sonderfälle sind hauptsächlich in Verbindung mit einem stromsparend ausgelegten Anzeigeteil von großer Bedeutung.

Anzeigemodul – Variante 1

Der im folgenden vorgestellte Modul stammt aus dem schon genannten *Bauplan Nr. 55*. Er enthält die inzwischen von der Industrie nicht mehr benutzten Anzeigeelemente des Typs *VQB 71* mit gemeinsamer Anode. Entsprechend gestiegen sind seitdem die Chancen, diese dazu auch oft relativ preisgünstig angebotenen Bauelemente im Amateurbedarfshandel zu erhalten. Sicherlich wird das nur eine begrenzte Zeit lang so sein, bis die Bestände abgebaut sind. Per Manuskriptzeitpunkt jedenfalls konnte man sie noch vielerorts bekommen. Auch der Dekodertyp

D 147 D gehört in diese Kategorie. Positiv bei ihm wirkt sich aber aus, daß die Anschlußbelegung der neuen Stromquellendekoder *D 345 D* bis *D 348 D* weitgehend identisch ist. Nur der Steuereingang für den Ausgangsstrom bei den Typen *D 346 D* und *D 348 D* bilden eine Ausnahme, die sich aber leicht berücksichtigen läßt. Die Stromquellenausgänge machen Segmentwiderstände überflüssig. Um die Leiterplatte des Moduls aber vielseitig für alle diese Typen nutzen zu können, wurden Lötaugen für diese Widerstände vorgesehen. Bei der Reihe *D 345 D* sind sie einfach durch 7 Drahtbrücken zu ersetzen.

Auf Grund des relativ großen Strombedarfs schon von der Anzeige her kommt dieser Modul vor allem für netzbetriebene Thermometer in Betracht, also hauptsächlich zusammen mit der Kombination *B 511 N/ B 589 N* allein.

Zu den beiden Teilen der Anzeige mit 3× *VQB 71* und (wegen des Multiplexbetriebs günstigerweise nur 1×) *D 147 D* noch einige notwendige Hinweise:

- Die *VQB 71* hat für jedes Segment 2 in Serie geschaltete Leuchtdioden; unter anderem das hat sie in der Herstellung nicht gerade billig gemacht.
- Die beiden Leuchtdioden erfordern zusammen etwa 3,4 V Flußspannung. Bei 5-V-Versorgungen (wenn alle anderen Schaltungsteile mit aus dieser Speisung gespeist werden sollen) läßt das wenig Spielraum für die Vorwiderstände. Man betreibt daher bisweilen die Anzeigen aus einer höheren Spannung, so daß z. B. temperaturbedingte Flußspannungsänderungen keinen zu hohen Helligkeitshub durch starke Stromänderungen ergeben. Das wird jedoch problematisch bezüglich der Multiplexausgänge des *C 520 D*, die dann mit dieser höheren Spannung belegt werden (über die Basis-Emitter-Strecken der Schalttransistoren).
- Der *D 147 D* ist »L-aktiv«. Eingeschaltete Ausgänge ziehen also die einzelnen Katoden der 7-Segment-Anzeige nach Masse. Zwischen den Katoden und diesen Ausgängen liegen die Strombegrenzungswiderstände. Sie werden erst bei der Typenfamilie *D 345 D* bis *D 348 D* überflüssig.
- Die Anschlüsse Helligkeitssteuerung, Nullenunterdrückung und Lampentest sind in der vorliegenden Schaltung nicht beteiligt. »Ganz sauber« müßte man sie an H (plus 5 V) legen. Auf der Leiterseite des Moduls blieben sie unbeschaltet, was bei nicht allzu starkem Störpegel der Umgebung genügt, damit der Schaltkreis sie als »hoch« akzeptiert.
- Der *D 147 D* benötigt 5 V Betriebsspannung mit den TTL-üblichen Grenzen von 4,75 bis 5,25 V. Geringfügige Über- und Unterschreitung führen noch nicht zu Zerstörung oder Fehlerausfall, vor allem, wenn die maximal zulässigen Ausgangsströme nicht ausgenutzt werden.
- Der *D 147 D* hat eine nicht gerade zu vernachlässigende Stromaufnahme von 50 bis 90 mA, exemplar- und spannungsabhängig.
- Die 3 Anzeigen sollten mit Segmentströmen von je etwa 10 mA betrieben werden. Das ergibt unter normalen Arbeitsplatzbedingungen gute Erkennbarkeit. Maximal fließen also 70 mA. Daß es dabei bleibt, das bewirkt die Multiplexsteuerung des *C 520 D*, denn es ist in Wirklichkeit – jedoch in raschem Wechsel – immer nur eine der 3 katodenseitig parallelgeschalteten Einheiten eingeschaltet. 10 mA je Segment sind dennoch ausreichend, weil solche Lichtpulse vom trägen Auge länger wahrgenommen werden, als sie tatsächlich dauern.
- Obgleich in den Applikationsschaltungen des Herstellers nicht vorgesehen, sollte man auf folgenden Effekt gefaßt sein, der sich im Muster an einem Digit zeigte: Dort leuchteten auch die gerade nicht angesteuerten Segmente mit, so daß man (übertrieben gesagt) stets den Eindruck einer »8« hatte. Ein Widerstand vom Ausgang dieses Digits nach Plus von etwa 10 kΩ behob diesen Effekt. Er konnte sogar noch bauelementeseitig eingelötet werden. Die Leiterplatte erhielt daher von vornherein Lötaugen für diese Widerstände.

Schaltung und Leiterplatte

50 mm × 80 mm erschienen für diesen Modul angemessen. Außerdem fand sich auf der Leiterplatte noch Platz für die Anzeige

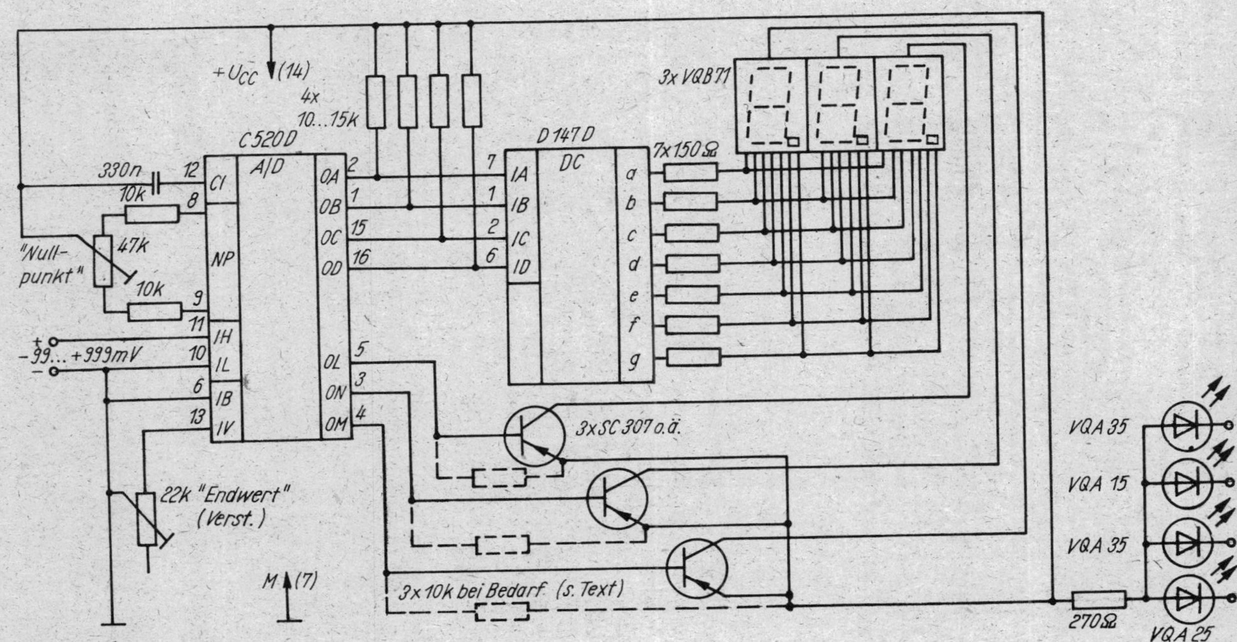

a)

Bild 5.64 Digitalvoltmeter- und Anzeigemodul mit *C 520 D* und »klassischer« Kombination aus *VQB 71* mit *D 147 D*, auf D 345 D...D 348 D modernisierbar; a – Stromlaufplan,

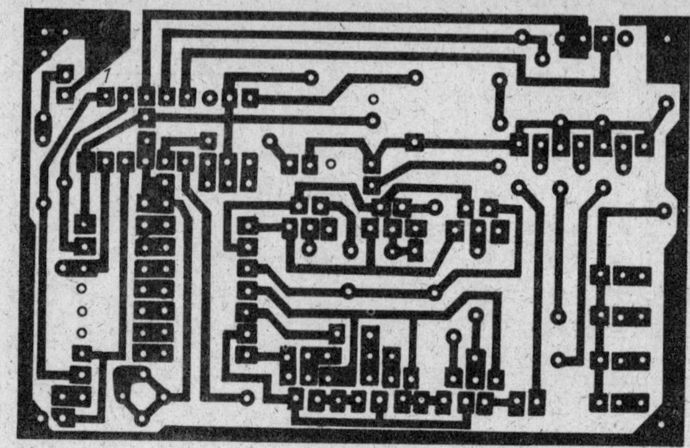

b)

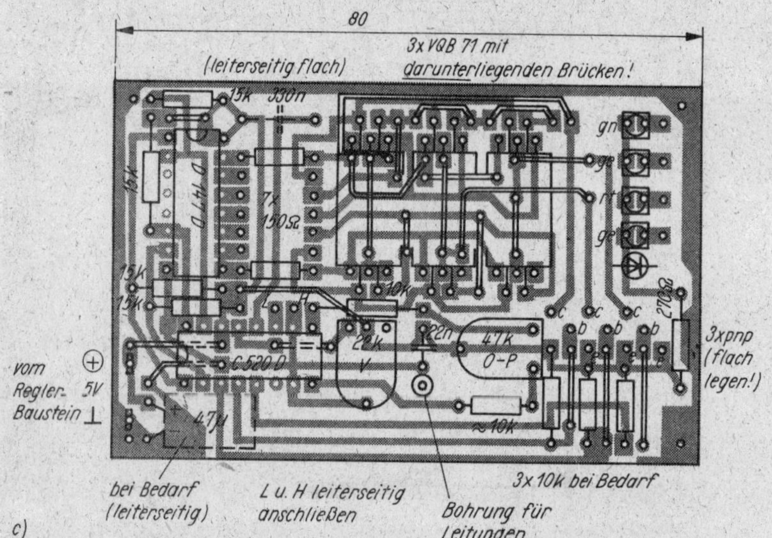

c)

d)

Bild 5.64
b – Leiterbild, c – Bestükkungsplan, d – Muster,

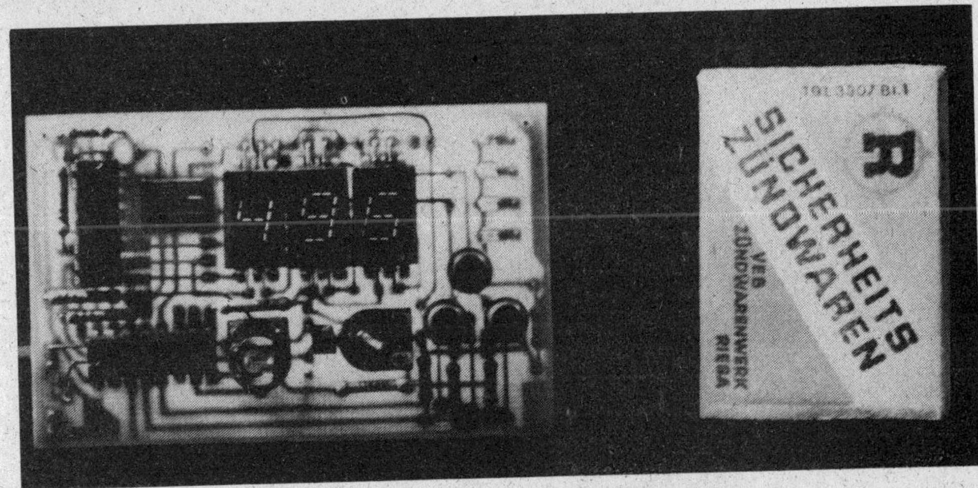

e)

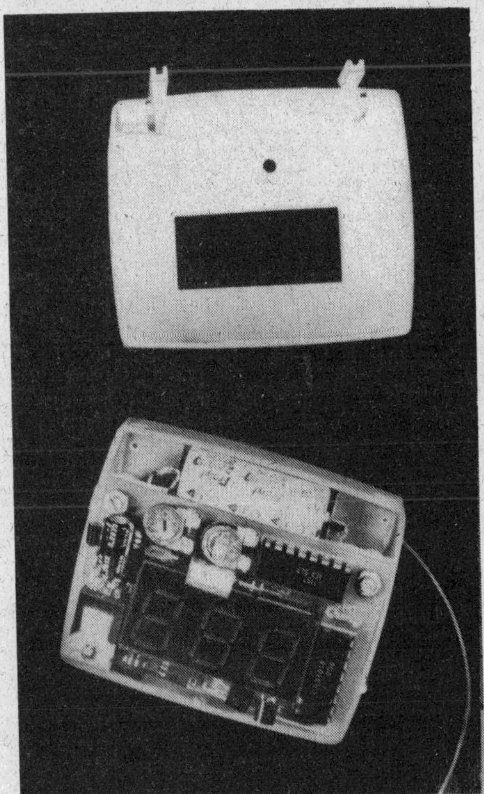

f)

g)

h)

Bild 5.64 e – Muster in Betrieb und Größenvergleich, f – Muster mit Lichtschachtanzeigen, g – geöffnetes Thermometer nach f, h – Größenvergleich

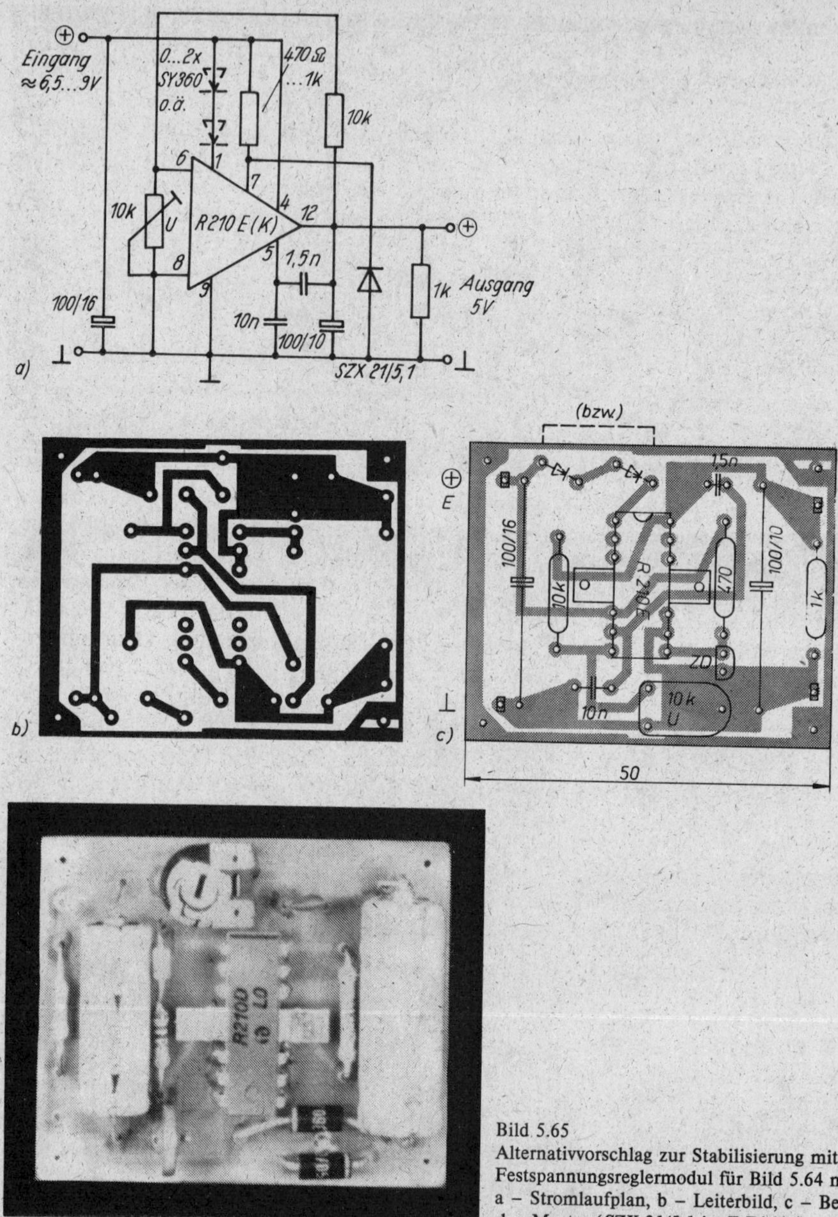

Bild 5.65
Alternativvorschlag zur Stabilisierung mit *B 3170 V*: Festspannungsreglermodul für Bild 5.64 mit *A 210 E*; a – Stromlaufplan, b – Leiterbild, c – Bestückungsplan, d – Muster (*SZX 21/5,1* ist Z-Diode!)

von Zusatzinformationen, die man bei Thermometerbetrieb, z. B. für die Anzeige des gerade angewählten Meßpunkts, nutzen kann.

Die Schaltung nach Bild 5.64a enthält keine Besonderheiten, wenn man die vorangegangenen Informationen gelesen hat. Sie ist damit ein Beispiel für den bei erster Verfügbarkeit des *C 520 D* auch für die Industrie gegebenen Bauelementestandard. Die Leiterplatte nach Bild 5.64b trägt keine speziellen Maßnahmen, wie sie für Multimetereinsatz zur Eingangswiderstandserhöhung der Meßschaltung möglich sind. Sie einzufügen (bei Bedarf sogar leiterseitig) fällt leicht, wird aber meist auf der Ansteuerseite vom »Aufnehmermodul« berücksichtigt werden können.

Im Interesse des üblichen Bauplan-Leiterplattenformats und wegen der für kleine Leiterplatten nicht gerade vorteilhaften *VQB 71* wurden einige nicht immer ganz geradlinige und teilweise isolierte Drahtbrücken nötig. Der im Handel erhältliche relativ dünne PVC-isolierte Leitungsdraht erleichtert das. Außerdem wurde für die Gesamtverdrahtung auch die Leiterseite als Ausgangspunkt benutzt. Um die »Sichtseite« (Bauelementeseite) dicht genug an das Gerätefenster heranzubringen, fand der Integrationskondensator (0,33 µF MKL) ebenfalls auf der Leiterseite Platz.

Stromversorgung

Die Notwendigkeit einer relativ stabilen Betriebsspannung bei noch dazu nicht gerade sehr niedriger Stromaufnahme bedeutet Zusatzaufwand. Als vorwiegend stationär genutzte Einrichtung liegt Netzbetrieb nahe. Nun hat allerdings der *C 520 D*, schaltungsbedingt, keine besonders gute Netzbrummunterdrückung. Das heißt, wenn er mit einer nicht ausreichend »glatten« Spannung betrieben wird, liefert die Anzeige ein Abbild der zufällig innerhalb der nur für Millisekunden getätigten Abfrage des Meßpunkts gegebenen Spannungsverhältnisse am Komparator. In diesem Fall hilft neben Freihalten der Eingangsleitung von Störeinstreuungen (Leitungsführung schirmen, saubere Masseverhältnisse im Meß- und Versorgungskreis und ein RC-Siebglied – z. B. 10 kΩ/10 µF –) wirksam ein stabilisiertes Netzteil – oder eben Batteriebetrieb.

Ein für den vorliegenden Zweck geeignetes stammt aus *Bauplan Nr. 42*. Es handelt sich um einen Festspannungsregler mit *R* bzw. *A 210 E*. Er ist als Alternative zu einem *B 3170 V* zu betrachten. Wenn die zulässige maximale Eingangsspannung auf die von der Schaltkreiskühlung bedingte zulässige Verlustleistung bezogen wird, kann dieser Baustein nach Bild 5.65 bei 5 V Ausgangsspannung durchaus bis zu 0,5 A belastet werden.

In Grenzfällen empfiehlt sich »Abfangen« eines Teils der Leistung mit 1 bzw. mit 2 Stück 1-A-Dioden *SY 360*. Dabei läßt sich gleichzeitig der positive Effekt einer besseren Durchsteuerung des oberen Endstufentransistors im Schaltkreis erreichen. Dazu liegt der Bootstrap-Anschluß an der gesamten Eingangsspannung, während der Leistungstransistor im Schaltkreis mit etwa 1,5 V weniger belastet wird. Die Eingangsspannung muß noch ausreichend über der Z-Spannung der Referenzdiode liegen, andernfalls ergibt sich bei plötzlichem Leerlauf eine Art »Latch up«, wobei die Ausgangsspannung unter den Wert der Spannung bei Last sinkt. Neue Belastung hebt den Effekt wieder auf.

Mit Bild 5.65a und nur 1 × *SY 360* ergaben sich folgende typische Daten: Eingangsspannungsbereich für 0,5 A 6,7 bis 8,5 V, dabei Ausgangsspannung zwischen 4,8 und 5 V bei 0,5 A Last, 5,07 bis 5,11 V bei Leerlauf; Schaltkreisspannungsabfall über Leistungstransistor 1,14 bis 2,6 V, d.h. maximal 1,3 W. Verringern des Ausgangsstroms oder Einsatz eines Kühlkörpertyps (*R* oder *A 210 K*) erhöht die zulässige maximale Eingangsspannung beträchtlich. Bei diesen Bedingungen läßt sich die Schaltung auch bis zu 1 A belasten. Die Ausgangsspannung kann am Potentiometer nur zwischen etwa 4 und 10 kΩ Widerstandswert vernünftig eingestellt werden. Mit dem äußeren Gegenkopplungswiderstand (eingetragener Wert zwischen 12 und 6:10 kΩ) kann durch Variieren bis auf etwa 20 kΩ ebenfalls die Ausgangsspannung noch etwas korrigiert werden. Der »Latch-up«-Effekt bei Lastabschalten verringert sich bezüglich des kritischen Spannungsbereichs, wenn zwischen 12 und 6 mit Plus nach 16 ein Elektrolytkondensator 1 µF/40 V eingefügt wird. Bild 5.65b zeigt zu dieser auch weiterhin recht interessanten Schaltung ein Leiterbild. Bestückt wird nach Bild 5.65c.

In der beschriebenen Form war der Baustein für das Stabilisieren von 5 V aus einer bereits gegebenen Eingangsgleichspannung gedacht. Der Modul läßt sich aber aus einem 6-V-0,5-A-Klingeltransformator betreiben. Dazu braucht man lediglich noch eine *SY 360* o. ä. und 2 200 µF. Sofern Leerlauf vermieden wird, genügt dafür ein platzgünstiger 10-V-Typ, oder man legt 2 × 1 000 µF parallel. Für den benötigten Strom reicht Einweggleichrichtung völlig aus. Das erleichtert auch bei Bedarf die Bereitstellung einer negativen Spannung für OPV-bestückte Zusatzgeräte.

Anzeigemodul – Variante 2

Wesentlich leichter zu bauen ist der Modul nach Bild 5.66, obgleich sich die Schaltung vordergründig zunächst nur durch den Einsatz eines CMOS-Dekoders *U* bzw. *V 40511* von der vorangegangenen unterscheidet. Er bedingt Anzeigen mit gemeinsamer Katode. Für sie gibt es – ebenso wie als Nachfolge der *VQB 71* mit gemeinsamer Anode – inzwischen bekanntlich große Lichtschachtanzeigen der Reihen *VQE 2..* (2stellig) und *VQB 2..* (1stellig). Aber ähnlich wie bezüglich *VQB 71* waren noch 1985 im Amateurbedarfshandel ältere, kleine Anzeigen mit gemeinsamer Katode im Angebot, vor allem die *VQB 37*. Auch Rechnerdisplays wie

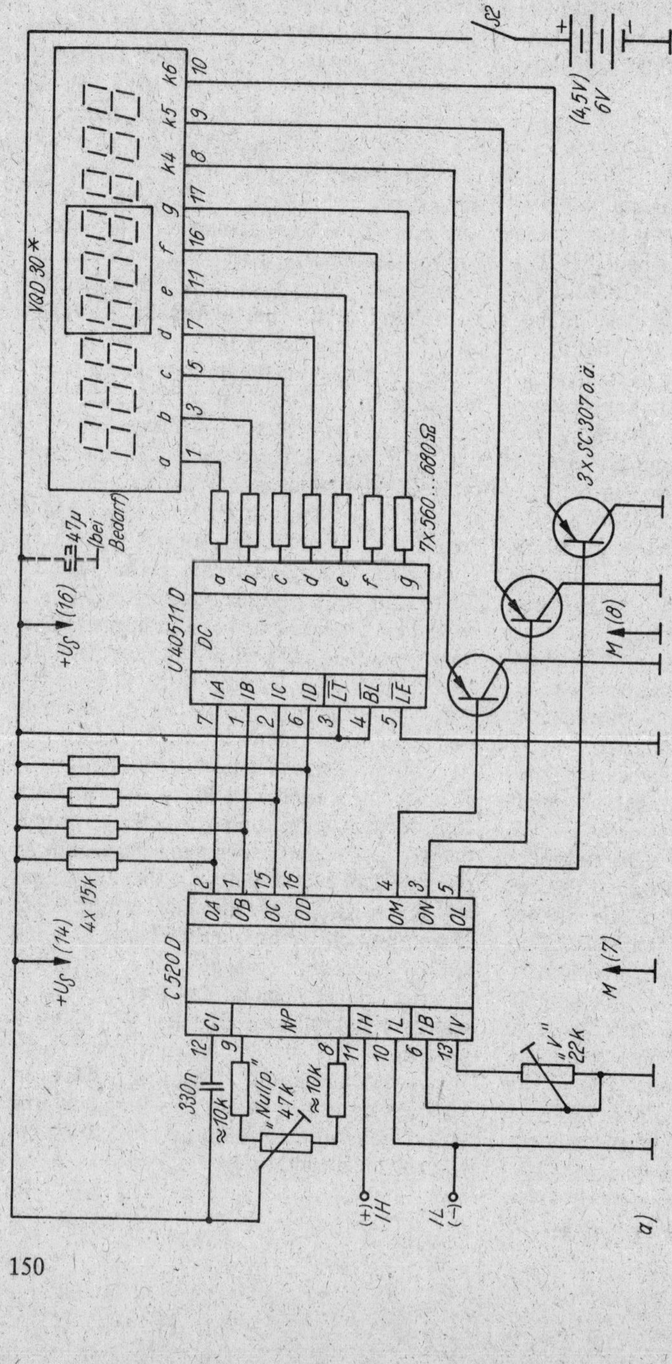

Bild 5.66 Digitalvoltmetermodul für Batteriebetrieb (20 mA bei 4 V); a – Stromlaufplan

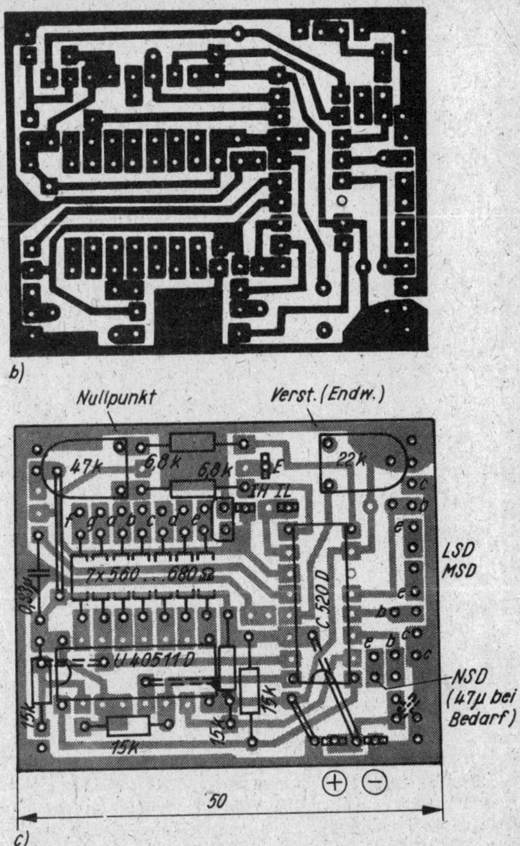

Bild 5.66 b – Leiterbild, c – Bestückungsplan

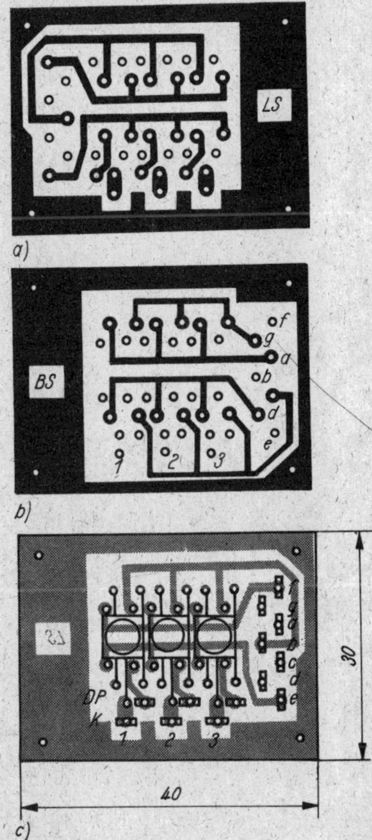

Bild 5.67
Anzeigemodul mit 3× *VQB 37* für Modul nach Bild 5.66; a – Leiterseite, b – Bestückungsseite, c – Bestückung

VQE 30 fanden sich bisweilen noch. Von ihnen braucht man lediglich die optisch für den gewünschten Zweck am günstigsten liegenden 3 der insgesamt 9 Stellen katodenseitig anzusteuern, um eine sparsame 3stellige Anzeige zu erhalten. Für 3 × *VQB 37* empfiehlt sich eine 2seitige kleine Leiterplatte. Auch sie ist schon mehrfach publiziert worden. Ihre Verfügbarkeit auf der ätzfesten *typofix*-Folie zu *Bauplan Nr. 55* rechtfertigt wiederum, daß ihre Bestückung in Bild 5.67 nochmals wiedergegeben wird. Damit steht insgesamt eine interessante Kombination zur Verfügung, für die die Fotos in Bild 5.68 Einsatzvarianten außerhalb der Bauplan-Hauptanwendung *minimeter* zeigen. Zum einen wird in Bild 5.68a die durch Trennen von Auswerte- und Anzeigeschaltung erreichte einfache Montage (wesentlich weniger Drahtbrücken!) erkennbar. Zum anderen läßt Bild 5.68b ersehen, wie kompakt bei Bedarf in Verbindung mit 2 × *RZP 2* als Spannungsquellenminimum ein solches Gerät innen gestaltet werden kann.

Übrigens bezieht sich der Bestückungsplan nach Bild 5.66c – abweichend vom *minimeter*-Einsatz – speziell auf die Belange der Temperaturmessung, bei dem die zusätzlichen Bauelemente für einen hochohmigen Eingang nicht gebraucht werden.

5.5.5. Zimmerthermometer mit Punktanzeige

Der Ansteuerschaltkreis *A 277 D* ist nun schon einige Jahre im Einsatz, so daß die zunächst folgenden Informationen über ihn kurz gehalten werden können. Datenmaterial und Beispiele zu seinen unterschiedli-

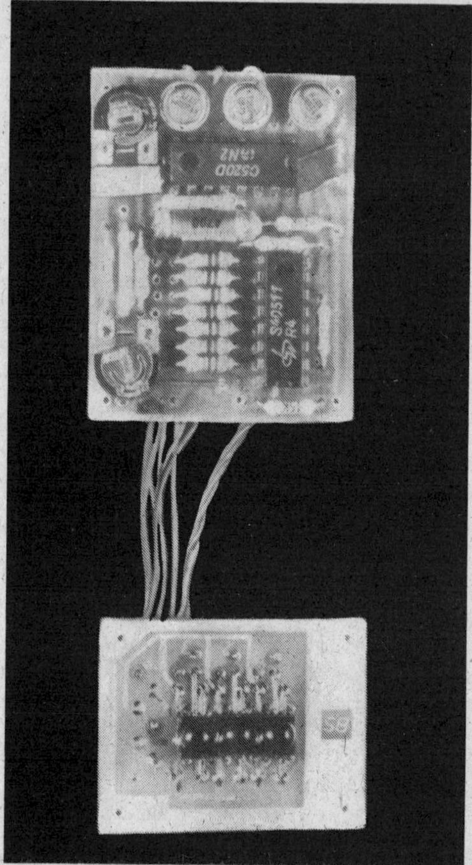

Bild 5.68
Realisierungen zu Bild 5.66 und Bild 5.67; a – Kombination beider Platten über verschiedenfarbige Anschlußdrähte, b – Vorschlag zur Innengestaltung eines kompakten Temperaturanzeigegeräts mit *RZP2*-Speisung und mit Größenvergleich

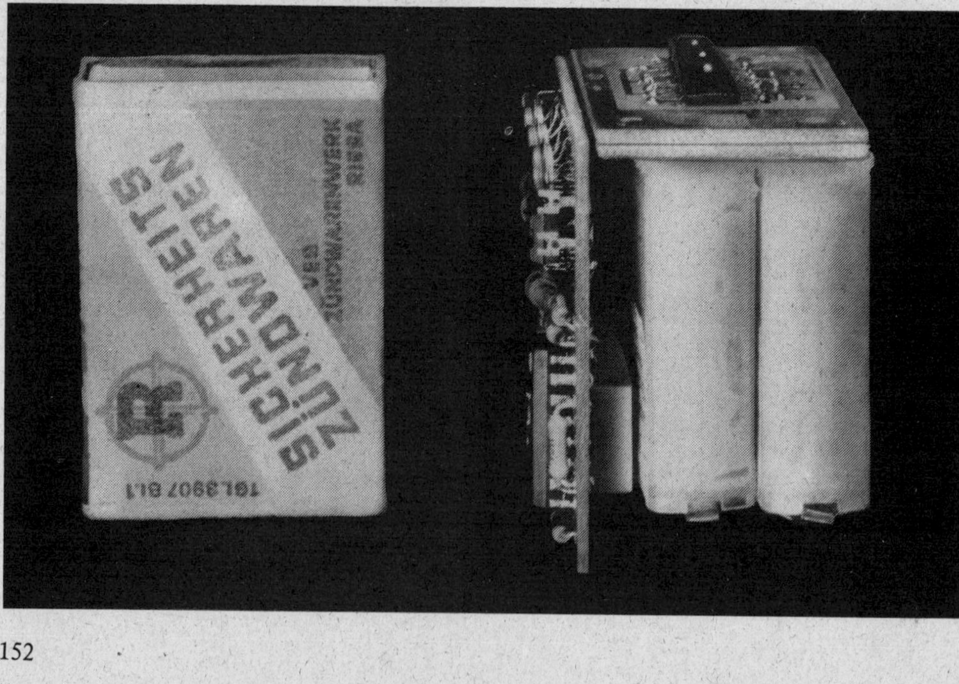

chen Verwendungsmöglichkeiten enthält z.B. das 1985 im *VEB Verlag Technik* erschienene Buch *Mikroelektronik für Praktiker*. Auch zu Daten und Einsatzinformationen über die vielen anderen im vorliegenden Rahmen vordergründig applikativ behandelten mikroelektronischen Bauelemente kann dieses Buch oft konsultiert werden.

Vergleichsweise wenig Raum konnte dem *A 277 D* im ebenfalls 1985 erschienenen *Bauplan-Bastel-Buch Nr. 2* eingeräumt werden. Der Leser findet dort zum Thermoelementeeinsatz 2 Stromlaufpläne, die beide einen Heißleiterfühler als Aufnehmer enthalten. (Beim dortigen Bild 8.44 muß übrigens die vom 1-MΩ-Widerstand zur *SAM 62* führende Leitung mit der sie kreuzenden verbunden werden.) Für das dort nur als Steuerteil abgebildete Zimmerthermometer enthält *Bauplan Nr. 53* eine vollständige, für direkte Klingeltransformatorspeisung ausgelegte Schaltung (2-Draht-Leitung genügt!), die im ersten der beiden ebengenannten Bücher als Einsatzbeispiel vorgestellt wurde. Dem oft an schnellem Nachbau interessierten Wohnbereichselektroniker soll nun eine Leiterplatte »nachgereicht« werden, da dieses Objekt als Zimmerthermometer doch noch immer von Interesse ist. Das liegt zum einen daran, daß man mit ihm auch z. B. »durch die Wand« die Temperatur eines anderen Raumes überwachen kann, z. B. des Kinderzimmers (einschließlich Alarmauslösung), zum anderen daran, daß die Ausgabeseite je nach Aufwand recht dekorativ gestaltet werden kann. Auf eine ausführlichere Darstellung der Einzelheiten dieser Schaltung kann auf Grund der vorhandenen Literatur verzichtet werden. Der folgende Text enthält inzwischen gesammelte Erfahrungen und schließt die im vorliegenden Zusammenhang wichtigsten Informationen zum Einsatz des *A 277 D* ein.

Der Betriebsspannungsbereich des *A 277 D* ist relativ groß. Bis zu 18 V verträgt er zerstörungsfrei, ab 5,5 V arbeitet er. Ohne Anzeigen nimmt er dabei zwischen weniger als 5 und höchstens 10 mA auf. Die für 12 Leuchtdioden vorgesehenen Anschlüsse wirken als »Stromsenken«. Die Dioden sind daher von Plus an diese Anschlüsse zu legen. Der Strom von sonst – spannungsabhängig – etwa 10 mA kann über Anschluß 2 beeinflußt werden. Mit einem auch von der Außenhelligkeit steuerbaren Widerstand (z. B. Fototransistor, Fotowiderstand) von Plus nach Anschluß 2 und einem Stellwiderstand von 100 kΩ gegen Masse läßt sich ein Bereich von nahezu 0 und 20 mA überstreichen. Für extreme Umgebungshelligkeitsunterschiede ist dieser kleine »Luxus« also angemessen.

Je nachdem, welchen Wert eine an Anschluß 17 angelegte Steuerspannung gegenüber den Referenzanschlüssen 16 (U_{min}) und 3 (U_{max}) hat, leuchtet eine der angeschlossenen Dioden, wenn diese alle von Plus zu den Anschlüssen 15 bis 4 angeschlossen sind (Punktbetrieb). Die an Anschluß 15 leuchtet bei der kleinsten, die an 4 bei der größten Steuerspannung. Oberhalb 6,2 V Spannung an Steuer- und Referenzanschlüssen reagiert der *A 277 D* nicht mehr, wird aber nicht zerstört (solange diese Spannung unter der Betriebsspannung bleibt). Die Formel für Punktbetrieb lautet $n = Int\ (13(U_{st} - U_{min}) \times (U_{max} - U_{min}))$; im Übergangsbereich leuchten jeweils 2 Dioden. Die Übergänge werden härter, wenn man den vollen Hub bis $U_{max} = 6{,}2$ V ausnutzt. Im Bandbetrieb liegt die 1. Diode wieder zwischen Plus und 15, die 3 folgenden schließen sich aber an sie an: von 15 nach 14, von 14 nach 13, von 13 nach 12. Dann kommt die nächste Vierergruppe: von Plus nach 11, von 11 nach 10 usw., und die 3.: von Plus nach 7 usw. Das braucht entsprechend mehr Betriebsspannung. Die Diodenflußspannung zwischen 15 und 14 stellt die Erkennungsspannung für Bandbetrieb dar. Diese Stelle ist auch bei Punktbetrieb wichtig. Während bei Bandbetrieb Dioden durch Drahtbrücken »ausgeblendet« werden können (außer 15 nach 14!), darf man beim Punktbetrieb in Spezialanwendungen Dioden weglassen oder eine Diode an mehrere zusammengeschaltete Ausgänge legen. Aber: Stets muß Anschluß 14 bei solchem »Spar-Punkt-Betrieb« über z. B. 10 kΩ an Plus gelegt werden, sonst reagieren die Ausgänge 12 und 8 bei entsprechend hoher Steuerspannung wie bei Bandbetrieb, d. h., sie schalten bei wachsender Steuerspannung nicht wieder ab. So viel zum Grundsätzlichen über den *A 277 D*. Bleibt noch nachzutragen, daß die Eingangsströme höchstens im unteren Mikroampere-

Bild 5.69
Bewährte Lösung eines Heißleiterzimmerthermometers mit externer Speisung aus einem 0,5-A-Klingeltransformator, Auflösung in Sprüngen von 1 K. Die Notwendigkeit der Filterbauelemente 1 kΩ, 100 kΩ, 1 µF (0,1 µF) 10 µF richtet sich nach dem Einsatzfall; a – Stromlaufplan,

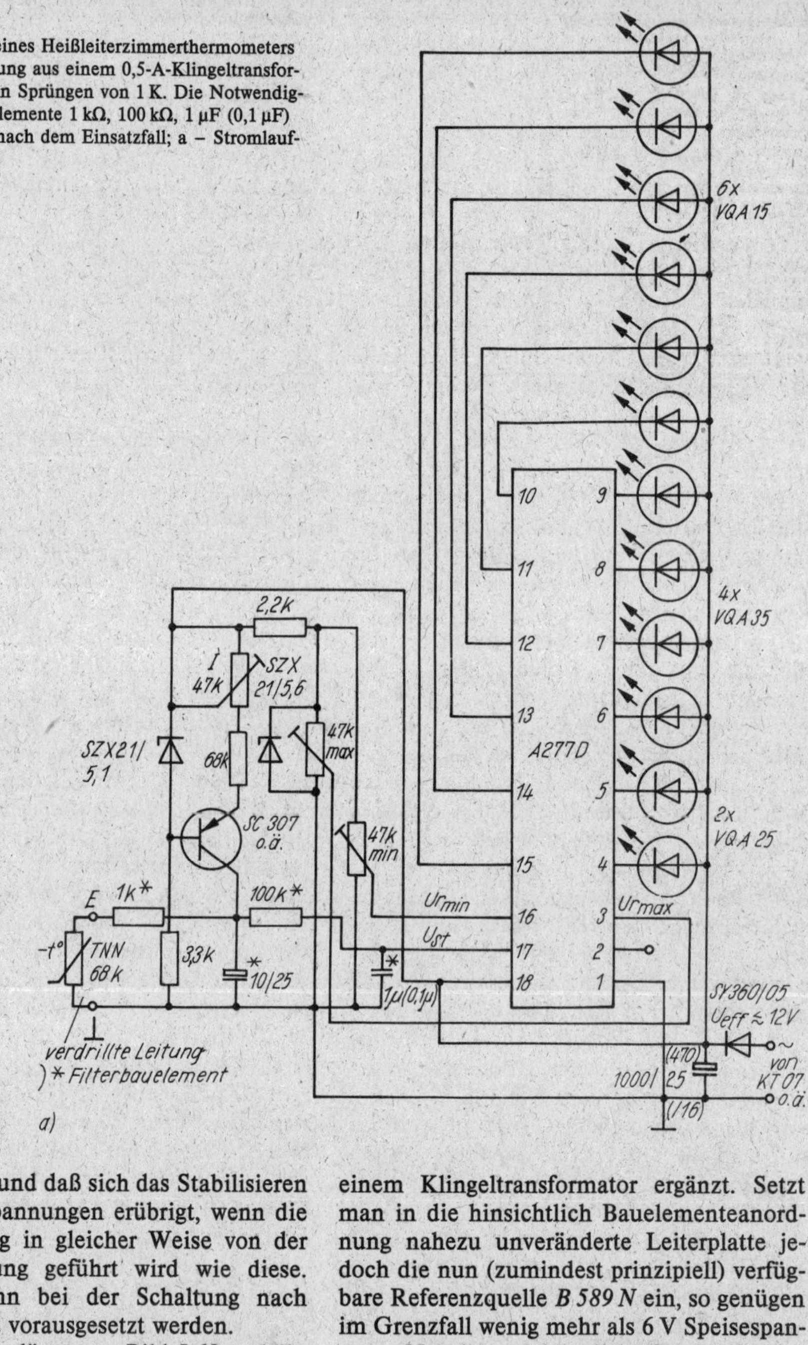

bereich liegen und daß sich das Stabilisieren der Referenzspannungen erübrigt, wenn die Steuerspannung in gleicher Weise von der Betriebsspannung geführt wird wie diese. Doch das kann bei der Schaltung nach Bild 5.69 nicht vorausgesetzt werden.

Die Ursprungslösung zu Bild 5.69 enthält, wie dargestellt, eine 5,1-V-Z-Diode im Stromgeneratorteil. Das bedeutet eine relativ hohe Mindestbetriebsspannung (etwa 9 V). Auch daher wurde sie schließlich – ebenfalls bezüglich ihrer Leiterplatte – für Betrieb aus einem Klingeltransformator ergänzt. Setzt man in die hinsichtlich Bauelementeanordnung nahezu unveränderte Leiterplatte jedoch die nun (zumindest prinzipiell) verfügbare Referenzquelle *B 589 N* ein, so genügen im Grenzfall wenig mehr als 6 V Speisespannung. Nun kommt allerdings für den Stromgenerator die Temperaturabhängigkeit der Basis-Emitter-Spannung stärker zur Wirkung. Das läßt sich mit einer Diode in Serie zum *B 589 N* verringern. Allerdings hängt die Wirksamkeit auch vom Stromverhältnis

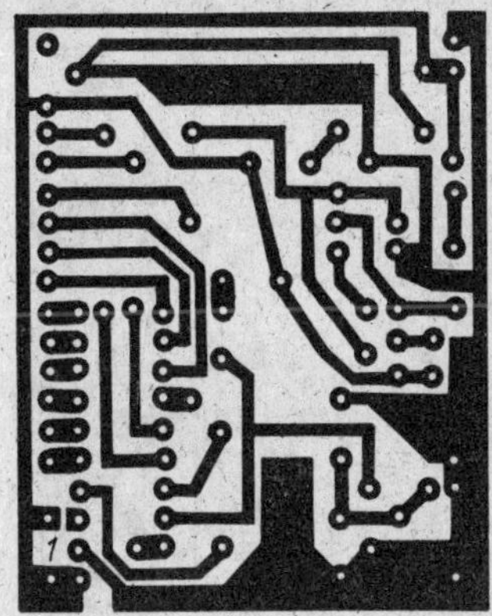

b)

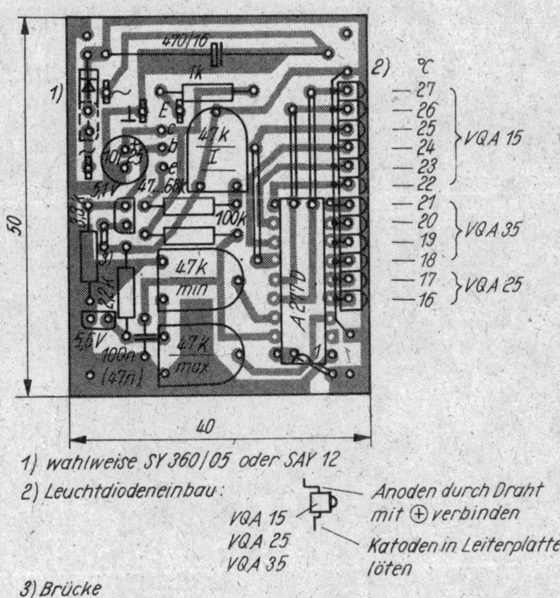

c)

d)

e)

Bild 5.69
b – Leiterbild, c – Bestückungsplan, d – bestückte Musterleiterplatte (endgültig s. Bild 5.69c) mit Leuchtdioden in Kantenrichtung im Größenvergleich, e – Gebrauchslage, Papierstreifen trägt Temperaturangaben,

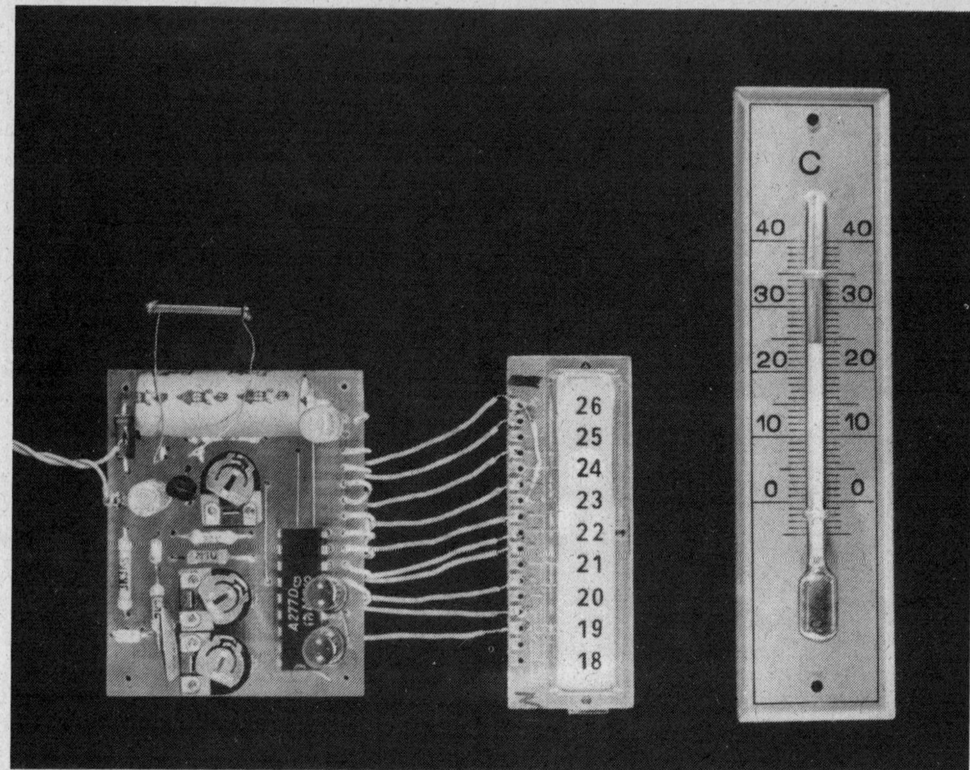

Bild 5.69 f – Variante mit *VQD 30* (erfaßt nur Teilbereich; günstiger ist *VQD 32*, s. Text)

zwischen diesem Zweig und dem Basiskreis ab. Den zulässigen Hub der Speisespannung bestimmt die übrige Auslegung, vor allem die Stabilisierungsschaltung für die Bezugsspannungen. Für optisch günstiges Übergangsverhalten wurde eine obere Referenz von maximal 4 V gewählt. Unterhalb von 5,1 V stehen im allgemeinen keine Z-Dioden zur Verfügung. Mit bis etwa 5,3 V muß man exemplarabhängig schon rechnen.

Eine Batteriemindestspannung von 6 V ergibt also nur 0,7 V für den Vorwiderstand. 1 mA sollte durch die Z-Diode schon fließen, d.h., $R_V \approx 680\,\Omega$. Bei 9 V Anfangsspannung erhöht sich damit der Strom auf $I = 3{,}7/0{,}68$ mA, das sind knapp 5,5 mA. Problematisch ist das nicht. Die dadurch verursachte Spannungsänderung von U_Z bleibt für den vorliegenden Zweck ebenfalls noch vertretbar – schließlich wird kein Präzisionsgerät angestrebt. An dieser Stelle sei wenigstens eine kurze Darstellung des Meßverfahrens gestattet. Zunächst: Heißleiter als Temperaturmeßwiderstände sind weit verbreitet und werden durchaus unter bestimmten Randbedingungen auch für genauere Messungen benutzt. Dazu werden engtolerierte und vorgealterte Spezialtypen eingesetzt. Die »normalen« *TNM*-Widerstände gibt es in einem großen Wertebereich – von unter 100 Ω bis zu etwa 100 kΩ (je höher, um so seltener im Amateurbedarfshandel). Vertretbare Strom- und Spannungsverhältnisse für den vorliegenden Fall erfordern einen hochohmigen Typ, auch von der Forderung nach kleinstmöglicher Eigenerwärmung her. In den genannten Literaturstellen wird nachgewiesen, daß bei 0,5 mW zulässiger Belastung ein 68 kΩ-Typ *(TNM 68k)* für den Zimmertemperaturbereich am *A 277 D* geeignet ist. Unter den vorausgesetzten Grenzwerten sollte er konstant mit etwa 50 µA gespeist werden. Dann stellt sich eine der Temperatur entsprechende Spannung über ihm ein, die zumindest in Bereichsmitte noch gut auf die tatsächliche Tempera-

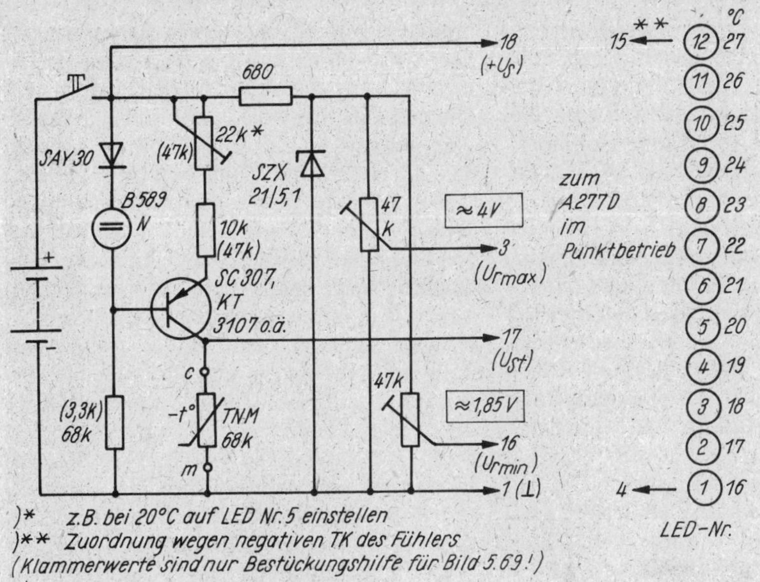

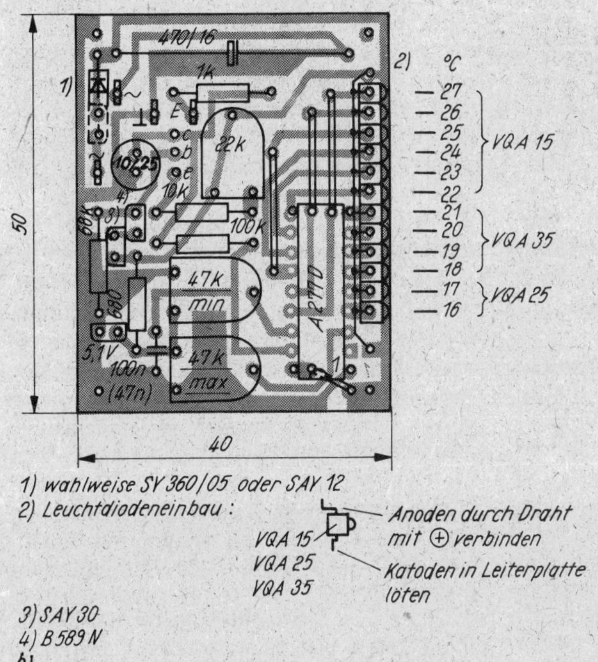

Bild 5.70
Bei Einsatz eines *B 589 N* mögliche 9-V-Batterievariante zur Schaltung nach Bild 5.69 (Leiterplatte verwendbar!), übrige Beschaltung des *A 277 D* wie nach Bild 5.69; a – Stromlaufplan (die Klammerwerte erleichtern die Bestückung auf der Leiterplatte zu Bild 5.69, verwendet werden die jetzt neu angegebenen Werte!), b – Bestükkungsplan

tur hin zu kalibrieren ist. Das geschieht wie folgt:

- etwa 50 µA Fühlerstrom einstellen,
- U_{rmin} auf etwa 2,2 V, U_{rmax} auf etwa 4,2 V stellen,
- Fühler und genaues Thermometer gleicher Temperatur und Skale kontrollieren,
- gegebenenfalls Grenzwerte an den U_r-Stellern bzw. eine mittlere Temperatur am Strompotentiometer korrigieren,
- Abgleichkontrolle wechselweise wiederholen.

Da Heißleiter sicherlich auch weiterhin für den Amateur interessante Bauelemente bleiben dürften, wird an anderer Stelle dieses Abschnitts noch etwas näher auf sie eingegangen. Das betrifft vor allem auch die Tatsache der nichtlinearen, genauer exponentiellen Abhängigkeit ihrer Kennlinie. Bei diesem einfachen Thermometer wird die Tatsache genutzt, daß jede Kurve zumindest in Teilbereichen durch Gerade angenähert werden kann. Die sich an den Endwerten ergebenden Abweichungen muß man akzeptieren. Etwa 1 K betragen sie im vorliegenden Fall. Höheren Ansprüchen kann man mit Linearisierungsmaßnahmen durch ohmsche Widerstände (Parallel- und Serienschaltungen) gerecht werden. Das geht aber auf Kosten der Auflösung, d. h. der »Steigung« der Kennlinie. Im vorliegenden Fall wurde daher darauf verzichtet.

Bild 5.70 skizziert die nach diesen Überlegungen entworfene, für 9-V-Batteriebetrieb geeignet erscheinende Variante eines ortsunabhängigen Zimmerthermometers (Ausgabeseite wie Bild 5.69). Es wird durch Knopfdruck nur bei Bedarf eingeschaltet. Gesamtstrombedarf in der Meßzeit: etwa 20 mA bei frischer 9-V-Quelle, etwa 15 mA am Ende ihrer Lebenszeit. Der Schaltungsvorschlag ist als Experimentieranregung zu verstehen. Auf der Leiterplatte nach Bild 5.69b wurde die Serienschaltung *B 689 N/SAY 30* (o. ä.) berücksichtigt. Man beachte auch die neuen Werte in Bild 5.70. Die Lagezuordnung zu den ursprünglichen wird durch die Klammerangaben in Bild 5.70 erleichtert.

Für diesen Einsatzfall dürfte das in Bild 5.69d gezeigte Muster mit Miniaturleuchtdioden gerade richtig sein. Die damit für Netz- und Batteriebetrieb geeignete Leiterplatte nach Bild 5.69b wurde so gestaltet, daß die Leuchtdioden mit Blick auf die Kante sichtbar sind. Das vereinfacht die Gehäusegestaltung. Wie Bild 5.69d zeigt, hat die Baugruppe etwa die Größe einer Streichholzschachtel. Die Leuchtdioden liegen sozusagen auf einer Reibflächenseite. Beim »Standardformat« 40 mm × 50 mm nimmt die durch das unmittelbare Aneinanderreihen der Miniaturleuchtdioden entstandene Skale noch einen optisch ansprechend großen Teil der gesamten Kantenlänge ein. Die gewünschte Lage und die begrenzte Plattenfläche führten zu einer etwas unkonventionellen Montage der Leuchtdioden. Die Katodenanschlüsse werden dicht hinter dem breiteren Teil senkrecht vom Körper weggebogen und – nur etwa 1 mm auf die Lötseite ragend – in die Anschlußlöcher gesteckt. Die verbleibende freie Anschlußlänge ergibt eine gewisse bleibende Flexibilität, so daß das Ausrichten der Zeile unschwer gelingt. Die Anodenanschlüsse der vor dem Schaltkreis zu montierenden Dioden (es wurden von unten nach oben 2 × Grün und 4 × Gelb benutzt) biegt man ebenfalls vom Körper weg. Sie würden sonst die Schaltkreisanschlüsse berühren. Auf beiden Seiten der Zeile befindet sich je eine Bohrung, in die der die Anodenanschlüsse in »Freiluftverdrahtung« verbindende Draht eingelötet wird. In diesem Muster wurden die 6 roten Dioden nur mit dem auf ihrer Seite liegenden Plus-Lötpunkt verbunden, während die anderen 6 Dioden einen eigenen Verbindungsdraht erhielten. Das erleichtert das Ausrichten.

Für die Außengestaltung gibt es wiederum einige Möglichkeiten. Bleiben die Leuchtdioden offen, so beschriftet man das Gehäuse am besten beidseitig (27 – 25 – 23 usw., z. B. rechts, und 26 – 24 – 22 usw., links), sonst drängen sich die Ziffern zu stark in der Vertikalen. Man kann aber auch mit einem Transparentstreifen abdecken und eine dann eben relativ kleine Beschriftung darüber anbringen. Die jeweils aktive Diode ergibt einen etwas diffus leuchtenden Kreis um die jeweilige Zahl herum. Übrigens bringt die Dimensionierung des Steuerteils noch den hier vorteilhaften Effekt des gleitenden Übergangs, so daß man in 0,5-K-Quantelung ablesen kann. Leuchten also z. B. die den Werten 18 und 19 zugeordneten Dioden gleichzeitig, so bedeutet das 18,5 °C. Das gilt natürlich nur im Rahmen der möglichen Genauigkeit der Schaltung und bei sorgfältigem Abgleich (Praktisch wird man wenigstens in Skalenmitte gelegentlich mit einem guten Quecksilberthermometer nach Einpendeln des »thermischen Gleichgewichts« den angezeigten Wert überprüfen und ggf. am Stellwiderstand leicht korrigieren. Man bedenke bei solchen Vergleichen, daß das Quecksilberthermometer meist wesentlich träger ist als der Heißleiterfühler!)

Unterzieht man sich der Mühe, zwischen den Leuchtdioden kleine lichtundurchlässige Papierstückchen – z. B. aus schwarzem

Fotoverpackungspapier – einzuschieben, so ergibt sich auf der Transparentabdeckung der Eindruck eines scharf abgegrenzten kurzen Leuchtzeigers. Allerdings wechselt seine Höhe, je nachdem, ob eine oder 2 Dioden gleichzeitig leuchten.

Erhöhen der Betriebsspannung bei entsprechend leistungsfähiger Speisespannungsquelle erlaubt Bandbetrieb, also eine »fast echte« Thermometerskale, auch mit größeren Leuchtdioden. Man beachte dabei, daß dann immer maximal 4 Stück in Serie liegen. Werden z. B. gelbe Dioden verwendet (*VOA 23* oder *VOA 25*), so braucht man für diese Serienschaltung bis zu 12 V Flußspannung. Hinzu kommen etwa 2,5 V für den Treiber im Schaltkreis, so daß 15 V als Betriebsspannung gerade richtig sind. Demgemäß müssen alle Stabilisierungs-Teilschaltungen entsprechend dieser erhöhten Spannung neu dimensioniert werden. Das betrifft vor allem die zulässigen Z-Dioden- und Vorwiderstands-Verlustleistungen. Weiterhin ist zu bedenken, daß eine voll ausgefahrene Bandskale etwa das 3fache des LED-Stroms einer im Punktbetrieb leuchtenden Diode erfordert (glücklicherweise nur – die Serienschaltung ist also ein günstiger Kompromiß!).

Bei Einsatz einer Rechneranzeige *VQD 32* ergibt sich eine interessante Lösungsvariante. Die für das Muster nach Bild 5.69a benutzte *VQD 30* erfaßt nur den Bereich von 18 bis 26 °C. Die 3 freien Ausgänge wurden daher mit 3 Leuchtdioden belegt (z. B. 2 × Grün für bis 16 und 17 °C, 1 × Rot für maximal 27 °C.) Die mit linsenförmigen Erhebungen versehene Plastabdeckung der Anzeige wird mit Transparentpapier abgedeckt, auf dem man die Temperaturwerte mit *typofix*-Reibeziffern oder mit Tusche angebracht hat. Bei Ansteuern von nur 2 Segmenten entsteht durch die Linse und durch die diffuse Wirkung der Abdeckung ein roter leuchtender Kreis um die Ziffer. Außer bei direkter Sonneneinstrahlung ist das recht gut zu erkennen.

Die verwendete *VQD 30* hat folgende Anschlußbelegung: Auf der Leiter-Anschlußseite sind die 7 Segmente a bis g (alle 9 Stellen parallelgeschaltet) einzeln zugänglich sowie die »Digits«, das sind die Katoden dieser Leuchtdioden. Die Reihenfolge von links nach rechts: a – k1 – b – k2 – c – k3 – d – k4 – k5 – k6 – e – k7 – h – k8 – k9 – f – g. Segment h ist der Dezimalpunkt zu jedem »Digit«. k1 bis k9 schließt man an die einzelnen Ausgänge des *A 277 D* in der gewünschten Reihenfolge an. Von den Segmenten erwiesen sich a und d als günstig.

Bei der 12stelligen *VQD 32* gibt es noch die Variante *VQD 32 – 2*. Wer im »Ausverkauf« (ihre Produktion ist ja längst eingestellt) ein solches Exemplar erworben hat, sollte es nur für diesen Zweck verwenden, wenn es nicht anders geht. Diese für Exponentendarstellung produzierte Variante hat nur in 9 Stellen Ziffern, 3 sind nur mit 1 bzw. 2 Leuchtsegmenten versehen. (Dioden D_L und D1 im 1. Feld, die Katode des 10. Feldes, mit k9 bezeichnet, hat nur Segment g9). Ihre Belegung von links nach rechts: $-D_L$, $+D_L$, k1, +D1, K2, −D1, k3, k4, k5, k6, c, h, k9, k10, k11, k7, k8, d, e, g9, b, a, f, g.

Die »normale« *VQD 32* mit 12 Ziffern ist wie folgt belegt: k1, k2, k3, c, k4, h, k5, a, k6, e, k7, d, k8, g, k9, b, k10, f, k11, k12, leer. (Quelle: *Optoelektronische Halbleiterbauelemente*, Ausgabe 1980.) Ein später erhaltenes Exemplar mit der Bezeichnung *VQE 32 – 3*, erwies sich ebenfalls als »echt 12stellig«.

Der begrenzte Anzeigebereich dieser einfachen Lösung hat, spezifisch für den *A 277 D*, an den Grenzen 2 Besonderheiten: Weniger als 16 °C werden als 16 °C angezeigt, da die der höchsten Spannung (kalter Heißleiter hat größten Widerstand!) entsprechende Leuchtdiode weiterleuchtet, auch, wenn die Spannung weiter steigt. Die unterste dagegen, hier der höchsten Temperatur entsprechende, verlischt, wenn die Spannung diesen Wert unterschreitet, weil es wärmer geworden ist. Es gibt viele Möglichkeiten dagegen. Die »Grenzwertklemmung« der in den genannten Literaturstellen vorgestellten Schaltung ist noch eine relativ einfache. Für die Anzeige der Temperatur im gleichen Raum sind solche Maßnahmen nicht zwingend notwendig, da diese Werte ohnehin möglichst nicht erreicht werden sollen. Daß die wirkliche Temperatur noch tiefer als 16 °C gesunken ist, dürfte man ebenso merken wie eine wesentliche Steigerung über 27 °C. Für diese Seite empfiehlt sich, da sonst keine Diode mehr leuchtet, allenfalls eine über Vorwiderstand direkt an der Speisespannung liegende Betriebsanzeige.

Man kann, will man es genauer wissen, jedoch auch über 2 Schalter den Anzeigebereich ändern: entweder durch Einfügen eines Widerstands in Serie zum Heißleiter (für höhere Temperaturen) oder parallel (für tiefere). Die wichtigsten Werte der dann keinesfalls mehr in Kelvin-Sprüngen reagierenden Anzeige vermerkt man im einfachsten Fall neben der Hauptskale.

Wichtiger wird die Angelegenheit, wenn ein anderer Raum überwacht werden soll. Das leitet gleichzeitig über zu Grenzwertmeldungen. Es empfiehlt sich jedoch vor der Entscheidung, dafür einen *A 277 D* einzusetzen, die zahlreichen anderen inzwischen möglichen Lösungsvarianten zu überdenken. Das trifft vor allem zu, wenn die Überwachungsaufgabe mit einem Minimum an Leitungsaufwand und möglichst auch unabhängig vom 220-V-Netz funktionieren soll. Auch angesichts des Preis-Leistungs-Verhältnisses ist ein *A 277 D* eigentlich zu schade dafür, nur bei 2 Grenzwerten Alarm auszulösen. Man beachte daher die noch folgenden Alternativen! Mit den maximal 20 mA Ausgangsstrom des *A 277 D* kann man aber auch in Richtung »Effekte« mehr anfangen als nur Leuchtdioden anzusteuern. Am naheliegendsten und sicherlich auf Grund der Potentialtrennung am vielseitigsten zu verwenden sind Optokoppler. Dadurch wird eine solche Anlage (außer bei nur Grenzwert meldenden Varianten) auch relativ teuer. Viele Thyristoren z. B. aber kommen ebenfalls gut mit 20 mA Steuerstrom aus, während sich im Hauptstromkreis selbst bei Niederspannung schon relativ große Lampen betreiben lassen. Man kann sie mit einem Brückengleichrichter im Vollwellenbetrieb versorgen. Aber auch mit Lampen hinter Leistungstransistoren sind wirkungsvolle »Großsicht«-Leuchtanzeigen zu realisieren.

5.5.6. Heizungsthermometer mit Bandanzeige

Im eingangs genannten Buch *Mikroelektronik für Praktiker* sind Informationen über den Einsatz von Kupferdrahtfühlern in Verbindung mit dem *A 277 D* enthalten. Kupfer hat bekanntlich einen mit der Temperatur steigenden Widerstand; er steigt um etwa 0,38 %/K. Um sowohl mit tragbarem Aufwand an Kupferdraht (je dünner, um so weniger, aber mechanisch um so empfindlicher!) als auch Meßstrom auszukommen, braucht man einen Verstärker. Das Problem ist nicht so schwierig wie beim Thermoelement. Störend wirken sich die dennoch im Fühler umgesetzte Leistung (Eigenerwärmung) und die Probleme mit dem Leitungswiderstand aus. Im speziellen Einsatzfall wurde der Fühlerdraht um ein zu überwachendes Heizungsrohr gewickelt. Die Eigenerwärmung spielte damit kaum noch eine Rolle, da der Draht genügenden thermischen Kontakt mit dem Rohr hatte. Gegen die Problematik der Zuleitung hilft Vierdrahtbetrieb: Speisestrom und Meßleitung werden je einem Drahtpaar zugeordnet (*Thomson*-Prinzip). Die in der genannten Literaturstelle gewählte Lösung genügt bezüglich des verwendeten *B 081 D* höheren Ansprüchen, was den integrierten Offsetabgleich betrifft. Entsprechend *Bauplan Nr. 53* entstand dagegen eine Leiterplatte mit *B 631 D* als Verstärker. Das zwang zu einer externen Abgleichschaltung. Nach Erfahrungen bei Manuskriptzeitpunkt war dieser Typ jedoch noch leichter zu erhalten als ein BIFET-OPV, so daß – auch wegen der im Bauplan erprobten Leiterplatte – in Bild 5.71 die *B 631 D*-Variante vorgestellt wird. In der genannten Literaturstelle wird ausführlich abgeleitet, wie es zu den auch für diese Schaltung benutzten Werten kommt.

Man kann die Verstärkung eines solchen Moduls dem Eingangsspannungsbedarf anpassen. Die Möglichkeit, den Referenzspannungshub zwischen 1,2 V (1,4 V) und 6,2 V zu wählen, schafft dabei einen gewissen Spielraum für den abzubildenden Temperaturbereich. Die Quantelung in Form der 12 Leuchtdioden schränkt dabei stets die erreichbare Auflösung ein. Für schnell informierende Grobanzeigen reicht das aber im allgemeinen.

Durch das Kompensieren des Grundwiderstandswerts kann – zumindest theoretisch – je nach gewählter Verstärkung eine beliebige Anzeigesteilheit (V/K) erreicht werden. Das stellt allerdings hohe Anforderungen an die Konstanz der Referenzspannungen. Mit einer einfacheren Schaltung kommt man dagegen aus, wenn man sich mit der Steilheit von 0,38 mV/K begnügt. Diese Ausgangsposition ergibt sich, wenn der Grundwert $I_{konst} \cdot R_1$ (Größenordnung 100 mV) nicht kompensiert, also »ausgeblendet« wird.

Die eingestellte Verstärkung macht aus der Grundwertspannung den V-fachen Wert. Man kann nun V so wählen, daß dadurch eine Steuerspannung im zulässigen Bereich

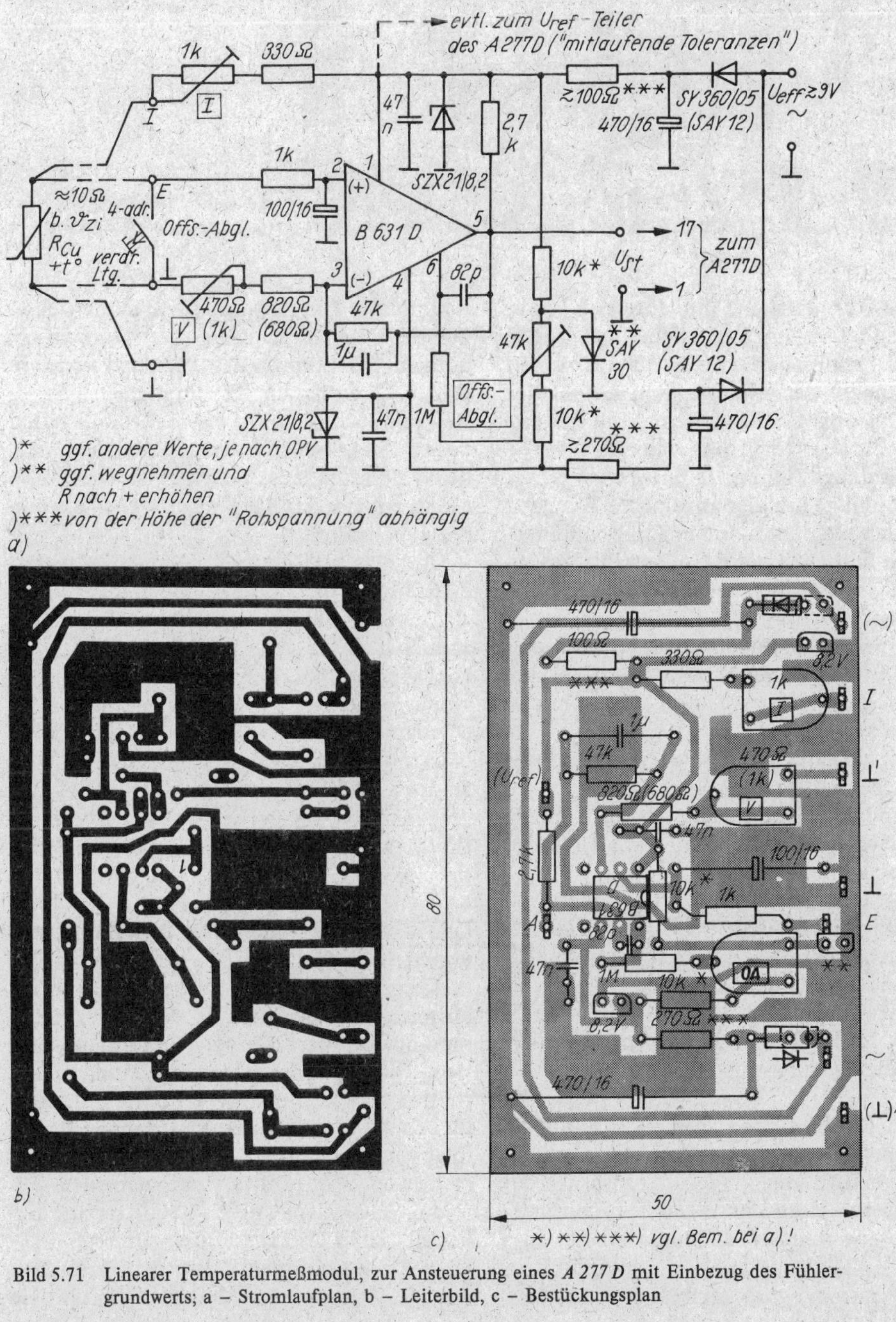

Bild 5.71 Linearer Temperaturmeßmodul, zur Ansteuerung eines *A 277 D* mit Einbezug des Fühlergrundwerts; a – Stromlaufplan, b – Leiterbild, c – Bestückungsplan

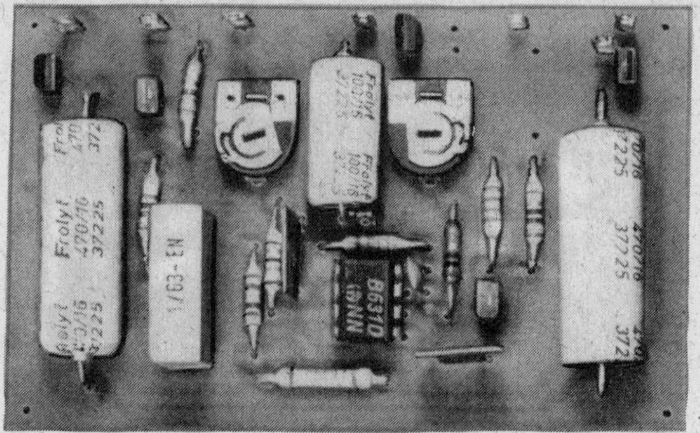

Bild 5.71
d – Musterbaugruppe
(endgültig s. Bild 5.71c)

des *A 277 D* entsteht. Im Interesse einer übersichtlichen Anzeige wähle man glatte Temperatursprünge für die 12 Möglichkeiten (11 Sprünge) der Anzeige. Auf Grund des vom Datenblatt geforderten Mindestwerts für $U_{rmax} - U_{rmin}$ gerät man in einen vorgegebenen Rahmen, innerhalb dessen die Größe dieser Sprünge und der anzeigbare Temperaturbereich nicht mehr unabhängig voneinander sind und auch nicht frei gewählt werden können.

Es ergibt sich:

- 6,2 V ist der noch vertretbare Größtwert.
- Jede größere Spannungsdifferenz gibt größere Temperaturwertsprünge von Leuchtdiode zu Leuchtdiode.
- Jede kleinere obere Referenzspannung gibt ebenfalls größere Sprünge.
- *V* (und I) können lediglich dazu eingesetzt werden, den abgebildeten Temperaturbereich zu verschieben.

Damit eignet sich diese Schaltung (je stabiler die *I*-Einstellung und die Referenzwerte stehen, um so besser) z. B. als Außenthermometer (außen ist nur der Fühler!) mit den Anzeigesprüngen −20, −15, −10, −5, 0, 5, 10, 15, 20, 25, 30, 35 °C oder für Boiler- und Heizungsrohrtemperaturen 40, 45, 50, 55, 60, 65, 70, 75, 80, 85, 90, 95 °C. Da die Übergänge bei kleiner Referenzspannungsdifferenz gleitend sind, beträgt die größte mögliche Auflösung 2,5 K und entspricht damit der bei einfacher Z-Dioden-Stabilisierung zu erwartenden Meßunsicherheit.

Bild 5.71b zeigt ein Leiterbild für den Modul; bestückt wird nach Bild 5.71c. Eine Leiterplatte für Anzeige im Bandbetrieb – bereits mit zusätzlichen, hier noch nicht nötigen Schaltungsteilen versehen – ist in Bild 5.72 enthalten. Es empfiehlt sich, die Referenzspannungen von der stabilisierten positiven Modulspannung abzuleiten, auf deren Belastbarkeit zu achten ist. Dann sind eventuelle Änderungen von U_{st} und U_{ref} wieder gleichsinnig.

Übrigens: 0,09-mm-Kupferlackdraht mit 2,75 Ω/m (bei Zimmertemperatur) eignet sich gut als Fühler. Er kommt z. B. auf der Primärwicklung von Klingeltransformatoren vor. Knapp 4 m (3,94 m) stellen bei 0 °C einen Widerstand von 10 Ω dar. Ein Konstantstrom von 10 mA ergibt also 100 mV bei 0 °C und 103,8 mV bei 100 °C. Bei −50 °C sind 98,1 mV zu erwarten. Das sind keine großen Änderungen, doch in der Kombination von Operationsverstärker und *A 277 D* mit passend gewählten Referenzpunkten bringen sie das beschriebene gute Ergebnis, dessen »Anzeigekraft« durch die Bandskale erhöht wird. Ein 6-V-0,5-A-Klingeltransformator erwies sich für die gesamte Anlage als ausreichende Speisequelle, denn bei der immer noch relativ kleinen Gesamtbelastung liegt die Ladekondensatorspannung genügend hoch. Wird ein Kupferdrahtfühler z. B. für leitende Medien benötigt, kann man wie folgt vorgehen: Etwa 4 m 0,09-mm-Cu-Draht mehrmals in der Mitte zusammenlegen. Bei 50 cm Gesamtlänge dieses »Seil« um die Enden der bereits vorverzinnten dünnen 4drähtigen Zuleitung (mehrfarbig zur Unterscheidung, je 2 zusammenlöten) wickeln, und die

Drahtenden möglichst entspannt anlöten. Etwa erbsengroßes Stück *Suralin*-Masse dünn ausformen, und vorsichtig den Meßkopf umkleiden. (Oder: Meßkopf mit Silikonkautschuk, z. B. *Cenusil*, umhüllen.) Anschließend am Lötkolbenschaft thermisch aushärten *(Suralin)*.

Für andere Drahtdurchmesser gelten diese Widerstande je m bei 20 °C: Blankdrahtdurchmesser in mm: 0,03/24,8; 0,05/8,95; 0,06/6,18; 0,07/4,55; 0,08/3,50; 0,09/2,75; 0,10/2,23; 0,12/1,55; 0,14/1,14. Abschließend folgen noch Einstellhinweise und Betriebserfahrungen mit der Kombination aus Verstärker und Bandanzeigemodul:

Eine Schwingerscheinung (etwa 1 MHz, 100 mV Sägezahn) bei Verbinden des Ausgangs mit dem Eingang 17 im *A 277 D*, die zu einer kleineren »Ausgangsspannung« führte (z. B. 4,95 V statt 5,33 V!), ließ sich mit einem Widerstand zwischen OPV-Ausgang und Anschluß 17 beheben (10 Ω genügten schon), oder man entfernt den Kondensator am Eingang 17.

Nach Offsetabgleich auf 0,00 V Ausgangsspannung (Kurzschluß des Eingangs gemäß Bild 5.71 a) wird in Verbindung mit dem Anzeigemodul z. B. so abgeglichen:

- Etwa 10 mA Fühlerstrom einstellen.
- Verstärkerpotentiometer auf Mitte.
- Referenzspannung auf (etwa) 4,95 und 6,2 V einstellen.
- Fühler zusammen mit Vergleichsthermometer auf eine Temperatur an der oberen gewünschten Bereichsgrenze bringen (z. B. im Wasserbad).
- *V*-Potentiometer gerade so einstellen, daß bis einschließlich der höchstwertigen Diode alle leuchten.
- Temperatur an Untergrenze des Bereichs »bereitstellen«.
- U_{min}-Potentiometer so weit korrigieren, daß gerade unterste Leuchtdiode leuchtet.
- Bei Bedarf Abgleich wiederholen oder auf den wichtigsten Teilbereich hin optimieren.

5.5.7. Boilerüberwachung

An nicht speziell isolierten kleinen Wasserkesseln findet sich durch Versuch immer eine Stelle, an der die Innentemperatur abgefragt werden kann. Je besser der Fühler in thermischen Kontakt mit dem Gehäuse kommt und je weniger Zugluft u. ä. das Ergebnis vorfälschen können, um so verläßlicher wird der gewonnene Wert. Man muß in solchen Fällen für den kritischen oberen Wert, also ausreichend weit vor (ungewolltem) Ansprechen vom Hersteller vorgesehener Thermosicherungen die entsprechende Fühlerreaktion ermitteln. Der Einfachheit halber wird im folgenden angenommen, die höchste zu erfassende Stufe sei 100 °C. Die Möglichkeit, einen *B 511 N* mit einem Arbeitswiderstand im Bereich von 10 kΩ zum 10 mV/K ausgebenden Meßsystem zu komplettieren, läßt eine im übrigen sehr rationelle Anzeige über den *A 277 D* in 10-K-Sprüngen zu. Bild 5.72 a zeigt zunächst die sparsamste mögliche Lösung, was den Einstellaufwand bei begrenzter Treffsicherheit angeht. Schließlich ist bei dieser Aufgabe weniger der untere Bereich als eben der obere wichtig. Die gewählten Werte entsprechen bereits einem noch größeren Skalenfaktor. Der Sinn dieser Maßnahme wird später erläutert. Die Gesamtschaltung eines solchen Meß- und Anzeigemoduls mit Bandbeschaltung gemäß Bild 5.72 b enthält dagegen für alle möglichen Einstellungen Stellpotentiometer. Sie läßt sich daher auch schnell an andere Eingangsbedingungen anpassen, wie etwa an die nach Bild 5.71. Der jeweiligen Aufgabe entsprechend bestückt man die Leiterplatte nach Bild 5.72 c und Bild 5.72 d. Da diesmal (im Unterschied zur Digitalanzeige!) keine starre dekadische Bindung besteht, kann ähnlich der Kupferdrahtversion optimiert werden, denn bei 10 mV/K ist die Stufenspannung schon äußerst knapp: Unter Ausnutzung der maximal zulässigen Referenzgrenze ergibt sich mit etwa 16 kΩ Nennwert des Sensorarbeitswiderstands (z. B. 10 kΩ Potentiometer und 10 kΩ Festwiderstand) bei $\vartheta_{max} = 100$ °C ein möglicher Hub von etwa 6 V bis 4,2 V, also 1,8 V. Das liegt im normalen Betriebsbereich des *A 277 D* (Stufenspannung etwa 160 mV). Man kann nun entweder, wie schon erwähnt, Bandbeschaltung wählen und daher die Leiterplatte nach Bild 5.72 b und c benutzen, vielleicht wieder mehrfarbig bestückt. Das wäre eine optisch wirkungsvolle Anzeige, bei der auch nicht stört, daß unterhalb von −10 °C nichts

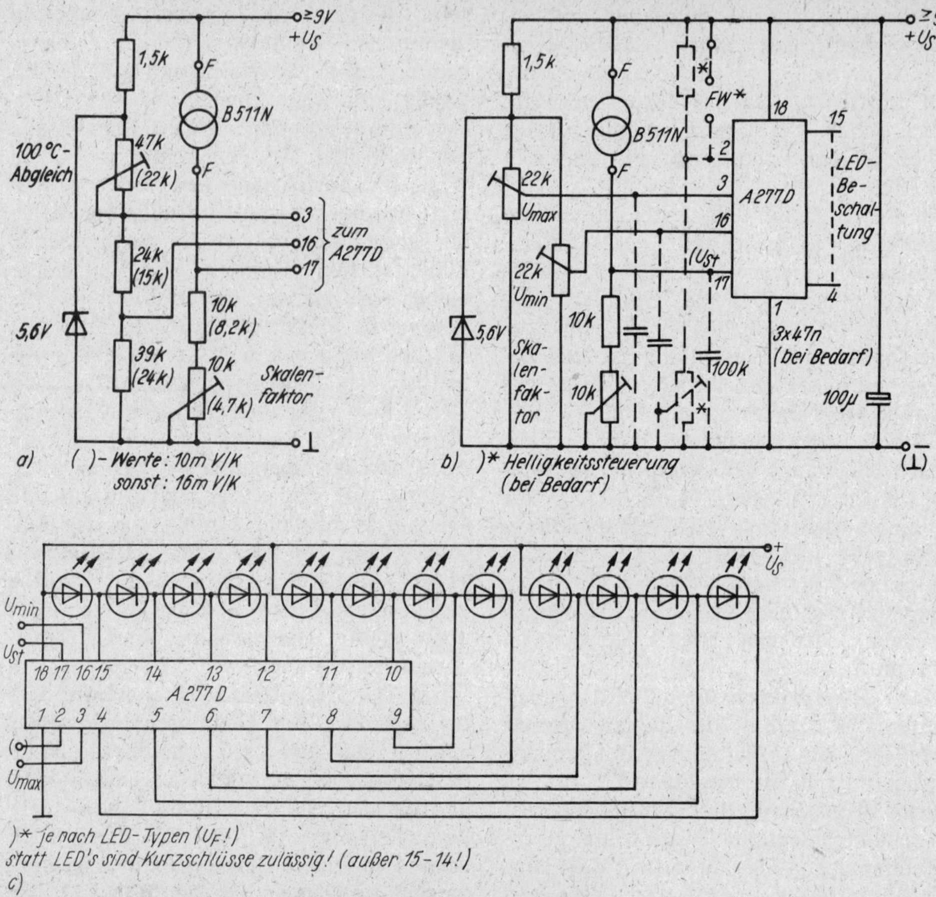

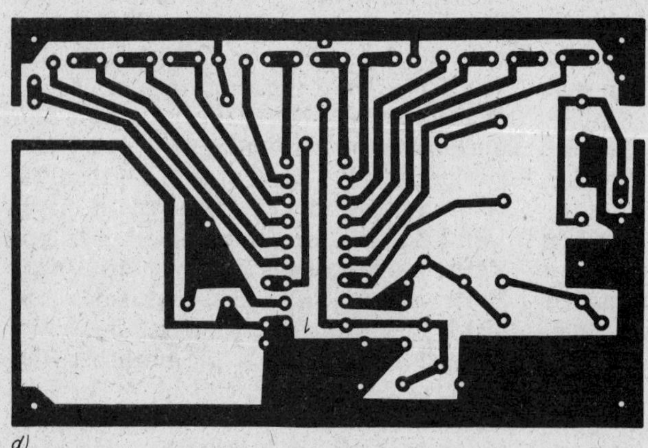

Bild 5.72
Einsatz des *B 511 N* für *A 277 D*-Ansteuerung mit angepaßtem Skalenfaktor in 10-K-Sprüngen (Boilerüberwachung u.ä.); a – Minimalvariante des Eingangsteils (hauptsächlich für oberen Temperaturbereich), b – Gesamtschaltung mit Einstellbarkeit beider Referenzwerte, c – Ausgangsbeschaltung Bandbetrieb, d – Leiterbild zu b und c,

mehr angezeigt wird. Schließlich dürfte solcher Extremfall einer Havarie entsprechen, die auch auf andere Weise erkennbar ist. Im Grunde genügte es, z. B. ab 20 °C zu bestükken.

Wählt man dagegen Punktbeschaltung, so sollte neben der Farbstaffelung der Leuchtdioden noch eine gut ablesbare Skale angebracht werden. Die Punktbeschaltung erleichtert den Übergang zur Schaltung mit

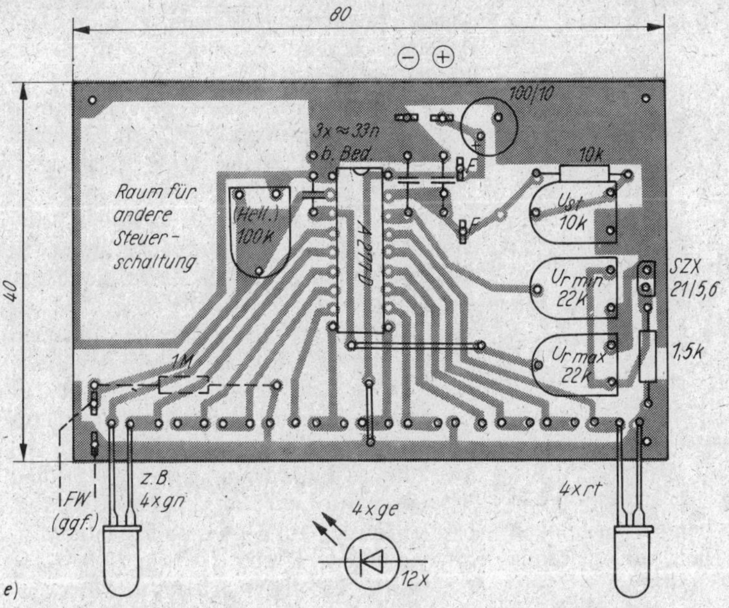

e)

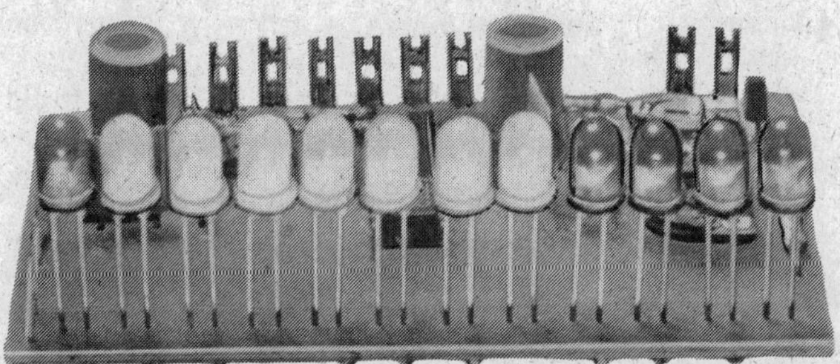

f)

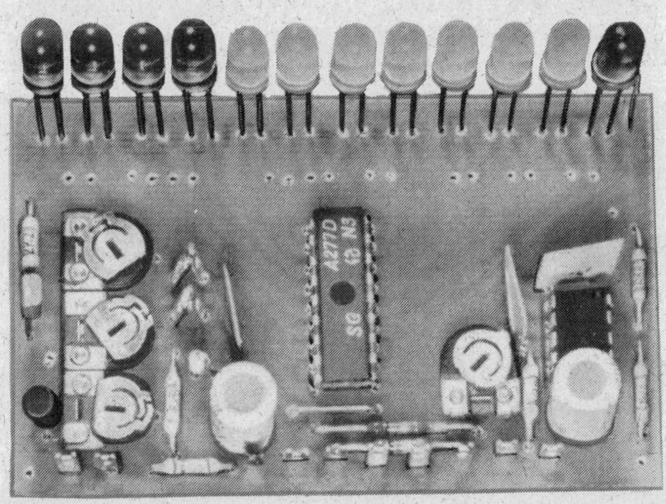

g)

Bild 5.72
e – Bestückungsplan zu d (auch für Minimalvariante sinngemäß geeignet), f, g – Musteransichten in etwas anderer Bestükkung

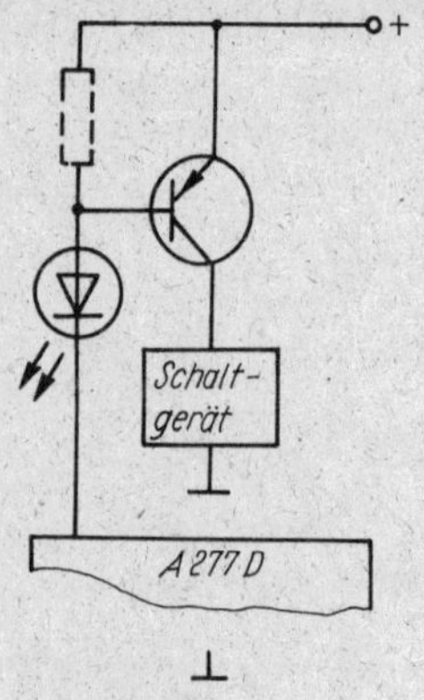

Bild 5.73
Von *A 277 D* steuerbare Schalteinrichtung

Grenzwertsignalisierung. Je nach gewünschter Maximaltemperatur benutzt man dann den entsprechenden Ausgang zur Auslösung beliebiger anderer Signale (oder auch Schaltinformationen für eine Automatik). Ein pnp-Schalttransistor beispielsweise konnte nach Bild 5.73 einfach in Serie zur Leuchtdiode gelegt werden. Um einer Fehlauslösung durch Sperrströme vorzubeugen, empfiehlt sich der gestrichelte Parallelwiderstand zur Basis-Emitter-Strecke. Damit kann auch auf den Ansprechpunkt im Übergangsbereich Einfluß genommen werden. Die im Kollektorzweig gegen Masse hin angedeutete Schalteinrichtung muß dieses Übergangsverhalten verkraften; und auch der Transistor muß dem »schleichenden« Einschalten gewachsen sein. Andernfalls ist es besser, den Aufwand durch eine Triggerschaltung zu erhöhen. Da es unzählige Möglichkeiten für solche Auswerteschaltungen gibt, sei auf passende andere Schaltungen in diesem Buch verwiesen.

Interessant wird jedoch gegenüber dem noch im *Bauplan-Bastelbuch 2* empfohlenen Signalgeber *B 555 D* die jetzt gegebene Möglichkeit, lediglich mit einer aktiven Piezokapsel ein Alarmsignal zu erzeugen. Allerdings empfiehlt es sich nur bei entsprechend großer Betriebsspannung, sie in Serie zur Leuchtdiode zu legen. Die Überlegungen dazu ähneln denen weiter vorn bei einfachen Alarmsystemen mit LED-Anzeige und *piezophon*-Kapsel. Einfaches Parallelschalten zur Leuchtdiode ergibt relativ leises Signal, zumindest bei den älteren LED-Typen mit weniger als 2 V Flußspannung. Ein Widerstand R in Serie zur Leuchtdiode hebt die verfügbare Spannung an, doch muß folgende Mindestbedingung erhalten bleiben: $U_S - U_F - R \cdot T \geq 2$ V. Das ergibt sich aus den Betriebsbedingungen des *A 277 D*. Für $I > 10$ mA (maximal 20 mA – stellt sich je nach Beschaltung von Anschluß 2 ein) sollten 2,5 V eingehalten werden. Bild 5.74 illustriert die Verhältnisse. Exakt müßte man vom Strom in den Ausgang des *A 277 D* den durch den Piezosummer fließenden abziehen. Bei z. B. 3 V zwischen Plus und Ausgang, also über der Kapsel, beträgt er etwa 3 mA.

Eine Verringerung der Lautstärke ergibt sich auch, wenn mit einer Kapsel 2 Grenzwerte signalisiert werden sollen, wie in Bild 5.75 angedeutet. Für den Boiler könnten das z. B. 90 °C als höchste erlaubte Temperatur sein (obgleich ja »to boil« eigentlich »kochen« heißt ...) und +10 °C als Vorwar-

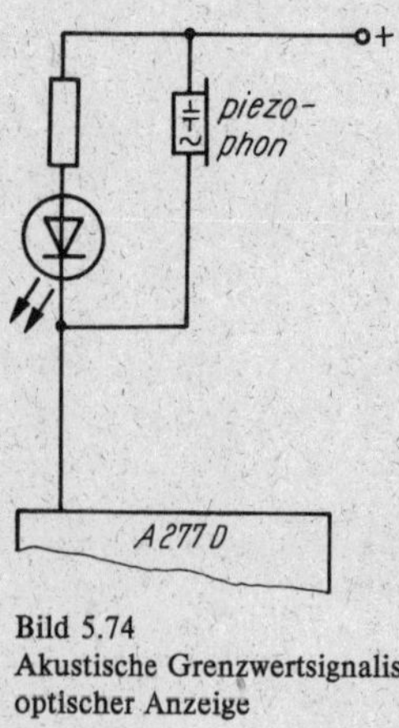

Bild 5.74
Akustische Grenzwertsignalisierung mit zusätzlicher optischer Anzeige

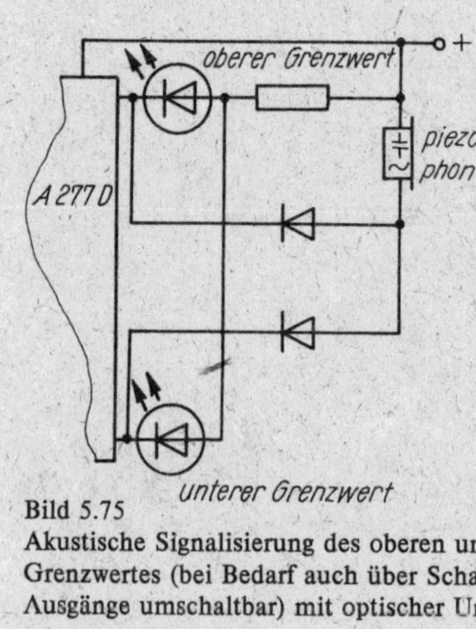

Bild 5.75
Akustische Signalisierung des oberen und des unteren Grenzwertes (bei Bedarf auch über Schalter auf andere Ausgänge umschaltbar) mit optischer Unterscheidung

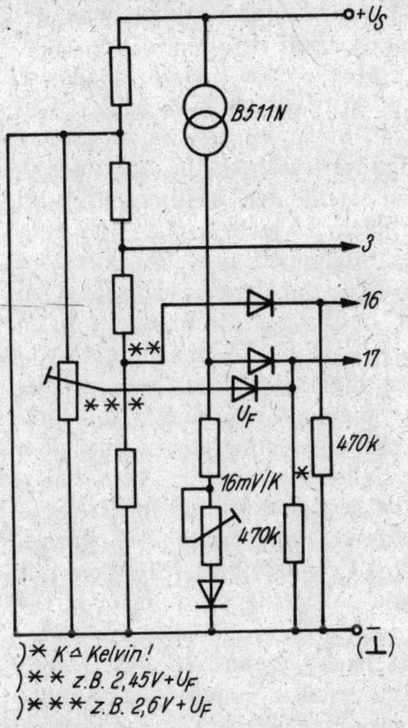

Bild 5.76
Vorschlag für Grenzwertklemmung zu Bild 5.72 o.ä. bei U_{min}: Spannung vom zusätzlichen Potentiometer entspricht tiefstem noch angezeigten Signalwert; Flußspannungseinflüsse beachten!

nung. Diese Vorwarnung könnte sowohl als Signal gelten, wenn nach einer Art »Sommerpause« wieder zu heizen ist, als auch einen Ausfall signalisieren, noch bevor die Temperatur den Gefrierpunkt erreicht hat. Der Alarmbereich könnte in den Wintermonaten bereits ab 20 °C angesetzt werden und auch den letzten Ausgang erfassen. Obwohl es bei −10 °C ohnehin etwas spät wäre …

Im übrigen fällt es bei der Ansteuerung des *A 277 D* mit *B 511 N* leicht, analog zu der in den genannten Literaturstellen gezeigten Grenzwertklemmung bei Thermistorsteuerung zu verfahren. Der Quellwiderstand ist jetzt wesentlich kleiner, der Widerstand vom Eingang des *A 277 D* nach Masse darf also ebenfalls niedriger liegen. Außer für Grenzwertexemplare bezüglich Eingangsstrom sind 470 kΩ angemessen. Im Gegensatz zur Heißleiterversion setzt jetzt bei zu tiefer Temperatur das Signal wieder aus, wenn man die Signalkapsel an der der untersten möglichen Steuerspannung (1 »Stufe« über U_{min}) entsprechenden Diode angebracht hat. Die Maßnahmen nach Bild 5.76 lassen sie dagegen weiter Signal geben, auch, wenn es noch wesentlich kälter wird. Die zusätzlichen Dioden ergaben sich aus dem Wunsch, die Schaltungsverhältnisse insgesamt nicht wesentlich zu verändern (Abgleich).

5.5.8. Grenztemperaturmelder mit Heißleiter

Im ersten Wohnbereichs-Bastelbuch sind eine Reihe von Schaltungen enthalten, die das Über- und Unterschreiten einer wählbaren Temperaturschwelle anzeigen. Das sind sehr nützliche kleine Einheiten für vielfältige Aufgaben, vom Kühlschrankwächter für ältere Modelle ohne eingebaute Überwachung über die Heizungskontrolle bzw. die (unerwünschte) Aufheizung von Räumen bis hin zur Meldung, wenn der Siedepunkt (nahezu) erreicht ist. Die bisher für solche Zwecke vorgestellten Objekte informierten ständig über die aktuelle Temperatur. Erst beim *A 277 D* war eine (zusätzlich wirksame) Grenzwerterfassung vorgesehen worden. Das genannte Buch bot einerseits Schaltungen in diskreter Transistortechnik, andererseits aber auch bereits einige Beispiele mit CMOS-Schaltkreisen. Die erstgenannten werden im folgenden durch Operationsverstärkerbeispiele abgelöst. Bei den letztgenannten ist im jeweiligen Einsatzfall abzuwägen, inwieweit der Vorteil der geringen Ruhestromaufnahme (fast nur durch den Fühler bedingt) gegenüber anderen Möglichkeiten dominiert. Bei allen diesen Beispielen wurde ein Meßheißleiter aus der TNM-Reihe eingesetzt. Im Wechselspiel zwischen Betriebsspannung, Temperaturbereich und übrigen Schaltungsdaten blieb es bei Typen von 47 kΩ Nennwert an aufwärts. Man erhält sie allerdings nicht unbedingt überall und ständig. Etwas »Lagerhaltung« kann daher nichts schaden. Zusammengefaßt nun das Wichtigste zu diesen Bauelementen. Heißleiter (Thermistoren) sind Widerstände aus polykristallinem Halbleitermaterial. Ihr Widerstandswert verringert sich mit wachsender Temperatur. Sie haben also einen negativen Temperaturkoeffizienten (TK) des Widerstands.

Als Richtwert im Bereich von Zimmertemperaturen gilt: Je Grad Temperaturunterschied zur Bezugstemperatur von 20 °C ändert sich der Widerstand um etwa 3 %. Diese erhebliche Änderung kann man für elektronische Thermometer kleinen Aufwands ausnutzen. Bei einer solchen Anwendung darf der Heißleiter durch den Meßstrom aber nicht erwärmt werden, denn dann verringert er seinen Widerstand bereits bei konstanter Umgebungstemperatur! Im Handel wird ein Sortiment Meßheißleiter angeboten, dessen kritische Grenze bei 0,5 mW Belastung liegt (TNM-Reihe). Diese Stäbchen von etwa 10 bis 15 mm Länge und 2 mm Durchmesser haben eine relativ kleine Wärmeträgheit. Definiert wurde die Zeit, die zwischen Erwärmen auf 150 °C (dem Grenzwert für unglasierte Typen) und anschließendem Abkühlen auf 20 °C vergeht, bis die Hälfte des Kaltwiderstands für 20 °C wieder erreicht ist. Sie beträgt 30 ± 10 s.

Was beim anspruchslosen Zimmerthermometer bereichs- und genauigkeitseinschränkend zu beachten war, nämlich die nichtlineare Widerstandskennlinie in Abhängigkeit von der Temperatur, das hat für Grenzwertmelder untergeordnete Bedeutung. Allerdings bleibt zu bedenken, daß gerade im Bereich hoher Einsatztemperaturen der Kurvenverlauf flacher wird. Für einen definierten Ansprechpunkt sind das keine ausgesprochen idealen Voraussetzungen.

Seite 91 des ersten Wohnbereichs-Bastelbuches ist sicherlich oft konsultiert worden. Sie geht gerade an einem solchen Beispiel (Schwellwert etwa 95 °C) auf die bei TNM-Typen übliche Betrachtungsweise ein. Aus den dort formulierten Beispielen, die sich verallgemeinern lassen, kann man schnell auf die Lösbarkeit eines eigenen Problems schließen. Es erschien daher sinnvoll, diese Aussagen in den folgenden Text mit aufzunehmen. Prinzipiell geht es um die Abbildung einer Temperatur durch eine Spannung, die dem temperaturabhängigen Widerstand des Heißleiters (auch Thermistor oder NTC-Widerstand genannt) entspricht. Dazu speist man den Thermistor mit einem Strom. Sofern der Widerstand in der Spannung »naturgetreu« abgebildet werden soll, muß dieser Strom konstant sein. Das bedeutet entweder, daß der Heißleiterwiderstand klein gegen den diesen Strom bestimmenden Widerstand sein muß (was oft eine hohe Betriebsspannung erfordert), oder die Vorgabe wird mit einem Stromgenerator realisiert. Für Schwellwertreaktionen braucht das nicht zu sein. Allerdings werden dann gewisse Randbedingungen wichtig, die die Verlustleistung im Heißleiter bestimmen. Man kann aber auch umgekehrt den Heißleiter als »temperaturgesteuerten Stromgenerator« betrachten. Der vom temperaturabhängigen Widerstand bestimmte Strom ergibt dann über einem ohmschen Widerstand eine von der Temperatur gesteuerte Spannung. In diesem Fall steigt sie mit wachsender Temperatur, umgekehrt (Spannungsabgriff über dem Heißleiter) sinkt sie.

Wie schon angedeutet, muß in *TNM*-Typen die vom Meßstrom erzeugte Wärmeleistung unter 0,5 mW bleiben. Allgemein gilt daher für die am Heißleiter anliegende zulässige Spannung beim kleinsten zu erwartenden Widerstand (denn auf diesen muß bei der beschriebenen Variante der gesamte Teiler dimensioniert werden): $U_{max} = \sqrt{P \cdot R}$. Für $P_{max} = 0{,}5$ mW gilt also $U_{max} = 0{,}022\sqrt{R}$ (R in Ω, U_{max} in V). Soll der Heißleiter für den Ansprechfall mit der halben Betriebsspannung U_S belastet werden können, dann muß er dabei noch größer sein als

$$R = \frac{U_S^2}{4P_{max}} \text{ oder } R = \frac{U_S^2}{2} \cdot 10^3.$$

Für z. B. $U_S = 4{,}5$ V muß daher R über 10 kΩ liegen. Das ist bei höheren Meßtemperaturen schon recht problematisch. Wenn auch das Spektrum der *TNM*-Typen z. Z. bis 150 kΩ reicht, so heißt das doch nicht, daß sich solche hochohmigen Werte immer im Angebot befinden. Allerdings wird für diese Aufgaben keine so hohe »Steilheit« der Widerstandsänderung, wie sie ein Heißleiter bietet, benötigt. Eine praktische Konsequenz dieser Überlegung besteht in einem Serienwiderstand. Ein *TNM 68 K* soll nun z. B. bei 95 °C eingesetzt werden. Sein Widerstand (wenn man die Toleranzen von Widerstand und b-Konstante einmal zu 0 ansetzt) für diese Temperatur folgt der allgemeinen Heißleitergleichung $R = a \cdot e^{b/T}$, daraus $a = R_{20} \cdot e^{-b/293}$, so daß über den Nennwert bei 20 °C (R_{20}) eine Lösung nach jedem beliebigen Temperaturwert mög-

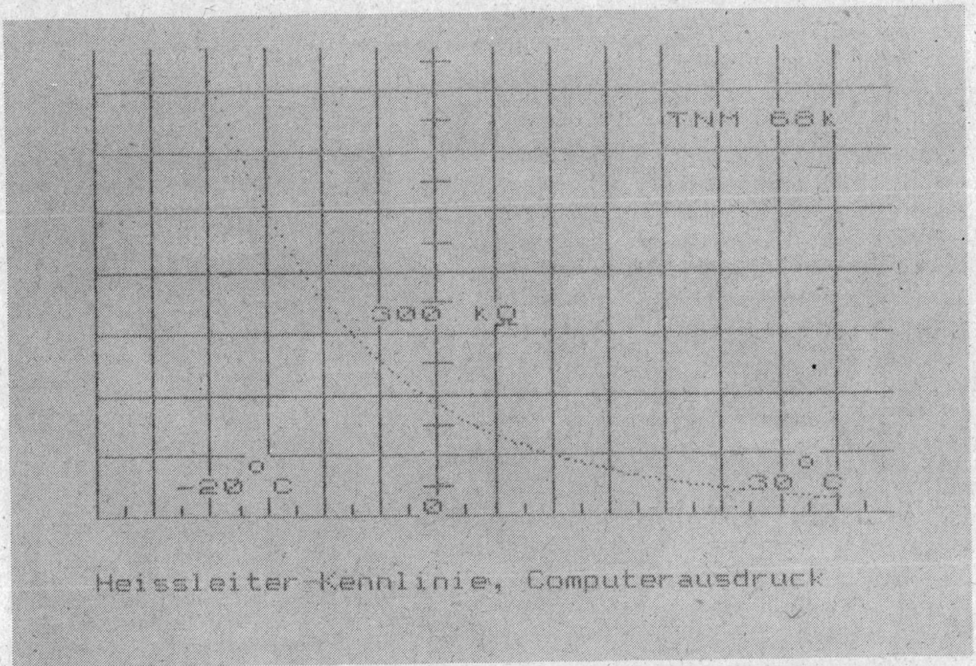

Bild 5.77 Durch Computer gewonnene Heißleiterkennlinie *(TNM 68 k)* für den Bereich −20 °C bis +35 °C

lich ist: $R_T = R_{20} \cdot e^{b/T} \cdot e^{-b/293}$, denn $T = 273$ + Temperaturwert in °C. Für den 68-kΩ-Heißleiter ist $b = 4\,500$ K, also gilt $R_T = 68 \cdot 10^3 \cdot 0{,}21 \cdot 10^{-6} \cdot e^{4\,500/T}$.

Bild 5.77 zeigt die aus dieser Gleichung resultierende Kennlinie, dargestellt für den Temperaturbereich von −20 bis +35 °C als Beispiel. Es handelt sich um eine mit einem Computer gewonnene Kurve.

95 °C bedeuten $T = 273 + 95$, also schließlich $R_T = 2\,920$ oder 2,92 kΩ. Da dieser Widerstand höchstens 0,5 mW Eigenleistung erhalten soll, geht man bei einer Teilerdimensionierung nach Bild 5.78 sicher genug. Dort steht bei 95 °C noch etwa 0,8 V am Heißleiter, d. h. $P \approx 0{,}21$ mW.

Als Zweipol mit $R_i = 13{,}6$ kΩ und $R_a = R_{Heißleiter}$ betrachtet (wiederum vereinfacht ohne Toleranzen gerechnet), erhält der Heißleiter unterhalb von 95 °C für $R_T = 13{,}6$ kΩ ($R_i = R_a$) die maximale Leistung von $2{,}55^2/13{,}6$ mW oder 0,37 mW. Das System ist damit sozusagen »unbedingt stabil«, was die Eigenerwärmung betrifft.

Nach Klärung dieses Sachverhalts zu einer praktischen Einsatzschaltung. Bild 5.79 frischt zunächst die Kenntnisse über den Betriebfall »Komparator« von Operationsverstärkern auf. Schon wenige Millivolt unterschiedlicher Eingangsspannung an den beiden Eingängen lassen bekanntlich den Ausgang von einem Extrem ins andere kippen. Das Bild zeigt auch, was am Ausgang je nach Richtung und Größe der beiden Spannungen geschieht. In dieser Prinzipskizze wird der OPV symmetrisch gespeist. Daher ist die Ausgangsspannung beim idealen OPV (der keine Offsetspannung kennt!) 0 V, wenn man die Eingänge an Masse (Verbindung der beiden Spannungsquellen) legt. Praktisch befindet sie sich jedoch immer am oberen oder unteren »Anschlag«, bis man

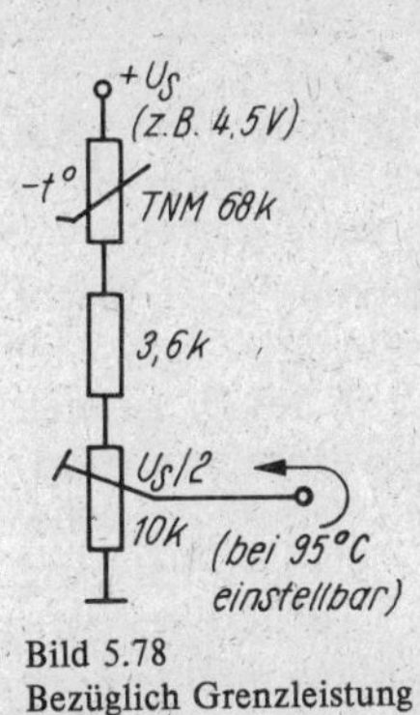

Bild 5.78
Bezüglich Grenzleistung sichere Teilergestaltung für 95-°C-Melder

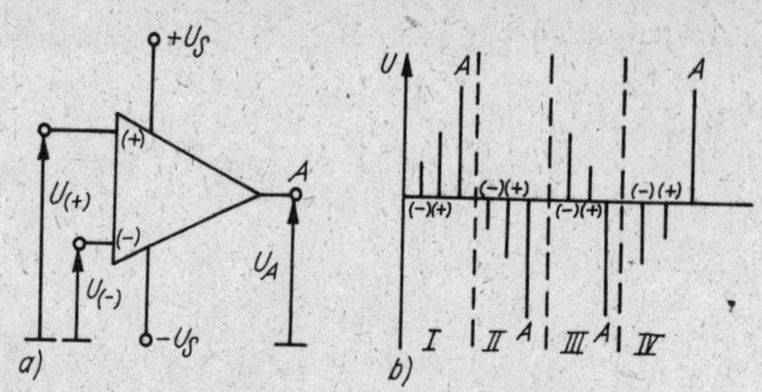

Bild 5.79
Operationsverstärker als Komparator; a – Prinzipschaltbild, b – Ausgangsreaktionen auf unterschiedliche Eingangsspannungen (wenige Millivolt Differenzspannung genügen!)

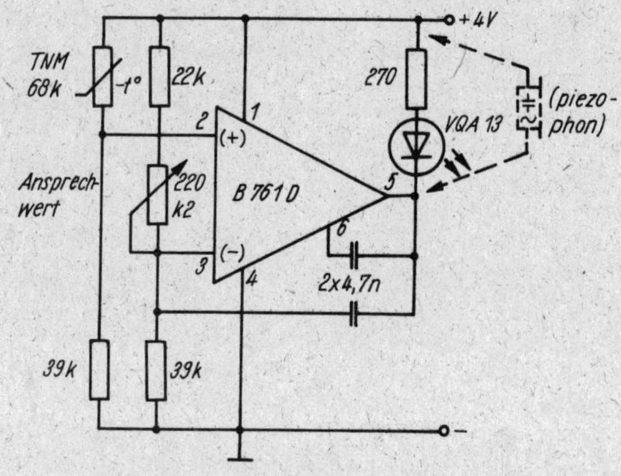

Bild 5.80
Temperaturgrenzwertmelder geringen Aufwands mit optischer und/oder akustischer Signalisierung; Eingangsbeschaltung für Signal bei Unterschreiten einer über Stellwiderstand wählbaren Mindesttemperatur

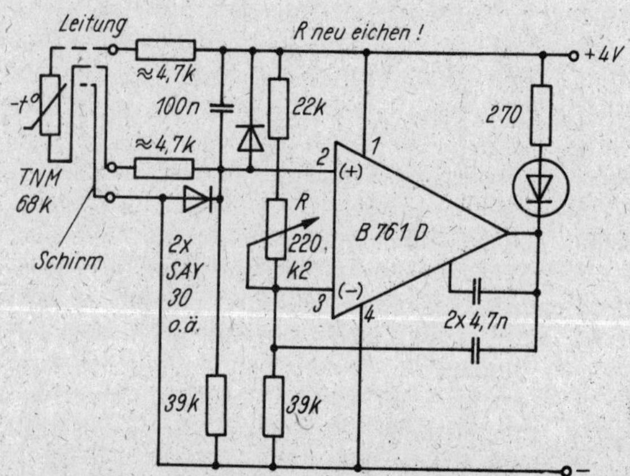

Bild 5.81
Sinnvolle Ergänzungen zur Schaltung nach Bild 5.80 bei Fernüberwachung: Schirmen, Entkoppeln, vor Überspannungen schützen

die Offsetspannung überwunden hat. Auf den Eingang umgerechnet, liegt diese in der Größenordnung einiger Millivolt. Die extrem hohe innere Verstärkung aber macht daraus eben Vollaussteuerung.

Typen wie der *B 761 D (B 861 D)* können mit relativ kleiner Betriebsspannung unsymmetrisch gespeist werden. Für Operationsverstärker mit offenem Kollektorausgang heißt Komparatorbetrieb mit unsymmetrischer Speisung, sofern man nicht nach Masse zu belastet: Mehr positive Spannung an (−) als an (+) schaltet den Ausgang auf eine kleine (aber noch positive) Spannung. Ihre Höhe wird durch die Eigenschaften des Ausgangstransistors und den von Plus über den Arbeitswiderstand fließenden Strom bestimmt. Ist die Spannung am (+)-Eingang etwas größer, kippt er auf nahezu den Wert der positiven Betriebsspannung. (Jetzt sperrt der Ausgang in Richtung Masse.) Dabei gilt für OPV-gerechte Funktion: Die Eingangsspannungen müssen von Masse und Plus um wenigstens 0,6 V entfernt bleiben.

Der große zulässige Kollektorstrom des *B 761 D* kann nur in Richtung Minus durch den Kollektor fließen. Also ist der beste Ort für den Anschluß einer Signaleinrichtung der Zweig zwischen Ausgang und Plus. In der Schaltung nach Bild 5.80 liegt dort eine Leuchtdiode. Sie leuchtet bei dieser Beschaltung auf, wenn es am Heißleiter zu kalt geworden ist. Den Ansprechwert wählt man am Potentiometer vor. Seine Skaleneinteilung läßt darüber hinaus auch Messen zu: Der Skalenwert, bei dem die Leuchtdiode wieder ausgeht, stellt die aktuelle Temperatur am Meßort dar. Der Heißleiterkennlinie am besten angepaßt ist ein Potentiometer mit logarithmischem Widerstandsverlauf (»2« in der Typenangabe). Mit einem solchen – wenn man die richtige Seite anschließt – wird das Einstellen auch in größeren Bereichen relativ treffsicher. Vertauscht man die Eingangsanschlüsse des Operationsverstärkers, leuchtet die Diode, wenn es zu warm wird.

Längere Zuleitungen können Maßnahmen gegen Störspannungen erfordern, im Sinne von Bild 5.81. Ausgangsseitig läßt sich zur Lösung anderer Aufgaben statt der Leuchtdiode auch z. B. ein Signalgenerator, eine Triacsteuerung (z. B. für eine Niederspannungs-Kleinheizung) oder ein 12-V/50-mA-Relais mit Schutzdiode Richtung Plus anschließen. Andere Betriebsspannung (bis 18 V beim *B 761 D*) erfordert, die Meßschaltung bezüglich Bereich neu zu dimensionieren. Spannungsschwankungen (z. B. alternde Batterie bei netzfreiem Betrieb) sind aber unkritisch – sie wirken auf beide Zweige gleichsinnig.

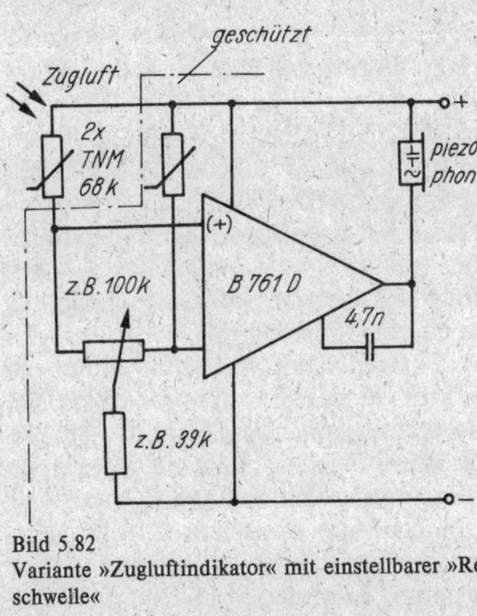

Bild 5.82
Variante »Zugluftindikator« mit einstellbarer »Relativschwelle«

Im Sinne der ursprünglichen Aufgabenstellung *Grenzwertmelder* kommt nun selbstverständlich wieder die bewährte *piezo-phon*-Kapsel ins Spiel: Einfach bei Bedarf zusätzlich oder statt der Leuchtdioden-Widerstands-Kombination zwischen Plus und Ausgang anschließen, und schon meldet sich der Wächter akustisch. Das geschieht, wenn es zu kalt wird, bei Heißleiter zwischen Plus und nichtinvertierendem Eingang. Soll zu hohe Temperatur gemeldet werden, liegt der Thermistorzweig am invertierenden Eingang. Der Leser erinnere sich: Steigende Temperatur – sinkender Heißleiterwiderstand – steigende Spannung am invertierenden Eingang – Ausgang schaltet auf niedrige Spannung.

Da es ein akustisches Signal gestattet, sich voll auf die Handhabung eines solchen Geräts zu konzentrieren, gibt es dafür noch eine interessante Variante: den Zugluftdetektor. Beim Abdichten von Fenstern, Türen usw. kann er eine wertvolle Hilfe sein. Jetzt werden beide Zweige von Plus zu den Eingängen mit möglichst ungefähr gleichen Heißleitern beschaltet. Beide werden der Umgebungstemperatur ausgesetzt. Nur bleibt der eine dabei vor Zugluft geschützt, während der andere (er liegt am nichtinvertierenden Eingang!) als Sensor für die Zugluft benutzt wird. Der Vorschlag nach Bild 5.82 enthält eine von mehreren möglichen Schaltungsvarianten für das Einpegeln »vor Ort«: Zunächst Fühler vor Zugluft schützen (nicht mit der Hand, da das seinen Widerstandswert bereits erheblich beeinflussen kann!) und am Potentiometer kurz vor Signaleinsatz stellen. Dann zugluftverdächtige Stellen »abfahren«. Dabei bedenke man, daß auch thermischer Kontakt zu einem kühlen Fensterrahmen Alarm auslösen kann. Daher gegebenenfalls nachstellen, um zu einer wirklichen »dynamischen Differenzanzeige« zu gelangen.

5.5.9. »Minimax«-Temperaturmelder

Mit 2 Operationsverstärkern läßt sich über eine gemeinsame Signalkapsel in Verbin-

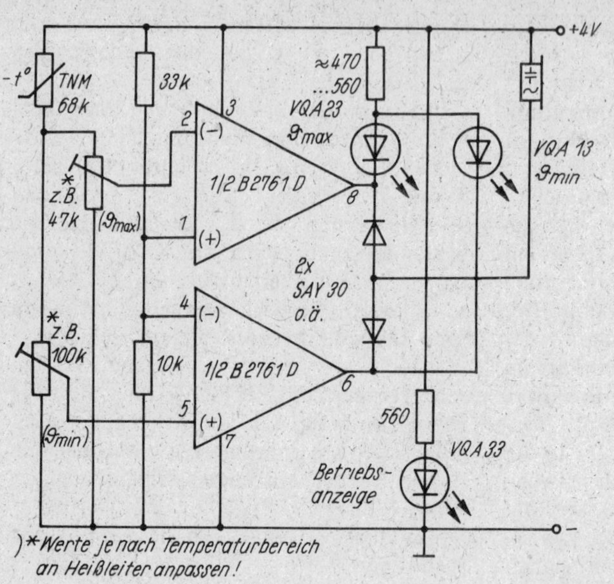

Bild 5.83
Optisch-akustische Zweipunktüberwachung; statt des Piezosummers kann auch eine Schalteinrichtung angeschlossen werden

dung mit 2 Leuchtdioden unterschiedlicher Farbe leicht eine Meldeeinrichtung für einen »Fensterbereich« realisieren. Je nachdem, wie dicht die beiden Ansprechpunkte zueinander liegen, kann diese Schaltung sogar als Kern einer 2-Punkt-Regelung betrachtet werden. Nur dann, wenn sich die überwachte Temperatur im Sollbereich befindet, sind beide Ausgänge gesperrt. Man braucht dafür aber weder 2 Heißleiter noch 2 integrierte Schaltkreise. Schließlich gibt es ja Doppel- und sogar Vierfachtypen, wie *B 2761 D* und *B 4761 D* bzw. *B 082 D* und *B 083 D* bzw. *B 084 D*. In Anlehnung an die bekannten Bordspannungswächter für Kraftfahrzeuge überwacht in diesem Fall die Schaltung nach Bild 5.83 durch Heißleiter einen Raum, einen Heizkörper, gelagertes Material o. ä. in seiner Temperatur. Die 3. Leuchtdiode zeigt bei Bedarf lediglich an, daß das Gerät in Betrieb ist. Die beiden Komparatoren erhalten in der Ausführung nach Bild 5.83 über einen ohmschen Spannungsteiler einen mit der Betriebsspannung »wandernden« Bezugspunkt. Da die Ansprechwerte jedoch in gleicher Weise betriebsspannungsabhängig sind, stört das nicht. Es gilt auf jeden Fall: Alarm wird ausgelöst, sobald der eingestellte »Gleichgewichtswert« der Teiler durch Temperaturänderung den Komparatoransprechpunkt über- bzw. unterschritten hat.

Für ein lautstarkes Signal wurde der Piezosignalgeber nicht einfach über den Vorwiderstand der Leuchtdioden oder gar in Serie zu ihm gelegt, sondern mit getrennten Dioden an die Ausgänge angekoppelt. Das bedingt je nach Leuchtdiodentyp bis zu 2 V mehr für die Signalkapsel.

Im Buch *Mikroelektronik für Praktiker* erfuhr eine der in Bild 5.83 ähnliche, für Spannungsüberwachung eingesetzte Schaltung eine interessante Modifikation: Durch Einfügen von 2 Kondensatoren ergab sich in den Übergangsbereichen als eine Art Vorwarnung Blinken, bevor die Dioden auf Dauerlicht geschaltet wurden. Durch Hinzufügen einer Piezokapsel läßt sich auch diese Variante noch wirkungsvoller gestalten, ebenso, wie sie für den vorliegenden Aufgabenbereich zu thermischen Überwachungszwecken eingesetzt werden kann. Bild 5.84 zeigt diese Schaltung, in beiden genannten Punkten ergänzt bzw. geändert. Die Bezugsspannung wird nicht stabilisiert, sondern folgt der Betriebsspannung.

Noch einmal zurück zum einfachen Grenzwertmelder. Es ist nur eine Frage der Fühlergestaltung, des Abgleichs für die jeweilige Aufgabe und der Eingangspolung, ob er als Frostwarner (Heißleiter z.B. – entsprechend feuchteisoliert – außen an der Hauswand in Bodennähe), als Kühlschrankwächter in umgekehrtem »Meldesinn«, zum

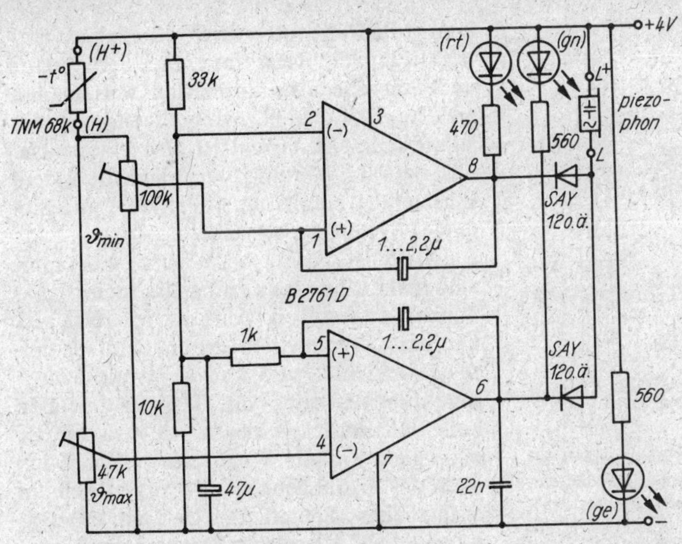

Bild 5.84
Zweipunktüberwachung mit Übergangsimpulssignalen (modifizierter Spannungswächter), Erweiterung der Schaltung nach Bild 5.83

Energiesparen bei höherer als nötiger Raumtemperatur oder eben auch als Überkochverhüter im weitesten Sinne genutzt wird. Gerade die letztgenannte Möglichkeit ist ziemlich interessant, wenn der Fühler dem gut angepaßt wird. Aus der Aufschrift der handelsüblichen Silikonkautschukpaste *Cenusil* geht dafür zweierlei Positives hervor: 1. Der ausgehärtete Silikongummi läßt sich zwischen −50 und +180 °C verwenden, und 2. kann er physiologisch unbedenklich eingesetzt werden. Warum also nicht sogar den berühmten Milchüberkochverhütungsapparat bekannter Witzzeichnungen nun endlich reduzieren auf seinen rationalen Kern und die Milch durch einen solchen Fühler überlisten? Bekanntlich überrascht ein Milchtopf sehr oft durch sein scheinbar spontanes Reagieren, wenn er die nötige Temperatur erreicht hat …

Die Probleme stecken im Detail. Bei Elektroplatten mag das noch leichter zu beherrschen sein – aber eine zu weit aufgedrehte Gasflamme kann infolge der aufsteigenden Heißluft leicht die Zuleitungsdrahtisolation angreifen. Eine gewisse mechanische Hilfestellung sollte daher schon gegeben werden – eventuell sogar mit einem Aufhänger über dem Herd. Zu einem solchen Fühler wurde schon im ersten Wohnbereichs-Bastelbuch folgendes vermerkt:

Hauptproblem beim elektronischen Überwachen von Wassertemperaturen ist das Abdichten des Fühlers gegen die leitende Flüssigkeit. Außerdem soll dennoch der Wärmekontakt gut genug sein, um größere Zeitkonstanten in der Signalgabe auszuschließen. Man geht relativ sicher, wenn die wasserdichte Fühlerhülle erst außerhalb des Gefäßes endet, denn dadurch wird Wassereintritt durch unzureichende Dichtungen ausgeschlossen. Die weitere Anschlußleitung muß so wärmefest sein, daß u. U. um den Topf herum aufsteigende Heißluft keine Gefahr bedeutet. Silikongummischlauch ist ein für solche Zwecke genügend wärmefestes Material. Beim Einführen des Fühlers muß man die geringe Reißfestigkeit dieses Materials berücksichtigen. Da ein völliges Ausfüllen des Schlauchs mit Silikonkautschuk als Wärmeleiter (jeder Stoff leitet besser als Luft!) schlecht gelingt – eventuell mit einer langen Rohrspitze aus der Tube –, empfiehlt es sich, zunächst nur ein kurzes Schlauchstück zu benutzen. In ihm wird der Fühler – mit einer zwischengelegten Papierrolle, um einen kleinen Gleitspielraum zu sichern – mit *Cenusil* oder einem anderen leicht zu verarbeitenden Silikonkautschuk formschlüssig eingebettet. Nach dem Vernetzen, also einen Tag später, entfernt man die Schlauchhülle und die Papierhülse und führt den eingebetteten Fühler in einen genügend langen Silikongummischlauch ein (Bild 5.85).

Dieser Fühler läßt sich an alle möglichen Signalgeber anschließen. Es kommt dabei aber darauf an, daß die Signalschwelle eini-

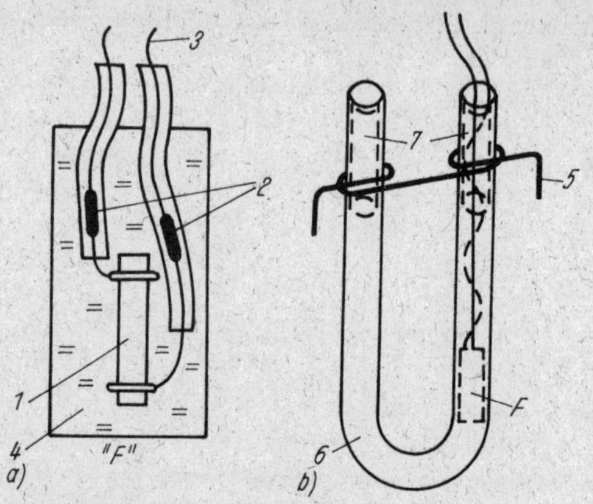

Bild 5.85
Aus dem 1. Wohnbereichs-Bastelbuch stammende Empfehlung für das feuchte- und wärmefeste Einbetten eines TNM-Widerstands (Flüssigkeitstemperaturfühler), um weitere Informationen ergänzt; a – eingebetteter Fühler (vergrößerte Einzelheit zu b), b – in Silikongummischlauch eingeführter Fühler, 1 – Heißleiter, 2 – Lötstellen, 3 – Zuleitungen (wärmefeste Isolation), 4 – Silikongummi *(Cenusil)*, 5 – Drahthaken als Befestigungsbeispiel, 6 – langer Silikongummischlauch, wird nur teilweise in die Flüssigkeit getaucht, 7 – Schlauchverschluß mit *Cenusil*

germaßen verläßlich ist. Da schon ein Signal bei etwa 95 °C einen brauchbaren Wert darstellt, darf die Einrichtung gegenüber dem Einstellwert also z. B. um ±3 K ungenau werden, wenn die Umweltbedingungen oder die Betriebsspannung einen solchen Einfluß ausüben.

Der beschriebene Fühler wurde u. a. in einem Teiler gemäß Bild 5.78 als »Wäschetopf-Alarmgeber« benutzt (Ansprechwert etwa 95 °C). Dieser Teiler lag am Eingang eines CMOS-NAND-Schaltkreises, von dem 2 Gatter in üblicher Weise als Takt- und die anderen beiden als Tongenerator arbeiteten. Solche Schaltungen sind bereits weiter vorn ausreichend behandelt worden. Im genannten Buch findet der Leser auch eine Reihe von Meßwertangaben, die das Ansprechen ziemlich genau bei etwa 50 % der Betriebsspannung nachweisen. Man kann auch mit einem *Schmitt*-Trigger-NAND *(4093)* arbeiten, dessen Schwellwerte ebenfalls in einem festen Zusammenhang zur Höhe der Betriebsspannung stehen. Nur setzt dann der Alarm infolge der Hysterese erst wieder aus, wenn sich die überwachte Substanz relativ weit abgekühlt hat. Das läßt sich allerdings – wenn »lautloser« Alarm durch eine Leuchtdiode benutzt wird – auch bei günstig liegenden Relationen von Temperatur und Schwelle als Information werten, daß man nun z. B. den nächsten Arbeitsgang einleiten kann. Im Grund ist also eine solche Lösung mit *U/V 4093 D* vielleicht für andere Einsatzfälle bereits als 2 Punkte signalisierendes System zu betrachten.

CMOS ist für solche Wächter nur dann eine reale Alternative zu bestimmten Operationsverstärkertypen, wenn im Interesse von Langzeitbatteriebetrieb auf Leuchtdiodenanzeige verzichtet wird und wenn die akustische Signalisierung mit kleinen Energien hohe Schalldrücke erreicht, wie etwa bei der *piezo-phon*-Kapsel. Wenn dazu schließlich noch das Signal gepulst wird, ergibt sich ein zusätzlicher Spareffekt. Da ein CMOS-4-fach-NAND 2 solcher Generatoren bietet, kann durch langsamen 2. Takt nochmals 50 % Energie gespart werden. Schaltungen, die in Verbindung z. B. mit der Schaltung nach Bild 5.78 arbeiten, findet der Leser in diesem Buch bereits ausreichend. Abschließend seien speziell zum Einsatz von »Auskühlindikatoren« noch die weiterhin aktuellen Überlegungen aus dem 1. Wohnbereichs-Bastelbuch zu diesem Thema in einigen Sätzen zusammengefaßt.

Nur sehr wenige Wohnungen werden wohl bereits über automatische Regeleinrichtungen verfügen, die eine individuelle Einstellung der Zimmertemperatur am Zentralheizkörper gestatten.

Im allgemeinen wird ja auch durch die der Außentemperatur angepaßte Zuführung entsprechender Wärmemengen von der Heizzentrale aus eine übliche Zimmertemperatur gewährleistet. Dieser Normalfall ist jedoch nicht mehr gegeben, wenn z. B. in der Anlage im Wohnblock eine Havarie auftritt. Solche Defekte bleiben besonders nachts oft einige Zeit unbemerkt, und Gegenmaßnahmen (z. B. für das Kinderzimmer von Bedeutung) können nicht rechtzeitig eingeleitet werden. Das ist selbstverständlich nur einer von mehreren Aspekten, die für einen Heizungswächter sprechen.

Als Mindestinformation sollte bei derartigen Anwendungen das Unterschreiten einer Solltemperatur signalisiert werden. Man stellt z. B. auf Ansprechen bei etwa 18 °C ein. Wenn dieser Wert dicht neben oder über

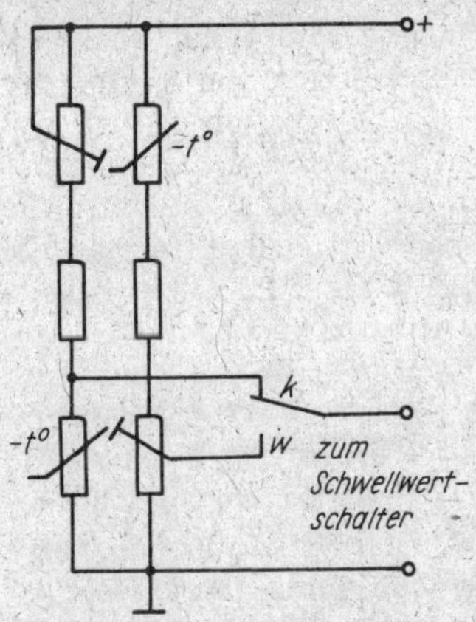

Bild 5.86
Umschaltbare Signalschwelle: »k« – Signalauslösung bei Unterschreiten, »w« – Alarm bei Überschreiten der eingestellten Temperaturschwellen (Signalgenerator spricht auf höhere Spannung an, z. B. ab $U_S/2$, wie CMOS-NAND)

dem Zuleitungsrohr des Heizkörpers auftritt, ist sicher mit einem Auskühlen zu rechnen, denn dann wird ja keine Wärmeenergie mehr zugeführt. Es ist dagegen nicht zweckmäßig, den Heizkörper selbst »abzufragen«. Gerade bei Warmwasseranlagen verhindert dessen langsamere Abkühlung ein rechtzeitiges Reagieren.

Lästig wird im Alarmfall das dauernd ertönende Signal. Schaltet man es ab, so kann wiederum keine Information über die Rückkehr der Wärmezufuhr gegeben werden. Besser ist schon eine Umschaltung, am besten auf einen anderen Fühlerteiler, denn dann genügt ein 1poliger Umschalter, z. B. nach Bild 5.86. Würde man den gleichen Teiler benutzen, dann müßte er ja »auf den Kopf« gestellt werden. Außerdem ist ein Ansprechen erst bei »garantiert höherer« Temperatur wünschenswert.

5.6. Wasserwächter

Wasser gehört zu den Substanzen, bei denen sowohl ein »Zuviel« wie ein »Zuwenig« von Nachteil sein kann. Gerade im Wohnbereich finden sich für beide Extreme viele konkrete Beispiele, sozusagen vom undichten Dach bis zum »gefluteten« Keller auf der einen Seite oder bezüglich des Wohlbefindens von Pflanzen und Haustieren auf der anderen Seite. Gefragt sind dabei außer »Ja-Nein«-Informationen auch Tendenzaussagen. Oft ist solche Vorwarnung am Platz. Zu den indirekt Schaden verhütenden Wächtern zählt in solchem Sinne u. a. auch der vergessene Wasserhahn am Zuleitungsschlauch zur Waschmaschine. Beginnen wir am besten gleich damit!

5.6.1. Wasserhahnsensor

Wasserschläuche sind oft Schwachstellen. Ständig dem Leitungsdruck ausgesetzt, reagieren sie bisweilen zum unrechten Zeitpunkt. Die Hausratversicherung kann die Kosten des entstandenen Schadens zwar abfangen, besser dürfte Schadensverhütung sein. Gefragt ist also eine Möglichkeit, auch ohne prüfenden Griff jederzeit zu erkennen, ob der Hahn nach Abschluß der Wäsche wieder geschlossen worden ist. Die Aufgabe hat 2 Seiten. Die 1. Seite spricht den Mechaniker im Heimelektroniker an. Es geht um die Umsetzung der Hahnstellung in eine elektronisch verwertbare Information. Dafür – wenn es auch von der Konstruktion des Anschlusses und des Hahns abhängt – der Vorschlag nach Bild 5.87. Gearbeitet wird mit Hebelarm und Mikrotaster. Der Hub sollte vor allem auf den Bereich kurz vor dem Punkt des völligen Schließens abgestimmt werden. Das heißt – schon möglichst frühzeitig (wenn also der fast geschlossene Hahn den Wasserdruck Richtung Schlauch ausreichend reduziert) soll der Mikrotaster in die »Alarmlage« kippen.

Typische Werte: 6 mm Abstand von Griff bis Buchse im geschlossenen Zustand, bereits bei 6,5 mm und weniger als 1/4 Umdrehung beginnt das Wasser zu fließen, nach 4 Umdrehungen und etwa 13 mm Abstand voll geöffneter Hahn. Etwa 1 mm beträgt die mechanische »Schalthysterese« eines kleinen Mikrotasters (125-V-Typ).

Entsprechend den günstigeren internen Verhältnissen sprachen dagegen mehrere Exemplare mit der Bezeichnung *C2/220 V~, 2,5 A* bereits bei höchstens 0,5 mm Hub leicht und sicher an, also in beiden Wirkrichtungen. Ein Exemplar brachte es sogar auf 0,2 mm, immer eine zulässige mechanische Vorspannung außerhalb des Schalthubs vorausgesetzt.

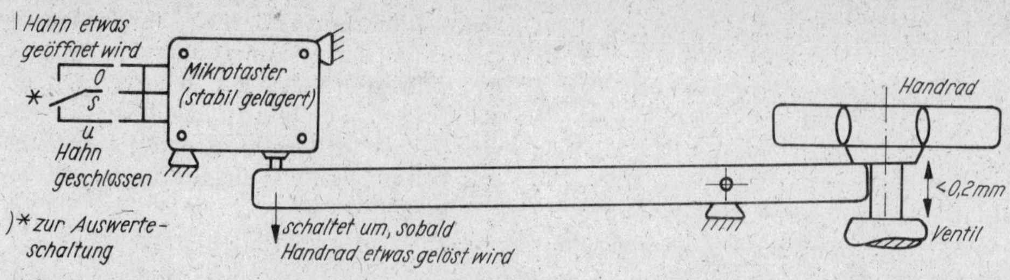

Bild 5.87 Einfacher Hebelmechanismus setzt den Hahnhub bis zum Beginn des Öffnens um in eine Mikrotasterbetätigung. Da der Taster einen Ruhe- und einen Arbeitskontakt hat, ist die Auswerteart beliebig

Eine Hebeluntersetzung empfiehlt sich doch in den meisten Fällen. Denn: Schon ein möglichst kleiner Weg des Hahngriffs in Öffnungsrichtung (z. B. 0,1 mm!) soll den Tasterhub von in ungünstigen Fällen etwa 1 mm ergeben. Eine solche Anordnung läßt sich auf einem stabilen Hartpapierstück oder vorsichtshalber wasserabweisend behandelten Holzbrettchen realisieren. In der Umgebung des Hahns findet sich bestimmt eine passende Stelle, an der man die Einrichtung zuverlässig montieren kann.

Über die Gesamtsicherheit bei der »großen Wäsche« gibt es allerdings außer zur Ventilfrage auch noch eine Reihe anderer Gesichtspunkte. Sie stehen außerdem in Wechselbeziehung zu der eben behandelten Lösung, und manche treffen nicht auf die neueren Modelle mit eingebauten Überwachungsfunktionen zu. Bei vielen Typen ist es jedenfalls im Sicherheitsinteresse erforderlich, den Netzstecker nach Beendigung des Waschprozesses zu ziehen. Die unmittelbare Umgebung der Netzanschlußdose bietet sich daher zumindest für ein kleines Hinweisschild an: »Vor Einschalten Wasserhahn öffnen!« Man kann diesen Hinweis allerdings auch automatisieren. Nur beschränkt sind diese Möglichkeiten auf den Kreis jener Sachkundigen, denen der Umgang mit Gerätetechnik zum Netzanschluß gestattet ist. Das bedeutet, und es kann für eine Reihe anderer Einsatzfälle im Wohnbereich nützlich sein: Zwischen 220-V-Netzsteckdose und Waschmaschinenstecker wird eine »Wächterbox« eingefügt. Sie enthält eine kleine Schaltung, die zunächst auf anliegende Netzspannung reagiert und danach auch registriert, ob die Maschine arbeitet. Erfaßt man damit auch nicht alle denkbaren Fehler, so kann doch u. a. zumindest überwacht werden, ob der Motor in den vom Waschprogramm bestimmten Zeitabschnitten läuft. Um dieses Problem zu lösen, muß man die längste mögliche Ruhezeit zwischen 2 Bewegungszyklen (also Aufnahme von Motorstrom) durch eine entsprechende Zeitkonstante berücksichtigen. Dadurch läßt sich zumindest die Zeitspanne verringern, nach der sonst vielleicht erst ein Ausfall der Maschine während des Waschprozesses erkannt wird.

Nun sind allerdings solche Havarien äußerst selten. Vergleichsweise häufiger passiert es, daß der mit der Waschmaschine belastete Stromkreis durch Zuschalten weiterer »Verbraucher« sicherungsseitig überlastet wird. Als niedere Stufe eines Wächters gegen solche Ereignisse kann ein Netzausfallwarner angesehen werden, die höhere ist eine Vorwarnung an den betreffenden Anschlußstellen. Doch das gehört nicht unmittelbar in diesen Abschnitt. Als Überleitung auf später folgende Lösungen der angesprochenen Probleme schien es jedoch angebracht, bereits jetzt darauf hinzuweisen.

Zurück zu jener intern vorläufig noch nicht näher definierten Box zwischen Waschmaschinenstecker und Netzsteckdose.

Sie muß fachgerecht aufgebaut, isoliert und von genügender mechanischer Stabilität sowie feuchtesicher sein. Das ist eine recht große Liste von Voraussetzungen, und sie läßt deutlich werden, daß sehr viele Leser dann doch wohl besser auf das kleine Hinweisschild neben der Steckdose ausweichen sollten! Es bleibt schließlich immer noch genügend Elektronik für das Warnsignal bezüglich geöffneten Hahns. Geht man davon aus, daß der Schlauch auch den ganzen Waschprozeß über vom Wasserdruck belastet ist, spielen einige Minuten sicherlich

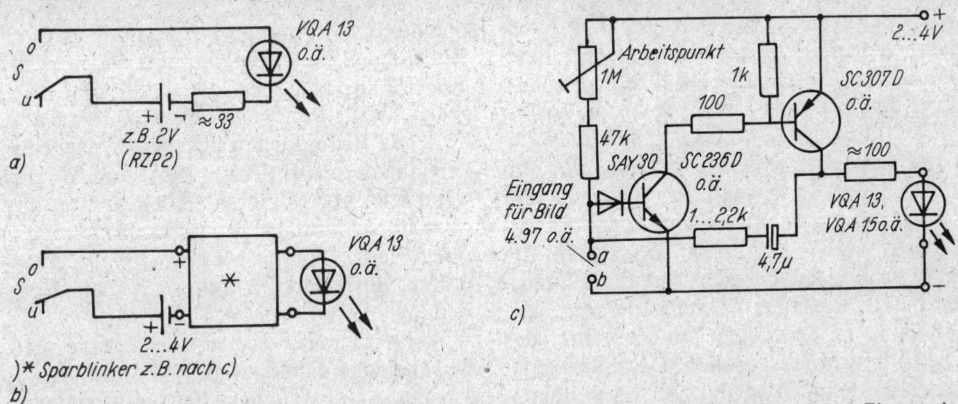

Bild 5.88 Einfache Signalschaltungen für Überwachung eines Wasserhahns; a – Triviallösung, b – Einsatz eines »Sparblinkers«, c – bewährte einfache Schaltung für Sparblinker. Leuchtdiode bzw. gesamten Melder an gut sichtbarer Stelle anbringen (Bild 4.97 lies 5.97!)

keine Rolle. Zweckmäßig dürfte ein um etwas mehr als die Waschzeit verzögert einsetzendes Signal sein. Nun gibt es Waschprogramme, die sich über mehr als 2 Stunden erstrecken, während andere bereits nach 60 Minuten beendet sind. Wer den Zusatzaufwand akzeptiert, kann daher noch die Alarmzeit einstellbar machen. Letzten Endes wird mancher, der bereits ein Hinweisschild an der Steckdose hat, nun einfach nur noch eines am Hahn anbringen: Timer für Waschzeit einstellen! Damit wird jeder mechanische Aufwand überflüssig. Einen solchen Timer kann man auch in die Tasche stecken. Timer dieser und ähnlicher Art sind in Abschnitt 8. zusammengefaßt.

Geht man konsequent auf eine Minimalvariante in Elektronik ein, so wird der Mikrotaster der Hebelanordnung am Wasserhahn mit einer »lautlosen« Sofortinformationsschaltung verbunden. Das heißt, für die Dauer des Waschprozesses (und darüber hinaus so lange, bis der Hahn wieder geschlossen wird) gibt eine Leuchtdiode über diesen Zustand Auskunft. Bild 5.88 enthält neben der Triviallösung einer dabei ständig leuchtenden Diode noch Empfehlungen für den Einsatz einfacher Blinkgeneratorschaltungen aus Abschnitt 4. Eine z. B. nur für jeweils $\frac{1}{10}$ der Periodendauer aktivierte Leuchtdiode mit beispielsweise 20 mA Impulsstrom (was schon sehr wirkungsvoll ist) nimmt als Durchschnittsstrom nur 2 mA auf. Eine Batterie aus 2 × *RZP2* kann darum durchaus 100 lange Waschprozesse überdauern, bevor man sie nachladen muß. (Wenn – wie häufig gegeben – der Gesamtzeitraum dieser »100 großen Wäschen« noch innerhalb eines Jahres liegt.)

Seit geraumer Zeit bietet der Handel ein *Sicherheitsventil für Waschautomaten (S-WA)* zum Preis von 35,– M an; Hersteller: *VEB Berliner Bremsenwerk.* Dieses rein mechanische Sicherheitsventil hat sich über längere Zeit als sehr zuverlässig erwiesen. Durch dieses Sicherheitsventil wird ein Überfluten von Räumen verhindert, wenn der Wasserzuleitungsschlauch einmal platzen sollte. Ein Nachteil dieser Einrichtung besteht darin, daß es bei Wasserüberdruck sofort den Zulauf stoppt – ohne daß ein Schlauchdefekt vorliegt – und damit den Waschprozeß unterbricht. Wird bei sehr hohen Wasserdrücken die beiliegende Drosselscheibe eingebaut, dann fließt das Wasser äußerst langsam in die Waschmaschine, wodurch sich die Waschzeit beträchtlich erhöht. Dieses Sicherheitsventil läßt sich allerdings nicht für Waschmaschinen verwenden, deren lichte Weite des Zuleitungsschlauchs kleiner ist als 6 mm (Herstellung ab 2. Halbjahr 1984).

5.6.2. Einrichtungen für Flutalarm

Unter »Fluten« kann man alles mögliche verstehen. Wenn – um an die Waschmaschine im vorigen Abschnitt anzuknüpfen – der Abfluß nicht funktioniert, kann es ebenfalls zur lokalen Überschwemmung kommen. Oder man hat gerade begonnen Badewasser einzulassen und erhält einen wichtigen Anruf. Das kann wenig später zu nassen Füßen führen. Im Frühjahr, nach einem Gewitterregen oder vielerorts auch infolge von Rohrbrüchen ist es denkbar, daß sich der Keller langsam in einen Swimming-Pool verwandelt. 3 Fälle von vielen möglichen, die Frühwarnung nahelegen. Außer beim Einlassen des Badewassers ist man allerdings vorher kaum in der Lage, den Zeitpunkt der Überflutung vorauszusehen. Doch der Schaden kann dennoch geringgehalten werden – vorausgesetzt, man ist nicht verreist. Das kommt aber wohl weniger während der Wäsche oder gar beim Wassereinlassen vor. Einen inzwischen feucht gewordenen Keller jedoch inspiziert man nicht unbedingt nach jedem Ausflug. Eine Automatik dürfte daher am Platze sein.

Kelleralarm »konventionell«

Die grundsätzliche Aufgabenstellung lautet in den meisten Fällen: Auslösen eines Alarms, sofern Wasser an Stellen auftritt, an denen es nicht sein soll. Normalerweise ist solches Wasser bereits für einfache Elektronikwächter ausreichend leitfähig. Leider wirkt es auf weniger edle Metalle korrodierend. Langzeitüberwachungen können sogar dadurch unwirksam werden, daß die Luftfeuchte in Verbindung mit aggressiven Stoffen aus der Luft Lötverbindungen oberhalb des »Meldepegels« auflöst. Zumindest gelegentliche, in ihrem zeitlichen Abstand den örtlichen Bedingungen angepaßte Inspektionen sind darum am Platz. Man kann das einwandfreie Funktionieren vielleicht sogar mit gewollter Alarmauslösung durch eine geringe Menge Wasser am richtigen Ort überprüfen. Besonders für Keller gilt diese Empfehlung.

Während man einerseits auf lange Zeit Bedingungen schaffen muß, die das Auslösen des Alarms sicherstellen, muß andererseits die Anlage so ausgelegt sein, daß sie weder durch Störimpulse oder Störfelder auf der Leitung ausgelöst noch durch Netzausfälle unwirksam gemacht bzw. zu anschließendem Fehlalarm provoziert werden kann. All das sind Bedingungen, die auch auf andere Alarmsysteme zutreffen, mit denen man einen solchen »Kelleralarm« verknüpfen kann. Geht man nun davon aus, daß schon Vorhandenes in eine solche Anlage sinnvoll einbezogen werden sollte, so stellt man schnell fest, daß viele Vorgaben schon eine normale Hausklingelanlage erfüllt. Sie ist lediglich transformatorseitig um eine einfache Gleichrichterschaltung für den Elektronikteil zu ergänzen und erhält parallel zum normalen Klingelknopf einen Relaiskontakt, der den Klingelstrom aushalten

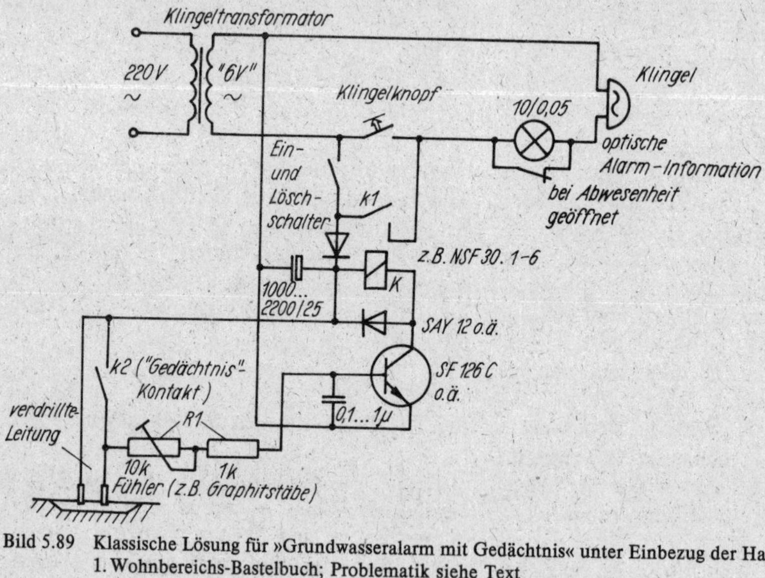

Bild 5.89 Klassische Lösung für »Grundwasseralarm mit Gedächtnis« unter Einbezug der Hausklingelanlage aus dem 1. Wohnbereichs-Bastelbuch; Problematik siehe Text

muß. Das tun schon die Kontakte handelsüblicher NSF-Relais. Man benutzt eine 6-V-Ausführung. Im Moment des Anziehens stehen zwar vom Kondensator her weit mehr als 6 V zur Verfügung, doch durch das Ansprechen der Klingel sinkt die »nachgelieferte« Spannung auf einen für das Relais in Dauerbetrieb zulässigen Wert. Dauerbetrieb aber liegt vor, sobald die dicht über der tiefsten Stelle des Kellerbodens angebrachten Fühlerelektroden vom Wasser erreicht werden. Die Schaltung der Basisanlage nach Bild 5.89 verfügt über eine Selbsthaltung. Wenn also vielleicht gerade der kritische Spiegel erreicht worden war, später aber durch Verdunsten oder Absinken eine gewisse Absenkung eingetreten ist, gewährleistet diese »Gedächtnis«-Schaltung weitere Signalisierung. Und einen Daueralarm an der Hausklingel wird man schnell vom Normalsignal unterscheiden, zumal sich diesen »Scherz« nur selten jemand leistet. Es empfiehlt sich allerdings, bei längerer Abwesenheit die Klingel (nicht die Anlage!) abzuschalten. Nach Rückkehr wird beim Einschalten der Klingel schnell hörbar, was vielleicht inzwischen geschehen ist, denn das Relais hat gezogen und damit die Information gespeichert. Es ertönt also Alarm, sobald der Klingelstromkreis geschlossen wird! (Voraussetzung: Es darf inzwischen keinen Netzausfall gegeben haben!) Eine zusätzliche Lampe genügenden Widerstands (so daß die Klingel nicht anspricht) und ausreichender Betriebsspannung über dem Abschalter kann den Alarm sogar schon optisch melden. Für die Fühlerelektroden eignen sich wieder aus einer alten Taschenlampenbatterie herausgenommene Graphitstäbe; ihre Metallkappen lassen sich gut löten, also leicht mit den Zuleitungsdrähten verbinden. Die beiden Stäbe sind in einem wasserabweisenden isolierenden Halter so zu befestigen, daß sie sich nicht berühren können. Für den Halter benutzt man z. B. ein Stück PVC oder Polyäthylen. Zur Sicherheit gegen Kriechströme auf dem Elektrodenhalter in feuchten Räumen fettet man den Halter leicht ein (nicht aber die Elektroden!). Der Fühler wird mit seinem Halter an der zu überwachenden Stelle befestigt, im Keller also an dessen tiefster Stelle dicht über dem Boden, so daß erst ein Wasserspiegel die Verbindung herstellt. Eine feuchtigkeitsfeste Leitung (z. B. PVC-isolierte 2adrige Litze) führt zum »Auswerteort« in die Wohnung. Dort befindet sich der Schaltverstärker (vergleiche Bild 5.89). Für ihn genügt eine ganz einfache Schaltung, die lediglich dem vorhandenen Relais anzupassen ist. Um sicherzustellen, daß keine äußeren Störfelder einen zu großen Fehlstrom bewirken, ist die Leitung am Verstärkereingang in der gezeigten Weise mit einem »Tiefpaß« zu versehen. $R1$ wirkt gleichzeitig als Strombegrenzer; sein genauer Wert ist vom nötigen Relaisstrom und von der Stromverstärkung des Transistors abhängig. Er sollte aber nicht kleiner als etwa 1 kΩ werden.

Funktionskontrolle: Elektroden an den Eingang anschließen und in Wasser tauchen. Das Relais muß sicher anziehen (eventuell $R1$ entsprechend verringern). Jetzt Elektroden aus dem Wasser nehmen, S1 öffnen, bis Relais abgefallen ist, und wieder schließen. Das Relais muß abgefallen bleiben.

Soweit die Vorschläge aus dem 1. Wohnbereichs-Bastelbuch. 2 Schwachstellen sind sofort zu erkennen. Die wichtigere: Ein vorübergehender Netzausfall löscht das Signal, sofern inzwischen der Wasserspiegel wieder unter die Meldegrenze gesunken sein sollte. (Man kann ja die Elektroden nicht direkt auf den meist etwas leitenden Boden aufsetzen.) Die gespeicherte Information über den vielleicht bereits eingetretenen Wasserschaden ginge also verloren. Puffern dürfte daher am Platze sein. Die andere Schwachstelle, wenn auch von untergeordneter Bedeutung, stellt die Signalglühlampe dar. Mit Unterspannung betrieben, hat sie zwar eine wesentlich höhere Lebenserwartung als im Normalfall. Doch ob gerade dieser Typ greifbar ist? Eine Leuchtdiode vermag vorteilhaft abzulösen. Bild 5.90 zeigt die geänderte und ergänzte Lösung. Sie beugt gleichzeitig einem 3. Effekt vor, den man in der Schaltung nach Bild 5.89 nicht sofort erkennt. Er tritt nur auf, wenn für die Zeit der Abwesenheit auf optische Meldung umgeschaltet worden ist. Dann liefern nämlich neuere Ausführungen von 6-V-Klingeltransformatoren infolge der niedrigen Belastung durch das Relais noch wesentlich mehr Gleichspannung, als seine Wicklung auf Dauer verträgt. Der Widerstand R und die nun zusätzlich nötige

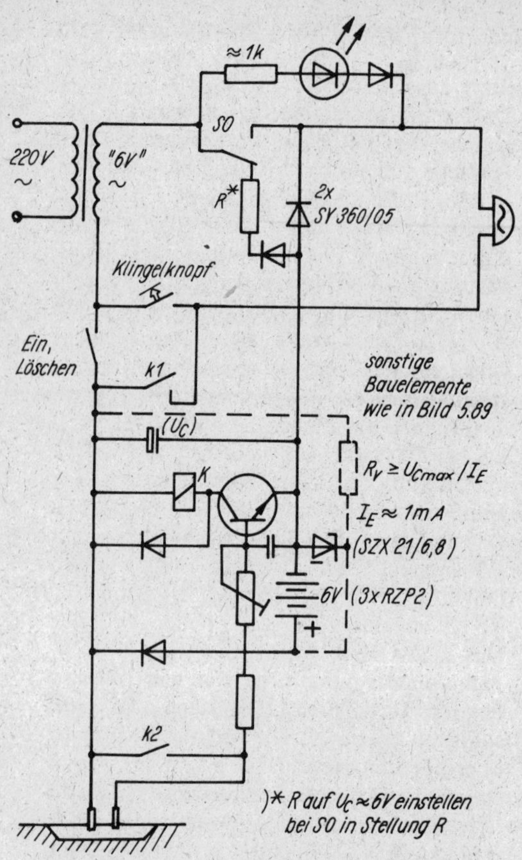

Bild 5.90
Um Netzausfallsicherung erweiterte und modernisierte Fassung zur Schaltung nach Bild 5.89; Relaisrandbedingungen bleiben kritisch

Gleichrichterdiode in Serie zu ihm bewirken zweierlei: Zum einen wird die Spannung am Kondensator niedriger, weil der Innenwiderstand der Gleichrichterschaltung steigt. *R* liegt nur im Bereich einiger Ohm, denn er begrenzt die für einen Bruchteil der negativen Halbwelle fließenden Ladestromimpulse. Wird der Schalter S_0 nach oben gelegt, so daß die Klingel angesprochen werden kann, übernimmt die andere *SY 360* die Gleichrichtung, nun nur noch vom Transformator-Innenwiderstand begrenzt. Wollte man die Diode in Serie zu *R* sparen, würde *R* in der negativen Halbwelle auch die Klingel mit speisen, was in dieser Stellung gerade vermieden werden soll. Den Wert von *R* ermittelt man bei Netznennspannung so, daß bei angezogenem Relais am Ladekondensator nicht mehr als 6 V auftreten.

Etwas »diffizil« bleibt eine solche Schaltung dennoch, da Relais in Dauerbetrieb nicht mehr als 10 % Überspannung ausgesetzt werden sollen. Deshalb der Hinweis, *R* bei Nennspannung anzupassen. Bedenkt man aber wieder den günstigen Umstand, daß die Ausgangsspannung durch die »Leerlaufladung« des Kondensators doch wesentlich größer ist, braucht man bezüglich des Anzugs keine Sorgen zu haben. Die typische Abfallspannung von 6-V-Relais liegt meist zwischen 3 und 4 V. Das wiederum wird wichtig, wenn die »Stand-by«-Batterie nachläßt. Um dem vorzubeugen, wählt man am besten 3 × *RZP2*, die sich bekanntlich bedingt nachladen lassen. Ihre 6 V Nennspannung hält diese Bleibatterie recht gut, im Unterschied zum größeren Hub von üblichen Zink-Kohle-Elementen. Die Entkopplungsdiode läßt Belastung der Batterie vom Relais her zu (falls Wasseralarm ausgelöst worden war), sobald die Kondensatorspannung auf etwa 5,3 V abgesunken ist. Das wiederum kann aber nun schon bei Netzunterspannung geschehen, denn 15 % sind zugelassen. Bei 6 V unter Nennbedingungen wird U_C nur noch 5,1 V betragen! Entweder hebt man (durch Ändern des Wertes von R) die Nennspannung um etwa 0,3 V an, oder der Batteriekreis erhält eine 2. Seriendiode.

Wird die Batterie, wie gestrichelt angedeutet, mit einem kleinen Strom ständig gepuffert (je nach aktueller Netzspannung), sollte die ebenfalls gestrichelte Z-Diode zur oberen Spannungsbegrenzung eingebaut werden. Andernfalls kann es zur Bauchbildung kommen, so daß für die Akkumulatoren Explosionsgefahr besteht. Die Wirkung der dann die Umgebung belastenden Schwefelsäure darf nicht unterschätzt werden.

Faßt man alle diese Gesichtspunkte zusammen, so zeigt sich: Es muß gar nicht so vorteilhaft sein, wenn mit allen Mitteln Vorhandenes für zusätzliche Aufgaben herangezogen werden soll. Eines zieht das andere nach sich. Doch jeder an einer solchen Lösung interessierte Leser dürfte aus diesen Betrachtungen die für ihn günstigste Variante ablesen können.

Badalarm

Ein Defekt bei laufender Waschmaschine kann zur gleichen Problematik führen wie bei einem Keller, der sich langsam mit Wasser füllt. Die Hahnüberwachung wirkt ja nur in der »Ruhezeit« der Maschine. Also kann in Bädern ohne Abfluß (oder eben, wenn man mit dessen Verstopfung rechnen muß) eine Vorrichtung ähnlich der im Keller nützlich sein. Das soll sich aber nur auf den Aufnehmer beziehen, dessen mögliche Gestaltung bereits beschrieben worden ist. Das heißt: An der tiefsten Stelle, dort, wo sich zuerst Wasser sammelt, postiert man den Aufnehmer. Da es jetzt meist im Kurzzeitbetrieb geht, sind Maßnahmen gegen Korrosion nicht unbedingt erforderlich. Geht man weiterhin davon aus, daß der Boden an dieser Stelle bis zum (hoffentlich nie eintretenden) Havariefall trocken ist und schlecht leitet, reduziert sich der Fühleraufwand auf ein Stückchen kupferkaschiertes Basismaterial, am besten mit Epoxidharzglasfasergewebe als Trägerwerkstoff. Es genügt bereits, durch eine herausgeschälte Trennlinie 2 Flächenelektroden herzustellen, an die Zuleitungsdrähte gelötet werden. Da diese Anordnung angehoben werden kann, wird sie mit der Folieseite nach unten auf dem Fußboden z. B. mit Heftpflaster befestigt. Wer ganz sicher gehen will, daß das Wasser auch wirklich zu den Elektroden gelangt, kann zwischen Elektroden und Fußboden einen Streifen Löschpapier legen. Bei hoher Luftfeuchte kann das bei sehr empfindlichen Eingängen bereits zur Auslösung eines Fehlalarms führen. Das heißt – hier sollte etwas unter örtlichen Bedingungen experimentiert werden. Und aus den Anregungen zu diesem noch recht primitiven Aufnehmer läßt sich auf vielerlei Art mit den eigenen Mitteln Perfekteres herstellen, z. B. auch mit saugfähigem Gewebe, das mit der Aufnehmerplatte verbunden wird.

Es entspricht der heute gegebenen großen Auswahl an Schaltungslösungen, die für (auch hochohmig) leitende Pfade als Eingangsbeschaltung geeignet sind, daß jede konkrete Empfehlung nur eine von vielen möglichen Realisierungen ist. Vor allem Abschnitt 4. dieses Buches stellt eine »Fundgrube« dafür dar. Doch wiederum kann die Entscheidung mit wenigen Fragen vorbereitet werden:

- Zeitraum des Einsatzes?
- Entfernung zwischen Ort des Ereignisses und Ort der Signalisierung?
- Lärmpegel am Empfangsort?
- Sofortreaktion möglich bzw. nötig?
- Vorwarnung gewünscht bzw. möglich?
- vorhandene Bauelemente?

Daraus leiten sich u. a. ab:

- Batterie- oder »netzgestützter« Betrieb (aus an trockenem Ort installiertem Klingeltransformator);
- Notwendigkeit von Stabilisierungsmaßnahmen (je nach Schaltkreistyp und weiteren Randbedingungen);
- Entscheid über die Signalart;
- Aufwand für die Signalumsetzung;
- Entscheid über den gesamten Schaltungsaufwand;
- Entscheid zum konstruktiven Aufwand (hierzu z. B. Hinweise in Abschnitt 3. be-

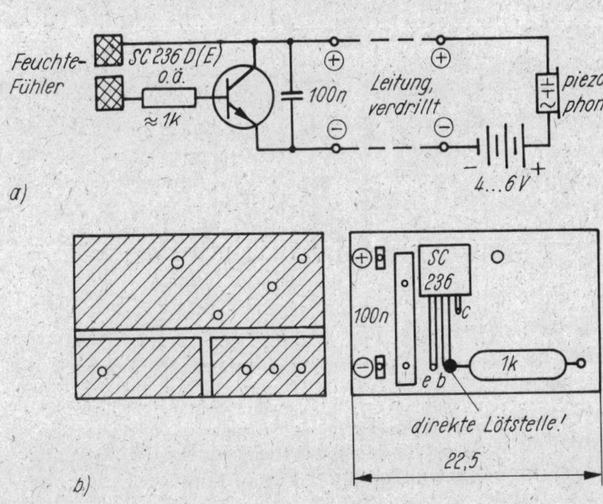

Bild 5.91
Feuchtalarm für im Normalfall trockene Fußböden; a – extrem einfache Schaltung, b – Kombination aus Fühler und Leiterplatte mit Bestückung (Basisanschluß nicht auf Leiterplatte!), gegebenenfalls Bauelementeseite in *Cenusil* einbetten

achten, vor allem zu Batterieaufnehmern und Kleingehäusen).

Eine überaus einfache Lösung für kurze Entfernungen und enge Signalortbindung bietet sich bereits mit der Schaltung nach Bild 5.91. Ein Transistor am Überwachungsort, eine Zweidrahtleitung (Klingeldraht) und ein Piezosummer samt Batterie (4 bis 6 V) am Aufenthaltsort melden zuverlässig, wenn es feucht wird. Man kann Aufnehmer und Auswerteschaltung in diesem Fall »integrieren«. Das heißt, der Transistor wird einfach auf den Leiterplattenfühler in ein einfaches Leiterbild gelötet. Der Basisvorwiderstand hat lediglich die Aufgabe, vor Kurzschlüssen zu schützen. Daher wird seine Verbindung mit der Basis nicht mit auf der Leiterplatte, sondern auf der Isolierstoffseite hergestellt. Bild 5.91b zeigt das einfache Leiterbild und enthält auch den in dieser Hinsicht etwas ungewöhnlichen Bestückungsplan.

Diese Einrichtung funktioniert sogar noch, wenn sie völlig in Wasser getaucht wird – leitende Verbindungen zwischen ihren Außenanschlüssen sind dann garantiert. Jede kompliziertere Schaltung ist dagegen weniger »tolerant«! Diese einfache Lösung erweist sich auch als relativ wenig empfindlich gegen äußere Störquellen, wie Rundfunksender u. ä., im Gegensatz zu Anordnungen, wo zwischen Fühler und Verstärkereingang längere Leitungen angebracht werden müssen.

Für öftere Berührung der Bauelementeseite mit Wasser empfiehlt es sich, den Transistor noch mit einer *Cenusil*-Umhüllung zu versehen. Zumindest dauert es dann wesentlich länger, bis Feuchte in seine eigene Plasthülle eintritt.

Füllstandssignale

Verlängert man die Fühlerseite der beschriebenen Platte auf vielleicht 10 oder 15 cm, so kann (noch dazu mit dem empfohlenen *Cenusil*-Überzug der Bauelementeseite) diese anspruchslose Schaltung auch zur Füllstandssignalisierung einer Badewanne o. ä. eingesetzt werden, denn das Füllen einer Badewanne benötigt Zeit. Steht man nicht ständig daneben, kann das Signal »Wanne ist voll« leicht in einem Rinnsal an der Badezimmertür bestehen. Der Wasserpegel in der Wanne hat einen gewissen zulässigen Spielraum. Ertönt zunächst das Signal »Mindestpegel erreicht«, so bleibt noch etwas Zeit, und man muß nicht in Panik zur Wanne eilen. Es ist in solchem Fall also durchaus wünschenswert, in 2 Stufen zu warnen. Eine Signaländerung informiert dann noch rechtzeitig, daß der höchstmögliche Wasserpegel erreicht ist. Die Überwachung benötigt dafür aber mindestens 3 Elektroden. Da nur Kurzzeitbetrieb vorliegt, genügen dazu notfalls schon einfache Drähte, die etwa je 10 mm abisoliert werden. Isolierter Schaltdraht von 0,6 bis 0,8 mm Drahtdurchmesser ist so steif, daß man eine 3adrige Leitung (zur Unterscheidung verschiedenfarbig), nach Bild 5.92 geformt, ohne weitere Maßnahmen befestigen kann.

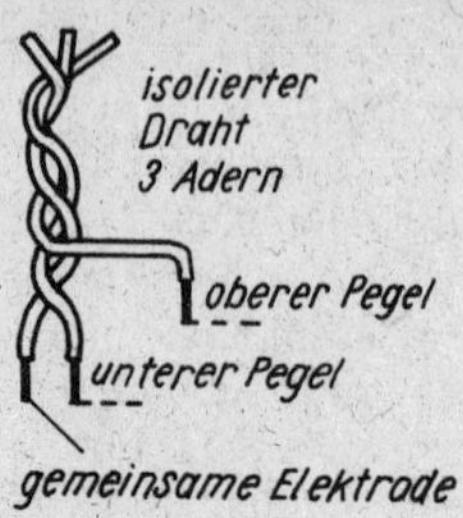

Bild 5.92
Einfaches Elektrodensystem für 2-Pegel-Überwachung (Kurzzeitlösung) nach 1. Wohnbereichs-Bastelbuch

Die Signalelektronik läßt sich wieder mit einer der bereits bewährten Schaltungen rea-

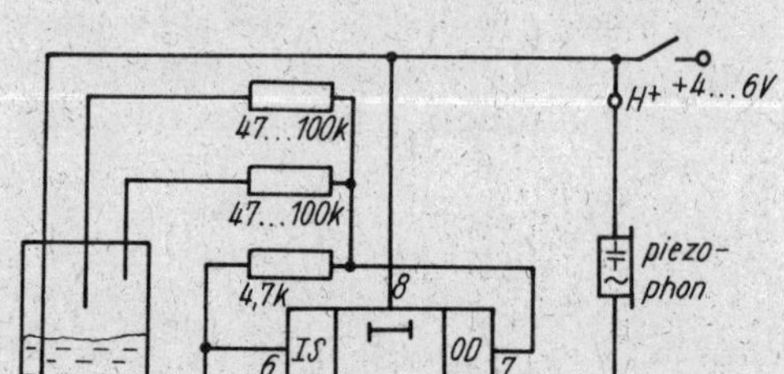

Bild 5.93
Signaltongeber zur Pegelüberwachung leitender Flüssigkeiten: Vorwarnung durch langsame Tonimpulsfolge, Sollpegelmeldung mit Tonimpulsfolge höherer Pulsfrequenz (Schaltkreis: *B 555 D*)

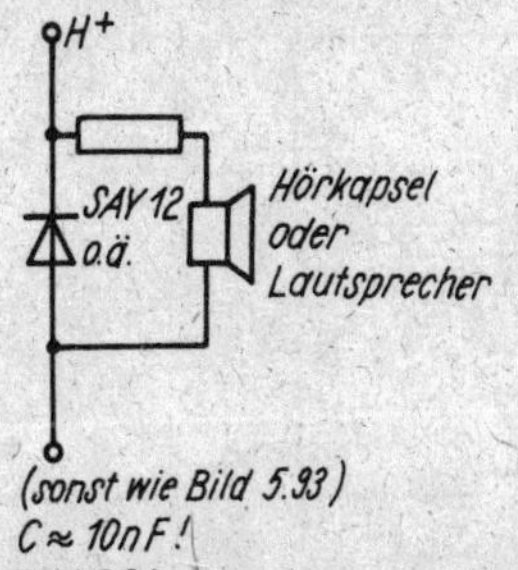

Bild 5.94
Zweitonsignalgeber für Pegelüberwachung leitender Flüssigkeiten: tieferer Ton entspricht Vorwarnung, höherer Ton meldet Erreichen des Sollstands

lisieren, z. B. mit einem Tongenerator, dessen Schwingfrequenz durch Einschalten unterschiedlicher Widerstände beeinflußt werden kann. Je kleiner R, um so höher im allgemeinen die Frequenz. Der Widerstand des Systems Leitungswasser/Drahtelektroden liegt in der Größenordnung von etwa 10 kΩ. Gut unterscheidbare Schwingfrequenzen setzen also Widerstände voraus, die – addiert man in beiden Fällen diese 10 kΩ – genügend unterschiedlich sind. Die in Bild 5.93 wiedergegebene Schaltung und manche andere erfüllt diese Bedingung. Zur »Abwechslung« fand ein *B 555 D* Verwendung. Die bei ihm mit sehr wenig Aufwand erzielbaren unterschiedlichen Schwingfrequenzen im astabilen Modus können bei der vorliegenden Aufgabe in den Takt- oder in den Tonfrequenzbereich gelegt werden. 2 Taktfrequenzen – die erste langsam, die zweite deutlich schneller – bieten sich an, wenn im Ausgangskreis wieder ein *piezophon*-Signalgeber liegt. Die Ruhelage des Ausgangs (wenn kein Ladestrom fließt) wird durch L an Trigger- und Schwellwerteingang gekennzeichnet. Da der Schwellwerteingang beim *B 555 D* »dominant« ist, führt der Ausgang H. Die Piezokapsel muß zwischen Ausgang und Plus angebracht werden. Andernfalls ergäbe sich im Ruhezustand ein Dauerton. Eine analoge Betrachtung gilt für die Schaltung nach Bild 5.94, nur, daß dabei falscher Anschluß (also von Minus nach Ausgang) akustisch höchstens durch ein Einschaltknacken signalisiert wird. In dieser Schaltung wirkt eine 54-Ω-Telefonhörkapsel (es kann auch – wie oft benutzt – ein Kleinlautsprecher mit Vorwiderstand sein) als Schallwandler. Das setzt voraus, daß der *B 555 D* zu Tonfrequenzen veranlaßt wird, wenn das Wasser die Elektroden erreicht hat. Die Natur nimmt dabei die Entscheidung ab, welche Tonhöhe zuerst einsetzt. Da die 3. Elektrode bei weiter steigendem Wasserstand einen weiteren Widerstand zuschaltet (er liegt parallel zu 1.), wird der Ton jetzt höher. Ein höher werdender Ton läßt sich recht gut als Signal für gestiegene Gefahr deuten. Ähnlich ist es auch bei der Piezokapselversion. Dort nimmt die Taktfrequenz deutlich zu, mit der der kapseleigene Ton gepulst wird.

Wem an einer (fast) ruhestromfreien Lösung gelegen ist, der wird das ganze Prinzip wieder mit einem CMOS-Gatter- oder Triggerschaltkreis zu realisieren versuchen. Wie das beispielsweise geht, zeigt schon das erste Wohnbereich-Bastelbuch. Da diese Schaltung durchaus auch weiterhin interessant bleibt, sei sie zur Abrundung in die vorliegende neue Beispielssammlung aufgenommen. Hier in Kürze noch einige Worte dazu: Das 4fach-NAND in Doppelmultivibratorschaltung wird von den 3 Fühlern auf der Taktgeneratorseite gesteuert. Bei Erreichen des unteren Pegelstands setzen die beiden Schwingungen ein: Der Taktgenerator veranlaßt mit einer niedrigen Pulsfrequenz den Tongenerator zu »Schwingungspaketen«. Dieses unterbrochene Piepsen hat eine gut hörbare Frequenz. Beim oberen Pegelstand ändert sich die Taktfrequenz merklich, nachdem sich wenige Sekunden lang, durch einen Dauerton angezeigt, der Trennkondensator aufgeladen hat. Danach ertönt das Signal mit höherer Unterbrecherfrequenz.

In Bild 5.95 fallen einige Einzelheiten auf, die nicht sofort einzusehen sind. Diese Bauelemente werden in einer solchen Signaleinrichtung auch nur benötigt, wenn man mit Störimpulsen auf der Zuleitung rechnen muß. Diese Störimpulse werden »CMOS-gerecht« begrenzt. Im allgemeinen wird man jedoch sinnvollerweise die (entsprechend gekapselte) Signalelektronik in der Nähe der Wanne anbringen und nur den Schallwandler so installieren, daß er überall gut hörbar ist. Eventuell können auch 2 in Serie geschaltete Kapseln oder Lautsprecher in der Wohnung verteilt werden. Eine universell nutzbare Signalisierung mit mehreren Buchsenpaaren ist für solche Zwecke üb-

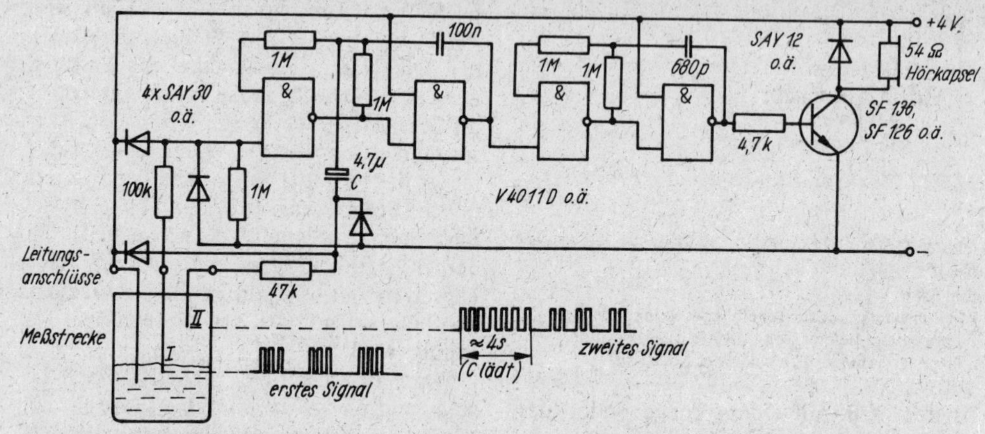

Bild 5.95 CMOS-NAND aus dem 1. Wohnbereichs-Bastelbuch als ruhestromärmere Alternative zur Schaltung nach Bild 5.93 und Bild 5.94

rigens gut geeignet; sie läßt sich auch für andere Aufgaben einsetzen, die nicht ständigen Anschluß fordern.

Daß es mit NOR-Gliedern noch anders geht und daß man nun wieder – zeitgemäß und sinnvoll – eine Piezokapsel anwenden kann, sei als »Zugabe« nachgereicht. Bekanntlich führt ein NOR am Ausgang L, wenn der eine oder der andere oder jeder von beiden Eingängen H führt. Eine Schwingung kann in einem 2-NOR-Generator also mit H an einem Steuereingang gestoppt und mit L wieder gestartet werden. Dieses L aber läßt sich von unserer 3-Elektroden-Kombination bei Wasserberührung in die Schaltung nach Bild 5.96 einführen, wenn die lange Elektrode an Minus gelegt wird. In dieser Schaltung setzt zunächst der der unteren Elektrode zugeordnete Generator mit einer Taktfrequenz ein, die von der des später ansprechenden 2. Generators deutlich abweichen muß. Man kann nun sehr unterschiedliche Taktfrequenzen wählen, so daß sich Pausen mit schnell getakteten Impulsen abwechseln, wenn beide aktiv sind. (Im Ruhezustand führen die Ausgänge H, daher die Kapsellage an Plus!) Wählt man aber beide Frequenzen in gleicher Größenordnung, so ergibt sich eine charakteristische Veränderung des Signals, sobald der 2. Generator ebenfalls freigegeben worden ist. Damit läßt sich etwas experimentieren. Aus diesem Grund enthält die Schaltung nach Bild 5.96 Stellwiderstände. Um Bauelemente zu sparen, erhielten sie keine Begrenzungswiderstände. Man sollte daher von Mittelstellung

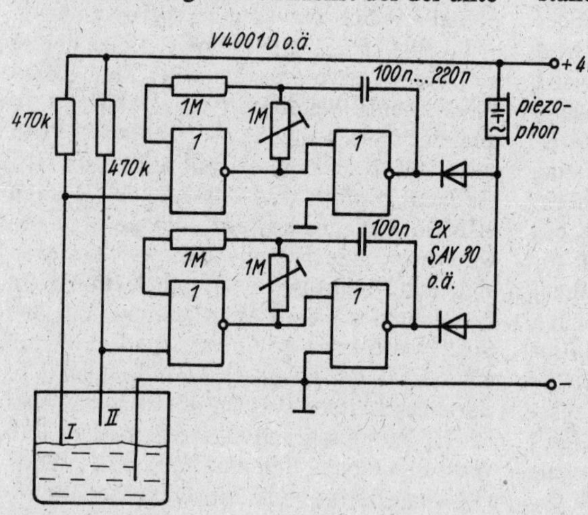

Bild 5.96
CMOS-NOR statt -NAND gestattet eine andere Signaltongestaltung (s. Text); Schutzbeschaltung bei Bedarf wie in Bild 5.95

ausgehen und die Seite markieren, bei der der Widerstand zu (fast) 0 wird. Diesen Bereich muß man vermeiden, sonst reißen die Schwingungen ab.

5.6.3. Pflanzenwächter

Das ist eine Aufgabenstellung für die Langzeitüberwachung von Objekten, bei denen eine Mindestfeuchte garantiert sein muß. Am Beispiel von pflegeleichten Hydrokulturen wurden solche Überwachungsmöglichkeiten bereits im 1. Wohnbereichs-Bastelbuch beschrieben. Es sei zunächst kurz zitiert:

Hängende Blätter sind ein spätes Signal, wenn Hydrotöpfen Wasser fehlt. Eine elektronische Überwachung warnt rechtzeitig, ohne daß man unnötig oft durch Anheben des Einsatzes die Pflanze »stören« muß, um den Wasserspiegel einer Sichtprüfung zu unterziehen. Der Bau einer solchen Anlage gelingt in relativ kurzer Zeit. Die Einrichtung gibt ein Signal, wenn der Wasserspiegel unter 2 eingehängte Elektroden gesunken ist (Bild 5.97). Diese Elektroden sind z. B. Graphitstäbe aus alten Zink-Kohle-Elementen. An der Metallkappe jedes Stabes wird ein isolierter Kupferdraht angebracht. Die Lötstellen sind mit Vergußmasse gegen Korrosion abzudecken. Das Signal kann im Interesse längerer Betriebszeit bei Batteriespeisung periodisches Aufblitzen einer Leuchtdiode oder ein hörbarer Ton sein. Ein Tonsignal kann sich bei dieser Anwendung, bei der man ja nicht unbedingt nach Mitternacht, aus dem Tiefschlaf geweckt, reagieren muß, auf die Dauer als lästig erweisen.

Bei längerer Leitung können äußere Störfelder (z. B. Einschalten einer Leuchtstoffröhre) gelegentlich einen Einzelblinkimpuls auslösen. Austrocknungsgefahr besteht jedoch erst bei periodischem Blinken. Ist eine gelegentliche Batteriekontrolle erforderlich, dann wird in der Leitung zum Hydrobehälter ein Schalter eingefügt. Öffnet man ihn, dann muß die Leuchtdiode blinken. Eine zusätzliche Gebrauchswerterhöhung eines solchen Wächters ergibt sich mit einer Umschalttaste gemäß Bild 5.98.

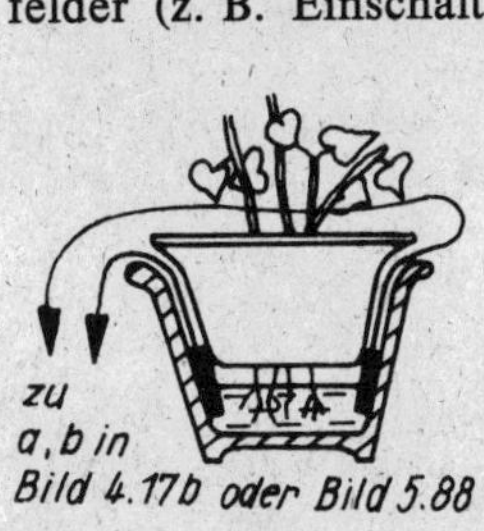

Bild 5.97
Hydrotopfpegelüberwachung mit korrosionsfesten Elektroden; Meldegenerator z.B. Komplementärmultivibrator nach Bild 4.17b (c,d Brücke!)

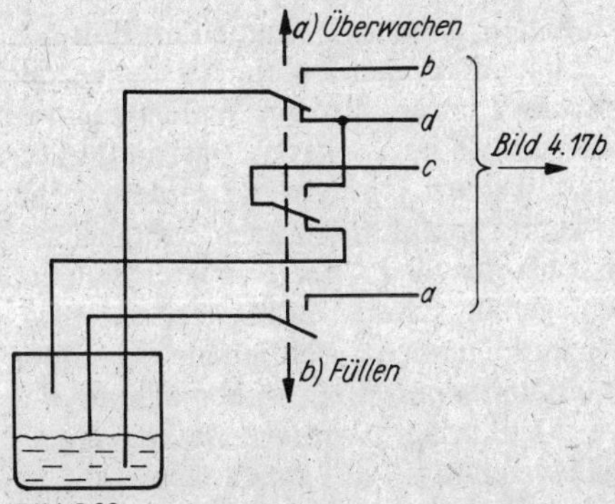

Bild 5.98
Umschalter gestattet Auffüllkontrolle. Schaltung bezieht sich auf Einsatz des Komplementärmultivibrators nach Bild 4.17b; a – Signal bei Unterschreiten (Überwachungsfall), b – Signal bei Erreichen des maximal zulässigen Pegels (Auffüllfall), dann wieder Umschalten für a!

Schalterstellung a bedeutet Überwachung, Stellung b wird zum Auffüllen benutzt. Jetzt blinkt die Diode, sobald der maximal zulässige Pegel erreicht ist.

Der mit Einzeltransistoren aufgebaute Komplementärblinker, wie er in Abschnitt 4. nochmals mit enthalten ist, war im 1. Wohnbereichs-Bastelbuch in 2 Varianten für die vorliegende Aufgabe benutzt worden. Es hat sich vielfach bewährt, überhaupt wurde diese kleine Schaltung inzwischen häufig publiziert. Ihre günstigen Daten rechtfertigen auch heute noch ihren Einsatz.

In der damals vorgestellten Anwendung ergaben sich bei Speisung mit nur 2,4 V folgende Werte: 50 µA Bereitschaftsstrom, 2 mA Alarmstrom bei 0,5 bis 1 Hz Blinkfrequenz, 5 Tage Daueralarm bei frischer Batterie.

Verallgemeinert man nun die Aufgabenstellung »Feuchteüberwachung«, so läßt sich eine entsprechend empfindliche Schaltung nicht nur mit der im Normalzustand relativ hohen Leitfähigkeit von Wasser in Bereitschaft halten, sondern z.B. auch im Erdreich von üblichen Blumentöpfen, bei denen der Ansprechgrenzwert für den Widerstand wesentlich höher liegen kann. Das muß allerdings objektbezogen geklärt werden, denn man kann Topfblumen auch »totgießen«, wenn bereits bei noch ausreichendem Feuchtegehalt früher als nötig gegossen wird.

Der im folgenden beschriebene Generator entstand mit dem Ziel, eine moderne Variante für die damit vorliegende allgemeine Aufgabenstellung »Pflanzenwächter« zu schaffen. Bei näherer Beschäftigung damit zeigten sich jedoch noch eine Reihe weiterer Anwendungsmöglichkeiten. Im Grund müßte die Schaltung also zunächst in Abschnitt 4. vorgestellt und anschließend bei den Themen Licht, Wärme und Feuchte variiert behandelt werden. Es sei gestattet, diese Informationen im folgenden Unterabschnitt zusammenzufassen.

Mikroleistungssignalgenerator mit hochohmiger Steuerung

Ausgangspunkte dieser Lösung sind die Schaltung nach Bild 4.24, was die Generatorschaltung betrifft, und eine spezielle Eigenart des Mikroleistungsoperationsverstärkers *B 176 D*. Ein mit ihm aufgebauter steuerbarer Generator läßt sich so auslegen, daß er im Bereitschaftszustand weniger als 10 µA bei 4 bis 6 V Betriebsspannung aufnimmt. 6 V sind eigentlich schon die untere Grenze, wenn man diesen Typ »datenhaltig« einsetzen muß. Lediglich zum Erzeugen von Signaltönen kommt der *B 176 D* jedoch mit weniger Betriebsspannung aus. Nutzt man ihn schließlich noch in Verbindung mit der in diesem Buch bereits vielfach eingesetzten *piezo-phon*-Kapsel, dann gelingt es unter ganz bestimmten Bedingungen sogar noch, ihn bei 2 V zum Schwingen zu bringen.

Schwingen heißt im Fall der Piezokapsel (oder – in geeigneter Gesamtschaltung – mit einer Leuchtdiode als Indikator) Erzeugen einer in der Frequenz unterhalb des Hörbereichs liegenden Impulsfolge, denn den Signalton gibt die Kapsel auf Grund ihres eingebauten Generators bereits bei Anliegen einer Gleichspannung ab, während eine Leuchtdiode dabei periodisch aufblitzt. Nur sollte sie beim *B 176 D* über einen »Puffertransistor« angeschlossen werden. Das Pulsen kann von im Sekundenbereich periodisch abgegebenen Piepsignalen bis zum klingelähnlichen Ton reichen. Gepulste Töne sind an sich schon energiesparend. Der durch den Resonanzbetrieb der Kapsel gegebene gute Wirkungsgrad führt dazu, daß ein solcher Signalgeber bereits mit nur 20 bis 30 µA Effektivstrom beim unteren Grenzwert von nur 2 V Betriebsspannung einen bei »Wohnzimmerlautstärken« noch gut hörbarer Ton zustande bringt. Bild 5.99 zeigt diese extrem genügsame Schaltung. Sie hat allerdings nur Sinn, wenn sie auf irgendein Ereignis hin mit einem solchen Ton reagieren kann, also z. B. auf zu geringe Feuchte im Erdreich. Das stellt aber nur eine von vielen anderen Einsatzmöglichkeiten dar.

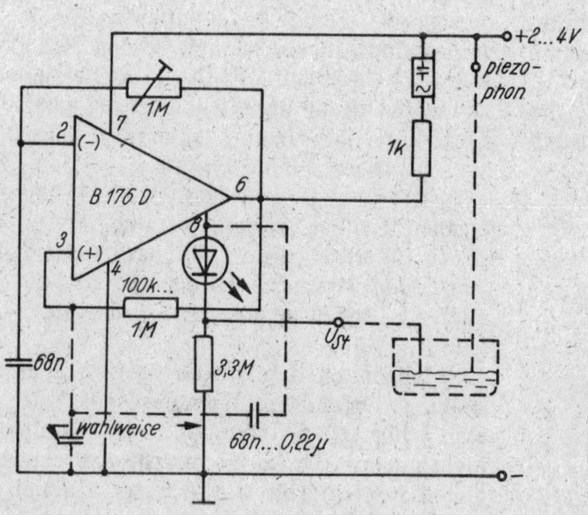

Bild 5.99
Mikroleistungsgenerator als »Mindestfeuchtewächter«. Von 3 nach + und – je 150 bis 220 kΩ schalten; 68 nF nicht von 3 nach Masse bzw. 8, sondern zwischen 8 und 6 legen (senkt Generatorstrom unter 50 µA)

Für das Steuern in den aktiven Zustand läßt sich der Programmieranschluß gut nutzen. In Bild 5.99 liegt er in dieser unsymmetrisch gespeisten Schaltung nicht einfach über einem hochohmigen Widerstand an Masse, sondern zusätzlich über eine Leuchtdiode. Sie soll hier allerdings nicht leuchten, sondern eine Potentialschwelle bilden. Der Verstärker ist dann bereits gesperrt, wenn unterhalb dieser Diode eine Spannung von $U_S - U_F$ dem hochohmigen Widerstand zugeführt wird.

Bei 3,3 MΩ, 4 V Betriebsspannung und einem U_F von weniger als 1,5 V bei den vorliegenden extrem kleinen Flußströmen genügt dazu ein Strom von weniger als 1 µA durch den Widerstand. Das wirkt sich so aus, daß schon das Anfassen dieses Punktes zum Sperren des Generators genügt, wenn man mit der anderen Hand den positiven Pol der Betriebsspannung berührt. Bei sehr trockener Haut darf etwas angefeuchtet werden; rein rechnerisch muß es noch mit 1,5 MΩ Hautwiderstand funktionieren. Bei 4 V hat man (ohne 68 bis 100 uF zwischen 6 und 8) übrigens zunächst mit Signalströmen bis etwa 350 µA zu rechnen (bei entsprechender Einstellung), dafür sind die Tonsignale schon recht laut. Bei 2 V Betriebsspannung und der Beschaltung nach Bild 5.99 bewegt man sich bereits ziemlich weit im »unkonventionellen« Bereich dieses Schaltkreises. Doch 3 getestete Exemplare bewiesen ohne individuellen Abgleich, daß es funktioniert.

Eine Modifikation besteht darin, die Signalkapsel statt nach Plus an Masse zu legen (Bild 5.100). Unter 2,2 kΩ Vorwiderstand wird man dann aber Schwierigkeiten haben, den Generator zum Schwingen zu bringen. Auch unterhalb von etwa 3 V Betriebsspannung arbeitet diese Variante nicht mehr. Auf der Steuerseite genügt eine gegenüber $+U_S$ um etwa 0,45 V kleinere Spannung, damit der Generator arbeitet.

Man kann also in den Programmieranschluß vielfältig eingreifen: Entweder gegen Masse über einen Widerstand und den Widerstand der leitfähigen Substanz, die das Signal sperrt, solange sie genügend leitet (z. B. Blumenerde), oder gegen Plus mit einem hochohmigen Widerstand, der den Generator ebenfalls sperrt und dem von einer Quelle etwa 0,45 V oder mehr zum

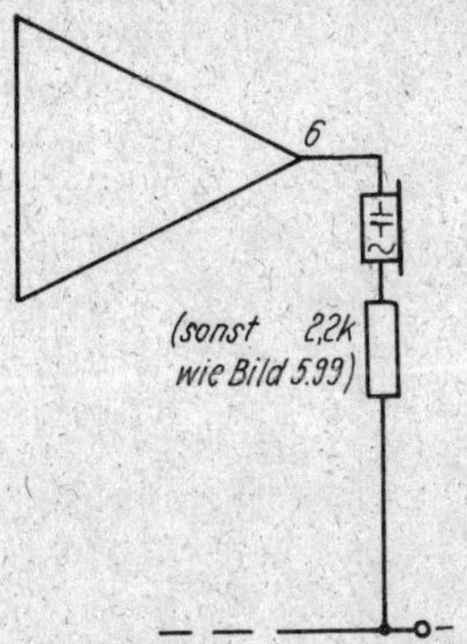

Bild 5.100
Günstigere Lage der Signalkapsel (Vertauschen gegenüber Bild 5.99 möglich, da Ausgang dieses Operationsverstärkers im Ruhezustand hochohmig)

Auslösen des Signals zuzuführen sind. Bild 5.101 faßt solche Möglichkeiten zusammen (nur Änderungen zu Bild 5.99 dargestellt). Dieses Bild zeigt, für wie viele unterschiedliche Überwachungsaufgaben diese Schaltung geeignet ist.

Da der Eingriffspunkt nur sehr kleine Ströme benötigt, muß die Quelle vor allem die erforderliche Mindestspannung von etwa −0,45 V, auf $+U_S$ bezogen, bereitstellen. Die im Bild skizzierten Anwendungen schließen auch solche ein, bei denen mit einem Spannungsteiler auf etwa −350 mV im Ruhezustand vorgespannt wird, so daß die Quelle nur noch etwa −100 mV für Signaleinsatz beisteuern muß, negativ wieder bezüglich U_S. Nun ist weder der Übergang zum Signal sehr steil, noch befriedigt dieser Teiler, wenn die Batteriespannung einen größeren Hub hat. Ein Beispiel: 4 V auf etwa 0,4 V über R zu teilen heißt, daß bei 3 V nur noch 0,3 V am Teiler stehen. Die Schaltung wird daher dabei um etwa 0,1 V weniger empfindlich. Dieser Hub kann bei Primärelementen durchaus erwartet werden, z. B. 4,5 auf 3,5 V. Günstiger sind daher für solche Fälle Bleiakkumulatoren (*RZP2* o. ä.). Die Quelle sollte also für den Signalfall einen möglichst großen Spannungshub aufweisen, z. B. 200 mV für das Beispiel. Im Ruhezustand wird die Grundspannung dann um 100 mV unter Ansprechwert gestellt.

Für kritischere Einsatzfälle sollte stabilisiert werden. Das bedeutet aber zusätzlichen Ruhestrom. Je kleiner der Batteriehub, um so besser kann man sich an die Verhältnisse

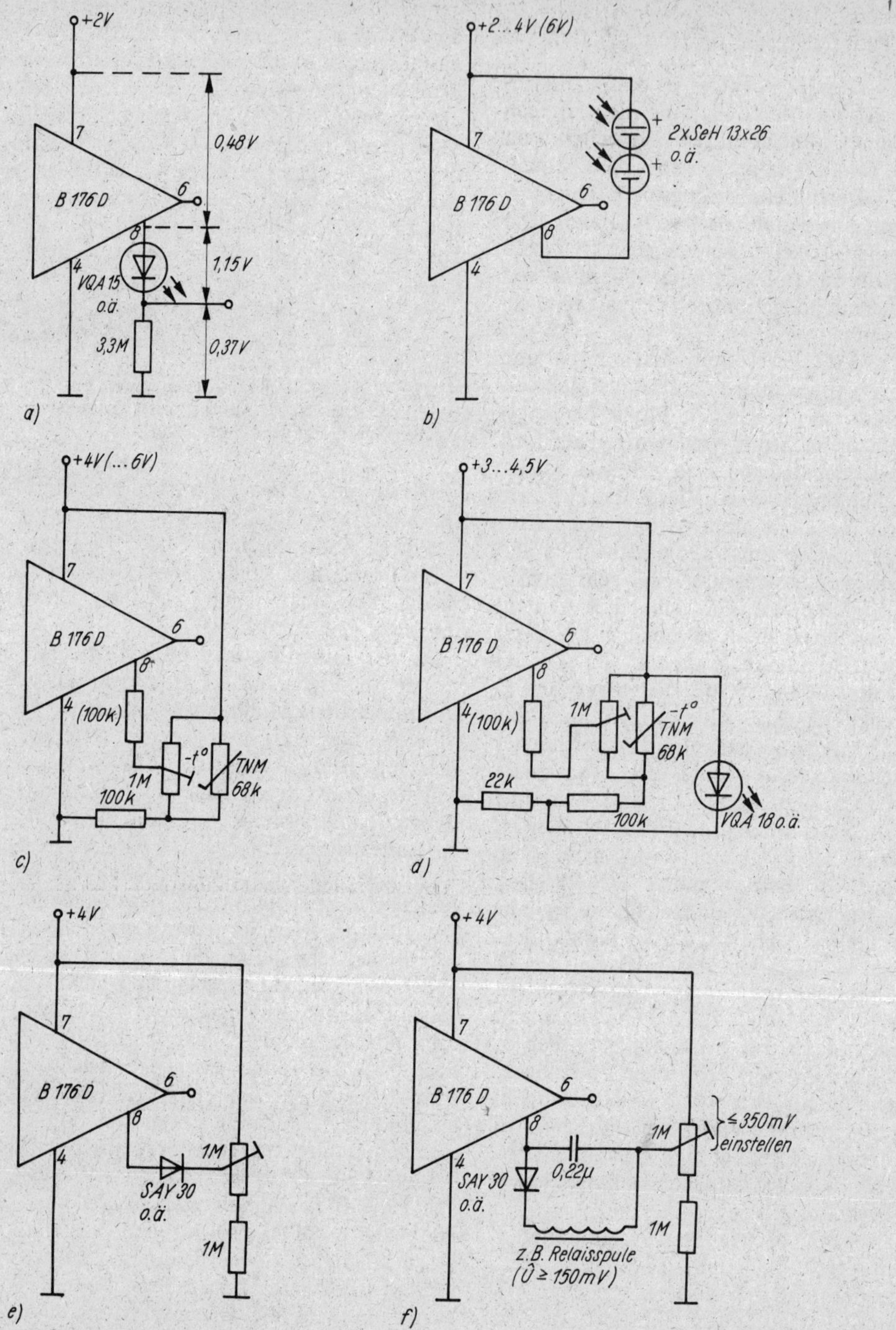

Bild 5.101 Weitere Einsatzmöglichkeiten des Generators nach Bild 5.99; a – Spannungsverhältnisse bei Signal mit minimaler Betriebsspannung, Programmiereingang »gerade noch« aktiv, b – Prinzip der Lichtsteuerung mit Selen-Fotoelementen, c – Kältewarner, d – stabilisierter Ansprechpunkt für die Varianten nach a und c, e – Hitzemelder, f – Magnetfeldmelder (z. B. Streufeld belasteter Transformatoren), jedoch weniger empfindlich als mit Spule am Eingang

anpassen. Von 4 auf 3 V zu erwartender U_S-Hub ergibt bei einer Leuchtdiode als 1,5-V-Stabilisator und 50 µA Querstrom durch ihn bei 3 V für $U_S = 4$ V bereits um den Faktor $\frac{\Delta U + U_{Stab}}{U_{Stab}}$ größeren Querstrom, in diesem Fall also $\frac{1\,V + 1{,}5\,V}{1{,}5\,V} \approx 1{,}3$fach oder 65 µA. Je näher U_{Stab} an U_{Smin} liegt, um so schlechter wird das Verhältnis bei gleichem U-Hub.

5.7. Energiewächter

Wiederum handelt es sich im folgenden um eine Gruppe von Wächtern, die für ganz unterschiedliche Aufgaben herangezogen werden können. Netzausfallmelder gehören hierher, aber auch Indikatoren, die – möglichst ohne Eingriff in den Hauptstromkreis – darüber informieren, ob irgendwo in der Wohnung wichtige »Verbraucher« eingeschaltet sind. (Dieses Problem wurde schon kurz beim Komplex rund um die Waschmaschine angedeutet.) Es bezieht sich letzten Endes also auch auf Lampen, so daß die bereits behandelten Lichtwächter hier eingesetzt werden können, und auf Heizkörper im weitesten Sinne (den berühmten Fall des vergessenen Toasters ohne entsprechende Automatik eingeschlossen). Bei genügend weit gefaßtem Sinn dieser Überschrift kann man schließlich auch Leitungssucher hier einordnen, denn das Wissen um die Lage von Energieleitungen (einschließlich Gas- und selbstverständlich auch Wasserrohren) vermag manchmal sogar Menschenleben zu schützen.

5.7.1. Netzausfallmelder

Es kommt zwar relativ selten vor, daß die Energieversorgung von der Verteilerstation her abgeschaltet wird. Um so häufiger sind dagegen Ausfälle einzelner Stromkreise in einer Wohnung, wenn man ihnen mehr als den Anschlußwert zumutet, für den sie abgesichert sind. Eine Schmelzsicherung hält allerdings z. B. dem doppelten Strom noch eine ganze Weile stand, so daß der Ausfall gar nicht unbedingt sofort nach Anschluß der unzulässigen Zusatzlast eintritt. Netzausfallmelder haben einen doppelten Sinn: Zum einen informieren sie sofort über einen eingetretenen Ausfall. Das kann z. B. wichtig sein, wenn etwa gerade die Waschmaschine angestellt ist oder wenn von einem anderen elektrischen Haushaltgerät erwartet wird, daß es nach einer bestimmten Zeit eine bestimmte Leistung erbringt (Grill, Elektrobackofen u. ä.).

Im Generator des folgenden Beispiels wird ein *V 4093 D* benutzt. Seine Eigenschaft, auch bei weniger steilen Flanken sauber zu schalten, erweist sich gegenüber normalen Gattern besonders bei den gepufferten Typen als günstiger. Auf Grund der gleichen Anschlußreihenfolge ist aber statt des Triggers auch ein NAND-Gatter wie der *V 4011 D* verwendbar. Diese inzwischen sicherlich ebenfalls nicht mehr ganz unbekannte Schaltung wurde in *Bauplan Nr. 59* etwas modifiziert, und es entstand für sie eine Leiterplatte. Es sei gestattet, diesen Bauplan sinngemäß zu zitieren:

Auch ein rechtzeitig ausgelöstes Warnsignal vermag den sonst bei einem Spannungsausfall entstehenden Schaden nur dann zu begrenzen, wenn man anwesend ist. Wird die Information über einen nur kurzzeitigen und damit bei Rückkehr nicht sofort zu erkennenden Ausfall dagegen gespeichert, liegt die Sache schon günstiger. Als bei dieser Schaltung nicht dargestellte Ergänzung erlaubt ein entsprechend gestalteter Zähler sogar die Länge oder (und) den Zeitpunkt des Ausfalls zu registrieren. Dieser Zähler, der für sich allein wieder lange Zeit an einer Batterie liegen kann, läßt sich mit Knopfdruck durch Zuschalten einer einfach anschließbaren Leuchtdiodenanzeige abfragen.

Bei Anwesenheit empfiehlt sich ein akustisches, zum Kontrollieren von oft unbeaufsichtigt bleibenden Räumen ein optisches Signal. Die Schaltung nach Bild 5.102 a enthält beide Möglichkeiten; Varianten sind ableitbar. Das trifft z. B. zu, wenn eine Piezokapsel mit eingebautem Generator zur Verfügung steht. Dann kann wieder der Tongenerator zum Pulsen benutzt werden.

Hauptzweck der Schaltung nach Bild 5.102 a ist das akustische Signalisieren von Netzausfällen unmittelbar ab Auftreten.

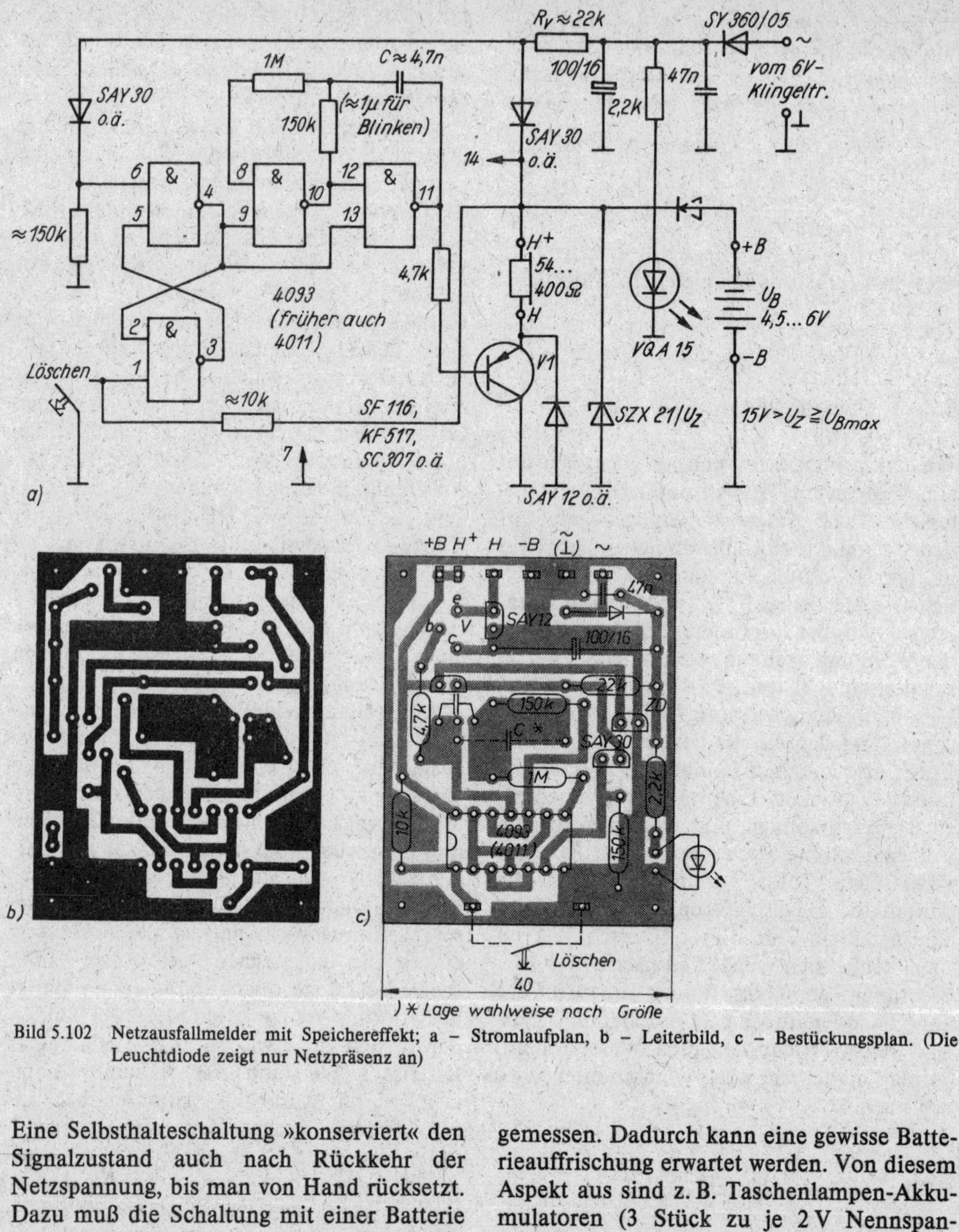

Bild 5.102 Netzausfallmelder mit Speichereffekt; a – Stromlaufplan, b – Leiterbild, c – Bestückungsplan. (Die Leuchtdiode zeigt nur Netzpräsenz an)

Eine Selbsthalteschaltung »konserviert« den Signalzustand auch nach Rückkehr der Netzspannung, bis man von Hand rücksetzt. Dazu muß die Schaltung mit einer Batterie versehen sein. Da nun bei vorhandener Netzspannung in diese ein Pufferstrom fließt, sollte man eine Begrenzung vorsehen. Schließlich sind Primärbatterien nur unter Vorbehalt so zu betreiben. Daher empfiehlt sich eine Z-Diode mit wenig mehr Durchbruchsspannung als die Spannung der Batterie. Im praktischen Beispiel wurde der sicherlich zulässige Wert von etwa 200 µA gemessen. Dadurch kann eine gewisse Batterieauffrischung erwartet werden. Von diesem Aspekt aus sind z. B. Taschenlampen-Akkumulatoren (3 Stück zu je 2 V Nennspannung) zusammen mit einer bei etwa 6,8 V liegenden Z-Diode sinnvoll. Soll dagegen nicht gepuffert werden, weil eine dafür ungeeignete Batterie benutzt werden muß, fügt man die angedeutete Diode ein und kann die Z-Diode einsparen.

Die Netzspannung wird am besten an einem wohl meist vorhandenen Klingeltransformator überwacht. Er muß selbstverständlich an dem Kreis liegen, den man überwachen will, denn meist hat ja eine Wohnung mehrere getrennt abgesicherte Kreise. Die Leiterplatte nach Bild 5.102b und Bild 5.102c trägt daher bereits eine solche Eingangsschaltung mit Diode und Siebkondensator. Der zunächst ungewöhnlich groß anmutende Vorwiderstand begrenzt den Strom wirkungsvoll. Die Schaltung selbst braucht ja im Bereitschaftszustand so gut wie keinen Strom. Die Einschränkung besteht vor allem in dem am RS-Flip-Flop aus den beiden ersten Gattern liegenden Widerstand. Er ist der eigentliche »Wächter«: Solange Netzspannung vorhanden, hält die Spannung über ihm den Eingang auf H. Nach Rücksetzen über die Taste sind daher die beiden Freigabeeingänge des Signalgenerators aus den beiden anderen Gattern mit L-Signal gesperrt. Beide (!) Ausgänge führen daher H. Hätte man das nur mit dem letzten Gatter getan, würde das über Widerstände rückgekoppelte erste Generatorgatter in einem stromziehenden Übergangszustand bleiben. An sich würde es genügen, dieses Gatter mit L zu blockieren. Dann hätte das letzte Gatter im Ruhezustand L am Ausgang. Als Puffertransistor zum Schallwandler wäre dann ein npn-Transistor einzusetzen. Der gewählte pnp-Typ ist dagegen in der dargestellten Variante wunschgemäß in Ruhe »stromfrei«.

Wenn nun die Netzspannung – auch nur kurz – ausfällt, entlädt sich der Kondensator hinter dem Gleichrichter rasch über die Netzmelde-LED so weit, daß das RS-Flip-Flop überwachungsseitig von H auf L geschaltet wird. Es kippt auf H am Freigabeausgang, und der Generator schwingt – das Warnsignal ertönt. Erst mit der Löschtaste kann wieder auf Bereitschaft geschaltet werden und auch erst dann, wenn die Netzspannung inzwischen wieder zurückgekehrt ist.

Bild 5.103 zeigt eine einfache Möglichkeit, mit einer der heute erhältlichen Leuchtdioden guten Wirkungsgrads und den günstigen kleinen Bahnwiderständen gepufferter CMOS-Typen eine Leuchtanzeige für die Ausfallmeldung zu realisieren. Der Ausgang des Taktgenerators ist dafür der rechte Ort. In Ruhe führt er bei dieser Schaltung H. Der Eigenspannungsbedarf der Leuchtdiode sichert bei kleineren Betriebsspannungen im

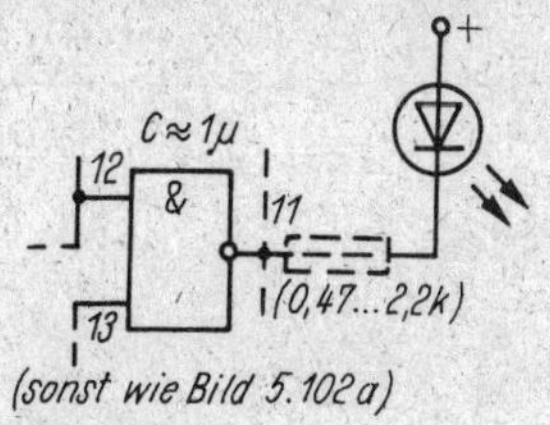

Bild 5.103
Änderungen in Bild 5.102a für Blinksignal als Ausfallmeldung; Transistor wird eingespart

durchgeschalteten Zustand noch ein ausreichend niedriges Potential, das die Generatorschaltung als L akzeptiert. Das funktionierte bei 4,5 V Batteriespannung sogar ohne jeden Vorwiderstand, den man aber in Anpassung an die eigenen Verhältnisse doch vorsehen sollte. Der Richtwert liegt zwischen 0,47 und 2,2 kΩ. Wenn man den die Frequenz des Generators bestimmenden Kondensator von einigen Nanofarad auf z. B. 1 μF erhöht, kommt der gewünschte Blinkeffekt zustande. Aber wegen störenden Reststroms in diesem Fall keinen Elektrolytkondensator verwenden! Gut geeignet sind MKT- oder MKL-Typen. Die Endstufe kann bei Begrenzung auf das Blinksignal entfallen. Umgekehrt läßt der Transistor aber auch größere Anzeigeströme zu (Vorwiderstand nicht vergessen!). Oder man legt in diesen Ausgangskreis (oder auch schon statt der Basis-Emitter-Strecke, je nach Ansprüchen an die Lautstärke) eine aktive Piezokapsel, so vorhanden. Insgesamt wieder eine Schaltung mit viel Spielraum für eigene Ideen. Wie wäre z.B. schon diese?: Batterie einfach weglassen, ebenso den Vorwiderstand und (wenn die Spannung am Kondensator garantiert weit unter 15 V bleibt) die Z-Diode. (Für sie muß andernfalls ein Vorwiderstand entsprechender Größe, z. B. 680 Ω, vorgesehen werden.) Auch die Endstufe wird eingespart und die Leuchtdiode wie in der Schaltung nach Bild 5.103 angeschlossen. Sie blinkt jetzt allerdings nach einem Netzausfall erst, wenn die Spannung wiedergekehrt ist. Solche Warner sind aus ungepuffert betriebenen Digitaluhren mit Netzspeisung bekannt.

Bisweilen genügt eine einfache Information über gerade eingetretenen Netzausfall, ohne daß Speichern nach Netzwiederkehr erforderlich wäre. Bild 5.104 bietet eine dafür geeignete Schaltung in 2 Varianten an: mit

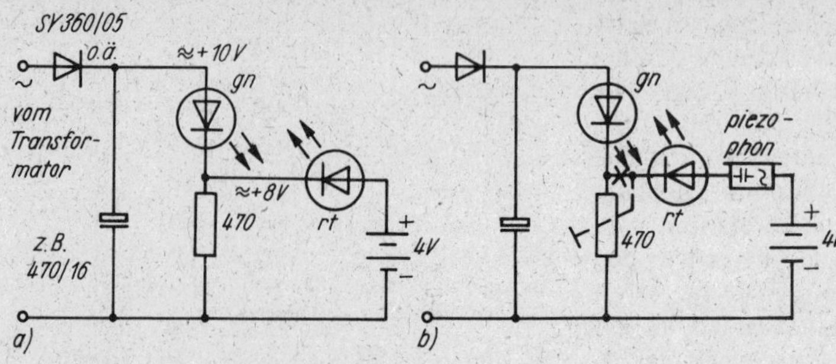

Bild 5.104
Einfache Netzausfallssignalisierung ohne Speichereffekt; a – rein optisch, b – wahlweise auch nur akustisch

Leuchtdioden- und mit Piezosignal. Die (grüne) Leuchtdiode nach Bild 5.104a z. B. ergibt bei einer gleichgerichteten und geglätteten Klingeltransformatorspannung von etwa 10 V am Ladekondensator eine Spannung von etwa 8 V am »Arbeitswiderstand« von 470 Ω.

Solange dieser Zustand gegeben ist, fließt im Ausfallmeldekreis aus 4-V-Batterie (z. B. 2 × *RZP2*), roter Leuchtdiode und 470 Ω von der Batterie her praktisch kein Strom. Die rote Leuchtdiode wird mit etwa 4 V in Sperrrichtung belastet. Falls das vorgestellte Prinzip mit höheren Spannungen funktionieren soll, muß daher zum Schutz der Leuchtdiode noch eine Si-Diode zu ihr in Serie gelegt werden. Man kann aber auch den 470-Ω-Widerstand in solchem Fall als Stellpotentiometer ausbilden und die Sperrspannung für die an den Schleifer gelegte rote Diode verringern.

Fällt das Netz aus bzw. sinkt die Netzspannung im Beispiel auf unter etwa ⅓ ihres Nennwerts, so beginnt die rote Leuchtdiode den Ausfall durch Leuchten zu signalisieren.

Das Prinzip wird in Bild 5.104b auf ein akustisches Signal angewendet, im Beispiel gleich noch mit zusätzlicher optischer Anzeige. Infolge des bei 4 V minus Flußspannung minus Kapselstrom mal 470 Ω noch ziemlich kleinen Stroms durch die Piezokapsel (weniger als 2 mA) verwendet man am besten eine *VQA 15*. Wird eine zusätzliche Lichtsignalisierung nicht benötigt, ist die Leuchtdiode durch eine Siliziumdiode zu ersetzen. Man gewinnt dabei für die Piezokapsel fast 1 V. Der beiden Kreisen gemeinsame Widerstand ist auf den zulässigen Strom der grünen Leuchtdiode hin zu optimieren (je nach gleichgerichteter Spannung). Für die Piezokapsel kann dann die erwähnte Potentiometerlösung merklichen Lautstärkezuwachs bringen.

5.7.2. Unterspannungssignal

Immer wieder wird man bei der Projektierung einer Überwachungsschaltung vor die Frage gestellt, ob man sie aus dem Netz – selbstverständlich über einen Schutztransformator – oder aus einer Batterie betreiben soll, muß oder kann. Sehr oft gelangt man zum Kompromiß der sogenannten Stand-by-Batterie. Durch geeignete »Balance« zwischen vorhandener Meßspannung und der wartenden Batterie wird diese nur bei Netzausfall belastet. Sie übernimmt dann – und das unterbrechungsfrei – über eine Diode oder auch einen Transistor die Versorgung der Einrichtung bis zur Wiederkehr der Netzspannung.

Aus Sparsamkeitsgründen wird dabei entweder nur die »Nicht-Information« einer verloschenen Netzkontrolleuchte als Aussage über den augenblicklichen Zustand herangezogen, oder man bedient sich einer Schaltung wie der im vorangegangenen Abschnitt. Sie erhält dann ihre »Netzinformation« nicht aus einem eigens dafür installierten Transformator, sondern vom Netzteil der Schaltung, die bei Netzausfall batterieversorgt weiterlaufen muß.

Was nun noch fehlt – und das mit weit größerem Stellenwert –, ist eine Information darüber, wenn eine solche Batterie ihrer Erschöpfung entgegengeht. Handelt es sich um größere Quellen, so kann man auf die weiter vorn zum 2-Punkt-Wärmewächter »umfunktionierte« Batterieüberwachung für Kfz-Batterien zurückgreifen. Ihr ständiger Energiebedarf läßt sie für Langzeitüberwachungen

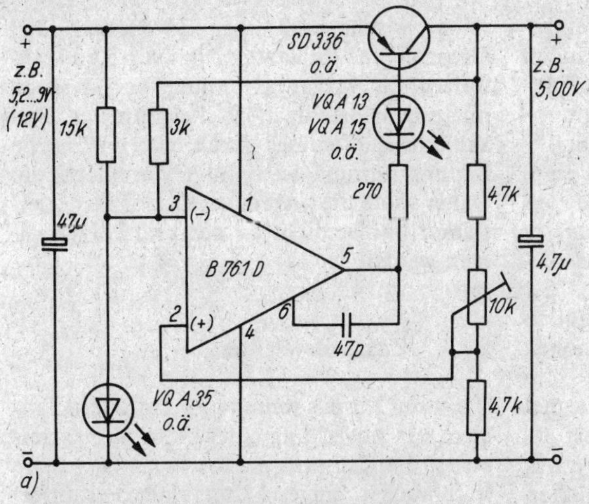

Bild 5.105
Ökonomischer Stabilisator, besonders für kleine Batteriespannungen, meldet Batterieerschöpfung durch Leuchtdiode; a – Stromlaufplan, b – Leiterbild, c – Bestückungsplan (270 Ω ist R_B)

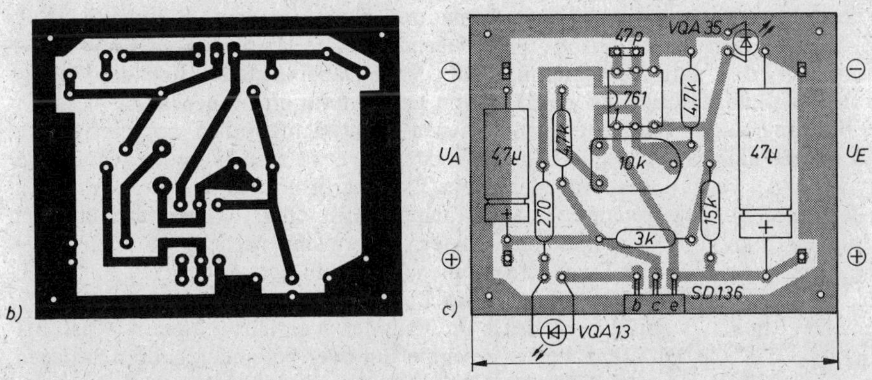

von Batterien kleinerer Kapazität weniger geeignet erscheinen.

Die Einzelheiten von Versorgungsschaltungen sind je nach Verwendungszweck recht unterschiedlich. Daher im folgenden nur ein Beispiel. Die Schaltung nach Bild 5.105 eignet sich für viele Versorgungsaufgaben bei mittleren Ansprüchen und Strömen. Sie vermag z. B. noch mit etwa 5,2 V Eingangsspannung aus einer Batterie mit langsam sinkender Klemmenspannung stabil 5 V an die zu betreibende Schaltung abzugeben.

Bis zu ⅔ der Anfangsspannung sollte man eine Batterie bekanntlich nutzen können. Rundfunkempfänger und ähnliche Geräte akzeptieren das. Doch eine z. B. auf 5 V hin optimierte Elektronikschaltung besteht eben auf 5 V. Es gibt ganze Schaltkreisfamilien, die so ausgelegt sind.

Eine 5-V-Z-Diode wäre nun das denkbar schlechteste Mittel, etwa eine 9-V-Batterie einer solchen Forderung anpassen zu wollen. Um den durch sie eingangsspannungsabhängig fließenden Querstrom ist es einfach zu schade. Günstiger wäre ein Serienregler. Doch er braucht – wie auch entsprechende Schaltkreise – für diesen Zweck zu viel Eigenspannung. Die Kombination aus Schaltkreis und Transistor nach Bild 5.105 hat diese Nachteile nicht. Was sie kann, wurde bereits kurz gesagt. Mit der in Bild 5.105 enthaltenen Leiterplatte läßt sie sich schnell und sicher nachbauen, und man kann sie auch anderen Forderungen anpassen.

Ihr »Geheimnis« besteht darin, daß der Basisstrom für den pnp-Transistor von Masse her zugeführt wird. Darum steht immer genügend Spannung für ihn zur Verfügung. Er fließt durch den Ausgangszweig des Open-collector-OPV *B 761 D.* Dieser verträgt bekanntlich bis zu 70 mA. Wann und wieviel Strom jeweils fließt, das bestimmt die Abfrage im Ausgangskreis über das Potentiometer. Man kann es, wenn genauer eingestellt werden soll, mit 2 Widerständen eingrenzen. Diese Abfrage führt zum nichtinvertierenden Eingang des *B 761 D.* Am invertierenden liegt eine Referenzspannung.

Für kleine Ausgangsspannungen empfiehlt sich ein Bauelement mit ebenfalls kleiner Referenzspannung. Sehr sparsam im Strombedarf und extrem stabil wäre in diesem Fall ein Referenzelement wie der *B 589 N*, der schon ab 50 µA mit stabilen 1,23 V aufwartet. Doch bei nicht allzu hohen Ansprüchen an die thermische und vom Durchlaßstrom abhängige Konstanz eignet sich auch eine Leuchtdiode. Zumindest gegen die Stromabhängigkeit kann man etwas tun, wie die Schaltung zeigt. Den größten Teil des Stromes liefert die stabilisierte Spannung. Zum Starten beim Einschalten zweigt man von der Eingangsspannung einen kleineren Teil ab. Damit führt der invertierende Eingang bereits genügend Spannung, während am nichtinvertierenden vorerst fast gar nichts liegt – eine für den normalen Betrieb nicht zu vertretende Situation. Der Ausgang beginnt zu leiten, und das System stabilisiert wie gewünscht. Dazu wird ständig die Spannung an (+) mit der an (−) verglichen. Die hohe Verstärkung des *B 761 D* bewirkt, daß die Differenz beider Spannungen nicht höher als wenige Millivolt wird, auch bei Änderungen von Eingangsspannung oder Ausgangsstrom.

Diese Schaltung enthält nun eine Schaltungseinzelheit, wegen der gerade sie an dieser Stelle besprochen wird: Die Leuchtdiode im Basiskreis zeigt zunächst den Einschaltzustand. Je weniger Belastung und je höher der Transistor verstärkt, um so weniger hell ist sie dabei. Höhere Belastung wird durch helleres Leuchten signalisiert. Schlagartig heller aber wird sie, wenn U_E unter den zum Stabilisieren nötigen Mindestwert dieser Schaltung sinkt, nämlich unter $U_A + 0{,}2$ V. Der *B 761 D* setzt jetzt alles daran, doch noch auszuregeln und liefert sehr viel Basisstrom. Der bereits gesättigte Transistor reagiert aber darauf nicht immer. Der Vorwiderstand R_B begrenzt den Höchststrom auf $(U_E - U_{BE} - U_F - U_{Rest})/R_B$.

Innerhalb ihrer Möglichkeiten hat diese Schaltung ein gutes Regelverhalten. 0…100 mA Laststrom ergaben im U_E-Bereich zwischen 5,2 und 12 V nur an den Grenzen eine im letzten Digit von 5,00 V abweichende Ausgangsspannung bei Messung mit einem 3stelligen Digitalvoltmeter. Das kann man allerdings durch eine ungünstige Leitungsführung wesentlich verschlechtern. Daher sollte die »Abfrage« für den Regelverstärker immer dicht an der Last vorgenommen werden.

5.7.3. Zustandswächter

Nicht nur für das weiter vorn umrissene Problem der Auslastung eines Netzleitungskreises ist die Kenntnis darüber wichtig, welche Verbraucher eingeschaltet sind. Ferninformationen über in anderen Räumen am Netz liegende Geräte können ebenfalls von Nutzen sein. Dabei gestaltet sich die Abfrage von Lampen mit einem der bereits beschriebenen Lichtwächter noch am einfachsten. Geräte wie etwa eine Waschmaschine oder ein Elektrogrill erfordern andere Abfragen. Auch bei Grill- oder Toastgeräten kann noch extern überwacht werden, nämlich durch einen Thermofühler. Auch dazu bietet dieses Buch bereits genügend Stoff. Was aber im Fall der mehrfach zitierten Waschmaschine tun oder bei anderen Einrichtungen, bei denen »ganz einfach« festgestellt werden muß, ob Strom fließt oder nicht?

Mit einigem Aufwand gelingt es beim heutigen Stand der Technik sicherlich, den Strom in einer Leitung etwa durch Ankoppeln einer Spule an ihr Magnetfeld nachzuweisen, sofern er eine vom Aufwand bestimmte Mindesthöhe hat. Doch irgendwo gibt es sinnvolle Grenzen. Einigen wir uns zunächst auf folgendes Verfahren: Die Aufgabenstellung zu lösen bleibe Sachkundigen vorbehalten, die mit Netzkreisen umzugehen gelernt haben und die wissen, wie man eine Netzspannung führende Einheit berührungssicher gestaltet. Letzten Endes befand sich noch vor weniger als 30 Jahren jeder »Radiobastler« in dieser Situation – bis auf batterieintensive Kofferradios hatte er laufend mit Aufbauten zu tun, die irgendwo stets Netzpotential aufwiesen.

Genau um solche Stellen geht es jetzt aber. Am besten in Verbindung mit einer dem Gerätetyp gemäßen Steckdose (bei

Schuko-Ausführungen ist auf jeden Fall ein Fachmann »Vorschrift«!) wird eine nach außen hin unter allen denkbaren Umständen zuverlässig isolierte Abfrage in den Leitungskreis eingebaut. Auf Grund der unterschiedlichen Betriebsströme wird jedes Problem eine angepaßte Lösung erfordern. Schließlich sind Ströme zwischen weniger als 100 mA (20-W-Last) und dem von der Sicherung des Stromkreises bestimmten Maximalwert (z. B. 10 A) zu erwarten. Das bedeutet ein Verhältnis von 1:100. Soll der Indikator universell benutzt werden können, muß er dieser »Dynamik« gewachsen sein, ohne daß z. B. bei 10 A eine unzulässig hohe Verlustleistung in ihm entsteht. Betrachtet man unter diesen Gesichtspunkten einen in den Kreis eingeschleiften ohmschen Widerstand, so würden bereits an 1 Ω bei 10 A 10 V abfallen und damit 100 W Wärmeleistung entstehen.

0,1 Ω verschieben diese Daten auf noch immer unzulässige 10 W bei nur noch maximal 1 V. 0,1 Ω zuverlässig zu realisieren fällt einerseits in einem solchen Kreis nicht leicht, bei dem andererseits bereits nicht ausreichend angezogene Klemmschrauben zu Widerständen dieser Größenordnung führen können. Nebenbei wird dadurch verständlich, wie gefährlich solche Klemmstellen im Verteilernetz werden können und warum darin bisweilen Drahtenden ausglühen! Außerdem soll diese Betrachtung auch Unbekümmerte davor warnen, ohne entsprechende Sachkenntnis in einen solchen Leistungskreis einzugreifen.

Genauer betrachtet hat die Aufgabe mindestens 2 Seiten: Man kann den Punkt überwachen, von dem aus die Energie eines Leistungskreises an mehrere Lasten weitergereicht wird. Das läßt sich leicht realisieren, wenn zu diesem Kreis nur eine Verteilerdose gehört. Man muß aber dann mit Strömen bis zum Wert der Sicherung rechnen, also z. B. mit 10 A. Die bei einem ohmschen Fühler gegebenen Probleme – abgesehen vom Eingriff in den Netzkreis – wurden soeben beschrieben. Man kann aber auch jedem Gerät, das an diesen Kreis zeitweilig angeschlossen wird, einen geeigneten Fühler zuordnen. Das ist besonders für Einrichtungen sinnvoll, die sich irgendwann automatisch ein- oder ausschalten. Waschmaschinen gehören dazu, Kühlschränke, Pumpen, Elektroheizungen und vieles mehr. Diesen Lasten kann dann der Fühler angepaßt werden. Muß nur mit Strömen im Bereich bis zu etwa 200 mA gerechnet werden (das sind 44 W Anschlußleistung), so wird sich der Sachkundige vielleicht doch zu einem Eingriff in den Netzkreis entschließen. Wiederum sind dabei 2 Fälle zu unterscheiden: lediglich optische Information »Ein« oder Weiterleitung der Information zu den unterschiedlichsten Zwecken. Man wird einwenden, daß die »Ein«-Information an vielen solcher Geräte z. B. bereits in Form einer Glimmlampe gegeben ist. Das gibt jedoch nur Aufschluß darüber, daß das Gerät an Netzspannung liegt. Allerdings sollte eine solche Meldeeinrichtung möglichst stets vorhanden sein. Gerade bei Ausfällen im Gerät, bei denen die zusätzliche Stromanzeige verlischt, weist dann die Netzspannungsanzeige darauf hin, daß noch Spannung anliegt. Die Stromüberwachung unterstützt also die auf diese Spannungsanwesenheit reagierende »Ein«-Anzeige des Geräts in einem sehr wichtigen Punkt: Sie zeigt an, daß die Einrichtung nicht nur am Netz liegt, sondern daß sie auch Strom aufnimmt.

Es gibt selbstverständlich Grenzfälle, bei denen auch diese Zusatzinformation nur bedingt nützt. Das trifft auf Geräte mit Transformator zu, dessen Leerlaufstrom auch ohne weitere Belastung fließt. Da ein einfacher Fühler aber zwischen Blind- und Wirkstrom (nur letztgenannter liegt ja in gleicher Phase mit der Spannung) nicht unterscheiden kann, stellt das eine Grenze der vorgeschlagenen Überwachungsart dar.

Für die genannten 200 mA als sinnvolle Obergrenze für genügend klein bleibende Verlustleistung im Wächterteil gibt Bild 5.106 Lösungsmöglichkeiten an. Wenn es die Wärmeabfuhr erlaubt, kann die bei b) nur gestrichelt angedeutete Spannungsüberwachung mit eingebaut werden. Der geringere Strom bei a) für diesen Zweck läßt diese Maßnahme zu, wenn der Platz für die beiden aus Spannungsgründen in Serie geschalteten Widerstände reserviert wird (nötig vor allem, falls Defekt in der Glimmlampe). In beiden Fällen muß ein stabiles Isoliergehäuse vorgesehen werden, und die Widerstände sind entsprechend ihrer Wärmebean-

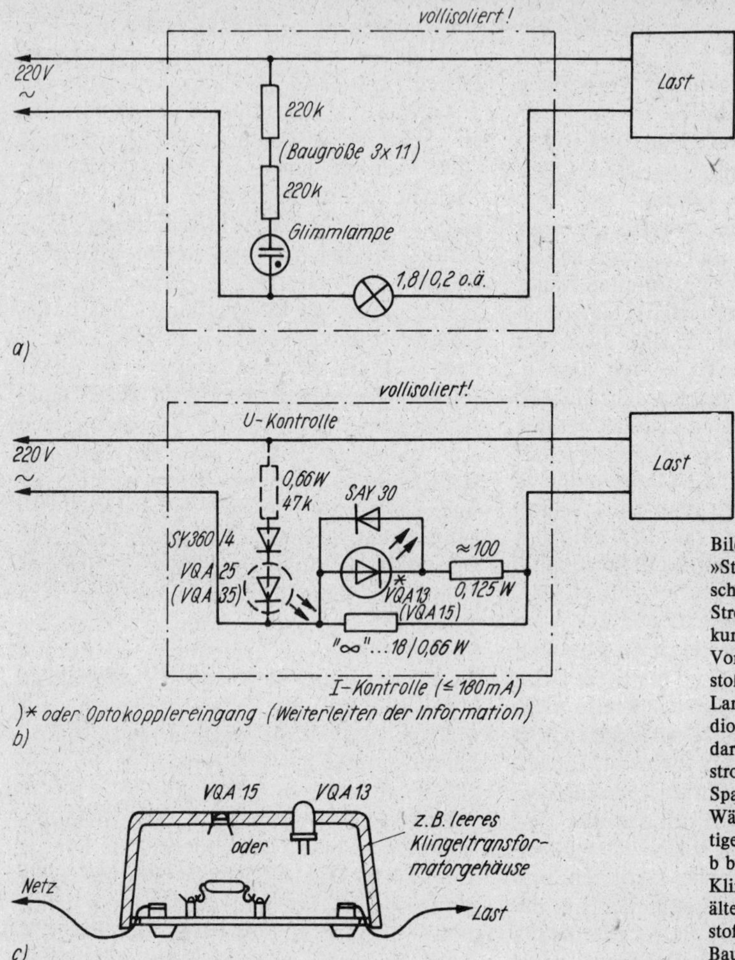

Bild 5.106
»Strommelder« für Netzanschlußgeräte etwa bis 200 mA Stromaufnahme (nur für Sachkundige!); a – konventionell, Voraussetzung: Einschaltstromstoß nicht wesentlich höher als Lampenstrom, b – mit Leuchtdiode (n), Einschaltstromstoß darf bis 2,5fach höher als Nennstrom sein, bei gestrichelter Spannungsmeldung zusätzliche Wärmeentwicklung berücksichtigen, c – Anordnungsskizze zu b bei Verwendung eines leeren Klingeltransformatorgehäuses älterer Bauart (*Duroplast*-Preßstoff), Verbindungen und übrige Bauelemente nicht dargestellt

spruchung am besten auf Lötstützpunkten zu montieren.

Die Informationsöffnungen werden der Größe der Lichtaustrittsflächen angepaßt. Ein Hineingreifen oder auch versehentliches Einführen eines Blankdrahts darf nicht möglich sein. Am besten deckt man alles nochmals mit *Piacryl* ab. Bild 5.106 c gibt ein Beispiel ohne zusätzliche Abdeckung. Die Leuchtdioden werden in die Bohrungen eingepaßt und zusätzlich mit Epoxidharz festgelegt. (*VQA 15* nicht benutzen, Kriechweg!)

Für größere Ströme (bis zum Anschlußwert des Kreises) empfiehlt sich eine andere Methode. Dabei entsteht so gut wie keine Verlustwärme, und der Kreis muß auch nicht (unbedingt) galvanisch aufgetrennt werden, damit man den Fühler einfügen kann. Bei günstiger Gestaltung ergibt sich die nötige Netztrennung, und das ist gerade bei höheren Strömen leichter möglich als bei kleineren. Damit kann dieser Wächter entweder ständig arbeiten oder auch – potentialgetrennt unter Beachtung aller Sicherheitsvorschriften – zeitbegrenzt mit Batterie. Zahlreiche Varianten sind denkbar; sie leiten sich meist aus der speziellen Aufgabenstellung ab. Aber auch die Bauelementesituation spielt eine Rolle. Eine denkbare mechanische Anordnung für den Fühler zeigt zunächst Bild 5.107. Die angedeuteten Klemmen werden bei größeren Anschlußleistungen besser durch Lötstellen ersetzt. Schon ab etwa 1 A (also 220 W) genügt es jedoch bei geeigneter Auswertevorrichtung, wenn die Netzleitung 1- bis 2mal um

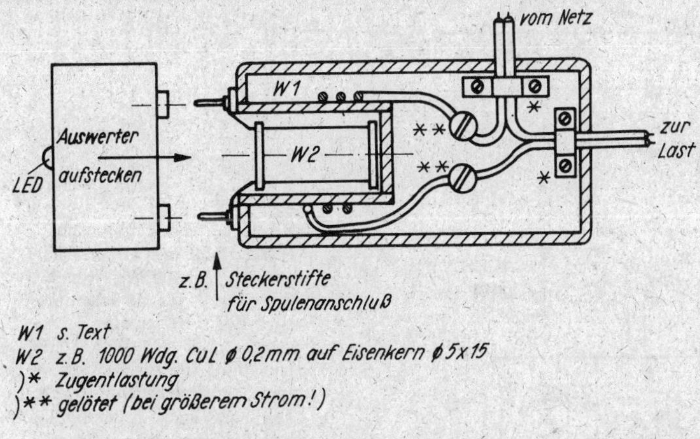

Bild 5.107
Auskoppeln der Information »Strom fließt« durch vollisolierte Koppelspule. $w2$ z.B. 1000 Wdg. Cu-Lackdraht, Durchmesser 0,2 mm, auf Eisenkern Durchmesser 5 mm × 15 mm gewickelt (Relaisspule), $w1$ siehe Text

das Isolierrohr geführt wird. Läßt ihre Ausführung es zu (Stegleitung), trennt man die beiden isolierten Adern vorsichtig einige Zentimeter lang auf und legt sie 1- bis 2mal um das Rohr. Dabei müssen »Hin«- und »Rückleitung« entgegengesetzt geführt werden, damit insgesamt der gleiche Wickelsinn für den Strom entsteht. Bei Strömen unterhalb von etwa 4 bis 5 A kann man aber mit Kupferdraht von wenigstens 1 mm Durchmesser auch z. B. 10 Wdg. aufbringen und die mechanisch festgelegten Drahtenden an das dann einseitig aufgetrennte Kabel anlöten. Unter den in Bild 5.107 gezeigten Bedingungen läßt sich für die in der Aufnehmerspule entstehende Spannung mit der empirischen Faustformel $U_S \approx 0{,}01 \cdot w1 \cdot I$ rechnen (U in V, I in A). »Handlicher« wird sie, wenn das Ergebnis in Millivolt ausgedrückt werden kann: $U_S/_{mV} \approx 10 \cdot w1 \cdot I/_A$. Das heißt: Ein Strom von 1 A liefert bei $w1 = 1$ Wdg. eine Leerlaufspannung von 10 mV Spitzenwert bei (logischerweise) 50 Hz.

Schon der billigste Operationsverstärker kann mit einer solchen Spannung angesteuert werden. Auf Grund der günstigen geringen Gleichtaktverstärkung braucht man auch Störungen durch kapazitiv eingekoppelten Netzbrumm nicht allzu sehr zu fürchten. In einem kleinen Behälter zusammen mit ihrer Batterie untergebracht, zeigt eine entsprechend gestaltete Auswerteschaltung nach Aufstecken auf die Spulenanschlüsse den Betriebszustand »Strom fließt« an. Auf dieser Schaltung können beliebig umfangreiche Anwendungen aufgebaut werden, die mit dieser Information arbeiten.

Dem Sachkundigen fällt es nicht schwer, durch Abgriff der Netzspannung am Kabel innerhalb der Isolierbox noch einen extern angeordneten Klingeltransformator anzuschließen. Dann steht Dauerbetrieb nichts mehr im Wege. Aber Vorsicht – der Klingeltransformator streut so stark, daß er wenigstens 1 m von der Fangspule entfernt bleiben muß, sonst täuscht sein Feld ein eingeschaltetes Gerät vor.

Als für die vorliegenden und – wie sich anschließend zeigen wird – noch für manche weitere interessante Aufgaben geeignet erwies sich die Schaltung nach Bild 5.108.

Es muß jedoch nicht unbedingt ein Mikroleistungsoperationsverstärker sein. Nur kann man seinen Ruhestrombedarf dem jeweiligen Problem am besten anpassen. Das heißt, in vielen Fällen reicht tatsächlich Batteriebetrieb.

Die Schaltung wurde aus dem »Fundus« von Abschnitt 4. ermittelt und entsprechend modifiziert. Jetzt geht es meist nicht darum, auf ein Magnetfeld hin einen Signalton abzugeben. Das wäre allerdings eine zusätzliche Variante etwa dafür, daß an einem Kreis 2 stärkere Lasten nicht gleichzeitig liegen dürfen. Nach dem in Bild 5.109 skizzierten Prinzip kann dann der zuerst eingeschaltete die Warnschaltung am 2. Verbraucher aktivieren. Ihr Signal (diesmal wirklich akustisch!) ertönt, wenn man diesen 2. in Unkenntnis der gegenwärtigen Lastverhältnisse ebenfalls anschaltet. Die Schrecksekunde bis zum Wiederabschalten dürfte die Sicherung tolerieren. Zwischen beiden Verbrauchern muß eine »Korrespondenzleitung« gezogen werden, sofern es nicht möglich ist, die

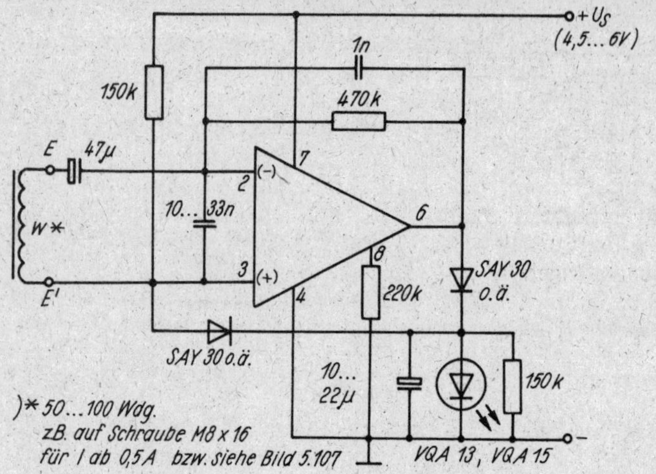

Bild 5.108
Bereits bei etwa 1 mV ansprechender Melder für Wechselfelder; mit 50...100 Wdg. Koppelspule bereits für die Schaltung nach Bild 5.107 an etwa 0,5 A geeignet; mit 1000-Wdg.-Spule laut Bild 5.107 zur direkten Abfrage von stromdurchflossenen Leitungen, auch als empfindlicher Leitungssucher geeignet (ab Lasten von 20 W je nach Entfernung)

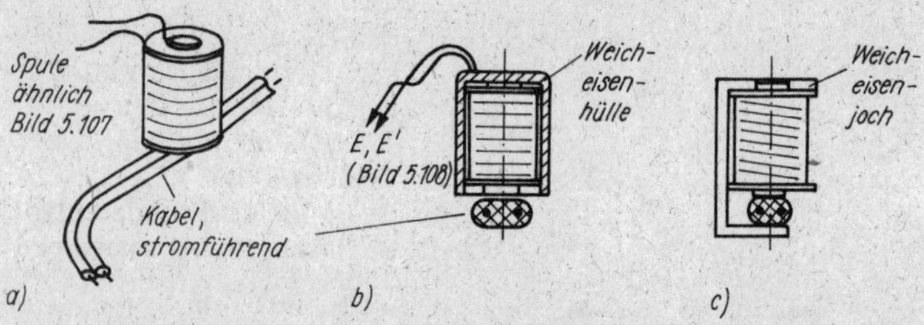

Bild 5.109 1000-Wdg.-Spule aus Bild 5.108; a – Kabelabfrage, b – Schirmung gegen Störfelder, c – Verringern von Störfeldeinflüssen bei gleichzeitig festerer Einkopplung des Kabelfelds

Überwachung beider Einheiten aus einer gemeinsamen Anschlußdose zu realisieren. Am günstigsten erscheint dann z. B. eine 3fach-Dose, aufgesetzt auf die Überwachungsdoppelbox. Ein weites Feld wieder für die eigene Gestaltung!

Zurück zur »stillen« Information. Für sie erwies sich die Lösung nach Bild 5.108 als meist ausreichend. Eine mehr punktförmig, doch dafür bei 2 bis 3 mA bereits recht intensiv leuchtende *VQA 15* oder auch eine nicht zu unempfindliche *VQA 13* liegt im Ausgangskreis des *B 176 D*, allerdings hinter einer Diode. Diese und die restliche Beschaltung des Operationsverstärkers ergeben folgendes Verhalten: Im Ruhezustand, also ohne Eingangssignal, pegelt sich der gleichstrommäßig als »1-Verstärker« arbeitende Operationsverstärker so ein, daß die Spannung über der Leuchtdiode knapp bei ihrem Flußspannungsknick bleibt. Die Spannung am Ausgang gegen Masse entspricht dabei mit sehr kleiner Abweichung der am nichtinvertierenden Eingang. Das System befindet sich auf einem Arbeitspunkt, der für das Verstärken geringer Wechselspannungen geeignet ist. Es fließt insgesamt nur ein Strom von etwa 200 µA. Er kann auf Kosten der Empfindlichkeit und der Helligkeit der Leuchtdiode nach Ansprechen noch gesenkt werden, indem man den Widerstand an 8 erhöht. Schon mit weniger als 1 mV von der Aufnehmerspule her ergibt sich am Ausgang eine so hohe Wechselspannung (selbstverständlich gegen Masse immer im Positiven bleibend), daß der Leuchtdiode selbst vom dafür eigentlich nicht dimensionierten *B 176 D* ein für Signalzwecke ausreichender Strom von bis zu etwa 4 mA zugeführt wird. Ihre Spannung erhöht sich dabei nur um etwa 150 mV. Um diesen Betrag wird durch die Diode zwischen 3 und 6 auch der nichtinvertierende Eingang angehoben.

Die hohe Ansprechempfindlichkeit der Schaltung erlaubt es, mit einer Spule geringerer Windungszahl als dort angegeben auszukommen, wenn man sie in einer Anordnung wie nach Bild 5.107 betreibt. Dafür gelten also z. B. die Spulendaten in Bild 5.108. Mit der in Bild 5.107 angegebenen Spule und der Dimensionierung nach Bild 5.108 ist die Empfindlichkeit der Schaltung dafür so groß, daß sie bereits auf etwa 1 m Abstand noch auf Leuchtstoffröhrendrosseln, Klingeltransformatoren und auch auf das Streufeld von Fernsehempfängern anspricht. Das scheint zunächst einem sinnvollen Einsatz entgegenzustehen. Man kann es aber auch bewußt nutzen – unter Beachtung dieser Randbedingungen. Läßt sich nicht vermeiden, daß in der Nähe solche Streufelder auftreten, so können z. B. die Vorschläge nach Bild 5.109b und c Abhilfe bringen. Das Bild zeigt gleichzeitig, um was es geht (Bild 5.109a): Die Leitung wird abgefragt, ohne daß man in irgendeiner Weise eingreift. Das ist der Punkt, bei dem wieder der Freizeitelektroniker mithalten kann. Das Experiment lohnt sich: Mit Spulendaten wie in Bild 5.107, gegebenenfalls geschirmt ähnlich Bild 5.109b oder c, kann der Fühler jedes Kabel »abhorchen«. Bereits die Netzschnur einer 40-W-Glühlampe liefert genügend Signalenergie!

5.7.4. Leitungssucher

Nach dem im vorigen Abschnitt als letztes vorgestellten Prinzip, also mit der Schaltung nach Bild 5.108 und der 1000-Windungen-Spule, läßt sich ein sehr empfindlicher Leitungssucher herstellen. Allerdings meldet er nur stromdurchflossene Leiter, aber auf die muß man bei Bohrarbeiten u. ä. besonders achten. Die Vorbereitung ist einfach: Im in Frage kommenden Zimmer werden alle Netzsteckdosen mit kleineren Lasten versehen, z. B. Glühlampen zu je 100 W. Außerdem schaltet man die Deckenleuchten ein. Bei Kronenschaltungen aber immer nur eine Hälfte aktivieren! Es hat sich nämlich gezeigt, daß andernfalls nach außen hin infolge der Dreidrahtleitung eine Feldkompensation eintritt. Das heißt, die Leuchtdiode leuchtet weniger hell, wenn beide Teilkreise eingeschaltet sind!

Im übrigen gelang es mit dieser Schaltung, unter Putz liegende Energieleitungen bei entsprechender Belastung noch auf mehrere Zentimeter Tiefe sicher zu orten. Im allgemeinen war es gar nicht nötig, die Suchspule direkt aufzusetzen.

Für den im folgenden beschriebenen aktiven Leitungssucher braucht die Leitung keinen Strom zu führen. Dafür ist er für Elektrokabel weniger empfindlich. Seine »Stärke« liegt auf anderem Gebiet.

Es gibt Schaltungen, die irgendwo auftauchen und infolge ihrer Nützlichkeit sowohl vielfach kopiert wie auch modifiziert werden. Die nach Bild 5.110 gehört zu dieser Kategorie, und es werden auch zur gegenwärtig vorliegenden Lösung anschließend noch einige effektive Verbesserungsvorschläge unterbreitet. Die Stärke der Schaltung nach Bild 5.110 liegt im Auffinden von magnetischen, also Eisenmetallen, z. B. Gas- oder Wasserrohren. Dann nämlich wird dem auf etwas unter 150 kHz mit sehr geringer Leistung (nicht »funkstörverdächtig«!) schwingenden Generator im Vergleich zu anderen Leitern die größte Energie entzogen. Muttern, Reißzwecken und selbst eine Stecknadel ließen sich noch auf 20 mm Entfernung orten. Für den vielzitierten Heuhaufen dürfte das allerdings nicht reichen. Unter Putz liegende Kupfer- und Aluminiumleitungen entziehen dem Resonanzkreis leider wesentlich weniger Energie, auch auf Grund ihrer geringeren Dicke. Bisweilen können dabei schon feuchte Wände Leitungen vortäuschen! So empfiehlt sich auch, bei der Arbeit mit diesem Gerät Uhr und Ringe abzulegen, damit diese nicht zum Einstellen einer geringeren Empfindlichkeit zwingen. Da die eigene Schaltung ebenfalls dämpfend wirkt, muß man die Suchspule möglichst weit von Leiterplatten und Batterie entfernt anordnen (wenigstens 40 bis 50 mm). Handelsübliche Leitungssucher lassen solche Maßnahmen bereits an ihrer Gehäusegestaltung erkennen.

Bei Energieentzug im Oszillator wird die sonst von y her gesperrte *Darlington*-Ausgangsstufe freigegeben, so daß die in ihrem Kollektorkreis liegende Leuchtdiode anspricht. Da die Spannungsverhältnisse in dieser Schaltung toleranzempfindlich sind, braucht man eine Stabilisierung. Das belastet, wenn es sich um eine einfache Z-Diode handelt, die Batterie ständig. Man benötigt

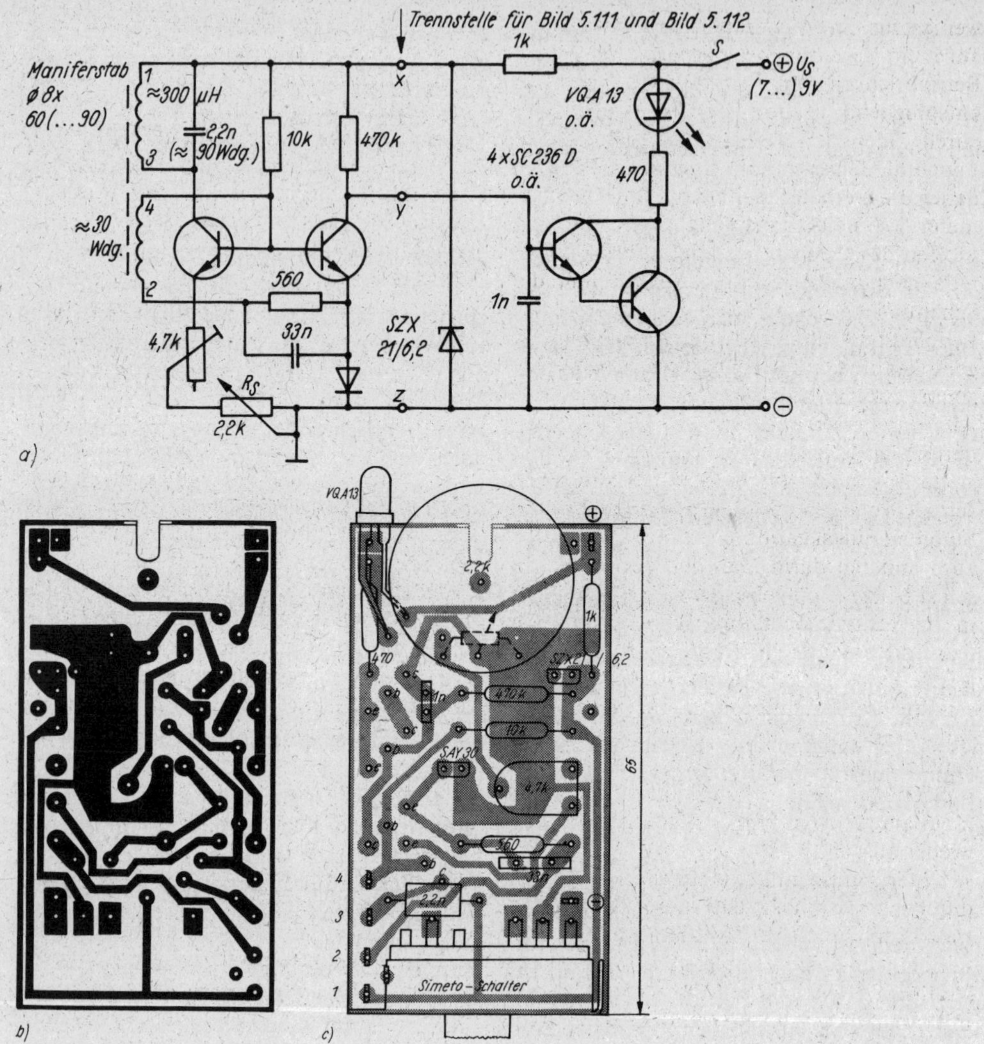

Bild 5.110 Bewährte Version eines Metallsuchers, vorrangig für Gas- und Wasserrohre; auch für nicht zu tief unter Putz liegende elektrische Leitungen geeignet; a – Stromlaufplan, b – Leiterbild, c – Bestückungsplan, d – Einbauvorschlag, e – Spulengestaltung. Falls Leuchtdiode mit Stellwiderständen nicht zum Ansprechen gebracht wird, Anschlüsse 4 und 2 tauschen (vom Wickelsinn abhängig); bei den Endstufentransistoren (Bildteil a) sind Emitter und Kollektor zu vertauschen

wenigstens eine 9-V-Batterie, die noch dazu auf nicht wesentlich weniger als etwa 7 V im Betrieb zusammenbrechen darf, wenn sie entsprechend gealtert ist. Je geringer der durch den Vorwiderstand eingestellte Leuchtdiodenstrom, um so günstiger werden daher die Verhältnisse. Denn: Am Potentiometer R1 stellt man weitab von leitenden Stoffen das Gerät so ein, daß die Diode gerade noch nicht leuchtet. Spricht nun die Schaltung an, so wird die Batterie von der Leuchtdiode stärker belastet. Ihre Spannung geht dadurch auf Grund ihres Innenwiderstands zurück. Ist dieser Widerstand infolge Alterung bereits relativ hoch, greift die Änderung auf die durch die Z-Diode stabilisierte Spannung durch. Das hat zum einen seine Ursache in der nicht ideal senkrechten Stabilisierungskennlinie der Z-Diode und zum anderen darin, daß der Vorwiderstand selbst bei gegen 0 gehendem Z-Diodenstrom in die restliche Schaltung selbstverständlich den dort benötigten Strom liefern muß. Alternde Batterien erkennt man auf Grund dieser Wechselbeziehungen daran, daß die bewußt mit dem Potentiometer feinfühlig gerade eingeschaltete Leuchtdiode bei Zurücknahme des Potentiometerschleifers nicht am gleichen Punkt, sondern erst später wieder ausgeht.

Unter heutigen Bedingungen ist es nun durchaus vorstellbar, daß dieser Schaltungstrakt durch einen Serienstabilisator mit pnp-Serien- und npn-Fühlertransistor ersetzt wird. Ein solcher Stabilisator kommt bereits mit um 100 mV Oberspannung aus. Stellt man also die Ausgangspannung auf z. B. 5,5 V stabil ein, so vermag eine Batterie aus 3 × *RZP2* das Gerät sehr lange zu speisen. Das kommt der Situation entgegen, daß 9-V-»Blockbatterien« schon einige Zeit nicht mehr zum Sortiment für den Neueinsatz zugelassener Primärbatterien zählen. Und auch der Import der für Ersatzbedarf vorgesehenen sehr praktischen 8,4-V-NK-Batterien für Kleinempfänger aus der UdSSR wird vielleicht irgendwann auch einmal eingestellt werden, sobald die üblichen Nutzungszeiträume dieser Geräte verstrichen sind.

Eine andere Möglichkeit kommt ohne jede Stabilisierung aus. Sie setzt aber wieder eine von sich aus bereits einigermaßen stabile Quelle wie eben *RZP2*-Kleinakkumulatoren voraus und außerdem einen 2. Einschaltkontakt. Der im Ursprungsmuster verwendete *Simeto*-Schalter wird dadurch überhaupt erst voll genutzt. Die *Darlington*-Schaltung der Ausgangsstufe muß dazu aufgetrennt werden. Im Interesse möglichst nicht höheren Batterieaufwands als etwa für die Z-Dioden-Variante (mit *RZP2* gespeist wären dort 4 Stück erforderlich) soll die Endstufe mit 2 V Betriebsspannung auskommen. Das setzt eine *VQA 13* mit etwa 1,7 V Flußspannung voraus, so daß in Verbindung mit der Sättigungsspannung des Ausgangstransistors nicht allzuviel Spielraum für einen Strombegrenzungswiderstand bleibt. Mit etwa 18 Ω ergibt sich bei frischem Akkumulator (2,2 V) unter Abzug der Sättigungsspannung und infolge der Kennliniensteigung der *VQA 13* ein für diese noch

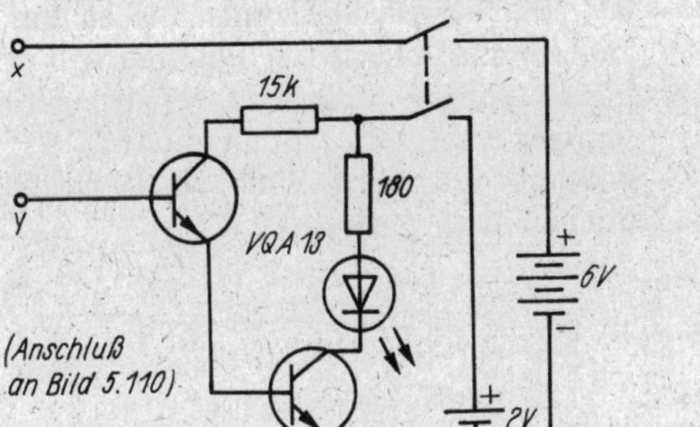

Bild 5.111
So könnte im Kurzbetrieb auf Stabilisieren in Bild 5.110 verzichtet werden (180 lies 18!)

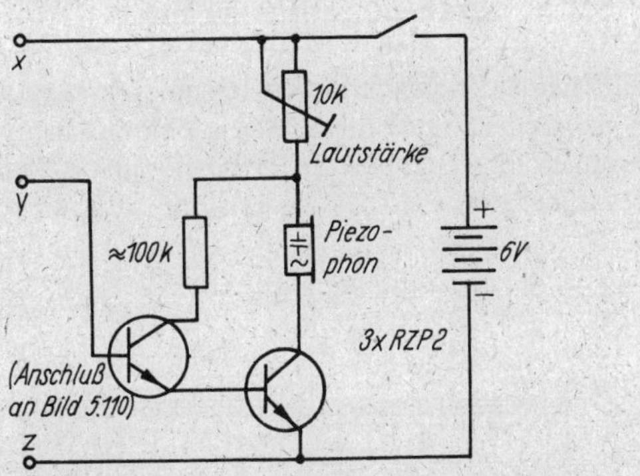

Bild 5.112
Für beide Versionen (Bild 5.110 bei 9-V-Batterie, Bild 5.111 nur noch 1× 6 V) geeignete akustische Signalausgabe bei stark verringertem Energiebedarf

zulässiger Strom von etwa 25 mA. Er sinkt in der Hauptbetriebslage auf weniger als 10 mA. Die Diode bleibt gut erkennbar. Bild 5.111 gibt diese Vorschläge wieder. Der vorläufig letzte Schritt in Richtung Aufwandverringerung ohne Abstrich an Gebrauchswert ergibt sich mit der Maßnahme nach Bild 5.112. Sie hat sogar noch den Vorteil, daß man sich beim Bedienen des Geräts voll auf die abzusuchende Fläche konzentrieren kann, weil nun statt des optischen ein akustisches Signal gegeben wird. Wieder ist es der nun schon fast unvermeidliche *piezophon*-Summer, der das bei minimalem Strom möglich macht. Jetzt reichen 3 × *RZP2*. Stabilisieren ist nicht nötig, da im Kurzzeitbetrieb auch einmal »nachgezogen« werden kann. Der als Stellwiderstand ausgelegte Strombegrenzer vor der Kapsel reduziert den Strombedarf auf einen vom Umgebungslärm abhängigen Mindestwert. Man kann die Piezokapsel eventuell sogar an einem Kopfhörerbügel befestigen und erreicht dadurch ein Minimum an Strombedarf für gut hörbares Signal. Je geringer aber die Stromzunahme bei Ansprechen der Kapsel, um so empfindlicher kann der Sucher eingestellt werden. Obgleich diese Endstufe nun nur noch einen Bruchteil des bei der Ursprungslösung erforderlichen Signalstroms »treiben« muß, versuche man nicht, einen Transistor einzusparen. Das greift in die übrige Schaltung zurück. Außerdem müßte der Basiswiderstand verringert werden, und die Schaltung wird weniger empfindlich.

5.8. Strahlschrankenwächter

Einfache Lichtschranken lassen sich bereits mit den schon vorgestellten Lichtempfängerschaltungen realisieren. Sendeseitig wird im einfachsten Fall das Licht einer Glühlampe genutzt, durch Reflektor auf das Empfangsbauelement hin gebündelt. Damit »schafft« man je nach Lampe und Empfänger bereits Entfernungen, die für den Wohnbereich völlig ausreichen.

Halbfertigbauelemente für den Sender sind z. B. Taschenlampen, deren Lichtstrahl sich durch Verstellen des Reflektors gut bündeln läßt. Eine Stablampe kann einfach auf diese Weise »zweckentfremdet« werden, wenn man alte auslaufsichere oder einfach ausgetrocknete Zellen im Sinne von Bild 5.113 dazu heranzieht. Sie sollen hauptsächlich den nötigen Kontaktdruck sichern, während die Isolierplatte im ursprünglichen Batteriekreis unkontrollierte Vorgänge in den Zellen verhindert. Für Kurzzeitbetrieb (z. B. 1 h täglich) eignet sich eine monozellenbestückte Lampe jedoch bereits, wenn man sie unverändert benutzt, je nach Lampentyp mehrere Wochen.

Der Vorteil solcher einfachen Schranken besteht darin, daß man sie wegen des sichtbaren Lichts leicht ausrichten kann. Nachteile sind der relativ hohe Energiebedarf, die Empfindlichkeit gegen jede Art von Fremdlicht und in bestimmten Anwendungsfällen gerade der Umstand, daß man das Licht sowohl sehen als auch durch eine Fremdlichtquelle überlisten kann. Wesentlich eleganter läßt sich die Aufgabenstellung »Überwachung durch Lichtstrahl« mit Infrarotbauelementen lösen. Ihre Vorteile:

- unsichtbarer Strahl,
- Filter gegen sichtbares Licht bei Bedarf möglich,
- modulierbar je nach der Grenzfrequenz des Empfängerbauelements (bis zu einigen zehn Kilohertz bei Fototransistoren, bis zu einigen Megahertz bei den dafür weniger empfindlichen Fotodioden),
- dadurch Fehlinformation durch Fremdquellen stark verringert,

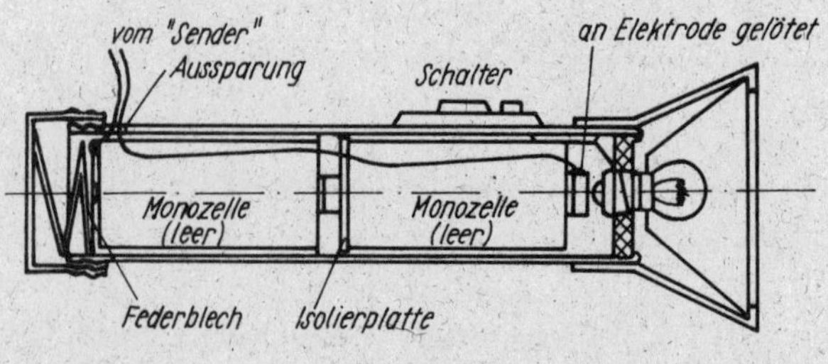

Bild 5.113
Stabtaschenlampe mit Reflektor als Sendekopf einer einfachen Lichtschranke, Lampe extern oder auch aus der Batterie zu betreiben. Lichtempfänger für solche Schranken siehe Abschnitt 5.3.!

- ökonomische Nutzung der Sendeenergie durch Pulstastung,
- günstigerer Energiebedarf besonders auf der entsprechend gestaltbaren Empfängerseite (Ganztagsbatteriebetrieb möglich),
- kleine Abmessungen auch des Sendekopfs, dadurch unauffällige Montage möglich,
- Linseneffekte und Reflektoren in den Bauelementen ergeben bereits bauelementebedingte Bündelung.

Eine solche Anlage muß allerdings auch um so sorgfältiger ausgerichtet werden, je größer die zu überbrückende Entfernung. Man arbeitet dann gegebenenfalls mit einer wenn auch unvollkommenen Vorzentrierung, z. B. mit einer statt der Sendediode angebrachten Reflektorlampe.

Bis zu günstigenfalls etwa 1 m muß außer stabilem Ausrichten aufeinander nichts weiter beachtet werden. Bei Pulslicht im Tonfrequenzbereich kann ein Ohr- oder Kopfhörer, gegebenenfalls hinter einer einfachen Transistorstufe, gute Dienste leisten. Er wird an einen geeigneten Punkt der Empfängerschaltung angekoppelt. 5 oder gar 10 m zu überbrücken erfordert mindestens noch eine Linse großer Öffnung auf der Empfangsseite. Außerdem soll man sich nicht zu sehr auf die Unempfindlichkeit gegen Fremdlicht verlassen, selbst mit Infrarotfilter. Ein den Empfangstransistor umschließendes Röhrchen, etwa die Hülle eines Faserstifts oder – wie beim Rauchmelder – bei kleineren Typen ein 5,5 mm dickes Trinkröhrchen mit deckender Wandfarbe hat sich gut bewährt. Die Rohrlänge richtet sich nach dem Strahlengang der eventuell vorgesetzten Linse.

Im folgenden wird eine aus 2 Leiterplatten bestehende digitale Infrarotschranke kleinen Gesamtaufwands vorgestellt. Man kann sie infolge dieser modularen Gestaltung beliebig nutzen und einbauen. Ihr minimaler Energiebedarf auf der Empfangsseite (etwa 1 mA bei z. B. 6 V) ermöglicht auch mobilen Betrieb. Man kann sie z. B. auch zur drahtlosen Übertragung der im vorigen Abschnitt besprochenen Schaltzustandsinformation von Geräten benutzen!

5.8.1. Digitaler Lichtsender

Bild 5.114 zeigt einen Infrarotsender mit Pulsmodulation. Bei entsprechendem Tastverhältnis ist das eine sehr ökonomische Lösung, bezogen auf den Energiebedarf.

Dieser Sender enthält einen Timerschaltkreis *B 555 D*. Das ist ein so vielseitiges Bauelement, daß ihm in der Reihe *electronica* ein Doppelband gewidmet worden ist (Band 213/214). Darum kann auf das Erläutern einiger Einzelheiten zu seiner Funktion verzichtet werden, zumal das schon an anderer Stelle dieses Buches geschah. Jedenfalls liefert die Schaltung schmale Impulse hoher Stromstärke. Jetzt muß ja keine möglichst naturnahe Signalübertragung erreicht werden wie beim Übertragen von Sprache oder gar Musik. Statt A-Betrieb ist energiegünstiger C-Betrieb möglich. Gibt man sich mit 200 mA Spitzenstrom zufrieden (genug für

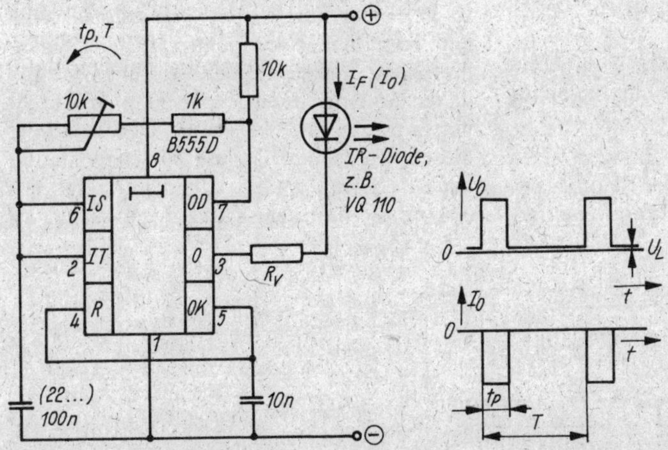

Bild 5.114
IR-Impulslichtsender mit Timer-IS *555*

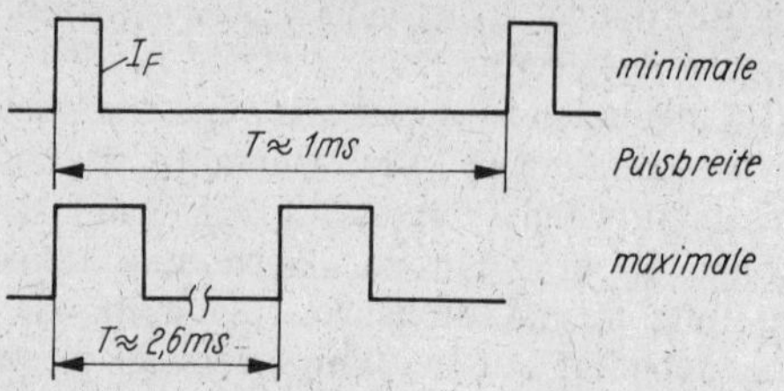

Bild 5.115
Auf diese Weise kann das Impulsverhältnis des digitalen Lichtsenders variiert werden. Allerdings verändert sich dabei auch die Frequenz

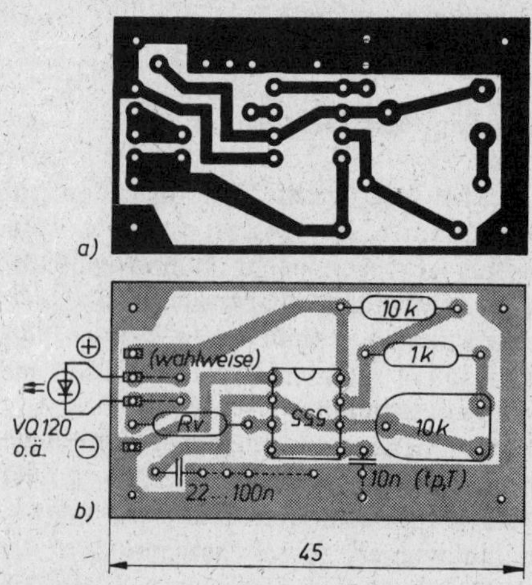

Bild 5.116
Leiterplatte zu Bild 5.114; a – Leiterbild, b – Bestükkungsplan

die meisten im Handel erhältlichen Infrarotsendedioden, und das sogar nur bei entsprechend schmalen Impulsen!), schafft es der Ausgang des *555* sogar allein. Impulse z. B. bis 0,8 A und damit größere Reichweiten lassen sich mit einem zusätzlichen Transistor realisieren. Die Impulse müssen dann noch schmaler eingestellt werden, damit ihr Gleichstromwert für die Diode zulässig bleibt. Das zu tun macht der *555* leicht. Bild 5.115 zeigt, wie die Schaltung nach Bild 5.114 eingestellt werden kann. Die obere mögliche Grenze wird damit weniger von den elektronischen Möglichkeiten der Leiterplatte zu diesem Sender (Bild 5.116) bestimmt als von den Daten der Sendediode.

5.8.2. Übertragungsprinzip

Bild 5.117 zeigt das Prinzip eines Infrarotimpulsempfängers, der für solche Pulsfolgen geeignet ist. Relativ schmale Sendeimpulse möglichst großer Amplitude sind also im Empfänger als Schaltspannung auszuwerten. In einem gewissen Bereich kann man für die Sendediode annehmen, daß der Stromimpuls etwa um den Faktor Periodendauer durch Pulsbreite größer sein darf als der zulässige Dauergleichstrom. Genaueres zeigt Bild 5.118. Der maximal zulässige Impulsstrom gemäß Datenblatt bildet die absolute Obergrenze, verbunden mit einer dann noch maximal zulässigen Impulsbreite innerhalb einer Periode. Je schmaler die Impulse im Verhältnis zur Periodendauer, um so näher darf man dem genannten Faktor kommen, denn um so mehr Zeit hat der Diodenchip in den Impulspausen zum Abkühlen zwischen den wärmeerzeugenden Impulsen. All das gilt ausreichend genau nur für Impulsbreiten unter etwa 1 ms. Man ist daher zunächst geneigt, 10 kHz und mehr als günstige Impulsfrequenzen wegen der dann zulässigen hohen Impulsströme bei kleinen Impulsbreiten anzusehen. Dem setzt allerdings auf der Empfangsseite der Fototransistor bald praktische Grenzen. Die vom einfallenden Licht frei gemachten Ladungsträger müssen nämlich in den Lichtpausen wieder aus dem Basis-Kollektor-Bereich des Transistors abfließen. Je schneller die Lichtimpulse aufeinanderfolgen, um so stärker »verschleift« sich daher das Bild dieser Impulse am Arbeitswiderstand des Fototransistors. Und je größer dieser Widerstand ist, um so länger dauert der Ausgleichsvorgang. Bild 5.119 zeigt, wie sich das auf die Kurvenform auswirkt.

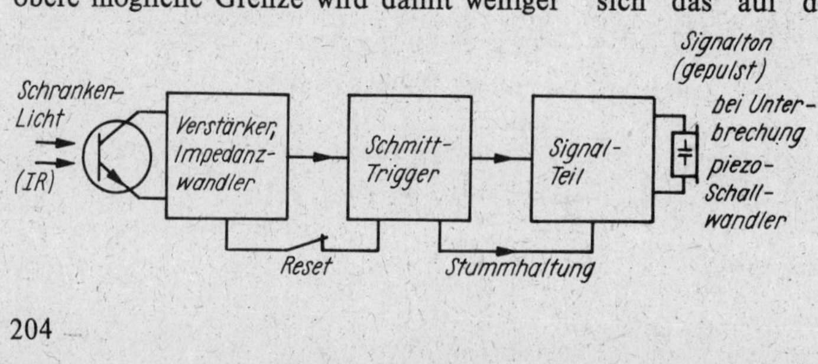

Bild 5.117
IR-Impulslichtempfänger – Prinzip

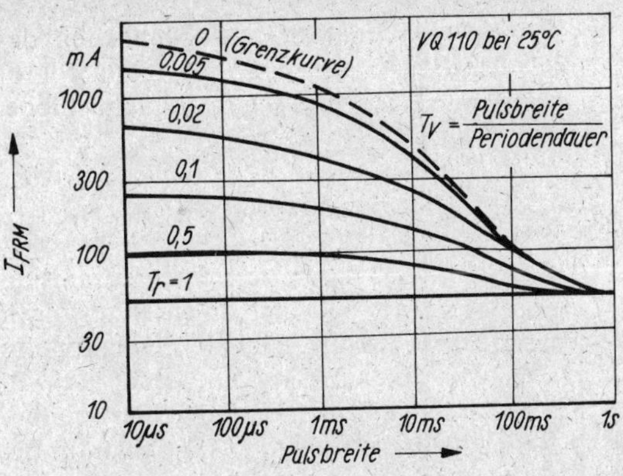

Bild 5.118
Zulässige Impulsströme der Infrarotdiode *VQ 110* in Abhängigkeit von Periodendauer und Impulsbreite

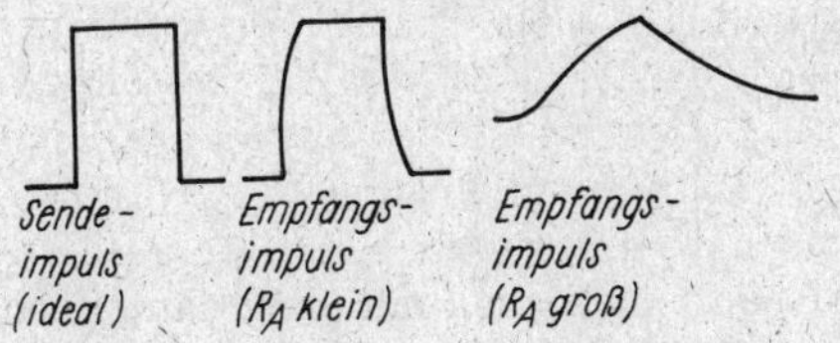

Bild 5.119
Große Werte des Arbeitswiderstands verändern infolge der Trägheit des Fototransistors die Kurvenform

Darum soll dieser Widerstand nicht unnötig groß sein.

5.8.3. Lichtempfänger mit Warnsignal

Würde empfangsseitig hinter dem Fototransistor eine Auswertevorrichtung nur einfach auf den Gleichspannungsanteil der Spannung am Arbeitswiderstand reagieren, wäre durch die schmalen hohen Sendeimpulse noch nichts gewonnen. Doch der Empfängereingang nach Bild 5.120 kombiniert die Funktionen Spannungsverstärkung und Impedanzwandlung. Die Absolutwerte der Widerstände dieses Schaltungsteils richten sich nach den Umgebungsbedingungen. Die vorgestellte Empfängerschaltung verzichtet auf einen aktiven Arbeitswiderstand. Diese Maßnahme macht die Gesamtschaltung aber übersichtlicher, erfordert allerdings gutes Abschirmen des Empfangsteils gegen helles Umgebungslicht. Solche Maßnahmen wurden schon kurz angedeutet. Im Tausch gegen mögliche Entfernung zwischen Sender und Empfänger kann der Arbeitswiderstand bei ungünstigen Bedingungen (großer Störlichtanteil) auf einen kleineren Wert eingestellt werden.

Vom Arbeitswiderstand wird die Impulsspannung abgegriffen und über einen Kondensator vom Gleichspannungsteil (Umgebungshelligkeit) getrennt. Die *Darlington*-Kombination der beiden pnp-Transistoren belastet diese »Quelle« nur gering, denn ihr Eingangswiderstand liegt – je nach Stromverstärkung – ausreichend weit über dem Wert von *R*1.

Der Arbeitspunkt dieser Stufe wird auf den ersten Blick etwas ungewöhnlich eingestellt. Eine Leuchtdiode erhält einen von der relativ wenig schwankenden Betriebsspannung abhängigen Strom von weniger als 1 mA. Ihre Flußspannung liegt deutlich über der Summe der Basis-Emitter-Spannungen der beiden Transistoren. Zu diesen hin verzweigt sich nur ein sehr kleiner Bruchteil des Stromes. Um einen ausreichenden Spielraum für die günstigste Einstellung zu erhalten, wird der Basisstrom von einem Teil der Flußspannung abgeleitet. Die Stufe ist so einzustellen, daß bei nicht beleuchtetem oder nicht angeschlossenem Fototransistor zwischen Kollektoren und Masse höchstens etwa 0,3 U_S gemessen werden. Das ist für den angestrebten Zweck ein meist noch zulässiger Wert. Er muß auf jeden Fall noch genügend weit unter den beiden von der Betriebsspannung abhängigen Triggerschwellen des *4093* liegen. Der Trigger schaltet dadurch einerseits nicht ungewollt ausgangsseitig auf L, sondern nur mit entsprechendem Nutzsignal, andererseits sinkt die Eingangsspannung bei Unterbrechen der Lichtschranke ausreichend weit unter den Punkt, bei dem der Ausgang von L auf H schaltet. Bild 5.121 zeigt, welche Verhältnisse dabei gegeben sind.

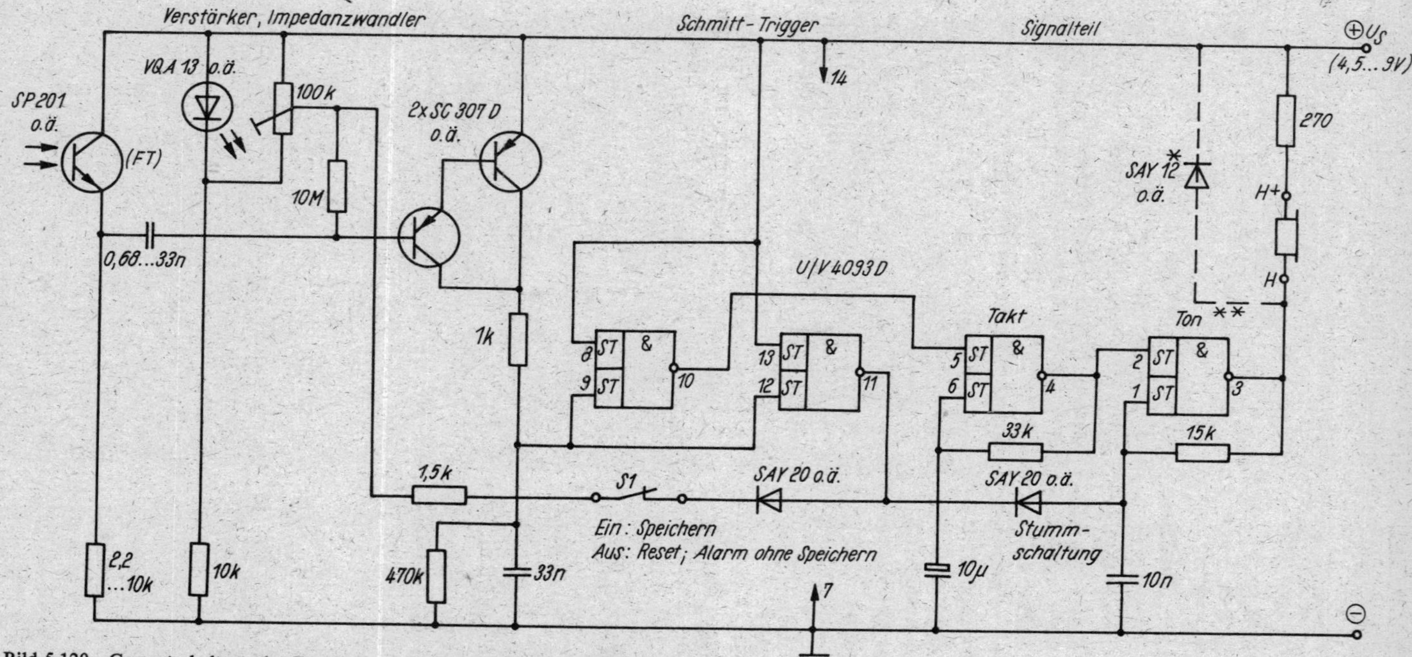

Bild 5.120 Gesamtschaltung des Empfängers nach dem Prinzip von Bild 5.117

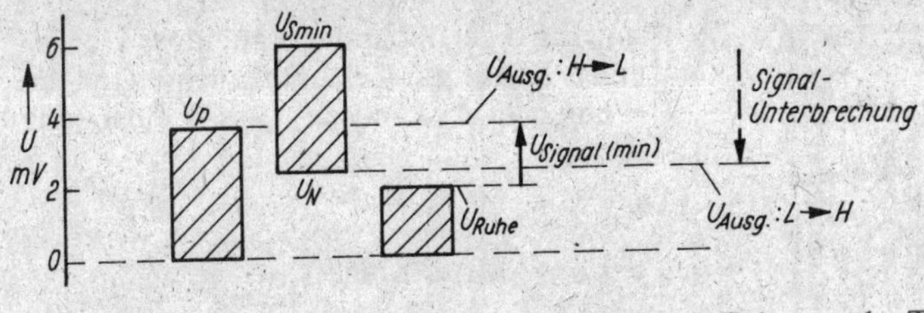

Bild 5.121
In der Schaltung nach Bild 5.120 bei entsprechender Einstellung des Verstärkers gegebene Pegelverhältnisse für den *Schmitt*-Trigger

Das System Leuchtdiode – *Darlington*-Stufe ist bei relativ wenig schwankender Betriebsspannung geeignet, die Auswirkung von Temperaturhüben im Zimmerbereich auf den Arbeitspunkt zu kompensieren. Die Flußspannung der Leuchtdiode ändert sich nämlich gleichsinnig zu den für einen bestimmten Kollektorstrom erforderlichen Basis-Emitter-Spannungen. Bei größeren möglichen Änderungen der Betriebsspannung dagegen ist es günstiger, die am Kollektorwiderstand eingestellte Ruhespannung von der Betriebsspannung abhängig zu machen, denn die Triggerschwellen des *4093* sind keine Absolutwerte. Sie ändern sich proportional zur Betriebsspannung. Insgesamt empfiehlt sich für zuverlässigen Dauerbetrieb daher, die Speisespannung zu stabilisieren. Auf Grund des niedrigen Betriebsstroms kann das noch rationell geschehen. Die Schaltung nach Bild 5.120 nimmt selbst im Alarmfall nur etwa 2 mA auf. Bei beleuchtetem Fototransistor benötigt sie nur etwa 1 mA, hauptsächlich wegen der Leuchtdiode. Darum ist bereits die in Sperrichtung betriebene Basis-Emitter-Strecke eines Basteltyps des *SF 126* oder sogar des *SF 136* zur Stabilisierung bei etwa 7 V gut geeignet (Bild 5.122). Die Schaltung nach Bild 5.120 gibt bei Strahlunterbrechung einen sich selbst wieder periodisch unterbrechenden Signalton ab, der von einem Piezoschwinger abgestrahlt wird. Das bewirken 2 aus je einem Triggerelement gebildete Generatoren

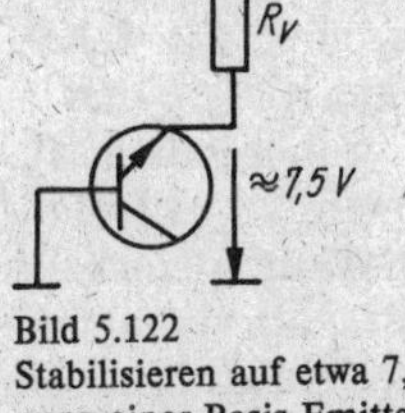

Bild 5.122
Stabilisieren auf etwa 7,5 V mit der Durchbruchsspannung einer Basis-Emitter-Diode

(»Takt« und »Ton«). Solange der Infrarotstrahl auf den Fototransistor fällt, steht am Arbeitswiderstand der *Darlington*-Stufe eine leicht wellige Gleichspannung von etwa 6 V. Das bewirkt der gegen den Entladewiderstand von 1 MΩ niederohmige Ausgang der Darlington-Stufe. Sie lädt in einem Bruchteil der Periodendauer den relativ kleinen Kondensator auf. Die Entladezeitkonstante ist wesentlich größer als die Periodendauer des Sendegenerators. (Diese liegt im Muster im Bereich um 1 ms.) Solange damit die Spannung am Eingang des ersten Triggers dessen obere Triggerschwelle wesentlich überragt, ist sein Ausgang auf L, also auf fast 0 V, festgelegt. Dadurch bleibt der 1. Generator (»Takt«) gesperrt, allerdings mit H am Ausgang. Der Tongenerator würde also arbeiten. Daß er das (wie gewünscht) nicht tut, das bewirkt der letzte Trigger. Sein Ausgang wird vom Nutzsignal ebenfalls auf L gehalten. Die Diode zwischen Tontrigger und dem Ausgang des 2. Triggers hält damit auch den Tongenerator gesperrt. Durch die in der Schaltung enthaltenen Zeitglieder (RC-Schaltungen) muß der Strahl wenigstens einige hundert Millisekunden lang unterbrochen werden, wenn beide Trigger auf H am Ausgang schalten sollen. Ist das geschehen, werden die beiden Generatoren freigegeben; der Taktgenerator ganz und der Tongenerator im Rhythmus des Taktgenerators. Dadurch kommt das periodisch unterbrochene Alarmsignal zustande. Wählt man den Widerstand des Tongenerators günstig (Frequenz z. B. durch einen Einstellwiderstand optimieren), erhält man mit wenig Energie einen recht lauten Signalton – die Signalkapsel arbeitet dann in Resonanz.

5.8.4. Selbsthaltung auf Wunsch

In der Schaltung ist eine weitere Rückführung enthalten. Wird ihr Schalter geschlos-

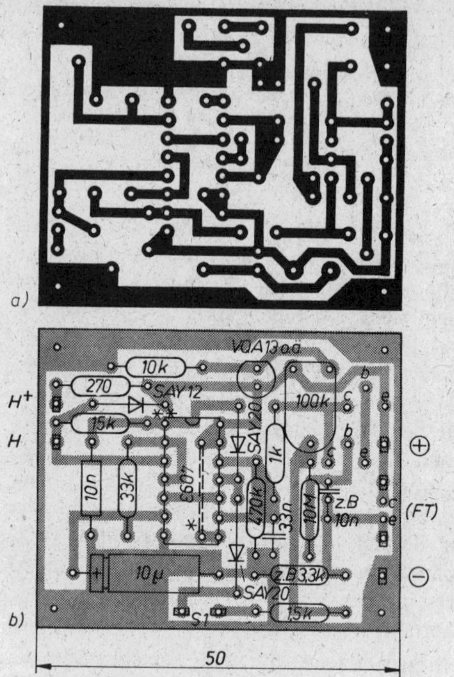

)* Brücke unter 4093
)** bei elektromagnetischem Wandler

Bild 5.123
Leiterplatte zu Bild 5.120; a – Leiterbild, b – Bestükkungsplan

sen, so ergibt sich auch bei einer nur kurzzeitigen Schrankenunterbrechung ein Dauersignal. Man löscht es durch Öffnen des Schalters. Das funktioniert aber nur dann, wenn der Strahl inzwischen wieder auf den Fototransistor trifft. Für die praktische Nutzung dieser Schranke gelten die bereits genannten Regeln: Fremdlicht vermeiden, also Fototransistor in lichtundurchlässigem Röhrchen montieren, stabile Gesamtmontage, genaues Ausrichten (um so größer wird die mögliche Entfernung – ohne Optik je nach Daten der Bauelemente bis etwa 0,6 m), bei Bedarf Einsatz von optischen Hilfsmitteln (Sammellinsen). Bild 5.123 bietet auch für den Empfangsteil eine Leiterplatte.

Das Thema *Infrarotübertragung* wird in Abschnitt 7. nochmals aufgegriffen, dort jedoch zum Zwecke der Übertragung von Sprache und Musik. Manche Einzelheit jener Lösung kann aber auch von Nutzen sein, wenn eine spezielle Wächterfunktion mit Infrarot erreicht werden soll, z.B. (nur zulässig innerhalb der Wohnung!) drahtlose Übertragung eines zu »belauschenden« Orts der Wohnung etwa durch Glasscheiben hindurch.

5.9. Alarmanlagen

Dem Thema *Raumsicherung* hinsichtlich einer kleinen Alarmzentrale waren im 1. Wohnbereichs-Bastelbuch knapp 3 Seiten gewidmet worden. Sie arbeitete nach dem üblichen Prinzip, wonach Türen und Fenster mit Ruhe- oder auch Arbeitskontakten versehen werden. Die Zentrale, mit diesen Punkten im einfachsten Fall durch eine Ringleitung verbunden (siehe Skizzen in Abschnitt 5.1.), reagiert sofort oder zeitverzögert mit Alarm. Je nach übrigem Aufwand kann der Sachkundige diese Vorgänge beeinflussen. Der Alarm darf nur eine begrenzte Zeit gegeben werden, dann muß eine Pause einsetzen.

Inzwischen haben nach unserer Kenntnis mindestens 2 Hersteller im Rahmen ihrer Konsumgüterproduktion Anlagen nach diesem klassischen Prinzip in den Handel gebracht. In Abschnitt 14. werden diese Komplettsysteme vorgestellt. Nutzerfahrungen zu einem dieser Typen besagen, daß nach vorübergehendem Netzausfall Fehlalarm ausgelöst wurde. Diese Aussage konnte zwar nicht im Detail überprüft werden, doch sollte ein derartiger Effekt mit geringem Aufwand behoben werden können. Wie, das hängt selbstverständlich von der Schaltung der Anlage ab.

Geht man von solchen Unvollkommenheiten aus und berücksichtigt die Möglichkeit, daß unbefugtem Eindringen in Reaktion auf die Kenntnis der Existenz einer Raumsicherungsanlage vielleicht das bewußte Lahmlegen der Energieversorgung aus dem Netz vorausgeht, so liegt die Notwendigkeit einer »Wartebatterie« auf der Hand. Eine sichere Alarmanlage, die ohnehin nur für zeitbegrenzten Alarm gedacht ist, sollte daher in ihrer einfachsten Form grundsätzlich aus einer Batterie gespeist werden. Allenfalls bietet sich ein gepufferter Akkumulator (z.B. ein Motorradtyp) an, wenn Netz vorhanden. Selbst das kann jedoch bei einem Wochenendgrundstück nicht unbedingt vorausgesetzt werden. Dennoch wird – sofern in der Nähe Dauerbewohner den Alarm überhaupt hören – auch für sie bisweilen ein »elektronischer Wachhund« sinnvoll sein.

5.9.1. Verbesserte Raumsicherung mit verzögertem Start

Alarmanlagen sind, einmal installiert, relativ langlebige Objekte. Allerdings bedürfen sie der Wartung – sowohl hinsichtlich ihrer bewegten Teile (Kontakte) als auch ihrer Versorgung (z. B. periodische Überprüfung des Akkumulators oder Auswechseln der Primärbatterie). Schließlich sollte man bisweilen einen Alarm auslösen. Das testet dann alle Bestandteile.

Vergleicht man die eingangs gegebenen Erläuterungen und die im Handel präsenten Anlagen, so zeigt sich: Die im 1. Wohnbereichs-Bastelbuch angegebene Einrichtung kann in Gebrauchswert und Eigenschaften noch immer »mithalten«. Mit Bild 5.124 sei an ihr Prinzip erinnert: Ein Türkontakt schließt sich bei Öffnen der Tür und aktiviert einen Zeitbaustein. Dort wird ein Kondensator aufgeladen, der auf etwa 15 min zeitbegrenzten Alarm auslöst. Das bewirkt ein im Zeitbaustein enthaltenes Relais, das einen Netzalarmkreis (mit Klingel) und außerdem einen (ebenso wie der Zeitbaustein) aus einer gepufferten Batterie gespeisten Alarmbaustein aktiviert. Im Alarmbaustein befinden sich ein Takt- und ein Tongenerator, die einen periodisch unterbrochenen Alarmton für einen Lautsprecher, den man mit 2 W belasten kann, bereitstellen, solange der Steuerkontakt des Relais den Tongenerator freigibt.

Klingel und Lautsprecher sind so angebracht, daß man sie nicht ohne weiteres erreichen kann. Der Alarm läßt sich vorzeitig durch Entladen des zeitbestimmenden Kondensators im Zeitbaustein über eine Taste löschen, wenn der Türkontakt durch Schließen der Tür vorher wieder geöffnet worden war.

Ebenfalls dem Kondensator parallel liegt der Einschalter, der außerhalb der Wohnungstür, jedoch ausreichend getarnt, untergebracht ist. So läßt sich die Anlage von außen »schärfen« und »entschärfen«. Dieser Kontakt stellt nur die primitivste Möglichkeit dar. Bessere Lösungen lassen sich z. B. aus den noch folgenden Anregungen zu Schlössern und Schlüsseln ableiten.

Wer diese Anlage einmal gebaut hat, braucht sie also nicht zu verschrotten, nur, weil im folgenden ein mit moderneren Mitteln realisiertes Gegenstück vorgestellt wird. Auf 2 inzwischen erkannte Details, mit denen man sie noch verbessern kann, sei jedoch kurz eingegangen.

In der Anlage waren für Batteriebetrieb wahlweise ein 12-V-Akkumulator oder 8 bis 10 Monozellen vorgesehen. Für die Akkumulatorvariante ist es günstiger, den Türkontakt TK statt an Plus Batterie an Plus Netzteil anzuschließen. Andernfalls wird der

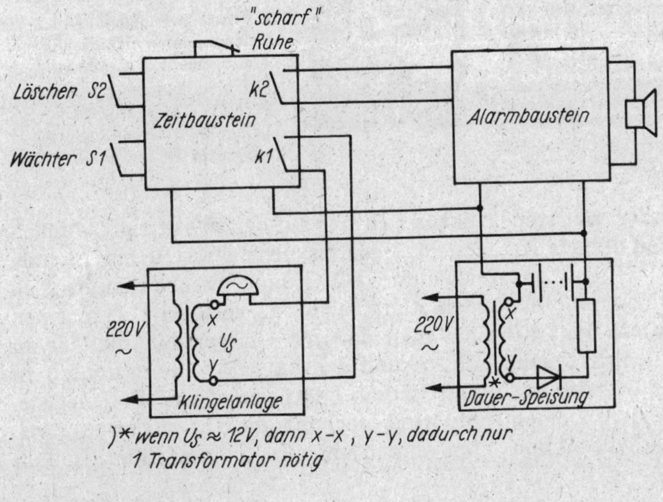

Bild 5.124
Nach diesem noch immer aktuellen Prinzip arbeitete die Alarmanlage aus dem 1. Wohnbereichs-Bastelbuch

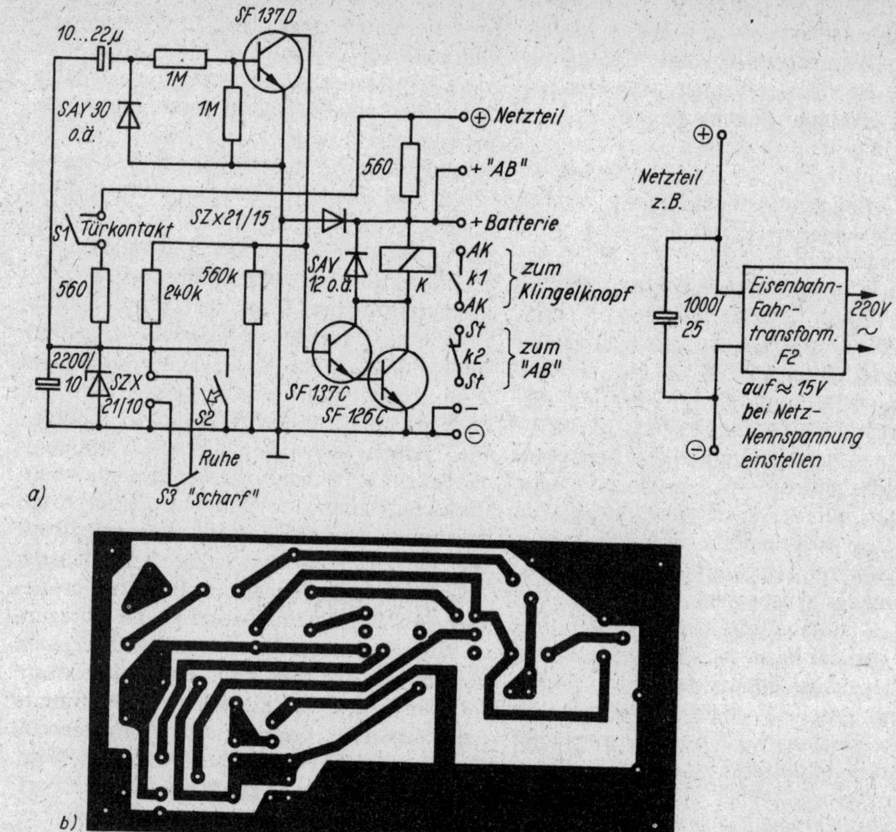

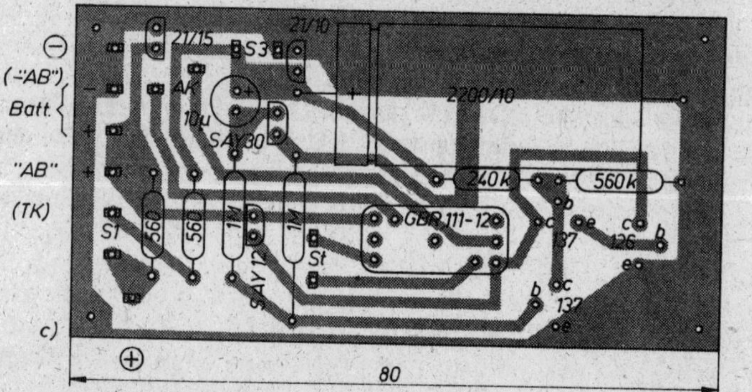

Bild 5.125
Um eine Einschaltverzögerung ergänzte Detailschaltung des für Bild 5.124 vorgesehenen Zeitbausteins. »AB« ist der Ausgang für einen beliebigen, von K2 freizugebenden elektrischen Alarmgenerator; a – neuer Stromlaufplan des Zeitbausteins, b – ergänztes, geändertes Leiterbild, c – neuer Bestükkungsplan

Akkumulator bei entsprechender Ruhestellung von S3 und für längere Zeit offener Tür nicht gepuffert.

Die 2. Einzelheit bezieht sich auf eine Änderung der Ansprecheigenschaften. Der Zeitbaustein reagierte beim Türöffnen stets praktisch ohne Verzögerung, da die Ladezeit des Kondensators, bedingt durch den kleinen Ladewiderstand, klein ist. Die Zeitfunktion bezog sich nur auf das selbsttätige Abschalten des Alarms nach etwa 10 bis 15 min. Mindestens 2 Gründe sprechen dafür, auch den Alarmbeginn zu verzögern. Zum einen hat man dadurch Gelegenheit, die Tür zu öffnen und danach im Wohnungsinnern zu entschärfen. Dazu genügt eine Entladetaste. Sie wirkt, nachdem die Tür wieder geschlossen worden war. (Auch dieser Eingriffspunkt sollte gut versteckt sein.) Dadurch besteht weniger Wahrscheinlichkeit, daß unerwünschte Beobachter die Lage des Außenschalters erkennen. Zum anderen wird ein Eindringling den erst später einsetzenden Alarm nicht unbedingt mit der Tür in Verbindung bringen und sucht daher z. B. nach einer Lichtschranke, deren Strahlengang er unterbrochen haben könnte.

Bild 5.125a enthält die erforderliche Ergänzung zur Ursprungslösung nach Bild 4.124. Der Änderungsumfang auf der Leiterplatte (Bild 5.125b, c) hält sich in Grenzen, wenn man diese um 5 mm verbreitert. Vorhandene Systeme lassen sich durch eine kleine Zusatzleiterplatte ergänzen, oder man verdrahtet die in neu angebrachten Bohrungen auf der Leiterplatte montierten zusätzlichen Bauelemente mit Schaltdraht. Der Zusatz verzögert, grob gerechnet, die Auslösung des akustischen Alarms um *C* Sekunden. *C* ist dabei die Kapazität in Mikrofarad des an der Basis des zusätzlichen Transistors liegenden Kondensators. Bei Alarmauslösung geschieht das: Zwar wird der »Alarmkondensator« (2200 µF) nahezu sofort auf Betriebsspannung aufgeladen. Gleichzeitig erhält aber der Hilfstransistor über das »flüchtige« Koppelglied *C*, *R* Basisstrom. Dadurch sperrt er mit seiner Kollektor-Emitter-Strecke zunächst die *Darlington*-Stufe durch Ableiten ihres Basisstroms, bis sein Basisstrom unter den Wert abgeklungen ist, der im Kollektorkreis die Spannung unter $2 \cdot U_{BEmin}$ hält. Erst dann zieht das Relais an und löst den akustischen Alarm aus. Auch für neu aufzubauende Systeme muß ein solches Relais nicht ein veraltetes Bauelement darstellen. Allerdings bringt es die schon weiter vorn diskutierten Probleme hinsichtlich Wärmeentwicklung bei zu hoher Betriebsspannung und Anzugssicherheit bei zu niedriger mit sich. Wird eine Klingel oder gar ein Signalhorn bemüht, braucht man allerdings ein kräftiges Schaltglied. Das *GBR 111* der Ursprungslösung ist dafür schon zu schwach, unter heutigen Bedingungen kann ein *GRR 10.2* o. ä. empfohlen werden bzw. ein entsprechender Typ mit 2 getrennten Kontakten. Für mit Wechselspannung betriebene Signalhörner bietet sich jedoch heute ein Triac an. Er ist kaum teurer als ein solches höher belastbares Relais, wenn er nicht für Netzspannung ausgelegt sein muß.

Wechselspannung im Hauptkreis bedeutet Selbstlöschen bei jedem Nulldurchgang. Im Steuerkreis wird kaum mehr Strom gebraucht als für ein vergleichbares Relais. Und daß ein 2. Kontaktkreis fehlt, stört kaum, wenn man die übrige Steuerung auf rein elektronischem Wege realisiert (Starten des bei Batteriebetrieb verwendeten Leistungsgenerators als Beispiel).

Infolge des Arbeitskontakts war schon die damalige Alarmanlage ruhestromfrei (bis auf den Pufferstrom der Akkumulatorvariante und einige hundert Mikroampere auf Grund des Steuermechanismus im Alarmgenerator). Es gibt viele Möglichkeiten, diese Eigenschaft auch mit modernen Schaltungen wieder zu erreichen. Das vorliegende Buch ist voll davon. Auch was die Varianten der Signalauslösung angeht, finden sich in diesem Abschnitt bereits ausreichend Anregungen. Im Grund würde es also die eigenen Überlegungen nur unnötig einschränken, wenn daraus jetzt willkürlich eine bestimmte herausgegriffen und für eine Alarmzentrale zum »Standard« erhoben werden würde. Schon die immer wieder zu stellende Frage, ob reiner Batteriebetrieb oder »netzgestützt«, bedeutet bei ihrer Beantwortung eine Weichenstellung: Netzgestützt kann Ruhestrom zugelassen werden, sofern man die zu erwartenden Ausfallzeiten und die Batteriekapazität in Einklang bringen kann. Es eröffnet aber 2 wichtige Möglichkeiten: zum einen größere Kontaktströme (und damit sicherere Kontaktgabe), Ruhekontakte können auch bei entsprechend höherem Schleifenstrom zugelassen werden, und die Auswerteschaltung läßt sich u. U. recht günstig gestalten.

Im folgenden soll nun jedoch die übrige »Peripherie« zum eigentlichen Wächterteil, also vorwiegend die akustische Signalausgabe, beschrieben werden. Vorausgesetzt sei das: Beliebig gestaltete Überwachungsstellen liefern bei Alarm ein digitales Signal (L auf H oder umgekehrt). Eine ruhestromarme Aufnehmerschaltung (z. B. CMOS) reagiert darauf und gibt, zeitverzögert oder sofort, ein Leistungsglied frei, das ein Horn o. ä. auslöst (Netzbetrieb) oder (und) einen elektronischen Alarmgenerator mit genügend belastbarem Lautsprecher. Nebenbei: Wer es sich leisten zu können glaubt, ein netzgespeistes Blitzgerät dauernd unter Spannung halten zu können (letzten Endes ist das wohl auch eine Frage der Lebensdauer eines solchen Geräts), der sollte ruhig bei Alarmeinsatz (oder – wirkungsvoller – etwas später) einen Blitz auslösen. Ob nun tatsächlich auch eine Kamera versteckt montiert wird oder nicht, bleibt einer weiteren Entscheidung vorbehalten. Wissen kann das nur der Eingeweihte. Den Eindringling dagegen wird es beunruhigen und – sofern er glaubt, diese Zeit zu haben – zur Suche veranlassen. Das wiederum bringt aber vielleicht mehr Schaden als ohne diesen Effekt ...

Zurück wieder zu den Fragen von Leistungsverstärker und Schallwandler, die man benötigt, weil ein Horn zum einen selten zur Verfügung stehen wird und weil eben ein elektronischer Generator auch, von einigen Monozellen gespeist, eine ganze Weile genügend Dezibel »in die Luft« bringt.

5.9.2. Elektronische Signalhörner

Man nehme einen möglichst hoch belastbaren Lautsprecher (oder auch mehrere), bringe ihn (oder sie) dort an, von wo aus das Signal den größten Aktionsradius hat, und sichere ihn (oder sie) durch geeignete Maßnahmen gegen Zugriff und Umwelteinflüsse. So könnte das »Rezept« für die Signalausgabe einer Alarmanlage lauten. Es dürfte auf Spezialfälle zu beschränken sein, und der Inbetriebnahme sollte eine Konsultation mit einem autorisierten Vertreter für Ordnung und Sicherheit verausgehen. Die folgenden Vorschläge setzen also voraus, daß jeder, der eine solche bei Fehlalarm die Umwelt belastende Anlage für notwendig hält, diese nur in Einklang mit allen örtlichen Faktoren und den im konkreten Fall anzuwendenden Vorschriften realisiert. Der Rest ist dann recht einfach. Bereits ein CMOS-2fach-Generator mit 2 sich abwechselnden Tönen, einer gepulsten Tonfolge oder auch mit »gleitenden« Übergängen im Sinne einer Sirene liefert ein markantes Signal. Da es digital ausgegeben wird, braucht man im Grund nur einen Leistungstransistor für einige Ampere Kollektorstrom und für diesen einen Treibertransistor, so daß genügend Gesamtstromverstärkung zustande kommt. Schon am Anfang von Abschnitt 4. findet der Leser Ansätze zu solchen Lösungen (z. B. Bild 4.20, mit Bild 4.21 kombiniert).

Aus einem 4fach-*Schmitt*-Trigger-NAND vom Typ *4093* kann man bis zu 4 Generatoren gewinnen. Anders betrachtet bedeutet es, daß z. B. neben 2 Generatoren gleich noch 2 *Schmitt*-Trigger vorhanden sind, mit denen sich die übrigen Teile einer ruhestromfreien

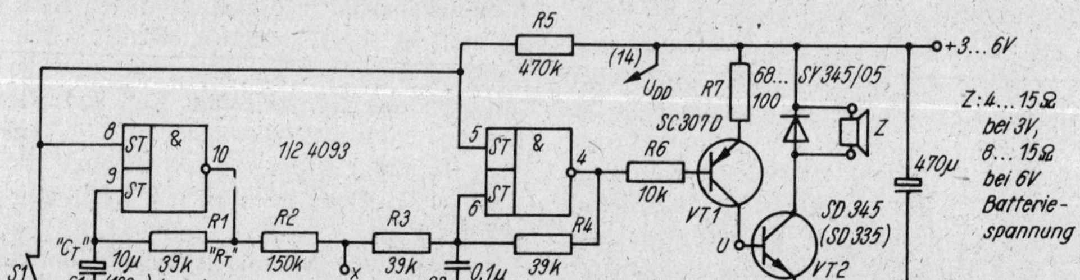

Signal-Art	C_T	R_T	C_S	C_{xy}
"Klingel"	10µ	4,7k	68n	0
2-Ton	10µ	39k	68n	0
2-Ton mit Übergang	10µ	39k	68n	1µ
Sirene	100µ	39k	0,1µ	22µ

a)

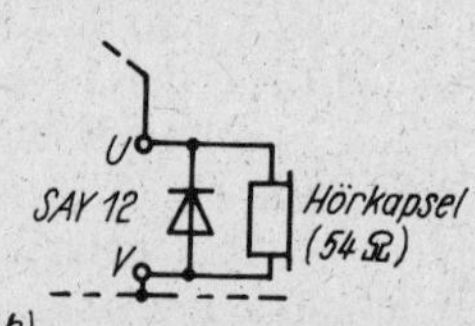

b)

Bild 5.126 2-Ton-Generator mit ½ *4093*. Mit Kondensator zwischen X und Y zur Sirene komplettierbar (s. Text); a – Stromlaufplan mit Leistungsendstufe und Lautsprecher »Signalhorn«), b – Hörkapselausgang für Testzwecke. Anschlußnumerierung am Schaltkreis erleichtert Versuche

Alarmanlage realisieren lassen. Darüber wird im noch folgenden Abschnitt 5.9.3. berichtet.

Zunächst zeigt Bild 5.126 eine interessante 2-Ton-Generatorschaltung, für die ein »halber« *4093* ausreicht. Man kann sie als Kernstück für die folgenden Möglichkeiten ansehen. Aufbau auf einer Universalleiterplatte empfiehlt sich. Für die Tests zu diesen Varianten wurde jedem Schaltkreisanschluß eine Stecklötöse zugeordnet. Auf diese Weise blieb die Anordnung selbst als »Bauelementeigel« schließlich noch immer stabil und überschaubar.

Ausgangsseitig wurde im Sinne der Überschrift dieses Abschnitts eine Komplementärendstufe angeschlossen. Da das laute Signal für längere Versuche aber ganz schön lästig werden kann (und auch die Batterie unnötig beansprucht), sollte man vorerst mit der ebenfalls skizzierten 1-Transistor-Hörkapsel-Schaltung arbeiten. Die Größe des Emitterwiderstands bestimmt Stromaufnahme und damit auch Lautstärke. Man kann das außerdem notfalls noch dadurch beeinflussen, daß die Hörkapsel auf ihre schallabstrahlende Seite gelegt wird. Der pnp-Transistor muß sein, er gewährleistet die angestrebte praktische Ruhestromfreiheit. Man hat bei einer solchen Gatterschaltung ja stets zu fragen, welche Ruhepegel gegeben sind. H bei Ruhe am Ausgang erfordert dann eben einen Transistor mit Emitter an Plus, sonst fließt Strom!

Besonders »tückisch« sind bekanntlich Generatorschaltungen der verwendeten Art, wenn man sie nicht über den 2. Eingang auf ein definiertes Potential zwingt. Das aber muß L sein, wenn es sich um eine NAND-Struktur handelt. Nur dann geht der Ausgang eindeutig auf H. Keinesfalls darf – das kann gar nicht oft genug wiederholt werden – ein CMOS-Eingang (auch bei nichtbenutzten Teilschaltungen!) freigelassen werden. Die beiden vorerst nicht verwendeten Trigger-NAND der Testschaltung sind daher mit beiden Eingängen am besten an Masse zu legen. (Der Ausgang führt dann H!) Beispielsweise kann ein offener Eingang, während der andere an Plus liegt, Ursache von Ruheströmen bis in den Milliamperebereich werden, die außerdem noch schwanken, je nach augenblicklichem Aufladezustand des versehentlich frei gebliebenen Eingangs am betreffenden Gatter.

In der Schaltung nach Bild 5.126 wurden die jeweils freien Eingänge der beiden Generatoren über einen hochohmigen Widerstand an Plus gelegt. In diesem Zustand arbeiten die Generatoren. In der dargestellten Lage von S1 sind beide gesperrt, und die Ausgänge führen H. Es fließt praktisch nur der Strom über den 470-kΩ – Widerstand nach Masse – bei 4,5 V also etwa 10 µA. Daß es noch eine Größenordnung kleiner geht, beweist später Abschnitt 5.9.3. Doch zunächst zu den interessanten Variationen der Schaltungsbasis nach Bild 5.126.

Elektronische »Zweitonklingel«

In der dargestellten Form taktet der 1. Generator nach Öffnen von S1 den 2. auf diese Weise: Bei H liefert er über insgesamt 190 kΩ eine Grundspannung an den 0,1-µF-Kondensator, so daß der Tongenerator, zu dem dieser Kondensator gehört, auf der höheren der beiden möglichen Frequenzen schwingt. Bei L trägt der Taktgenerator zur Entladung bei, so daß die H-Phasen des Tongenerators länger werden: Der Ton wird für diese Zeit tiefer. Da der Tongenerator immer zwischen den beiden Triggerschwellen hin- und herschaltet, darf man den Koppelwiderstand Takt-Ton nicht zu niedrig wählen. Andernfalls setzen die Tonschwingungen aus! Die Schaltschwellen liegen bei etwa $2U_{DD}/3$ (Ausgang geht auf L) und $1U_{DD}/3$ (Ausgang geht auf H). Je nach Wert des Tonkondensators (in diesem Fall z. B. 68 nF bzw. 0,1 µF) und dem des Taktgenerators (hier 10 µF) ergibt sich eine mehr oder weniger schnell und schrill »klingelnde« 2-Ton-Folge.

Elektronische Sirene

Ebenfalls innerhalb eines von diesen Grenzwerten bestimmten Bereichs kann man nun den Tongenerator statt mit der Taktfrequenz »digital« innerhalb dieser Taktzeiten auch »analog« beeinflussen. Das Ergebnis ist bei einem Wert des dazu zwischen x und y geschalteten Kondensators um 1 µF ein »weicheres« Klingeln mit Übergangstönen bzw. (bei langsamerem Takt) eine Art Signalhorn mit »Jauleffekt«. Erhöht man ihn auf etwa 22 µF, verbunden mit einer Vergrößerung des Taktkondensators bis zu 100 µF, so kann man das Ergebnis schon recht gut als eine ihre Frequenz in den Übergängen langsam und deutlich verändernde Sirene ansprechen. Letzten Endes findet also jeder Signalwunsch eine passende Lösung.

Zahlreiche Varianten sind denkbar. Aber stets in den Schaltschwellengrenzen bleiben, sonst ist nichts mehr zu hören außer vielleicht Knackgeräusche vom Schaltgenerator.

Noch 2 wichtige Tips, die auch für die weitere Arbeit von Bedeutung sind:

1) Bei allen Experimenten zur eigenen Bestätigung der Ergebnisse einen niederohmigen Strommesser in die Plusleitung zur Batterie schalten. Für Hörkapseltonausgabe genügt 10- bis 30-mA-Bereich. Den Ruhestrombedarf muß man im empfindlichsten verfügbaren Meßbereich überprüfen. Danach wieder »hochschalten«!

2) Wer den Entkopplungskondensator der Stromversorgung »einspart«, wird besonders in den nächsten Ausbaustufen von manchem stromziehenden Selbsterregungseffekt überrascht werden, gerade auch wegen des Instruments im Stromkreis.

5.9.3. Ruhestromfreie CMOS-Alarmanlage mit »Extras«

Aus den geschilderten Tests und in der endgültigen Ausführung selbstverständlich mit Komplementärendstufe entsprechend gewünschter hoher Leistung kann eine interessante Alarmanlage geringsten Aufwands abgeleitet werden. Sie verfügt im Grund über alle Spezifika des in diesem Buche bereits verbesserten »Klassikers«. Darüber hinaus bedarf sie aber keiner Netzstützung. Wo Netz vorhanden, läßt sich unschwer parallel zur oder auch statt der Tonendstufe ein Triac anschließen, der ein elektromechanisches Signalhorn betreibt. Bild 5.127 skizziert dazu einen Vorschlag.

Doch wozu mit den Unsicherheiten eines über Winter unkontrolliert bleibenden Netzes belasten, wenn es z. B. nur um das Sichern einiger Gartengeräte geht? Abgesehen allerdings davon, daß bei sehr tiefen Temperaturen auf die Werte der Elektrolytkondensatoren kein großer Verlaß ist. Doch was macht das Wesentliches, wenn man sich auf CMOS selbst noch bei −25 °C verlassen kann! 4 Monozellen sind damit die rechte »schlafende« Energieversorgung für einen solchen netzunabhängigen Gerätewart. Ebensogut ist die Anlage selbstverständlich auch in der Wohnung am Platz. Den größten Zeitanteil bei Entwurf und Erprobung solch einer Anlage beanspruchen die Eingangsrandbedingungen. Mit dem Ziel, den Gesamtaufwand klein zu halten, wurde lediglich bezüglich der Verzögerungszeit bei dicht aufeinanderfolgenden Starts ein Kompromiß geschlossen. Ein solcher Fall dürfte aber höchst selten sein. Außerdem führt es lediglich dazu, daß der Alarm sofort und nicht erst verzögert einsetzt. Bild 5.128 zeigt zunächst den mit 1 Trigger-NAND und 1 npn-Transistor realisierten Alarmkontaktteil. Der Aufwand ergibt sich aus folgendem: Eine sichere Kontaktgabe mechanischer Kontakte setzt – je nach Werkstoffkombination – Mindestspannungen und Mindestströme voraus. Mikrotaster für kleine Kontaktbelastungen dürften bei 4 V und zwischen 0,5 und 1 mA noch sicher arbeiten, sofern das die Umgebungsbedingungen überhaupt zulassen. Leider stand kein entsprechendes Datenmaterial zu allen denkbaren Mikrotasterausführungen zur Verfügung; die Ergebnisse sprechen jedoch für die Annahme. Die Schaltung nach Bild 5.128 enthält außerdem noch den bereits angesprochenen Stützkondensator und in Bildteil b

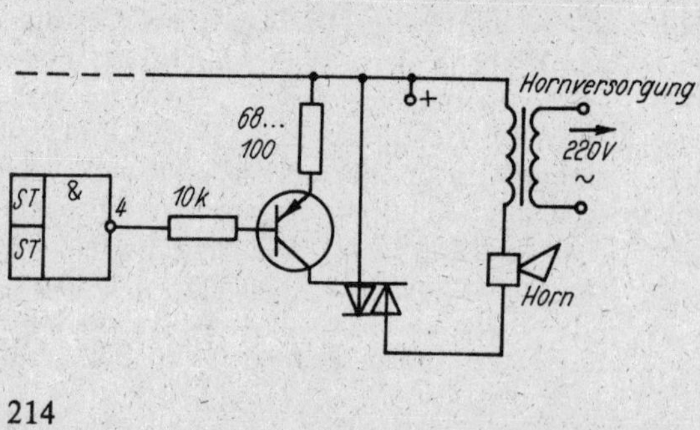

Bild 5.127
Anschlußmöglichkeit an Bild 5.126 für elektromechanisches Signalhorn über Triac (Prinzip)

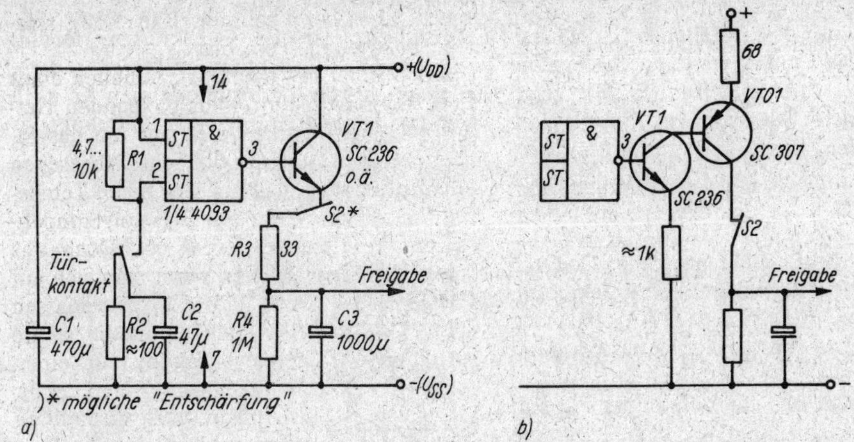

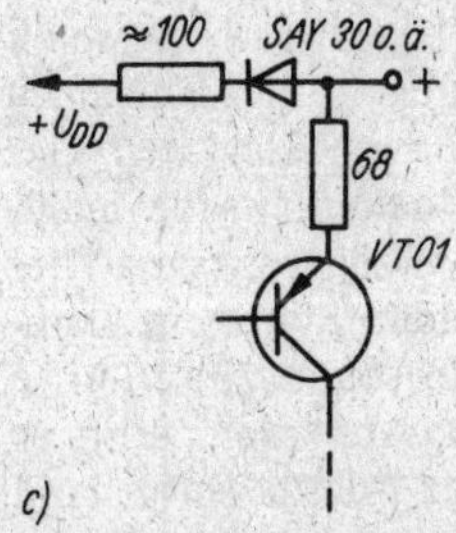

Bild 5.128

Alarmkontakteingang für unterschiedlichste Situationen; Vorbereitung der automatischen Abschaltung nach einer durch $R4$, $C3$ und weitere Schaltungsbedingungen gegebenen Zeit (am Beispiel bis zu 15 min); a – Mindestaufwand, b – für sehr kurzes Betätigen von S1 (unter 1 s) geeignete Variante mit verlängerter Aktivzeit, c – Veran $C3$ (ebenfalls vergrößerte Alarmzeit bei gleichem $C3$). Reststrom von $C3$ beeinflußt Zeit!

eine Maßnahme für beschleunigtes Ansprechen und längere Zeitspannen, die sich von der oberen Triggerschwelle her als sinnvoll erwies. Doch zunächst zur Startschaltung. S1 ist der an der Tür in bereits früher gezeigter Weise montierte Mikrotaster. Er hält in Ruhestellung den Startkondensator (47 µF) auf 0 V. Auch sofort nach Wiederschließen der Tür entlädt er ihn jeweils in kürzester Zeit. Dadurch kann fast sofort wieder neu gestartet werden. Bei Öffnen der Tür (etwa 1 s genügt bereits) legt $C2$ den Triggereingang »flüchtig« an Masse. Es ist gleichgültig, wie lange die Tür anschließend geöffnet bleibt oder auch, ob man sie nach Ertönen des Signals wieder schließt. Inzwischen hat nämlich der für sich allein in seiner Stromergiebigkeit für diese Aufgabe viel zu »langsame« Triggerausgang durch Transistorhilfe den Freigabekondensator $C3$ auf etwa $U_{DD} - U_{BE}$ aufgeladen. Das ist eine Stelle der Schaltung, die entweder wenigstens 6 V Betriebsspannung empfiehlt oder den Lösungsvorschlag nach Bild 5.128 b. Bei $U_{DD} = 4$ V z. B. kann sich ja C nur auf etwa 3,3 V aufladen, während die obere Triggerschwelle bei etwa 2,8 V liegt. Das ist keine sehr große Distanz, zumal diese 3,3 V durch die von $C2$ in Verbindung mit $R1$ begrenzte Ladezeit gar nicht erreicht werden.

Bei 6 V sieht das schon viel besser aus; 5,7 V sind erreichbar, und 4,2 V gilt es zu überschreiten. Die Spanne stieg von 0,5 V auf 1,5 V, hat sich also verdreifacht. 4 V lassen sich dagegen akzeptieren (und beim Zusatz nach Bild 5.128 c mit noch mehr Sicher-

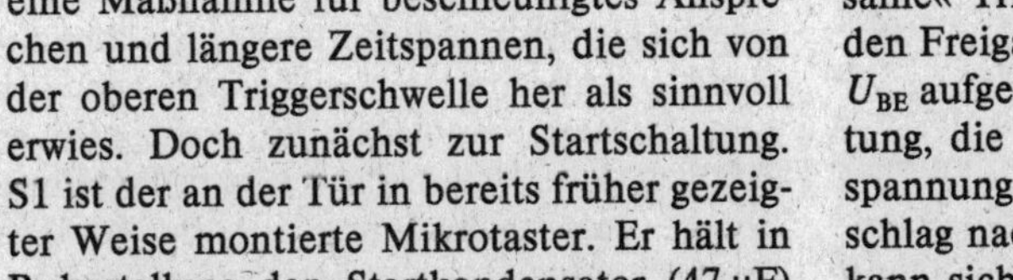

Bild 5.129

Verzögerte Alarmfreigabe zur Schaltung nach Bild 5.128 (im Beispiel 8 bis 10 s, von C4 und R6 abhängig) heit), wenn nur 1 zusätzlicher pnp-Transistor zusammen mit 1 weiteren Widerstand aufgewendet wird, wie Bild 5.128b zeigt. Jetzt kann sich *C*3 nahezu auf Batteriespannung aufladen. Das wären (zumindest theoretisch) bei 4 V schon 1,2 V Abstand zur Triggerschwelle. Die Maßnahme nach Bild 5.128c schließlich senkt U_{DD} um etwa 0,7 V unter die Betriebsspannung. Dadurch geht auch die Triggerschwelle zurück, nämlich auf etwa 70 % von (4-0,7) V, das sind etwa 2,3 V. Die Spanne liegt jetzt schon bei 1,7 V!

Zusammengefaßt: Bei Öffnen der Tür lädt sich der Freigabekondensator *C*3 auf eine Spannung auf, die oberhalb der oberen Triggerschwelle liegt. Die Tür kann danach offen bleiben oder auch wieder geschlossen werden – *C*3 wird dadurch nicht beeinflußt. Er wird höchstens noch einmal »nachgeladen«, wenn man die Tür danach wieder öffnet. Sofern das kurz vor Ablauf der Signalverzögerungszeit geschieht, löst man damit höchstens den akustischen Alarm früher aus.

Die soeben angesprochene Alarmverzögerung um etwa 9 bis 10 s in der vorliegenden Dimensionierung wird mit dem letzten der 4 Trigger im *4093* realisiert. Bild 5.129 zeigt diese Teilschaltung. Die an *C*3 auftretende Spannung erzeugt über *R*6 einen flüchtigen H-Impuls. Dadurch wird Ausgang 11 des Triggers vorübergehend (für eben etwa 8 bis 10 s) auf L gelegt. Über VD1 hält das die Eingänge 8 und 5 von Takt- und Tontrigger ebensolange noch auf L. Danach setzt das Alarmsignal ein. *C*3 entlädt sich über *R*4 und erreicht nach einigen Minuten (je nach konkreter Dimensionierung gemäß Bild 5.128) die untere Triggerschwelle. Dann sperren Takt und Ton. Der während des Alarmsignals auf etwa 6 mA gestiegene Gesamtstrom (Testendstufe mit Hörkapsel) geht auf etwa 100 µA zurück und erreicht nach einigen Minuten je nach Schaltkreisexemplar Werte von weniger als 1 µA. Als einer der möglichen Eingriffspunkte für das Abschalten der Anlage wurde S2 eingezeichnet. Man kann allerdings auch einen Batterieschalter für solche Fälle vorsehen. Sofern bei »scharfer« Anlage die Zeit von 8 s genutzt werden soll, um die Tür zu passieren, muß sich innen über einem verborgen angebrachten Taster *C*3 entladen lassen, bevor der Verzögerungstrigger die Generatoren freigibt. Eine gleiche Einrichtung müßte von außen zugänglich sein, damit man bis zu 8 s nach Verlassen der Wohnung bzw. des Schuppens

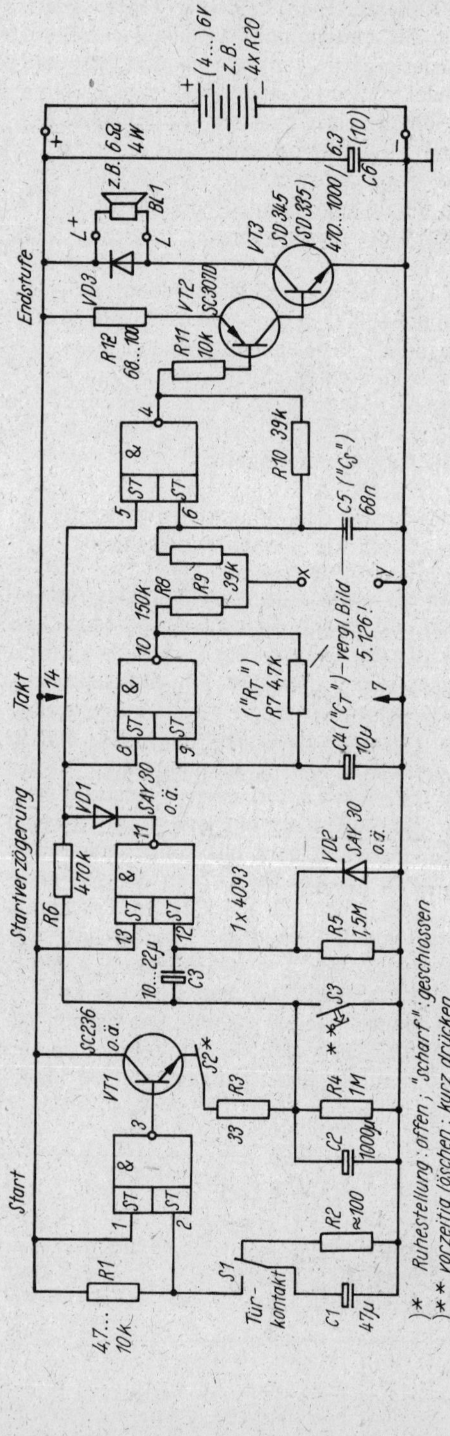

Bild 5.130 Gesamtschaltung einer praktisch ruhestromfreien batteriegespeisten Alarmanlage mit verzögertem und zeitbegrenztem Alarmsignal

C3 entladen kann. Der Kundige kann allerdings auch noch nach Ansprechen der Anlage (z. B. für einen kurzen Test vor Verlassen des Objekts) den Alarm löschen.

Ein solcher »Taster« läßt sich auch aus der Kollektor-Emitter-Strecke eines Transistors mit einem kleinen Schutzwiderstand realisieren. Der Transistor kann auf vielerlei Art elektronisch gesteuert werden, z. B. auch von einem elektronischen Kodeschloß aus (siehe Abschnitt 6.). Auch ein magnetbetätigter Schutzrohrkontakt eignet sich, wenn man ihn ausreichend tarnt. Ebenfalls wieder Schutzwiderstand vorsehen, hier gegen »Verkleben« des Kontakts durch den sonst zu hohen Entladestromstoß des Kondensators.

Bild 5.130 zeigt eine der vielen möglichen Varianten einer solchen Alarmanlage im Gesamtstromlaufplan (Bezifferung geändert!).

5.9.4. Reißdrahteingang

Wiederum zu den »klassischen« Alarmanlagen zählt die Arbeitsstromschleife mit Alarm bei Unterbrechung. Ungezählte Schaufensterscheiben sind auf diese Weise gesichert, und mancher Fehlalarm wurde damit schon ausgelöst.

Charakteristisch ist die dünne Metallfolie, die beim Splittern des Glases reißt. Wird eine solche Leiterschleife bezüglich ihres Widerstandswerts überwacht, etwa in einer Brückenschaltung, so hilft auch Überbrükken nicht gegen Alarmauslösung, vorausgesetzt, der Unbefugte ist überhaupt ohne Alarm bis an eine solche Stelle gelangt.

Unter den Bedingungen möglichst ruhestromarmer CMOS-Systeme gewinnt der »Reißdraht« für die Langzeitsicherung eben z. B. von Scheiben, aber auch von längere Zeit verschlossen bleibenden Räumen wieder an Bedeutung. Denn: Wenige Mikroampere Dauerstrom durch einen den Umweltbedingungen ausgesetzten elektromechanischen Kontakt bringen – das wurde schon beschrieben – sehr große Unsicherheiten. Der gleich kleine Strom durch einen angelöteten Draht bedeutet dagegen ein fast perfektes System – allerdings zum jeweils nur einmaligen Gebrauch. Eine denkbare Lösung ist in Bild 5.131 skizziert. Zum Ende dieses Abschnitts sei es gestattet, lediglich einige Denkansätze zur eigenen Gestaltung zu geben.

Die Anordnung muß so, wie sie skizziert ist, noch nicht perfekt sein. Vielleicht erweist sich einiges darin auch so für den eigenen Bedarf gar nicht sinnvoll. Auf jeden Fall dürfte es wieder (u. a.) eine Frage von Betriebsspannung, davon abhängigen Triggerschwellen und Zeitkonstanten sein, was man daraus macht. Und das ist ja für eine individuelle Alarmanlage nicht so schlecht.

Nur einige Worte darum noch zu diesem Bild: Wird der Draht unterbrochen, lädt sich der Kondensator über 100 kΩ auf. Dadurch wird (zeitverzögert) der Taktgenerator freigegeben, der z. B. eine 2-Ton-Generatorlösung wie im vorigen Abschnitt steuert. Wahlweise kann aber auch (daher die Entkopplungsdiode) über den anderen Eingangstrigger ein Türkontakt auslösend wirken. Er lädt den Kondensator gleichberechtigt auf. Die skiz-

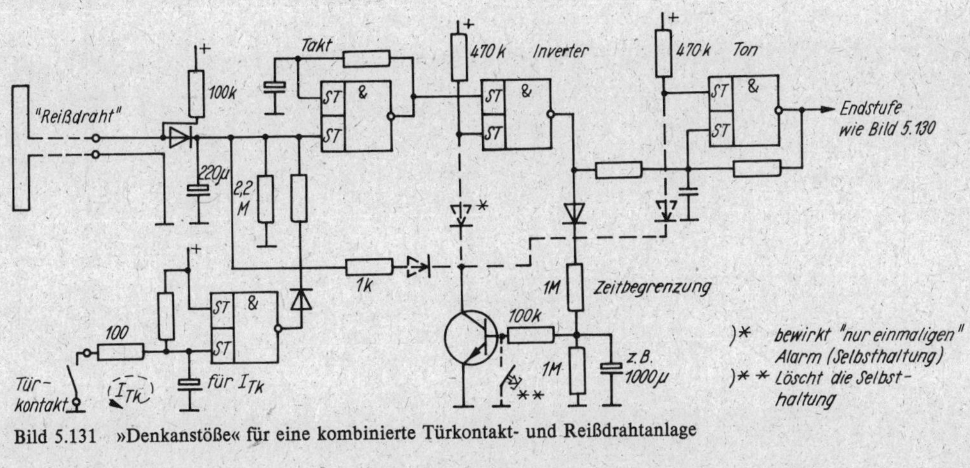

Bild 5.131 »Denkanstöße« für eine kombinierte Türkontakt- und Reißdrahtanlage

zierte Lösung für diesen Teil nimmt aber noch nicht auf die Möglichkeit Rücksicht, daß die Tür dann offen bleibt. Zur Zeitbegrenzung des Alarms ist eine andere Maßnahme mit Selbsthalteeffekt vorgesehen. Vom Takt wird ein Transistor zeitverzögert geöffnet. Er entlädt dann den Startkondensator. An seinem Kollektor liegen über Entkopplungsdioden auch die Freigabeeingänge der beiden zum Tonteil gehörenden Trigger. Aber wie gesagt' – all das sind in diesem Fall ausnahmsweise nur Lösungsansätze zum Selbstweiterdenken!

6. Schlüssel und Schlösser mit Elektronik

Bisher wurden Schaltungen vorgestellt, die unerwünschtes Eindringen melden sollen. Im folgenden geht es um das »befugte« Öffnen von Türen, sowohl an und in Häusern wie auch von Behältern, Schränken usw.

Primär bleibt es selbstverständlich beim bewährten mechanischen Schloß. Elektronik soll (meist) nur Unterstützung geben, sicherer machen, selektieren, aber auch (in Verbindung mit Abschn. 5.) wieder melden, wenn Unzulässiges versucht wird. Neben diesen Hauptanwendungen gibt es jedoch ein großes Einsatzfeld für tatsächlich nur von Elektronik her betätigte Verschlüsse, z. B. an Möbeln, um den Zugang für Kinder zu erschweren.

6.1. Einsatzbereiche

Elektronische und elektrische Schlösser im Sinne des Abschnitts sollen also nicht die herkömmlichen (und – soweit es sich um Sicherheitsschlösser handelt – recht wirksamen) mechanischen Schlösser ersetzen. Sie können aber in vielen Fällen ihre Funktion unterstützen oder sie bisweilen auch tatsächlich einsparen. Man denke darum nicht nur und in erster Linie an Türen, sondern z. B. an Schränke, Schubladen oder Behälter, die Dokumente, Medikamente oder Geräte enthalten. Bestimmte Typen elektronischer Schlösser haben den Vorzug der (variablen!) Fernprogrammierung und lassen sich durch frei wählbare Eingaben betätigen, auch kombiniert. Schließlich kann man Vorsorge treffen, daß bereits durch (unbefugte) Fehlbedienungen ein Alarm ausgelöst wird, ohne daß schon die Tür geöffnet ist. Durch die Vorstellung solcher (ohnehin bekannter) Prinzipien wird ihre Eigensicherheit kaum gefährdet, denn jeder kann ja diese Möglichkeiten auf ganz beliebige Art programmieren und kombinieren – dem Aufwand sind keine Grenzen gesetzt!

Selbstverständlich wird ein solches Schloß eventuell einmal versagen, wie ja auch ein üblicher Schlüssel abbrechen kann. Verriegelt das elektronische Schloß unabhängig vom mechanischen Teil bzw. verriegelt es seine Organe, dann helfen nur die üblichen Maßnahmen des gewaltsamen Öffnens – aber durch Befugte. Daher wird z. B. ein elektrischer Türöffner mit dem mechanischen Schloß so kombiniert, daß beide parallel wirken, d. h., der mechanische Schlüssel und der Öffnungsstrom sind gleichberechtigt. Meist entriegelt der Türöffner das Schließblech, wenn er Strom erhält. Es handelt sich also um die ODER-Verknüpfung zweier mechanischer Wirkungen: Eine davon wird durch Muskelkraft ausgelöst (Schlüssel), die andere durch den elektrischen Strom. Im Unterschied dazu erfordert die UND-Verknüpfung, daß beides, also Elektronik und Mechanik, betätigt wird, und das möglichst noch in einer bestimmten Reihenfolge. Das Betätigen des Türöffners über eine elektronische Schaltung bringt also im üblichen Fall keine zusätzliche Sicherheit, da der mechanische Teil davon nicht berührt wird. Dennoch kann es sinnvoll sein, wie sich noch zeigen wird. Daß ein mechanisches Schloß von innen, unabhängig vom Zustand des elektrischen bzw. elektronischen Teils, zu öffnen sein muß, schreiben die Arbeitsschutzanordnungen bei »Fluchtweg-Türen« ohnehin vor. Auch von dieser Seite muß man also abschätzen, welche Lösung zulässig ist. Auf jeden Fall soll eine solche Schaltung so sicher wie möglich sein.

Alle Anregungen dieses Abschnitts lassen sich bedenkenlos überall dort realisieren, wo es um das Sichern von Sachwerten geht, ohne daß die Sicherheit von Menschen gefährdet ist, wenn die Anlage ausfällt. Schreibtische, Schränke, Behälter usw. (also beliebte, aber meist nichterwünschte Spielobjekte für Kinder) können beliebig elektrisch oder elektronisch abgesichert werden; ein gewaltsames Öffnen ist notfalls jederzeit möglich.

Anders verhält es sich, wie schon angedeutet, mit sogenannten Fluchtwegen. Dazu folgende Hinweise:

- Türen, Gitter, Luken, die bei Gefahr den einzigen bzw. kürzesten Fluchtweg freigeben, müssen sich im Notfall mechanisch von innen öffnen lassen, unabhängig vom Funktionszustand des elektronischen Schlosses oder Schlüssels.
- Zum Schutz von Mensch und Tier und bei Beachtung der gesetzlichen Bestimmungen kommen zur Stromversorgung dieser Einrichtungen nur Schutz- und Klingeltransformatoren mit elektrisch voneinander getrennten Wicklungen oder Akkumulatoren bzw. galvanische Elemente in Frage; bei speziellen Anwendungen auch Eigenstromerzeuger (Dynamo, Notstromaggregat).
  Die gesetzlichen Bestimmungen findet der Leser in der Arbeitsschutzordnung über »Arbeitsräume, Fenster, Türen, Treppen, Beleuchtung, Heizung, Luken, Verkehrswege« sowie im Fachbereichsstandard *TGL 200-0602* Blatt 3, »Schutzmaßnahmen gegen zu hohe Berührungsspannungen an betriebsmäßig nicht spannungsführenden Teilen« Abschnitt 3. – Schutzkleinspannung.

Für den Einbau von Zugmagneten in Türschlösser ergibt sich also der ergänzende Hinweis, daß z. B. durch entsprechende Schlitze und in die Bolzen der Zugmagnete eingesetzte Stifte mit Knopf, von innen jederzeit eine mechanische Entriegelung möglich sein muß. Zur Ergänzung der im entsprechenden Abschnitt gegebenen Hinweise sei daher dies vorweggenommen: Die weitverbreiteten Zusatzsicherheitsschlösser (von innen mit Drehknopf zu öffnen) gestatten eine solche Betätigungsart und damit eine Erhöhung des Sicherheitsgrads um den Faktor »Elektronik« relativ leicht.

6.2. Voraussetzungen: Elektromechanik

Kein elektronisch betätigtes Schloß kommt ohne den Übergang elektrisches Signal – mechanische Betätigung aus. Für den Elektroniker ist die Existenz eines elektrischen Türöffners an der dafür vorgesehenen Tür am günstigsten – er braucht dann nur noch den Schaltbefehl für seine Spule bereitzustellen. Dazu müssen allerdings zunächst die benötigten Daten ermittelt werden, denn es sind Türöffner für unterschiedliche Spannungen im Einsatz, hauptsächlich ein Typ für Spannungen bis 12 V und einer bis 24 V. Auf einem solchen Gerät fanden sich folgende Angaben: 4 V = oder 8 V ~, 3-600-0,42 CuL. Das heißt, man kann diesen Typ wahlweise mit 8 V Wechselspannung (aus einem Klingeltransformator) oder mit 4 V Gleichspannung betreiben. Im letztgenannten Fall entfällt allerdings das charakteristische Schnarren, das anzeigt, daß der Öffner den Riegel gerade freigibt. Man beachte die »3«! Sie sagt aus, daß die Spule des Öffners einen ohmschen Widerstand von nur 3 Ω hat, so daß bei Gleichspannung von 4 V $\frac{4}{3}$ A fließen! Eine elektronische Betätigung läßt sich also nur über einen Transistor ermöglichen, den man mit diesem Strom belasten kann (z. B. ein *SD 345*); außerdem denke man an die induktive Abschaltspannung. Moderne Typen für 12 V lassen kleinere Betätigungsströme zu.

An einem laut Aufdruck für 4 bis 12 V Wechselspannung ausgelegten Türöffner (Typ *B 12* nach *TGL 9803*, Bild 6.1) wurde z. B. eine minimale Ansprechspannung von nur 2,6 V ermittelt. Dabei flossen etwa 350 mA, d. h. $R_w \approx 7{,}4\ \Omega$. Ein solcher Typ kann also sogar von einer Taschenlampenbatterie betätigt werden. Allerdings fehlt dann wieder das charakteristische Schnarren, das Öfffnungsbereitschaft anzeigt.

Einen elektrischen Türöffner über eine elektronische Schaltung zu betreiben hat auf Grund der ODER-Verknüpfung mit der Schloßmechanik allerdings nur Sinn, wenn

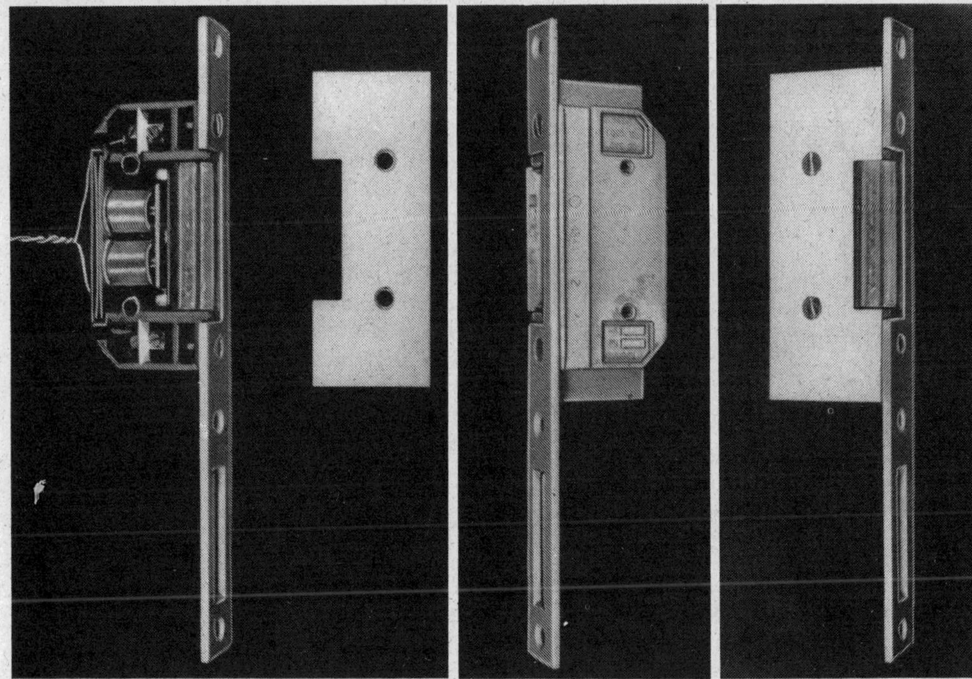

a) b) c)

Bild 6.1 Ansichten eines elektrischen Türöffners

die mechanische Schloßbetätigung schon relativ sicher ausgelegt ist. In Verbindung mit einem elektrischen Kombinationsschloß, wie es noch beschrieben wird, können dann – unabhängig von der Anzahl der vorhandenen mechanischen Schlüssel – zu einem Raum beliebig viele Personen Zutritt erhalten, wenn sie nur die Kodezahl für das Schloß kennen.

Man kann so durch einfaches Abschalten der Versorgungsspannung den Zugang für diesen Personenkreis auch z. B. auf bestimmte »Öffnungszeiten« begrenzen, während die Besitzer der mechanischen Schlüssel »rund um die Uhr« Zugang haben.

Leider sind elektrische Türöffner im Handel nicht immer erhältlich (und für 24 V noch leichter als für 12 V), denn sie werden ja überwiegend schon beim Bau der Häuser eingesetzt. Auch ihr Preis und der ohnehin nötige Aufwand für den Umbau des Schlosses (in diesem Fall z. B. auf der Rahmenseite der Tür) sprechen vielfach für andere Lösungen. Mechanisch genügend geschickte Leser werden daher gern einen gewissen Anteil an eigener Konstruktionsarbeit aufwenden, wobei das Hauptkriterium die Frage der notwendigen mechanischen Stabilität sein dürfte. Für solche Eigenlösungen (am leichtesten in mechanischer UND-Verknüpfung oder für sich allein verwendet, sofern es die Sicherheitsbestimmungen zulassen) folgen zunächst einige Anregungen, verbunden mit Informationen über ein dafür noch immer recht brauchbares, einfaches Bauelement. Man kann es auf Grund der Zeichnung gegebenenfalls sogar selbst anfertigen und damit den Bedingungen optimal anpassen. Diese Anregungen stammen noch aus dem 1. Wohnbereichs-Bastelbuch, da sich am Grundsätzlichen nichts geändert hat. Der technische Fortschritt wird erst in den folgenden Abschnitten deutlich, bei denen es um die elektronische Ansteuerung solcher Elektromechanik geht.

6.2.1. Zugmagnete

Zugmagnete werden im Amateurbedarfshandel angeboten, lassen sich aber – wie schon

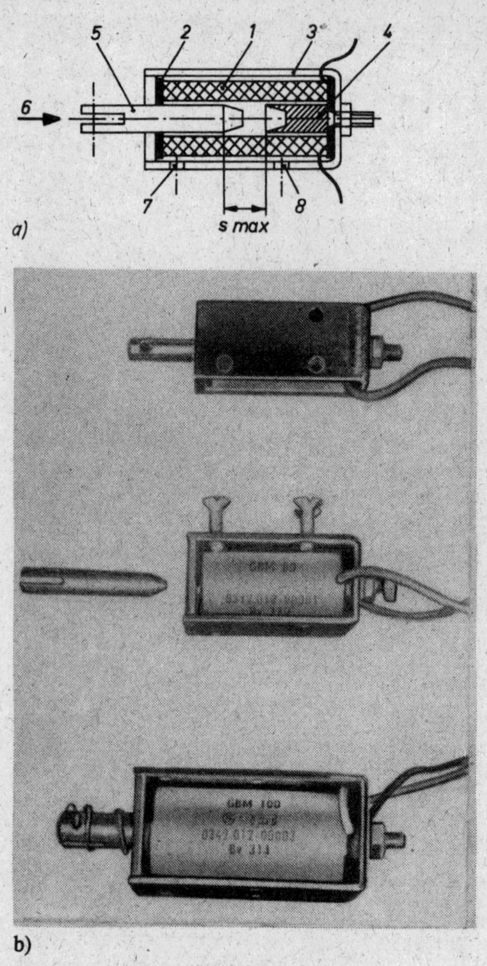

Bild 6.2
a – Schnitt durch einen Zugmagneten: 1 – Spule, 2 – Spulenkörper, 3 – Eisenblechrahmen, 4 – Gegenstück (kegelstumpfartig ausgespart), 5 – Zugbolzen mit Kegelstumpfende und Aussparung für Befestigung, s – maximaler Hub (typenabhängig), b – Zugmagnete der Typen *GBM 50* und *GBM 100*

angedeutet – ohne allzu große Probleme auch selbst anfertigen.

Nach Bild 6.2a besteht ein Zugmagnet hauptsächlich aus einer Wicklung, einem stabilen Rahmen aus Eisenblech mit Befestigungslöchern und einem meist kegelstumpfartig ausgesparten Gegenstück sowie aus dem beweglichen Bolzen mit ebenfalls meist kegelstumpfartig auslaufendem Ende. An seinem äußeren Ende kann ein kraftübertragendes Organ (Stange o. ä.) angebracht werden. Dafür wurden ein Schlitz und eine Bohrung vorgesehen. Benutzt man den Bolzen unmittelbar als Riegel, so verlangen eventuell auftretende größere Kräfte eine 2. Lagerstelle außer der des Rahmens für den Bolzen, da sich dieser sonst leicht in das Isoliermaterial des Spulenkörpers eindrükken und die Spule beschädigen kann. Darauf wird im weiteren noch hingewiesen. Eine stromdurchflossene Spule baut bekanntlich in ihrem Innern ein Magnetfeld auf, zu dessen Eigenschaften es gehört, daß seine Kraftlinien den »bequemsten Weg« bevorzugen. Eisen bietet gegenüber Luft einen sehr viel geringeren magnetischen Widerstand. Steckt man nun in die Öffnung des Zugmagneten den zugehörigen Bolzen zunächst lose ein, so wird er bei Anschluß der Spule an die vorgesehene Spannung bis zum Anschlag hineingezogen; der Luftspalt zwischen festem und beweglichem Teil schließt sich also. Die auf den Bolzen wirkende Anziehungskraft nimmt dabei um so mehr zu, je kleiner der Luftspalt zwischen Bolzen und festem Teil bei diesem Bewegungsablauf wird. Ein zu großer Luftspalt bedeutet, daß sich der Bolzen gar nicht bewegt. Daher gibt es für jeden Zugmagnettyp einen größtmöglichen Luftspalt, der mit maximalem Hub bezeichnet wird. Die erzielbare maximale Zugkraft ist um so größer, je mehr Strom durch die Spule fließt. Für eine festgelegte Nennspannung gibt es daher meist mehrere Varianten, die sich durch den Wickelwiderstand unterscheiden. Die größte Kraft ist dem kleinsten Wickelwiderstand zugeordnet. Verknüpft sind diese Daten über die vorgegebene Einschaltdauer ED, die in Prozent (gegenüber Dauerbetrieb) angegeben wird. Man versteht diese Einschränkung, wenn man bedenkt, daß die in der Spule entstehende Wärme abgeführt werden muß und daß sich bei gegebener Oberfläche eine um so höhere Temperatur einstellen würde, je größer die in Wärme umgesetzte elektrische Energie ist. Kurzzeitbetrieb gewährleistet nun, daß eine bestimmte Grenztemperatur nicht überschritten werden kann. In den im folgenden vorgestellten Anwendungen liegt am Magneten prinzipiell nur immer für den Augenblick des Entriegelungsvorgangs Strom, so daß man bezüglich einer Überschreitung der für den Magneten noch zuträglichen Höchsttemperatur keine Sorge haben muß. Auch

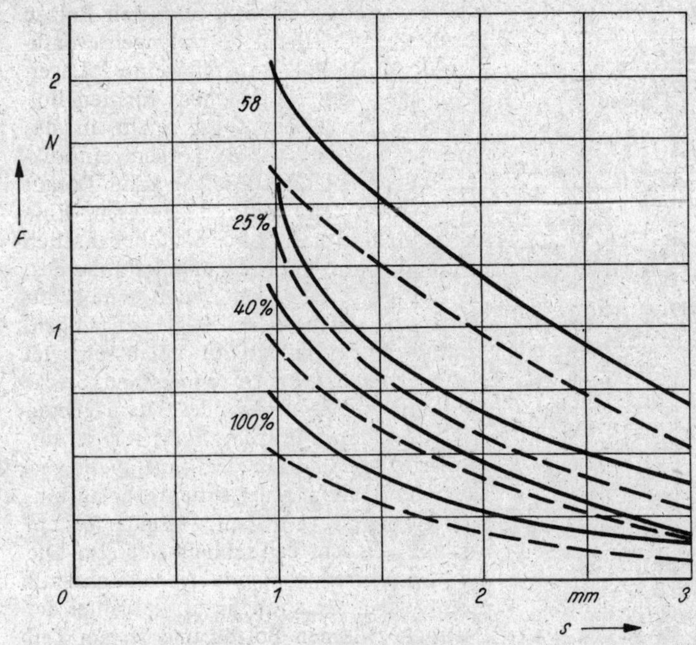

Bild 6.3
Betätigungskräfte zu Beginn des Zugvorgangs in Abhängigkeit von Hub und Typ (Beispiel: *GBM 50*)

hinsichtlich der Betriebsspannung gibt es eine Reihe von Varianten, die daher recht unterschiedliche Windungszahlen und Drahtdurchmesser haben. Bekanntlich stehen Wickelraum, Drahtdurchmesser und Drahtwiderstand und damit die für einen bestimmten Strom nötige Spannung in einem festen Zusammenhang. Für den *GMB 50* erlauben die Kurven nach Bild 6.3 eine Abschätzung der je nach Hub zu erwartenden Betätigungskraft in Abhängigkeit von der relativen Einschaltdauer als Parameter. Man kann also mit dem Typensortiment der *GBM*-Zugmagnete keine »Bäume ausreißen«, doch das ist ja auch nicht ihre Aufgabe. Allerdings muß die Auslegung der »Mechanik« auf diese Tatsache Rücksicht nehmen. Das bedeutet, wenn außerdem die begrenzte mechanische Festigkeit der ganzen Zugmagnetkonstruktion berücksichtigt wird:

a – Zu Verriegelungszwecken ist der Zugmagnet nur an Stellen einzusetzen, an denen keine größeren Kräfte wirken können, als sie der Aufbau der Magnete selbst zuläßt. Über diese Grenzwerte liegen zwar keine praktischen Daten vor, doch wird das der Praktiker meist ausreichend genau abschätzen können, allein schon an der Auslegung der mit dem Magneten zusammenarbeitenden mechanischen Teile bei der »elektrischen Ergänzung« des Schlosses.

b – Der Zugmagnet soll seine Entriegelungsfunktion mit dem kleinstmöglichen Kraftaufwand erfüllen können, damit sich der typenabhängige Maximalhub voll ausnutzen läßt (Toleranzausgleichsmöglichkeit!). Die Anfangskraft wird u. a. bestimmt durch Reibung und gegebenenfalls durch das Spannen einer Feder, die später die Verriegelung bewirkt.

c – Zugmagnete sollen möglichst nur für den (kurzzeitigen) Entriegelungsvorgang elektrisch belastet werden. Bei einer Spezialanwendung, die ständigen Anzug erfordert, muß man gemäß Typenliste »100-%-Betrieb« berücksichtigen bzw. – wenn nur ein bestimmter Typ vorhanden ist – mit der Betriebsspannung in Anlehnung an die aus den Tabellen erkennbaren Ergebnisse heruntergehen. Ein Experiment wird zeigen, welche Spannung noch ausreicht. Man erprobe bei der kleinstmöglichen auftretenden Spannung und achte darauf, daß auch die eventuell auftretende Höchstspannung (Netzspannungsschwankungen bei Speisung aus einem Schutztransformator mit Gleichrichter!) den Magneten thermisch noch nicht überlastet.

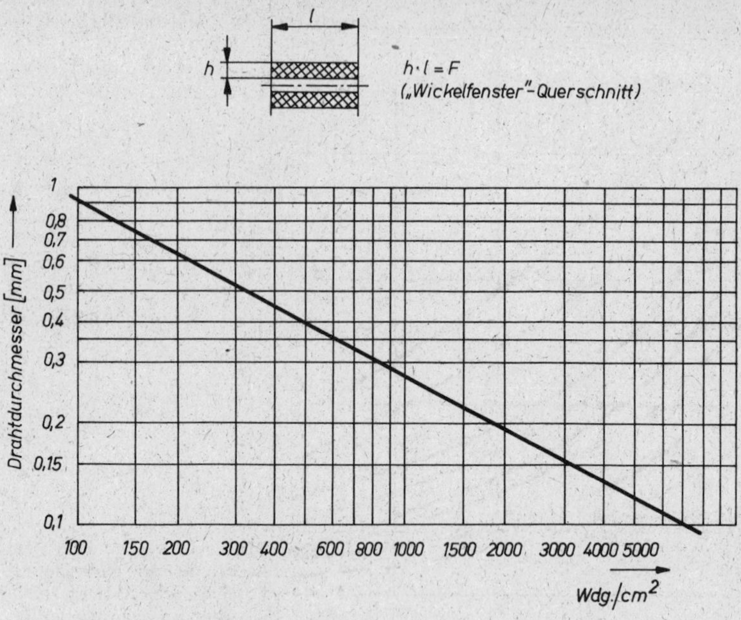

Bild 6.4 Richtwerte für den maximal möglichen Drahtdurchmesser bei einer gewünschten Windungszahl je Quadratzentimeter „Wickelfenster" des Spulenkörpers

Meist wird man also mit dem gerade vorhandenen Typ auskommen müssen. Bild 6.2b zeigt oben und in der Mitte 2 Exemplare des *GBM 50* für 12 V bei 25 %, darunter ein Exemplar eines *GBM 100.*

Der *GBM 50* ist etwa 30 mm lang. Die Schrauben wurden nur eingedreht, um zu zeigen, auf welche Weise man ihn befestigen kann. Aus Bild 6.4 läßt sich ablesen, wieviel Windungen Draht eines bestimmten Durchmessers man in etwa je Quadratzentimeter Wickelfenster (das ist die Fläche einer Hälfte der in Längsrichtung durchgeschnittenen Spule) beim Selbstbau unterbringen kann.

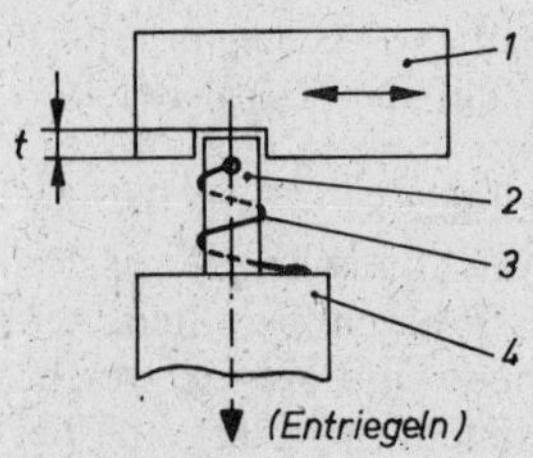

Bild 6.5
Mögliche Eingriffsstelle eines Zugmagneten in ein mechanisches Schloß, 1 – Riegel mit eingefeilter Aussparung für 2, 2 – Bolzen des Zugmagneten, 3 – weiche Feder (z.B. 2 Wdg. Federbronzedraht, Durchmesser 0,4 mm), 4 – Körper des Zugmagneten (im Schloß angeschraubt)

Bei den im folgenden beschriebenen Anwendungen sind die Zugmagnete unbedingt mit Gleichspannung zu betreiben. In Verbindung mit der meist benutzten Rückholfeder kann es sonst zu unangenehmen mechanischen Schwingungen kommen, die das einwandfreie Entriegeln verhindern. Bild 6.5 zeigt die prinzipielle Einordnung des Zugmagneten in die Schloßfunktion im Fall mechanisch/elektromechanischer »UND-Schaltung«. An einer Stelle des Schlosses, an der keine unnötig großen Kräfte wirken können, greift der Bolzen des Zugmagneten als Sperre ein. Er wird in dieser Lage von einer relativ weichen Feder gehalten, die man auf die beim vorgesehenen Hub noch erreichbare Zugkraft des Magneten durch Probieren eingestellt hat. In den Mustern wurden dazu 2 Windungen Federbronzedraht von 0,4 mm Durchmesser auf etwa 5 mm Länge gewikkelt. Das vordere Federende greift in die Bohrung des Zugbolzens, das hintere kann am Magneten befestigt werden, weil der Bolzen in der gegebenen Anwendung sonst verlorengehen könnte. Das Federende läßt sich – entsprechend weit aufgebogen – hinter die Vorderwand des Zugmagneten hängen, in einer dort an einer Ecke angebrachten Bohrung befestigen oder auch einfach

Bild 6.6
Befestigungsmöglichkeiten für die Bolzenfeder; a – hinter Frontplatte einhängen, b – in einer nahe der Ecke angebrachten Bohrung festlegen, c – anlöten

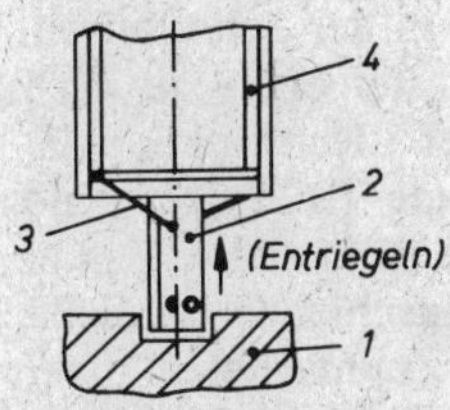

Bild 6.7
Schwerkraft statt Feder: Der Bolzen (2) liegt im Riegel (1) an und wird gegebenenfalls gegen Herausfallen noch durch einen Faden oder Draht (3) gesichert, den man diagonal am Körper des Zugmagneten (4) befestigt

anlöten (Bild 6.6). Falls es Mechanismus und Dimensionen der vorgesehenen Sperre zulassen, kann man auch die Schwerkraft ausnutzen. In diesem Fall hängt es ebenfalls von der übrigen Gestaltung ab, ob dazu eine Halterung nötig ist. Sie soll dann aber möglichst keine zusätzliche Kraft erfordern. Falls die Führung für den Bolzen im Spulenkörper ausreicht, genügt ein Faden (Bild 6.7).

Die folgenden Beispiele sind auf Grund der vorgesehenen Feder lageunabhängig. Sinngemäß lassen sich daraus viele Einsatzfälle ableiten.

6.3. Beispiele elektromechanischer Schlösser

Diese Anwendungen sollen einige der zahlreichen Möglichkeiten des Übergangs vom elektrischen zum mechanischen Teil von Schließmechanismen sein. Sie lassen sich durch Gleichstrom betätigen. Er wird zunächst einfach von außen zugeführt, gegebenenfalls mit einem »elektrischen Schlüssel«, um unbefugte Eingriffe zu erschweren. An jedes dieser elektrischen Schlösser läßt sich aber ein beliebig großer Aufwand an Elektronik anfügen, abhängig von der Aufgabenstellung. Auf diese Weise entstehen dann »elektronische Schlösser«, die »elektronische Schlüssel« benötigen. Schalter- und relaiskodierte Schlösser gehören somit noch zu den elektrischen Schlössern größeren Aufwands. Aus den bausteinartigen Beispielen zu den einzelnen Stufen (Elektromechanik, »Elektrik« und Elektronik) kann der Leser beliebig viele eigene Kombinationen zusammenstellen, so daß schließlich in der tatsächlichen Verknüpfung kein Schloß dem anderen gleichen muß.

6.3.1. Schubfachsperre

Bei manchen Schreibtischmodellen fehlen Schubfachschlösser. Besonders in Haushalten mit (kleineren) Kindern wünscht man sich aber auch dafür eine Sperre. Sie sollte das Äußere des Möbelstücks möglichst wenig verändern und so gestaltet sein, daß das

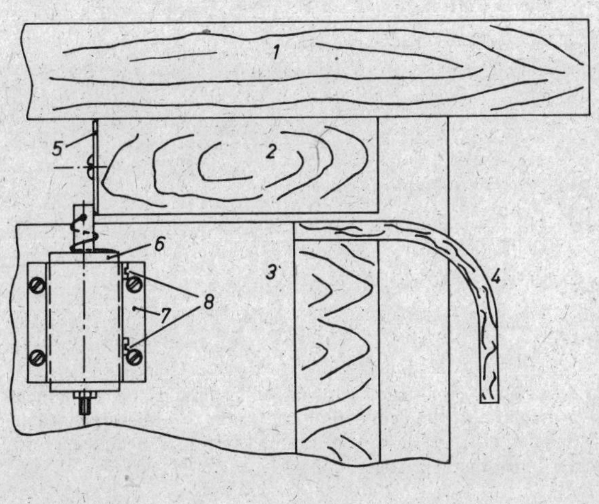

Bild 6.8
Verriegeln eines Schreibtischschubfachs (Beispiel: Modell des »Universal«-Typensatzes); 1 – Tischplatte, 2 – vordere Rahmenleiste, 3 – Schubfach mit 4 – Griff, 5 – Eisenblech als Anschlagverstärkung, 6 – Zugmagnet *GBM 50* o.ä., 7 – Blechwinkel zur Befestigung von 6 (er muß die gesamte Kraft aufnehmen, die beim Öffnungsversuch über den Bolzen auf den Magneten übertragen wird), 8 – kurze Schrauben zur Lagefixierung des Magneten

Bild 6.9
Praktische Ausführung nach Bild 6.8 mit zusätzlichem Lagerblech für den Bolzen (Entlastung des Spulenkörpers bei Krafteinwirkung!)

Öffnen durch Uneingeweihte zumindest gewisse Schwierigkeiten bereitet. Wer Spaß daran findet, kann zusätzlich eine Alarmglocke vorsehen.

Bild 6.8 und Bild 6.9 zeigen die Sperrenkonstruktion für ein Schubfach. Die obere Leiste wird mit einem Blechstreifen verstärkt, damit der Bolzen des Zugmagneten einen eindeutigen Anschlag erhält. Auch der Zugmagnet selbst ist mit einem Blechwinkel zuverlässig zu montieren. Die Lage muß sehr sorgfältig gewählt werden, damit der Bolzen beim Zuschieben mit möglichst wenig Spiel einrastet. In diesem Fall scheidet z. B. Zerstörung durch systematisches Rütteln beim Versuch unbefugten Öffnens aus. Weiterhin ist das vertikale Spiel der Schublade bei der Montage des Zugmagneten zu berücksichtigen.

Wird beim Öffnen ein Signal gewünscht, so baut man am besten in der Schreibtischrückwand einen Mikrotaster ein – je nach Modell hinter oder (über Blechwinkel betätigt) unter der Schublade (Bild 6.10 und Bild 6.11). Auch er ist so zu justieren, daß er gerade beim vollen Einschieben schließt. Die Spannung für den Zugmagneten (über ihre Gewinnung wird später berichtet) muß bei diesem Schloß von außen zugeführt werden. Die erforderliche Leistung schließt in den meisten Fällen einen »Batterieschlüssel« aus, so daß die Stromversorgungseinheit z. B. mit unter dem Schreibtisch zu montieren ist. (Bei entsprechend komplizierter Mechanik kann man allerdings auch mit recht kleinen Spannungen und Strömen auskommen, etwa in Verbindung mit dem Einsatz mechanischer Kraftspeicher, die beim Öffnungssignal freigegeben werden.)

Trivial wäre nun zum Schließen des Stromkreises ein Druckknopf, den man aber schnell finden würde. Außerdem bringt die von der Schreibtischkonstruktion bedingte Montage des Zugmagneten an dem (beweglichen) Schubfach selbst gewisse Beschrän-

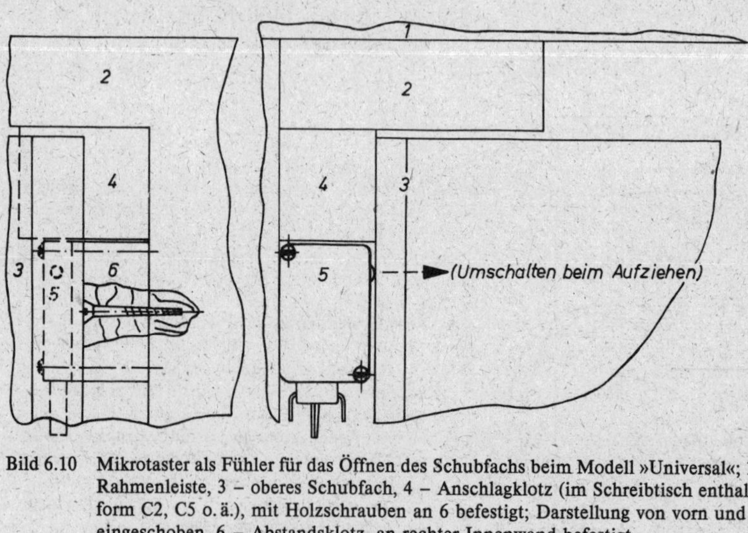

Bild 6.10 Mikrotaster als Fühler für das Öffnen des Schubfachs beim Modell »Universal«; 1 – Tischplatte, 2 – hintere Rahmenleiste, 3 – oberes Schubfach, 4 – Anschlagklotz (im Schreibtisch enthalten), 5 – Mikrotaster (Bauform C2, C5 o. ä.), mit Holzschrauben an 6 befestigt; Darstellung von vorn und von links; Schubfach ganz eingeschoben, 6 – Abstandsklotz, an rechter Innenwand befestigt

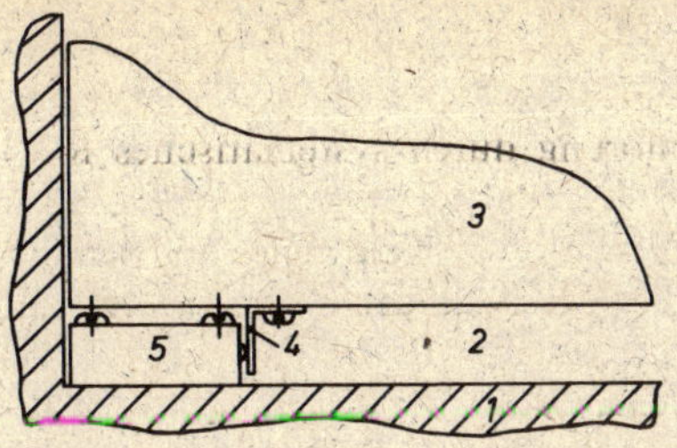

Bild 6.11
Einbau eines Mikrotasters unter einem Schubfach; 1 – Trägerkonstruktion für das Schubfach, 2 – Freiraum zwischen 1 und 3, 3 – Schubfach, 4 – Anschlagwinkel zur Betätigung von 5, 5 – Mikrotaster

kungen für die Eingabe. Da aber die Sperre nur für die wenigen Millimeter Hub gezogen sein muß, bis sich der Bolzen beim Aufziehen der Schublade unter der oberen Leiste befindet, kann man z. B. hinten Kontaktfedern anbringen, die nur über diesen kurzen Weg hinweg leiten (Bild 6.12); beim Schließen muß dann der Bolzen kurz niedergedrückt werden. In diesem Fall hat man für den Eingabeort eine größere Freizügigkeit und kann sich z. B. einer »kodierten« Steckerleiste bedienen. Je größer der Kodieraufwand, um so sicherer wird selbstverständlich das Schloß. Bild 6.13 gibt ein Beispiel. Nur bei richtiger Beschaltung erhält man einen durchgehenden Strompfad. Eine weitere Eingabestelle erlaubt gegebenenfalls den Einbau einer selektiven Einrichtung, von der aus erst der Magnet ausgelöst wird. Das stei-

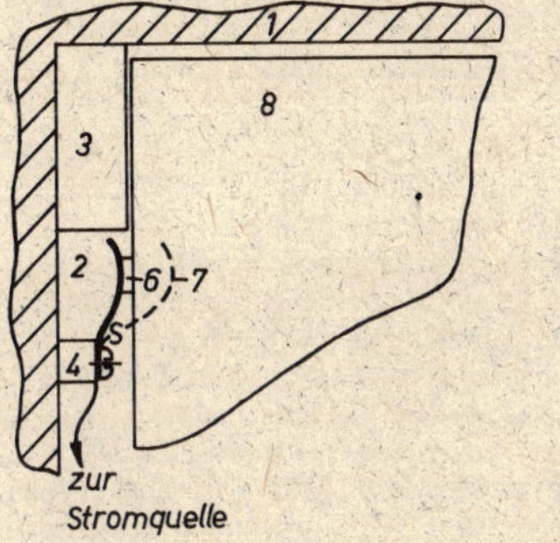

Bild 6.12
Stromzuführung für Schubfachzugmagneten; 1 – Trägerkonstruktion für das Schubfach, 2 – Freiraum nach hinten, 3 – Anschlagklotz, 4 – Kontaktbock, 5 – Federblechstreifen (2 Stück bei Zuführung nur der Versorgungsspannung, 3 oder 4 bei zusätzlichem selektivem Öffnungssignal), 6 – Kontaktschrauben in der Schubfachrückwand, 7 – Federlage bei entspannter Feder (Ende des Stromzuführungsbereichs), 8 – Schubfach

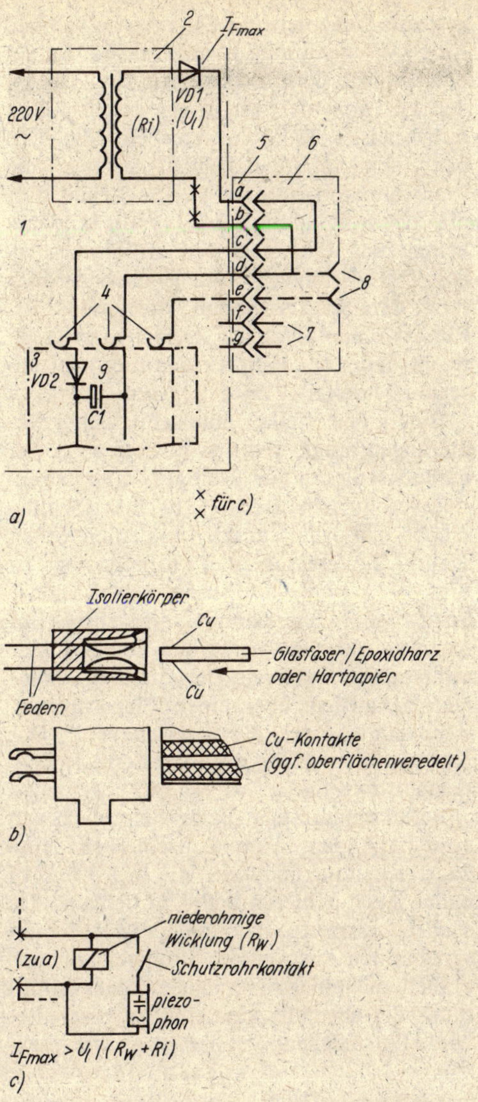

Bild 6.13
a – Schubfachöffner mit einer kodierten Steckverbindung, 1 – Schreibtisch, 2 – schutzisolierter Netztransformator, U_{sek} der Zugmagnetspannung entsprechend (nach Gleichrichten und Sieben bei Belastung 12 V Gleichspannung), 3 – Schubfach, 4 – Federkontakte nach Bild 6.12, 5 – Buchsenteil der Steckverbindung (im Schreibtisch versteckt eingebaut), 6 – Steckerteil (»Schlüssel«), 7 – beliebig viele Blindkontakte, 8 – mögliche Eingabe für selektives Signal, wenn Schubfach mit elektronischem Eingangsteil versehen wird, 9 – Anschluß direkt an den Zugmagneten (bzw., bei Einbau eines elektronischen Eingangsteils, über diesen). VD1, VD2: *SY 200, SY 320* o. ä., C1: Kapazität und Spannung je nach Zugmagnet für brummfreien Anzug (470 bis 2 200 µF), b – Beispiel einer Leiterplattenbuchsenleiste als Kodiereingang, c – Schutz gegen Zerstörung

gert die Sicherheit des Schlosses erheblich. Eine Zwischenlösung zeigt Bild 6.14: An der Steckerleiste befindet sich ein Druckknopf, der ein von der Stromversorgungseinheit mitgespeistes Relais ansprechen läßt. Erst über seinen Arbeitskontakt gelangt die Transformatorspannung an die Leiste. Für die Steckverbindung gibt es viele Möglichkeiten; man wähle nach dem örtlichen Angebot. Der »Schlüssel« wird je nach Ausführung der Steckverbindung gekapselt. Bei Einsatz einer 12poligen *Zeibina*-Leiste z. B. reicht dafür ein U-Stück aus thermoplastischem Material (PVC o. ä., warm gebogen).

Eine große Vielfalt unterschiedlicher Kodierungen erhält man bei Einsatz einer Federbuchsenleiste für 2seitige Leiterplattensteckverbinder (s. Bild 6.13b). Der »Schlüssel« besteht dabei nur noch aus einem Stück 2seitig kupferkaschierten Isolierstoffs. In Bild 6.13a wurde übrigens ein zusätzlicher Schutz gegen Zerstörung vorgesehen. Ein Kurzschlußstecker würde den Gleichrichter unbrauchbar machen. Der Schutzrohrkontakt signalisiert über einen Piezosummer, wenn ein Kurzschluß verursacht wird. Der Kontakt bleibt offen, wenn der normale Zugmagnetstrom fließt.

Bei direktem Zugang zum Schubfach von vorn muß man beim »Aufschließen« eine 2adrige Leitung benutzen, die in 2 Steckern endet. Auch in diesem Fall läßt sich aber das soeben skizzierte Prinzip anwenden. Man versieht den Ausgang der Stromversorgungseinheit mit einer mehrpoligen Steckverbindung, die ebenfalls nur teilweise beschaltet wird. Entsprechend schließt man die Steckerleiste für den Schlüssel an. Allerdings muß dann vorn an einer möglichst wenig auffallenden Stelle mit der Stichsäge eine Aussparung für die 2. Buchsenleiste angebracht werden. Weitergehende Anregungen haben wegen der unterschiedlichen Gestaltung der Objekte und im Interesse einer möglichst »persönlichen« Auslegung keinen Sinn.

Bild 6.15a gibt einen Hinweis für den Ein

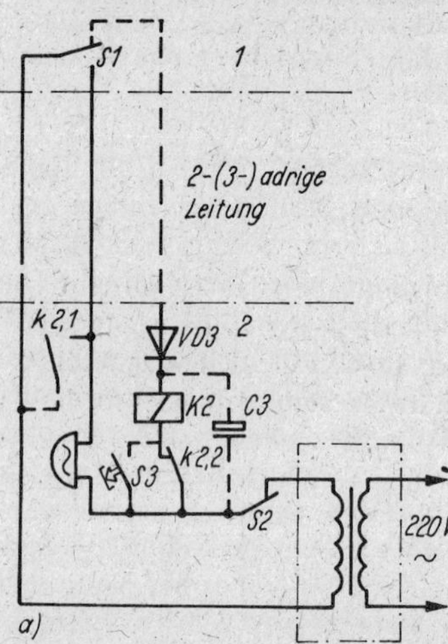

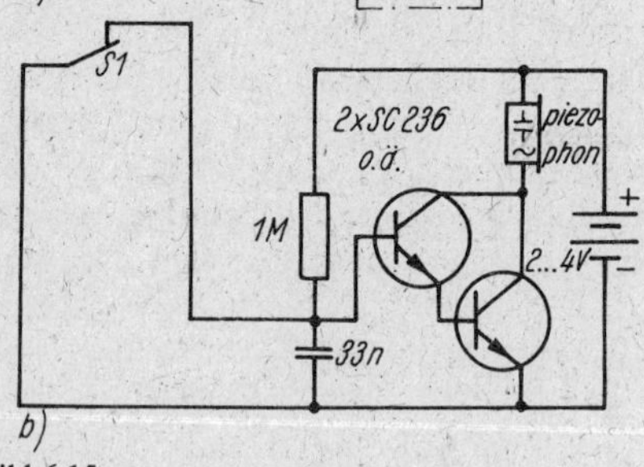

Bild 6.15

a – Signalgabe zu einem anderen Ort (2) beim Öffnen des Schubfachs (1); Wechselstromklingel, aus getrenntem Klingeltransformator am Signalort versorgt, spricht an. Zusätzliche Sicherheit: Bei Durchschneiden und gleichzeitigem Kurzschließen der 3adrigen Leitung lassen die gestrichelt eingezeichneten Maßnahmen die Klingel dennoch ansprechen. Bauelementebezeichnungen fortlaufend gemäß Bild 6.13 und Bild 6.14; S1 – Mikrotaster gemäß Bild 6.11, S2 – Abschalter (vor befugtem Öffnen betätigen), S3 – nichtrastende Taste zum Löschen des Signals nach Verschließen des Schubfachs, K2.2 – Selbsthaltekontakt für Daueralarm. Gezeichnet: Ruhezustand (dabei ist das Relais angezogen!). K2, C3, VD3 wie K1, C2, VD1 nach Bild 6.13 bzw. Bild 6.14, wenn gleicher Transformatortyp benutzt wird, b – elektronische Variante geringen Aufwands, die kupferintensiven Teile Transformator und Relais sind unnötig, die *Darlington*-Schaltung minimiert den Ruhestrom

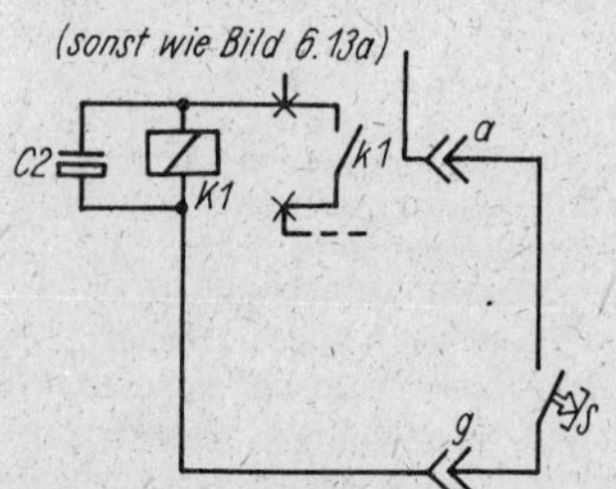

Bild 6.14

Erhöhte Sicherheit für Schloß nach Bild 6.13. Erst bei Betätigen von Taste S schließt sich über Relaiskontakt a1 der Hauptstromkreis. Sonstige Einzelheiten wie Bild 6.13. C2: Kapazität und Spannung je nach Relais K1; Kriterium: brummfreier Anzug. Größenordnung 220 bis 470 μF. Relais K1 z. B. 12-V-Typ der NSF-Reihe (früher *GBR 301* u. ä.)

satz eines Alarmgebers, der sich in einem anderen Raum befindet. Durch Ausnutzen beider Kontakte wird die Sicherheit der Alarmauslösung z. B. beim Überbrücken oder Unterbrechen der Leitung erhöht. Der verwendete Ruhekontakt setzt allerdings ein Relais voraus. Bild 6.15b bietet nun eine elektronische Alternative. Dabei ist ein Ruhestromkreis vorgesehen, bei dessen Unterbrechung (also auch bei einer Leitungsunterbrechung!) Alarm ausgelöst wird. In diesem Fall genügt eine Batterie!

6.3.2. Schreibtisch- oder Schranktürperre

Auch das folgende Beispiel ist nur für kleinere Gegenstände geeignet, da wiederum direkt mit dem Bolzen des Zugmagneten verriegelt wird. In diesem Fall ist das elektrische Schloß aber nur zusätzliche Sicherheit, da solche Türen im allgemeinen bereits mit einem – meisten einfachen – mechanischen Schloß ausgerüstet sind. Beide Schlösser bil-

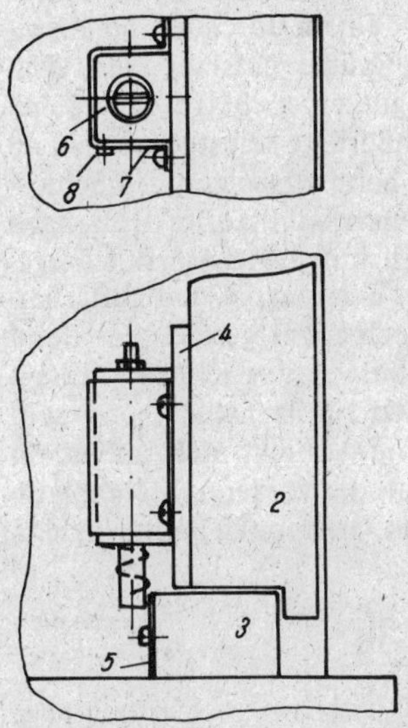

Bild 6.16
Zugmagnetverriegelung für Schreibtischtür (Beispiel Modell Universal); Darstellungen seitlich und von oben gesehen; 1 – Schreibtischrahmen, 2 – Tür, 3 – Halteleiste (mit Aussparung für Riegel des mechanischen Schlosses), 4 – Niveauausgleich (Hartpapier o.ä.), 5 – Eisenblech als Anschlagverstärkung, 6 – Zugmagnet *GBM 50* o.ä., 7 – Blechwinkel zur Befestigung des Zugmagneten (siehe Bemerkung zu Bild 6.8!), 8 – kurze Schraube zur Lagefixierung des Magneten

Bild 6.17
Praktische Ausführung nach Bild 6.16. (Es empfiehlt sich, in diesem Modell etwas niedriger oder höher als abgebildet anzubauen, da sonst der Zwischenboden stören kann!)

den bezüglich ihrer Wirkung eine mechanische UND-Verknüpfung.

Bild 6.16 und Bild 6.17 zeigen eine solche Lösungsmöglichkeit, wieder dargestellt am gleichen Schreibtisch. Erleichternd wirkt sich aus, daß man die Zuleitung zum Zugmagneten nicht mit Kontakten unterbrechen muß, wenn die Anlage nicht an der Tür betätigt wird. Allerdings wähle man genügend robuste Litze, die am Scharnier etwas durchhängen soll.

6.3.3. Elektrische Verriegelung eines Türschlosses

Verfügt man über die eingangs erwähnten Zugmagnete vom Typ *GBM 50*, so können übliche Türschlösser von Zimmertüren (sogenannte Buntbartschlösser) zusätzlich elektrisch verriegelt werden, vorausgesetzt, sie bieten in der Dicke Raum für diesen Magneten bzw. lassen sich in der dargestellten Weise nacharbeiten. Wiederum ist eine UND-Verknüpfung gegeben. Daher sei nochmals darauf hingewiesen, daß eine solche elektrische Verriegelung nicht für Türen eingesetzt werden darf, die »Fluchtwege« sind, bzw. es ist Vorsorge zu treffen, daß sich diese Verriegelung von innen im Notfall unkompliziert (und augenfällig angezeigt!) öffnen läßt.

Die beiden möglichen Eingriffsstellen sind der Klinkenriegel und der Schloßriegel (Schloßspezialisten mögen verzeihen, wenn vielleicht nicht immer die fachgerechten Bezeichnungen angewendet wurden!). Sie können wahlweise einzeln oder beide zusammen benutzt werden, je nach dem gewünschten Zweck.

Bild 6.18
Eingriffsstellen für Zugmagnete vom Typ *GBM 50* in ein übliches Türschloß (»Buntbartschloß«). Die Deckplatte erhält entsprechende Aussparungen (s. Bild 6.20), Befestigung der Zugmagnete über Blechwinkel (s. Bild 6.19)

Zunächst muß man den »Freiraum« ermitteln, der für den Einbau der Zugmagnete in Frage kommt. Das ist nach Abschrauben der Deckplatte und nach vorsichtigem Aushängen der oberen Feder möglich (man beachte dazu die beiden folgenden Bilder). Die beweglichen Elemente werden in ihre beiden Extremlagen gebracht und diese Grenzen mit Bleistift markiert. Eventuell sind kleine Eingriffe erforderlich. Im Muster z. B. war der obere Zugmagnet erst anzubringen, nachdem die Wölbung des oberen Endes der Riegelfelder etwas flacher gebogen worden war. Die aus Bild 6.18 erkennbare Lage erwies sich als nahezu einzig möglich. In den Riegel feilt man eine (im Bild gut erkennbare) Aussparung.

Die Lage fixiert man nach Bild 6.19 mit Winkeln, die von der Bodenplatte her mit Senkschrauben befestigt werden. Die in der Deckplatte erforderlichen Aussparungen (Bohren, Feilen!) zeigt Bild 6.20; beim Muster schlossen dabei die Rahmen der Zugmagnete mit der Deckplatte ab und fanden in den Aussparungen zusätzlichen Halt. Freibohrungen in der Bodenplatte bewirken, daß auch die im Winkel durch die herausgeführten Anschlußdrähte entstandenen Wölbungen den Magneten nicht zu weit anheben. Die Anschlußdrähte selbst führt man an passender Stelle beim Einsetzen des Schlosses in die Tür durch Schlitze im Holz nach außen auf die Türinnenseite. In der dargestellten Weise ist der Magnet den auftretenden Kräften jedoch nicht gewachsen: Beim gewaltsamen Betätigen der Klinke verbiegt sich das geschlitzte Bolzenstück, und sein spulenseitiges Ende drückt sich außerdem um die Auflage an der vorderen Metallplatte des Magneten als Drehpunkt herum in den

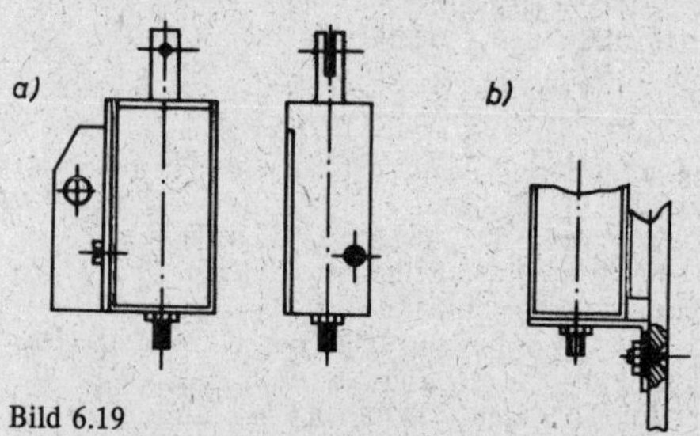

Bild 6.19
Prinzipielle Befestigungsmöglichkeit für a – oberen und b – unteren Zugmagneten (Hauptlagerung in Deckplatte!)

Bild 6.20
Aussparungen für die Zugmagnete in der Schloßdeckplatte (Schloßdicke etwa 15 mm)

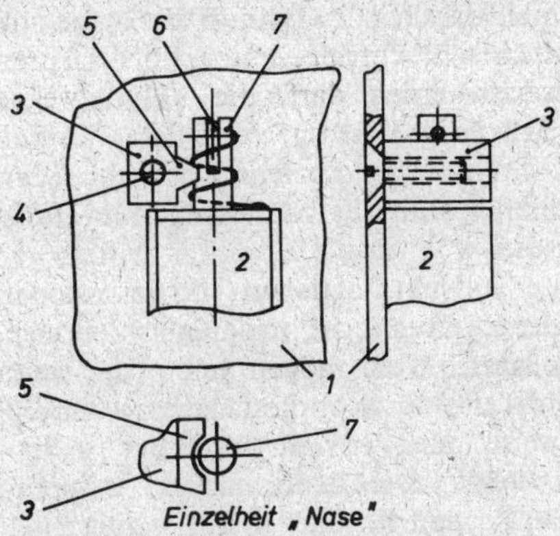

Bild 6.21
Notwendige Maßnahmen für das Abfangen der auf den Bolzen (7) wirkenden Kräfte: Schließen des Schlitzes durch Eisenplättchen (6) und Eisenklotz (3) als Gegenlager für den Zugbolzen; 1 – Grundplatte, 2 – Zugmagnet, 4 – Gewindebohrung mit Senkschraube, 5 – Nase, damit Feder des Bolzens nicht behindert wird (Nase möglichst halbrund ausfeilen als Lager für Bolzen)

Isolierstoffkörper. Eine Maßnahme im Sinne von Bild 6.21 ist daher unbedingt erforderlich: Der Schlitz wird durch ein passendes Eisenplättchen geschlossen, das für die Federeinhängung eine Bohrung erhält, und unmittelbar hinter den Bolzen setzt man (geschraubt oder genietet) noch einen Eisenklotz, so daß nur noch die letzten Millimeter des Magnetbolzens die Kräfte vom Riegel auffangen müssen.

Günstigere Verhältnisse ergeben sich, wenn man die Feder in eine etwa 3 mm unter der oberen anzubringende 2. Bohrung steckt. Der Klotz kann dann weiter oben voll am Bolzen anliegen. Auf gleiche Weise läßt sich die Sperre des Schloßriegels (in Bild 6.18 unten rechts erkennbar) stabilisieren, doch können dort ohnehin keine so großen Kräfte auftreten wie die durch die Türklinke übertragenen.

Beide Sperren kann man selbstverständlich sowohl einfach über versteckt angebrachte Kontakte (genügend hoch, wenn Kinder zu einem solchen Raum keinen Zutritt haben sollen, bei der Klinkenverriegelung) als auch über einen (selektiven) elektronischen Eingang oder eine elektrische Kodierschaltung (beide Möglichkeiten werden noch vorgestellt) absichern. Die Schloßriegelsperre dürfte vor allem gegenüber Nachschlüsseln im Sinne eines »elektrischen Sicherheitsschloßeinsatzes« wirken; für sie ist also ein Elektronikzusatz zu empfehlen.

6.4. Kombinationsschlösser

Was beim mechanischen Sicherheitsschloß durch das Profil des Schlüssels bewirkt wird, liefert beim elektrischen und elektronischen Schloß die Auswahllogik. Beide Prinzipien bewirken, daß nur für eine bestimmte Kombination, deren »Gegenstück« im Schloß gespeichert ist, der mechanische Öffnungsmechanismus bewegt werden kann: durch Drehen des Schlüssels beim üblichen Schloß, durch Strom in die Anzugswicklung beim elektrischen. Gegenüber mechanischen haben elektrisch-elektronische Lösungen jedoch einen wichtigen Vorzug: Das Vergleichsmuster läßt sich beliebig verändern. Im Grund sind solche Schlösser sogar in zweierlei Hinsicht kodierbar: zum einen durch dieses Muster, z. B. durch zeitlich gestaffelte Ja-Nein-Folge von Strömen oder Spannungswerten; zum anderen lassen sich jedoch diese Werte selbst noch kodieren, beispielsweise durch vorgeschriebene Amplitudenwerte oder – sehr »effektiv« – frequenzselektiv. Die letztgenannte Möglichkeit stellt schon für sich allein wieder eine Variante elektronischer Schlösser dar, deren Kodierung also in der Frequenz liegt. Darauf wird noch eingegangen.

6.4.1. Konventionelle Lösung

Im 1. Wohnbereichs-Bastelbuch ist ein elektrisches Kombinationsschloß enthalten, bei dem eine Relaiskette in einer bestimmten Reihenfolge zu aktivieren war. Das geschah durch Betätigen von mit Ziffern beschrifteten Tasten. Jede falsche Kombination öffnete nicht das Schloß, sondern löste Alarm aus. Für bestimmte Aufgaben mag diese Lösung noch immer sinnvoll sein. Nur setzt sie eben mehrere geeignete Relais voraus, ist an Netzspeisung über Transformator gebunden (schon wegen des Relaisstrombedarfs), erfordert die Spannungsbedingungen der Relais zu beachten und beansprucht auch einigen Raum.

Die Lösung enthält jedoch einerseits einige Einzelheiten, die man auch in die im folgenden beschriebene CMOS-Schaltung einbeziehen sollte (Tastenfeld, Programmierfeld). Andrerseits bleibt sie (unter den genannten Grenzbedingungen) eine mögliche Alternative für den Anfang. Ihr Vorteil: Sie läßt sich leichter überschauen, und den Signalwegaufbau erkennt man mühelos an der jeweiligen Stellung des Relais. Die dann folgende »modernere« CMOS-Schaltung erfordert dazu einige Leuchtdioden und wiederum von diesen verursachten Zusatzaufwand an Bauelementen. Reizvoll an der Materie bleibt auf jeden Fall die vielfältige Kombinierbarkeit mit anderen Teilschaltungen dieses Abschnittes. So können schon die »trivalen« Tasten durch beliebig großen Schaltungsaufwand im Sinne selektiver Schaltungen ausgetauscht werden (siehe später), und bestimmte Überlegungen an der einen Variante sind nützlich für die nächste, bessere.

Gerade dieses Gebiet stellt also eine

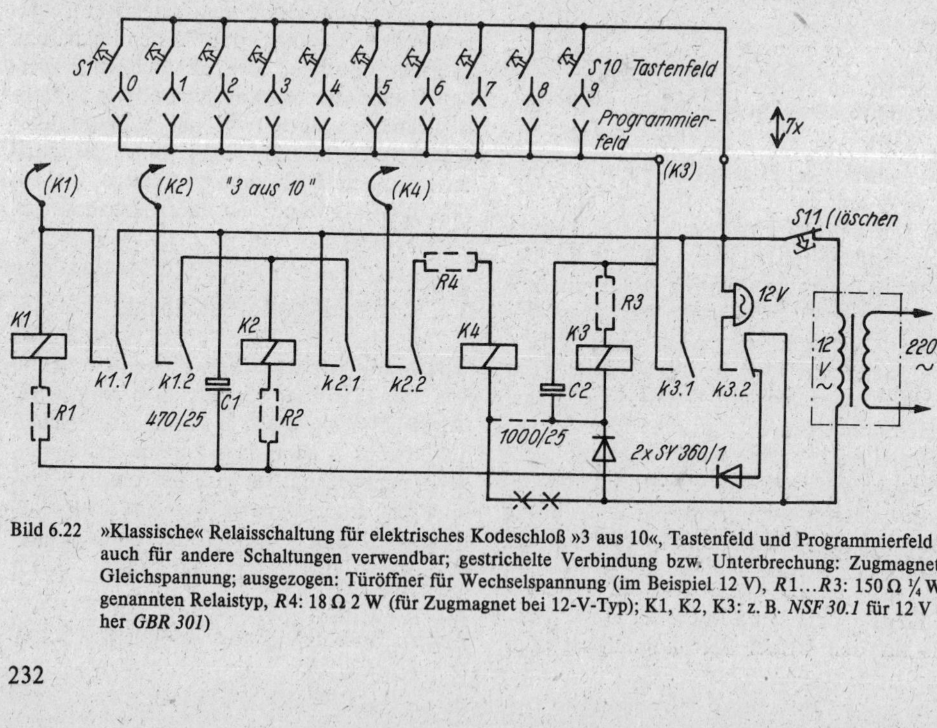

Bild 6.22 »Klassische« Relaisschaltung für elektrisches Kodeschloß »3 aus 10«, Tastenfeld und Programmierfeld sind auch für andere Schaltungen verwendbar; gestrichelte Verbindung bzw. Unterbrechung: Zugmagnet für Gleichspannung; ausgezogen: Türöffner für Wechselspannung (im Beispiel 12 V), *R*1...*R*3: 150 Ω ¼ W für genannten Relaistyp, *R*4: 18 Ω 2 W (für Zugmagnet bei 12-V-Typ); K1, K2, K3: z. B. *NSF 30.1* für 12 V (früher *GBR 301*)

»Spielwiese« dar, auf der man unterschiedlichste Kenntnisse einsetzen und überprüfen kann. Schon dadurch wird kein am Ende tatsächlich eingebautes elektronisches Schloß dem anderen gleichen, und das soll ja auch (möglichst) so sein.

So gibt es auch diese »klassische« Relaisschaltung nach Bild 6.22 in unzähligen Ausführungen. Es handelt sich um die Verknüpfung von 2 Relais mit einem elektrischen Türöffner (statt dessen kann auch ein Zugmagnet eingebaut werden). Der Öffner spricht nur an, wenn man 3 bestimmte, unter 10 Stück jederzeit beliebig neu kodierbare Tasten in einer bestimmten Reihenfolge drückt. (Die Tasten sind nichtrastend, also ganz einfache »Drückknöpfe«.) Man hat sich nur die jeweils 3stellige Zahl zu merken und braucht keinen Schlüssel. Das würde schon genügen, wenn nicht doch jemand durch geduldiges Probieren vielleicht schließlich die richtige Reihenfolge herausfände (man hört ja u. U., falls die Relais zu dicht hinter der Tür montiert wurden, wenn sie anziehen!). Die 7 übrigen Tasten werden daher mit einem 3. Relais verbunden, das bei Berührung einer jeden ihm gerade zugeordneten Taste den vielleicht schon teilweise aufgebauten Weg wieder in sich zusammenfallen läßt. Das erhöht die Sicherheit gegen unbefugtes Auslösen erheblich, würde aber auch dann noch zu weiteren Versuchen reizen. Daher ertönt bei einer solch unbefugten Betätigung außerdem eine Klingel und gibt Daueralarm. Gelöscht werden kann nur mit S11. Man muß also als »Befugter«, wenn man von außen kommt, im Alarmfall mit einem Spezialstößel durch eine verborgene Türöffnung hindurch diese Taste erreichen können. (Auch dafür lassen sich mit mehreren Löchern wieder zusätzliche »Blindtasten« vorsehen – man kann das Spiel also sehr weit treiben. Allerdings dürfte schon der einmalig ausgelöste Alarm jeden vertreiben, der vielleicht nur seinem Spieltrieb unterlag.) Die Schaltung selbst funktioniert so, daß bei Drücken der (richtigen) 1. Taste Relais K1 anzieht und sich über k1.1 selbst hält. Über k1.2 wird gleichzeitig der Weg für Relais K2 vorbereitet, dessen Taste erst jetzt ansprechen kann. Damit hält sich auch Relais K2 (über k2.2) und bereitet den Stromkreis für den Öffner K4 (Zugmagnet oder Toröffner) vor, der mit der 3. Taste betätigt wird. Ist es ein (mit Wechselspannung gespeister) Türöffner, so signalisiert sein Schnarren, daß die Tür jetzt geöffnet werden kann. Jede falsche Tastenbetätigung, die zum Anzug von Relais K3 führt, unterbricht den Stromkreis für K1, K2 und K4, ergibt Selbsthaltung über k3.1 und löst damit über k3.2 Daueralarm aus. Wird auf k3.1 verzichtet, so klingelt die Anlage nur kurz für die Dauer der Tastenbetätigung, ist dafür aber anschließend sofort für richtige Bedienung bereit (ohne Stößel für S11 von außen). Man wähle also nach Einsatzfall und persönlichen Wünschen.

S11 muß übrigens in diesem Fall nicht anschließend von Hand betätigt werden, sondern kann sich in Form eines Türkontakts automatisch öffnen, sobald die Tür geöffnet wird, und auch wieder schließen. Das (im Prinzip täglich mögliche) Neukodieren erlaubt eine Kodierplatte, die gemäß Bild 6.23 gestaltet sein kann. In diesem Fall sind im Abstand von 5 mm auf einer einfachen Leiterplatte angebrachte 1-mm-Stecker in Verbindung mit 1-mm-Buchsen an Litzendraht die Verknüpfungselemente. Die 3 Betätigungsorgane (K1, K2 und K4) werden mit den Buchsenleitungen auf die gewünschten, bezifferten Steckerpaare eingesteckt. 7 »Programmstecker« (Buchsenpaare), die über steifen Draht im richtigen Abstand gehalten werden, verbinden die restlichen Kontakte mit dem Relais K3 für Abwurf und Alarm. Als Ausgangsmaterial für die Steckverbinder eignet sich z. B. ein 15poliger Steckverbinder der in Bild 6.24 gezeigten Art. Bisweilen erhält man sie aus Industrierestposten im Handel relativ preisgünstig. Die Kunststoffkörper der beiden Teile werden durch Aufbohren der Niete geöffnet, so daß die Stecker und Buchsen freiliegen. Im Prinzip genügt die Buchsenleiste, denn 1-mm-Steckerstifte sind leichter zu beschaffen, z. B. auch von ausgedienten Röhren alter Rundfunkgeräte.

Die Relais sind für Gleichspannungen ausgelegt. Türöffner und Klingel werden aber von Wechselspannung gespeist. Der Öffner allerdings arbeitet auch wahlweise mit Gleichspannung, jedoch ist dann die relativ hohe Stromaufnahme bei den Siebmitteln zu beachten. Daher enthält die Schal-

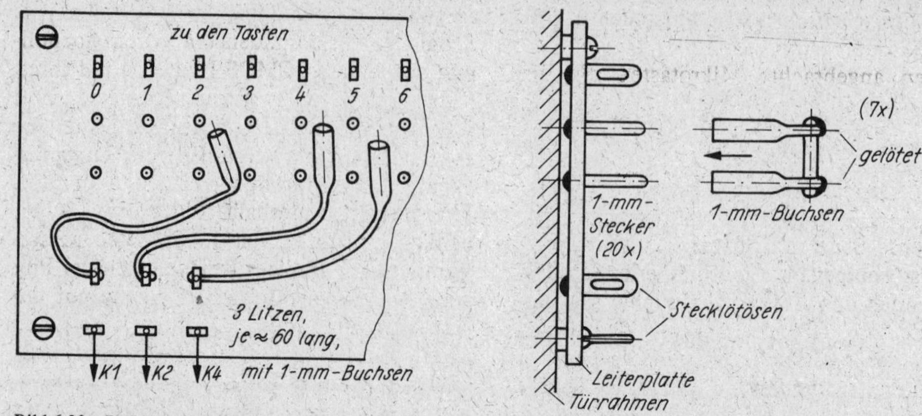

Bild 6.23 Praktisches Ausführungsbeispiel eines Programmierfelds für die Kodierung »3 aus 10«

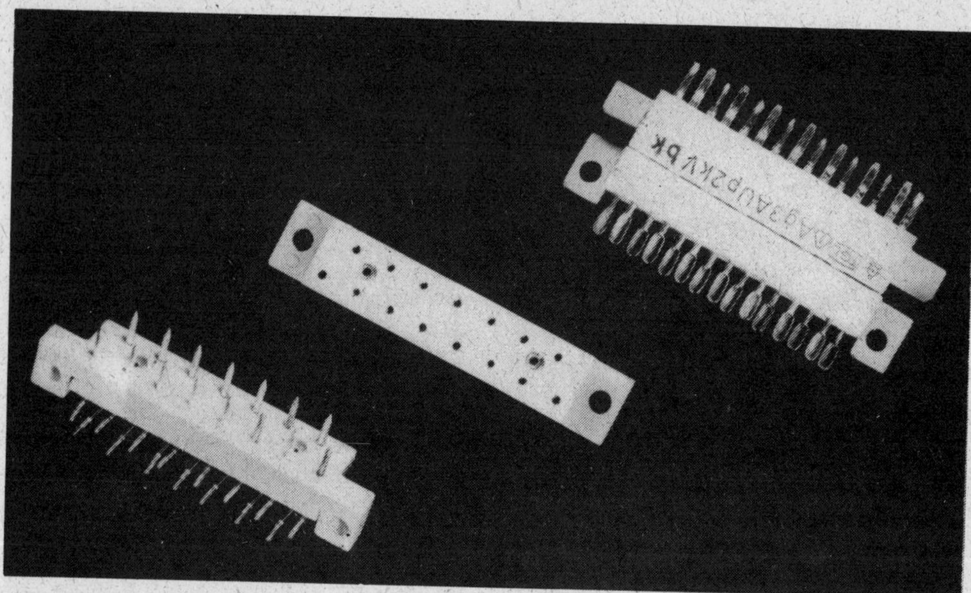

Bild 6.24 Aus einem solchen Steckverbinder lassen sich beispielsweise die Teile für das Programmierfeld nach Bild 6.23 gewinnen

tung wegen der Art der Verknüpfung 2 Gleichspannungskreise. Jeder wird einfach über eine Einweggleichrichtung mit einem Elektrolytkondensator zur Glättung gespeist. Der Anwender muß Relaistyp, Öffnerart und sich aus beiden ergebende Betriebsspannung selbst wählen. Der eingeklammerte Wert des Kondensators bei Relais K3 trägt der Tatsache Rechnung, daß der Strombedarf des Zugmagneten (für ihn sind die gestrichelten Änderungen in der Leitungsführung vorzunehmen) erheblich über dem des Relais liegt. Die vorgeschlagene Dimensionierung für 12-V-Relais und 12-V-Türöffner bedeutet, daß die Relais (und der Zugmagnet) nach Gleichrichtung maximal etwa 17 V erhalten würden, wenn der Transformator einen genügend kleinen Innenwiderstand hat und die Kondensatoren gegenüber der Stromentnahme groß sind. Daher wurden Vorwiderstände eingefügt, berechnet für Relais *NSF 30.1* für 12 V bzw. die äquivalenten älteren Typen der Reihe *GBR 301*. Die Kondensatoren sollen bei der 12-V-Variante wenigstens 25-V-Typen sein.

Die Tasten können »Eigenbauten« aus

2 Federblechstücken sein, aber auch Klingelknöpfe oder verborgen hinter kleinen Bohrungen angebrachte Mikrotaster, die man mit einem dünnen Stößel betätigt.

6.4.2. Kodeschloß in CMOS

Moderne Schaltkreislösungen sind zwar zunächst weniger übersichtlich, erlauben dafür aber auch den Einbau zahlreicher »Extras«. Sobald die Grundausstattung geklärt ist, bleibt der zusätzliche Aufwand in Grenzen. Es gilt allerdings einige Randbedingungen zu beachten, an die der weniger Spezialisierte nicht immer gleich denkt. Signallaufzeiten gehören zu den Fallen, in die man dabei leicht geraten kann. Daher stets bei einer Verknüpfungsschaltung untersuchen, in welcher Reihenfolge die Signale nicht eintreffen dürfen, da es sonst nicht zur gewünschten Wirkung kommt. Im folgenden Beispiel würde Fehlalarm ausgelöst, wenn die letzte Eingabe als H zu früh bis zum Alarmgatter durchgreifen würde, nämlich bevor das »Schloßgatter« durch die gleiche Eingabe ausgangsseitig von H auf L geschaltet hat. Beide Eingänge des Alarmgatters würden dann H führen und selbsthaltenden Alarm auslösen. Es geht also darum, dem Alarmgatter diese Eingabe etwas später zuzuführen, so daß der Signalweg bis zum Schloßgatter bereits durchlaufen worden ist und sein Ausgang auf L geschaltet hat. Darum Vorsicht vor »Einsparungen« in solchen Fällen. Das Beispiel bezieht sich ohnehin auf eine frühe Entwicklungsphase der vorgestellten Schaltung, bei der es zur Serienschaltung von 2 Invertern im Signalweg zum Alarmgatter zwang. Die endgültige Fassung ist etwas anders gestaltet. Es erschien jedoch notwendig, auf solche Faktoren hinzuweisen.

Eine andere höchst unangenehme Eigenschaft »schneller« Logiksysteme (und in diesem Sinne ist auch gepufferte CMOS-Logik schon schnell genug!) ist das Reagieren auf Störimpulse. Der »Januskopf« von Flip-Flop-Schaltkreisen macht sich dabei bemerkbar: Einerseits erzeugt ein solcher »Trigger« aus den Signalen stark prellender Kontakte saubere, eindeutige Schaltbefehle. Andrerseits interpretiert er auch Störnadeln, die sowohl kapazitiv als auch über die Versorgungsleitungen einstreuen können, als Schaltsignale. Besonders die extrem hochohmig auslegbaren CMOS-Eingänge mit ihren Kapazitäten von wenigen Pikofarad sind sehr empfindlich. Das einfachste Mittel dagegen besteht im Vergrößern der Eingangskapazität. Im Mustergerät erhielten die Flip-Flop-Eingänge deshalb keramische Scheibenkondensatoren von 10 nF gegen Masse. Wenn vorher 1poliges Berühren mit der Pinzette oder sogar ein Schaltvorgang auf der Nachbarleitung zum Auslösen führte, reagierte danach die Schaltung zuverlässig nur noch auf das Gewünschte. Eine gewisse Problematik stellen für solche Maßnahmen Ausgänge gepufferter CMOS-Schaltkreise dar, die durch die Schaltungsverknüpfungen mit solchen Kapazitäten belastet werden. Zumindest für dynamische Systeme, also mit schnellen H-L-Wechseln, soll man diese Belastung klein halten. Im übrigen gilt die Regel, möglichst weit unter etwa 5 nF zu bleiben. Die vorliegende Anwendung läßt sich dagegen noch als »Quasi-Gleichstrom«-Fall betrachten.

Das Prinzip der gewählten Lösung sei zunächst an der Minimalausführung nach Bild 6.25 vorgestellt. Das Bild enthält noch nicht den Alarmteil und ist auf die Eingabe »3 aus 10« begrenzt. Die 3. Taste könnte dabei sogar gespart werden, wenn, wie dargestellt, eine einfache Direktschaltung für den 3. Schritt zwischen Zählerausgang und 3. Schloßgattereingang benutzt wird. Man kann diesen 3. Schritt dann auch mit einer der beiden ersten Tasten auslösen. Das Endergebnis der im folgenden dargestellten Einzelheiten ist auf jeden Fall eine Schaltung, die für ein elektromechanisches Schaltglied einen Schaltbefehl liefert, wenn man vorher die richtigen Eingaben eingetippt hat. Je nach über die Darstellung hinausgehendem Aufwand erhält man einen zunehmenden Sicherheitsgrad. Wesentlich dazu trägt auch die bei jeder Fehlbedienung aktivierte Alarmschaltung bei, da sie mit einem Systemreset verbunden ist, während Daueralarm gegeben wird. Dennoch stellt die Schaltung nur eine von vielen Möglichkeiten dar (und das ist gut so), und es gibt sicherlich elegantere bzw. solche mit höherem Sicherheitsgrad. Die noch relativ gute Überschaubarkeit und ihre Erweiterungs-

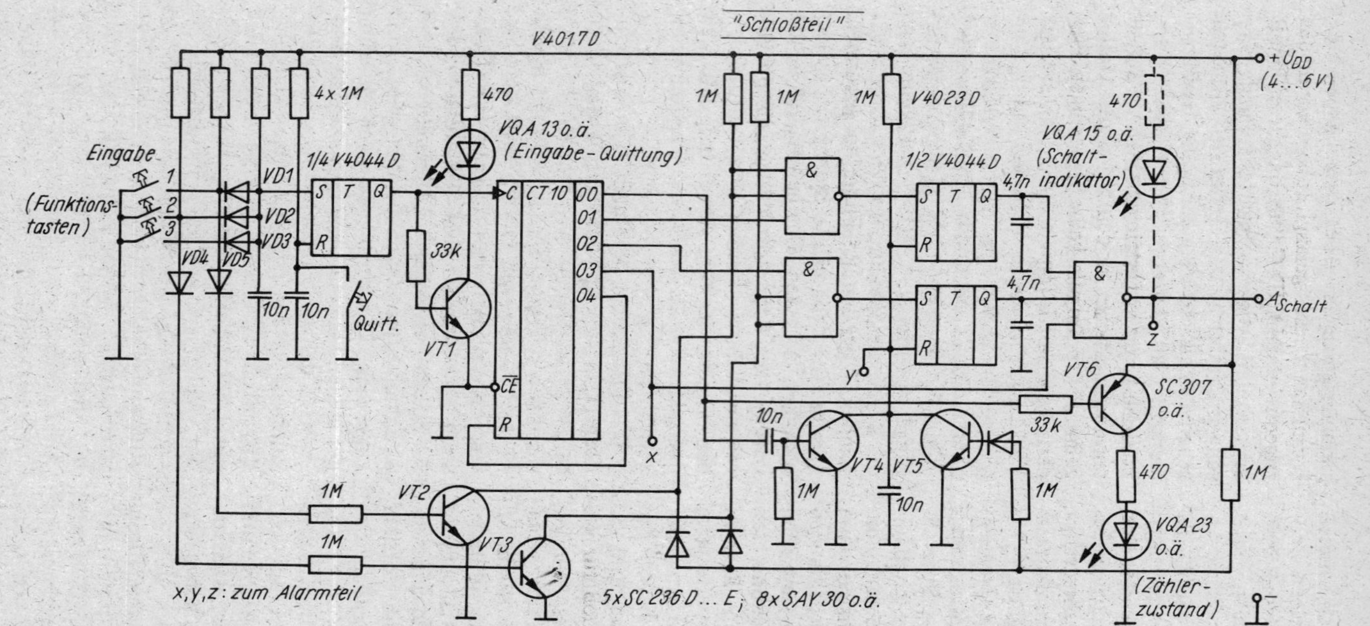

Bild 6.25 Minimalvariante eines »ruhestromfreien« elektronischen Kodeschlosses mit CMOS-Schaltkreisen, Kodierung »3 aus 10«

möglichkeiten über die schon auf diese Weise funktionierende vorgestellte Grundlösung hinaus sprechen jedoch für diese Schaltung als eine Art »Einsteigermodell« mit großem Spielraum an Komplettierung.

In Bild 6.25 fehlt auch das Kodierfeld. Es kann in der in Bild 6.23 dargestellten Ausführung jedoch jederzeit zwischen Tasten und eigentlichen Schaltungseingang eingefügt werden. Für einfache »hausinterne« Einsatzfälle, bei denen selten umkodiert werden muß, geht es auch ohne diese.

Ausgangsseitig endet die Anlage bei einem Gatter, das für den Schaltgliedteil ein L-Signal liefert. An dieser Stelle sollte man für die Schaltungserprobung zunächst nur eine Leuchtdiode über Vorwiderstand von Plus her anschließen. Sie signalisiert dann das richtige Arbeiten durch ein nicht allzu helles Leuchten. Gegebenenfalls sieht man eine Transistorstufe wie beim Quittungssignal vor, wenn mehr Helligkeit gewünscht wird. Ein solcher Transistor ist ohnehin ein geeignetes »Mindest-Interface« für das Auslösen des Schaltvorgangs. Er wird für einen Zugmagneten meist schon reichen, und das wäre dann das Minimalkodeschloß für die Schublade u. ä., mechanisch realisiert in bereits dargestellter Weise. Bei Batteriebetrieb ist die Lösung relativ problemfrei. Einen wechselspannungsbetriebenen Türöffner wird man möglicherweise auf Grund der Schaltimpulse bei Ein- und Ausschalten galvanisch vom Steuerteil entkoppeln müssen. Das sollte zunächst ein Versuch zeigen. Falls die Steuerelektronik von solchen Impulsen »irritiert« wird, also ihre Zustände ändert, ist ein Optokoppler am Platz.

Den Kern der Anlage, die wegen der CMOS-Schaltkreise ruhestromfrei gestaltet werden kann, bildet ein dekadischer Zählerschaltkreis vom Typ *V 4017 D*. Er führt in Ruhe auf allen Ausgängen L, nur der Ausgang 0 liegt auf H. Dieses H wird mit jedem eintreffendem Taktimpuls zum nächstfolgenden Ausgang verschoben. Jeweils die ansteigende Taktflanke bewirkt das Weiterschalten. Der Reseteingang muß dabei L führen. Bei H an R geschieht nichts. Wird R von L auf H geschaltet, ergibt sich der geschilderte Anfangszustand (H an Ausgang 0).

Der Takteingang erhält in der Schaltung nach Bild 6.25 bei jeder Tasteingabe einen H-Impuls. Dieser gelangt außerdem an das zugeordnete NAND-Gatter, das dieses H mit dem nur für diesen Schritt am Zählerausgang erscheinenden H verknüpft. Dadurch schaltet es am Ausgang auf L, bis der Eingabeimpuls abgeklungen ist. Während der Zähltakt exakt je Tasteingabe nur 1× auftreten darf, bestehen für den direkt zum Gatter gelangenden Impuls keine so strengen Forderungen. Der L-Impuls des NAND-Gatters wird einem Speicher zugeführt, bei dem diese Eingabe bis zum Öffnungsaugenblick erhalten bleibt, obwohl der NAND-Ausgang anschließend wieder auf H geht. Um die Eingabesicherheit gegen Kontaktprellen oder Doppelbetätigen zu erhöhen, wird der Zähltakt über ein RS-Flip-Flop gewonnen. Dieses muß nach jeder Eingabe erst wieder rückgestellt werden. Das bewirkt die »Quittungstaste«. Eine Leuchtdiode signalisiert, wann diese Taste betätigt werden muß. Sofern man nun eine bezüglich Reihenfolge falsche Taste gedrückt hat, schaltet zwar der Zähler weiter, doch das zugehörige Flip-Flop wird nicht gesetzt, da das NAND von seiner Taste kein H empfängt. Auf jeden Fall erreicht der Zähler aber – im Beispiel beim 3. Eingabetakt (maximal läßt der Schaltkreis bis zum 9. zu) – den Leitungspfad, der (diesmal direkt) einen H-Impuls sowohl an den letzten Eingang des Schaltverknüpfungsgatters als auch – jedoch über Speicher! – an das Alarmgatter legt (s. Bild 6.26). Sofern nicht alle Flip-Flop auf H geschaltet hatten (bei Fehlbedienung), bleibt der Ausgang des Schaltverknüpfungsgatters auf H. Das auf Grund »gewollter« Laufzeiten etwas später eintreffende H am 2. Eingang des Alarmgatters schaltet daher dessen Ausgang auf L um, und es wird Alarm ausgelöst. Gleichzeitig wird ein Resetsignal für die Speicher gebildet. Bei richtiger Eingabe erscheint dagegen beim letzten Tastendruck L an der Schalteinrichtung, während das Alarmgatter auf H bleibt. Der Schließmechanismus wird dann entriegelt. Bei der Beispielsanlage »3 aus 9« sind also 3 Tasten in der richtigen Reihenfolge zu betätigen. Nur wurde im 3. »Kanal« die zusätzliche Verknüpfung weggelassen. Dadurch gelangt dieser Impuls auf jeden Fall zum Schaltverknüpfungsgatter, aber auch zum Alarmgatter. Dieser Kanal

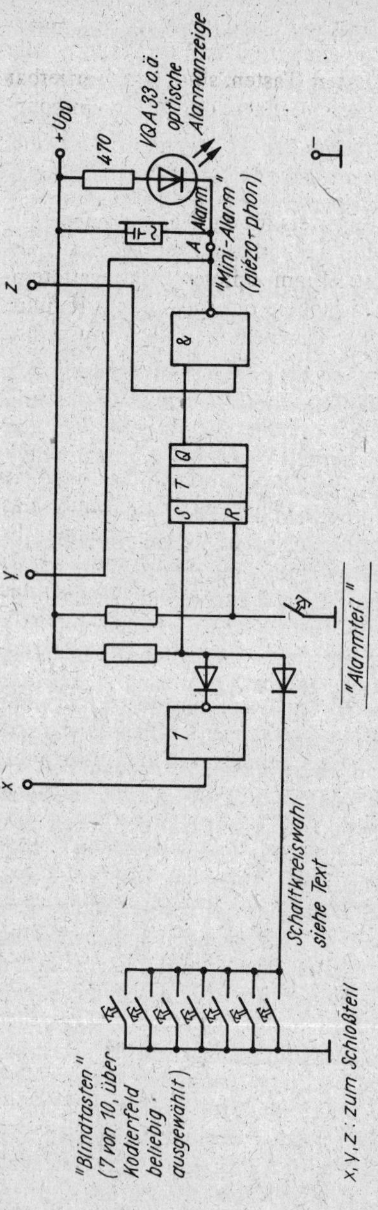

Bild 6.26 An Bild 6.25 anschließbarer Alarmzusatz (speichernde Alarmgabe)

wird also immer erreicht, gleichgültig, welche Tasten man bis dahin gedrückt hat. Der bei Fehleingabe sich anschließende Reset erschwert Schlußfolgerungen für Neueingaben.

Da das 3. Flip-Flop nicht automatisch mit rückgesetzt wird, bleibt auch nach diesem Reset das Alarmgatter auf L, was der Alarmgabe Selbsthalteeigenschaften gibt. Man wird in diesem Buch genügend geeignete Schaltungsteile für einen passenden Alarmgeber finden. In einer »Minianlage« genügt ein *piezo-phon*, wie in der Schaltung nach Bild 6.26 benutzt. Bei Bedarf ist das Alarmauslösesignal noch zu invertieren, falls der Alarmgeber H als Startsignal erfordert.

Der Schloßmechanismus kann, wie schon angedeutet, z. B. mit einem Triac geschaltet werden. Dieser läßt sich über einen pnp-Transistor mit 10 kΩ Basiswiderstand entweder direkt aus dem Gatterausgang des Schaltverknüpfungsgatters speisen. Allerdings ist eine zeitbegrenzte Selbsthaltung des Öffnungssignals am Platz, für die ebenfalls genügend einfache Lösungsmöglichkeiten vorgestellt worden sind. Eine Taste für vorzeitiges Löschen läßt sich darin problemlos einbauen. Man kann aber auch den automatischen Reset, der ja eine Schalteinrichtung ohne Selbsthaltung sofort wieder abschalten würde, mit einer Verzögerung von einigen Sekunden Dauer versehen.

Nun noch zu einigen Einzelheiten der beiden Bilder. Die dargestellte Minimalauslösung enthält neben 3 CMOS-Schaltkreisen noch 5 npn- und 1 pnp-Transistor. 2 von ihnen treiben lediglich Indikatorleuchtdioden. 4 dieser Transistoren sind jedoch als Inverter eingesetzt. Man kann sie selbstverständlich ebenfalls durch einen CMOS-Schaltkreis austauschen.

Bei der Untersuchung der Möglichkeiten dieser Schaltung erwiesen sich solche Einzelelemente aber als flexibler. Es zeigt gleichzeitig, daß besonders bei CMOS-Systemen Transistoren zur Ergänzung bisweilen recht nützlich sein können, da sie sich den kleinen »Strompegeln« dieser Schaltungen gut anpassen. Es gilt aber, die durch die niedrige Basis-Emitter-Spannung gegebenen Verhältnisse mit dem bei etwa halber Betriebsspannung liegenden Umschaltpunkt der CMOS-Schaltkreise in Einklang zu bringen. Andernfalls funktioniert es nicht. Man muß auch berücksichtigen, daß die zur Entkopplung mehrerer Kreise verwendeten Dioden beim Schaltvorgang von H auf L am jeweiligen Eingriffspunkt einen Restpegel in Höhe der Flußspannung verursachen. Bei den fast überall in dieser Schaltung im unteren Mikroamperebereich liegenden Strömen sind das zwar weniger als 500 mV. Doch das ist ein Wert, bei dem, tritt er als Basis-Emitter-Spannung auf, ein ebenfalls nur mit wenigen Mikroampere betriebener Transistor bereits voll durchschaltet. In solchem Fall muß man also mit einer vor die Basis in Serie zu ihr geschalteten Diode den Ansprechwert dieses Punktes entsprechend anheben. Das geschah z. B. beim Schaltungsdetail »Reset bei Doppelbetätigung«. Dort bewirkt ein Transistor am Reseteingang der beiden Speicher vor dem Schaltgatter, daß beim gleichzeitigen Betätigen der beiden ersten Eingangstasten ein Reset erzwungen wird. Der Transistor »fragt« dazu mit einem Dioden-OR die Ausgänge der beiden mit den Tasten verbundenen Transistoren ab, die in diesem Fall Inverterfunktion ausüben. Solange einer von ihnen auf L am Ausgang bleibt, geschieht nichts. Bei Betätigen beider Tasten zur gleichen Zeit wechseln beide Kollektoren von L auf H, so daß der im Eingang OR-verknüpfte Transistor den Reset an Masse legt. Die beiden mit den Tasten verbundenen Transistoren sind im Basiskreis durch je 1 Diode und 1 Widerstand von 1 MΩ an die Eingangsbedingungen des Eingabe-Flip-Flop angepaßt. Dort muß ja bis zum Schaltaugenblick (Tastenbetätigung) ein oberhalb der halben Betriebsspannung liegender Pegel gesichert sein. Das ist durch die beiden Dioden (Seriendiode und Basis-Emitter-Diode) gewährleistet, da bereits ohne sie durch die beiden Widerstände von je 1 MΩ von Plus her und nach Masse hin die halbe Betriebsspannung am Teilerpunkt (Tastenanschluß) gegeben wäre.

Die in Bild 6.26 dargestellte Alarmschaltung wird auf 2 unterschiedliche Arten ausgelöst: Die 1. Auslöseart ergibt sich über den letzten für das Schaltgatter benutzten Zählerausgang, sofern eine falsche Eingabefolge das Schaltgatter ausgangsseitig nicht auf L geschaltet hat. H vom Schaltausgang und H vom Zählerausgang führen dann zu L am Alarmgatterausgang. Das Zähler-H muß zunächst invertiert werden. Dadurch ergibt sich bereits eine erwünschte Laufzeitverzögerung. Als L gelangt es auf den Eingang des 4. RS-Flip-Flops, bei dem dieses L zu einem nichtflüchtigen H an seinem Ausgang wird, solange man seinen Reseteingang nicht an Masse legt. Dieses letzte H löst mit dem Alarmgatter Alarm aus, sofern in falscher Reihenfolge eingegeben worden war.

Im Unterschied dazu reagiert die 2. Auslöseart in der dargestellten Form sofort. Alle nichtbenutzten Tasten sind (ggf. variierbar über Kodierfeld) dazu durch die Entkopplungsdiode mit dem S-Eingang des Alarmspeichers verbunden. Um gegenseitige Beeinflussungen auszuschließen, liegt am Ausgang des Inverters für das Zähler-H ebenfalls eine Diode. Jede Blindtastenbetätigung ergibt sofort H am unteren Alarmgattereingang. Da der obere ohnehin (noch) H führt, wird damit speichernder Alarm ausgelöst, zumal nun der Alarmausgang auch die beiden vor dem Schaltgatter liegenden Speicher in ihren Grundzustand (L am Ausgang) zurücksetzt. Wenn das sofortige Reagieren unerwünscht ist (denn es läßt ja Rückschlüsse auf die Tastenbelegung zu!), muß das Alarmgatter einen 3. Eingang erhalten. Er könnte erst vom 3. Zähler-H-Impuls auf H geschaltet werden. Das ergäbe dann zwar das erwünschte, bis zur letzten Eingabe verzögerte H, das jedoch beim nächsten Tastendruck wieder zu L werden würde. Durch ein Diodengatter an diesem 3. Eingang, der dabei einen (hochohmigen) Widerstand nach Masse erhalten müßte, läßt sich aber auch der nächste Ausgang des Zählers einbeziehen. Von dort wird er jedoch zurückgesetzt. Daher sollte diese 2. Diode gleich am Ausgang »0« liegen, der nach Reset H führt. Man erkennt bereits die Problematik dieses Details: Der nächste Tastendruck könnte den Alarm doch wieder löschen. Die bessere Alternative ist darum ein weiterer Speicher. Da der benutzte *4044* schon in dieser Minimalvariante voll ausgebucht ist, wäre der Tribut an die verzögerte Alarmgabe auch bei »Blindtasten«-Betätigung ein z. B. aus 2 Gattern gebildetes RS-Flip-Flop. Man sollte sich an diese Möglichkeit, in jedem Fall den Alarm bis zur letzten Zählerausgabe zu verzögern, aber erinnern, wenn die Frage von Erweiterungen auf mehr »Funktionstasten« steht, sobald also doch ein größerer Schaltkreisaufwand akzeptiert wird. Übrigens enthält die Schaltung nach Bild 6.25 noch 2 Details, die beide vom Zählergrundzustand gesteuert werden. Bei Erreichen des Zählerresets mit der 4. Tasteneingabe (in eine beliebige Funktionstaste) – gleichgültig, ob vorher das Schloß betätigt oder Alarm ausgelöst worden war – erscheint über den mit einem

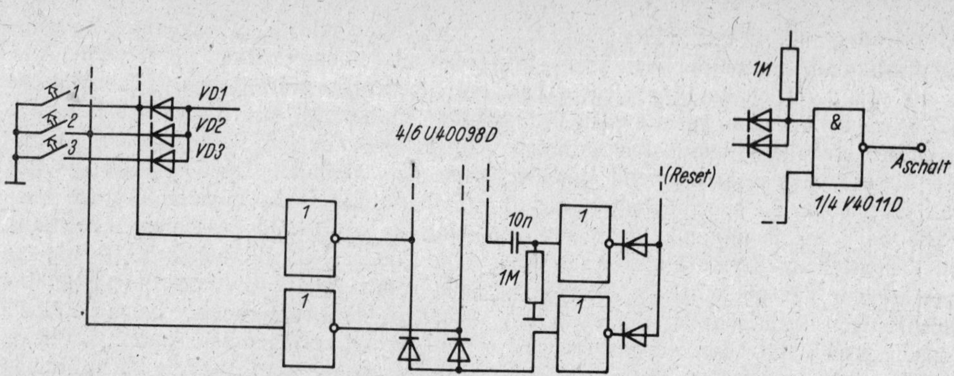

Bild 6.27 Ablösen der Invertertransistoren in Bild 6.26 durch invertierenden Treiberschaltkreis *40098*

RC-Glied am Ausgang 0 angekoppelten Transistorinverter an den beiden nicht zur Alarmschaltung gehörenden Speichern ein flüchtiges Resetsignal, so daß beide wieder ihren Grundzustand einnehmen (L am Ausgang Q). Dagegen verlischt jetzt die von einem ebenfalls an Ausgang 0 liegenden pnp-Transistor getriebene Leuchtdiode. Sie zeigt von der 1. Tastenbetätigung an, daß sich der Zähler in einem von der Anzahl der Takte abhängigen Zwischenzustand befindet. Es genügt also nach dem Ansprechen des Entriegelungsmechanismus, eine Eingabetaste (nur eine Funktions-, keine Blindtaste!) kurz zu drücken, damit diese Leuchtdiode durch Verlöschen das Wiedererreichen des Grundzustands anzeigt.

Es kann nützlich sein, besonders bei reinem Batteriebetrieb, diese Anzeige zeitlich zu begrenzen. Das ist besonders für den Fall unbefugter Fehlbedienung zu empfehlen. (Ebenso sollte man auch den Alarm begrenzen. Möglichkeiten dazu wurden bereits weiter vorn dargestellt.) Der Leuchtdiodenkreis wird dazu nicht direkt an die Betriebsspannung gelegt, sondern über einen pnp-Transistor. Am einfachsten startet man diesen Schaltungsteil bei gewünschter Abfrage von Hand durch Aufladen eines Kondensators in seinem Basiskreis. Doch im Grund genügt auch eine Abfrage mit einer nichtrastenden Taste, die zwischen Leuchtdiode und Plus eingefügt wird.

Eine weitere Leuchtdiode signalisiert, ob Eingabe gerade möglich ist oder nicht. Das erleichtert die Bedienung: Bei jeder Eingabe leuchtet sie auf. Weitere Eingabeversuche sind wirkungslos, bis das Eingangs-Flip-Flop rückgesetzt worden ist. Dann verlischt die Diode. Man muß deshalb so eingeben: 1. Zifferntaste – LED leuchtet – Quittungstaste – LED verlischt – 2. Zifferntaste – LED leuchtet usw. Hat der Entriegelungsmechanismus angesprochen, leuchten beide Dioden: die Quittungs- und die Zählerzustandsdiode. Also weiter mit Quittungstaste – Quittungs-LED verlischt – irgendeine Funktionstaste – Zähler-LED verlischt, Quittungs-LED leuchtet. Daher abschließend Quittungstaste drücken: auch diese LED geht aus, und das System ist für eine neue Eingabe bereit. Ein versehentlich ausgelöster Alarm schließlich kann durch eine (versenkt und verborgen angebrachte, vielleicht nur durch eine Nadel o. ä. erreichbare) Resettaste am Alarmspeicher sofort gelöscht werden.

Insgesamt zeigt sich, daß bereits in dem gar nicht so umfangreichen Kodeschloß nach Bild 6.25 und Bild 6.26 eine Reihe interessanter, teilweise auch auf andere Gesamtlösungen übertragbarer Details stecken.

Man betrachte daher die beschriebene Lösung stets als eine allerdings bereits weitgehend funktionell gesicherte Starthilfe für »das« eigene Gesamtsystem.

Abschließend skizziert Bild 6.27 noch, wie sich die 4 Invertertransistoren durch »4/6« eines *40098* ablösen lassen und wie das Alarmgatter das 4. Gatter eines *4011* sein kann, sofern man die 3 ursprünglichen 3-Eingangs-NAND (1 × *4023*) durch 3 2-Eingangs-NAND ersetzt (also durch 3 der 4 Gatter eines *4011*). Da ohnehin nur das Schaltgatter 3 Eingänge benötigt, genügt dazu die skizzierte Diodenerweiterung. Der 5. Inverter des *40098* wird für den Alarm-

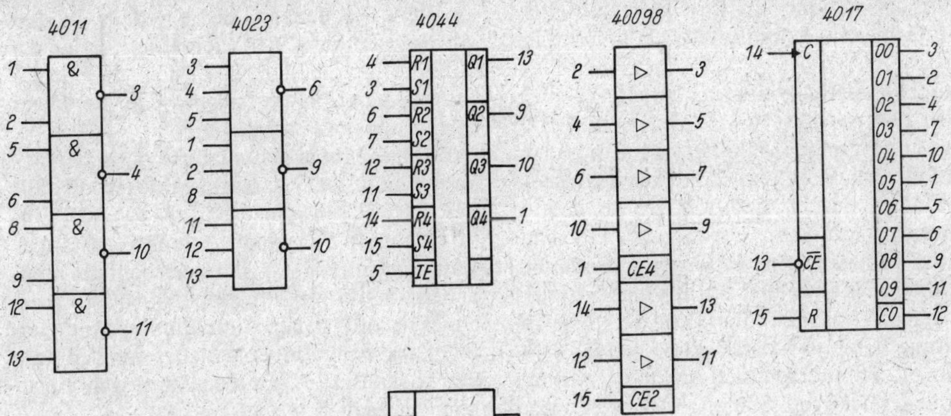

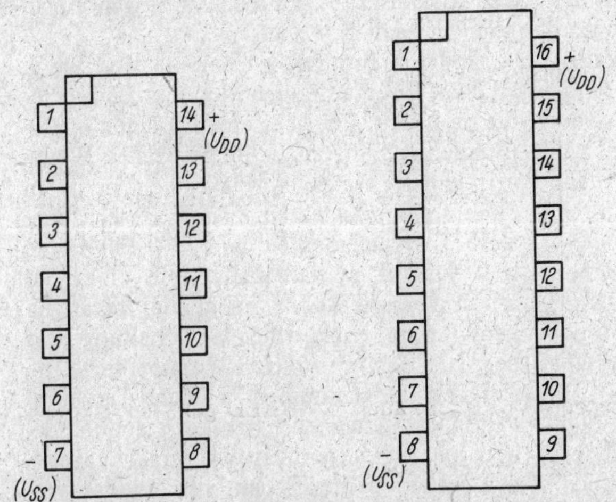

Bild 6.28
Hilfestellung für den Aufbau: Anschlußbelegungen der für das Schloß verwendbaren CMOS-Schaltkreise, von oben gesehen (*4011* und *4023* wahlweise je nach Gesamtschaltung einsetzbar)

zweig eingesetzt (s. Bild 6.26). Der 6. Inverter ist noch frei. Auf Grund seines gegenüber normalen Gattern höheren möglichen Ausgangsstroms kann man mit ihm den Quittungssignaltransistor ablösen. Das vollständige Minimalsystem besteht dann an aktiven Bauelementen aus je 1 × *4011, 4017, 4044, 40098, SC 307*. Man beachte die speziellen, hier nicht benutzten Zusatzfunktionen des *4044* und des *4098*! Sie erfordern, daß Anschluß 5 des *4044* an H, die Anschlüsse 1 und 15 des *40098* dagegen an L gelegt werden. Andernfalls gehen die Ausgänge in einen hochohmigen Zustand über (Tri-state-Verhalten). Zur Erleichterung des Nachbaus (ob auf Universalleiterplatte oder – in der eigenen gewählten Gesamtausführung – auf speziell dazu entworfener Leiterplatte) gibt Bild 6.28 die Anschlußbelegungen zur Auswahl stehender Schaltkreise wieder.

6.5. Selektive Schlüssel und Schloßeingänge

Ein Tastenfeld an der Wohnungstür mag sich zwar attraktiv ausnehmen. Es verführt aber auch zum Spielen. Wer möchte dadurch schon ständig mit Alarmsignalen belästigt werden! Versenkte Tasteingänge sind aus Gründen des Schutzes gegen mutwillige Zerstörung bisweilen angebracht. Je weniger auffällig, um so sicherer. Dann wird die Angelegenheit aber auch weniger bedienfreundlich. Man kann jedoch bereits die kodierte Signaleingabe der Elektronik überlassen. Die unterschiedlichsten Selektionsverfahren sind dabei möglich.

Wenn die Tasten einfach durch eine Buchsenleiste ersetzt werden, kann man dort ein Pulsmuster einspeisen. Es muß beim Einschalten zunächst die Einrichtung zurücksetzen. Danach ist jedem Eingang nacheinander in der kodierten Reihenfolge ein

L-Impuls zuzuführen. Das kann ein *4017* mit nachgeschaltetem *40098* als Inverter bewirken, dessen Ausgänge entsprechend der aktuellen Schloßkodierung an die Steckerstifte des »Schlüssels« zu legen sind. Die Spannung für den Schlüssel kann aus dem Schloß über 2 weitere Kontakte des Steckverbinders entnommen werden, so daß es keine Pegelprobleme geben muß. Die konkreten Einzelheiten dazu sollten aus bekannten Gründen erst am eigenen Produkt festgelegt werden. Eine solche Schlüsselgestaltung kann als »zeitselektiv« gelten.

Im 1. Wohnbereichs-Bastelbuch war ein frequenzselektives Schloß vorgestellt worden, das im Auswerteteil mit einer modifizierten *Schumacher*-Stufe aus der Fernsteuertechnik arbeitet. Man kann selbstverständlich erwünschte Frequenzen auch auf andere Weise von unerwünschten trennen, sowohl durch LC-Resonanzkreise wie durch aktive RC-Filterschaltungen. Von der letztgenannten Art war bereits im 1. Wohnbereichs-Bastelbuch Gebrauch gemacht worden. Darauf wird als der heute sinnvollsten Variante (bei entsprechender Gesamtgestaltung!) noch eingegangen.

Wiederum sind jedoch zunächst die Fragen der Einspeisung des Netzsignals und des Schutzes gegen Störpegel einschließlich mutwilliger Zerstörmöglichkeiten zu klären.

Gegen zu hohe Störpegel helfen bereits einfache Widerstands-Dioden-Kombinationen, wie etwa in Bild 6.29 dargestellt. Unerwünschte Frequenzen können damit nur begrenzt unterdrückt werden, indem man – wie angedeutet – mit zusätzlichen Kondensatoren Bandpaßverhalten für das Nutzsignal erzielt. Das Problem liegt vor allem darin, daß Subharmonische der Sollfrequenz ebenfalls auslösend wirken können, wenn ihre Amplitude groß genug ist. Darüber hinaus entstehen gerade an diesen Begrenzerdioden Mischprodukte zwischen mehreren eingespeisten Frequenzen, die ebenfalls in den Ansprechbereich der Schaltung gelangen können. Schließlich läßt sich der Schaltungseingang kaum gegen jede denkbare Spannungsspitze schützen.

Demgegenüber hat sich die optische Einkopplung als sehr wirksam erwiesen. Es fällt bei ihr viel schwerer, sich zerstörende Einflüsse durch Störsignale vorzustellen (außer Laserlicht vielleicht). Bei der ebenfalls möglichen induktiven Einkopplung müßte man dagegen mit hohen Induktionsspannungen rechnen, wenn unbefugt, aber in Kenntnis der Lösungsart, von außen Störungen eingekoppelt werden.

Moderne Infrarotbauelemente sind klein, so daß ihre unauffällige Montage kaum Probleme bringt. Ein über einen solchen »halbmobilen« Optokoppler eingespeistes Wechselspannungsnutzsignal läßt sich dann in einer frequenzselektiven Auswerteschaltung mit *LC*-Bauelementen oder *RC*-Filtern so weit verstärken, daß man damit eines der schon vorgestellten Schaltglieder betätigen kann. Eine entsprechende Schaltung war ebenfalls schon in das 1. Wohnbereichs-Bastelbuch aufgenommen worden. Das Problem des weitgehend frequenzstabilen Gebers hat sich gegenüber der damals gegebenen Situation inzwischen entscheidend vereinfacht. Der dort auch als Sender benutzte Operationsverstärker vom Typ *A 109* brauchte eine relativ hohe, möglichst symmetrische Betriebsspannung. Das brachte erhöhten Aufwand im Schlüssel und relativ hohen Platzbedarf. Ein *B 555 D* löst diese Aufgabe wesentlich eleganter. Auch das Frequenzumtasten im Sinne der damaligen Lösung läßt sich leicht erreichen, und die Frequenzanpassung an die Ansprechfrequenzen im Schloß ist einfach (Trimmpotentiometer genügt). Der *555*-Ausgang läßt sich ausreichend belasten, so daß man die Sendediode weit »ausfahren« kann. Da es außerdem

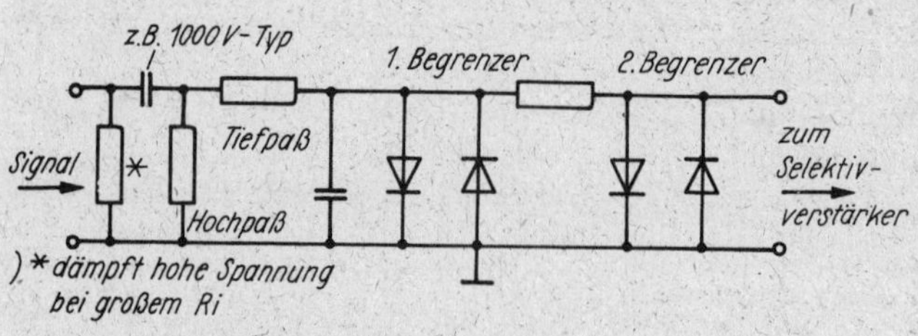

Bild 6.29
Mit solchen Maßnahmen lassen sich Störspannungen größerer Amplituden wirksam begrenzen. Das anschließende Verhältnis von etwa 1:1 für Nutz- und Störsignal bildet bessere Voraussetzungen für die Selektion

leicht ist, schmale Aktivimpulszeiten einzustellen, bleibt der Schlüssel eine energiesparende Angelegenheit, sofern eine entsprechende Auswerteschaltung die Vorteile schmaler, dafür aber in der Amplitude größerer Impulse zu nutzen vermag.

Es bringt auch nur geringen Mehraufwand, z.B. mit 2 × *B 555 D* oder 1 × *B 556 D*, dem zum *555* weitgehend identischen Doppeltimer, zu arbeiten. Man kann in solchem Fall »doppelt frequenzselektiv« operieren und sogar bei Bedarf eine automatisch ablaufende Folge von Sendeimpulsen auslösen – auch das ein »Denkanstoß« fürs Weitermachen!

Sowohl zu Infrarotübertragungsfragen wie zum Einsatz des *555* auf diesem Gebiet findet der Leser bereits in Abschnitt 5. Informationen. Für die Empfängerseite trifft das ebenfalls zu. Der von seiner höheren Empfindlichkeit her zu empfehlende Fototransistor begrenzt den Frequenzspielraum allerdings auf den Tonfrequenzbereich. Als Sender kommt somit eine Baugruppe in der Art in Frage, wie sie bei der digitalen Infrarotübertragungsstrecke nach Abschnitt 5. benutzt worden ist. Das ergibt zunächst nur 1 Frequenz. 2 Frequenzen erhält man durch eine 2. Taste und ein zusätzliches Potentiometer (Bild 6.30). Auf diese Weise wird der Generator nur jeweils für die gewünschte »Sendezeit« aktiviert und sendet stets nur die gewünschte Frequenz. Gleichzeitiges Drücken beider Tasten liefert auf beide Ausgänge eine 3. Frequenz (geschickt kombinieren!), was weitere Variationen zuläßt. Die Frequenzstaffelung entspricht einer Zeitselektion. Im Beispiel ist jeder Frequenz eine eigene Sendediode zugeordnet. Das erhöht den Einsatzkomfort, wie noch gezeigt werden wird. An die Stelle der Taster treten bei automatisierten Sendesequenzen z. B. Schalttransistoren.

Eine zeitselektiv gestaffelte, in Grenzen beliebige Tonfolge läßt sich – wenn das entstehende größere Schlüsselvolumen nicht stört – im Sinne der in Abschnitt 4. behandelten Melodiegeneratoren erzeugen. Man kommt aber wohl meist mit 2, 3 oder höchstens 4 Frequenzen aus. Die Schaltung vereinfacht sich dann entsprechend. Sofern ein *B 555 D* z. B. von einem dazu nur teilweise beschalteten *4017* in der Zeitkonstante gesteuert wird (oder von einem *4015*), ist die Betriebsspannung zu stabilisieren. Andernfalls folgt – im Unterschied zur »direkten« *555*-Nutzung mit nur 1 Frequenz – die Frequenz stärker der Betriebsspannung. Das könnte gegebenenfalls wieder durch Speisen des Senders über versenkte Buchsen aus dem Schloß gelöst werden. Dieser Punkt wäre dann aber die »Siegfriedstelle« der Schaltung, was mutwillige Zerstörung durch Anlegen einer höheren Spannung betrifft. Jedenfalls wäre diese zeit- und frequenzselektive Tonspeisung die nächsthöhere Stufe, um das ursprüngliche Tastenkodeschloß nach Abschnitt 6.4. zu verbessern. Während aber im vorigen Beispiel dazu nur Schlüsselaufwand nötig war (nur Zeitselektion), muß jetzt auf der Schloß-, also auf der Empfangsseite einiges getan werden. Die Tonfrequenzimpulse gelangen dabei wohl meist seriell in den Empfänger. Obwohl das vorige Beispiel

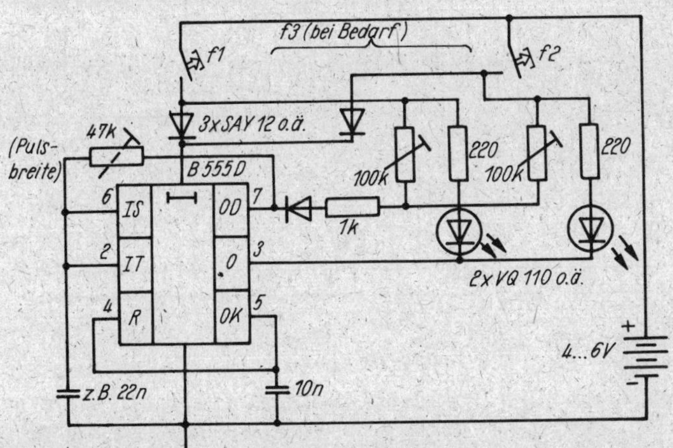

Bild 6.30
Schlüsselsender für 1 bis 3 Frequenzen: *f1* und *f2* durch getrennte, *f3* gegebenenfalls durch gleichzeitige Tastenbetätigung. Zuordnung je einer IR-Diode zu jeder Taste macht schnelleres Umtasten am Schloß möglich. Die Diode vor Ausgang 7 soll den spannungsabhängigen Einfluß der Trenndioden auf die Frequenz mindern. Bei nur 1 Frequenz entfallen Dioden und 2. Tastenzweig

mit Parallelanschluß bezüglich der *4017*-Ausgänge arbeitet, wird die Signalfolge dort aber ebenfalls sowohl seriell gesendet wie empfangen.

Auf jeden Fall – und das sollte durch diese Ausführungen deutlich werden – bieten sich hier interessante eigene Modifikationen, über die nachzudenken dem Fortgeschrittenen empfohlen sei.

6.6. Selektivschloß mit aktiven *RC*-Filtern und digitaler Dekodierung

Wieder, wie schon an vielen anderen Objekten des Wohnbereichs, zeigt sich bei dieser Schaltung: Wird das bewährte Prinzip auf die »perfekter« gewordenen Bauelementevoraussetzungen neu angewendet, läßt sich manches günstiger gestalten, und der Gebrauchswert bleibt mindestens erhalten, trotz der großen Zeitspanne, die inzwischen verstrichen ist.

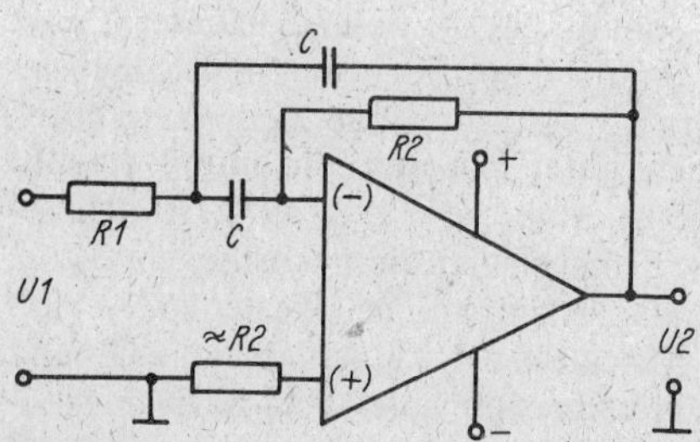

Bild 6.31
Bandpaßschaltung für Operationsverstärker (Prinzip)

Die Ursprungsschaltung bediente sich einer Bandpaßstruktur gemäß Bild 6.31. Für sie gilt die Resonanzfrequenz $f_0 = \frac{1}{2\pi C\sqrt{R1R2}}$. Störend auf die Berechnung wirkte sich die Ankopplung über eine Transistorstufe aus, da damals noch mit Operationsverstärkern gespart werden mußte. Beispielsweise schon ein Doppeloperationsverstärker wie der *B 2761 D* führt unter Berücksichtigung seiner Schwingneigung bei kleiner Verstärkung mit durch R1 und R2 bestimmter einstellbarer Verstärkung oder auch als »Vorselektor« ebenfalls in Bandfilterstruktur zur günstigeren Schaltung nach Bild 6.32. Die Schaltung wurde bereits durch einen Fototransistoreingang ergänzt. Dazu genügt dann die einfache Schlüsselschaltung nach Bild 6.30 ohne 2. Frequenzteil. Schon damit kann wieder ein Schrank- oder Schubladenschloß geringerer Sicherheitsansprüche realisiert werden – wiederum beispielsweise mit Auslösen einer Zugmagnetensicherung, wie weiter vorn an praktischen Objekten gezeigt.

Um aus der bei Sollfrequenz am Ausgang des 2. Operationsverstärkers auftretenden Amplitude ein Schaltsignal zu gewinnen, genügt eine Transistorstufe mit vorgeschaltetem Gleichrichter. Auch diese Maßnahme enthält die Schaltung nach Bild 6.32 bereits.

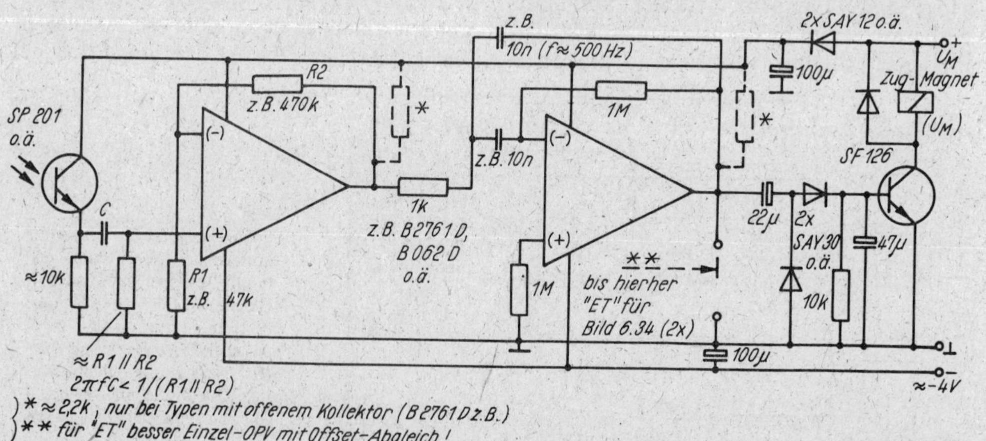

Bild 6.32 Einfaches selektives Schloß für 1 Frequenz mit Doppel-Operationsverstärker (*B 2761 D, B 082 D, B 062 D* oder 2 × *B 176 D*) und Schaltstufe. Langzeit-Batteriebetrieb aus Monozellen möglich, wenn *B 062 D* oder 2 × *B 176 D* eingesetzt wurden bzw. mit dem Fototransistor gesteuerter Einschaltautomatik für $+U_s$

Die sekundäre Wirkung der Diode ist in diesem Fall erwünscht. Erst von einer Mindestspannung $U_F + U_{BE}$ an leitet der Transistor. Das und der Kondensator verringern den Einfluß von Störimpulsen.

Für eine komfortablere Anlage kann man nun der Vorgabe aus dem 1. Wohnbereichs-Bastelbuch sinngemäß folgen. »Sinngemäß« bedeutet z. B., daß alle »stromintensiven« Bauelemente durch Mikroleistungstechnik abgelöst werden. Das erlaubt dann – sofern mit Zugmagnet oder durch entsprechend höhere Hilfsspannung genügender Impulsbelastbarkeit angepaßtem Türöffner gearbeitet wird – auch völlig netzunabhängigen Batteriebetrieb. Sichergestellt sein muß dabei selbstverständlich, daß Batterieerschöpfung zuverlässig signalisiert wird und daß man darauf rechtzeitig reagiert. »Netzgestützte« Kombinationslösungen entschärfen diese Problematik. Schon die einfache Anlage hatte gegenüber der alten Lösung mindestens 3 Vorteile: sendeseitig auf Grundlage der einfachen Gestaltung durch den *B 555 D*, empfangsseitig durch den geringeren Energiebedarf des modernen Doppeloperationsverstärkers und die Möglichkeit, ihn mit recht kleiner Spannung (und bei Bedarf auch unsymmetrisch) zu versorgen.

Geht man nun noch auf Operationsverstärker wie den *B 176 D* (schon mit 4 V zu betreiben, Verstärkung von programmierter Stromaufnahme abhängig) oder Mehrfachtypen der *B 060*er Reihe über (BIFET, also hoher Eingangswiderstand, zwar geringere Verstärkung, aber gegenüber *B 080*er Reihe schon mit etwa 6 V zu betreiben bzw. +2 V/ −4 V z. B.), so kann mit langen Zeiten bis zum Batteriewechsel gerechnet werden. Monozellen sind in diesem Fall angebracht.

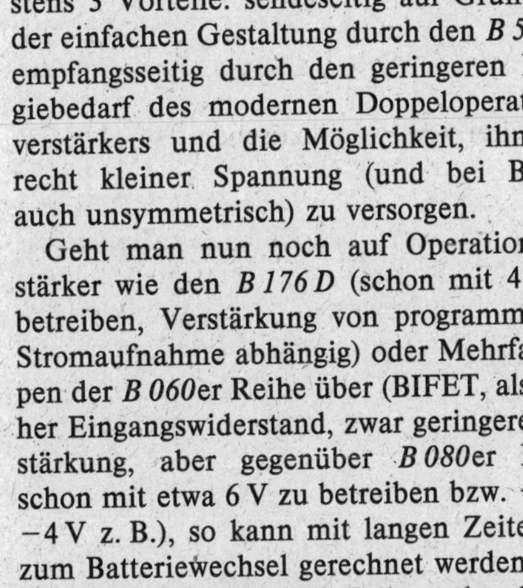

Bild 6.33
So wird der Schlüssel an das Schloß geführt: Einsatz von 2 Sende- und Empfangsbauelementen erleichtert schnelle Bedienung und erlaubt übersichtliche Gesamtgestaltung (Bild 6.32 lies 6.30!)

Von den zahlreichen Kodierungsmöglichkeiten wurde für den Sender die 2-Frequenzgeneratorschaltung nach Bild 6.30 gewählt, bei der jeder Frequenz eine Infrarotleuchtdiode zugeordnet ist. Die Dioden ragen etwas aus dem Gehäuse heraus. Bei Einsatz des Schlüssels steckt man sie in entsprechende Bohrungen der Platte, die das Schloß abdeckt (z. B. Holzwand). Ihnen gegenüber liegen auf der Schloßseite in diesem »Optokoppelkanal« die beiden Fototransistoren der beiden auf die 2 unterschiedlichen Frequenzen abgestimmten aktiven Bandpässe. Für die Frequenzen sollte $f1 \neq (f2)/2$ sein, so daß sich die Möglichkeit des Ansprechens auf die 1. Oberwelle weiter verringert. Bild 6.33 zeigt die Anordnung mobiler Schlüssel – stationäres Schloß. Die Signale werden im Schloß von Schwellwertschaltern vom H-Pegel an ausgewertet. Zu diesem Zweck folgt auf den Verstärkerausgang ein Gleichrichter mit entsprechend der gewünschten Verzögerungszeit dimensioniertem RC-Glied. Durch den Einsatz eines CMOS-4-fach-Triggers lassen sich die Werte der Kondensatoren in sinnvollen Grenzen halten. Das war bei der Lösung im 1. Wohnbereichs-Bastelbuch noch wesentlich schwieriger. Es soll z. B. die Reihenfolge $f1$ für 1 s, danach $f2$ und dazu parallel Betätigen des an der Tür angebrachten Öffnerknopfs vorgegeben werden. Als weitere Sicherheit kann trotz dieser richtigen Eingabe bei zu langer Zeit nach weiteren etwa 2 s bei zu langer Öffnerbetätigung Alarm ausgelöst werden. Diese Variante entspricht einer Aufteilung nach Bild 6.34, wie sie im 1. Wohnbereichs-Bastelbuch in ähnlicher Form vorgegeben worden war. $f1$ wird im oberen Schwellwertschalter mit Zeitglied für wenigstens 2 s nach Umschalten auf $f2$ noch als H am Ausgang A1 gespeichert. Beim Umschalten auf $f2$ (unverzögert arbeitender Schwellwertschalter) erscheint sofort auch an A2 H-Potential. Schließlich aber stellt der ebenfalls an A2 angeschlossene 3. Schwellwertschalter zusätzlich noch fest, ob $f2$ länger als von seiner Ladezeitkonstante her zulässig anliegt. Dann nämlich erhält der Ausgang L und verhindert das Entstehen des ab $f2$ bei genau jetzt gedrückter Öffnertaste am Gatterausgang Y sonst auftretenden L-Pegel zum Schalten des Öffners. Nur in diesem Zeit-

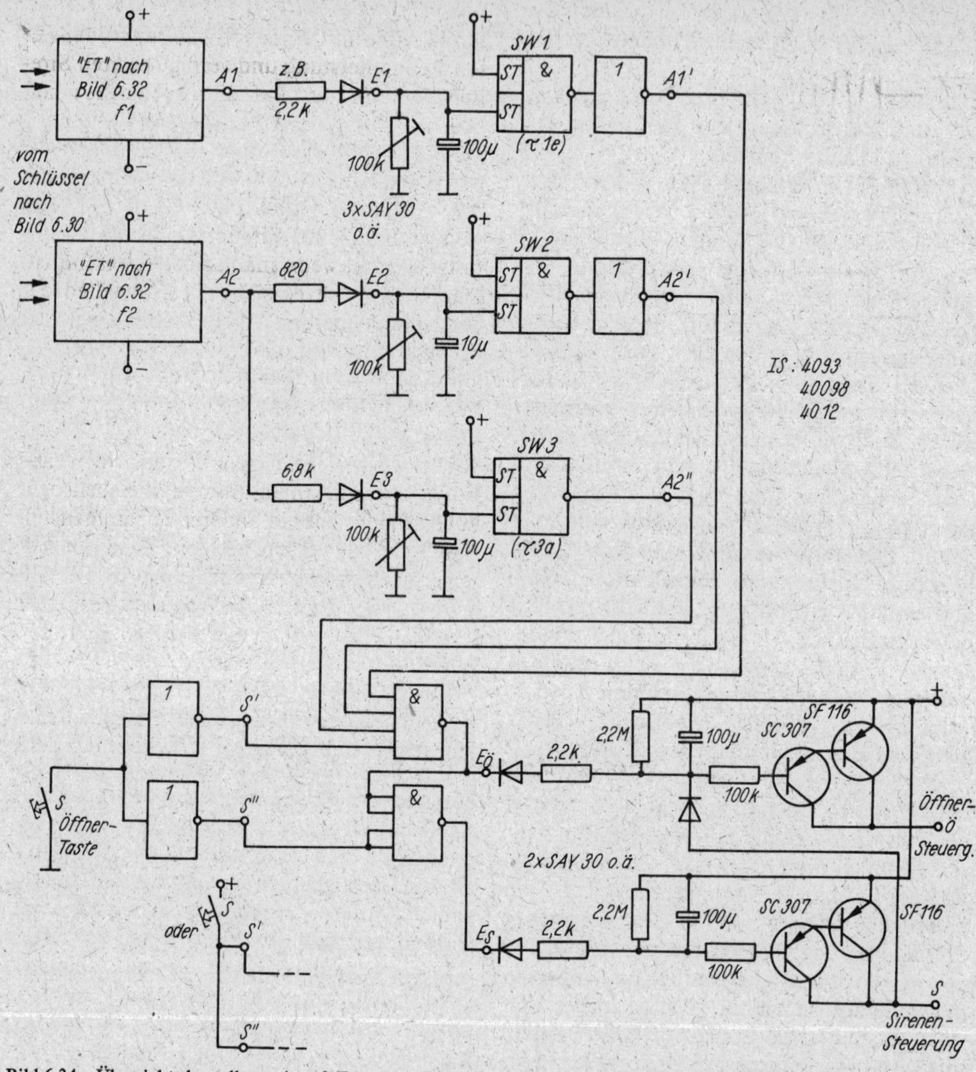

Bild 6.34 Übersichtsdarstellung eines 2-Frequenz-Schlosses mit zusätzlichen Sicherheiten (bereits früher vorgestelltes Prinzip, wird durch neue Schaltkreise attraktiver), zur Funktionserläuterung in einer der möglichen Verknüpfungen dargestellt (*4093* als neue Schwellwertschalterlösung bereits berücksichtigt)

raum (vom Anliegen der richtigen Frequenzen an nach der relativ schnellen Aufladezeit von SW1) bis zum Ansprechen von SW3 (auf etwa 2 s dimensionieren) darf also die Öffnertaste betätigt werden. Wird sie bereits vor diesem Zeitraum gedrückt, so ergibt sich ebenso sofort Alarm (mit Selbsthaltung und Sperre des Öffnerkanals für eine Dauer, die vom Sirenensteuerungs-Zeitglied festgelegt ist) wie bei zu spätem, dauerndem oder wiederholtem Drücken.

Die Sicherheit dieses Schlosses liegt damit zum einen in den beiden Frequenzen, die in einem relativ schmalen Bereich »getroffen« werden müssen, und zum anderen in den Zeitbegrenzungen für das Anliegen von *f*2 und für den Zeitraum der zulässigen Öffnertastenbetätigung. Durch weitere NF-Kanäle und durch Erhöhen des Aufwands im Digitalteil kann man diese Sicherheit beliebig erhöhen. Bild 6.34 ist damit nur eine von vielen möglichen Lösungen.

Sowohl im Wartezustand als auch für alle unzulässigen Betätigungsarten (falsche Fre-

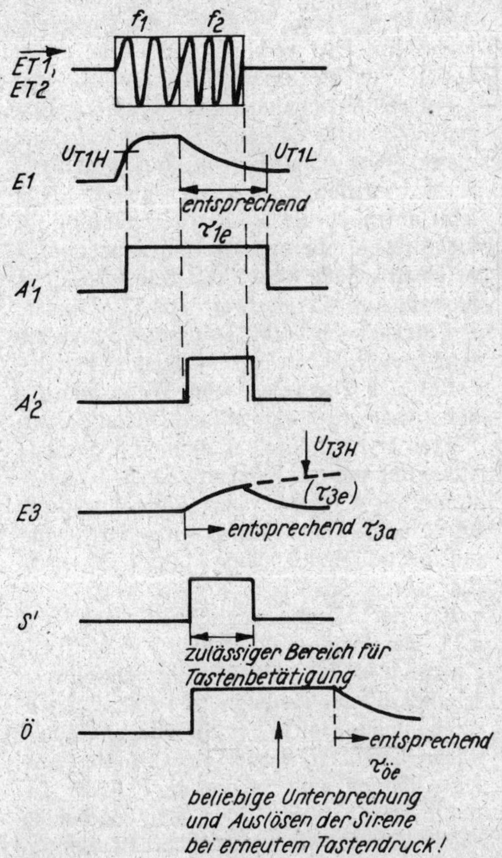

Bild 6.35
Wichtige Funktionsabläufe in Bild 6.34 bei richtiger Eingabe

quenzen, falsche Reihenfolge der Frequenzen, falsche Dauer, falsche Zeit für Tastendruck), ist der Öffnerkanal ständig gesperrt. Jede Tastenbetätigung kann sich dann nur als Sirenenton auswirken. Die Verknüpfung der positiven Sirenenbetriebsspannung (bzw. der Steuerspannung für die Sirene – je nach weiterer Schaltung) mit dem Eingang des Öffnerverstärkers sperrt diesen Kanal, sobald sich die Sirene einschaltet. Während des Alarms ist das Schloß also selbst dann nicht zu öffnen, wenn inzwischen der Sollzustand erreicht worden sein sollte. Einige Ablaufinformationen zum vorgestellten System lassen sich aus Bild 6.35 ablesen. Die Ausgangsschaltung für den Öffner wurde wegen der dann besser beherrschbaren Zeitkonstanten als *Darlington*-Stufe ausgeführt.

Die weitere Beschaltung der beiden Stufen hängt vom Öffnertyp, von der gewünschten Sirenenleistung und vom gewählten Sirenengenerator ab. Auf die Wiedergabe solcher Schaltungen wurde in diesem Abschnitt verzichtet, da in diesem Buch an anderer Stelle genügend Möglichkeiten dazu angeboten werden. Lediglich noch ein letzter Hinweis, wie man die Sirene als Türsignal ausnutzen kann, wenn man selbst anwesend ist: Dann empfiehlt es sich, das Halteglied der Sirenenansteuerung abzuschalten, so daß die Sirene nur für die Zeit der Tastenbestätigung ertönt. Mit diesem Schalter kann auch über einen 2. Kontakt auf eine kleinere Lautstärke geschaltet werden.

Die vorgestellte Lösung setzt sich aus Funktionsgruppen zusammen, die ebensogut auch einzeln oder in anderer Zusammenstellung genutzt werden können. Dem speziellen Einsatzcharakter gemäß wird jede Realisierung eine andere Gesamtauslegung aufweisen, angefangen vom unkomplizierten 1-Frequenz-Öffner für das Schubfach mit Zugmagnet als Ausgangsglied und ohne spezielle Kodierung bis zu einer Mehrfrequenzanlage mit Zeitstaffelung, u.U. sogar im Sender noch automatisch gesteuert, und mit beliebig hohem Digitalaufwand. Damit lassen sich also auch an sich schon störsichere Lösungen, die sonst über Tasten betätigt werden, deren Kode man durch Zusehen erkennt, durch eine solche Frequenzsteuerung modifizieren. Auf die Wiedergabe von Leiterplatten wurde daher bewußt verzichtet.

Die genauen Werte der Zeitkonstanten in einer der möglichen Realisierungen zu Bild 6.34 sind sowohl von den eigenen Vorstellungen wie von den Bauelementetoleranzen abhängig. Da man also auch diese Schaltung zunächst selbst in einem Testaufbau untersuchen und den eigenen Wünschen anpassen sollte, empfehlen sich dafür, wie gezeigt, Stellwiderstände im betreffenden Größenordnungsbereich.

An die Stelle der 3 aus TTL-Invertern zusammengesetzten Schwellwertschaltern mit Transistorimpedanzwandler aus dem 1. Wohnbereichs-Bastelbuch tritt also das 4fach-Trigger-NAND *4093* in CMOS-Technik. Dadurch sinkt der Ruhestrom auf nahezu 0, und die Betriebsspannung kann freizügiger gewählt werden. Gewisse Randbedingungen ergeben sich allerdings durch die

Gleichrichtereingänge: Die Ausgangsamplitude, vermindert um die Diodenflußspannung, muß den oberen Triggerschwellwert noch überschreiten können! Die Flußspannung liegt relativ fest, während die Triggerschwellen bei etwa 2 $U_{DD}/3$ und 1 $U_{DD}/3$ angesiedelt sind, also mit der Betriebsspannung wandern. Die Ausgangsamplitude des jeweiligen Operationsverstärkertyps ist stets kleiner als die Betriebsspannung in der betrachteten Polaritätsrichtung. Angesichts der vielen z. Z. einsetzbaren Typen sollte man bei zunächst nicht befriedigendem Ergebnis diese Grenzbedingungen überprüfen. Eindeutige Vorteile des *4093* sind seine Energiebilanz und der hohe Eingangswiderstand. Der gegenüber dem niederohmigen Trigger zunächst eingesparte Transistor muß jedoch – wenn dafür nicht ein Inverterelement z. B. eines *40098* verwendet wird – diesmal hinter dem Trigger angeordnet werden, denn der *4093* invertiert das Eingangssignal. Daher entsteht an seinem Ausgang bei Signal H nicht H, sondern L. Die nachfolgende NAND-Verknüpfung erfordert jedoch ein H-Signal zur Auslösung der Schloßansteuerung. Wiederum steht man also vor der Frage, mit welchen Schaltkreistypen insgesamt das Schloß realisiert werden soll. Solche Überlegungen waren bereits beim tastenbetätigten Schloß im vorigen Abschnitt angestellt worden. In Bild 6.34 wurde daher eine »halbneutrale« Darstellung gewählt: die Invertersymbole geben noch keinen Aufschluß darüber, wie die Realisierung aussieht. Lediglich der Einsatz des 2. NAND aus dem für die obere Verknüpfung benutzten *4012* wurde deutlich herausgehoben.

»Reine« Schaltkreislösungen erfordern den geringsten Aufwand an zusätzlichen Bauelementen. Einige Dioden und Widerstände erlauben dagegen den Einsatz des *40098* auch für Gatterschaltungen mit mehreren Eingängen. Transistoren als Inverter schließlich können dort von Vorteil sein, wo andernfalls ein kompletter *40098* oder auch *4011* nicht ausgelastet wäre. Die CMOStypischen hohen zulässigen Widerstände sprechen für solche »hybriden« Lösungen. Im vorliegenden Fall gibt es (unter anderem!) folgende Möglichkeiten: Schwellwertschalter 3/4 × *4093*, für SW1 und SW2 je 1 Transistor zum Invertieren. Durch ein 3-Dioden-AND »erweiterter« Eingang des 4. Triggerelements im *4093* verknüpft ohne die vorher nötige nachfolgende Invertierung die 3 Schwellwertschalterausgänge. Der 4. Eingang ist mit der Öffnerseite verbunden. Legt man diese statt an Masse an Plus, wird dabei das vorher nötige Invertieren gespart. Nun fehlt nur noch die NAND-Verknüpfung für die Sirenensteuerung. Da ein ganzer *4011* dafür zu schade wäre, zeigt Bild 6.36 einen preisgünstigeren Ausweg aus 2 Dioden, 2 Widerständen und 1 Transistor. Vorausgesetzt bleibt, daß in diesem Beispiel die Öffnertaste an Plus gelegt wird. Wenn man für den »Analogteil« einen 4fach-Operationsverstärker benutzt, besteht dann die gesamte Steuerung nur aus 2 Schaltkreisen, 3 Transistoren und 8 Dioden. Dazu kommt, wenn er unverändert übernommen wird, der Schaltteil mit weiteren 3 Dioden und 4 Transistoren.

Bei der Lösungsmöglichkeit nach Bild 6.34, wenn man sie präzisiert, werden mit einem *V 4012 D* sowohl die Schwellwertschalter mit der Tasteneingabe verknüpft wie die Bedingungen für den Sirenenkanal überwacht. Legt man wieder die Öffnertaste an Plus, können auch in diesem Fall die Tasteninverter gespart werden. Von den beiden oberen Schwellwertschaltern erhält diesmal nur einer einen Transistorinverterausgang. Das Signal des anderen wird mit dem freigebliebenen Triggerelement invertiert. Gesamtaufwand der Steuerung: 3 Schaltkreise, 1 Transistor, 3 Dioden. Man mag selbst entscheiden, ob 2 Transistoren und 5 Dioden einen CMOS-Gatterschaltkreis aufwiegen.

Abschließend noch ein Tip, wie man sich gegen das prinzipiell auch bei Selektivschal-

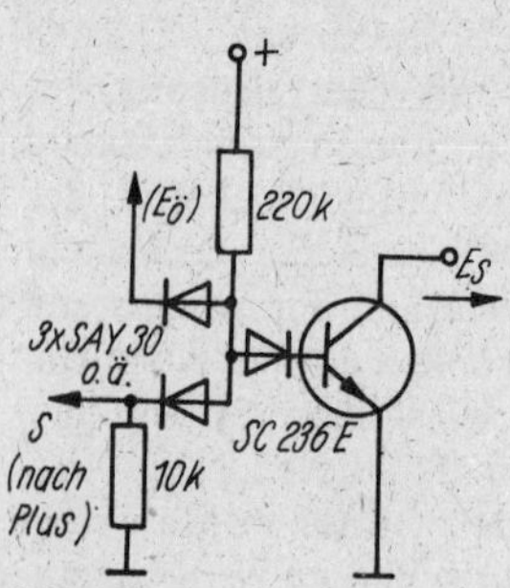

Bild 6.36
»Klassisches« DTL-NAND – neu von Interesse für Unterstützung von CMOS-Schaltungen

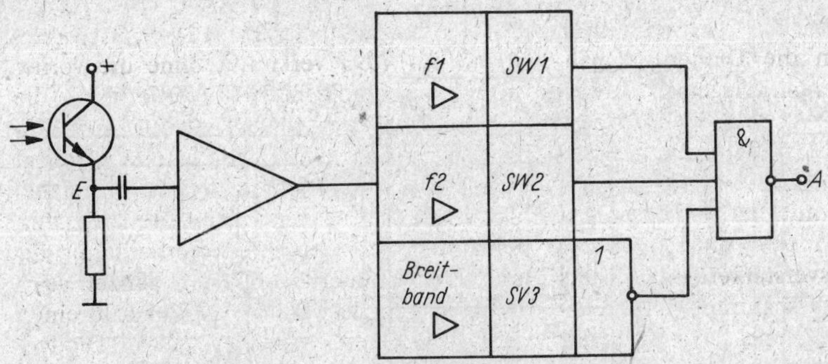

Bild 6.37 Breitbandiger 3. Kanal (ggf. auch als Sperrfilter für die Nutzfrequenzen auszubilden) gibt zusätzliche Sicherheit gegen Fremdeingriff (Prinzipdarstellung)

tungen noch mögliche »Überfahren« z. B. durch breitbandige Störer besser schützen kann: Alle Kanäle werden aus nur einem Fototransistor gespeist. Bild 6.37 zeigt das für 3 Auswertekanäle, denen aber nur 2 Signalfrequenzen zugeordnet sind. Der 3. Kanal reagiert breitbandig und ist so einzustellen, daß er von den beiden Nutzfrequenzen nicht »geöffnet« wird. Nur, wenn an seinem Ausgang kein L-Pegel erscheint, der hier dem Signal entspricht, wird der Öffner ausgelöst. Andernfalls läßt sich damit wieder ein Alarmkanal öffnen. Insgesamt eine ebenfalls sehr interessante Anregung, die zum Weiterdenken herausfordert!

6.7. Wächter für mechanische Schlösser

Zwischen einer nur eingeklinkten und einer ordnungsgemäß verschlossenen Tür bestehen erhebliche Unterschiede. Sofern der in der Wohnung verlegte »Leitungsbus« es noch zuläßt, kann man sich Informationen über diese Zustände sogar an einen zentralen Ort holen. Mindestens läßt es sich mit der im folgenden beschriebenen Maßnahme jedoch in Türnähe erkennen. Besonders dann, wenn z. B. eine Flurtür aus Schall- oder Zugluftgründen verkleidet ist, kann das prüfende Schlüsselumdrehungen überflüssig machen. Dieser vordergründige Effekt mag zunächst als Spielerei gelten. Anders verhält es sich schon, wenn diese Maßnahme Wege spart. Und letztlich erhöht sich auf diese Weise doch der »Komfort«. Es gibt 2 einfache Abfragmöglichkeiten: durch Kontakt und über Magnet. Dieser wiederum kann einen Schutzrohrkontakt betätigen oder einen *Hall*-Schaltkreis. (Die Bastelbeutelware des *461* ist bekanntlich extrem billig.) Beide Prinzipien erfordern einen Eingriff in den Türrahmen. Man sollte den Einbau also bis kurz vor eine Wohnungsrenovierung verschieben. Auch wird es sich zumindest für die Standardausrüstung von Flurtüren in vielen Neubauten auf diese Weise gar nicht durchführen lassen oder nur mit ziemlichem Kraftaufwand. Nachträglich innen aufgesetzte Zusatzschlösser, z. B. solche mit Drehgriff für innen und Sicherheitsschlüsseln für außen, bieten bessere Voraussetzungen. Die Detailentscheidung über die Einbauart muß also wieder unter den persönlichen Bedingungen getroffen werden.

Bild 6.38 und Bild 6.39 geben Empfehlungen, wie mit relativ kleinem mechanischem Aufwand entweder ein Mikrotaster oder ein *Hall*-Schaltkreis an ein solches Zusatzschloß angebaut werden kann. Die 1. Lösung ist als »elektrisch« zu betrachten, wenn sie sich auch als Eingangsteil eines größeren elektronischen Überwachungssystems nutzen läßt. Die 2. ist eine »echte« Elektronikvariante. Beide brauchen Betriebsenergie: mindestens für die Leuchtdiode, im 2. Fall auch für den *Hall*-Schaltkreis. Als fest installierte Einrichtung ohne Ausfallrisiko kann, wenn in der Nähe vorhanden, ein Klingeltransformator benutzt werden. Angesichts der geringen Stromaufnahme bietet sich aber gerade im Eingangstürbereich oft noch eine Lösung an, die zu nahe liegt, als daß man sofort daran denken würde: An den Klemmen des Klingelknopfs steht ständig Spannung in geeig-

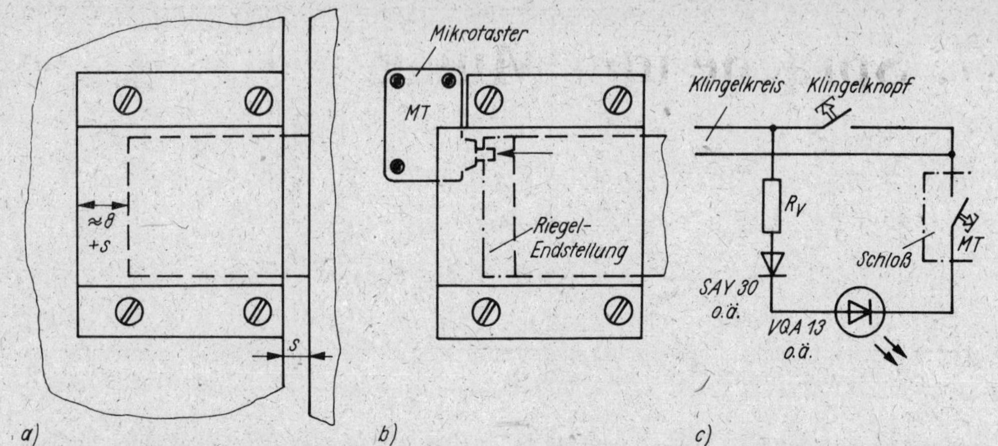

Bild 6.38 Zustandinformation für aufgesetztes Zusatzsicherheitsschloß; a – typische Verhältnisse, b – in Aussparung eingesetzter Mikrotaster, auf ausgefahrenen Schloßriegel justiert, c – Information durch Leuchtdiode, von Klingelknopf her aus der Hausklingelanlage gespeist

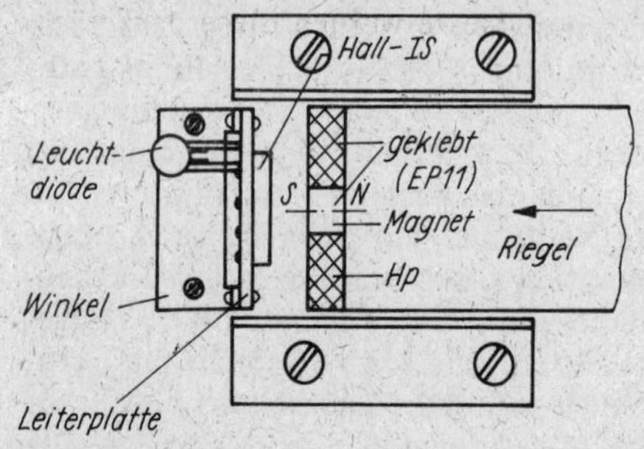

Bild 6.39
Hall-Schaltkreis mit Leuchtdiode vor Schloßriegel montiert; Schloßriegel trägt in Hartpapier eingebetteten, z. B. mit *EP 11* an Riegel geklebten Magneten

neter Größenordnung zur Verfügung. Man muß sie bei der »elektrischen« Variante mit Mikrotaster nicht einmal gesondert gleichrichten. (An anderer Stelle wurde bereits der Tip gegeben, diese Spannung zum Beleuchten des Klingelschildes heranzuziehen.) Meist wird es nicht allzu schwierig sein, unauffällig eine Leitung vom Klingelknopf auf die andere Türseite zu führen, wenn man anders an diese Spannung nur mit größerem Leitungsaufwand herankäme. Der Vorwiderstand wird zunächst zu etwa 1 kΩ gewählt, falls die Leerlaufspannung der Anlage bis zu 24 V beträgt. Bei kleinerer Spannung – man erkennt es schon ohne Messen an der geringen Helligkeit – kann der Widerstandswert meist bis zu etwa 470 Ω verringert werden. Die zusätzliche Diode schützt die Leuchtdiode, da diese in Sperrichtung nur bis zu 5 V erhalten darf. Eine Strommessung gibt keine zuverlässige Auskunft über die Belastung der Leuchtdiode, da sie nur mit den positiven Halbwellen der Wechselspannung betrieben wird. Besser ist es, die effektive Leerlaufspannung U_{eff} mit einem Wechselspannungsmesser zu ermitteln. Man geht dann sicherer mit einem Mindestwert von R_V nach der Beziehung $R_V = U_{\text{eff}}/0{,}02$. R_V ergibt sich in Ω, und der Effektivstrom durch die Leuchtdiode wird höchstens 20 mA. Der Widerstand braucht wegen des Halbwellenbetriebs selbst bei 24 V Leerlaufspannung nur für 0,33 W ausgelegt zu sein (z. B. Baugröße 4 × 12 oder 2 doppelt so große Werte der kleineren Baugrößen 3 × 11 parallel). Größeren Aufwand erfordert die Elektronikvariante mit *Hall*-Schaltkreis, da gleichgerichtet und sogar stabilisiert werden muß. Sein Einsatz hat daher wohl nur unter speziellen Gesamtschaltungsbedingungen für größere Systeme Sinn (z. B. auch zum prellfreien Zählen der Betätigungen des Schlosses). Dann aber steht auch die nötige Betriebsspannung zur Verfügung.

7. Sprache und Musik

Schall als *Träger von Information und Unterhaltung* spielt im Wohnbereich eine wichtige Rolle. Kommunikation zwischen den Familienmitgliedern im weitesten Sinne – das sind Lauscheinrichtungen für das Kinderzimmer, Haustelefon und Wechselsprechanlage. Man könnte all das jeweils von Grund auf bauen, maßgeschneidert und zweckgebunden. Der vorliegende Abschnitt bietet dazu manche Voraussetzung und Anregung, auch in Verbindung mit anderen Abschnitten dieses Buches. Man kann aber auch bereits vorhandene Geräte in ihren Nutzungsmöglichkeiten ausbauen. Ein wahlweise netz- oder batteriebetriebenes »Kofferradio« mit sogenannter Diodenbuchse und mit Zweitlautsprecheranschluß hat dafür sehr gute Voraussetzungen. Bereits in Abschnitt 5. waren solche Einsatzfälle dargestellt worden, bezogen auf Lausch- und akustische Überwachungseinrichtungen. Dort findet der Leser also bereits die erforderlichen Bauinformationen für kleine Zusatzverstärker, ohne die es für die vorgesehenen Zwecke meist doch nicht geht.

Konsequent weitergedacht entwickelt sich aus einer solchen einfachen Lauscheinrichtung mit einer Umschalteinheit zusammen schnell eine Wechselsprechanlage mit geringen Kosten. Das sei als Alternative zu der im folgenden als Komplettanlage vorgestellten »jüngsten« Bauplanlösung zu diesem Thema angeboten; Kombinationen beider Systeme sind ebenfalls denkbar! Aber auch in ihrer Basisaufgabe können Geräte der sogenannten Unterhaltungselektronik perfekter gestaltet werden. Zum einen betrifft das die Möglichkeiten »selektiven« Zuhörens ohne Lärmbelästigung anderer im gleichen Raum Anwesender. Es gibt inzwischen sogar auch mit Amateurmitteln leicht realisierbare »schnurlose« Verfahren dazu! Zum anderen betrifft es die schon lange bekannten und genutzten Automatiken für Einschlafen mit langsam abnehmender Lautstärke und (vielleicht) auch für »weiches Wecken«. Als zeitabhängige Objekte wurden diese dem nächsten Abschnitt zugeordnet.

Dem Teilbereich *Kommunikation nach außen* tragen Anregungen zur eingriffsfreien Verbesserung des Pegels von Telefongesprächen Rechnung, und auf der Unterhaltungsseite wurde neben einer optischen Signalisierung der Aussteuerung von Lautsprechern selbstverständlich wieder das Thema *Lichtmusik* aufgegriffen, realisiert mit den heute verfügbaren modernen Bauelementen der Mikroelektronik.

7.1. Telefonverstärker

Zwischen den einzelnen Abschnitten dieses Buches gibt es viele »Querbezüge«. So kann etwa aus der Schaltung nach Bild 4.48 durchaus auch ein Mithörverstärker für das Telefon abgeleitet werden. Dazu beschränkt man sich auf das analoge Verstärken der mit der Spule aufgefangenen Signale. Die Rückkopplung auf den nichtinvertierenden Eingang wird weggelassen. In den Ausgangskreis schleift man einen Kopfhörer ein oder steuert einen Endverstärker an. Als »Vorsteckverstärker« ähnlich der Diskretlösung nach Bild 4.54 (die dann vielleicht ebenfalls genügt) an ein Kofferradio angeschlossen, läßt sich auch auf diese Weise Lautsprecherwiedergabe erreichen. Vorsicht dabei vor akustischer Rückkopplung, nicht zu laut einstellen.

Jedenfalls gehört die induktive Auskopplung von NF-Signalen aus dem Telefon zu den ältesten Anwendungen der Halbleiter-Verstärkertechnik, und es gibt viele Lösungen dafür. Im folgenden geht es vorrangig um einen anderen Aspekt der Telefonnutzung.

Teilnehmer besetzt – bitte warten! Wieviel an untätiger Wartezeit mag diese Ansage schon eingeleitet haben. Nicht immer gelingt es, mit einer Hand weiterzuarbeiten. Und das ständige Hochziehen einer Schulter, um das Telefon am Ohr zu halten, ist nicht gerade bequem für die Körperhaltung. Wieviel Zeit, oft täglich, kosten Freizeichen, Vermittlungsstellen oder auch Zugauskünfte? Der schnell eingeholte Straßenzustandsbericht vor einer wichtigen Fernfahrt, die Kurznachrichten oder vielleicht auch das Kinoprogramm – alle fordern sie: Hörer am Ohr! Das muß nicht sein. Ein kleiner Zusatz ohne Eingriff in die Anlage (das ist verständlicherweise nicht zulässig!) kann Wunder wirken.

Erforderlich sind ein Schallwandler, z. B. ein dynamisches Mikrofon (etwa vom Magnetbandgerät entliehen) oder auch (besser) ein Kleinstlautsprecher, ein Verstärker (Batteriebetrieb wird meist genügen) und ein Lautsprecher für die Wiedergabe. Statt der sonst üblichen »Induktionsspule« außen am Tischapparat, die je nach Modell Probleme beim Anbringen an der günstigsten Stelle bringt, wird etwas handwerkliches Geschick gebraucht. Dann legt man statt des Ohrs den Schallwandler an den Hörer (oder »diesen auf jenen«), schaltet den Verstärker ein und hat die Hände wieder frei – vielleicht auch für Notizen, bei denen das Blatt nun nicht mehr wegrutscht. Günstig plaziert läßt sich die kleine Einrichtung mindestens für Ortsgesprächsdialog nutzen, wenn das aus einiger Entfernung Gesprochene das Mikrofon noch mit genügender Energie trifft. Allerdings werden dabei akustische Rückkopplungen auftreten können, gegen die schon beim reinen Abhören ein Lautstärkepotentiometer in der Einrichtung unbedingt erforderlich ist. Für den Verstärker nutzt man am einfachsten einen integrierten NF-Verstärkerschaltkreis. Der *A 211 D* (Amateurvariante *R 211 D*) und eine 1-Transistor-Vorstufe sind dafür noch immer eine zweckmä-

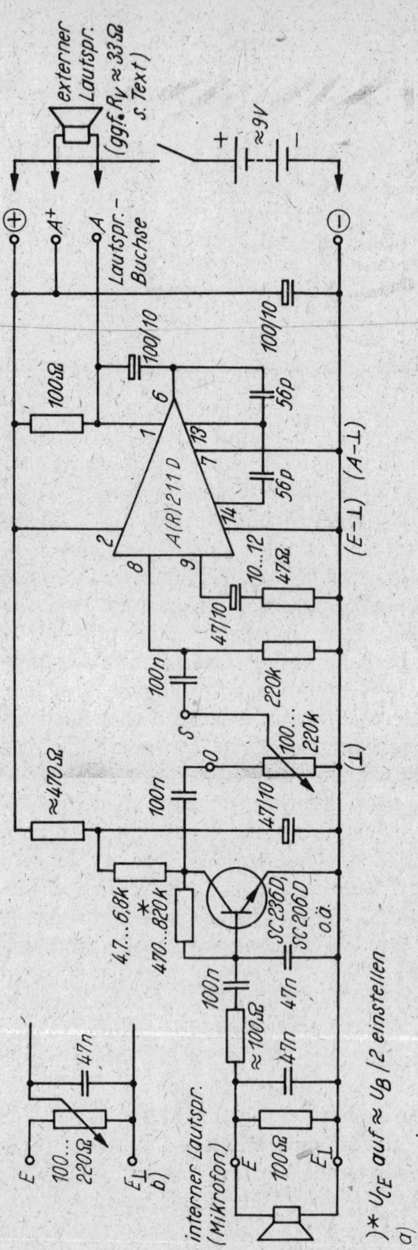

Bild 7.1 a – Stromlaufplan des Telefonverstärkers, U_{CE} auf etwa $U_B/2$ stellen, b – falls nur niederohmiges Potentiometer verfügbar, wird dieses sinnvoller am Eingang angeschlossen; O und S dann überbrücken

ßige Kombination. Die Koppelkondensatoren können relativ klein sein, da Tiefen kaum gebraucht werden. Für diesen Verstärker (Bild 7.1) entstand eine Leiterplatte im bewährten Format von 40 mm × 50 mm (Bild 7.2). Bestückt wird nach Bild 7.2b.

Entscheidend für einwandfreie Funktion sind 2 Punkte: Der gute akustische Kontakt

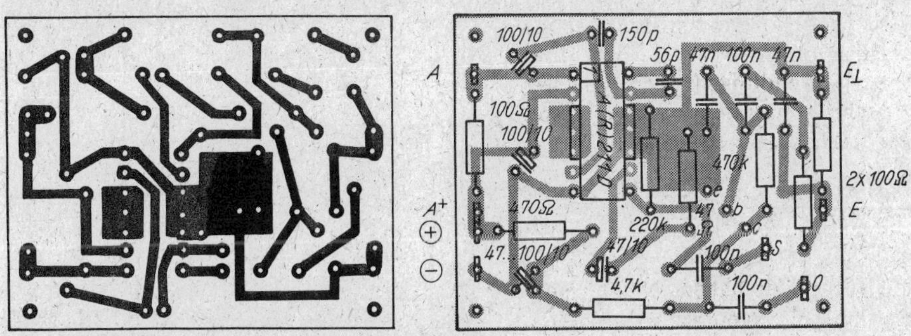

a) b)

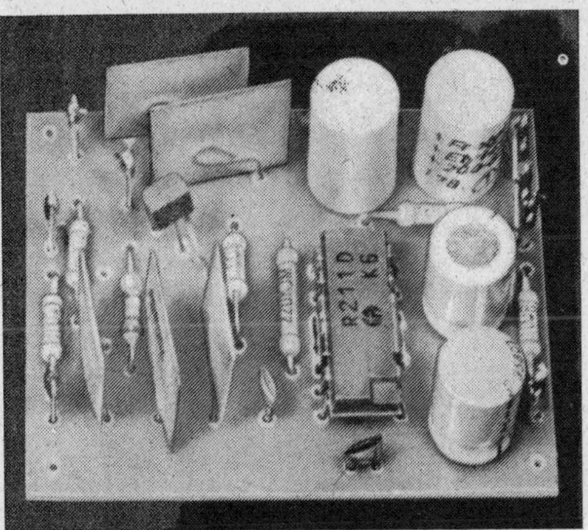

c)

Bild 7.2
a – Leiterbild des Verstärkers nach Bild 7.1, b – Bestückungsplan zu a, c – Musterbaustein

zwischen Telefonhörer und Schallwandler (»Mikrofon«) und die Anordnung der gesamten Anlage derart, daß möglichst wenig Wiedergabeschall in das Telefonmikrofon gelangt. Sonst pfeift es. Je besser der akustische Kontakt, um so weniger Verstärkung braucht man, und um so weniger »Nebenlärm wird vom Lautsprecher wiedergegeben. (Dazu gehören – vor allem bei getrennter Anordnung des Aufnehmers gegenüber dem Verstärker – u. a. auch Rundfunksenderstörungen, die ggf. im Sinne der bereits weiter vorn beschriebenen Maßnahmen zu beheben sind.) Vor allem wird aber die akustische Rückkopplung vom Lautsprecher auf den eigenen Schallwandler weniger kritisch.

Akustische Rückkopplung vom Lautsprecher auf das Telefonmikrofon läßt sich um so besser unterdrücken, je weiter der Lautsprecher vom Mikrofon entfernt ist, je weniger Lautstärke von ihm gefordert wird und je geringer andere Kopplungsmöglichkeiten als die Luftübertragung gegeben sind. (Dazu zählt z. B. Körperschall, die Hauptursache auch bei Ärger mit einer Anordnung, bei der im gleichen Gehäuse zusammen mit Verstärker, Batterie und Lautsprecher auch das vom Hörer aufnehmende Mikrofon untergebracht ist.)

Daher dürfte, so bestechend einfach sie zunächst auch sein mag, die in Bild 7.3 dargestellte Variante die schwierigste sein. Diese unmittelbare Körperschallkopplung und dichte Anordnung von gleich 2 Mikrofonen zum Wiedergabelautsprecher hat das Rückkopplungspfeifen schon »einprogrammiert«. Bild 7.3 zeigt die davon abgeleitete sinnvollere (unsere Vorzugsvariante), und Bild 7.3c deutet eine wegen der vor allem bezüglich Rundfunksendern längeren störanfälligen Eingangsleitung wohl am wenigsten attraktive an. Man kann den Schallwandler auch auf die Hörseite des Handapparats aufstülpen. Dafür läßt sich bei einem 45-mm-Lautsprecher als Mikrofon eine Unterputzplastdose verwenden. Die perspektivische Darstellung eines Halters, auf den der Handapparat (also der Telefonhörer) in allen

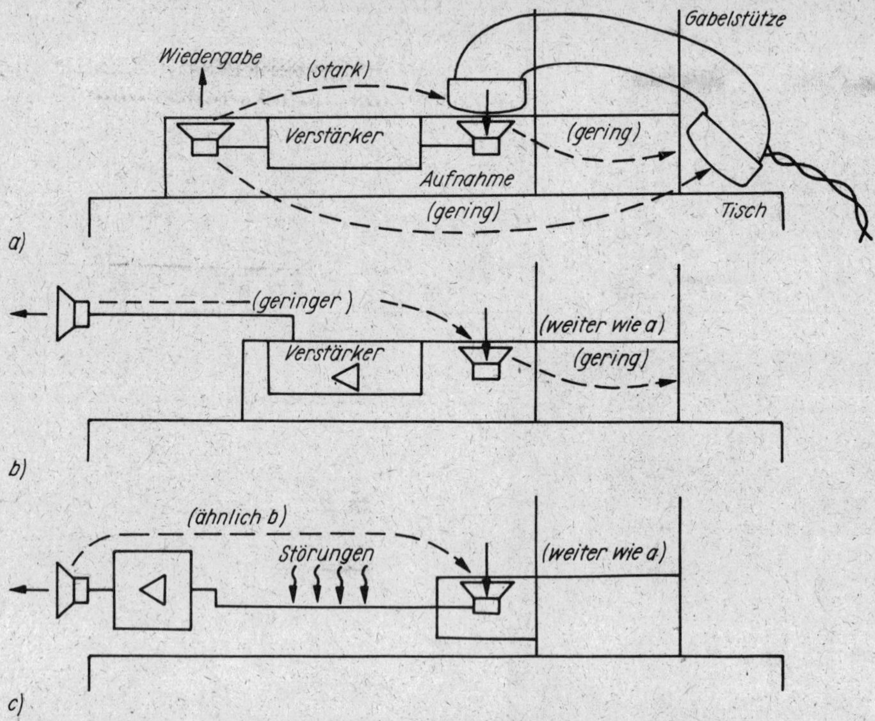

Bild 7.3 3 Möglichkeiten für Gestaltung und Anordnung des Telefonverstärkers; a – kompakt, aber kaum zu entkoppeln, b – »Optimalvariante«, c – gegen Rundfunkstörungen empfindlichere Variante

Fällen aufgelegt werden kann, gibt Bild 7.4 wieder. Die Einzelheiten richten sich nach dem Material, für das z. B. PVC oder Sperrholz in Frage kommt.

Aus dem »aktuellen Handelsangebot« zum Zeitpunkt seiner Entstehung wurde das Mustergerät abgeleitet: Ein billig erhältliches Multiprüferpreßstoffgehäuse bot sich für die in den Fotos (Bild 7.5) wiedergegebene Lösung geradezu an. (Das mag als Anregung für ähnliche Gelegenheiten gelten). Die ursprüngliche Instrumentenöffnung erhielt eine schalldurchlässige Abdeckung (in diesem Fall Streckmaterial). Daran wurde der 45-mm-Kleinlautsprecher mit 3 angelöteten 0,8-mm-Drahtstückchen befestigt. Vorher waren ein seitlicher Schlitz für das gewählte Schiebepotentiometer und oben eine Öffnung für den *Simeto*-Einschalter anzubringen. Bohrer, Laubsäge und Feile sind dafür geeignete Werkzeuge. Der lange Schlitz für das Potentiometer läßt sich – vorsichtig! – nach Anritzen der Umrisse notfalls auch roh mit dem Seitenschneider »ausknabbern«. Potentiometer und Schalter werden mit Senkkopfschrauben M 2,5 befestigt; für das Potentiometer braucht man über den Schrauben 2 Abstandsröhrchen. Sie dürfen im Fall der vorgestellten Lösung aber höchstens 4 mm lang sein, sonst gibt es Platzschwierigkeiten beim Betätigen des Knopfes.

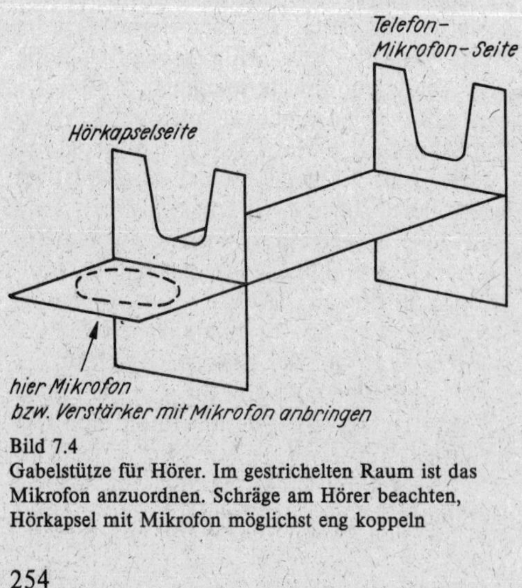

Bild 7.4
Gabelstütze für Hörer. Im gestrichelten Raum ist das Mikrofon anzuordnen. Schräge am Hörer beachten, Hörkapsel mit Mikrofon möglichst eng koppeln

a)

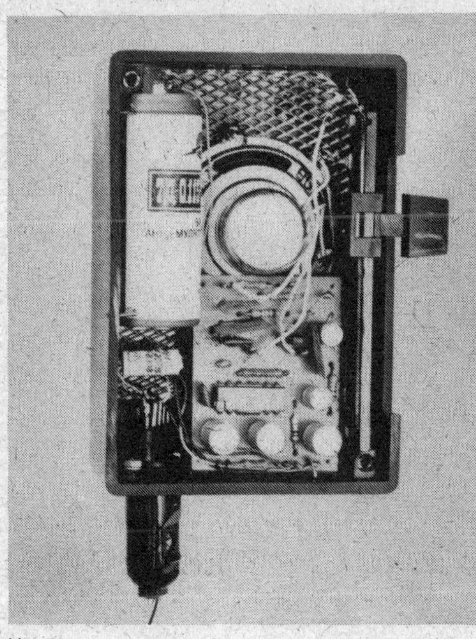

b)

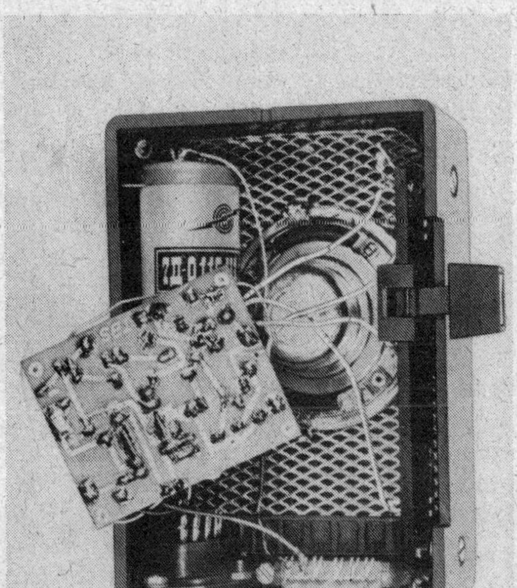

c)

Bild 7.5
Telefonverstärker in Fertiggehäuse, Ansichten (Mustergerät; Lautsprecherfläche sollte aber besser mit Außenfläche abschließen)

Das Gerät wird im allgemeinen immer nur für kürzere Zeiten benötigt. Eine ökonomische Stromversorgung dafür stellte bei Manuskriptzeitpunkt der 8,4-V-Akkumulator *7Д-0.115* aus der UdSSR dar. Er läßt sich nach aufgedruckter Ladevorschrift viele Male wieder laden. Man bedenke bei dieser Lösung jedoch die begrenzte Strombelastbarkeit (12 mA Dauerbetrieb!). Allerdings können diesem Akkumulator erfahrungsgemäß kurzzeitig einige Milliampere mehr abgefordert werden, ohne daß seine Lebenserwartung gravierend sinkt. Jedenfalls empfiehlt es sich, wenn die Wahl auf diesen volumengünstigen Typ fällt, eine Ausgangsstrombegrenzung sowohl durch Anschluß möglichst eines 15-Ω-Lautsprechers als auch (vor allem, auch auf Kosten des Wirkungsgrads bei anderen Typen kleineren Widerstands) die Serienschaltung von etwa 15 bis 33 Ω. Damit wird der Spitzenstrom bei größerer Aussteuerung wirksam begrenzt. Weitere Maßnahmen in diesem Sinne sind:

- nie weiter »aufziehen« als unbedingt nötig,
- zusätzlichen Stützkondensator für kurzzeitige höhere Stromentnahme von 1 000 µF/10 V an den Verstärker anbauen, allerdings hinter einem Strombegrenzungswiderstand (Größenordnung 22 Ω) zwischen ihm und dem Akkumulator (dann ist der ebengenannte Vorwiderstand vor dem Lautsprecher unnötig).

Am Mustergerät wurden folgende Werte gemessen: Ruhestrom 4 mA; Amtszeichen bzw. normale Lautstärke bei Gespräch: 10...12 mA. Nur bei akustischer Rückkopplung (auf die man im allgemeinen schnell reagiert) stieg die Stromaufnahme kurzzeitig auf 30 bis 40 mA.

Der Akkumulator wurde einfach zwischen Lautsprechermagneten und Außenwand eingelegt. Diese Wand erhält 2 1-mm-Bohrungen, in die 2 1-mm-Drähte eingesteckt werden. Sie halten den Akkumulator in seiner Lage.

Auch die Leiterplatte läßt sich auf diese Weise einfach haltern. Dazu nutzt man am besten die Lötösen auf der Ausgangsseite mit aus. Die Kontakte des darunterliegenden *Simeto*-Schalters biegt man waagerecht ab. Zwischen Leiterplatte (die bei dieser Gerätelösung besser nur 48 mm statt 50 mm lang sein sollte) und andere berührbare Metallteile wird eine dünne Isolierfolie (z. B. Pappe) gelegt.

Das Potentiometer bestimmt mit seinem Widerstandswert die Art des Einschleifens in die Schaltung und einzelne Bauelementewerte. Ist es genügend hochohmig (z. B. 47 kΩ oder mehr), so legt man es der Darstellung in Bild 7.1 entsprechend zwischen den Ausgang der Transistorstufe und den Eingang des Schaltkreises. Je niederohmiger es jedoch ist, um so größer muß der Auskoppelkondensator vom Transistor her sein. Richtwerte für etwa gleichbleibenden Übertragungsfrequenzgang: Bei 100-kΩ Potentiometer mindestens 0,22 µF, bei 10-kΩ-Potentiometer 2,2 µF, bei 1-kΩ-Potentiometer 22 µF. Mehr schadet (an dieser Stelle!) nichts. Im Unterschied dazu darf z. B. vor den Eingang des Schaltkreises wegen seines Reststroms kein Elektrolytkondensator gelegt werden.

Für das Mustergerät stand nur ein niederohmiges Schiebepotentiometer zur Verfügung (220 Ω). Es wurde – abweichend von der Schaltung nach Bild 7.1 – statt des 47-Ω-Gegenkopplungswiderstands eingeschleift (zusätzlicher Vorwiderstand etwa 22 Ω). Damit kann die Verstärkung allerdings nur in einem begrenzten Bereich variiert werden. An dieser Stelle sei noch ein weiterer Hinweis zwischengeschoben: Der Verstärkereingang nach Bild 7.1 und die zugehörige Leiterplatte wurden mit einem Bandpaßeingang gegen Leitungsstörungen versehen. Das ist vor allem für die Variante c nötig oder für ähnliche Einsatzfälle (z. B. auch als Kinderzimmer-»Ohr«), bei denen man den Verstärkerteil aus Bedien- und anderen Gründen gern am »Hörort« anordnet. Für den Hauptnutzungszweck ist dieser Aufwand oft nicht nötig. Durch Entfernen der nach Masse liegenden Keramikscheibenkondensatoren (einer nach dem anderen!) stellt man leicht fest, was wirklich benötigt wird. Der 100-Ω-Serienwiderstand dürfte dann ebenfalls entfallen können – allerdings muß man ihn durch eine Brücke ersetzen. Der 100-Ω-Widerstand parallel zum Eingang sollte bleiben. 100 Ω sind nur als Richtwert zu betrachten. Man wählt ihn so, daß er in etwa dem Innenwiderstand des benutzten Mikrofons entspricht. Mittelohmige Magnettonzubehörmikrofone wird man mit etwa 220 Ω abschließen, einen 15-Ω-Kleinlautsprecher dagegen mit etwa 22 Ω. Diese Maßnahme verbessert den Eingangsfrequenzgang; Eigenresonanzen des Mikrofons werden dadurch gedämpft.

Übrigens empfiehlt es sich, die verbliebenen Freiräume des Gehäuses mit Schaumstoff zu füllen. Auch eine Schaumstoffunterlage unter der Bedienplatte ist sinnvoll. Angeklebt an diese wirkt sie gleichzeitig als Gleitschutz. Bei der vorgestellten Lösung wird dann eine zusätzliche Halterung für den Telefonhörer überflüssig. Man kann ihn

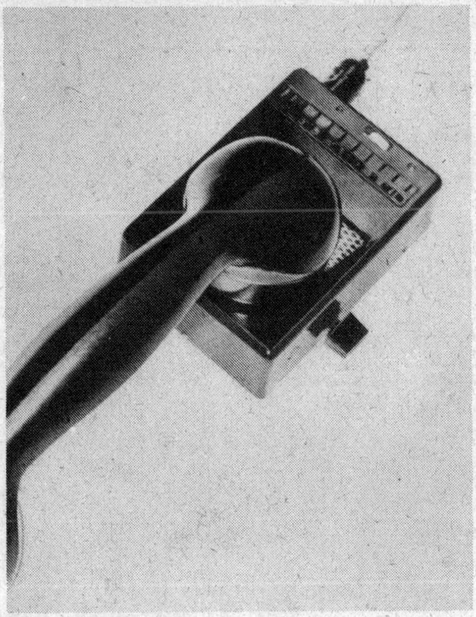

Bild 7.6
Einsatz des Telefonverstärkers. Unter die Bedienplatte Schaumstoff kleben

einfach auf das Gerät legen (s. Bild 7.6). Der Wiedergabelautsprecher – von beliebiger Größe und Impedanz – sofern die gegebenen Strombegrenzungshinweise beachtet werden – sollte nicht gerade direkt neben dem Aufnehmer stehen. Da er nur zeitweise gebraucht wird, muß er nicht fest mit der Anlage verbunden sein. Wenn man anschließend immer wieder den Ursprungszustand herstellt, läßt sich vielleicht sogar eine Box der Stereoanlage benutzen.

Eine andere Lösungsmöglichkeit für die Aufgabe greift wieder auf Abschnitt 4 zurück. Bei der Lösung nach Bild 7.7a ging es nämlich zunächst eigentlich mehr darum, mit einigen gerade vorhandenen Teilen schnell eine ruhestromarme Telefonzweitklingel für mobilen Einsatz »zusammenzustricken«. Dieser Begriff sei erlaubt. Der Heimelektroniker kennt das: Bisweilen muß er schnell reagieren. Und wenn beispielsweise in einer größeren, etwas verwinkelten und damit akustisch »unübersichtlichen« Wohnung plötzlich mit einigem Lärm renoviert wird, geht Telefonklingeln oft in diesem Pegel unter. Die mit einer 2adrigen »Klingeldrahtleitung« versehene Schaltung (Bild 7.7b) in einem kleinen Karton untergebracht, ließ sich überallhin nachführen. Aus Industrierestposten waren gerade billige Hochtonlautsprecher im Angebot. Die relativ harte Membran eines solchen Exemplars paßte gut auf die Empfangsseite. Erst größerer Schalldruck, wie eben das Telefonklingeln, veranlaßte sie zur Abgabe einiger Millivolt Tonfrequenzspannung. Dieses Signal gelangt auf den Eingang eines mit hochohmigen Kollektorwiderständen auf insgesamt 50 µA Stromaufnahme »gedrosselten« 2stufigen NF-Verstärkers. Die noch immer modernen NF-Transistoren der Reihe *SC 236* bieten auch bei solch kleinen Kollektorströmen noch gute Verstärkungswerte. Über einen Kondensator wurde an den Ausgang dieses Vorverstärkers eine Endstufe mit Komplementärtreiberschaltung angeschlossen. Sie ist nahezu ruhestromfrei, solange sich im Vorverstärker nichts regt. Das sollte man fast wörtlich nehmen. Denn: Schaltimpulse, Rundfunksender und andere Störer können die Endstufe aktivieren. Schon der eingezeichnete 10-nF-Keramikkondensator am Eingang unterdrückte jedoch den stärksten Ortssender ausreichend. Übrigens führte die einfache Gesamtstruktur der Schaltung bei zu kleinem Eingangskondensator zu langsamem Pulsen. Die gestrichelte Zusatzsiebung ist in solchem Fall zu empfehlen. Elektrolytkondensatoren können in dieser Schaltung nur zur Entkopplung, nicht aber zwischen den einzelnen Stufen benutzt werden. Ihre Restströme verschieben die Arbeitspunkte hoffnungslos. Der deshalb erforderliche Einsatz von MKT- oder MKL-Kondensatoren macht die Schaltung etwas teurer.

Gelangt ein ausreichend starkes Schallsignal auf dem Empfangslautsprecher (Telefonklingel, aber z. B. auch Kinderweinen), so wird die Endstufe aktiviert und liefert ein zwar nicht unbedingt klirrarmes, dafür aber ziemlich lautes Signal.

In dieser Ausführung ist diese Anordnung für die Wiedergabe des Freizeichens aus der Hörkapsel des Telefons bereits begrenzt geeignet. Schon ein Widerstand von einigen hundert Kiloohm von der Basis des pnp-Transistors nach Masse ergibt jedoch einen Arbeitspunkt, der die Endstufe auch bei kleinem Eingangssignal in den A-Betrieb bringt. Zur Gegenkopplung sollte man jetzt den

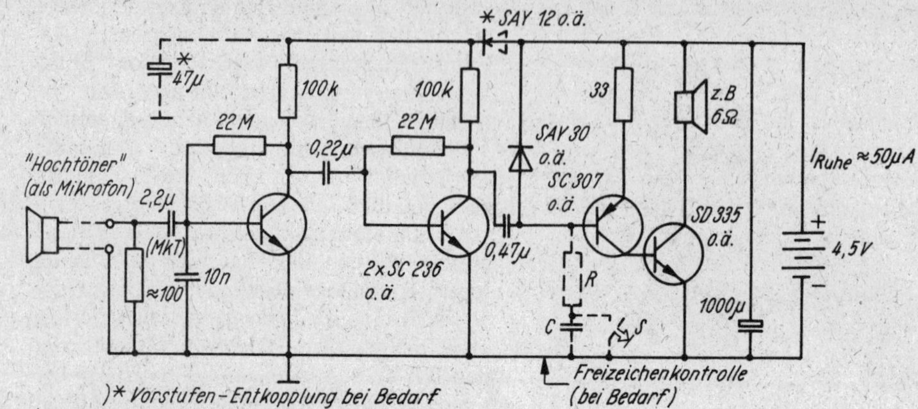

a)

b)

Bild 7.7
Ruhestromarme Zweitklingel mit Schwellverhalten; a – Stromlaufplan (gestrichelter Zusatz für Mithörzwecke: Hörer auf den als Mikrofon benutzten Lautsprecher legen), b – unkonventionelle »Schnell-Lösung« zu a

Emitterwiderstand des pnp-Transistors an den Kollektor der Endstufe legen. Vielleicht empfiehlt sich nun auch ein Widerstand von einigen zehn Ohm in Serie zum Lautsprecher, damit die Batterie geschont wird. Für beide Zwecke schließlich und ohne die Gefahr, daß anschließend das Umschalten in den stromarmen Zustand vergessen wird, eignet sich die Schaltung mit einem kleinen Kunstgriff: Der hochohmige Basiswiderstand des pnp-Transistors wird auf einen Kondensator (einige Mikrofarad) geführt. Mit einer Taste entlädt man zu Beginn der Nutzungszeit (also z. B., um ein Freizeichen bis zur Meldung des Teilnehmers zu überwachen) den Kondensator. Danach bleibt die Endstufe für eine von der Zeitkonstante aus Basiswiderstand und Ladekondensator abhängige Zeit aktiv. Gegebenenfalls Knopfdruck wiederholen, wenn die Zeit länger als erwartet ist. (Man hört das, wenn es nötig wird, am leiser werdenden Freizeichen!) Auch dieser Kondensator sollte allerdings kein Elektrolytkondensator sein.

7.2. Haustelefon

Die große Anzahl in den letzten Jahren ausrangierter alter Telefonapparate, u. a. in vielen Betrieben, brachte den Wunsch, diese bewährte Technik im Wohnbereich (nur außerhalb des öffentlichen Fernsprechnetzes erlaubt!) weiterhin zu nutzen. Bereits im 1. Wohnbereichs-Bastelbuch wurde daher die Innenschaltung eines solchen Telefons gezeigt und eine Lösung für eine Gegensprechverbindung skizziert, einsetzbar in der Wohnung, auf dem Gartengrundstück, durch die Kinder in der Arbeitsgemeinschaft oder sogar im Ferienlager. Während die beiden letztgenannten Gründe Batteriebetrieb voraussetzen (auf das dabei auftretende Klingelproblem wird noch eingegangen), stört es in der Wohnung auf Dauer vielleicht doch, auf den Zustand einer solchen Batterie achten zu müssen. Im folgenden daher zunächst die aus dem 1. Wohnbereichs-Bastelbuch her bekannte Grundlösung und anschließend ein Tip für eine günstigere »Vollnetz«-Variante.

Das Öffnen eines alten Telefons ist leicht. Nur 2 Schrauben sind zu lösen. Dann wird es komplizierter. Der Kabelbaum, zu dem alle Leitungen verschnürt sind, kommt dem Erkennen der Zusammenhänge nicht gerade entgegen. Und wer kennt schon voll die Funktion und die Möglichkeiten der verschiedenen Betriebsarten! Bild 7.8 zeigt die etwas vereinfachte Darstellung. Das mehrfache Hin und Her einiger Verbindungen, die Möglichkeit des Zweitweckeranschlusses usw. wurden nicht wiedergegeben. Alle Kontakte sind in der Lage dargestellt, in der sie sich bei aufgelegtem Hörer befinden.

2 dieser Telefone ergeben eine Sprechverbindung für den Hausgebrauch. Bleibt man dabei »unter sich«, zieht keine Leitung zum Nachbarn oder gar zum richtigen Telefonanschluß, dann interessiert sich die Post dafür nicht. Die erforderlichen Eingriffe beschränken sich auf einmal Umklemmen (Abklemmen der Verbindung Nummernscheibe – Anschluß b) sowie auf den Anschluß einer 3adrigen Leitung aus Klingeldraht. Sie kommt an die mit a, b und E bezeichneten Anschlüsse. Der Nummernscheibenanschluß an 3 (von dort liegt nach b eine Brücke) wird also abgeklemmt und mit an 4 gelegt, damit er nicht lose herumhängt. Das verhindert das sonst beim Drehen der Nummernscheibe für Amtsverbindungen nötige impulsweise Kurzschließen der Adern a und b. Die Nummernscheibe wird also nicht benötigt. Dennoch soll möglichst wenig verändert werden, um die Apparate später vielleicht auch einmal in einer anspruchsvolleren Anwendung einsetzen zu können.

Für eine Sprechverbindung braucht man 2 Spannungsquellen: Gleichspannung zum Betrieb der Kohlemikrofone und Wechselspannung für die »Wecker«, die ja über einen Kondensator an der Sprechleitung liegen. Ein solcher Kondensator sperrt Gleichspannung. In richtigen Telefonanlagen wird mit einem Ruftongenerator gearbeitet. Es geht aber auch mit der Netzfrequenz. Unter etwa 12 V nötigt man allerdings den Klingeln nur ein müdes Schnarren ab. Am besten geht es mit einem Zubehörtransformator der Modelleisenbahn. Er muß deshalb nicht aus der Anlage entfernt werden – das Telefon braucht nur etwa 70 mA. Notfalls sind die Sekundärseiten von 2 Klingeltransformatoren »phasenrichtig« hintereinanderzuschalten (falsch gepolt kommt gar nichts heraus – mit 16-V-Lampe prüfen!).

Wenn vorher Hörer 1 abgehoben wurde, arbeitet die Klingel von Stelle 2, sobald die Erdtaste dieses Apparats betätigt wird (Bild 7.9). Apparate ohne Erdtaste sind entsprechend nachzurüsten. Hebt Teilnehmer 2 ab, so wird der Sprechstromkreis geschlossen. Erst ab jetzt muß die Sprechbatterie Strom liefern. (Beim Klingeln fließen nur einige Milliampere Wechselstrom durch sie bzw. durch einen parallelgeschalteten Kondensator.) Undisziplinierte Teilnehmer drükken aber bisweilen auch den Knopf, wenn schon abgehoben worden war. Das führt zu hohem Batterieverschleiß. Um ihn einzudämmen, empfiehlt sich der zusätzliche Wi-

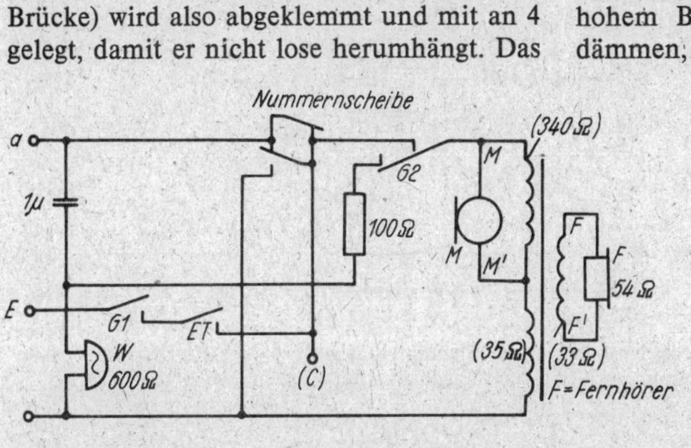

Bild 7.8
Wichtigste Einzelheiten zum Fernsprechapparat *W 38* (b unten)

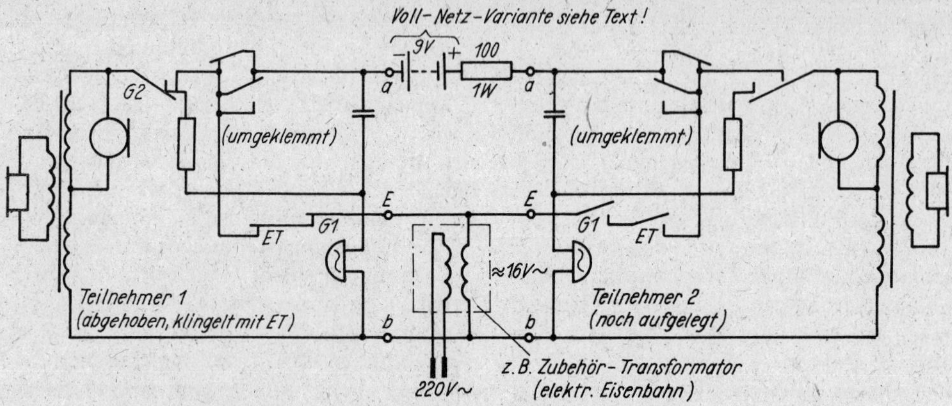

Bild 7.9 Sprechverbindung zwischen 2 *W 38*-Apparaten (Haustelefon mit Klingelruf); Sprechbatterie durch 2. Transformatorwicklung, 1-Weg-Gleichrichter und 1000 μF ersetzbar (s. Text)

derstand in der a-Leitung. Bei 100 Ω und 9 V Batteriespannung (z. B. 6 × *R6* in Serie) sollte er 1 W aushalten können. Im normalen Sprechbetrieb ist mit höchstens 30 mA zu rechnen, solange beide Teilnehmer abgehoben haben. Eine Batterie reicht also ziemlich lange. Bekanntlich werden ja die Kohlekörnchen im Mikrofon beim Sprechen durch die leitfähige Membran mehr oder weniger zusammengedrückt. An Mustern wurden dabei Widerstandsänderungen zwischen weniger als 200 Ω und mehr als 5 kΩ gemessen!

Dieser schwankende Widerstand »moduliert« den durch die Übertrager fließenden Strom. Am eigenen Hörer wird – durch Anordnung und Bemessung der Wicklungen bedingt – davon nur ein Teil als Wechselspannung wirksam. Man hört sich also zumindest im Hörer selbst zur Kontrolle, wenn auch weniger laut als der andere Teilnehmer, durch dessen Übertrager der »Sprechstrom« ebenfalls fließt. Der Hörer besteht aus einer Spule auf einem Magneten, vor dem sich eine Stahlmembran befindet. Sie wird von dem sich durch die Spannungsschwankungen ändernden Spulenstrom mehr oder weniger stark angezogen, denn je nach Stromrichtung vergrößert oder verringert der Strom das Magnetfeld.

Gegen Sprechverkehr von Zelt zu Zelt im Ferienlager dürften wohl ebenfalls keine Bedenken der Post bestehen. Dafür wird es schwierig, Wechselspannung für den Ruf bereitzustellen. In diesem Fall sollte man statt aufwendiger Elektronik vielleicht doch am einfachsten einen getrennten Rufkreis aufbauen. Im 1. Wohnbereichs-Bastelbuch wurden dafür noch 2 billige Schnarren empfohlen, die auch für Gleichstrom geeignet sind. Nach Bild 7.10a braucht man dafür eine 4. Ader. Die Rufknöpfe können entweder aus der Erdtaste gewonnen oder außen auf den Schnarren montiert werden. Statt der Schnarren sind auch »lautlose« Lämpchen möglich (Bild 7.10b). Als modernere und wesentlich genügsamere Varianten wird man

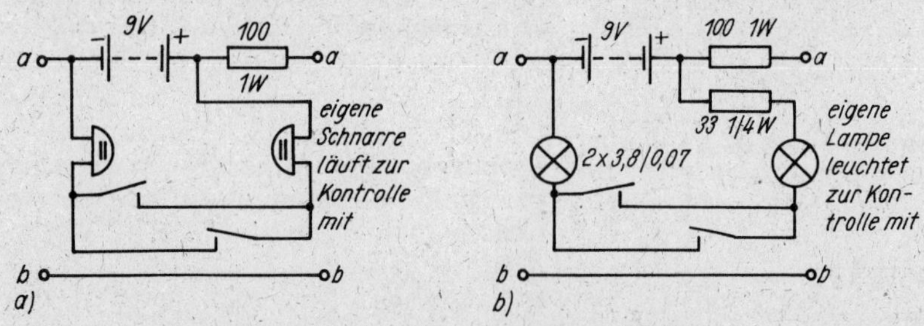

Bild 7.10 Sprechverbindung mit reiner Gleichstromspeisung. Zur Signalisierung werden a – Gleichstrom-»Schnarren« oder b – Lampen benutzt. In a sind auch *piezophon*-Kapseln und in b Leuchtdioden verwendbar (33 Ω dann auf 330 Ω erhöhen)

dagegen heute Piezosummer bzw. Leuchtdioden einsetzen. Allerdings ist zu bedenken, daß irgendwann einmal das gesamte Prinzip fragwürdig wird. Für mobilen Einsatz kann schließlich schon mit etwas Mikroelektronik und niedriger Spannung wenigstens Gleichwertiges erreicht werden, bezogen auf den Gebrauchswert. Lassen wir also das Oldtimertelefon besser in der Wohnung, doch speisen wir es künftig ganz aus dem Netz (selbstverständlich über sicheren Transformator mit Kleinspannung). Die Lösung ist einfach. Im Angebot des Handels trifft man bisweilen auf Transformatoren aus Kofferempfängernetzteilen. Sie sind häufig für Zweiweggleichrichtung ausgelegt und haben darum 2 Wicklungen auf der Sekundärseite, deren Spannung im leerlaufnahen Betrieb durchaus für die Klingelspeisung im Telefon ausreicht. Die eine dieser Wicklungen wird entsprechend Bild 7.9 angeschlossen. Die andere versieht man mit einem 1-A-Gleichrichter und einem Elektrolytkondensator 1000 µF/25 V. Er ist die neue »Batterie«. Abschließend noch ein aus der Praxiserfahrung entstandener Tip: Eine 12-V-Kfz-Lampe (2 bis 5 W) sollte unbedingt in den Klingelkreis dicht am Transformator eingeschleift werden. Sie beugt größerem Schaden vor, wenn die Leitung einmal kurzgeschlossen wird. Gleichzeitig zeigt die Lampe einen solchen Kurzschluß an.

7.3. Wechselsprechsystem

Sollen in einer Wohnung nicht nur 2 Punkte untereinander in Sprachkontakt gebracht werden, ist eine etwas aufwendigere Anlage auf Dauer die sinnvollste Lösung. In der Reihe *Originalbaupläne*, die auch für das vorliegende Buch einige Objekte bereithielt, wurde das Thema Sprechanlagen schon mehrfach behandelt. Bewährte Details früherer Entwicklungen überdauerten die Jahre, während die Schaltkreistechnik den aktiven Aufwand immer besser beherrschbar werden ließ. Die früher ökonomisch begründete Notwendigkeit eines zentralen Verstärkers tritt in den Hintergrund zugunsten anderer Gestaltungsmöglichkeiten. Die folgenden Ausführungen basieren weitgehend auf dem in *Bauplan Nr. 50* vorgestellten Wechselsprechsystem. Es erschien angebracht, zunächst zu diesem wichtigen Gebiet der Wohnbereichselektronik auch etwas auf das Umfeld der Möglichkeiten einzugehen.

7.3.1. Zum Prinzip

Wechsel- oder Gegensprechen?
Beim Sprechverkehr gibt es grundsätzlich 2 Möglichkeiten, die unterschiedlichen Aufwandbedingungen und verschiedenartige Probleme enthalten: Wechselsprechen und Gegensprechen. Die letztgenannte Art ist u. a. beim Telefon gegeben: Mikrofon und Hörkapsel in jedem Handapparat erlauben gleichzeitig zu sprechen und zu hören. Dieses Verfahren bedingt, daß das empfangene Signal nicht wieder in das sendende Mikrofon gelangen darf. Von einer gewissen Mindestlautstärke an (und bevorzugt bei von den Eigenschaften der Anlage abhängigen Frequenzen) entsteht akustische Selbsterregung durch Rückkopplung. Man kennt diesen Effekt bei Türsprechanlagen nach dem Gegensprechprinzip bei für die Anlage ungünstiger Betriebsweise, wenn der Schall durch Reflexion vom Lautsprecher in das meist in gleicher Ebene (abgeschattet von jenem) angebrachte Mikrofon gelangt. Doch auch manche Telefone neigen dazu. Soll nun in einem Raum mit seinen zahlreichen reflektierenden Flächen eine solche Anlage mit Lautsprecher betrieben werden, so fällt es meist schwer, durch Pegelverringerung, geschicktes Aufstellen, Dämpfen mit absorbierenden Materialien sowie schließlich unterschiedlichem Frequenzgang beider Kanäle und Schallwandlergruppen (was wegen des begrenzten Hörbereichs wenig Spielraum bietet) zu einer brauchbaren Nutzung zu gelangen. Oft wird dieses »dynamische Gleichgewicht« bereits durch eine sich öffnende Tür oder durch Standortänderung des Sprechenden hörbar gestört. Im Gebrauchswert ist allerdings (sieht man von den genannten, jedoch für die meisten Nutzer oft nicht beherrschbaren Störfaktoren ab) die Gegensprechverbindung auf Grund ihrer einfachen Bedienbarkeit dem Wechselsprechverkehr überlegen. Unter den in Bild 7.11 skizzierten Verhältnissen bisher meist üblicher Lösungen für die beiden Möglichkeiten (u. a. dik-

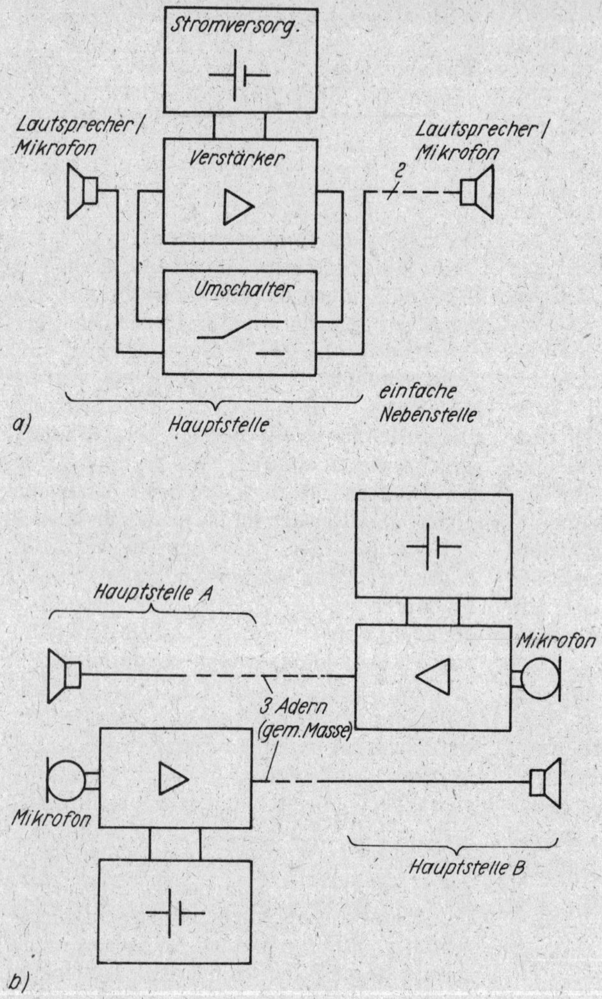

Bild 7.11
Bisher übliche Verfahren; a – Wechselsprechen, b – Gegensprechen (Lösung »a« wird innerhalb dieses Buches noch beim wahlweisen »master-slave«-Zusatz angewendet!)

tiert von der früheren Bauelementesituation vor der Greifbarkeit preiswerter Schaltkreise) entstand die schon im *Elektronikbasteln im Wohnbereich* enthaltene Entscheidungshilfe (Tabelle 7.1). Sie berücksichtigt allerdings noch nicht die im vorliegenden Objekt und auch in anderen in jüngerer Zeit publizierten Lösungen gewählte Möglichkeit, jeder Sprechstelle einen Verstärker zuzuordnen, wie sich das aus Bild 7.12 ersehen läßt.

Hauptkennzeichen des Wechselsprechens ist die beim Dialog erforderliche Disziplin. Jeder der beiden Teilnehmer muß wissen, wann er »dran« ist.

Die weite Verbreitung von Einrichtungen dieser Art (etwa in Wohnblöcken als Türwechselsprechanlage) brachte jedoch längst Gewöhnung daran. Eine gegenüber der Schaltung nach Bild 7.12 interessante und manchmal durchaus sinnvolle Erweiterung zur »Quasi-Gegensprechanlage« besteht nun darin, gemäß Bild 7.11a zu bauen, jedoch Sprechtasten einzuführen. Für einen Dialog mit einer Gegensprechanlage (z. B. Telefon) wird meist einfach die Anlage, nachdem der Ruf angekommen ist, für die Gesprächsdauer eingeschaltet (z. B. Hörer abheben). Bei Anlagen mit Lautsprecher kann dabei ein spezieller Rufton entfallen: Man schaltet einfach die Stromversorgung des eigenen Geräts ein und beginnt zu sprechen.

Wird nun dieser Schalter als Sprechtaste ausgebildet (oder eine solche zusätzlich in den Eingangskreis gelegt), so ist das mög-

Tabelle 7.1 Entscheidungshilfe beim Projektieren einer Sprechverbindung (Bewertung bezüglich Gegensprechanlage)

Wechselsprechen	Gegensprechen	Einschätzung der Gegensprechanlage
nur immer eine Sprechrichtung; wird in Hauptstelle umgeschaltet	beide Teilnehmer können gleichzeitig sprechen und hören	erleichterte, beschleunigte Gesprächsabwicklung
aufwendiger Umschalter	nur »Sprechtaste«	weniger störanfällige Kontakte, unkritische Schaltverdrahtung
Rufen über Rückkoppeln oder Rufgenerator	Rufen über den Sprechkanal	kein Zusatzaufwand für Ruf
je Stelle nur ein Lautsprecher (wirkt auch als Mikrofon)	je Stelle ein Lautsprecher und ein Mikrofon	erhöhter Schallwandleraufwand
nur ein einziger Verstärker nötig	je Stelle ein Verstärker notwendig	erhöhter Gesamtaufwand
unerwünschtes Mithören leicht möglich durch Stellung »Hören« (Zusatzsperre nötig!)	unerwünschtes Mithören nur nach Eingriff möglich	relativ »abhörsicher«, dafür Eingriff bei erwünschtem Lauschen nötig
keine akustische Rückkopplung	akustische Rückkopplung nicht ausgeschlossen	Aufstellungs- und Pegelproblem
Teilnehmerkreisprobleme, da nur »teilaktive« Verbindungen	Teilnehmerkreise beliebig, da immer gleiche Koppelart; über Wahlschalter Ausblenden möglich	»Serienfertigung« einfach, da gleiche Stellen
kleiner Störabstand bei »Hauptstelle hört« (Netz- und Sendereinstreuungen)	hohe Störfestigkeit, da nur der hohe Ausgangspegel auf die Leitung gelangt	Leitungsverlegung und Eingangsgestaltung unproblematisch

lich: Sobald der gerufene Partner seinen Verstärker ebenfalls einschaltet und antwortet, besteht die Gefahr akustischer Rückkopplung. Also läßt man die eigene Sprechtaste los und hört zu. Im Unterschied zum üblichen Wechselsprechen kann aber jetzt jederzeit mitten in den Satz des Partners hinein geantwortet werden (wenn das die Höflichkeit zuläßt ...). Die dabei meist einsetzende akustische Rückkopplung dürfte Grund genug sein, die Sprechtaste loszulassen! Die im folgenden beschriebene Anlage läßt diese Möglichkeit ohne größeren Zusatzaufwand zu. In Verbindung mit dem wahlweisen »master-slave«-Zusatz und denkbaren weiteren Anschlüssen (etwa zur Signalgabe beim unbefugten Öffnen von Türen oder Fenstern) dürfte daher der Begriff »System« zulässig sein.

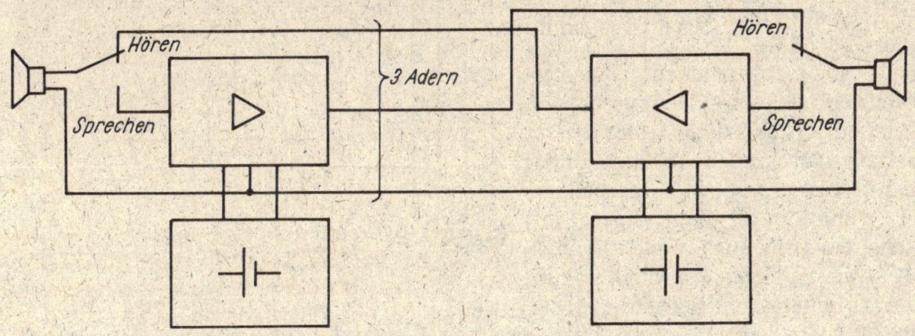

Bild 7.12 Durch Verfügbarkeit preiswerter Schaltkreise nähert sich die Wechselsprechanlage im Aufwand einer Gegensprechanlage (allerdings mit weiterhin nur 1 Schallwandler je Sprechstelle) – dieses Prinzip wird auch im vorliegenden Buch benutzt

Prinzip der Grundausführung

DIALOG besteht zunächst aus gleichberechtigten Sprechstellen mit jeweils einem kompletten Verstärker und zugehöriger Stromversorgung (s. u.). Jede Sprechstelle enthält eine Taste »Sprechen«, die den Eigenlautsprecher auf den Eingang dieses Verstärkers schaltet. Der angewählte gewünschte Partner liegt mit seinem Lautsprecher im Ruhezustand (Sprechtaste nicht gedrückt) am Ausgang der ihn ansprechenden Stelle. Diese Verknüpfung wird über die »Adressenleitung« durch Drücken der zugeordneten Stellenwahltaste hergestellt. Mit der Sprechtaste wird gleichzeitig die Betriebsspannung an den Verstärker gelegt. Wie Bild 7.13 für das Beispiel von 3 Sprechstellen zeigt, bilden die Verbindungsleitungen eine Art »Bussystem«. Jeder Teilnehmer bedient sich der gleichen Ader, wenn er den im Ruhezustand an dieser liegenden anderen Teilnehmer erreichen will. Für die Dauer dieser Verbindung ist seine eigene Busleitung nicht in Betrieb. Sollen 2 oder mehr Teilnehmer gleichzeitig angesprochen werden (wobei sich die Ausgangsleistung auf alle verteilt), so drückt man einfach die betreffenden Wahltasten gleichzeitig.

So ergeben sich folgende Anforderungen an den Schaltersatz:

- Sprechtaste (im allgemeinen nichtrastend) mit 2 Umschaltern (der 2. Umschalter ist nötig, damit eindeutig zwischen der am Bus liegenden Ausgangsmasse und der in der Grundlage nur im Gerät benutzten Eingangsmasse getrennt werden kann, sonst Koppelgefahr!),
- *n*-1 rastende Wahltasten bei n Teilnehmern, mit je 1 Einschalter (das läßt sich bis $n = 3$ auf nur einen Umschalter reduzieren, s. Bild 7.14!),
- im Fall von zusätzlichem »master-slave«-Betrieb in den dafür vorgesehenen Sprechstellen 1 zusätzliche (hier besser wegen Dauerlauschmöglichkeit rastende) Sprech-Hör-Taste mit 2 Umschaltern, dazu 1 Wahltaste für den »slave« mit 2 Umschaltern (Eingangs- und Ausgangsmasse!) sowie 1poliger Umschalter zum Wechsel zwischen den Betriebsarten (s. Abschn. 7.3.3.).

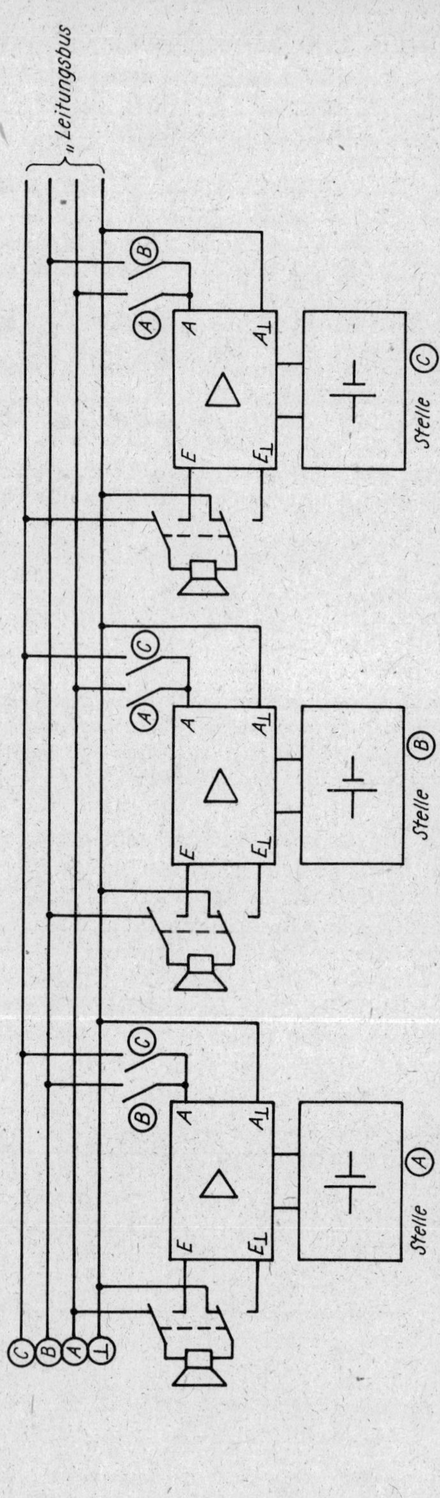

Bild 7.13 DIALOG (Grundausführung) benutzt ein Leitungsbündel mit n+1 Leitungen für n Teilnehmer. Zusätzliche Verbindungen im »master-slave«-Verfahren erfordern je Nebenstelle 2 Leitungen, da dann aus Pegelgründen nicht mehr die gemeinsame Masse benutzt werden kann

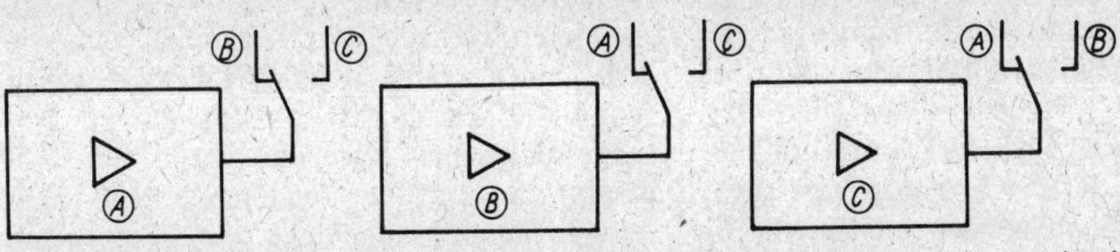

Bild 7.14 Die Wahlschalter können bis $n = 3$ einfache Umschalter sein, wobei dann, was meist nicht stört, immer eine der anderen Stellen angewählt bleibt. Diese Lösung scheidet aber bei »master-slave«-Zusatz aus

7.3.2. Einsatzfragen

Wie bei jeder Sprechverbindung, bei der der Verstärkerausgang einen am Ende einer längeren Leitung liegenden Lautsprecher versorgen muß, steht an jenem nur noch ein Bruchteil der ohne diese Leitung möglichen Sprechleistung zur Verfügung. Nun müssen solche Sprechverbindungen, von speziellen Aufgaben in lärmerfüllter Umgebung abgesehen, auch nicht gerade Diskolautstärke bieten. Wichtig ist ein ganz anderer Aspekt, nämlich die Verständlichkeit. In dieser Frage wurde im Grunde oft gesündigt. Im Bestreben, die Sprechstellen klein zu halten, wurden oft unterdimensionierte Lautsprecher eingesetzt. Nun hat allerdings ein solcher Schallwandler zur gleichzeitigen Nutzung als Aufnahme- und Wiedergabeorgan auch nicht gerade optimale Eigenschaften. Kleinlautsprecher mit außerdem noch eingeengtem Frequenzbereich schneiden, als Mikrofon benutzt, in Empfindlichkeit und Verständlichkeit meist günstiger ab als größere Typen mit außerdem besonders nach tieferen Frequenzen erweitertem Bereich. Sie eignen sich wiederum besser auf der Wiedergabeseite. DIALOG wurde mit Ovallautsprechern ähnlich dem z. B. in Autoempfängern benutzten *553* realisiert. Diese Lautsprecher sind in der Größenordnung von 2 W dauerbelastbar (Bild 7.15). Richtabmessungen des Korbes: 100 mm × 150 mm. Mit derartigen Typen bestückte Anlagen klingen auch bei der für Sprechzwecke üblichen verständlichkeitsverbessernden Tiefenbeschneidung im Verstärker wesentlich besser als solche mit Kleinlautsprechern, denn ausgangsseitige Übersteuerung ist von der Leistung her kaum zu befürchten. Das schützt nicht vor Übersteuerung des Verstärkers bei zu hoher Eingangsspannung. Man sollte daher für übliche Sprechverbindungen keine zu hohe Gesamtverstärkung vorsehen. Zumal in der Konzeption, bei der am Sprechort keine Kontrolle der Aussteuerung gegeben ist wie etwa mittelbar im »master-slave«-Fall beim Hören, würde ein Lautstärkesteller fragwürdig. Selbstverständlich sind Kompressionsschaltungen denkbar, doch geht es dann – wenn der Aufwand nicht zu hoch werden soll – meist nicht ohne Verzerrungen. Außerdem würden Regelzeitkonstanten stören. Bei einem normalen Sprechabstand von etwa 0,5 m und üblicher Sprechlautstärke genügt die vorgestellte Anlage auch ohne solche Zusätze den Ansprüchen. Höhere Empfindlichkeit, wie sie (besonders bei nur einseitig benutzten) Lauschstrecken manchmal gewünscht wird, kann bei Bedarf mit einer zusätzlichen Verstärkerstufe erreicht

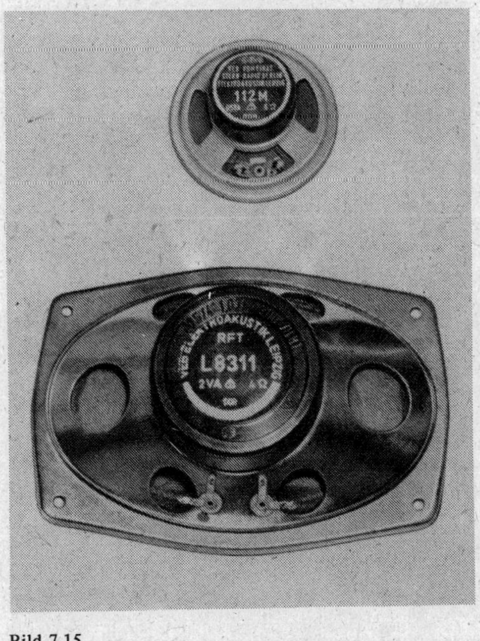

Bild 7.15
Ovallautsprecher für DIALOG im Vergleich zum Kleinlautsprecher *112 M*

werden. Die Gesamtempfindlichkeit eines Sprechverstärkers liegt unter den heute besonders in Städten oder in der Nähe von Rundfunksendern gegebenen Störfeldstärkebedingungen leider hoch genug, um diese Störer zum Problem werden zu lassen. Besonders betroffen waren davon die »verstärkersparenden« Konzepte mit Haupt- und Nebenstelle (unserem nur noch als Zusatz verwendeten »master-slave«-Prinzip entsprechend). Bei Stellung »Hören« brachte die Leitung für den Eingang genügend Brumm und Musik, um den vernünftigen Einsatz in Frage zu stellen. So enthält eine derartige Anlage auch stets einige Maßnahmen dagegen (Bild 7.16):

- Hochpaß-*RC*-Glied gegen Netzbrumm und zur Tiefenbeschneidung zwecks Erhöhung der Empfindlichkeit,
- Tiefpaß-*RC*-Glied gegen die Wirkung von Rundfunksendern, die am Verstärkereingang demoduliert werden.

Der Hochpaß (vorrangig gegen Frequenzen im Bereich bis zu einigen hundert Hertz) wird oft gleich so ausgelegt, daß man damit einen niederohmigen Anschluß der Leitung bezüglich sonst stärker hervortretender Lautsprecherresonanzen erreicht. Der Tiefpaß (vorrangig wirksam oberhalb einiger zehn Kilohertz) kann u. U. auch aus dem Ausgangswiderstand der 1. Transistorstufe und einem Kondensator bestehen, sofern nicht der störende Rundfunksender bereits an der Basis zur Niederfrequenz demoduliert wurde.

Nun sollte man annehmen, daß eine nur in Sprechrichtung betriebene Anlage gegen solche Störprobleme unempfindlich sei. Das trifft jedoch nur in Grenzen zu. Was auf jeden Fall bleibt, ist eine oft ziemlich lange Leitung. Ihr können weiterhin merkliche Antenneneigenschaften zugeschrieben werden. Darum genügen auf der Eingangsseite schon die schaltungsbedingten kurzen Leitungsstücken zu Umschaltern und Lautsprechern, um aus der Umgebung, z. B. auch durch Einkopplung über die bedienende Hand, Störungen aufzufangen. Es erwies sich daher als sinnvoll, auch in der vorliegenden Konzeption die angeführten Maßnahmen anzuwenden. Das Ergebnis erfüllte voll die Erwartungen.

Nun nochmals zurück zum Problem der Ausgangsleistung. Wird von vornherein ein genügend leistungsfähiger NF-Schaltkreis im Endverstärker vorgesehen, bestehen genügend Reserven zur Aussteuerung eines noch über eine relativ lange Leitung angeschlossenen Lautsprechers. Relativ lang soll in diesem Fall heißen, daß der Leitungswiderstand bereits in die Größenordnung des Lautsprecherwiderstands gelangt. Nach Tabelle 7.2 liegen also 50 m Doppelleitung von je 0,6 mm Drahtdurchmesser mit 6 Ω Gesamtwiderstand je nach Lautsprecher u. U. bereits über seinem Widerstand. Leider wer-

Tabelle 7.2
Widerstandswerte gebräuchlicher Drahtsorten

Drahtdurchmesser des blanken Drahts in mm	Widerstand für 100 m (= 50 m Doppelleitung) in Ω
0,4	14
0,5	9
0,6	6
0,7	4,5
0,8	3,5
0,9	2,7
1,0	2,2

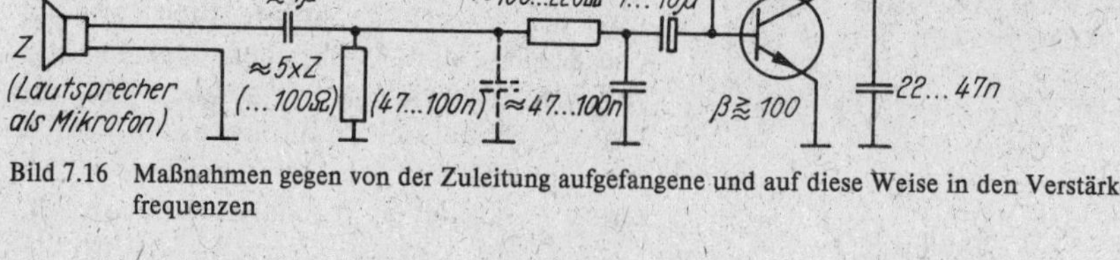

Bild 7.16 Maßnahmen gegen von der Zuleitung aufgefangene und auf diese Weise in den Verstärker gelangende Störfrequenzen

den 4-Ω-Typen öfter angeboten als 8- oder gar 15-Ω-Lautsprecher. Im übrigen rechnet man ja bekanntlich mit der Näherung $P_a \approx \frac{U^2}{8R_L}$. Unabhängig vom Verhältnis zwischen Draht- und Lautsprecherwiderstand ist also die Absoluthöhe des Gesamtwerts bestimmend für die bei einer vorgegebenen Ausgangsleistung erforderliche Spannung. Für den verwendeten *A 210 D* in seiner Bastelvariante sind 4 Ω Mindestwiderstand einerseits eine Sicherheit dagegen, daß der zulässige Spitzenausgangsstrom überschritten wird. Andrerseits liegt damit bereits fest, was überhaupt noch am Lautsprecher erwartet werden kann, wenn einige Ohm Leitungswiderstand dazwischen liegen.

In der vorliegenden Anlage wird die Ausgangsleistung jedoch noch durch einen anderen Umstand begrenzt, und man sollte daher bei der praktischen Gestaltung im konkreten Fall auch diesen Widerstand nicht größer wählen, als es angesichts der noch angeschlossenen Leitung bis zum nächstgelegenen Lautsprecher erforderlich ist: Die gewählte Konzeption schließt nicht aus, daß gleichzeitig 2 Sprechstellen sich am Lautsprecher einer 3. »treffen«. Je nach augenblicklicher Aussteuerung kann dann die eine Endstufe als »aktive Last« für die andere wirken. Um dadurch denkbare Schäden auszuschließen, erhielt jeder Ausgang noch einen Schutzwiderstand, der aber auch eine starke Leistungsbegrenzung für die Nutzlast darstellt. Damit hat man unter den Bedingungen des angeführten Beispiels, wenn der Schutzwiderstand wegen einer anderen, näherliegenden Sprechstelle den Wert von 10 Ω beibehält, für 4 Ω Lautsprecherwiderstand mit 16 Ω Vorwiderstand zu rechnen. Das bedeutet, daß nur 20 % der Ausgangsleistung den Lautsprecher erreichen. Bis z.B. 12 V Betriebsspannung sind das also rein rechnerisch bei Vollaussteuerung $0{,}2 \cdot \frac{144}{8 \cdot 20}$ oder 180 mW. Das ist allerdings noch immer eine durchaus für die vorgesehenen Zwecke ausreichende Leistung. Bei einem 8-Ω-Lautsprecher werden daraus $0{,}334 \cdot \frac{144}{8 \cdot 24}$ oder 250 mW. Verringert man dagegen den Schutzwiderstand z. B. auf die Hälfte (und je niedriger die Betriebsspannung, um so mehr ist das ohne Schaden möglich!), so erhält ein 4-Ω-Lautsprecher 320 mW und einer mit 8 Ω 400 mW. Selbst bei Speisung aus einem 6-V-Klingeltransformator ist bei den auftretenden Effektivströmen von unter 200 mA noch mit etwa 8 V Gleichspannung zu rechnen, was die Leistungsangaben auf etwa 45 % reduziert. Auch das genügt noch vielen Zwecken.

7.3.3. »master-slave«-Zusatz

Das ist im Grund der aus früheren Bauplänen »geläufige« Wechselsprechanlagentyp. Im vorliegenden Zusammenhang bildet er jedoch lediglich noch eine mögliche Ergänzung der anders konzipierten Gesamtanlage. Er kann aber bei Bedarf auch nur in dieser Weise und dennoch unter weitestgehendem Einsatz aller Bauinformationen dieses Bauplans verwendet werden.

»Master« heißt Meister oder Herr, »slave« ist Sklave oder Knecht. Diese alte Form der Unterordnung stand im Angelsächsischen Pate, als Verknüpfungen, Abhängigkeiten in der Digitaltechnik in kurzer einprägsamer Form charakterisiert werden sollten. Wohl am bekanntesten ist diese Bezeichnung im Zusammenhang mit dem Wirkungsablauf bei entsprechenden Flip-Flop-Schaltkreisen wie dem *D 172*.

Im vorliegenden Rahmen drückt dieser Name aus, daß die Nebenstelle, der »slave« (im Extremfall nichts als ein Lautsprecher), völlig davon abhängig ist, ob sie vom »master« angesprochen oder – wenn er auf Hören umgeschaltet hat – abgehört wird.

Das hat mindestens den Vorteil, daß ein Benutzer der untergeordneten Nebenstelle nichts weiter zu tun hat als zu antworten, wenn man ihn anspricht. Er muß nur wissen – und das merkt er schnell – wann seine Antwort gehört wird (nämlich nur dann, wenn der Hauptstellenpartner auf Hören geschaltet hat). Manchmal kann die auf diese Weise ständig gegebene Möglichkeit, die Nebenstellenumgebung unbemerkt abzuhören, unangebracht oder sogar unzulässig sein. Dann hilft eine Hörsperre in der Nebenstelle. Sie bringt dann aber die Notwendigkeit einer »Mindestbedienung«. Größte

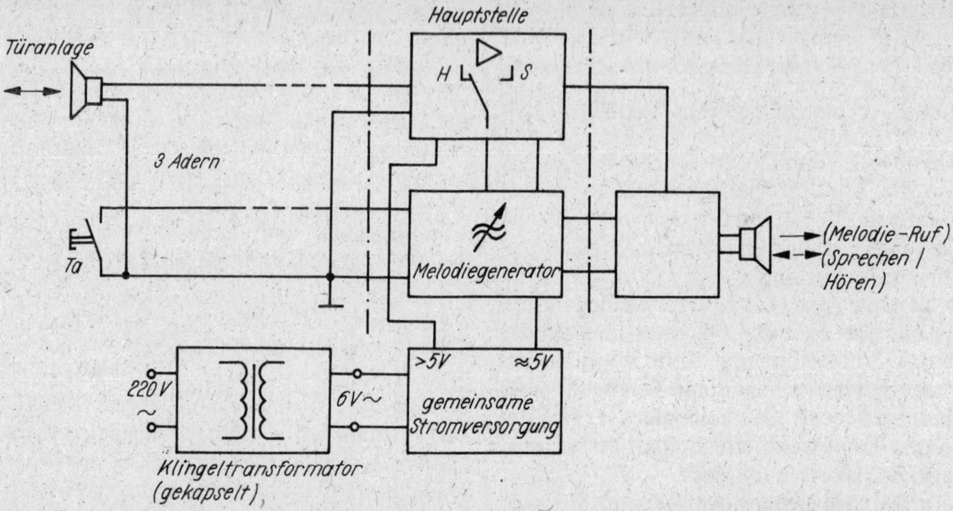

Bild 7.17 Melodiegenerator als Bestandteil einer Türsprecheinrichtung. (Seine Versorgungsspannung kann jetzt von der der Wechselsprechanlage abgeleitet werden.) Lautsprecher ist für Sprechen, Hören und Signalwiedergabe einsetzbar, wenn er bei Einschalten der Hauptstelle vom Generator auf diese umgeschaltet wird

Sicherheit gegen später »offen« bleibende Lauschrichtung bietet eine nichtrastende Taste in der Nebenstelle, mit der man die Lauschsperre für die Gesprächsdauer aufhebt. Sie muß dann aber während des gesamten Gesprächs gedrückt bleiben. Ein rastender Schalter ist da bequemer. Man darf nur nicht vergessen, ihn wieder auf Ruhestellung zurückzuschalten. Schließlich bringt die »passive« Nebenstelle noch die Frage nach Realisierung des Rufes zur Hauptstelle. Die Lösung dafür hängt vom Einsatzfall ab.

Typische Einsatzfälle für Nebenstellenanschlüsse sind Türsprechstellen, Kinderzimmer und Nebenräume einer Wohnung, für die ein Hauptstellenanschluß nicht lohnt (d. h. 2adrige Leitung statt »Busbündel«). Türsprechstellen können parallel zu vorhandenen Klingelleitungen nachträglich eingerichtet werden oder auch das Rufsignal der Klingel mit übernehmen. Im ersten Fall ändert sich an der vorhandenen Anlage nichts. Die Nebenstelle wird über eine 2adrige Leitung angeschlossen. Probleme kann es beim Parallelführen mit der Klingelleitung geben, denn diese führt Wechselspannung. Brummstörungen sind also nicht ausgeschlossen. Man beachte daher die schon weiter oben gegebenen Hinweise. Im 2. Fall wird die Klingelleitung einfach umfunktioniert. Sie muß dann aber vollständig von der bisherigen Anlage getrennt werden. Das wird in Mehrfamilienhäusern und Wohnblocks schwierig sein. Dort, wo der Einbau einer Sprechstelle in solchen Fällen überhaupt möglich bzw. zulässig ist, wird man also den 1. Fall wählen.

Der 2. Fall bringt die Notwendigkeit, der Nebenstelle eine Rufmöglichkeit zuzuordnen. Auch dafür stehen – bereits Abschnitt 4. hat es gezeigt – wesentlich mehr Lösungen zur Verfügung. Besonders dann, wenn eine 3. Leitungsader zugelassen wird (im Handel gibt es bis zu 4adrige »Bastelleitungen«), sind der Phantasie kaum noch Grenzen gesetzt. Eine »elektronische Klingel« kann so in das System eingefügt werden, daß ihre Existenz (im Gegensatz zur ständig anliegenden 50-Hz-Spannung üblicher elektromechanischer Klingeln) den Sprechverkehr nicht beeinträchtigt. Bild 7.17 zeigt z. B., wie man einen Melodiegenerator etwa nach Abschnitt 4 einbeziehen kann. Die 3. Ader läßt sich sogar sparen, wenn bei Einschalten der Hauptstelle für die Gesprächsdauer längs der strichpunktierten Linie umgeschaltet wird. Das muß 2polig geschehen, damit nicht die bekannten Probleme mit Eingangs- und Ausgangsmasse auftreten, wenn die Sprechrichtung gewechselt wird.

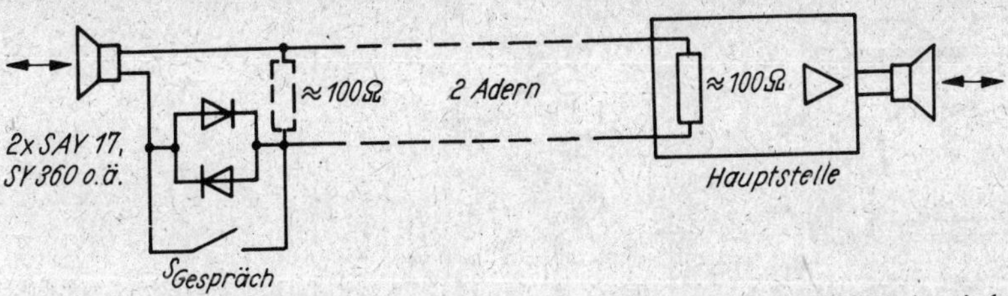

Bild 7.18 Bewährte Lösung für Lauschsperre in der Nebenstelle: Die beiden Dioden sind für Spannungen im Millivoltbereich (Lautsprecher als Mikrofon) hochohmig, so daß der niedrige Eingangswiderstand der Hauptstelle (und ggf. ein weiterer schon in der Nebenstelle) das Signal praktisch kurzschließt. Signale von der Hauptstelle (im Voltbereich) erreichen dagegen den Nebenstellenlautsprecher, wenn auch verzerrt, im Sinne eines Rufsignals. Erst dann wird der Gesprächsschalter (für beide Sprechrichtungen) geschlossen

Eine solche Lösung – wobei statt des Melodiegenerators auch einfachere Signalgeneratoren benutzt werden können – hat den Vorzug, daß die Nebenstelle keine eigene Versorgungsspannung braucht. Dafür ist eben die zusätzliche 3. Ader erforderlich (über die man allerdings auch eine Spannung zuführen könnte) oder ein Umschalter in der Hauptstelle mit entsprechend vielen Kontakten.

Nun noch zum Problem der Lauschsperre. Völliges Abschalten des Nebenstellenlautsprechers ist nicht möglich, wenn auch die Hauptstelle »das Gespräch eröffnen« möchte. Das ist zwar für Türsprecheinrichtungen meist nicht nötig, um so mehr aber in der Wohnung selbst. Bild 7.18 erinnert dazu nochmals an die nun schon »klassische« Lösung mit antiparallelgeschalteten Dioden.

Abschließend zu diesem Abschnitt zeigt Bild 7.19 das Einfügen der »master-slave«-Lösung in der Anlage. Jede Hauptstelle, an die – vom Bussystem der Hauptstellen getrennt – noch eine Nebenstelle angeschlossen werden soll, erhält mindestens 2 zusätzliche Bedienteile: Ein 2poliger Umschalter »M – G« (»master-Betrieb – Gleichberechtigter Betrieb«) schaltet den Lautsprecher vom Bussystem und seiner Sprechtaste auf die »master«-Sprechtaste (das 2. zusätzliche Bedienteil) um. Ein 3. Bedienteil empfiehlt sich, damit diese Nebenstelle nicht unbeabsichtigter Partner anderer Sprechverbindungen wird. Das ist die Wahltaste für die Nebenstelle. Erst über sie legt man die Nebenstelle an die Kontakte der Sprechstelle »M«. Außerdem kann mit ihr (wichtig für Batteriebetrieb) die Stromversorgung angeschaltet werden. Schließlich bietet diese Wahltaste in Verbindung mit weiteren solchen Tasten die Möglichkeit, auch mehrere Nebenstellen anzuwählen.

Gleichgültig, ob mit oder ohne »master-

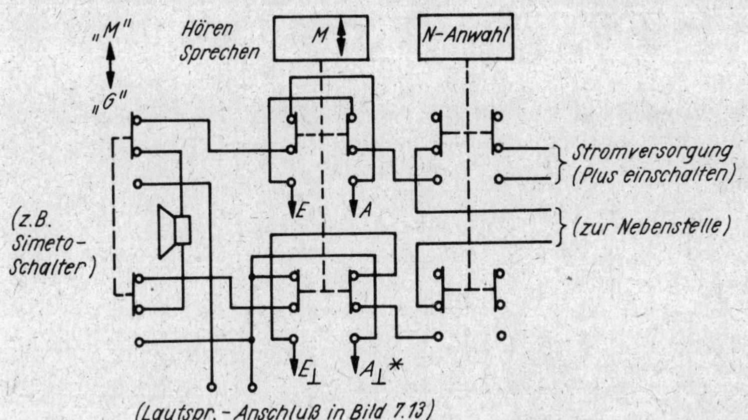

Bild 7.19 »Master-Slave«-Zusatz für Hauptstelle (unabhängige Tasten!). Bei Verwendung nur dieser Betriebsart entfällt der Wahlschalter M-G; der Lautsprecher liegt dann direkt an der linken Sprechtaste. Pfeile: zum Verstärker; Anschluß in der Gesamtanlage über rechte Sprechtaste

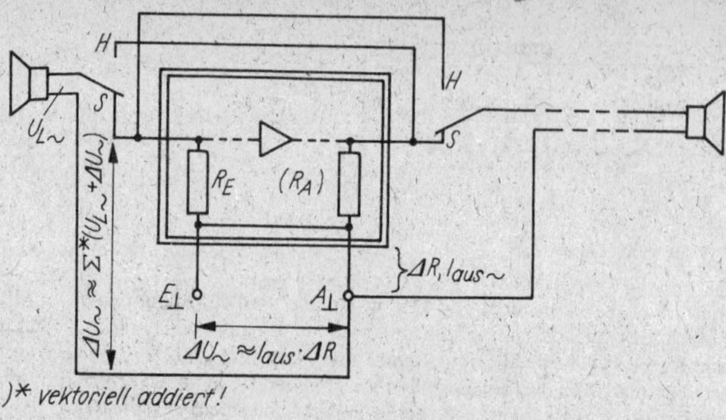

Bild 7.20
Selbsterregungsgefahr bei nur einpoliger Umschaltung des Lautsprechers auf Mikrofonbetrieb

slave«-Teil, stets muß eine Grundregel für das Anschließen von Lautsprechern am Verstärker in Sprechanlagen beachtet werden: Es darf nie ein Leitungskreis entstehen, bei dem Ausgangssignale auf den Eingang gelangen. Das aber kann leicht geschehen, wenn dem massenseitigen Anschluß nicht genügend Beachtung geschenkt wird. Im Bussystem ist nur eine Masseleitung vorhanden. Sie ist an die Ausgänge der einzelnen Verstärker angeschlossen. In Empfangsrichtung liegt dort masseseitig auch jeweils der eigene Lautsprecher. In Senderichtung ergäbe sich nun ein Stück Leitungspfad, auf dem sowohl die Lautsprecherspannung (im Millivoltbereich) gegen Masse liegt als auch (bezogen auf die Eingangsmasse) eine durch den Leitungswiderstand bedingte Ausgangswechselspannung, die durchaus in die Größenordnung der »Sprechspannung« geraten kann (Bild 7.20). Das heißt, es wird dem Eingang von der verstärkten Spannung wieder so viel zugeführt, daß die Folge eine Selbsterregung ist. Dabei erregt sich die Frequenz, für die die günstigsten Bedingungen vorliegen (Frequenzbereich des Verstärkers).

7.3.4. Verstärkerteil

Aus den Untersuchungen für die vorgegebenen Einsatzfälle ergab sich ein Verstärkeraufwand, wie er – einschließlich der im Mustergerät benutzten Filter – in Bild 7.21 dargestellt ist. Kern ist der entsprechend modifizierte 5-W-Verstärker aus *Bauplan Nr. 42* mit einem *A* bzw. *R 210 D* bzw. *K*. Dieser Stromlaufplan enthält auch die bereits weiter vorn als nötig erkannten Maßnahmen zum Ausgangsschutz bei nicht auszuschließendem »Mehrfachsprechen«. Für diesen vielseitig verwendeten Verstärker entstand eine Leiterplatte nach Bild 7.22.

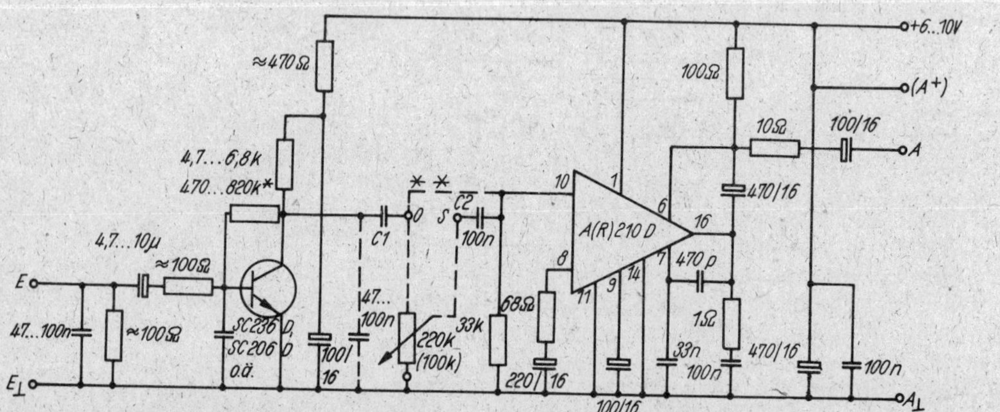

Bild 7.21 Vollständiger Stromlaufplan eines Hauptstellenverstärkers von DIALOG;)* U_{CE} auf $\approx U_B/2$ einstellen,)** je nach Einsatz: Potentiometer (extern) oder Brücke, *C*1: 100 nF bei Brücke, 1...10 µF Elektrolytkondensator bei niederohmigem Potentiometer (z. B. 10 kΩ), *C*2: entfällt bei Brücke, (A⁺): Für Anlage nicht benötigt

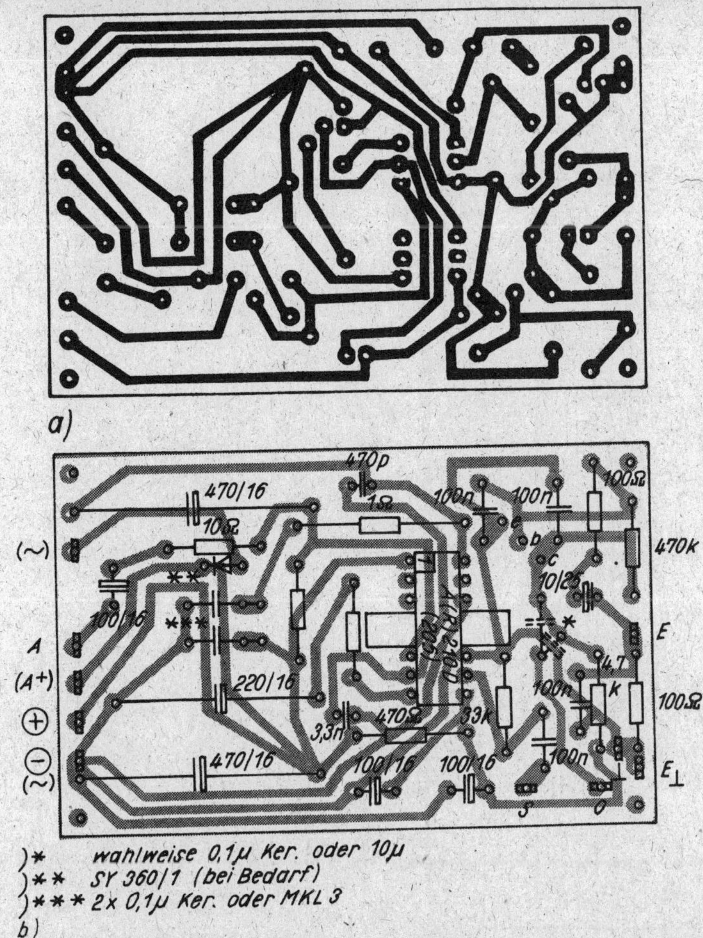

Bild 7.22 a – Leiterbild zum vollständigen Verstärker der gleichberechtigten Hauptstellen, b – Bestückungsplan;)* wahlweise 0,1 μF Keramik- oder 10 μF Elektrolytkondensator,)** *SY 360/1* (bei Bedarf für direkte Transformatorspeisung),)*** 2× 0,1 μF Keramikkondensator oder *MKL 3*

7.3.5. Gesamtanlage

Bild 7.23 zeigt den Stromlaufplan einer der beliebig vielen Hauptstellen von DIALOG. Da der linke Teil nur wahlweise benötigt wird, ergibt sich für die Grundanlage eine recht einfache Schalterfiguration. Man kann sich diesen Schalter also aus den Handelsangeboten beliebig selbst zusammenstellen. Außer der (für gleichberechtigten Betrieb besser nichtrastenden) Sprechtaste mit 3 benutzten Umschaltern sind – man vergleiche auch Bild 7.14 – bei kleiner Anzahl weiterer Sprechstellen einfache Einschalterlösungen möglich.

Für den sicherlich relativ häufigen Fall von maximal 3 Hauptstellen und einer weiteren Nebenstelle gibt Bild 7.24 in Anlehnung an Bild 7.13 noch einen Gesamtanlagenübersichtsstromlaufplan.

Für den Leitungsbus wählt man 0,5 bis 0,6 mm dicke Kupferleitung, PVC-umhüllt in unterschiedlichen Farben, am besten bereits 4adrig verdrillt. Sie wird durch die gesamte Wohnung geführt. An jedem Ort, an dem eine Sprechstelle untergebracht werden soll, wird eine Lüsterklemmenleiste mit der erforderlichen Anzahl von Klemmen montiert. Sie werden zusätzlich zu den an den Leitungsadern erkennbaren Farben noch mit den zugeordneten Bezeichnungen gekennzeichnet. »A« z. B. bleibt also überall A, nur

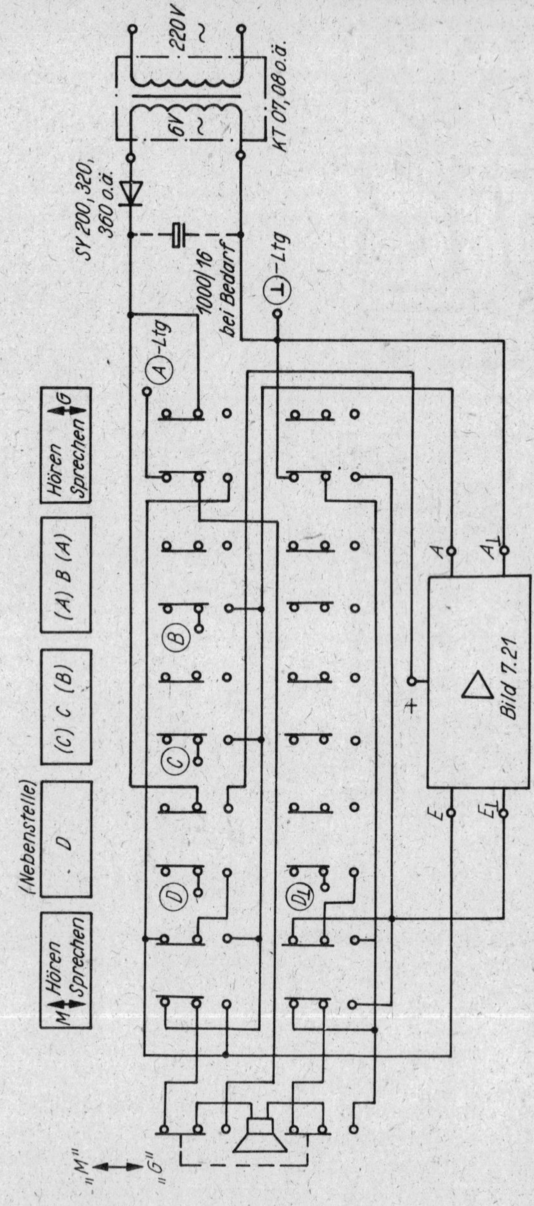

Bild 7.23 Stromlaufplan für Hauptstelle A von DIALOG (Schalteraufwand auf 3 Hauptstellen bezogen) mit einer zusätzlichen Nebenstelle (D)

wird diese Leitung für Stelle A mit deren »G«-Sprechtaste verbunden, während sie in allen anderen Sprechstellen an den betreffenden Wahlschalter (»A«) zu legen ist. Bei Einsatz von Mehrfachsteckverbindern kann man mit seiner »persönlichen« Sprechstelle auch durch das ganze Haus wandern und doch überall erreichbar bleiben, ohne daß jeder Raum mit einer Sprechstelle bestückt sein muß. Bei voller Ausnutzung der Belegungsmöglichkeiten 5poliger Diodensteckverbinder sind diese für unsere 3+1-Anlage gut geeignete Schnittstellen (einschließlich der Nebenstelle!); Bild 7.25 zeigt, wie das gemeint ist. Jeder Ort muß nun statt der einen Lüsterklemmenleiste auch nur eine Diodenbuchse aufnehmen. (Sie ist nur innerhalb der Sprechstelle unterschiedlich belegt!) 2 parallelgeschaltete Diodenbuchsen statt 1 sind bei einer Dreieranlage sinnvoll, wenn

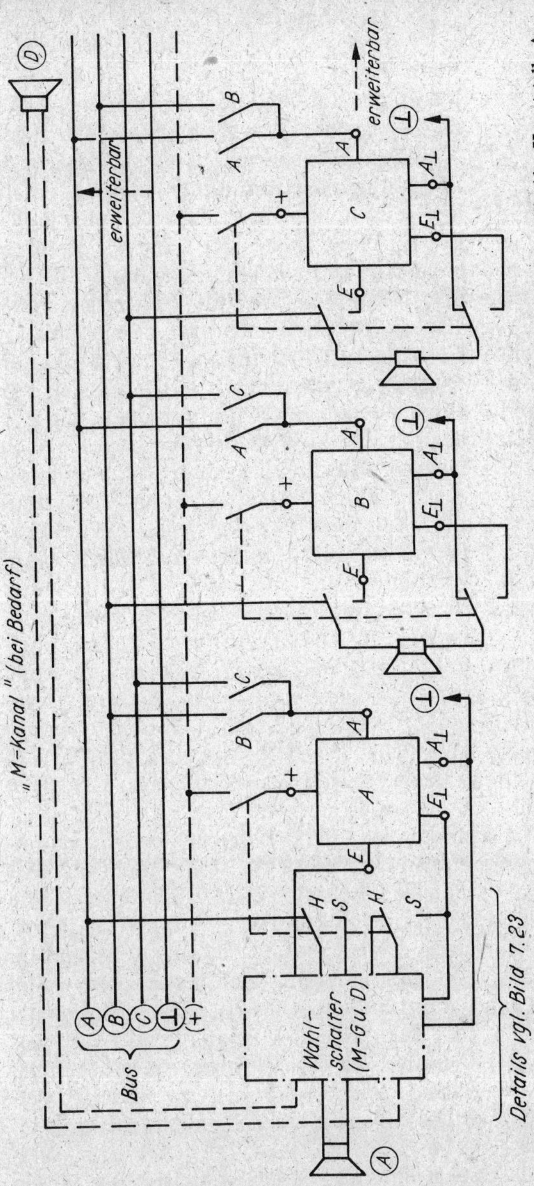

Bild 7.24 Übersichtsstromlaufplan einer Gesamtanlage vom Typ DIALOG mit 3 Hauptstellen und einer Nebenstelle (der Hauptstelle A zugeordnet)

sich 2 der 3 gleichberechtigten Hauptstellenteilnehmer bisweilen zusammen im gleichen Raum aufhalten. Allgemein würde das bei n Hauptstellen bei entsprechendem Bedarf zu maximal $n-1$ Buchsen führen, allerdings dann auch mit mindestens je $n+1$ Anschlüssen (mit Nebenstelle: $n+3$ Anschlüsse).

Bisher wurde stillschweigend davon ausgegangen, daß jede Hauptstelle eine eigene Stromversorgung enthält. Im Fall der Speisung aus einer eingebauten Batterie (dem soeben besprochenen »Mobilbetrieb« angepaßt) kann also diese Diodenbuchsenlösung bei maximal 3 Sprechstellen als optimal angesehen werden. Typischer Einsatzfall: Gartengelände ohne Netzanschluß.

Innerhalb der Wohnung wird man jedoch, noch dazu bei häufiger Nutzung, besser vom Netz her versorgen. Hauptproblem ist dann

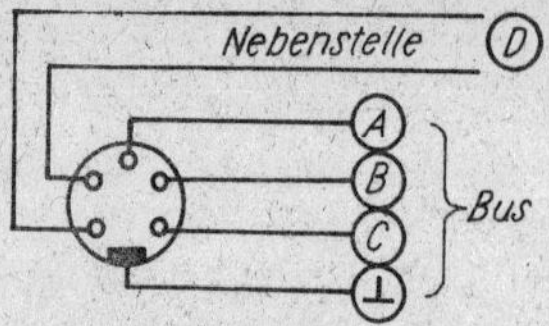

Bild 7.25
5polige Diodenbuchsen gestatten mobilen Einsatz aller Sprechstellen

das Einstreuen von Netzbrumm in den als Mikrofon benutzten Lautsprecher. Das hört dann stets gerade der angesprochene Teilnehmer. Besonders die aus Sicherheitsgründen als sogenannte Streutransformatoren ausgelegten Klingeltransformatoren können oft noch in 1 m Entfernung hörbar stören, je nach Ausrichten der magnetischen Achsen von Transformator und Lautsprecher-Mikrofon zueinander.

Der erforderliche Schirmaufwand bei dem Versuch, gar beide im gleichen Gehäuse unterbringen zu wollen, steht in keinem Verhältnis zum erreichbaren Nutzen. Er bleibt fragwürdig, weil der Verlust an Sicherheit bei dem dann nötigen Heranführen der Netzleitung bis zur Sprechstelle bedenklich stimmt.

Externe Stromversorgung heißt aber zusätzliche Leitungsader nach außen. Die meist recht vorteilhafte Schnittstellenlösung mit Diodenbuchsen erfordert für den Mobilbetrieb dann eine – allerdings meist kaum schwerwiegende – Einschränkung. Sieht man davon ab, die Anlage auf nur 2 gleichberechtigte Hauptstellen zu beschränken (mit allerdings dann vielleicht jeder zugeordneten Nebenstelle, wären das immerhin im ganzen wieder 4 Sprechstellen!), so gibt es noch folgenden sinnvollen Kompromiß: Wird nur einer der dann wieder 3 gleichberechtigten Hauptstellen eine Nebenstelle zugeordnet, so behalten die beiden anderen ihre Mobilität ohne Notwendigkeit eines weiteren Steckers für die Betriebsspannung. (Das ist ja der grundsätzliche Ausweg, der dann bei beliebig vielen (n) Teilnehmern eben zu mindestens n + 2 Anschlüssen eines entsprechenden Mehrfachsteckverbinders führt.) Die mit der Nebenstelle zusätzlich verbundene Hauptstelle bleibt in solchem Fall der »ruhende Pol«.

7.3.6. Gehäusefragen

Beim Punkt »Gehäuse« nehmen die Probleme mit der Größe der verwendeten Teile zu. Fertiggehäuse (artfremd oder auch zugeschnitten) sind selten. Allerdings bot sich im Erarbeitungszeitraum dieser Anlage – zufällig – ein Industrierestposten, den eine große Bezirksfiliale des RFT-Industrievertrieb recht preiswert zur Verfügung hatte. Die Fotos zur Musteranlage (Bild 7.26) zeigen diese Lösung. Der darüber hinaus damals mit erhältliche Tastenschalter paßte nach geringer Sägearbeit. Allerdings handelte es sich um einen älteren, noch relativ großen Typ mit begrenzter Kontaktzuverlässigkeit. (Nach längerer Pause mußte schon einige Male geschaltet werden, bevor es wieder »lief«. Kenner benutzten dagegen *Pulmotin* zur Kontaktpflege. Gegebenenfalls mit Waschbenzin verdünnen – kommt überall hin!) Dieser Schalter war jedoch bezüglich »Schaltprogramm« für DIALOG beinahe maßgeschneidert: Links und rechts je 1 nichtrastende (Sprech-) Taste mit je 4 Umschaltern, dazwischen 3 rastende (Wahl-) Tasten, ebenfalls mehrpolig. Die Fotos zeigen außerdem den ersten Entwicklungsschritt von DIALOG: Der Verstärker wurde aus dem 5-W-NF-Verstärker des 1. Wohnbereichs-Bastelbuchs entwickelt. Auf diese Weise entstand zunächst eine »3dimensionale« Verdrahtung, die dann zur Leiterplatte nach Bild 7.22 führte. Da die Gehäuse aus Polystyrol bestanden, genügte zur Befestigung (neben dem Anlöten einer Plattenecke an einen nichtbenutzten Schalterkontakt) ein Drahtstück, das thermisch in die Gehäusewand eingedrückt wurde. Solche »Provisorien« sind für Versuchsaufbauten oft völlig ausreichend.

Nach außen führte bei den Versuchsmustern eine Lüsterklemmenleiste, wie in den Bildern zu erkennen ist. Für den Fall, daß eine dieser provisorischen Lösung ähnliche Gestaltung gewünscht wird, gibt Bild 7.27 die wichtigsten Einzelheiten wieder. Geeignete Materialien sind, je nach Verfügbarkeit und den eigenen Fertigkeiten, etwa 2 bis 3 mm dickes PVC (bisweilen in Heimwerkerläden erhältlich), Sperrholz bis etwa 4 mm Dicke oder Hartpapier. Je dünner das Grundmaterial, um so wichtiger werden versteifende Maßnahmen, z. B. nach Bild 7.28.

Eine solcherart »integrierte« Lösung wirkt nur optisch günstig, wenn sie sorgfältig hergestellt wird. Dabei kann es Kompromisse zwischen Stabilität und Aussehen geben. Besonders unsauber geratene Schlitze oder Bohrungen für den Schallaustritt sind oft unerwünschter Blickfang. Das ist die eine Seite des Problems, aus dem heraus noch eine alternative Gestaltung angeboten werden soll. Die zweite Seite besteht im Wert der gesamten Anlage, von dem die Lautsprecher einen wesentlichen Teil beanspruchen. Es muß im Einzelfall untersucht werden, welche der bereits im Wohnbereich vorhandenen Lautsprecher (-Boxen) man ständig oder häufig zum ursprünglichen Einsatzzweck benutzt und welche über längere Zeiten »brachliegen«. Für letztgenannte empfiehlt sich ein Test an der Sprechanlage, ob sie zusammen mit weiteren Sprechstellen im kombinierten Einsatz für Aufnahme und Wiedergabe von Sprache geeignet sind. Stark gedämpfte Kompaktboxen werden dabei weniger gut abschneiden. Vorrangig zu klären ist auch die Frage, ob sich diese Lautsprecher hundertprozentig von etwa mit dem Netz in Verbindung stehenden Geräten trennen lassen. Die Lautsprecher vieler Fernsehempfänger sind aus diesem Grund »tabu«, abgesehen davon, daß sie wohl kaum über längere Zeit ungenutzt bleiben (bezogen auf ihren Hauptzweck).

Am besten geeignet sind daher Einzelboxen und batteriebetriebene Rundfunkempfänger. Eine für viele vielleicht günstige Möglichkeit bietet Bild 7.29. Das Gerät erhält eine Lautsprecher-Schaltbuchse mit der dargestellten Beschaltung. Bei Einführen des Steckers des Sprechanlagenbedien- und verstärkerteils wird der Lautsprecher über die sich öffnende Schaltbuchse 3–4 vom Geräteverstärker getrennt. Zur Sicherheit gegen leerlaufende Endstufe bei versehentlichem Einschalten des Geräts (manche Verstärker mögen das nicht) erhält die Buchse zwischen 2 und 3 noch einen Ersatzlastwiderstand. Umschalten auf Ursprungsbetrieb erfordert Ziehen des Lautsprechersteckers. Es gibt aber auch die Möglichkeit, diese Umschaltung in der Anlage vorzunehmen. (Nebeneffekt: Es lassen sich Rundfunksendungen zu den anderen Teilnehmern übertragen, entweder über den Sprechverstärker oder – bei

Bild 7.26
Ansichten eines der Mustergeräte in Industrierestposten-Gehäuse, noch mit Versuchsbaugruppe

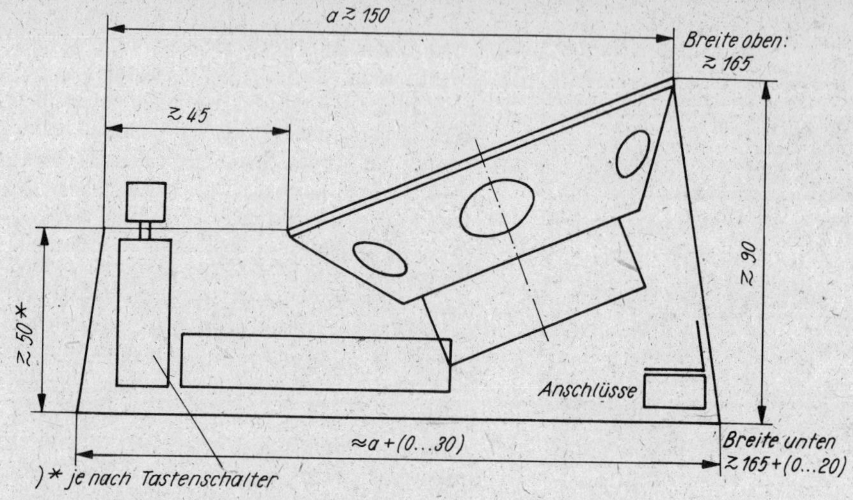

Bild 7.27 Gehäuse- und Anordnungsskizze für Selbstbau einer Bild 7.26 ähnlichen Anlage

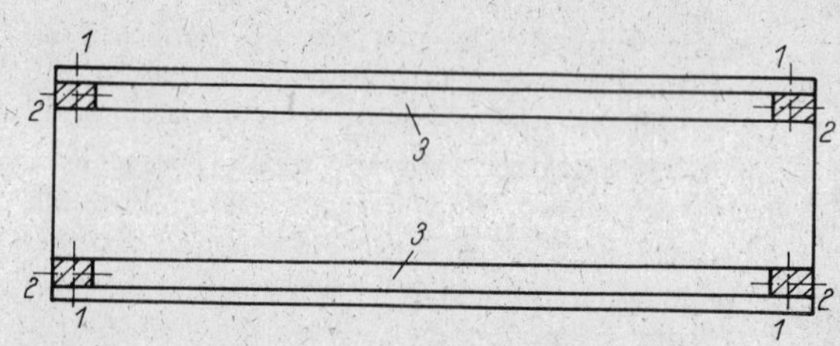

Bild 7.28
Kombination von stabilisierenden Maßnahmen und möglicher leichter Demontierbarkeit; 1 – Schrauben M2...M3, 2 – Stifte, Kerbnägel (oder kleben), 3 – umlaufender Rahmen aus 4-Kantmaterial (Hartpapier oder Hartholz)

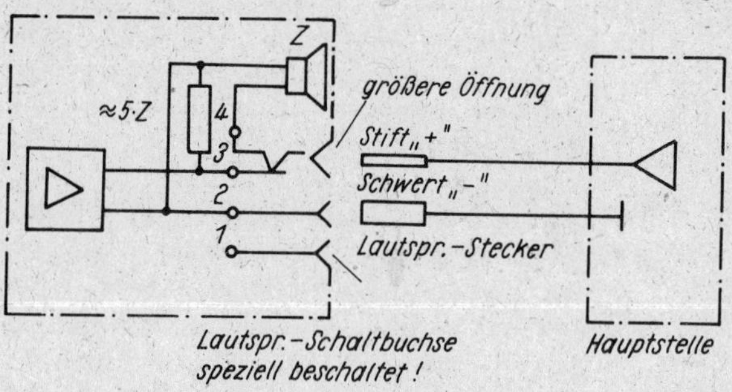

Bild 7.29
Nutzung des Lautsprechers eines (batteriebetriebenen, also mit Sicherheit nicht ans Netz angeschlossenen) Rundfunkempfängers für die Sprechstelle mit speziell beschalteter Schaltbuchse

reduzierter Leistung – auch direkt in die Lautsprecher.) Für diesen Fall braucht man aber eine mindestens 3polige Steckverbindung, müßte also z. B. »artfremd« eine Diodenbuchse vorsehen. Ebenfalls nur angedeutet werden soll der Einsatz des gesamten Rundfunkempfängers als Sprechstelle. Lösungen zu dieser Aufgabe sind in Abschnitt 7.4. beschrieben.

7.3.7. Stromversorgung

Je nach räumlicher Ausdehnung der Anlage, nach ihrem Einsatzort und nach der zeitlichen »Nutzungsdichte« kommen 4 Möglichkeiten für die Stromversorgung in Frage:

- Batterie in jeder Hauptstelle,
- Zentralbatterie,
- Netzteil für jede Hauptstelle,
- zentrales Netzteil.

Die 1. Möglichkeit empfiehlt sich, wenn nur wenige Sprechstellen betrieben werden, die 2. in größeren Anlagen, und beide sind eigentlich nur sinnvoll, wenn kein Netzanschluß vorhanden ist (z. B. in Gärten u. ä.).

Die Variante »Netzteil für jede Hauptstelle« verspricht eine in sich geschlossene Sprechstelle im gleichen Sinne wie bei Bat-

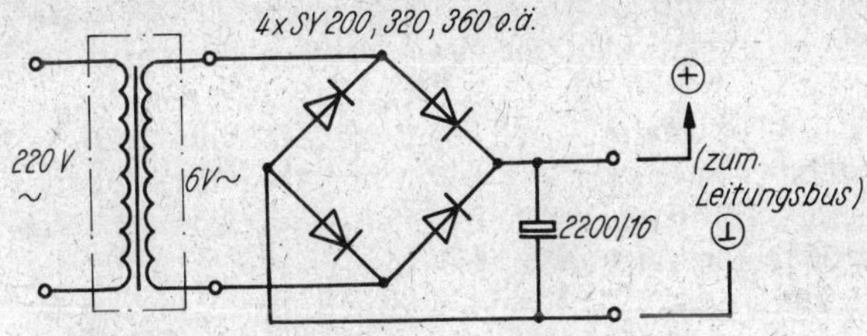

Bild 7.30
Möglichkeit für einzelne oder gemeinsame Stromversorgung aller Sprechstellen aus einem Klingeltransformator

teriebetrieb. Das trifft aber nicht ganz zu. Der Amateur, der keine speziellen sicherheitstechnischen Voraussetzungen hat, sollte im eigenen Interesse nur gekapselte Schutztransformatoren einsetzen, wie sie z. B. im Typ *KT 07* und seinem Nachfolger *KT 08* als Klingeltransformatoren erhältlich sind. Solche Transformatoren sind (vor allem, wenn man sie belastet) mit einem starken Streufeld umgeben, denn Primär- und Sekundärwicklung befinden sich auf getrennten Wikkelkörpern auf je einem Schenkel des Eisenkerns. Schaltet man nun die Hauptstelle auf »Sprechen«, so nimmt der dabei als Mikrofon wirkende Lautsprecher nicht nur den Nutzschall auf, den er in wenige Millivolt NF-Wechselspannung umwandelt. Gleichzeitig gelangt, wenn der Netztransformator zu nahe angeordnet wurde, über die Schwingspule magnetisch eingekoppelter 50-Hz-»Brumm« mit u. U. erheblich größerer Spannung an den Verstärkereingang. Der dort angeordnete Bandpaß vermag aber nur Spannungen ausreichend zu dämpfen, die höchstens von gleicher Größe wie die Nutzspannung sind. Damit scheidet, abgesehen vom Raumproblem, der Einbau eines Netzteils in das Gehäuse der Sprechstelle aus. Sinnvoll ist es dagegen, einen solchen Klingeltransformator in der Nähe der Klemmleiste des Leitungsbündels an der Wand unterzubringen. Netzseitig wird der Transformator mit der nächsten Steckdose verbunden.

Es macht nun keinen großen Unterschied mehr, ob jeder Sprechstelle ein eigener oder der gesamten Anlage ein einziger Transformator zugeordnet wird. Für einen Gesamtversorger empfiehlt sich der 1-A-Typ.

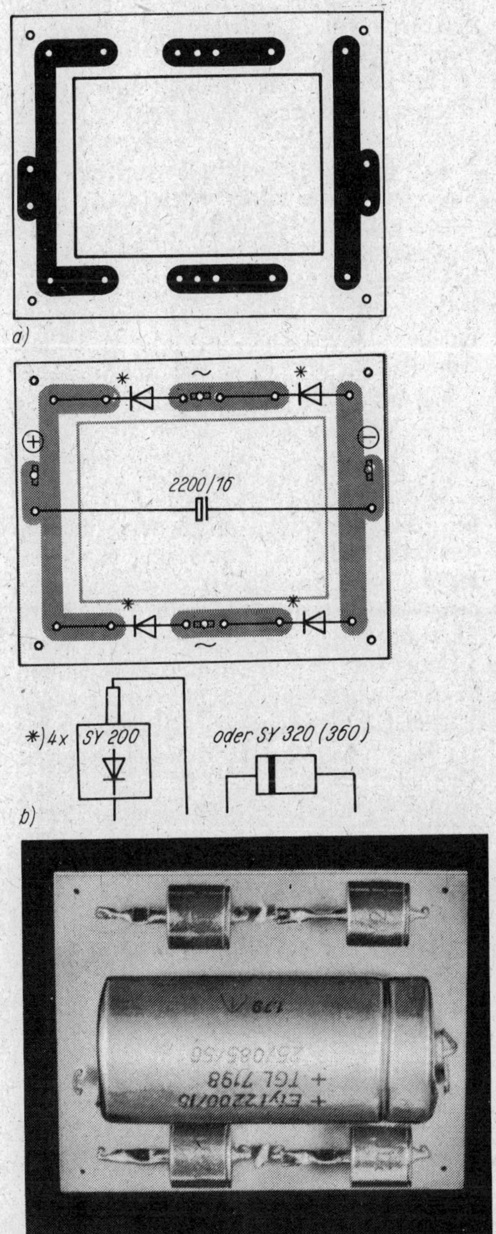

c)

Bild 7.31
a – Leiterbild für Brückengleichrichter mit Ladekondensator gemäß Bild 7.30, b – Bestückungsplan, c – Musterplatte

Bei Einzeltransformatorspeisung gestaltet sich nun die Stromversorgung höchst einfach: Da der Verstärker bereits einen relativ großen Elektrolytkondensator enthält, gemessen an der von der möglichen Aussteuerung her zu erwartenden Strombelastung, und da die Vorstufe zusätzlich gesiebt wurde, genügt eine 1-A-Diode zwischen Transformator und Plus.

Das ist bei zentraler Speisung nicht mehr sinnvoll. Zunächst müßte man dann selbstverständlich die beiden Pole des Transformators eindeutig Masse und Gleichrichtern zuordnen. Jedoch führt eine solche von Verstärker zu Verstärker geführte Leitung dann Ladestromimpulse, die sich nicht mehr »ausbügeln« lassen. Außerdem ist vielleicht auch der magnetisch in die Sprechleitungen eingekoppelte Brumm nicht mehr zu vernachlässigen.

Zentraler Transformator erfordert darum auch zentrale Gleichrichtung. Auch im Hinblick auf mögliche spätere Erweiterungen dieser »Hausanlage« für andere Zwecke lohnt sich der geringe Mehraufwand dafür, den Transformator durch einen Brückengleichrichter optimal auszunutzen. Bild 7.30d zeigt diese relativ triviale Schaltung. Bild 7.31 enthält die entsprechend einfach gehaltene Leiterplatte im Format 40 mm × 50 mm.

7.4. Hören mit Infrarot

»Lichttelefone« waren schon immer interessante Objekte für den Freizeitelektroniker. Man kann mit einer solchen Einrichtung innerhalb einer Wohnung (außerhalb ist nicht zulässig!) Signale übertragen, z. B. von einem Fernsehempfänger her in einen Kopfhörerverstärker. Das ist einerseits ein recht einfaches Modell üblicher Infrarotgeräte für diesen Zweck. Andrerseits kann man es, besonders in ortsfester Ausführung, durchaus vollwertig dafür nutzen. Allerdings sind einige Randbedingungen zu beachten, denen man sich anpassen muß, wenn die Lösung zufriedenstellen soll. Vor allem die elektrische »Ausleuchtung« des Raumes spielt dabei eine große Rolle. Aber auch die »Lichtsignale« des Fernsehbildschirms gilt es auszublenden. Selbst im Multiplex laufende Digitaluhren mit Leuchtziffern können Störbeiträge liefern!

Zunächst sei eine Übertragungsstrecke für Sprache beschrieben, die für sich allein einsetzbar ist. In 2facher Ausführung wird sie zum Lichttelefon.

Die Grundlösung arbeitet mit geringer Übertragungsleistung. Das erfordert mindestens von etwa 2 m Distanz an feste Montage beider Teilschaltungen und Ausrichten aufeinander. Dazu folgen noch einige Tips. Schon mit einer Sammellinse vor der Sendediode lassen sich die Übertragungsbedingungen erheblich verbessern, d. h., die Reichweite kann erhöht werden. Die größte mögliche Entfernung bringt eine weitere Sammellinse vor dem Fototransistor des Empfängers. Bild 7.32 zeigt das Prinzip.

7.4.1. »Analoger« Lichtsender

Ein mit Transistoren bestückter Mikrofonverstärker ist für den Sender eine unkomplizierte Lösung, die sich schnell aus vorhandenen Teilen zusammensetzen läßt. Seine Endstufe bringt bereits die nötigen Eigenschaften mit. Für das verzerrungsarme Übertragen analoger Informationen ist die Diode des Senders mit einem Grundstrom zu betreiben, von dem aus in beiden Richtungen »moduliert« werden kann. Sie befindet sich also im A-Betrieb. Bei beispielsweise 25 mA Grundstrom kann man sie dann mit erträglichen Verzerrungen der übertragenen Signale um je etwa 20 mA nach oben (etwa bis 45 mA) und nach unten (etwa bis 5 mA) beeinflussen. Die realen Grenzen liegen dort, wo sich der Faktor merklich ändert, durch den der Steuerstrom und die Lichtintensität verknüpft sind. Die Diode wird statt des bisher benutzten Arbeitswiderstands in Serie mit etwa 47 Ω in den Ausgangskreis des Ver-

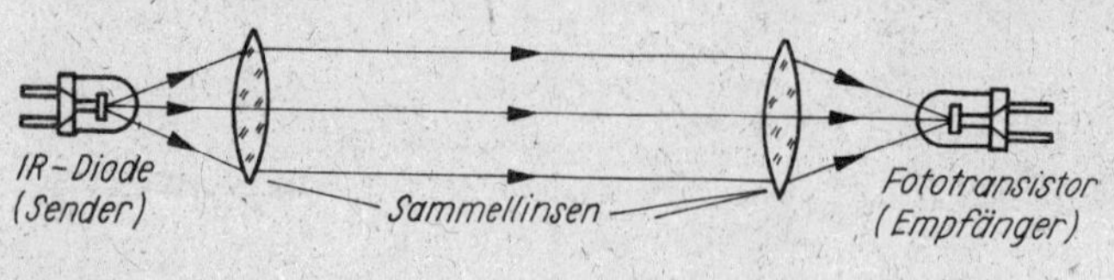

Bild 7.32
Optische Hilfsmittel zum Erhöhen der Reichweite; die Linsenwirkung der Gehäuse wurde vereinfacht nicht mit berücksichtigt

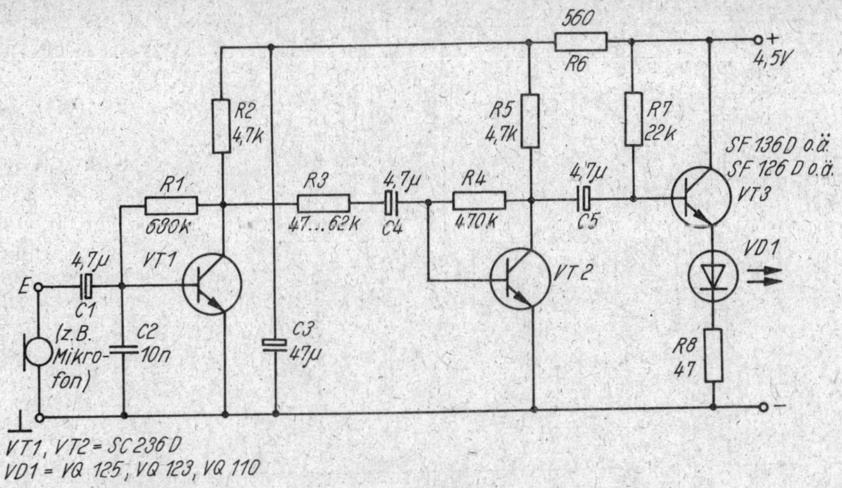

Bild 7.33 IR-Senderschaltung für Übertragung von Sprache und Musik

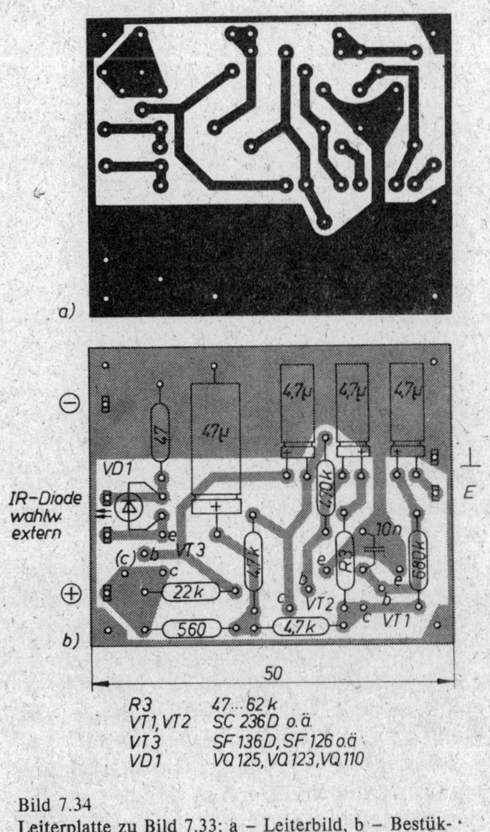

Bild 7.34
Leiterplatte zu Bild 7.33; a – Leiterbild, b – Bestükkungsplan

stärkers gelegt. Bild 7.33 zeigt diese Sendeschaltung, und Bild 7.34 gibt die zugehörige Leiterplatte wieder.

7.4.2. »Analoger« Lichtempfänger

Ein Verstärkerbaustein mit Operationsverstärker (Bild 7.35) übernimmt die Rolle des Empfängers. Dafür entstand die Leiterplatte nach Bild 7.36. Der Lastwiderstand besteht aus einem Widerstand, dessen Wert bei z. B. 3,3 kΩ liegen kann. Wenn eine fest installierte Anlage mit guter Fremdlichtschirmung gebaut wird, darf er auch größer sein. Seinem Wert ist der Koppelkondensator anzupassen.

Der benutzte *B 761 D* (bzw. *B 861 D*) ist bezüglich Gleichspannung mit dem Widerstand zwischen Ausgang und invertierendem Eingang voll gegengekoppelt, hat also die Gleichspannungsverstärkung 1. Dadurch wirken sich Drift- und Offsetprobleme auf den Arbeitspunkt am Ausgang kaum aus. Damit nur eine Betriebsspannung genügt, liegt der nichtinvertierende Eingang an einem 1:1-Spannungsteiler, dessen *R*-Werte infolge der geringen Gleichspannungsverstärkung unkritisch sind. Der Kondensator, der den Eingang wechselspannungsgemäß auf Massepotential bringt, ist erst bei Koppelkondensatoren am invertierenden Eingang ab etwa 0,1 µF erforderlich. Er verhindert dann Selbsterregungserscheinungen (Blubbern).

Bezüglich Wechselspannung wird der *B 761 D* als invertierender Verstärker betrieben. Gegenkopplungszweig und Signalzweig sind also identisch. Für das Einstellen der

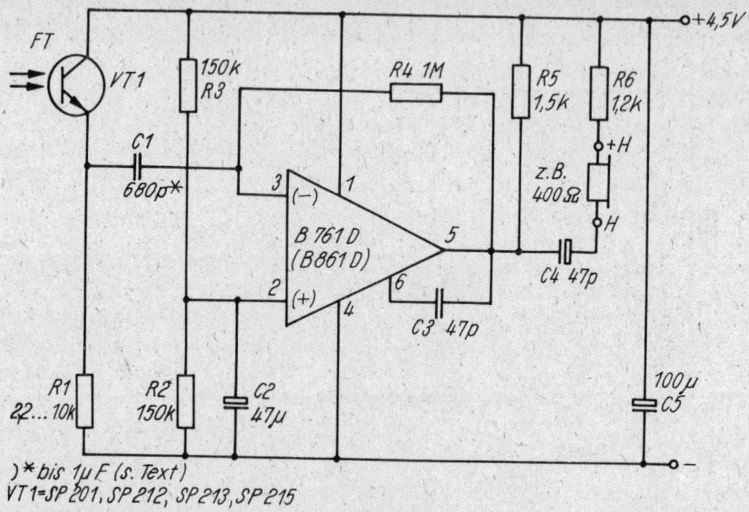

Bild 7.35 Empfänger für IR-Licht

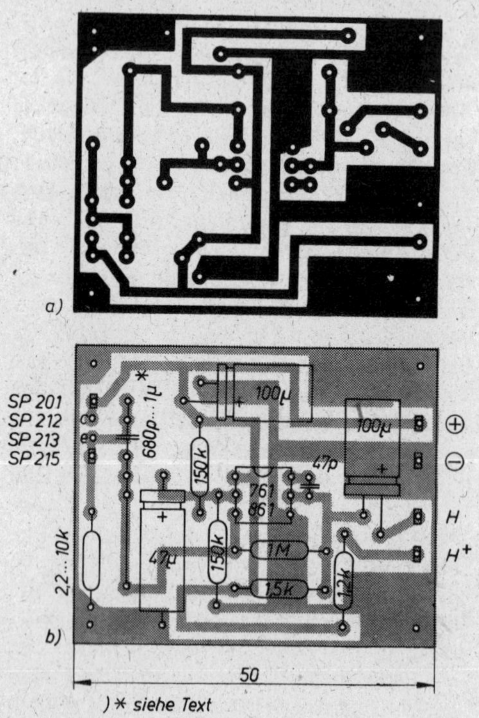

Bild 7.36
Leiterplatte zu Bild 7.35

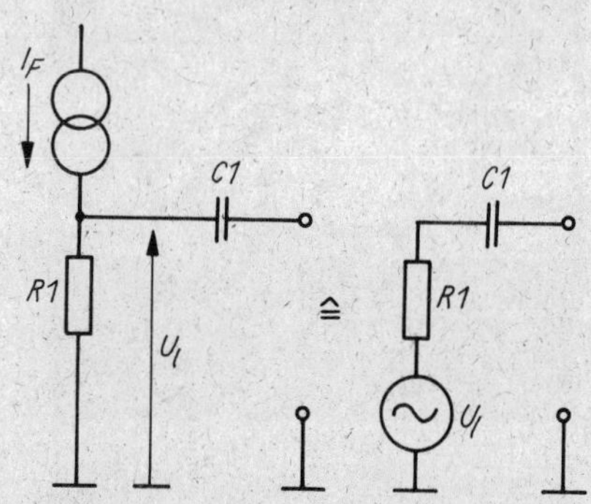

Bild 7.37
Eingangsersatzschaltung des analogen Lichtempfängers

maximal sinnvollen Verstärkung bleibt nur der Widerstand vom Ausgang auf den invertierenden Eingang. Dort nämlich befindet sich die Signalquelle. Dazu folgende vereinfachte Betrachtung: Gemäß Bild 7.37 speist der Fototransistor, als lichtgesteuerte Stromquelle betrachtet, in den Arbeits- oder Lastwiderstand $R1$ den Signalstrom I_F ein. Im Leerlauf entsteht dort die Signalspannung $U_L = I_F\ R1$. Insofern für die übertragenen Frequenzen der Koppelkondensator gegenüber $R1$ zu vernachlässigen ist, wird die Signalspannung mit dem Faktor $-R4/R1$ verstärkt (s. Bild 7.35). Das heißt, $U_A = -U_L\ R4/R1 = I_F\ R1\ R4/R1 = I_F\ \mathrm{R}4$. $R1$ fällt also aus dieser (etwas vereinfachten) Betrachtung heraus. Je höher $R1$, um so größer zwar U_L, um so kleiner aber auch die Verstärkung. Das ändert sich mit wachsendem $R1$, wenn die Kondensatorbedingung nicht mehr gilt. Darum eben muß $C1$ der Größe von $R1$ angepaßt werden. (Beispiel für den gesamten Tonfrequenzbereich: 0,47 µF und 47 kΩ.)

Insgesamt sind die Verhältnisse auf Grund der »realen« Bauelemente zwar komplizierter, doch die Tendenz läßt diese Betrachtung gut erkennen. Wählt man *C*1 bewußt kleiner, erhält die Schaltung Hochpaßverhalten (Beispiel: 3,3 nF und 10 kΩ). Tiefe Störfrequenzen (100-Hz-Brumm von netzbetriebenen Lampen) können dadurch in ihrer Wirkung etwas begrenzt werden. Wesentlich wirkungsvoller gegen solche Effekte ist eine insgesamt frequenzabhängige Beschaltung des Operationsverstärkers im Sinne einer 100-Hz-Sperrfunktion (der umgekehrte Fall zum Selektivempfänger z. B. bei Impulslichtschranken).

Im Bestreben, mit begrenztem Aufwand ein vernünftiges Ergebnis zu erreichen, wurden einige dieser Möglichkeiten getestet. Insgesamt zeigte sich jedoch, daß ein aufwandgünstiges Optimum bereits mit der leicht modifizierten Grundschaltung ($R1 = 1\,\text{k}\Omega$, $C1 = 10\,\text{nF}$) durch Nutzen sowohl der elektrischen wie der optischen Möglichkeiten zustande kommt. »Optisch« heißt dabei in erster Linie, einen günstigen Standort zu wählen. Also: Wenn Lampenlicht, dann außerhalb der optischen Achse zwischen Sender und Empfänger. Nur bei sehr ungünstigen Verhältnissen bzw. bei Entfernungen, bei denen auch bereits ohne Störquellen das Signal sonst zu klein wäre, sind Sammellinsen erforderlich. Wenn keine störenden Lampen vorhanden sind und im Fall des Fernsehempfangs die Empfängerachse günstig liegt, kann *C* durchaus eine Zehnerpotenz größer gewählt werden. Bei gleichem *R* erweitert sich dann der übertragene Frequenzbereich nach unten (Tiefen werden besser wiedergegeben), und die Lautstärke erhöht sich insgesamt. Mit einer Linse am Empfänger wird der erfaßbare Raumwinkel des Strahlenkegels vergrößert, ohne daß allzu präzise Ausrichtung nötig wäre. (Empfangsbox z. B. auf Tisch neben den Empfangsort stellen und nach Ausrichten nicht mehr bewegen.) Entfernungen bis zu 10 m ließen sich (mit zunehmender Entfernung toleranzempfindlicher werdend) z. B. mit einer Sammellinse mit 65 mm Öffnung und 60 mm Brennweite gut überbrücken. Nochmals (aber mit präziser Ausrichtung) kann diese Nutzstrecke wenigstens verdoppelt werden, wenn zusätzlich mit einer Linse am Sender gearbeitet wird. Doch auch bereits ein lichtdichtes Röhrchen über dem Empfängertransistor unterdrückt Störungen durch Umgebungslicht wirksam. Das ist auch für einen günstigen Arbeitspunkt bei größerer Außenhelligkeit auf jeden Fall sinnvoll. In einem Test bei schräg einfallendem Sonnenlicht zeigt sich die Wirksamkeit dieser Maßnahme ebenfalls unter Extrembedingungen. Das Röhrchen kann z. B. aus der Hülle eines ausgedienten Faserstifts gewonnen werden, von dem ein etwa 3 cm langes Stück abgesägt wird (Bild 7.38). Da nun aber die nutzbare Fläche des Senderkegels kleiner wird, liegt bereits der Einsatz einer Empfängerlinse nahe, wie behandelt. Ob mit oder ohne Röhrchen und Linse – gegen hartnäckigen 100-Hz-Brumm aus »sichtbaren Lichtquellen« helfen auch schon einige Lagen roter Bastelfolie. Das infrarote Signal wird durch sie wesentlich weniger geschwächt als das sonst ebenfalls zum (Stör-)Signal beitragende Licht im sichtbaren Bereich.

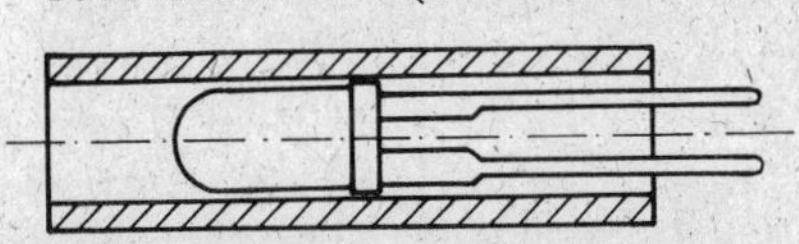

Bild 7.38
Gegen Umgebungslicht abgeschirmter Fototransistor

Auf Grund entsprechender Erfahrungen sei noch auf einen Effekt hingewiesen, der sich bei praktisch fehlendem Fremdlicht bemerkbar macht. Er hängt offenbar mit der Stromabhängigkeit der Stromverstärkung zusammen. Bekanntlich besteht ein Fototransistor aus der Kombination einer (in Sperrichtung betriebenen) Fotodiode und eines Transistors. Bei sehr kleinen Kollektorströmen weisen aber bipolare Siliziumtransistoren oft wesentlich niedrigere Stromverstärkungen auf als z. B. bei einem Kollektorstrom von 1 mA für Kleinsignaltypen. (Der *SF 126* gar hat erst bei 50 mA sein Maximum.) In Konsequenz dieser Eigenschaft zeigte sich folgendes: Das schwach einfallende modulierte Lichtsignal der Nutzlichtquelle erfuhr in der Schaltung eine höhere Verstärkung (und mit stärkerer Höhen-, aber demgemäß auch Rauschbetonung), wenn eine nicht allzu starke Fremdlichtquelle eingeschaltet wurde. Man kann das an der praktischen Schaltung im dunklen Raum bereits mit einer Taschenlampe testen. Insofern wäre für Analogübertragung ein mit herausgeführtem Basisanschluß versehener Fototransistor sicherlich das Optimum. Für das erstmalige Einstellen einer »ortsfesten« Anlage ist sichtbares Licht günstig. Dort, wo später die Sendediode sitzt, wird eine Kleinglühlampe angebracht und entsprechend ihren Daten aus einer Batterie gespeist. Für diese Art des Einstellens ist bereits eine Sammellinse vor dem Sender günstig. Man kann sie mit der Lampe auf den Empfänger hin ausrichten. Dazu wird in der Empfangsebene, in der später die aktive Fläche des Fototransistors liegt, ein Stück weiße Pappe angebracht. Auf dieses hin bündelt man das Lampenlicht durch Verschieben der Linse. Dieses Voreinstellen empfiehlt sich auch, wenn anschließend der Empfänger noch eine Sammellinse erhält. Sie vermag das ankommende Lichtbündel voll auf die kleine Empfangsfläche zu konzentrieren. Das ergibt eine beträchtliche Steigerung des beleuchtungsabhängigen Transistorstroms und damit größere mögliche Entfernungen. Doch Vorsicht – auch kleine Auslenkungen des Senderstrahls können nun den Erfolg bereits in Frage stellen! Man sollte Justierlampe und Sendediode jeweils ohne großen Aufwand gegeneinander auswechseln können. Das erleichtert späteres Korrigieren oder Anpassen an andere Bedingungen. Dabei ist zu bedenken, daß der Glühfaden der Lampe eine größere Ausdehnung hat als die aktive Fläche der Infrarotdiode. Der optischen Einstellung mit Lampe sollte daher eine Feinkorrektur unter Betriebsbedingungen folgen. Außerdem »schielen« besonders Bastelexemplare infolge der Toleranzen zwischen der Linse ihres Plastgehäuses und der Empfangsfläche. Darum ist die Orientierung nach der Rotationsachse nicht immer die optimale Richtung. Für die zuverlässige Montage sind Fototischstativklemmen gut geeignet. Als Hilfsmittel für die »optische Verstärkung« kann man sich neben handelsüblichen Sammellinsen auch entsprechender Teile des bekannten Optikbaukastens bedienen.

7.4.3. »Drahtloser« Kopfhörer

Die Senderschaltung nach Bild 7.33 ist vom möglichen Optimum, was die Ausnutzung der Leuchtdiode betrifft, noch relativ weit entfernt. Das Muster arbeitete auf Grund der Speisespannungshöhe und des gewählten Vorwiderstands z. B. mit nur 12 mA. Das gestattet für kürzere Zeiträume auch beim Sender Batteriebetrieb. Die soeben angegebenen Entfernungen beziehen sich aber bereits auf einen anderen »Senderkopf«. So einfach er ist (Bild 7.39), so wirkungsvoll kann er eingesetzt werden. Alle Geräte mit Lautsprecherausgang bieten sich dafür als Signalquelle an. In speziellen Fällen kann sogar die in Bild 7.40 skizzierte Lösung jeden weiteren Eigenbauverstärker einsparen. (Alternativ benutzt man den Senderteil nach Bild 7.33 mit einem Spannungsteiler von 100 kΩ am Eingang – er funktioniert an jeder Überspielbuchse!) Das Bild zeigt, wie z. B. aus der Kopfhörerbuchse oder aus der Magnetbandbuchse eines dafür eingerichteten modernen Fernsehempfängers mit Netztrennung ein Signal (am günstigsten über einstellbaren Spannungsteiler) mit einem passenden Kabel in den Magnetbandeingang eines Portables eingespeist werden kann. Auf diese Weise läßt sich bei Bedarf schnell einmal auf Fernsehempfang sowohl ohne Ruhestörung wie ohne quer durchs Zimmer laufende Stolperkabel umschalten. Sinnvoller Zusatz: Statt der in Bild 7.39 angedeuteten Batterie ist ein kleines Netzteil, z. B. mit

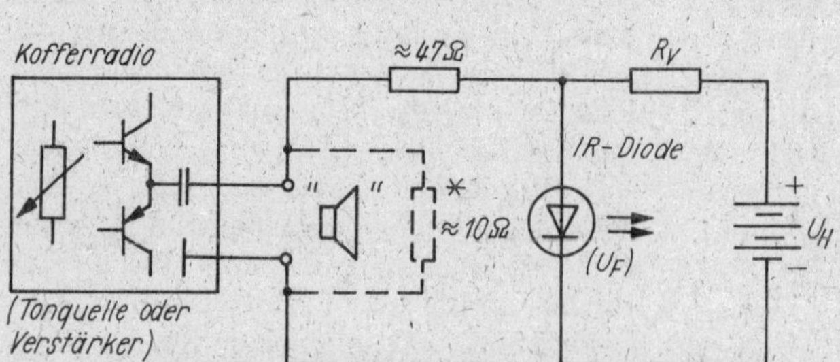

Bild 7.39
»Lichtkopf«-Sender für Betrieb an Leistungsverstärkern mit gleichstromfreiem Ausgang

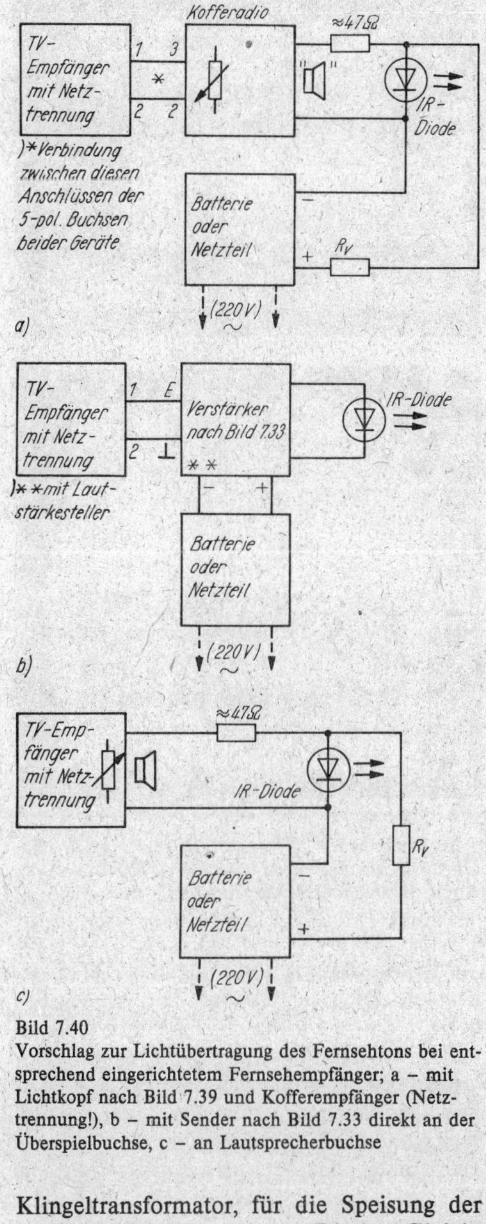

Bild 7.40
Vorschlag zur Lichtübertragung des Fernsehtons bei entsprechend eingerichtetem Fernsehempfänger; a – mit Lichtkopf nach Bild 7.39 und Kofferempfänger (Netztrennung!), b – mit Sender nach Bild 7.33 direkt an der Überspielbuchse, c – an Lautsprecherbuchse

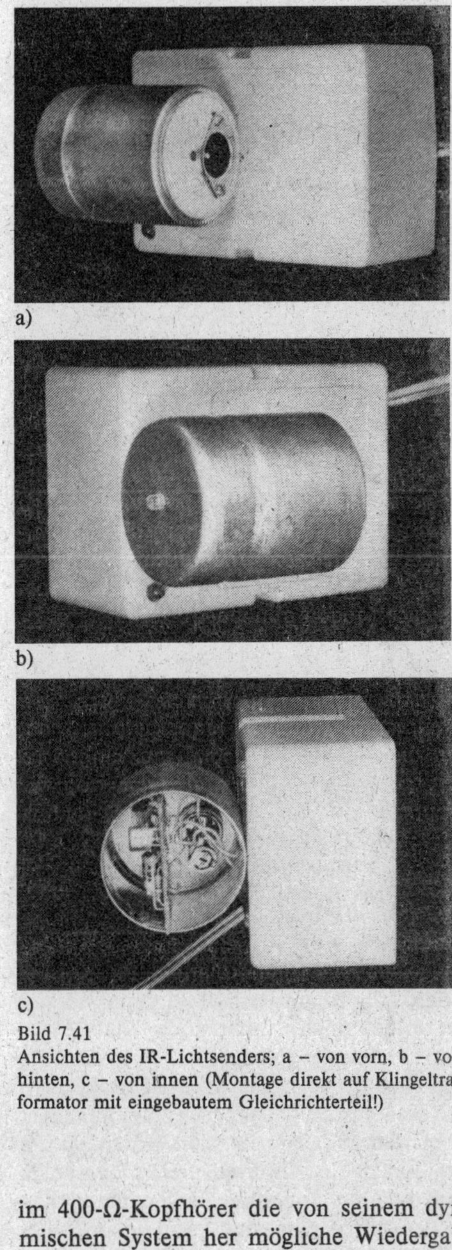

Bild 7.41
Ansichten des IR-Lichtsenders; a – von vorn, b – von hinten, c – von innen (Montage direkt auf Klingeltransformator mit eingebautem Gleichrichterteil!)

Klingeltransformator, für die Speisung der Leuchtdiode vorzusehen. Dieser Gleichstromarbeitspunkt ist die entscheidende Voraussetzung für eine gute Wiedergabequalität. Dem muß auch die Aussteuerung vom Gerät her angepaßt sein. Also Lautstärke nicht unnötig weit »aufdrehen«!

Übrigens: Auf keinen Fall die Werte der beiden Widerstände im Ausgangskreis des *B 761 D* entsprechend Bild 7.35 verringern oder gar den Kondensator »einsparen«! Um im 400-Ω-Kopfhörer die von seinem dynamischen System her mögliche Wiedergabequalität nicht unnötig zu beschränken, darf man ihn weder in einen Gleichstrom führenden Kreis legen noch den Operationsverstärker zu stark belasten (das geht auf Kosten seiner inneren Verstärkung und erhöht die Verzerrungen).

Die Tests zum »drahtlosen« Kopfhörer gipfelten in einem Aufbau, der sich als neuer nützlicher Gebrauchsgegenstand rasch

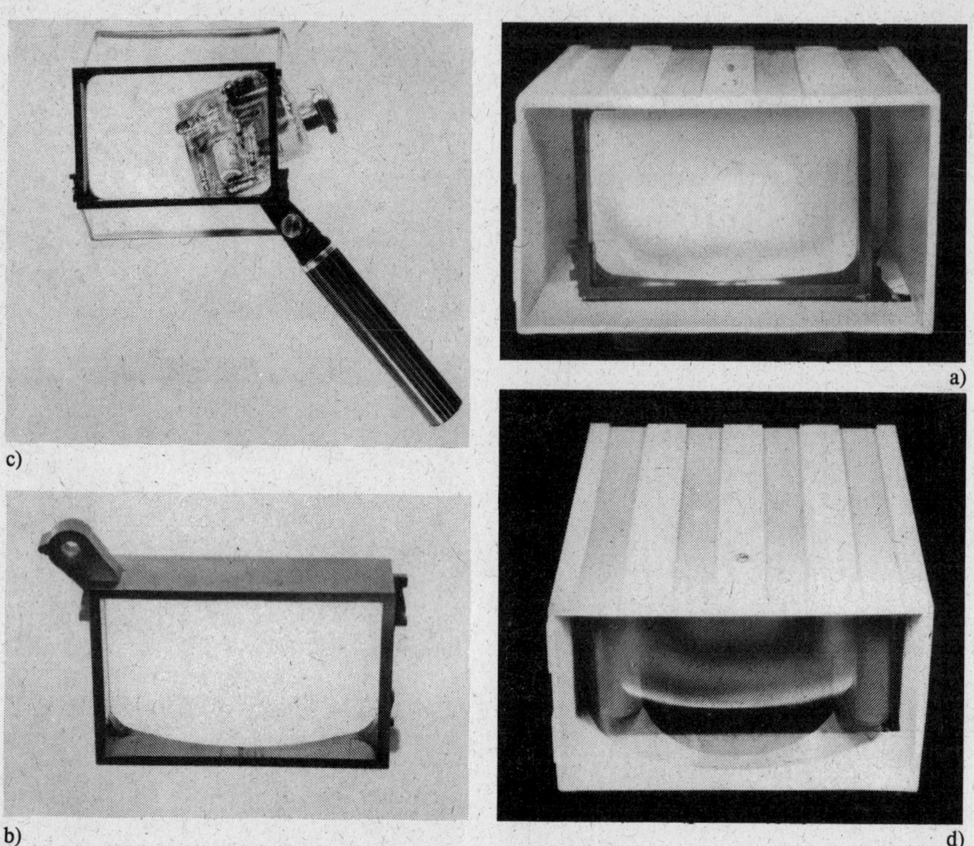

Bild 7.42 Leselupe als Linse für den IR-Empfänger; a – Ursprungszustand, b – so weit muß demontiert werden, c – Einbau in Plastbehälter (Schlitz rechts unten für Ansatz, Schraube oben Mitte mit Gewindebohrung in Lupenrahmen), d – fertige Lösung mit vorgesetzter roter Bastelfolie zur Dämpfung von Fremdlicht

in das Wohngeschehen einfügte. Vordergründig ging es um Fernsehen ohne Störung von Mitbewohnern, aber auch ohne tückischen Kabelsalat. Zusätzlich bot sich die Möglichkeit, bei mehreren Teilnehmern zwar wieder mit Lautsprecher zu empfangen, jedoch dem am schlechtesten Hörenden die Infrarotanlage zuzuweisen. Beide Hörkanäle können dadurch unabhängig voneinander in der Lautstärke eingestellt werden, was bei Verwendung des normalen Kopfhörerausgangs meist nicht möglich ist. Ein ausreichender Pegel bei guter Wiedergabequalität sowie Einstellbarkeit der Hörlautstärke über einen genügend großen Bereich erforderten einige mechanisch-optische Maßnahmen, die schließlich zu der in den Fotos dokumentierten Anlage führten. Sie sind ab Bild 7.41 zu finden.

Als Dauerlösung geplant, erhielt sie einen netzgespeisten Senderkopf. Die Analogsenderleiterplatte fand in einer Aluminiumdose Platz, wie sie für Kleinbild-3er-Packs benutzt werden. Bodenseitig wurde eine 5polige »Diodenbuchse« eingebaut, deren Maselötfahne die Leiterplatte über einen 1-mm-Draht hält. Die Leiterplattenkanten wurden leiterseitig stark gebrochen, so daß Berührung von Leitern mit der Dosenwand verhindert wird. Die Sendediode mit entsprechend gebogenen Anschlüssen ragt zentrisch aus der mit einem 4-mm-Loch versehenen Deckelmitte. Die Dose, aus der hinten aus einer Bohrung nur die beiden Stromversorgungsleitungen herausführen, ist mit dem Gehäuse eines Klingeltransformators fest verschraubt (kurze M2-Schraube). Unter Beachten der Sicherheitsabstände zur Primärwick-

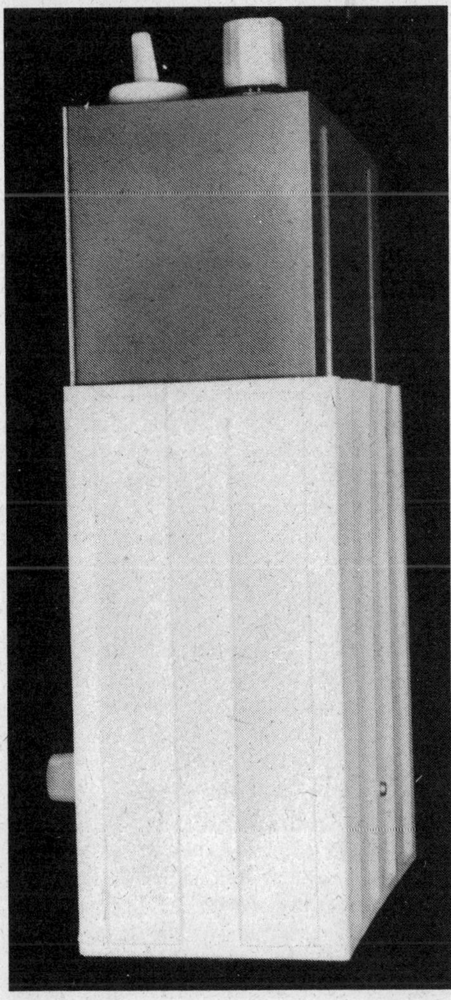

a)

b)

c)

Bild 7.43
IR-Empfängeransichten; a – seitlich, b – von hinten mit Schalter, Lautstärkesteller und Kopfhörerbuchse, c – Einschubteil mit Leiterplatte und zentral eingesetztem Fototransistor

lung wurde auf der Niederspannungsseite ein 1 000-µF-25-V-Kondensator zusammen mit einer *SY 360* direkt am Transformator montiert. Eine über 470 Ω betriebene Leuchtdiode ragt aus dem Gehäuse und signalisiert Netzanschluß. Solche Maßnahmen am Objekt dürfen nur Sachkundige durchführen; alle anderen leiten die Niederspannungsanschlüsse heraus!

Da jetzt auf Grund der Leuchtdiodenvorlast jedoch noch immer etwa 10 V Gleichspannung am Ladekondensator stehen, erhielt der Sender einen größeren Wert des IR-Diodenvorwiderstands. Der im Ausgang benutzte 500-mA-Basteltransistor lieferte bei einer Stromverstärkung um 100 dadurch

Bild 7.43
d – Deckplatte vom Einschub entfernt; Batterieteil aus 3× *RZP2* (Belastung nur 2 mA!) seitlich erkennbar

gerade den für die Sendediode zulässigen Dauergleichstrom. Ein auf die lautesten Stellen des NF-Signals bezüglich geringster Übersteuerung eingestelltes 100-kΩ-Potentiometer (Größe 05) liegt direkt über der Eingangsbuchse (Anschluß 3 für Signal, Anschluß 2 für Masse). Es war auf etwa 20% einzustellen. Der Typ *VQ 110* hat einen relativ kleinen Abstrahlwinkel. Auch der benutzte Bastel-*SP 201* reagierte relativ »schmal«. Dieser Umstand und das Bestreben, noch auf etwa 6 m eine NF-Amplitude mit genügend Reserven an den 400-Ω-Kopfhörer zu liefern, führte zu einem gegen Streulicht gekapselten, mit einer Linse großer Öffnung versehenen Empfängeraufbau. Im Interesse guter Tiefenwiedergabe wurde der Koppelkondensator auf 1 µF erhöht. Auf Grund der normalen Pegelverhältnisse ist bei Einsatz eines Elektrolytkondensators Plus an den invertierenden Eingang zu legen. Wegen der nur etwa 3 mA Stromaufnahme bei 6 V Betriebsspannung wurde empfängerseitig eine Batterie aus 3 Kleinakkumulatoren *RZP2* vorgesehen.

Ein 2teiliger Polystyrolschubfachbehälter (VEB *Stahl- und Schneidwaren* 6089 Trusetal, *ELN 14 581 900*) erwies sich für die Anlage als ebenso günstig wie eine handelsübliche rechteckige Leselupe mit einer fast dem Behälterquerschnitt entsprechenden Öffnung. Die Rückwand des Behälterrahmens wurde herausgeschnitten. Teilweise fand dieses Material als Batteriehalter Verwendung. Aus der Schublade wurde die Vorderwand zum Teil herausgeschnitten. An ihrer Rückwand fand die Leiterplatte Platz. Sie wurde mit 1-mm-Drahtstückchen in den Ecklöchern thermisch mit der Rückwand verbunden. Der Empfangstransistor wurde so montiert, daß er gerade in der optischen Achse der Linse liegt. (Die Fotos beziehen sich noch auf die Versuchsleiterplatte!)

Links und rechts neben der Platte blieb genügend Platz für die Kopfhörerbuchse, einen Kippschalter für die Batterie und ein Potentiometer. Das ist am besten ein logarithmischer 1-MΩ-Typ, der statt des Gegenkopplungswiderstands in der OPV-Beschaltung benutzt wird. Im Muster brachte Parallelschalten zum Festwiderstand auf der Leiterplatte bereits gute Ergebnisse.

Auf Grund der großen Brennweite der Leselupe und der unterschiedlichen Nutzungsdistanzen zwischen weniger als 1,5 m und bis zu 10 m erwies es sich als sinnvoll, die Leiterplatte relativ zur Linse verschieben zu können. Das erlaubt der benutzte Behältertyp zunächst mit etwas großer Toleranz. Ein passendes Stück 1-mm-PVC wurde daher auf die aus Streulichtgründen nach unten gekehrte Einschuböffnung gelegt und lösbar mit 1-mm-Draht verstiftet. Das brachte die erwünschte Gleithemmung. Bei günstiger

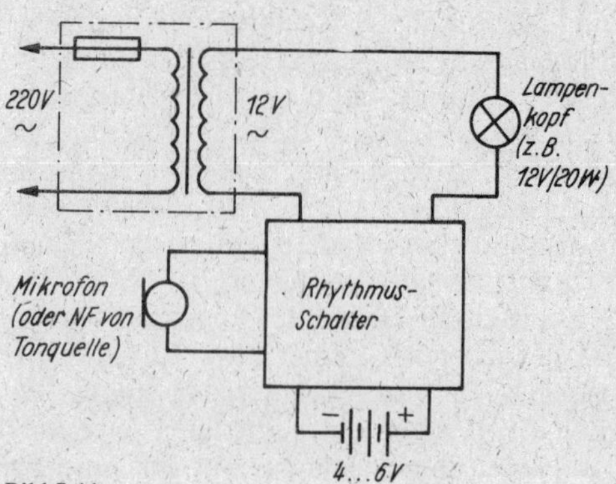

Bild 7.44
Übersichtsdarstellung für Niederspannungsrhythmuslampe

Einstellung lassen die Ergebnisse der Anlage keinen Wunsch offen. Sofern Sende- und Empfangsachse auf gleichem Niveau liegen, muß der Empfänger geschwenkt werden, um den besten Punkt zu finden. Bei Höhenunterschieden ist Schrägstellung nötig. Unter Musterbedingungen befand sich der Sender etwas höher. 2 mit *Saladur* vorn am Rahmenboden befestigte Tubenverschlüsse (die auch das am Lupenrahmen verbliebene Scharnierteil des demontierten Griffs »abfangen«) brachten die nötige Lage. Eine Stellschraube am hinteren Schubteil wäre eine vorteilhafte Abrundung dieser Maßnahmen.

Bild 7.41 bis Bild 7.43 vermitteln Eindrücke vom Mustergerät und geben Informationen für den Nachbau.

7.5. »Sichtbare« Töne und Rhythmen

Wenn Worte oder Rhythmen von Lichtblitzen begleitet sind, dann herrscht Discoatmosphäre. Der nötige Aufwand an Elektronik muß nicht groß sein. Für den Anfang kann er einfach bleiben; ungefährlich, aber wirkungsvoll. Wer investieren will, greift zum Halogenstrahler, selbstverständlich mit fachgerecht vom Hersteller gekapseltem Trenntransformator auf 12 oder 24 V. Sparsame nehmen zunächst z. B. einen vorhandenen Eisenbahnzubehörtransformator und passende Niederspannungslampen: maximal 12 W für 12-V-Typen an einem 1-A-Transformator. Das zunächst vorgestellte Objekt wurde mit einem *Halogen-20*-Strahler getestet, einem Vorläufer jetzt üblicher Modelle. Der Lampenkopf wird über einen Steckverbinder mit dem 12-V-Anschluß des Transformators im Schutzgehäuse verbunden. Das ist die Eingriffsstelle. Bild 7.44 zeigt, wie das gemeint ist.

7.5.1. Rhythmuslampe

Halbleiterbauelemente, die auf Schaltbefehl hin auch für Wechselstrom durchlässig werden, kosten zwar meist etwas mehr als ein Leistungstransistor, aber dafür leisten sie auch eine ganze Menge. Der *KT 207*

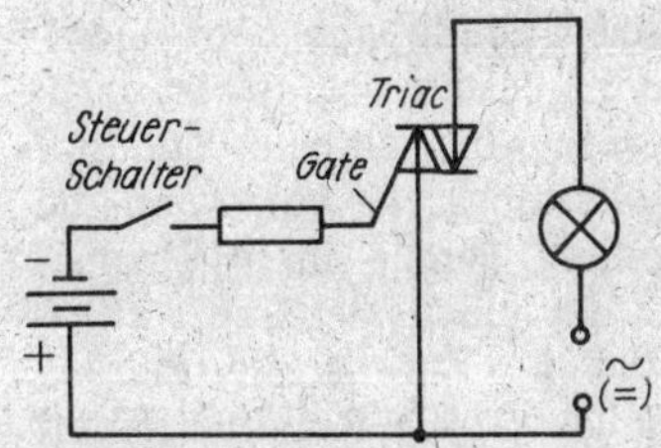

Bild 7.45
Zur Erinnerung: so läßt sich ein Triac in beiden Richtungen zünden; jeweils 1 Impuls genügt

(TESLA) z. B. ist einem Strom von 5 A Effektivwert gewachsen; der Spitzenstrom darf sogar 35 A betragen. Dazu braucht er einige zehn Milliampere »Zünd«-Strom, im schlechtesten Fall 80 mA bei 3 V »Gate«-Spannung. Meist geht es schon mit weniger – aber schließlich muß ja der Hersteller irgendwo eine Gut-Schlecht-Grenze ziehen.

Bei 5 A Dauerstrom sollte man den Triac mit seiner kleinen Kühlfahne auf ein dickes Aluminiumblech schrauben. Für unseren Fall genügt, wenn überhaupt nötig, schon eine Fläche von 40 mm × 50 mm, so groß wie die verwendete Leiterplatte. Anfassen beim Probelauf ist das einfachste Mittel, die Notwendigkeit festzustellen. Zischen darf es dabei nicht. Triacs sind Objekte für Abschnitt 10. Daher im folgenden nur das Nötigste:

Wird in der Schaltung nach Bild 7.45 der Steuerschalter angeschlossen, so »zündet« der Hauptstromkreis. Wenige Ladungsträger im Steuerkreis verursachen in diesem Fall eine Lawine. Dieser Stromfluß dauert an, auch wenn der Steuerschalter wieder geöffnet wird. Erst beim Nulldurchgang der Hauptkreisspannung oder wenn der Strom dort einen typabhängigen »Haltestrom«wert unterschreitet (hier 50 mA), sperrt der Triac

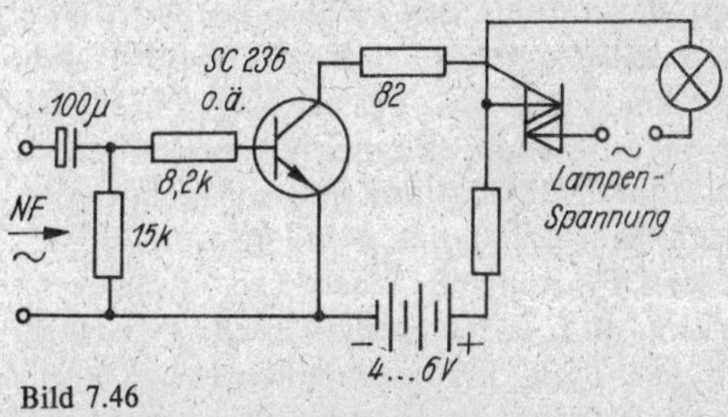

Bild 7.46
Von NF-Signal steuerbarer Triac

wieder. Wechselspannung aus dem Lichtnetz bringt also die besten Voraussetzungen.

Steuerseitig genügt ein schmaler Zündimpuls. Trifft er allerdings erst ein, wenn die Hauptkreisspannung gerade ihren Höchstwert hat, ergibt das einen ziemlich starken Schaltimpuls. Solche Stromkreise müssen entstört werden, damit sie Rundfunk- und bisweilen auch Fernsehempfang nicht stören. In dem hier beschriebenen Fall erweist sich allerdings der Transformator als ein recht wirksames Filter gegen die Ausbreitung solcher Störungen.

Benötigt werden also Steuerimpulse von einigen zehn Milliampere, die jedoch sehr schmal sein dürfen. Bild 7.46 zeigt eine für solche Fälle brauchbare Steuerschaltung. Der Transistor leitet nur, wenn er über den Koppelkondensator einen positiven Impuls erhält. Dieser wiederum läßt sich aus einer Schaltung ableiten, die auf Sprache oder Musik reagiert.

Ein Mikrofonverstärker mit Operationsverstärker ist eine gute Lösung dafür. Die Typengruppe um den *B761D* herum z. B. *(761, 765, 861, 865)* braucht nur wenig Betriebsspannung. Da sie nicht die gewohnte Gegentaktstufe, sondern einen sogenannten offenen Kollektorausgang (»open collector«) haben, benötigen sie einen Widerstand von Plus nach Ausgang. Durch diesen fließt in der unsymmetrischen Betriebsart ständig Strom, den man aber klein halten kann. Unsymmetrische Speisung gestattet einfachstes Betreiben z. B. aus 2 × *RZP2* oder 3 bis 4 × *R6* o. ä. OPV-gemäß muß dabei aber der nichtinvertierende Eingang als die Ausgangsruhespannung bestimmend auf etwa halbe Betriebsspannung gelegt werden. Das geschieht mit einem relativ hochohmigen, also stromsparenden Spannungsteiler. Damit wird der Teilerpunkt Bezugspunkt für alle OPV-typischen Betrachtungen. Das heißt auch, daß hierhin das »kalte« Ende der Mikrofonleitung gehört, also der Schirm bei einer koaxialen Leitung. »Heißer« Punkt ist der invertierende Eingang. Aber zwischen Steuerquelle (Mikrofon) und ihn gehört für diesen Einsatzfall ein Kondensator. Denn: Dieser OPV soll nur Wechselspannung verstärken, und das ziemlich hoch, zwischen 500 und 1000. Dieser beträchtliche Wert, der auf Verzerrungen und andere sonst für NF wichtige Details keine Rücksicht nimmt, würde bei Gleichspannungsbeschaltung einen starken Temperatur- und Offsetgrößeneinfluß bedeuten, einfach gesagt: den Arbeitspunkt merklich verschieben. Trennt man aber Gleich- und Wechselspannungsbeschaltung, so wird das Gebilde zum »1-Verstärker« für Gleichspannung und damit recht stabil. Die nicht ganz optimale Beschaltung mit hochohmigen Widerständen beeinflußt durch die Eingangsströme allerdings die reale Lage des Arbeitspunkts. Für Wechselspannung bleibt jedenfalls eine hohe Verstärkung, dank Koppelkondensator. Mikrofon und Stellwiderstand (je kleiner, um so mehr Verstärkung) bilden den aus der OPV-Beschaltung geläufigen *R*1. Vom Ausgang kommt (−) *R*2, und der »sieht« für Gleichstrom eben einen »unendlich« hohen Widerstand.

An den Verstärker wird nun ein mittelohmiges Mikrofon (z. B. $R\mathrm{i} = 200\,\Omega$) oder notfalls auch ein Kleinlautsprecher angeschlossen. Von solchen Gebern sind bei Schalleinwirkung zwischen 1 und 10 mV Wechselspannung zu erwarten. Verbindet man auch den Transistorausgang mit dem Triac, der Lampe und dem Transformator, muß nach Anlegen der Batteriespannung an den Verstärker und der Netzspannung an den Transformator die Rhythmuslampe schon funktionieren: Jeder genügend laute Schallimpuls wird mit einem Lichtblitz beantwortet. Es macht Spaß, das zu testen.

Die gesamte Schaltung nach Bild 7.47 paßt auf eine einfache Leiterplatte, die kaum größer als eine Streichholzschachtel sein muß. Und sie kann lange aus einer kleinen 4- bis 6-V-Batterie gespeist werden. Der Ruhestrom liegt bei nur etwa 1,2 mA. Bei Besprechen des Mikrofons erhält der Transistor die verstärkten Impulse, die er an den Triaceingang weitergibt. Dieser Eingang liegt so im Stromkreis, daß er bei durchgeschaltetem Transistor mit negativem Strom gezündet wird. Das ist die für diesen Einsatzfall noch günstigste mögliche Variante bezüglich seiner Zündbereitschaft.

Jedenfalls: Solange genügend laut gesprochen wird oder anderer Krach herrscht, erhält der Triac Steuerimpulse.

Übrigens ein kleiner Gag mit nützlichem Hintergrund am Rande: Man stelle das Mi-

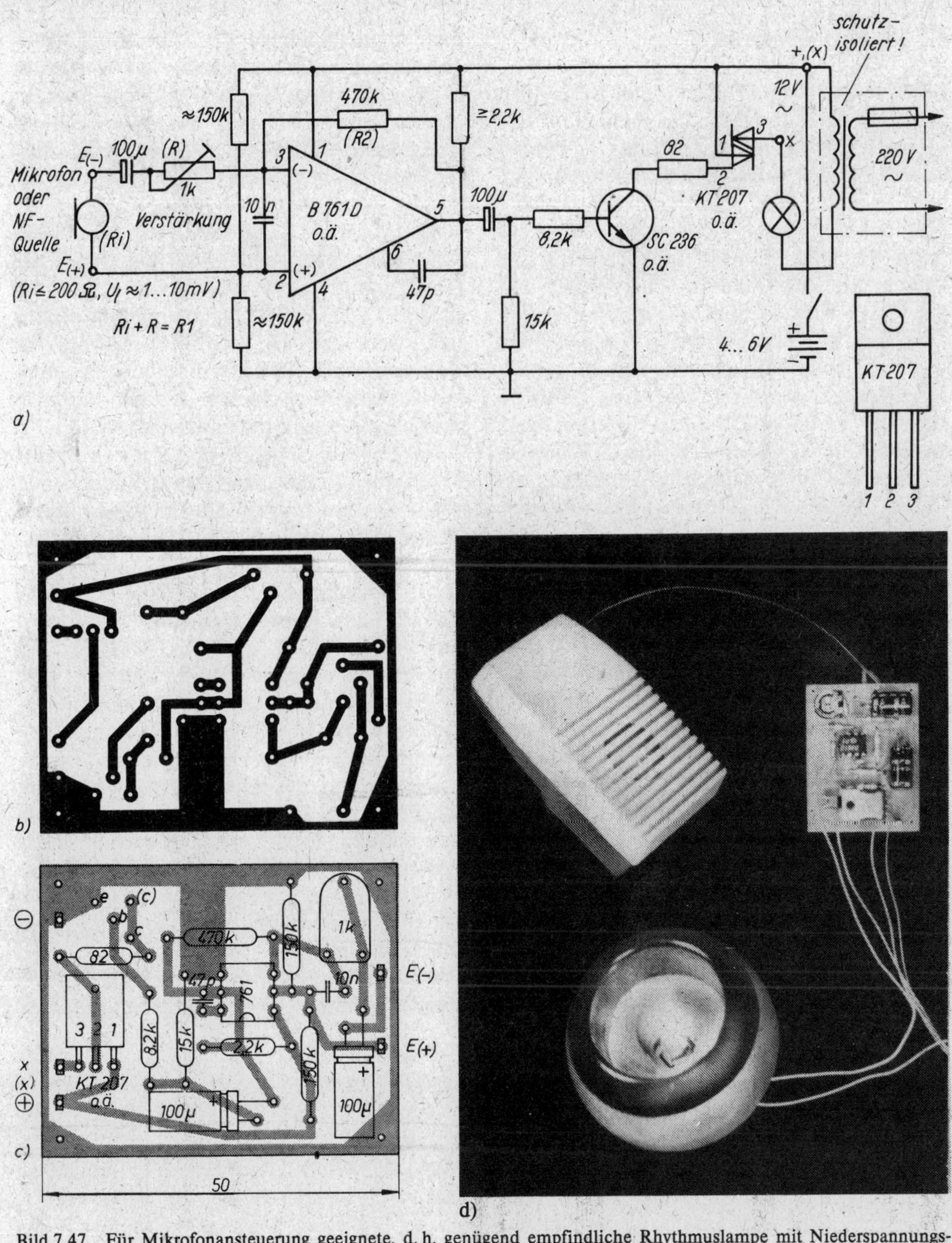

Bild 7.47 Für Mikrofonansteuerung geeignete, d. h. genügend empfindliche Rhythmuslampe mit Niederspannungsnetzteil; a – Stromlaufplan, b – Leiterbild, c – Bestückungsplan, d – Muster im Einsatz

krofon vorsichtig in die Nähe des Lampentransformators und schalte diesen nochmals kurz aus, falls die Lampe dabei bereits leuchten sollte. Jetzt genügt ein Pfiff oder Händeklatschen, um die Lampe für Dauer einzuschalten. Das bewirkt das auf das Mikrofon einwirkende Transformatorstreufeld, und es stellt einen vielleicht nicht ganz uninteressanten weiteren Anwendungsfall für diese kleine Schaltung dar.

7.5.2. Kleinlichtorgel

Bis zu einer »echten« Lichtorgel ist es nach diesen Vorbereitungen nicht mehr weit. Die Lichteffekte werden meist auf 3 Tonfrequenzbereiche aufgeteilt, die sich überlappen können. Eine relativ unvollkommene Methode mit großen Überlappungen besteht darin, den »Tiefenkanal« eingangsseitig mit großem Koppelkondensator zu versehen und mit einer frequenzabhängigen Gegenkopplung nach oben zu begrenzen. Umgekehrtes geschieht beim Höhenkanal. Für die mittleren Frequenzen wählt man eine ähnliche einfache »Bandpaß«struktur. So etwa funktionierte die Kleinlichtorgel im 1. Wohnbereichs-Bastelbuch. Operationsverstärker gestatten wesentlich bessere Trennung erwünschter von unerwünschten Frequenzen. Man braucht dazu nur frequenzabhängige Widerstände in die Gegenkopplung zum invertierenden Eingang einzuführen. Es entsteht ein sogenanntes aktives Filter. Davon gibt es eine ganze Anzahl möglicher Lösungen. Sie unterscheiden sich u. a. im Aufwand an Blindschaltelementen (vorwiegend Kondensatoren). Je mehr Aufwand, um so steiler lassen sich die Übergänge zwischen Durchlaß- und Sperrbereich gestalten.

Eine für Lichtorgel ausreichende einfache Lösung wurde bereits in Abschnitt 6. für ein frequenzselektives Schloß genutzt. Auf sie sei nun zurückgegriffen (Bild 7.48). Die Signalquelle (Mikrofon oder Empfänger) bildet mit ihrem Innenwiderstand und dem in diesem Fall einstellbaren Vorwiderstand den frequenzunabhängigen Teil des Eingangswiderstands. Ihm in Serie liegt ein frequenzabhängiger Widerstand $Z1$ (Kondensator) zum invertierenden Eingang hin. Ein weiterer Kondensator führt auf diesen Punkt Ausgangsspannung zurück – um so mehr, je höher die Frequenz.

Nun wirken 2 gegensätzliche Verläufe: Mit wachsender Frequenz verringert sich der Eingangswiderstand $Z1$ (bezogen auf U_E steigt V), doch die Gegenkopplung erhöht sich, weil sich Z2 verringert. Sowohl für kleine wie auch für große Frequenzen ist damit V wesentlich kleiner als für eine bestimmte Frequenz irgendwo dazwischen.

Das Formelzeichen Z steht für den Begriff Impedanz: Impedanzen sind Widerstände mit Wirk- und Blindanteil. Ein dynamisches Mikrofon beispielsweise hat eine aus Induktivität und ohmschem Widerstand bestehende Impedanz; die RC-Glieder der Filter sind ebenfalls Impedanzen. Ihre Werte kann man nicht einfach addieren. Das liegt an den Phasenverhältnissen. So gilt für eine RC-Serienschaltung $Z = R^2 + (1/\omega^2 C^2)$. Impedanzen sind also frequenzabhängige Widerstände.

Der Verlauf der Ausgangsspannung über der Frequenz ergibt bei dem in Bild 7.48 dargestellten Filter nur für einen relativ schmalen Frequenzbereich genügend Signalamplitude. Die Dimensionierung hat, bezogen auf den Wunsch »Lampe an«, nur einen Durchlaßbereich von etwa 2,5 bis 4,2 kHz. Daß das Mikrofon in dieser Schaltung noch einen Teil des Eingangswiderstands bildet,

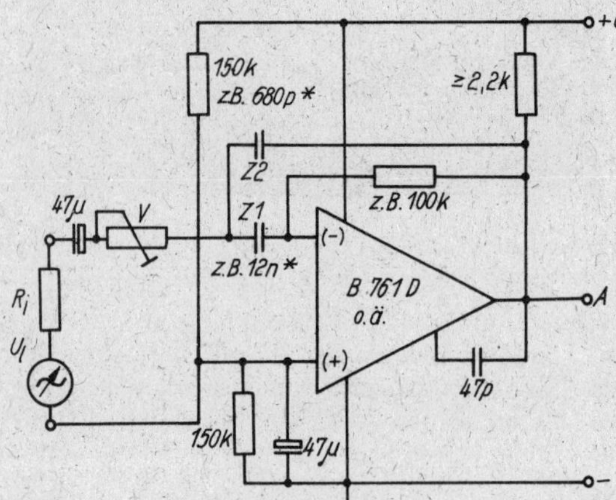

)* für mittlere Tonfrequenzen selektiv

Bild 7.48
Einfaches NF-Filter mit Operationsverstärker

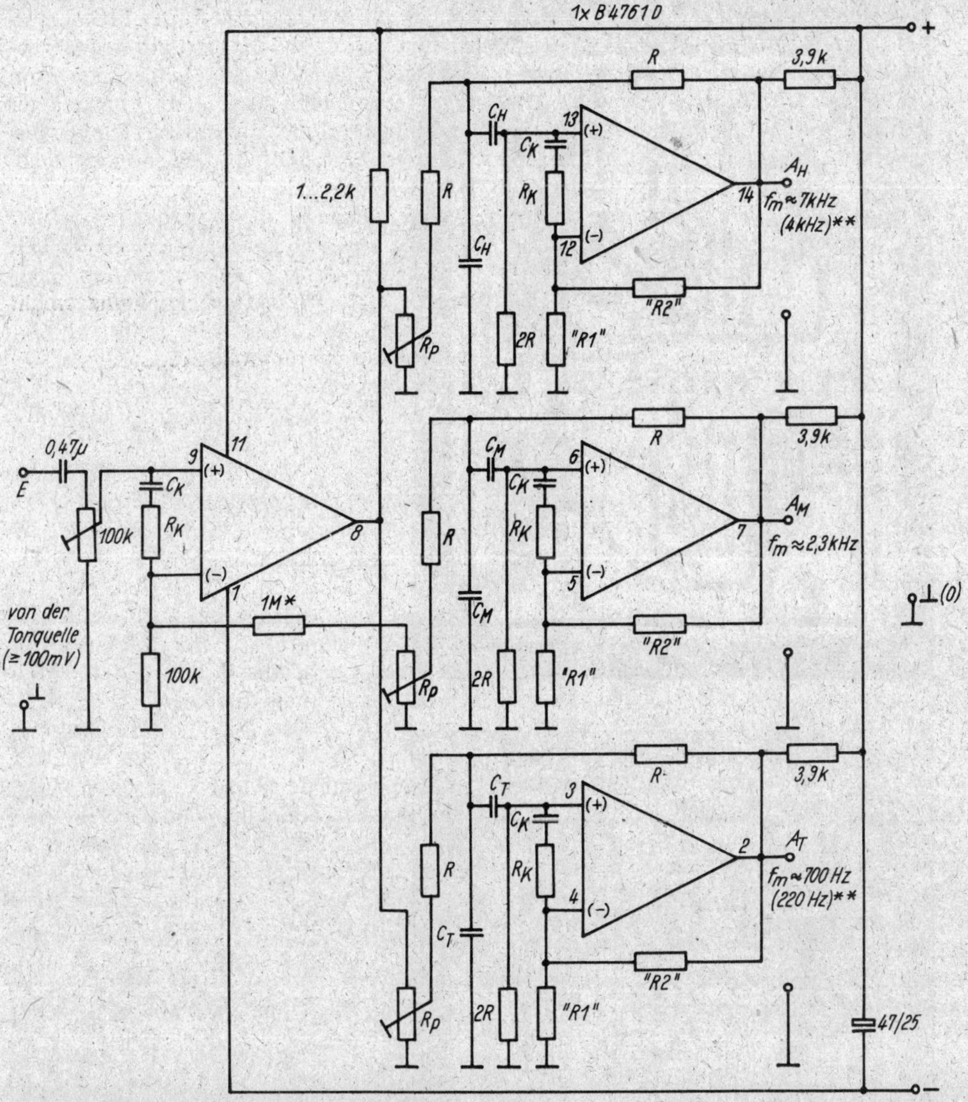

} * Vorverstärkung; je nach Quelle, ggf. verringern
} ** höhere C-Werte geben tiefere Frequenzlage

C_K = 150p ; $R_K \approx$ 1,2...2,2k
R1 = 390k ; R2 = 680k ; R = 150k ; Rp = 4,7k
C_H = 150p (270p) **
C_M = 470p
C_T = 1,5n (4,7n) **

Bild 7.49 Vollständige Steuerschaltung für 3-Kanal-Kleinlichtorgel mit 1× *B 4761 D* (4fach-Operationsverstärker mit offenen Kollektoren)

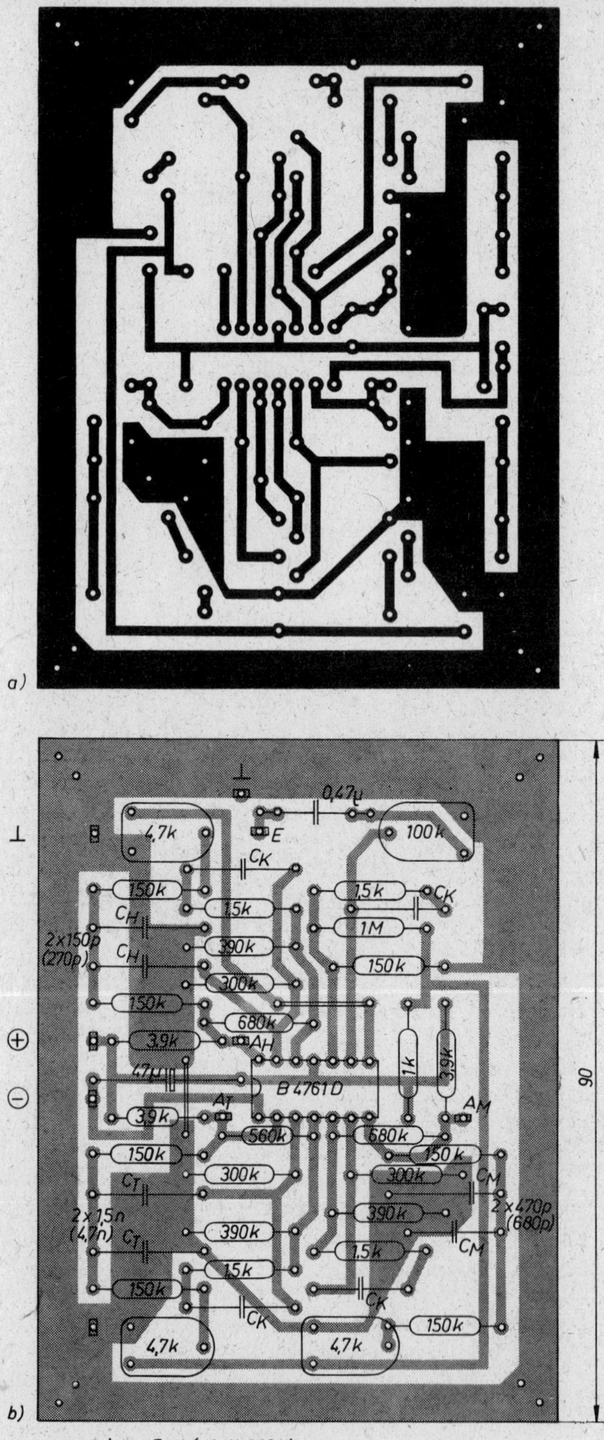

)* s. Text (statt 680k)

Bild 7.50
Leiterplatte zur Lichtorgel; a – Leiterbild, b – Bestückungsplan,

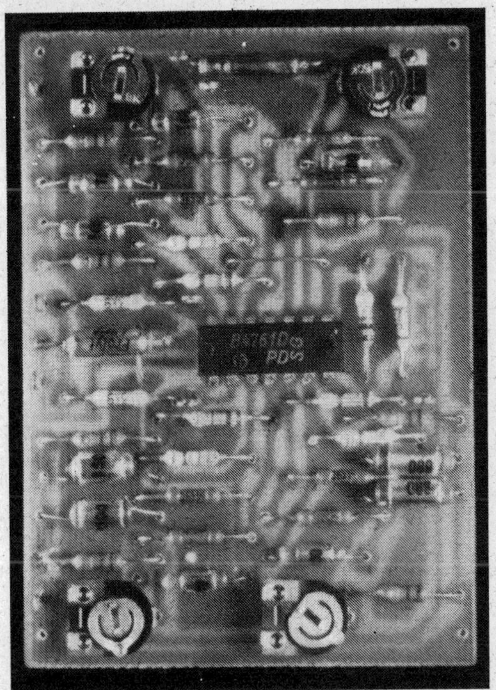

c)

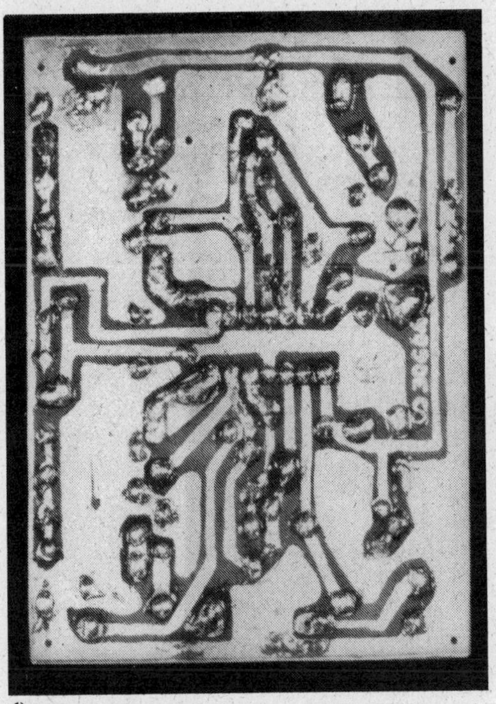

d)

Bild 7.50
c – Muster, d – Leiterseite des »Handmusters«

kompliziert die Sache, muß aber nicht so sein. Es wäre auch gar nicht mehr möglich, wenn mehrere Kanäle angesteuert werden sollen.

Die Schaltung nach Bild 7.49 geht 2 Schritte weiter. Diese Schaltung, für die die große Leiterplatte nach Bild 7.50 entstand, umfaßt eine komplette Kleinlichtorgel für Niederspannung mit 3 Kanälen. Mit der Schaltung nach Bild 7.47 kann man sie bei Bedarf um einen Rhythmuskanal erweitern. Da es jetzt jedoch um etwas vorwiegend »Stationäres« geht, sei eine symmetrische Stromversorgung erlaubt. Das macht die Schaltung einfacher.

Die frequenzbestimmenden Elemente sind für Tiefen, mittlere Frequenzen und Höhen auszuwählen. Die Angaben in der Schaltung lassen sich auf Wunsch verändern, da es sich nur um Richtwerte handelt. Wesentlich an der Lösung beteiligt ist der gemeinsame Vorverstärker, der für viele der möglichen Quellen hauptsächlich als Impedanzwandler arbeitet.

Ein Operationsverstärker, der am nichtinvertierenden Eingang gesteuert wird und dessen Ausgang direkt mit dem invertierenden Eingang verbunden ist (lediglich über einen Widerstand wegen der Wirkung der Eingangsströme), wirkt als Impedanzwandler. Er hat die Verstärkung 1. Das läßt sich einsehen, da (−) die volle Ausgangsspannung erhält. Diese wiederum entspricht der Spannung an (+). Bei unsymmetrischer Beschaltung liegt ein Teiler für $U_S/2$ an (+). Der Ausgang führt daher ebenfalls $U_S/2$, sofern die Teilerwiderstände bezüglich Eingangsstrom nicht zu groß sind. Bei symmetrischer Speisung wird (+) nur mit einem Widerstand nach Masse abgeschlossen, und der Ausgang führt 0 V. Koppelt man ein Wechselspannungssignal über einen Kondensator ein, z. B. das vom Mikrofon, so findet diese Quelle einen Eingangswiderstand vor, der bei unsymmetrischer Speisung praktisch der Parallelschaltung der Teilerwiderstände entspricht. Man kann ihn bei Typen mit kleinen Eingangsströmen also ohne größere Arbeitspunktverschiebung recht groß wählen. Bei Teilerwiderständen von je 220 kΩ ergeben sich 110 kΩ. Die Steuerquellen gehen nun nicht mehr in die Verstärkungsbeschaltung ein. Lediglich bei hohen Quellwiderständen verringert sich die für den Eingang wirksame Steuerspannung, weil dann über dem Innenwiderstand der Quelle ein merklicher Teil davon abfällt. Vorsicht in der Berechnung ist nur geboten, wenn die Quelle wieder frequenzabhängige Widerstände hat. Ist das nicht der Fall, so wird eben eine Leerlaufspannung von z.B. 50 mV bei 440 kΩ Innenwiderstand zu 10 mV Steuerspannung an 110 kΩ Eingangswiderstand:

$$U_{St} = U_1 \cdot R_E/(R_i + R_E).$$

Wie steht es nun mit dem Ausgangswiderstand dieses Verstärkers? Solange sein Ausgang innerhalb der für den Typ zugelassenen Strombelastbarkeit betrieben wird und die innere Verstärkung nicht kleiner geworden ist (auch von der Frequenz abhängig), hat ein gegengekoppelter Operationsverstärker einen wirksamen Ausgangswiderstand von wenigen Ohm. Die hohe Eingangsimpedanz ist also zu einer niedrigen Ausgangsimpedanz geworden. Genau das aber brauchen »aktive« Filterschaltungen. Nur wenn die Quelle des Frequenzgemischs niederohmig gegen die Filterelemente ist, kann die Schaltung im vorgesehenen Sinne arbeiten.

Für die Quelle, die die Signale liefert, gibt es mindestens 2 Möglichkeiten: den Überspielanschluß und den Lautsprecherausgang. Letztgenannter ist nur mit Einschränkungen sinnvoll. Abgesehen davon, daß selbstverständlich nur Geräte mit eindeutig sicherer Netztrennung in Frage kommen – also keine Experimente mit fragwürdigen Typen! Für den Anfang ist ein batteriebetriebener Recorder oder Rundfunkempfänger das Sicherste. Bei Verwendung des Lautsprecherausgangs sollte es sich um ein Monogerät handeln, sonst reagiert die Lichtorgel nur auf einen Kanal. Außerdem sollte man die Lautstärke nur einmalig einstellen und die sich ergebende mittlere Ausgangsspannung mit dem Lichtorgeleingang abstimmen.

Besser ist es, das Signal dort abzunehmen, wo es vom Lautstärkesteller nicht beeinflußt wird. Zwar hat es an dieser Stelle eine kleinere Amplitude (Höhe der Wechselspannung) bei relativ großem Innenwiderstand, doch das läßt sich mit dem 1. Verstärker der Schaltung ausgleichen. Auch die Frage nach Mono oder Stereo wird so entschärft. Bei Stereo werden eben beide Kanäle am Verstärkereingang der Lichtorgel zusammengeführt. Das kann man direkt tun, wenn dieser Ausgang nur an die Lichtorgel angeschlossen wird, andernfalls über Widerstände zur Entkopplung. Dabei ist die Verstärkung der Orgel entsprechend zu erhöhen. Bild 7.51 gibt Informationen zu dieser Seite der Angelegenheit. Man bringt diese Buchse an der Lichtorgel an und benutzt zum Recorder bzw. zum Rundfunkgerät hin ein geeignetes Kabel.

Der Pegel, d.h. die Höhe der Signalspannung, wird mit einem Operationsverstärker an die Filterschaltung der Lichtorgel angepaßt. Das bedeutet: Bei höheren Spannungen als maximal etwa 1 V Effektivwert muß abgeschwächt, andernfalls dagegen verstärkt werden.

Operationsverstärker mit Widerstandsbeschaltung haben normalerweise einen genügend kleinen Ausgangswiderstand, bezogen auf die Ansprüche des Filters. Bei dem in der Schaltung nach Bild 7.49 benutzten Typ mit sogenanntem offenem Kollektor hängt das aber auch von der Größe des Arbeitswiderstands ab, der bei ihm zwischen Ausgang und Plus unbedingt erforderlich ist. Andernfalls kann der OPV nicht richtig arbeiten. Warum die Wahl dennoch auf diesen Typ fiel, wird sich noch zeigen.

Bezüglich der Schaltung entsprechend Bild 7.49 sei auf eine Eigenschaft des *B 4761 D* hingewiesen. Seine 4 Systeme sind auf dem Chip mit je 18 pF frequenzkompensiert. Bei niedriger Gegenkopplung, also hoher eingestellter Verstärkung, sind sie dadurch ziemlich stabil. Je kleiner jedoch die eingestellte Verstärkung, um so schwingfreudiger werden sie, besonders bei größerer

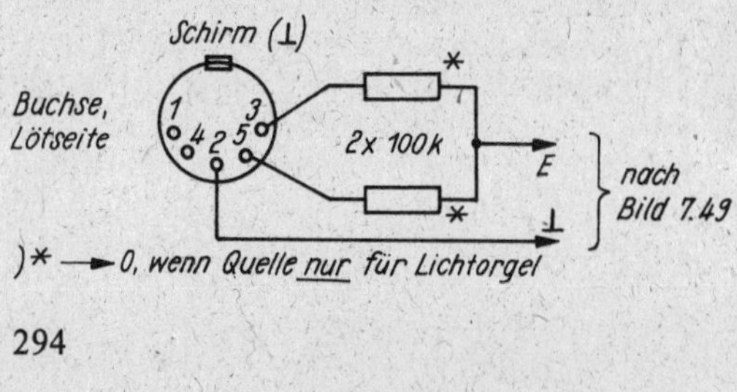

Bild 7.51
Buchse für Lichtorgel zum Anschluß an Recorder oder Rundfunkgerät

Aussteuerung. Ein *RC*-Glied zwischen den beiden Eingängen unterdrückt das wirksam, unterstützt durch ein *C* zwischen nichtinvertierendem Eingang und Masse. Während ein solches *C* praktisch schon durch die Filterbeschaltung vorhanden ist, mußte im Mustergerät jedem OPV-System das zuerst genannte *RC*-Glied zugeordnet werden. Wen das stört, der muß 4 Einzel-OPV vom Typ *B 761 D* verwenden. Dort kann zwischen die Anschlüsse 4 und 5 ein höherer Kompensations-*C*-Wert (z. B. 33 bis 47 pF) gelegt werden. Der Verstärker schwingt aber auch, wenn die vom Ausgang zum invertierenden Eingang wirksame Gegenkopplung eine höhere als die für diesen Filtertyp nötige Verstärkung (1,6) ergibt. Wie erkennt man aber solche unerwünschten Schwingungen? Im vorliegenden Fall einfach dadurch, daß die zugeordnete Lichtquelle auch ohne Signal ständig leuchtet.

Da die Schaltung symmetrisch gespeist wird, ist der Mittelpunkt der beiden Spannungsquellen der Massepunkt. Das spart Vorspannungsteiler an den nichtinvertierenden OPV-Eingängen und macht insgesamt die Massebedingungen »sauberer«. Gerade bei Speisung aus Netzteilen schleichen sich sonst leicht Brummstörungen u. ä. in die Eingänge ein, die kaum wieder zu beseitigen sind.

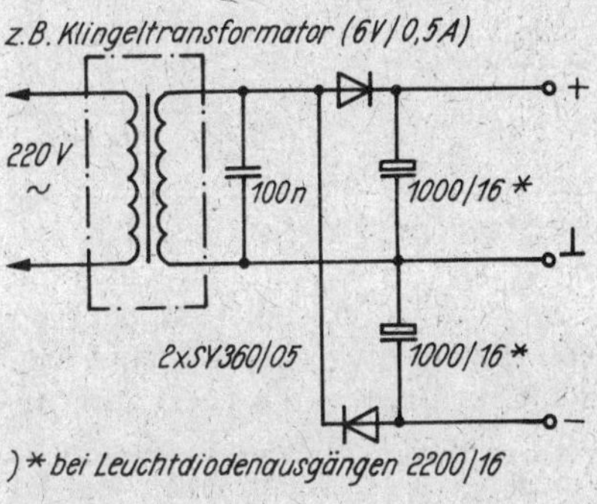

Bild 7.52
Einfaches Netzteil für Mini-Lichtorgel mit verschiedenfarbigen Leuchtdioden

Übrigens: Solange die Werte der beiden Spannungen für die Funktion der Schaltung ausreichen, spielen Abweichungen zwischen ihnen keine große Rolle. Am Ausgang bleibt es bei praktisch 0 V, wenn kein Eingangssignal anliegt. Das bestimmt der über einen Widerstand an Masse liegende nichtinvertierende Eingang. Alle Spannungen der Schaltung lassen sich also auf Masse beziehen. An den 3 Ausgängen der Filterverstärker treten erst dann (Wechsel-)Spannungen auf, wenn die Frequenzen der Eingangsspannung im Bereich des jeweiligen Filters liegen und genügend groß sind.

Der benutzte Filtertyp erfordert bei den (aufeinander abgestimmten) Bauelementewerten eine nur geringe Grundverstärkung, die mit dem Widerstandsteller zwischen Ausgang, Eingang »(−)« und Masse eingestellt wird. Im Muster erwies sich dabei der »Tiefen«-OPV als kritisch; der Widerstand vom Ausgang her mußte etwas verkleinert werden. Die gewählten Standardwerte der Bauelemente (*R*, *C* nach Bild 7.49) lieferten die dort eingetragenen Mittenfrequenzen gemäß $f = 1/(2\pi RC)$. Diese Filter sind für Lichtorgeln aber ziemlich schmal. Das sollte man nur für bestimmte Effekte nutzen. Doch für den Orgeleinsatz gibt es ein einfaches Mittel dagegen; es heißt übersteuern. Das schadet bei Lichtorgeln nichts, allenfalls reagiert eine Stufe einmal auch auf halbe Frequenzwerte ihres Durchlaßbereichs. Die gewünschte Überlappung stellt man an den 3 Eingangspotentiometern ein. Im Ursprungsmodell ergaben sich die Bereiche 300 bis 1 500 Hz, 1 bis 4 kHz und 5 bis 15 kHz. Später wurden Tiefen und Höhen nach unten verschoben.

Die ungefährliche Maximallösung einer Lichtorgel mit Niederspannungs-Halogen-Leuchten läßt sich aus Bild 7.47 ableiten.

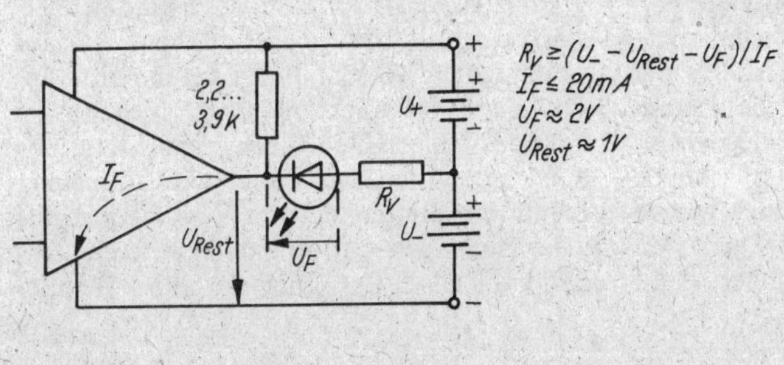

Bild 7.53
Ausgangsbeschaltung für Mini-Lichtorgel

3 Transistoren und 3 Triacs sowie einige Widerstände werden dazu benötigt. Für eine reizvolle Minianlage mit roten, gelben und grünen Leuchtdioden genügen dagegen ein Netzteil nach Bild 7.52 und das Beschalten der Ausgänge nach Bild 7.53. Darum der für Ausgangsströme (vorzugsweise nach Masse) bis 70 mA zugelassene *B 4761 D*! Obwohl die Leuchtdioden nur die negative Quelle belasten, sollten beide Seiten gleich große Kondensatoren erhalten. Sonst leuchten die Dioden beim Abschalten wegen der unterschiedlich schnellen Entladung nochmals auf. Die Ruhestromaufnahme des Musters beträgt etwa 22 mA.

Im Umgang mit Netzspannung Erfahrene werden sicherlich irgendwann auf Lampen größerer Leistung übergehen wollen, die direkt aus dem Netz betrieben werden. Dazu braucht man jedoch eine Schutztrennung zwischen ihnen und der Steuerschaltung. Das sicherste Mittel dazu sind Optokoppler mit wenigstens 4 kV Prüfspannung und (ganz wichtig!) ein fachgerechter Aufbau. Die Mehrzahl der »Nur-Freizeit-Wohnbereichselektroniker« sollte sich dazu mit einem Fachmann koppeln.

7.6. Aktivbox

Sollte bisher die »eigentliche« Tonwiedergabe zu kurz gekommen sein, so liegt das vielleicht auch am Veredelungsgrad elektroakustischer Heimelektronik. Wer ernsthaft nach HiFi-Genuß strebt (und über die nötige Freizeit fürs intensive Hören verfügt), ist mit Fertiggeräten heute am besten beraten. Zwar gab es eine lange Zeit des Radiobastelns, doch nur relativ wenige Hobbyelektroniker haben sich einen Fernsehempfänger von Null an zusammengebaut. Der Aufwand für eine HiFi-Anlage ist ebenfalls »vielschichtig« und schließt nicht zuletzt auch die richtigen Lautsprecher ein. Sie haben viele Forderungen zu erfüllen, bevor das Schallerlebnis dem natürlichen nahe kommt, und entsprechend qualifizierte Hersteller bemühen sich darum. Daß es auch auf diesem Gebiet aber bisweilen noch überraschende Neuerungen geben kann, zeigte sich gerade bei Erarbeitung dieses Buches. Doch wie hoch auch immer die Erwartung der »Spitzenhörer« sein mögen – zwischen dem Start in die erste eigene Wohnung und dem Ziel einer solchen Traumanlage gibt es viele Stationen. Die folgende Anregung betrifft ein Objekt, das zwischen diesen beiden Punkten »angesiedelt« ist.

Eine Reihe von Heimelektronikgeräten verfügt z. B. zwar über eine akzeptable Aufbereitung des NF-Signals bis zum Vorverstärker, der Rest jedoch entspricht dem für Volumen, Stromaufnahme (bei Batteriegeräten) und letztlich auch Preisgrenze eingegangenen Kompromiß. Der Stand der Technik setzt eine weitere, zeitbedingte Grenzlinie, die man später durch Eigeninitiative und Sachkenntnis oft vorteilhaft verschieben kann. Andere Geräte wiederum (z. B. Plattenspieler, Rundfunktuner, aber auch »gehobenes Inventar« wie Heimorgeln) erfordern von vornherein einen Endverstärker, an den man sie anschließen kann. Unterschiedliche Ausgangspegel sind dabei zu berücksichtigen. Auch die Buchsen- und Steckerbelegung gilt es zu beachten. Auf 3 und 5 der üblichen 5poligen »Diodenbuchse« ist meist das Signal zu erwarten. Will man jedoch z.B. einen Kofferempfänger mit TA-/TB-Buchse durch einen externen Verstärker zur vollen Entfaltung seiner Möglichkeiten bringen, muß dieses Signal von 1 und 4 geholt werden (Masse ist dabei immer Anschluß 2). Jeder Anschluß steht für einen Stereokanal. Bei Monogeräten sind beide gebrückt. Bereits Bild 4.53 gab Aufschluß über diese Beschaltungsart. Bis auf die Heimorgel, die mit dem Lautstärkepedal über ihre eigene Pegelsteuerung verfügt, erfordern alle genannten Quellen einen Lautstärkesteller im externen Verstärker. Bis auf die TA-/TB-Buchse wiederum steht auch bereits ein Pegel zur Verfügung, der einem modernen Leistungsverstärker meist genügt. Andernfalls wird im allgemeinen eine zusätzliche Transistorstufe reichen.

Man kann also z. B. den bewährten Verstärker mit *A* bzw. *R 210* (*E* bzw. *K*), der entsprechend Abschnitt 7.3 bereits eine zusätzliche Verstärkerstufe trägt, auch außerhalb des enggefaßten Wechselsprechbetriebs einsetzen. Allerdings sollten die Koppelelemente der breitbandigeren Verstärkungsaufgabe entsprechend verändert werden. Das heißt vor allem Entfernen der nun höhenbe-

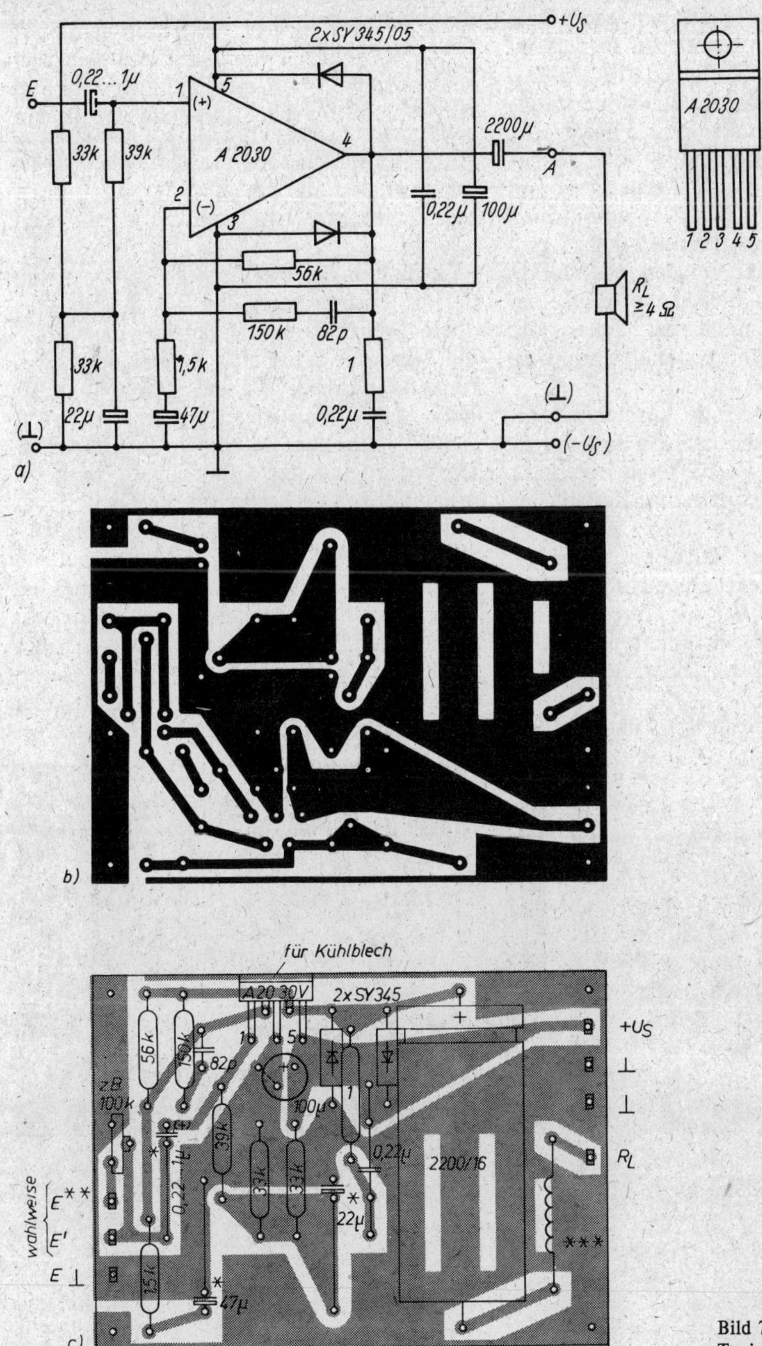

)* wahlweise stehende oder liegende Form

)** mit Potentiometer

)*** ≈ 18 Wdg. Cu-Lack-Draht ≈ ⌀ 0,6 auf 10 Ω

Bild 7.54
Typische Einsatzschaltung für NF-Leistungsverstärkerschaltkreis *A 2030 H* oder *V*; a – Stromlaufplan, b – Leiterbild, c – Bestückungsplan

grenzenden Siebkondensatoren gegen die bei der Sprechanlage gegebenen Rundfunkstörungen (2 bis 3 × 47 bis 100 nF), Weglassen des Leitungsabschlußwiderstands (100 Ω), Erhöhen von *C*1 und *C*2 auf Werte, daß $2\pi f_u C$ wesentlich größer wird als der Kehrwert der folgenden Widerstände gegen Masse (z. B. 33 kΩ). Schließlich erhöht man den Auskoppelkondensator auf 1 000 µF und entfernt den 10-Ω-Serienwiderstand. Insgesamt erhält man auf dieser mit *typofix* bei Bedarf schnell herstellbaren Leiterplatte einen vielseitigen Tonfrequenzleistungsverstärkerbaustein.

Er hat im Äußeren große Ähnlichkeit mit dem aus dem 1. Wohnbereichs-Bastelbuch, doch die zusätzliche Verstärkerstufe verleiht ihm größeren Einsatzspielraum. Ein solcher Verstärkerbaustein kann nun, zusammen mit einem passenden Netzteil, in manche Lautsprecherbox direkt eingebaut werden. Selbstverständlich ist bei mit »integriertem« Netzteil dem Thema Sicherheit die nötige Beachtung zu schenken. Andernfalls besser getrennt kapseln!

Der Einbau in eine fertige Lautsprecherbox verändert ihre akustischen Eigenschaften. Kompaktboxen scheiden auf Grund ihrer Innengestaltung besser aus. Und für größere Leistungen als vielleicht 3 bis 5 W sollte man ohnehin eine Leiterplatte nicht in einer Lautsprecherbox unterbringen. Auf jeden Fall sind alle neuen Teile gut zu fixieren. Schrauben wird man kaum umgehen können.

Bezüglich der erreichbaren Leistung bildet die Lösung nach Bild 7.54 bereits eine obere Grenze. Dieses Buch wäre unvollständig, würde es nicht eine Anwendungsschaltung für den bei Manuskriptzeitpunkt bereits stabil im Angebot anzutreffenden *A 2030* enthalten. In seinen Einbauvarianten V (für vertikales Kühlblech, bezogen auf die Leiterplattenebene) und H (für horizontal) und den nur 5 Anschlüssen löst er manches Problem im oberen Leistungsbereich »hinter« dem *A 210 E* bzw. *K*. Allerdings bedarf es dazu auch entsprechender Betriebsspannungen, und so hat man es durch die Auslegung des Netzteils schon in der Hand, wieviel der Lautsprecher bei genügender Aussteuerung erhalten kann. Das hängt ge-

a)

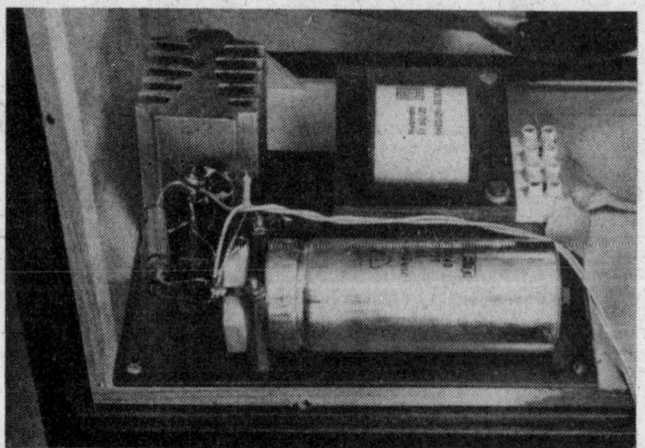

b)

c)

Bild 7.55 Ansichten einer für einige Watt Ausgangsleistung noch vertretbaren Selbstbauaktivbox mit *A 2030* und eingebautem Netzteil (Sicherheitsvorschriften beachten!); a – Verstärkerteil (auf Rückwand innen montiert), b – Netzteil in freier Verdrahtung, c – Eingangsbuchse in der Rückwand mäß $P \approx U_S^2/8R_L$ auch von seinem Widerstand ab. Mit 8 V und 4 Ω sind also höchstens 2 W erreichbar (bei 2 A Spitzenstrom allerdings). Bei 16 V steigt der Strom auf das Doppelte, doch die mögliche Leistung geht gegen 8 W. Glücklicherweise braucht der vernünftige Neubaubewohner höchstens bei einem festlichen Konzert im Finale diese Spitzen. Denn bei Dauerbetrieb würde das Problem sonst bereits beim Gleichrichter beginnen und sich in erheblichen Kapazitäten zur »Beruhigung« fortsetzen. Nicht zwingend erforderlich bei Anlagen, die nicht unbedingt zur Spitzenklasse zählen sollen, ist elektronische Regelung mit ihrem zusätzlichen Aufwand. Die »natürliche Dynamikkompression« bei den lauten, stromintensiven Stellen dadurch, daß dem Netzteil etwas die »Luft ausgeht«, ist zu akzeptieren. Die dabei höhere Welligkeit am Kondensator hört man im »Inferno« der Nutztöne doch nicht mehr. Jedenfalls kann die Schaltung nach Bild 7.54, für die eine passende Leiterplatte im Bild enthalten ist, meist schon mit einem Netzgerät aus wenigen »Fertigteilen« erfolgreich gespeist werden.

Beim Mustergerät bestand die Aufgabe speziell darin, einer Heimelektronikorgel die nötige Durchsetzung zu verleihen. Ein Vorverstärker war also tatsächlich unnötig. Auch auf ein Potentiometer konnte verzichtet werden. Es erwies sich allerdings als günstig, einen 47- bis 100-kΩ-Stellwiderstand direkt an die Buchse des Verstärkers zu löten. An ihm wird bei größter Lautstärke vom Pedalsteller her so eingestellt, daß noch keine größeren Verzerrungen in der Wiedergabe festzustellen sind. Als Ausgabeteil eines Rundfunktuners mit NF-Vorstufe ist diese Lösung geeignet, wenn man statt des Stellwiderstands ein Potentiometer mit Achse herausführt. Dabei muß aber das Gehäuse des Potentiometers an Masse gelegt werden, sonst reagiert es auf Netzbrumm (Handempfindlichkeit).

Wie die Fotos zeigen (Bild 7.55), bot sich in der verfügbaren Box genügend Platz, sowohl den Verstärker (mit einem gerade vorhandenen Stück Kühlblech) als auch das Netzteil unterzubringen. Der im vorliegenden Fall doch benutzte Reglerschaltkreis *(B 3170 V)* hat 2 Aufgaben: Er »beruhigt« auf jeden Fall die Versorgungsspannung so weit, daß gegebenenfalls auch noch eine Vorverstärkerstufe eingebaut werden kann. Außerdem aber begrenzt er die vom ebenfalls gerade vorhandenen Transformator gegebene relativ hohe Leerlaufspannung auf für den Schaltkreis (eine weniger spannungsfeste Version als der Grundtyp des *A 2030*) zulässige Werte. Gleichgerichtet wird mit einem Brückengleichrichter für 3 A.

7.7. Aussteueranzeige

Vielleicht ist es schon ein bedenkliches Zeichen, wenn man optische Hilfsmittel zur Anzeige der elektrisch-akustischen Leistung braucht. Discogeschädigte sollten besser ganz auf »echte Lichtmusik« umsteigen und die Lautsprecher abschalten – im Interesse der Nachbarn.

Scherz beiseite – es hat schon einen gewissen Sinn, die Aussteuerung eines Lautsprechers zu überwachen. Trägheitsarme Leuchtdiodenanzeigen können viel schneller Aufschluß über Spitzen geben, mit deren Wiedergabe ein herkömmliches Zeigerinstrument schon Schwierigkeiten haben kann.

Doch schließlich ist für eine gute Wiedergabe vorauszusetzen, daß die Spitzenwerte nicht zu höherem Klirrfaktor führen. In einer Stereoanlage kann eine Aussteueran-

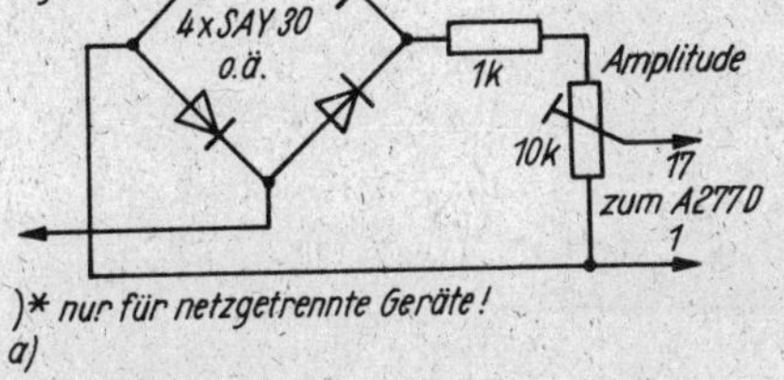

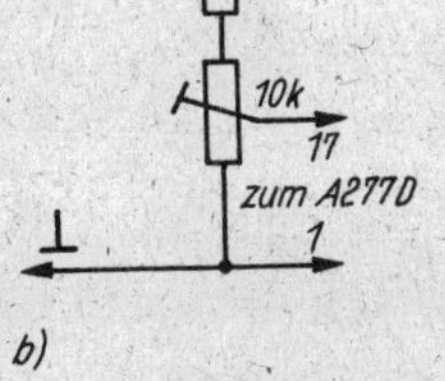

Bild 7.56
Aussteueranzeige für Lautsprecher; a – bei getrennter Versorgung, b – für den Fall der Aktivbox und andere Lösungen, bei denen gemeinsame Masseleitung andere Eingangsausführung erfordert. Anzeige z.B. mit leicht geänderter Leiterplatte nach Bild 5.72!

zeige (sofern sich ihre beiden Kanäle nicht wesentlich unterscheiden) bereits zum Einstellen der Grundwerte nützlich sein, vor allem auch für die Balance. Vieles spricht für eine einfache, im wesentlichen linear reagierende Leuchtbandanzeige mit *A 277 D.* Im Abschnitt über Temperaturmessung findet der Leser fast alles Nötige, von einer Kurzinformation zum *A 277 D* bis zur Leiterplatte für Bandbetrieb. Lediglich eine Gleichrichterbrücke und ein Steller für den Maximalwert sind nötig, um damit zur Aussteueranzeige gemäß Bild 7.56 zu gelangen. Es liegt nahe, diese Schaltung z. B. mit aus dem Netzteil der Aktivbox zu speisen.

Doch Vorsicht – die Potentialverhältnisse können zu Schwierigkeiten führen, wenn man in solchem Fall die Gleichrichterbrücke einfach an den Lautsprecherausgang legt. Das hängt von der jeweiligen Ausgangsgestaltung des Verstärkers ab. »Neutral« wird es wieder, wenn entweder die Anzeige getrennt gespeist oder wenn im Sinne von Bild 7.56 b verfahren wird. Dann bezieht sich das Signal wieder auf Masse, während eine Brücke wechselspannungsmäßig auf Grund des gemeinsamen Massebezugs teilweise kurzgeschlossen wäre.

7.8. Netzteil für den Autosuper

Es gibt Fälle, bei denen von einem Pkw am Schluß nur das Lenkrad übrig bleibt oder der Autosuper. Anders ausgedrückt, finden sich bisweilen im Haushalt (zunehmend) elektronische Geräte an, die eigentlich nur in der für sie genau definierten Umgebung richtig

a)

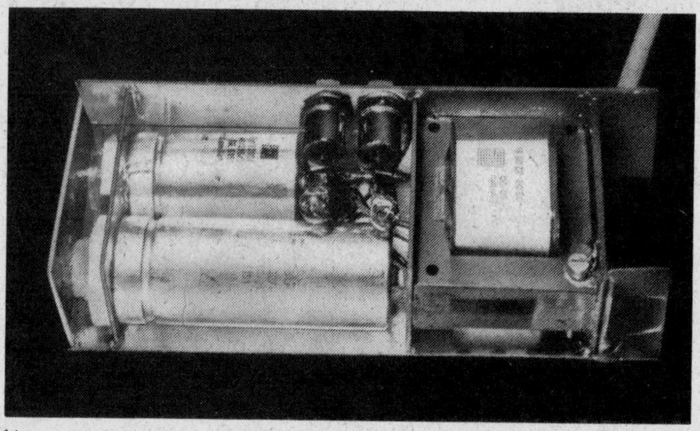

b)

Bild 7.57
Muster eines Netzteils für Einbau in Gehäuse zum Heimeinsatz eines (hochwertigen) Autosupers (Sicherheitsvorschriften beachten!); a – Vorderansicht, b – Ansicht von hinten (Netzeingang zusätzlich gekapselt)

funktionieren. Ein solches Objekt aber ist eben ein z.B. für 12-V-Batterie vorgesehener Empfänger. Falls es nur um Mittelwelle oder allgemein AM geht, braucht man nicht weiterzudenken.

Schade wär's bei UKW-Modellen, vielleicht gar in Stereo. Aus einem solchen konkreten Anlaß – Autoradio für zu Hause – entstand das in den Fotos (Bild 7.57) dokumentierte Muster eines Netzteils für 12 V/2 A. Es wurde wieder aus handelsüblichen Teilen zusammengesetzt. Der Transformator entstammte einer Kofferempfängerserie. Dieser Typ, der vor einiger Zeit vor allem im Versandhandel angeboten worden war, sollte eigentlich die nötigen Sicherheitsprüfungen bestanden haben. Da es jedoch von der Gesamtlösung her möglich war (wenn es auch der nicht speziell ausgebildete Amateur nicht darf), erhielt das Gerät einen Schutzkontaktanschluß. Dennoch wurde der gesamte Netzkreis so ausgelegt, als müßte er die Schutzklasse-II-Forderungen erfüllen. Die Fotos belegen sicherlich diese Ausführungsart nicht im Detail, doch vermitteln sie einen Eindruck, wie man an eine solche Aufgabe ebenfalls herangehen kann. Die Anlage ist primär und sekundär mit den erforderlichen Sicherungen geschützt, wobei sekundär erst ein Dauerkurzschluß zur Auslösung führt. Konstruktiv besteht das Gerät aus einer Reihe kupferkaschierter Hartpapierplatten, die gleichzeitig durch Herausschälen von für die hohen Ströme genügend breiten Leiterpartien zur elektrischen Verbindung herangezogen werden. *2×SY 180* in Gegentaktschaltung sichern den nötigen Strom.

7.9. Der Kofferempfänger als Sprechanlage

Es bedarf für eine »schnelle« Wechselsprechanlage lediglich einer Umschaltbox mit Vorverstärker und zweier Stecker, wenn das vorhandene Kofferradio eine TA-/TB-Buchse und eine Lautsprecherbuchse aufweist.

Findet sich außerdem noch Platz für den Einbau einer 2. Lautsprecherbuchse, so läßt sich auch der Lautsprecher des Empfängers in die Anlage einbeziehen. Bild 7.58 skizziert das Prinzip, wenn man diesen Eingriff scheut, und Bild 7.59 erinnert an die üblichen Buchsenbelegungen (Bild 7.59a entspricht Bild 4.53). Nach Bild 7.59b wird der Eigenlautsprecher durch eine spezielle Schaltbuchse mit nur 2 Öffnungen bei vielen Modellen automatisch abgeschaltet, wenn man einen Außenlautsprecher einsteckt. Das soll Überlasten des Endverstärkers vermeiden. Für die »erweiterte« Variante muß man dann den nicht mehr zugänglichen Pol des Lautsprechers nach außen holen. Das allein bringt jedoch noch nicht den gewünschten Effekt. Soll nämlich nun der eingebaute Lautsprecher umschaltbar sowohl als Wiedergabeorgan (Hörrichtung) wie als Aufnahmeorgan (Sprechrichtung) benutzt werden, kann der fest in Ausgangsnähe angebrachte

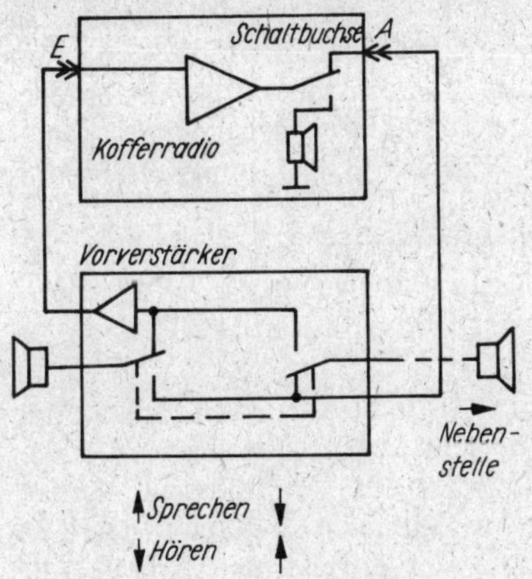

Bild 7.58
Kofferempfänger als Sprechzentrale: Mindestlösung ohne Eingriffe (Prinzipdarstellung)

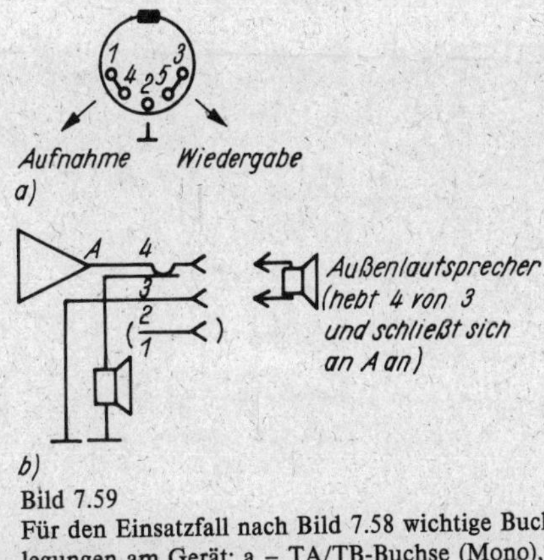

Bild 7.59
Für den Einsatzfall nach Bild 7.58 wichtige Buchsenbelegungen am Gerät; a – TA/TB-Buchse (Mono), b – Umschaltbuchse Innen/Außenlautsprecher

Masseanschluß in der Sprechrichtung zu Selbsterregung des Verstärkers führen. Man muß – und das war stets eine Grundregel derart konzipierter Wechselsprechanlagen – auch die Masseseite mit umschalten können.

Insgesamt ergibt sich daraus für die erweiterte Variante eine Änderung im Lautsprecherkreis des Geräts, die in Bild 7.60 dargestellt ist.

Zwischen Grundlösung und erweiterter Variante besteht danach nur noch folgender Unterschied: In der Grundlösung werden 2 externe Lautsprecher eingesetzt, der eine (das auch in der erweiterten Variante) als Nebenstelle am Ende der Leitung, der andere als »Ersatz« für den Innenlautsprecher. In der erweiterten Variante holt man über die zusätzliche Buchse den bei Einführen beider Lautsprecherstecker (Verwechslungsgefahr z. B. durch 3. Blindstecker wie nach Skizze in Abschnitt 4. vermeiden) »freigeschalteten« Innenlautsprecher an die Stelle des externen und spart diesen damit ein.

Bei der Musteranlage wurden für den Test der Grundlösung mit gutem Erfolg 2 Lautsprecherboxen benutzt, von denen das gleiche Modell (4 Ω, 6 VA) auch die Basis der Aktivbox aus Abschnitt 7.6. bildete. Sie waren vor einiger Zeit recht preisgünstig aus Restbeständen im Amateurbedarfshandel angeboten worden. (Ihre »Leistungsklasse« entsprach nicht mehr ganz den Ansprüchen der an größeren Spitzenleistungen interessierten Käufer.) Selbstverständlich eignet sich im Prinzip für diese Anwendung schon der billigste Sonderangebotlautsprecher. Kleinere zulässige Leistung gleicht man mit entsprechend bemessenen Vorwiderständen aus.

Den relativ kleinen Pegel im Fall der Nutzung als Lautsprecher und den erheblich größeren »Sprechpegel« könnte man mit einer schnell ausregelnden Schaltung in Verbindung mit einem speziellen NF-Schaltkreis in Einklang bringen. Das sei als Anregung verstanden. Im allgemeinen reicht der Lautstärkesteller des benutzten Empfängers zur Anpassung. Er wird im Normalbetrieb ebenfalls oft betätigt.

Ein großes Problem gerade bei den höheren nötigen Verstärkungswerten für Lauschbetrieb, aber auch generell bei Anschluß einer längeren Leitung an einen empfindlichen Verstärkereingang ist die Antennenwirkung solcher Leitungen. Das gilt sowohl für Netzbrumm: je höher der Eingangswiderstand, um so mehr Beeinflussung, stärker noch bei netzbetriebenen Modellen, doch ebenso spürbar im Batteriebetrieb. Es gilt aber zusätzlich für starke Ortssender. Mindestens keramische Kondensatoren von einigen zehn Nanofarad sollten darum z. B. jede solche Leitung abschließen, unterstützt von Serienwiderständen, soweit es die Innen- und Außenwiderstandsverhältnisse der Gesamtschaltung zulassen. Maßnahmen dieser Art und Hochpaßankopplung zum Dämpfen von Netzbrumm und zum Verbessern der Sprechverständlichkeit wurden auch bereits in Abschnitt 7.3. behandelt.

Nun gibt es aber besonders bei Einsatz von Operationsverstärkern gegenwärtig wirksame, obgleich seit langem bekannte Mög-

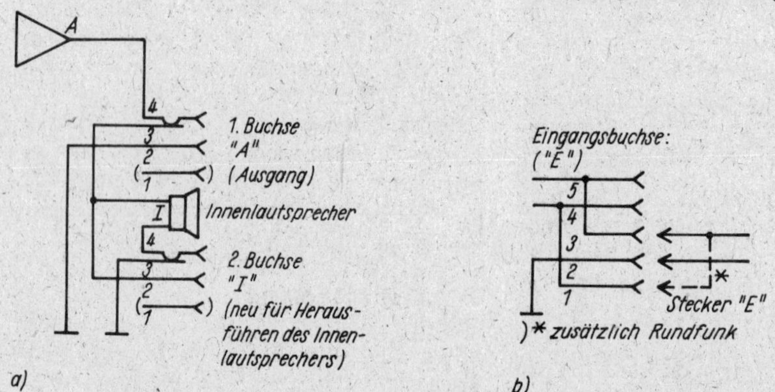

Bild 7.60 Erweiterte Variante: Einbau einer zusätzlichen Lautsprecherbuchse und neue Verdrahtung der Buchsen (u. U. Leiterplatteneingriff nötig, je nach Art der 1. Buchse); a – Ausgänge, b – Eingang

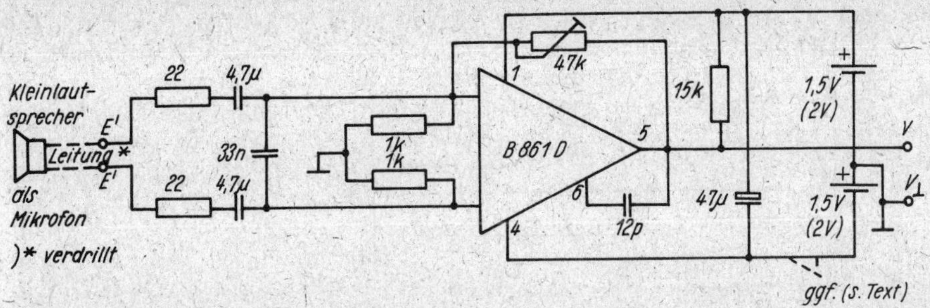

Bild 7.61 Vorverstärker mit symmetrischem Eingang löst das Problem der Störeinstreuungen in Verbindung mit *RC*-Dämpfungsgliedern gegen HF. Zu Fragen der Versorgungsspannung und des Batterieschalters siehe Text

lichkeiten, die Antennenambitionen einer solchen Leitung weitgehend zu neutralisieren. Dazu verlängert man quasi eine spezielle positive Eigenschaft üblicher Operationsverstärker »in die Leitung hinein«. Es geht um das extrem große Verhältnis von Gegentakt- zu Gleichtaktverstärkung, das der Operationsverstärker mit seinen 2 Eingängen anbietet. Also sollte man ihn für solche Anwendung ganz bewußt symmetrisch betreiben und damit 2 Betriebsspannungen in Kauf nehmen. Das Ergebnis spricht für sich.

Unter gleichen Umweltbedingungen wurden ein »stromarmer« Vorverstärker mit Transistor und ein symmetrisch gespeister und auch symmetrisch an die Leitung angekoppelter Operationsverstärker nacheinander am Musteraufbau getestet. Während die erstgenannte Variante einen erheblichen Brummanteil brachte, schnitt die letztgenannte entscheidend besser ab. Daran waren 3 Faktoren beteiligt: die symmetrische Einspeisung (also die starke Unterdrückung der auf beide Leitungsadern im Sinne eines Gleichtaktsignals wirkenden Störsignale), der kleinere Ausgangswiderstand des Operationsverstärkers (was den kurzen »Restweg« zum Hauptverstärker weniger brummempfindlich werden ließ) und der große nützliche Spielraum für die Wahl der Verstärkung. Für sie gibt es beim benutzten Typ eher eine Einschränkung nach unten hin.

Gemäß Bild 7.61 wurde nämlich ein *B 861 D* (bzw. *B 761 D*) benutzt. Seine großen Vorzüge: ab ±1,5 V zu betreiben, dabei nur etwa 0,35 mA Stromaufnahme, hohe Verstärkung, kleine Bauform, wenig Beschaltungsaufwand. Der Nachteil: bei niedrigen eingestellten Verstärkungen (also bei starker Gegenkopplung) zum Schwingen neigend. Je höher der Widerstand, den dieser open-collector-Typ zwischen Ausgang und Plus benötigt, um so stärker ist die Neigung. Auch wenn dadurch vielleicht schon etwas Rauschen hörbar werden sollte, empfiehlt sich darum eine bei konventionellen Verstärkern weniger übliche Maßnahme: Man senkt den Eingangspegel bei Bedarf. Insgesamt brachte die Schaltung nach Bild 7.61 bereits für diese Problematik auf Grund der Wahl der Einzelkomponenten das gewünschte Ergebnis.

Da erfahrungsgemäß der vom Hersteller garantierte untere Grenzwert für die Betriebsspannung stets noch geringfügig unterschritten werden kann, erlaubt diese Schaltung eine flexible und billige Versorgung aus 2 Monozellen *R20* oder auch *R14.* 0,35 mA bedeuten eine extrem geringe Belastung dieser Typen und damit bei *R20 super* z. B. eine Betriebszeit von wenigstens 5000 Stunden, sofern die Zellen nicht durch Austrocknen wesentlich unter 1,5 V Klemmenspannung geraten. Das sind mehr als 200 Tage »rund um die Uhr«.

Ein Schalter lohnt also eigentlich nur bei kleineren Zellen wie *R6.* Und auch dann genügt bei diesem Typ von Operationsverstärker ein 1poliger Schalter auf der Minusseite. Die Stromaufnahme von der positiven Seite her sinkt dann auf etwa 10 %, also auf 35 µA. Jahresbetrieb – sofern die Lagerfähigkeit der Zelle es zuläßt – ist damit selbst bei *R6* gesichert. Und anschließend kann man sogar noch die belastete und die immer mit abgeschaltete Zelle tauschen, wenn es ihre Beschaffenheit noch zuläßt.

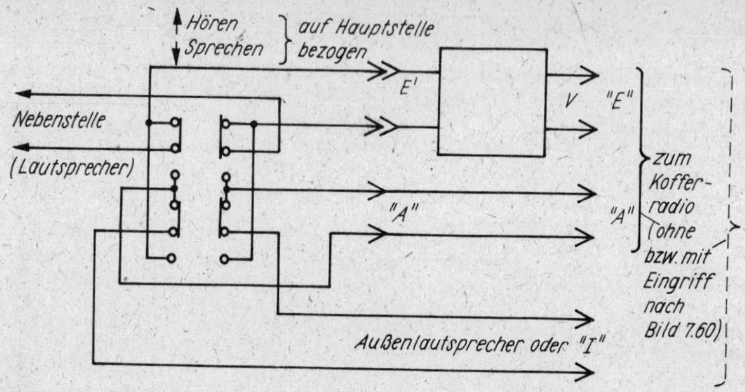

Bild 7.62 Vollständige Kleinwechselsprechanlage mit Umschalterbelegung, dargestellt für 1 Nebenstelle

Manchmal ist es gut zu wissen, was sich in einer solchen speziellen Schaltung bei knappen freien Kontakten noch erreichen läßt! Für 2 × *R6* spricht übrigens auch das in Abschnitt 3. vorgestellte Taschenlampengehäuse – es hat tatsächlich nur einen 1poligen Schalter, und der genügt dann! Auf etwa gleichem Volumen (z. B. in einer Streichholzschachtel) läßt sich auch der Verstärker samt Umschalttaste unterbringen. Eine kompakte Sache also.

So entsteht der in Bild 7.62 komplett skizzierte Minizusatz mit der durch Kofferempfänger vervielfachten Wirkung. Das Bild läßt noch zweierlei erkennen:

1. Wer die zusätzliche Buchse am Empfänger nicht scheut, braucht nur den Außenlautsprecher für die Hauptstelle durch eine Leitung mit Lautsprecherstecker für diese neue Buchse zu ersetzen, sonst bleibt alles wie vorher.
2. Bei Stellung »Sprechen« kann in die Nebenstelle auch eine Rundfunksendung übertragen werden. Dazu muß man die eine Taste der für Verstärkerbetrieb meist üblichen Doppeltastenbetätigung auslösen (gerätespezifisch – beim benutzten *sound clock* war UKW-Übertragung möglich.) Dennoch kann – man beachte die Darstellung in Bild 4.53 weiter vorn – zusätzlich, wenn der Vorverstärker eingeschaltet ist, auch noch eine wichtige Information »durchrufen« werden.

Insgesamt stellt – wenn man die Schalt- und Verstärkerbox etwas komfortabler ausstattet und vielleicht noch über ein Schalteraggregat weitere Nebenstellen anwählt – eine solche Minianlage manches sonst geplante Wechselsprechsystem in Frage, weil es dessen Aufwand erheblich »unterläuft«. Auf die vielen Möglichkeiten, mit denen sich eine Nebenstelle bei der Hauptstelle melden kann, sei diesmal nicht speziell eingegangen. Bei entsprechender Schalterverknüpfung kann man gegenwärtig z. B. schon mit einer Piezokapsel in der Hauptstelle den Ruf unabhängig von den Lautsprechern über die 2-Draht-Leitung z. B. mit einem *RZP2* als Spannungsquelle realisieren. Oder man benutzt eine 3. Ader und gewinnt einen völlig unabhängigen Rufkreis. Elektronische Rufgeneratoren schließlich sind in diesem Buch ausreichend beschrieben, und bei Bedarf kann man sich über auf diese Weise ausgelegte Wechselsprechanlage auch noch im 1. Wohnbereichs-Bastelbuch informieren.

7.10. Belegungen von Buchsen und Steckern

Abschließend zu diesem Hauptabschnitt gibt Bild 7.63 eine angesichts der Fülle von Produkten der Unterhaltungselektronik für den modernen Haushalt sicherlich nützliche Übersicht von typischen Stecker- und Buchsenbelegungen wieder. Diese Darstellung dürfte besonders bei Projekten wie dem soeben besprochenen nützlich sein, vielleicht auch beim zunehmenden Einsatz von Computern, für die z. B. der Anschluß eines geeigneten Kassettenrekorders oft zum Problem werden kann.

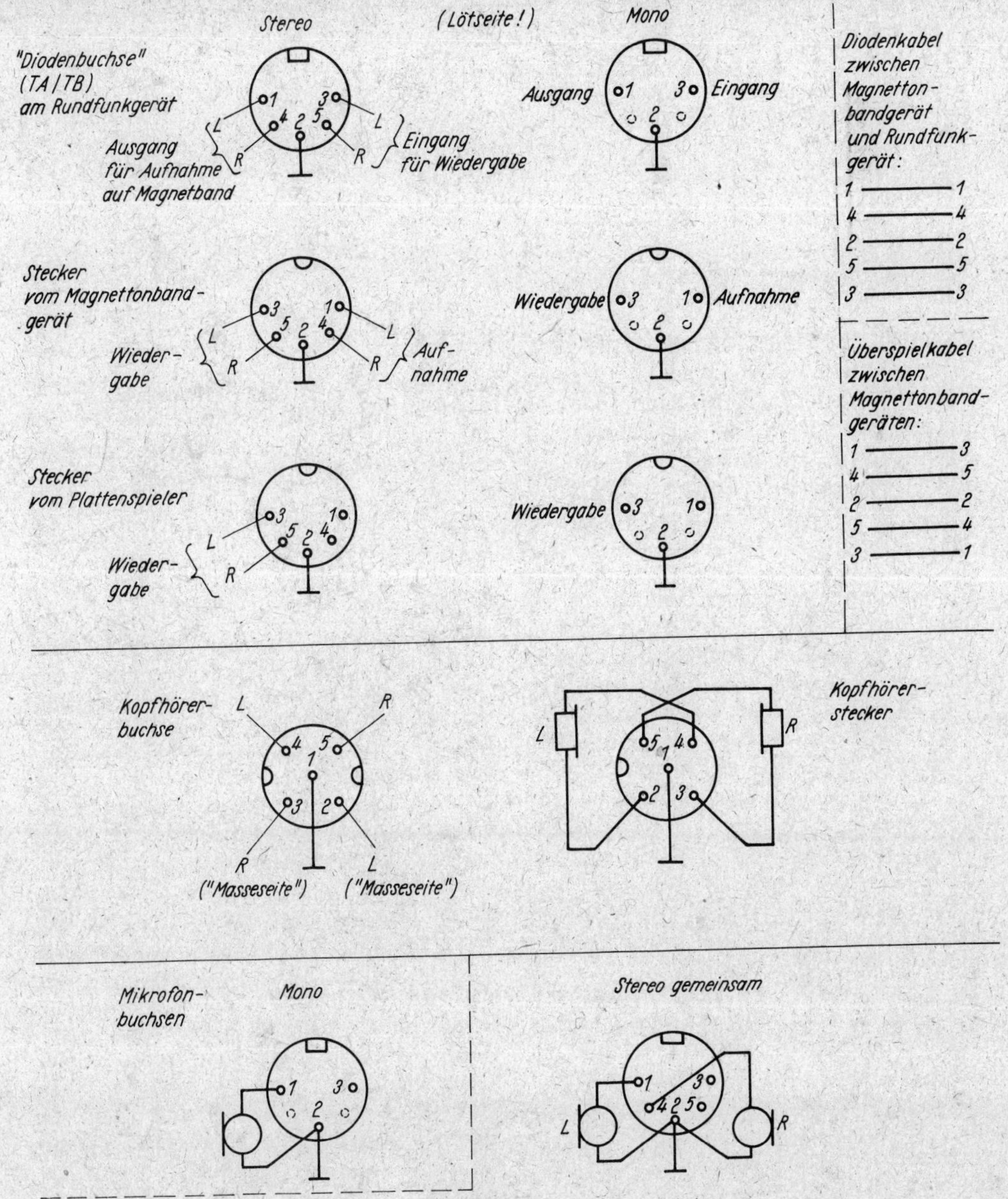

Bild 7.63 Typische Stecker- und Buchsenbelegungen in Geräten der Heimelektronik

8. Zur richtigen Zeit

Quarzgesteuerte Digitaluhren, vor einem Jahrzehnt noch begehrte Bauobjekte des Freizeitelektronikers, sind inzwischen zu allgegenwärtigen Gebrauchsgegenständen geworden. Im Weltmaßstab führte der Produktionsboom zu den seltsamsten Blüten, und Absatzprobleme zeichnen sich ab. In einer auf sinnvollen Einsatz der modernen Technik orientierten Wirtschaft kann es zu solcher Überproduktion nicht kommen. Eine gewisse Sättigung ist jedoch auch bei uns inzwischen zu beobachten. Einige zum Teil recht attraktive Modelle von Wohnzimmer-, Weck-, Rechner-, Radio- und Autouhren stehen zur Wahl. Die als Ausgangsobjekte für Feinmechanikerhände geeigneten Armbanduhren seien an dieser Stelle ausgeklammert. Zudem zeigt sich bereits wieder ein Trend zu Zeigeruhren. Sie müssen aber – obwohl solide mechanische Automatikversionen noch immer gut mithalten können – nicht auf den rein mechanischen Taktgeber angewiesen sein. Ein Zeigermodell mit Quarztakt im Küchenbereich war ja bereits Gegenstand des 1. Wohnbereichs-Bastelbuchs. Von dort einen Quarztakt abzuleiten (wie eigentlich aus jeder beliebigen Quarzuhr überhaupt) kann auch heute noch attraktiv sein. Doch dieses Buch geht nicht auf alles ein. Der inzwischen recht preisgünstige Quarzzeigerwecker der unteren Preisklasse bietet sich jedoch nach wie vor für solche und andere Gebrauchswerterhöhung an. Lediglich seine »weiche Weckschaltung« wurde daher in das neue Buch übernommen. Im übrigen liegt der Schwerpunkt dieses Abschnitts auch diesmal wieder in jenem Bereich, bei dem es nicht um sekundengenaue Zeitmessung geht, bei dem aber moderne Schaltkreise viele kleine Probleme mit bisweilen großen Auswirkungen (im Fehlerfall) lösen helfen. Zum Beispiel auch, wenn es um Kosten geht wie im folgenden Abschnitt, nachgestaltet nach *Bauplan Nr. 56.*

8.1. Zeit ist Geld

Je breiter die Basis an Bauteilen und auch an Fertigprodukten der Mikroelektronik wird, um so mehr neue Möglichkeiten für ihren Einsatz in allen Bereichen des täglichen Lebens zeigen sich. Aus diesem Grund gibt es für die Lösung einer bestimmten Aufgabe immer mehr Varianten. Altes und Neues können dabei günstig zusammenwirken, viele schon fast vergessene Bauteile aus der Bastelkiste werden plötzlich wieder interessant. Aber auch Modernes, in seiner Hauptfunktion inzwischen durch »noch Moderneres« abgelöst oder preisgünstiger als zur Zeit seiner Einführung erwerbbar, läßt sich bisweilen vorteilhaft »artfremd« nutzen. Beides sind materialökonomische Argumente. Mikroelektronik kann sparen helfen. Gesellschaftlicher und persönlicher Wirkungsraum überschneiden sich. Was zu Hause erfolgreich getestet worden ist, kann vielleicht auch am Arbeitsplatz einen Ratioeffekt liefern – eine jener vielen »Kleinigkeiten«, die uns insgesamt effektiver werden lassen.

Alle Ökonomie ist eine Ökonomie der Zeit. Die Kommunikation zwischen den Menschen ist heute so intensiv wie nie zuvor. Mikroelektronik hilft dabei. Die Nachrichtentechnik kostet Geld. Die »Nachfrage« nach den Informationssträngen der Deutschen Post z. B. übersteigt in Spitzenzeiten oft weit deren Kapazität.

Eine unnötige Gesprächsminute des einen kann den anderen hindern, schnell eine wichtige Nachricht weiterzugeben. Und schließlich ist auch Sprechzeit Arbeitszeit.

Zu Hause geht man da schon etwas großzügiger mit der Zeit um. Doch wer gern telefoniert, muß auch die Quittung dafür akzeptieren. Meist jeweils im 2-Monats-Rhythmus. Und mancher zweifelt dann die Höhe dessen an, was er zu zahlen hat. Vorschnellen Protest vermag die Post durch ihre Belege zu entkräften. Aber schon diese Aktivität kostet Zeit, die durch Selbstkontrolle eingespart werden könnte.

Wer einmal gewissenhaft Buch geführt hat über seine Telefongespräche, der wird kaum die Fernmelderechnung anzweifeln. Doch wer tut das schon?

Lassen wir also die Elektronik auch in diesem Bereich für uns arbeiten! Aber Vorsicht – alle Empfehlungen in diesem Abschnitt sind nur Mittel, weniger unbekümmert mit der Nummernscheibe umzugehen. Sie haben in einem Streit mit der Deutschen Post keinerlei Beweiskraft; so exakt wie die dort aufgestellten Geräte können die nachfolgend beschriebenen nie zählen. Aber es beruhigt außerordentlich, wenn die Forderung in der Größenordnung des »Geschätzten« bleibt. Der Hauptsinn solcher Elektronik liegt jedoch im Spareffekt, im Sparen durch Kontrolle. Und die ist ja bekanntlich die bessere Seite des Vertrauens (hier in das eigene »Zeitgefühl«). Ganz selbstverständlich wird keines der Geräte in irgendeiner Weise in das Telefon eingreifen – das ist mit Recht nicht erlaubt. Beide Dinge haben eigentlich überhaupt nichts miteinander zu tun. Sie werden gewissermaßen nur gleichzeitig benutzt. Und so kann das einmal Gebaute auch durchaus anderen Zwecken dienen – warum nicht auch beim Zählen allgemein?

8.1.1. Zählen und Speichern

Es ist heute für den Amateur kein Problem mehr, Ereignisse – also auch die Impulse eines Zeittaktes – zu zählen und die Summe des Gezählten anzuzeigen. Dafür gibt es mindestens die in Bild 8.1 schematisch zusammengefaßten Möglichkeiten, mehr »historische« wie auch modernere. Dargestellt wurde nur eine Dekade. Drei sind sicherlich sinnvoll. Allen ist gemeinsam, daß sie ständig an Betriebsspannung liegen müssen. Fällt sie nur kurzzeitig aus, verschwindet auch die in den Flip-Flop des Zählers gespeicherte Information. Sobald dem Amateur CMOS-Zähldekadenschaltkreise zur Verfügung stehen werden, wird sich das ändern. Um bei Batteriebetrieb Anzeigeenergie zu sparen, schaltet man in den Betriebspau-

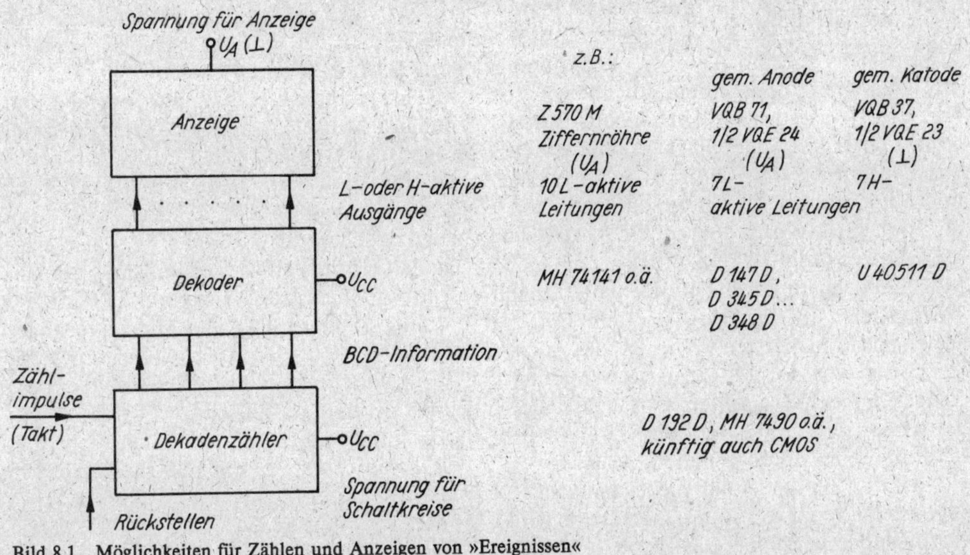

Bild 8.1 Möglichkeiten für Zählen und Anzeigen von »Ereignissen«

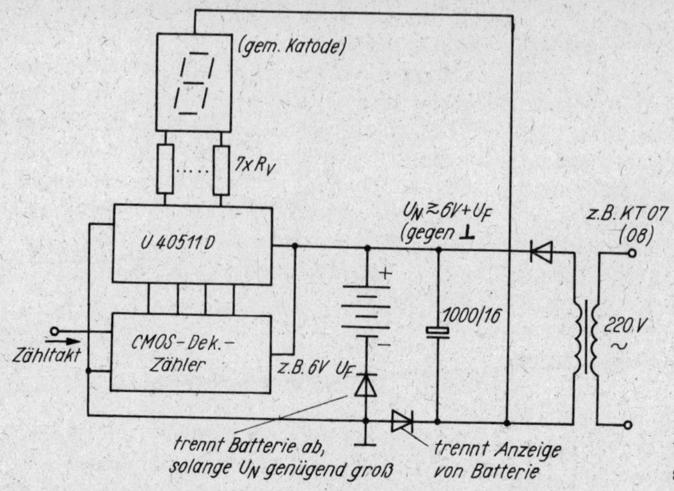

Bild 8.2
Vorschlag für eine CMOS-Zählstufe mit Netzausfallpuffer

sen lediglich die LED-Anzeigeelemente ab. Zähler (und Decoder) dagegen speist man ständig. Sie brauchen nur Ströme im Mikroamperebereich, solange kein Takt anliegt. Insgesamt ist bei dieser zukünftig optimalen Version eine Kombination aus Netzbetrieb und »Notbatterie« optimal. Die Anzeige wird im Sinne von Bild 8.2 nur aus dem Netzteil versorgt. Der Rest erhält bei Netzausfall Batteriespannung. Diese sollte die kleinste im Normalfall auftretende Netzteilspannung nicht überschreiten. Der große zulässige Versorgungsspannungsbereich von CMOS-Schaltkreisen läßt das zu. Wer größeren Aufwand betreiben kann, benutzt einen Speicherschaltkreis. Auch dafür sind inzwischen CMOS-Varianten verfügbar.

Man kann aber noch weiter perfektionieren. Das gelingt mit einem Rechnerschaltkreis (vergleiche das 1. Wohnbereichs-Bastelbuch) oder – zeitgemäßer – mit einem Taschenrechner mit Flüssigkristallanzeige und eingebauter Uhr. Fortgeschrittene können sich gegenwärtig durchaus der Aufgabe stellen, mit dem Uhrenzeittakt und den Möglichkeiten des übrigen Rechners einen Telefontimer mit batteriegestütztem Dauerspeicher zu realisieren. Nur ist das nicht ganz billig, von der nötigen Basis her. (Nach Redaktionsschluß erschien eine Pressemeldung über einen industriell entwickelten Telefontimer, jedoch ohne nähere Angaben.)

Über das Sinnvolle, der vorliegenden Aufgabenstellung im Aufwand Gemäßere wird im folgenden berichtet. Das Problem für den Fall, daß entsprechende CMOS-Schaltkreise nicht zur Verfügung stehen oder zu aufwendig erscheinen, bleibt also das nichtflüchtige Speichern der Information. Hier gibt es (mindestens 2) Möglichkeiten.

Zählwerke

Elektromechanische Zählwerke mit 4 bis 6 Stellen, komfortabel mit Rückstellmöglichkeit und für ganz unterschiedliche Betriebsspannungen gibt es bisweilen im Handel. Sie speichern die Zahl der eingegebenen Impulse nichtflüchtig. Doch sind sie relativ teuer. Viel preiswerter waren dagegen Post-Gesprächszähler, wie sie vor nicht allzu langer Zeit auf Grund von Rekonstruktionsmaßnahmen in großen Mengen verkauft worden sind. Viele Amateure werden sie vielleicht ohne Objektbindung erworben und zunächst »abgelegt« haben. Bild 8.3 zeigt einen solchen noch recht rüstigen Veteranen. Für die vorgesehene Aufgabenstellung ist ein solches Bauteil nahezu ideal. Man bringt es schon mit weniger als 9 V zum Laufen. Auf Grund seines Mechanismus braucht es nur einen kurzen Anzugimpuls (Größenordnung 100 ms). Das abgebildete reagierte z. B. bereits auf das Anschließen eines auf 9 V geladenen 470-µF-Elektrolytkondensators mit einem Zählschritt. Viel länger als nötig sollte man den Strom auch nicht fließen lassen. Zum einen bleibt die Anzeige in diesem Zeitraum zwischen 2 Ziffern, zum anderen bedeuten 9 V bei 100 Ω schon 810 mW Dauerleistung. Die Wicklung wird

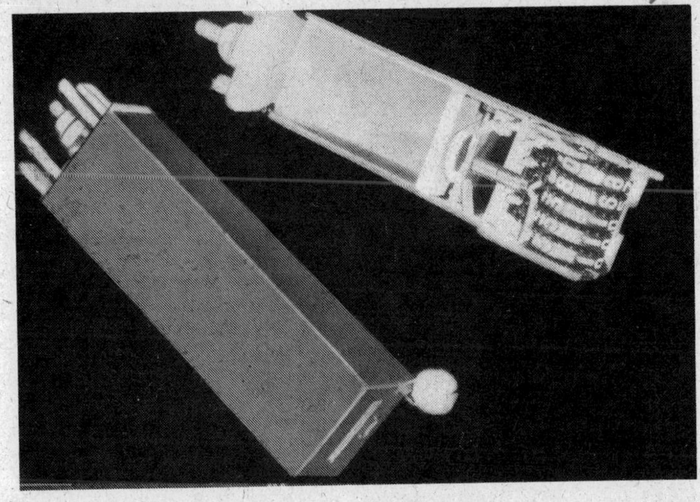

Bild 8.3
Elektromechanischer Gesprächszähler alter Bauart

warm, und es ist schade um die Energie. Die moderne Elektronik läßt wählbare Impulszeiten am Ausgang elektronischer Zähler mühelos zu. Impulsbetrieb heißt auch, man braucht es mit der Höhe der Betriebsspannung nicht gar so genau zu nehmen. Also kann das Zählwerk aus dem Ladekondensator gespeist werden, d.h. noch vor jeglicher Stabilisierung – falls die übrige Schaltung eine solche benötigt. Auch das spart Energie. Schließlich fällt es mit »Elektronik« auch nicht schwer, ein solches Zählwerk bei Bedarf einmal schnell wieder auf 0 zu stellen, besonders nicht bei 4stelligen: einfach mit Schnelltakt in die Nähe von 9 000 bis 9 900 fahren und dann langsam bis 0 weitertakten! Wie schnell das geht, wird von den dynamischen Eigenschaften des Zählwerks bestimmt. Zwischen 5 und 10 Impulsen je Sekunde akzeptiert es noch. Daher dauert das Schnelltakten eine gute Viertelstunde. Das läßt sich noch vertreten.

Mit einem Mikrotaster und von Hand getaktet schafft man bereits 5 Impulse je Sekunde. Das wird oft ausreichen, denn von 0001 aus wird man wohl höchst selten 000 zu erreichen trachten! Schließlich noch ein wichtiger Hinweis: In der Spule des Zählwerks ist eine nicht zu unterschätzende magnetische Energie gespeichert, wenn der Zählimpuls vorbei ist. Der zu diesem Zeitpunkt gesperrte Ausgang der Zählelektronik stellt einen zunächst nahe ∞ liegenden Widerstand dar, bis die dadurch sehr hohe (umgekehrt gepolte) Abschaltspannung, verursacht vom zusammenbrechenden Magnetfeld, den nötigen Pfad geschaffen hat. Dieser Pfad verläuft dann durch das letzte Bauelement der Schaltung vor dem Zählwerk, und es ist seine letzte Funktion.

Besser geht es mit einer »Freilaufdiode«. Sie muß lediglich so viel Strom vertragen, wie vorher in der Wicklung geflossen ist. Und sie muß schneller sein als der zum Durchbruch neigende Schaltausgang. Eine *SAY17* beispielsweise ist daher der rechte Pfad für das Zählwerk, selbstverständlich in Sperrichtung für die Betriebsspannung (Bild 8.4).

Quasi-Analoganzeigen

Nicht jeder akzeptiert die kleinen Ziffern des Zählwerks, sofern er es überhaupt hat. Und mancher zieht Moderneres vor. Zeitgemäß dürfte jedenfalls ein Exemplar der in mehreren Modellen verfügbaren Tisch-, Wand- und Weckeruhren mit Zeigern und

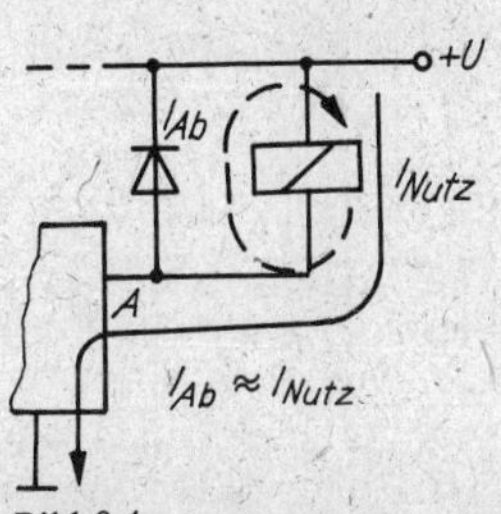

Bild 8.4
Freilaufdiode schützt vor hohen Abschaltspannungen

a)

b)

c)

Bild 8.5
Alternativer »nichtflüchtiger Zählspeicher«: Analoguhr mit Schritt-»Motor«; a – Außenansicht; b, c – Innenansichten (modifiziert)

quarzgesteuertem Antrieb sein. Bild 8.5 zeigt ein Beispiel. Diese Uhr hat sich bei den Autoren schon vielfach bewährt. Sie enthält – darum sieht es innen etwas »gedrängt« aus – die »weiche« Weck- und Repeatschaltung, die in Abschnitt 8.4. nochmals kurz vorgestellt wird.

Da die Funktion dieses Modells inzwischen eine vollelektronische Lösung übernommen hat, stand der Wecker für die folgende, etwas artfremde Nutzung zur Verfügung.

Zur Erinnerung zeigt Bild 8.6 die prinzipielle Wirkungsweise solcher Quarzanaloguhren. Ging es aber bisher bei erweitertem Einsatz hauptsächlich um den quarzgenauen Sekundentakt, so interessiert jetzt vorrangig die Anzeige. Analoguhren mit mechanischen Zeigern sind ja nichtflüchtige Speicher. Und so kam wohl auch der Witz über die eingerostete, stillgelegte Turmuhr zustande, die dennoch die genaue Zeit anzeigt, allerdings nur 2mal täglich.

Im Telefontimer ist das Anhalten in den

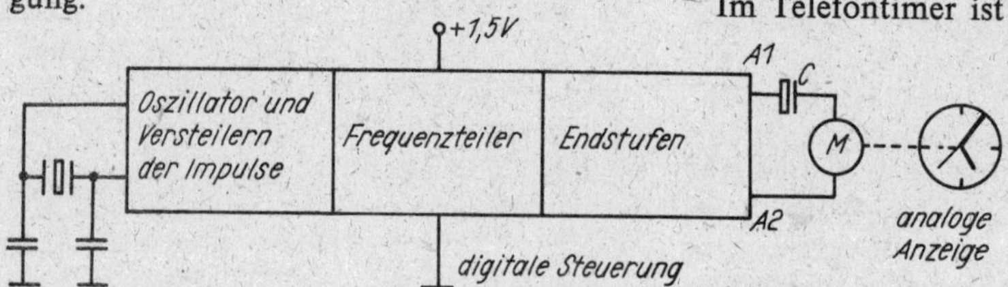

Bild 8.6 Prinzipstromlaufplan einer Analogquarzuhr

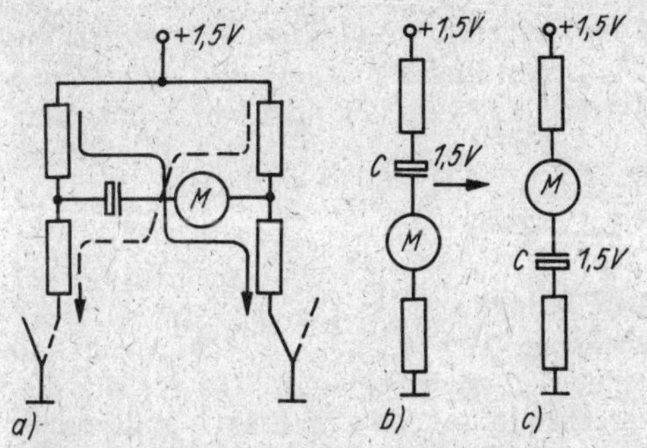

Bild 8.7
Schema der Motorsteuerung mit Polaritätsumkehr (Ausgangsstufe des Uhrenschaltkreises, durch Schalter symbolisiert); a – Prinzipschaltung, b – C wird in dieser Richtung auf +1,5 V geladen, c – *C* wirkt jetzt als zu 1,5 V in Serie geschaltete Quelle; daher Gesamtspannung 3 V. *C* wird dabei auf −1,5 V umgeladen usw.

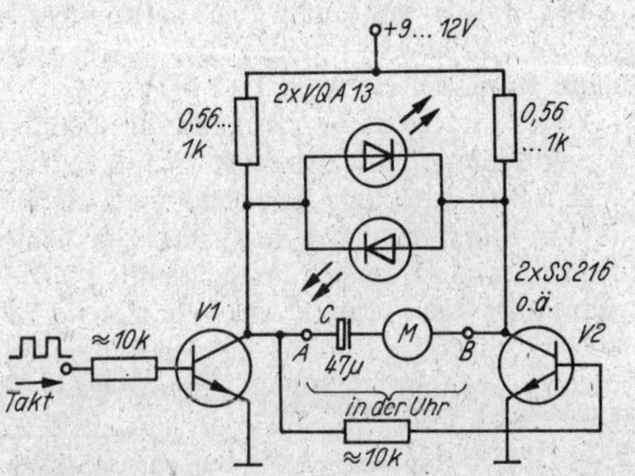

Bild 8.8
Für den Uhrenmotor geeignete Transistorsteuerstufe mit Spannungsbegrenzung

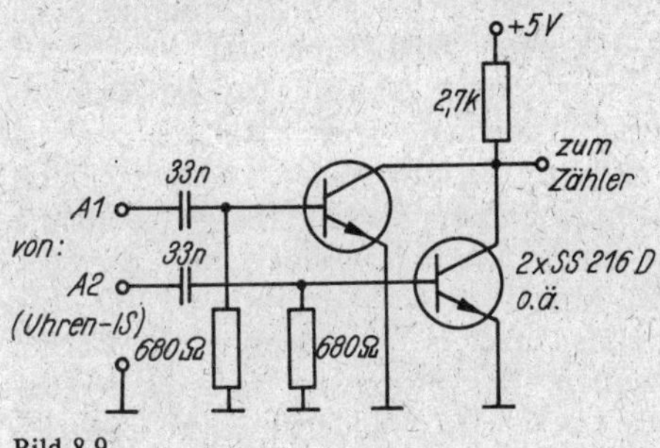

Bild 8.9
Umsetzen der beiden phasenverschobenen 2-s-Takte des Uhrenschaltkreises in einen (schmalen) Impuls mit 1 Hz Folgefrequenz

Betriebspausen funktionsnotwendig. Die Zeiger sollen sich nur bewegen, solange tatsächlich gezählt wird. Danach will man jederzeit die inzwischen angelaufenen Kosten ablesen können. Wem der nun nicht mehr benötigte Weckerzeiger leid tut, der kann ihn auch als Merkzeiger einsetzen – vor Gesprächsbeginn auf die derzeitige Anzeige (des großen Zeigers) stellen! Wenn ein Sekundenzeiger vorhanden ist, bildet er eine willkommene Feininformationsquelle für kürzere Gespräche.

Auch der Wecker kann noch immer genutzt werden, allerdings mit begrenzter Treffsicherheit. Doch für lange Gespräche tut ein Signal bei Erreichen der vorgegebenen Höchstzeit gute Dienste. Nur eben ist das wegen des noch näher zu erläuternden »Zeitlupentakts« nicht sehr selten. Man teste das eigene Exemplar bezüglich Sinn dieser interessanten Zugabe!

Überhaupt empfiehlt es sich, die mit dieser Anzeigemöglichkeit verbundenen Probleme zunächst genau zu überdenken und dann über den Sinn unter den persönlichen Bedingungen zu entscheiden. Es kommt also vorrangig darauf an, daß das vorhandene Exemplar mechanisch noch einwandfrei ist und daß sein Schrittimpuls-»Motor« arbeitet. Die normale Betriebsart in der Uhr bedeutet, daß ihm über 47 µF mit wechselnder Polarität Impulse im Sekundenrhythmus zugeführt werden, deren Amplitude bei 3 V liegt. (Das bewirken der Kondensator und die wechselweise nach Masse bzw. Plus durchgeschalteten beiden Ausgänge des Schaltkreises, Bild 8.7.) Der Ausgangswiderstand des Schaltkreises und der Innenwiderstand des Schrittschalters (300 Ω) begrenzen den Spitzenstrom zu Anfang des Impulses bei einer 1,5-V-Batterie auf zulässige Werte. Jede andere Ansteuerform sollte von diesen Randbedingungen ausgehen. Das heißt mindestens, die mögliche Spannung an der Schalterspule auf 3 V (3,2 V) zu begrenzen.

Mit der Schaltung nach Bild 8.8 lassen sich die Uhrenbedingungen gut nachbilden. Diese Schaltung ist auch für Ausgänge mit einem Puls-Pause-Verhältnis von 1 geeignet, wie es die Ausgänge von Binärteilern liefern. Für die Begrenzung der Spannung am Schaltwerk braucht man 2 Leuchtdioden vom Typ *VQA 13.* Das sichert bis zu etwa 15 mA Flußstrom eine Spannung von typisch 1,6 V. Mit ihr wird C links positiv aufgeladen, wenn V1 gesperrt und (infolge der Lage des Basiswiderstands) V2 geöffnet ist. C lädt sich auf etwa 1,6 V abzüglich Restspannung von V2. Darum sollten V1 und V2

Epitaxie-Planartypen sein wie *SS 216*, *SF 136* oder *SC 236*. In der nächsten Halbperiode ist V1 geöffnet und V2 gesperrt. Jetzt liegt die positive Spannung rechts am »Motor«-Kondensator-Kreis. Sie ist in Serie mit der Kondensatorspannung geschaltet. Damit stehen kurz nach Umschalten höchstens 3,2 V am Schrittschalter M. Der Schaltstrom klingt entsprechend dem Umladen von *C* exponential ab, und *C* lädt sich auf maximal −1,6 V. Danach »wartet« die Einrichtung auf den nächsten Umschaltimpuls usw. Die Punkte A und B in Bild 8.9 sind die Anschlußstellen auf der Uhrenleiterplatte. Der zum Kondensator führende Leiterzug von der ursprünglichen Steuerschaltung ist aufzutrennen. Diese Schaltstufe braucht in der Größenordnung von 10 mA bei 9 bis 12 V Betriebsspannung, belastet das Netzteil also nur unwesentlich.

Für die Taktfrequenz kommen im Inlandverkehr bei entsprechend gewählten Anzeigesprüngen Werte zustande, die noch unterhalb des normalen Uhrenbetriebs liegen, deshalb auch vom Laufwerk einwandfrei verarbeitet werden. Man beachte, daß die Schaltung je Periode 2 Schrittimpulse auslöst! Jeder Polaritätswechsel am Eingang ergibt also einen Zählschritt am Sekundenzeiger. Nach 30 Perioden ist es damit einmal um das Zifferblatt gewandert, und der Minutenzeiger hat die nächste Minutenmarke erreicht. Weiteres dazu folgt in Abschnitt 8.1.2.

Wer nun akzeptiert, daß dadurch das Zwölfer-/Sechziger-System der Zeitanzeige zur Basis der Gebührenanzeige wird, kann das Zifferblatt so benutzen, wie es ist, muß aber dafür bei der Auswertung etwas rechnen. Selbst der Uhrentakt läßt sich dann nutzen, und der ist immerhin quarzgenau! Das geht allerdings nicht ohne Zusatzaufwand, denn der Timer muß ja wenigstens zwischen 3 Inlands-Entfernungs- und dabei jeweils zwischen 2 »Zeitzonen« (sprich Gebührenfaktoren) unterscheiden können. Zwischen 10 s bei der Zone III und voller Gebühr und 90 s bei Zone I und ermäßigter Gebühr (Nacht- und Feiertagstarif) muß ein Zählschritt dauern – oder er muß einen Bruchteil bzw. ein Vielfaches davon betragen. Die Einstellung soll schnell und eindeutig sein.

Das erfordert auch bei voller Nutzung der Quarzzeigeruhr (und diese bietet sich zunächst an) Zusatzaufwand, und die gezeigte externe Endstufe läßt sich kaum einsparen.

8.1.2. Zeitraster

Bedingungen

Zwischen 0,15 M für ein beliebig lang dauerndes Ortsgespräch und 5 M für die Gesprächsminute (1,8 s Zeittakt!) mit einem Partner in fernem Land liegen die Tarife fürs Telefonieren im Selbstwählverkehr. Im Inland kommt man mit den in der Tabelle wiedergegebenen Tarifgruppen aus. Der Zeittakt des Timers muß also wenigstens 1:9 variabel sein. Bisweilen werden noch Spezialtarife, wie 0,80 M je min und 1,50 je min, interessieren. 1,50 M z.B. bedeutet 6 s Zeittakt, was dann zu einem Hub von 1:15 führt.

Jede Anzeige kann nun entweder Gebühreneinheiten liefern (Auswertung mit Faktor 0,15 für Markbeträge), oder man eicht sie direkt in Mark. Auch die Bedürfnisse an Zählkapazität sind recht unterschiedlich. Die Hauptlage ist schwer zu schätzen. Um 100 M je Monat dürften für viele keine zu niedrig angesetzte Größenordnung darstellen. Startet man seinen Timer z. B. am 1. 1. und läßt ihn bis zum 31. 12. laufen, so müßte er dann in der Lage sein, 1 200 M oder 8 000 Gebühreneinheiten zu speichern. Da sich Überlauf bei solchem Zählumfang noch gut erkennen läßt, kann auf solche Art durchaus notfalls auch eine nur 3stellige Anzeige ausreichen. Diese Betrachtung ist wichtig, z. B. für spätere CMOS-Zähler! 8 000 Gebühreneinheiten sind genau richtig für einen Gesprächszähler als Anzeige, 1 200 M könnte man in Form von 100 M je »Stundenanzeige« auf einer Zeigeruhr gut erkennen. Das Zifferblatt wäre dann allerdings nur für den Stundenzeiger zu übernehmen. Dem Minutenzeiger müßte eine neue Skale zugeordnet werden, denn die »1« steht bei ihm für $\frac{100}{12}$ M = 8,33 M. Also sollte man diese Skale dekadisch auslegen. Die Feinunterteilung liefert der Sekundenzeiger: 1 Umlauf sind dann 8,33/60 M oder 13,88 Pf, d. h. nicht ganz eine Gebühreneinheit. Das dürfte fein genug sein, vielleicht sogar unnötig fein. Eine solche Einstellung führt aber zu un-

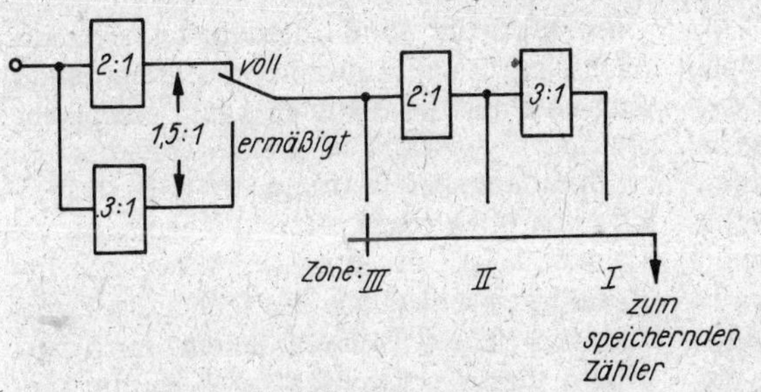

Bild 8.10
Durch Grundteilungen von 2:1 und 3:1 läßt sich das Verhältnis 1,5:1 zwischen ermäßigter und voller Gebühr realisieren; die weiteren Stufen erfassen alle 3 Inlandzeitzonen für beide Tarifstufen

handlichen Frequenzen. Das spielt nur dann keine Rolle, wenn der Takt von einem Timerschaltkreis wie dem *B 555 D* oder dem *E 355 D* stammt. Der Takt aus dem Uhrenschaltkreis erzwingt sozusagen ein »glattes Sekundenraster«. Das aber muß nicht viel anders liegen, sofern entsprechend geteilt wird. Ohne Teilen aber geht es in dieser Variante nicht, schon wegen der unterschiedlichen, jedoch ebenfalls noch günstig proportionierten Quantelungen im Tarif.

Probleme bei Analoguhranzeige

Die Schaltstufe des Uhrenantriebs wirkt, wie schon gezeigt, als Frequenzverdoppler. Der Uhrenschaltkreis liefert, wenn man nur einen Ausgang benutzt, Impulse mit 1 s Dauer und 1 s Abstand, d.h. 0,5 Hz. Da jetzt Polaritätswechsel in der Schaltstufe den Sekundenzeiger um einen Schritt bewegt (zumindest beim betrachteten, weitverbreiteten Modell), werden also 0,5 Hz zu 1 Hz. Das wäre genau richtig, wenn die Uhr in Zone 1 und bei voller Gebühr mit einem Sekundenzeigerumlauf eine Gebühreneinheit anzeigen soll. Für die ermäßigte ist es zu schnell, für alle anderen zu langsam.

Man muß aber vom schnellsten Takt ausgehen, und der beträgt im Inland 10 s je Gebühreneinheit. Damit sich die Anzeigen nicht zu dicht drängen, kann man nicht einfach jeweils nach 10 s einen Zeigertakt auslösen. Der Sekundenzeiger wäre dann erst nach 60 Gebühreneinheiten einmal um das Zifferblatt gewandert, und das wären 9 M. Erst nach 45 M hätte der Minutenzeiger die 1 erreicht, und einer seiner Umläufe entspräche 540 M! Auf der anderen Seite läßt sich aber aus der Uhr nur ein 1-Hz-Takt gewinnen, und das bereits über eine Frequenzverdopplerstufe mit schmalen Ausgangsimpulsen (Beispiel siehe Bild 8.9!). Auf Grund der Tarifstaffelung kann man aber nicht von 1-Hz-Steuerimpuls ausgehen, sondern erst

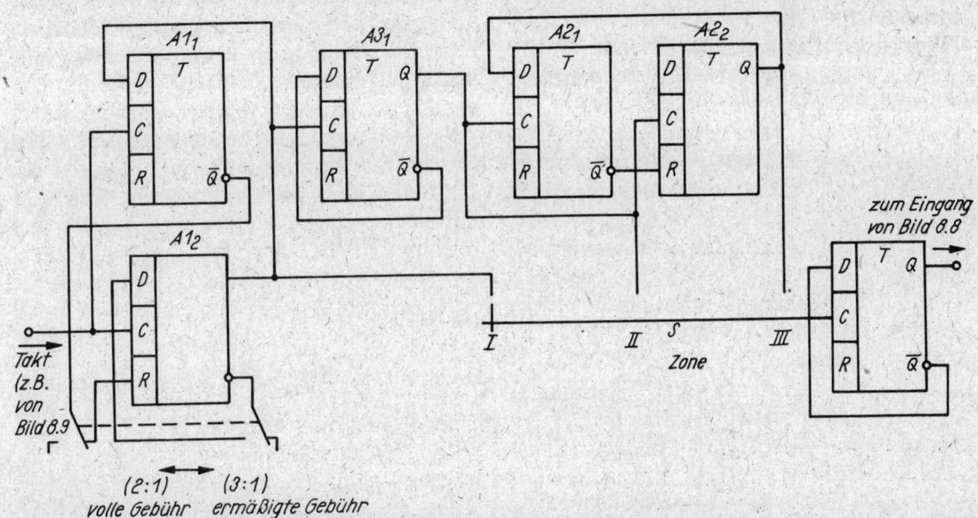

Bild 8.11 Realisierungsmöglichkeit für eine in den Quarzwecker einschleifbare Schaltung mit D-Flip-Flop als Frequenzteiler

von einem 2-s-Takt aus. Bild 8.10 macht das deutlich: Wenn der Grundtakt wahlweise auf 2:1 oder auf 3:1 geteilt wird, verhalten sich beide Ausgangstakte wie 1,5:1, und das ist genau das Verhältnis zwischen dem Zeitfaktor für ermäßigte und für volle Gebühr, zunächst für Zone III. Weiteres Teilen um 2:1 führt auf die Zeitverhältnisse von Zone II, ein Teiler 3:1 bringt Zone 1. So einfach kann das sein, doch auch diese Lösung hat ihre Haken. Jeder Gebühreneinheit sind jetzt 5 Zeigerschritte des Sekundenzeigers zugeordnet. Wer also gerade abschaltet, wenn die nächste Einheit »angerissen« ist, spart scheinbar 80 % der Einheit. Doch der Posttakt wird sich darum kaum kümmern. Auch bezüglich Startzeitpunkt entsteht eine vergleichbare Problematik. Mit einem zusätzlichen Teiler 5:1 am Eingang und einem Zähler bis 5 am Ausgang sowie mit einer Gatterverknüpfung kann man die Schaltung zwar verbessern. Man kann sie nämlich so dazu bringen, bei Eintreffen des »Echtzeit«-Takts eine Salve von 5 Zählimpulsen in den Eingang der aus Flip-Flop und Schalttransistoren bestehenden Motoransteuerung zu geben. Der Zeiger springt dann 5 »Sekunden« weiter und wartet bis zum nächsten Zeittakt. Der Aufwand ist aber beträchtlich, und die Zufälligkeiten bezüglich des Posttakts werden trotz Quarz wieder nicht behoben. Insgesamt ist also die Beschäftigung mit dieser Variante mehr als Sport anzusehen, der etwas in Digitaltechnik übt. Und (nur) aus diesem Grunde ist die Kernschaltung (und ohne Rückstellmaßnahmen) mit billigen Bastel-Flip-Flop vom Typ *P 174 D* bzw. *P 274 D* in Bild 8.11 skizziert. An dieser Schaltung dürfte für manchen Leser die 3:1-Teilung von Interesse sein. Allerdings erscheint der erste dreigeteilte Taktimpuls früher als nach 3 Eingangstakten. Einschließlich Ansteuerung des Motors werden nur 3 dieser Schaltkreise gebraucht.

Zusammengefaßt bringt der Quarztakt sicherlich viel größere »Verläßlichkeit« für die Genauigkeiten der Steuerimpulse, doch die Zufälligkeit bezüglich der fehlenden Kopplung mit dem Posttakt lassen noch viel Raum für Ungenauigkeiten. Wird ein ständig laufender Takt akzeptiert, entfallen aber wenigstens die durch das Eintakten der Teiler-Flip-Flop gegebenen Verschiebungen. Somit erscheint es sinnvoller, die im folgenden Abschnitt vorgestellte Lösung als Vorzugsvariante zu betrachten. Mit dem *B 555 D* (oder auch mit dem *E 355 D*) können recht brauchbare, auf Grund der vorgestellten Probleme bei der Zeigeranzeige kaum weniger genaue Ergebnisse erzielt werden.

8.1.3. 555-Telefontimer mit Zählwerkspeicher

Nutzt man die Grenzen des *B 555 D* voll aus, so läßt sich ein ziemlich einfacher Telefontimer realisieren, der je nach Einstellung Gebühreneinheiten oder direkt die angelaufenen Kosten anzeigt. Das geschieht im vorliegenden Fall nichtflüchtig mit einem elektronischen Zählwerk. Der *B 555 D* bietet dafür die erforderliche Ausgangsbelastbarkeit ($I_{Lmax} = 200$ mA). Er hat außerdem den Vorteil, in einem großen Betriebsspannungsbereich zu arbeiten. Steuert man das Zählwerk nicht mit einem fast ständig fließenden Gleichstrom, sondern nur mit Impulsen, so darf auch eine Wicklung unbedenklich an

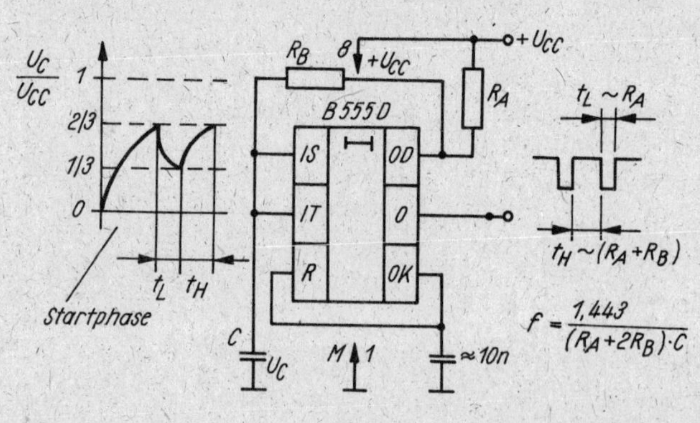

Bild 8.12
Astabile Grundschaltung ($U_{CC} \triangleq U_S$)

einer nichtstabilisierten Spannung betrieben werden. Der *B 555 D* gestattet es, eine solche Betriebsart einzustellen. Insofern weicht seine Beschaltung etwas von der sonst üblichen für Multivibratorbetrieb ab. Auch bezüglich der Startbedingungen (Länge des ersten H-Zyklus am Ausgang) muß eine spezielle Lösung gewählt werden.

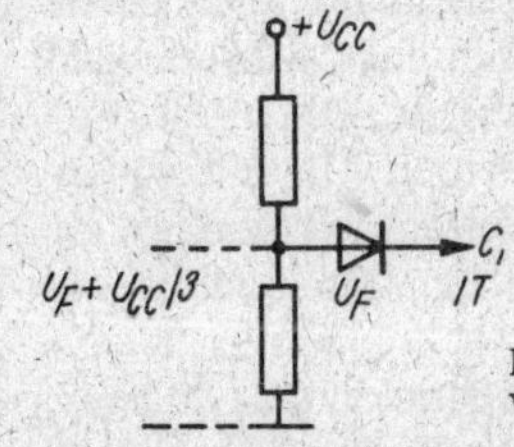

Bild 8.13
Verkürzen der ersten H-Zeit

Schaltung des 555-Telefontimers

Der *B 555 D* wurde in Schaltungen dieses Buches schon mehrmals eingesetzt. Seine Vielseitigkeit hilft manche Aufgabenstellung elegant zu lösen. Wird der *B 555 D* im astabilen Modus betrieben, so gilt normalerweise die Grundbeschaltung nach Bild 8.12. Der Kondensator *C* lädt sich nach Einschalten der Betriebsspannung von 0 an auf 2 $U_S/3$ auf. Je nach Größe der daran beteiligten Widerstände R_A und R_B geht das schneller oder langsamer vor sich. Höhere Betriebsspannung liefert zwar bestimmte Zwischenwerte der Ladespannung »schneller« als niedrigere, doch liegt dafür auch die Ansprechschwelle wieder höher. Sie wird ja von der Betriebsspannung »geführt«. Bei 2 $U_S/3$ schaltet der ab Einschalten auf H liegende Ausgang O auf L. Das geschieht auch mit dem Entladeausgang OD (D steht für »discharge«, »Entladen«). Da er jedoch über R_B mit *C* verbunden ist, entlädt sich *C* jetzt über R_B. Erreicht die Kondensatorspannung $U_S/3$, schalten die Ausgänge wieder auf H zurück, und der nächste Ladezyklus beginnt. Man erkennt:

- Die Entladezeit ist in dieser Grundbeschaltung stets kleiner als die von R_A und R_B gemeinsam bestimmte Ladezeit. Daher liegt O länger auf H als L.
- Die erste H-Phase ist länger als alle folgenden, weil sich in ihr *C* von 0 auf 2 $U_S/3$ auflädt, in den folgenden aber nur von $U_S/3$ auf 2 $U_S/3$.

Der erste Punkt kommt dem angestrebten Zweck in der Schaltung entgegen. Die L-Zeit soll klein sein, um das Zählwerk thermisch nicht zu sehr zu belasten.

Der zweite Punkt dagegen kann für den Zweck nicht akzeptiert werden. Der Timer soll Zeittakte liefern, deren Länge von der Entfernungszone zum Teilnehmer und von der Tageszeit abhängt. Jeder Takt – also auch der erste – muß eine entsprechend dieser Vorgabe bemessene Länge haben. Wenn der erste Takt wesentlich länger als erforderlich ist, so bringt das besonders bei kurzen Gesprächen eine nur vorgetäuschte Kostensenkung. Denn die Post zählt genauer!

Es gilt daher, möglichst sofort beim Einschalten *C* auf $U_S/3$ zu laden. Das gelingt zwar nie exakt, aber bis auf etwa 5 % restlichen Zeitfaktor (um 5 % verlängerter erster Takt) kann man mit Bild 8.13 schon kommen. Je höher die Betriebsspannung, um so genauer wird das. Dieses Verhalten liegt an der Flußspannung U_F der Entkopplungsdiode. Relativ zu U_S wird ihr Einfluß um so kleiner, je höher U_S.

Nun stimmen allerdings die Werte der Ansprechschwellen nie ganz mit $U_S/3$ bzw. $2U_S/3$ überein. Außerdem ist U_F eine Funktion des Flußstroms. Und der hat sein Maximum beim Einschalten, wird dann aber rasch kleiner. Beispiel: $U_S = 9$ V, $U_S/3 = 3$ V. Für Aufladung auf $U_S/3$ müßte $U_F = 0$ V sein, und der Teiler müßte $U_S/3$ liefern. U_F ist jedoch anfangs etwa 0,5 V. Also wird *C* nur auf 2,5 V geladen. Den Ladestrom bis 3 V »teilen« sich die Startschaltung ($R_1 = R_0/R_U$) und $R_A + R_B$, denn U_F wird mit sinkendem I_F kleiner. Würde der Teiler 3 V + U_F führen, wäre das später ein Grund, weshalb der Multivibrator gar nicht »multivibriert«. Denn die untere Schwelle ($U_S/3$) könnte nie mehr erreicht werden. Daher bes-

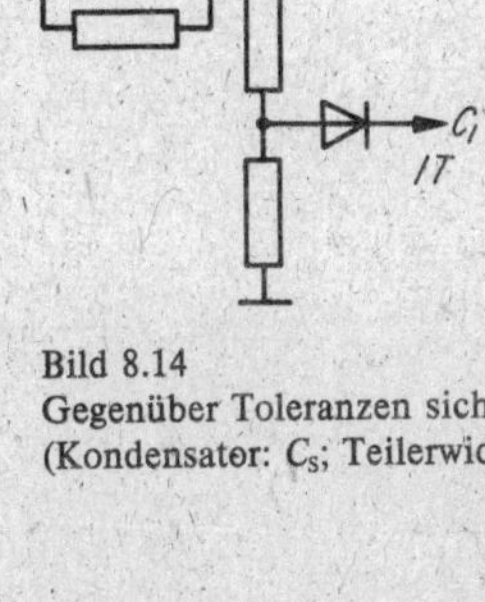

Bild 8.14
Gegenüber Toleranzen sichere Variante zu Bild 8.13 (Kondensator: C_S; Teilerwiderstände: oben R_O, unten R_U)

ser etwas mehr Sicherheit für den Teiler wählen, oder die in Bild 8.14 gezeigte Lösung. Sie kostet noch einen 470-µF-Elektrolytkondensator und einen Entladewiderstand. Das gesamte System ist nun so zu bemessen (was für die Schaltung schon geschah):

- *C* muß über die Teilerwiderstände beim Einschalten in einer gegenüber dem schnellsten Zeittakt kurzen Zeit auf (etwa) $U_S/3$ geladen werden.
- Die Startzeitkonstante wird von $C \cdot (R_0/R_U)$ bestimmt, sofern der Startkondensator C_s wesentlich größer als *C* ist.
- C_s und die Teilwiderstände R_0, R_U müssen eine solche Zeitkonstante $\tau = C_s(R_0 + R_U)$ ergeben, daß die Spannung am Teilerpunkt noch innerhalb der ersten H-Zeit auf $< U_s/3$ abgeklungen ist.
- C_s und sein Parallelwiderstand müssen zusammen ein τ ergeben, durch das eine brauchbare Erholzeit sichergestellt ist. Nach Abschalten soll C_s nach höchstens etwa 30 s praktisch auf 0 V entladen sein.
- Die untere Grenze für den Entladewiderstand wird durch die erforderliche Sicherheit bestimmt, mit der $U_s/3$ am Teilerpunkt nach Abklingen des Startimpulses gewährleistet bleiben soll.

Läßt man aber zu, daß die Einrichtung ständig läuft (bis auf das Zählwerk selbstverständlich!), so ergeben sich günstigere Bedingungen. Zum einen interessiert die Länge des allerersten Taktes nicht mehr, da der Zeitpunkt des Einschaltens bis zur ersten Nutzung sicherlich weiter zurückliegt, als die größte mögliche Zeit ist. Das kann beim Eintakten noch dazu durch Schalten auf den schnellsten Tarif beschleunigt werden. Der Zusatz mit Kondensator, Diode und Widerstände wird damit überflüssig. Zum anderen hat man nun ein dem Posttakt vergleichbares starres System vor sich. Wird ein Gespräch begonnen und wird zu diesem Zeitpunkt der Zählteil des Timers gestartet, so befindet man sich irgendwo zwischen 2 Schaltimpulsen, genau wie beim Posttakt. Ebenso ist das Ende des Gesprächs zufällig zwischen 2 Impulsen eingebettet. Man darf damit Verhältnisse annehmen, die denen der Postzählung wohl noch am nächsten kommen.

Kurze Netzausfälle sind höchstens von Bedeutung, wenn sie früher als etwa 2 min vor Gesprächsbeginn eingetreten waren, so daß sich der Timer im ungünstigsten Fall noch in der ersten H-Zeit befindet. (Er startet ja automatisch nach Wiederkehr der Betriebsspannung.) Die Gesamtschaltung läßt diese Betriebsart zu, wenn der Aus-Ein-Schalter nur noch das Zählwerk an den Ausgang des *B 555 D* schaltet. Selbstverständlich kommt in diesem Falle nur Speisung aus einem Transformator in Frage. Demgegenüber hat die Batterievariante, wie sie im Gesamtstromlaufplan dargestellt ist, den Vorzug der Mobilität. Die im Mustergerät gewählte Schalterverknüpfung bedingt, daß das Zählwerk weder beim Ein- noch beim Ausschalten im Batteriebetrieb einen Impuls erhält. Das ergab sich aus dem Schalterzusatz für das Zählen von Ortsgesprächen. Man sollte also »realistischerweise« diesen Schalter beim Beginn eines Ferngesprächs noch vor dem Einschalten einmal betätigen.

Die Zeittaktdauer wird an R_A eingestellt. Leider gehören 10-MΩ-Potentiometer nicht gerade zu Waren des täglichen Bedarfs. Außerdem wäre eine individuelle Zeigereinstellung bei Gesprächsbeginn etwas zu ungenau.

In diesem Fall setzt man einen Schalter ein. Mit 6 Stufen schafft ein üblicher *Febana*-Drehschalter bereits alle 3 Zeitzonen des DDR-Selbstwahl-Fernverkehrs samt Nachttarif. Wer öfter Freunde im Ausland anruft – was ganz schön teuer werden kann! –, sollte besser ein paar Stufen mehr vorsehen. Zum Beispiel insgesamt 9 oder 12. Dreh- oder Tastenschalter, das ist dann schon gleich. Die Tasten müssen aber gegenseitig auslösen! Man könnte auch zwischen »voll« und »ermäßigt« mit einem Umschalter operieren, doch die Sache soll handlich und übersichtlich bleiben. Darum also besser eindeutig anwählen, auch wenn es etwas mehr schaltungstechnischen Aufwand bedeutet! Schließlich sollte man einen Schnelltakt vorsehen, um von einem glatten Anfangswert aus zählen zu können.

All das berücksichtigt der Gesamtstromlaufplan gemäß Bild 8.15. Das Zählwerk erfordert selbstverständlich eine Freilaufdiode. Sie muß so viel Strom aufnehmen können, wie vorher durch das Zählwerk geflossen ist. Bei $U_{s\,max} = 12$ V z. B. und einem 100-Ω-Zählwerk sind das 120 mA. Also

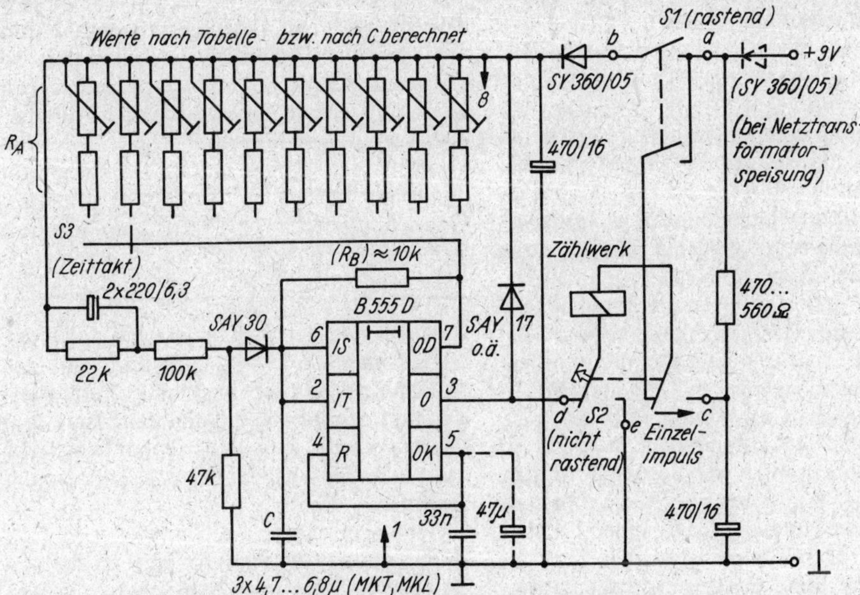

Bild 8.15 Gesamtschaltung des Mustergeräts mit Gebühreneinheiten-Zählung, Batteriebetrieb und Ortstakteingabe (6 R-Stufen für Inland, 3 für Ausland, 1 × Schnelltakt für glatte Anzeige)

reicht eine *SAY 17* o.ä. Richtung beachten – sonst sind sie und vielleicht auch der *B 555 D* beim ersten L schon »geliefert«!

Die Einrichtung kann, wenn nach der ursprünglichen Version verfahren wird (nur bei Gespräch einschalten), mit einer Batterie gespeist werden, z.B. mit 6 bis 8 × *R6*. Die geben dann irgendwann genau in der Mitte eines langen Ferngesprächs langsam ihren Geist auf, wenn man sie nicht bisweilen kontrolliert. Ein 6-V-Klingeltransformator bleibt daher stets eine gute Alternative, und er erlaubt auch die »Dauertakt«lösung. 1 000 µF reichen für den Ladekondensator hinter dem Gleichrichter. Daß die Komparatoren dennoch nicht unruhig flattern, dafür sorgt der Elektrolytkondensator an 5 (OK). Sonst reicht dort ein Keramik-*C*.

Die »internen« 5 kΩ im Schaltkreisteiler und 47 µF bilden einen Tiefpaß, der selbst die bei z. B. 100 mA am Ladekondensator kurzzeitig auftretende Brummspannung von etwa 1 V auf wenige Millivolt senkt. (1 V Unsicherheit bei $U_S/3 \approx 3$ V wäre sonst doch etwas zu viel!)

Zeitbestimmende Teilschaltung

Gemäß Tabelle 8.1 gilt für den Inlands-Selbstwählverkehr ein »Hub« von 10 s bis 90 s zwischen Zone III mit voller und Zone I mit ermäßigter Gebühr.

Tabelle 8.1
Telefongebühren im Selbstwählverkehr

Dauer (s)	für 1 GE = 0,15 M	
Zone	voll	ermäßigt
I	60	90
II	20	30
III	10	15

Soll das Zählwerk unmittelbar Gebühreneinheiten zählen, muß es jeweils nach (minimal) 10 bzw. nach (maximal) 90 s einen Impuls erhalten. Es lassen sich aber ebensogut auch die Kosten direkt anzeigen. Die Gebühreneinheit kostet 0,15 M. Man bedenke aber bei einer überschlägigen Berechnung der zu erwartenden Telefonrechnung auch die Anschlußgrundkosten. Weiterhin beachte man, daß der (meist 2monatige) Postturnus nicht unbedingt zeitsynchron mit der eigenen Zählung läuft.

Nochmals sei dringend betont: Alle diese Geräte sollen helfen, Sprechdisziplin zu erlangen und Kosten zu sparen, also von vornherein auf die Höhe der Telefonrechnung

Einfluß zu nehmen. Genauer ist (bis auf ganz seltene, meist technisch begründete Störungsfälle) stets die Abrechnung der Deutschen Post!

Im Rahmen solcher Vorbehalte erscheint es zulässig, die vorliegende Variante zu nutzen. Immerhin muß der *B 555 D* mit maximal etwa 10 MΩ nicht unbedingt »mitspielen«. Exemplare mit größeren Eingangsströmen können schon zu Fälschungen führen, die den Abgleich z. B. temperaturabhängig werden lassen. Die gewählten (etwa) 15 µF (bzw. 20 µF) sind schließlich in der erforderlichen leckstromarmen MKL- oder MKT-Ausführung nicht ganz billig. Oft wird man vielleicht auch im Handel oder in einem alten Gerät noch einen MP-Becher in diesem *C*-Bereich finden. Auch die Beschaffbarkeit ausrangierter Postzähler (z. B. wegen Umstellung auf größere Stellenzahl) ist ja Zufällen unterworfen. Mehr *C* jedenfalls bedeutet weniger *R* und damit mehr Abstand zu Fehlern durch Eingangsströme.

Eingangs wurde eindeutig zugunsten des Stufenschalters (oder eines Tastensatzes) entschieden. Mit einem angemessen großen Anteil an Stellwiderstand und je einem Festwiderstand ist bereits der jeweilige Takt festgelegt. Man kann sich die Arbeit des Abgleichs relativ einfach gestalten, wenn ein Ohmmeter vorhanden ist, z. B. als Ergänzung zu dem in Abschnitt 5. für Temperaturmessungen benutzten Digitalvoltmeter.

Es genügt, den ersten Bereich (z. B. 10 s für Zone III, volle Gebühr) genau im Uhrenvergleich einzustellen. Allerdings sollte dabei nicht der erste Impuls nach dem Einschalten gemessen werden, was praktisch wegen des Abgleichs auch kaum möglich sein dürfte. Über den eingeschalteten *R*-Wert (= R_A!), den festen R_B und die eingestellte Zeit erhält man die tatsächliche Kapazität

$$C = \frac{1{,}443 \cdot T}{(R_A + 2\,R_B)}.$$

Damit lassen sich die Zielwerte der weiteren Widerstandswerte R_A leicht vorausberechnen und mit dem Ohmmeter vorabgleichen: $R_A = \frac{1{,}443 \cdot T}{C} - 2\,R_B$. *T* ist jetzt die jeweils für die Schalterstellung gewünschte Taktzeit gemäß Tabelle 8.1.

Tabelle 8.2
Widerstandsrechenwerte

(Ω) für C_{nenn} = 20 µF bei R_B = 10 kΩ

Zone	voll	ermäßigt
I	4,31 M	6,47 M
II	1,42 M	2,14 M
III	701,5k	1,06 M

Auf Grund der Eingangsströme sowie der Leckströme der Zusatzbeschaltung gilt der errechnete Wert nicht exakt. Das Voreinstellen spart dennoch Zeit, auch wenn man (besonders jetzt!) frühestens ab zweitem Takt nach dem Einschalten mit der Zeitmessung beginnen sollte!

Geht man von einem Nennwert von *C* in Höhe von z. B. 20 µF aus, so ergeben sich die in Tabelle 8.2 zusammengestellten Widerstandswerte für Gebühreneinheitenzählung. Werden aber ±20 % *C*-Toleranz akzeptiert, sind diese ebenfalls um ±20 % stellbar vorzusehen. Ein Rechenwert von 1 MΩ würde sich also um ±200 kΩ verändern lassen müssen. Das läßt sich in Näherung mit einem engtolerierten 820-kΩ- und einem 470-kΩ-Stellpotentiometer erreichen. Günstiger ist daher das schon vorgestellte Verfahren, mit der über die erste Zeiteinstellung sozusagen durch den Timer selbst »gemessenen« Kapazität die tatsächlich erforderlichen weiteren Werte zu ermitteln. Dann brauchen die Steller nur noch die Differenz zwischen Rechenwert und nächstem verfügbarem (kleinerem) Standardwert abzufangen plus dessen negativer Toleranz. Also: $R_{Stell} \gtrsim (R_{Rechen} - R_{Standard} - R_{Tol})$. Beispiel: Rechenwert 1,1 MΩ, verfügbarer Standardwert 1 MΩ ±5 %, also R_{Tol} = 50 kΩ, $R_{Stell} \gtrsim$ (1,1 MΩ − 1 MΩ − 0,05 MΩ), d. h., $R_{Stell} \gtrsim$ 50 kΩ. Da er auch toleranzbehaftet ist, wählt man den nächsten Standardwert von 100 kΩ. Die Leiterplatte läßt genügend Platz, um auch 2 Festwiderstände je Schalterstellung unterzubringen. Die aus Platzgründen vorgegebene Parallelschaltung kann besonders bei höheren Werten ungünstig sein. Manchmal bringt Serienschalten weiter. Man löte dann jeweils nur einen Anschluß ein und verbinde die anderen Enden der beiden Widerstände, wie Bild 8.16 zeigt.

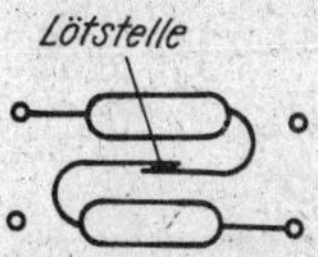

Bild 8.16
Bei Bedarf anwendbare Widerstandsserienschaltung auf der nur für Parallelschaltung eingerichteten Leiterplatte

Wesentlich »timergemäßere« Widerstandswerte erhält man bei der 2. Zählmöglichkeit, und jetzt läßt sich sogar *C* verkleinern. Wird nämlich das Zählwerk 15mal je Zeittakt weitergeschaltet, zeigt es unmittelbar die Gebührensumme an. Ein außen vor der 2. Stelle angebrachtes Komma liefert eine »markgerechte« Anzeige.

Ein 4stelliger Zähler reicht dann aber bei eifrigem Telefonieren nur etwa einen Monat (99,99 M Höchstanzeige). Danach muß man den Durchlauf jeweils von Hand registrieren. Statt der 15fachen Frequenz kann man aber auch nur eine 1,5fache einstellen und das Komma vor der letzten Stelle anbringen. Das ergibt 999,9 M für einen Durchlauf, sicherlich für viele genügend Abstand zum gesamten Jahresbedarf.

Im Grund spielt es nun keine allzu große Rolle mehr, ob die Einrichtung ständig eingetaktet ist oder ob der erste Takt etwas länger als die weiteren dauert. Man werte selbst gemäß den bereits angestellten Überlegungen und bedenke: Es bleibt stets eine (wenn auch relativ gute) »Schätzung«.

Wer nun ausschließlich an Batteriebetrieb denkt, muß allerdings den für Pfennigzählung 15fachen Impulsenergiebedarf berücksichtigen. Bei einem 15-s-Zeittakt (Zone III, ermäßigt) z.B. wird jede Sekunde einmal geschaltet. Hier trifft sich die Einrichtung mit der Quarzweckervariante, nur eben mit wesentlichen kleinerem Aufwand.

Aufbau

Der Wert des Geräts steht und fällt für die meisten Bauplanleser mit der Frage nach möglichst genauen Bauinformationen. Hier sind sie:
Bild 8.17 zeigt eine Leiterplatte für den Zeittaktwähler. Die Betonung liegt auf »eine«, denn es gibt viele Realisierungsvarianten. Das Kernstück des Timers mit dem *B 555 D* und den Kondensatoren (Bild 8.17b) wurde so ausgelegt, daß für die gerade verfügbaren Bauformen angemessener Platz bleibt. Wie die folgenden Fotos zeigen, sind im Muster beide 50 mm × 80 mm großen Leiterplatten zu einer 100 mm × 80 mm großen kombiniert worden. Man muß für den Einbau da-

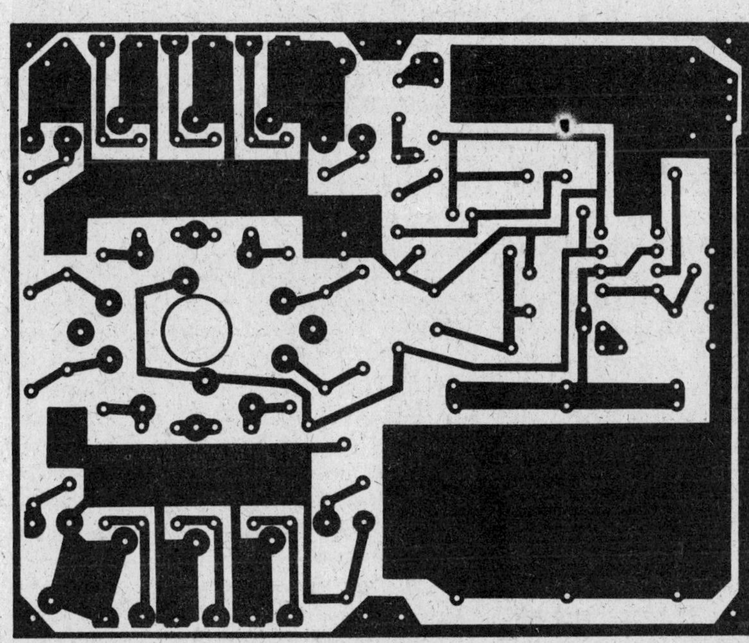

a)

Bild 8.17
a – Leiterbild

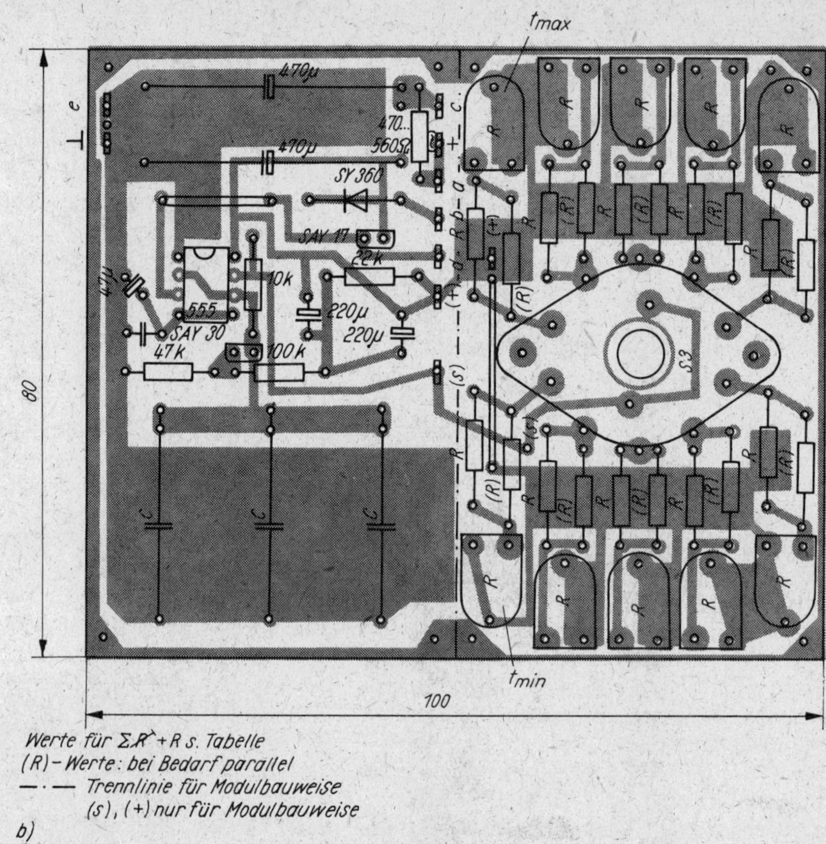

Bild 8.17 b – Bestückungsplan zu Bild 8.15; auf Wunsch in Zeitwähler- und Timereinheit trennbar

bei etwas unter Nennmaß bleiben. Bei den Kondensatoren wurde auf MKL-Typen in primatischem Gehäuse orientiert. Man sollte sichergehen und prüfen, daß sie keinen merklichen Leckstrom aufweisen. Als »Basiswiderstand« eines Transistors mit einer Stromverstärkung von z. B. 100 benutzt, darf nach dem Aufladestrom (R_V von etwa 1 kΩ zum Basisschutz vorsehen!) im Kollektorkreis nicht mehr als 1 µA zu messen sein. Der Transistor muß allerdings bei so niedrigen Kollektorströmen noch ausreichend verstärken, wie es z. B. die Typen *SC 237* bis *SC 239* tun. Da *Febana*-Schalter für Leiterplattenmontage gerade zur Verfügung standen, wurde der Schalter auf der Zeittaktwählerleiterplatte untergebracht. Andere Schaltertypen sind z. B. über Stecklötösen an diese Stelle anzuschließen. Mit entsprechend kurzen Abstandsstücken für die Schalterebene (etwa 2 mm hoch) gelingt es, eine Bauhöhe von 27 mm (Leiterplattenunterseite einschließlich Lötstellen bis Rastkopfoberseite) einzuhalten. Damit bietet sich ein Polystyrolbehälter der »Anglerkastenreihe« an, dessen lichte Höhe ebenfalls 27 mm beträgt. Nach leichtem Kürzen der Lötösen am Zählwerk paßt dieses ebenfalls gut in den Behälter. In der Gesamtanordnung kann relativ freizügig verfahren werden. Ein Zeigerknopf und eine passende Beschriftung komplettieren das Gerät. Man startet z. B. mit einem *Simeto*-Schiebeschalter vom ständig geladenen Netzteilkondensator her, wenn nicht bei Dauertakt nur das Zählwerk angeschaltet wird. Der für Netzbetrieb erforderliche Klingeltransformator erhält auf seinem Gehäuse eine 2polige Buchse, wie man sie vom Flachbandkabel kennt. Über einen passenden Stecker führt man die Niederspannung zum Gerät.

Bild 8.18 und Bild 8.19 zeigen Ansichten

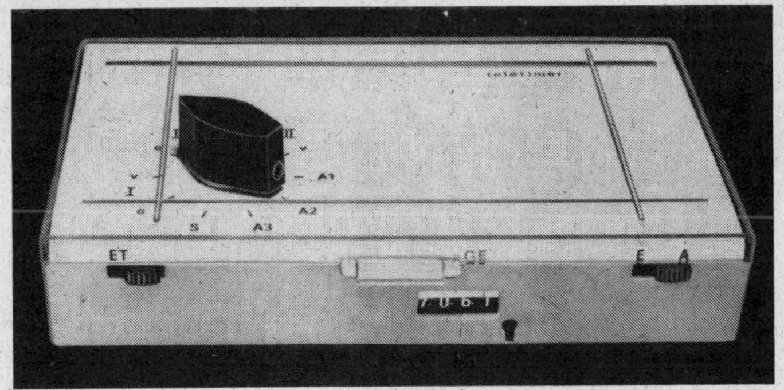

a)

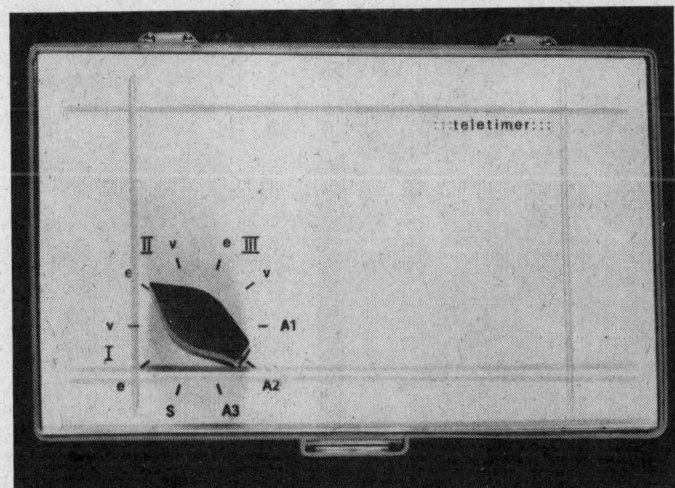

b)

Bild 8.18
Bauinformationen zum Mustergerät. Die Schalter wurden einseitig mit ihren Befestigungslaschen thermisch in die Wand gedrückt und auf der anderen Seite mit einem darübergelegten Polystyrolstück angeklebt *(Plastikfix)*. Die *R6*-Zellen werden zwischen 2 Streifen aus kupferkaschiertem Leiterplattenmaterial kontaktiert; für die Minuskontakte wurden gewölbte Blattfedern aus Federbronze eingelötet. Einzelbilder a – Vorderansicht, b – Außenansicht

des Mustergeräts mit Batteriespeisung. Im Behälter bleibt genügend Platz, um eine Ortsgesprächstaste anzubringen. Weiterhin kann man eine akustische Signalisierung nach z. B. 10 Gebühreneinheiten vorsehen, was einen gewissen »Fasse dich kurz«-Effekt hervorruft. Schließlich könnte man mit einer Leuchtdiode – vielleicht im Sinne des folgenden Abschnitts 8.2. – einen »ablaufenden Zeitfonds« nachbilden.

Ortsgesprächstaste

Die Gesamtschaltung des *555*-Timers enthält bereits diese bis jetzt erst kurz erwähnte Einzelheit. Gleichgültig, ob der Takt ständig läuft oder ob die Einrichtung nur bei Gesprächen eingeschaltet wird, das Zählwerk ist auf jeden Fall zu schalten: Entweder legt man es (bei Ferngesprächen) an den Timerausgang, oder es erhält (bei Ortsgesprächen) beim Zählen von Gebühreneinheiten nur einen Zähltakt. (Bei der »Pfennigvariante« müßte es 15mal betätigt werden, was dann vielleicht mit einem 4-bit-Zähler zu erreichen wäre.) Vergeßliche sollten sich angewöhnen, die Taste bei Gesprächsbeginn zu drücken. Man kann das dann in einer »Komfortvariante« vielleicht sogar mit einer Leuchtdiode speichern, damit es nicht 2mal geschieht. Dann muß aber die Diode anschließend wieder abgeschaltet werden. Eine Möglichkeit, wie sich beides kombinieren läßt, zeigt Bild 8.20: Ein von dem ja in jedem Fall unter Spannung stehenden Netzteil (oder von der Batterie) geladener Elektrolytkondensator liefert den Zählwerkimpuls. Das löst man mit einem *Simeto*-Schalter aus. Dessen zweiter Kontaktsatz schaltet die »Merkdiode« ein. Erst bei ihrem Zurückschalten kann auch ein neuer Zählimpuls

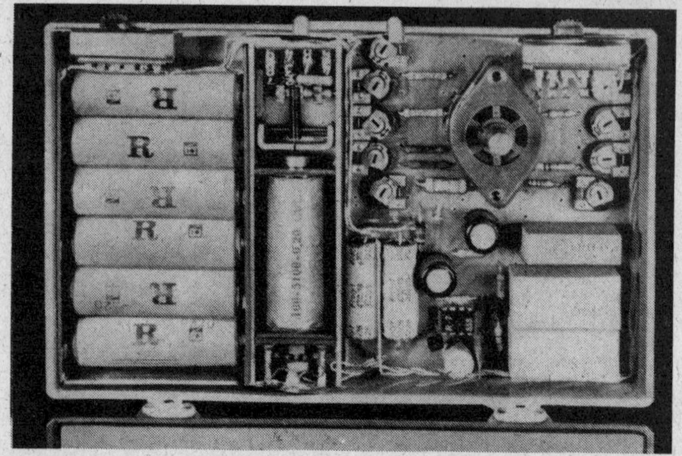

a)

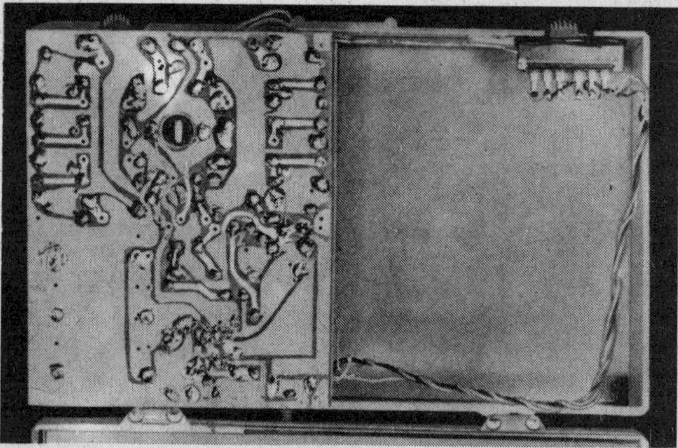

b)

c)

Bild 8.19
Weitere Musteransichten: a – Innenansicht, b – Leiterplatte (Versuchsmuster) herausgeklappt, c – zur Batteriekammer (alle Fotos beziehen sich noch auf das Versuchsmuster, gültig sind die Zeichnungen)

Bild 8.19
d – Schalterverdrahtung

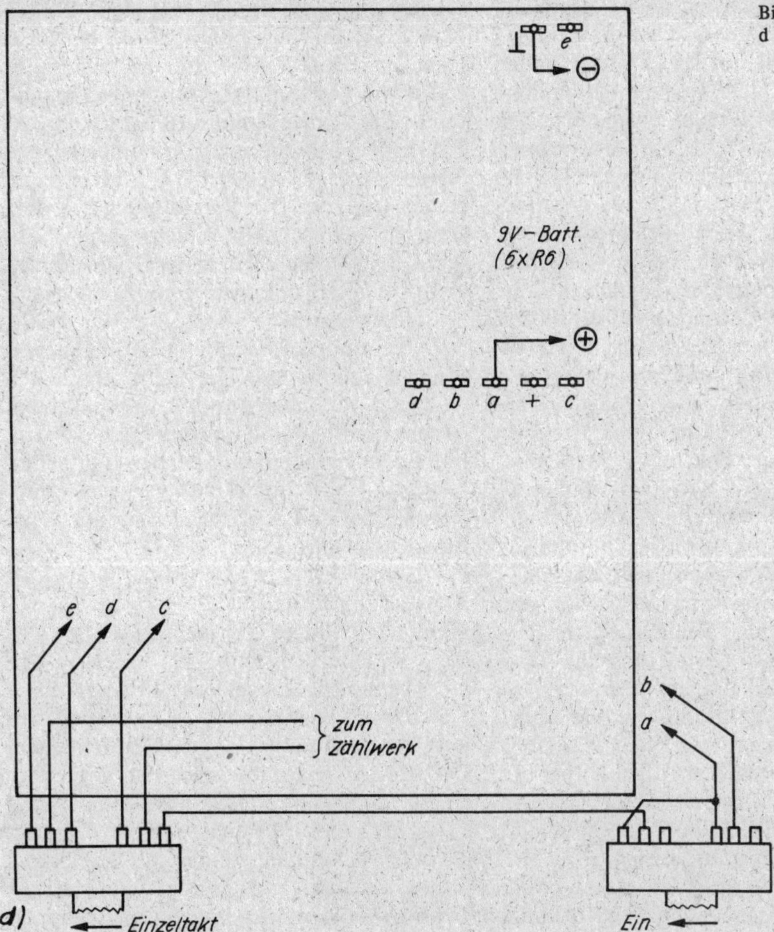

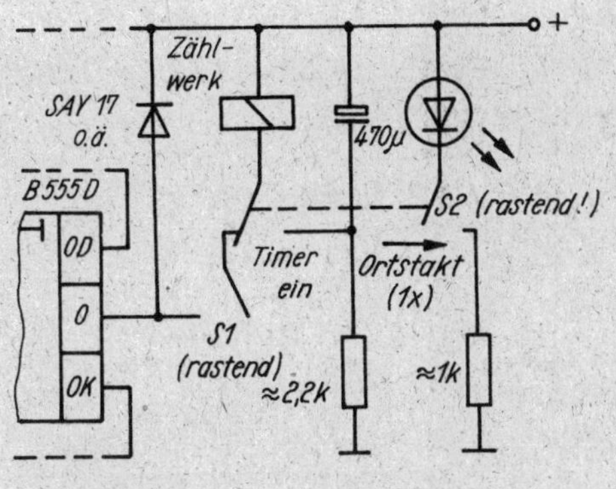

Bild 8.20
Einzelschritteingabe über rastende Schalter mit »Merkdiode«; Anschalten des Zählwerks für automatischen Zähltakt bei ständig laufendem Takt

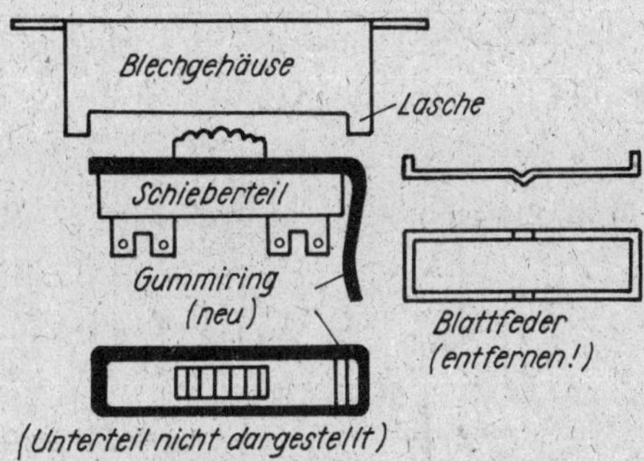

Bild 8.21
Skizze zum Umbau eines 2poligen rastenden *Simeto*-Umschalters zu einem selbst zurückkehrenden nichtrastenden Eingabeschalter: Blechgehäuselaschen aufbiegen, Gehäuse abziehen, Gummiring statt Blattfeder oben um Schieberteil legen, zwischen wieder aufgesetztem Gehäuse und Unterteil herausführen und um Gehäuse schlingen

vorbereitet werden. Das erscheint insgesamt als eine sinnvolle Lösung. Daß nicht versehentlich gleichzeitig der Timer eingeschaltet und dadurch der *555*-Ausgang durch den Impuls gefährdet wird, auch das bewirkt der Schalter nach Bild 8.20. Im Mustergerät wurde, wie sein Stromlaufplan zeigt, eine andere Lösungsvariante gewählt. Sie erfordert den Umbau eines *Simeto*-Schalters, wenn das optisch ansprechende flache »Angelkasten«-Gehäuse beibehalten werden soll. Eine größere Taste paßt sich dort, wie die Fotos belegen, schlecht ein. Aus dem rastenden wird mit kleinem Aufwand ein sich selbst rückstellender nichtrastender 2poliger Umschalter. Bild 8.21 informiert über Details. Die Blechlaschen des Schaltergehäuses sind aufzubiegen, und die Rastfeder wird entfernt. Das schafft gleichzeitig Platz für einen noch etwas schmaler geschnittenen Gummiring (Größe 1, VEB *Haarmoden* Leinefelde, in Schreibwarengeschäften sind Packungen zu haben). Man wählt einen günstig erscheinenden Durchmesser (20 bis 25 mm). Den Ring führt man innen um den gesamten oberen Rand des Kunststoffschiebers und dann, nach Wiederaufsetzen des Gehäuses, außen 1- oder auch 2mal um den Außenkörper des Schalters. Jetzt läßt sich der Schieber leicht in die andere Schaltrichtung bewegen, federt aber nach Loslassen sofort zurück.

Die Schaltungsvariante hat den Vorteil, daß kein weiterer Kondensator benötigt wird. Der eine der ursprünglich für die Gleichrichterschaltung benötigten 470-µF-Kondensatoren liegt nun über 470 bis 560 Ω ständig an der Batterie. Für Einzelimpulse, selbst von nie benötigten 5 s Folgefrequenz, reicht die Dimensionierung noch aus. Das Zählwerk wird dabei 2polig umgeschaltet, für den Ausgang des *B 555 D* gibt es daher keine Probleme. Die Verknüpfung mit dem Hauptstromkreis stellt auch sicher, daß selbst bei eingeschaltetem Gerät der Einzelimpulsschalter stets nur vom Kondensator her wirken kann.

Auf Grund der Trennung des Zählwerks von der Spannungsquelle beim Abschalten fehlt jetzt, wie schon erwähnt, der sonst beim Abschalten die Zählung »abrundende« letzte Impuls (s. Beschreibung zu den Taktbedingungen). Daher die bereits gegebene Empfehlung, bei Ferngesprächen eingangs einen Einzeltakt einzugeben.

Akustischer Zeittakt

Wenn nach einigen Zeittakten ein Signal ertönt, so kann das durchaus einen »Fasse dich kurz«-Effekt auslösen. Er setzt einen Teiler voraus, der den Zeittakt nochmals untersetzt. Dafür gibt es viele Möglichkeiten. Der *E 351 D* beispielsweise hat gegenüber einem TTL-Zählerschaltkreis den Vorteil einer kleineren Stromaufnahme. Das erleichtert das Einhalten der 5-V-Bedingung für seine Betriebsspannung. Weniger als 7 mA benötigt er maximal – nicht einmal 10 % dessen, was ein *D 192 D* braucht! Ne-

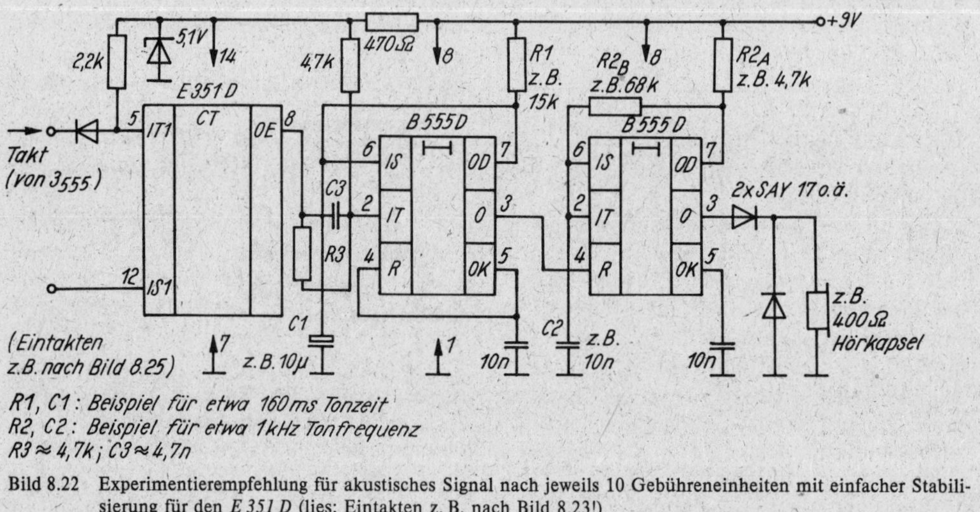

Bild 8.22 Experimentierempfehlung für akustisches Signal nach jeweils 10 Gebühreneinheiten mit einfacher Stabilisierung für den *E 351 D* (lies: Eintakten z. B. nach Bild 8.23!)

ben 10:1 läßt er u. a. auch Teilungen von 6:1, 60:1, 100:1 oder 600:1 zu oder 24:1, 48:1 und 96:1. Das gibt genügend Spielraum für die gewünschte Quantelung. Mit einem kurzen HLH-Impuls wird er gesetzt (Takt muß dabei auf H liegen), wobei alle Ausgänge auf H gehen. Die erste HL-Taktflanke schaltet dann alle Ausgänge in Serie liegender Teiler auf L.

Nach 50 % der für den jeweiligen Ausgang gegebenen Periodendauer nimmt er H an und nach 100 % wieder L. H setzt einen Widerstand von etwa 2,2 kΩ nach Plus voraus, denn die Ausgänge haben offene Kollektoren.

Soll nun z. B. jeder zehnte Zeittakt einen kurzen Pieps auslösen, kann nach Bild 8.22 verfahren werden. Diese Schaltung stellt nur eine Experimentierempfehlung dar, sie wurde nicht mitgebaut! Ein 2. *B 555 D* arbeitet als Tongenerator. Er wird nur bei jedem 10. Taktimpuls kurzzeitig freigegeben. Das bewirkt ein weiterer *B 555 D* (sie sind ja recht preiswert, besonders als *R*-Typen), der als Monoflop geschaltet ist. Er erhält vom *E 351 D* mit jeder negativen Ausgangstaktflanke (also bei Start und jeweils nach 10 Taktimpulsen) einen Startimpuls am Triggereingang. Sein Ausgang geht dann für die nach Wunsch wählbare Monoflopzeit $T = 0{,}693 \cdot R \cdot C$ auf H. Dieses H gibt den Tongenerator *555* frei, an dessen Reseteingang es wirksam wird. Da der Tongeneratorausgang bei *R* auf L (also die größere Zeit über) auch auf L liegt, sollte der Schallwandler zwischen Ausgang und Masse gelegt werden. Er beansprucht dann keinen Ruhestrom.

Damit der 1. *B 555 D* an 2 nicht über seine Monoflopzeit hinaus vom *E 351 D* auf L gehalten wird, ist *RC*-Kopplung nötig. Das gilt auch für das noch folgende Bild 8.25.

Für die beiden *B 555 D* kann, wenn verfügbar, selbstverständlich auch ein Doppeltimer *B 556 D* benutzt werden. Dann besteht der Piepszusatz nur noch aus 2 Schaltkreisen. Unter den vorausgesetzten Bedingungen eines 0,5-A-Klingeltransformators als Speisequelle, also rund 10 V am Ladekondensator, genügt für das Bereitstellen der Betriebsspannung des *E 531 D* die einfache Schaltung wie in Bild 8.22.

Wird der Zusatz durch einen *Simeto*-Schalter gestartet, so empfiehlt sich innerhalb der Gesamtschaltung die im Schema nach Bild 8.23 dargestellte Beschaltung. Während der Teiler ebenfalls ständig an Spannung liegt, wird mit dem Schalter über den Setzkondensator der Setzeingang kurz an Masse gelegt. Die erste HL-Triggerflanke für den Signalpieps nach dem Startpieps folgt dann, sobald nach einer maximal der Zeitspanne entsprechenden Zeit das erste Taktsignal eintrifft. Die weiteren Piepse ertönen dann nach jeweils 10 Zeittakten. Abschließend sei nochmals betont, daß dies nur Vorschläge zum Weitermachen sind. Detailänderungen können bei diesem Zusatz durchaus notwendig werden!

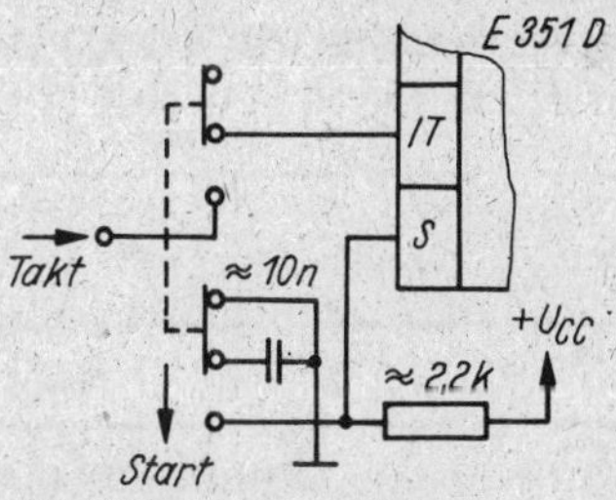

Bild 8.23
Vorschlag für die Startschaltung zum akustischen Signalgeber über *Simeto*-Schalter

Timer mit Teiler: Einsatz des *E 355 D*

Auch diese Schaltung soll nur als Empfehlung für weitergehende Arbeiten angesehen werden, denn das einfache *555*-Gerät genügt den Ansprüchen.

Der *E 355 D* enthält zwischen Takterzeugung und »erster Nutzung« einen Teiler 1:1 024. Um den Faktor 1 024 darf damit die Taktfrequenz größer sein als bei der soeben vorgestellten Lösung. Oder anders gesagt: Das Produkt $(R_A + 2\,R_B) \cdot C$ braucht nur noch 1/1 024 vom Wert der Lösung mit dem *B 555 D* zu betragen. Damit ergeben sich »handlichere« *C*-Werte und auf die Eingangsbedingungen (Restströme) besser abgestimmte *R*-Werte. Linear können sowohl *C* als auch *R* auf je 1/32 der *B 555 D*-Werte gesenkt werden. *C* darf also unter 1 µF und *R* insgesamt weniger als z. B. B 470 kΩ werden. (Das sollen nur Anhaltspunkte sein – auf die vorhandenen MKL- oder MKT-Kondensatoren hin sind die Widerstände wieder zu berechnen!) Nochmals um den Faktor ⅙

Tabelle 8.3 Rechenwerte für ($R_A + 2\,R_B$) und Oszillatorfrequenzen je nach Ausgang des *E 355 D* und je nach *C*

Ausgang OA, $C = 1\,\mu F$					Ausgang OB, $C = 10\,nF$ (gleiche R-Werte)	
Zone	voll		ermäßigt		voll	ermäßigt
I	84,55 kΩ	17,06 Hz	126,8 kΩ	11,37 Hz	1,7 kHz	1,14 kHz
II	28,18 kΩ	51,16 Hz	42,27 kΩ	34,11 Hz	5,12 kHz	3,4 kHz
III	14,08 kΩ	102,33 Hz	21,04 kΩ	68,22 Hz	10,2 kHz	6,8 kHz (optimaler Bereich)

oder auch um $\frac{1}{60}$ können C und R verkleinert werden, wenn man die weiteren Ausgänge des *E 355 D* ausnutzt. Tabelle 8.3 zeigt, daß damit dann auch schon sinnvollere Obergrenzen der Oszillatorfrequenz erreicht werden, bezogen auf den Schaltkreis. Bild 8.24 zeigt eine mögliche Realisierung. Der Nachteil dieser Variante besteht darin, daß eine Schaltstufe mit definierten Eigenschaften gebraucht wird. Der *B 555 D* lieferte eine solche Stufe sozusagen »gratis« mit allen erforderlichen Besonderheiten (Spannungsbereich, Impulsbreite des das Zählwerk treibende L-Impulses, Belastbarkeit bis 0,2 A). Hinter dem *E 355 D* muß sie zusätzlich eingefügt werden. Außerdem ist die Betriebsspannung des *E 355 D* nicht in den weiten Grenzen des *B 555 D* zulässig. Insgesamt, schon wegen der Treffsicherheit der Aktivzeit, erscheint auch diesmal ein *B 555 D* als Ausgangsstufe sinnvoll.

Man schaltet ihn als Monoflop mit fester H-Zeit von z. B. etwa 150 ms. Das Zählwerk liegt dann nicht mehr gegen Plus, sondern gegen Masse. Eine Eigenart des *B 555 D* bezüglich Rückwirkungen von negativen Spannungen am Ausgang auf den Schaltzustand erfordert jetzt die zusätzliche Diode zwischen Ausgang und Zählwerk. Bild 8.25 zeigt diese Lösung. Der aus dem *E 355 D* kommende Zeittakt legt IT des *B 555 D* für jeweils eine halbe Taktperiode an L. Beim HL-Übergang wird das Monoflop ausgelöst, so daß sein Ausgang H annimmt. Er schaltet nach der Zeit $t = 1{,}1\,RC$ wieder auf L zurück. Mit $t \approx 150$ ms wird die Zählwerkbedingung erfüllt.

Man kann die gesamte Schaltung jedoch auch an den Anzeigeteil eines Quarzanalogweckers anschließen, wie schon beschrieben. Das ist sinnvoll bei größerem Gebührenanteil. Der *B 555 D* wird in dieser Lösung un-

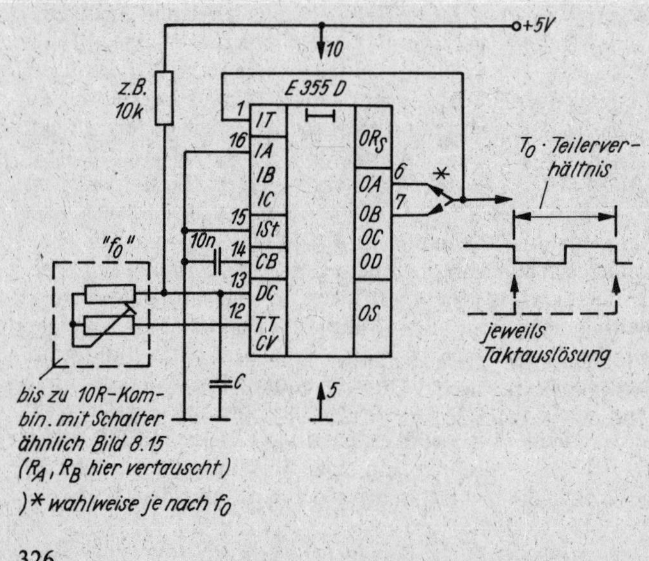

Bild 8.24
Experimentiervorschlag für Gebührentaktgeber mit *E 355 D*. Da Pulsbreite erst hinter dem *E 355 D* festgelegt wird, darf hier auch R_B statt R_A variabel sein. Einrichtung empfiehlt sich (auch) für ständig durchlaufenden Betrieb

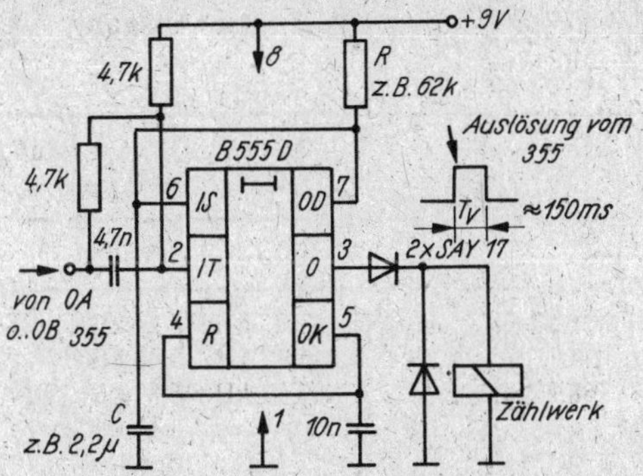

Bild 8.25
Vorschlag für Enstufe zu Bild 8.24 mit einem als Monoflop geschalteten *B 555 D*

nötig, da die bereits gezeigte Anpaßstufe auch 50 % der Periodendauer als H-Zeit akzeptiert.

Ebensogut läßt sich die Grundlösung dieses Abschnitts, d. h. *B 555 D* allein, mit dieser Anzeigeeinheit verbinden. Es sind also viele Varianten möglich, je nach Materiallage und Zählumfang.

8.1.4. Gebührenzähler mit Taschenrechner

Ähnlich wie bei elektromechanischen Zählwerken war die Situation im Amateurbedarfshandel bezüglich der Taschenrechnerschaltkreise *U 820 D* und *U 821 D*. Sie wurden vor wenigen Jahren in größeren Stückzahlen angeboten. Viele der heute gebräuchlichen Taschenrechnermodelle gestatten nach Eintippen der Gebühreneinheit und eventuell noch nach Betätigen von Plus (+) − und K-Taste eine laufende Addition lediglich durch Druck auf die Ergebnistaste. Manche noch mit LED-Anzeige ausgerüsteten Modelle haben sogar noch eine Automatik, die die Anzeige nach einiger Zeit abschaltet. Bleibt der Rechner dabei eingeschaltet, so sind solche Modelle gut für ständig betriebsbereite Gebührenzähler geeignet. Man kann den Schaltausgang des Zähltaktgebers dann einfach mit den Kontakten der Ergebnistaste verbinden, z. B. über Schaltrelais, Schalttransistor, Optokoppler oder dergleichen. Da jedoch viele Leser noch über einen *U 820 D* bzw. *U 821 D* verfügen werden, sei im folgenden eine für diesen Schaltkreis geeignete Eingabe beschrieben. Um ihn dazu zu bewegen, 0,15 M fortlaufend auf jeweils nur einen Zählimpuls hin zu addieren, sind jedesmal folgende Eingaben nötig: ,/1/5/±. Man benötigt also ein 4-Takt-System. Das könnte ein Schieberegister vom Typ *D 195 D* sein, das als *P*-Typ sehr preiswert erhältlich ist. Leider geht das nicht ohne weiteres. Grund: Der Rechnerschaltkreis braucht stets in der Größenordnung von 20 ms Pause zwischen 2 Eingaben. Das führt dazu, daß man entweder eine Reihe *RC*-Glieder braucht oder besser (im Preis vergleichbar, aber eleganter) einen zweiten *D 195 D*. Auf diese Weise entsteht ein 8-Takt-System, von dem jeder 2. Ausgang benutzt wird.

Bild 8.26 zeigt den Stromlaufplan eines solchen bereits für andere Zwecke genutzten Bausteins. Um schneller zählen zu können, wird der Takt auf etwa 2 s Umlaufdauer beschleunigt (grob durch kleines *C*, z. B. 47 μF, fein durch *R*, der aber nur bis etwa 270 Ω verkleinert werden sollte).

Es muß sichergestellt sein, daß der Takt wirklich bei Start immer an QA des ersten Schieberegisters ein L liefert, während alle anderen Ausgänge auf H liegen. Zufällige Anfangslagen ergeben sinnlose Rechneranzeigen. Daher wird der Betriebsarteneingang MC des *D 195 D* mit verwendet. (Bei nur seriellem Schiebebetrieb liegt er fest an Masse.) Die beiden Takteingänge sind zu verbinden.

Die Schaltung bewirkt, daß sich die Schieberegister bei Einschalten der Betriebsspannung zuerst im Parallelmodus befinden. Da alle Paralleldateneingänge auf H liegen (was in störungsfreier Umgebung schon durch Freilassen dieser Anschlüsse gegeben ist), erhalten mit dem ersten Takt auch alle Ausgänge H. Damit geht der Ausgang des Verknüpfungsgatters auf L, und dieses L gelangt sofort an den seriellen Dateneingang. Dieses L wird vom nächsten Takt an durch die Register geschoben, wenn inzwischen ein Zähltakt eingetroffen ist, andernfalls bleiben die Register im Parallelmodus. Der kurzzeitig anliegende Zähltakt legt MC auf L, und der serielle Betrieb beginnt. Der erste Registerausgang schaltet auf L, und das Verknüpfungs-NAND nimmt ausgangsseitig H an. Mit diesem H wird MC über den Transistor auf L gehalten, bis der 8. Takt das NAND

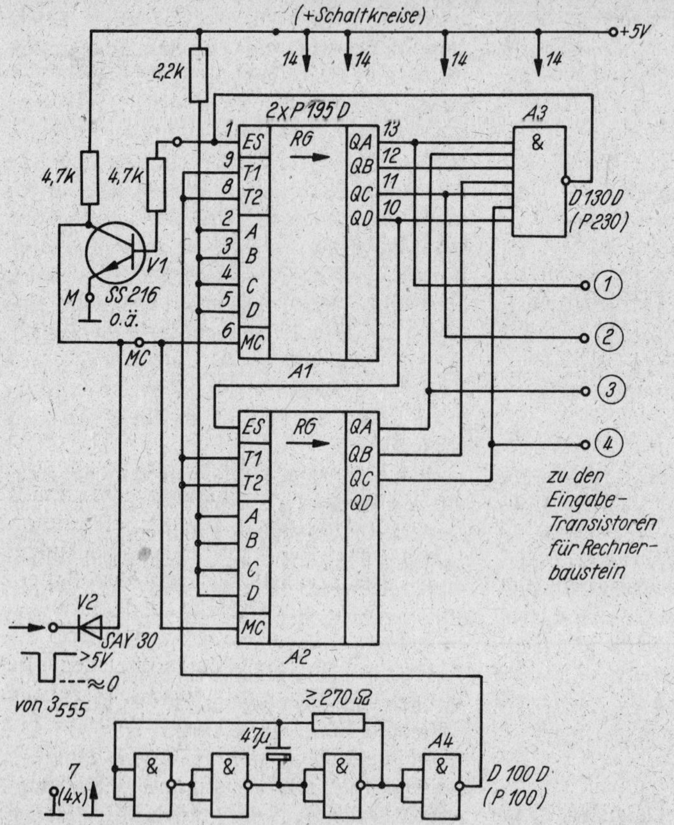

Bild 8.26
Für Viertakteingabe im *U 821 D* geeignete Schieberegisterschaltung mit Umschalten von Parallelbetrieb im Wartezustand auf serielles Takten für die Eingabe

wieder freigibt. Alle seine 7 mit den Registern verbundenen Eingänge führen nun wieder H. MC wird von Masse getrennt, denn der Transistor sperrt nun wegen L vom NAND-Ausgang her. Mit dem nächsten Zähltakt wiederholt sich das Spiel. Die Register liefern damit nach jedem Zählimpuls ein durchlaufendes L. Jeder 2. Ausgang ist mit einem der Steuertransistoren verbunden, die in der im folgenden dargestellten Weise die einzelnen Schaltkreisfunktionen auslösen: zuerst Kommaeingabe (Anzeige 0,), dann Eingabe der 1 (Anzeige 0,1), dann Eingabe der 5 (Anzeige 0,15) und schließlich Eingabe des Befehls »±«. Jetzt springt die Anzeige auf die Summe der inzwischen angelaufenen Gebühren. Sie bleibt in der Anzeige bis zum nächsten Zähltakt.

Das Gerät muß selbstverständlich im Dauerbetrieb laufen, also Netzteil plus Batterie zum Überbrücken von Netzausfällen. Für sie und auch für die Lebensdauer der Anzeige ist es günstig, die Anzeige nur bei Benutzung einzuschalten. Das erfordert, in den Betriebspausen die Emitter aller Digittransistoren gemeinsam von U_{DD} (Masse) zu trennen. Damit die Schaltung sicher durch den Zähltakt gestartet wird, muß MC so lange von ihm auf L gehalten werden, bis die an ES liegende L-Information mit dem nächsten Takt an den ersten Ausgang übertragen wird. Das geschieht mit der negativen Taktflanke. Wegen des relativ langsamen Umlauftakts darf die Aktivzeit des Zähltakts also nicht zu kurz sein. Im Muster ergaben sich (*C*-Toleranzen!) rund 2 s Durchlaufzeit. Das sind, bezogen auf 8 Takte, etwa 0,25 s Taktperiode. Wenigstens so lange muß der Zähltakt MC auf L halten, damit das NAND dann das weitere Selbsthalten bis Durchlaufende übernimmt. Man muß ja damit rechnen, daß der Zähltakt gerade eintrifft, wenn die vorherige negative Flanke soeben vorüber ist!

Die gesamte Zähltaktperiode muß länger sein als der 8-Takt-Durchlauf der Schieberegister. Um auch »Fernstgesprächen« gewachsen zu sein, lege man ihn daher auf etwa 1 s Gesamtumlaufzeit, also 125 ms Schiebetaktperiode. Das bietet noch genügend Sicherheit bezüglich der Schaltkreisbedingungen. Zum Ausstattungskomfort: Steht ein *U 821 D* allein zur Verfügung, so baut man am besten die Grundeinheit »Rechner mit Anzeige« auf und versieht sie mit wenigstens 5 Stellen (5 × *VQB 37*). Dadurch wird maximal 999,75 M voll angezeigt (natürlich auch 999,9 M als größte Summe, doch dafür braucht man dann ja wieder nur 4 Stellen). 999,9 M sind 6 666 Gebühreneinheiten. Wer bei größeren Summen eine Einheit für das Ablesen opfert, betätigt einfach die Ortsgesprächstaste, um bei nur 4 eingebauten *VQB 37* ebenfalls voll informiert zu sein, wenn alle 4 anzeigen. 5 sind aber eleganter.

Man kann auch alle 9 bestücken. Das erfordert aber auch 9 Digittransistoren. Bei den Tasten genügt, wenn nur gezählt werden soll, eine gut gesicherte »C«-Taste, mit der sich notfalls alles löschen läßt. Das ist bisweilen für Erststarts interessant. Alle zu einem solchen Rechnerbaustein erforderlichen Informationen findet der Leser bei Bedarf im 1. Wohnbereichs-Bastelbuch. Für Leser, die ihn damals gebaut haben, sind das also nützliche Empfehlungen. Bei Neuentwurf einer solchen Lösung sollte man jedoch CMOS-Schaltkreise benutzen. Dafür können sicherlich die in Abschnitt 4. bei entsprechenden Melodiegeneratoren zu findenden Informationen nützlich sein.

8.2. Timer für Eier, Toast und Kuchen

Der Timerschaltkreis *E 355 D* hat in den Jahren, seit er zum ersten Male verfügbar geworden war, einige interne Veränderungen erfahren. Der Amateur wird nicht immer sofort erkennen, ob das ihm vorliegende Exemplar z. B. beim Einschalten selbst startet oder ob es aus einer vorher produzierten Charge stammt. Eine interessante, bereits frühzeitig mit diesem Schaltkreis entwickelte Timerschaltung für den in der Überschrift ausgewiesenen Zeitbereich erfuhr darum im Laufe der Zeit einige Veränderungen. Sie wirken gewissen exemplarabhängigen Effekten dieser etwas unkonventionellen Lösung entgegen. Ihr »jüngster« Stand dokumentiert sich in *Bauplan Nr. 54*, und man folge daher dessen Erläuterungen. Mehr zum *355* kann man im *electronica*-Doppelband 205/206, *Digitale Zeitschaltkreise E 351 D und E 355 D*, nachlesen. Über das Wichtigste informiert Abschnitt 8.5. noch etwas näher am konkreten Einsatzfall. Bei Einsatz in gestörter Umgebung Beitrag in *radio fernsehen elektronik*, Heft 9/85 beachten!

8.2.1. Schaltung und Funktion

Das Gerät enthält 2 Hauptteile – den eigentlichen Timer, programmiert in der Funktion Kippschaltung (also einmaliger Ablauf nach Start), und die Ausschaltautomatik, die das Gerät selbsttätig nach einigen Sekunden Ende-Signal vollständig von der Batterie trennt. Mit einer für Neuentwicklungen nicht mehr zugelassenen Flachbatterie (bereits etwas unterhalb der »offiziellen« Betriebsspannungsgrenze) und bei täglicher Nutzung als Toastsignalisator wurde beim Mustergerät auf diese Weise eine Batterielebensdauer von 5 Monaten erreicht. Das Gerät wurde unter Ausnutzen der Ausgänge OB und OC für die beiden Bereiche 6 min und 60 min ausgelegt. Man kann die Leiterplatte jedoch auch für längere Abläufe benutzen, wenn man den Taktkondensator vergrößert. Durch einen kleinen Trick konnte der Oszillator – unabhängig von der bei langen Zeiten relativ niedrigen Taktfrequenz – für die Erzeugung eines gut hörbaren Ende-Tons genutzt werden. Dazu genügt meist eine Hörkapsel zwischen 54 und 400 Ω, doch auch ein Kleinlautsprecher mit etwa 100 Ω Strombegrenzungswiderstand ist gut brauchbar. Die Schaltkreisperipherie besteht dann hauptsächlich aus einem Transistor, der die Signaltonenergie für diesen Schallwandler bereitstellt, und aus einem weiteren Transistor als Kern der Batterieautomatik. Schaltungen dieser Art sind im vorliegenden Strombereich leicht mit einem 0,5-A-Transistor und mit einem *RC*-Glied zu realisieren, dessen zeitbestimmender Kondensator bei 100 µF Nennkapazität einige Signaltonsekunden sicherstellt. Für die Aktivzeit des Timers wird der Batteriekreis mit einer Selbst-

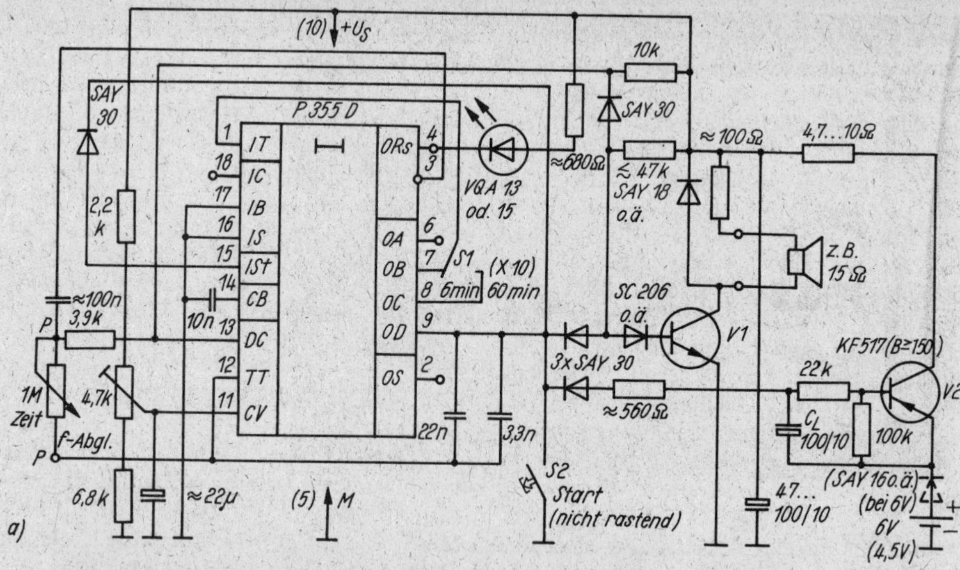

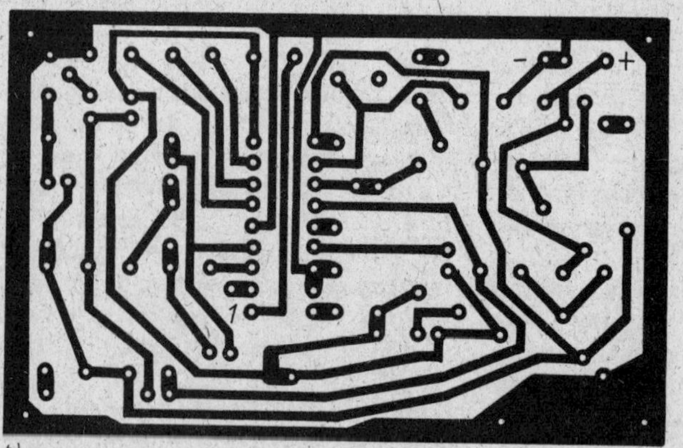

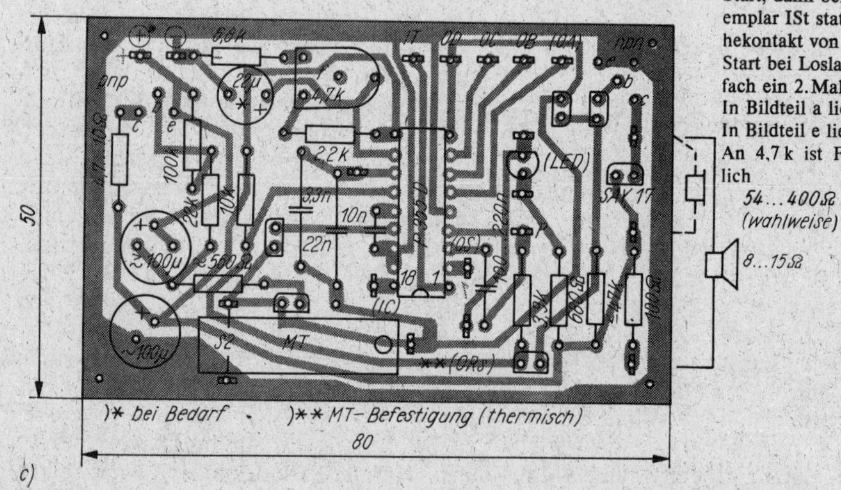

Bild 8.27
Ruhestromfreier Kurzzeitwecker für 2 Bereiche mit Signalton und automatischer Selbstabschaltung – eine etwas »unkonventionelle« Lösung, für die die Texthinweise wichtig sind; a – Stromlaufplan, b – Leiterbild, c – Bestückungsplan (Anschlüsse für OA, OS, ORs, IC nicht benutzt; Anschlußmöglichkeit auch für Hörkapsel 54…400 Ω), d – Musterbaustein (endgültige Lage s. Bild 8.27!) (zum Mikrotaster Abschn. 8.2.5. beachten), e – Ablaufdiagramm (»normales« Pegelverhalten der Schaltung – Texthinweise beachten!). Wenn Sofortton bei Start, dann bei diesem 355-Exemplar ISt statt an OD an Ruhekontakt von S2 legen (dann Start bei Loslassen) oder einfach ein 2. Mal drücken!
In Bildteil a lies IA statt IS!
In Bildteil e lies U_s statt U_{ss}.
An 4,7 k ist Feinabgleich möglich

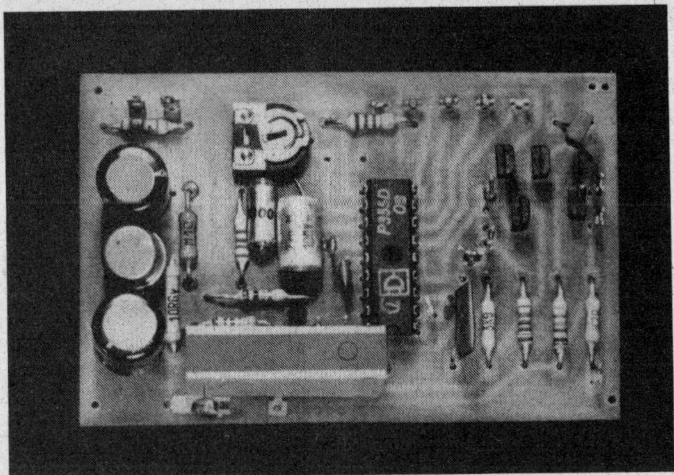

d)

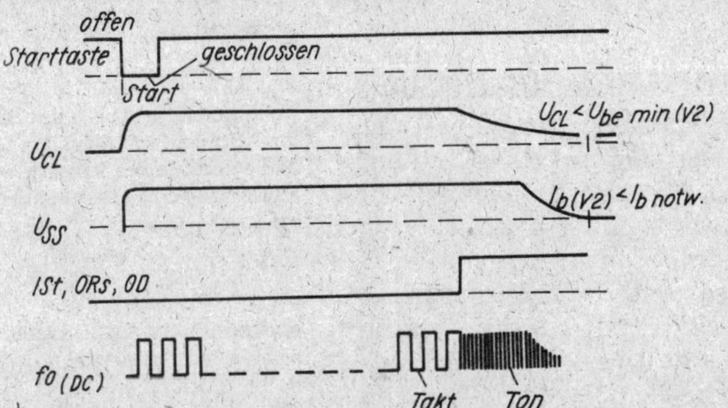

e)

halteschaltung eingeschaltet gehalten, in die der Schaltkreis einbezogen ist. Als einziger zusätzlicher Verbraucher wird (bei Bedarf) eine Leuchtdiode angeschlossen. Bei Einsatz einer *VQA 15*, versenkt montiert, genügen aber schon 2 bis 3 mA für die Information, daß der Wecker gerade aktiv ist. Komfortablere Auslegungen können mit einem Indikatorteil ausgerüstet werden, der z. B. die gewählte Zeitspanne in 10 Stufen quantelt und den Ablauf über einen längs 10 Leuchtdioden wandernden Leuchtpunkt anzeigt. Wird dazu der inzwischen in den Handel gelangte CMOS-Zähler vom Typ *V 4017 D* benutzt, ändert sich der Gesamtstrombedarf gegenüber der einfacheren Variante kaum. Die Beschreibung dieses vom *E 355 D* mitgesteuerten Zusatzes folgt in Abschnitt 8.2.7. In der Grundausführung liefert der zeitbestimmende Drehwiderstand mit seinem Zeiger und der Skale die Information über die Zeitspanne zwischen Start und Signalton, während die einzige Leuchtdiode den Aktivzustand anzeigt.

Gemäß Bild 8.27 wird der *355* im Modus »Kippfunktion« betrieben. Dazu liegen die Programmiereingänge IA und IB auf L, während IC unbeschaltet bleibt. Das entspricht H. Nach dem Start geht damit der Ausgang ORs auf L und nimmt nach Ablauf der am Oszillatorteil des *355* eingestellten Verzögerungszeit wieder H an. An den Ausgängen OA bis OD erscheinen die entsprechend geteilten Frequenzen der Oszillatorschwingung: an OA um 1024:1 geteilt und an OB, OC, OD jeweils nochmals um 10:1, 10:1, 6:1. Alle Ausgänge beginnen ebenfalls mit L. Durch Verbinden des gewünschten Ausgangs mit dem Takteingang IT läßt sich die geforderte Zeitstufe wählen. Will man z. B. die eingestellte Zeitspanne verzehnfachen, muß man zwischen OB und OC umschalten.

Das wird im vorliegenden Fall genutzt. Man beachte: Der angewählte Ausgang nimmt zwar nach $t/2$ bereits wieder H an (alle Ausgänge gehen beim Start auf L), doch z. B. ORs schaltet erst, wenn dieser Ausgang wieder auf L geht. OD bleibt die gesamte Zeit über auf L, ebenso ORs. Beide sind damit geeignet, den Tontransistor bis zum gewünschten Signalzeitpunkt zu sperren. Vor der Basis des Tontransistors liegt aus diesem Grunde eine weitere Diode als Potentialausgleich. Geht am Ende der Signalzeit OD auf H, kommt die vom Basis»sammelpunkt« nach Abschluß DC führende Diode zur Wirkung. Jetzt gibt die Oszillatorfrequenz den Tontransistor mit einer hörbaren Pulsfolge periodisch frei.

8.2.2. Takt-Ton-Umschaltung

Es würde den Zeitspielraum der Schaltung erheblich einschränken, müßte man im Interesse der soeben beschriebenen Nutzung der Oszillatorfrequenz als Tonsignal mit ihr im Hörbereich bleiben. Aus diesem Grund wird die Schaltung mit einem wesentlich langsameren Zeittakt betrieben. Er kommt zustande, weil ab Start OD auf L liegt. Über OD aber (und nicht direkt) ist erst der im Wert entsprechende große Taktkondensator mit Masse verbunden. Er kann nur wirken, solange der »Kippvorgang« läuft. H an OD am Ende der eingestellten Zeit heißt (weil dann sowohl ORs wie OA bis OD wieder auf H gehen) – von extrem ungünstigen Verhältnissen infolge größeren Leckstroms der Ausgänge abgesehen –, daß der Taktkondensator an H liegt und damit die Oszillatorfrequenz praktisch nicht mehr mitbestimmt. In der Ursprungsschaltung kam nun allein ein wesentlich kleinerer Tonkondensator zur Wirkung, der von TT her direkt an Masse lag.

Diese Lösung befriedigte aber nur, solange es um einen relativ engen Zeitbereich ging, etwa im Fall eines nur zwischen z. B. 30 s und 2 min benötigten Timers. Der volle Bereich des Drehwiderstands läßt aber Zeiten zwischen weniger als 20 s und etwa 6 min zu bzw. in Stellung »×10« rund 3 min bis 60 min. Zwangsläufig verändert sich im gleichen Verhältnis gegenläufig die Signaltonfrequenz, also maximal um den Faktor 20! 200 Hz und 4 kHz sind mögliche Eckfrequenzen. Je tiefer der Ton, um so schlechter strahlt ihn jedoch die kleine Kapsel ab. Die Maßnahme nach Bild 8.27 hilft, wenn es sich um serienübliche kleine Eingangsströme handelt. Zwischen dem Verbindungspunkt von Potentiometer und Vorwiderstand und dem sonst unbenutzten Ausgang $\overline{\text{ORs}}$ liegt ein Kondensator von 100 bis 220 nF. Damit ändert sich die Tonhöhe abhängig von der eingestellten Zeit nur noch wenig. Man kann sie also mit diesem Kondensator z. B. in den Bereich von 1 kHz legen. Die Wirkung dieser Maßnahme erklärt sich aus dem Mechanismus des »Komparator-Oszillators« im *355*: Der Taktkondensator C_T (hier 22 nF // 3,3 nF) wird auf übliche Weise über den Vorwiderstand (hier 10 kΩ) den Begrenzungswiderstand (hier etwa 3,9 kΩ) und den Stellwiderstand von der Betriebsspannung her aufgeladen. Erreicht seine Spannung ungefähr ⅔ der Betriebsspannung U_S, so spricht die Komparatorkombination mit ihrer oberen Triggerschwelle an. Sie befindet sich im Schaltkreis hinter dem Anschluß TT. Dadurch wird der bisher gesperrte Entladetransistor eingeschaltet, dessen Kollektor am Anschluß DC liegt. Der Kondensator muß sich auch wieder über die beiden Widerstände zwischen DC und TT entladen. Bei etwa $U_S/3$ sperrt DC, und für C_T beginnt ein neuer Ladevorgang. Der Signalkondensator C_S (hier 100 nF) dagegen findet nur den Vorwiderstand als zeitbestimmenden Lade- und Entladewiderstand vor. Daraus erklärt sich auch sein trotz der gewünschten, gegenüber dem Takt wesentlich höheren Frequenz größerer Wert, verglichen mit C_T. Seine absolute Größe ist unkritisch. Er kann daher ein platzsparender Keramiktyp sein. Die Taktfrequenz beeinflußt er nicht, denn während des Zeitablaufs liegt er am gesperrten open-collector-Ausgang $\overline{\text{ORs}}$, und C_T befindet sich an OD in der Zeit des Signaltons auf H. In einer früheren Version des Timers lag C_T an ORs. Dieser Zustand war noch in der Beschreibung von Bauplan 54 bzw. Bauplan 61 vorausgesetzt worden, obwohl beide schon die verbesserte Version enthalten. Darum ist die zu ihnen erschienene *typofix*-Folie unverändert für die in diesem Buch beschriebene Version verwendbar. Wer die Baupläne aufmerksam gelesen hat, wird den für den Bau unerheblichen Widerspruch im Text bemerkt haben. Bild 8.27e zeigt die Pegelverhältnisse an den wichtigsten Schaltungspunkten.

8.2.3. Batterieautomatik

Im Pluszweig der Stromversorgung liegt ein pnp-Transistor. Vor seiner Basis-Emitter-Strecke bewirkt ein Zeitglied aus 100 µF und 22 kΩ, daß nach Abschalten des Selbsthaltekreises mit dem OD-Ausgang noch für einige Sekunden Strom fließt. Das ist die Signalzeit der Schaltung. Um »schleichendes« Sperren zeitlich zu begrenzen, wurden parallel zur Basis-Emitter-Strecke ein Widerstand von 100 kΩ angeordnet. Er bewirkt in kurzer Zeit, daß sich der Kondensator nach Verstummen des Signaltons vollständig entlädt. Die Stromaufnahme geht dadurch praktisch auf Null zurück.

Beim Start wird dieser Kondensator über Taste und Begrenzungswiderstand rasch aufgeladen, und die Schaltung erhält über den dadurch leitend gewordenen Transistor Betriebsspannung. Nach Loslassen der Taste übernimmt OD das Selbsthalten des Batteriekreises. Beim selbststartenden *355* im Fall ISt = L (ebenfalls von der Taste gegeben) hat OD mit dem Einschalten der Betriebsspannung auf L geschaltet. An OD liegt der Starteingang ISt. Er folgt also dem Pegel von OD, d. h., am Ende der eingestellten Zeit geht er ebenfalls auf H. Dadurch wird verhindert, daß sich dem gewollten einmaligen Zeitablauf durch ungewollten Selbststart ein neuer anschließt. Gegen diesen Effekt hat sich zusätzlich die neu vor dem Starteingang hinzugekommene Diode bei kleinen Betriebstemperaturen als nützlich erwiesen.

8.2.4. Verhalten nicht selbststartender Exemplare

Sollte man zufällig noch an ein älteres, nicht automatisch selbststartendes Exemplar des *355* geraten sein (was relativ unwahrscheinlich ist), so führt 1maliges Betätigen der Starttaste nur zum Einschalten des Batteriekreises, und der Signalton wird hörbar. OD bleibt jedoch auf H, und das Gerät schaltet sich bald wieder ab. Es genügt aber, dem ersten Tastendruck einen zweiten folgen zu lassen, damit die Schaltung nun wie mit einem modernen »Selbststarter« weiter funktioniert. Die 2. Betätigung wird überflüssig, wenn die Starttaste ein Mikrotaster mit Arbeits- und Ruhekontakt ist. Den Ruhekontakt legt man an ISt, die Verbindung von ISt mit OD dagegen wird aufgetrennt. Das Gerät startet dann bei Loslassen der Taste, nachdem sich bei Tastendruck der Kondensator des Zeitglieds aufgeladen und die Betriebsspannung an den Schaltkreis gelegt hat.

Wollte man nun jedoch moderne selbststartende *355* auf diese Weise betreiben, so würde sich dem ersten, von Hand ausgelösten Ablauf automatisch der nächste anschließen, solange nämlich ISt auf Masse liegt. Das genügt für die Selbststartschaltung. Der durch das automatische Setzen bei Einschalten der Betriebsspannung bzw. bei Ende eines Zeitablaufs auf H schaltende Ausgang OD dagegen verhindert in der Ursprungsschaltung dieses unerwünschte Neustarten. Selbststarter werten aber die von der Starttaste zusätzlich für ISt gegebene L-Information als Startimpuls. OD wird von der Taste während des Betätigens kurzgeschlossen, eine für open-collector-Ausgänge zulässige Maßnahme.

8.2.5. Aufbau

Wie die Ansichten in Bild 8.28 zeigen, gestaltet sich der Aufbau des Weckers einfach, wenn ein Transportkasten aus dem Handelsangebot von Heimwerkerläden benutzt wird (Größe 132 mm × 86 mm × 55 mm. Waren-Nr. *5874 2000*).

Die Leiterplatte muß allerdings in diesem Fall beidseitig um je etwa 1,5 mm gekürzt werden. Statt 80 mm darf sie nur noch höchstens 77 mm lang sein. Andernfalls wird es zu eng. Das Leiterbild berücksichtigt bereits diese Variante: Im zu entfernenden Bereich liegen keine Lötstellen. Die Ecklöcher für die Befestigung können etwas nach innen gerückt werden. Durch sie steckt man 4 steife 1-mm-Drähte von etwa 33 mm Länge, die

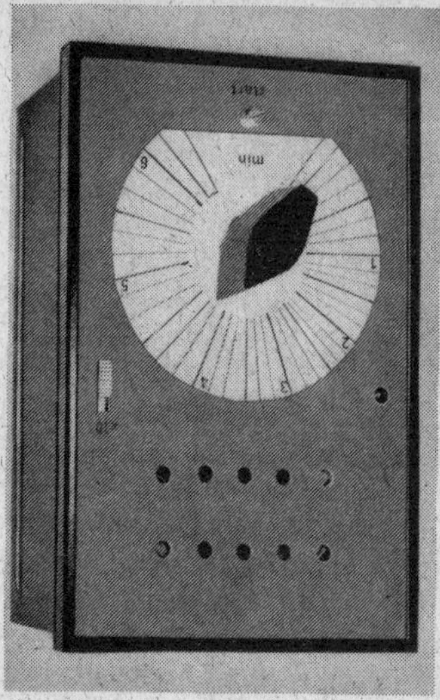

a)

b)

c)

d)

Bild 8.28
Ansichten und Montagedetails des Kurzzeitweckers, eingebaut in einen Transportkasten *132 mm × 86 mm × 55 mm* vom VEB *Elrado.* Für die Tests wurde noch eine 4,5-V-Flachbatterie benutzt; gemäß gesetzlicher Festlegungen ist für Dauereinsatz eine Kombination aus 3 oder 4 Zellen R6 vorzusehen; a – Frontansicht, b, c – Innenansichten, d – Mikrotasterbetätigung

unten auf 5 mm abgewinkelt werden. Die Frontplatte besteht wiederum aus einseitig kupferkaschiertem Isolierstoff, Kupferseite innen. Diese Metallfläche wird auch diesmal zur Montage genutzt. Man richtet die 4 Stützdrähte so aus, daß die Randzone des Behälters berücksichtigt wird, und lötet sie an. Beim Ausrichten ist auch auf die richtige Lage zum Tasterknopf zu achten. Der Mikrotaster für den Start ist das bezüglich Beschaffung unsicherste Teil. Nicht etwa, weil es ihn nicht gibt, sondern es gibt zu viele Bauformen. Wenigstens 2 davon eignen sich gut für die Montage auf der Leiterplatte nach Bild 8.27c. In Bild 8.27d ist einer dieser Typen zu erkennen. Für den Betätigungsknopf gibt es viele Möglichkeiten. Im Mustergerät ist eine kleine Führungsbuchse eingelötet, und als Knopf wirkt eine M3-Schraube. Ein etwa 3 mm langes Stück Silikongummischlauch übernahm außen zwischen Schraubenkopf und Frontplatte die Federfunktion; innen wurde der Hub mit einer Mutter begrenzt. Die Schraube zielt genau auf den Betätigungspunkt des Mikrotasters. Die optimale Höhe läßt sich durch Verschieben der Platte an den vier Haltedrähten einstellen. Allzuviel Spielraum bleibt nicht, solange noch die für die Versuche benutzte Flachbatterie im Gehäuse liegt. Die empfohlenen *R6*-Elemente lassen mehr Platz, so daß dann die Schraubenlänge (im Muster 10 mm) nicht mehr so kritisch ist. Allzu lang sollte man sie aber nicht wählen.

Es gibt noch einen 2. Grund, weshalb die Leiterplatte, von der Bestückungsseite aus gemessen, etwa 23 mm von der Montageplatte entfernt bleiben muß. Neben den Bohrungen für das Potentiometer (10 mm) und für den Taster (etwa 3 mm) bringt man noch eine Reihe von Schallöffnungen für den Schallwandler an. Im Muster war das ein 65-mm-Kleinlautsprecher (Vorwiderstand noch leiterseitig!), mit angelöteten Drahtklammern an der Frontplatte gehalten, aber auch eine Telefonhörkapsel reicht. 2 weitere Durchbrüche sind für den *Simeto*-Umschalter (ebenfalls einfach innen anlöten) und für die Anzeigeleuchtdiode nötig. Sie wurde in das Vorderteil eines LED-Montageelements gesteckt, und dieses Plastteil wurde mit einer ebenfalls an die Frontplatte gelöteten Drahtschleife gehalten.

Die Frontplatte kann ohne weitere Maßnahmen fest in den Behälterrahmen eingepaßt werden. Bei Bedarf schraubt man sie z. B. mit Winkeln oder Bolzen fest.

Die Frontplatte kann mit *typofix* beschriftet werden. Das Skalenblatt muß der Potentiometerkennlinie angepaßt werden, um die Abweichungen klein zu halten. Man bedenke: So »linear« sind auch lineare Potentiometer nicht – siehe Bild 8.28a.

Für die Leiterplatte kann man übrigens eine ätzfeste *typofix*-Folie erhalten, die anläßlich von *Bauplan Nr. 54* in den Handel gelangt ist.

8.2.6. Eichen

Es gibt indirekte und direkte Eichmöglichkeiten für die Skale. Wichtig und von großem Vorteil ist, daß die Teilerfaktoren »digital starr« sind – es genügt also ein einziger Bereich zum Festlegen der Skalenpunkte. Allerdings sind die Teilungen zwischen den Ziffermarken beim 6-min-Bereich dann 5 Striche zu je 10 s, beim 60-min-Bereich aber 9 Striche zu je 1 min. So hat Bereich 1 Zwischenteilungen im 6er-, Bereich 2 aber im 10er-Sprung. Beim Muster wurde auf die 2. (zusätzliche) Teilung verzichtet. Jeder Strich markiert dann 1,67 min. Es gelingen aber recht gut Einstellungen im Sprung 2,5 – 5 – 7,5 – 10 min, und das dürfte bei 60 min Gesamtbereich genügen. Die Skale beginnt nicht bei 0, sondern bei einer endlichen Mindestzeit. Das ergibt sich aus dem funktionsnötigen Vorwiderstand zum Potentiometer (s. Beschreibung der Schaltung) von etwa 3,9 kΩ als $R_{B\,min}$ und aus den R_A von 10 kΩ. So bleibt mit 2 · 3,9 kΩ + 10 kΩ ein Restwert gegen rund 2 MΩ Maximalrechenwert. Das heißt, die kleinste Anfangszeit liegt bei knapp 1 % (18 kΩ : 2 MΩ) der Endzeit. 0,6 min sind das beim 60-min-Bereich, also 36 s, und 3,6 s beim 6-min-Bereich. Man muß das wissen, aber es stört kaum einmal. Wer das Potentiometer mit einem digitalen Ohmmeter in Zeitstufen eicht, denke aber an diese geringfügige Werteverschiebung im Anfangsbereich. Der Schaltkreis bietet aber auch jedem weniger gut mit Meßmitteln ausgerüsteten Amateur ein rationelles Verfahren für Abgleich und

Eichen. Dazu wird Ausgang OA entsprechend einbezogen.

Zunächst muß ja bei R_{max} die richtige Taktfrequenz (Bauelemente-Toleranzausgleich!) eingestellt werden. Noch davor muß man an seinem Potentiometer (und das wenigstens mit einem Ohmmeter) durch Messung zwischen Schleifer und jeweiligem Anschlag die »tote Zone« am Anfang und am Ende feststellen. Solange sich der Schleifer auf der Kontaktierung befindet, liegt R bei einem 1-MΩ-Potentiometer im Bereich von wenigen Ohm. Sobald man auf die Widerstandsbahn gelangt, springt R auf knapp 1 kΩ. Erst ab hier kann einigermaßen lineares Verhalten von R in Abhängigkeit vom Drehwinkel erwartet werden! Bei R_{max} wird nun IT mit OA verbunden und mit einer Stoppuhr festgestellt, ob nach 0,6 min (36 s) der Ende-Ton erklingt. Andernfalls korrigiert man durch die Bohrung in der Leiterplatte am CV-Stellpotentiometer etwas in der erforderlichen Richtung und stoppt neu. Je nach individueller Reaktionszeit kann man, sobald der Endwert stimmt, z. B. in 3-s-Sprüngen nach kleineren Teilzeiten zu relativ schnell die Skale erreichen. Dazu Zeigerknopf zum »geschätzten« Punkt drehen, starten und Zeit stoppen, bei Abweichung gegenläufig korrigieren und neu messen. Je größer und treffsicherer der Zeigerknopf, um so genauer wird die Reproduzierbarkeit. (Man kann auch an einem kleineren Knopf einen starren Drahtzeiger anbringen, z. B. 1-mm-Stahldraht in eine Bohrung des Knopfes stecken.)

Danach wird der Bereichsschalter mit OB und OC belegt, und IT wird an den Umschaltanschluß gelegt. Im Bereich 6 min läßt sich dann im ersten Drittel das restliche Kalibrieren problemlos erledigen.

8.2.7. Timerzähler

In Abschnitt 8.2.1. war auf die Möglichkeit hingewiesen worden, mit einem CMOS-Zähler eine Standanzeige für den Timer zu realisieren. Der im folgenden vorgestellte Baustein löst diese Aufgabe. Gegenüber der in der *electronica*-Broschüre zum *E 351 D* skizzierten Möglichkeit mit einem importierten ungepufferten Schaltkreis (der noch zusätzlich 10 Miniplasttransistoren brauchte) und wieder mit entsprechend »genügsamen« Leuchtdioden wird die Anordnung nun ganz einfach. (Bei 4,5 V ist das ungefährlich für den *4017*, wenn auch vom Hersteller nicht empfohlen, 100 mW einhalten.) Bild 8.29a beweist es. Die Anschlüsse entsprechen den in Bild 8.27a gewählten Bezeichnungen. Man wird unschwer erkennen, wo der Zähler anzuschließen ist. Jetzt kommt auch die 2. Hälfte des *Simeto*-Umschalters für die Zeit zur Geltung: Beim 1. Bereich legt man den Zählereingang an Ausgang OA, während der Eingang IT des *E 355 D* an OB liegt. Schaltet man auf den 2. Bereich (×10), so kommt der

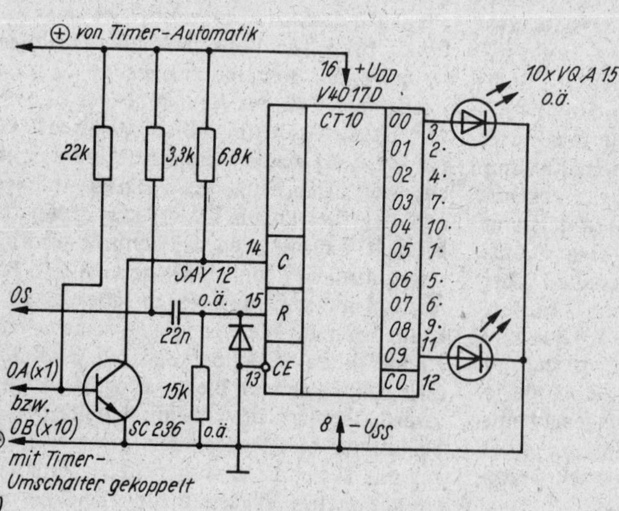

a)

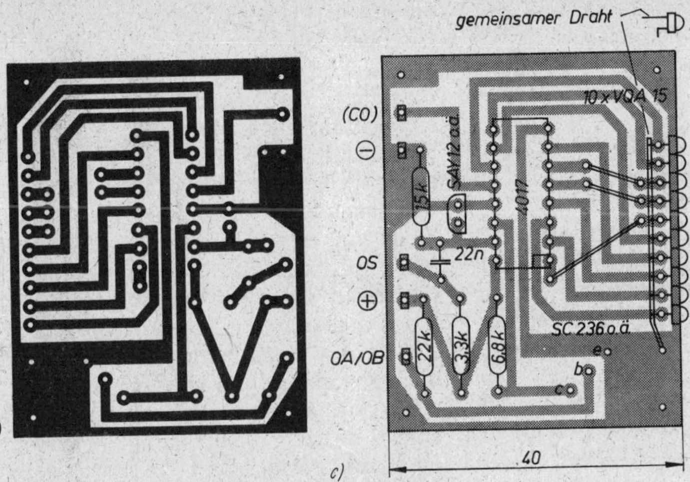

b) c)

d)

Bild 8.29
Zählstufe mit *V 4017 D*, z.B. zum Anschluß an Timer nach Bild 8.27 geeignet; a – Stromlaufplan (Anschlußzuordnung für *E 355 D* nach Bild 8.27), b – Leiterbild, c – Bestückungsplan, d – Muster

Zähler an ØB, IT dagegen an OC. Man beachte, daß auch der CMOS-Schaltkreis in dieser Anwendung mit aus der Batterieautomatik gespeist werden muß und nicht aus der Batterie direkt!

Die Leiterplatte nach Bild 8.29b und Bild 8.29c paßt hochkant auf der breiteren Kante stehend in den Timer nach Bild 8.28, wenn man das dort gezeigte Gehäuse benutzt. Daher ist für die Montage der gewählten *VQA 15* nur eine Lochreihe vorgesehen. Man winkelt ihre Anodenanschlüsse ab und lötet nur diese ein. Nach Ausrichten werden alle obenliegenden Katodenanschlüsse durch einen Blankdraht verbunden und mit diesem an Masse gelegt. Selbstverständlich kann man auch extern und in größeren Abständen montieren. Dann lassen sich die Leuchtdioden besser kennzeichnen. Allerdings sollte berücksichtigt werden, daß die geringe Speisespannung des Timers nicht gerade zu strahlend hellen Anzeigen führt. *VQA 15* erwiesen sich als brauchbar; man sollte sie aber nicht unbedingt bei Sonnenlicht abzulesen versuchen!

Mit dieser Zählerleiterplatte als Ausgangspunkt kann man auch noch viele Experimente durchführen. Es lohnt auf jeden Fall, sie anzufertigen. Die anläßlich von *Bauplan Nr. 59* in den Handel gelangte *typofix*-Folie zu CMOS-Schaltkreisanwendungen hilft dabei.

8.3. »Weicher« Wecker

Die Modelle rund um den Quarzwecker *Kaliber 64-39* vom VEB *Uhrenwerk* Ruhla als Beispiel haben Eigenschaften, die nicht von jedem Benutzer als optimal empfunden werden: Sie wecken vom 1. Ton an mit voller Lautstärke, und sie schweigen nach dem 1. Löschen ohne Wiederholung. Beides läßt sich verändern. Die relativ wenigen erforderlichen Bauelemente passen noch in den Raum zwischen Leiterplatte und Vorderwand. Für den zusätzlichen Schalter muß man allerdings, je nach Ausführung, einen geeigneten Platz suchen, an dem er sich gut betätigen läßt.

Bild 8.30 zeigt die ursprüngliche Gestaltung des Weckers: Ein 4,19-MHz-Quarz schwingt im Generatorteil der Uhren-IS (Änderungen in später produzierten Exemplaren sind möglich!); er läßt sich mit dem Trimmer genau abgleichen. Die Ausgabe des 1-s-Takts auf den Schrittmotor entspricht der bereits in Abschnitt 8.1. beschriebenen Art. Gegenüber jener liefert jedoch ein Ausgang des Schaltkreises im benutzten Exemplar ständig mit je 3 s Pause je 1 s eine Tonfrequenzspannung, die beim Weckvorgang in einem Miniplasttransistor verstärkt und über eine relativ niederohmige Hörkapsel (Gleichstromwiderstand 16 Ω) abgestrahlt wird.

Der Weckkreis des benutzten Exemplars besteht also aus der Serienschaltung des

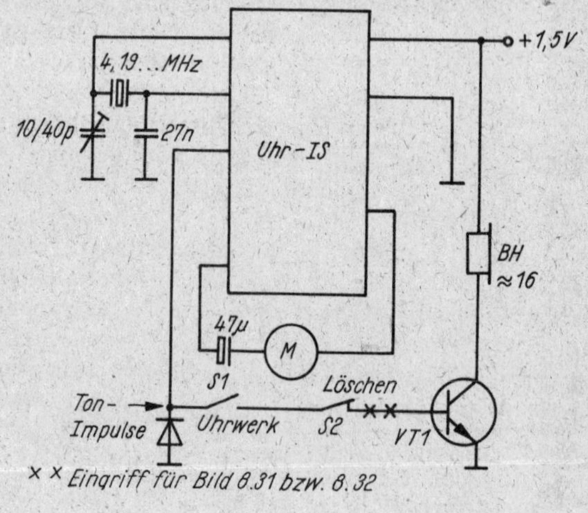

Bild 8.30
Stromlaufplan des für die beschriebenen Maßnahmen verwendeten Quarzweckers Kaliber 64-39

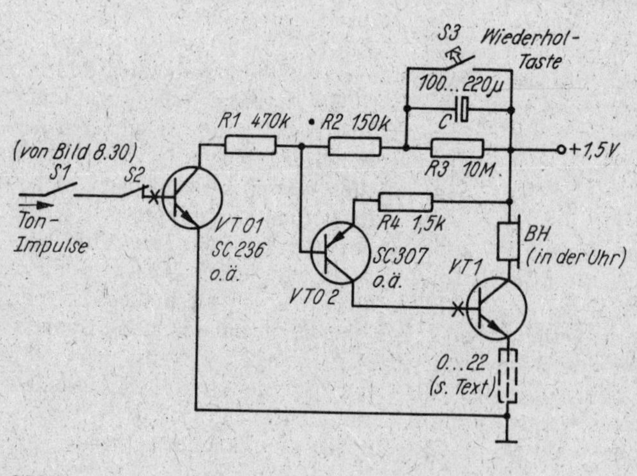

Bild 8.31
»Weiches Wecken« mit Wiederholtaste für kurze »Schlummerzeit« als Ergänzung zu Bild 8.30

Uhrwerk- und des Ausschalters mit dem Tonfrequenzausgang des Schaltkreises und der Basis-Emitter-Strecke des Verstärkertransistors. Es erschien sinnvoll, diese Lösung beizubehalten. Die zusätzliche Schaltung wurde daher zwischen den Basis-Emitter-Kreis und die Schalter eingefügt. Aus mehreren in der Wirkung vergleichbaren Lösungen fiel die Wahl auf die in Bild 8.31 gezeigte. Der Zusatzaufwand besteht aus 2 zu einer Komplementärstufe verbundenen Transistoren gegensätzlicher Zonenfolge, 2 Teiler-, einem Begrenzungs- und einem Entladewiderstand sowie aus dem zeitbestimmenden Kondensator.

Die Schaltung wirkt so: Zunächst findet die Tonfrequenzspannung bei Einschalten des Weckkreises durch den Uhrwerkschalter den Teilerkreis *R*1, *R*2 vor, denn *C* ist über *R*3 völlig entladen. Die Basis-Emitter-Spannung für VT02 liegt damit unter der zum Öffnen von VT02 erforderlichen. Nun laden die an der Basis von VT01 mit positiver Polarität erscheinenden Tonfrequenzimpulse jeweils 1 s mit 3 s Pause den Kondensator schrittweise auf, wobei VT01 als Verstärker- und Trennstufe fungiert. Durch die Aufladung von *C* verändert sich die Spannungsteilung für die Basis von VT02, bis die Pulse schließlich seine Basis-Emitter-Schwellspannung überschreiten. Diese Pulsfolge gelangt über den Begrenzungswiderstand *R*4 von VT1 an den bereits in der Uhr enthaltenen Transistor. In der Kapsel wird der Weckton hörbar: zunächst sehr leise, zunehmend aber lauter werdend, bis er eine von der Aussteuerung von VT02 und VT1 auf Grund der Begrenzung durch *R*1 gegebene Lautstärke erreicht. Die sich gegenseitig bedingenden Werte von *R*1 und *R*2 (gewünschte Zeit, benötigte Endlautstärke) sind damit in gewissen Grenzen variabel. *R*1 darf nicht so klein und *R*2 gleichzeitig nicht so groß werden, daß bereits ein kurzgeschlossenes *C* zum »Durchreichen« der Tonfrequenz führt. In der Dimensionierung entsprechend Bild 8.31 mit dem Freiheitsgrad der Größe von *C* bezüglich der gewünschten Verzögerungszeit wurden etwa 4 min bis zum hörbaren Ton und etwa weitere 2 min bis zur endgültigen Lautstärke erreicht.

Damit ist der Wecker für eine entsprechend früher liegende 1. Weckzeit (unter Berücksichtigung der Verzögerung bis zur vollen Lautstärke) einzustellen. (Oft wird man bei dieser Uhrenkonstruktion aber – leider – schon vom Einrasten des Schalters geweckt.) Auf Wunsch kann nun die Wiederholtaste für eine etwa 4 min lange »Schlummerzeit« gedrückt werden. Diese Taste ist z. B. ein kleiner Mikrotaster oder auch einfach ein federnder Blechstreifen, oberhalb der Hörkapsel im Gehäuse untergebracht, mit Bohrung rechts – von vorn gesehen – neben der Ausschalttaste für einen kleinen Knopf.

In absolut ruhigen Räumen macht sich der Weckton mit zunächst zwar sehr kleiner Lautstärke bereits nach etwa 1 min zunehmend bemerkbar. Das ist für den angestrebten Zweck etwas wenig. Ein Mehraufwand in Form von einem Transistor und einem weiteren Kondensator verbessert das Verhalten in dieser Richtung (Bild 8.32).

Nun sind »weichem Wecken« und »Schlummerautomatik mit weicher Einblen-

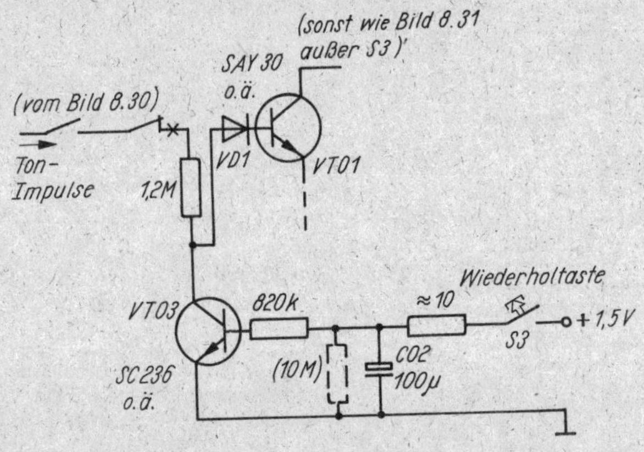

Bild 8.32
Auf etwa 8 min erweiterte Schlummerzeit durch erhöhten Aufwand gegenüber Bild 8.31

22*

dung« 2 getrennte Kreise zugeordnet. VT03 ist normalerweise gesperrt. Durch die nichtrastende Schlummertaste lädt sich nach erstem Ertönen des Wecksignals *C*02 auf etwa Batteriespannung auf. Damit wird VT01 zuverlässig gesperrt, zumal in dieser Schaltungsvariante die Diode im Basiskreis das zum Öffnen nötige Potential vom Eingang her weiter erhöht. (Es ist daher nicht sinnvoll, sie in den Emitterkreis von VT01 zu legen. Dann ergibt sich für VT02 die Reihenschaltung von 3 Dioden und damit wenig Spielraum für die durch Alterung ja noch sinkende geringe Batteriespannung von nur 1,5 V!) Der Kondensator *C*02 muß sich bei dieser Variante nach Drücken der Schlummertaste erst wieder auf eine Spannung entladen, die unter der Schwellspannung von VT03 liegt, bevor das Signal – wieder mit langsam wachsender Lautstärke – VT01 passieren kann. Bereits mit den angegebenen 100 µF erreicht man wenigstens 5 min »Schlummerzeit«. Der im Emitterkreis von VT1 angedeutete Widerstand ist übrigens für beide Schaltungsvarianten eine Möglichkeit, den Weckstrombedarf zu senken. Er sollte der üblichen »Schlaftiefe« angepaßt werden, hat also einen für jeden Nutzer anderen Erfahrungswert bis herab zu 0 Ω.

Der Zusatzstrombedarf beider Schaltungsvarianten liegt bei 1 mA, ist also zunächst zu vernachlässigen, denn dieser Strom fließt nur während der Weckzeit. Man bedenke aber, daß – von 0 beginnend – auch bereits bei noch kaum hörbarem Ton schon ein Strom zu fließen beginnt, der bei den Musterdaten (und auch abhängig von den Stromverstärkungswerten der Transistoren) schließlich zu etwa 10 mA wird, wenn der Weckton seine größte Lautstärke erreicht. Allerdings nimmt der Wecker ohne Zusatzschaltung fast doppelt soviel auf, weil dann die Strombegrenzung des Basisstroms durch die Zusatzschaltung wegfällt.

Man hat also (vor allem durch die Größe von *R*4) noch eine gewisse Freiheit in der Wahl der Stromaufnahme je nach gewünschter Endlautstärke. Die geringfügigen Kosten der Zusatzschaltung (weniger als 5 % des Weckerpreises), verglichen mit dem beträchtlich erhöhten Gebrauchswert, rechtfertigen die mit dem Einbau verbundene Arbeit. Als einzige Leiterplattenänderung muß die Basisleitung von VT1 aufgetrennt werden.

Man beachte, daß später produzierte Wekker dieser Art, ausgerüstet mit dem *U 114 D*, eine andere Weckkreis- und Impulsgestaltung haben. Auf diese Eigenheiten hin muß man also das jeweilige Exemplar untersuchen und dem die Zusatzschaltung anpassen.

8.4. Kleine Nachtmusik

Jedes beliebige Kofferradio, aber noch besser ein von vornherein darauf eingerichteter Selbstbau, läßt sich mit einer einfachen Zeit-Amplituden-Steuerung versehen. Es hängt von deren Aufwand ab, ob man den Stromversorgungskreis des Geräts mit einbezieht oder nicht. Notwendig wird das, wenn das Gerät nur Batteriebetrieb zuläßt. Im Fall eines Netzteils ist es nicht zwingend erforderlich.

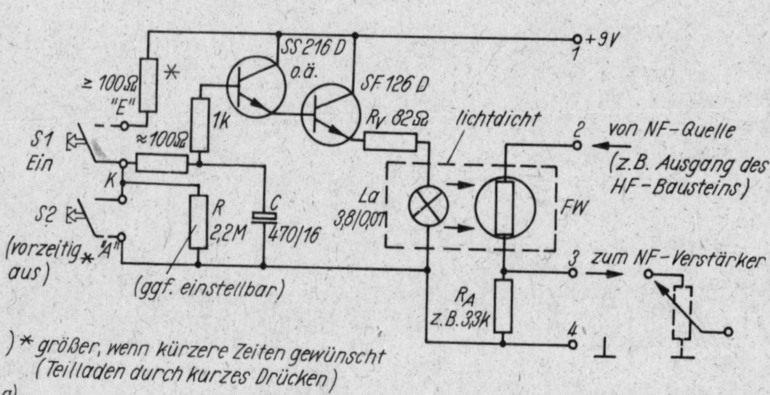

a)

b)

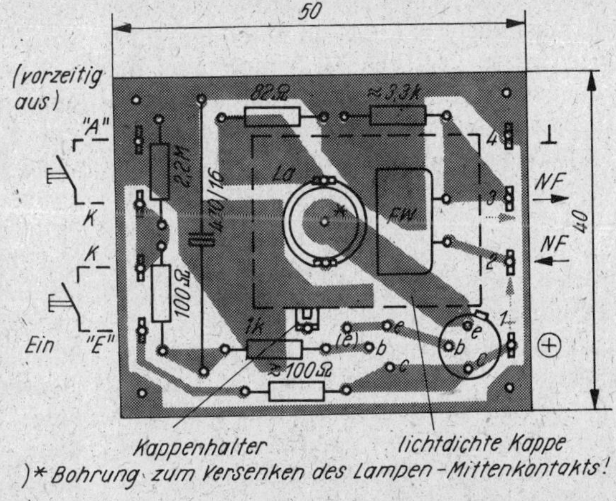

c)

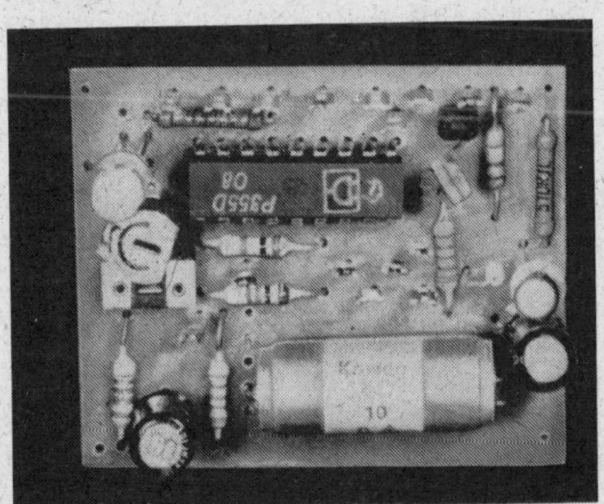

d)

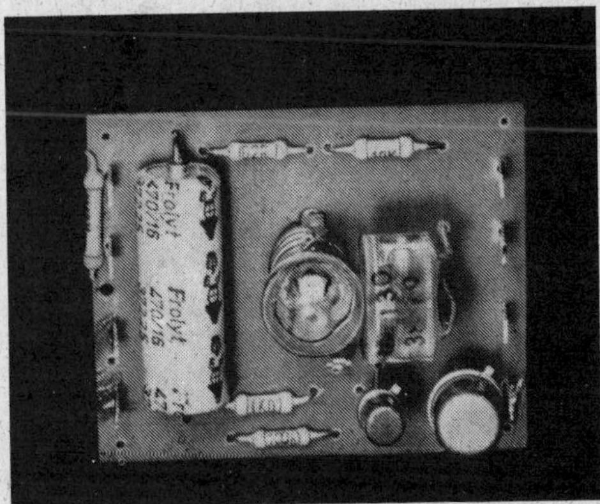

e)

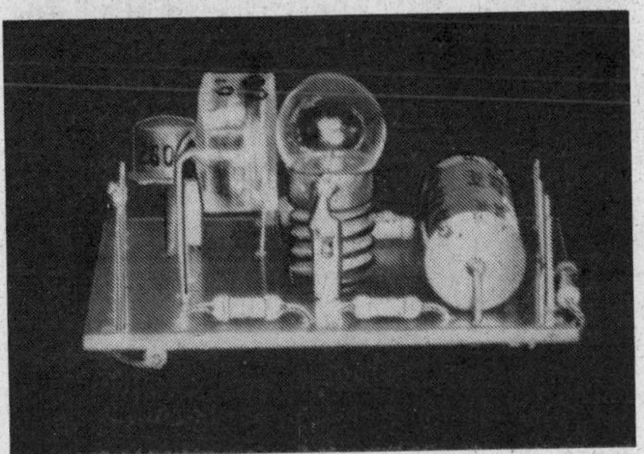

f)

Bild 8.33
Weiches Ausblenden von NF-Signalen mit einer Optokoppler-Anordnung; a – Stromlaufplan, b – Leiterbild, c – Bestückungsplan, d – Musterbaustein, e, f – geöffneter Optokoppler, Ansichten

Im 1985 erschienenen *Bauplan-Bastelbuch 2* findet der Leser eine kleine Schaltung, die ein solches Batteriemodell nach einer Zeit von etwa 10 bis 20 min automatisch abschaltet. Das hat sich als Einschlafhilfe gut bewährt und wird noch immer genutzt.

Auf ähnlichem Prinzip beruht die im folgenden vorgestellte, aus *Bauplan Nr. 54* stammende Schaltung nach Bild 8.33. Diesmal wird allerdings nicht ein Hauptstromkreis für eine gewisse Zeit möglichst gleichbleibend versorgt. Der bei Start aufgeladene Kondensator *C* bildet vielmehr eine zeitlich veränderliche Spannungsquelle für eine Impedanzwandlerschaltung, an deren Ausgang eine Lampe liegt. Diese Lampe und ihr Strombedarf sind der Hauptgrund dafür, ein kleines Netzteil bereitzustellen, das etwa 9 V und maximal 70 mA liefern muß.

Die meisten mit einer Schalteinrichtung versehenen Empfänger arbeiten nach dem einfachen Ein/Aus-Prinzip. Wer zum Einschlafen noch etwas Musik braucht, wird oft wieder durch das plötzliche Ausschalten geweckt. Günstiger ist »weiches« Ausblenden. Infolge der Eigenschaften des Hörorgans sollte die NF-Spannungsabnahme vom Anfangswert an zunächst groß sein und dann immer langsamer verlaufen. Bekanntlich hat das Ohr eine logarithmische Kennlinie. Grob gesagt, wirkt eine bestimmte Lautstärke erst dann »halb so laut«, wenn man die zugehörige NF-Spannung auf ein wesentlich kleineres Verhältnis zurückgenommen hat. Daß die Sache außerdem noch frequenzabhängig ist (um 1 kHz höchste Ohrempfindlichkeit), mag der »Profi« durch eigene Ergänzungen der vorgeschlagenen einfachen Zusatzschaltung berücksichtigen. Auf weitere Theorie sei verzichtet und dafür die Erprobung der Schaltung mit den in der Bastelkiste verfügbaren Bauelementen beschrieben. Da meist mit etwa 9 V Betriebsspannung gerechnet werden muß, ergibt sich eine Richtdimensionierung nach Bild 8.33 a. Diese Schaltung wird in die entsprechend gekennzeichneten Stellen eines Empfängers gemäß Bild 8.34 eingefügt.

Die Einrichtung benötigt aus der Versorgungsspannungsquelle des Empfängers maximal etwa 70 mA, wenn man Bild 8.33 a folgt. Ihr niederohmiger Ausgang wird dem Lautstärkepotentiometer des Empfängers einfach parallelgeschaltet. An den Eingang legt man die vom Potentiometer abgelötete NF-Leitung. Die NF-Quelle, die vorher das Lautstärkepotentiometer gespeist hat, wird nun stärker belastet. Der vorgeschlagene Parallelwiderstand von 1 bis 3,3 kΩ kann allerdings bis auf etwa 10 kΩ erhöht werden, wenn die Ergebnisse nicht befriedigen. Das bedeutet dann jedoch auch eine größere restliche NF-Spannung, wenn der Fotowiderstand nicht mehr beleuchtet wird. Sein Dunkelwert bestimmt also entscheidend den insgesamt erreichten NF-Hub. Im Beispiel konnten mehr als 60 dB realisiert werden, genug für die meisten Ansprüche.

Es versteht sich, daß der Modul nach Bild 8.33 möglichst im Gerät untergebracht wird, denn lange Leitungen fangen Brumm, auch noch bei 1 kΩ Abschluß. Brumm darf außerdem nicht auf der Versorgungsspannung liegen, sonst moduliert der Optokoppler die NF mit 100 Hz – um so deutlicher hörbar, je kleiner die NF-Amplitude! All das bietet einen gewissen Experimentierspielraum. Schon der Optokoppler selbst – ein Eigenbau – sollte vor Inbetriebnahme eini-

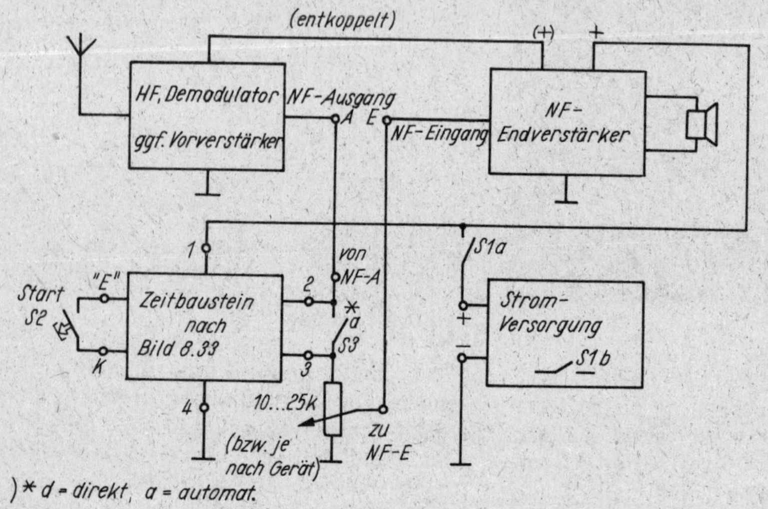

Bild 8.34 Einfügen der Einrichtung nach Bild 8.33 in einen Empfänger

gen einfachen Messungen unterzogen werden.

Worum geht es? Die von der NF-Quelle gelieferte Spannung wird einem Spannungsteiler zugeführt, dessen Teilerverhältnis eine Funktion der Zeit ist. Die Zeitspanne beginnt jeweils nach Loslassen der kurz zu drückenden Starttaste S1. Damit hat man den Kondensator auf U_S geladen. Die Spannung an ihm, vermindert um die Summe der Basis-Emitter-Spannungen beider Transistoren, bildet sich am Lastwiderstand ab, zu dem eine Lampe gehört. Gemäß $R_E \approx \beta_1 \cdot \beta_2 \cdot R_L$ ist der den Kondensator entladende Widerstand R_E um so größer, je höher beide Transistoren verstärken.
Mit $R_L = 120\,\Omega = (R_V + R_{La})$, $\beta_1 = 100$ und $\beta_2 = 200$ ergäbe sich $R_E \approx 2{,}4\,M\Omega$. Bei $\beta_1 = \beta_2 = 330$ wären es schon 12 MΩ. (Der 1-k-Ω-Widerstand vor der ersten Basis hat, wie man sieht, nur Schutzfunktion gegenüber »Ausrutschern« in der Schaltung.) Damit die Entladezeit des Kondensators C vom R_E-Wert weniger stark beeinflußt wird, liegt noch ein Widerstand R parallel. Mit 1 MΩ Grundwert ist U_C nach etwa 5 min (bei Nennwert von C) auf etwa 0,7 U_S gesunken. Bei 2 MΩ verdoppelt sich diese Zeit. Ein zwischen K und A anschließbarer Stellwiderstand erlaubt bei Bedarf Zeitvariation. Mit S2 kann auf Wunsch nach kürzerer Zeit abgeschaltet werden.

Die exponentielle C-Entladung kommt der von den Höreigenschaften des menschlichen Ohrs bedingten Forderung entgegen, daß sich die NF-Amplitude im ersten Teil der Schlummerzeit schneller verringert als in den weiteren Zeitabschnitten. Die Spannung an $R1$ treibt durch die Lampe also einen zuerst schneller abnehmenden Strom. Dem wirkt entgegen, daß der Lampenwiderstand mit sinkendem Strom und damit kleiner werdender Fadentemperatur ebenfalls kleiner wird. Damit wiederum sinkt aber auch R_E, so daß sein Einfluß auf U_C wächst. Insgesamt wurde am Muster das in der grafischen Darstellung nach Bild 8.35 erkennbare Verhalten gemessen. Das am eigenen Aufbau nachzuvollziehen ist nicht schwer. Die Lampenkennlinie »$I_{La} = f(t)$« ergibt sich, wenn in Serie zur Lampe ein Strommesser eingefügt wird. Falls sein Innenwiderstand $R1$ in die Größenordnung des Lampenvorwiderstands R_V kommt, muß man diesen für die Dauer der Messung entsprechend verkleinern: $R_{Vmeß} = R_V + R1$. Nach kurzem Drükken von S1 mißt man in konstanten Zeitabständen I_{La}. Damit liegt die Lampen-Zeit-Funktion vor, und man kann die Optokopplerkennlinie im »Zeitrafferverfahren« aufnehmen. Dazu genügt ebenfalls Gleichspannung. Man verbindet dazu einfach die Punkte 1 und 2 des Moduls; zwischen 3 und 4 wird ein Spannungsmesser gelegt, der bis 10 V messen kann. Nach »unten« sollte er im entsprechenden Bereich möglichst noch

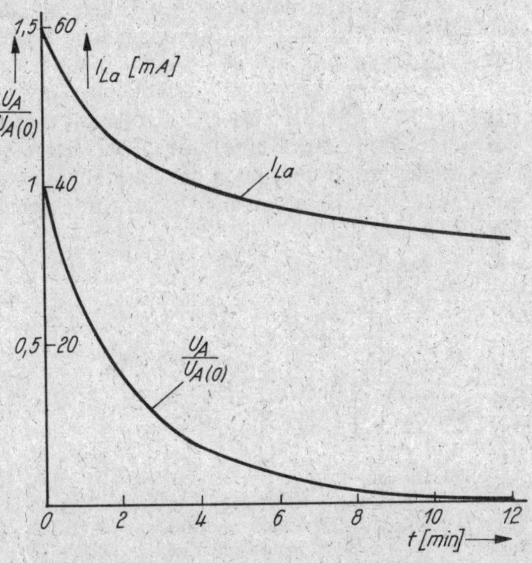

Bild 8.35
Kennlinien des Musterbausteins nach Bild 8.33

10 mV gut ablesen lassen. Dabei darf er aber R_A nicht wesentlich belasten, d. h., sein $R1$ soll in diesem Bereich möglichst 50- bis 100mal so groß wie R_A sein.

Falls man für R_A wegen der Geräteeigenschaften statt 1 kΩ 10 kΩ eingesetzt hat, müßte $R1$ also 1 MΩ sein. Es sei denn, der Meßfehler wird rechnerisch berücksichtigt. Am besten ist also ein Digitalvoltmeter. Ganz so schlimm ist die Sache aber nicht, denn die Tendenz des weiteren Verlaufs, z. B. unterhalb 100 mV, läßt sich aus der gewonnenen Funktion $U_A = f(I_{La})$ gut erkennen. Allerdings wird nicht sie aufgetragen, sondern gleich die interessierende $U_A = f(t)$. Dazu benutzt man die schon ermittelte Zuordnung zwischen I_{La} und t.

Mit $I_{La} \approx 30$ mA ist die Übertragungsgrenze des Optokopplers erreicht. Die Lampe glimmt jetzt nur noch so schwach, daß man die Messung abbrechen kann. Die Ergebnisse sind aber nur richtig, wenn die Kombination Fotowiderstand – Lampe wirklich lichtdicht verpackt ist. Die Lampe setzt bei 50 mA etwa 150 mW Wärmeenergie frei. Für eine solche Dauerleistung sollte das Volumen des Kopplers wenigstens 50 cm^3 betragen. Das wäre ein Würfel von fast 3 cm Kantenlänge. Doch über die Aktivzeit gesehen, sind es nur etwa 40 mW, wofür man auch mit etwa 10 cm^3 gut auskommt. (Ein stärker erwärmter Fotowiderstand hat bei gleicher Beleuchtungsstärke einen kleineren Widerstandswert!) 2 cm Kantenlänge sind darum angemessen. Man kann für die Haube des auf der Leiterplatte nach Bild 8.33 c montierten Kopplers daher z. B. eine undurchsichtige Plastkappe der Größe 2 des alten Systems *Amateurelektronik* benutzen. Das geschah auch beim Muster. Die Kennlinie $U_A = f(t)$ in Bild 8.35 zeigt nun recht gut das gewünschte nichtlineare, einer e-Funktion nahe kommende Verhalten. Sobald die Lampe nicht mehr glüht (unterhalb von etwa 25 mA), erreicht der Fotowiderstand seinen Dunkelwert. Das sind bei guten Exemplaren mehr als 10 MΩ. Für $R_A = 10$ kΩ ergibt das eine Teilung um 60 dB, bei 1 kΩ sogar um 80 dB. Damit geht das Restsignal im (hoffentlich leisen!) Rauschen des Endverstärkers unter. Kurz nach dem Einschalten wird die bei dieser Belastung ($R_A \approx R_{FW}$) für $R_A = 1$ kΩ verfügbare NF-Spannung dagegen lediglich auf etwa 1:1 geteilt. Am Lautstärkepotentiometer wählt man sofort die gewünschte Anfangsamplitude und überläßt alles weitere der Automatik.

8.5. Zeit zum Schlafen

Im *Bauplan-Bastelbuch 2* ist eine universelle Zeitsteuerung enthalten, die mit einem *E 355 D* als Langzeittaktgeber und 2 × *B 555 D* als vielseitig verwendbare Auswerteorgane für kürzere Zeiten arbeitet. Der im folgenden benutzte Baustein nach Bild 8.38 kann in dieser Richtung bei Bedarf ebenfalls ausgebaut werden. Wo keine Präzisionszeitforderungen bestehen, ist dieser Baustein, dessen Einsatz ein auch in *typofix*-Folie (zu *Bauplan Nr. 54*) vorhandenes Leiterbild erleichtert, am Platz. Man kann ihn mit einigen Minuten Unsicherheit z. B. auch noch für 12-h-Rhythmus nutzen. In Verbindung mit dem soeben behandelten Optokoppler ist also auch z. B. »weiches Wecken« möglich. Wenn man den Timerausgang zu Weckbeginn auf H schalten läßt, kann sich z. B. der Kondensator C im Koppler über den hochohmigen Widerstand R von Plus her aufladen (Bild 8.36). Soll dagegen nach einer vorgewählten Zeit vielleicht die gesamte Betriebsspannung – auch die des Timers selbst – abgeschaltet werden, braucht man wenigstens noch einen Transistor. Sein Typ hängt vom Strombedarf des Geräts ab. Bereits in Abschnitt 8.2. wurden solche Fragen mit behandelt.

Eine einigermaßen verläßliche Vorwahl größerer Schalt- oder Verzögerungszeiten setzt mindestens eine große Potentiometerskale, besser aber noch das zusätzliche Aufteilen des Bereichs über einen Stufenschal-

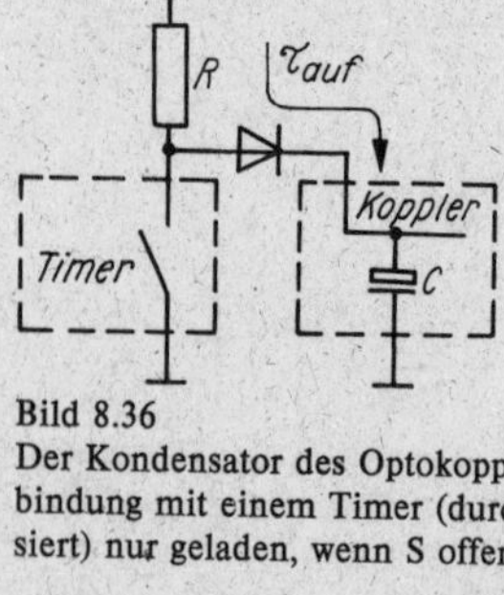

Bild 8.36
Der Kondensator des Optokopplers wird bei dieser Verbindung mit einem Timer (durch Schalter S symbolisiert) nur geladen, wenn S offen ist

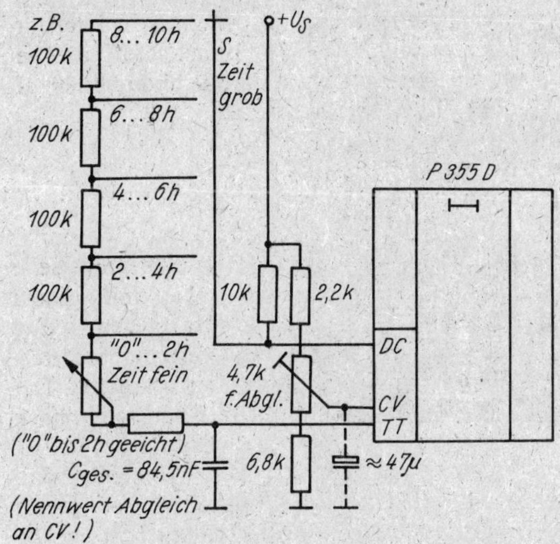

Bild 8.37
Aufteilen von R_B bringt bessere Treffsicherheit der Zeiteinstellung bei längeren Zeiten

ter mit Festwiderständen voraus. Bild 8.37 zeigt diese Möglichkeit an einem Beispiel. Hinzu kommen der Zeitbereichsschalter und möglichst auch eine programmierbare Schalteinheit, wenn alle Funktionen genutzt werden sollen. Als ein günstiger Kompromiß für ein in seiner Bedienfläche eingeschränktes Rundfunkgerät erwies sich bei Einbau des Zeitschalters:

- Einsatz des Zeitschalters nur zur Weckfunktion im Modus »Einschaltverzögerung«;
- »weiches« Wecken durch Ausnutzen des Zusatzes nach Abschnitt 8.4.;
- Verzögerungszeit bis zum Wecken: Festzeit-»Block« (z. B. 5 oder 6 h) plus einstellbarer Bereich (z. B. 2 h).

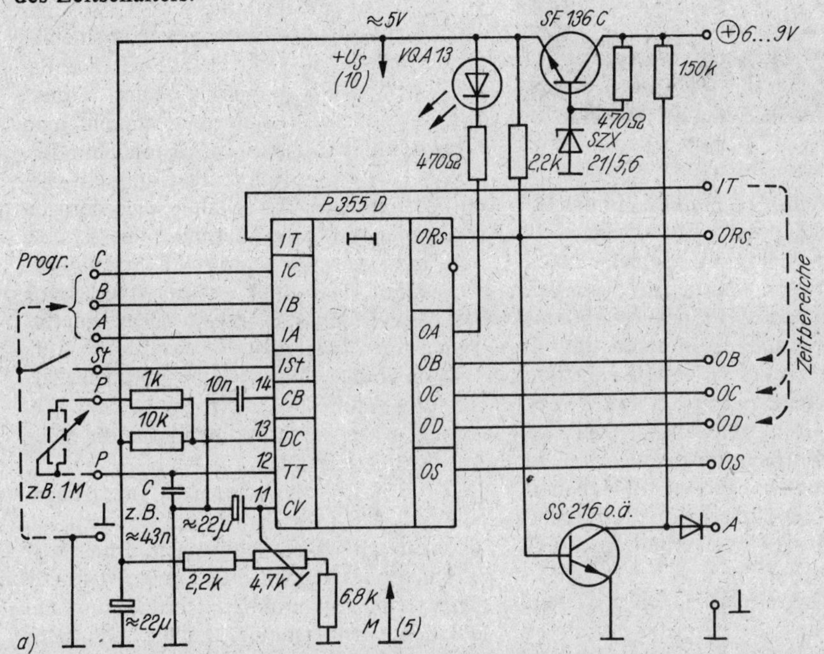

Bild 8.38 Timermodul mit *E* bzw. *P 355 D* (Einschaltverzögerung programmiert), durch freie Programmierung vielseitig einsetzbar; für Empfängereinsatz spezieller Ausgang A; Beschaltung für »weiches Wecken« zusammen mit der Schaltung nach Bild 8.33 als Erweiterung zu Bild 8.34 (s. Bild 8.36); a – Stromlaufplan,

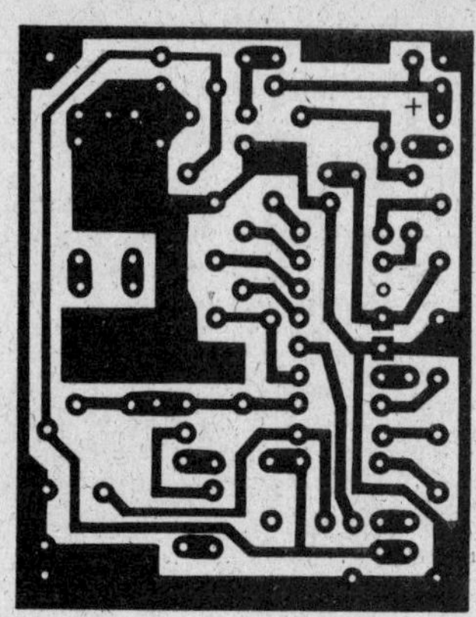

b)

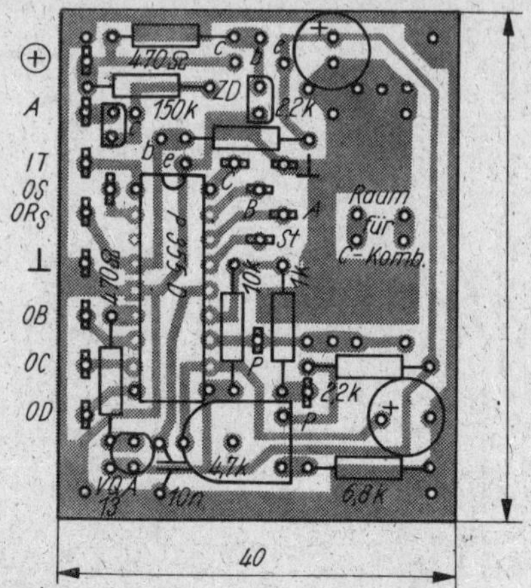

c)

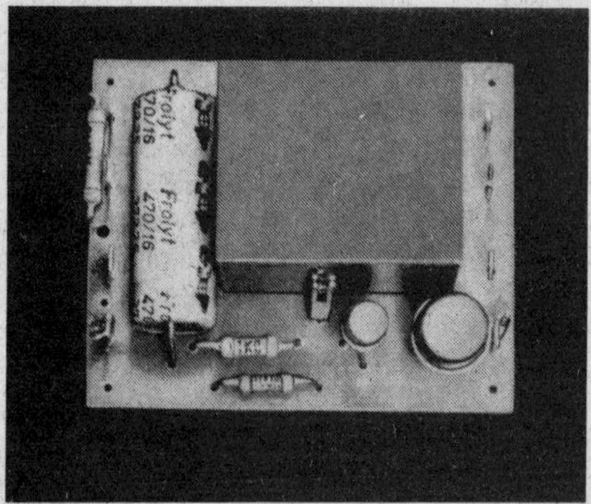

d)

Bild 8.38
b – Leiterbild, c – Bestückungsplan, d – Musterbaustein

Mit dem letztgenannten Punkt kann das Gerät im üblichen Zeitraster der Arbeitswoche genutzt werden, denn 8 h Schlaf dürften meist das sinnvolle Maximum darstellen. (Bei »Kinderwecker« Zeitblock vergrößern!) In diesem Zeitraum muß ohnehin mit wenigstens 5 min Weckunsicherheit gerechnet werden. Praktische Erfahrungen an der »persönlichen« Schaltung muß man selbst sammeln. Eine »Dimensionierspanne« von 2 h läßt sich dann auch bei geringem Flächenangebot noch in einer Kreisskale unterbringen, die innerhalb dieser Unsicherheit eingestellt werden kann.

Somit ist das betreffende Gerät mit einem 1-M-Potentiometer, der Starttaste für den Weckzustand und eben der aus diesem und den folgenden Betrachtungen hervorgehenden Baugruppe nachzurüsten. Hinzu kommt ein Betriebsartenwahlschalter zwischen Direktbetrieb und Weckbetrieb. Wer schließlich einen weiteren *Simetor*- o. ä. Schalter opfert, kann sogar noch (beim Überbrücken des Festzeitblocks) Kurzzeitwecken von fast 0 bis 2 h realisieren.

Doch zunächst zur Zeitschaltung. Die folgenden Ausführungen fassen teilweise weiter vorn gegebene Informationen für die neue Anwendung zusammen.

Der *355* hat ein komplexes Innenleben. Nur gut, daß man heute darüber nur noch wenig zu wissen braucht, um ihn einsetzen zu können. Legt man in die Anschlüsse TT (Triggereingang) und DC (Entladeausgang) lediglich 2 Widerstände und 1 Kondensator wie in der Schaltung nach Bild 8.39 und schaltet 5 V Betriebsspannung an, so schwingt dieser Teil des Schaltkreises. Die

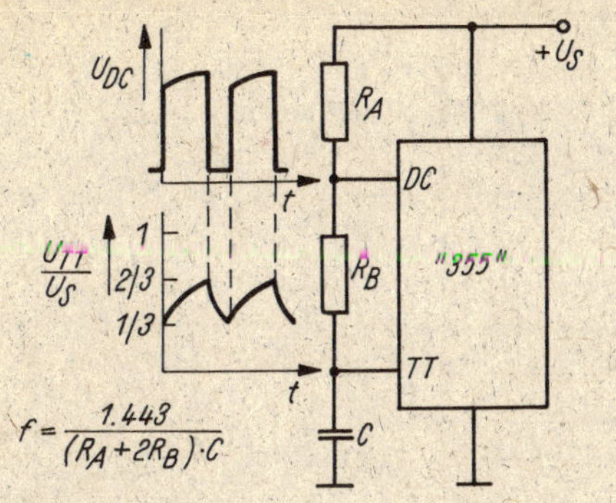

Bild 8.39
Stabiler *RC*-Oszillator (Teilbeschaltung des *355*)

entstehende Frequenz errechnet sich zu

$$f_o \approx \frac{1{,}443}{C\,(R_A + 2\,R_B)}.$$

Die Widerstände R_A und R_B dürfen zwischen 1 kΩ und 1 MΩ liegen, und für C können Kondensatoren von 1 nF bis 10 µF benutzt werden. Unzulässig sind nur Kombinationen, für die sich rechnerisch ein f von wesentlich mehr als etwa 100 kHz ergibt. Dann funktioniert meist zuerst die innen angeschlossene weitere Schaltung nicht mehr richtig, z. B. teilt der erste Teiler falsch. Das Wesentliche dieser Folgeschaltung ist ein ganzer »Teilersatz«. Die Oszillatorfrequenz wird zunächst auf 2^{10}:1 geteilt. Am Ausgang OA erscheint daher eine Frequenz mit der 1024fachen Periodendauer von f_o und mit dem Verhältnis 1:1 zwischen Puls und Pause. Dem folgen OB (10:1) und OD (6:1). Da die Teiler intern miteinander verbunden sind, kann man sie nicht beliebig verknüpfen, sondern ist auf die schon vom Hersteller sinnvoll gewählte Reihenfolge angewiesen. Insgesamt teilt der *355* also um 1024 · 10 · 10 · 6 oder 614400.

Doch der *355* teilt nicht nur die selbsterzeugte Frequenz extrem weit herunter, er verfügt außerdem noch über sieben mögliche Betriebsarten, die sich einfach an den 3 Eingängen IA, IB, IC einstellen lassen (im BCD-Kode). Während Funktion 0 nur für spezielle Zwecke (Tests) interessant ist, kommt unter anderem den Funktionen 4 und 6 große praktische Bedeutung zu. Die Kippfunktion entspricht z. B. einem nicht rücksetzbaren Monoflop: Einmal (durch L am Eingang ISt) gestartet, bleibt es bis zum Ablauf der eingestellten Zeit aktiv. Das heißt aber, daß am Ausgang ORs solange L herrscht. Man kann dort ein Relais, einen Triac oder einen Leistungstransistor aktivieren. Das Verhalten erinnert an übliche Treppenlichtautomaten, unter anderem läßt sich dafür der *355* auch in dieser Betriebsart einsetzen. Der *355* hat 18 Anschlüsse (Bild 8.40). Bisher wurde noch nicht über die folgenden Anschlüsse gesprochen. Der Ausgang $\overline{\text{ORs}}$ ist der zu ORs »inverse«. Man kann ihn nicht so stark belasten wie ORs. OS ist nur von Interesse, wenn mit einem *351* die Zeitbereiche erweitert werden. (Von OS aus wird der *351* zurückgesetzt.) CV, der Kontrollspannungsanschluß, läßt sich für Frequenzkorrekturen benutzen. Eingang IT aber ist der wichtigste der bisher ungenannten: Über ihn wird der Zeitbereich festgelegt, in dem der *355* gerade arbeiten soll. Und dabei muß man sich dies merken: Außer in der

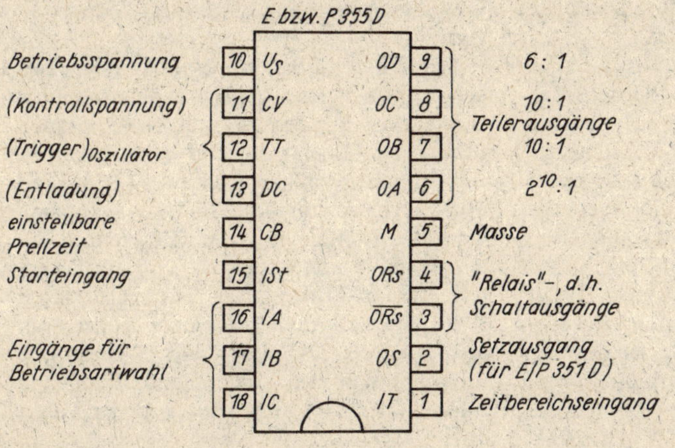

Bild 8.40
Anschlußbelegung des *E* bzw. *P 355 D*

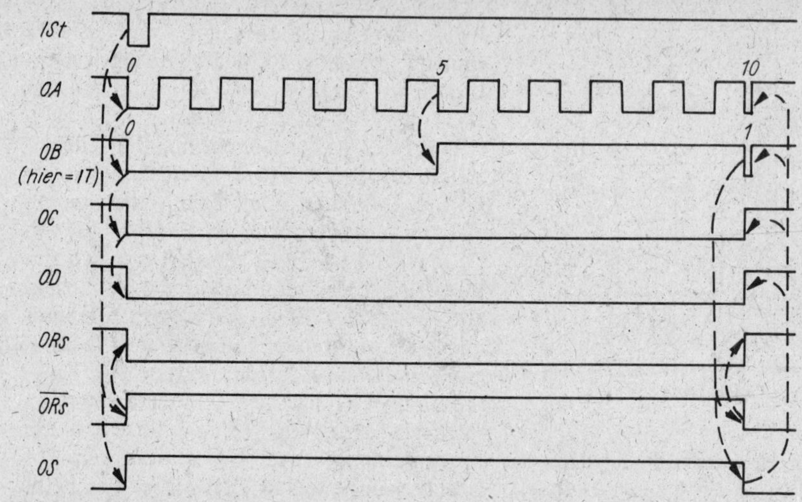

Bild 8.41 Ausgangsverhalten des *355* ab Start, wenn OB an IT liegt; programmiert ist z. B. Kippfunktion

Funktion *astabiler Multivibrator* bleibt ORs während der gesamten Aktivzeit auf L, und diese Aktivzeit entspricht der Periodendauer der am benutzten Ausgang entstehenden Schwingung. Hat man entsprechend also z. B. $f_0 = 10{,}24$ kHz eingestellt und IT mit OB verbunden, so erscheint (s. Bild 8.41) an OB nach Start die auf 10240 : (1024 · 100) geteilte Frequenz, also 0,1 Hz mit 50 ms L und 50 ms H. ORs aber bleibt ab Start für 100 ms auf L. Erst das 2. L an OB kippt alles in den Ruhestand (alle Ausgänge auf H) zurück. Da nun die Ausgänge OA bis OD in der Aktivzeit gemäß f_0 und Teilerverhältnis Rechteckimpulse liefern (alle mit L = tief beginnend), können z. B. bei mit OD verbundenem IT mit OA bis OC schmalere Schaltzeiten innerhalb des von OD und f_0 gegebenen Zeitrasters realisiert werden. Das bietet unzählige Einsatzmöglichkeiten.

Übliche *RC*-Oszillatoren sind im allgemeinen nicht sehr stabil. Die Betriebsspannung U_S nimmt großen Einfluß auf die Ladezeit des Kondensators. Beim *355* überlistet man sie – wie beim *555* – durch 2 Komparatoren, die die untere und die obere gewünschte Kondensatorspannung auswerten. Die »Wunschwerte« sind aber keine Absolutspannungen, sondern durch eine Teilerkette auf 1/3 und 2/3 der Betriebsspannung festgelegt. Erreicht U_C 2 U/3, schaltet der »obere« Komparator den Anschluß DC ein und entlädt C, bis der »untere« Komparator meldet, daß $U_S/3$ erreicht ist. Dann wird DC sofort gesperrt, und C lädt sich wieder. Je höher die Betriebsspannung, um so schneller wird C zwar aufgeladen, doch im gleichen Maß höher liegt dann auch die obere Schwelle 2 $U_S/3$. So bleibt f_0 weitgehend unabhängig von U_S. Auf diese Weise können auf etwa 1 % genau – wenn R und C selbst stabil genug sind! – Zeitverzögerungen für das Ein- oder Ausschalten von Vorgängen zwischen weniger als 1 s und mehreren Tagen (!) erreicht werden.

Selbständiges Arbeiten mit dem *355* setzt eingehende Beschäftigung mit dem Stoff der weiter vorn genannten Broschüre voraus. Auch zum tieferen Verständnis der Anwendung nach Bild 8.38 bezüglich jeder Einzelheit ist das nützlich. Hier der Versuch einer Gesamtbeschreibung ohne diese Voraussetzung:

Der Vorzugsbereich des *355* liegt zwischen etwa 1 und 10 kHz. Wählt man die Werte von Kondensator, Festwiderständen und Potentiometer so, daß er sich gerade überstreichen läßt (genauer: 1,024 und 10,24 kHz), so ergibt das die Diagrammwerte für die einstellbaren Zeiten (Bild 8.42).

Das heißt: kontinuierlich 1 : 10 am Potentiometer, in Stufen 10 : 1, 10 : 1, 6 : 1 durch Wahl des passenden Ausgangs. Führt man also OA, OB, OC oder OD auf IT zurück und programmiert die Kippfunktion, so nimmt ORs nach Start (ISt kurz an Masse

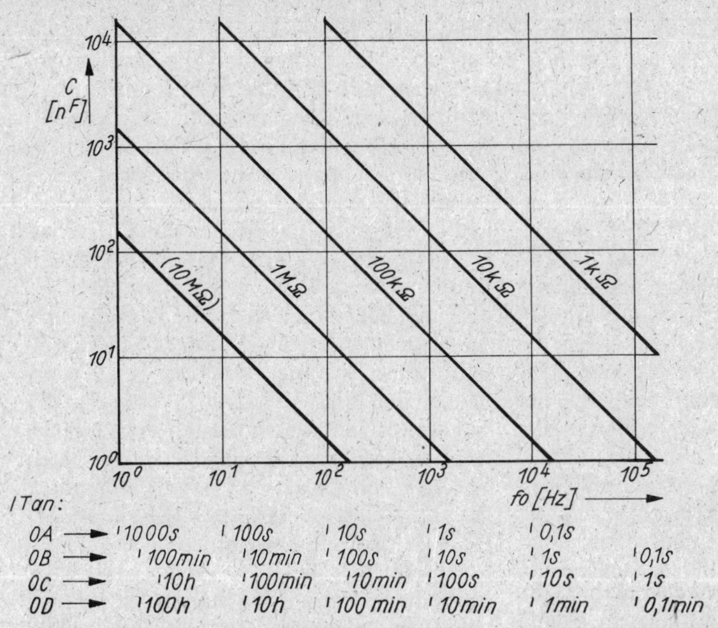

Bild 8.42
»Frequenztapete« für den Oszillator des *E* bzw. *P 355 D*

legen genügt) bis zum Ablauf der Verzögerungszeit t_v L an. Bei OD – IT entsteht in dieser Zeit an OD für 0,5 t_v L und für 0,5 t_v H (H nur mit einem »pull-up«-Widerstand von wenigstens 2,2 kΩ nach Plus). OC dagegen hat in dieser Zeit 6mal auf L und 6mal auf H geschaltet; beim 4. L schaltete OD auf H. Analog verhalten sich OA und OB mit je 10mal L und H gegenüber der Periode des jeweils folgenden Ausgangs. Das läßt über die Grundanwendungen hinaus die Lösung weiterer Schaltaufgaben zu.

Sofern man sich an die untere Haupteinsatzgrenze von 1,024 kHz hält, lassen sich an ORs je Start L-Zeiten von

$\frac{1024}{1024}$ Hz = 1 Hz = 1 s (OA – IT),
10 · 1 s = 10 s (OB – IT),
10 · 10 s = 100 s (OC – IT) oder
6 · 100 s = 600 s = 10 min (OD – IT) erreichen. Die dazu nötigen *C*-Werte stehen als Kunstfoliekondensatoren guter Langzeitstabilität zur Verfügung. Für die Widerstände wählt man Typen mit kleinen Temperaturkoeffizienten, wenn es um das letzte erreichbare Zeitprozent geht. Immerhin bedeutet diese vom Komparatorprinzip bedingte Restunsicherheit von 1 % in 24 h doch bereits etwa 15 min, für Langzeituhren also kaum akzeptabel.

Wird nun dieser Bereich verlassen, so erlaubt der zulässige Maximalwert von *C* (10 µF) zusammen mit den größten zulässigen Widerstandswerten (1 MΩ für R_A, R_B) eine extreme Erweiterung der Einsatzmöglichkeiten. Die sich ergebenden Zeitfehler müssen dabei akzeptiert werden. Sie bleiben noch immer weit unter denen, die früher übliche einfache Kondensator-Widerstandsbeschaltungen mit Schwellwertschaltern zuließen. Nicht zuletzt die für jene nötigen Elektrolytkondensatoren für längere Zeiträume brachten große Unsicherheiten. Nach diesen Überlegungen entstand die Beschaltung zu Bild 8.38. Angestrebt wurde in ihrer allgemeinen Form eine Schalteinrichtung, die Schalt- bzw. Verzögerungszeiten zwischen wenigen Minuten und z. B. 24 h aktiviert. Die obere Grenze hat zwar für Rundfunkempfänger wenig Sinn, gestattet aber eine Reihe anderer Anwendungen. Mit dieser oberen Grenze von 24 h ergibt sich die tiefste nötige Taktfrequenz aus der Rechnung (24 · 60 · 60) : (600 · 1024) = 0,14 s = 7,11 Hz. Mit $R_A + 2\,R_B \approx 2$ MΩ wird $C = 4{,}443/(7{,}11 \cdot 2 \cdot 10^6) \approx 101{,}48$ nF. Diesen Wert muß man aus mindestens 2 Kondensatoren zusammensetzen. Im Vergleich mit Oldtimerlösungen bezüglich der erreichbaren Verzögerungszeit ein »märchenhaft«

kleiner Wert. Die gemischt analog-digitale Betriebsweise durch Teilung macht's möglich.

Bei Umschalten auf OC an IT erhält man 24 : 6 = 4 h = 240 min, von OB aus 24 min und mit OA 2,4 min am Potentiometer einstellbare Maximalzeit. Günstiger erscheint aber die Stufung 3 – 30 – 300 min (= 5 h) – 30 h. Bis auf die zusätzlich mögliche 5er-Stufe für die Stundeneinteilung braucht das Potentiometer dann nur einmal mit einer 30er-Skale versehen zu werden. Es genügt, sie im Minutenbereich »3« oder »30« zu kalibrieren, was relativ schnell geht. Besitzer eines Frequenzmessers haben es dabei noch leichter: (3 · 60) s : 1 024 = 0,175 78 s ist die Periodendauer, die es zu erreichen gilt, also 5,688 9 ... Hz. Allerdings wird es »hinten« nie ganz ruhig werden – schon wegen der doch leicht zappelnden Komparatoren. Gemessen wird an DC. Der Eingangswiderstand des Periodendauermessers muß aber groß gegen den eingestellten R_B sein!

Nun muß also ein C von 126,8 nF realisiert werden, sofern $R_A + 2\,R_B$ gerade 2 MΩ beträgt. Das wird natürlich bei $R_A = 10$ kΩ und seiner Begrenzung von z. B. 2,2 kΩ vor dem 1-MΩ-Potentiometer nicht ganz stimmen: Potentiometertoleranz kontra Erhöhung durch R_A – beides kann sich kompensieren, aber auch summieren! Wer möglichst genau kalibrieren will, sollte folgenden Weg gehen:

Zunächst wird der Anschlagbereich von R_{Bmax} ermittelt und auf der Skale markiert. Der Potentiometerschleifer erreicht nämlich bereits vor dem mechanischen Anschlag den Maximalwert. Der Rest ist Kontaktierung. Danach wird der Zeitschalter in Stellung OA – IT gestartet, und man mißt entweder die Periodendauer oder, wenn ein geeigneter Zähler fehlt, an OA mit der Stoppuhr die Aktivzeit. Da OA den Strom einer Leuchtdiode bis 20 mA aufnehmen kann, läßt sich das gut beobachten. Nun wird die bis jetzt noch nicht besprochene Hilfsschaltung eingesetzt. Sie besteht aus einem Stellpotentiometer $R1$ und den Begrenzungswiderständen R_C und R_D. Mit ihr kann die Triggerschwelle verschoben werden. Zulässig ist der Bereich von 0,6 bis 0,75 U_S. Die ohne diese Kombination an CV meßbare »Kontrollspannung« liegt bei 0,66 U_S. Der Innenwiderstand dieses Punktes beträgt 3,3 kΩ. Daher darf das externe Abgleichnetzwerk nicht allzu hochohmig sein. Mit $R_C = 2{,}2$ kΩ (oberer Widerstand), $R_D = 6{,}8$ kΩ und $R1 = 4{,}7$ kΩ als Stellwiderstand erhält man den erforderlichen Spielraum. Minimale Störeinflüsse vor allem gegen Netzbrumm an diesem Punkt ergeben sich, wenn an CV gegen Masse ein Kondensator von etwa 47 µF gelegt wird. Das hat aber nur Bedeutung, wenn die Betriebsspannung nicht ausreichend gesiebt ist. Aus allem ergibt sich die Schaltung mit Leiterplatte nach Bild 8.38. Die Lötösen für die wahlweise Verbindung eines der Ausgänge mit dem Zeitbereichseingang IT über einen Schalter gestatten auch feste Verdrahtung für »Einzweck«einsatz. Auch das zur stufenlosen Zeiteinstellung benutzte lineare 1-MΩ-Potentiometer befindet sich außerhalb. Bei seinem Einsatz muß man bedenken, daß besonders bei langen Zeiten die Treffsicherheit eines Potentiometers begrenzt ist. Für (im Rahmen der »1-%-Spanne« – siehe vorn!) genauere längere Zeitspannen empfehlen sich über Schalter wählbare Festwerte (s. die Bemerkungen am Anfang dieses Abschnitts). Ausgangsseitig bietet der Zeitschalter zunächst nur den für die Aktivzeit auf L liegenden Ausgang ORs mit 50 mA Belastbarkeit. Die Leiterplatte erweitert dieses »Angebot« um einen Transistor mit einer speziell auf den Empfänger hin entworfenen Auskopplung. Sie bezieht sich auf das »weiche« Einschalten am Ende der eingestellten Verzögerungszeit (s. Bild 8.36). Die Leiterplatte und diese Auskopplung berücksichtigen durch die auf etwa 5 V verringerte Betriebsspannung die eingeschränkten Daten des Amateurtyps *P 355 D* bezüglich Spannungsbelastbarkeit. Dazu wurde eine einfache Serienstabilisierung mit einer »transistorgestützten« Z-Diode benutzt. Der Auskoppeltransistor verhindert – sofern die Empfängersteuerung auf »Zeitbetrieb« geschaltet ist –, daß sich der Kondensator der Optokopplerschaltung aufladen kann, solange (im Ruhestand) ORs auf H liegt. Erst nach Ablauf der eingestellten Verzögerungszeit (z. B. 7 h) geht ORs auf L, und der Transistor wird gesperrt. Er gibt damit das langsame Aufladen des Kondensators frei. Mit einer Einlaufzeit von etwa 2 min schaltet der

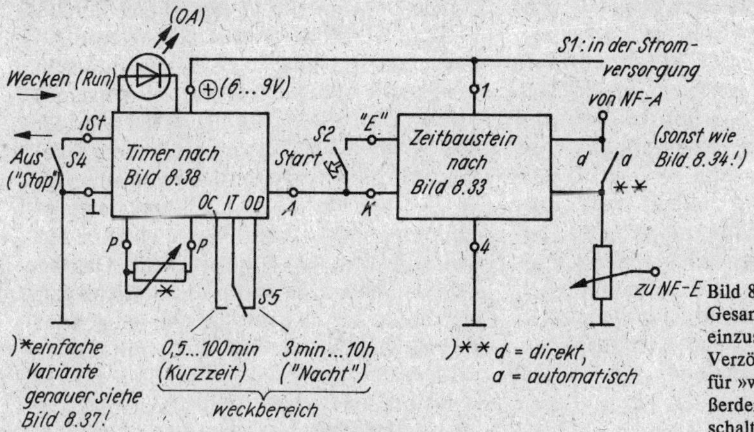

Betriebsart	S1	S2	S3	S4	S5
normal	x	O	x	O	–
Schlummer ohne Wecker	x	d	O	O	–
Schlummer, Wecker scharf	x	d	O	x	B
Wecken	x	O	O	x	B
abgeschaltet	O	–	–	–	–

x geschlossen
O offen
d kurz drücken
– beliebig
B Weckbereich wählen

Bild 8.43
Gesamtverknüpfung für abends einzustellende und zu startende Verzögerungszeit von 6 bis 8 h für »weiches Wecken« und außerdem für selbsttätiges Abschalten beim Einschlafen mit weicher Ausblendung. Zunächst S3 schließen und gewünschte Maximallautstärke einstellen, dann wieder öffnen; S4 (Weckschalter für ISt »Start«) zum errechneten Zeitpunkt (t_v Stunden bzw. Minuten vor Wecktermin) schließen

Optokoppler den NF-Kanal »weich« ein, d.h. mit zunächst von 0 an wachsender Lautstärke, und hält ihn so lange, bis der in der programmierten Funktion ständig auf L liegende Startschalter geöffnet wird (ISt erhält dann H). Dann hört auch das ständige Nachladen von *C* auf. Nun beginnt die Abklingphase: Das Gerät wird in dem von der Optokopplersteuerung bestimmten Tempo leiser und verstummt schließlich. Diese Funktion ist in Abschnitt 8.4. ausreichend beschrieben worden. Da für das Einschlafen meist schon die einfache Schaltung nach Abschnitt 8.4. genügt, wurde der Zeitschalter im Muster tatsächlich im geschilderten Sinne – wenn auch nicht minutengenau – als 6- bis 8-h-Verzögerungsschaltung mit »weichem« Weckverhalten eingesetzt. Bild 8.43 zeigt die dazu benutzte Gesamtverknüpfung für einen Rundfunk-Empfänger. Über den mit dem Lautstärkepotentiometer verbundenen Schalter werden Gerät und Zeitschalter gemeinsam an Betriebsspannung gelegt. Der *Simeto*-Schalter Hand/Automatik wählt zwischen »Direktbetrieb« (Ein/Aus von Hand) und den von der (doppelten) Automatik gesteuerten Betriebsarten. Am Zeitpotentiometer wird die Differenz zwischen Weckuhrzeit und aktueller Uhrzeit gewählt, also praktisch beim Schlafengehen. Beispiel: 6 Uhr wecken, gegenwärtige Uhrzeit 23 Uhr, damit 6 h + 1 h (Festzeit 6 h, Potentiometer auf 1 h) einstellen, S4 einschalten. Nun blinkt die an OA angeschlossene Leuchtdiode (erstmals ab Start) jeweils für etwa 21 s mit je 21 s Pause wegen $(7 \cdot 3\,600):(2 \cdot 600)$, wobei die erste Klammer die eingestellte Zeit in Sekunden und die zweite den Teilerfaktor zwischen OA und OD berücksichtigt. Die 2 ergibt sich aus dem Impulsverhältnis. Will man nun zum Einschlafen noch etwas Musik hören, so drückt man, als gäbe es den neuen Zusatz nicht, wie bisher die »Schlummertaste« und lädt damit den »Einschlafkondensator« für etwa 10 min Betrieb mit »weicher« Abschaltung. Das »weiche« Wecken am nächsten Morgen kommt bestimmt – wenn es keinen Netzausfall gegeben hat. Ganz Vorsichtige

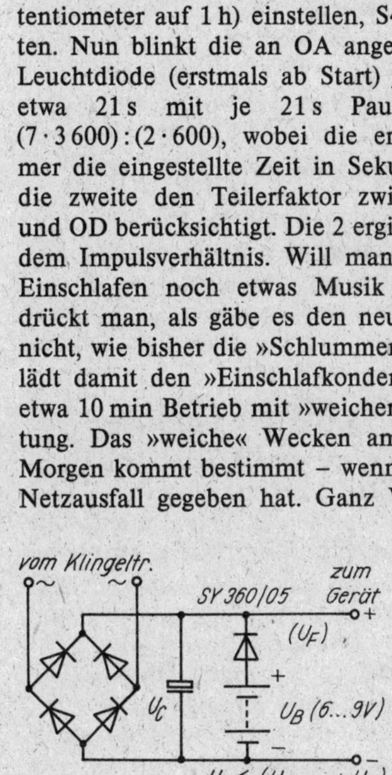

Bild 8.44
Wecksicherung durch »stand-by«-Batterie (bei Bedarf)

rüsten daher das Gerät im einfachsten Fall mit einer 9-V-Pufferbatterie (Bild 8.44) aus, die man spätestens halbjährlich wechseln sollte. Vorheriges Überprüfen ist sinnvoll. Sie spendet nur Strom, wenn das Netz versagt, und schafft das immer bis zum Morgen.

Anschließend noch zum »Wochenendbetrieb«: Weckschalter S4 einfach »vergessen« und allenfalls über Schlummertaste S2 Einschlafhilfe wählen! Die vielen anderen Einsatzmöglichkeiten des Timermoduls nach Bild 8.36 gehen bereits aus der genannten *electronica*-Broschüre (Band 205/206) hervor.

8.6. Radiowecker mit Extras

An dieser Stelle enthielt schon das 1. Wohnbereichs-Bastelbuch einen Erfahrungsbericht über ein Uhrenradio aus dem Handelsangebot. Inzwischen sind einige Jahre vergangen, und die elektromechanische Zeigeruhr wurde durch die LCD-Uhr mit CMOS-Schaltkreis abgelöst. *Sound clock* heißt einer der mit einer solchen Uhr ausgerüsteten Empfänger. Darum im folgenden zunächst eine Einschätzung zu diesem Gerät (in ähnlicher Form in *radio-fernsehen-elektronik* 34 (1985), Heft 2 erschienen).

8.6.1. Ausgangspunkt: *sound clock*

Seit es Digitaluhren mit Weckfunktion gibt, haben sich manche Nutzer daran gewöhnt, im ständigen Zeitvergleich zu leben. Daran schuld ist der große Spielraum von möglichen Bedienfehlern, die den meisten Modellen anhaften. Auch *sound clock* bedarf der Eingewöhnung. Das beginnt mit der Falle beim Stellen des Weckers: Beim Schalten auf Stellung »Set« gelangt man zuerst in den Modus für das Stellen der Uhr. Die Sekunden blinken, und die an sich sehr sinnvolle Korrekturmöglichkeit auf den »letzten Ton des Zeitzeichens« hin ist aktiviert. Ein versehentlicher Druck auf die Korrekturtaste, und die Uhr geht maximal eine halbe Minute vor oder nach, je nach vorherigem Stand der Sekundenanzeige. Nach etwas Eingewöhnung kommt man mit den gebotenen Funktionen jedoch gut zurecht. Schließlich wurden sie sinnvoll auf den Haupteinsatzbereich dieser Kombination abgestimmt.

Sound clock bietet hauptsächlich 2 Grundfunktionen: Wecken mit Quarzgenauigkeit und Unterstützung beim Einschlafen durch Musik mit wählbarer Laufzeit – von 1 min bis zu 1 h (minus 1 min). Dazu muß man den Rückwärtszähler auf den gewünschten Wert einstellen. Geweckt wird auf Wunsch in 3 unterschiedlichen Formen: nur mit einem in seiner Impulsfolge dichter werdenden Piepston, nur durch Rundfunk oder in Kombination. Allerdings unterliegt der eigentliche »Radiowecker« einer gewissen Einschränkung, die anfangs (beim Vertrautwerden mit dem Gerät) ganz schön verwirren kann: Erst nach 59 min schaltet sich der dafür vorgesehene Modulausgang wieder ab. Vorher kann das Gerät zwar über die normale Ein/Aus-Taste abgeschaltet werden, doch ein neuer Zyklus läßt sich erst nach 1 h wieder aktivieren. Für den normalen Betrieb dürfte das jedoch wenig Bedeutung haben, denn es wirkt sich nicht auf den akustischen Wecksignalausgang aus. Man kann innerhalb 1 h nach Weckbeginn mit der Wiederholtaste im 4-min-Zyklus immer noch einmal kurz einnicken – der Wecker bleibt unerbittlich. Im Testmodell war diese Taste so fein eingestellt, daß schon leichtes Berühren den Ton unterbrach. Manchmal könnte das Probleme bringen, wenn es wirklich auf die Zeit ankommt. Dieser Schalter besteht aber nur aus 2 Kontaktstreifen, die der Sachkundige leicht etwas anders justieren kann.

Gewöhnungsbedürftig ist eine weitere Eigenschaft des Moduls beim Einstellen des Weckers. Die einzelnen Stellpositionen beginnen beim Betätigen der Korrekturtaste immer wieder ganz vorn. Von einer vorher eingestellten Zeit von z. B. 30 min wird also nicht auf 40 hochgeschaltet, sondern von 10 aus. Angesichts der hohen, doch durchaus gut zu beherrschenden Stellgeschwindigkeit ist das jedoch vertretbar.

Während also der Schaltausgang nach erster Reaktion immer erst 1 h aktiv bleibt, bevor er neu genutzt werden kann, läßt sich das akustische Signal im Sinne eines Timers vielfältig auch für Kurzzeitaufgaben einsetzen. Danach muß man dann selbstverständlich wieder die Weckzeit für den nächsten Morgen neu einstellen. Jedenfalls gewinnt man aber durch diese Eigenschaft einiges an Gebrauchswert, was den *sound clock* zu einem echten »Ganztagsgebrauchsgegenstand« werden läßt.

Selbstverständlich benötigt die Uhr für ihre Grundaufgabe nur wenige Mikroampere bei 1,5 V Betriebsspannung. CMOS-Technologie und LCD-Display ermöglichen es. Auf der Strecke blieb dabei mindestens in der 1. Serie des Geräts die Erkennbarkeit bei Nacht, da man bei einem Wecksystem schon bisweilen gern wissen möchte, wie früh es bereits ist. Für Besitzer eines solchen Geräts bietet sich aber z. B. die Möglichkeit, Beleuchtungsenergie durch Knopfdruck aus der Empfängerbatterie zu entnehmen, ohne die kleine *R6*-Uhrenzelle damit zu belasten und ohne daß man ein Spezialglühlämpchen braucht.

Doch zurück zur eigentlichen Uhrenversorgung. Obwohl es weiterhin Mikroampere bleiben, so tut der Nutzer doch gut daran, die Hinweise des Herstellers bezüglich bestimmter Verhaltensnormen im Weck- und Einschlafbetrieb zu beherzigen. Das betrifft den Steuerstrom für den Schalttransistor, der sonst weiter der Uhrenzelle abverlangt wird und ihre garantierte Lebensdauer von wenigstens 6 Monaten drastisch reduzieren kann. Es ist das vergleichbar mit der Beleuchtung von Armbanduhren, die auch ein Vielfaches des für die Uhr selbst erforderlichen Stromes beansprucht. Woraus sich eigentlich schon wieder ein Tip für den Heimelektroniker ableiten läßt: Bei Verzicht auf etwas an Ausgangsleistung und Grenznutzungsdauer der Empfängerbatterie (die guten Testergebnisse rechtfertigen es!) und mit ein wenig handwerklichem Geschick zweigt man eine der *R14*-Zellen ab. Das muß allerdings durch wirklich komplettes Trennen von der übrigen Batterie geschehen. Ein Blick in den Stromlaufplan zeigt, warum. Das Trennen ist problemlos. Das bewirkt die konsequente Steckerausrüstung aller Verbindungskabel zwischen den Baugruppen. Wie sich das beim Uhrenmodul auswirkte, wurde durch vollständige Demontage dieser Baugruppe getestet. Die Fotos (Bild 8.45) sollen gleichzeitig das Informationsbedürfnis vieler Leser befriedigen, ohne daß sie diesen Eingriff vornehmen müssen. Er ist zwar mechanisch unproblematisch (Steckverbinder lösen, Schirmhaube abziehen, 3 Schrauben entfernen), doch die Gefahr lauert in Form statischer Elektrizität. Dafür ist CMOS bekanntlich empfindlich. Der autorisierte Service wird es berücksichtigen.

Auch diesmal blieb (leider) eine äußerst sinnvolle Gebrauchswertsteigerung ausgespart: So schön das Wecken mit Musik ist, muß es denn dabei immer gleich volle Lautstärke sein? Der Weckton kompensiert diese fehlende Eigenschaft wenigstens teilweise durch die erst langsam dichter werdende Tonfolge. Doch auch in diesem Fall wäre ein

a) b)

Bild 8.45 »Innenleben« der LCD-Uhr im *sound clock*; a – von vorn, b – von hinten gesehen erst allmählich lauter werdender Ton so übel nicht. Musik jedoch kann durchaus den ganzen Morgen verderben, wenn sie zu laut einsetzt. Denn genau die Lautstärke am Abend in der »Vorwahl« zu treffen, die am Morgen auch rechtzeitig ins Bewußtsein gelangt, ist zu großen Teilen auch von dem abhängig, was der Sender gerade anbietet.

8.6.2. CMOS-»Zeitdämpfer«

Die Konsequenz der abschließenden Feststellung führte im 1. Wohnbereichs-Bastelbuch zu einem zeitabhängigen Dämpfungssteller mit MOS-Feldeffekttransistor. Relativ hohe Spannung war erforderlich, ihn zu sperren. Daher mußte damals im Netzteil des betreffenden Geräts einiges getan werden. Die im folgenden vorgestellte Schaltung arbeitet zwischen 3 und 15 V Betriebsspannung, wie sich das für CMOS gehört. Über 4 Leitungen kann man sie in jedes dafür geeignete Gerät einschleifen. Geeignet heißt, daß man an einen Punkt im NF-Teil herankommt, an dem nicht mehr als etwa 200 mV ausreichen, den nachfolgenden Endverstärker auszusteuern. Schaltkreise wie der *A 210 K* im *sound clock* sind also gut geeignet. Keine zwingende Voraussetzung ist dagegen, daß es sich um ein Uhrenradio handeln muß. Im Sinne vorangegangener Abschnitte läßt sich ein solcher Steller beliebig »timen«. Und der eigentliche Zeitablauf beim 1. Einsatz im *sound clock* wird auch dort durch eine Kondensatorladung bestimmt. Allerdings ist es genau die Eigenschaft, die diesen und (noch immer) den meisten Uhrenradios fehlte, die es dadurch erhält. Im Fall des »weichen Weckens« schaltet die Uhr das Gerät ein (Piepston nicht aktivieren, es wäre schade um die Grundstimmung beim Erwachen!). Doch die Musik oder was auch immer gerade vom Sender kommt, setzt nicht sofort voll ein. Es dauert eine von der Einstellung des Dämpfungsstellers abhängige Zeit, bis langsam, doch mit konsequent wachsender Lautstärke, die Weckmusik den Schläfer erreicht. 1 bis 2 min nach dem Einschalten dringt das bereits in leichten Schlaf, spätestens 3 oder 4 min dauert es, bis ein fester Schläfer wach wird.

Bild 8.46 zeigt am Beispiel des *sound clock*

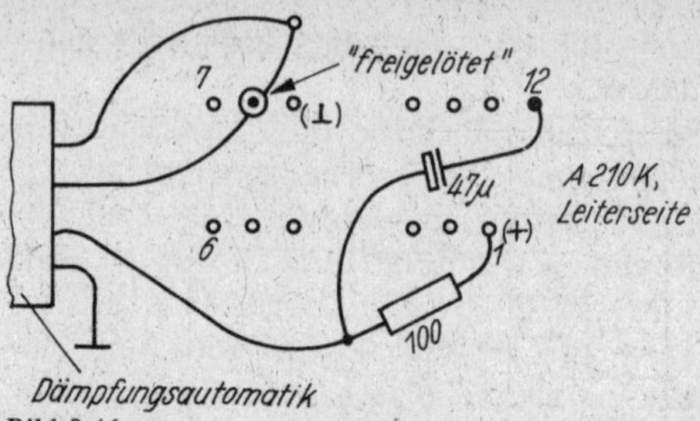

Bild 8.46
»Freilöten« von Anschluß 8 des *A 210 K* im *sound clock* (Leiterplatte rechts oben) und Anschluß des zeitabhängigen Dämpfungsstellers nach Bild 8.47

die Eingriffsstellen. Im Muster wurde der Schaltkreisanschluß 8 mit dem Lötkolben und einer passenden Injektionsnadel freigelegt; denn der Leiterzug setzt sich hinter ihm für 2 Kondensatoren fort, die vor dem Dämpfungsglied bleiben sollen. Das starr und nun isoliert aus der Bohrung herausragende Bein kann vorsichtig mit Litze neu verdrahtet werden. Ein kleines mit 2 Drähten an passenden Massepunkten befestigtes Stück 1seitig kupferkaschierten Halbzeugs (Folie oben, in 4 Felder geteilt) ist ein guter Zwischenträger für die Zuleitungen. Wo innerhalb oder auch außerhalb des Geräts man die Schaltung selbst unterbringt, hängt von den weiteren Vorhaben mit dem Empfänger ab. Vorerst sollte nur gezeigt werden, wie die noch näher zu betrachtende kleine Schaltung nach Bild 8.47 das eben angesprochene Problem beim *sound clock* zu lösen gestattet. Sie sei nun in ihrer Funktion so vorgestellt, daß man daraus die unterschiedlichsten Einsatzfälle ableiten kann – auch für Geräte ohne eigene Uhr. Neben den Vorteilen der alten MOSFET-Lösung hat sie einen gewissen Nachteil, den man aber durch eigene Ideen vielfältig beheben kann. Damit es übersichtlich bleibt und weil es für die vorliegende Aufgabe nicht erforderlich war, sind solche weitergehenden Details in Bild 8.47 noch nicht enthalten. Es geht darum, daß ein an sich für digitale Schaltungen zur »Systemergänzung« geschaffener CMOS-Schaltkreis als steuerbarer Widerstand verwendet wird. Als Analogschalter propagiert man den *V 4007 D* zwar unter anderem auch, doch letztlich nur in der Art, daß er, digital gesteuert, ein Analogsignal »durchreicht« oder sperrt, und

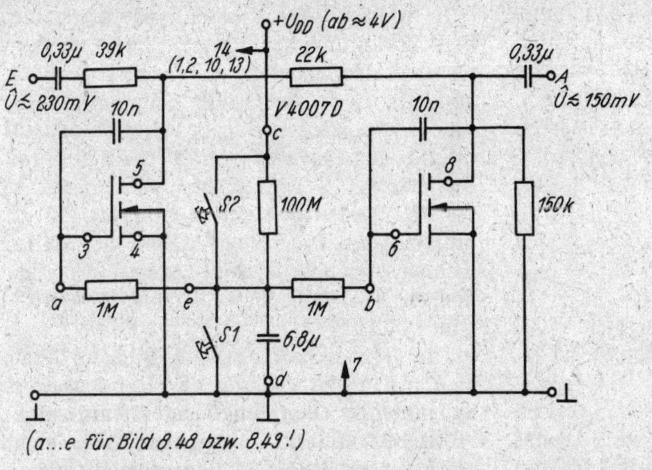

Bild 8.47
Zeitabhängiger Dämpfungssteller mit CMOS-Schaltkreis *V 4007 D* (Dämpfung wächst mit der Zeit, »weiches Einschlafen«)

das mit einigen 100 Ohm Durchgangswiderstand.

Doch der *V 4007 D* ist ein ungepufferter Typ. Das heißt, er verfügt über »unverfälschte« p- und n-Kanal-MOS-Transistoren vom Anreicherungstyp, deren Anschlüsse teilweise völlig frei zugänglich sind. Nur die Bulks liegen – je nach Typ – am Plus- bzw. am Minusanschluß des Schaltkreisgehäuses.

Wie immer man den *4007* auch einsetzt, vermieden werden muß, daß durch ungünstige Steuerung und entsprechende Kombination ein unbegrenzter Strompfad von Plus nach Minus zustande kommt. Die 2. wichtige Bedingung lautet, daß die an die Anschlüsse der einzelnen Transistoren angelegten Spannungen nicht außerhalb des von den Potentialen am Plus- und am Minusanschluß bestimmten Bereichs gelangen dürfen. Andernfalls werden ihre Schutzdioden leitend, und es tritt ein bleibender Defekt ein. Daher muß mindestens – wenn sich das nicht vermeiden läßt – jeder äußere Stromkreis auf wenige Milliampere begrenzt werden, sobald die Gefahr besteht, daß Fremdspannungen bei abgeschalteter Betriebsspannung anliegen.

Nun, all das und der Hinweis auf die CMOS-üblich gegebenen Gefahren elektrostatischer Aufladungen sollen nicht vom Einsatz dieser durch ihre (nahezu) Ruhestromfreiheit unter entsprechenden Betriebsbedingungen äußerst attraktiven Schaltkreisfamilie abhalten.

Doch zurück zu Bild 8.47. Es zeigt nur die benutzten Elemente des *4007* mit ihren Anschlußnummern sowie die Empfehlung für das definierte »Totlegen« der übrigen Elemente. Die Koppelkondensatoren trennen die Schaltung gleichstrommäßig von Fremdpotentialen. Es ist gut, daß der *4007* 2 einzelne n-Kanal-Transistoren enthält. Mit einem allein schafft man in dieser Schaltung höchstens eine Dämpfung von 1:50, also deutlich weniger als 40 dB. Die Kaskadierung von 2 spannungsabhängigen Kanalwiderständen bringt dagegen den gewünschten großen Spielraum. Schon bei mehr als halber Betriebsspannung an den beiden Gates bleibt von 200 mV NF-Spannung am Eingang ausgangsseitig nur noch ein mit dem Endverstärker nicht mehr hörbarer Bruchteil von weit weniger als 1 mV.

Die Schaltung ist also ganz allgemein als ein mit einem nutzbaren Hub zwischen etwa 0,7 V und halber Betriebsspannung steuerbarer Dämpfungssteller verwendbar. Begrenzt bleibt, soll der Klirrfaktor niedrig gehalten werden, die Eingangsspannung. In der gezeigten Version sind 200 mV Effektivwert als obere Grenze anzusehen. Darüber treten zunehmend Verrundungen der Sinuskurve auf, vor allem kurz vor dem ungedämpften Zustand. Eine vorher auch bei kleineren Amplituden relativ starke unsymmetrische Abflachung und Verbreiterung der negativen Halbwelle konnte mit dem Kondensator zwischen Drain und Gate wirksam unterdrückt werden. Wer einen Oszillografen und einen Tonfrequenzsinusgenerator besitzt, kann es nachprüfen. Damit diese durch den Kondensator bedingte Verkopplung nicht von

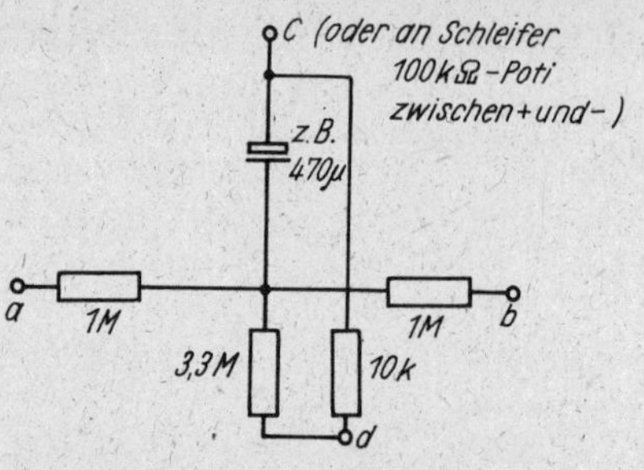

Bild 8.48
So ist die Steuerung der beiden Gates in der Schaltung nach Bild 8.47 zu ändern, wenn die Dämpfung mit der Zeit abnehmen soll (»weiches Wecken«)

der Steuerschaltung beeinflußt wird, ist das Gate, das ideal völlig sperrt, mit 1 MΩ zu entkoppeln. Man kann nun mit einem zwischen Plus und Minus gelegten Stellpotentiometer zunächst manuell unter den gegebenen Bedingungen am eigenen Gerät testen, in welchem Bereich der größte Hub liegt. Leider ist dieser Bereich, wie schon erwähnt, begrenzt. Das in der Schaltung nach Bild 8.47 benutzte einfache *RC*-Glied bringt daher, wenn es zwischen 0 und voller Betriebsspannung operiert, relativ große Zeiten, in denen die NF-Amplitude entweder konstant bleibt (kleine Ladespannung) oder praktisch 0 ist (Ladespannung außerhalb der halben Betriebsspannung).

Mit einem Spannungsteiler sollte darum, wenn man das nicht wünscht, der Lade- bzw. Entladespielraum eingeengt werden. Auch dazu ist das genannte Potentiometer eine gute Hilfe. Allerdings kann z. B. fürs Einschlafen eine zunächst längere Zeit mit konstanter Amplitude sinnvoll sein, bevor es langsam leiser wird.

In Bild 8.47 sind 2 Tasten eingetragen, die beide Zeiträume beeinflussen: Die eine startet »volle Lautstärke«, die andere beendet vorzeitig (in der dargestellten Variante). Für die Zeitkonstantenrealisierung gibt es auf Grund der hochohmigen Verhältnisse im Steuerkreis 2 Möglichkeiten: bis zu 100 MΩ Ladewiderstand bei bis zu 10 µF praktisch reststromfreiem MKT- oder MKL-Kondensator oder je nach Leckstrom bis zu höchstens 4,7 MΩ, dafür aber z. B. 470 µF oder 1 000 µF.

Die Grundschaltung nach Bild 8.47 hat eine mit der Aufladung des Kondensators zunehmende Dämpfung. Das ist also eine »Einschlafvariante«. Umgekehrt läßt sich entsprechend Bild 8.48 über einen Arbeitswiderstand eine mit der Aufladung abnehmende Spannung erreichen. In dieser Form kann die Schaltung in den *sound clock* eingebaut und vom Uhrenteil gestartet werden, wenn der Weckzeitpunkt erreicht ist.

Bild 8.49 deutet schließlich noch an, wie man durch Einbezug weiterer bisher ungenutzter Teile des *4007* sowohl eine Anzeige »Vorgang läuft« realisieren als auch für das gesamte (beliebige) – selbstverständlich von Niederspannung gespeiste – Gerät einen Ein-Aus-Schaltbefehl ableiten kann. Dargestellt wurde bei der übrigen Schaltung wieder die Variante »Aufladung« mit den beiden Steuertasten. Es dürfte nicht schwerfallen, durch Umschalten die Funktion der beiden Schaltungen nach Bild 8.48 und Bild 8.47 bzw. Bild 8.49 bei Bedarf über einen mehrpoligen Umschalter sinnvoll zu kombinieren. Abschließend sei darauf hingewiesen, daß die Ausgangsströme der ungepufferten Stufen nicht gerade groß sind und

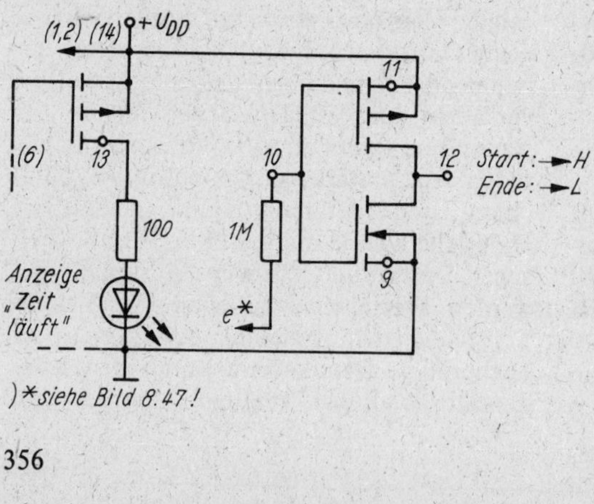

Bild 8.49
Ausnutzen der noch verfügbaren Elemente im *V 4007 D*: Aktivzeitanzeige über Ausgang 13, Starten und Abschalten eines beliebigen (auch des benutzten Rundfunk-) Geräts mit dem Inverterausgang 12

daß die Leuchtdiode wegen des weniger steilen Übergangsbereichs nicht mit konstanter Helligkeit leuchtet. Sowohl für sie wie für die Schaltfunktion wird man also auf unterstützende Transistoren nicht verzichten können.

8.7. Für gesunden Fernsehschlaf

Wer kennt das nicht: Nach einem anstrengenden Arbeitstag im weichen Fernsehsessel einzuschlafen muß nicht immer Schuld der Programmgestalter sein. Vom Rauschen nach Sendeschluß geweckt zu werden ist auch nicht gerade das Günstigste. Es gibt eine Reihe von Tips, dem abzuhelfen. Wer nicht gerade in das Gerät eingreifen will, dem stehen wenigstens noch 2 Möglichkeiten offen: ein »mittelbarer« und ein »unmittelbarer« Timer. Je nach Gesamtgestaltung kann sogar mit Vorwarnung operiert werden. Die nötige Schaltungstechnik läßt sich aus anderen Abschnitten zusammenstellen.

Der »mittelbare« Timer ist einfach ein auf die laut Programmzeitschrift zu erwartende Dauer der gewünschten Sendung eingestellter elektronischer Wecker. In diesem Hauptabschnitt findet man genügend Material dafür. Entweder man steht's durch, oder man wird geweckt – früher jedenfalls, als es sonst das Rauschen übernähme.

Den Ansatz für den »unmittelbaren« Timer findet der Leser in Abschnitt 10. Es ist der aus Einzeltransistoren zusammengesetzte, vom Phasenwinkel der Last »geführte« Nullspannungsschalter, dem durchaus noch ein 100-W-Schaltregler eines modernen Fernsehempfängers zugemutet werden kann. Er schaltet, mit einem entsprechenden Zeitglied versehen, nach z. B. 30 min einfach das Gerät ab. Da 30 min vielleicht doch etwas kurz sind, ist ein Vorwarner zu empfehlen. Ausnahmsweise fehlt an dieser Stelle dazu weitergehende Information – immerhin ist das gesamte Objekt auch nur für Sachkundige zum Thema Netzanschluß gedacht. Die einfachste und ungefährlichste Schaltmöglichkeit – berührungslos von außen – geschah beim Muster über Magnet und einen von diesem kurzzeitig eingeschalteten Schutzrohrkontakt im vollisolierten Gehäuse mit Netzschnur und Steckdose. Über diesen Kontakt wird der interne Kondensator nachgeladen. Unter heutigen Bauelementevoraussetzungen dürfte ein Zusatz nicht allzu schwierig sein, der die Kondensatorspannung abfragt (z. B. *4093*) und noch vor dem Abschalten über *piezophon* ein Signal liefert. Diese kleinen Energiemengen lassen sich der Stromversorgung des kleinen Geräts noch zumuten. Überhaupt sollte man überprüfen, ob die Lösung in Abschnitt 10. nicht ganz durch CMOS zu schaffen ist. Bisher fehlte die Zeit, das zu tun. Das Vorhandene arbeitet ja zur Zufriedenheit …

9. Elektronik für schwierige Lebenslagen

Auf keinem anderen Gebiet werden die Fortschritte der Mikroelektronik im Dienste des Menschen so deutlich wie dort, wo sie Leben erhalten, schützen oder erleichtern hilft.

In Verbindung mit vielen anderen wissenschaftlich-technischen Disziplinen sind in den letzten Jahrzehnten Geräte und Prinzipien realisiert worden, deren Aufwand und Verfahren das Ziel jederzeit rechtfertigt – ob beim schon fast »alltäglich« gewordenen Herzschrittmacher oder bei den sich abzeichnenden neuen großen Möglichkeiten der Kommunikation behinderter Menschen bis hin zur Sprachsteuerung und Sprachsynthese mit Computern oder der Orientierung im Raum für Blinde.

In dieser Situation wäre es vermessen, in einem Buch wie dem vorliegenden Ratschläge für die Lösung anstehender Fragen geben zu wollen. Daher enthielt schon das 1. Wohnbereichs-Bastelbuch nur wenige Objekte, die speziell auf solche Anwendungen zielten. Bei späteren Diskussionen zu diesem Aufgabenbereich mit Betroffenen ergab sich eine im Grund logische Schlußfolgerung: Wo im Wohnbereich behinderten Menschen über die für ihre spezielle Lage bereits von berufener Seite geschaffenen speziellen Bedingungen hinaus geholfen werden kann, bezieht sich das auf die vielen kleinen Dinge, die meist auch für jeden anderen Haushalt von Interesse sind. Allerdings geht es darum, sie entsprechend zu adaptieren, und die Elektronik vermag dabei oft nicht mehr als eine Mittlerrolle zu übernehmen. Denn die Umwelt funktioniert nun einmal großenteils nach den Gesetzen der Mechanik. Ein Tür- oder Fensteröffner kann daher für die besondere Aufgabe nur so gut sein, wie er in der Lage ist, durch Elektroniksteuerung seine Bewegungsenergie selbst einzusetzen. Genau da hat der Elektroniker – spezialisiert wie unser Leben nun einmal ist – Unterstützung aus anderen Disziplinen nötig in einem Aufgabenbereich, der eben den Rahmen dieses Buches übersteigt.

In dieser Hinsicht enthielt das 1. Buch Empfehlungen zur Steuerung geeigneter Objekte durch NF-Magnetfeld und durch Licht. Letztgenannte Möglichkeit war mit einem Selbstbaublitzgerät belegt worden. Inzwischen hat sich die Angebotslage funktionssicherer, mit *R6*-Zellen gespeister handlicher Blitzgeräte so verbessert, daß der verbale Tip genügt.

Lichtsteuerung im weitesten Sinne liegt beim neu in das Buch aufgenommenen Komplex zum Thema Infrarot vor. Der kleine, für Kurzzeitbatteriebetrieb geeignete Sender in Abschnitt 5. ist also auch für den vorliegenden Einsatzbereich geeignet. Durch entsprechende »Weitwinkel«gestaltung des Empfängers und z. B. unter Nutzung der in Abschnitt 6. dargestellten Lösungen für elektronische Schlösser kann manche Spezialaufgabe gelöst werden. Je nach Situation sollte der damit Beauftragte sogar darüber nachdenken, inwieweit eine Mehrkanalsteuerung aus industrieller Fertigung (für Fernsehgeräte entwickelt und inzwischen schon einzeln im Handel angeboten) die günstigste Problemlösung ist.

Viele der in Abschnitt 4. und Abschnitt 5. behandelten Schaltungen sind auch für Aufgaben im Sinn des vorliegenden Abschnitts geeignet, wie überhaupt dieses Buch auf vielseitige Kombinierbarkeit orientiert. So läßt sich unter diesen Voraussetzungen sicherlich z. B. auch aus den auf Schall reagierenden Objekten eine sprachgesteuerte Sprechanlage bauen, die keiner Tastenbetätigung bedarf. Aber auch die ohne Kraftaufwand erreichbare Steuerung vieler Vorgänge über Sensoreingang (s. Abschn. 4.) sollte unter diesen Aspekten neu überdacht werden. Genau zum Zeitpunkt, da das Manuskript zum vorliegenden Buch abgeschlossen wurde, erschienen auf der *Leipziger Messe* neue CMOS-Schaltkreise. Unter ihnen befindet sich der *V 4066 D*, der für solche Aufgabenstellung als (auch sensor-)gesteuerter Analogumschalter interessante und elegante Lösungen für Sprechanlagen und ähnliches zuläßt.

Das den damaligen Abschnitt 9. beherrschende Objekt im 1. Wohnbereichs-Bastelbuch war eine sprachausgebende Blindenquarzuhr. Ihr Prinzip mit bewegtem Speichermedium ist relativ aufwendig. Man könnte es allerdings unter den heutigen Voraussetzungen und unter Einsatz einer fertigen Quarzuhr als Ausgangspunkt auf günstigerer Ebene wiederholen. Auch das mag als Anregung gelten, die nötigen Steuerbefehle z. B. aus dem Sekundentakt durch Teilen oder auch durch Abgriffe von Minuten- und Stundensteuertakten zu gewinnen. Doch Schaltkreise zur Sprachausgabe sind in der Mikroelektronik schon lange keine Utopie mehr – auf diesem Gebiet gibt es bereits alle Möglichkeiten modernerer Lösungen, und sie wurden zum Teil auch schon realisiert.

Nun zurück zu jenem Grenzbereich, in dem man mit einer zusätzlichen kleinen Einrichtung den Wohnkomfort Betroffener etwas erhöhen kann. Beim 1. Objekt geht es um die Umsetzung von üblicherweise als Schall auftretender Information, das 2. Objekt informiert akustisch über Werte, die sonst optisch abgelesen werden.

9.1. Lichtruf von der Klingel

Mindestens in 2 Fällen ist es sinnvoll, das übliche akustische Türsignal durch ein optisches zu ersetzen (oder es um ein solches zu ergänzen): wenn lautes Klingeln stört oder wenn man es nicht hört. »Nicht hören« wiederum kann heißen, daß man hörbehindert ist, es kann aber auch bedeuten, daß die Umgebung mit ihrem Lärm (oder der aufgesetzte Stereokopfhörer) das akustische Signal überhört. Stören kann Klingeln schließlich, wenn Kleinkinder schlafen, Kranke Ruhe brauchen oder einfach, weil es sich um die Zeit der Nachtruhe handelt. Wer dennoch Signale von »draußen« erwartet, ist dann mit optischer Information gut bedient.

9.1.1. Grundschaltung

Die einfachste Lösung für ein optisches Klingelsignal besteht in einer Lampe passender Betriebsspannung direkt an den Klingelanschlüssen. Sie leuchtet, solange es klingelt (oder statt der abgeklemmten Klingel), doch ihrer Lichtintensität sind Grenzen gesetzt. Ein nur einen Haushalt versorgender Klingeltransformator von 6 V bei 0,5 A üblichen Laststroms vermag eben nur eine 3-W-Lampe hell zum Leuchten zu bringen. Wesentlich intensiver sind Halogenstrahler. Die im folgenden beschriebene Lösung basiert auf der weitverbreiteten *halogen 20*-Leuchte, doch ist das Prinzip auch auf andere 12-V-Trenntransformatorlampen anwendbar. Ein solcher Lampenkopf, auf den Arbeits- oder sogar Schlafplatz gerichtet, liefert ein ziemlich intensives Signal. Je nach Gesamtlösung wird man diese Lampe von der Klingel aus steuern, so daß sich die übrige Anlage (ggf. abschaltbar) weiter mit nutzen läßt, oder ein getrennter Taster aktiviert die Lampe. Etwa 2 A Warmstrom bedeuten aber, wenn man diese Lampe über einen Taster direkt schalten würde, bis zu 10 A Kaltstromstoß – nicht gerade günstig für kleinere Kontaktflächen. Ein »Relais« ist sinnvoll. Der Begriff sei aber nur im übertragenen Sinne verstanden. Denn Relaiskontakte dieser Größenordnung sind an größere Typen gebunden. Noch wichtiger aber: Öffnungsfunken führen zu Störungen im Rundfunk- und Fernsehempfang. Auch das »kontaktlose Halbleiterrelais« Triac liefert zunächst solche Störungen, wenn man ihn zu einem zufälligen Zeitpunkt einschaltet. Bei Phasenanschnittsteuerung schließlich kommt man nicht ohne Drossel und Kondensator aus. Doch für den Betrieb als reinen Lichtschalter kann man einen ständig fließenden Steuerstrom benutzen. Diese einfachste Lösung nach Bild 9.1. hat aber einen Nachteil: Dieser ständig fließende Strom im Steuerkreis mit seiner Ver-

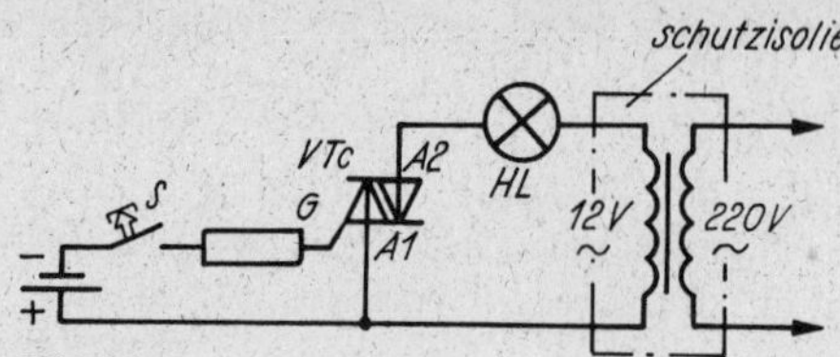

Bild 9.1
Grundschaltung für Niederspannungs-Triac-Schalter

lustenergie im Begrenzungswiderstand ist gar nicht nötig – schmale Impulse reichen. Doch: Falls sie zufällig eintreffen, zündet der Triac irgendwo innerhalb der Netzspannungssinuskurve, und Störimpulse sind die Folge.

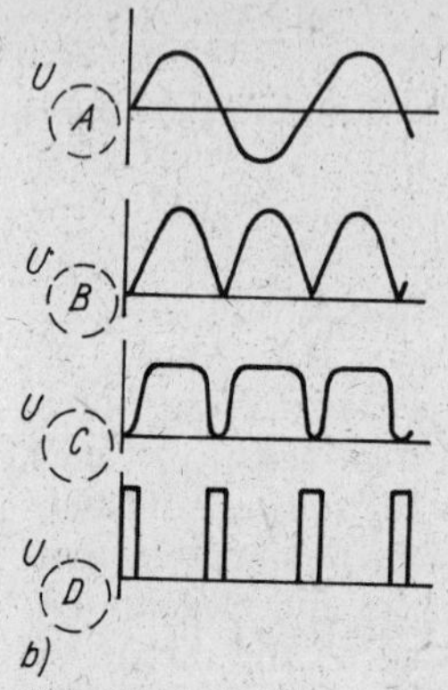

Bild 9.2
Nullspannungsschalter für Bild 9.1; a – Stromlaufplan, b – Impulsbilder

9.1.2. Nullspannungsschalter

Gelingt das Einschalten stets kurz nach dem Nulldurchgang, hört man selbst in einem dicht neben die Schaltung gestellten Mittel- oder Langwellenempfänger so gut wie nichs. Es gibt viele Lösungen für diese Problematik. Die im folgenden beschriebene sieht zumindest ein wenig aufwendig aus. Sie hat jedoch den Vorteil, daß sich mit ihr zusammen zahlreiche spezielle Aufgaben lösen lassen. Außerdem »übt« sie den Einsatz von Optokopplern. Im Beispiel wurde ein handelsüblicher MB 101 benutzt; Eigenbauten aus Infrarotbasteldiode und Fototransistor *SP 201* dürften preiswerter sein.

Die Schaltung benötigt, wie Bild 9.2 zeigt, eine Hilfsspannung aus einem Brückengleichrichter. Hinter ihm läßt sich eine 100-Hz-Halbwellenschwingung abgreifen, wenn zum eigentlichen Gleichrichtersiebteil noch eine Diode zur Trennung eingesetzt wird. Sobald die Augenblickswechselspannung die Gleichrichter-Schwellspannungen und die Basis-Emitter-Spannung des Steuertransistors überschritten hat, erhält die Leuchtdiode des Optokopplers Strom. Ohne Komplikationen, wie sie bei galvanischer Kopplung bei Betrieb der übrigen Schaltung aus dem gleichen Transformator zustande kämen, steuert der Optokopplerausgang eine pnp-npn-Transistorkombination, mit der schließlich der Triac angesteuert wird. Das Besondere an dieser Schaltung geht aus den Impulsbildern nach Bild 9.2b hervor. Der Optokopplerausgang gibt den pnp-Transistor

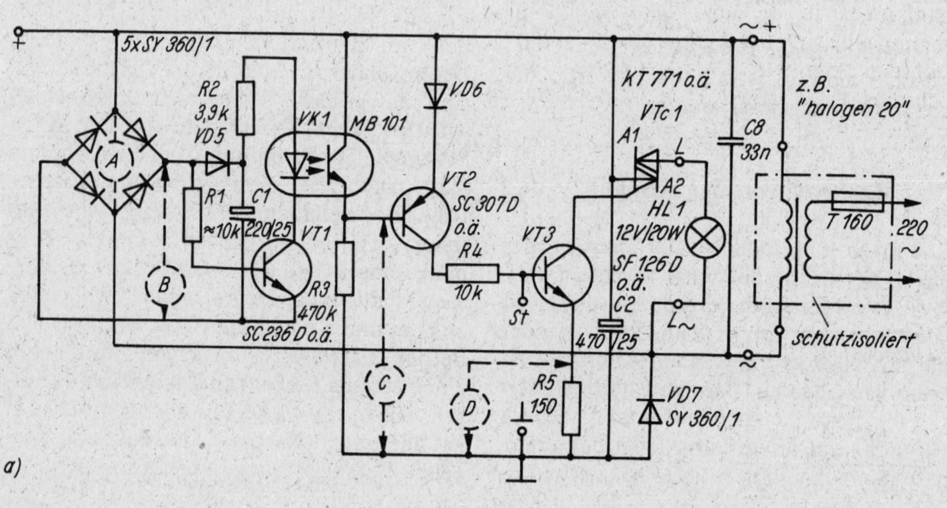

a)

nur im Bereich des Nulldurchgangs frei. Der Triacsteuerstrom ist damit ein Strom aus schmalen Impulsen an den Stellen, an denen die kleinste Augenblicksspannung auftritt. Der Zeitpunkt minimiert die Störungen, die geringe Breite die Verlustenergie im Steuerkreis. Dieser jedoch läßt sich am Punkt St aktivieren oder sperren: L an St heißt Lampe aus, H Lampe ein.

9.1.3. Periodische Lichtklingel

Die einfachste Steuerung besteht aus einer Taste gegen Masse am Punkt St. Solange sie geöffnet ist, leuchtet die Lampe. Mehr Aufmerksamkeit würde aber Blinken erregen. Darum wird die Schaltung um einen Generator ergänzt. Bild 9.3 zeigt die relativ sparsame Lösung dafür mit einem *B 555 D*. Da es nicht auf hohe Konstanz der Blinkfrequenz (wenige Hertz) ankommt, wurde die Generatorschaltung modifiziert. Als Lade- und Entladepunkt fungiert der Gegentaktausgang O: Beim Entladeausgang OD dagegen wird dessen open-collector-Verhalten genutzt. Bei H an R setzt die Schwingung ein, bei L an R schalten die Ausgänge ebenfalls auf L. Das ist der Ruhezustand (Lampe aus). Gesteuert wird im einfachsten Fall mit einer Taste zwischen Plus und Eingang »I«. Dieser hat jedoch bereits alle Voraussetzungen, direkt an die Hausklingel angeklemmt zu werden. Die Diode läßt nur die Halbwellen passieren, und die Diode nach Plus baut Spannungen ab, die über der Versorgungsspannung liegen und den R-Eingang sonst gefährden könnten. Der Widerstand von höchstens 1 kΩ sichert L im Ruhezustand (der Strom aus R heraus kann relativ groß sein, und *U*4 muß zum Sperren unter 0,4 V sinken!). Der parallelliegende Kondensator soll Störimpulse auffangen, die auf die Zuleitung einwirken können und u. U. sonst die Schaltung auslösen. Der angegebene Wert darf nicht wesentlich überschritten werden, sonst reagiert R nicht mehr sauber – *U*4 darf sich nicht »schleichend« ändern, das wirkt sich auf die Ausgänge aus!

9.1.4. Periodische Lichtklingel mit Signalverlängerung

Nur sehr kurze Tastenbetätigungen an der Hausklingel lassen die Lampe entsprechend auch nur kurz blinken. Eine verlängerte Signalphase dürfte nützlich sein. Der R-Eingang scheidet dafür aus den soeben genannten Gründen aus. Darum sollte man die Möglichkeiten billiger Bastelbeutelware nutzen: Schon der verwendete *B 555 D* kostet als *R*-Typ nur wenig mehr als 1,- M. Man beachte aber seine teilweise reduzierten Daten!

Ähnlich geht es dem *Hall*-Trigger *B 461 G* (*R 461 D*). Da der *461* grundsätzlich mit nicht mehr als etwa 6 V betrieben werden sollte, auch eingangsseitig, muß man allerdings eine Z-Diode opfern. Das macht diese Anordnung etwas weniger rentabel. Jedoch kann im vorliegenden Fall auch ein Basteltransistor der Bauform *SF 126* mit seiner Basis-Emitter-Strecke in Sperrichtung aushelfen. Man legt ihn in Serie (!) zum positiven Anschluß des *461*. Sollten dort noch immer mehr als 6 V erscheinen, kann gegebenenfalls mit 1 oder 2 *SAY 30* o. ä. »nachgeholfen« werden.

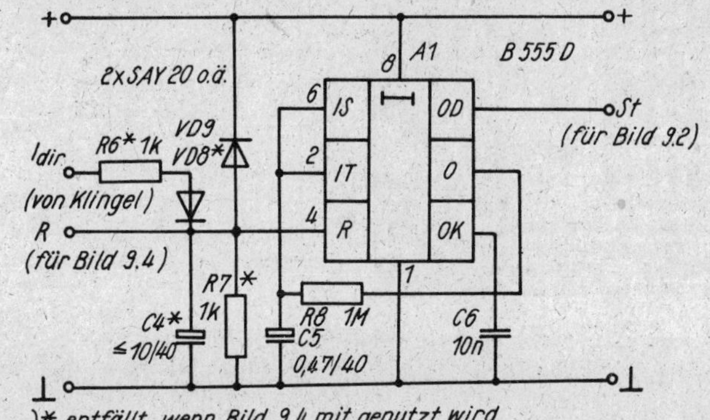

Bild 9.3
Unterbrechergenerator für Bild 9.2

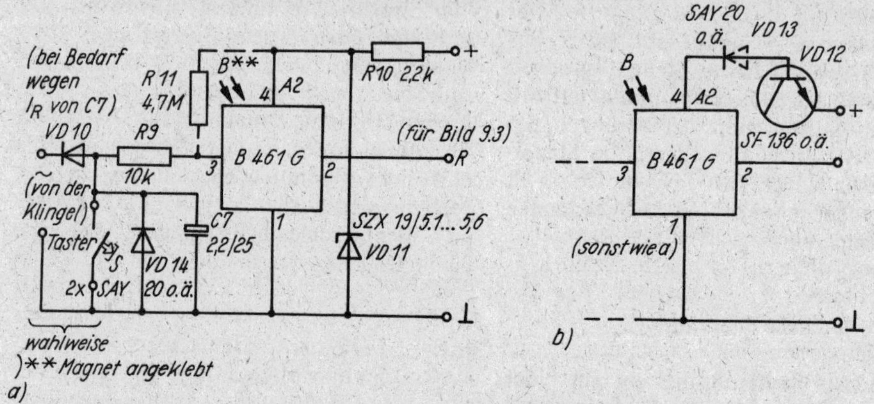

Bild 9.4 »Zeitverlängerungs«schaltung für Schaltung nach Bild 9.2 und Bild 9.3; a – mit Z-Diode stabilisiert, b – Überspannungsschutz durch Serienschaltung einer Basis-Emitter-Diode in Sperr-Richtung (bei Bedarf zusätzlich Diode)

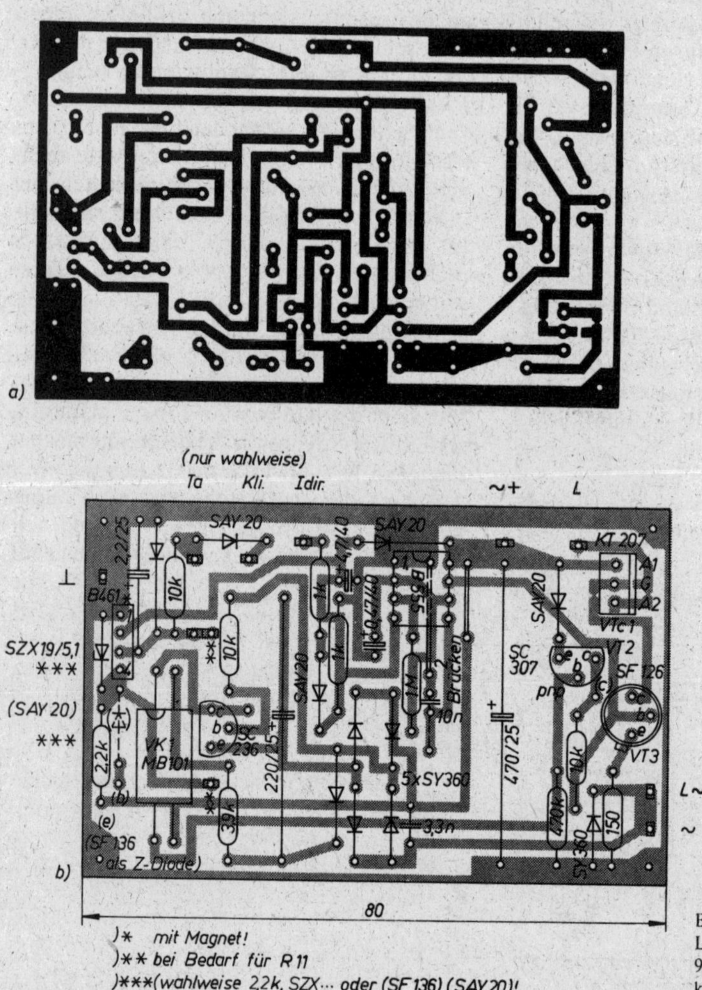

Bild 9.5
Leiterplatte zu Bild 9.2 bis Bild 9.4; a – Leiterbild, b – Bestükkungsplan

Wozu aber der *461* überhaupt? Nun, auch er hat einen open-collector-Ausgang. Mit ihm läßt sich R des *555* auf L schalten. Voraussetzungen: H am Freigabeeingang und ein genügend großes, richtig gepoltes Magnetfeld. Letztgenanntes liefert ein kleiner Zylindermagnet aus dem *461*-Bastelbeutel, den man auf den Schaltkreis in richtiger Polung aufklebt. Vorher testen: 2 muß gegen 1 »Durchgang« liefern (Plus an 2), wenn man eine Leuchtdiode mit etwa 470 Ω Vorwiderstand von der Betriebsspannung (bis +6 V) her mit Katode an 2 legt. Anschluß 3 bleibt dabei frei (gilt als H), und der Magnet wird versuchsweise in beiden Polrichtungen auf die Schaltkreismitte gesetzt. Leuchtet die Diode, hat man die richtige Lage. Sie geht aus, wenn 3 mit 1 verbunden wird. Das ist also die neue Steuermöglichkeit. Aber mit einem großen Vorteil: Schon 2,2 µF an 3 gegen Masse bedeuten, daß H nach dem Einschalten erst innerhalb einiger Sekunden erreicht wird. Dann hat sich dieser Kondensator durch den aus Anschluß 3 fließenden Strom so weit aufgeladen, daß Ausgang 2 durchschaltet.

Die praktische Nutzung für die Gesamtschaltung geht aus Bild 9.4 hervor. Das ist eine »leiterplattenwürdige« Anwendung, und eine solche Platte zeigt Bild 9.5.

9.2. Thermometer mit akustischer Anzeige

Das ist ein typisches Objekt für die Möglichkeit, aus schon vorhandenen Schaltungen

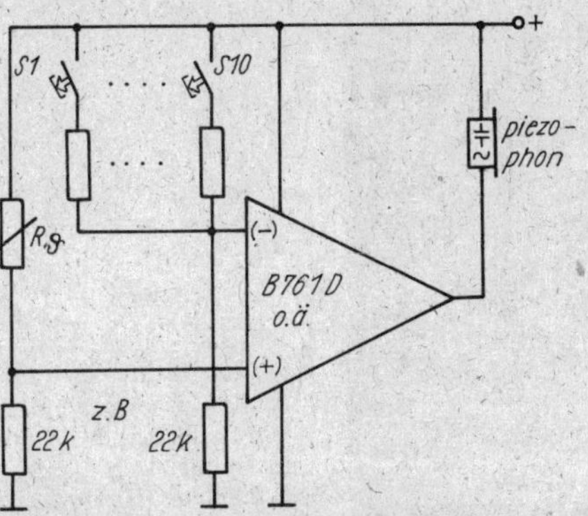

Bild 9.6
Komparator als Kernstück des »akustischen Thermometers«

dieses Buches eine spezielle Anwendung abzuleiten. Das Prinzip geht aus Bild 9.6 hervor: Ein Komparator mit einem open-collector-Operationsverstärker läßt eine *piezo-phon*-Kapsel ansprechen, solange der mit der Taste angewählte Widerstandswert kleiner ist als der augenblickliche Widerstand des Meßheißleiters. Abfragen mehrerer Punkte auch über einige Entfernung ist möglich, wenn von den in Abschnitt 5. für solche Fälle vorgeschlagenen Entstörmaßnahmen Gebrauch gemacht wird. Sie richten sich nach den örtlichen Bedingungen. Die Wirksamkeit kann man leicht testen: Wenn von 2 etwa gleichgroßen Widerständen zunächst der eine direkt und dann der andere über die Meßleitung an das Gerät gelegt wird, dürfen die Ansprechunterschiede nicht größer sein als von den unterschiedlichen Werten her zu erwarten ist. (Bei kleineren Widerständen Meßleitungs-*R* berücksichtigen!)

Ein Mustergerät wurde mit einem nichtrastenden 10-Tasten-Schalter und einem Umschalter für negative Temperaturwerte realisiert (Bild 9.7). Auch der Einschalter, bei Tasten mit mehr Schaltelementen ebenfalls mit diesen kombinierbar, ist nichtrastend. Es fließt also nur Strom, wenn eine Taste gedrückt wird.

Da beim Bau des Mustergeräts noch keine *piezo-phon*-Kapsel erhältlich war, mußte neben dem *B 761 D* (bzw. *B 861 D*) als Komparator noch ein *B 555 D* als Tongenerator eingesetzt werden. Das als Ausweichempfehlung für Leser in ähnlicher Situation. Auf Grund der begrenzten Tastenzahl hat das Gerät folgende Belegung: 1, 3, 5, 8, 11, 14, 17, 20, 25, 30, durch Umschalter sowohl für positive wie für negative Werte nutzbar. Die zu jeder Taste gehörenden beiden Widerstandswerte sind selbstverständlich stark unterschiedlich zueinander. Überdies ergab sich bei tiefen Temperaturen noch das Problem, daß die Spannungsteilung an den Komparatoreingängen durch die einfache unsymmetrische Batteriespeisung zu Werten unterhalb der zulässigen 0,6 V geführt hätte. Darum erhielt das Muster eine »Anhebung« mit einer Referenzspannungsquelle *B 589 N* – eine Maßnahme, die ebenfalls erst durch die Verfügbarkeit solcher stabilen Niedrigspannungsreferenzteile möglich geworden ist.

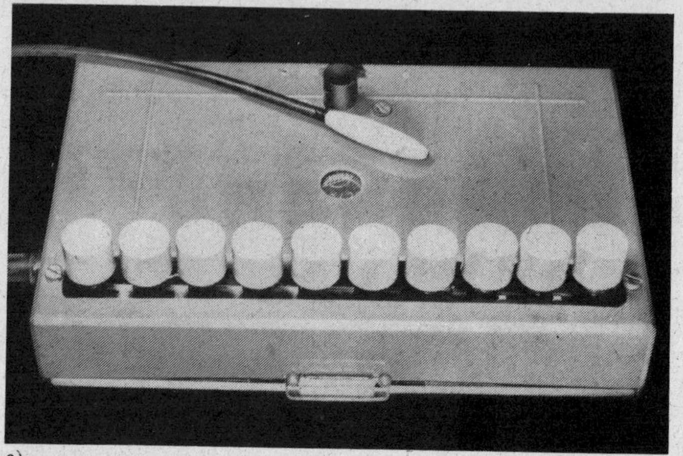

a)

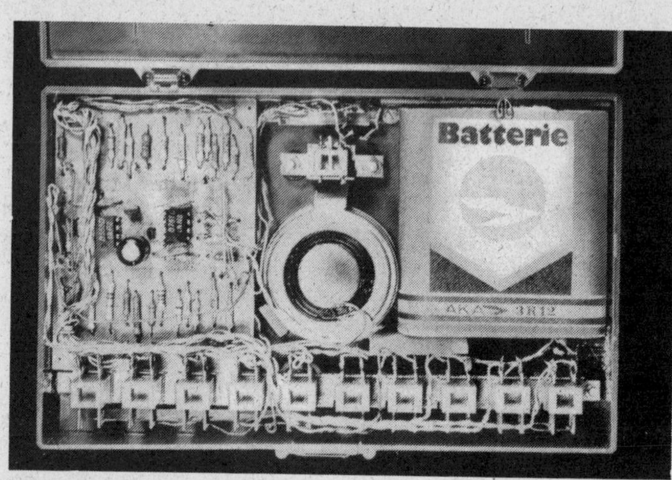

b)

c)

Bild 9.8
Musteransichten; a – von außen (mit in *Suralin* eingebettetem Heißleiter), b – von innen (noch mit Flachbatterie), c – Leiterplatte (Handmuster), hochgeklappt, Versorgung mit *R6*-Zellen

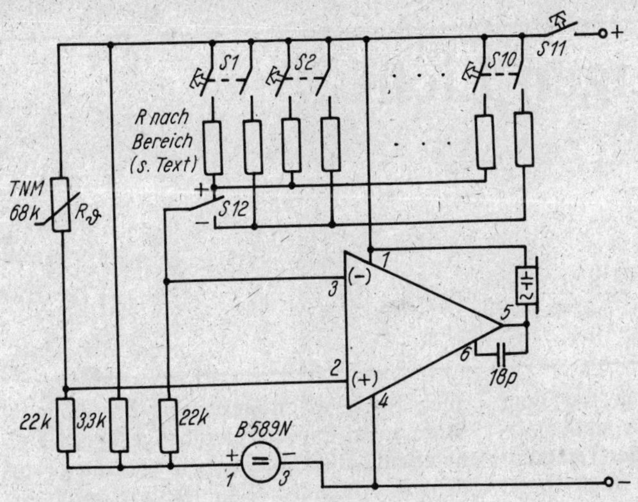

Bild 9.7
Für Abfrage durch Sehbehinderten geeignetes »akustisches Thermometer«, Stromlaufplan (Beispiel für Bereichsgestaltung)

Zur Benutzung: Die Fühlertemperatur ist höchstens gleich dem Zahlenwert der 1. Taste, von der an man den Signalton hört. (Die Tasten wurden so gekennzeichnet, daß ihr Wert durch Fühlen und gegebenenfalls Abzählen ermittelt werden kann.)

Beispiele
Schalter auf Plus, Ton ab Taste 20 (20, 25, 30); $\vartheta \approx +20$ °C.
Schalter auf Minus, Ton ab Taste 8 (8, 5, 3, 1); $\vartheta \approx -8$ °C oder tiefer.

Kontrolle
Kein Ton, wenn weitere Taste gleichzeitig mit gedrückt wird.

Bild 9.8 zeigt Ansichten des Musters.

Auf Grund der relativ groben Sprünge bot es sich an, die Widerstandswerte jeweils aus 2 bis höchstens 3 Einzelwiderständen zusammenzusetzen.

10. Im richtigen Licht

Im 1. Wohnbereichs-Bastelbuch war dem Thema »Beleuchtung« noch ein großer Abschnitt gewidmet. Auf Grund der veränderten Struktur im vorliegenden Buch findet der Leser Anregungen zu den meisten Fragen, die das automatische Ein- und Ausschalten von Lampen betreffen, bereits in anderen Abschnitten. Zeitsteuerungen haben sich mit den Schaltkreisen *B 555 D* und *E 355 D* weitgehend »standardisiert«; vor allem Abschnitt 8. enthält dazu die nötige Basis.

Auf Licht, Schall, Magnetfelder u. ä. reagierende Eingangsschaltungen bieten Abschnitt 4. und Abschnitt 5. CMOS-Technik, die das ganze Buch »aufwertet«, bildet die moderne Alternative zu komplementären Bipolartransistorschaltungen mit ähnlichem Einsatzbereich. Und schließlich findet der Leser auch in dem 1985 erschienenen *Bauplan-Bastelbuch 2* eine Reihe für Niederspannung geeigneter Anregungen.

Auf der Netzspannungsseite (für Sachkundige!) dominierte damals noch der Thyristor. Netzfeste Brückengleichrichter waren Voraussetzung für befriedigenden Einsatz im beliebten Dimmer – eine nicht gerade sehr preisgünstige Angelegenheit. Die aus der damaligen Voraussetzung geborene 110-V-Lampenlösung mit Halbwellenbetrieb aus 220 V dürfte lange überholt sein. An Triaceinsatz war dagegen aus Bauelementegründen kaum zu denken. Und deshalb beginnt der vorliegende Abschnitt dort, wo der damalige ausklang.

10.1. Im Mittelpunkt: Triac

Netzfeste Triacs hält gegenwärtig der Handel bereit, vor allem aus ČSSR-Importen, und auch Niederspannungseinsatz bei größeren Strömen ist durch preisgünstige Typen kleinerer zulässiger Spannung interessant geworden. In Abschnitt 7. findet der Leser dazu bereits das Wichtigste. Netzdimmer mit Triac sind dagegen inzwischen ein beliebtes Konsumgüterobjekt der Betriebe geworden. So gibt es einige unterschiedliche Typen von Phasenanschnittstellern, deren Einsatz jedem Selbstbau vorzuziehen ist. Gerade wegen der Phasenanschnittsteuerung hat der Amateur stets Probleme mit der nötigen Entstörung. Geeignete Ringkerne sind ihm oft nicht zugänglich. So aber erhält er Fertigerzeugnisse, die er bei Bedarf noch vielseitig modifizieren kann – immer vorausgesetzt, er zählt zur Gruppe der mit den Sicherheitsvorschriften und dem Umgang mit Netzkreisen Vertrauten.

Bild 10.1 zeigt eine typische Schaltung für ein solches Gerät. Es gibt davon Varianten als Einbaudimmer statt eines Lichtschalters, als Schnursteller direkt an ortveränderlichen Lampen und als Steller mit Steckdosenausgang. Die thermische Belastbarkeit der stromdurchflossenen Bauelemente setzt ihnen jeweils eine obere Anschlußleistungsgrenze. Weniger der für den Triac zulässige Strom als die Probleme, die in ihm entstehenden Wärme z. B. über ein Kühlblech im oft begrenzten Gehäuse abzuführen, sind dafür verantwortlich. Auch die Erwärmung der meist als streuarmer Ringkern ausgeführten Drossel sollte nicht unterschätzt werden.

Wo der nötige Platz für die neue Anwendung vorhanden ist, sollte man darum versuchen, diese Wärmeabfuhr ohne Beeinträchtigung des Berührungsschutzes zu verbessern.

In der Ausführung nach Bild 10.1 hat die Schaltung also die Hauptaufgabe, Lasten bis

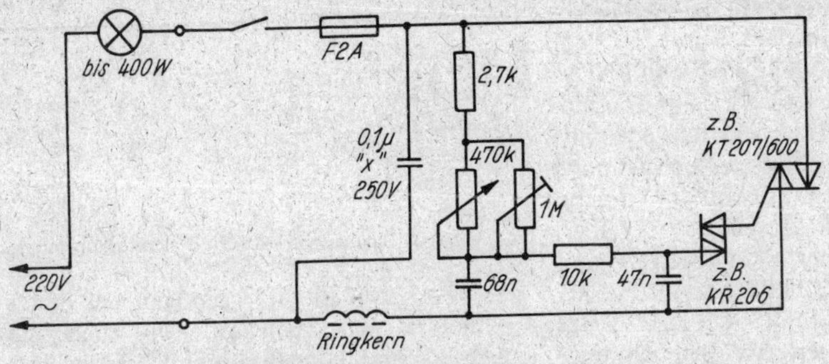

Bild 10.1 Typische Dimmerschaltung mit Triac und Diac

zur jeweils angegebenen Leistungsgrenze durch einstellbares teilweises Sperren der Netzsinuskurve dosiert mit Energie zu versorgen. Da dieser Mechanismus, von der Zeitkonstante der Zündschaltung mit einem Diac gesteuert, in jeder Halbwelle funktioniert, ergibt sich z. B. bei Lampen das gewünschte flimmerfreie Licht.

10.2. Triacnetzschalter

Wenn nicht die Helligkeit eingestellt, sondern – von irgendeiner Zeit- oder Ereignissteuerung beeinflußt – eine Lampe (oder eine andere Last) nur gelegentlich ein- oder ausgeschaltet werden soll, ist eine andere Steuerung günstiger.

Sofern die Steuerenergie auch weiterhin möglichst aufwandarm gewonnen werden soll, bedient man sich dabei wieder der vorteilhaften Eigenschaft des Triacs: Er zündet für die betreffende Halbwelle, auch wenn er nur an ihrem Beginn einen kurzen Impuls zugeführt erhält. Der Zeitpunkt wird also wichtig, denn jedes spätere Zünden ergibt eine kleinere Energiezufuhr. Außerdem werden auch die die Umwelt belastenden Störungen größer, wenn später (bei höherer Spannung) eingeschaltet wird. Nullspannungsschalter heißt darum das Zauberwort, das alle diese Probleme löst. Die Steuerschaltung muß genau dann einen Zündimpuls liefern, wenn die Netzspannung (fast) 0 ist. Es gibt Schaltkreise mit einiger Außenbeschaltung und für Netzbetrieb genügend geringem Strombedarf, die so etwas bewirken. Man kann es aber mindestens mit ebenso wenig Strom und damit ohne Hilfstransformator auf die im folgenden beschriebene Art erreichen. Diese beiden Schaltungen entstanden in Verbindung mit timergesteuerten Langzeitanwendungen von kleinen Heizkörpern u. ä. und wurden in diesem Zu-

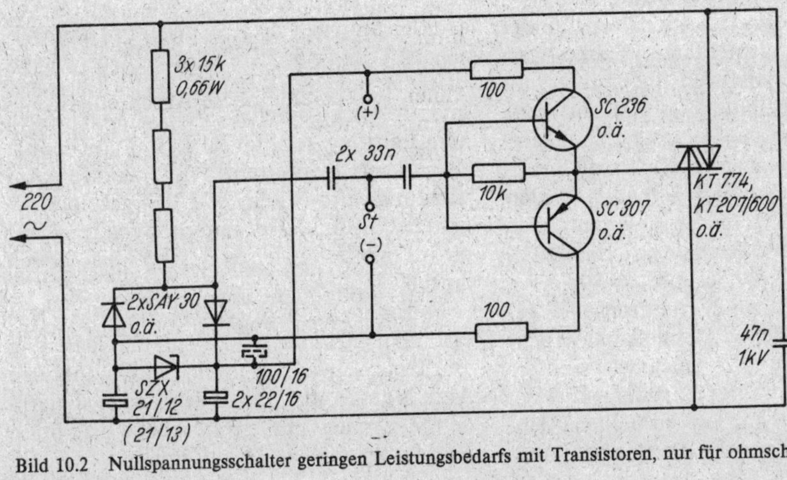

Bild 10.2 Nullspannungsschalter geringen Leistungsbedarfs mit Transistoren, nur für ohmsche Lasten geeignet

sammenhang auch innerhalb der *electronica*-Reihe erläutert. Außerdem wurde mit der 2. Schaltung der zu Ende von Abschnitt 8. erwähnte Fernsehtimer realisiert. Für Thermostataufgaben sind diese Schalter ebenfalls geeignet, da nur »paketweise« Netzspannung für eine gewisse Zeit anzuliegen braucht, dank der integrierenden Wirkung der thermischen Abläufe. Aber nicht zuletzt – und darum fanden diese Schaltungen ihren Platz im vorliegenden Abschnitt – sind sie für das automatisierte Schalten von Beleuchtungseinrichtungen mit elektronischer Steuerung interessant, von der Einschlaflampe über den Treppenhausautomaten bis hin zur Hoflichtbeleuchtung im Sinne der Anwendungsbeispiele, wie sie im 1. Wohnbereichs-Bastelbuch beschrieben wurden.

Eine Schaltung nach Bild 10.2 erfüllte die gestellten Bedingungen in ausgezeichneter Weise. Selbst bei einem (für den benutzten Triac, in diesem Fall auf Kühlkörper montiert, gerade noch zulässigem) Anwendungsfall einer 1000-W-Heizersteuerung zündet der Triac im eingeschwungenen Zustand jeweils bereits bei nur etwa 2 V Netzspannung (Augenblickswert). Die günstigen Eigenschaften ergeben sich offensichtlich zum Teil auch durch die endliche Freiwerdezeit, die bei »Dauer-Ein« das Neuzünden nach Nulldurchgang auf Grund noch vorhandener Ladungsträger unterstützt. Die nötige Zündenergie entstammt einer Steuerschaltung, die bei Netznennspannung nur etwa 1 W beansprucht. Durch das symmetrische Auslegen werden beide Halbwellen zum Speichern der Energie genutzt, und der Triac wird über die »Gegentakt«-Schaltung zweier zueinander komplementärer Transistoren wechselweise mit positiven und mit negativen Impulsen gezündet, so daß für jede Halbwelle die jeweils günstigste Zündbedingung gegeben ist. Die hochohmige Spannungsquelle (im Beispiel 3 0,66-W-Widerstände zu je 15 kΩ in Serie) erlaubt den Einsatz billiger plastverkappter Halbleiterbauelemente (*SAY 30, SC 236, SC 307* o. ä.). Gegenüber ursprünglich »antiseriell« geschalteten Z-Dioden (Kleinleistungstypen) genügt gemäß Bild 10.2 1 Diode, wenn sie hinter den Gleichrichtern angebracht wird. Auf diese Weise entstehen (in beiden Richtungen) die stabilisierten Betriebsspannun-

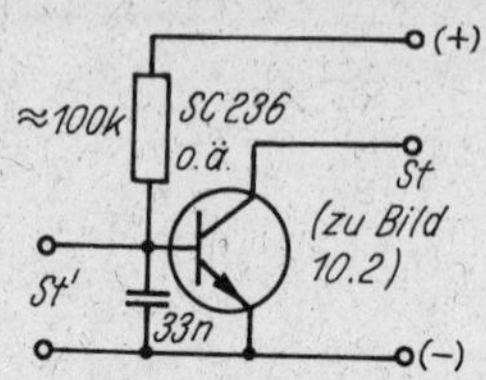

Bild 10.3
Koppelpunkt für Steuerung des Nullspannungsschalters

gen (22 bis 47 μF/10 V genügen bei Platzproblemen als Speicher!) als auch die über Keramikkondensatoren differenzierte Steuerspannung für den »Quasi«-Nullspannungsschalter. Damit ist gleichzeitig der Eingriffspunkt für eine energiearme Ein-Aus-Steuerung vorbereitet, dem wichtigsten Detail für den Eingriff einer Zeitsteuerung. Gemäß Bild 10.3 wird der Koppelpunkt St durch einen weiteren billigen Miniplasttransistor gegen die negative (!) Betriebsspannung geschaltet, wenn der Transistor über etwa 100 bis 150 kΩ von Plus her Basisstrom erhält. Damit sperrt die Strecke auch die negativen Impulse zuverlässig. An die Basis dieses Transistors – wiederum gegen die negative Betriebsspannung – legt man z. B. die Kollektor-Basis-Strecke eines Optokopplers wie des *MB 101*, dessen Eingang von einer (sonst beliebig ausgelegten) Niederspannungszeitsteuerschaltung angesteuert werden kann, also auch von einem *B 555 D*. Das Prinzip wurde an Lasten bis herab zu einer 15-W-Glühlampe erfolgreich angewendet. (Kleinere Schaltleistungen sind aus Haltestromgründen bei Triac schwieriger zu beherrschen als große!) Man kann z. B. auch Beleuchtungsanlagen bis etwa 1000 W Gesamtleistung auf diese Weise ein- und ausschalten. Bei induktiven Lasten dagegen versagt die Schaltung wegen der auftretenden Phasenverschiebungen. Sie läßt sich jedoch zum Leistungsschalter für Lasten mit induktivem Anteil erweitern. Als praktische Anwendung wurde die in Bild 10.4 gezeigte, gegenüber Bild 10.2 erweiterte Schaltung mit einem Kofferfernsehgerät *K 67* erfolgreich erprobt.

Es mußte erreicht werden, daß der Triac erst dann gezündet wird, wenn die Spannung am Triac selbst, die infolge des induktiven Anteils gegenüber der an den vorher steuernden Z-Dioden phasenverschoben ist, ihren Nulldurchgang hat. Dazu genügten 2 weitere

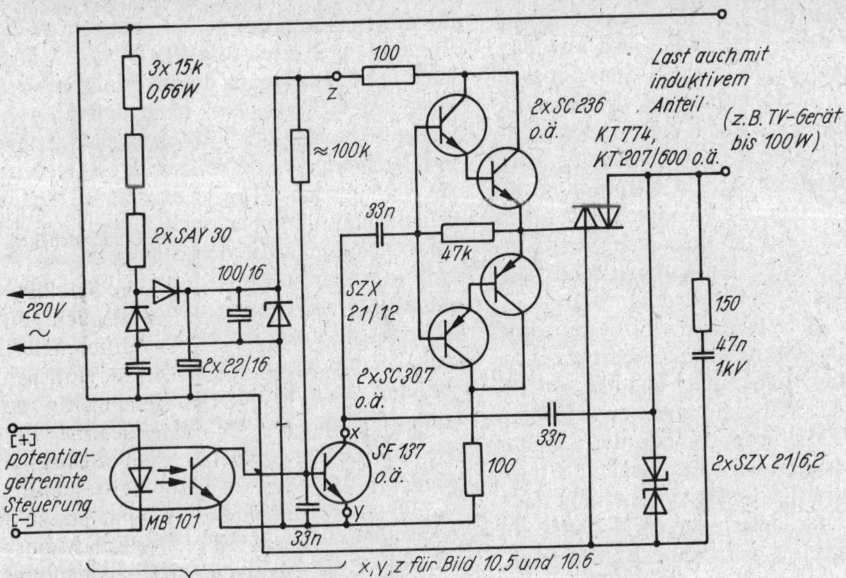

a)

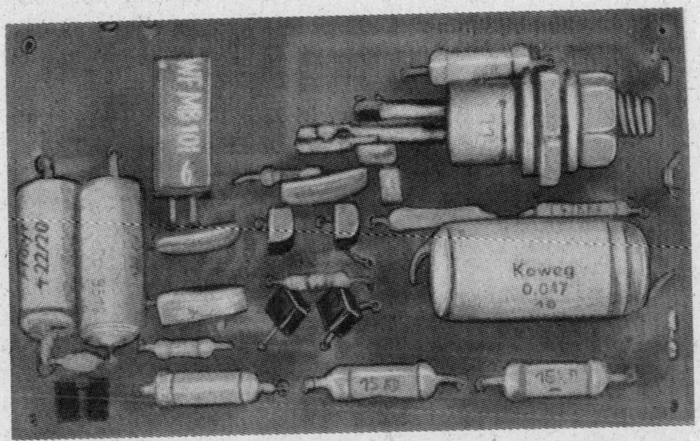

b)

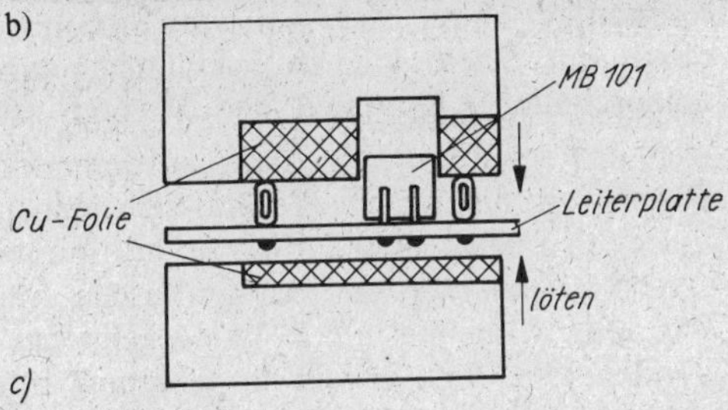

c)

Bild 10.4
Erweiterter Nullspannungsschalter, auch für Lasten mit induktivem Anteil; a – Stromlaufplan, b – Versuchsleiterplatte zu a, c – Einzelheit »Abschotten«. Achtung! Netzspannung – Bau nur für Sachkundige zulässig

antiseriell geschaltete Kleinleistungs-Z-Dioden und ein (möglichst hochohmiger) Vorwiderstand, der die Spannung am Triac abgreift. Da im »Aus«-Zustand dort jedoch Netzspannung liegt, mußte dieser Vorwiderstand im Interesse kleiner zusätzlicher Wärmeverlustleistung möglichst hochohmig sein. 100 kΩ/0,66 W erwiesen sich als sinnvoll. Allerdings bedingt das für die 1stufige Steuerschaltung Zündeinsatz erst bei etwa 10 bis 15 V Netzspannungsaugenblickswert, was die Störungen erhöhte. Eine 2. Komplementärstufe gemäß Bild 10.4 verringerte die Zündpunkte wieder auf etwa 3 V. Damit erfüllt die Schaltung alle Ansprüche. Das *RC*-Glied über dem Triac erwies sich als nötig, um Unregelmäßigkeiten im Spannungsanstieg vor den Zündzeitpunkten zu unterdrükken. Außerdem empfiehlt sich jetzt ein größerer Kondensator auf der Versorgungsseite. Die Schaltung läßt sich in Verbindung mit einem *B 555 D* und einem Optokoppler zum zeitbegrenzten Betrieb des Geräts (bei Kindersendungen bzw. für automatisches Abschalten nachts bei Programmende – s. Abschn. 8.!) einsetzen. Wird die gesamte Schaltung berührungssicher verpackt, kann sie auch ohne Optokoppler benutzt werden. Dabei sind die Wirkrichtungen zu beachten. (H am *B 555 D* bedeutet, daß der Schalter eingeschaltet sein soll.) Zur sicheren Erprobung entstand für die Grundschaltung nach Bild 10.4a eine Leiterplatte (Bild 10.4b). In dieser Ausführung, also ohne Kühlmaßnahmen, erwies sich der Triac sowohl für das genannte Kofferfernsehgerät als auch für einen Farbfernsehempfänger mit Schaltnetzteil und 100 W Leistungsaufnahme als zuverlässiger (auch fernsteuerbarer) Zeit- bzw. Ein- und Ausschalter. Auf der Leiterplatte befindet sich ein *MB 101* als Optokoppler. Dieser Typ bietet günstige Möglichkeiten zum sicheren Trennen des Steuerkreises vom Netzkreis schon von seiner Gestaltung her. Bild 10.4c enthält einen Vorschlag, wie die Leiterplatte innerhalb eines vollisolierenden Gehäuses gegen den Steuereingang so »abgeschottet« werden kann, daß man ein Durchgreifen der Netzspannung auch bei auftretenden Fehlern nicht zu befürchten braucht. Allerdings darf diese Leiterplatte wegen des Netzpotentials nur vom Sachkundigen hergestellt und benutzt werden, und für diesen Leserkreis gelten damit auch die Empfehlungen nach Bild 10.4c. Nur sie sind auch in der Lage, nach diesen Hinweisen ein insgesamt sicheres Gerät herzustellen!

Der Vorschlag des »Abschottens« besteht in folgendem: Die im vollisolierten Gehäuse zuverlässig befestigte Leiterplatte (auch keine Metallschrauben nach außen!) hat auf der Optokopplerseite den Steuereingang. Er muß ja extern zugänglich sein. Erste Maßnahme der sicheren Trennung ist also eine Isolierfläche zwischen Netz- und Eingangskreis. 10 mm Kriechstrecke sind überall einzuhalten. Nun kann man die diesen Platz »umrahmende« Leitung auf der Bauelementeseite mit Stecklötösen versehen und leiterseitig die Möglichkeit schaffen, 2 rechtwinklig aneinanderstoßende Stücke 1seitig kupferkaschierten Halbzeuge senkrecht anzulöten (folieseitig Richtung Netz). Ein kleines Foliestückchen gestattet damit, über die Stoßstelle auf dieser Seite rechtwinklig übergreifend, die zuverlässige Montage dieser Schutzwand. Bauelementeseitig geht man analog vor. Nur ist dort der »Wandwinkel« an den Stecklötösen zu befestigen. Es entsteht eine beidseits der Leiterplatte schützende Isolierkammer. Bei abgenommenem Deckel kann dann der Steuerkreis angeschlossen werden, auch über einen in der Gehäusewand befestigten Steckverbinder.

Ein Optokoppler als Mittler zum *B 555 D* oder anderen Steuerschaltungen mag im Aufwand nicht immer gerechtfertigt sein. Interessant ist dann auch die Möglichkeit, den Triac von außen mit eingebautem Schutzrohrkontakt durch das Isoliergehäuse hindurch mit einem kleinen Schloßmagneten einzuschalten. Entweder der Magnet ist

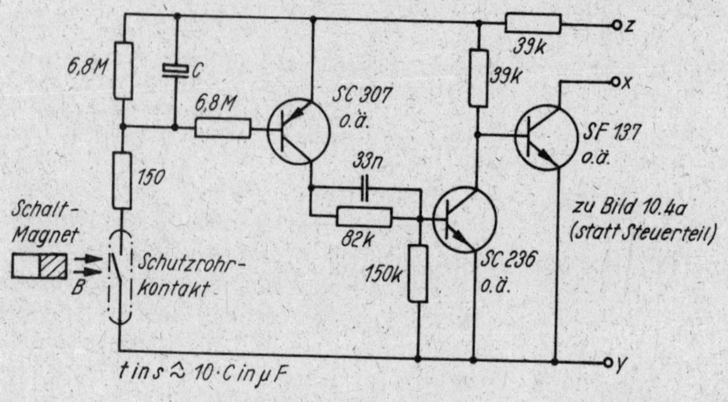

Bild 10.5
Timerzusatz für Bild 10.3 oder 10.4 mit Transistoren; Viertelstundenbereich, Start über Magneten von außen (Schutzrohrkontakt)

»Schlüsselschalter an sich« – dann braucht man keinerlei Zeitautomatik. Er bleibt einfach so lange wie gewünscht auf dem Gehäuse. Ein kleiner Eisenblechstreifen, außen aufgeklebt, kann ihn auch z. B. an einer Wandbox sicher halten, oder man nutzt dafür sein zentrales Loch.

10.3. Zeitlicht – Variante »Transistor«

Für Einschlaflampen, Fernsehabschalter o. ä. ist es möglich, auf die soeben beschriebene Weise einen einfachen Zeitschaltzusatz zu starten. Für vorzeitiges Abschalten des über diese Box versorgten Geräts genügt es, den normalen Geräteschalter zu betätigen. In einer für »Minutenbeleuchtungen« bis zu 10 min brauchbaren Lösung (aus Sicherheitsgründen fest eingestellte Zeit) als Zusatz zur Ursprungsschaltung für ohmsche Lasten genügte dazu der in Bild 10.5 skizzierte Aufwand. Gegenüber einem »schleichend« ausschaltenden Zeitglied ist im Interesse sauberer Ansteuerung des Triac Schwellwertschalterverhalten erforderlich. Das gilt besonders für Geräte mit induktivem Lastanteil. Man muß auch bei dieser recht hochohmigen und darum gegen Fremdeinflüsse empfindlich reagierenden Schaltung für ein »ungestörtes System« sorgen. Beispielsweise brachte der Anschluß eines Oszillografen am Eingriffspunkt der Steuerung (bei Betrieb der übrigen Schaltung aus Sicherheitsgründen über Trenntransformator 220 V/220 V) eine im Hertzbereich liegende jeweils kurze periodische Unterbrechung des Lastkreises. Sie hörte sofort auf, wenn diese »Antenne« entfernt wurde. Es ist also auch für den Sachkundigen nicht immer ganz problemlos, eine solche Schaltung zu optimieren, während sie bei den Tests angeschaltet bleiben muß. Bei den Untersuchungen erwies sich eine 100-W-Lampe als guter Indikator für derartige Effekte. Ein altes Röhrenrundfunkgerät mit Leistungsangabe »55 VA« wurde jeweils an die auf diese Weise vorbereitete Schaltung zum Testen des Verhaltens bei komplexen Lasten gelegt.

Der Trigger nach Bild 10.5 enthält einige Maßnahmen gegen die genannten Effekte. Gestartet wird mit einem kleinen Schloßmagneten. Läßt man ihn ständig auf der Stelle des Gehäuses, unter der sich der Schutzrohrkontakt befindet, bleibt das zugehörige Gerät eingeschaltet. Entfernt man ihn, so gilt für die Ausschaltverzögerungszeit beim Muster die Faustformel t in s $\approx 10 \times C$ in µF. Bei 100 µF bedeutet das schon eine Viertelstunde.

Man kann die Zeit jedoch auch »dosieren«. Die gewählte Beschaltung begrenzt nämlich den Ladestrom. 39 kΩ bedeuten bei 100 µF immerhin schon eine Zeitkonstante von 4 s. Das kann bisweilen nützlich sein, wenn nur eine kurze »Lichtzeit« benötigt wird. Am Ende einer längeren vom Magneten gehaltenen Einschaltzeit dagegen ist der Kondensator mit Sicherheit auf etwa 7,5 V geladen, wenn die Z-Diodenspannung 15 V beträgt, und die volle Ausschaltverzögerung wird erreicht.

10.4. Zeitlicht – Variante »Schaltkreis«

Unter der Voraussetzung, daß keinesfalls mehr als 15 V im Versorgungsspannungskreis auftreten (Z-Diode entsprechend auswählen), kann der komplementäre Transistortrigger durch einen CMOS-Trigger abgelöst werden. In der Grundschaltung nach Bild 10.6 bringt das zunächst noch keinen überzeugenden Vorteil. Schwierigkeiten bereitet vor allem die nur begrenzt belastbare Betriebsspannung. Der Trigger wird wieder durch Aufladen des zeitbestimmenden Kondensators gestartet, und der Innenwiderstand der Quelle begrenzt seine Aufladungsgeschwindigkeit. Es gelingt jedoch, durch Ausnutzen noch vertretbarer Grenzwerte (Entladewiderstand bis zu 6,8 MΩ, Kondensator z. B. 220 µF) in den Viertelstundenbereich vorzudringen, genug Zeit für die meisten Anwendungen in dieser Gruppe. Sofern man ein weiteres Element des *4093* als Inverter einsetzt, läßt sich der Zeitmechanismus auch umkehren. Dann kann mit Aufladen operiert werden. Allerdings wird auf diesen Vorgang der Kondensatorleckstrom bezüglich der möglichen Obergrenze des Ladewiderstands Einfluß nehmen. Während er in der gezeigten Ausführung lediglich die Ent-

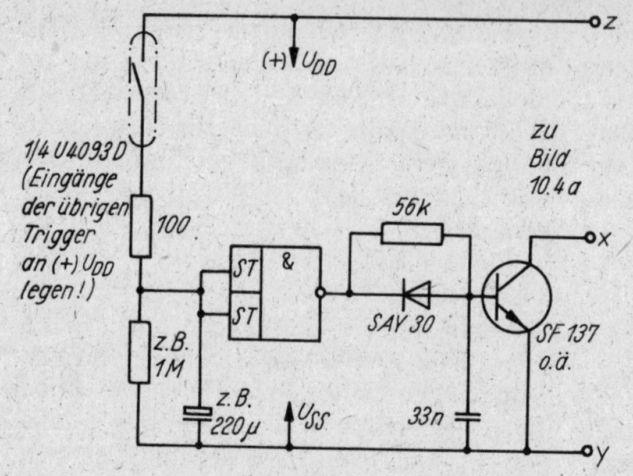

Bild 10.6
Timerzusatz für die Schaltung nach Bild 10.3 oder Bild 10.4 mit CMOS-Schaltkreis. 2. Trigger kompensiert den Effekt der betriebsspannungsabhängigen Triggerschwelle

ladung exemplarabhängig beschleunigt, muß man bei der Aufladung von vornherein sicherstellen, daß die obere Triggerschwelle bei größerem Leckstrom überhaupt noch erreicht wird! Bild 10.6 wurde jedoch in einer anderen Richtung weiterentwickelt. Das Ergebnis (Bild 10.7) zeigt deutlich die Vorteile des *4093* in dieser Schaltung. Die eine Maßnahme erhöht den Gebrauchswert, die andere ist ein Tribut an den Kompromiß bezüglich zugelassener Erwärmung der Schaltung und verfügbarer Energie. Das 3. Triggerelement soll nämlich nur sicherstellen, daß die durch die unterschiedliche Belastung gegebenen Betriebsspannungsänderungen im Bereich des Abschaltens nicht zu (teilweise nur 1seitigem) Neuzünden führen, weil die Kondensatorspannung dadurch wieder außerhalb der Schaltschwellspannung gerät.

Der Basisstrom dieses Steuertransistors muß also so bemessen sein, daß er zwar sicher sperrt, jedoch die Quelle nicht stärker als nötig belastet. Das gilt vor allem auch für die Hilfsschaltung mit ihrem interessanten Effekt: Vom Zeitglied wird eine dadurch etwas früher die untere Schaltschwelle erreichende Teilspannung für ein 2. Triggerelement abgezweigt. Dieses »Etwas« läßt sich durch das Widerstandsverhältnis einstellen. Je kleiner der Teilwiderstand zwischen den beiden Eingängen, um so später setzt ein Warnton ein. Er signalisiert also, wann der

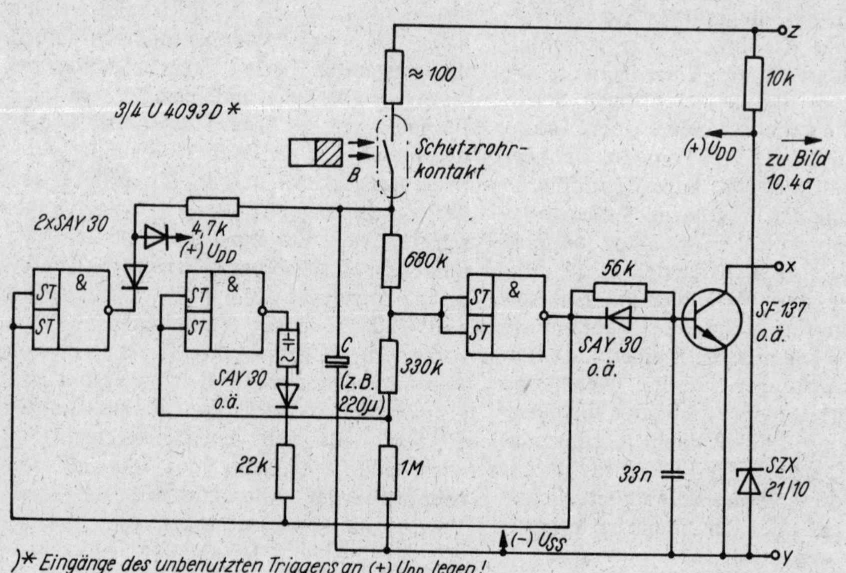

)* Eingänge des unbenutzten Triggers an (+) U_{DD} legen!

Bild 10.7 Zusatzfunktion zur Schaltung nach Bild 10.6; Tonsignal warnt vor dem Abschalten

Kondensator nachgeladen werden muß. Läßt man die restliche Zeitspanne ohne Eingriff verstreichen, schaltet die Einrichtung ganz ab, und auch der Ton verstummt. Übrigens: Der 3. Teilerwiderstand spart eine weitere Z-Diode für z. B. 10 V, die sonst verhindert, daß die Kondensatorspannung (da vor dem »verlangsamenden« Sparwiderstand beim Start abgenommen) die Schaltkreisspannung übersteigt. Zusätzliche Sicherheit kann eine Diode vom Eingang nach 14 bringen.

Eine solche Vorwarneinrichtung ist für viele Zwecke nützlich. Das gilt z. B. für Anwendungen im Sinne von Abschnitt 8.: Beim vorzeitigen Einschlafen vor dem Bildschirm – sofern die Tonenergie infolge der Kompromisse das erlaubt – wird man geweckt und kann wahlweise reagieren. Ein über diese Einrichtung angeschlossener Toaster schaltet sich ab, wenn man den Warnton nicht durch »Nachstarten« quittiert. Das sind nur 2 von vielen Beispielen. Möglich geworden ist all das an der doch recht gering »ergiebigen« Quelle durch den Piezoresonator mit seinem ebenfalls winzigen Energiebedarf.

Letztlich stößt man aber mit solchen Objekten irgendwann an jene Grenze, an der ein kleiner Hilfstransformator (*LL 30* genügt) innerhalb des weiterhin voll gekapselten Geräts sinnvoll wird – nicht zur Netztrennung, sondern zur besseren Versorgung solcher Hilfsschaltungen. Und dann ließe sich schließlich noch durch einen 4. Trigger eine selbstschwingende und entsprechend zeitverkoppelte Stufe mit Leuchtdiode realisieren, die noch vor dem Warnton zu blinken beginnt. Man sieht, auch diese Schaltung hat noch erheblichen Ausbauspielraum!

10.5. Niederspannungszeitlampe

Hier schließt sich der Kreis zum 1. Wohnbereichs-Bastelbuch endlich wieder mit einer Zeitlampe für sicher beherrschbare Kleinspannung, z.B. zum Einschlafen für das Kin-

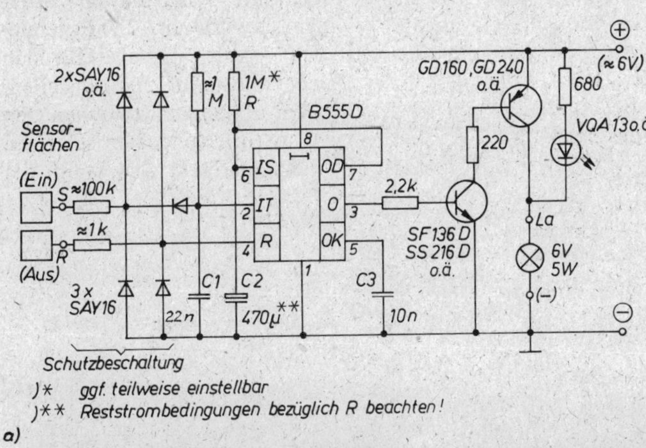

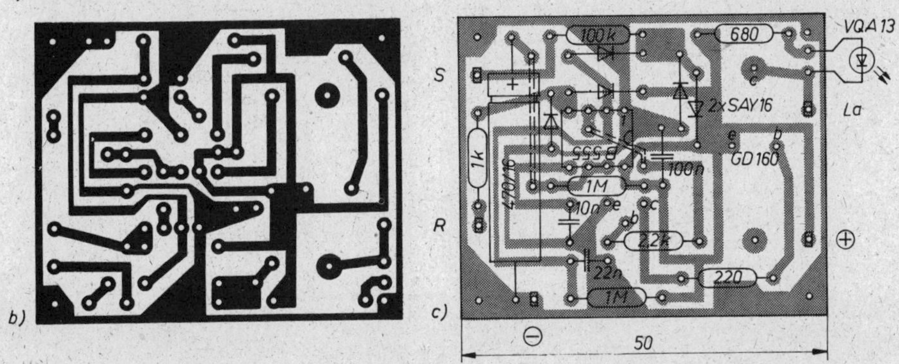

Bild 10.8
Kleinspannungssensorzeitlampe mit Ge-Leistungstransistor aus der Bastelkiste; a – Stromlaufplan, b – Leiterbild, c – Bestückungsplan

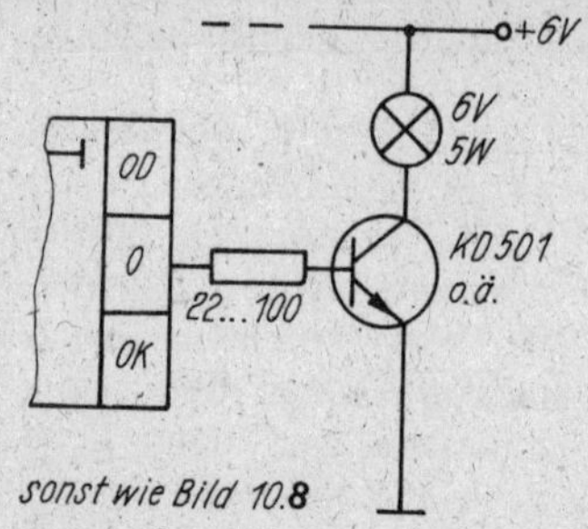

Bild 10.9
Modernisierung von Bild 10.8 spart Treibertransistor

derzimmer. Dieses Objekt wurde aus der Sensorlampe ohne Zeitbegrenzung nach dem genannten Buch entwickelt. Ein *B 555 D* brachte diese Gebrauchswerterhöhung. Der Viertelstundenbereich wird auch mit dieser Lösung erfaßt, und vorzeitiges Abschalten ist möglich – durch Sensorfläche wie auch das Einschalten.

Man kann die Lampe wieder mit einem alten *GD 160* o. ä. aufbauen, wenn sich ein solcher noch in der Bastelkiste findet. Das ist die billigste Lösung. Andernfalls – und es spart den npn-Treiber – setzt man einen für den Lampenkaltstromstoß geeigneten Silizium-npn-Leistungstyp ein.

Ohne viel Worte – diesmal gibt Bild 10.8 Informationen zum Germaniummuster und Bild 10.9 eine Empfehlung zur soeben angesprochenen Variante. Als Netzteil für den Betrieb einer 6-V/5-W-Lampe kommt ein 6-V/1-A-Klingeltransformator mit 1-A-Brückengleichrichter und 2 200-µF/16-V-Ladekondensator in Frage. Infolge der Grundlast durch Schaltkreis und Betriebsanzeige bleibt die »Dunkelspannung« mit Sicherheit unter der maximal zulässigen Betriebsspannung des *B 555 D.* Statt der Leuchtdiode, die man räumlich der Einschaltfläche zuordnen sollte (um diese im Dunkeln zu finden), kann auch eine Kleinglühlampe eingesetzt werden. Sie läßt sich zwischen Plus und Ausgang 3 legen.

11. Mensch und Tier

Die Beziehungen zwischen Mensch und Tier sind vielfältig. Von der Pflege nützlicher Haustiere über die Betreuung von Hobby-Hausgenossen (Singvogel, Zierfisch usw.) bis zur Abwehr unerwünschter Quälgeister reicht die Skala der Berührungspunkte.

Viel nützliches Gerät, vom Thermostaten bis zum Zeitschalter, bietet dazu der Fachhandel. Es fehlt auch an Platz, an dieser Stelle mehr als im Vorgängerbuch zu behandeln. Wir knüpfen jedoch in 2 Punkten an jenes an.

11.1. Verbesserter Fischfutterautomat

Im 1. Wohnbereichs-Bastelbuch findet der Leser die in Bild 11.1 zur Vervollständigung der Information nochmals wiedergegebene Einrichtung. Die Materialsituation ließ erst später eine für dieses Gerät günstige Zeitsteuerung zu, über die dann erstmals in der *electronica*-Broschüre, Band 205/206, berichtet worden ist. Sie wird im folgenden beschrieben. Durch Kombination eines *E 355 D* und eines *E 351 D* lassen sich extreme Verhältnisse zwischen Verzögerungs- und Aktivzeit erreichen. Man kann auf diese Weise z. B. im 24-h-Rhythmus jeweils für wenige Sekunden einschalten. Einfaches Umlegen der Verbindung von OI auf OH erlaubt Übergang auf 12-h-Turnus ohne sonstige Veränderung des Verhaltens. Umschalten auf OE gestattet »Zeitraffung« für Testzwecke. Nun kann die Schaltung aber dank der Möglichkeiten des *E 355 D* so benutzt werden, daß sie nicht einfach einen (kurzen) Schaltimpuls an den Hubmagneten im Futterspender ausgibt, sondern eine Serie von 3 oder 5 Impulsen. Dadurch erhöht sich die Zuverlässigkeit der Speisung, falls der freizugebende Futterkanal etwas verstopft ist, so daß die Fördernadel beim erstenmal vielleicht klemmt. Einige Randbedingungen schränken die Freizügigkeit der möglichen Verknüpfungen ein:

- Die höchste Oszillatorfrequenz gemäß TGL verbietet es, bei 24-h-Schaltperiode Ausgang OK zu verwenden, denn bei Multivibratorbetrieb ist diese Zeit ja gleich der halben Periodendauer, so daß aus 48 h Periodendauer eine nötige Oszillatorfrequenz von 204,8 kHz wird.
- Die begrenzte Schalthäufigkeit des Zugmagneten (man rechne – je nach Typ – mit Periodendauern von wenigstens 0,1 s) schränkt den Spielraum nach unten ein.
- Die vom Schaltventil geförderte Futtermenge (wenn nichts klemmt) muß in zulässigen Grenzen bleiben.

Beim Durchrechnen der möglichen Schaltstellen zeigt sich ein vernünftig erscheinender Kompromiß bei folgender Variante: Oszillatorfrequenz 102,4 kHz ergibt Schaltperioden von OI von je 2 × 24 h, mit 24 h L-Zeit beginnend (zunächst »ungestörter« Multivibratorbetrieb gerechnet). Dabei ist Serienschaltung aller Teiler vor OI vorausgesetzt worden. Am *E 355 D* erhält man damit folgende Halbperiodenzeiten bzw. Frequenzen:

100 Hz an OA (also 5 ms L, 5 ms H usw.),
10 Hz an OB (also 50 ms L, 50 ms H usw.),
1 Hz an OC (also 0,5 s L, 0,5 H usw.),
1/6 Hz an OD (also 3 s L, 3 s H usw.).

Je nach konkreten Verhältnissen (Zugmagnet, Ventilgestaltung, gewünschte Futtermenge) wird man also für 500 ms freigeben und in dieser Zeit 5 mal je 50 ms anziehen

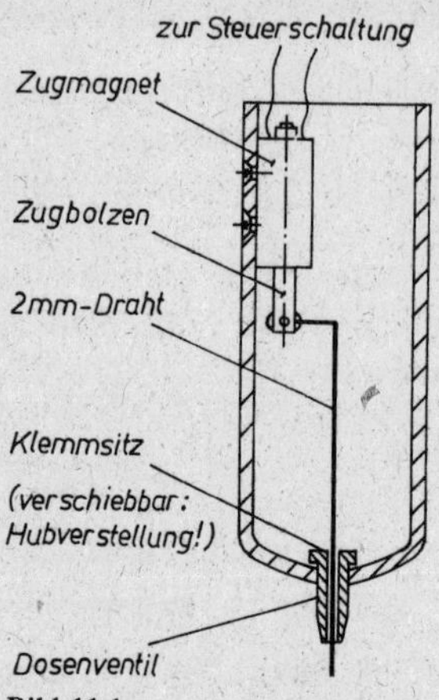

Bild 11.1
»Ausgabeteil« eines Fischfutterautomaten nach 1. Wohnbereichs-Bastelbuch

und abfallen lassen (Fall 1) oder für 3 s freigeben und dabei 3mal je 0,5 s anziehen und abfallen lassen (Fall 2). Verdrahtet wird demgemäß nach Bild 11.2.

Fall 1: Freigabe von OC, d. h., die L-Impulsbreite am Ausgang entspricht der von OI an den Transistorausgang als H-Impuls abzugebenden Schaltbreite. OC muß also zusammen mit OI auf ISt wirken. ISt ist außerdem mit $\overline{\text{ORs}}$ zu verbinden. Während das direkt geschehen kann, sind für OI und OC Dioden in Gatterverknüpfungen nötig, damit $\overline{\text{ORs}}$ nicht mit L auf jene durchgreift. Der Eingang des *Darlington*-Schalttransistors wird (ebenfalls über eine Diode) von OI freigegeben. Da er aber außerdem – und wenn dort nichts weiter anliegt, auch direkt – mit OB verbunden ist, pulst OB die Freigabe im gewünschten Sinne. Die übrigen Besonderheiten dieser Schaltung, u. a. die besondere Rolle, die in diesem Fall der Zeitbereichseingang für das Sicherstellen der Periodizität über ORs spielt, können bei Bedarf in der genannten Broschüre nachgelesen werden. Man beachte auch den – je nach Schaltkreisexemplar – nicht unbedingt nötigen Verzögerungskondensator an IT!

Da IT mit dem im übrigen freien OA verbunden ist, entfällt eine weitere Koppeldiode. Man braucht sie, wenn aus bestimmten Gründen entweder OA noch anderweitig benutzt oder IT mit OB verbunden werden muß. Da OC zusammen mit OI hier die Aktivzeit bildet, darf jedenfalls IT wohl an OA oder OB, keinesfalls aber an OD oder gar noch höher angeschlossen werden. Die Impulsbilder von Abschnitt 4.10. der genannten Broschüre (Bild 4.26) gelten qualitativ auch hier. OD ist jetzt OI, für OC steht aber

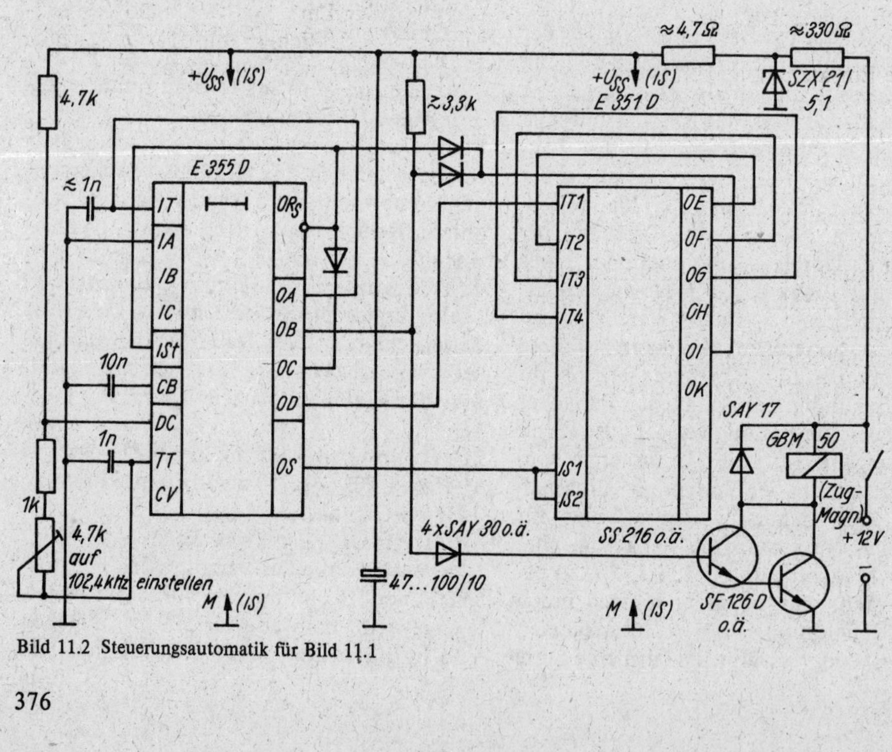

Bild 11.2 Steuerungsautomatik für Bild 11.1

auch in diesem Fall OC, jedoch bezüglich des H-Impulses für den Schaltausgang wird die H-Phase von OI noch mit 5-H-Impulsen von OB getaktet.

Fall 2: Freigabe von OD, d. h., die L-Impulsbreite am Ausgang OD entspricht der von OI her am Eingang der *Darlington*-Stufe erscheinenden H-Impulsbreite. In diese »eingebettet« sind jetzt aber 3 H-Impulse vom Ausgang OC her mit einer Schaltbreite von je 0,5 s, denn diesmal wird OC mit der Basis verbunden. (Wieder ist direktes Verbinden zulässig, wenn OC jetzt nicht noch anderweitig genutzt wird.)

Fall 2 gestattet aber, was vielleicht in anderen Anwendungen interessant sein kann, auch Rütteln mit OB, so daß 30 statt 3 Impulse abgegeben werden. Selbstverständlich kann man aber in beiden Fällen ohne die »Rüttelimpulse« einfach für 0,5 s (Fall 1) oder für 3 s (Fall 2) den Zugmagneten betätigen oder einen anderen Vorgang auslösen.

Über dieses Anwendungsbeispiel hinaus liefert also das System, wenn die Transistorschaltstufe nur mit OI ausgesteuert wird, bei entsprechendem Anschluß des die Breite bestimmenden Ausgangs an ISt folgende Schaltimpulsbreiten nach jeweils 24 h: 5 ms von OA, 50 ms von OB, 0,5 s von OC, 3 s von OD, 30 s von OE, 3 min von OF usw. 48 h schließlich ergäbe OK. Eine Variation der Oszillatorfrequenz zu kleineren Werten hin weitet die Einsatzmöglichkeiten des Systems zu längeren Zeiten aus: Verzehnfachung ergibt sich z. B. mit 10,24 kHz, Verhundertfachung mit 1,024 kHz. Die Schaltimpulsbreite wächst mit dem gleichen Faktor. Nach kürzeren Zeiten zu (oder auch im gleichen Zeitbereich) hat man in den Proportionen durch die beliebige Serienschaltung der Teilerketten des *E 351 D* zahlreiche Variationsmöglichkeiten.

Bei Nutzung der in der Schaltung steckenden Möglichkeiten empfiehlt sich gründliches Überdenken – Impulspläne aufstellen! – und Testen der Versuchsschaltungen. Man bedenke den gegebenenfalls nötigen Kondensator an IT. Kontrolle auf tatsächlich entstehenden Rücksetzimpuls ist einfach: 1,2 kΩ und Leuchtdiode von Plus her, Katode an OS. Ihr Aufblitzen nach der erwarteten Zeit zeigt einwandfreie Schaltungsfunktion.

11.2. Aquatimer

Unter der Bezeichnung »Periodische Langzeitsteuerung« wurde in der *electronica*-Broschüre, Band 213/214, ein 8 h hell- und 16 h dunkelschaltender Timer mit Netzbetrieb beschrieben, dessen Nachbau wiederum nur dem Sachkundigen erlaubt ist. Man beachte zusätzlich die in der Nähe von Aquarien auftretenden Feuchtegefahren! Da die umfangreiche Erläuterung dieser Schaltung über diesen Anwendungsrahmen hinaus im 1985 erschienenen Buch *Mikroelektronik für Praktiker* (VEB *Verlag Technik*) enthalten ist, sei aus diesen beiden Gründen ausnahmsweise im vorliegenden Buch auf eine Beschreibung verzichtet.

11.3. Mückenradio

Mittel gegen Schnupfen gibt es mindestens ebenso viele wie gegen die Quälgeister warmer Sommernächte. Einiges bietet die Chemieindustrie, und es kann recht wirksam sein. Wesentlich stärker umstritten ist die Möglichkeit, sich diese stechenden Blutsauger elektronisch vom Leibe zu halten. Nach einer Nacht mit dem Gerät ungestochen zu erwachen kann auch bedeuten, daß ohnehin nichts in der Luft war. Wie auch immer – mangels verläßlicher Informationen über Frequenz und mögliche Modulation eines Mücken-Abwehr-Tons wurde eines der kleinen Geräte untersucht. Bild 11.3 zeigt die

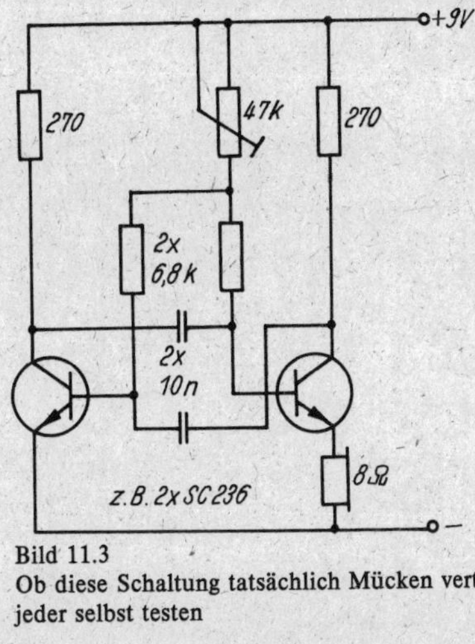

Bild 11.3
Ob diese Schaltung tatsächlich Mücken vertreibt, möge jeder selbst testen

anspruchslose und nicht gerade stromarme Schaltung. Ob sie gegen die Mücken hilft, kann also nicht garantiert werden. Mit Sicherheit aber saugt sie die Batterie in einigen Stunden leer, wenn man diese im Interesse der »Tragbarkeit« klein hält. Aber man kann's ja auch mit Netzbetrieb versuchen. Da die Schaltung leider erst im Winter vor Manuskriptabgabe zur Verfügung stand (wer hätte gedacht, daß sie so wenig »Spezielles« enthält ...), muß der eigentliche Test noch vorgenommen werden. Vielleicht können erfahrene Leser über eigene Ergebnisse berichten!

12. Elektronik für Spiel und Spaß

Im Grund macht selbstverständlich schon das Elektronik-Hobby eine Menge Spaß, und vieles liegt an der Grenze zum Spielerischen. Doch das betrifft zunächst einmal den, der es betreibt. Andre Familienmitglieder entwickeln nicht immer volles Verständnis, wenn es einen von ihnen »gepackt« hat. Glücklicherweise sind die meisten der in diesem Buch beschriebenen Objekte gut geeignet, solche Vorurteile abzubauen. Und wenn dann schließlich auch ganz vordergründige Freizeitspäße für die ganze Familie entstehen, dürfte der innere Frieden wieder hergestellt sein. Man kann »Hardware«-Elektronik sehr weit treiben, um irgendwelche Spieleffekte zu erzielen. Der absolute Gipfel (jeder mag ihn so betrachten, wie er will) waren sicherlich Telespiele. Doch die anfangs mit einer Menge TTL-Schaltkreise aufgebauten Elektronik-Ping-Pongs schrumpften bald zu einem Chip, der alles enthielt. Mit relativ kleinem Bauaufwand war das Grundgerät herzustellen, und ein solches Modell stand auch eine Zeitlang in den Regalen einschlägiger Warenhäuser. Der Sprung in die neue Dimension solcher Spiele vollzog sich später mit einer Kategorie von Mikrocomputern, deren Stellenwert noch weit umstrittener ist als der jener Einzweckgeräte. Richtig »vernünftig« wird es erst wieder, wenn sich auf einem solchen auf Grund seines hohen technischen Standes für wesentlich anspruchsvollere Zwecke verwendbaren frei programmierbaren Computer eben auch (und nicht nur) Spiele »fahren« lassen. Die Menschen, die solches nutzen, teilen sich in 2 Gruppen: in Konsumenten mit Spieltrieb und in neugierige, technisch interessierte Menschen aus allen Berufen, die am Selbstprogrammierten solcher (auch solcher!) Spiele Freude haben, weil es ein guter Test erworbener Kenntnisse ist, nutzbar für Zwecke, die weit über diesen die Familie (vielleicht) erfreuenden Spielzweck hinausgehen. Mancher Neuerervorschlag von morgen hat sicherlich dann seine Wurzeln im Spieltrieb von heute. Diese angesichts vielerorts in unserem Land bereits eingesetzter Geräte dieser Art nicht nur rein theoretischen Überlegungen seien gestattet, bevor es wieder – zunächst noch! – in die »reine Hardware« geht. Ausgedrückt werden sollte das: Wie auf manchem anderen Gebiet der Elektronik hat sich der Mikroprozessor angeschickt, viele Einzwecklösungen in Frage zu stellen, da mit ihm ausgerüstete Geräte viel flexibler – weil programmierbar – auf derartige Aufgaben reagieren können. Auf der Ebene der Spiele sollte man also nicht mehr allzu viel an Bauelementen investieren, wenn viele Effekte später durch ein schnell in den Arbeitsspeicher ladbares Programm jederzeit erreichbar sein werden.

Das ist die eine Seite der Tatsache, weshalb ein ursprünglich viel breiter angelegter Abschnitt dieses Buches nun so vergleichsweise »schmal« geraten mußte.

Auf der anderen Seite kommt wieder der »modulare Charakter« gerade dieses neuen Buches zum Thema *Elektronikbasteln in der Freizeit* (allgemein ausgedrückt) zur Geltung. Ein Fahrmodell, dessen Spielwert im Verkehrskindergarten durch einen Blinker erhöht wird, muß ja nicht im Detail beschrieben werden. Sieht man aber mit den Augen des Spielzeug »aufwertenden« Vaters (oder der Mutter – je nach Interessenlage) diese vorangegangenen Abschnitte durch, so läßt sich fast jede 2. Schaltung daraus als Anregung werten für Spielerisch-Nützliches –

vom zeitbegrenzten Puppenstubenlicht bis zur (über Geschmack soll man nicht streiten) Puppe mit »Heul-Generator«, die man durch einen lageabhängigen Schalter beruhigen kann oder auch durch Lichtanschalten, wenn das Modell nur im Dunkeln zu jammern beginnt. Auch auf dieser Seite anzusiedeln wäre das »Glühwürmchen«: Eine Stabtaschenlampe wird mit einem Generator ergänzt, der Pulse schmaler werdender Breite an die Lampe liefert (*555* ist gut geeignet!). Dadurch wird das Licht langsam schwächer. Speist man vielleicht noch – was sich von solch einem Generator durchaus ableiten läßt – eine Hörkapsel, so kann ein einschläferndes Schnurren entstehen. Und nun packt man diese Anordnung in eine gestrickte Hülle (Ringelmuster), polstert etwas aus und modelliert mit Wollfäden an mehreren Stellen des »Körpers« einzelne Glieder. Welches Kleinkind wird dieses schnurrende, schwach leuchtende Etwas nicht gern neben sich auf dem Kopfkissen dulden?

Auch das also zum »Einstimmen« auf die besondere Art, dieses Buch für den Spiel- und Kindbereich zu nutzen.

Doch nun zu einigen noch typischen »Hardware«-Objekten, teils fürs reine Spiele, teils fürs Musizieren geeignet. Die Reihenfolge stellt keine Wertung dar. Die muß jeder Leser selbst finden.

Beginnen wir darum mit etwas im Aufwand Anspruchsvollem, wenn auch sein Wert etwas umstritten sein dürfte.

12.1. Roulette mit Kugelton

In Spielwarenhandlungen kann man ein mechanisches Roulette erwerben. Solange man es nicht tierisch ernst nimmt wie die zweifelhaften Helden mancher Filme, ist es ein Spiel wie jedes andere.

Nicht wie jedes andere Roulette funktioniert die im folgenden vorgestellte elektronische »Spiel-Art«. Sie könnte zum Party-Hit werden, ist aber auch nicht ganz billig. Aber was hindert den Leser daran, sich davon vielleicht nur anregen zu lassen und »seine« Lösung zu finden? Jedenfalls läuft dieses Gerät, wenn man die beiden Leiterplatten richtig nachgebaut hat. Ob sie im Zufallsspiel dem mechanischen »Zufallsgenerator« aus den beiden gegenläufig wirkenden Komponenten Scheibe und Kugel erreicht, mag dahingestellt bleiben. Varianten besonders in diesem Teil der Schaltung sind denkbar. Schon die Wahl der Taktfrequenz und auch die des Ladewiderstands für die beiden zeitbestimmenden Schaltungen bringen Unterschiede im Verhalten. Der Ladewiderstand kann z. B. statt 100 Ω auf bis etwa 47 kΩ erhöht werden. Dadurch ergibt sich eine von der Betätigungszeit der Starttaste abhängige Laufzeit. Durch einen Thermistor von einigen zehn Kiloohm statt des derzeit mit 100 bis 150 kΩ angesetzten Widerstands im Generator wird die Schaltung noch von der Umgebungstemperatur abhängig: Je heißer das Spiel, um so schneller die Kugel! Nun ist schon einiges an Schaltungstechnik erwähnt worden, doch soll systematisch vorgegangen werden. Nochmals sei betont – das ist nur eine von vielen Realisierungsmöglichkeiten. Man muß dann nur konsequent bei der gewählten bleiben, manches funktioniert bei ihr eben nur so und nicht anders!

12.1.1. Übersichtsschaltung

Die Problemlösung sei an Bild 12.1 erläutert. Das »Gerät« besteht aus 2 Teilen: Den 1. Teil bildet der Taktgenerator mit Starttaste, automatischer Lauf- und automatischer Anzeigezeitbegrenzung, Reset-Eingang und Reset-Ausgang sowie ein »Rollton«-Teil. All das ist untergebracht auf einer Leiterplatte von 40 mm × 50 mm. Der 2., größere Teil enthält den eigentlichen Zähler mit 4 × *4017* für die direkte (!) Ansteuerung der 37 roten bzw. grünen Leuchtdioden (*VQA 13* und *VQA 23* bzw. Nachfolgetypen). Eine dämmrige Stimmung erhöht die Lichtwirkung!

2 weitere *4017* arbeiten als Frquenzteiler 1:10 und Gruppenselektor »1 aus 4«. Der Frequenzteiler steuert den Gruppenselektor so an, daß dieser immer nach je 10 Zählimpulsen die nächste Gruppe Leuchtdioden freigibt. Die 4 LED-Steuerschaltkreise erhalten den direkten Teil parallel und schalten damit auch gleichzeitig den angesprochenen der 10 Ausgänge auf H. Die Leuchtdioden liegen jedoch nicht (wie etwa beim Timerzähler nach Abschnitt 8.) direkt an Masse, sondern über je 1 npn-Transistor für jeweils

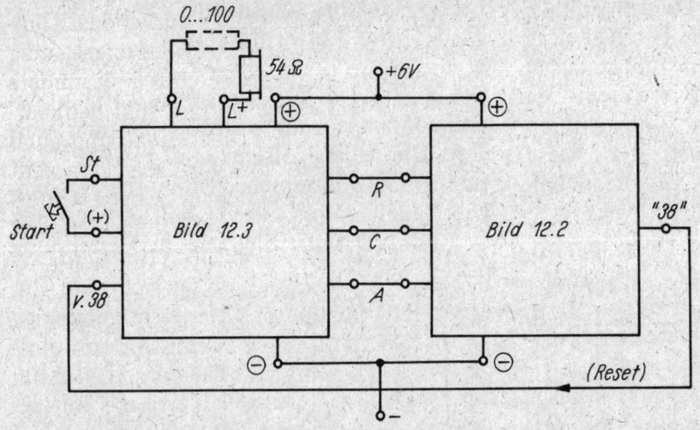

Bild 12.1
Übersichtsschaltplan für ein elektronisches Roulette

1 Gruppe von 10 Dioden. Diese 4 Transistoren erhalten zyklisch vom 1-aus-4-Selektor Basisstrom. Daher leuchtet immer nur eine von 4 aktivierten Dioden. Doch auch die Emitter dieser 4 Transistoren sind nicht direkt mit Masse verbunden, sondern erst über einen pnp-Transistor auf der Taktplatte. Er leitet das ab Start aber nur für eine durch ein Zeitglied bestimmte Spanne von einigen Sekunden. Danach werden alle Leuchtdioden inaktiv, weil dann alle Transistoren sperren. Das heißt, die Schaltung ist so gut wie ruhestromfrei und braucht damit keinen Batterieschalter.

Schon an dieser Stelle muß auf eine Grenzbedingung hingewiesen werden, die sich aus dieser Schaltung ergibt: Betriebsspannungen unter 4,5 V sind wegen der geringen Helligkeit nicht sinnvoll. Aber auch wesentlich über 7,5 V darf man nicht gehen. Zwar ist der Effekt nicht unbedingt sofort dramatisch, da die Basiswiderstände begrenzend wirken, aber immerhin: Am Emitter-»Strang« der 4 Transistoren liegt vom letzten aktivierten Teil eine Spannung, die bei 9 V Batteriespannung bereits etwa 7,5 V beträgt. Die anderen 3 Transistoren befinden sich jedoch basisseitig derzeit auf L. Damit erhalten ihre Basis-Emitter-Strecken Spannungswerte in Höhe ihrer Durchbruchsspannung. Das wirkte sich im Muster so aus: Während bis etwa 7,5 V Betriebsspannung der Ruhestrom unter 10 μA blieb, verdoppelte er sich von da an, grob gesagt, mit jedem halben Volt Betriebsspannungszunahme. Man bleibe daher klugerweise im Bereich von 4 bis höchstens 5 Baby- oder Monozellen. Bei kürzeren Zeiten reichen auch statt dieser *R14* bzw. *R20* die kleinen *R6*, oder man wählt 3 *RZP2*-Kleinakkumulatoren. Als wesentlich unkritischer bezüglich Sperrspannung erwiesen sich trotz ihrer auch nicht eben hohen Datenblattwerte die verwendeten Leuchtdioden, doch sollte man bei Schaltungsüberlegungen auch sie nicht vergessen!

12.1.2. Rücksetzen

Würde man diese Schaltung so einsetzen, wie bis jetzt beschrieben, so folgte einem Durchlauf eine ganze Weile nichts außer dem Geräusch des »Rolltons«. Alle Schaltkreise sind jedoch mit ihrem Resetanschluß miteinander verbunden. Sie liegen an einem Ausgang der Taktplatte, der bei Erreichen des 38. Ausgangs kurz auf H schaltet und damit alle 6 Schaltkreise in die Lage »H am 1. Ausgang« bringt. Das geschieht durch 2maliges Invertieren des H, das beim 8., 18., 28. und 38. Schritt an jedem 8. Ausgang der 4 die Leuchtdioden steuernden Schaltkreise auftritt. Damit nur der 38. zur Wirkung kommt, selektiert ein einfaches diskretes AND aus Dioden und einem Widerstand diesen Zustand. Es geschieht dadurch, daß der Resettransistor auf der Taktplatte nur dann H erhält, wenn auch der 4. LED-Freigabetransistor vom 1-aus-4-Selektor geöffnet wird.

All das funktionierte aber erst einwandfrei, nachdem mit einem Keramikkondensator von 10 nF die Betriebsspannung des 4. LED-Steuerschaltkreises direkt an seinen Anschlüssen abgeblockt worden war. Vorher blieben die letzten beiden Dioden einfach dunkel – die Schaltung setzte bereits bei 36 zurück! Mit solchen Effekten muß man bei getakteten Schaltungen stets rechnen. Die ursprüngliche Sorglosigkeit hinsichtlich Siebmaßnahmen auf der Musterplatte hatte sich damit gerächt. Danach lief die Schaltung jedoch ohne Beanstandung.

12.1.3. Gesamtschaltung und Leiterplatten

Der größte Teil der funktionswichtigen Zusammenhänge konnte bereits erläutert werden. Die Übersichtsdarstellung (Bild 12.1) ist für das Zusammenschalten ausreichend. Die Detailgesamtschaltung läßt sich aus den in Bild 12.2 und Bild 12.3 in Verbindung

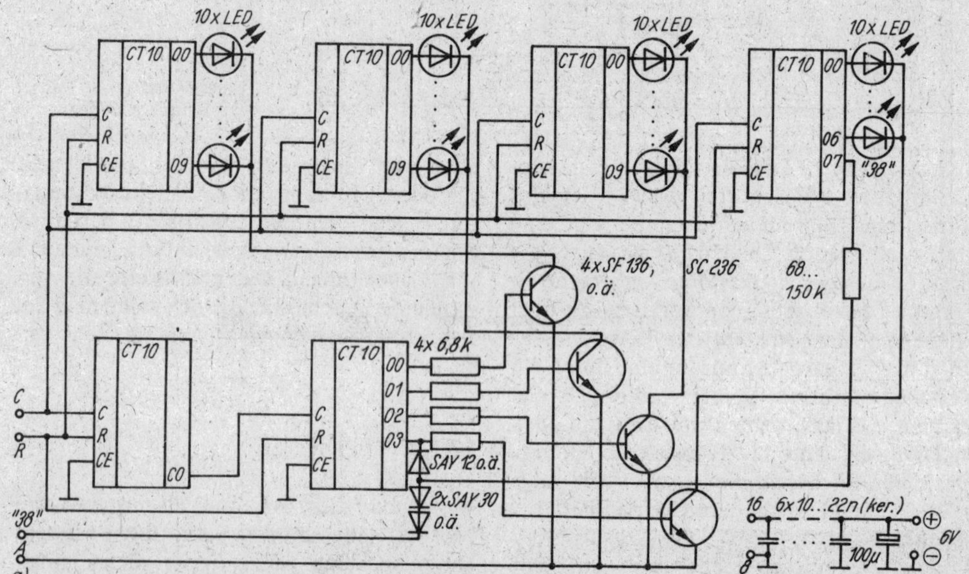

a)

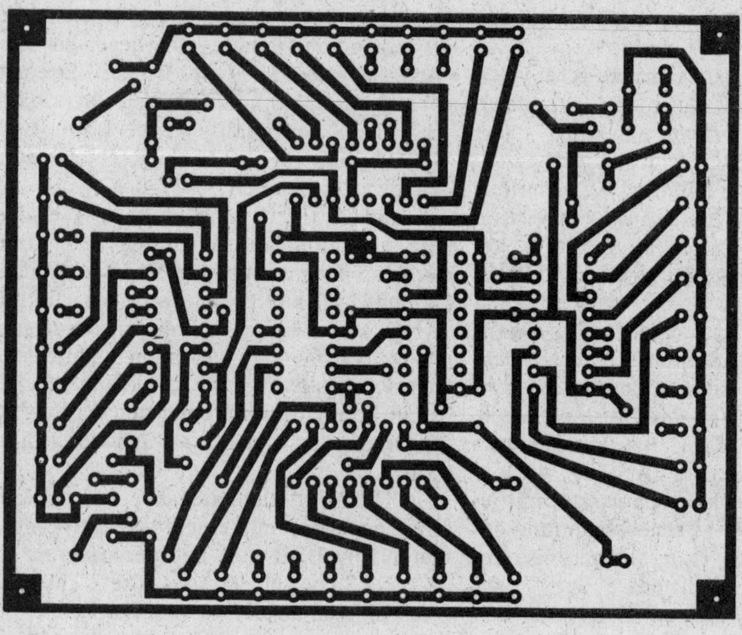

b)

c)

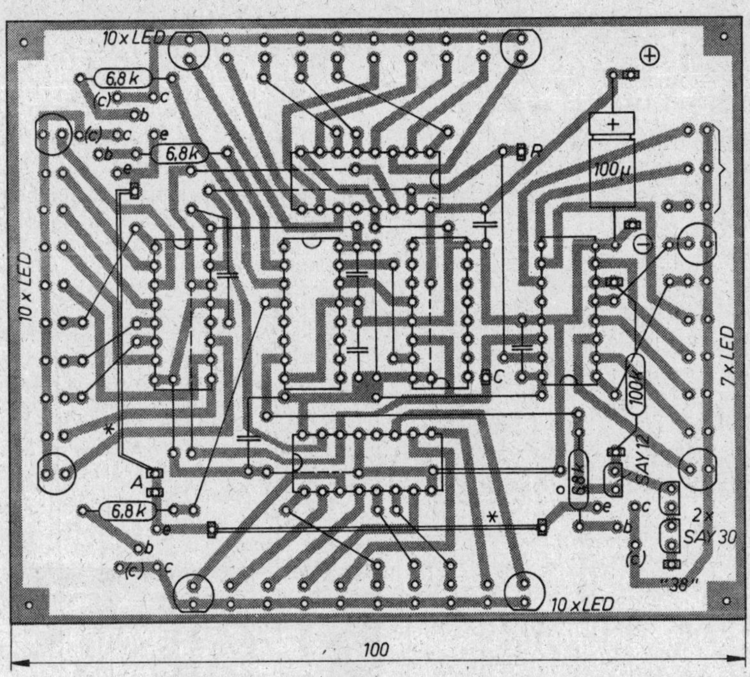

)* isolierter Draht (2x)　　　37 Leuchtdioden

o—||—o 6x 10... 22n (keramisch), ggf. leiterseitig

o——o Drahtbrücke (25x)　　　6 Schaltkreise V 4017 D

d)

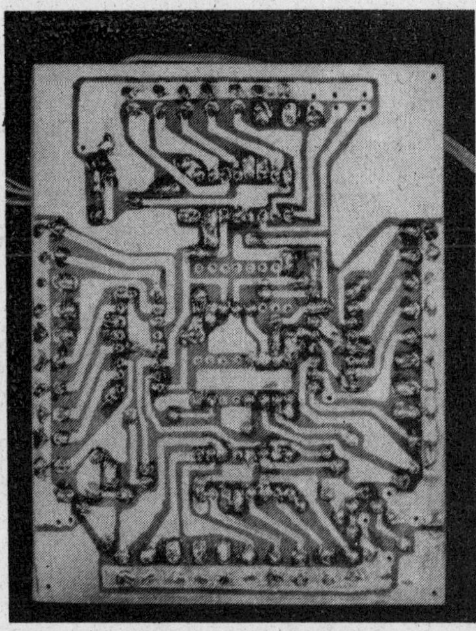

e)

Bild 12.2 Roulettehauptteil: umlaufender Leuchtpunkt; a – Stromlaufplan (beim 4. Zähler lies 7 × LED!), b – Leiterbild, c – Bestückungsplan, d – Muster, e – Leiterseite des Handmusters

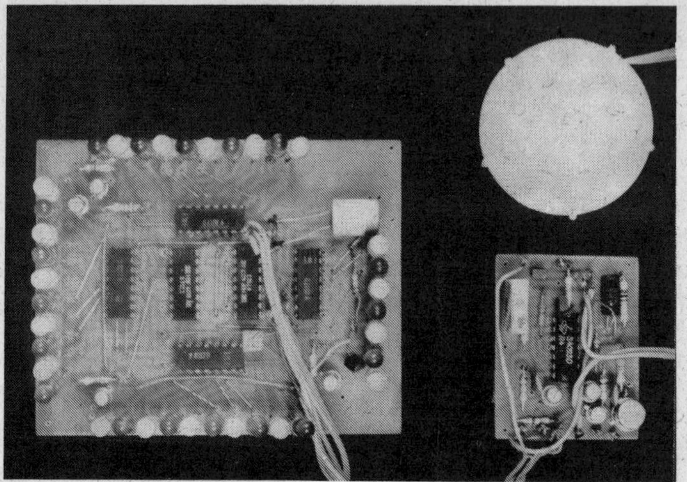

Bild 12.2
f – Roulette komplett
Achtung bei b: oberen Diodenanschluß nach Leiterzug 2,2 µF/ 1 MΩ hin verlängern, unteren von Lötösenanschluß trennen und Lötösenpunkt mit darunterliegendem Leiterzug verbinden! (vergleiche a!) Bei c lies 4,7 kΩ statt 47 kΩ

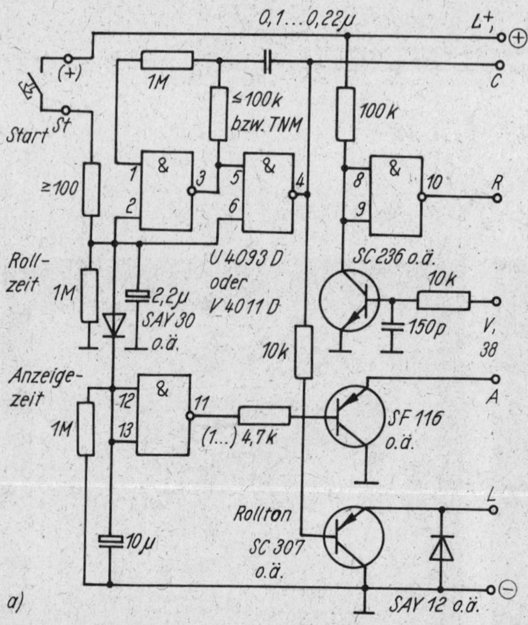

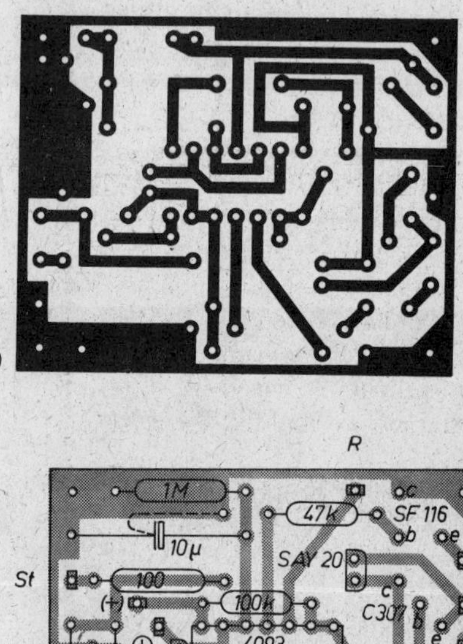

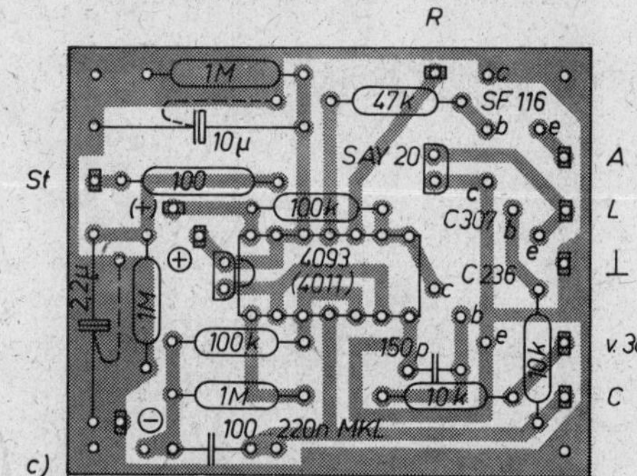

Bild 12.3
Taktgenerator mit »Rollton« für Roulett zum Anschluß an Bild 12.2; a – Stromlaufplan, b – Leiterbild, c – Bestückungsplan, d – Muster, e – Muster im Einsatz

mit ihren Leiterplatten wiedergegebenen beiden Teilschaltungen ermitteln. Beide können auch für andere Zwecke und unabhängig voneinander genutzt werden.

Die Form der Steuerplatte entspricht noch nicht der vom normalen Roulette her gewohnten Gestalt. Das ergab sich aus dem Bestreben, diese Leiterplatte noch im *typofix*-Rahmen unterzubringen. Es dürfte aber nicht schwerfallen, sie zu einem Kreis zu ergänzen und die Leuchtdioden darauf gleichmäßig zu verteilen, wie es Bild 12.4 andeutet. Die Plattengröße gestattet es sogar, sie unter dem handelsüblichen mechanischen

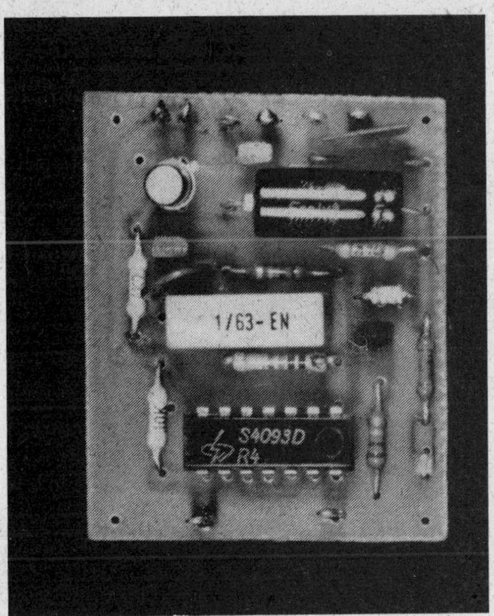

d)

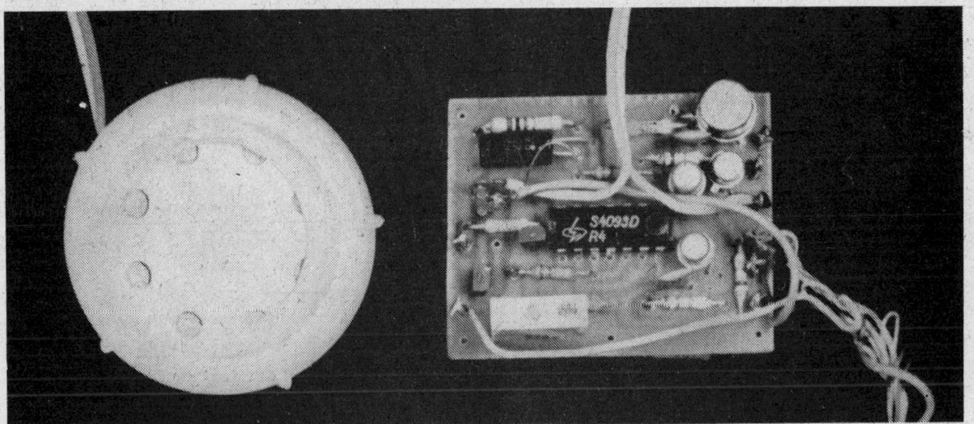

e)

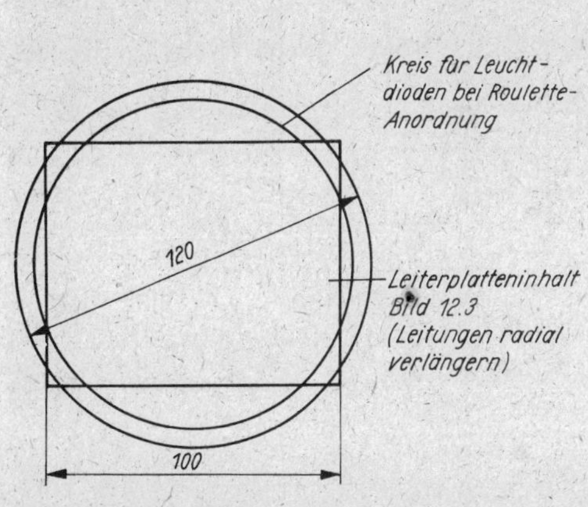

Bild 12.4
Auf diese Anordnung hin kann die Leiterplatte nach Bild 12.2 erweitert werden (beachte: 37 LED wegen 0 bis 36!)

Spiel zu montieren. Dann lassen sich auch seine Zahlenfelder nutzen. Man denke beim Selbstanfertigen daran, daß die Zahlen eine ganz eigentümliche Reihenfolge aufweisen!

Die Leiterplatte kann zur besseren Anpassung an eine Abdeckplatte sowohl bauelemente- wie leiterseitig mit den Leuchtdioden bestückt werden. Im letztgenannten Fall bietet sich, da dann nur die Lötstellen nach oben ragen, eine Minivariante mit Klein-LED (*VQA 15* und *VQA 25*) an. Und noch etwas, wenn man wieder das mechanische Roulette zu Hilfe nimmt: Wie wäre es, wenn die LED die Kugelrolle übernehmen, man aber dennoch die Scheibe (zusätzlich!) in Bewegung bringt? Bei dieser Gelegenheit noch schnell ein Wort zum beinahe vergessenen »Rollton«: Er ergibt sich »zwanglos« bei entsprechend gewählter Taktfrequenz aus dieser, wie Bild 12.3 erkennen läßt, und erfordert im wesentlichen eben noch einen Transistor und einen Schallwandler. Im Muster reichts bereite eine Telefonhörkapsel aus.

Zu den Rouletteregeln braucht an dieser Stelle wohl nichts gesagt zu werden. Wer dem eben gegebenen Tip folgt, wird sie ohnehin dadurch haben.

12.2. Zahlengenerator »0 bis 36« mit Automatik

Das zufällige Erzeugen von Zahlen im Bereich 0 bis 36 auf einer 2stelligen Ziffernanzeige ist eine andere Möglichkeit zum Nach-

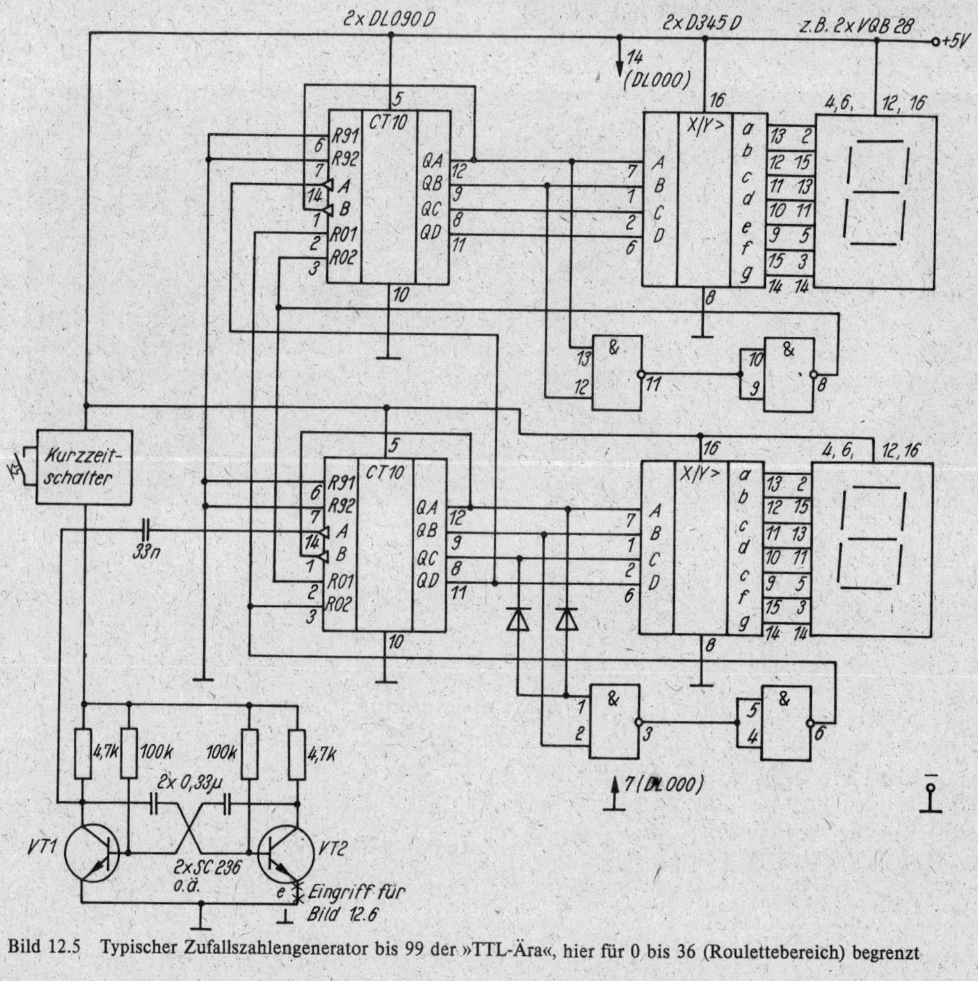

Bild 12.5 Typischer Zufallszahlengenerator bis 99 der »TTL-Ära«, hier für 0 bis 36 (Roulettebereich) begrenzt

bilden eines Roulettespiels. Die kreisförmige Anordnung einer derartig großen Anzahl von Leuchtdioden kommt dem Vorbild beim Roulette zwar wesentlich näher, bedeutet aber auch höheren Gesamtaufwand, wie Abschnitt 12.1 gezeigt hat. Die Schaltung nach Bild 12.5 bewegt sich dagegen im üblichen Rahmen für solche Fälle. Mit veränderten Rückführungen kann man daraus z. B. einen »Lottogenerator« für 5 aus 35 gewinnen. Die beiden Zählschaltkreise des Grundtyps *7490* (*MH 7490*, besser *DL 090 D*) können beliebig als Zähler zwischen 2 und 10 beschaltet werden. In der Schaltung nach Bild 12.5 geschieht das mit 2 Gattern eines *D 100 D* (*DL 000 D*) in der Zehnerstelle durch Begrenzen auf 0 bis 3. Verknüpfen der Ausgänge A und B bedeutet, beide haben H bei 3 (3 – HH). Das erste Gatter liefert dabei L am Ausgang. Für das Rücksetzen braucht man an den Eingängen R01 und R02 jedoch H. Daher wird mit dem 2. Gatter invertiert. Leichter geht das, wenn ein *DL 011 D* verfügbar ist. Dieses 3fach-AND mit je 3 Eingängen läßt sich auch bezüglich des Auswertens der Zahl 7 in der Einerstelle günstiger einsetzen. Beim *D 100 D* muß dagegen nicht nur mit dem letzten noch freien Gatter wieder invertiert werden, sondern man benötigt für den 3. Ausgang auch noch 2 Erweiterungsdioden, denn 7 bedeutet H an A, B und C. Diese Dioden verschlechtern den Störabstand am betreffenden Eingang. Daher sind in diesem Fall die Basis-Kollektor-Strecken von alten Ge-Transistoren günstiger als beispielsweise eine *SAY 30*.

Da die Einer-Rücksetzschaltung wieder nur auf je einen R0-Rücksetzeingang wirkt, entsteht bei 7 in der Einer- und 3 in der Zehnerstelle der Rücksetzbefehl auf 00. Das geht aber so schnell, daß die Anzeige 37 gar nicht erst wahrgenommen wird. Um wenigstens eine gewisse Ähnlichkeit mit der rollenden Kugel des Originals zu erreichen, sollte die Anzeige nach Start eine Weile durchlaufen, um dann zufällig stehenzubleiben. In einer der zahlreichen »Vorbild«-Lösungen wurde dazu der Taktgenerator aus einem Kondensator gespeist, dem durch Knopfdruckstart jeweils Ladung zugeführt wird. Die Realisierung erwies sich als problematisch. Die erzeugten Taktschritte werden von der übrigen Schaltung gezählt. Bis der Generator mangels ausreichender Betriebsspannung aufhört, vergeht eine relativ wenig variable Zeit, es sei denn, man hätte den Kondensator über einen größeren Vorwiderstand sozusagen »zufällig« nur teilweise geladen.

Selbst dann aber zeigte sich ein »Einrasten« des Zählers auf ganz bestimmte Vorzugsziffern. Offenbar liegt das an der zuletzt nicht mehr sauberen Taktbedingung (die zulässigen Werte für H und L werden vom Taktgenerator nicht mehr eingehalten). Gewisse Unterschiede in der Reaktion der einzelnen Flip-Flops im Schaltkreis dürften damit den genannten unerwünschten Effekt zur Folge haben.

Selbst Sperren des Generators über einen Schwellwertschalter bei voller Betriebsspannung gibt allein noch keine befriedigende Zahlenstreuung, wohl als Folge davon, daß die Zeitsteuerung dieses Abschalters ebenfalls relativ konstante Zählzeiträume vorgibt. Da nun die Zählstufen wiederum bei einer Vorzugslage starten, würde erst eine sehr hohe Taktfrequenz wieder zu genügend »zufälligen« Ergebnissen führen. Das aber bedeutet, daß während der Taktphase die Ziffern nur flimmern, also ohne »Roll-Effekt« anzeigen.

Es gibt nun eine Reihe von Möglichkeiten, diese Zeitsteuerung zufällig variabel zu gestalten. Die einfachste ist die bereits genannte: Der Starter lädt den zeitbestimmenden Kondensator über einen größeren Vorwiderstand. Das geschieht so lange, wie der Knopf gedrückt wird. Kurze Ladezeiten bedeuten damit kurze Zählzeiträume. Ein ge-

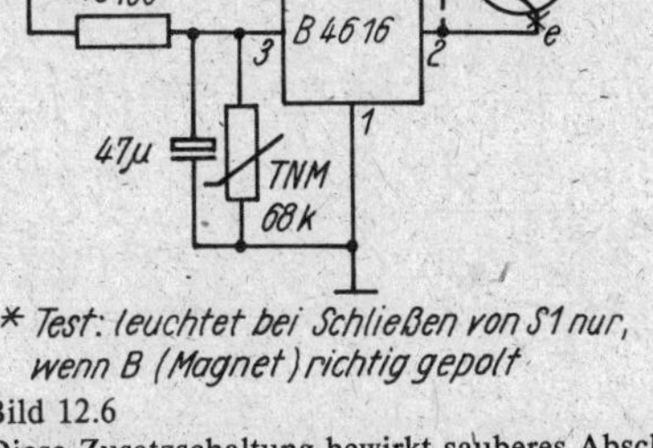

Bild 12.6
Diese Zusatzschaltung bewirkt sauberes Abschalten bei voller Betriebsspannung

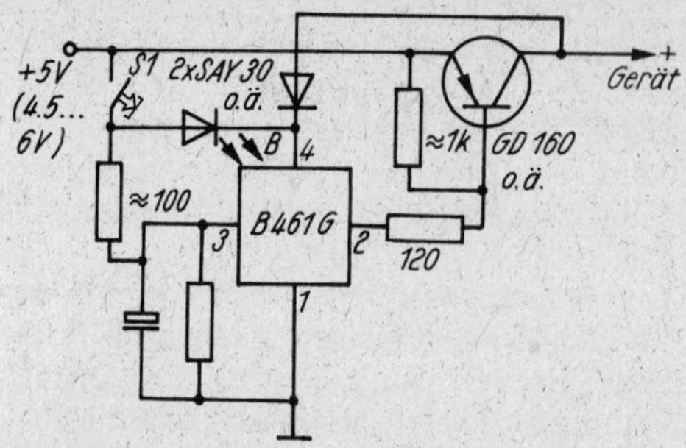

Bild 12.7
Abschaltautomatik mit Zeitglied

wisses Zeitgefühl beim Drücken kann dennoch die erreichten Zahlen in einen engeren Wertebereich bringen, besonders bei kleiner Taktfrequenz. Besteht nun aber der Ladewiderstand ganz oder teilweise aus einem Fotowiderstand, einem Fototransistor oder einem Heißleiter, so wirkt am zufälligen Ergebnis auch die Umgebung mit. Ebensogut kann man diese Variable in den Entladevorgang einfügen.

Zur Grundschaltung nach Bild 12.5 zeigt daher Bild 12.6 einen Zusatz, der zweierlei im gewünschten Sinne bewirkt: Die Zeitsteuerung ist temperaturabhängig, und der Taktgeber wird digital, bei voller Betriebsspannung, wieder abgeschaltet. Die Lösung ist unkonventionell. Auf Grund der sehr preisgünstig verfügbaren Bastelbeutel mit *Hall*-Schaltkreisen lag es nahe, diesen Trigger für die Generatorsteuerung auszunutzen. Man muß ihn zwar mit einem kleinen Magneten aktivieren, aber diese Magnete liegen dem Beutel bei. Je nach Empfindlichkeit des Schaltkreises genügte im vorliegenden Fall bei einem Exemplar nur einer, während ein anderes 2 der kleinen Rundstäbe benötigte. In Bild 12.6 ist eine Testmöglichkeit enthalten, um sowohl den erforderlichen Aufwand festzustellen wie auch danach gleich für alle Magnete die Polung. Diese Kenntnis braucht man, da stets der Südpol auf die Mitte der beschrifteten Seite wirken muß, der Nordpol also von der anderen Seite. Diese Schaltung kommt dem gewünschten Zweck schon recht nahe; sie genügt, wenn der Generator über einen Klingeltransformator und eine Stabilisierungsschaltung betrieben wird.

Mobiler Batteriebetrieb erfüllt den Einsatzzweck aber oft besser. Dem steht der recht hohe Strombedarf des Geräts entgegen. Es gibt inzwischen für solche Aufgaben zwar viel günstigere Bauelemente, z. B. in CMOS (mindestens Dekoder *U 40511 D* und demgemäß Anzeigen mit gemeinsamer Katode), doch gerade im »unernsten« Spielebereich möchte man auch noch konventionelle, vorhandene Bauelemente nutzen. Es soll gleich noch einen Schritt weitergegangen werden. Die »schlechteste« Variante benötigt etwa 250 mA. Die Betriebsspannung sollte zwischen 4,5 und 5,3 V liegen. 4 Monozellen und eine 1-A-Diode in Serie dazu sind anfangs genau richtig. Mit zunehmender Erschöpfung kann man die Diode überbrükken, damit das Gerät noch eine Weile arbeitet.

Allzuviel Spannungsverlust über einer Schaltautomatik sollte vermieden werden.

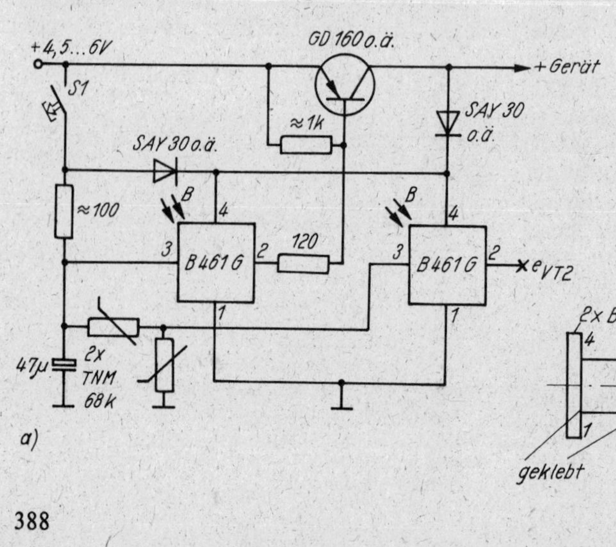

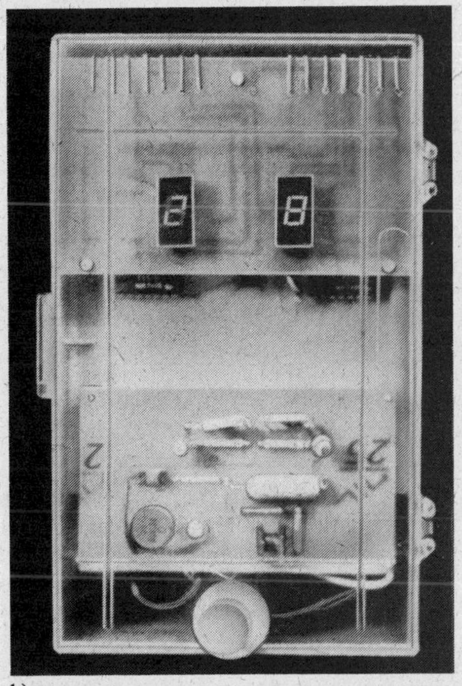

b)

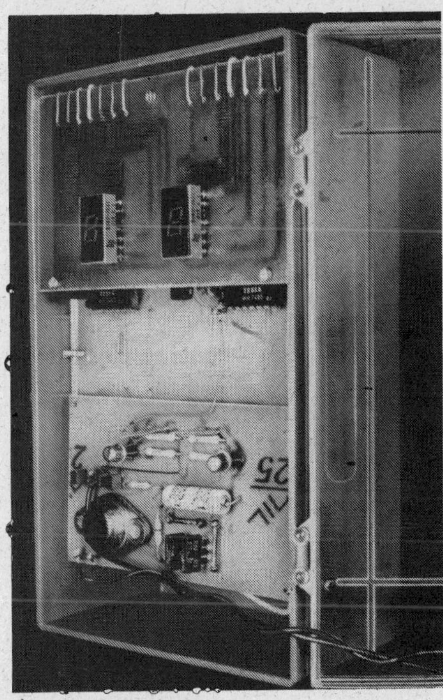

c)

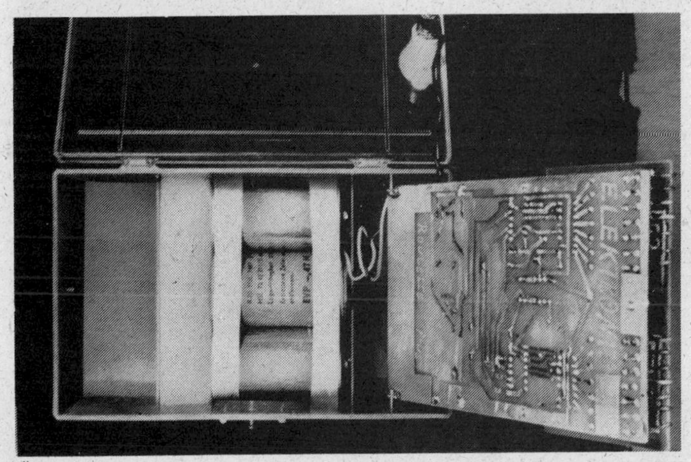

d)

Bild 12.8
Zahlengenerator; a – Gesamtschaltung, b – Vorderansicht (Deckel aus durchsichtigem Polystyrol, noch ohne Maske), c – Deckel, hochgeklappt (Anzeigeelemente aus Fremdtyp-Angebot des Handels), d – Versorgung aus 3 × *R20*

Warum also nicht einen Ge-Leistungstransistorveteranen bemühen? Für den angestrebten Zweck erweist er sich als gut geeignet. Dieser Zweck besteht in folgendem: Bei beliebigem kurzem oder längerem Betätigen des nichtrastenden Startknopfs beginnt der Taktgenerator eine automatisch (im Sinne von Bild 12.6) begrenzte Zeit zu laufen. Danach schaltet ihn der Trigger ab. Jetzt soll die Anzeige noch etwa 10 s stehenbleiben, damit man sie auswerten kann. Danach wünscht man sich eine totale Abschaltung – wiederum automatisch und damit »unvergeßlich«. Diese Bedingungen erfüllt die Schaltung nach Bild 12.7. Transistor und *Hall*-IS passen ausgezeichnet zusammen: Die für den *B 461 G* zugelassenen 30 mA Ausgangsstrom sind gerade der richtige Basisstrom für einen Ge-Leistungstransistor bescheidener Stromverstärkung, um bei 250 mA Laststrom kaum mehr als 100 mV Kollektor-Emitter-Spannung übrigzulassen.

Wenn nun schon 2mal ein *B 461 G* verwendet wird, liegt die Kombination nach Bild 12.8 nahe: Sowohl magnetisch wie elektrisch werden beide miteinander verknüpft. Das spart zunächst im »worst case« einen Magneten. Es bringt außerdem jedoch die sehr erwünschte »halbstarre« Kopplung zwischen den Schaltzeiten für Takt und Spannung, denn der Spannungsteiler bewirkt, daß zuerst der Taktgenerator stehenbleibt. Das geschieht etwa bei 1,2 V am Eingang des ihm zugeordneten *B 461 G*. Dessen Ausgang geht auf H, d. h., er sperrt (open-collector-Ausgang!). Zu diesem Zeitpunkt führt der Eingang der Stromversorgungssteuerung noch etwa 2,4 V. Erst später geht daher auch dieser Ausgang H. Dann erhält der *GD 160* keinen Basisstrom mehr. »Siliziumgewohnten« wird der Widerstand zwischen Basis und Emitter dieses Ge-Transistors vielleicht ungewohnt sein. Er hilft jedoch erheblich sparen. Es handelt sich um eine »Ableitung« für den Kollektor-Basis-Reststrom des Transistors, der andernfalls einen um den Faktor der Stromverstärkung höheren Kollektor-Emitter-Reststrom zur Folge hätte. Im Muster waren das ohne Widerstand immerhin etwa 1,5 mA, die mit Widerstand auf etwa 200 µA zurückgingen.

Der Spannungsteiler für die Triggerwerte ist nun nicht einfach ein normaler Widerstandsteiler. Er besteht vielmehr aus 2 hochohmigen Heißleiterwiderständen. Damit wird die Zählzeit im für zufällige Anzeigeergebnisse hier gewünschten Sinne temperaturabhängig (allerdings auch die Anzeigezeit).

Um die Schaltung zu starten, wird im Beispiel der Automatik bei ständig anliegendem Magnetfeld durch den Taster von Plus Batterie her Spannung zugeführt. Der zeitbestimmende Kondensator lädt sich sofort auf, und beide Triggerausgänge gehen auf L. Damit erhält auch der Ge-Transistor Basisstrom und übernimmt die Versorgung der beiden Schaltkreise sowie der Hauptschaltung. Starten ist jedoch (z. B. durch Unbefugte) nicht möglich, wenn man sich eines Geheimschlüssels mit Magnet bedient. Erst nach Einführen in die entsprechende Öffnung im Gerätegehäuse können die Trigger geschaltet werden.

12.3. Rotierender Leuchtpunkt

Zur »nicht unbedingt ernsten« Seite der Elektronik gehören Lichteffekte. Lauflichtschaltungen sind dabei besonders beliebt. Je größer die geschalteten Lichtquellen, um so eindrucksvoller ist dabei der Effekt. Der *A 277 D* (Grundinformationen s. Abschnitt 5.) kann 12 solcher Lichtquellen aktivieren: bis 20 mA und bei Niederspannung direkt, darüber über Schalttransistoren, Relais, Thyristoren oder (und) Optokoppler.

Auf jeden Fall benötigt man zunächst ein-

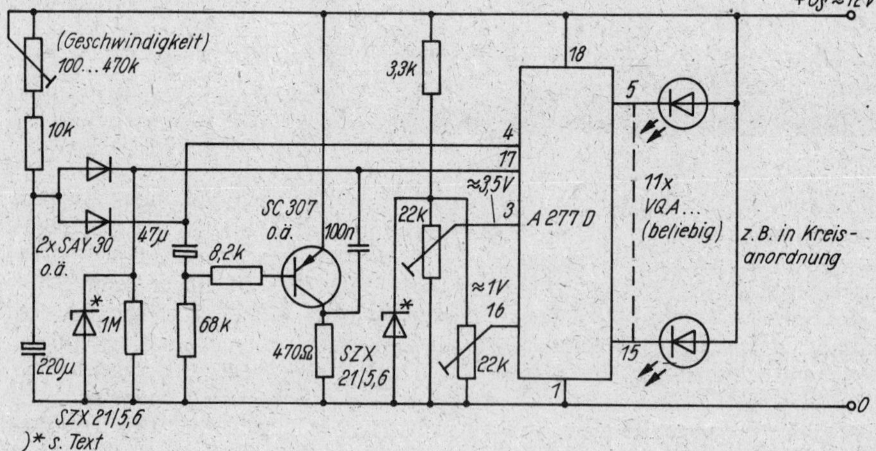

Bild 12.9 Umlaufender Leuchtpunkt mit *A 277 D*

mal eine Steuerschaltung, und diese kann vorerst mit Leuchtdioden als Indikatoren ausgestattet werden. In »Mini-Anwendungen« bleibt es dann dabei. Wie wär's z. B. mit dem Umrahmen des Türschilds? Als zusätzlicher »Spaßeffekt« bietet sich eine helligkeitsgesteuerte Umlauffrequenz an: Je heller, um so schneller!

Bild 12.9 zeigt bereits die auf diese Weise ausgelegte Gesamtschaltung. Für den Stromgenerator genügt wieder ein billiger Vorwiderstand. Sofern der Ladespannungs-, also Steuerspannungsbereich deutlich unter der Betriebsspannung bleibt (was mit entsprechend niedriger $U_{r\,max}$ erreicht wird), hält sich die Ladestromverringerung bei steigender Ladespannung in tragbaren Grenzen. Bei kreisförmig angeordneten Leuchtpunkten hat man dadurch allenfalls den optischen Eindruck einer gewissen »Unwucht« in der Rotation.

Das Zurückfallen bis auf die erste Leuchtdiode, sobald die Steuerspannung den nicht mit einer Leuchtdiode belegten letzten Ausgang nach Masse durchgeschaltet hat, kommt auf Grund des gleichen Mechanismus wie bei der Tonerzeugung im Timer zustande. Allerdings wurde in der Schaltung nach Bild 12.9 dafür gesorgt, daß sich der Kondensator – weil in diesem Fall ohne Vorwiderstand an Anschluß 4 gekoppelt – rasch bis zu einer mit U_{retmin} verkoppelten Spannung etwa zeitlinear mit $I_{entl.} = 10 \ldots 20$ mA, je nach Beschaltung von Anschluß 2, entladen kann.

12.4. »Schräge Vögel«

Auch die Schaltung nach Bild 12.10 entstand bei der spielerischen Beschäftigung mit dem *A 277 D*. Für sie gilt einfach: aufbauen (Universalleiterplatte genügt), einschalten und – an den Stellwiderständen spielen. Die Schaltung hält einen großen Spielraum an auch vogelähnlichen, periodisch wiederkehrenden Geräuschen bereit. Mit einem Fotowiderstand läßt sich gegebenenfalls erreichen, daß das »liebe Tier« wenigstens nachts den Schnabel hält. Werden im Basiszweig des Transistors Widerstände durch Heißleiter ersetzt, erkennt man akustisch das jeweilige »Wohlbefinden« an Änderungen des Geschreis. Also eine unkonventionelle Thermometerart zusätzlich ...

Etwas anspruchsvoller ist jedoch schon die Schaltung nach Bild 12.11. Den Aufwand, der auf dem Bild doch recht bedeutend wirkt, minimiert allerdings ein 4fach-Operationsverstärker wie der *B 084 D*. Eine symmetrische Spannung von ±5 V muß man diesem »hochgezüchteten Edelroller« spendieren, damit er schön »singt«. Und das kann er. Für eine Weile ist es amüsant, mit ihm einen akustischen Streifzug durch die Vogelwelt mit dem Potentiometer zu unternehmen. Wer will und das Weiterentwickeln solcher Spielchen nicht scheut (man lernt schließlich auch daraus!) kann mit Analogschaltern ein Spektrum von Tönen programmieren und digital steuern.

Doch halt – hier meldet sich schon der

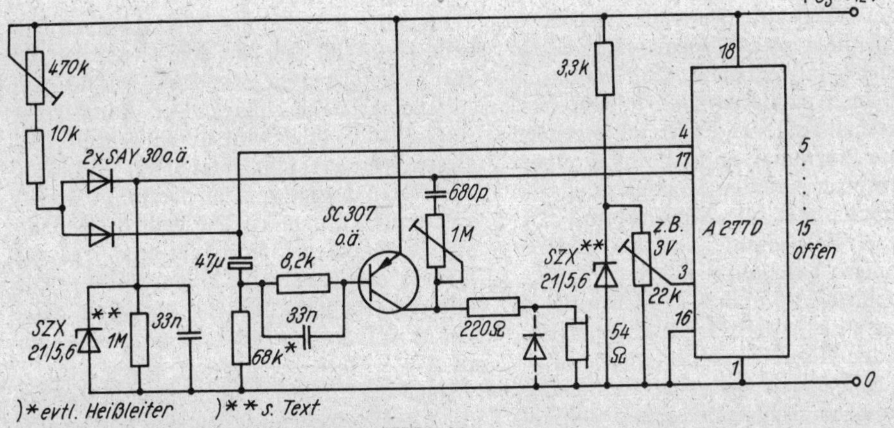

Bild 12.10 Vogelähnliche Töne mit dem *A 277 D*

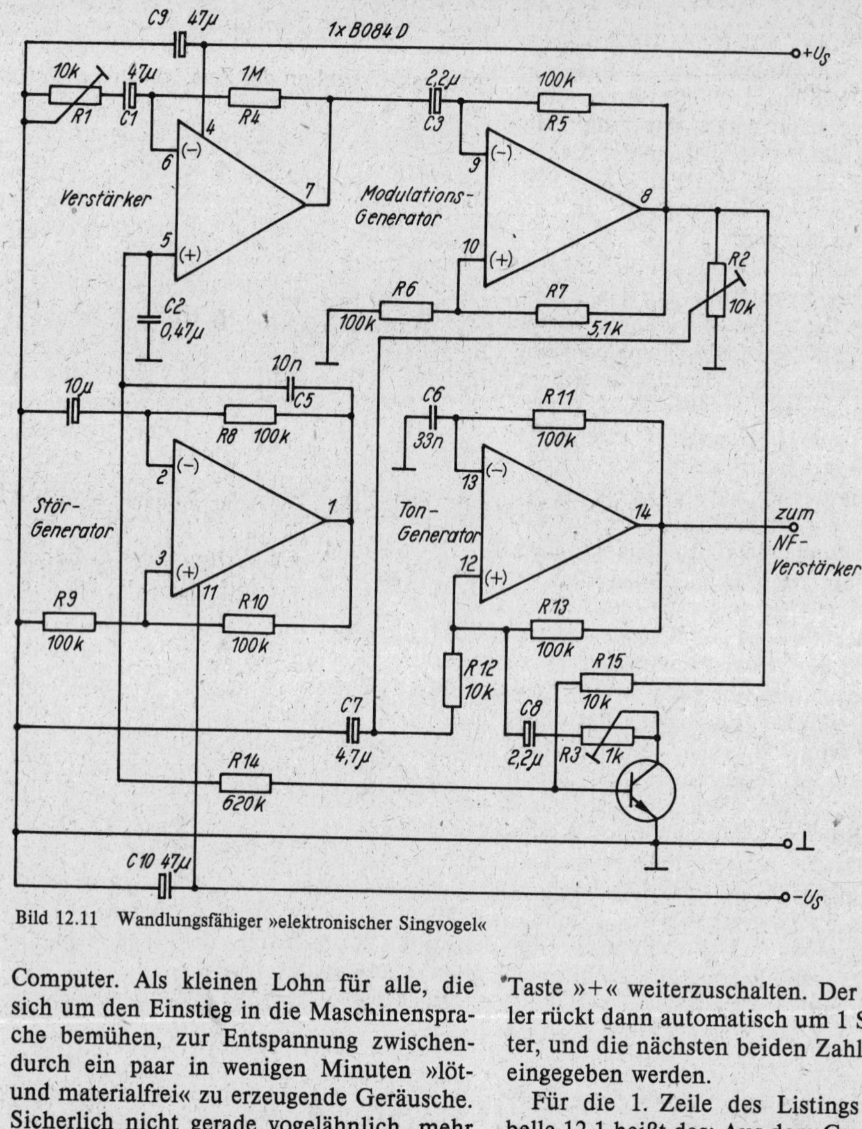

Bild 12.11 Wandlungsfähiger »elektronischer Singvogel«

Computer. Als kleinen Lohn für alle, die sich um den Einstieg in die Maschinensprache bemühen, zur Entspannung zwischendurch ein paar in wenigen Minuten »löt- und materialfrei« zu erzeugende Geräusche. Sicherlich nicht gerade vogelähnlich, mehr wie Sondersignale klingend, aber: Weitermachen ist auch in diesem Fall erlaubt (und bildet diesmal auf jeden Fall!). Im folgenden das kleine Programm, aufgestellt von einem 13jährigen nach wenigen Stunden Praxis am Lerncomputer *LC 80* (Variante mit 2K-EPROM – Betriebsanleitung bei anderen Ausführungen beachten!).

Wie beim *LC 80* üblich, braucht man ab Startadresse nur jeweils 2 der unter »HEX« aufgeführten Hexadezimalzahlen (also Zahlen zwischen 0 und F) in der Reihenfolge von links nach rechts einzugeben und mit Taste »+« weiterzuschalten. Der Adreßzähler rückt dann automatisch um 1 Schritt weiter, und die nächsten beiden Zahlen können eingegeben werden.

Für die 1. Zeile des Listings nach Tabelle 12.1 heißt das: Aus dem Grundzustand *LC 80* heraus wird mit Taste »ADR« auf Adreßeingabe geschaltet. Der Adreßzähler zeigt 2.0.0.0. oder wird durch Eingabe auf diesen Wert gebracht. Jetzt »DAT« drücken. Die Datenanzeige meldet daraufhin Bereitschaft zur Aufnahme. (Die beiden Dezimalpunkte leuchten.) Nun gibt man für die 1. Zeile der Tabelle 12.1. ein: 2/1/+/. Die Adresse geht auf 2001, das Datenfeld zeigt wieder Aufnahmebereitschaft an. Also weiter mit 1/0/+/ usw.

Nach der letzten Eingabe zeigt der *LC 80* als Adresse 2011 mit 20 als den letzten ein-

Tabelle 12.1
Soundeffekte mit Lerncomputer *LC 80*
Startadresse: 2000 H

HEX	Assembler	Erklärung
21 10 00	LD HL, 00 10	HL-Doppelregister mit Tondauer laden
06 1F	LD B, 1F	Register B mit Anfangston laden (00 H höchster, FF H tiefster Ton)
C5	(1):PUSH BC	Inhalt der Doppelregister BC und HL
E5	PUSH HL	in Keller retten, da BC und HL durch die Soundroutine verändert werden
48	LD C, B	Tonhöhe nach Register C
CD 76 03	CALL 03 76	Aufruf der Soundroutine im ROM
E1	POP HL	ursprüngliche
C1	POP BC	Inhalte der Doppelregister aus dem Kellerspeicher zurück
10 F6	DJNZ (1)	Routine von (1) an so lange wiederholen, bis B = 0
C3 00 20	JP 2000 H	Sprung zum Programmanfang

Bemerkung: Wird der letzte Programmschritt weggelassen, kann die Routine eine beliebige Startadresse haben; sonst muß der letzte Sprung an die Startadresse angepaßt werden

gegebenen Daten. Jetzt »ADR« drücken und wieder Startadresse (2000) eingeben. Druck auf »EX« startet das Programm. Nun singt der Vogel. Durch »RES« läßt sich der Ablauf unterbrechen, kann jedoch jederzeit neu gestartet werden – solange das Gerät nicht abgeschaltet wird. Die Eingaben sind in weniger als 2 min zu erledigen. Sollte man sich vertippt haben, können im Zustand »DAT« mit den Tasten »+« und »−« die unter jeder Adresse angezeigten Daten überprüft und gegebenenfalls korrigiert werden.

Das Listing enthält 3 Zeilen, in denen durch Datenänderung Zeitdauer der einzelnen Töne, Anfangston und Tonhöhe nach Wunsch in Sekundenschnelle geändert werden können.

12.5. Kleine Notentafel

Nun ist es wohl an der Zeit, wieder zu »vernünftigeren« Tonerzeugern zurückzukehren. Eine kleine Notentafel, auf der man durch Antippen der dargestellten Noten die entsprechenden Töne erhält, ist heute kein Problem mehr. Im folgenden dazu Informationen aus *Bauplan Nr. 57* (zumal dort – leider – die Masseverbindung zum *555*, Anschluß 1, fehlte!):

Allerdings gibt es jetzt eine gewisse Schwierigkeit, die die Anordnung mehr auf Spielebene hält. Genauer besehen, ist ein sauberer Ton mit einem Rechteckschwingungen erzeugenden Generator ohne Zusatzaufwand gar nicht zu erreichen. Außer der Grundfrequenz sind je nach Flankensteilheit noch eine ganze Menge Oberwellen vorhanden, die den Eindruck des Gehörten verändern. Hinzu kommt das mit der Frequenz variierende Impulsverhältnis der Schwingungen aus dem *B 555 D*. Zumindest die letztgenannte Eigenschaft vermag ein nachgeschaltetes Flip-Flop zu eliminieren. Allerdings fällt damit der Vorteil des »Alles in einem« weg, den der *B 555 D* mit seiner leistungsfähigen Endstufe anbietet. Weniger vollkommen, aber zumindest für diesen Punkt ausreichend ist es dagegen, mit einer Diode die Sache abzuschwächen. In Flußrichtung vom Entladeausgang zum Kondensator parallel zum Widerstand R_b gelegt, hebt sie dessen Wirkung beim Aufladen großenteils auf. Je höher die Betriebsspannung, um so geringer ist das Verhältnis der Flußspannung U_F zur Betriebsspannung, um so weniger wirkt damit auch die Temperatur auf die Höhe von U_F und damit auf die Frequenz f. In Näherung gilt dann $t_{auf} = 0{,}7 \cdot R_a \cdot C$ und $t_{ent} = 0{,}7\, R_b \cdot C$. Für $R_a = R_b$ ist dann die Ladezeit etwa gleich der Entladezeit. Da jede neue Frequenz aber sowohl einen neuen R_a- wie einen neuen R_b-Wert erfordert, scheidet das Verfahren für die Notentafel aus. (R_b: Widerstand von 6 nach 7, R_a von 7 nach Plus.)

Für $R_a \ll 2R_b$ geht die Frequenzgleichung $1/f \approx 0{,}7\,(R_a + 2R_b)\,C$ über in $1/f \approx 1{,}4 \times R_b \cdot C$. Für die Aufladezeit spielt dann nämlich R_a fast ebensowenig eine Rolle wie (ohnehin) für die Entladezeit. Der für Frequenzänderungen sinnvolle Widerstand ist nun R_b. Das wiederum läßt sich für eine direkt geschaltete »Notentafel« oder auch eine »Miniorgel« noch recht gut akzeptieren. Eine elektronische Steuerung dagegen möchte man im allgemeinen gegen Plus oder gegen Masse arbeiten lassen. Eine Grenze für brauchbare Ergebnisse stellt bei kleinem R_a der Entladetransistor im *B 555 D* dar. Als Faustregel soll gelten, daß $U_{CC}/R_a \lessapprox 1$ mA bleibt. Für z. B. $U_{CC} = 10$ V bedeutet das $R_a \gtrapprox 10$ kΩ. Das verlagert die R_b-Werte in den Megaohmbereich, wenn $R_a \ll 2R_b$ bleiben soll. 1 MΩ aber ist der empfohlene obere Grenzwert für den frequenzbestimmenden Gesamtwiderstand. Ganz so hoch sollte man also nicht gehen. Die Überlegung führt daher zu etwa 20 nF, wenn man im Bereich von 261,6 Hz (c1) und 523,2 Hz (c2) Frequenzen erzeugen will.

Damit ergeben die Überlegungen zur anspruchslosen »Notentafel« mit einigermaßen symmetrischen Rechteckimpulsen die Schaltung nach Bild 12.12.

Etwas »verrunden« läßt sich die Kurvenform mit dem parallel zum Lautsprecher angedeuteten Kondensator. Der Vorwiderstand bestimmt dabei zusammen mit der Lautsprecherimpedanz den für einen bestimmten Frequenzbereich optimalen Wert von *C*, damit aus den Rechtecken mit wachsendem f nicht gerade Dreieckschwingungen werden. Der gewünschte Frequenzumfang drückt sich in einer entsprechenden Anzahl von Festwiderständen und Abgleichwiderständen aus. Die Zuordnung dieser Werte zu den Tönen einer Oktave – *C* als Nennwert voraus-

Tabelle 12.2
Frequenztabelle und Festwiderstandswerte der Notentafel für $C = 2 \times 10$ nF, Stellwiderstände 47 kΩ, $R_a = 10$ kΩ

Ton	*f* in Hz	$R_{b\,fest}$ in kΩ
c^1	261,6	100 … 110
d^1	293,7	91
e^1	329,7	82
f^1	349,2	68 … 75
g^1	329	62
a^1	440	51
h^1	493,9	39 … 43
c^2	523,2	39

gesetzt – ergibt sich aus Tabelle 12.2. Für das Muster waren gerade nur 47-kΩ-Steller vorhanden. Tabelle 12.2 weist in der 3. Spalte aus, welche Nennwerte für die Festwiderstände dann sinnvoll sind. Bei freier Auswahl wird man etwa ⅓ des Gesamtwerts abgleichbar auslegen, um eine entsprechende Sicherheit gegen denkbare Toleranzen zu erreichen.

Spielt das Modell mit dieser einen Oktave, wünscht man sich bald eine zweite. Nichts einfacher als das, wenn der Kondensator (daher nämlich die Angabe 20 nF statt des üblichen Standardwerts von 22 nF!) aus 2×10 nF zusammengesetzt ist. Einfach einen von beiden abschalten, und schon wird c1 zu c2 und c2 zu c3. Das gilt aber nur, wenn man über sehr engtolerierte Kondensatoren verfügt. Andernfalls ist so vorzu-

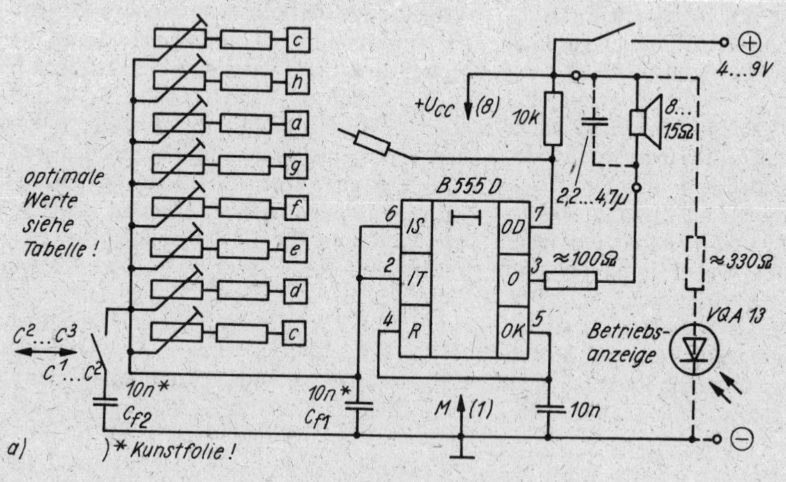

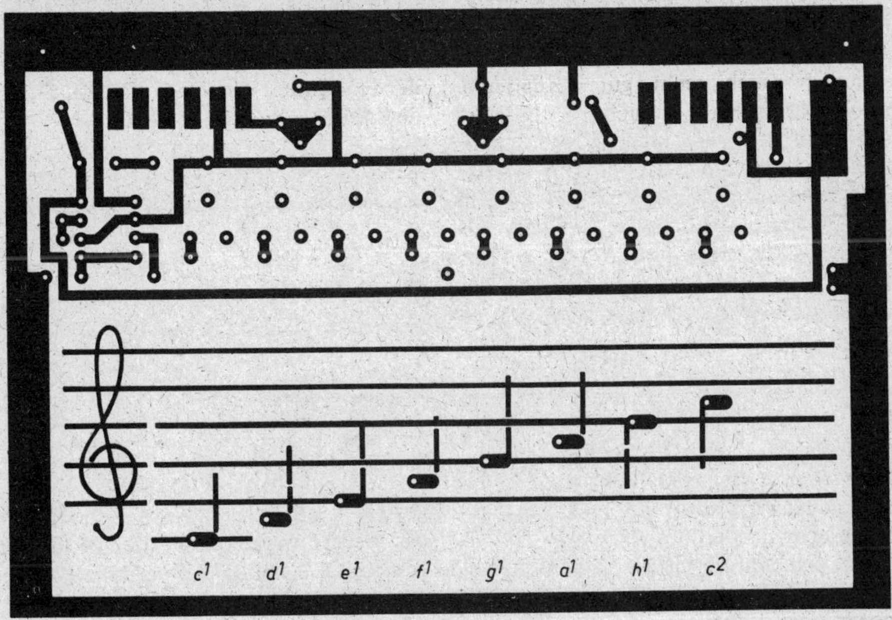

b)

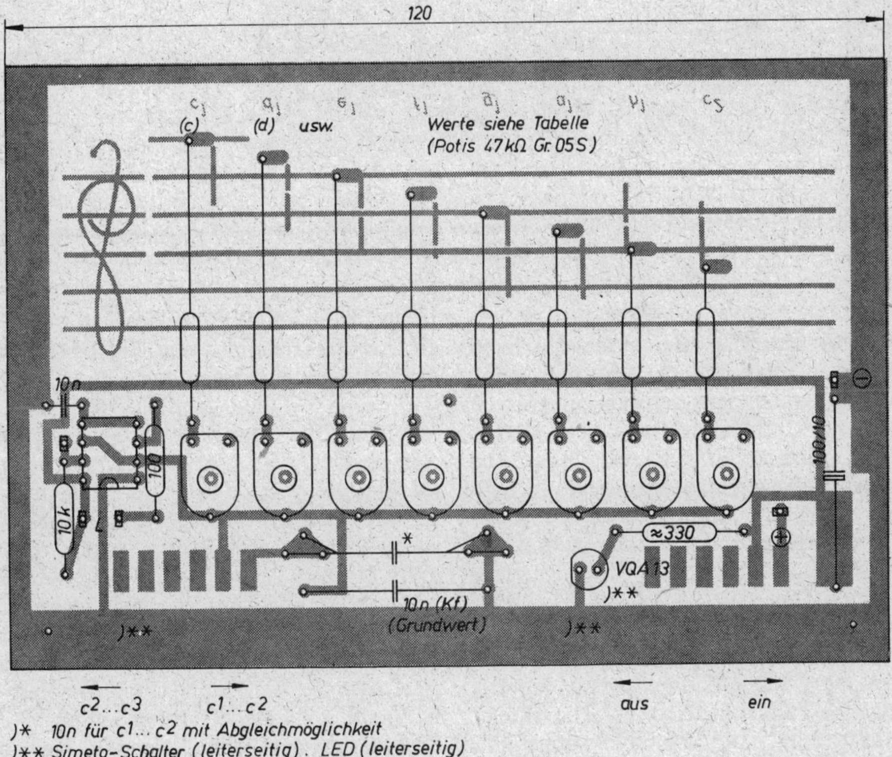

c)

Bild 12.12 »Notentafel«; a – Stromlaufplan, b – Leiterbild zur Minimalvariante für 1 Oktave, aber umschaltbar auf 2. Oktave, c – Bestückungsplan

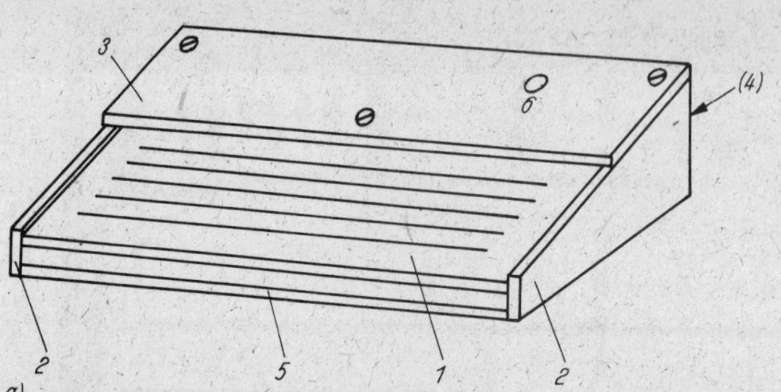

a)

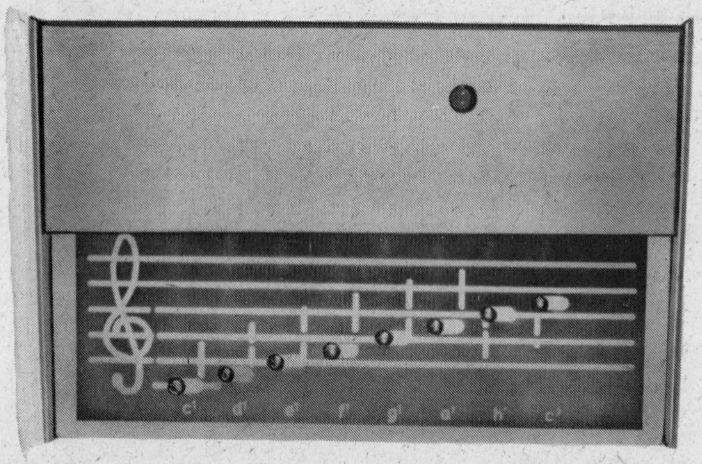

b)

gehen: Nach Gehör wird ermittelt, welcher Kondensator den kleineren Wert hat. Diesen wählt man zum Abschalten. Nun ist durch An- und Abschalten zu ermitteln, bei welcher Zusatzkapazität zum abschaltbaren *C* (das können ohne weiteres 4 nF oder sogar mehr sein!) man den gleichen Ton für c2 hört. c2 liegt mit Zusatz-C ganz oben, ohne Zusatz-C ganz unten. Die restlichen Töne gleicht man je nach »Gehörqualität« an, z.B. im Vergleich mit einer Triola. Besser ist natürlich ein Frequenzmesser. Die Leiterplatte nach Bild 12.12b stellt die Minimalvariante für (2×) 8 Töne dar. Auf Grund der bildlichen Darstellung der Noten erreicht der Anfänger beim Abspielen einfacher Melodien bereits recht schnell eine gewisse Übung. Eine kleine Tastspitze wirkt als »Tongriffel«. Mit ihr wird die gewünschte Note angetippt. Bauhinweise zur Notentafel sind in Bild 12.13 enthalten. Viele andere Varianten lassen sich realisieren. Praktisch lediglich durch mehr Widerstandsstufen ist auch die »Halbtonleiter« zu realisieren. Man muß dazu nur die Leiterplatte bezüglich des Eingabeteils »doppeln«.

Die Pultanordnung nach Bild 12.13 ist einfach zu realisieren. Man läßt sie entweder ganz offen oder umkleidet sie mit Plastplatten, so daß nur die eigentliche Notentafel offenbleibt. Ein brauchbares Gehäuse steht auch wieder in der schon mehrfach genutzten Plastbox *S 32/4* zur Verfügung. In Deckel oder Boden – je nach Gebrauchslage – wird ein passendes Fenster gesägt. Schon mit 4 bis 6 V (3 bis 4 × *R6*; 2 bis 3 × *RZP2*) arbeitet die Notentafel zuverlässig. Der Wirkmechanismus des *B 555 D* stellt dabei eine von der Betriebsspannung kaum abhängige, also relativ stabile Frequenz sicher. Während man die Stromversorgung in der Box unterbringen kann, empfiehlt sich der Anschluß eines Lautsprechers über eine entsprechende Buchse.

Statt der Kontaktierung durch Tastspitze kann man auch einfache Tasten aus Feder-

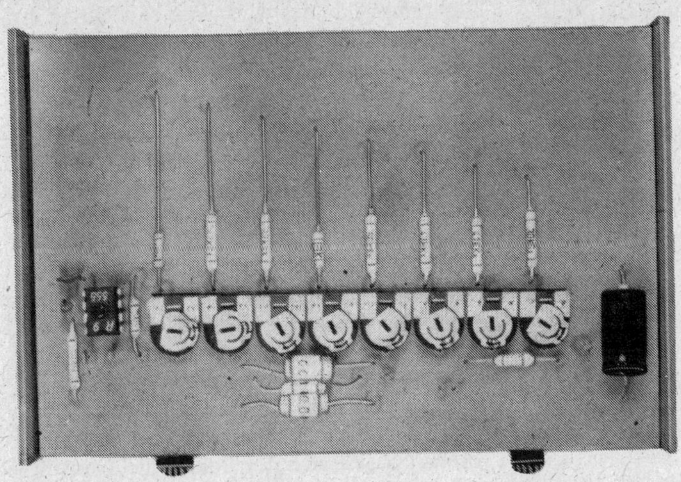

c)

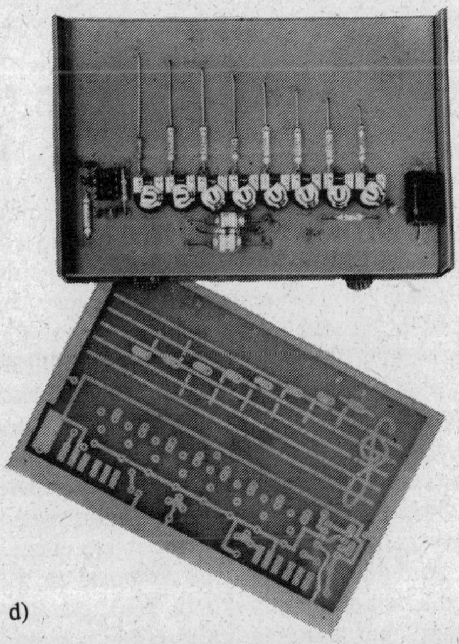

d)

Bild 12.13
Realisierungsvorschlag zur »Notentafel«; a – Bauskizze, 1 – Leiterplatte nach Bild 12.12, Leiterseite oben, 2 – Seitenwände aus kupferkaschiertem Isolierstoff, 3 – Deckplatte, z.B. mit Schrauben M2 in Gewinde von 1 geschraubt, 4 – Rückwand (unsichtbar), mit 2 verlötet, trägt Lautsprecherbuchse und Öffnungen für Schalter, 5 – Bodenplatte (z.B. ähnlich 3 verschraubt), trägt Batterie (2 × *RZP 2*), 6 – Öffnung für Betriebsanzeige (Leuchtdiode), b bis d – Musteransichten

blech auf dem kupferkaschierten Basismaterial festlöten. In einer »komfortableren« Variante werden für die Noten Leuchtdioden eingebaut. Notwendigerweise über einen getrennten Stromkreis im Sinne von Bild 12.14a können diese Anzeigen dann von den Tasten zum Leuchten gebracht werden. Das Bild zeigt, daß dazu Umschalter nötig sind, z. B. Mikrotaster, und daß der Strombedarf relativ groß ist. Im Tausch gegen »Elektronik« läßt er sich bei n Dioden auf $\approx 1/n$ senken, wie Bild 12.14b in einer von mehreren denkbaren Möglichkeiten zeigt. Zudem fließt dieser Strom (außer dem Basisstrom) nur, wenn eine Taste gedrückt ist. Jedoch sei bei dieser Ergänzung vor einem Trugschluß gewarnt: Bei gleichzeitigem Drücken von 2 Tasten werden zwar 2 »Noten« leuchten, doch der Ton selbst ist wesentlich höher. Das liegt daran, daß mit 2 Tasten nicht 2 Töne zugleich erzeugt werden, sondern nur ein entsprechend der Parallelschaltung von 2 Widerständen höherer einziger Ton.

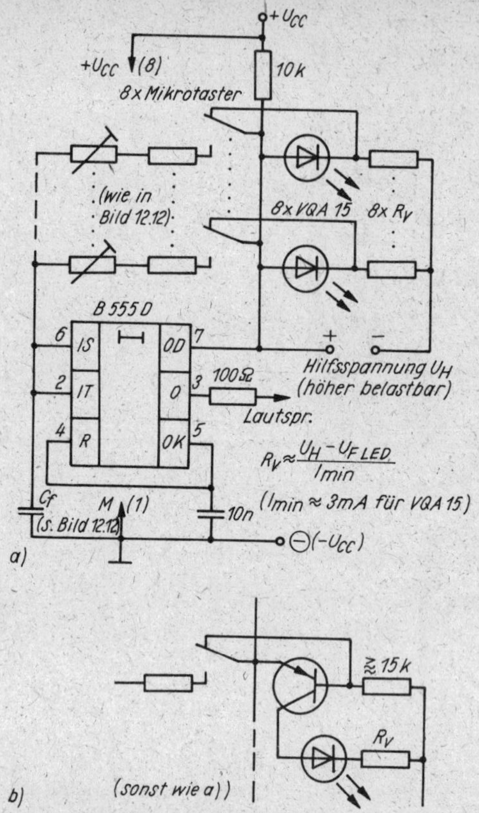

Bild 12.14
Leuchtdiodenanzeige für »Notentafel«; a – einfache Variante, b – stromsparende Variante

12.6. Takt für Töne

Das ist eine ebenso einfache wie überaus nützliche Anwendung im Bereich der »Töne« für jene, die diese noch »von Hand« erzeugen. Wer sein Musikinstrument gerade erst beherrschen lernt, braucht dabei oft eine Takthilfe. Mechanische Metronome gibt es nicht gerade im Überfluß. Früher übliche Schaltungen lassen Wünsche offen, was die Konstanz betrifft. Der *B 555 D* kann das besser. Bild 12.15 zeigt die einfachste Variante. Sie gibt trockenes Knacken, eben metronomähnlich, über Lautsprecher ab. Je kleiner R_B eingestellt wird, um so »hölzerner« klingt es und damit fast echt. Die Zeitskale am Potentiometerteil von R_A eicht man mit der Stoppuhr oder eben – zünftiger – mit einem mechanischen Metronom. Man kann sich dann auf sie verlassen, auch wenn die Batteriespannung kleiner wird. Für den harten Impuls von wenigen Millisekunden Breite braucht man ohnehin einen Stützkondensator, denn die Batterie hat einen Innenwiderstand, der den Spitzenstrom unnötig begrenzt. Mit 200 mA am Ausgang O kann der *B 555 D* zwar eine ganze Menge, aber so ein Stromimpuls braucht, soll es laut klingen, möglichst »mehr«. Daher die Transistorendstufe. Je nach Transistor, Lautsprecher und Betriebsspannung ist der Vorwiderstand zu bemessen. In Bild 12.15a steht die Formel dazu. Bei 4 V braucht man ihn nicht, wenn der Lautsprecher wenigstens – wie im Beispiel – 6 Ω hat. Mit einem Widerstand, der größer als der errechnete R_V ist, und einem Schalter läßt sich bei Bedarf die Lautstärke verringern. Das wurde in Bild 12.15 nicht eingetragen. Die gestrichelt gezeichnete Leuchtdiode bietet zusätzlich einen optischen Takt. Für das eigene Metronom kann man also noch einiges variieren. Ein solches Gerät wird zweckmäßig als »Zweiteiler« gestaltet. Wer möchte schließlich ständig einen Lautsprecher binden. Wenn geübt wird, hat die Stereoanlage ohnehin Ruhepause. Zumindest die Lautsprecherboxen. Nun muß es nicht gerade die 2-Wege-Box der 25-W-Anlage sein. Aber im Haushalt gibt es heute oft schon einige einfachere Lautsprecher zwischen Recorder und Plattenspieler, die man nicht ständig nutzt. Daher empfiehlt es sich, den Taktgeber in ein kleines Gehäuse zu stecken, in dem sich die Batterie befindet und das außen mit einer Lautsprecherbuchse sowie einem Schalter versehen wird. Die Leuchtdiode signalisiert damit auch, wenn eingeschaltet ist. Dabei benötigt sie erfreulich wenig Strom. Die hohe Stromspitze hat ja stets nur eine sehr kurze Wirkzeit, einstellbar am »Klang«widerstand. Gemäß Bild 12.15b läßt sich schnell eine Leiterplatte zu diesem Gerätchen herstellen. Es ist nur eine von vielen möglichen, und sie paßt sicherlich in eine gerade vorhandene Kunststoff- oder Holzschachtel. Bestückt wird nach Bild 12.15c. Der *Simeto*-Schalter läßt sich in dieser Ausführung an die Leiterplatte anlöten, so daß man mit ihm die ganze Einheit festschrauben kann. Zwischen 4 und 9 V Betriebsspannung sind zu empfehlen – je mehr, um so lauter. Die derzeit am häufigsten für solche kleinen Einheiten verwendete

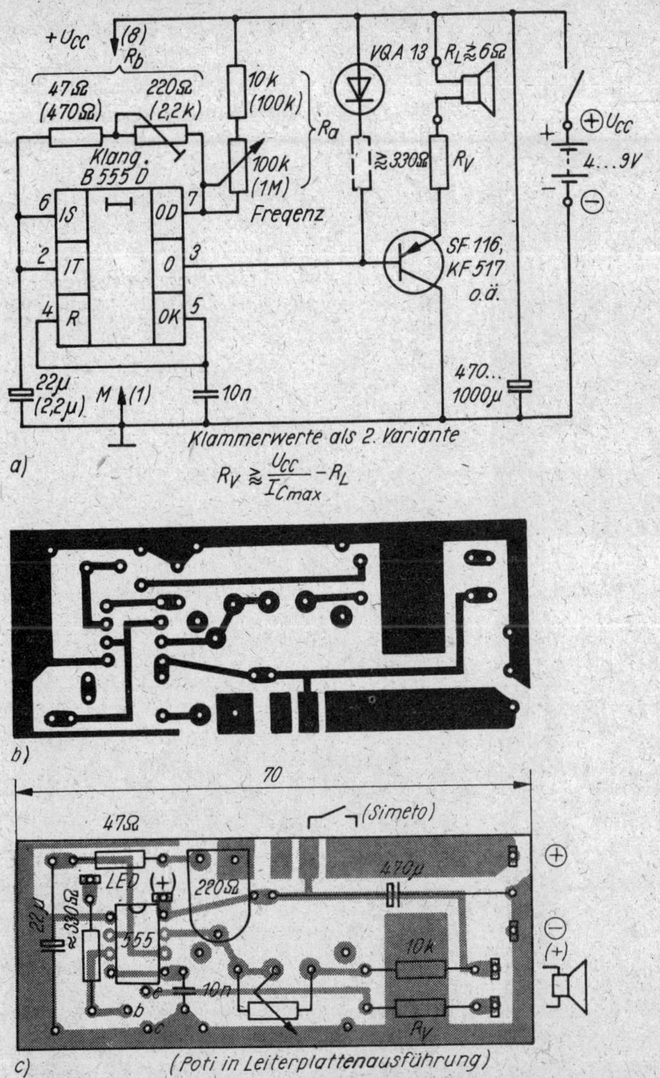

Bild 12.15
Metronom mit akustischer und optischer Taktausgabe; a – Stromlaufplan, b – mögliches Leiterbild, c – Bestückungsplan zu b

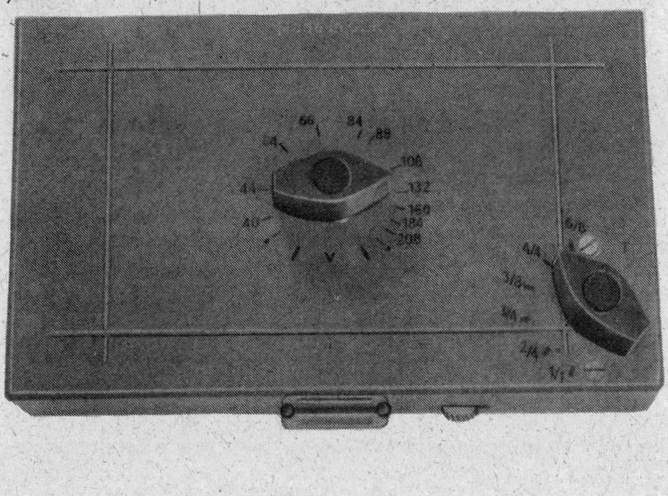

Bild 12.16
Musteransichten von Metronomen nach Bild 12.15; a – Außenansicht in Plastbox,

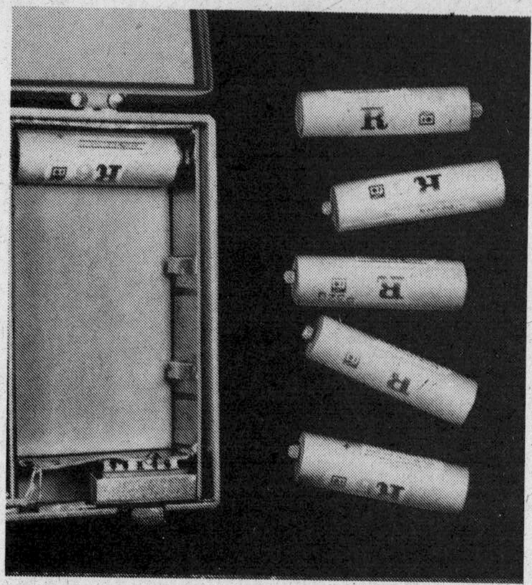

b)

Bild 12.16
b – Vorschlag für Batteriekammergestaltung analog *Bauplan Nr. 56*, c, d, e – andere Gehäuselösung, noch bestückt mit für Neuentwicklungen nicht mehr zulässiger Flachbatterie

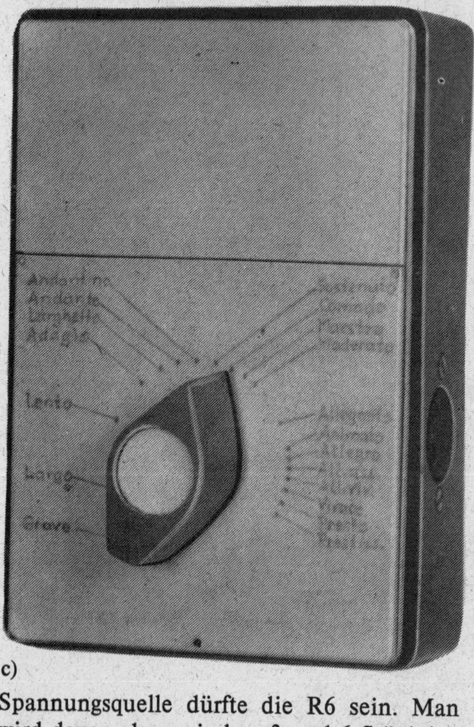

c)

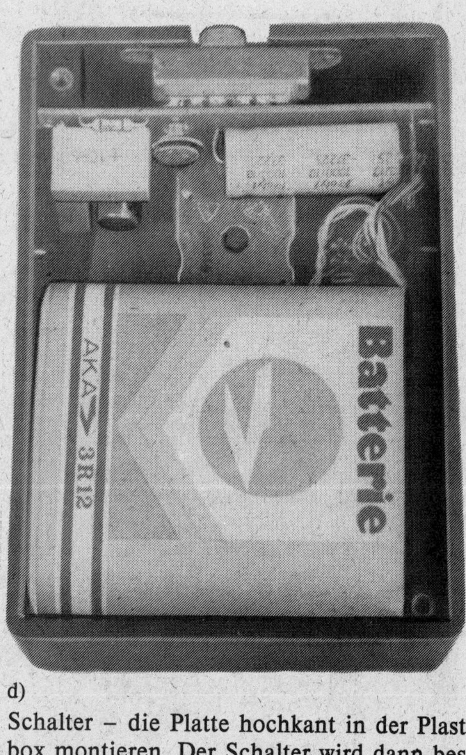

d)

Spannungsquelle dürfte die R6 sein. Man wird davon also zwischen 3 und 6 Stück benutzen. In einem der bekannten Plastbehälter des VEB *Plastimat* Oranienburg läßt sich das Metronom unterbringen. Platz für eine genügend große Skale ist damit vorhanden. Die Leiterplattenmaße erlauben ein 1-MΩ-Potentiometer für die Leiterplattenmontage. Mit ihm läßt sich – alternativ zum Schalter – die Platte hochkant in der Plastbox montieren. Der Schalter wird dann besser getrennt angebracht. Bild 12.16a zeigt ein Muster, das nach dieser Art entstanden ist. Es enthält neben dem Metronom noch eine Takteinrichtung (Schalter rechts unten), die jedoch im vorliegenden Zusammenhang nicht behandelt werden soll (Aufwand). Wichtig ist vielmehr die Gestaltung der

e)

Hauptskale. Sie wurde zunächst im Vergleich mit einem »echten« Metronom in den dort üblichen Einheiten geeicht. Die als Bleistiftstriche markierten Stellen erhielten danach Marken aus *typofix*-Symbolen. Zur Gestaltung des Batterieteils sei auf die Ausführung nach Bild 12.16b zurückgegriffen, denn das in Bild 12.16a gezeigte Gerät wurde noch nicht mit *R6*-Zellen gespeist.

12.7. Quiz-Elektronik

Gut aufgebaute Fragespiegel können einen erheblichen Lerneffekt bringen – für Beteiligte wie für Beobachter. Je mehr die Punktezählung »objektiviert« wird, um so weniger läßt sich auch mogeln. Höchste Stufe des Quiz ist der programmierte Unterricht, höchste Stufe des programmierten Unterrichts der direkte Dialog mit dem Computer. Komfortable Programme sind nicht nur geeignet, schon erworbenes Wissen zu überprüfen und zu bewerten, sie vermögen auch, neues Wissen zu vermitteln. In vernünftigen Grenzen selbstverständlich. Der Mensch bleibt im Mittelpunkt – wenn auch als eben das alles programmierend ein wenig im Hintergrund, wenn das Spiel beginnt.

Relativ »niedrige« Formen des Lehr- und Lern-Quiz, dafür aber in lebendiger Gesellschaft, erfreuen sich seit langem großer Beliebtheit. So entstand für ein auf Pionierveranstaltungen später oft benutztes Gerät eine jener heute schon etwas veralteten Lösungen, die sich jedoch vom Interessenten in CMOS recht vorteilhaft in neuer Form aufbauen läßt. Die folgende kurze Beschreibung der wesentlichsten Details der Einrichtung verzichtet bewußt auf solche Erneuerungshinweise. Der Leser kann sich dazu wiederum vieler Detaillösungen aus anderen Abschnitten dieses Buches bedienen. Lediglich der Hinweis auf die mögliche Übernahme der »normalen« TTL-Schaltungen für den Einsatz von jetzt verfügbarer Low-Power-Schaltkreise statt *D 174* sei gestattet (*DL 000* statt *D 100, DL 090* statt *MH 7490, DL 074* oder noch besser das Doppel-Flip-Flop *DL 112* – Triggerrichtung der Flanke umgekehrt zu *DL 074*!).

12.7.1. Zähler

Die »klassische« Kombination aus Dekadenzählschaltkreis, Dekoder BCD zu 7-Segment und 7-Segment-Leuchtdioden-Ziffernanzeige wurde in diesem Fall mit *MH 7490* statt *D 192* realisiert (Bild 12.17). Das Gerät war zunächst nur mit einer Handeingabe durch den »Master« ausgelegt. Er mußte die

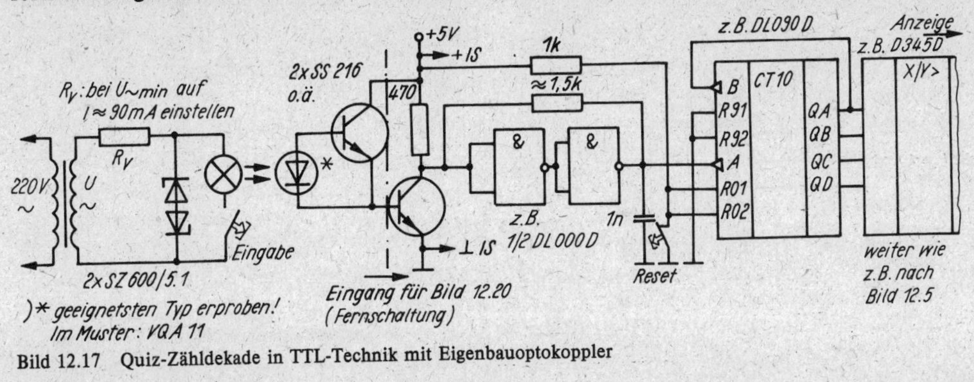

Bild 12.17 Quiz-Zähldekade in TTL-Technik mit Eigenbauoptokoppler

Punkte gemäßt Falsch- oder Richtigsignal der Teilnehmer durch Knopfdruck eingeben. Selbstgebaute Optokoppler mit 6-V-Lampen, die aus einer stabilisierten Spannung gespeist wurden (Lebensdauer!), und mit zu Fotodioden umfunktionierten Leuchtdioden mit Transistorverstärker ergaben, entsprechend lichtgeschützt, eine störfeste Eingabeschaltung. Bild 12.17 enthält diese Lösung bereits mit, bei der jeweils 1/2 *D 100* in Triggerschaltung aus dieser Eingabe einen TTL-gerechten Zählimpuls formt.

12.7.2. Programmierung

Die Automatisierung der Punkteingabe bestand gemäß Prinzip nach Bild 12.18 hauptsächlich im Zufügen einer Programmiereinheit (Tastenschalter für die Vorbereitung des »Richtig«-Wegs für jede Frage) und in einer veränderten Eingabe der Zählimpulse bei »Richtig« mit Verriegelung bei vorher falscher Eingabe (»Mogelsperre«). Den Teilnehmerplätzen wurden 3teilige Tastenschalter zugeordnet, von denen jeweils eine der Leitungen A, B, C zur Antwort kurz mit Masse verbunden wird. Eine davon wird vom Masterschalter jeweils als richtige an den Richtig-Eingang des betreffenden »persönlichen Zählers« gelegt, die beiden anderen führen zum Falsch-Eingang. Der »Master« wählt also an seinem Schalter A, B oder C an, je nach Festlegung auf seinem Fragebogen. Die gedrückte (Mehrfach-)Taste stellt den Richtig-Kanal für alle 8 Teilnehmer durch. Nun folgt die Frage. Die Teilnehmer drücken an ihrem Platz A, B oder C. Die richtigen Antworten ergeben einen Zählimpuls, die falschen verriegeln (wie auch die

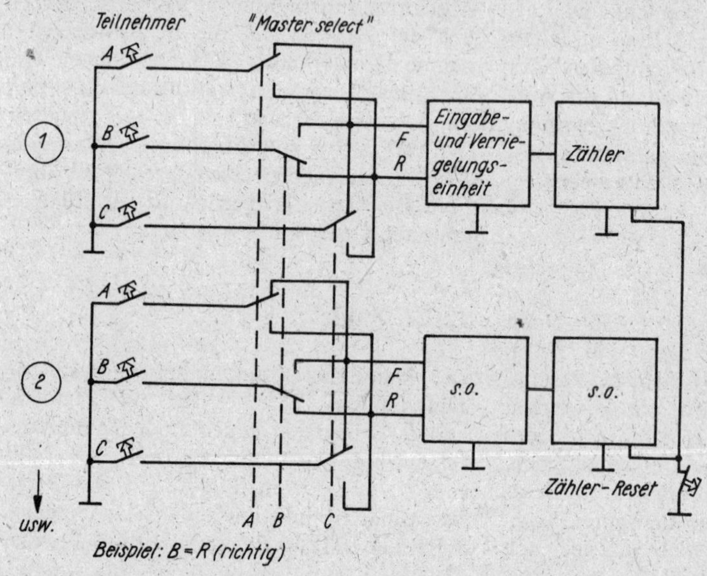

Bild 12.18
Automatische Punktzählung

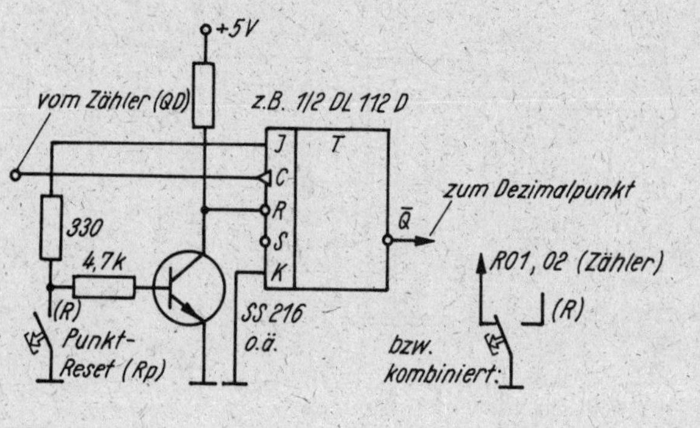

Bild 12.19
Erweiterter Zählumfang durch Einbeziehen des Dezimalpunkts als Zehnerstelle

richtigen anschließend) weitere Eingabemöglichkeiten. Beides wird zur Kontrolle mit 2 »Leuchtdiodenzeilen« angezeigt: Rote Dioden informieren über falsche, grüne oder gelbe über richtige (und damit im Zähler gespeicherte) Antworten. Nach Ablauf der Antwortzeit drückt der »Master« die Resettaste, die die Eingänge wieder entriegelt, wählt eine der nächsten Frage entsprechende Richtig-Taste und fragt erneut.

1stellige Zähler erlauben auf diese Weise 9 Fragen. Wird ein Flip-Flop in Verbindung mit dem Dezimalpunkt der Ziffernanzeige zur »Überlauf«-Registrierung benutzt, erhöht sich der Zählumfang auf 19. (Bild 12.19 zeigt eine solche Lösung als Beispiel für Übernahme aus dem *MH 7490.*)

12.7.3. Eingabe- und Verriegelungseinheit

Jedem Teilnehmer ist eine Eingabeschaltung nach Bild 12.20 zugeordnet. Sie wurde aus dem »Wissenstest 2 × 1 aus 4« abgeleitet, wie er im FUNKAMATEUR Heft 3/4, 1980, beschrieben worden ist. Auf dieses umfangreiche Gerät sei ohne nähere Vorstellung nur hingewiesen! Die Eingänge für »Falsch« und »Richtig« sind im Sinne guter Störfestigkeit als Trigger mit je 1/2 *D 100* ausgelegt. Die Beschaltung der über 1 kΩ an Plus gelegten Eingänge mit 10 µF nach Masse und 47 Ω zur Leitungsseite hin (wesentlich mehr Widerstand würde die Low-Bedingungen in Frage stellen!) erwies sich gegen den in Gebäuden üblichen »Störnebel« als ausreichend. Ohne diese Maßnahme würde die Schaltung sehr schnell unerklärlich ansprechen.

Die Verriegelung nach 1maliger L-Eingabe in einem der Eingänge gegenüber weiteren Eingaben bewirkt die übrige Schaltung aus *D 174* und *D 100.* Nur bei richtiger Eingabe wird an den Zähler ein Zählimpuls weitergerechnet. Auch in dieser Richtung enthält die Schaltung, wie schon aus Bild 12.20 hervorgeht, Störschutzmaßnahmen im beschriebenen Sinne. Der rechte Teil von Bild 12.20 zeigt, daß in den 2. Transistor der schon im Zählereingang vorhandenen *Darlington*-Stufe eingespeist wurde. Der vor jeder neuen Frage betätigte Reset-Knopf der Eingabe- und Verriegelungseinheit (alle 8 Einheiten wurden auf einer Leiterplatte untergebracht) wirkt mit 33 nF nur als kurzer Reset-Impuls. Andernfalls würde nämlich bei diesem Rücksetzen ein Zählimpuls weitergegeben, was aber die verzögernd wirkende Entstörkombination am Ausgang der Eingabeeinheit verhindert. Die Zähler haben einen getrennten Rückstellknopf, da dieser nur zu Quizbeginn betätigt wird.

12.8. Bildschirmspiel-Fragen

Die Überschrift ist wörtlich zu nehmen. Während der Laufzeit des *BSS1* im Handel

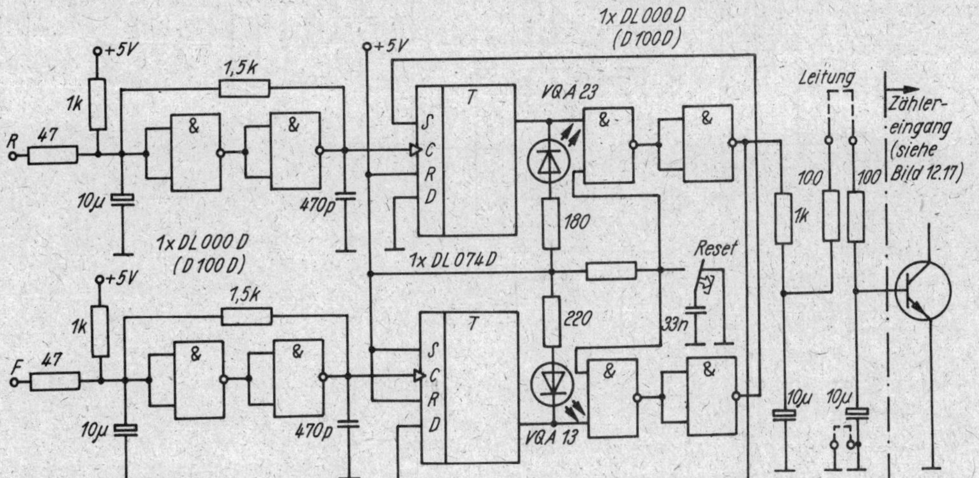

Bild 12.20 Eingabe- und Verriegelungseinheit

gab es von Interessenten einige Anfragen über die beim benutzten Schaltkreis *AY 3-8500* nicht verwendeten Anschlüsse 18, 19, 26 und 27. Gerade sie bieten aber dem Sachkundigen noch einige Möglichkeiten zum »Weitermachen«. Entsprechende Garantien können allerdings nicht übernommen werden.

Die beiden offenen Spielarten sind 2 Jagdspiele. Wird der Wahlschalter auf die Anschlüsse 18 und 19 erweitert, so bewegt sich im 1. Fall ein rechteckiger Leuchtfleck von links nach rechts über den Bildschirm und im 2. Fall hin und her. Seine Geschwindigkeit läßt sich mit dem Schalter an Anschluß 7 (Ballgeschwindigkeit) beeinflussen. Im 1. Fall kann über Anschluß 8 wahlweise auch manuell gestartet werden (»Einwurf«).

Ein Triggerimpuls in Anschluß 26 wirkt auf den Schußzähler, ein Triggerimpuls in Anschluß 27 stellt den Trefferzähler weiter. Die Anzeige bleibt jedoch bis zum Endergebnis dunkel, damit der Lichteingang des »Jagdgewehrs« nicht fehlgesteuert wird. Bei jedem Treffer ertönt ein kurzes Signal. Es werden 15 Schüsse gezählt. Danach erscheinen in der Anzeige links die Schüsse rechts die Treffer. 15/15 weist also einen »Meisterschützen« aus.

Für diese Spielarten ist nun allerdings einiger Aufwand nötig, elektronisch wie auch mechanisch-optisch. Der Schaltkreishersteller empfiehlt dazu in der Zeitschrift *Radio-Electronics'* 48 (1977), Heft 1, die stromgenügsame CMOS-Technik, doch sind auch Realisierung mit leichter greifbaren Schaltkreisen denkbar.

Bild 12.21 zeigt den Stromlaufplan der Jagdwaffe. Zur Justierung wird auf etwa 2 m Distanz (von der Bildschirmgröße abhängig) auf die Schußanzeige (bzw. bei einer anderen Spielart auf die Ziffernanzeige) gezielt. Das Licht dieser leuchtenden Fläche muß über die Ziellinie den Fototransistor (empfohlen wird ein *Darlington*-Typ) ausleuchten. Am 1-MΩ-Potentiometer ist nun auf maximale Spannung am Monoflopeingang einzustellen. (Ohne Beleuchtung soll hier $U = 0$ sein.)

Der CMOS-Schaltkreis *4098* enthält 2 retriggerbare Monoflops (nicht mit dem 6fach-Treiber-/Inverter *40098* verwechseln!). Inzwischen ist mit dem *V 4538 D* auch im Inland ein solches Monoflop verfügbar.

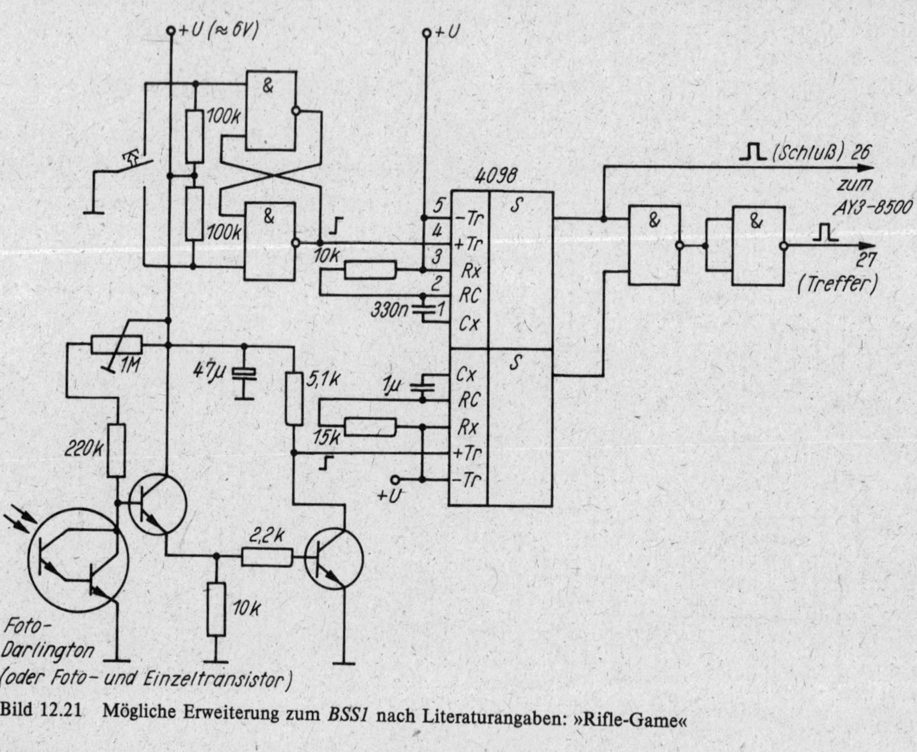

Bild 12.21 Mögliche Erweiterung zum *BSS1* nach Literaturangaben: »Rifle-Game«

Während nun der Lichteingang dem ihm zugeordneten Monoflopeingang einen Impuls zuführt, wenn das Licht des anvisierten Objekts den Fototransistor durchschaltet, erhält das andere Monoflop bei jedem Betätigen des Abzugs einen Impuls. Treffen beide zeitlich zusammen, werden sie über das NAND-Glied weitergereicht und ergeben am Eingang des Trefferzählers (27, liegt sonst an 3!) einen Zählimpuls. Fehlt der Fotoeingangsimpuls, ergibt sich beim »Schuß« nur am Eingang 26 ein Impuls, so daß nur der Schußzähler (vorerst unsichtbar) um Eins weitergestellt wird. Den für die NAND-Verknüpfung benutzten *4011* verwendet man mit seiner anderen Hälfte für das RS-Flip-Flop, mit dem der Abzugsimpuls prellfrei an das obere Monoflop geführt wird.

Bau und Visierjustage des »Jagdgewehrs« dürften einiges handwerkliches Geschick erfordern. Bei der Erprobung der vom Schaltkreishersteller vorgegebenen Schaltung (Fototransistor ohne zusätzliche Optik benutzt) konnte die lichtempfindliche Öffnung des Transistors nur wenige Zentimeter vom Bildschirm eines *K 67* entfernt gehalten werden, damit sich Treffer ergaben. Einwandfreie Funktion erforderte dunkle Umgebung, da bereits Streulicht anderer Lichtquellen störend wirken kann.

Eine andere Erweiterungsmöglichkeit besteht darin, »gegen den Schaltkreis« zu spielen [»cybernetic mode«, empfohlen in der Zeitschrift *Radio-Electronics* 49 (1978), Heft 3]. Bild 12.22 zeigt den dazu erforderlichen Zusatz. Diese Betriebsart läßt sich mit dem zusätzlichen Schalter »kyb. – norm.« anwählen. Der Ballausgang (6) wird mit dem Reseteingang eines D-Flip-Flop (z.B. *D 174*) verbunden. Der Setzeingang erhält hinter einem mit dem Synchronausgang verbundenen Inverter den invertierten Synchronimpuls über ein RC-Glied. Das D-Flip-Flop wird auf diese Weise durch jeden Vertikalsynchronisierimpuls gesetzt und durch den Ballimpuls rückgesetzt. Am Ausgang ergibt sich damit eine von der vertikalen Ball-Lage abhängige Pulsbreite. Verbindet man nun Ausgang Q mit dem sonst an Masse liegenden Kondensator am Fußpunkt des rechten Schlägerpotentiometers (entspricht nicht der Schaltung des *BSS1*!), dann schaltet sich dieser Kondensator jeweils an Masse, wenn das Flip-Flop gesetzt wird. Das führt den rechten Schläger automatisch in die gleiche vertikale Position wie den Ball. Mit dem Schlägerpotentiometer läßt sich die »Geschicklichkeit« des Schaltkreises beeinflussen (Kantenschlag). Im Gegensatz zu den beiden Jagdspielen wurde diese Betriebsart nicht praktisch überprüft.

12.9. Spiele mit Computern

Unter welchen Aspekten man zu dieser Seite unernsten Einsatzes hochwertiger Mikroelektronik dennoch ein positives Verhältnis gewinnen kann, wurde zu Beginn dieses Abschnitts schon beschrieben. Bei Manuskriptabschluß waren z. B. im VEB *Fachbuchverlag* Leipzig die beiden 1. Bände der neuen Reihe *Kleinstrechner-Tips* erschienen. Aus ihnen kann man die gleiche Tendenz entnehmen. Beispiele »computerisierter« klassischer Spiele regen zum Umsetzen auf andere Mo-

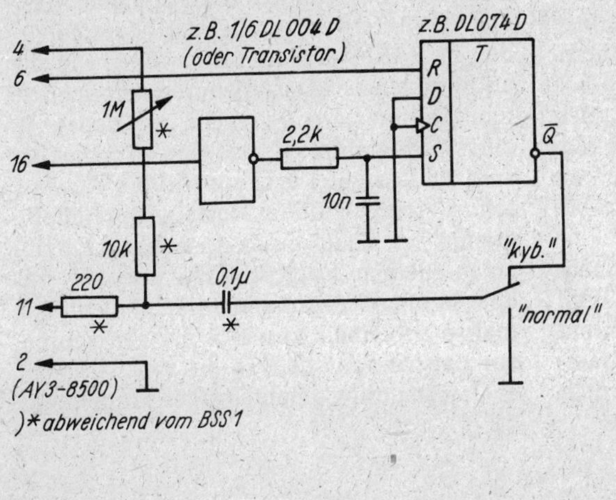

Bild 12.22
»Cybernetic Mode« für *BSS1* nach Literaturangaben

delle an. Nun waren allerdings zu diesem Zeitpunkt hauptsächlich 3 Typen von Kleincomputern aus industrieller Fertigung in Bereiche des Bildungswesens und weniger in die persönliche Nutzung gelangt. Verständlicherweise gibt es darum bisher auch noch nicht viel Material, Software, zu dieser Seite. 2 der 3 Typen sind ohnehin vorwiegend als Lerncomputer anzusprechen. Allerdings bietet der auch bereits im Handel erhältliche *LC 80* aus dem VEB Kombinat *Mikroelektronik* sehr günstige Voraussetzungen für den Sachkundigen, daraus mit entsprechendem Aufwand all das werden zu lassen, wozu eine CPU vom weltweit millionenfach genutzten Prinzip des *U 880* überhaupt fähig ist. Doch das ist Stoff für andere Zusammenhänge (s. aber auch Abschn. 12.4.).

Dem »totalen Laien« kommt ein Typ wie der *KC 85-1* (frühere Bezeichnung: *Z 9001*) aus dem VEB Kombinat ROBOTRON von vornherein wesentlich weiter entgegen. Schon die zum Lieferumfang gehörende Grundkassette *R 0111* enthält neben dem BASIC-Interpreter und einem für spezielle Zwecke nutzbaren Maschinenprogramm 3 Programme, die einen kleinen Eindruck von den großen neuen Möglichkeiten dieser Technik vermitteln – gerade wegen ihrer »Mischung«. Nur die »Türme von Hanoi« sind als reines (Logik-)Spiel zu betrachten. Das trotz der nicht allzu rasanten Grafikfähigkeiten dieses Typs recht nett gemachte Rechenübungsprogramm leitet bereits über zu attraktiv gestalteten Lernmöglichkeiten, die gerade von Schulanfängern erfahrungsgemäß sehr gern und intensiv genutzt werden. Die »ganz ernste« Darstellung mathematischer Funktionen in Grafik und Tabellenform sei an dieser Stelle nur darum erwähnt, weil sie – wiederum trotz der an die geringe Auflösung einer *Nipkow*-Scheibe erinnernden Grobgrafik – einen kleinen Eindruck von hohem Gebrauchswert vermittelt, den der Computerkundige bereits in diesem Modell vorfindet. Geschickter Einsatz der im Zeichensatz enthaltenen Grafiksymbole liefert schon brauchbare Darstellungen.

Die nächstliegende ernsthaftere Auseinandersetzung mit der »Maschine« wird wohl doch im Erlernen der relativ leichten und dabei so überaus leistungsfähigen Programmiersprache BASIC bestehen. Sobald man mit deren Grundbegriffen etwas vertraut geworden ist, sollte man zwischendurch wieder eines der Kassettenprogramme laden. Mit »LIST« kann man nun nach Belieben »einsteigen«. Da die Kassette davon nicht betroffen wird, läßt sich nach Herzenslust und Erkenntnisstand im Listing wirtschaften. Bei gelegentlichem RUN und ENTER zeigt einem der Kollege Computer dann schon – barsch, wie nun einmal viele Maschinenmenschen sind –, wo's noch hapert. Versuch und Irrtum oder unstrukturiertes Lernen – herausreden kann man sich bei jedem Fehler. Darum: Noch mal von vorn – höchstens die Familie nimmt die Stunden vor dem Schirm übel, der Computer (im allgemeinen) nie. Und so kommt der Augenblick, bei dem das erste eigene Spiel programmiert wird und auch tatsächlich läuft. Die Kenntnisse sind gewachsen, aber damit auch die Ansprüche. Plötzlich sieht man selbst den vorher vielleicht belächelten *LC 80* mit anderen Augen. Und man beginnt mit dem Versuch, der Maschinensprache näherzukommen, trotz dieser spröden Materie. Eine dafür hilfreiche Assemblerkassette war bei Manuskriptabschluß in Vorbereitung. Erfahrungen dazu fehlen noch. Darum vorerst einige Tips für jene, die als AG-Teilnehmer oder über andere Wege bereits mit dem *KC 85-1* in Berührung gekommen sind.

Übrigens: Wer A zum Grundgerät gesagt hat, sollte bald B wie BASIC-Modul sagen! Der Lohn für seinen Preis sind fast 10 KByte mehr freier Speicher und Sofortstart ohne Kassettenhilfe! Dann erst können auch die ganzen jetzt auf 5 KByte konzipierten Spiele mit vielen Extras versehen werden – manchmal allerdings auf Kosten der Schnelligkeit. Denn im Unterschied zum Compiler wandelt der Interpreter getreulich jedesmal jeden in BASIC ankommenden Befehl in die erforderlichen Maschinenprogrammschritte um. Darum gilt: Je mehr »m-Kode« in einem Programm steckt, um so schneller wird es. Das zeigt u. a. das für den *KC 85-1* schon ziemlich flotte Meteor-Ausweichprogramm am Ende dieses Abschnitts. Es gibt einen kleinen Vorgeschmack auf das, was der lernbereite Computernutzer »einfach mal so nebenbei« zustande bringen kann – zur Entspannung oder so.

Umgang mit Computern – es wurde schon

gesagt – erfordert Auseinandersetzen mit ihren Programmiersprachen. Das Anleitungsmaterial ist da nicht immer erschöpfend, Dialog mit Computer und Partnern wird gefordert. Tieferes Eindringen und das Ziel schnellerer Reaktionen der »Hardware« sind nur über Maschinensprache möglich. Jeder Prozessortyp hat da seine eigene. Die des *U 880 D* zu erlernen geht nicht von heute auf morgen. Der erwähnte *LC 80* kann eine Starthilfe sein. Komfortabler ist Bildschirmdialog, wie ihn die Assemblerkassette des *KC 85-1* zuläßt. Zwischen den hexadezimalen Zahleneingaben und dem besseren Verstehen durch den Nutzer hat man »Mnemonics« gelegt, Kürzel, die mit etwas Phantasie erläutern, was man mit den Zahlenangaben im Computer anrichtet.

Die im folgenden vorgestellten nützlichen kleinen Routinen für den *KC 85-1* sind in 3 Spalten »sortiert«. In der 1. Spalte steht der Befehl in dezimaler Darstellung, wie ihn dieser Computer ebenfalls akzeptiert. Das erleichtert die Eingabe. Die 2. Spalte enthält die hexadezimalen Äquivalente, d. h. die in das hexadezimale Zahlensystem (0...9 und A...F, entspricht 0...15 dezimal) umgesetzten Werte. In der 3. Spalte befinden sich die »Mnemonics«, etwa so, wie sie der Assemblersprache des *U 880 D* entsprechen (die vorliegenden entstanden noch mit einem anderen Assembler).

Wie aber bekommt man eine solche Routine erstmals in den Computer? (Später läßt sie sich gemäß Handbuch immer wieder schnell von Kassette laden – am besten zu Beginn der Programmierarbeit.) Das Zauberwort heißt POKE und gehört zum BASIC-Wortschatz. Und so einfach bringt man ein Maschinenprogramm in den Arbeitsspeicher des Computers:

Alle Zahlen der 1. Spalte der Routine werden, jeweils durch ein Komma getrennt, als Daten in einer BASIC-Programmzeile untergebracht. Reicht der Platz nicht, eröffnet man eine weitere Zeile. Die nächste Zeile fordert den Computer auf, diese Daten fortlaufend zu lesen (»READ B«) und als Werte in die angesprochenen Speicherzellen zu »poken«. Deren Adressen werden über eine FOR-NEXT-Schleife angesprochen (FOR A = N TO M:READ B:POKE A,B:NEXT A). Damit lautet dann die gesamte Zeile:

N ist die Startadresse, M die der Anzahl der Daten entsprechende letzte Adresse.

Nach dem RUN-Befehl (direkt durch RUN-Taste oder in Einzelbuchstaben, gefolgt vom Betätigen der ENTER-Taste bei diesem Modell) befindet sich die Routine im Speicher. Sie kann dann jederzeit mit CALL (Startadresse) direkt oder innerhalb vom BASIC-Programm abgerufen werden. Das läßt sich besonders gut an der für den *KC 85-1* sehr nützlichen folgenden »schnellen CLS-Routine« (Löschroutine) demonstrieren. Normalerweise beantwortet dieser Computer den über die Eingabe von CLS gegebenen Schirmlöschbefehl mit einer Art Jalousieeffekt. Die Zeilen schieben sich über den oberen Bildrand, bis der Schirm leer ist. Nach Eingabe der Löschroutine wird er dagegen »blitzartig« leer.

Tabelle 12.3 Schnelle CLS-Routine
(füllt den Schirm mit Leerzeichen)

Dezimal	Hexadezimal	Assembler
33,0,236,	21 00 EC	LD HL,EC 00
14,4,	0E 04	LD C,4
62,0,	3E 00	LD A,0
177,	B1	OR C
200,	C8	RET Z
62,0,	3E 00	LD A,0
13,	0D	DEC C
6,240,	06 F0	LD B,F0
54,32,	36 20	LD (HL),20
35,	23	INC HL
16,251	10 FB	DJNZ FB
24,240	18 F0	JR F0

Tabelle 12.4 Eingabebeispiel
Daten gelten für CLS-Routine, nur teilweise dargestellt, Startadresse N am besten an Anfang des geschützten Bereichs zwischen 529 und 767 legen!

```
10 DATA 33,0,236,14,4, ... (usw.)
20FORA=NTOM:READB:POKEA,B:NEXTA
```

Achtung! Die Routinen beeinflussen nicht den Farbattributspeicher!

Tabelle 12.3 zeigt zunächst die komplette Routine. Gemäß Tabelle 12.4 gibt man jedoch nur ein die 1. Spalte benutzendes BASIC-Programm ein. (BASIC-Interpreter-Aufruf vorher nicht vergessen!) Eine gute Startadresse ist 529, denn bis 761 hat der

Computer einen »geschützten Bereich«. Die Zahl der Durchläufe entspricht der Zahl der Daten. Nach Eingabe und Starten des kleinen Programms kann man durch CALL N (bei dieser gewählten Startadresse, die man sich notieren sollte, also z. B. N = 529!) erstmals den Erfolg der Sache sehen. Zum Vergleich ruft man durch LIST nochmals das Programm und löscht in der sonst üblichen Art mit CLS. Der Unterschied spricht für sich! Übrigens kann anschließend das POKE-Programm gelöscht oder überschrieben werden – die Speicherzellen behalten die Routine und stellen sie blitzschnell bei jedem CALL wieder zur Verfügung. Eine solche Löschroutine ist für das Programmieren eigener Spiele sehr gut.

Tabelle 12.5
Leftscroll-Routine
(bewegt Hintergrund nach links)

Dezimal	Hexadezimal	Assembler
33,0,236,	21 00 EC	LD HL,EC00
1,192,3,	01 C0 03	LD BC,03C0
17,255,235,	11 FF EB	LD DE,EBFF
237,176,	ED B0	LDIR
6,24,	06 18	LD B,18
17,40,0,	11 28 00	LD DE,0028
33,39,236,	21 27 EC	LD HL,EC27
54,32,	36 20	LD (HL),20
25,	19	ADD HL,DE
16,251,	10 FB	DJNZ FB
201	C9	RET

Tabelle 12.6
Rightscroll-Routine
(bewegt Hintergrund nach rechts)

Dezimal	Hexadezimal	Assembler
33,190,239,	21 BE EF	LD HL,EFBF
1,192,3,	01 C0 03	LD BC,03C0
17,191,239,	11 BF EF	LD DE,EFBF
237,184,	ED B8	LDDR
6,24,	06 18	LD B,18
17,40,0,	11 28 00	LD DE,0028
33,0,236,	21 00 EC	LD HL,EC00
54,32,	36 20	LD (HL),20
25,	19	ADD HL,DE
16,251,	10 FB	DJNZ FB
201	C9	RET

Tabelle 12.7
Scrolldown-Routine
(bewegt Hintergrund nach unten)

Dezimal	Hexadezimal	Assembler
33,151,239,	21 97 EF	LD HL,EF97
1,152,3,	01 98 03	LD BC,0398
17,191,239,	11 BF EF	LD DE,EFBF
237,184,	ED B8	LDDR
6,40,	06 28	LD B,28
33,0,236,	21 00 EC	LD HL,EC00
54,32,	36 20	LD (HL),20
35,	23	INC HL
16,251,	10 FB	DJNZ FB
201	C9	RET

Tabelle 12.8
Scrollup-Routine
(bewegt Hintergrund nach oben)

Dezimal	Hexadezimal	Assembler
33,40,236,	21 28 EC	LD HL,EC28
1,152,3,	01 98 03	LD BC,0398
17,0,236,	11 00 EC	LD DE,EC00
237,176,	ED B0	LDIR
6,40,	06 28	LD B,28
33,152,239,	21 98 EF	LD HL,EF98
54,32,	36 20	LD (HL),20
35,	23	INC HL
16,251,	10 FB	DJNZ FB
201	C9	RET

Ähnlich nützlich sind die in Tabelle 12.5 bis Tabelle 12.8 wiedergegebenen »SCROLL«-Routinen, die man ebenfalls in BASIC-Programmen aufrufen kann. Mit jedem Aufruf wird der Bildschirminhalt nach oben, unten, rechts oder links um jeweils eine Bildfeldposition (Zeile oder Spalte je nach Routine) verschoben. Am dadurch frei werdenden Rand wird eine Leerzeile eingefügt. Man kann durch solche Routinen bei Spielen den Hintergrund verschieben.

Schließlich noch eine »INKEY«-Routine für den schnellen Zugriff auf Tasteneingaben (Tabelle 12.9). Nach ihrem Aufruf liegt in einer Speicherzelle der Kode der gedrückten Taste. Der höherwertige Teil ist h, l der niederwertige Teil (hexadezimal) der Speicherzelle für den Tastencode (Reihenfolge in Tabelle beachten!). (x + 256 * y) bedeutet die

Tabelle 12.9
INKEY-Routine

Dezimal	Hexadezimal	Assembler
33,x,y,	21 l h	LD HL,hl
219,145,	DB 91	IN A,91
6,255,	06 FF	LD B,FF
168,	A8	XOR B
40,7,	28 07	JR Z,07
14,11,	0E 0B	LD C,0B
205,5,0,	CD 05 00	CALL 0005
119,	77	LD (HL),A
201,	C9	RET
54,0,	36 D0	LD (HL),0
201	C9	RET

Tabelle 12.10
Schnelles Meteor-Programm

(Darstellung im Eingabeformat!)

```
110DATA33,151,239,1,152,3,17,191,239,2
37,184,6,40,33,0,236,54,32,35,16
120DATA251,219,145,6,255,168,40,5,14,1
1,205,5,0,42,18,2,71,62,32,190
130DATA32,52,62,8,184,40,13,62,9,184,4
0,16,62,157,119,34,18,2,24,16,62
140DATA152,189,40,243,45,24,240,62,191
,189,40,235,44,24,232,42,20,2,54
150DATA138,42,22,2,54,138,42,24,2,35,3
4,24,2,201,62,50,50,17,2,201
200DOKE530,-4180:POKE529,0:DOKE536,0:CL
S:POKE-5120,32
210DOKE532,(-5120+40*RND(1)):DOKE534,(-
5120+40*RND(1)):CALL540
220IFPEEK(529)=50THENGOTO250
230GOTO210
250FORA=1TO20:BEEP:POKE(DEEK(530)),157:
BEEP:POKE(DEEK(530)),138:NEXT
260POKE(DEEK(530)),202:P=DEEK(536):IFP<
0THENP=65536-P
270PRINT»PUNKTE:«;P:Print»NOCH
EINMAL?( J/N)«
280IFINKEY$=»J«THENGOTO200
290IFINKEY$=»N«THENSTOP
300GOTO280
```

gleiche Speicherzelle dezimal. Man gibt also entweder dezimal die x, y-Werte ein (wie oben beschrieben) oder – wenn mit Assembler oder Monitor gearbeitet wird – als h, l die Werte in hexadezimaler Form.

Beispiel
Speicherzelle für Tastenkode ist 760.
Das heißt, x = 248, y = 2 oder h = 2, l = F8.

Wird keine Taste gedrückt, liefert die Routine als Ergebnis 0. Doch nun als »Entspannungsübung« das kleine Meteor-Ausweichprogramm nach Tabelle 12.10. Es demonstriert, wie auch die soeben vorgestellten Routinen, die Programmier-»Künste« eines 13jährigen. Das zeigt, wie anwenderfreundlich ein solcher Computer Lernfähigkeiten zu fördern vermag, denn ein Spiel ist letztlich nur Ausdruck des erreichten Erkenntnisstands in BASIC und Maschinenkode.

Das Programm liefert durch Zufallsfunktion einen von oben nach unten (Vertikalscroll) über den Bildschirm wandernden Meteoritenschwarm. In Relativbewegung dazu, scheinbar von unten nach oben fliegend (es bleibt auf der untersten Zeile), befindet sich das Raumschiff, durch ein Symbol angedeutet. Mit den Pfeiltasten für links und rechts muß man den Meteoriten ausweichen. Bei Zusammenstoß wandelt sich das Symbol des Schiffes, der Schwarm bleibt stehen, und links oben werden die erreichten Punkte angezeigt.

Der Leser möge im übrigen stets bedenken: Die Lötstellen des benutzten *Z 9001* der 1. Serie waren noch nicht sehr lange kalt, als diese Zeilen entstanden. Und ein *HC 900* (neue Bezeichnung: *KC 85-2*) wurde den Autoren leider erst bei Manuskriptabschluß zugänglich. Demnächst also vielleicht mehr ...

Man beachte jedoch auch den abschließenden Abschnitt dieses Buches, der die »ernsthafteren« Aspekte der »Computerei nach Feierabend« beleuchtet. Und das sind nun einmal nicht sosehr die Spiele, so vielfältig und farbig sie noch werden mögen.

13. Elektronik aus der Tüte

Es hat für den Hobbyelektroniker stets einen großen Reiz, die einschlägigen Elektronikläden nach Neuem oder Preisgünstigem zu durchstreifen. Dazu werden auch längere Fahrten in Kauf genommen. Wer das nicht kann, muß die Post bemühen. Einige Versandgeschäfte inserieren regelmäßig beispielsweise im FUNKAMATEUR. Man sollte in dieser Hinsicht auf dem laufenden bleiben.

Bestimmte Standardsortimente vor allem aktiver Bauelemente, aber auch zunehmend komplette Bausätze erleichtern bisweilen den Einkauf.

Es wurde versucht, eine repräsentative Übersicht zusammenzustellen, besonders bezüglich solcher »Sets« mit Leiterplatte und Anleitung. Doch für ein Buch mit längerer Laufzeit können solche Informationen bald veralten. Eben gerade auf dem Bausatzsektor war es bei Manuskriptabschluß relativ »undurchsichtig«, was den Stellenwert und die Angebotszeitspanne betraf. So konnten z. B. der neueste Stand und Näheres zu bestimmten Objekten größeren Aufwands nicht mehr festgestellt werden. Das betrifft z. B. einen EPROM-gestützten Melodiegenerator und ein Kodeschloß, die bereits im *Elektronik-Versand* Wermsdorf gehandelt worden waren.

Ein offenbar recht stabiles und schon einige Zeit angebotenes Sortiment aus dem *Halbleiterwerk* Frankfurt (Oder) traf man jedoch immer wieder in den Fachgeschäften

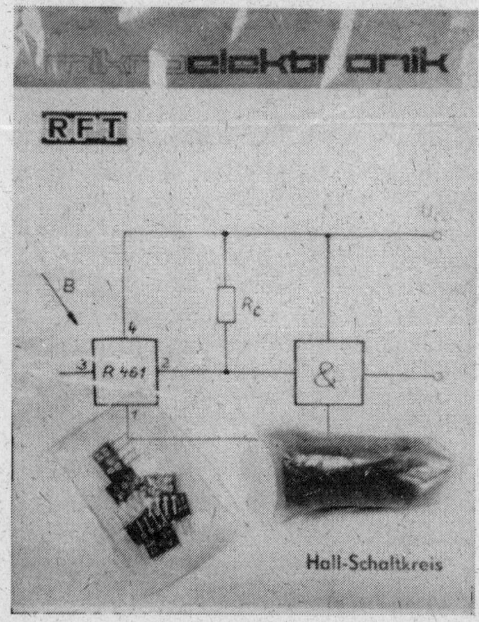

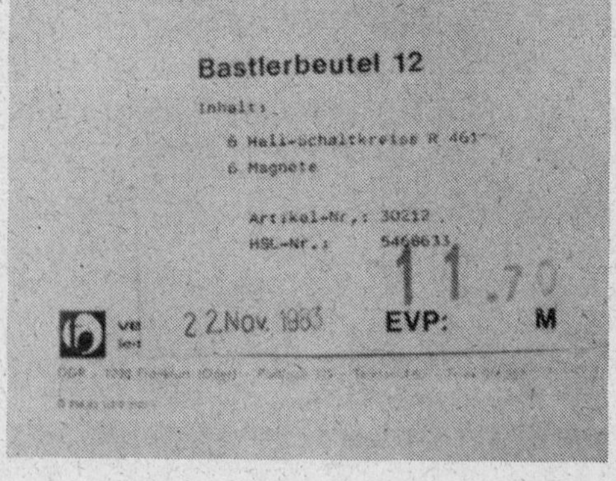

Bild 13.1
Beispiel *Bastelbeutel 12* (VEB *Halbleiterwerk* Frankfurt/Oder): 6 × *R 461*, 6 Magnete, Anleitungsheft

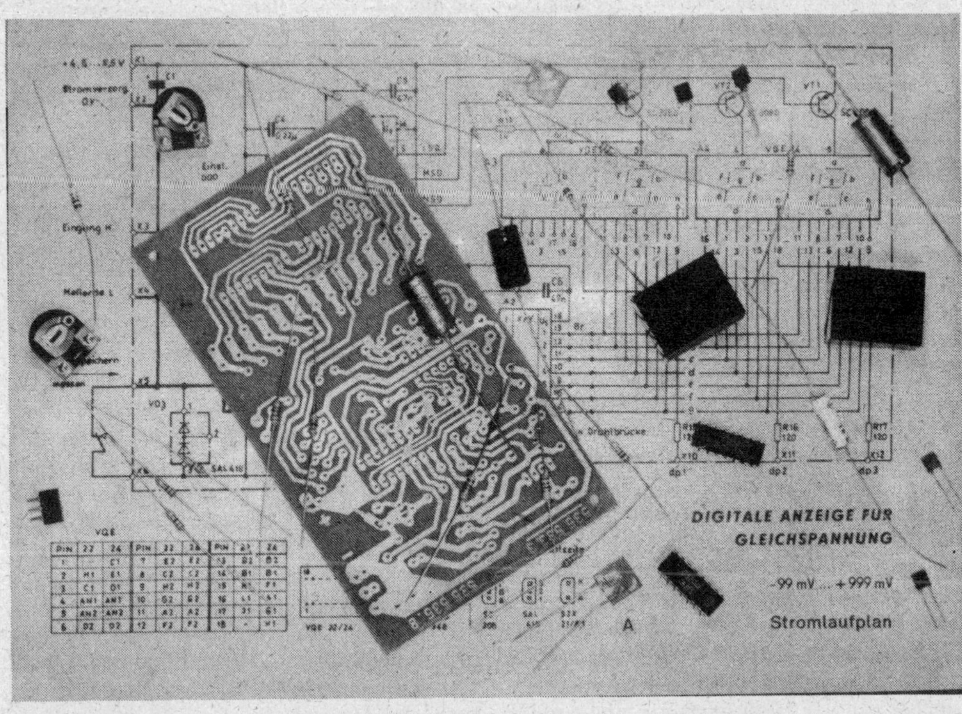

Bild 13.2 Beispiel *Digitale Anzeige* (VEB *Meßelektronik »Otto Schön«*, Dresden): Leiterplatte und alle Bauelemente, Anleitungsheft

Bild 13.3 Beispiel *Melodiegenerator* mit EPROM (MKD) (VEB *Meßelektronik* »Otto Schön«, Dresden): bestückter Modul, Klingeltransformator und Lautsprecher erforderlich

an. Es sind das einige Beutel mit Transistoren und Schaltkreisen sowie Anwendungsbeispielen einerseits und komplette Bausätze sowie auch 2 fertig montierte Module. Viele Anwendungen dieses Buches basieren auf Bauelementen dieser Beutel – schon wegen ihrer teilweise recht attraktiven Preise. Die Angaben sind jedoch ohne Gewähr, da sich die Zusammensetzung der Sortimente inzwischen geändert haben könnte.

Die folgende Aufstellung ergab sich aus vorliegenden Informationsheften aus den jeweiligen Beuteln und erhebt keinerlei Anspruch auf Vollständigkeit:

Beutel 7	12 Siliziumtransistoren in Metallgehäuse für NF, HF- und Schalteranwendung (10,30 M);
Beutel 11	6 Timerschaltkreise *R 555*, (7,80 M);
Beutel 12	6 *Hall*-Schaltkreise *R 461* und 6 Magnete (11,70 M);
Beutel 13	5 Operationsverstärker (*761, 861, 631, 2761, 4761*) (50,– M);
Beutel 14	Silizium-pnp- und npn-Transistoren (die Schaltungen dieses Beutels haben ihre Vorbilder großenteils im 1. Wohnbereichs-Bastelbuch);
Beutel 24	Bordspannungskontrolle 12 V (*R 277*, 3 Leuchtdioden, Widerstände, Kondensator, Leiterplatte (21,50 M);
Beutel 25	Digitaler Anzeigebaustein (*520, 348, VQB 71*, passive Bauelemente, Leiterplatte (92,– M);
Beutel 26	10-W-Endverstärkerbausatz (*2030*, passive Bauelemente, Leiterplatte, kein Kühlkörper) (42,50 M);
Beutel 27	Vorverstärker mit Klangsteller (*R 273, R 274*, passive Bauelemente, Leiterplatte) (54,– M);
Baustein NF 01	12-W-Endverstärker mit Kühlkörper (68,50 M);
Baustein NF 11	Vorverstärker mit Klangsteller (87,– M).

Speziell Digitalvoltmeterbausätze und -module wurden bei Manuskriptzeitpunkt mit unterschiedlichem Ausstattungsgrad auch von anderen Herstellern angeboten, z. B. vom VEB *Meßelektronik Otto Schön*, Dresden. Dieser Set enthält moderne Lichtschachtanzeigen und kostet dennoch nur etwa 112,– M.

14. Heimelektronik vom Ladentisch

Für alle Amateure, die für bestimmte Aufgaben Geräte benötigen und diese nicht selbst aufbauen möchten, werden im folgenden einige fertige Lösungen genannt, die sämtlich im Handel erhältlich sind (Juni 1985). Darüber hinaus lassen sich diese Geräte auch als zusätzliche Einrichtungen bzw. als Teillösungen einsetzen, ohne daß ein größerer Aufwand betrieben werden muß.

14.1. Triacsteller

Triacsteller erfreuen sich seit längerer Zeit größerer Beliebtheit, da sich mit ihnen zahlreiche in der Heimsphäre vorkommende Lichtstellprobleme lösen lassen. So kann z.B. die Helligkeit der Raumbeleuchtung der Fernsehatmosphäre angepaßt werden, oder auch die richtige Aquariumtemperatur ist mit einem Triacsteller einzuregeln. Damit sind nicht nur die richtigen Beleuchtungsverhältnisse bzw. die notwendigen Temperaturen eingestellt, sondern es wird auch Energie eingespart.
Es sollen nun 2 der im Handel erhältlichen Triacsteller vorgestellt werden.

Lichtsteller *Luxovar*
Durch Drehbewegung ist mit diesem Lichtsteller ein stufenloses Einstellen zwischen nahezu dunkel und voller Helligkeit mög-

Bild 14.1
Lichtsteller *Luxovar*

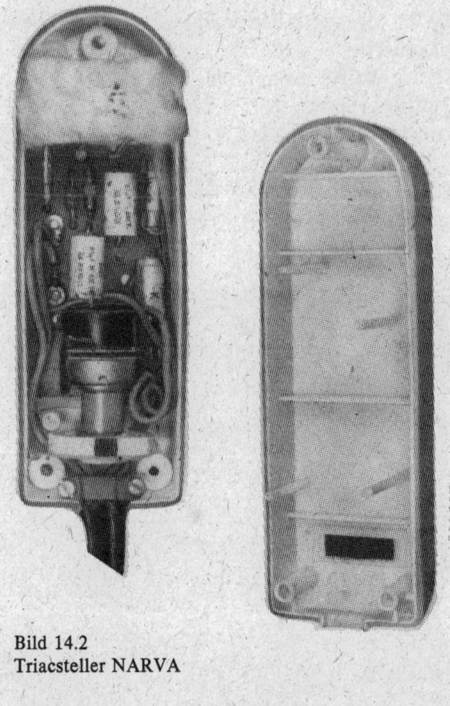

Bild 14.2
Triacsteller NARVA

lich. Dabei entspricht die aufgenommene Leistung jeweils der eingestellten Helligkeit; es wird also Energie gespart.
Technische Daten
Nennleistung: mindestens 25 W, maximal 400 W (Glühlampen)
Nennspannung: 220 V ± 10 %, 50 Hz
Schaltungsart: Ausschalter
Dieser Triacsteller ist *nicht* für andere Verbraucher, z. B. Leuchtstofflampen, Bohrmaschinen, Haushaltgeräte, geeignet.

Triacsteller NARVA
Dieser Steller ist ebenfalls als Lichtsteller geeignet. Er kann auch gut zum Einstellen der gewünschten Aquariumheizung benutzt werden, vorausgesetzt, sie hat mindestens 40 W Heizleistung.
Technische Daten
Nennleistung: mindestens 40 W bis maximal 200 W
Nennspannung: 220 V, 50 Hz
Dieser Steller wird ohne Netzschnur geliefert. Vorsicht bei der Montage der Netzschnur! Kurzschlußgefahr!

14.2. Wechselrichter

Der VEB *Statron* Fürstenwalde bietet einen Wechselrichter *12 V DC/220 V AC-50 Hz-200 W* an. Mit diesem vielseitig einsetzbaren Spannungswandler können aus einem 12-V-Akkumulator viele Geräte im Wohnbereich und auch beim Camping betrieben werden. Zum Beispiel lassen sich damit Haushaltge-

Bild 14.3
Wechselrichter

Bild 14.4
Digitale Autouhr

räte, elektrische Bohrmaschinen und auch übliche Glühlampen betreiben. Darüber hinaus dürfte sich dieses Gerät auch für den Einsatz bei der Forster-Heizung bei Stromausfall eignen.

14.3. Digitale Autouhr

Diese digitale Uhr ist für den Einsatz in Kfz mit einer Bordspannung von 6 bzw. 12 V vorgesehen. Sie gestattet eine ständige Zeitanzeige im 24-Stunden/Minutenformat auf einem 13-mm-LED-Display. Durch entsprechende Tasten können noch das Datum (Monat und Tag) sowie die Sekunden abgefragt werden. Eine Fototransistorschaltung gestattet das automatische Anpassen der Anzeigehelligkeit an die Umgebung. Die Uhr wird direkt an das Bordnetz angeschlossen. Die Uhrenfunktionen bleiben beim Ausschalten der Zündung erhalten. Da die Anzeige verlischt, wird die Kfz-Batterie nur mit einem geringen Strom belastet.
Technische Daten
Ziffernhöhe: 13 mm
Bordspannung: 12 V/6 V
Quarzfrequenz: 32 768 Hz
Betriebstemperatur: −25 bis +60 °C
Leistungsaufnahme: etwa 3 W
Abmessungen: Durchmesser 63,5 mm, Länge 84 mm
Hersteller ist der VEB *Werk für Fernsehelektronik* Berlin.

14.4. Vorschaltbaustein *RK 61*

Mit diesem Vorschaltbaustein wird die Spannung überwacht sowie ein Ladegerät zur automatischen Aufladung von Fahrzeugbatterien und anderen Bleiakkumulatoren mit 6, 12 oder 24 V gesteuert. In Abhängigkeit vom Ladezustand des Akkumulators wird das Ladegerät zu- bzw. abgeschaltet. Das Ladegerät darf eine Stromaufnahme bis zu 4 A haben. Durch 2 Lampen werden die richtige Polung des Batterieanschlusses sowie der Schaltzustand des Vorschaltbausteins signalisiert. Die eingebaute Schutzkontaktsteckdose gestattet das problemlose Anschließen des Ladegeräts. Durch den gehaltenen optimalen Ladezustand des Akkumulators ist die Startbereitschaft besonders bei Fahrzeugen, die nicht ständig in Betrieb sind, gewährleistet. Darüber hinaus wird durch das automatische Nachladen die Lebensdauer des Akkumulators erhöht. Dieses Gerät läßt sich auch an stationären Anlagen (z. B. Notstromaggregaten, Funkgeräten) einsetzen. Es läßt sich an der Wand befestigen, kann aber auch in anderen Gebrauchslagen betrieben werden.

Technische Daten

Eingänge

Meßspannung (Akkumulatorspannung)

Gerätevarianten für Nennspannungen: 6, 12 und 24 V

Betriebsspannung für RK 61 und Ladegerät: 220 V, 40 bis 60 Hz

Ausgang

Belastbarkeit:	ausreichend für Ladegeräte bis 4 A Stromaufnahme
Sicherung:	4 A träge (*TGL 0-41 571/03*)

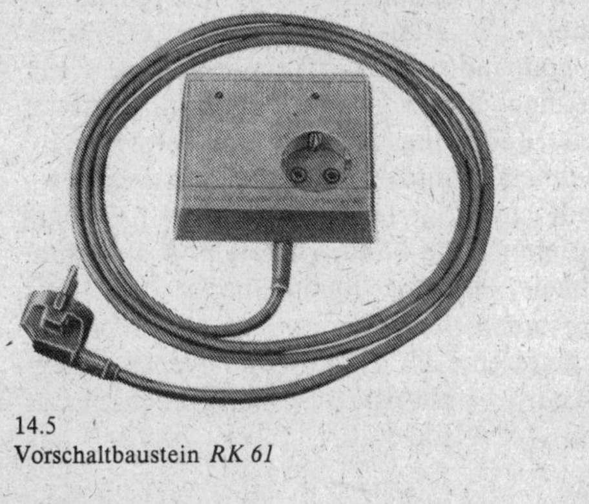

14.5
Vorschaltbaustein *RK 61*

Schaltpunkte

Variante	6 V	12 V	24 V
Einschaltspannung:	6,3 V	12,6 V	25,2 V
Ausschaltspannung:	7,2 V	14,4 V	28,8 V

zulässige Einsatztemperatur:	−10 bis +40 °C
Masse:	etwa 450 g
Abmessungen:	115 mm × 95 mm × 48 mm
Schutzklasse:	I (Schutzkontaktstekker und Schutzkontaktsteckdose)
Schutzgrad:	IP 20

Das Gerät wird im VEB *Wetron* Weida hergestellt.

14.5. Elektronischer Temperaturregler *RK 31*

Der ebenfalls vom VEB *Wetron* Weida hergestellte elektronische Temperaturregler läßt sich vielseitig in der Heimsphäre einsetzen. Er kann z. B. für folgende Aufgaben verwendet werden:

- Regelung der Wassertemperatur in Aquarien in Verbindung mit entsprechenden Aquarienheizern;
- Temperaturregelung in Kleingewächshäusern hinsichtlich optimaler Wachstumsbedingungen oder als Frostsicherung;
- optimale Temperaturregelung bei der Zucht und Aufzucht von Nutztieren sowie Exoten;
- optimale Temperatureinstellung und -haltung in Räumen mit eingelagertem Obst und Gemüse (Gewährleistung spezifischer Lagertemperaturen);
- zuverlässiger Frostschutz in Sanitäranlagen und wasserführenden Armaturen der Haustechnik in Verbindung mit geeigneten Heizgeräten.

Der Regler ist in einem Plastgehäuse untergebracht. In dem Plastgehäuse befindet sich eine Schutzkontaktsteckdose zum Anschluß von Wärmegeräten, Warngeräten, Magnetventilen, Ventilatoren usw. Der Fühler kann wahlweise über eine Leitung von 2 m bzw. 15 m mit dem Gerät verbunden werden.

Technische Daten

Betriebsspannung:	220 V, 50 bis 60 Hz
Leistungsaufnahme:	etwa 5 W ohne angeschlossene Verbraucher

Temperaturbereich:	+4 bis +36 °C
Einstellgenauigkeit:	±2 K (gilt bei 20 bis 25 °C Umgebungstemperatur)
Schaltdifferenz:	etwa 1 K
Ausgangsleistung:	maximal 1 kW ohmsche Last
zulässiger Umgebungstemperaturbereich:	−10 bis +40 °C
Gehäuseabmessungen:	115 mm × 95 mm × 48 mm
Fühlerleitung:	etwa 2 m oder etwa 15 m
Masse mit 2 m Fühlerleitung:	etwa 500 g
Schutzklasse:	a) I *TGL 21 366* (Schutzkontaktsteckdose) b) III *TGL 21 366* (Meßfühler und Meßfühlerleitung befinden sich im Schutzkleinspannungskreis)
Sicherungen:	Si1 G-Schmelzeinsatz T 4 *TGL 0-41 571/03* Si2 G-Schmelzeinsatz T 35 *TGL 0-41 571/03*
Fühlersicherung:	bei Fühlerbruch und Fühlerkurzschluß wird die Schutzkontaktsteckdose abgeschaltet
Funk-Entstörgrad:	F1

14.6. Alarmzentrale *TuR AZ 1*

Der VEB *Transformatoren- und Röntgenwerk »Hermann Matern«* stellt die Alarmzentrale *TuR AZ 1* zum Absichern privater und gewerblicher Objekte (z. B. Wochenendhäuser, Wohnungen, Garagen) her. Mit den in Türen, Fenstern o. ä. installierten Signalgebern lassen sich maximal 20 Stellen absichern. Ein elektronisches Schloß gestattet dem Anwender das ungehinderte Betreten und Verlassen des Objektes, ohne daß Alarm ausgelöst wird.

Beim Alarmfall gibt das Signalhorn 2 min lang ein akustisches Signal ab. Das Gerät hat eine Schaltleistung von 500 W, die es gestattet, zusätzliche Signalmittel (z. B. Beleuchtungseinrichtungen) anzuschließen. Die Alarmzentrale befindet sich in einem Plastgehäuse und kann vom Anwender ohne spezielle Werkzeuge und Fachkenntnisse in trockenen Räumen installiert werden.

Technische Daten

Stromversorgung:	220 V, 50 Hz
maximale Leistungsaufnahme:	1 W
Alarmzeitdauer:	2 min
Maximale Schaltleistung:	500 W
Masse:	etwa 800 g
Abmessungen:	172 mm × 100 mm × 50 mm
Schutzart:	Schutzklasse II
Schutzgrad:	IP 20

Achtung! Kurze Netzausfälle können unter ungünstigen Bedingungen bezüglich der internen Zeitkonstanten zu Alarmgabe nach Wiederkehr der Spannung führen. Zumindest wurde das an einem eingesetzten Exemplar beobachtet.

14.7. Neue Fernsprechapparate

Der VEB *Fernmeldetechnik* Nordhausen fertigt seit geraumer Zeit Fernsprechapparate, die sich besonders durch ihren hohen Bedienkomfort und das gefällige Aussehen auszeichnen. Zur Zeit werden die Fernsprechapparate *alpha mit Tastenwahl, alpha Mithöreinrichtung* und *Apart 2001* angeboten. Bei den erstgenannten Fernsprechapparaten handelt es sich um die traditionelle Form solcher Apparate.

alpha mit Tastenwahl wird in den Farben Farngrün, Signalrot, Orange und Grau hergestellt. Das 2teilige Gehäuse und der Handapparat sind strapazierfähig und pflegeleicht. Die hochelastische Wendelschnur gestattet große Bewegungsfreiheit beim Telefonieren. Edelmetallkontakte in den Sprechwegen sowie hochwertige Hör- und Sprechkapseln garantieren hohe Natürlichkeit und Verständlichkeit in der Sprachübertragung. Der Fernsprechapparat kann in alle Vermittlungssysteme im Haupt- und Nebenstellenverkehr, wahlweise als Fernsprechapparat mit Impulstastwahl (IWV) oder als

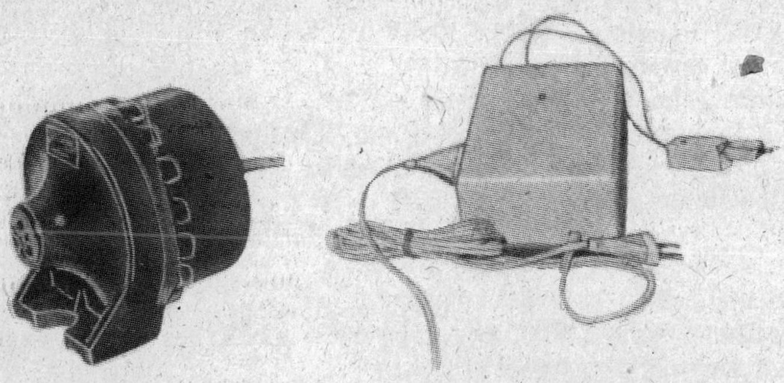

Bild 14.6
Alarmzentrale *TuR AZ 1*

Bild 14.7
Fernsprechapparat *alpha Mithöreinrichtung*

Fernsprechapparat mit Mehrfrequenztastwahl (MFC) eingesetzt werden. Durch die Tastenwahl ist ein schnelles und bequemes Eintasten der gewünschten Rufnummer möglich. Vorteilhaft ist die absolute Konstanz der elektrischen Parameter über die gesamte Lebensdauer auf Grund der elektronischen Erzeugung der Wahlsignale. Die Weckerlautstärke kann man mit einem Lautstärkesteller stufenlos einstellen.

Der Fernsprechapparat *alpha Mithöreinrichtung* bietet höheren Bedienkomfort durch Zuschalten eines Lautsprechers, mit dem externe und interne Gespräche mitgehört werden können. Dadurch ist das Gespräch für einen größeren Personenkreis gut hörbar und kann gegebenenfalls protokollarisch mitgeschrieben werden.

Bild 14.8
Fernsprechapparat *Apart 2001*

Die Ausstattungsvarianten für beide Fernsprechapparate sind:

- Sperrschloß,
- optische Rufanzeige,
- Erdtaste.

Technische Daten für beide Fernsprechapparate

Breite:	230 mm
Tiefe:	200 mm
Höhe:	110 mm
Masse:	1,2 kg (1,5 kg mit Mithöreinrichtung)

Abmessungen des Kugelgehäuses

Tiefe:	120 mm
Höhe:	140 mm

Der Fernsprechapparat *Apart 2001* ist der Grundbaustein einer neuen Generation. Dieses Gerät ist als Tischapparat, Handapparat und Konsolapparat sowie mit fest eingestellter oder mit einstellbarer Empfangslautstärke lieferbar. Es wird in den gleichen Farben angeboten wie die Apparate der *alpha*-Serie.

Die hervorragenden Übertragungseigenschaften werden durch die übertragerlose elektronische Sprechwegschaltung und das Piezomikrofon mit integriertem Verstärker erreicht. Der Tastenwahlblock für Impuls- oder Mehrfrequenzwahlverfahren gestattet eine einfache Bedienung durch schnelle Rufnummerneingabe mit Kurzhubtasten. Die Lautstärke der elektronischen Tonrufschaltung läßt sich von 55 bis 85 dB stufenlos einstellen.

Technische Daten

Sendebezugsdämpfung im Mittel: −2 dB

Empfangsbezugsdämpfung im Mittel: −4 dB

Regelbereich der Empfangsbezugsdämpfung: ±5 dB

Länge:	210 mm
Breite:	82 mm
Höhe:	80 mm
Masse:	800 g

14.8. Hörschleifenverstärker *HSV 1*

Im VEB *Funkwerk* Kölleda wird für hörgeschädigte Personen der Hörschleifenverstärker *HSV 1* hergestellt. Mit diesem Gerät lassen sich elektrische Signale (Tonsignale) vom Dioden- oder 2. Lautsprecherausgang von Fernseh-, Rundfunk-, Schallplattenabspiel- und Magnetbandgeräten, die über eine Induktionsschleife abgestrahlt werden sollen, verstärken. Die abgestrahlte Ausgangsleistung beträgt 2,5 W; damit kann die angeschlossene Hörschleife auch unter Möbel verlegt werden. Die abgestrahlten Signale sind innerhalb oder in der Nähe dieser Schleife mit einem Kassettenhör- oder HdO-Gerät bzw. einer Hörbrille klar und deutlich zu empfangen.

Technische Daten

Betriebsspannung:	$U_b \sim = 220$ V, ±10 %, 50 Hz
Stromaufnahme:	$I_b \sim \leqq 80$ mA
Einsatzklasse:	0/+45/+30/80//1001 nach *TGL 9200*
Breite:	170 mm
Höhe:	70 mm
Tiefe:	140 mm
Masse:	1 kg
Schutzgrad:	IP 20 nach *TGL RGW 778*

Eingangsbuchse 1

Fernsehempfänger, Rundfunkempfänger:

Eingangsimpedanz bei $f_{Ue} = 1\,000$ Hz $|R_e| \geqq 22$ kΩ

Eingangsempfindlichkeit für $P_{Nenn} = 2{,}5$ W $|U_e| = 30$ mV $\triangleq -30$ dBV

Eingangsbuchse 2

Magnetbandgerät, Schallplattenabspielgerät:

Eingangsimpedanz bei $f_{Ue} = 1\,000$ Hz $|R_e| \geqq 70$ kΩ

Eingangsempfindlichkeit für $P_{Nenn} = 2{,}5$ W $|U_e| = 250$ mV $\triangleq -12$ dBV

Frequenzgang: $\Delta V = \pm 2$ dB bei $f = 100$ Hz bis 10 kHz

Sinusausgangsnennleistung bei $f_{Ue} = 1\,000$ Hz: $P_{Nenn} = 2{,}5$ W

Ausgangsspannung: $U_{aNenn} = 3{,}2$ V

Lastwiderstand: $R_L = 4\ \Omega$

Störabstand: $a_{st} \geqq 50$ dB

Klirrfaktor bei $P_{Nenn} = 2{,}5$ W: $k \leqq 8$ %

Nähere Auskünfte über dieses Gerät erteilen die zuständigen Bezirksvorstände des *Gehörlosen- und Schwerhörigen-Verbandes der DDR.*

14.9. Lichtsignalanlage *LSA 3*

Der VEB *RFT Fernmeldewerk* Leipzig stellt für hörgeschädigte Menschen die *Lichtsignalanlage LSA 3* her. Mit dieser Anlage werden die Klingelsignale von der Wohnungstür mit einer Glühlampe optisch sichtbar gemacht. Die Anlage läßt sich einfach mit der in der Wohnung vorhandenen Klingel parallelschalten und ist dann betriebsbereit. Wird die Wohnungsklingel betätigt, so werden durch die Anlage transportable netzgespeiste Beleuchtungskörper hell/dunkel gesteuert. Durch einen Taster läßt sich dieses hell/dunkelgesteuerte Signal ausschalten. Wird der Taster nicht betätigt, so beträgt die Signaldauer mindestens 30 s.

Technische Daten.

Grundeinheit GE

Netzspannungsanschluß (Leitung mit Konturenstecker): 220 V/50 Hz

Nennleistungsaufnahme: 0,6 VA

Blinkzeit: > 30 s

Eingangsklemmensteuerspannung: 2 × 5 bis 25 V/50 Hz (Mittenklemme gemeinsam)

Anzahl der Kupplungseinheiten KE, die von einer Grundeinheit gesteuert werden können: maximal 5

Masse: 0,6 kg

Kupplungseinheit

Netzspannungsanschluß (Leitung mit Schutzkontaktstecker): 220 V/50 Hz
Schaltleistung: maximal 75 W
Anschlußelement für Beleuchtungskörper 220 V
Netzspannung: Schutzkontaktsteckdose
Masse: 0,4 kg
Umgebungstemperatur: +10 bis +35 °C
zulässige relative Luftfeuchte: maximal 80 % bei 25 °C

Nähere Auskünfte über diese Anlage erteilen die zuständigen Bezirksvorstände des *Gehörlosen- und Schwerhörigen-Verbandes der DDR*.

15. Kleinstrechner für den Hausgebrauch

Mikroelektronik in Form von Mikrorechentechnik einzusetzen hat 2 Aspekte: den der »Hardware« und den der »Software«. Im Prinzip kann sich heute jeder einen Computer bauen. Die zahlreich erschienenen Veröffentlichungen beweisen es. Doch das ist zunächst ein außerhalb dieses Buches angesiedeltes Hobby. Es rückt den Möglichkeiten des Heimelektronikers näher, bedient er sich eines bereits »spielfähigen« Minimalsystems. Der schon in Abschnitt 12. erwähnte *LC 80* ist eine solche Startbasis. Das dort gezeigte kleine Programm sollte mindestens andeuten, daß auch der Einstieg in die spröde Maschinensprache nicht gar so schwierig ist. Er braucht, will man sie schließlich beherrschen, allerdings seine Zeit.

Wer dem *LC 80* in der Ausbildung oder auch am Arbeitsplatz begegnet, sollte dessen umfangreiches Begleitmaterial gründlich studieren, aber auch andere Veröffentlichungen zur Nutzung solcher Geräte. Hier zeichnet sich eine neue Linie für die Heimelektronik ab, die durch den Begriff »intelligente Steuer- und Regelsysteme« zu fassen ist. Doch heißt es nüchtern bleiben: Für den größeren Teil derer, die sinnvolle Anwendungen der (Mikro-)Elektronik im Wohnbereich anstreben, werden kleine »Rein-Hardware«-Lösungen noch eine Weile die meisten Aufgabenstellungen schneller und wohl auch billiger zu erfüllen gestatten.

Eine andere Seite, die in den kommenden Jahren an Bedeutung gewinnen dürfte, besteht in der Nutzung von Fertiggeräten (oder Eigenbauten), die bereits eine höhere Programmiersprache verstehen. Je nach deren Umfang und Komfort bietet sich damit dem Interessenten ein »Werkzeug«, mit dem man Spielerisches (s. Abschn. 12.) wie Nützliches zustande bringen kann. Das läuft dabei zunächst vorwiegend auf dem Bildschirm eines Sichtgeräts ab, für das am Anfang schon ein kleines Schwarzweißfernsehgerät ausreicht. Es sei denn, es ginge vordergründig tatsächlich mehr um Spiele in Farbe – aber dafür allein ist der Gesamtaufwand auf Dauer doch wohl zu schade.

Ein solcher »Kleinstcomputer« bedarf neben des Sichtgeräts noch eines externen Speichers, von dem aus die erworbenen oder selbst erarbeiteten Programme in den Arbeitsspeicher geladen werden können. In der Grundausstattung kommt man dafür mit einem Kassettenrecorder aus, der wohl – wie das Fernsehgerät – zum Standard der meisten Haushalte zählt.

Zum Zeitpunkt des Manuskripts für das vorliegende Buch war auf der »Hardware«seite bei den damit befaßten Herstellern noch vieles in Fluß. Eine Momentaufnahme der schon gegebenen Möglichkeiten und Grenzen hatte daher wenig Sinn. Auch spezielle Tips – etwa zum Einkoppeln des Bildsignals ohne den »entschärfenden« Umweg über die HF in den Bildverstärker – erscheinen verfrüht.

Den interessierten Lesern nicht vorenthalten werden sollten jedoch erste kleine Einsatzbeispiele an einem gerade verfügbar gewordenen *KC 85-1* (ursprüngliche Typenbezeichnung *Z 9001*). Schon in Abschnitt 12. sind kleine Routinen enthalten, die bei erstem Kontakt mit diesem inzwischen mancher Arbeitsgemeinschaft zugänglich gewordenen Gerät nützlich sein können – nicht nur für Spiele.

Gewissermaßen als ganz kleinen Blick auf die interessanten Aspekte der ernsthafteren

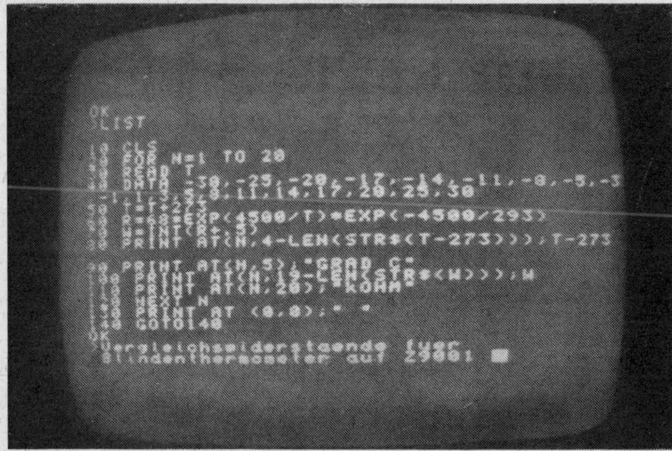

Bild 15.1
Bildschirmfoto des Listings für die Berechnung der Thermometerwiderstände in Abschnitt 9.

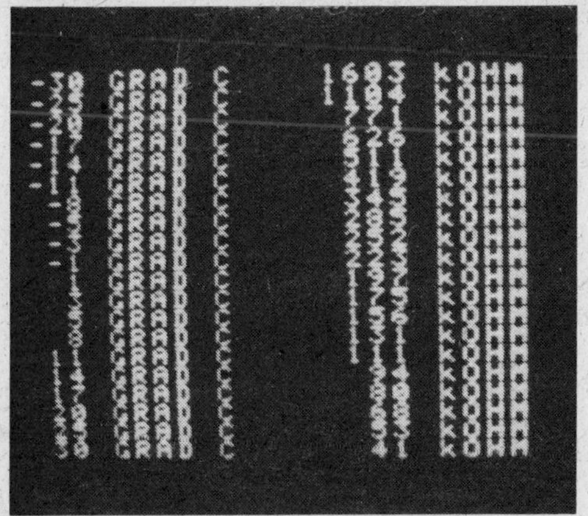

Bild 15.2
Ergebnis der Computerberechnung (Bildschirmfoto)

```
-30 GRAD C 1603 kOHM
-25 GRAD C 1104 kOHM
-20 GRAD C  771 kOHM
-17 GRAD C  626 kOHM
-14 GRAD C  511 kOHM
-11 GRAD C  419 kOHM
 -8 GRAD C  345 kOHM
 -5 GRAD C  286 kOHM
 -3 GRAD C  252 kOHM
 -1 GRAD C  220 kOHM
  1 GRAD C  197 kOHM
  3 GRAD C  175 kOHM
  5 GRAD C  156 kOHM
  8 GRAD C  131 kOHM
 11 GRAD C  111 kOHM
 14 GRAD C   94 kOHM
 17 GRAD C   80 kOHM
 20 GRAD C   68 kOHM
 25 GRAD C   50 kOHM
 30 GRAD C   41 kOHM
```

Bild 15.4
Druckerausgabe zu Bild 15.2

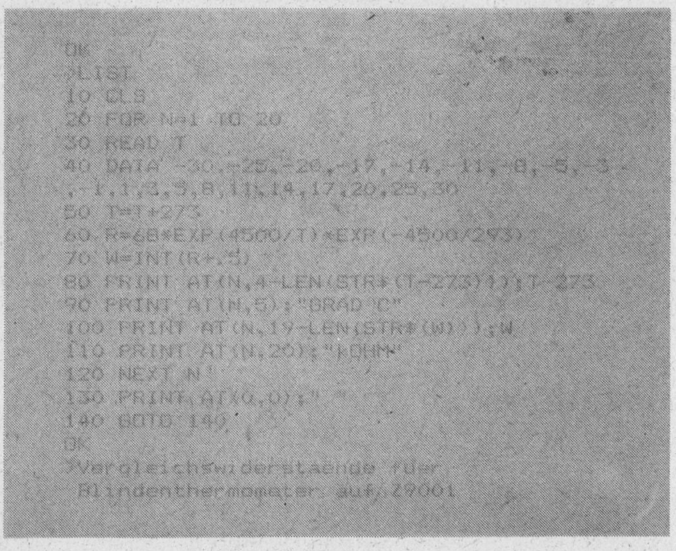

```
OK
>LIST
10 CLS
20 FOR N=1 TO 20
30 READ T
40 DATA -30,-25,-20,-17,-14,-11,-8,-5,-3
,-1,1,3,5,8,11,14,17,20,25,30
50 T=T+273
60 R=68*EXP(4500/T)*EXP(-4500/293)
70 W=INT(R+.5)
80 PRINT AT(N,4-LEN(STR$(T-273)));T-273
90 PRINT AT(N,5);"GRAD C"
100 PRINT AT(N,19-LEN(STR$(W)));W
110 PRINT AT(N,20);"kOHM"
120 NEXT N
130 PRINT AT(0,0);" "
140 GOTO 140
OK
>Vergleichswiderstaende fuer
 Blindenthermometer auf Z9001
```

Bild 15.3
Druckerausgabe zu Bild 15.1

Nutzung eines solchen komfortablen Rechners durch den Heimelektroniker zeigen die abschließenden Bilder und Listings, wie die Widerstandswerte des Blindenthermometers in Abschnitt 9. ermittelt worden sind. Die Aufnahmen entstanden (durchaus nicht optimal) ohne Stativ mit einem Weitwinkelobjektiv, Blende 2,8, 1/8 s, auf *NP 15*. Einen kleinen Eindruck von den Möglichkeiten mit hochauflösender Grafik ausgestatteter Modelle (z.B. *KC 85-2*) vermittelt die in Abschnitt 5. abgebildete Heißleiterkennlinie (Bild 5.77).

Spätestens jetzt kommt ein ja, aber – nämlich von der »Hardware«-Elektroniker-Seite. Schließlich trägt heute wohl jeder »Kleinstrechner« Erbanlagen für Roboter in sich. Durch den I-/0-Port können entsprechend aufbereitete Daten aufgenommen und verarbeitet sowie daraus vom Programm abgeleitete Befehle ausgegeben werden. Doch von der Idee bis zur Nutzung ist dabei noch weit mehr zu tun. Es beginnt beim passenden Sensor, geht über den A-/D-Wandler und endet auf der anderen Seite bei Stellorganen, die oft beträchtliche mechanische Wirkungen erzielen sollen. Ein weiteres Spezialgebiet also, kein unwichtiges, doch vorerst für den Wohnbereich wohl für nur wenige »machbar«.

Hinzu kommt ein ganz entscheidender Aspekt: Ist ein solches für den häufigen Dialog mit dem Nutzer konzipiertes Gerät das Richtige, um Tag und Nacht ununterbrochen Vorgänge zu überwachen und zu beeinflussen? Allenfalls Kurzzeitaufgaben dieser Art, vielleicht zum »Üben« empfehlen sich. Einchiprechner mit bereits auf dem Chip vorhandenem Mini-BASIC (»TINY BASIC«) dürften für solche Probleme künftig sinnvoller sein. Wieder also eine spezielle Richtung, zumindest vom derzeitigen Wohnbereichsspielraum gesehen.

Was bleibt übrig, wenn man sich vom Wohnbereich her für Kleinstrechner zu interessieren beginnt? Allgemein sicherlich ein weites Feld an Freizeitbeschäftigung im Grenzbereich zwischen Sinn und Unsinn, ein echtes neues schönes Hobby für die Zähen, die sich in Programmiersprachen vertiefen und an den Effekten (auch ernsthaften) eigener Programme erfreuen, sich mit Gleichgesinnten austauschen, etwa in KdT oder Kulturbund oder auch in der Pionier-AG bzw. in außerunterrichtlichen Arbeitsgemeinschaften. Die sich der Grenzen bewußt sind, an die sie bald stoßen werden, und die über genügend technisches Verständnis verfügen, diese zu verschieben. Aber auch ein Gebiet, aus dem für manchen vom ursprünglichen Hobby her Potenzen erwachsen, die – in Einklang mit den sich sicherlich vervielfachenden materiellen Voraussetzungen, deren er sich später bedienen kann – Nutzen bringen im persönlichen wie im beruflichen Bereich: Wohnbereich als Hauptort der Reproduktion der für die Gesellschaft wichtigen Arbeitskraft.

Schlagwortverzeichnis